高等学校给排水科学与工程专业系列教材

水　质　工　程

（第二版）

张玉先　金兆丰　主编

范瑾初　　　　　主审

中国建筑工业出版社

图书在版编目(CIP)数据

水质工程 / 张玉先，金兆丰主编. — 2版. — 北京：中国建筑工业出版社，2022.3
高等学校给排水科学与工程专业系列教材
ISBN 978-7-112-27035-4

Ⅰ. ①水… Ⅱ. ①张… ②金… Ⅲ. ①水质处理一高等学校一教材 Ⅳ. ①TU991.21

中国版本图书馆 CIP 数据核字(2021)第 269921 号

本书分为总论、给水处理和污水处理 3 篇，共 25 章，第 1 章为水的循环和水质工程学科的任务；第 2 章为水处理方法概论；第 3 章为水源水质和水质标准；第 4 章为混凝；第 5 章为沉淀、澄清和气浮；第 6 章为过滤；第 7 章为消毒；第 8 章为微污染水源的预处理和深度处理；第 9 章为膜分离法；第 10 章为特种水源水处理方法；第 11 章为水的软化与除盐；第 12 章为水的冷却和循环冷却水处理；第 13 章为城市给水处理工艺系统和水厂设计；第 14 章为城镇污水水质与污水出路；第 15 章为水体污染与自净；第 16 章为物理处理；第 17 章为生物处理概论；第 18 章为活性污泥法；第 19 章为生物膜法；第 20 章为自然生物处理系统；第 21 章为厌氧生物处理；第 22 章为污水深度处理与再生利用；第 23 章为污泥的处理与处置；第 24 章为工业废水处理；第 25 章为城镇污水处理厂设计运行。

本书注重工程实际的应用，可作为高等学校给排水科学与工程专业（给排水科学与工程专业）及相关专业的教材，还可用作工程技术人员的参考书。

为便于教学，作者特制作了与教材配套的电子课件，如有需求，可发邮件（标注书名、作者名）至 jckj@cabp.com.cn 索取，或到 http://edu.cabplink.com 下载，电话(010)58337285。

* * *

责任编辑：王美玲　齐庆梅　王　跃
责任校对：张辰双

高等学校给排水科学与工程专业系列教材
水质工程（第二版）
张玉先　金兆丰　主编
范瑾初　　　　　主审
*
中国建筑工业出版社出版、发行（北京海淀三里河路 9 号）
各地新华书店、建筑书店经销
北京红光制版公司制版
天津安泰印刷有限公司印刷
*
开本：787 毫米×1092 毫米　1/16　印张：46¼　字数：1122 千字
2023 年 1 月第二版　2023 年 1 月第一次印刷
定价：**118.00** 元（赠教师课件）
ISBN 978-7-112-27035-4
(38798)

第二版前言

《水质工程》既有水质处理的科研成果总结和理论论述，又有实际工程设计计算和例题解析，自2009年出版以来，深受给排水科学与工程专业及与水工程有关专业的师生和从事水处理研究、设计人员的欢迎。

为了适应给排水科学与工程专业的发展，力求水质处理技术的先进性、完整性，特对2009年出版的《水质工程》教材进行修订。本次修订以原教材第一版为基础，理论联系实际，对学习难以理解的内容进行修改补充，对第一版教材的图表、公式中的错误予以更正，并根据有关规范、标准，对相关章节及其内容作适当调整和补充。

《水质工程》第二版由张玉先、金兆丰主编，范瑾初主审。

参加编写的人员和分工如下：第1章、第2章由李伟英编写；第3章、第7章、第8章、第10章由高乃云、黎雷编写；第4章、第5章、第6章、第13章由张玉先、邓慧萍、隋铭皓编写；第9章、第11章、第12章由董秉直编写；第14章、第18章、第25章由徐竟成编写；第15章、第16章、第22章由金兆丰编写；第17章、第21章、第24章由黄翔峰编写；第19章、第20章、第23章由王亚宜、杨健编写。

由于编者水平有限，恳请广大读者指正为盼。

第一版前言

水质是指水和水中所含杂质共同构成水的物理、化学和生物学的综合性质。水质与人们的生活、生产和环境密切相关。人们自天然水源取水，经处理（给水处理）后去除水中有害物质供生活和生产使用。使用后的水因混入各种杂质成为污（废）水。污（废）水再经处理（污水处理）后去除水中某些污染物质而后排入天然水体或回用。这就是水的社会循环，实际上也可称之为水质的社会循环。在水的社会循环过程中，给水处理和污水处理是控制水质的关键。给水处理是为了满足人们生活和生产用水要求所采用的工程措施；污水处理是为了控制水环境免遭破坏而采取的工程措施。如果污水不经处理或处理达不到相关标准排入水体，必然导致水体污染日益严重，如此不仅破坏了水环境，也给给水处理带来更大困难，甚至无法使用，这样的水质循环就是非良性循环。如果经污水处理后的水达到相关排放标准排入天然水体，就不会造成水环境破坏，回用则可节约水资源，这就是水的良性社会循环。"水质工程"的任务，一方面是为用水对象提供合格的水质，另一方面是控制水环境污染和节约水资源，目标是促使水的社会循环达到或逐步趋于良性循环，使水资源可持续利用。按照我国目前状况，要达到这一目标，任务相当艰巨，需要社会各方面共同努力，更是从事给水排水工程和环境工程的科技人员责无旁贷的任务。因而，给水排水工程和环境工程方面的人才培养至关重要。

本书可作为给排水科学与工程（给水排水工程）、环境工程专业大学本科教材，也可供从事给水排水工程和环境工程科技工作者参考。本书为"同济大学十五规划教材"，受"同济大学教材、学术著作出版基金委员会"资助。

从水质工程学科而言，给水处理和污水处理具有统一性，但两者也存在一定差别。例如，给水处理的原水一般是天然水源，处理方法中，物理化学方法所占比例较大；污水处理的原水是生活和生产污（废）水，处理方法中，生物法所占比例较大。为方便教学和便于读者理解和掌握，本书仍将给水处理和污水处理分成两篇分别介绍。相同部分在某篇中重点介绍后，另一篇则仅介绍其处理特点或不同之处，以免过多重复。

本书由范瑾初、金兆丰主编，严煦世主审。

第 1 章、第 2 章由范瑾初执笔；第 3 章、第 7 章、第 8 章、第 10 章由高乃云执笔；第 4 章、第 5 章、第 6 章、第 13 章由张玉先执笔；第 9 章、第 12 章由董秉直执笔；第 11 章由王乃忠执笔；第 14 章、第 18 章、第 25 章由徐竟成执笔；第 15 章、第 16 章、第 22 章由金兆丰执笔；第 17 章、第 21 章、第 24 章由黄翔峰执笔；第 19 章、第 20 章、第 23 章由杨健执笔。

本书吸收了《给水工程》（第四版）的一部分内容，参考了其他大量文献资料，文献未全部列出，特作声明，并向这些文献的作者表示衷心感谢。

由于作者水平有限，恳请广大读者指正。

目　录

第1篇　总　　论

第1章　水的循环和水质工程学科的任务

水是生命之源，是维持地球生态环境的基础。讨论水问题，应包括水质和水量两个方面。本书讨论的是水质问题。为了全面了解地球水环境中有关水质变化及应对方法，这里首先介绍一下水的循环。

地球上的水循环，可分为自然循环和社会循环两类。

1.1　水的自然循环

水的自然循环，主要是由太阳辐射和地心引力作用所致。其表现形式可概括为四大类：蒸发、降水、渗透和径流，如图1-1所示。

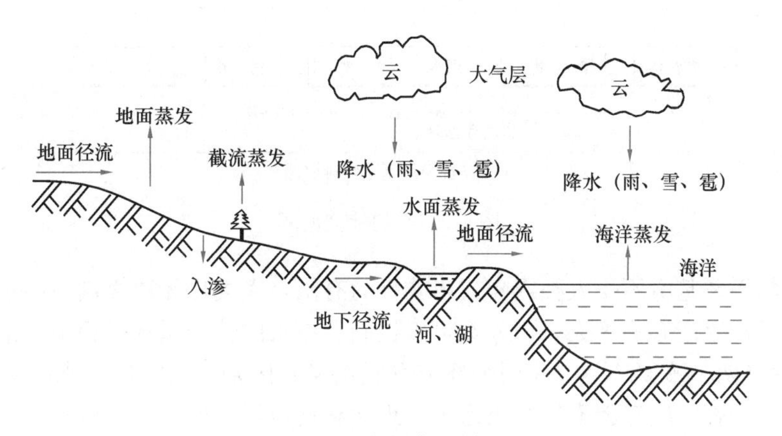

图1-1　水的自然循环

地球上的水以三种形态存在，即液态、固态（冰、雪、雹）和气态（水汽）。在太阳辐射下，地球上各类液态、固态的水，不断蒸发而成的水汽升入大气层并随大气运动散布到各处。蒸发包括地面蒸发、水面蒸发、植物截留的水分蒸发（包括植物叶孔中逸出的水分蒸腾）和海洋蒸发。蒸发的水汽在适当条件下凝结成雨、雪、雹等，在重力的作用下落至地面和海洋，称为降水。降到地面的水，一部分被植物截留，一部分又直接蒸发升入大气，其余的水，一部分渗入地下形成地下径流，一部分沿地面流动形成地面径流进入江河湖泊等，最后进入海洋。蒸发、降水、流动，循环往复，构成一个连续的动态系统。

根据水循环的范围，自然循环又可分为大循环和小循环两类。由海洋蒸发的水汽降至陆地后最终又流入海洋，称为大循环或称陆海循环；海洋蒸发的水汽又直接降落到海洋，或陆地的降水在流入海洋前又直接蒸发升入大气层，称为小循环。小循环是大循环的组成部分。自然循环涉及水量循环和水质循环两个方面。从水质方面而言，水是良好的溶剂和分散剂。在降水和流动过程中，水必将与空气、地表和地层中各种物质接触，从而溶解、分散和携带空气、地表和地层中的气体、固体和微生物等，使水中含有多种杂质成分；水在蒸发过程中，又会留下所溶解和携带的固体物质，使水趋于纯净。因此，在自然循环过程中，存在着水质变化或水质循环。不同时间、季节，不同地域，水质变化是不同的。但从宏观而言，如果没有人类社会活动的干扰，水质变化将处于相对稳定的有序状态，从而保持地球生态环境的相对平衡。水的自然循环（特别是海陆大循环）给人类提供了必要的淡水，促使水资源不断更新和交换。

研究地球上水的自然循环，主要是水文、水文地质等学科的任务。

1.2 水的社会循环和水质工程学科的任务

人类生活和生产活动需要大量用水。人类从天然水源取水，经过给水处理后供生活、生产使用。使用后的水，必将溶入和混入生活和生产过程中的污染物质，成为污（废）水。污（废）水经过处理后，又流回天然水体或部分直接回用。这样就形成了一个局部循环系统，称为水的社会循环，如图 1-2 所示。

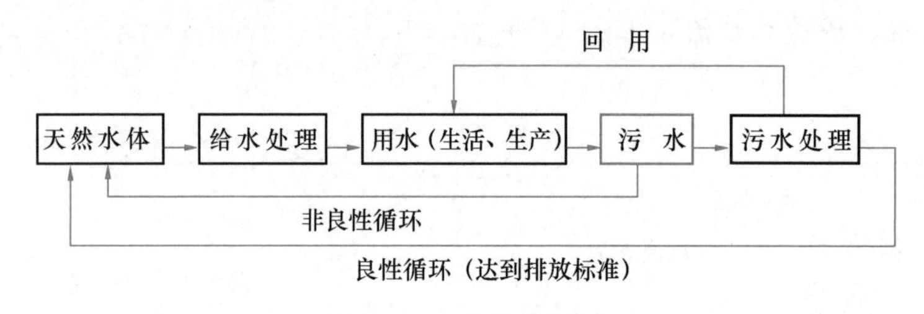

图 1-2 水的社会循环

水的自然循环基本不受人类影响或影响极为有限，人类也无法控制；而水的社会循环则受人类生活和生产影响极大，但人类可以控制。在水的社会循环过程中，给水处理和污（废）水处理是两个重要环节。这两个环节有联系又有区别。污（废）水处理是影响水的社会循环良性与否的决定因素。如果污水处理达到规定标准后排入天然水体，就构成良性循环。在良性循环情况下，天然水体将保持或基本保持原有天然属性，水环境生态平衡不会或很少受到破坏。应当指出，污水处理后的排放标准并非与天然水体水质完全一样。因为天然水体本身有自净能力（将在本书 15 章介绍）。只要排出的污水中所含污染物量在水体自净能力范围以内，天然水体的水质就不会恶化。如果污水不经处理或处理达不到规定排放标准，即排入天然水体的污染物量超过水体自净能力，则天然水体水质将会恶化，从而构成了水的非良性社会循环。给水处理是将不符合人类生活、生产要求的天然水体水质处理到符合人类生活、生产所要求的水质标准供人类使用。当污水处理程度达到水良性循环要求时，给水处理就较简单、经济，一般只需常规处理即可，但污水处理要求高，费用大；若污水不经处理或处理达不到水的良性循环要求时，由于天然水体受到污染，给水处理就变得复杂，费用也大，往往需要在常规处理基础上增加预处理或深度处理。

当前，水的非良性社会循环普遍存在，但程度不同。有的天然水体污染轻微，通过常规处理或强化常规处理即可使用；有些天然水体污染较严重，经常规处理以外，尚需再加预处理或深度处理方可使用；有些天然水体污染非常严重，不仅完全丧失使用功能，还破坏了水环境生态平衡。水资源危机中有一项所谓水质型缺水危机，即指有的地方虽然水源水量足够，但水质完全丧失使用功能而不能为人所用。

当天然水体可用水量不足时，污水处理后不排入天然水体而直接回用，可认为是水的社会循环中一个子循环系统（图 1-2）。污水处理后回用，一方面缓解了水资源危机，同时也减少了向天然水体排放的污（废）水水量，从而减轻了天然水体的污染。面对当前水资源危机，污（废）水回用已越来越受到重视。

水的社会循环直接影响人类的生活、经济可持续发展和水环境生态平衡，是当前备受关注的重大问题。为实现水的良性循环并为人类生活、生产提供优质水源水，保持优良的生态环境，必须对水质控制并进行科学处理，这就是水质工程的任务。

思 考 题

1. 水的自然循环是怎样形成的？何谓大循环和小循环？
2. 水的自然循环对人类生活有什么影响？和水的社会循环有什么关系？
3. 从取水流量、排水水质、水量、废水回用方面分析，人类社会活动对水的社会循环有什么影响？

第2章　水处理方法概论

给水处理和污（废）水处理是根据不同的具体处理目标和任务而划分的。从天然水水源取水，为达到生活和生产使用的水质标准而进行的水质处理称为给水处理；生活、生产的污（废）水在排入天然水体之前，为达到规定的排放标准或回用标准而进行的水质处理称为污（废）水处理。虽然给水处理和污（废）水处理的具体目标和任务不同，但基本原理和许多处理方法相同。特别是水源污染日益严重，水资源日益紧缺，水质要求逐渐提高的情况下，给水处理和污（废）水处理的界限已经模糊。因此，可把给水处理和污（废）水合称为水处理。水处理的目的有三：第一，去除或部分去除水中杂质，包括有机物、无机物和微生物等，使水质达到使用或排放标准。第二，在水中加入某种化学成分以改善使用性质。例如，饮用水中加氟以防止龋齿，循环冷却水中加缓蚀剂及阻垢剂以控制腐蚀、结垢等。第三，改变水的某些物理化学性质。例如调节水的 pH，水的冷却等。此外，水处理过程中所产生的污染物处理和处置也是水处理的内容之一。不过，总体而言，水处理的主要目的就是去除或部分去除水中对工业生产、人身健康有不利影响的物质，以及水处理过程中所产生的污染物质。

2.1　单元处理方法和处理工艺系统

2.1.1　单元处理方法

所谓单元处理，是指完成或主要完成某一特定目的的处理环节。例如，混凝是一个单元处理。其主要目的是完成水中不易沉淀的胶体脱稳凝聚和絮凝过程，以形成易于沉淀的大颗粒絮凝体。沉淀是一个单元处理。其主要目的是利用重力作用去除水中悬浮颗粒和絮凝体，使水变清。

单元处理方法，按原理可分成物理、化学（其中包括物理化学分支）和生物三种。在水处理中，有的为方便计，仅划分为“物理化学法”和“生物法”（或生物化学）两种。在这里，“物理化学法”并非指化学分支中的“物理化学”，而是物理学和化学两大学科的合称。本章先按后一种分类法简要介绍单元处理方法，而后则不限于此。

1. 物理化学处理法

水的物理化学处理方法较多，但主要有以下几种：

混凝　混凝包括凝聚和絮凝过程。在原水（天然水体或污水）中投加化学药剂使水中不易沉淀的胶体和悬浮物聚结成易于沉淀的絮凝体，为后续沉淀分离提供条件。混凝在给水和污水处理中广泛应用。

沉淀　水中固体颗粒或絮凝体在重力作用下完成固—液分离的过程。当向水中投加某种化学药剂，使之与水中某些溶解物质发生化学反应而生成难溶物沉淀下来，称化学沉淀。化学沉淀可用于去除某些溶解性盐类物质。沉淀在给水和污水处理中广泛应用。

澄清 这里的“澄清”一词，并非一般概念上水的澄清过程，而是一个专业名词。它是集絮凝和沉淀于一体的单元处理方法之一。在同一个处理单元或设备中，水中胶体、悬浮物经过絮凝聚集成尺寸较大的絮凝体，然后在同一设备中完成固—液分离。澄清在给水处理和污水处理中广泛应用。

气浮 是固—液分离或液—液分离的一种方法。若水中悬浮固体密度接近于水的密度而难以下沉又难以上浮时，可采用向水中通入空气或减压释放水中溶解气体方法产生大量微气泡并使其粘附于固体表面，形成了密度小于水的气浮体（气—固—液混合物）。气浮体在水的浮力作用下上浮至水面形成浮渣而排出，完成固—液分离。某些液体污染物（如油类、脂肪等）也可采用此原理完成液—液分离。气浮在给水和污水处理中广泛应用。

过滤 待滤水通过过滤介质（或过滤设备）时，水中固体物质与水分离的一种单元处理方法。过滤又分为表面过滤和滤层过滤（又称滤床过滤或深层过滤）两种。表面过滤是指尺寸大于介质孔隙的固体物质被截留于过滤介质表面而让水通过的一种过滤方法。如滤网过滤、微孔滤膜过滤等。滤层过滤是指过滤设备中填装粒状滤料（如石英砂、无烟煤等）形成多孔滤层。待滤水通过滤层时，固体杂质不仅可被滤层表面所截留，一部分杂质还可深入到滤层深处而被截留；不仅尺寸大于滤层孔隙的固体可被截留，某些尺寸小于滤层孔隙的固体也可被截留。过滤在给水和污水深度处理中广泛应用。

消毒 消毒的主要目的是杀灭水中的致病微生物（包括病菌、病毒和原生动物孢囊等）。水的消毒方法很多，目前常用氯及氯化物消毒，臭氧消毒，紫外线消毒，以及高级氧化消毒等。紫外线消毒是一种物理消毒方法，主要通过对微生物（细菌、病毒、芽孢等病原体）的辐射损伤和破坏核酸的功能使微生物致死，从而达到消毒的目的；其他消毒方法主要是利用消毒剂的强氧化能力来杀灭致病微生物。消毒工艺是给水处理和污水处理中必不可少的。

膜分离 在压力差或电位差推动力作用下，利用特定膜的透过性能，分离水中离子、分子和固体微粒的处理方法。膜分离的推动力可以是膜两侧的电位差、压力差或浓度差等。水处理中，通常采用电位差和压力差两种。利用电位差的膜分离法有电渗析法；利用压力差的膜分离法有微滤、超滤、纳滤和反渗透法。膜分离可用于给水处理和污水深度处理中。

离心分离 利用物体高速旋转时的离心力分离水中杂质的方法。例如，废水作高速旋转时，由于悬浮固体和水的质量不同，所受的离心力也不同，悬浮固体质量大被抛向外侧，水的质量较小而被推向内侧，从而达到固—液分离目的。离心分离主要用于工业废水处理。

吸附 在两相界面上，由于分子力或化学键力的作用，被吸附物质移出原来所处的位置，在界面处发生积聚和浓缩的现象称吸附。由分子力产生的吸附为物理吸附；由化学键力产生的吸附为化学吸附。水处理中，通常采用比表面积大的多孔物质（例如活性炭）作为吸附剂，吸附水中一种或多种杂质（称为吸附质）以达到去除杂质的目的。吸附法在给水处理和污水深度处理中均有应用。

离子交换 一种不溶于水且带有可交换基团的交换剂对水中一些离子的亲和力大于对可交换基团的亲和力，而进行迁移重新组合的过程称为离子交换。它能够从水溶液中吸附某种阳离子或阴离子，而把本身可交换基团中带相同电荷的离子等当量地释放到水中去，从而达到去除水中特定离子的目的。离子交换法广泛应用于硬水软化、除盐和工业废水中的铬、铜等重金属的去除。

中和 把水的 pH 调节到接近中性的一种处理方法。例如，酸性废水可以利用碱性废水或投加碱性药剂进行中和，也可利用碱性滤料进行过滤中和。碱性废水也可利用酸性废水或投加酸性药剂进行中和。中和法主要应用于工业废水处理。

电解 电解质溶液在电流作用下发生电化学反应的过程称电解，在电解槽中完成。电解槽中的阴极与电源负极相连，从电源接受电子；阳极与电源正极相连，把电子转给电源。电解过程中，阴极放出电子，水中某些阳离子因获得电子而被还原；阳极得到电子，水中某些阴离子因失去电子而被氧化。因此，在电解过程中，水中某些有毒物质在阳极和阴极分别进行氧化还原反应并生成新的物质。这些新物质或沉积于电极表面，或沉淀下来，或生成气体从水中逸出。从而降低了水中有毒物质的浓度。电解法主要应用于工业废水处理。

萃取 利用溶质在水中和某种溶剂（称萃取剂）中溶解度的不同，使溶质从水中转入到某种溶剂中的过程称萃取。萃取剂应不溶或难溶于水，且溶质在萃取剂中的溶解度应大于在水中的溶解度。当溶质转入到萃取剂中后，依靠萃取剂和水的密度差，将萃取剂与水分离，从而使废水达到一定程度净化，而溶质可再从萃取剂中分离出来，回收利用。萃取法主要用于工业废水处理。

吹脱和汽提 吹脱和汽提是脱除水中溶解性气体和某些挥发性物质的单元处理方法。将气体通入水中，使水中有害的溶解气体和挥发性物质穿过气液界面向气相转移，从而达到脱除或回收某种物质的目的。通入空气的称吹脱；通入蒸汽的称汽提。吹脱和汽提法主要用于工业废水处理和某种物质的回收利用。

氧化与还原 利用水中溶解性有毒有害物质被氧化或还原的性能，采用氧化或还原方法使之转化为无毒无害物质或不溶物质，称氧化还原法。氧化还原法广泛应用于给水和工业废水处理，例如去除水中铁、锰、铬、氰等无机物和多种有机物等。

2. 生物处理方法

利用微生物（主要是细菌）的新陈代谢功能去除水中有机物和某些无机物的处理方法称生物处理方法。生物处理方法有多种。

（1）按对氧的需求分

好氧生物处理 有一类微生物只有在有氧（分子氧）环境中才能生存繁殖。在水处理设备中创造有氧环境，使这类微生物通过代谢作用，降解水中有机物（主要是溶解性和胶体状），最终使其转化为稳定的无机物。

厌氧生物处理 有一类微生物只有在无氧（分子氧）环境中才能生存繁殖。在水处理设备中创造无氧环境，使这类微生物通过代谢作用将水中有机物降解成稳定的简单物质。

（2）按微生物存在形式分

活性污泥法 包含着大量微生物群的絮状颗粒称“活性污泥”。活性污泥在处理设备内呈悬浮状态，故微生物属悬浮生长系统。利用悬浮态活性污泥上微生物降解，去除有机物的方法称活性污泥法。活性污泥法主要用于污水处理，既可进行污水好氧生物处理（曝气充氧），又可进行污水厌氧生物处理。活性污泥法有多种运行方式和构造形式，从而也具有不同处理效果和净化功能。除了以去除水中有机物为主外，活性污泥法还可用于污水的脱氮、除磷。

生物膜法　微生物附着、生长在固定填料或载体表面，形成生物膜。利用生物膜去除水中有机物的方法称生物膜法。与活性污泥法相对应，生物膜法中的微生物可称附着生长系统。生物膜法广泛应用于污水处理和给水处理中。在污水处理中，既可进行好氧生物处理，也可进行厌氧生物处理。在给水处理中，均为好氧生物处理，主要是去除水中微量有机污染物和氨氮等。生物载体或填料可用有机质和无机质材料；其形状有粒状、丝状、片状、波纹状、筒状等；其性状有硬性、半软性和软性等。处理设备构造形式和运行方式也有多样，但净化的基本原理是相同的。

自然生物处理法　利用污水和土壤中自然生长的生物系统（包括微生物、水生植物和水生动物等）降解污水中有机物的方法称自然生物处理法。自然生物处理法主要有稳定塘（又称氧化塘）和土地处理两类。前者是在经过人工适当修整的土地周围设围堤和防渗层构成污水池塘，主要依靠池塘内自然生物的净化功能净化污水；后者是在人工控制下将污水投配在土地上，通过土壤—植物系统进行一系列物理、化学和生物的净化功能使污水得到净化。

(3) 单元处理法在水处理中的应用

以上所介绍的各种单元处理方法，在水处理中的应用是灵活多样的。一种处理对象，往往可采用多种处理方法。例如，水中有机物的去除，可采用的方法有：化学氧化法、生物处理法、吸附法及膜滤法等。同样，一种处理方法，往往也可应对多种处理对象。例如，氧化还原法可以去除的对象有：有机物，铁、锰、铬、氰等无机物以及灭菌除藻等。只有极少数处理方法，其功能是相对单一的。例如，中和法仅适用于酸、碱废水的中和。

还有一点必须注意：有的单元处理方法在应对主要处理对象的同时，往往也会兼收其他的处理效果。例如，澄清的处理对象主要是水中悬浮物和胶体物质。其作用主要就是使浑水变清。但在澄清过程中，水中有机物也会得到部分去除。

2.1.2　水处理工艺系统

天然水体或污水中杂质的成分相当复杂。为了达到预定的水质标准，单靠某一种单元处理是不行的，往往需要由多个单元处理共同完成。由多个单元处理组成的处理过程称为水处理工艺系统。水处理常规工艺流程如图 2-1 所示。例如，在给水处理中，传统的处理工艺通常有 4 个单元处理所组成，即：混凝→沉淀→过滤→消毒；在城市污水二级处理中，传统的活性污泥法处理工艺通常由 6 个单元处理组成，即：格栅→沉砂池→初沉池→曝气池（活性污泥）→二沉池→消毒。不同的原水水质和处理要求（或出水标准），可用

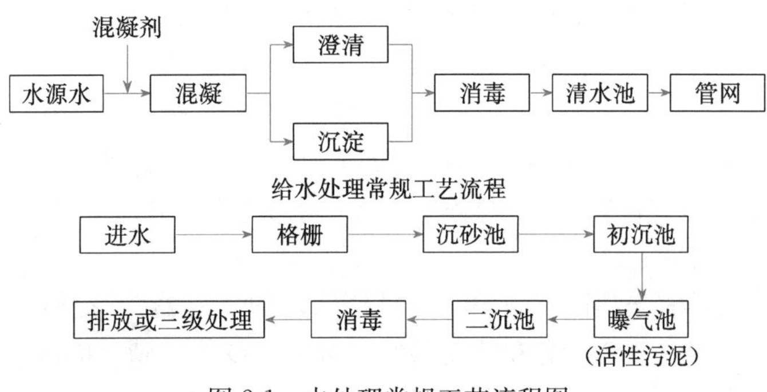

图 2-1　水处理常规工艺流程图

不同的处理工艺和单元处理方法。从事水处理工作者的任务，就是要在众多处理工艺和处理方法中寻求最经济有效的处理工艺和处理方法并不断研究新的处理工艺和方法。有关给水处理工艺系统和污水处理工艺系统详见本书第13章和第25章。

2.2 反应器理论在水处理中的应用

反应器是化工生产过程中的核心部分。在反应器中所进行的过程，既有化学反应过程，又有物理过程，影响因素复杂。化学反应工程把这种复杂的研究对象用数学模型的方法予以简化，使得反应装置的选择、反应器尺寸的计算、反应过程的操作及最优控制等找到了科学的方法。当然，这种简化，应当与原过程（或原型）等效或近似等效。

反应器理论于20世纪70年代以后应用于水处理。不过，将化工生产中的反应器理论应用到水处理中，应注意两者尚存在以下差别：第一，在化工生产中，反应器仅指化学反应设备，而在水处理中，含义较广泛。上述各种单元处理（包括化学反应、生物化学反应以及纯物理过程等）所用的设备或构筑物均可称之为反应器。例如，絮凝池、沉淀池、砂滤池、曝气池、生物滤池、消毒池等，均可称反应器。甚至一段河流自净过程，也可应用反应器理论进行分析研究。第二，化工生产中的反应器，很多是在高温、高压下操作，而水处理设备或构筑物是在常温、常压下运行。第三，化工生产中的反应器体积比水处理设备通常小得多。因此，经过简化后的理想反应器理论用于化工生产，与生产实际比较接近，而用于水处理设备中，理论与实际偏离相对较大。第四，化工生产中的反应器，通常是在稳定状态下操作，包括反应物料的成分、浓度和操作温度及压力等均严格控制，而水处理设备通常是在动态下运行，包括进水水质、水量、投药量和水温等，均有随机变化的可能。

尽管存在以上差别，但了解反应器基本原理对水处理设备的选型、设计、设备性能的判断和操作条件的优化控制等均有指导意义，对水处理理论的发展和提高也有促进作用。

2.2.1 物料衡算

反应器数学模型是建立在物料衡算的基础上。在讨论反应器模型之前，先将物料衡算的基本概念介绍一下。

在反应器内，某物质的产生、消失或浓度的变化，或者由化学反应引起；或者由物质迁移或质量传递引起；或者由两者同时作用的结果。无论由哪种因素引起，都必须遵守质量守恒定律。设在反应器内某一指定部位（亦即指定某一反应区），任选某一物料组分 i，根据质量守恒定律，可写出如下物料平衡式（均以单位时间、单位体积物量计）：

$$变化量=输入量-输出量+反应量 \tag{2-1}$$

输入量指物料组分 i 进入反应器指定部位的量；输出量指组分 i 输出反应器指定部位的量；反应量指组分 i 由于化学反应而消失（或产生）的量。变化量指由上述三种作用引起反应器指定部位内 i 组分的变化。变化量又称“累积量”。单位均以［摩尔/体积/时间］或［质量单位/体积/时间］计。

如果反应器内物料成分和浓度均匀（如搅拌均匀的反应器），则整个反应器可作为一个反应区；如果反应器内物料成分和浓度随空间位置而变化，则反应区可任意选定。

物料平衡方程式中的组分 i，应根据研究对象和要求选定。例如，在水的氯化消毒过程中，可取微生物作为研究对象。方程中物质浓度的变化即指微生物浓度的变化。

对于公式（2-1）需作以下几点说明：

（1）如果在反应区内，组分 i 的浓度不随时间而变化，则[变化量]=0，称稳定状态。必须指出，稳定状态并非化学平衡状态。在稳定状态下，由于反应物的连续投入和产物的连续输出，反应区内组分 i 的化学反应仍在继续进行，但 i 浓度却不随时间而变化。严格地说，在许多情况下，稳定状态只是个理想情况。由于在反应过程中许多因素或多或少总有些变化，绝对稳定状态是不存在的。但就总体看，只要变化微小，就可作为稳定状态，从而使问题简化。由公式（2-1）可知，在稳定状态下，组分 i 的（输入量一输出量）等于反应量。公式（2-1）中反应量是指单位时间内，反应物浓度减小量或生成物浓度增加量。

（2）反应区的物质输入和输出，是由物质迁移或质量传递引起的，将结合具体反应器进行讨论。

（3）反应量一般指化学反应速率，由化学反应动力学决定，详见有关物理化学教材。但在水处理过程中，生物化学反应以及某些物理过程，也列入反应速率一项内。例如，在水的混凝过程中，由于颗粒相互聚结而使颗粒数量浓度随时间而减少，即可作为反应速率列入公式（2-1）中。在沉淀池中，由于颗粒沉降而从水中分离出去，也可作为反应项列入公式中。

公式（2-1）只是从概念上描述反应器过程动力学，具体表达将结合反应器模型进行讨论。

2.2.2 理想反应器

由于反应器内实际进行的物质迁移或流动过程相当复杂，建立数学模型十分困难。为此，将反应器内物质迁移或流动作一些假定予以简化。通过简化的反应器称理想反应器。虽然理想反应器不能准确描述真实反应器内所进行的实际过程，但可近似反映真实反应器的特征，并可由此进一步推出偏离理想状态的非理想反应器模型。图 2-2表示三种理想反应器，即：

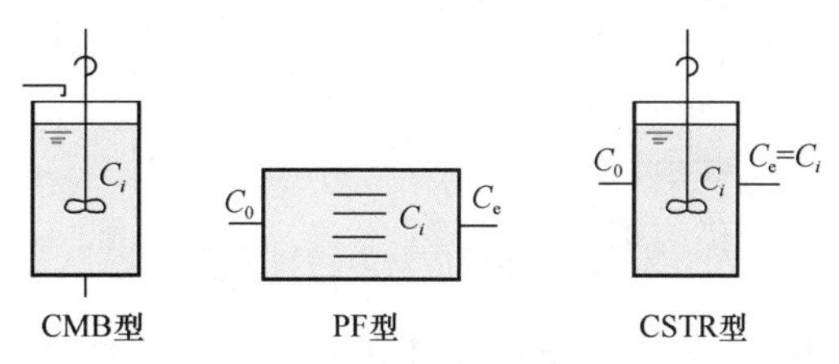

图 2-2 三种理想反应器图示

C_0——进口物料浓度；

C_i——反应器内时间为 t 的物料浓度；

C_e——出口物料浓度

（1）完全混合间歇式反应器（Completely Mixed Batch reactor，简称 CMB 型）。

（2）推流式反应器（Plug Flow reactor，简称 PF 型）。

（3）完全混合连续式反应器（Continuous Stirred Tank reactor，简称 CSTR 型）。

1. 完全混合间歇式反应器（CMB）

这是一种间歇操作的反应器（图 2-2）。物料投入反应器后，通过搅拌使容器内物质均匀混合，同时进行反应，直至反应产物达到预期要求时，停止操作，排出反应产物，然后再进行下一批生产。在整个反应过程中，既无新的物料自外界投入，也无反应产物排出容器外。因而，整个反应器是一个封闭系统。显然，就该系统而言，在反应过程中，不存在物质输入和输出，即无公式（2-1）中输入量和输出量，且假定是在恒温下操作，于是，根据物料衡算公式（2-1）可写出：

$$\frac{dC_i}{dt} = r(C_i) \tag{2-2}$$

如果 i 随时间而减少，反应速率 r（C_i）为负值，反之为正值。由公式（2-2）可知，在这种浓度均匀、温度恒定的间歇操作反应器内，i 的时间变化率完全是由于化学反应而引起的，因而方程式比较简单。当 $t=0$，$C_i=C_0$，积分上式得：

$$t = \int_{C_0}^{C_i} \frac{dC_i}{r(C_i)} \tag{2-3}$$

如果反应速率 $r(C_i)$已知，通过积分就可算出物料 i 由进口浓度 C_0 变化至 C_i 所需的时间 t，从而根据生产要求，求出所需反应器容积。

设为一级反应(并设 i 随时间减少)，根据化学反应动力学，$r(C_i)=-kC_i$，代入上式得：

$$t = \int_{C_0}^{C_i} \frac{dC_i}{-kC_i} = \frac{1}{k}\ln\frac{C_0}{C_i} \tag{2-4}$$

反应器内，C_i 随时间的变化如图 2-4 所示。

设为二级反应(并设 i 随时间减少)，则 $r(C_i)=-k\cdot C_i^2$，代入上式：

$$t = \int_{C_0}^{C_i} \frac{dC_i}{-k\cdot C_i^2} = \frac{1}{k}\left(\frac{1}{C_i}-\frac{1}{C_0}\right) \tag{2-5}$$

CMB 反应器，通常用于实验室实验或少量的水处理，近年来在污水处理中也有应用(间歇式活性污泥法)。

2. 推流型反应器

图 2-2PF 型反应器为理想的推流型反应器，又称活塞流反应器。反应器内的物料随水流以相同流速平行流动。物料浓度在垂直于液流方向完全均匀，而沿着液流方向将发生变化。这种流型物料的输入和输出就是平行流动的主流传送，而无纵向扩散作用。设反应器长度为 L，水平流速为 v，液流截面积为 ω。进口物料浓度为 C_0，出口浓度为 C_e(图 2-3)。取长为 dx 的微元体积 $\omega\cdot dx$，列物料平衡式：

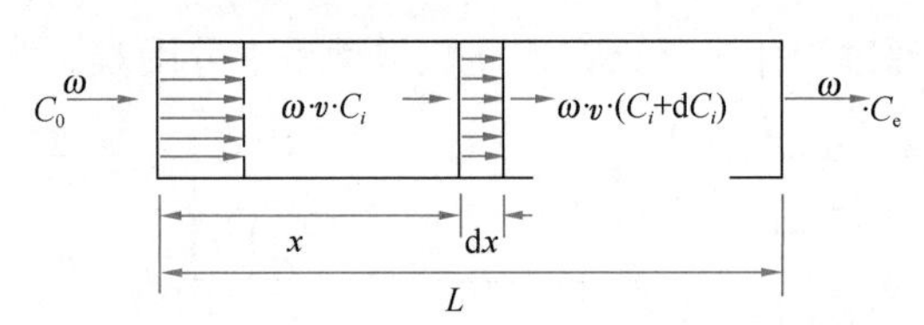

图 2-3 推流型反应器内物料浓度变化

$$\omega\cdot dx\frac{dC_i}{dt} = \omega\cdot v\cdot C_i - \omega\cdot v\cdot(C_i + dC_i) + r(C_i)\cdot\omega\cdot dx$$

（变化量）　（输入量）　（输出量）　　（反应量）

在稳定状态下，沿液流方向各断面处的物料浓度 C_i 不随时间而变，即$\frac{dC_i}{dt}=0$，上式可以简化为：

$$v\frac{dC_i}{dx} = r(C_i) \tag{2-6}$$

按边界条件 $x=0$，$C_i=C_0$；$x=x$，$C_i=C_i$；积分上式得：

$$t = \frac{x}{v} = \int_{C_0}^{C_i} \frac{dC_i}{r(C_i)} \tag{2-7}$$

公式(2-7)和公式(2-3)完全相同。把反应动力学方程代入公式(2-7)，所得反应时间公式和公式(2-4)及公式(2-5)也完全相同。由于 $x=vt$，当 v 一定时，则 C_i 随流程的变化如图 2-3 所示。这是因为：在推流型反应器的起端(或开始阶段)，物料是在 C_0 的高浓度下进行反应，反应速度很快。沿着液流方向，随着流程增加(或反应时间的延续)，物料浓度逐渐降低，反应速度也随之逐渐减小。这与间歇式反应器内的反应过程是完全一样的。但它优于间歇式反应器的是：间歇式反应器除了反应时间以外，还需考虑投料和卸料时间，而推流型反应器为连续操作。

推流型反应器在水处理中较广泛地用作水处理构筑物或设备的分析模型。如平流沉淀池、滤池及氯化消毒接触池就接近于 PF 型反应器. 但需考虑纵向分散作用，见“纵向分散模型”。

【例 2-1】 消毒设备采用 PF 型反应器。在消毒过程中，水中细菌随着消毒剂和水接触时间的延长(亦即反应器流程的增加)而逐渐被消灭，即水中存活的细菌逐渐减少。设存活的细菌密度随时间的变化符合一级反应，且假定 $k=0.92\text{min}^{-1}$。求细菌被灭 99%时，所需时间为多少？

【解】 设原有细菌密度为 C_0，t 时后尚存活的为 C_i，则在 t 时后，细菌的灭活率为：

$$\frac{C_0-C_i}{C_0}=99\%,\quad C_i=0.01C_0$$

细菌被灭速率等于活细菌减少速率。按一级反应，$r(C_i)=-k\cdot C_i=0.92C_i$，代入公式(2-4)：

$$t=\frac{1}{k}\ln\frac{C_0}{C_i}=\frac{1}{0.92}\ln\frac{C_0}{0.01C_0}=5\text{min}$$

应当说明，由于微生物的种类不同以及水质(尤其是 pH)及水温的差异，微生物的灭活速率随时间的变化也不同，并非均符合一级反应，应通过实验确定。此外，本题只是为了说明 PF 型反应器的性能，故也未涉及消毒剂量及具体的细菌密度。

如果在 CMB 反应器内进行消毒，所得结果与 PF 型完全相同。

3. 完全混合连续式反应器(CSTR)

图 2-2 所示为 CSTR 反应器。在水处理中这种反应器应用颇多，例如快速混合池即是一例。当物料投入反应器后，经搅拌立即与反应器内的料液达到完全均匀混合。新的物料连续输入，反应产物也连续输出。不难理解，输出的产物其浓度和成分必然与反应器内的物料相同(即 $C_i=C_0$)。新的物料一旦投入反应器，由于快速混合作用，一部分新鲜物料必然随产物立刻输出，理论上说，这部分物料在反应器内停留时间等于零。而其余新鲜物料在反应器内的停留时间则各不相同，理论上最长的等于无穷大。

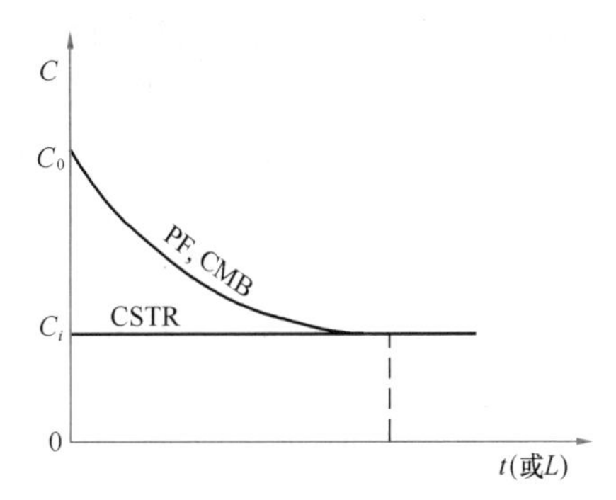

图 2-4　理想反应器中物料浓度分布

根据反应器内物料完全均匀混合且与输出产物相同的假定，在等温操作下，列物料平衡式：

$$V\frac{\mathrm{d}C_i}{\mathrm{d}t}=Q\cdot C_0-Q\cdot C_i+V\cdot r(C_i) \tag{2-8}$$

（变化量）（输入量）（输出量）（反应量）

式中 V——反应器内液体体积；

Q——流入或输出反应器的流量；

C_0——组分 i 的流入浓度；

C_i——反应器内组分 i 的浓度。

通常，按稳定状态考虑即在进入反应器的 i 物质浓度 C_0 不变的条件下，反应器内的 i 浓度 C_i 亦不随时间而变化，即 $\frac{\mathrm{d}C_i}{\mathrm{d}t}=0$（图 2-4），于是：

$$Q\cdot C_0-Q\cdot C_i+V\cdot r(C_i)=0 \tag{2-9}$$

只要反应速率 $r(C_i)$ 已知，按公式(2-9)即可以求出反应时间 $\bar{t}$，且可根据设计流量 Q 求出反应器容积 $V=Q\bar{t}$。

设为一级反应，将 $r(C_i)=-kC_i$ 代入公式(2-9)得：

$$Q\cdot C_0-Q\cdot C_i-V\cdot k\cdot C_i=0$$

将 $V=Q\bar{t}$ 代入上式并经整理得：

$$\bar{t}=\frac{1}{k}\left(\frac{C_0}{C_i}-1\right) \tag{2-10}$$

式中 $\bar{t}$ 为平均停留时间。求出 $\bar{t}$ 后，反应器体积即可按 $V=Q\bar{t}$ 求出。

【例 2-2】 假设消毒设备采用 CSTR 反应器，其余条件同【例 2-1】。求细菌去除率达到 99%时，所需时间为多少？

【解】 将 $C_i=0.01C_0$，$k=0.92\text{min}^{-1}$ 代入式(2-10)：

$$\bar{t}=\frac{1}{k}\left(\frac{C_0}{C_i}-1\right)=\frac{1}{0.92}\left(\frac{C_0}{0.01C_0}-1\right)=107.6\text{min}$$

对比【例 2-1】和【例 2-2】可知，采用 CSTR 型反应器所需消毒时间几乎是 PF 型反应器所需消毒时间的 21.5 倍。这是由于 CSTR 反应器仅仅是在细菌浓度为最终浓度 $C_i=0.01C_0$ 下进行反应，反应速度很低。而在 PF 反应器内，开始反应时，反应器内细菌浓度很高(C_0)，相应的反应速度很快；随着反应流程延长，细菌浓度逐渐减小，反应速度也随之逐渐减低。直至反应结束时，才和 CSTR 的整个反应时间内的低反应速度一样。

4. CSTR 型反应器串联

在水处理中，通常会将数个 CSTR 型反应器串联使用。例如，机械搅拌絮凝池往往将 3～4 个絮凝池串联起来。

如果采用多个体积相等的 CSTR 型反应器串联使用，则第 2 只反应器的输入物料浓度即为第 1 只反应器的输出物料浓度，以此类推。

$$\xrightarrow[C_0]{}\boxed{1}\xrightarrow[C_1]{}\boxed{2}\xrightarrow[C_2]{}\boxed{3}\cdots\xrightarrow[C_{n-1}]{}\boxed{n}\xrightarrow[C_n]{}$$

设为一级反应，据公式（2-10）每只反应器可写出如下公式：

$$\frac{C_1}{C_0}=\frac{1}{1+k\bar{t}};\ \frac{C_2}{C_1}=\frac{1}{1+k\bar{t}};\ \cdots\frac{C_n}{C_{n-1}}=\frac{1}{1+k\bar{t}}$$

所有公式左边和右边分别相乘：

$$\frac{C_1}{C_0}\cdot\frac{C_2}{C_1}\cdot\frac{C_3}{C_2}\cdot\cdots\cdot\frac{C_n}{C_{n-1}}=\frac{1}{1+k\bar{t}}\cdot\frac{1}{1+k\bar{t}}\cdot\frac{1}{1+k\bar{t}}\cdot\cdots\cdot\frac{1}{1+k\bar{t}}$$

$$\frac{C_n}{C_0}=\left(\frac{1}{1+k\bar{t}}\right)^n \tag{2-11}$$

式中 $\bar{t}$ 为单个反应器的反应时间。总反应时间 $\overline{T}=n\bar{t}$。

【例 2-3】 在【例 2-2】中若采用 3 个体积相等的 CSTR 反应器串联，求所需消毒时间为多少？

【解】 $\frac{C_n}{C_0}=0.01$，$n=3$，代入公式(2-11)：

$$0.01=\left(\frac{1}{1+0.92\bar{t}}\right)^3$$

$$\bar{t}=3.96\text{min}$$

$$\overline{T}=n\bar{t}=3\times3.96=11.88\approx12\text{min}$$

由此可知采用三个 CSTR 反应器串联，所需消毒时间比 1 个反应器大大缩短。串联的反应器数越多，所需反应时间越短，理论上，当串联的反应器数 $n\rightarrow\infty$ 时，所需反应时间将趋近于 CMB 型或 PF 型的反应时间。实际上，当 $n=8$ 时，根据式(2-11)和 $\overline{T}=n\bar{t}$ 所算出的消毒时间为 6.2min，与 CMB 和 PF 型反应器已相当接近。其原因是第 1 个反应器在 C_i 接近于 C_0 的高浓度下进行反应，反应速度最快，而后浓度逐级降低，反应速度也逐渐降低。生产上，串联数越多，虽然效果越好(越接近推流型)，但也会造成结构和操作的复杂化。

表 2-1 列出三种理想反应器的数学模型。

理想反应器数学模型 **表 2-1**

反应级	平均停留时间		
	CMB 型	PF 型	CSTR 型
0	$\frac{1}{k}(C_0-C_i)$	$\frac{1}{k}(C_0-C_i)$	$\frac{1}{k}(C_0-C_i)$
1	$\frac{1}{k}\ln\frac{C_0}{C_i}$	$\frac{1}{k}\ln\frac{C_0}{C_i}$	$\frac{1}{k}\left(\frac{C_0}{C_i}-1\right)$
2	$\frac{1}{kC_0}\left(\frac{C_0}{C_i}-1\right)$	$\frac{1}{kC_0}\left(\frac{C_0}{C_i}-1\right)$	$\frac{1}{kC_i}\left(\frac{C_0}{C_i}-1\right)$
$n(n\neq1)$	$\frac{1}{k(n-1)C_0^{n-1}}\left[\left(\frac{C_0}{C_i}\right)^{n-1}-1\right]$	$\frac{1}{k(n-1)C_0^{n-1}}\left[\left(\frac{C_0}{C_i}\right)^{n-1}-1\right]$	$\frac{1}{kC_i^{n-1}}\left(\frac{C_0}{C_i}-1\right)$

注：C_0 为进口物料浓度；C_i 为平均停留时间 t 时的物料浓度；k 为反应速度常数。

2.2.3 非理想反应器

1. 一般概念

在连续流动的反应器中，PF 型和 CSTR 型反应器是两种极端的、假想的流型。虽然有些设备接近于上述两种理想流型，但实际生产设备总要偏离理想状态，即介于两种理想流型之间。在 PF 反应器内，液流以相同流速平行流动，物料浓度在垂直于流动方向完全混合均匀，但沿流动方向绝无混合现象，物料浓度在纵向（即流动方向）形成浓度梯度。而在 CSTR 型反应器内，物料完全均匀混合，无论进口端还是出口端，浓度都相同。图 2-4即表达了两种理想反应器自进口端至出口端的浓度分布情况。

由图 2-4 可知 PF 型反应器在进口端是在高浓度 C_0 下进行反应，反应速率高，只是在出口端才在低浓度 C_e 下进行反应。而 CSTR 型始终在低浓度 C_e 下进行反应，故反应器始终处于低反应速率下操作，这就是 CSTR 型反应器生产能力低于 PF 型的原因。读者也许会问，间歇式搅拌反应器（CMB）同样在搅拌混合下操作，为什么反应速率和 PF 相同？对此，前文已有叙述，在此再补充说明一下。在 CMB 和 CSCR 反应器内的混合是两种不同的混合。前者是同时进入反应器又同时流出反应器的相同物料之间的混合，所有物料在反应器内停留时间相同；后者是在不同时间进入反应器又在不同时间流出反应器的物料之间的混合，物料在反应器内停留时间各不相同，理论上，反应器内物料的停留时间由 $0\rightarrow\infty$。这种停留时间不同的物料之间混合，在化学反应工程上称之为“返混”。显然，在 PF 反应器内，是不存在返混现象的。造成返混的原因，除了机械搅拌外，还有环流、对流、短流、流速不均匀、设备中存在死角以及物质扩散等。返混不但对反应过程造成不同程度的影响，更重要的是在反应器工程放大中将会产生很大偏差。

由于返混程度不同，将引起物料在反应器内停留时间分布不同。返混程度是衡量实际反应器偏离 PF 型反应器的一种尺度。因而，可利用停留时间分布来判断设备的流型究竟是接近于 PF 型还是 CSTR 型。

可以做这样一个实验：设反应器容积为 V，通过的流量为 Q。在反应器进口端把示踪剂瞬间投入反应器（进口脉冲信号），同时在出口端测定该示踪剂的浓度（出口响应），然后以出口示踪剂浓度为纵坐标，以时间为横坐标，可绘出图 2-5 所示曲线。如果是 PF 型反应器，则全部示踪剂将在反应器内经过 $\bar{t}=V/Q$（平均停留时间）后，同时流出反应器。如果是 CSTR 反应器，示踪剂在时间为零时，因产生瞬间混合而有一个较高的初始浓度，随后由于非示踪物连续流入而逐渐稀释了示踪剂，故曲线连续下降。这是两种极端情况。绝大部分则介于两者之间。即极少一部分示踪剂可能直接从进口直达出口，绝大部分在反应器内停留一段时间后才出口，还有很少一部分在反应器内停留时间较长，如图 2-5(c) 所示。

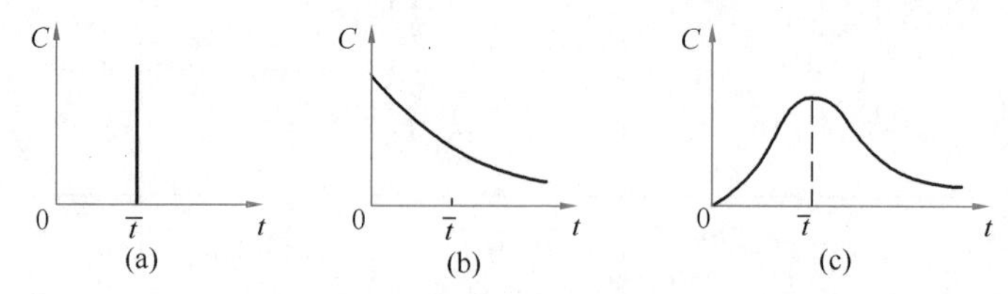

图 2-5　出口示踪剂浓度与时间关系

(a) PF 型；(b) STR 型；(c) 非理想反应型

由图 2-5(c) 可知，一部分物料在反应器内实际停留时间小于平均停留时间 $\bar{t}$，另一部分则大于 $\bar{t}$，由此形成了停留时间分布。如果仅仅定性了解设备的返混情况，上述实验已可说明问题。若要作进一步了解，可根据实验曲线进行数学分析，求得停留时间分布函数，进而判断实际反应器偏离理想反应器的程度，并可应用于推求纵向扩散模型的扩散系数。停留时间分布函数的推求请参阅其他有关书籍，这里从略。

2. 纵向分散模型

如上所述，实际反应器总是介于推流型和完全混合连续流型之间。纵向分散模型的基本设想就是在推流型基础上加上一个纵向（或称轴向）混合。而这种混合又设想为由一种扩散所引起，其中既包括分子扩散、紊流扩散，又包括短流、环流、流速不均匀等。很显然，这种扩散实际上是一种综合的、虚拟的扩散。只要这种模型与实际所研究的对象基本等效，就不必去深究扩散机理及其他细节，用类似分子扩散并以纵向分散系数 D_l 来代替扩散系数，按 Fick 定律（在单位时间内通过垂直于扩散方向的单位截面积的扩散物质流量与该截面处的浓度梯度成正比）：

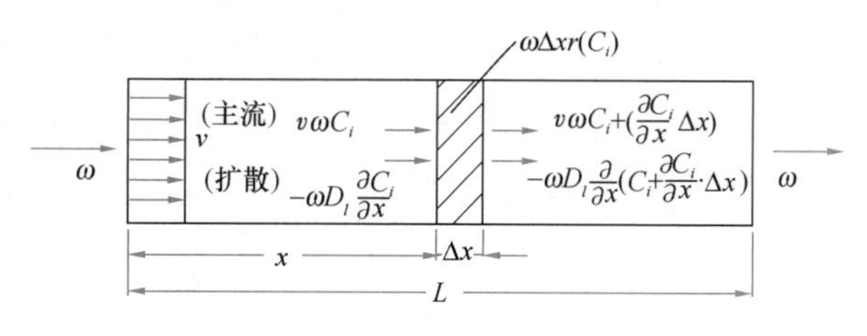

图 2-6 纵向分散模型

$$J_l = D_l \frac{\mathrm{d}C_i}{\mathrm{d}x} \tag{2-12}$$

式中 J_l——纵向分散通量；

D_l——纵向分散系数；

C_i——反应器内物料浓度。

该模型的另一个假设是：在垂直液流方向上的任一断面处，物料浓度是完全均匀的，而沿液流方向，物料浓度是变化的。图 2-6 为纵向分散模型示意图。它与 PF 型类似，只是在物料迁移中除主流外，多了一项纵向分散量（对比图 2-3 和图 2-6）。

设反应器长为 L，断面积为 ω。液体以均匀流速 v 流动。物料 i 仅在纵向存在浓度梯度，在垂直液流方向上完全均匀混合。在图中取出一个微元长度 Δx，列出微元体物料恒算式：

单位时间物料输入量：$v\cdot\omega\cdot C_i+\omega\left(-D_l\frac{\partial C_i}{\partial x}\right)$

单位时间物料输出量：$v\cdot\omega\left(C_i+\frac{\partial C_i}{\partial x}\cdot\Delta x\right)+\omega\cdot\left[-D_l\frac{\partial}{\partial x}\left(C_i+\frac{\partial C_i}{\partial x}\cdot\Delta x\right)\right]$

单位时间反应量：$\omega\cdot\Delta x\cdot r\ (C_i)$

单位时间微元体内物料变化量：$\omega\cdot\Delta x\cdot\frac{\partial C_i}{\partial t}$

将上列各项代入物料恒算式并经整理可得：

$$\frac{\partial C_i}{\partial t} = D_l\frac{\partial^2 C_i}{\partial x^2} - v\frac{\partial C_i}{\partial x} + r(C_i) \tag{2-13}$$

在稳定状态下，$\frac{\partial C_i}{\partial t}=0$，上式变为：

$$v\frac{\partial C_i}{\partial x} = D_l\frac{\partial^2 C_i}{\partial x^2} + r(C_i) \tag{2-14}$$

公式（2-14）与公式（2-6）的唯一区别是多了一个分散项。如果通过停留时间分布实验并进行数学分析求得 D_l，在反应动力学方程 $r(C_i)$已知情况下，公式（2-13）或公式

(2-14）即可求解。由此可知，如果不存在纵向分散，即 $D_l=0$，就得到理想 PF 型反应器的数学式。当 $D_l \to \infty$时，$\frac{\partial C_i}{\partial x} \to 0$，即不存在浓度梯度，反应器就接近于 CSTR 型。因此，纵向分散模型介于 CSTR 型和 PF 型之间。在水处理中，平流式沉淀池、氯消毒池、生物滤池、冷却塔等，均可应用纵向分散模型来进行分析研究。

2.3 人工智能在水处理中的应用

2.3.1 人工智能的特点和发展趋势

人工智能（Artificial Intelligence，AI）是研究、开发用于模拟、延伸和扩展人的智能的理论、方法、技术及应用系统的一门技术科学。该技术已成功应用于多个领域，目前应用于水处理的主要工具有：支持向量机（Support Vector Machine，SVM），决策树（Decision Tree，DT），随机森林（Random Forest，RF），增强回归树（Boosted Regression Tree，BRT）等在内的机器学习算法；包括卷积神经网络（Convolutional Neural Network，CNN），长短期记忆网络（Long Short Term Memory networks，LSTM）等在内的深度学习算法。

人工智能的特点及趋势有以下几点：从人为的知识表达到由大数据驱动的学习技术；从分类型处理的多媒体数据转向跨媒体的认知、学习和推理；从追求智能机器到高水平的人机、脑机交互、协同和融合；从聚焦个体智能到追求基于互联网和大数据的群体智能融合积聚；从拟人化的机器人转向更为广阔的智能自主系统应用场景。

2.3.2 人工智能在水处理中的应用

利用人工智能和大数据等技术，研发并建立智能化施工图审查系统，可减少人工审查工作量，提升审图效率和质量。

人工智能可以建立高效的水处理模块化系统，不仅能降低水处理成本，有助于确保水处理的合规性以及受纳水体的安全性，也能构建抵御极端事件造成的水文水质条件破坏的水处理系统，有助于迅速解决灾后水处理系统恢复问题。通过持续的水质监测，可运用人工智能技术进行水源污染物溯源并开展污染物迁移变化规律研究，达到提前识别风险及智能防御的目的。人工神经网络（Artificial Neural Network，ANN）是由具有适应性的简单单元组成的广泛并行互连的网络，其组织能够模拟生物神经系统对真实世界物体所作出的交互反应。由于其具有对数据的特征和趋势自主学习的能力，因此配合参数优化算法可以被广泛应用于预测水处理中污染物去除过程。人工神经网络与遗传算法（Genetic Algorithm，GA）或粒子群优化算法（Particle Swarm Optimization，PSO）的混合模型已经被成功地应用于水处理中的污染物去除过程预测以及构筑物状态识别等，发展前景广阔。人工智能的应用有希望加快未来“数字水”的发展，有助于世界各地水务管理人员、政府机构建立可持续有效的水管理系统，改变供水排水管网运行管理以及水处理方式。

2.4 建筑信息模型在水处理中的应用

2.4.1 建筑信息模型的特点

建筑信息模型（Building Information Modeling，BIM）是一种用于工程设计、建设和管理的数据化工具，通过对建筑的信息化、数据化模型进行整合，在项目设计、运行、管理和维护的全周期中进行信息共享和传递，使工程管理、技术和施工人员对各类建筑信息做出全面理解和正确应对，为设计人员以及包括建筑、运营企业在内的各类建设主体提供协同工作的基础，在提高效率、节约建筑成本和缩短建设工期等方面发挥着重要的作用。

建筑信息模型具有如下特点：

（1）可视化。BIM 提供了可视化的途径，将以往的线条式的构筑物变成三维的立体实物进行展示，并包含不同构筑物之间的互动和反馈。

（2）协调性。BIM 建筑信息模型可在建筑物建造前期对各专业的碰撞问题进行协调，生成协调数据，并展示出来。

（3）模拟性。BIM 不仅能模拟设计出的建筑物模型，还可以模拟不能够在真实世界中进行操作的事物。

（4）优化性。优化需要准确的信息。现代建筑物的复杂程度大多超过参与人员本身的能力极限，BIM 模型中提供的丰富信息有助于对复杂项目进行优化。

（5）可出图性。BIM 模型不仅能绘制常规图纸，还能通过对建筑物进行可视化展示、协调、模拟和优化，出具各专业图纸及深化图纸，使工程表达更加详细与清晰。

2.4.2 建筑信息模型在水处理中的应用

（1）BIM 模型共享。使用 BIM 平台汇总各项目团队所有的建筑工程信息，消除项目中的信息孤岛，并且将得到的信息结合三维模型进行整理，以备项目全过程中各相关利益方随时共享。

（2）各专业协同设计。借助 BIM 的技术优势，协同的范畴从单纯的设计阶段扩展到建筑全生命周期，需要规划、设计、施工和运营等各方的集体参与。

（3）管道及设备建模。利用 BIM 技术，通过搭建各专业的 BIM 模型，能够在虚拟的三维环境下方便地发现设计中的碰撞冲突，从而大大提高了管线综合的设计能力和工作效率。通过建立设备模型可以方便确定设备与管道连接的属性功能，方便设备与管道相连。

（4）可视化。可视化的结果不仅可以用作效果图的展示及报表的生成，更重要的是，项目设计、建造、运营过程中的沟通、讨论、决策都在可视化的状态下进行。

除此之外，BIM 在场地分析、建筑策划、方案论证、性能化分析、工程量统计、施工进度模拟、施工组织模拟、数字化建造、物料跟踪、施工现场配合、竣工模型交付、维护计划、资产管理、空间管理、建筑系统分析和灾害应急模拟等多个方面都有着广泛的应用。

思 考 题 与 习 题

1. 何谓单元处理？单元处理方法分为哪几类？

2. 一种单元处理方法是否仅适用于某一特定处理现象？反之，一种处理对象，是否仅有一种处理方法？

3. 何谓处理工艺系统？

4. 三种理想反应器的假定条件是什么？研究理想反应器对水处理设备的设计和操作有何作用？

5. 为什么串联的 CSTR 型反应器比同容积的单个 CSTR 型反应器效果好？

6. 混合和返混在概念上有何区别？返混是如何造成的？

7. PF 型和 CMB 型反应器为什么效果相同？比较两者优缺点。

8. 三种理想反应器的容积或物料停留时间如何求得？试写出不同反应级数下三种理想反应器内物料的平均停留时间公式。

9. 何谓“纵向分散模型”？纵向分散模型对水处理设备的分析研究有何作用？

10. 在实验室内做氯消毒试验，已知细菌被灭活速率为一级反应，且 $k=0.85\text{min}^{-1}$。求细菌被灭活 99.9%时所需消毒时间为多少分钟？（参考答案：8.13mm）

11. 设物料 i 分别通过 CSTR 型和 PF 型反应器进行反应后，进水和出水中 i 浓度之比均为 $C_0/C_e=10$，且属一级反应，$k=2h^{-1}$。求水流在 CSTR 型和 PF 型反应器内各需多少停留时间（注：C_0——进水中 i 初始浓度；C_e——出水中 i 浓度）？（参考答案：CSTR 型反应器 $t=4.5$h，PF 型反应器 $t=1.15$h）

12. 题 11 中若采用 4 只 CSTR 型反应器串联，其余条件同上。求串联后水流总停留时间为多少？（参考答案：$4t=1.56$h）

13. 液体中物料 i 浓度为 200mg/L，经过 2 个串联的 CSTR 型反应器后，i 浓度降至 20mg/L。液体流量为 $500\text{m}^3/\text{h}$；反应级数为 1；速率常数为 0.8h^{-1}。求每个反应器的体积和总反应时间。（参考答案：每个 CSTR 型反应器体积 $W=1350\text{m}^3$，总反应时间 $t=5.47$h）

第2篇 给 水 处 理

第3章 水源水质和水质标准

3.1 水 源 水 质

3.1.1 水中的杂质

取自任何水源的水中，都不同程度地含有各种各样的杂质。这些杂质不外乎两种来源：一是自然过程，例如，地层矿物质在水中的溶解，水中微生物的繁殖及其死亡残骸，水流对地表及河床冲刷所带入的泥砂和腐殖质等。二是人为因素即工业废水、农业污水及生活污水的污染。这些杂质按照其化学结构等可分为无机物、有机物和水生物；按照尺寸大小可分成悬浮物、胶体和溶解物3类，见表3-1。

水中杂质分类　　表3-1

杂质	溶解物（低分子、离子）	胶体	悬浮物	
颗粒尺寸	0.1～1nm	10～100nm	1～10μm	100μm～1mm
分辨工具	电子显微镜可见	超显微镜可见	显微镜可见	肉眼可见
水的外观	透明	浑浊	浑浊	

表3-1中的颗粒尺寸系按球形计，且各类杂质的尺寸界限只是大体的概念，而不是绝对的。如悬浮物和胶体之间的尺寸界限，根据颗粒形状和密度不同而略有变化。一般说，粒径在100nm～1μm之间属于胶体和悬浮物的过渡阶段。小颗粒悬浮物往往也具有一定的胶体特性，只有当粒径大于10μm时，才与胶体有明显差别。

1. 悬浮物和胶体杂质

悬浮物尺寸较大，易于在水中下沉或上浮。如果密度小于水，则可上浮到水面。易于下沉的一般是大颗粒泥砂及矿物质废渣等；能够上浮的一般是体积较大而密度小的某些有机物。

胶体颗粒尺寸很小，在水中长期静置也难下沉。水中所存在的胶体通常有黏土、某些细菌及病毒、腐殖质及蛋白质等。有机高分子物质通常也属于胶体一类。工业废水排入水体，会引入各种各样的胶质或有机高分子物质，例如人工合成的高聚物通常来自生产这类产品的工厂所排放的废水中。天然水中的胶体一般带负电荷，有时也含有少量带正电荷的金属氢氧化物胶体。

悬浮物和胶体是使水产生浑浊现象的根源。其中有机物，如腐殖质及藻类等，往往会造成水的色、臭、味。随生活污水排入水体的病菌、病毒及原生动物等病原体会通过水传播疾病。

悬浮物和胶体（包括藻类以及吸附在胶体颗粒上的有机污染物）是饮用水处理的主要去除对象。粒径大于 0.1mm 的泥砂去除较易，通常在水中可很快自行下沉。而粒径较小的悬浮物和胶体杂质，需投加混凝剂方可去除。

2. 溶解杂质

溶解杂质包括有机物和无机物两类。无机溶解物是指水中所含的无机低分子和离子。它们与水所构成的均相体系，外观透明，属于真溶液。但有的无机溶解物可使水产生色、臭、味。无机溶解杂质主要是某些工业用水的去除对象，但有毒、有害无机溶解物也是生活饮用水的去除对象。

有机溶解物主要来源于水源污染，也有天然存在的，如腐殖质等。当前，在饮用水处理中，溶解的有机物已成为重点去除对象之一，也是目前水处理领域重点研究对象之一。受污染水中溶解杂质多种多样。这里重点介绍天然水体中原来含有的主要溶解杂质：

（1）溶解气体

天然水中的溶解气体主要是氧、氮和二氧化碳，有时也含有少量硫化氢。

天然水中氧的主要来源是空气中氧的溶解，部分来自藻类和其他水生植物的光合作用。地表水中溶解氧的量与水温、气压及水中有机物含量等有关。不受工业废水或生活污水污染的天然水体，溶解氧含量一般为 5～10mg/L，最高含量不超过 14mg/L。当水体受到废水污染时，溶解氧含量降低。严重污染的水体，溶解氧甚至为零。

地表水中的二氧化碳主要来自有机物的分解。地下水中的二氧化碳除来源于有机物的分解外，还有在地层中所进行的化学反应。因为按照亨利定律，水中 CO_2 含量已远远超过来自空气中 CO_2 的饱和溶解度。地表水中（除海水以外）CO_2 含量一般小于 20～30mg/L，地下水中 CO_2 含量约每升几十毫克至一百毫克，少数竟高达数百毫克。海水中 CO_2 含量很少。水中 CO_2 约 99%呈分子状态，仅 1%左右与水作用生成碳酸。

水中的氮主要来自空气中氮的溶解，部分是有机物分解及含氮化合物的细菌还原等生化过程的产物。

水中硫化氢的存在与某些含硫矿物（如硫铁矿）的还原及水中有机物腐烂有关。由于 H_2S 极易被氧化，故地表水中含量很少。如果发现地表水中 H_2S 含量较高，往往与含有大量含硫物质的生活污水或工业废水污染有关。

（2）离子

天然水中所含主要阳离子有 Ca^{2+}、Mg^{2+}、Na^{+}；主要阴离子有 HCO_3^-、SO_4^{2-}、Cl^-。此外还含有少量 K^+、Fe^{2+}、Mn^{2+}、Cu^{2+} 等阳离子及 $HSiO_3^-$、CO_3^{2-}、NO_3^- 等阴离子。所有这些离子，主要来源于矿物质的溶解，也有部分可能来源于水中有机物的分解。例如，当水流接触石灰石（$CaCO_3$）且水中 CO_2 含量足够时，可溶解产生 Ca^{2+} 和 HCO_3^-；当水流接触白云石（$MgCO_3 \cdot CaCO_3$）或菱镁矿（$MgCO_3$）且水中有足够 CO_2 时，可溶解产生 Mg^{2+} 和 HCO_3^-；Na^+ 和 K^+ 则为水流接触含钠盐或钾盐的土壤或岩层溶解产生；SO_4^{2-} 和 Cl^- 则为接触含有硫酸盐或氯化物的岩石或土壤时溶解产生。水中 NO_3^- 一般主要来自有机物的分解，但也有可能由盐类溶解产生。天然水体中有时某些重金属含量偏高，如砷、铬、铜、铅、汞等，这是由于水源附近可能有天然重金属矿藏。

由于各种天然水源所处环境、条件及地质状况各不相同，所含离子种类及含量也有很大差别，详见后文介绍。

3.1.2 各种天然水源的水质特点

下面主要对未受污染的自然环境下各种水源水质特点并结合我国水源情况作简要叙述。

1. 地下水

水在地层渗透过程中，悬浮物和胶体已基本或大部分去除，水质清澈，且水源不易受外界污染和气温影响，因而水质、水温较稳定，一般宜作为饮用水和工业冷却用水的水源。

由于地下水流经岩层时溶解了各种可溶性矿物质，因而水的含盐量通常高于地表水（海水除外）。至于含盐量多少及盐类成分，则决定于地下水流经地层的矿物质成分、地下水埋深和岩层接触时间等。我国水文地质条件比较复杂。各地区地下水中含盐量相差很大，在100～5000mg/L之间，但大部分地下水的含盐量在200～500mg/L之间。一般情况下，多雨地区，如东南沿海及西南地区，由于地下水受到大量雨水补给，故含盐量较低；干旱地区，如西北、内蒙古等地，地下水含盐量较高。

地下水硬度高于地表水。我国地下水总硬度通常在60～300mg/L（以CaO计）之间，少数地区有时高达300～700mg/L。

由于地下水含盐量和硬度较高，故用以作为某些工业用水水源未必经济。地下水某些物质超过饮用水标准时，需经处理方可使用。

人体里含有40多种元素，其中铁、氟、锌、铜、铬、锰、碘、钼、钴9种元素是人体必需的，对生命的正常新陈代谢非常重要，不可缺少，也不可过多。许多地方病就是由于人们长期饮用不符合标准的水而引起的，如高氟水引起氟斑牙且与心血管和癌症有相关性、低碘水引起大脖子病、高砷水引起皮肤癌等。我国各地不同程度地存在着与饮用水水质有关的地方病区，尤其在北方丘陵山区，克山病、大骨节病、氟中毒、甲状腺肿等地方病比较普遍。

我国地下水中的低碘水，主要分布于山地、丘陵地区，包括云贵高原、南岭山区、浙闽山区的大部分地区和横断山、秦巴山、太行山、燕山、祁连山、昆仑山等地带。

高氟水主要分布于长白山区、辽东山地、松辽平原中部、黄淮海平原中部、山西省中部盆地、内蒙古高原，西北内陆盆地洪水冲积倾斜平原前缘地区。此外，我国东南丘陵温泉分布区，地下水中氟含量较高，一般大于5mg/L，最高达35mg/L。西藏南部地区温泉的氟含量也比较高。

高砷水主要分布在新疆塔里木盆地的渭干河流域和准噶尔盆地的奎屯河下游地区。

我国长春、西安、成都等城市的地下水中硝酸盐浓度高达600mg/L。

我国含铁地下水分布较广，比较集中的地区是青藏高原、三江平原、辽河平原、江汉平原等地区。地下水的含铁量通常在10mg/L以下，个别可高达30mg/L。

地下水中的锰常与铁共存，但含量比铁少。我国地下水含锰量一般不超过2～3 mg/L，个别高达10mg/L。

2. 江河水

江河水易受自然条件影响。水中悬浮物和胶态杂质含量较多，浑浊度高于地下水。

由于我国幅员辽阔，大小河流纵横交错，自然地理条件相差悬殊，因而各地区江河水的浑浊度也相差很大。甚至同一条河流，上游和下游、夏季和冬季、晴天和雨天，浑浊度也颇为悬殊。我国是世界上高浑浊度水河流众多的国家之一。西北及华北地区流经黄土高原的黄河水系、海河水系及长江中、下游（尤其入海口）等，河水含砂量很大。暴雨时，少则几千克每立方米，多则几十乃至数百千克每立方米。浑浊度变化幅度也很大。冬季浑浊度有时仅几 NTU 至几十 NTU，暴雨时，几小时内浑浊度就会突然增加。

凡土质、植被和气候条件较好地区，如华东、东北和西南地区大部分河流，浑浊度都较低。一年中大部分时段河水较清，只是雨季河水较浑，一般年平均浑浊度在 50～400NTU 之间。

江河水的含盐量和硬度较低。河水含盐量和硬度与地质、植被、气候条件及地下水补给情况有关。我国西北黄土高原及华北平原大部分地区，河水含盐量较高，约 300～400mg/L；秦岭以及黄河以南次之；东北松黑流域及东南沿海地区最低，含盐量大多小于 100mg/L。我国西北及内蒙古高原大部分河流，河水硬度较高，可达 100～150mg/L（以 CaO 计）甚至更大；黄河流域、华北平原及东北辽河流域次之；松黑流域和东南沿海地区，河水硬度较低，一般均在 15～30mg/L（以 CaO 计）以下。总的来说，我国大部分河流，河水含盐量和硬度一般均无碍于生活饮用。

江河水中往往检出引起水媒传播疾病的贾第虫和隐孢子虫，主要寄生于人或动物的肠道内，引起肠道感染。贾第虫孢囊呈椭圆形，直径约 7～14μm。隐孢子虫的卵囊呈圆形或椭圆形，直径 4～6μm。

南方地区夏季气温高时，江、河、湖边会有红虫繁殖，红虫是摇蚊的前身，特别是受污染的水明显有利于摇蚊幼虫的繁殖和生长。红虫体内、外可携带病原虫、病毒、各种病菌、毒素等。

江河水最大缺点是，易受工业废水、生活污水及其他各种人为污染，因而水的色、臭、味变化较大，有毒或有害物质易进入水体。水温不稳定，夏季常不能满足工业冷却用水要求。

3. 湖泊及水库水

湖泊及水库水，主要由河水补给，水质与河水类似。但由于湖（或水库）水流动性小，贮存时间长，经过长期自然沉淀，浑浊度较低。只有在风浪时和暴雨季节，由于湖底沉积物或泥砂泛起，才产生浑浊现象。水的流动性小和透明度高又给水中浮游生物特别是藻类（蓝藻和绿藻）的繁殖创造了良好条件。蓝藻中的某些藻属会产生微囊藻毒素（microcystin，MC），又称肝毒素，主要毒害人体的肝脏。藻类中无论活藻还是死藻，均会产生嗅味化合物，如蓝藻中的胶鞘藻、颤藻和项圈藻，鱼腥藻及放线菌等的分泌物主要为挥发性的气味化合物二甲基异莰醇（MIB）和土臭素（GSM）等，在水中只要以“ng/L”级的量存在，就可以嗅到。同时，水生物死亡后残骸沉积湖底，使湖底淤泥中积存了大量腐殖质，一经风浪泛起，便使水质发臭和恶化，湖水也易受废水污染。

由于湖水不断得到补给又不断蒸发浓缩，故含盐量往往比河水高。按含盐量分，有淡水湖、微咸水湖和咸水湖 3 种。这与湖的形成历史、水的补给来源及气候条件有关。干旱地区内陆湖由于换水条件差，蒸发量大，含盐量往往很高。微咸水湖和咸水湖含盐量在

1000mg/L 以上直至数万 mg/L。咸水湖的水不宜生活饮用。我国大的淡水湖主要集中在雨水丰富的东南地区。

4. 海水

海水含盐量高，一般海水含盐量为 6000～50000mg/L 之间，而且所含各种盐类或离子的质量比例基本上一定，这是与其他天然水源所不同的一个显著特点。其中氯化物含量最高，约占总含盐量 89%；硫化物次之，再次为碳酸盐；其他盐类含量极少。海水一般须经淡化处理才可作为居民生活用水。

3.1.3 受污染水源中常见的污染物分类

水源污染是当今世界范围所面临的普遍问题。由于污染源不同，水中污染物种类和性质也不同。按污染物毒性可分为有毒污染物和无毒污染物。无毒污染物虽然本身无直接毒害作用，但会影响水的使用功能或造成间接危害，故也称污染物。

有直接毒害作用的无机污染物主要是氰化物、砷化物和汞、镉、铬、铅、铜、钴、镍、铍等重金属离子。地表水中这类无机污染物主要源于工业废水的排放。当前，水源污染最重要的是有机污染物。本书重点介绍水源中的有机污染物。

目前已知的有机物种类多达 700 万种，其中人工合成的有机物种类达 10 万种以上，每年还有成千上万种新品种不断问世。这些化学物质中相当大一部分通过人类活动进入水体，例如生活污水和工业废水的排放，农业上使用的化肥、除草剂和杀虫剂的流失等，使水源中杂质种类和数量不断增加，水质不断恶化。有机化合物进入水体后，与河床泥土或沉积物中的有机质、矿物质等发生诸如物理吸附、化学反应、生物富集、挥发、光解作用等，使水中溶解性部分浓度下降而转入固相或气相中去。在一定的条件下，吸附到泥土和沉积物上的有机化合物又会发生各种转化，重新进入水中，甚至危及水生生物和人体健康。

引起地表水体有机污染的来源各异，有机污染的物质种类很多，在不同水体中其表现的污染特征有所不同。

根据污染物本身毒性可分为无毒有机污染物和有毒有机污染物：

（1）无毒有机污染物主要指碳水化合物、木质素、维生素、脂肪、类脂、蛋白质等有机化合物。

（2）有毒有机污染物指那些进入生物体内后能使生物体发生生物化学或生理功能变化，并危害生物生存的有机物质，如农药、杀虫剂、有机致癌物、石油、藻毒素等物质。

根据有机污染物来源可分为外源有机污染物和内源有机污染物：

（1）外源有机污染物指水体从外界接纳的有机物，主要来自地表径流、土壤溶沥、城市生活污水和工业废水排放、大气降水、垃圾填埋场渗出液、水体养殖的投料、运输事故中的泄漏、采矿及石油加工排放和娱乐活动的带入等。

（2）内源有机物来自于生长在水体中的生物群体（藻类、细菌及水生植物等及其代谢活动所产生的有机物和水体底泥释放的有机物）。

根据污染物在自然界的存在，水源水中的有机污染物可分为天然有机物（NOM）和人工合成有机物（SOC）。

1. 天然有机物

天然有机物是指动植物在自然循环过程中所产生的物质，包括腐殖质、微生物分泌物、溶解的动物组织及动物的废弃物等。典型的天然有机污染物不超过 20 种，腐殖质是其中主要成分。这些有机物质大部分呈胶体微粒状，部分呈真溶液状，部分呈悬浮物状。

（1）腐殖质

腐殖质是土壤的有机组分，是由动、植物残体通过化学和生物降解以及微生物的合成作用而形成的。腐殖质来自于动、植物残骸腐烂过程的中间产物和微生物的合成过程。腐殖质成分包括亲水酸、糖类、羧酸、氨基酸等，其分子量在几百到数万之间。腐殖质可根据溶解条件不同分为三类，即腐殖酸、富里酸及胡敏酸。富里酸含有较多的氧和较少的氮，分子量小于腐殖酸。按照富里酸、腐殖酸和胡敏酸的排列顺序，在颜色强度、聚合度、分子量、含碳量方面逐渐增大，而在酸度、含氧量和溶解性方面则逐渐减小。腐殖质是天然水体中有机污染物的主要组成部分，约占水中溶解性有机碳（DOC）的 40%～60%，也是地表水的成色物质。腐殖质中 50%～60%是碳水化合物及其关联物质，10%～30%是木质素及其衍生物，1%～3%是蛋白质及其衍生物。腐殖质是三卤甲烷和其他氯化消毒副产物的前体物，其中亲水酸和氨基酸的氯化消毒副产物生成潜能大于糖类和羧酸。

（2）耗氧有机物

耗氧有机物包括蛋白质、脂肪、氨基酸、碳水化合物等。一般生活污水中包含较多的耗氧有机物，面污染源也给水体带来大量的耗氧有机物。耗氧有机物来源多，排放量大，污染范围广，是一种普遍性的污染。

耗氧有机物，易被微生物分解。故又称可生物降解的有机物。这类有机物在生物降解过程中消耗水中溶解氧而恶化水质，破坏水体功能。这类有机物主要来源于生活污水的排放。

（3）藻类有机物

藻类有机物是藻类的分泌物及藻类尸体分解产物的总称。藻类生长的基本条件是要有适宜的水温、充足的阳光、富营养化水体。藻类细胞的胞内胞外有机物均是氯化消毒副产物的前体物。活藻可产生许多挥发性和非挥发性的有机物质，这些有机物或是简单的光合作用产物，或是合成为较复杂的化合物，变成异养有机物（如细菌和真菌）的食物。藻的细胞外物质的分解会引起异嗅。活藻会释放嗅味代谢物，大部分藻源嗅味化合物由活藻释放，包括小分子和大分子量物质。死亡藻类细胞的解体，使得细胞内物质进入水中，释放出嗅味化合物；死藻可作为放线菌等细菌的食物，放线菌可产生嗅味化合物。腐烂的蓝、绿藻可以产生各种各样的嗅味硫化物，包括甲烷硫醇、异丁硫醇、n-丁基硫醇、二甲基硫醚、三硫酸二甲酯等。藻类腐烂时，藻的产物就会释放出来。许多产物会引起嗅味，诸如蓝藻、绿藻产生的酚类和挥发性化合物，水处理中酚类化合物与氯反应会产生扑鼻的氯酚臭。

藻类在其生长过程中由于新陈代谢从体内排出的一些代谢残渣以及细胞分解的产物，即藻类分泌物，是从藻类中分离出来的一类有机物，其中一部分溶于水中，另一部分仍吸附在藻类的表面。藻类在新陈代谢和细胞分解过程中产生的溶于水的物质中糖类物质约占 60%左右，主要是葡萄糖、半乳糖、木糖、鼠李糖、甘露糖、阿拉伯糖等，其余 40%的化合物中还可能含有氨基酸、有机酸、糖醛、糖酸、腐殖质类物质和多肽等。

2. 人工合成有机物

人工合成有机物一般具有以下特点：难于降解，具有生物富集性、三致（致癌、致畸、致突变）作用和毒性。相对于水体中的天然有机物，它们对人体的健康危害更大。

有毒有机污染物的种类成千上万，而且人工合成有机化学品的不断问世，使这类污染物的种类还在不断增加。这些有害化学物质往往吸附在悬浮颗粒物上和底泥中，成为不可移动的一部分。它们对水环境的影响时间可能会很长，例如 PCBs（多氯联苯）在水环境中的停留时间可长达几年。

上述有机和无机化学污染物，特别是有毒有机化学污染物在环境中的行为（光解、水解、微生物降解、挥发、生物富集、吸附、淋溶等）及其可能产生的潜在危害迄今知之甚微，因而日益受到人们的关注。但是由于有毒物质品种繁多，不可能对每一种污染物都制定控制标准，因而提出在众多污染物中筛选出潜在危险大的作为优先研究和控制对象，称之为优先污染物（Priority Pollutant）或称为优先控制污染物。1977 年 USEPA 根据污染物的毒性、生物降解的可能性以及在水体中出现的几率等因素，从 7 万种化合物中筛选出 65 类 129 种优先控制的污染物，其中有机化合物 114 种，占总数的 88.4%，包括 21 种杀虫剂、26 种卤代脂肪烃、8 种多氯联苯、11 种酚、7 种亚硝酸及其他化合物。我国借鉴国外的经验并根据我国国情，国家环保总局 1989 年通过的“水中优先控制污染物名单”中，包括了 14 类共 68 种有毒化学污染物质。随着科学技术的发展，优先污染物的种类还会有所变化。

3.2 水 质 标 准

水质标准是用水对象（包括饮用和工业用水等）所要求的各项水质参数应达到的指标和限值。水质参数能反映水的使用性质的一种量度，有的涉及具体数值，如水中铁、锰等；有的不代表具体成分，如水的色度、浑浊度、总溶解固体、高锰酸盐指数等称为“替代参数”，能直接或间接反映水的某一方面使用性质。不同用水对象，要求的水质标准不同。水质标准又分为国家标准、地区标准、行业标准等不同等级。随着科学技术的进步和水源污染日益严重，水质标准总是在不断修改、补充中。

3.2.1 生活饮用水水质标准

生活饮用水包括人们饮用和日常生活用水（如洗涤、沐浴等）。其水质与人类健康直接相关。故生活饮用水水质首先要满足安全、卫生要求，同时还需要使人感到清澈可口。生活饮用水水质标准，就是为满足上述要求而制定的技术法规。因此，生活饮用水水质标准通常包括四大类指标。

（1）微生物指标

要求饮用水中不含有病原微生物（细菌、病毒、原虫、寄生虫等），在流行病学上安全可靠。因为病原微生物对人类健康影响最大。它能够在同一时间内使大量饮用者患病。例如：伤寒、霍乱、痢疾、肠胃炎等往往是通过水中病原微生物传播的。通过水传染疾病的病原微生物种类很多，包括各种病原菌、病毒及病原原生动物等，要直接测定各种病原微生物显然不可能。因而，自来水厂一般采用能充分反映病原微生物存在与否的指示微生物作为控制指标。例如，总大肠杆菌群和大肠埃希氏菌，它们普遍存在于人类粪便内而且数量很多，检测又较方便。当水中含有这类细菌时，表明水源可能受到粪便污染。当水中检测不出这类细菌时，表明病原菌不复存在，且具有较大的安全系数。

近年来，欧美等国家曾暴发了多起由隐孢子虫和贾第鞭毛虫等致病原生动物引起的水媒介流行病。因而，这两种致病原生动物也列入了饮用水卫生标准中。不过，目前我国将此指标暂列入“非常规指标”中。

水中消毒剂余量是指消毒剂加入水中与水接触一定时间后尚余的消毒剂量，它是保证在供水过程中继续维持消毒效果，抑制水中残余病毒微生物再度繁殖的信号。余量过少表明水质可能再度受到污染。故消毒剂余量与微生物直接相关。在过去的水质标准中往往把它列入微生物指标中。

（2）毒理指标

本指标要求所含的无机物和有机物在毒理学上安全，对人体健康不产生毒害和不良影响。

水中有毒化学物质少数是天然存在的，如某些地下水中含有氟或砷等无机毒物；绝大多数是人为污染的；也有少数是在水处理过程中形成的，如三卤甲烷和卤乙酸等。有毒化学物质种类繁多（包括有机和无机物），毒理、毒性各不相同。有些化学物质可引起急性中毒，如氰化物一次摄入50～60mg会致人死亡。但大多数化学物质摄入后会在人体内积蓄引起慢性中毒，例如，六价铬和苯并（α）芘等摄入人体后会在人体内积蓄，当体内含量积蓄到一定水平时就可能引发癌症。汞摄入后也会在人体内积蓄，当体内含量达到一定水平时，会造成神经系统和肾脏的损伤。饮用水水质标准中有毒化学物质种类和限值的确定是一项复杂而又十分严谨的问题，除了应拥有大量流行病学和动物毒理实验资料以外，还需考虑饮用水中检出频率和浓度范围，同时还需考虑实施的可能，包括现有处理技术的可行性和经济投入的可接受程度等。

当前，由于水源污染特别是有机物污染严重，故毒理指标中，有毒有机物指标大量增加。这给饮用水处理带来了困难，也是给从事水处理工作的技术专家带来了挑战。

（3）感官性状和一般化学指标

本指标要求感官良好，无不良刺激或不愉快感觉，使用方便，无不良影响。水的色度、浑浊度、嗅、味和肉眼可见物，虽然不会直接影响人体健康，但会引起使用者的厌恶感。而且色、嗅、味严重时，很可能是水中含有有毒物质的标志。浑浊度高时不仅使用者感到不快，而且病菌、病毒及其他有害物质往往附着于形成浑浊度的悬浮物中。因此，降低浑浊度不仅为满足感官性状要求，对限制水中其他有毒、有害物质含量也具有积极意义。因此各国在饮用水水质标准中均力求降低水的浑浊度。

一般化学指标中所列的化学物质和水质参数，包括以下几类：第一类是对人体健康有益但不宜过量的化学物质。例如，铁是人体必须元素之一，但水中铁含量过高会使洗涤的衣物和器皿染色并会形成令人厌恶的沉淀或异味。第二类是对人体健康无益但毒性也很低的物质。例如阴离子合成洗涤剂对人体健康危害不大，但水中含量超过0.5mg/L时会使水起泡且有异味。水的硬度过高，会使烧水壶结垢，洗涤衣服时浪费肥皂等。第三类是高浓度时具有毒性，但其浓度远未达到致毒量时，在感官性状方面即表现出来。例如，酚类物质有促癌或致癌作用，但水中含量很低，远未达到致毒量时，即具有恶臭，加氯消毒后所形成的氯酚恶臭更甚。故挥发酚按感官性状制订标准是安全的。

总之，一般化学指标往往与感官性状有关。故与感官性状指标列在同一类中。

(4) 放射性指标

水中放射性核素来源于天然矿物侵蚀和人为污染，通常以前者为主。放射性物质均为致癌物。因为放射性核素是发射α射线和β射线的放射源，当放射性核素剂量很低时，往往不需鉴定特定核素，只需测定总α射线和β射线的活度，即可确定人类可接受的放射水平。因此，饮用水标准（或指导）中，放射性指标通常以总α射线和总β射线作为控制（或指导）指标。若α或β射线指标超过控制值（或指导值）时，或水源受到特殊核素污染时，则应进行核素分析和评价以判定能否饮用。

由于生活饮用水水质标准直接关系到人类健康，故世界各国对此都十分重视。各国的生活饮用水水质标准均不尽相同。目前，国际上影响较大的是世界卫生组织（WHO）的《饮用水水质准则》、欧盟（EC）的《饮用水水质指令》和美国国家环保局（USEPA）的《美国饮用水水质标准》。这三个标准受到各国普遍关注、借鉴和采纳。WHO的《饮用水水质准则》所列的指标数量最多，但指标值的限定较为宽松。原因是考虑世界各国经济、文化、环境和社会习俗等存在差异，便于各国根据本国实际情况进行选择和调整。随着科学技术的进步，水源污染和人们对生活饮用水水质要求的提高，以及国民经济的发展，各国生活饮用水水质标准总是在不断修订中。我国生活饮用水水质标准经过多次修订。1955年卫生部发布实施《自来水水质暂行标准》，在北京、天津、上海、旅顺（大连）等12个城市试行，这是中华人民共和国成立后最早的一部管理生活饮用水的技术法规；1956年由国家建设委员会和卫生部发布实施《饮用水水质标准》，共15项指标；1959年由建筑工程部和卫生部发布实施《生活饮用水卫生规程》，它是对《饮用水水质标准》和《集中式生活饮用水水源选择及水质评价暂行规则》进行修订，并将其合并而成的共17项指标；1976年卫生部组织制定了我国第一个国家饮用水标准，共有23项指标，定名为《生活饮用水卫生标准》TJ 20—76，经国家基本建设委员会和卫生部联合批准；1985年卫生部对《生活饮用水卫生标准》进行了修订，指标增加至35项，编号为GB 5749—1985，于1986年10月起在全国实施。2001年，卫生部发布实施《生活饮用水卫生规范》，有7个附件，第一个附件《生活饮用水水质卫生规范》，分“常规检验项目”和“非常规检验项目”，提出了96项水质指标及其限值。规范增加了铝、耗氧量（高锰酸盐指数）、微囊藻毒素、亚氯酸盐以及一些卤代消毒副产物项目，对提高我国饮用水水质标准起到积极的促进作用。2005年建设部颁布了《城市供水水质标准》CJ/T 206—2005，检测项目为103项。我国最新颁布的《生活饮用水卫生标准》GB 5749—2022，检测项目为97项，包括常规指标43项和扩展指标54项，将于2023年4月1日起实施。最新标准更改了3项指标的名称，包括耗氧量（COD_{Mn}法，以O_2计）名称修改为高锰酸盐指数（以O_2计）；氨氮（以N计）名称修改为氨（以N计）；1,2-二氯乙烯名称修改为1,2-二氯乙烯（总量）。其余更改变化详见新标准的“前言”部分。

3.2.2 中水水质标准

由于“水危机”的困扰，许多国家和地区增强了节水意识并研究城市废水再生与回用。城市污水回用就是将城市居民生活及生产中使用过的水经过处理后回用。有两种不同程度的回用：一种是将污水处理到可饮用的程度，而另一种则是将污水处理到非饮用的程度。对于前一种，因其投资较高、工艺复杂，加之人们心理上的障碍，非特缺水地区一般不常采用。多数国家则是将污水处理到非饮用的程度，在此引出了中水概念。“中水”一词原是日文的直译，但现今含义已与日文有异。所谓中水是因其水质介于上水（自来水）和下水（污水）之间而言的，是指城市污水或生活污水经过适当处理后达到某一规定的水质标准，可以在一定范围内作为非饮用的杂用水使用。如厕所冲洗、绿地浇灌、景观河湖、环境用水、农业用水、工厂冷却用水、洗车用水等。其水质指标低于城市给水中饮用水水质标准，但又高于污水允许排入地面水体排放标准，亦即其水质居于生活饮用水水质和允许排放污水水质标准之间。

中水回用因回用模式不同其水质标准也大不相同。中水回用水质标准总体说来，首先应满足卫生要求，主要指标有大肠菌群数、细菌总数、余氯量、悬浮物、生物化学需氧量、化学需氧量。

其次应满足人们感观要求，即无不快的感觉，主要衡量指标有浑浊度、色度、嗅味等。另外，水质不易引起设备、管道的严重腐蚀和结垢，主要衡量指标有 pH、硬度、蒸发残渣、溶解性物质等。

市政、环境、娱乐、景观、生活杂用是住宅小区中水回用的重要部分。这些回用水主要是按用途划分，虽各有侧重但无严格界限，实际上亦常有交叉。例如，景观用水有时属灌溉、环境用水，而生活杂用水和市政用水中的绿化用水又可属景观用水。事实上环境、景观、娱乐用水往往紧密相关，但水质要求又不尽相同，例如用以维持河道自净能力的环境用水，既可改善景观，有时又可供水上娱乐。对于同人体直接接触的娱乐用水的水质要求应高于单一的环境或景观用水水质标准。

景观环境用水有以下两种可能的回用类型：一是观赏性景观环境用水；二是娱乐性景观环境用水。景观用水，要严格考虑污染物对水体美学价值的影响。因此要在生物二级处理的基础上，还要考虑除 P、脱 N、过滤、消毒等深度处理。一方面降低 COD、BOD、SS，减轻水体的有机污染负荷，防止水体发黑、发臭，影响美学效果。另一方面控制水体富营养化的程度，提高水体的感观效果。此外，还要满足卫生方面的要求，保证人体健康。

关于中水水质的要求我国制定了《城市污水再生利用》系列标准。系列标准分为七项：《城市污水再生利用　分类》GB/T 18919—2002、《城市污水再生利用　城市杂用水水质》GB/T 18920—2020、《城市污水再生利用　景观环境用水水质》GB/T 18921—2019、《城市污水再生利用　地下水回灌水质》GB/T 19772—2005、《城市污水再生利用　工业用水水质》GB/T 19923—2005、《城市污水再生利用　农田灌溉用水水质》GB 20922—2007、《城市污水再生利用　绿地灌溉水质》GB/T 25499—2010。前三项标准均已由国家标准化管理委员会批准发布实施，表 3-2、表 3-3 为《城市污水再生利用　城市杂用水水质》GB/T 18920—2020 标准中水质要求。

城市杂用水水质基本控制项目及限值　　表 3-2

序号	项目		冲厕、车辆冲洗	城市绿化、道路清扫、消防、建筑施工
1	pH		6.0～9.0	6.0～9.0
2	色度，铂钴色度单位	≤	15	30
3	嗅		无不快感	无不快感

续表

序号	项目	冲厕、车辆冲洗	城市绿化、道路清扫、消防、建筑施工
4	浑浊度（NTU） ≤	5	10
5	五日生化需氧量（BOD_3）（mg/L） ≤	10	10
6	氨氮（mg/L） ≤	5	8
7	阴离子表面活性剂（mg/L） ≤	0.5	0.5
8	铁（mg/L） ≤	0.3	—
9	锰（mg/L） ≤	0.1	—
10	溶解性总固体(mg/L) ≤	1000(2000)[a]	1000(2000)[a]
11	溶解氧(mg/L) ≥	2.0	2.0
12	总氯(mg/L) ≥	1.0(出厂)，0.2（管网末端）	1.0(出厂)，0.2[b](管网末端)
13	大肠埃希氏菌（MPN/100mL，或 CFU/100mL）	无[c]	无[c]

注：“—”表示对此项无要求。

a 括号内指标值为沿海及本地水源中溶解性固体含量较高的区域的指标。

b 用于城市绿化时，不应超过 2.5mg/L。

c 大肠埃希氏菌不应检出。

城市杂用水选择性控制项目及限值（单位：mg/L） **表 3-3**

序号	项目	限值
1	氯化物（Cl^-）	不大于 350
2	硫酸盐（SO_4^{2-}）	不大于 500

3.2.3 工业用水水质标准

工业用水种类繁多，水质要求各不相同。水质要求高的工艺用水，不仅要求去除水中悬浮杂质和胶体杂质，而且还需要不同程度地去除水中的溶解杂质。

食品、酿造及饮料工业的原料用水，水质要求应当高于生活饮用水的要求。

纺织、造纸工业用水，要求水质清澈，且对易于在产品上产生斑点从而影响印染质量或漂白度的杂质含量，加以严格限制，如铁和锰会使织物或纸张产生锈斑；水的硬度过高也会使织物或纸张产生钙斑。

对锅炉补给水水质的基本要求是：凡能导致锅炉、给水系统及其他热力设备腐蚀、结垢及引起汽水共腾现象的各种杂质，都应大部或全部去除。锅炉压力和构造不同，水质要求也不同。汽包锅炉和直流锅炉的补给水水质要求相差悬殊。锅炉压力越高，水质要求也越高。如低压锅炉（压力小于 2450kPa），主要应限制给水中的钙、镁离子含量，含氧量及 pH。当水的硬度符合要求时，即可避免水垢的产生。

在电子工业中，零件的清洗及药液的配制等，都需要纯水。例如，在微电子工业的芯片生产过程中，几乎每道工序都要用高纯水清洗。

此外，许多工业部门在生产过程中都需要大量冷却水，用以冷凝蒸气以及工艺流体或设备降温。冷却水首先要求水温低，同时对水质也有要求，如水中存在悬浮物、藻类及微生物等，会使管道和设备堵塞；在循环冷却系统中，还应控制在管道和设备中由于水质所引起的结垢、腐蚀和微生物繁殖。

总之，工业用水的水质优劣，与工业生产的发展和产品质量的提高关系极大。各种工业用水对水质的要求由有关工业部门制定。

3.2.4 其他水质标准

针对不同的水体及其人类的需求，生态环境部或者相关的行业部门建立了很多水质标准，如《地表水环境质量标准》GB 3838—2002、《农田灌溉水质标准》GB 5084—2021、《海水水质标准》GB 3097—1997、《渔业水质标准》GB 11607—1989 等。

其中的《地表水环境质量标准》GB 3838—2002 适用于全国江河、湖泊、运河、渠道、水库等具有使用功能的地表水水域；集中式生活饮用水地表水源地补充项目和特定项目适用于集中式生活饮用水地表水源地一级保护区和二级保护区。标准依据地表水水域环境功能和保护目标，按功能高低依次划分为五类：

Ⅰ类 主要适用于源头水、国家自然保护区；

Ⅱ类 主要适用于集中式生活饮用水地表水源地一级保护区、珍稀水生生物栖息地、鱼虾类产卵场、仔稚幼鱼的索饵场等；

Ⅲ类 主要适用于集中式生活饮用水地表水源地二级保护区、鱼虾类越冬场、洄游通道、水产养殖区等渔业水域及游泳区；

Ⅳ类 主要适用于一般工业用水区及人体非直接接触的娱乐用水区；

Ⅴ类 主要适用于农业用水区及一般景观要求水域。

思 考 题

1. 水中杂质按照性质和尺寸大小分别可分成哪几类？了解各类杂质主要来源、特点。
2. 概略叙述我国天然地表水源和地下水源的水质特点。
3. 了解我国最新《生活饮用水卫生标准》中各项指标的意义。

第4章 混　　凝

4.1 混 凝 机 理

自来水厂所去除的杂质主要是悬浮物和胶体颗粒、藻类，以及吸附在胶体颗粒上的有机污染物，需要经过混凝工艺。广义上认为，混凝是投加电解质或搅拌、加热、冷冻水体或施加电场磁场，促使水中胶体颗粒和细小悬浮颗粒相互聚结的过程。在水处理过程中指的是投加电解质促使水中胶体颗粒和细小悬浮颗粒相互聚结的过程。通常涉及水中胶体颗粒和细小悬浮物的性质、投加的电解质（混凝剂）水解聚合产物基本性质以及胶体颗粒与混凝剂的作用。在整个混凝过程中，一般把混凝剂水解后和胶体颗粒碰撞、改变胶体颗粒的性质，使其脱稳，称为“凝聚”。在外界水力扰动条件下，脱稳后颗粒相互聚结称为“絮凝”。混凝包括凝聚、絮凝的整个过程，也有将凝聚、絮凝、混凝概念相互通用。本章沿用混凝即为凝聚和絮凝的概念。

在水处理中，混凝是影响处理效果最为关键的因素。混凝的作用不仅能够使处于悬浮状态的胶体和细小悬浮物聚结成容易沉淀分离的颗粒，而且能够部分地去除色度，无机污染物、有机污染物，以及铁、锰形成的胶体络合物。同时也能去除一些放射性物质、浮游生物和藻类。近年来，对于微污染水源，往往采用强化混凝方法以提高有机污染物的去除效果。

4.1.1 水中胶体颗粒的稳定性

1. 胶体颗粒的动力学稳定性

天然水体中含有黏土、泥砂和腐殖物等杂质。从粒度分布考虑，应分为悬浮物、胶体颗粒及溶解杂质。它们和水体一起构成了水的分散系。从胶体化学角度来看，亲水的高分子溶液处于相对稳定状态，即不容易沉淀析出。而黏土类胶体颗粒及其他憎水化合物、胶体，久置后会逐渐沉淀析出，并不是稳定体系。但从水处理角度考虑，所有的水处理构筑物不可能设计很大，不允许有过长的沉淀分离时间，水中的一些胶体颗粒也就不能自然分离出来。所以，凡沉降速度十分缓慢的胶体颗粒及细小悬浮物均被看作是稳定的。例如，粒径为 1μm 的黏土颗粒，沉降 10cm 高度，约需 20h 之久，在停留时间有限的水处理构筑物中很难沉淀析出，其沉降性能忽略不计。于是，就把水中黏土胶体颗粒及细小悬浮物和水构成的分散体系认为是稳定体系。由此可知，所谓的稳定性是指胶体颗粒长期处于分散悬浮状态而不聚结沉淀的性能。

水中胶体颗粒一般分为两大类，一类是与水分子有很强亲和力的胶体，如蛋白质、碳氢化合物以及一些复杂有机化合物的大分子形成的胶体，称为亲水胶体。其发生水合现象，包裹在水化膜之中。另一类与水分子亲和力较弱，一般不发生水合现象，如黏土、矿石粉等无机物属于憎水胶体。由于水中的憎水胶体颗粒含量很高，引起水的浑浊度变化，有时出现色度增加，且容易附着其他有机物和微生物，是水处理的主要对象。

胶体颗粒和水组成的分散系的性质取决于胶体颗粒粒度分布。也就是说，不同粒径的颗粒所占的比例大小不同，直接影响了其基本特性。天然水体中的胶体颗粒粒径一般在0.01～10μm之间。受到水分子和其他溶解杂质分子的布朗运动撞击后，也具有一定的能量，处于动荡状态。这种胶体颗粒本身的质量很小，在水中的重力不足以抵抗布朗运动的影响，故而能长期悬浮在水中，称为动力学稳定。如果是较大颗粒（$d>5\mu m$）组成的悬浮物，一方面，它们本身布朗运动很弱，另一方面，虽然也受到其他发生布朗运动的分子、离子撞击，因粒径较大，四面八方的撞击作用趋于平衡。在水中的重力能够克服布朗运动及水流运动的影响，容易下沉，则称为动力学不稳定。

水分子和其他溶解杂质分子的布朗运动既是胶体颗粒稳定性因素，同时又是能够引起颗粒运动碰撞聚结的不稳定因素。在布朗运动作用下，如果胶体颗粒相互碰撞、聚结成大颗粒，其动力学稳定性随之消失而沉淀下来，则称为聚集不稳定性。由此看出，胶体稳定性包括动力稳定和聚集稳定两种。如果胶体粒子很小，即使在布朗运动作用下有自发的相互聚集倾向，但因胶体表面同性电荷排斥或水化膜阻碍而不能相互聚集。故认为胶体颗粒的聚集稳定性是决定胶体稳定性的关键因素。为此，需要进一步说明胶体聚结稳定性的主要原因及有关影响因素。

2. 胶体的结构形式

水中黏土胶体颗粒可以看成是大的黏土颗粒多次分割的结果。在分割面上的分子和离子因改变了原来的平衡状态，所处的力场、电场呈现不平衡状况，具有表面自由能，因而表现出了对外的吸附作用。在水中其他离子作用下，出现相对平衡的结构形式，如图4-1所示。

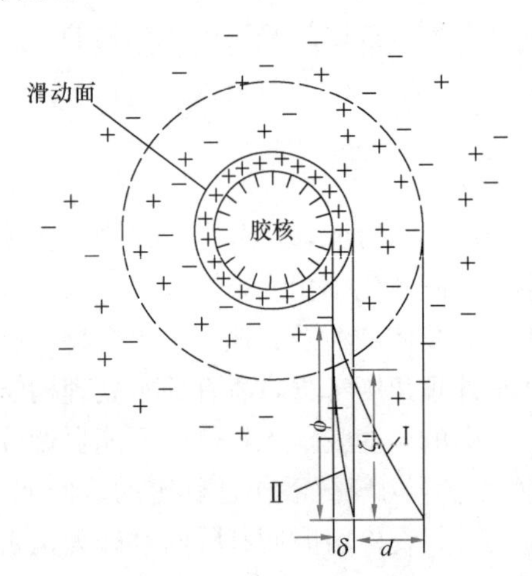

图4-1　胶体双电层结构示意

由黏土颗粒组成的胶核表面上吸附或电离产生了电位离子层，具有一个总电位（ϕ电位）。由于该层电荷作用，使其在表面附近从水中吸附了一层电荷符号相反的离子，形成了反离子吸附层。反离子吸附层紧靠胶核表面，随胶核一起运动，称为胶粒。总电位（ϕ电位）和吸附层中的反离子电荷量并不相等，其差值称为ζ电位，又称动电位，也就是胶粒表面（或胶体滑动面）上的电位，在数值上等于总电位中和了吸附层中反离子电荷后的剩余值。胶体运动中表现出来的是动电位，而非总电位。当胶粒运动到任何一处，总有一些与ζ电位电荷符号相反的离子被吸附过来，形成了反离子扩散层。于是，胶核表面所带的电荷和其周围的反离子吸附层、扩散层形成了双电层结构。双电层与胶核本身构成了一个整体的电中性构造，又称为胶团。如果胶核带有正电荷（如金属氢氧化物胶体），构成的双电层结构和黏土胶粒构成的双电层结构正好相反。天然水中的胶体杂质通常是带负电荷胶体。黏土胶体的ζ电位一般在－15～－30mV范围内；细菌的ζ电位在－30～－70mV范围内；藻类的ζ电位在－10～－15mV范围内；生活废水的ζ电位在－15～－45mV范围内。

ζ电位的高低和水中杂质成分、粒径有关。同一种胶体颗粒在不同的水体中，因附着的细菌、藻类及其他杂质不同，所表现的 ζ 电位值不完全相同。以上所列 ζ 电位值，仅作为对水中一些杂质的了解不作为定量计算的数据。由于无法把吸附层中的反离子层分开，只能在胶粒带着一部分反离子吸附层运动时，测定其电泳速度或电泳迁移率换算成 ζ 电位。所以，在研究时，可根据胶体颗粒电泳速度及追踪颗粒的比例实际测定值计算。

带有 ζ 电位的憎水胶体颗粒在水中处于运动状态，并阻碍光线透过而使水体产生浑浊度。水的浑浊度高低不仅和含有的胶体颗粒的质量浓度有关，而且和胶体颗粒的分散程度（即粒径大小）有关。

3. 胶体颗粒聚集稳定性

天然水体中胶体颗粒虽处于运动状态，但大多不能自然碰撞聚集成大的颗粒。除因含有胶体颗粒的水体黏滞性增加，影响颗粒的运动和相互碰撞接触外，其主要原因还是带有相同性质的电荷所致。这一理论是由德加根（Derjaguin）、兰道（Landon）、伏维（Verwey）和奥贝克（Overbeek）发展的，简称为 DLVO 理论。DLVO 理论认为，当两个胶粒接近到扩散层重叠时，便产生了静电斥力。静电斥力与两胶粒表面距离 x 有关，用排斥势能 E_R 表示。E_R 随 x 增大而按指数关系减小，如图 4-2（b）所示。然而，与斥力对应的还普遍存在一个范德华引力作用。两颗粒间范德华力的大小同样也和胶粒间距有关，用吸引势能 E_A 表示。对于两个胶粒而言，促使胶粒相互聚集的吸引势能 E_A 和阻碍聚集的排斥势能 E_R 可以认为是具有不同作用方向的两个矢量。其代数和即为总势能 E。相互接触的两胶粒能否凝聚，决定于总势能 E 的大小和方向。

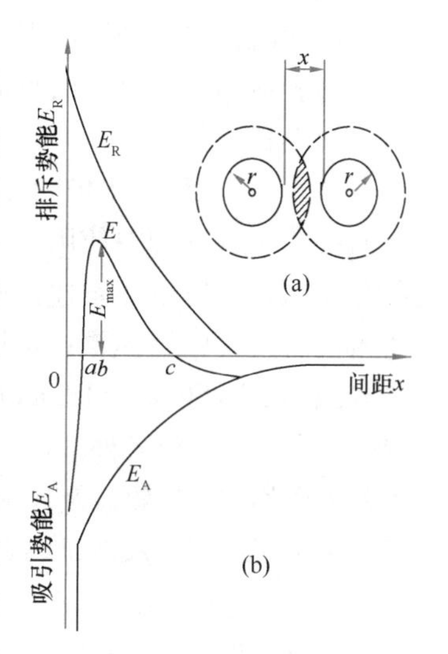

图 4-2　相互作用势能与粒间距离关系

（a）双电层重叠；（b）势能变化曲线

从图 4-2 还可知道，当 $oa<x<oc$ 时，排斥势能占优势。当 $x=ob$ 时，排斥势能最大，用 E_{max} 表示，称为排斥能峰。当 $x<oa$ 或 $x>oc$ 时，吸引势能占优势。当 $x>oc$ 时，虽然两胶粒表现出相互吸引趋势，但存在有排斥能峰这一屏障，两胶粒很难靠近。只有当 $x<oa$ 时，吸引势能 E_A 急剧增大，两胶粒有可能聚结成一个颗粒。欲使两胶粒表面距离小于 oa，必须有一种能量促使胶粒克服排斥能峰 E_{max} 才行。或者排斥势能减少到一定程度，或者范德华引力占优势时，胶体失去稳定性而聚结，则称为脱稳。布朗运动致使胶粒具有一定动能，但远小于排斥能 E_{max}，两胶粒之间的距离无法靠近到 oa 以内，也就无法聚结，故天然水体中的胶体颗粒具有聚集稳定性。

DLVO 理论阐述了憎水胶体颗粒的稳定性及其相互聚集的机理，已得到试验证明。胶粒表面扩散层中反离子的化合价高低，直接影响胶体扩散层的厚度，从而影响两胶粒间的距离大小。显然，反离子化合价越高，观察到絮凝现象时的反离子浓度值（即临界絮凝值）越低。一般两价离子的絮凝能力是一价离子的 20～80 倍，这一现象称为叔采—哈代（Schulze-Hardy）法则，与 DLVO 理论是一致的。

胶体颗粒聚集稳定性并非都是静电斥力引起的，有一部分胶体表面带有水合层，阻碍了胶粒直接接触，也是聚集稳定性的因素。一般黏土胶粒表面的 ζ 电位，会吸附一些水分子形成水化膜。当ζ电位降低到一定程度或者消失，则水化膜随之消失。故认为憎水胶体的水化作用对聚集稳定性影响较小。但对于有机胶体或高分子物质组成的亲水胶体来说，水化作用却是聚集稳定性的主要原因。亲水胶体表面极性基团强烈吸附水分子，使粒子周围包裹了一层较厚的水化膜，使之无法相互靠近，因而范德华引力不能发挥作用。如果一些憎水胶体表面附着有亲水胶体，同样，水化膜作用也会影响范德华引力作用。实践证明，亲水胶体虽然也存在双电层结构，但ζ电位对胶体稳定性的影响远小于水化膜的影响。所以，亲水胶体的稳定性不能完全按照DLVO理论进行解释。

由上述分析可知，水中分子、离子的布朗运动撞击细小胶体颗粒使其处于动力学稳定状态，虽然能促使个别胶粒运动越过排斥能峰，在范德华引力作用下相互聚结，但对于绝大部分的胶粒而言，是无法克服排斥势能和水化膜作用影响的，也就不能发生聚结絮凝，而处于聚集稳定状态。

4.1.2 硫酸铝在水中的化学反应

硫酸铝是水处理中使用广泛的一种无机盐混凝剂。它的作用原理可代表其他无机盐的混凝作用原理。所以在阐述混凝机理之前，先将硫酸铝在水中的化学反应作一介绍，有助于理解混凝过程中胶体颗粒聚结的原理。

硫酸铝 $Al_2(SO_4)_3 \cdot 18H_2O$，溶于水后，立即离解出铝离子，且常以$[Al(H_2O)_6]^{3+}$的水合形态存在。在一定条件下，$Al^{3+}$(略去配位水分子)经过水解、聚合或配合反应可形成多种形态的配合物或聚合物以及氢氧化铝 $Al(OH)_3$ 沉淀物。各种物质组分的含量多少以至存在与否，决定于铝离子水解时的条件，包括水温、pH、铝盐投加量等。水解产物的结构形态主要取决于羟铝比(OH)/(Al)—每摩尔铝所结合的羟基摩尔数。根据近年来有关研究结果，铝离子水解，聚合反应有以下几种形式(略去配位水分子)，见表4-1。

铝离子水解平衡常数（25℃） **表 4-1**

反应式	平衡常数（lg*K*）
$Al^{3+}+H_2O \rightleftharpoons [Al(OH)]^{2+}+H^+$	−4.97
$Al^{3+}+2H_2O \rightleftharpoons [Al(OH)_2]^{+}+2H^+$	−9.3
$Al^{3+}+3H_2O \rightleftharpoons Al(OH)_3+3H^+$	−15.0
$Al^{3+}+4H_2O \rightleftharpoons [Al(OH)_4]^{-}+4H^+$	−23.0
$2Al^{3+}+2H_2O \rightleftharpoons [Al_2(OH)_2]^{4+}+2H^+$	−7.7
$3Al^{3+}+4H_2O \rightleftharpoons [Al_3(OH)_4]^{5+}+4H^+$	−13.94
$Al(OH)_3$(无定形)$\rightleftharpoons Al^3+3OH^-$	−31.2

由上述反应式可知，铝离子通过水解产生的物质分成三类：未水解的水合铝离子及单核羟基配合物；多核多羟基聚合物；氢氧化铝沉淀（固体）物。多核多羟基配合物可认为是由单核羟基配合物通过羟基桥联形成的，如两个单核单羟基铝通过两个羟基（OH）桥形成双核双羟基铝的反应式为：

$$2[Al(OH)(H_2O)_5]^{2+} \longrightarrow [(H_2O)_4Al\begin{matrix}OH\\ \\OH\end{matrix}Al(H_2O)_4]^{4+}+2H_2O$$

各种水解产物的相对含量与水的 pH 和铝盐投加量有关，如图 4-3 所示。当 pH＜3

时，水中的铝以[$Al(H_2O)_6$]$^{3+}$形态存在，即不发生水解反应。随着水的 pH 升高，羟基配合物及聚合物相继产生，各种组分的相对含量与总的铝盐浓度有关。例如，当 pH＝5 时，在铝的总浓度为 0.1mol/L 时，[$Al_{13}(OH)_{32}$]$^{7+}$为主要产物，如图 4-3(a)所示，而在铝总浓度为 10^{-5}mol/L 时，主要产物为 Al^{3+} 及[$Al(OH)_2$]$^{+}$等，如图 4-3(b)所示。按照给水处理中一般铝盐投加量，在 pH＝4～5 时，水中将产生较多的多核羟基配合物，如[$Al_2(OH)_2$]$^{4+}$、[$Al_3(OH)_4$]$^{5+}$等。当 pH 在 6.5～7.5 的中性范围内，水解产物将以 $Al(OH)_3$沉淀物为主。在碱性条件下(pH＞8.5)，水解产物以负离子形态[$Al(OH)_4$]$^{-1}$出现。

铝离子水解产物除了表 4-1 中所列几种外，还可能存在其他形态。随着研究的深入，测试方法的改进和发展，新的水解、聚合产物将不断发现，并由此推动混凝理论和混凝技术的发展。

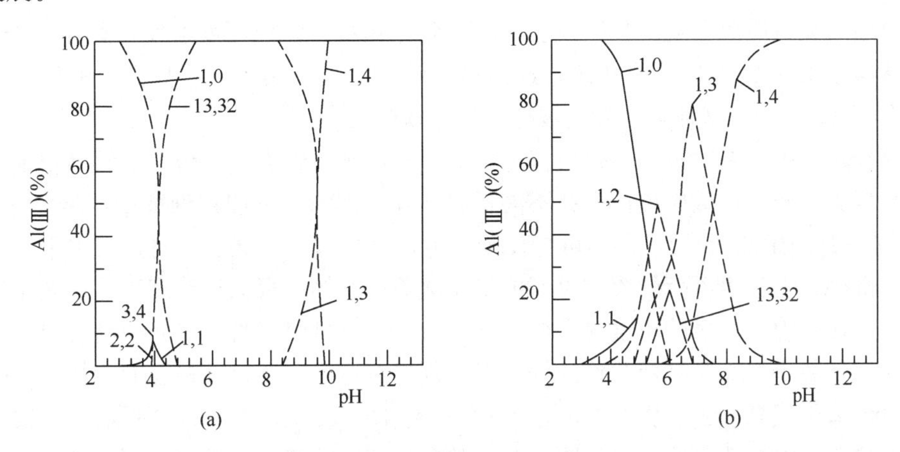

图 4-3　在不同 pH 下，铝离子水解产物[$Al_x(OH)_y$]$^{(3x-y)+}$的相对含量

（曲线旁数字分别表示 x 和 y）

(a) 铝总浓度为 0.1mol/L；(b) 铝总浓度为 10^{-5}mol/L，水温 25℃

4.1.3　混凝机理

水处理中的混凝过程比较复杂，不同类型的混凝剂以及在不同的水质条件下，混凝剂作用机理都有所不同。许多年来，水处理专家们从铝盐和铁盐的混凝现象开始，对混凝剂的作用机理进行了研究，有力推动了混凝理论的不断发展。DLVO 理论的提出，对于胶体稳定性及在一定条件下的胶体凝聚的研究取得了巨大进展。但 DLVO 理论并不能全面解释水处理中的一切混凝现象。当前，看法比较一致的是，混凝剂对水中胶体粒子的混凝作用有三种：电性中和、吸附架桥和卷扫作用。这三种作用机理究竟以何种为主，取决于混凝剂种类和投加量、水中胶体粒子性质、含量以及水的 pH 等。三种作用机理有时会同时发生，有时仅其中 1～2 种机理发挥作用。目前，这三种作用机理尚限于定性描述，今后的研究目标除定性描述外将以定量计算为主。

1. 电性中和

根据 DLVO 理论，要使胶粒通过布朗运动碰撞聚集，必须降低或消除排斥能峰。吸引势能与胶粒电荷无关，它主要取决于构成胶体的物质种类、尺寸和密度。对于一定水源的水质，水中胶体特性基本不变。因此，降低或者消除 ζ 电位，即会降低排斥能峰，减小扩散层厚度，使两胶粒相互靠近，更好发挥吸引势能作用。向水中投加电解质（混凝剂）可以达到这一目的。

水中的黏土胶体颗粒表面带有负电荷（ζ电位），和扩散层包围的反离子电荷总数相等，符号相反。向水中投加一些带正电荷的离子（电解质离解后），即增加反离子的浓度，可使胶粒周围较小范围内的反离子电荷总数和ζ电位值相等，如图 4-4（a）所示，则为压缩扩散层厚度。如果向水中投加高化合价带正电荷的电解质，即增加反离子的强度，则可使胶粒周围更小范围内的反离子电荷总数就会和ζ电位平衡，也就进一步压缩了扩散层厚度。

根据苏茨一哈代法则(Schulz-Hardn rule)，不同化合价数正离子压缩扩散层作用相当时，其浓度之比为：$[M^{+}]:[M^{2+}]:[M^{3+}]=1:\left(\frac{1}{2}\right)^{6}:\left(\frac{1}{3}\right)^{6}$。

当投加的电解质离子吸附在胶粒表面时，胶体颗粒扩散层厚度会变得很小，ζ电位会降低，甚至于出现$\zeta=0$的等电状态，此时排斥势能消失。实际上，只要ζ电位降至临界电位ζ_k时，$E_{max}=0$。这种脱稳方式被称为压缩双电层作用。

在混凝过程中，有时投加高化合价电解质，会出现胶粒表面所带电荷符号反逆重新稳定(再稳)现象，压缩扩散层理论对此不能予以解释。因为，按照这种理论，至多达到$\zeta=0$状态(图 4-4(b)中曲线Ⅲ)，而不可能使胶体电荷符号改变。试验证明，当水中铝盐投量过多时，水中原来带负电荷的胶体可变成带正电荷的胶体。根据近代理论，这是由于带负电荷胶核直接吸附了过多的正电荷聚合离子的结果。这种吸附力，绝非单纯静电力，一般认为还存在范德华力、氢键及共价键等。混凝剂投量适中，通过胶核表面直接吸附带相反电荷的聚合离子或高分子物质，ζ电位可达到临界电位ζ_k，如图 4-4(c)所示中曲线Ⅱ。混凝剂投量过多，电荷符号反逆，如图 4-4(c)的曲线Ⅲ。由此可看出两种作用机理的区别。在水处理中，一般均投加高价电解质(如三价铝或铁盐)或聚合离子。以铝盐为例，只有当水的 pH<3 时，$[Al(H_2O)_6]^{3+}$才起到压缩扩散(双电)层作用。当 pH>3 时，水中便出现聚合离子及多核羟基配合物。这些物质往往会吸附在胶核表面，分子量越大，吸附作用越强，如$[Al_{13}(OH)_{32}]^{7+}$与胶核表面的吸附强度大于$[Al_3(OH)_4]^{5+}$或$[Al_2(OH)_2]^{4+}$与胶核表面的吸附强度。

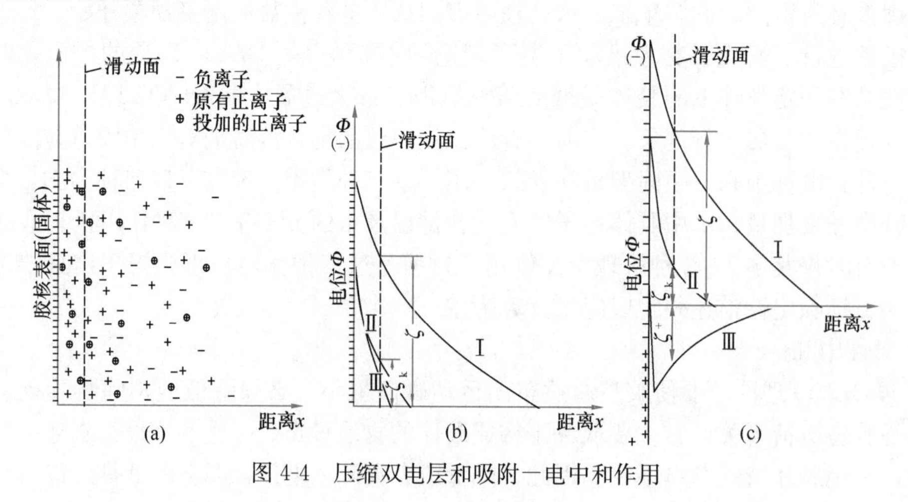

图 4-4　压缩双电层和吸附一电中和作用

其原因是，不仅在于前者正电价数高于后者，主要在于前者分子量大于后者，带正电荷的高分子物质与带负电荷胶粒吸附性更强。如果分子量不同的两种高分子电解质同时投入水中，分子量大者优先被胶粒吸附。如果不同时投入水中，先投加分子量低者吸附后再投入分子量高的电解质，会发现分子量高的电解质将慢慢置换出分子量低的电解质。这种分子量大、正电荷价数高的电解质优先涌入到吸附层表面中和ζ电位的原理称为“吸附—电性中和”作用，如图 4-4（c）所示。在给水处理中，天然水体的 pH 通常总是大于 3，而投加的混凝剂多是带高价正电荷的电解质，图 4-4（b）所示的压缩双电层作用就会显得非常微弱了。

2. 吸附架桥

不仅带异性电荷的高分子物质具有强烈吸附作用，不带电荷甚至带有与胶体同性电荷的高分子物质与胶粒也有吸附作用。拉曼（Lamer）等通过对高分子物质吸附架桥作用的研究认为：当高分子链的一端吸附了某一胶粒后，另一端又吸附了另一胶粒，形成“胶粒—高分子—胶粒”的絮凝体，如图 4-5 所示。高分子物质在这里起到了胶粒与胶粒之间相互结合的桥梁作用，故称吸附架桥作用。高分子物质与胶粒之间的吸附力来源于范德华力、氢键、配位键及电性吸力等。高分子物质性质不同，吸附力的性质和大小不同。当高分子物质投量过多时，将产生“胶体保护”现象，如图 4-6 所示。胶体保护可理解为：当全部胶粒的吸附面均被高分子覆盖以后，两胶粒接近时，就会受到高分子的阻碍而不能聚集。这种阻碍来源于高分子之间的相互排斥。排斥力可能来源于“胶粒—胶粒”之间高分子受到压缩变形（像弹簧被压缩一样）而具有排斥势能，也可能由于高分子之间的电性斥力（对带电高分子而言）或水化膜。因此，高分子物质投量过少不足以将胶粒架桥连接起来，投量过多又会产生胶体保护作用。最佳投量应是既能把胶粒架桥连接起来，又可使絮凝起来的最大胶粒不易脱落。根据吸附原理，胶粒表面高分子覆盖率等于 1/2 时絮凝效果最好。但在实际水处理中，胶粒表面覆盖率无法测定，故高分子混凝剂投加量通常由试验决定。

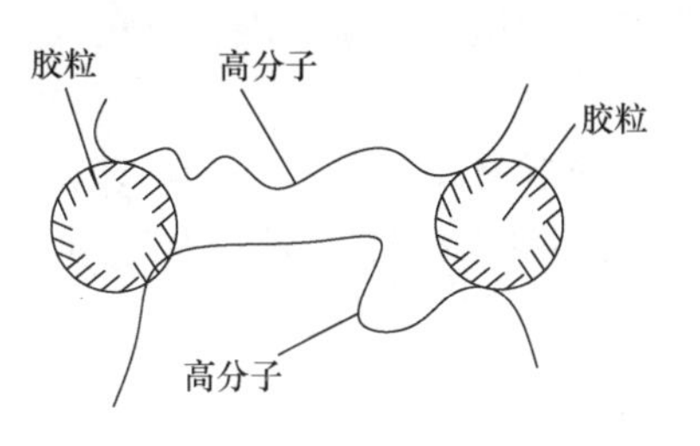

图 4-5　架桥模型示意

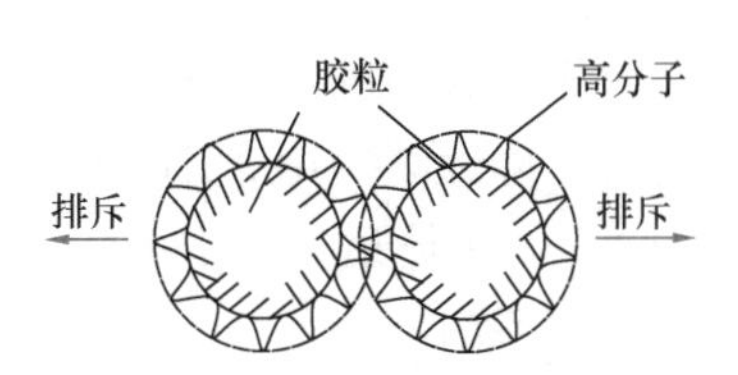

图 4-6　胶体保护示意

起架桥作用的高分子都是线性分子且需要一定长度。长度不够不能起粒间架桥作用，只能被单个分子吸附。所需最小长度，取决于水中胶粒尺寸、高分子基团数目、分子的分支程度等。显然，铝盐的多核水解产物，其分子尺寸都不足以起粒间架桥作用。只能被单个分子吸附发挥电性中和作用。而中性氢氧化铝聚合物$[Al(OH)_3]_n$则可能起到架桥作用。

不言而喻，若高分子物质为阳离子型聚合电解质，它具有电性中和及吸附架桥双重作用；若为非离子型（不带电荷）或阴离子型（带负电荷）的聚合电解质，只能起粒间架桥作用。

3. 网捕或卷扫

当铝盐或铁盐混凝剂投量很大而形成氢氧化物沉淀时，可以网捕、卷扫水中胶粒一并产生沉淀分离，称为卷扫或网捕作用。这种作用，基本上是一种机械作用，所需混凝剂量与原水杂质含量成反比，即原水中胶体杂质含量少时，所需混凝剂多，反之亦然。

概括以上几种混凝机理，可作如下分析判断：

(1) 对铝盐混凝剂(铁盐类似)而言，当 pH$<$3 时，简单水合铝离子$[Al(H_2O)_6]^{3+}$可起压缩胶体双电层作用；在 pH=4.5～6.0 范围内(视混凝剂投量不同而异)主要是多核羟基配合物对带有负电荷的胶体起电性中和作用，凝聚体比较密实；在 pH=7～7.5 范围内，电中性氢氧化铝聚合物$[Al(OH)_3]_n$可起吸附架桥作用，同时也存在某些羟基聚合物的电性中和作用。天然水的 pH 一般在 6.5～7.8 之间，铝盐的混凝作用主要是吸附架桥和电性中和。两者以何为主，决定于铝盐投加量；当铝盐投加量超过一定限度时，会产生“胶体保护”作用，使脱稳胶粒电荷变号或使胶粒被包卷而重新稳定(常称“再稳”现象)；当铝盐投加量再次增大、超过氢氧化铝溶解度而产生大量氢氧化铝沉淀物时，则发挥网捕和卷扫作用。实际上，在一定 pH 下，几种作用都可能同时存在，只是程度不同。通常与铝盐投加量和水中胶粒含量有关。如果水中胶粒含量过低，往往需投加大量铝盐混凝剂使之产生卷扫作用才能发生混凝作用。

(2)阳离子型高分子混凝剂能对带负电荷的胶粒发挥电性中和与吸附架桥作用，絮凝体一般比较密实。非离子型和阴离子型高分子混凝剂只能起吸附架桥作用。当高分子物质投加量过多时，会产生“胶体保护”作用使颗粒重新悬浮。

4.2 混凝动力学及混凝控制指标

由 4.1 节分析可知，要使杂质颗粒之间或杂质与混凝剂之间发生絮凝，一个必要条件是使颗粒相互碰撞。碰撞速率和混凝速率问题属于混凝动力学范畴，这里仅介绍一些基本概念。

推动水中颗粒相互碰撞的动力来自两方面：颗粒在水中的布朗运动；在水力搅拌或机械搅拌下所发生的水体运动。由布朗运动所引起的颗粒碰撞聚集称为“异向絮凝”(perikinetic flocculation)。由水体运动所引起的颗粒碰撞聚集称为“同向絮凝”(orthokinetic flocculation)。

4.2.1 异向絮凝

颗粒在水分子热运动的撞击下所作的布朗运动是无规则的。这种无规则运动必然导致颗粒相互碰撞。当颗粒已完全脱稳后，一经碰撞就会发生絮凝，从而使小颗粒絮凝体聚集成大颗粒絮凝体。因水中固体颗粒总质量没有发生变化，只是颗粒数量浓度(单位体积水中的颗粒个数)减少。颗粒的絮凝速率决定于碰撞速率。假定颗粒为均匀球体，根据费克(Fick)定律，可导出颗粒碰撞速率：

$$N_P = 8\pi d D_B n^2 \tag{4-1}$$

式中 N_p——单位体积中的颗粒在异向絮凝中碰撞速率，$1/(cm^3 \cdot s)$；

d——颗粒直径，cm；

n——颗粒数量浓度，个/cm^3；

D_B——布朗运动扩散系数，cm^2/s。

扩散系数 D_B 可用斯托克斯（Stokes）—爱因斯坦（Einstein）公式表示：

$$D_B = \frac{KT}{3\pi d\nu\rho} \tag{4-2}$$

式中 K——波兹曼(Boltzmann)常数，$1.38\times10^{-16}g\cdot cm^2/(s^2\cdot K)$；

T——水的绝对温度，K；

ν——水的运动黏度，cm^2/s；

ρ——水的密度，g/cm^3。

将式（4-2）代入式（4-1），得：

$$N_P = \frac{8}{3\nu\rho}KTn^2 \tag{4-3}$$

如果两个颗粒每次碰撞后均会发生聚结，则颗粒的[絮凝速率]=$-\frac{1}{2}$[碰撞速率]（推导从略），则由布朗运动引起胶体颗粒的聚结速率，即为异向絮凝速度：

$$\frac{dn}{dt} = -\frac{1}{2}N_P = -\frac{4}{3\nu\rho}KT\eta n^2 \tag{4-4}$$

式中 η——有效碰撞系数。

由布朗运动引起胶粒碰撞聚结成大颗粒的速度，就是原有胶粒个数减少的速率，与水的温度成正比，与颗粒数量浓度的平方成正比，从表面上看来与颗粒尺寸无关。而实际上，这是一个用发生布朗运动颗粒平均粒径代入求出的絮凝速度表达式，只有微小颗粒才具有布朗运动的可能性，且速度极为缓慢。随着颗粒粒径的增大，布朗运动的影响逐渐减弱，当颗粒粒径大于1μm时，布朗运动基本消失，异向絮凝自然停止。显然，异向絮凝速度和颗粒尺寸有关。由此还可以看出，要使较大颗粒进一步碰撞聚集，需要靠水体流动或扰动水体完成这一过程。

【例 4-1】 设天然河水中细小黏土颗粒的个数浓度为 3×10^6 个/mL，在布朗运动作用下发生异向絮凝，有效碰撞系数 $\eta=0.5$，取水的密度 $\rho=1.0g/cm^3$，求在水温20℃条件下水中胶体颗粒个数减少一半的时间。

【解】 20℃时水的运动黏度 $\nu=0.01cm^2/s$，根据式（4-4）得：

$$\frac{dn}{dt} = -\frac{4}{3\nu\rho}KT\eta n^2 \quad \frac{dn}{n^2} = -\frac{4}{3\nu\rho}KT\eta dt$$

$$\frac{1}{n} - \frac{1}{n_0} = \frac{4}{3\nu\rho}KT\eta t, \quad 取\ n = \frac{1}{2}n_0$$

得

$$t = \frac{1}{n_0}\cdot\frac{3\nu\rho}{4KT\eta} = \frac{1\times3\times0.01\times1}{3\times10^6\times4\times1.38\times10^{-16}\times(273+20)\times0.5}$$

$$= 123658.3s = 34.35h$$

由此例可知，异向絮凝速度非常缓慢。

4.2.2 同向絮凝

同向絮凝在整个混凝过程中具有十分重要的作用。最初的理论公式是根据水流在层流状态下导出的，显然与实际处于紊流状态下的絮凝过程不相符合。但由层流条件下导出的颗粒碰撞凝聚公式及一些概念至今仍在沿用，因此，有必要在此作一简单介绍。

图 4-7 表示水流处于层流状态下的流速分布，i 和 j 颗粒均跟随水流前进。由于 i 颗粒的前进速度大于 j 颗粒，存在相邻速度差，则运动一段时间，i 与 j 必将碰撞。设水中颗粒为均匀球体，即粒径 $d_i=d_j=d$，则在以 j 颗粒中心为圆心，以 R_{ij} 为半径的范围内的所有 i 和 j 颗粒均会发生碰撞。碰撞速率 N_0（推导从略）为：

$$N_0 = \frac{4}{3}Gd^3n^2 \tag{4-5}$$

同向絮凝速率为：

$$\frac{\mathrm{d}n}{\mathrm{d}t} = -\frac{1}{2}N_0 = -\frac{2}{3}\eta Gd^3n^2 \tag{4-6}$$

$$G = \frac{\Delta u}{\Delta z}$$

式中 G——速度梯度，s^{-1}；

Δu——相邻两层水流的速度增量，cm/s；

Δz——垂直于水流方向的两流层之间距离，cm；

η——有效碰撞系数。

公式中，n 和 d 均属原水杂质特性参数，是在混凝过程中不断发生变化，杂质的体积浓度 $\varphi=\frac{\pi d^3}{6}n$，则不发生变化。上式变为：

$$\frac{\mathrm{d}n}{\mathrm{d}t} = -\frac{4}{\pi}\eta G\varphi n \tag{4-7}$$

而 G 值是控制混凝效果的水力条件，故在絮凝设备中，往往以速度梯度 G 值作为重要的控制参数。

实际上，在絮凝池中，水流并非层流，而总是处于紊流状态，流体内部存在大小不等的涡旋，除前进速度外，还存在纵向和横向脉动速度。式（4-5）和式（4-6）显然不能表达促使颗粒碰撞的动因。为此，甘布（T. R. Camp）和斯泰因（P. C. Stein）通过一个瞬间受剪而扭转的单位体积水流所消耗功率来计算 G 值以代替 $G=\frac{\Delta u}{\Delta z}$。公式推导如下：

在被搅动的水流中，考虑一个瞬息受剪而扭转的隔离体 $\Delta x \cdot \Delta y \cdot \Delta z$，如图 4-8 所示。在隔离体受剪而扭转过程中，剪力做了扭转功。设在 Δt 时间内，隔离体扭转了 θ 角度，

于是角速度 $\Delta\omega$ 为：

$$\Delta\omega = \frac{\Delta\theta}{\Delta t} = \frac{\Delta l}{\Delta t}\cdot\frac{1}{\Delta z} = \frac{\Delta u}{\Delta z} = G \tag{4-8}$$

式中 Δu——为扭转线速度；

G——为速度梯度。

转矩

$$\Delta J = (\tau \cdot \Delta x \cdot \Delta y)\Delta z \tag{4-9}$$

式中 τ 为剪应力，$\tau \cdot \Delta x \cdot \Delta y$ 为作用在隔离体上的剪力。隔离体扭转所耗功率等于转矩与角速度的乘积，于是，得单位体积水流所耗功率 p 为：

$$p=\frac{\Delta J \cdot \Delta\omega}{\Delta x \cdot \Delta y \cdot \Delta z}=\frac{G \cdot \tau \cdot \Delta x \cdot \Delta y \cdot \Delta z}{\Delta x \cdot \Delta y \cdot \Delta z}=\tau G \tag{4-10}$$

根据牛顿内摩擦定律，$\tau=\mu G$，代入上式得：

$$G=\sqrt{\frac{p}{\mu}} \tag{4-11}$$

式中 μ——水的动力黏度，Pa · s；

p——单位体积水体所耗功率，W/m^3；

G——速度梯度，s^{-1}。

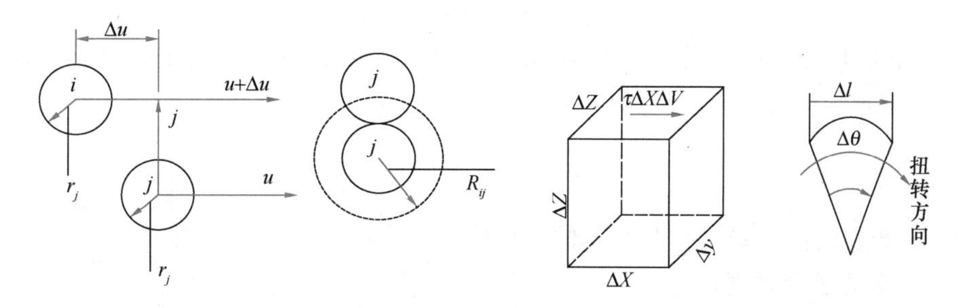

图 4-7 层流条件下颗粒碰撞示意

图 4-8 速度梯度计算图示

当用机械搅拌时，式（4-11）中的 p 由机械搅拌器提供。当采用水力絮凝池时，式中 p 应为水流本身能量消耗：

$$Vp=\rho ghQ \tag{4-12}$$

V 为水流体积

$$V=QT \tag{4-13}$$

代入式（4-11）得：

$$G=\sqrt{\frac{\rho gh}{\mu T}}=\sqrt{\frac{gh}{\nu T}} \tag{4-14}$$

式中 ρ——水的密度，kg/m^3；

h——混凝设备中的水头损失，m；

ν——水的运动黏度，m^2/s；

T——水流在混凝设备中的停留时间，s。

上式中 G 值反映了能量消耗概念，具有工程上的意义，同时沿用了“速度梯度”这一物理概念。

近年来，不少专家学者已直接从紊流理论出发来探讨颗粒碰撞速率。因为，将甘布公式用于式（4-5），仍未避开层流概念，即仍未从紊流规律上阐明颗粒碰撞速率。故甘布公式尽管可用于紊流条件下 G 值的计算，但理论依据不足是显然的。列维奇（Levich）等根据科尔摩哥罗夫（Kolmogoroff）局部各向同性紊流理论推求了同向絮凝动力学方程。该理论认为，在各向异性紊流中，存在各种尺度不等的涡旋。外部施加的能量（如搅拌）形成大的涡旋。一些大涡旋将能量输送给小涡旋，小涡旋又将一部分能量输送给更小的微涡旋。随着小涡旋的产生和逐渐增多，水的黏性影响开始增强，从而产生能量损耗。在这些不同尺度的涡旋中，大尺度涡旋主要起两个作用：一是使流体各部分互相混合，使颗粒均匀扩散于流体中；二是将外界获得的能量输送给小涡旋。大涡旋往往使颗粒作整体移动而不会相互碰撞。尺度过小的涡旋其强度往往不足以推动颗粒碰撞，只有涡旋尺度与颗粒尺寸相近（或碰撞半径相近）的涡旋才会引起颗粒间相互碰撞。由众多这样的小涡旋造成颗粒相互碰撞，类似异向絮凝中布朗扩散所造成的颗粒碰撞。众多小涡旋在流体中同样也作无规则的脉动。各向异性紊流中，紊流最小涡旋尺度近似等于最大涡旋尺度时，就认为存在各向同性紊动。按式（4-1）形式，可导出各向同性条件下颗粒碰撞速率 N_0 值：

$$N_0 = 8\pi d D_t n^2 \tag{4-15}$$

式中，D_t 表示紊流扩散和布朗扩散系数之和。但在紊流中，布朗扩散远小于紊流扩散，故 D_t 可近似作为紊流扩散系数。其余符号同式（4-1）。紊流扩散系数可用下式表示：

$$D_\lambda = \lambda u_\lambda \tag{4-16}$$

式中 λ 称为涡旋尺度或脉动尺度，u_λ 为相应于 λ 尺度的脉动速度。从流体力学可知，在各向同性紊流中，脉动流速表达式为：

$$u_\lambda = \frac{1}{\sqrt{15}}\sqrt{\frac{\varepsilon}{\nu}}\lambda \tag{4-17}$$

式中　ε——单位时间、单位体积水体的有效能耗；

ν——水的运动黏度；

λ——涡旋尺度。

设涡旋尺度与颗粒直径大致相等，即 $\lambda \approx d$，将式（4-16）和式（4-17）代入式(4-15)得：

$$N_0 = \frac{8\pi}{\sqrt{15}}\sqrt{\frac{\varepsilon}{\nu}}d^3 n^2 \tag{4-18}$$

比较式（4-5）和式（4-18），令 $G=\left(\frac{\varepsilon}{\nu}\right)^{\frac{1}{2}}$，则两式仅在系数上有所区别，所包含的实质内容是一致的。甘布公式中的 p 值是指单位体积水体所消耗的总功率，其中包括平均流速和脉动流速所耗功率。而在各向同性紊流中认为，大涡旋逐步产生小涡旋过程中，把能量逐步传递分配给众多的小涡旋。把可以忽略水流黏性作用的大尺度涡旋区域称为惯性区域。而主要受水流黏性作用的小涡旋区域称为黏性区域。式（4-18）中的 ε 仅表示黏性区域脉动流速所耗功率，且不便计算。实际上，从惯性区域向黏性区域过渡分界点的涡旋尺度叫做涡旋微尺度 λ。只有颗粒粒径尺度位于涡旋微尺度相近似涡旋之中，才有可能产生粒间碰撞。而在黏性区域的颗粒粒径一般小于不断变化的涡旋微尺度 λ。这就使式（4-18）的应用受到了限制。沿用习惯，层流、紊流作为同向絮凝的控制指标，式（4-11）仍可应用，在工程设计上是安全的。

应当指出，同向絮凝是一个十分复杂的过程。前面的论述已把问题大大简化了。实际情况是：首先，原水初始颗粒大小和形状就不同。而在混凝过程中，涡旋尺度随机变化，颗粒聚集所形成的絮凝体大小、形状和密度也随机变化，且已形成的较大絮凝体还有破碎可能。因此，要寻求一个可形成粒径大、密度高的最佳水力条件是有待深入研究的课题。目前，有关混凝动力学的研究仍在进行，不同理论相继出现，迄今尚无统一认识，更未在实践中获得充分证实。因此，G 值或 $(\varepsilon/\nu)^{\frac{1}{2}}$ 作为同向絮凝控制指标仍有一定实用价值。

【例 4-2】 一座絮凝池，水流停留时间 15min、水头损失 0.30m。已知原水中含有悬浮颗粒杂质 40.20mg/L，杂质（含有毛细水）的密度为 1.005g/cm³，水的动力黏度 μ=

1.14×10^{-3}Pa·s，颗粒碰撞聚结有效系数 $\eta=0.5$。则经絮凝池后水中悬浮颗粒个数减少率是多少？

【解】 水中杂质的体积浓度（L/L）为 $\Phi=\dfrac{40.20\text{mg/L}}{\dfrac{1.005\text{g}}{\text{cm}^3}\times\dfrac{1000\text{mg}}{\text{g}}\times\dfrac{1000\ \text{cm}^3}{\text{L}}}=4\times10^{-5}$

水流速度梯度 $G=\sqrt{\dfrac{\gamma H}{\mu T}}=\sqrt{\dfrac{9800\times0.30}{1.14\times10^{-3}\times15\times60}}=53.53\text{s}^{-1}$，根据式（4-6），

令 $k=\dfrac{4}{\pi}\eta G\Phi=\dfrac{4}{3.14}\times0.5\times53.53\times4\times10^{-5}=1.36\times10^{-3}$

代入式（2-10），得 $\dfrac{n_i}{n_0}=\dfrac{1}{1+kt}=\dfrac{1}{1+1.36\times10^{-3}\times15\times60}=0.4496$

经絮凝池悬浮颗粒个数减少率为 $1-0.4496=0.5504=55.04\%$。

4.2.3 混凝控制指标

投加在水中的电解质（混凝剂）与水均匀混合，然后改变水力条件形成大颗粒絮凝体，在工艺上总称为混凝过程。与其对应的设备或构筑物有混合设备和絮凝设备或构筑物。从混凝机理分析已知，在混合阶段主要发挥压缩扩散层、电中和脱稳作用。絮凝阶段主要发挥吸附架桥作用。由此可知，混合、絮凝是改变水力条件，促使混凝剂和胶体颗粒碰撞以及絮凝粒间相互碰撞聚结的过程。

在混合阶段，对水流进行剧烈搅拌的目的，主要是使药剂快速均匀地分散于水中以利于混凝剂快速水解、聚合及颗粒脱稳。由于上述过程进行很快（特别对铝盐和铁盐混凝剂而言），故混合要快速剧烈，通常在10～30s至多不超过2min即完成。搅拌强度按速度梯度计算，一般 G 在 $700\sim1000\text{s}^{-1}$ 之内。在此阶段，水中杂质颗粒微小，同时存在一定程度的颗粒间异向絮凝。

在絮凝阶段，主要依靠机械或水力搅拌，促使颗粒碰撞聚集，故以同向絮凝为主。搅拌水体的强度以速度梯度 G 值的大小来表示，同时考虑絮凝时间（也就是颗粒停留时间）T，因为 TN_0 即为整个絮凝时间内单位体积水体中颗粒碰撞次数。因 N_0 与 G 值有关，所以在絮凝阶段，通常以 G 值和 GT 值作为控制指标。在絮凝过程中，絮凝体尺寸逐渐增大，粒径变化可从微米级增到毫米级，变化幅度达几个数量级。由于大的絮凝体容易破碎，故自絮凝开始至絮凝结束，G 值应渐次减小。絮凝阶段，平均 $G=20\sim70\text{s}^{-1}$ 范围内，平均 $GT=1\times10^4\sim1\times10^5$ 范围内。这些都是沿用已久的数据，虽然仍有参考价值，但因 G 值和 GT 值变化幅度很大，故而无法准确控制。随着混凝理论的发展，将会出现更符合实际、更加科学的新的参数。例如，在探讨更合理的絮凝控制指标过程中，有的研究者将颗粒浓度及脱稳程度等因素考虑进去，提出以 C_vGT 或 αC_vGT 值作为控制指标。C_v 表示水中颗粒体积浓度；α 表示有效碰撞系数，$\alpha<1$。如果脱稳颗粒每次碰撞都可导致凝聚，则 $\alpha=1$。从理论上分析，采用 C_vGT 或 αC_vGT 值控制絮凝效果自然更加合理，但具体数值至今无法确定，因而目前也只能从概念上加以理解或作为继续研究的目标。

还应该明确，絮凝是分散的絮凝体相互聚结的过程，并非絮凝时间越长，聚结后的颗粒粒径越大。在不同的水力速度梯度 G 值条件下，会聚结成与之相对应的不同大小的"平衡粒径"颗粒。当水流速度梯度 G 值大小不变时，絮凝时间增加，絮凝体不断均匀

化、球形化，聚结后的颗粒粒径不会变得很大。

【例 4-3】 在混合阶段，假定水中胶体颗粒为球形，粒径均匀且粒径 $d=100\text{nm}=10^{-7}\text{m}$，这时主要发挥异向絮凝。如果水温是 15℃，对相同胶体颗粒采用机械搅拌水体发生同向絮凝的速率等于异向絮凝的速率，则机械搅拌时耗散在每立方米水体上的功率为多少？

【解】 15℃时水的动力黏度 $\mu=1.14\times10^{-3}\text{Pa}\cdot\text{s}$，波兹曼常数 $K=1.38\times10^{-23}\text{J/K}$，绝对温度 $T=273+15=288$。根据公式（4-4）和公式（4-6）计算，

令 $$\frac{4}{3\mu}KT\eta n^2=\frac{2}{3}\eta Gd^3n^2,\text{得：}$$

$$G=\frac{2KT}{\mu d^3}=\frac{2\times1.38\times10^{-23}\times288}{1.14\times10^{-3}\times(10^{-7})^3}=6972.63\text{s}^{-1}$$

因为 $G=\sqrt{\dfrac{P}{\mu V}}$，则单位水体耗散的功率

$$\left(\frac{P}{V}\right)=\mu G^2=1.14\times10^{-3}\times6972.63^2\approx55424\text{W/m}^3$$

由此可以看出，当水中杂质颗粒粒径小于 $1\mu\text{m}$，布朗运动引起的异向絮凝作用远远大于高速搅拌水体的同向絮凝作用。如果脱稳后的颗粒粒径大于 $1\mu\text{m}$（设 $d=10^{-6}\text{m}$），异向絮凝作用大幅度降低。在 15℃时，仅需 $G=\dfrac{2\times1.38\times10^{-23}\times288}{1.14\times10^{-3}\times(10^{-6})^3}\approx6.97\text{s}^{-1}$，每立方米水体耗散能量为 $P=1.14\times10^{-3}\times6.97^2=0.055\text{W}$，两种絮凝速率相接近。

4.3 混凝剂和助凝剂

4.3.1 混凝剂

应用于饮用水处理的混凝剂应符合以下基本要求：混凝效果良好；对人体健康无害；使用方便；货源充足，价格低廉。

混凝剂种类很多，据目前所知，不少于 200～300 种。按化学成分可分为无机和有机两大类。按分子量大小又分为无机盐混凝剂和高分子混凝剂。无机混凝剂品种很少，目前主要是铁盐和铝盐及其聚合物，在水处理中用的最多。有机混凝剂品种很多，主要是高分子物质，但在水处理中的应用比无机的少。本节仅介绍常用的几种混凝剂。

1. 无机混凝剂

常用的无机混凝剂见表 4-2。

常用的无机混凝剂　　表 4-2

名称			化学式
铝系	无机盐	硫酸铝	$Al_2(SO_4)_3\cdot18H_2O$ $Al_2(SO_4)_3\cdot14H_2O$
	高分子	聚合氯化铝(PAC) 聚合硫酸铝(PAS)	$[Al_2(OH)_nCl_{6-n}]_m$ $[Al_2(OH)_n(SO_4)_{3-\frac{n}{2}}]_m$

续表

名称			化学式
铁系	无机盐	三氯化铁	$FeCl_3 \cdot 6H_2O$
		硫酸亚铁	$FeSO_4 \cdot 7H_2O$
	高分子	聚合硫酸铁(PFS)	$[Fe_2(OH)_n(SO_4)_{3-\frac{n}{2}}]_m$
		聚合氯化铁(PFC)	$[Fe_2(OH)_nCl_{6-n}]_m$
复合型高分子	聚硅氯化铝(PASiC)		$Al+Si+Cl$
	聚硅氯化铁(PFSiC)		$Fe+Si+Cl$
	聚硅硫酸铝(PSiAS)		$Al_m(OH)_n(SO_4)_p(SiO_x)_q(H_2O)_y$
	聚合氯化铝铁(PAFC)		$Al+Fe+Cl$

（1）硫酸铝

硫酸铝有固、液两种形态，我国常用的是固态硫酸铝。固态硫酸铝产品有精制和粗制之分。精制硫酸铝为白色结晶体，相对密度约为1.62，Al_2O_3含量不小于15%，不溶杂质含量不大于0.5%，价格较贵。粗制硫酸铝的Al_2O_3含量较少，不溶杂质较多，价格较低，质量不够稳定。

固态硫酸铝是由液态硫酸铝经浓缩和结晶而成，其优点是运输方便。如果水厂附近就有硫酸铝混凝剂生产厂家，最好采用液态，可节省浓缩、结晶的生产费用。

硫酸铝使用方便，在水温低时，硫酸铝水解较困难，形成的絮凝体比较松散，效果不及铁盐絮凝剂。

（2）聚合铝

聚合铝包括聚合氯化铝（PAC）和聚合硫酸铝（PAS）等。目前使用最多的是聚合氯化铝，我国也是研制聚合氯化铝较早的国家之一。

聚合氯化铝又名碱式氯化铝或羟基氯化铝。它是以铝或含铝矿物作为原料，采用酸溶或碱溶法加工制成。由于原料和生产工艺不同，产品规格也不一致。分子式$[Al_2(OH)_nCl_{6-n}]_m$中的m为聚合度，单体为铝的羟基配合物$Al_2(OH)_nCl_{6-n}$。通常，$n=1\sim5$，$m\leqslant10$。例如$Al_{16}(OH)_{40}Cl_8$即为$m=8$，$n=5$的聚合物或多核配合物。溶于水后，即形成聚合阳离子，对水中胶粒发挥电性中和及吸附架桥作用。其作用机理与硫酸铝相似，但它的效能优于硫酸铝。例如，在相同水质条件下，投加量比硫酸铝少，对水的pH变化适应性较强等。实际上，聚合氯化铝可看成氯化铝$AlCl_3$在一定条件下经水解、聚合逐步转化成$Al(OH)_3$沉淀物过程中的各种中间产物。一般铝盐（如$Al_2(SO_4)_3$或$AlCl_3$）在投入水中后才进行水解聚合反应，反应产物的物种受水的pH及铝盐浓度影响。而聚合氯化铝在投入水中前的制备阶段即已发生水解聚合，投入水中后也可能发生新的变化，但聚合物成分基本确定。其成分主要决定于羟基(OH)和铝(Al)的物质的量之比，通常称之为碱化度或盐基度，以B表示：

$$B=\frac{[OH]}{3[Al]}\times100\% \tag{4-19}$$

例如，$(Al_2(OH)_5Cl)_8$的碱化度$B=5/(3\times2)=83.3\%$。制备过程中，控制适当的碱化度，可获得所需要的优质聚合氯化铝。目前生产的聚合氯化铝的碱化度一般控制在50%～80%之间。

聚合氯化铝的化学式有好几种形式，表 4-2 中的化学式是其中之一。可以看出，几种化学式都是同一物质即聚合氯化铝的不同表达式，只是从不同概念上表达铝化合物的基本结构形式。而且，当读者看到诸如 $Al_n(OH)_mCl_{3n-m}$ 化学式时，切勿误解为不同于聚合氯化铝的一种新物质。这也反映了人们对这类化合物基本结构特性的不同认识。例如，分子式 $[Al_2(OH)_nCl_{6-n}]_m$ 可看作高分子聚合物；$Al_n(OH)_mCl_{3n-m}$ 可看作复杂的多核配合物等。

聚合硫酸铝（PAS）也是聚合铝类混凝剂。聚合硫酸铝中的 SO_4^{-2} 具有类似羟桥的作用，可以把简单铝盐水解产物桥联起来，促进铝盐水解聚合反应。聚合硫酸铝目前在生产上尚未广泛使用。

（3）三氯化铁

三氯化铁 $FeCl_3 \cdot 6H_2O$ 是黑褐色的有金属光泽的结晶体。固体三氯化铁溶于水后的化学变化和铝盐相似，水合铁离子 $Fe(H_2O)_6^{3+}$ 也进行水解、聚合反应。在一定条件下，铁离子 Fe^{3+} 通过水解、聚合可形成多种成分的配合物或聚合物，如单核组分 $Fe(OH)^{2+}$ 及多核组分 $Fe_2(OH)_2^{4+}$、$Fe_3(OH)_4^{5+}$ 等，以至于 $Fe(OH)_3$ 沉淀物。三氯化铁的混凝机理也与硫酸铝相似，但混凝特性与硫酸铝略有区别。在多数情况下，三价铁适用的 pH 范围较广，三氯化铁腐蚀性较强，且固体产品易吸水潮解，不易保存。

固体三氯化铁杂质含量较少。市售无水三氯化铁产品中 $FeCl_3$ 含量达 92％以上，不溶杂质小于 4％。液体三氯化铁浓度多在 30％左右，价格较低，使用方便，但成分较复杂，需经化验无毒后方可使用。

（4）硫酸亚铁

硫酸亚铁 $FeSO_4 \cdot 7H_2O$ 固体产品是半透明绿色结晶体，俗称绿矾。硫酸亚铁在水中离解出的是二价铁离子 Fe^{2+}，水解产物只是单核配合物，故不具有 Fe^{3+} 的优良混凝效果。同时，Fe^{2+} 会使处理后的水带色，特别是当 Fe^{2+} 与水中有色胶体作用后，将生成颜色更深的溶解物。所以，采用硫酸亚铁作混凝剂时，应将二价铁 Fe^{2+} 氧化成三价铁 Fe^{3+}。氧化方法有氯化、曝气等方法。生产上常用的是氯化法，反应如下：

$$6FeSO_4 \cdot 7H_2O + 3Cl_2 = 2Fe_2(SO_4)_3 + 2FeCl_3 + 42H_2O \tag{4-20}$$

根据反应式，理论投氯量与硫酸亚铁（$FeSO_4 \cdot 7H_2O$）量之比约 1∶8。为使氧化迅速而充分，实际投氯量应等于理论剂量再加适当余量（一般为 1.5～2.0mg/L）。

（5）聚合铁

聚合铁包括聚合硫酸铁（PFS）和聚合氯化铁（PFC）。聚合氯化铁目前尚在研究之中。聚合硫酸铁已投入生产使用。

聚合硫酸铁是碱式硫酸铁的聚合物，其化学式中（表 4-2）的 $n<2$，$m>10$。它是一种红褐色的黏性液体。制备聚合硫酸铁有好几种方法，但目前基本上都是以硫酸亚铁 $FeSO_4$ 为原料，采用不同氧化方法。将硫酸亚铁氧化成硫酸铁，同时控制总硫酸根 SO_4^{2-} 和总铁的物质的量之比，使氧化过程中部分羟基 OH 取代部分硫酸根 SO_4^{2-} 而形成碱式硫酸铁 $Fe_2(OH)_n(SO_4)_{3-n/2}$。碱式硫酸铁易于聚合而产生聚合硫酸铁 $[Fe_2(OH)_n(SO_4)_{3-n/2}]_m$。

（6）复合型无机高分子

聚合铝和聚合铁虽属于高分子混凝剂，但聚合度不大，远小于有机高分子混凝剂，且在使用过程中存在一定程度水解反应的不稳定性。为了提高无机高分子混凝剂的聚合度，近年来国内外专家研究开发了多种新型无机高分子混凝剂—复合型无机高分子混凝剂。目前，这类混凝剂主要是含有铝、铁、硅成分的聚合物。所谓“复合”，即指两种以上具有混凝作用的成分和特性互补集中于一种混凝剂中。例如，用聚硅酸与硫酸铝复合反应，可制成聚硅硫酸铝（PSiAS）。用聚硅酸与氯化铝或聚合氯化铝进行复合或共聚反应，可制成聚硅氯化铝（PASiC），其余类似。这类混凝剂的分子量较聚合铝或聚合铁大，可达10万道尔顿以上（1Da等于碳12原子质量的1/12），且当各组分配合适当时，不同成分具有优势互补作用。如活化硅酸（聚硅酸的一种形态）是聚合度较大的阴离子型聚合物，对水中负电性胶体仅起架桥作用，常作为铝盐或铁盐混凝剂的助凝剂（详见后文）。当聚硅酸中引入铝或铁离子后，就变成带有一定正电荷的阳离子型聚合物，可以发挥电中和及吸附架桥的综合作用。而且当铁、铝与聚硅酸复合后，还可以提高聚硅酸的稳定性，即形成冻胶前的稳定期得到延长，不必像活化硅酸那样需要现场配制，即日使用，从而可成独立商品。

复合型混凝剂的化学式和结构形态有的已经得出，如聚硅硫酸铝（PSiAS），分子式基本形式为：$Al_m(OH)_n(SO_4)_p(SiO_x)_q(H_2O)_y$，其中：$m=1.0$；$n=0.75\sim2.0$；$p=0.3\sim1.12$；$q=0.05\sim0.1$；$2\leqslant x\leqslant4$。当配位水分子个数$y>8$时，该混凝剂呈现液体状态，当配位水分子个数$y<8$时，该混凝剂呈现固体状态。其他复合型高分子混凝剂化学式和结构形态尚不十分清楚，有待研究。目前已经知道这类混凝剂的制备工艺和不同成分的配比直接影响混凝效果。例如，在聚硅氯化铝(PASiC)中，若[Al]/[Si]摩尔比较小，即硅酸多，虽然分子量大，但正电荷弱，甚至仍为阴离子型聚合物。反之，若[Al]/[Si]摩尔比较大，虽然正电荷强，但分子量小。汤鸿霄等研究认为，聚硅氯化铝(PASiC)中的[Al]/[Si]摩尔比≥5，聚硅氯化铁(PFSiC)中的[Fe]/[Si]摩尔比≥1.0较为合适。此外，在相同的铝、铁、硅摩尔比之下，共聚法所制备的聚硅氯化铝(PASiC)混凝效果优于复合法。在聚合氯化铝铁(PAFC)中，有的研究认为[Al]/[Fe]摩尔比在1.0～0.5范围效果较好。因此，应根据原水水质和处理要求选择复合混凝剂的最佳配比和制备工艺。

由于复合型无机高分子混凝剂混凝效果优于无机盐和聚合铁（铝），其价格较有机高分子低，故有广阔的开发应用前景。目前，已有部分产品投入生产应用。

2. 有机高分子混凝剂

有机高分子混凝剂又分为天然和人工合成两类。在给水处理中，人工合成的日益增多。这类混凝剂均为巨大的线性分子。每一大分子由许多链节组成且常含带电基团，故又被称为聚合电解质。按基团带电情况，可分为以下四种：凡基团离解后带正电荷者称为阳离子型，带负电荷者称为阴离子型，分子中既含正电基团又含负电基团者称为两性型，若分子中不含可离解基团者称为非离子型。水处理中常用的是阳离子型、阴离子型和非离子型三种高分子混凝剂，两性型使用极少。

非离子型高分子混凝剂主要品种是聚丙烯酰胺（PAM）和聚氧化乙烯（PEO）。前者是使用最为广泛的人工合成有机高分子混凝剂（其中包括水解产品）。聚丙烯酰胺分子式为：

$$\left[\begin{array}{c}CH_2-CH-\\ \quad\;\;|\\ \quad\;\;CONH_2\end{array}\right]_n$$

聚丙烯酰胺的聚合度可高达20000～90000，相应的分子量高达150万～600万。它的混凝效果在于对胶体表面具有强烈的吸附作用，在胶粒之间形成桥联。聚丙烯酰胺每一链节中均含有一个酰胺基（$-CONH_2$）。由于酰胺基间的氢键作用，线性分子往往不能充分伸展开来，致使桥架作用削弱。为此，通常将PAM在碱性条件下（pH＞10）进行部分水解，生成阴离子型水解聚合物（HPAM）。其单体的水解反应式为：

$$\underset{\displaystyle\begin{array}{c}|\\CONH_2\end{array}}{(CH_2-CH)} + NaOH = \underset{\displaystyle\begin{array}{c}|\\COONa\end{array}}{(CH_2-CH)} + NH_3$$

聚丙烯酰胺部分水解后，成为丙烯酰胺和丙烯酸钠的共聚物，一些酰胺基带有负的电荷。在静电斥力作用下，高分子得以充分伸展开来，便于发挥吸附架桥作用。由酰胺基转化为羧基的百分数称为水解度。水解度过高，负电性过强，对絮凝产生阻碍作用。目前在处理高浊度水中，一般使用水解度为30%～40%左右的聚丙烯酰胺水解体。并作为助凝剂以配合铝盐或铁盐混凝剂使用，效果显著。

阳离子型聚合物通常带有氨基（NH_3^+）、亚氨基（$-CH_2-NH_2^+-CH_2-$）等正电基团。对于水中带有负电荷的胶体颗粒具有良好的混凝效果。国外使用阳离子型聚合物有日益增多趋势。因其价格较高，使用受到一定限制。

有机高分子混凝剂的毒性是人们关注的问题。聚丙烯酰胺和阴离子型水解聚合物的毒性主要在于单体丙烯酰胺。故对水体中丙烯酰胺单体残留量有严格的控制标准。我国《生活饮用水卫生标准》GB 5749—2022规定：自来水中丙烯酰胺含量不得超过0.0005mg/L。

在高浊度水处理中，聚丙烯酰胺的投加量，应通过试验或参照相似条件的运行经验确定；当两种水源水含砂量相同时，聚丙烯酰胺的投加量与泥砂粒度有关，应开展泥砂组成与投药量的相关试验以确定最佳投药量。高浊度水混凝沉淀（澄清）处理时，聚丙烯酰胺全年平均投加量宜为0.015～1.5mg/L。

生活饮用水处理时，投加聚丙烯酰胺剂量的多少，均以出厂水中丙烯酰胺单体残留浓度不超过饮用水标准（0.0005mg/L）为基准。有机高分子聚丙烯酰胺混凝剂投加浓度宜为0.1%～0.2%，当用水射器投加时，药剂投加浓度应为水射器后的混合液浓度。

4.3.2 助凝剂

当单独使用混凝剂不能取得较好的混凝效果时，常常需要投加一些辅助药剂以提高混凝效果，这种药剂称为助凝剂。常用的助凝剂多是高分子物质。其作用往往是为了改善絮凝体结构，促使细小而松散的颗粒聚结成粗大密实的絮凝体。助凝剂的作用机理是高分子物质的吸附架桥作用。例如，对于低温低浊度水的处理时，采用铝盐或铁盐混凝剂形成的絮粒往往细小松散，不易沉淀。而投加少量的活化硅助凝剂后，絮凝体的尺寸和密度明显增大，沉速加快。

一般自来水厂使用的助凝剂有：骨胶、聚丙烯酰胺及其水解聚合物、活化硅酸、海藻酸钠等。

骨胶是一种粒状或片状动物凝胶，属高分子物质，分子量在3000～80000Da之间。骨胶易溶于水，无毒、无腐蚀性。与铝盐铁盐配合使用，能较好地发挥吸附架桥作用，有显著的助凝作用。骨胶的价格高于铝盐铁盐混凝剂，使用时需要试验确定合理的投加剂量。此外，骨胶使用较麻烦，不能预先调配久存，需现场配制，即日使用，以防止变成冻胶。

活化硅酸为粒状高分子物质，是聚硅酸的一种形式，在通常 pH 条件下带有负电荷。活化硅酸是硅酸钠（水玻璃）在加酸条件下水解、聚合反应进行到一定程度的中间产物。所以，活化硅酸的形态和特征与反应时间、pH 及硅浓度有关。活化硅酸作为处理低温低浊度水的效果较好。同样，活化硅酸也需现场配制，即日使用，以防止形成冻胶失去助凝作用。据报道，国外提出了新的制备方法，可使活化硅酸在稀释状态下存放一个月左右时间。

海藻酸钠是多糖类高分子物质，是海生植物用碱处理制得，分子量达数万以上。用其处理高浊度水效果较好，但价格昂贵，生产上使用不多。

聚丙烯酰胺及其水解产物是高浊度水处理中使用最多的助凝剂。投加这类助凝剂可大大减少铝盐或铁盐混凝剂用量，我国在这方面已有成熟经验。

上述各种高分子助凝剂往往也可单独作为混凝剂使用，但阴离子型高分子物质作为混凝剂效果欠佳，作为助凝剂配合铝盐或铁盐使用时效果更显著。

从广义上而言，凡能提高混凝效果或改善混凝剂作用的化学药剂都可称为助凝剂。例如，当原水碱度不足、铝盐混凝剂水解困难时，可投加碱性物质（通常用石灰或氢氧化钠）以促进混凝剂水解反应；当原水受有机物污染时，可用氧化剂（通常用氯气）破坏有机物干扰；当采用硫酸亚铁时，可用氯气将亚铁 Fe^{2+} 氧化成高铁 Fe^{3+} 等。这类药剂本身不起混凝作用，只能起辅助混凝作用，与高分子助凝剂的作用机理是不相同的。

4.4 影响混凝效果主要因素

影响混凝效果的因素比较复杂，其中包括水温、水化学特性、水中杂质性质和浓度以及水力条件等。有关水力条件的在本章 4.2 节已有叙述。

4.4.1 水温影响

水温对混凝效果有明显的影响。我国气候寒冷地区，冬季从江河水面以下取用的原水受地面温度影响，水温有时低达 0～2℃。尽管投加大量混凝剂也难获得良好的混凝效果。通常絮凝体形成缓慢，絮凝颗粒细小、松散。其原因主要有以下几点：

（1）无机盐混凝剂水解是吸热反应，低温水混凝剂水解困难。特别是硫酸铝，水温降低 10℃，水解速度常数降低 2～4 倍。当水温在 5℃左右时，硫酸铝水解速度已极其缓慢。

（2）低温水的黏度大，使水中杂质颗粒布朗运动强度减弱，颗粒迁移运动减弱，碰撞几率减少，不利于胶粒脱稳凝聚。同时，水的黏度大时，水流剪力增大，也会影响絮凝体的成长。

（3）水温低时，胶体颗粒水化作用增强，妨碍胶体凝聚。而且水化膜内的水由于黏度和密度增大，影响了颗粒之间粘附强度。

（4）水温与水的 pH 有关。水温低时，水的 pH 提高，相应的混凝最佳 pH 也将提高。

为提高低温水的混凝效果，通常采用增加混凝剂投加量和投加高分子助凝剂。常用的助凝剂是活化硅酸，对胶体起吸附架桥作用。它与硫酸铝或三氯化铁配合使用时，可提高絮凝体密度和强度，节省混凝剂用量。尽管这样，混凝效果仍不理想，故对低温水的混凝尚需进一步研究。

4.4.2 水的pH和碱度影响

水的pH对混凝效果的影响程度，视混凝剂品种而异。对硫酸铝而言，水的pH直接影响Al^{3+}的水解聚合反应，亦即是影响铝盐水解产物的存在形态（见本章4.1节）。用以去除浊度时，最佳pH在6.5～7.5之间，絮凝作用主要是氢氧化铝聚合物的吸附架桥和羟基配合物的电性中和作用；用以去除水的色度时，pH宜在4.5～5.5之间。关于去除色度机理至今仍有争议。有的认为，在pH=4.5～5.5范围内，主要靠高价的多核羟基配合物与水中负电荷色度物质起电性中和作用而导致相互凝聚。有的认为主要靠上述水解产物与有机物质发生络合反应，形成络合物而聚集沉淀。总之，采用硫酸铝混凝去除色度时，pH应趋于低值。有资料指出，在相同除色效果下，原水pH=7.0时的硫酸铝投加量，约比pH=5.5时的投加量增加一倍。

采用三价铁盐混凝剂时，由于Fe^{3+}水解产物溶解度比Fe^{2+}水解产物溶解度小，且氢氧化铁不是典型的两性化合物，故适用的pH范围较宽。用以去除水的浊度时，pH=6.0～8.4之间；用以去除水的色度时，pH=3.5～5.0之间。

使用硫酸亚铁作混凝剂时，如本章4.3所述，应首先将二价铁离子氧化成三价铁离子。将水的pH提高至8.5以上（天然水的pH一般小于8.5），且水中有充足的溶解氧时可完成二价铁的自然氧化过程，但这种方法会使设备和操作复杂化，故通常用氯化法，见反应式（4-20）。

高分子混凝剂的混凝效果受水的pH影响较小。例如聚合氯化铝在投入水中前聚合物形态基本确定，故对水的pH变化适应性较强。

从铝盐（铁盐类似）水解反应（表4-1）可知，水解过程中不断产生H^+，从而导致水的pH不断下降，直接影响了铝（铁）离子水解后生成物结构和继续聚合的反应。因此，应使水中有足够的碱性物质与H^+中和，才能有利于混凝。

天然水体中能够中和H^+的碱性物质称为水的碱度。其中包括氢氧化物碱度（OH^-）；碳酸盐碱度（CO_3^{2-}）；重碳酸盐碱度（HCO_3^-）。根据水中碳酸盐平衡原理知道，OH^-、H^+、HCO_3^-会相互反应不同时存在。当水的pH>10时，OH^-和CO_3^{2-}各占一半；pH=8.3～9.5时，CO_3^{2-}和HCO_3^-约占各一半；pH<8.3时以HCO_3^-存在最多。所以，一般水源水pH=6～9，水的碱度主要是HCO_3^-构成的重碳酸盐碱度，对于混凝剂水解产生的H^+有一定中和作用：

$$HCO_3^- + H^+ \rightleftharpoons CO_2 + H_2O \tag{4-21}$$

当原水碱度不足或混凝剂投量较高时，水的pH将大幅度下降以至影响混凝剂继续水解。为此，应投加碱剂（如石灰）以中和混凝剂水解过程中所产生的氢离子H^+，反应如下：

$$Al_2(SO_4)_3 + 3H_2O + 3CaO = 2Al(OH)_3 + 3CaCl_2 \tag{4-22}$$

$$2FeCl_3 + 3H_2O + 3CaO = 2Fe(OH)_3 + 3CaSO_4 \tag{4-23}$$

应当注意，投加的碱性物质不可过量，否则形成的$Al(OH)_3$会溶解为负离子$Al(OH)_4^{-1}$而恶化混凝效果。由反应式(4-22)可知，每投加1mmol/L的$Al_2(SO_4)_3$，需投加3mmol/L的CaO，将水中原有碱度考虑在内，石灰投量按下式估算：

$$[CaO] = 3[a] - [x] + [\delta] \tag{4-24}$$

式中 [CaO] ——纯石灰 CaO 投量，mmol/L；

[a] ——混凝剂投量，mmol/L；

[x] ——原水碱度，按 mmol/L，CaO 计；

[δ] ——保证反应顺利进行的剩余碱度，一般取 0.25～0.5mmol/L(CaO)。

为了经济合理，石灰投量最好通过试验确定。

【例 4-4】 某地表水源水的总碱度为 0.2mmol/L（CaO 计）。市售精制硫酸铝（含 Al_2O_3 约 16%）投量 28mg/L。试估算石灰（市售品纯度为 50%）投量为多少（单位为 mg/L）。

【解】 投药量折合 Al_2O_3 为 28×16%＝4.48mg/L。

Al_2O_3 分子量为 102，故投药量相当于$\frac{4.48}{102}$＝0.044mmol/L。

剩余碱度取 0.37mmol/L，得：

$$[CaO]=3\times 0.044-0.2+0.37=0.302\text{mmol/L}。$$

CaO 分子量为 56，则市售石灰投量为：$0.302\times\frac{56}{0.5}=33.82\text{mg/L}$。

4.4.3 水中悬浮物浓度的影响

从混凝动力学方程可知，水中悬浮物浓度很低时，颗粒碰撞率大大减小，混凝效果差。为提高低浊度原水的混凝效果，通常采用以下措施：(1) 在投加铝盐或铁盐的同时，投加高分子助凝剂，如活化硅酸或聚丙烯酰胺等，其作用见 4.3.2 节；(2) 投加矿物颗粒（如黏土等）以增加混凝剂水解产物的凝结中心，提高颗粒碰撞速率并增加絮凝体密度。如果矿物颗粒能吸附水中有机物，效果更好，能同时收到去除部分有机物的效果。例如，若投入颗粒尺寸为 500μm 的无烟煤粉，比表面积约 $92\text{cm}^2/\text{g}$。利用其较大的比表面积，可吸附水中某些溶解有机物，这在国外的澄清池内（第 5 章）已有应用；(3) 采用直接过滤法。即原水投加混凝剂后经过混合直接进入滤池过滤。滤料（砂和无烟煤）即成为絮凝中心（详见第 6 章）。如果原水浊度较低而水温又低，即通常所称的“低温低浊”水，混凝更加困难，应同时考虑水温浊度的影响，这是人们一直关注的研究课题。

如果原水悬浮物含量过高，如我国西北、西南等地区的高浊度水源，为使悬浮物达到吸附电中和脱稳作用，所需铝盐或铁盐混凝剂量将相应地大大增加。为减少混凝剂用量，通常投加高分子助凝剂，如聚丙烯酰胺及活化硅酸等。聚合氯化铝或复合型无机高分子絮凝剂作为处理高浊度水的混凝剂可取得较好效果。

近年来，取用水库水源的水厂越来越多，出现了原水浊度低、碱度低的现象。首先调节碱度，投加石灰水，选用高分子混凝剂及活化硅酸具有明显的混凝效果。

4.5 混凝剂贮存、调配和投加

4.5.1 混凝剂贮存

混凝剂存放间又称药剂仓库，常和混凝剂溶解房间连在一起便于搬运。

1. 固体混凝剂

常用的混凝剂，如硫酸铝、三氯化铁、碱式氯化铝，多以固体包装成袋存放，每袋

40～50kg。堆放时整齐排列，堆高 1.5～2.0m，并留 1～1.5m 宽通道，利于周转方便，采取先存先用的原则。

大型水厂的混凝剂存放间设有起吊运输设备，有的安装单轨吊车，有的设皮带运输机。小型水厂可设平推车、轻便铁轨车等。

混凝剂存放间大门应能使汽车驶入，10t 载重卡车宽 2.50m，故驶入汽车的大门宽需 3.00m，高 4.20m 以上。

产生嗅味或粉尘的混凝剂应在通风良好的单独房间操作。一般混凝剂存放间、溶解池设置处安装轴流排风扇。

固体混凝剂存贮量根据货源供应、运输条件决定，较多的按 30d 用量贮备。包装成袋的固体混凝剂堆放面积按下式计算：

$$A=\frac{NV}{H(1-P)} \tag{4-25}$$

式中 A——有效堆放面积，m^2；

N——混凝剂的贮存袋（包）数；

V——每袋（包）混凝剂所占体积，m^3；

H——堆放高度，m；

P——堆放时空隙率，常取 30%左右。

混凝剂贮存袋（包）数量按照贮存天数内使用量计算：

$$N=\frac{QaT}{1000W} \tag{4-26}$$

式中 Q——设计处理水量，m^3/d；

a——混凝剂投加量，mg/L；

T——贮存天数，d；

W——每袋（包）混凝剂质量，kg。

【例 4-5】 规模为 5 万 m^3/d 水厂，选用袋装硫酸铝混凝剂，每袋体积约 $0.5\times0.4\times0.2=0.04m^3$，内装硫酸铝 40kg，设计投加量 30mg/L，存放 30d，按堆高 1.6m 设计，计算混凝剂存放间面积。

【解】 30d 需投加的硫酸铝袋数

$$N=\frac{50000\times30\times30}{1000\times40}=1125\text{ 袋}$$

有效堆放面积：

$$A=\frac{1125\times0.04}{1.6(1-0.3)}=40.18m^2$$

考虑运输通道和水厂扩建，该水厂混凝剂存放间应设计成跨度 4.50m，进深 10.24m，共三间，一间用于汽车进出，两间存放混凝剂。

2. 液体混凝剂

目前，碱式氯化铝、三氯化铁、硫酸铝液体混凝剂使用较广，多用槽车、专用船只运输到水厂贮液池。贮液池设在室外，盖板和池壁整体浇筑。为防止雨水流入，池顶应高出地面 0.30m 以上。考虑运输槽车卸货方便，池顶高于运输道路不大于 1.00m。池盖上留有人孔，可兼作溶液输入孔。同时在池角或池边，安装耐腐蚀液下泵，提升原液到调配池中。

液体混凝剂贮存池应设计2格以上，每格容积可按7～10d用量计算。

3. 构筑物防腐

混凝剂存放间、溶解池、溶液池经常受到混凝剂侵蚀，会出现开裂剥皮，以至于大片脱落，直接影响使用。目前，混凝剂存放间多用混凝土铺设地坪、粉刷墙面，已有一定防腐作用。存放袋装固体混凝剂或散装硫酸亚铁时，基本上可满足要求。

溶解池、溶液调配池、贮液池防腐处理十分重要。当混凝剂溶解时，不仅放热，水温提高，而且pH降低。混凝剂溶解浓度5%～20%时，三氯化铁溶液pH约等于1.5～1.0，硫酸亚铁溶液pH＝2.50～3.00，硫酸铝溶液pH＝3.00～3.50。混凝剂贮存池、溶解调配池防腐方法很多，其中采用辉绿岩混凝土浇筑或辉绿岩板衬砌的池子防腐效果较好，也有采用硬聚氯乙烯板、耐腐瓷砖衬砌，也有采用新型高分子屏障防腐涂料防腐。

4.5.2 混凝剂溶解调配

混凝剂投加分固体投加和液体投加两种方式。前者我国很少应用，通常将固体溶解后配成一定浓度的溶液投入水中。

溶解设备的选择往往取决于水厂规模和混凝剂品种。大、中型水厂通常建造混凝土溶解池并配以搅拌装置。搅拌是为了加速药剂溶解。搅拌装置有机械搅拌、压缩空气搅拌及水力搅拌等，其中机械搅拌使用的较多。以电动机驱动涡轮或桨板形式搅动溶液。压缩空气搅拌常用于大型水厂，通过穿孔布气管向溶解池内通入压缩空气进行搅拌。其优点是没有与溶液直接接触的机械设备，使用维修方便。与机械搅拌相比较，动力消耗大，溶解速度稍慢，并需专设一套压缩空气系统。用水泵自溶解池抽水再送回溶解池，是一种水力搅拌。水力搅拌也可用水厂二级泵站高压水冲动药剂，此方式一般仅用于中、小型水厂和易溶混凝剂。

溶解池、搅拌设备及管配件等，均应有防腐设施或采用防腐材料，使用$FeCl_3$时尤需注意。而且$FeCl_3$溶解时放出热量，当溶液浓度为20%时，溶液温度可达50℃左右，这一点也应引起重视。当直接使用液态混凝剂时，溶解池自然不必要。

小型规模水厂的溶解池一般建于地面以下以便于操作，池顶一般高出地面0.3m左右。大型规模水厂的溶解池有的建于地面以上，池顶一般高出地面1.5m左右。溶解池容积W_1按下式计算：

$$W_1 = (0.2 \sim 0.3)W_2 \tag{4-27}$$

式中 W_2——溶液池容积。

溶液池是配制一定浓度溶液的设施。通常建造在地面以上，用耐腐蚀泵或射流泵将溶解池内的浓液送入溶液池，同时用自来水稀释到所需浓度以备投加。溶液池容积按下式计算：

$$W_2 = \frac{24 \times 100aQ}{1000 \times 1000cn} = \frac{aQ}{417cn} \tag{4-28}$$

式中 W_2——溶液池容积，m^3；

Q——处理的水量，m^3/h；

a——混凝剂最大投加量，mg/L；

c——溶液浓度，一般取5%～20%（按商品固体质量计，计算时，代入百分号前的数据）；

n——每日调制次数，一般不超过 3 次。

上述溶液池计算中，$FeCl_3 \cdot 6H_2O$ 混凝剂配制浓度 $c=5\%\sim10\%$，其他混凝剂允许增大浓度，如 $Al_2(SO_4)_3 \cdot 18H_2O$，采用计量泵投加时溶液浓度可增大到 20%～25%。

4.5.3 混凝剂投加

混凝剂投加设备包括计量设备、药液提升设备、投药箱、必要的水封箱以及注入设备等。根据不同投药方式或投药量控制系统，所用设备有所不同。

1. 计量设备

药液投入原水中必须有计量或定量设备，并能随时调节。计量设备多种多样，应根据具体情况选用。常用的计量设备有：转子流量计；电磁流量计；苗嘴；计量泵等。采用苗嘴计量仅适用人工控制，其他计量设备既可人工控制，也可自动控制。

苗嘴是最简单的计量设备。其原理是，在液位一定条件下，一定口径的苗嘴，出流量为定值。当需要调整投药量时，只要更换苗嘴即可。图 4-9 中的计量设备即采用苗嘴。图中恒位箱液位 h 值一定，苗嘴流量也就确定。使用中应注意防止苗嘴堵塞。

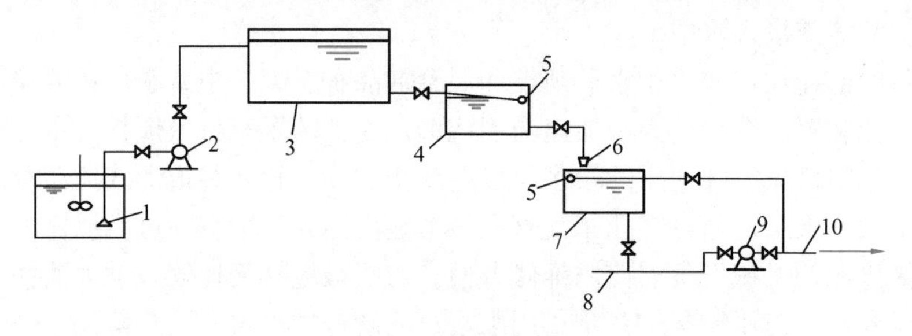

图 4-9　泵前投加

1—溶解池；2—提升泵；3—溶液池；4—恒位箱；5—浮球阀；
6—投药苗嘴；7—水封箱；8—吸水管；9—水泵；10—压力水管

2. 药液提升

由混凝剂溶解池，贮液池到溶液池或从低位溶液池到重力投加的高位溶液池均需设置药液提升设备。通常使用的是耐腐蚀泵和水射器。

耐腐蚀泵有：耐腐蚀金属离心泵，其过滤部件采用耐腐蚀金属材料或耐腐蚀塑料，而泵体采用其他金属材料；泵体用聚氯乙烯制成的塑料离心泵；耐腐蚀金属制成的耐腐蚀液下立式泵；此外还有陶瓷泵、玻璃钢泵。其中最为常用的是耐腐蚀金属离心泵。

水射器设备简单，使用方便，工作可靠，其工作效率在 30%以上，一般用于小型水厂，或间断提升量较小的加药提升系统。

3. 混凝剂投加

（1）泵前投加。药液投加在水泵吸水管或吸水喇叭口处，如图 4-9 所示。这种投加方式安全可靠，操作简单，一般适用于取水泵房距水厂较近的小型水厂。图中水封箱是为防止空气进入而设置的。药液注入管道方式如图 4-10 所示。

（2）高位溶液池重力投加。当取水泵房距水厂较远者，应建造高架溶液池利用重力将药液投入水泵压水管上，如图 4-11 所示。或者投加在混合池入口处。这种投加方式安全可靠，但溶液池位置较高，多适用于小型水厂。

（3）水射器投加。利用高压水通过水射器喷嘴和喉管之间真空抽吸作用将药液吸入，

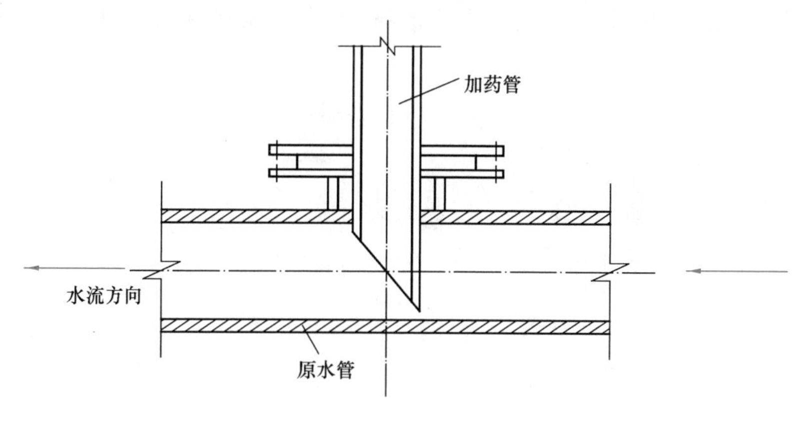

图 4-10　药液注入管道方式

同时随水的余压注入原水管中，如图 4-12 所示。这种投加方式设备简单、使用方便，溶液池高度不受太大限制，但水射器效率较低，且易磨损。该方式适用于自动化程度不高的小型水厂。

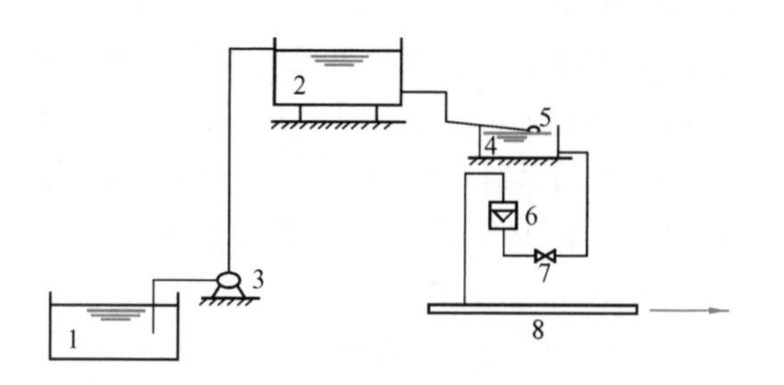

图 4-11　高位溶液池重力投加

1—溶解池；2—溶液池；3—提升泵；4—水封箱；
5—浮球阀；6—流量计；7—调节阀；8—压力水管

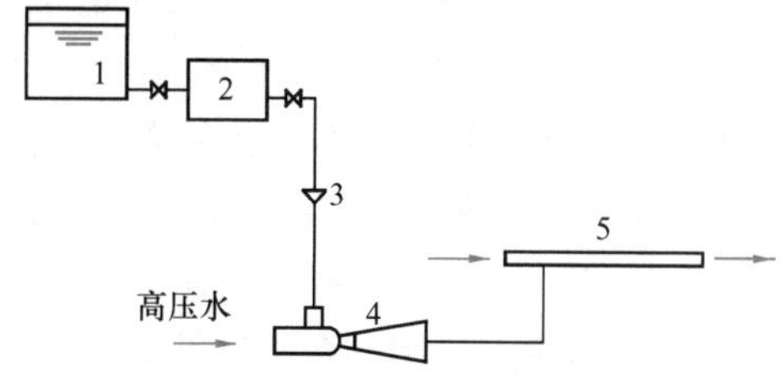

图 4-12　水射器投加

1—溶液池；2—投药箱；3—漏斗；
4—水射器；5—压力水管

（4）泵投加。泵投加混凝剂有两种形式：一是耐腐蚀离心泵配置流量计装置投加；二是计量泵投加。计量泵一般为柱塞式计量泵和隔膜式计量泵，不另配备计量装置。柱塞式计量泵适用于投加压力很高的场合，而隔膜计量泵用于低中压投加系统。最为常用的计量泵是隔膜式计量泵，其构造示意如图 4-13 所示。

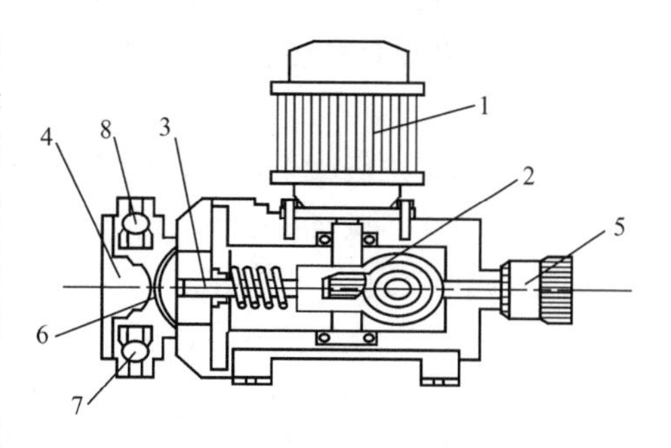

图 4-13　隔膜式计量泵结构示意

1—电动机；2—齿轮机构；3—活塞；4—泵头；
5—冲程长度调节旋钮；6—隔膜；7—吸入口
及单向阀；8—排出口及单向阀

齿轮机构将变频调速电机 1 的转速转变成可往复运动的冲程，带动活塞 3 推动泵头中的隔膜做往复运动，同时吸入、排出溶液。泵头中包括隔膜，吸入口和排出口单向阀。当隔膜 6 后退时，吸入口单向阀 7 打开，排出口单向阀 8 关闭吸入溶液到泵头内，隔膜前进时，吸入口单向阀关闭，排出口单向阀打开，泵头内溶液被压出泵头到排出口连接的加药管中。冲程长度调节旋钮 5 固定后，泵头腔内体积固定，每次吸入、排出的溶液量一定，即可达到定量加注混凝剂的目的。

计量泵加注系统如图 4-14 所示。

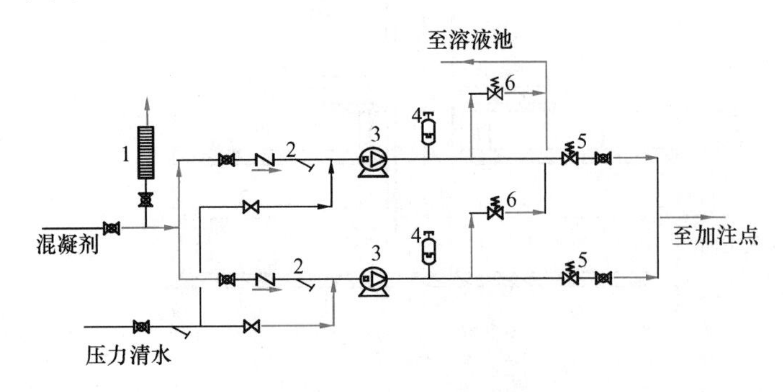

图 4-14　计量泵加注系统

1—计量泵校验柱；2—过滤器；3—计量泵；4—脉冲阻尼器；5—变压阀；6—安全释放阀

图 4-14 计量泵加注系统中，校验柱 1 表面标有刻度，校验计量泵的流量。也可附带液位报警装置，在液位降低至低限时发出信号，强制关闭计量泵，保证计量泵的安全运行。混凝剂溶液经过过滤器 2 吸入计量泵 3，通过脉冲阻尼器 4 将脉冲流量转化成稳定的连续流量。设置的投加系统有时压力发生变化，在变压阀 5 的作用下，计量泵保持在 0.1MPa 以上条件下正常工作。如果管路阻塞，引起投加系统压力升高。可通过安全释放阀 6 或泵头上安装的释放阀自动使药液回流到溶液池，同时用清水冲洗投加系统。

为了能够使各加注点投加的混凝剂量准确，一般每一加注点设置 1～2 台加注泵，而不采用 2 个加注点共用一台加注泵，或者在输液管上安装流量仪进行校核。

4.5.4　混凝剂自动投加与控制

1. 投加系统

药剂配置和投加的自动控制指从药剂配制、中间提升到计量投加整个过程均实现自动操作。从 20 世纪 90 年代初开始，随着投加设备、检测仪表和自动控制等水平的提高，自动投加方式已在设计和生产中得以实现。自动配制和投加系统除了药剂的搬运外，其余操作均可自动完成。

图 4-15 为常用混凝剂的自动溶解、提升、贮存并用计量泵投加的系统示意。

2. 混凝剂投加量自动控制

混凝剂最佳投加量（简称最佳剂量）是指达到既定水质目标的最小混凝剂投加量。由于影响混凝效果的因素复杂，且在水厂运行过程中水质、水量不断变化。为达到最佳剂量且能即时调节、准确投加一直是水处理技术人员研究的目标。目前我国大多数水厂还是根据实验室混凝搅拌试验确定混凝剂最佳剂量，然后进行人工调节。这种方法虽简单易行，但存在如下主要缺点：从试验结果到生产调节往往滞后 1～3h，且试验条件与生产条件也很难一致，所以试验所得最佳剂量未必是生产上最佳剂量。为了提高混凝效果，节省耗药量，混凝工艺的自动控制技术得以逐步推广应用。有关检测仪表及自动化设计这里从略，以下简单介绍几种自动控制投药量的方法。

（1）数学模型法

混凝剂投加量与原水水质和水量相关。对于某一特定水源，可根据水质、水量建立数

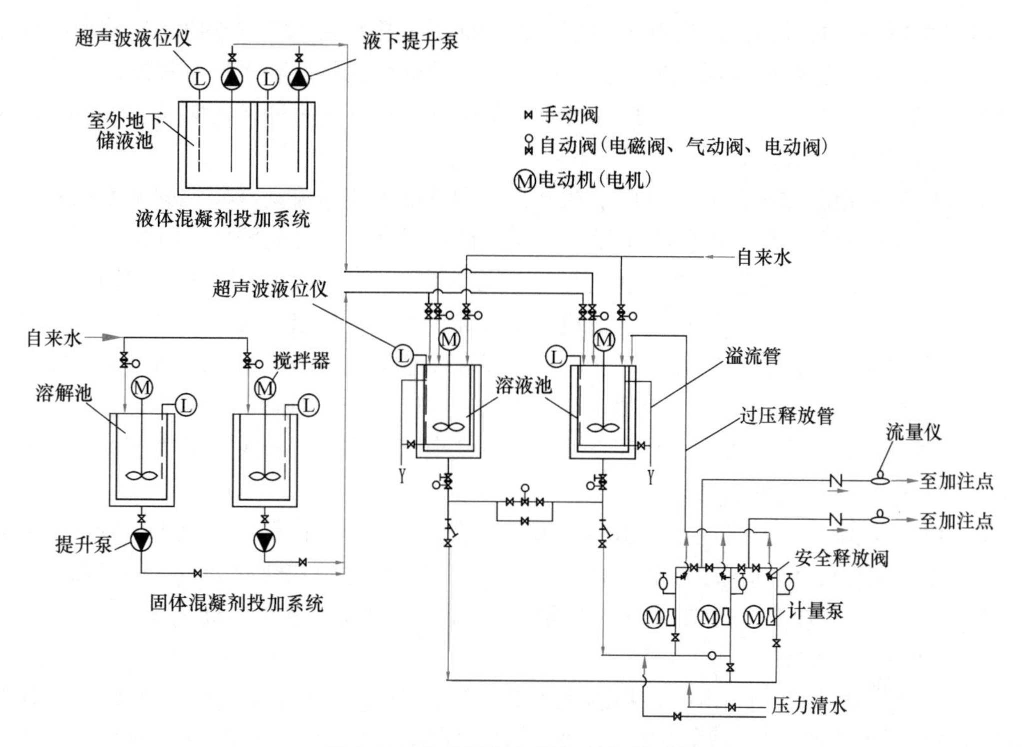

图 4-15　自动配制和投加的加药系统

学模型，编写程序交计算机执行调控。在水处理中，最好采用前馈和后馈相结合的控制模型。前馈数学模型应选择影响混凝效果的主要参数作为变量，例如原水浊度、pH、水温、溶解氧、碱度及水量等。前馈控制确定一个给出量，然后以沉淀池出水浊度作为后馈信号来调节前馈给出量。根据前馈给出量和后馈调节量就可获得最佳剂量。

采用数学模型实行加药自动控制的关键是：必须要有前期大量而又可靠的生产数据，才可运用数理统计方法建立符合实际生产的数学模型。而且所得数学模型往往只适用于特定原水条件，不具普遍性。此外，该方法涉及的水质仪表较多，投资较大，故此法至今在生产上一直难以推广应用。不过，若水质变化不太复杂而又有大量可靠的前期生产数据，此法仍值得采用。

（2）现场模拟试验法

采用现场模拟装置来确定和控制投药量是较简单的一种方法。常用的模拟装置是斜管沉淀器、过滤器或两者并用。当原水浊度较低时，常用模拟过滤器（直径一般为 100mm 左右）。当原水浊度较高时，可用斜管沉淀器或者沉淀器和过滤器串联使用。采用过滤器的方法是：从水厂混合后的水中引出少量水样，连续进入过滤器，连续测定出水浊度，由此判断投药量是否适当，然后反馈于生产进行投药量的调控。由于是连续检测且检测时间较短（一般约十几分钟完成），可用于水厂混凝剂投加的自动控制系统。不过，此法仍存在反馈滞后现象，只是滞后时间较短。此外，模拟装置与生产设备毕竟存在一定差别。但与实验室试验相比，更接近于生产实际情况。目前我国有些水厂已采用模拟装置实现加药自动控制。

（3）特性参数法

虽然影响混凝效果的因素复杂，但在某种情况下，总有某一特性参数是影响混凝效果的主要因素，其他影响因素居次要地位，则这一参数的变化就反映了混凝程度的变化。流动电流检测器（SCD）法和透光率脉动法即属特性参数法。这两种方法均是20世纪80年代国际上出现的最新技术。

流动电流系指胶体扩散层中反离子在外力作用下随着流体流动（胶粒固定不动）而产生的电流。此电流与胶体ζ电位有正相关关系。前已述及，混凝后胶体ζ电位变化反映了胶体脱稳程度。同样，混凝后流动电流变化也反映了胶体脱稳程度。两者是对同一本质不同角度的描述。在实验室中通过混凝试验测定胶体ζ电位来确定混凝剂投加量，虽然也是一种特性参数法，但由于测定胶体ζ电位不仅复杂而且不能连续测定，因而难于用在生产上的在线连续测控。流动电流法克服了这一缺点。流动电流控制系统包括流动电流检测器、控制器和执行装置三部分，其核心部分是流动电流检测器。有关流动电流检测器的构造可参见有关资料，这里从略。

流动电流控制技术的优点是控制因子单一；投资较低；操作简便；对于以胶体电中和脱稳为主的混凝而言，其控制精度较高。若混凝作用非以电中和脱稳为主，而是以高分子（尤其是非离子型或阴离子型絮凝剂）吸附架桥为主，则投药量与流动电流相关性很弱，就不能依此进行控制了。

透光率脉动法是利用光电原理检测水中絮凝颗粒变化（包括颗粒尺寸和数量），从而达到混凝在线连续控制的一种新技术。当一束光线透过流动的浊水并照射到光电检测器时，便产生电流并变成输出信号。透光率与水中悬浮颗粒浓度有关，而由光电检测器输出的电流也与水中悬浮颗粒浓度有关。如果光线照射的水样体积很小，水中悬浮颗粒数也很少，则水中颗粒数的随机变化便表现得明显，从而引起透光率的波动。此时输出电流值可看成由两部分组成，一部分为平均值，一部分为脉动值。絮凝前，进入光照体积的水中颗粒数量多而小，其脉动值很小；絮凝后，颗粒尺寸增大而数量减小，脉动值增大。将输出的脉动值与平均值之比称相对脉动值，则相对脉动值的大小便反映了颗粒絮凝程度。絮凝越充分，相对脉动值越大。因此，相对脉动值就是透光率脉动技术的特性参数。在控制系统中，根据沉淀池出水浊度与投药混凝后水的相对脉动值关系，选定一个给定值（按沉淀池出水浊度要求），则自控系统设计便与流动电流法类似。通过控制器和执行装置完成投药的自动控制，使沉淀池出水浊度始终保持在预定要求范围。这种自控方法的优点是，因子单一（仅一个相对脉动值），不受混凝作用机理或混凝剂品种限制，也不受水质限制，是具有一定应用前景的混凝自控新技术。

4.6 混合絮凝设备

4.6.1 混合设备

混凝剂投加到水中后，水解速度很快。如铁盐、铝盐混凝剂，约需1～10s即可生成单核单羟基聚合物，1min之内生成多核多羟基聚合物。因此，迅速分散混凝剂，使其在水中的浓度保持均匀一致，有利于混凝剂水解时生成较为均匀的聚合物，更好发挥絮凝作用。所以，混合是提高混凝效果的重要因素。

从混合时间上考虑，一般取10～30s，最多不超过2min。从工程上考虑，混合的过程是搅动水体，产生涡流或产生水流速度差，通常按照速度梯度计算，一般控制 G 值在 $700 \sim 1000s^{-1}$ 之内。

混合设备种类较多，应用于水厂混合的方式大致分为水泵混合、管式混合、机械混合和水力混合（池）四种。

1. 水泵混合

水泵抽水时，水泵叶轮高速旋转，投加的混凝剂随水流在叶轮中产生涡流，很容易达到均匀分散的目的。它是一种较好的混合方式，适合于大、中、小型水厂。水泵混合无需另建混合设施或构筑物，设备最为简单，所需能量由水泵提供，不必另外增加能源（图 4-9）。

采用水泵混合的自来水厂，混凝剂调配浓度仍取 10％～20％，用耐腐蚀管道重力或压力加注在每一台水泵吸水管上，随即进入水泵，迅速分散于水中。这种情况下，混凝剂投加系统应注意水封，不使空气进入。虽然空气从混凝剂加注管进入水泵，没有立即溶解在水中，不会产生气蚀，却容易在泵壳形成气囊，使水泵效率下降、流量减少。

采用水泵混合需要注意的是经混合后的水流不宜长距离输送。因为投加在水泵吸水管的混凝剂已有部分水解，经水泵混合分散后，很快完成凝聚过程开始絮凝，形成的絮凝体在管道中遇水流速度过快会破碎，变成具有胶体保护性能的不易重新聚结的微絮凝体。或者遇水流速度过慢时，絮凝体沉淀于管中。因此，水泵混合通常适用于取水泵房离水厂絮凝构筑物较近的水厂，两者间距不宜大于 150m。

投加具有一定腐蚀性的混凝剂时，投加量很小，混合后水的 pH 变化甚微，水泵叶轮、管道不会产生严重的腐蚀现象。如果长期使用三氯化铁混凝剂，则水泵吸水管可适当考虑防腐措施。

2. 管式混合

利用水厂絮凝池进水管中水流速度变化，或通过管道中阻流部件产生局部阻力，扰动水体发生湍流的混合称为管式混合。常用的管式混合可分为简易管道混合和管式静态混合器混合。

（1）简易管道混合

简易管道混合如图 4-16 所示。

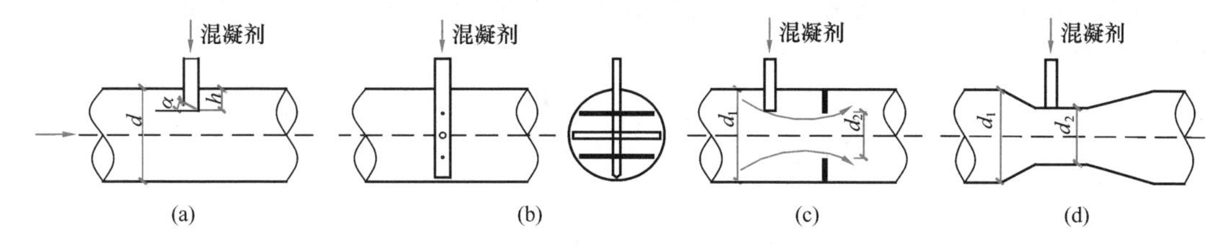

图 4-16　简易管道混合

图 4-16(a) 所示，混凝剂投加管伸入进水管 $h = (1/4 \sim 1/3)d$，$\alpha = 45°$。混凝剂投加方向和进水管中水流方向相反，以利于分散混合。图 4-16(b) 所示，把混凝剂分成多处投加在水中，在进水管整个断面分散开来。这两种混合方式要求混凝剂投加点至末端出口距离不少于 50 倍管道直径为宜，水流速度 0.8～1.0m/s，且投加混凝剂后的水流水头损失不小于 0.3～0.4m。实际上，为防止絮凝体在管中沉淀，投加混凝剂后的管道也不能过

长，其水头损失应发生在管道中的扰流设备上。

为增强管中混合效果，有的采用图 4-16(c)隔片(孔板)扰流管式混合方式，因过水断面骤然变小，流速增大而产生湍流混合。图 4-16(d)在进水管中安装一段文丘里管方式，延缓喉管前后渐缩渐扩锥管内流速变化，减少水头损失。图 4-16(c)、(d)两种混合方式的水头损失较大，混合效果相应较好。

另有一种简易管式混合器是“扩散混合器”，如图 4-17 所示。在管式孔板混合器前加设锥形挡板，水流和混凝剂对冲锥形挡板后形成剧烈紊流，再经孔板，达到快速混合。

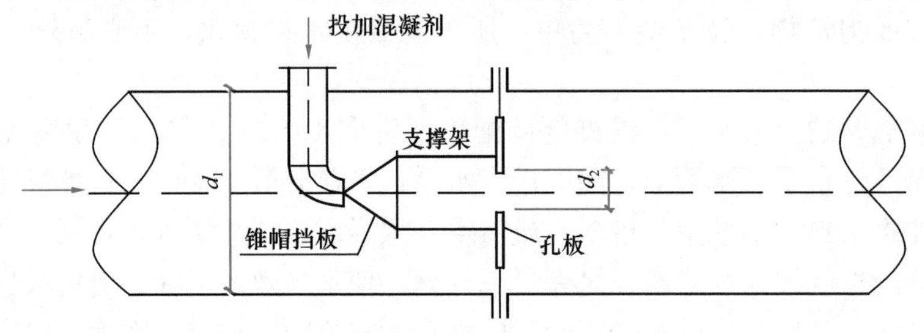

图 4-17　扩散混合器

(2) 管式静态混合器

当取水泵房远离水厂絮凝构筑物时，大多使用的管式混合器是“管式静态混合器”，如图 4-18 所示。内部安装若干固定扰流叶片，交叉组成。投加混凝剂的水流通过叶片时，被依次分割，改变水流方向，并形成涡旋，达到迅速混合目的。

图 4-18　管式静态混合器

管式静态混合器一般选用 2～4 节，水头损失和扰流叶片数量、角度有关，可参考如下公式计算：

$$h = 0.1184 \frac{Q^2}{D^{4.4}} n \tag{4-29}$$

式中　h——水头损失，m；

Q——管道流量，m^3/s；

D——管道直径，m；

n——混合器扰流元件节数。

混凝剂加入水中后，通过外界扰流形成湍流，有利于混凝剂分散。搅动水体时，需耗散能量或引起水头损失变化，应采用式 (4-14) 计算速度梯度 G 值。

3. 机械搅拌混合

机械搅拌混合是在混合池内安装搅拌设备，以电动机驱动搅拌器完成的混合。水池多为方形，用一格或两格串联，混合时间10～30s，最长不超过2min。混合搅拌器有多种形式，如桨板式、螺旋桨式、涡流式，以立式桨板式搅拌器使用最多，如图4-19所示。

圆形机械搅拌混合池直径2.0m左右，方形混合池2m×2m。较大直径（或边长）的混合池采用水平轴搅拌。立式搅拌器一般带有多块叶片，叶片长$D_0=(2/3)D$，宽$L=0.1\sim0.25D$，距池底$0.3D$左右。水深H在2.0m之内时，可设两块叶片；水深$H=2\sim4$m，可设4块叶片。为防止水流共同运动仅产生大的漩涡，常在池壁加设挡板，挡板宽$(1/10)D$，距池底水面$(1/4)D$。由电动机带动搅拌器搅动水体后，水体在大的涡旋作用下，同时产生小的涡旋，更有利于混凝剂分散混合。机械混合池中水流的速度梯度G计算同机械絮凝池，见后文。

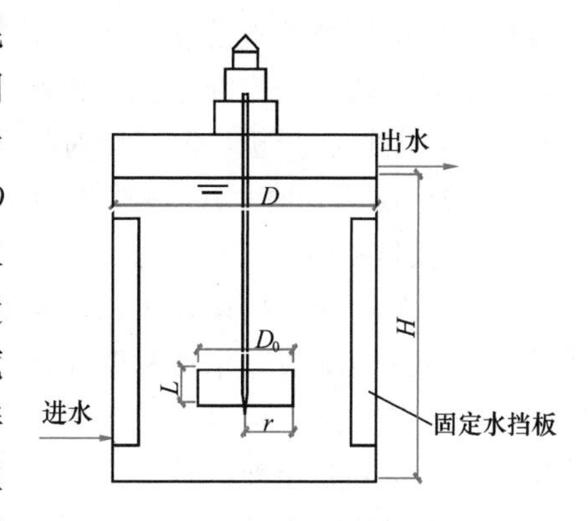

图4-19 立式桨板搅拌机

4. 水力混合池

利用水流跌落或改变水流方向以及速度大小而产生湍流进行的混合称为水力混合。需要有一定水头损失达到足够的速度梯度，方能有较好的混合效果。常用的水力混合池如图4-20～图4-22所示。

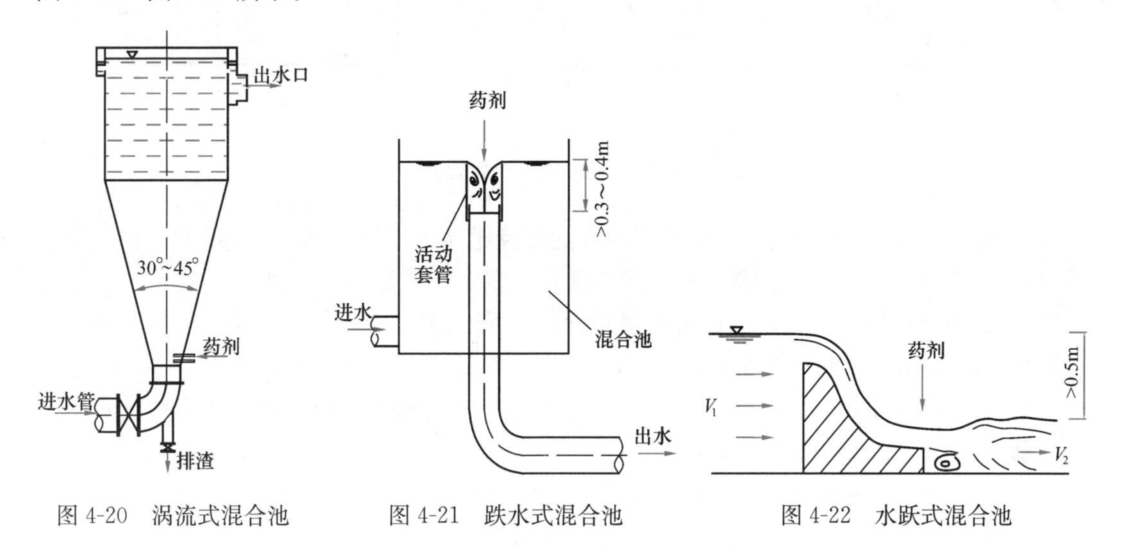

图4-20 涡流式混合池　图4-21 跌水式混合池　图4-22 水跃式混合池

（1）涡流式混合池：便于排渣，适用于原水浊度高、混凝剂纯度低及投加石灰调整pH的混合。设计进口流速1～2m/s，出口液面上升流速0.20～0.30m/s，停留时间1.5min左右。

（2）跌水式混合池：可用于小型水厂，应保持0.3m以上跌落高度，出水管流速1～2m/s。

（3）水跃式混合池：适用于重力供水有较大跌落水头的水厂，当跌落高度＞0.5m时，可使跌落后水流流速＞3m/s，产生水跃进行混合。

4.6.2 絮凝

和混合一样，絮凝是通过水力搅拌或机械搅拌扰动水体，产生速度梯度或涡旋，促使颗粒相互碰撞聚结。根据能量来源不同，分为水力絮凝池及机械絮凝池。在水力絮凝池中，水流方向不同，扰流隔板的设置不同，又分为很多形式的絮凝池。从絮凝颗粒成长规律分析，无论何种形式的絮凝池，对水体的扰动程度都是由大到小。在每一种水力条件下，会生成与之相适应的絮凝体颗粒，即不同水力条件下的“平衡粒径”颗粒。根据大多数水源的水质情况分析，取絮凝时间 $T=15\sim30\text{min}$，起端水力速度梯度 100s^{-1}左右，末端 $10\sim20\text{s}^{-1}$，GT 值$=10^4\sim10^5$，可保证较好的絮凝效果。

1. 隔板絮凝池

隔板絮凝池应用历史较久，絮凝效果稳定。过去，大中型水厂普遍应用隔板絮凝池。水流在隔板间流动时，水流和壁面产生近壁紊流，向整个断面传播，促使颗粒相互碰撞聚结。根据水流方向，可分为往复式、回流式、竖流式几种形式，由于竖流式目前已经很少使用，以下主要介绍前两种形式。

(1) 往复式隔板絮凝池。往复式隔板絮凝池如图 4-23 所示，水流沿隔板来回流动，又称来回式隔板絮凝池。根据水源水质特点，往复式隔板絮凝池设计要求为：

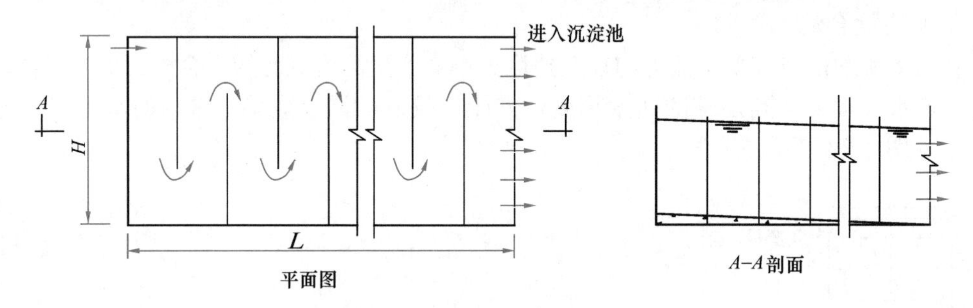

图 4-23 往复式隔板絮凝池

1）廊道流速分为 4～6 档，第一档，即起端流速 $v=0.5\sim0.6\text{m/s}$，最后一档，即末端流速 $v=0.2\sim0.3\text{m/s}$。为此，多采用变化廊道宽度 a 值来改变流速。

2）为便于检修和洗池，每档流速隔板净间距应大于 0.50m，池底设 2%～3%坡度，可安装 DN100mm 以上的排泥管。

3）为了减少水流转弯处水头损失，并力求每档速度梯度分布均匀，转弯处过水断面应为廊道顺直段过水断面的 1.2～1.5 倍。

4）絮凝时间一般取 20～30min，低浊度水可取高值。

5）絮凝池与沉淀池合建时，宽度往往和沉淀池相一致。

6）隔板絮凝池各段水头损失按下式计算：

$$h_i=\frac{v_i^2}{C_i^2R_i}L_i+\xi m_i\frac{v_n^2}{2g} \tag{4-30}$$

式中 v_i——第 i 段廊道内水流流速，m/s；

v_n——第 i 段廊道内转弯处水流流速，m/s；

C_i——流速系数，$C_i=\frac{1}{n}R_i^{1/6}$，n——池壁粗糙系数；

R_i——第 i 段廊道过水断面水力半径，m；

L_i——第 i 段廊道总长度，m；

m_i——第 i 段廊道内水流转弯次数；

ξ——隔板转弯处局部阻力系数，180°转弯 $\xi=3$，90°转弯 $\xi=1$。

絮凝池内总水头损失 $h=\Sigma h_i$。

【例 4-6】 设计规模为 10 万 m^3/d 的自来水厂，采用往复隔板絮凝池，根据水源水质情况和水厂高程布置条件，取絮凝时间 $T=20min$，平均水深 2.50m，水厂自用水量占设计规模的 5%，分为两格，絮凝池后面的沉淀池宽 14m，设计计算该絮凝池尺寸。

【解】（1）单格设计水量 $Q=\frac{100000\times1.05}{2}=52500m^3/d$

（2）絮凝池容积

$$W=\frac{52500\times20}{24\times60}=729m^3$$

（3）净平面面积

$$F=\frac{W}{H_{平均}}=\frac{729}{2.50}=292m^2$$

（4）絮凝池长度

$$L=\frac{F}{B}=\frac{292}{14}=21m$$

（5）各档流速廊道宽度

廊道内流速分为 5 档：$v_1=0.50m/s$，$v_2=0.40m/s$，$v_3=0.30m/s$，$v_4=0.25m/s$，$v_5=0.20m/s$，转弯处流速等于廊道流速的 1/1.25，则各档流速廊道宽度为：

$a_1=\frac{52500}{24\times3600\times0.5\times2.5}=0.486m$，取 $a_1=0.50m$，则 $v_1=0.486m/s$；

$a_2=\frac{52500}{24\times3600\times0.4\times2.5}=0.608m$，取 $a_2=0.60m$，则 $v_2=0.405m/s$；

$a_3=\frac{52500}{24\times3600\times0.3\times2.5}=0.810m$，取 $a_3=0.80m$，则 $v_3=0.304m/s$；

$a_4=\frac{52500}{24\times3600\times0.25\times2.5}=0.972m$，取 $a_4=0.95m$，则 $v_4=0.256m/s$；

$a_5=\frac{52500}{24\times3600\times0.2\times2.5}=1.215m$，取 $a_5=1.20m$，则 $v_5=0.203m/s$。

（6）廊道条数

每一档流速的廊道条数不一定相同。为简化计算，这里取每一档流速的廊道条数相同，即每一档流速水流在絮凝池中停留时间逐渐增大，则廊道条数：

$$m=\frac{L}{\Sigma a_i}=\frac{21.00}{0.50+0.60+0.80+0.95+1.20}=5.18$$

取每一档流速廊道 5 条，共 25 条，水流转弯 24 次。絮凝池隔板间距之和为：

$$L' = 5 \times (0.50 + 0.60 + 0.80 + 0.95 + 1.20) = 20.25\text{m},$$

计入隔板厚 0.15m，则絮凝池实际长度 $L = 20.25 + 0.15 \times (25 - 1) = 23.85\text{m}$

（7）廊道长度

各档流速廊道总长度 $L_i=5\times14=70\text{m}$。其中，廊道宽 1.20m、流速 0.2025m/s 的一档的最后一道廊道紧挨穿孔过水墙，不计入该档流速廊道的长度，则最后一档廊道总长度变为 70－14＝56m。

（8）一般水泥板或水泥砂浆抹面渠道水力粗糙系数 $n=0.013$，各档流速廊道水头损失及速度梯度计算结果见表 4-3。

各档流速廊道水头损失及速度梯度计算表 **表 4-3**

段数	转弯次数 m_i	直流段长度 L_i（m）	廊道宽度 a_i（m）	水力半径 R_i（m）	流速系数 C_i（$\text{m}^{0.5}/\text{s}$）	廊道流速 v_i（m/s）	转弯处流速 v_n（m/s）	水头损失 h_i（m）	停留时间 T_i（s）	速度梯度 G_i（s^{-1}）
1	5	70	0.5	0.2273	60.0917	0.4861	0.389	0.1358	144.00	96.127
2	5	70	0.6	0.2679	61.7600	0.4051	0.324	0.0915	172.80	72.051
3	5	70	0.8	0.3448	64.4155	0.3038	0.243	0.0497	230.40	45.969
4	5	70	0.95	0.3992	66.0056	0.2558	0.205	0.0347	273.60	35.236
5	4	56	1.20	0.4839	68.1572	0.2025	0.162	0.0211	276.48	27.345
								$\Sigma h=$ 0.3328	$\Sigma T=$ 1097.3	$\overline{G}=$ 54.515
									$GT=59818$	

表 4-3 中水头损失 h_i 是按照式（4-30）计算的廊道中水流沿程水头损失和转弯处局部水头损失之和。其中，水的动力黏度 $\mu=1\times10^{-3}\text{Pa}\cdot\text{s}$。

（2）回转隔板絮凝池

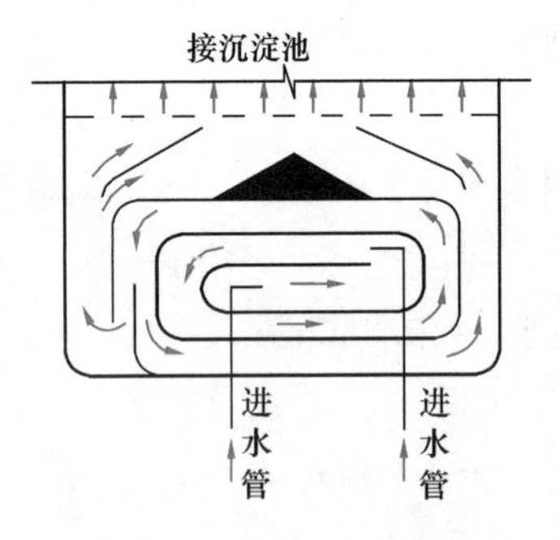

图 4-24　回转隔板絮凝池

往复隔板絮凝池在 180°转弯处的流速已经减小，因为局部阻力系数（$\xi=3$）值较大，所以局部水头损失较大。也就是说，转弯处的搅拌强度大于廊道中搅拌强度。因此，在絮凝池中，水力搅拌强度不是平稳地由强到弱，而是每到转弯处即发生骤变。特别是在絮凝后期，这种骤变往往使已形成絮凝体破碎。为了减小转弯处水头损失，使每档流速廊道中速度梯度分布趋于均匀，大中型规模的水厂有的采用了回转隔板絮凝池，如图 4-24 所示。该絮凝池水流转弯为 90°，局部阻力系数 $\xi=1$，有助于减少局部水头损失所占的比例。其计算方法同往复式隔板絮凝池，一般平面布置成接近正方形。

2. 折板絮凝池

前已述及，从隔板絮凝池的计算中可知，尽管转弯处流速已经变小，但水头损失之和仍占有较大比例。这势必使得高 G 值区出现在两端水流转弯处，且两次水流转弯间隔时间较长。回流隔板絮凝池对此虽有改善，但到后段仍存在上述问题。为此，人们便发展了折板絮凝池，并已在自来水厂广泛应用。折板絮凝池通常采用竖流式，相当于竖流平板隔板改成具有一定角度的折板。折板转弯次数增多后，转弯角度减少。这样，既增加折板间水流紊动性，又使絮凝过程中的 G 值由大到小缓慢变化，适应了絮凝过程中絮凝体由小到大的变化规律，从而提高了絮凝效果。

折板分为平折板和波纹折板两类，如图 4-25 所示。

其中，波纹折板波高 h、波距 s 较小，每一通道所需波纹折板数较多，安装不便，国内使用较少。平板折板夹角 θ 的大小直接影响水流流速变化次数，即影响到水头损失大小。目前，平折板多用钢筋混凝土板、钢丝网水泥板、不锈钢板拼装而成，折板夹角 $\theta=90°\sim120°$，波高 $h=0.30\sim0.40\text{m}$，板宽 0.50m。大、中型规模水厂的折板絮凝池每档流速流经多格，每格安装一定道数的折板，水流在每格各道隔板间并联流动，然后串联流经其他各格，被称为多通道折板絮凝池，如图 4-26 所示。小型规模的水厂的折板絮凝池可不分格，水流直接在相邻两道折板间上下流动，即为单通道折板絮凝池，如图 4-27 所示，图中异波折板过水断面不断收缩和放大，水流速度和方向连续变化，水头损失较大。同波折板仅使水流反复转向、曲折流动，水头损失较小。所以工程上常把异波折板设在絮凝池前段，同波折板设在中段，最后安装竖流直板。这样能使絮凝池各分段具有不同的水头损失和速度梯度。

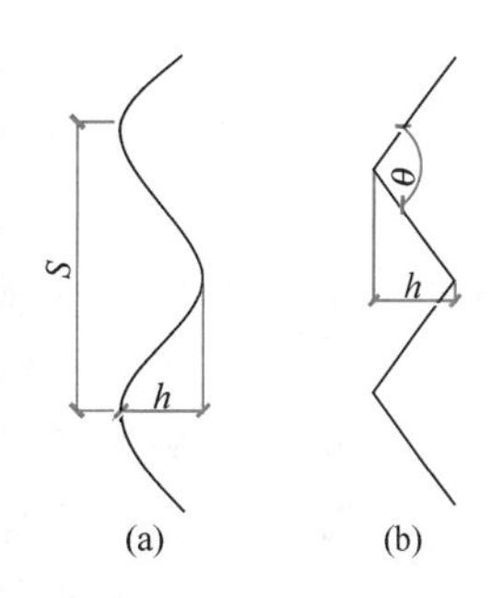

图 4-25 波纹板和平折板
(a) 波纹板；(b) 平折板

和隔板絮凝池一样，折板间距应根据水流速度逐渐由大到小变化，折板间距依次由小到大分成 3～4 段。其中：第一段异波折板，波峰流速取 0.25～0.35m/s，波谷流速0.1～0.15m/s；第二段同波折板，板间流速取 0.15～0.25m/s；第三段平行折板，板间流速取 0.10m/s 左右。

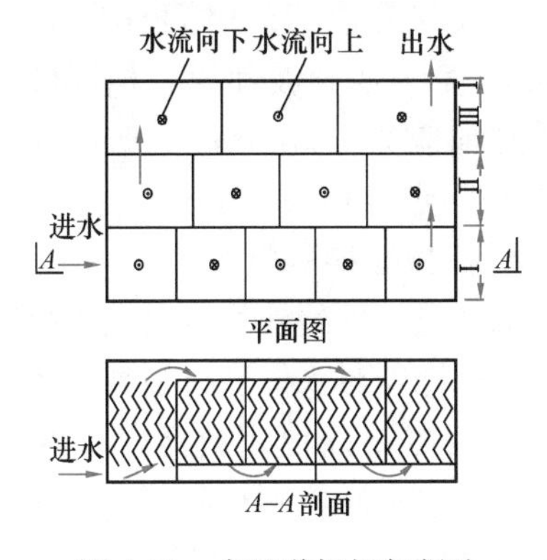

图 4-26 多通道折板絮凝池

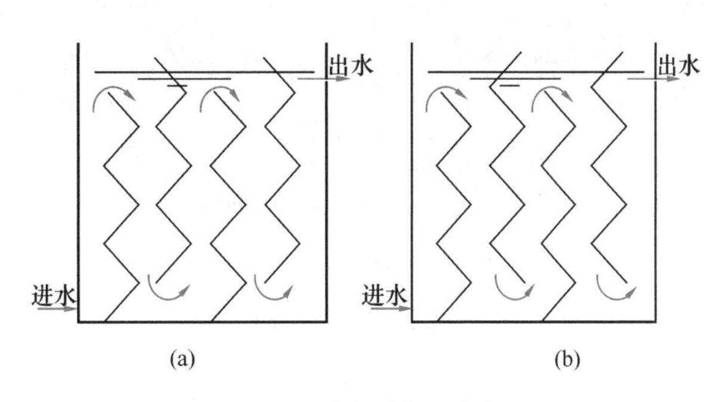

图 4-27 单通道折板絮凝池
(a) 异波折板；(b) 同波折板

折板絮凝池水头损失包括两部分：(1) 缩—放单元（异波折板）或水流转弯（同波折板）的局部水头损失；(2) 通道出口的局部水头损失。目前，异波折板絮凝池缩—放单元水头损失按照渐缩局部水头损失与渐放（扩）局部水头损失简单相加计算。实际上，在一个紧紧相连的缩—放单元中，将渐缩和渐放（扩）的局部水头损失简单相加，并不符合水力学中有关渐缩和渐放的条件。

因而，直接引用水力学中渐缩和渐放（扩）局部水头损失计算公式计算结果有一定误差。有关研究和生产实际表明，理论计算的水头损失值应乘以 0.83～0.85 的修正系数有可能和实际相接近。

异波折板一个渐缩和渐放组合及上下转弯的水头损失计算式为：

$$h_1 = \frac{1.6\upsilon_1^2 - 1.5\upsilon_2^2}{2g} \tag{4-31}$$

$$h_3 = \xi_3 \frac{\upsilon_3^2}{2g} \tag{4-32}$$

式中 h_1 ——异波折板一个渐缩、渐放组合的水头损失，m；

υ_1 ——异波折板波峰流速，m/s；

υ_2 ——异波折板波谷流速，m/s；

h_3 ——上下转弯或通过孔洞的水头损失，m；

υ_3 ——上下转弯或通过孔洞流速，m/s；

ξ_3 ——上下转弯或通过孔洞局部阻力系数，上转弯 $\xi_3=1.8$，下转弯或孔洞$\xi_3=3.0$。

同波折板通道水流转弯的局部水头损失计算式为：

$$h_4 = \xi_4 \frac{\upsilon_4^2}{2g} \tag{4-33}$$

式中 h_4 ——同波折板水流转弯的局部水头损失，m；

υ_4 ——同波折板间流速，m/s；

ξ_4 ——同波折板通道转弯处局部阻力系数，每一个 90°弯道阻力系数 $\xi_4=0.6$，一个转折 $\xi_4=1.2$。

同波折板水流上下转弯或通过孔洞的水头损失计算同式（4-32）。

折板絮凝池絮凝时间宜为 15～20min，第一档异波和第二档同波絮凝时间均应大于 5min，低温低浊度水源水絮凝时间可取 20～30min。

3. 机械搅拌絮凝池

机械搅拌絮凝池是通过电动机变速驱动搅拌器对水体进行搅拌，因桨板前后压力差促使水流运动产生漩涡，导致水中胶体颗粒和混凝剂相互碰撞聚结的絮凝池。该絮凝池可根据水量、水质和水温变化调整搅拌速度，故适用于不同规模的水厂。根据搅拌轴安装位置，又分为水平轴和垂直轴两种形式，如图 4-28 和图 4-29 所示。其中，水平轴搅拌絮凝池通常适用于大、中型水厂。垂直搅拌装置

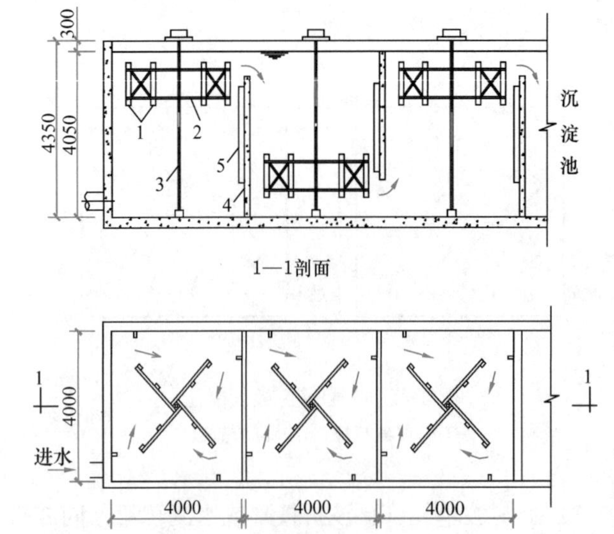

图 4-28 垂直轴式机械絮凝池

1—桨板；2—桨板支架；3—旋转轴；4—隔墙；5—固定挡板

安装简便，可用于中、小型水厂。

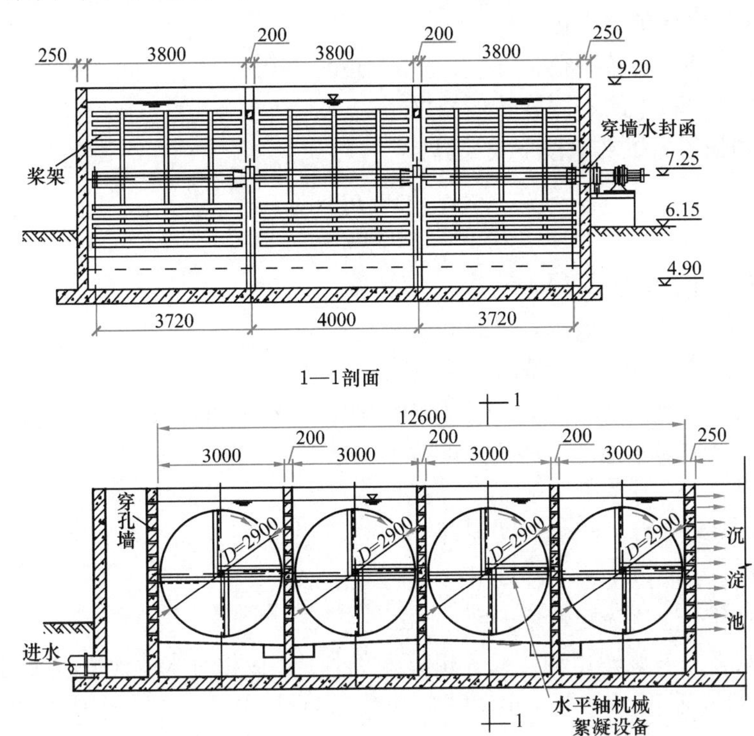

图 4-29　水平轴式机械絮凝池

机械搅拌絮凝池的水流从进入到流出，搅拌器旋转速度由大到小，分为多级，所以通常把这种絮凝池分为 3 格以上串联起来。显然，每格絮凝池就是一个连续流反应器。多格串联后接近于推流型反应器。分格越多，效果越好，但机修维护工作量增大。串联的各格絮凝池隔墙上开设 3%～5%隔墙面积的过水孔，或者按穿孔流速等于下一格桨板线速度决定开孔面积。不难看出，水流通过过水孔洞流动时，同样发生絮凝作用。

桨板旋转时克服水流绕流阻力，即为桨板施加在水体上的功率。按照图 4-30 所示计算。

每根旋转轴上在不同旋转半径上安装相同数量的桨板，在不考虑水温影响条件下或 $Re=10^2\sim2\times10^4$ 范围内，则每根旋转轴全部桨板旋转时耗散在水体上的功率为：

$$P=\sum_{1}^{n}\frac{mG_{\mathrm{D}}\rho}{8}L\omega^{3}(r_{i+1}^{4}-r_{i}^{4})\qquad(4\text{-}34)$$

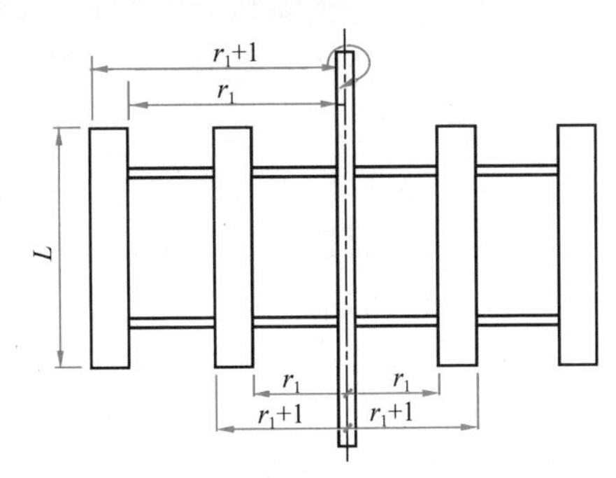

图 4-30　垂直轴桨板功率计算图

式中　P——桨板旋转时耗散的总功率，W；

m——同一旋转半径上的桨板数；

C_{D}——绕流阻力系数，当桨板宽、长比小于 1 时，取 $C_{\mathrm{D}}=1.10$；

ρ——水的密度，kg/m^3；

L——桨板长度，m；

ω——相对于水流的旋转角速速度，rad/s；

r_i——桨板内缘旋转半径，m；

r_{i+1}——桨板外缘旋转半径，m；

n——安装桨板中的不同旋转半径数。

每根旋转轴配置电机功率按下式计算：

$$N = \frac{p}{1000\eta_1\eta_2} \tag{4-35}$$

式中 N——配置电动功率，kW；

η_1——搅拌设备机械效率，可取 0.75；

η_2——电机传动效率，可取 0.6～0.95。

桨板旋转时，搅动水体运动，产生相对线速度，作为机械搅拌絮凝池设计的主要参数。旋转半径 r 处相对水池池壁的线速度按下式计算：

$$v = r\omega \tag{4-36}$$

式中 v——旋转线速度，m/s；

r——叶轮中心点旋转半径，m；

ω——相对水池池壁旋转角速度，rad/s。

因水流随桨板一起旋转运动，二者相对速度小于桨板相对水池池壁的线速度。一般称桨板相对水流的线速度为“相对速度”，其数值等于式（4-36）计算结果乘以 0.5～0.75 倍。

根据有关水厂运转经验，设计机械搅拌絮凝池时应注意以下几点要求：

（1）絮凝时间 15～20min，低温低浊度水源水絮凝时间可取 20～30min，水深3～4m。

（2）絮凝池数不少于 3 个，絮凝池多分为 3～4 格，每格设 1 档转速的搅拌机，垂直搅拌轴设在各格絮凝池中间，水平搅拌轴设于水深 1/2 处。

（3）搅拌桨板速度按叶轮桨板中心点处线速度确定，第一档搅拌机线速度一般取 0.50m/s，逐渐变小至末档的 0.20m/s。

（4）絮凝池分格隔墙上下交错设过水孔，过水孔面积按照下一档桨板外缘线速度设计。每格絮凝池池壁上安装 1～2 道固定挡水板，以增加水流紊动，防止短流。固定挡水板宽度 0.1m 左右。

（5）每台搅拌机上桨板总面积取水流截面积的 10%～20%，连同固定挡水板面积最大不超过水流截面积的 25%，以免水流随桨板同步旋转。每块桨板宽 0.1～0.3m，长度不大于叶轮直径的 75%。

（6）同一搅拌轴上两相邻叶轮相互垂直。水平轴或垂直轴搅拌机的桨板距池顶水面 0.30m，距池底 0.30～0.50m，距池壁 0.20m。

【例 4-7】 设计规模 4 万 m^3/d 自来水厂的垂直轴式机械搅拌絮凝池，絮凝时间 20min，水厂自用水量占 5%，分为三条生产线。

【解】（1）每条生产线设计流量 $Q=\frac{40000\times1.05}{3}=14000m^3/d$

（2）絮凝池容积 $W=\frac{14000\times20}{24\times60}=194m^3$

（3）絮凝池尺寸

为和沉淀池配套，絮凝池分为 3 格，每格平面尺寸 4.0m×4.0m，有效水深 $H=\frac{194}{3\times4\times4}=4.05\text{m}$，取超高 0.30m，则絮凝池高为 4.35m。

（4）搅拌桨尺寸

取搅拌叶轮直径 3.50m，桨板宽 $b=0.15\text{m}$，长 $L=2.00\text{m}$。板长与叶轮直径之比$=2.0/3.5=57\%<75\%$。每根搅拌轴上安装桨板 12 块。每格絮凝池池壁上安装挡水板宽 0.05m，高 2.00m，共 4 块。单格絮凝池搅拌设备尺寸如图 4-31 所示。

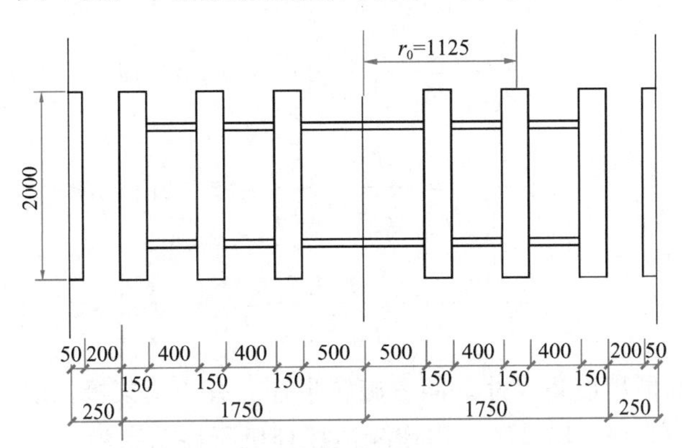

图 4-31　搅拌设备尺寸图

桨板挡水板面积与水力截面积之比等于$\frac{12\times2\times0.15+4\times2\times0.05}{4\times4.05}=24.69\%$，不大于 25%。

（5）叶轮旋转速度

取叶轮桨板中心点$\left(r_0=500+\frac{1750-500}{2}=1125\text{mm}\right)$处相对池壁的线速度为：

第一格絮凝池搅拌机　　$v_1=0.50\text{m/s}$；

第二格絮凝池搅拌机　　$v_2=0.35\text{m/s}$；

第三格絮凝池搅拌机　　$v_3=0.20\text{m/s}$。

则各格搅拌机旋转角速度和转数分别为：

$$\omega_1=\frac{0.50}{1.125}=0.444\text{rad/s}\qquad n_1=\frac{0.444\times60}{2\pi}=4.24\text{r/min};$$

$$\omega_2=\frac{0.35}{1.125}=0.311\text{rad/s}\qquad n_2=\frac{0.311\times60}{2\pi}=2.97\text{r/min};$$

$$\omega_3=\frac{0.20}{1.125}=0.178\text{rad/s}\qquad n_3=\frac{0.178\times60}{2\pi}=1.70\text{r/min}。$$

（6）隔墙过水孔面积

隔墙过水孔面积按照下一挡桨板外缘线速度计算，由上面计算结果可求出：

第二格絮凝池搅拌机外缘线速度 $v'_2=1.75\omega_2=1.75\times0.311=0.544\text{m/s}$

第三格絮凝池搅拌机外缘线速度 $v'_3=1.75\omega_3=1.75\times0.178=0.312\text{m/s}$

每条生产线设计流量 $Q=14000\text{m}^3/\text{d}=0.162\text{m}^3/\text{s}$，得：

第一、二格絮凝池间隔墙过水孔面积$=\dfrac{0.162}{0.544}=0.298\text{m}^2$

第二、三格絮凝池间隔墙过水孔面积$=\dfrac{0.162}{0.312}=0.519\text{m}^2$

(7) 搅拌机功率计算

设桨板相对水流的线速度等于桨板旋转线速度的 0.75 倍，则相对水流的叶轮转速为：

$$\omega'_1=\frac{0.75v_1}{r_0}=\frac{0.75\times0.50}{1.125}=0.333\text{rad/s}$$

$$\omega'_2=\frac{0.75v_2}{r_0}=\frac{0.75\times0.35}{1.125}=0.233\text{rad/s}$$

$$\omega'_3=\frac{0.75v_3}{r_0}=\frac{0.75\times0.20}{1.125}=0.133\text{rad/s}$$

如图 4-31 所示的搅拌设备尺寸，同一旋转半径上有 4 块桨板，取 $m=4$、因有 3 个不同旋转半径，$n=3$，$C_D=1.10$，第一格絮凝池搅拌机所耗功率为：

$$\begin{aligned}P_1&=\sum_1^3\frac{4C_D\rho}{8}L\omega^3(r_{i+1}^4-r_i^4)\\&=\frac{4\times1.1\times1000}{8}\times2.0\times0.333^3\times[(1.75^4-1.60^4)\\&\quad+(1.20^4-1.05^4)+(0.65^4-0.50^4)]\\&=154.33\text{W}\end{aligned}$$

同理求出 $P_2=\dfrac{P_1}{\omega_1'^3}\times\omega_2'^3=\dfrac{154.33}{0.333^3}\times0.233^3=52.87\text{W}$，$P_3=\dfrac{P_1}{\omega_1'^3}\times\omega_3'^3=9.83\text{W}$

三台搅拌机合用一台电动机时，絮凝池所耗功率总和为：

$$\Sigma P=154.33+52.87+9.83=217.03\text{W}$$

配置电功率：$P=\dfrac{217.03}{1000\times0.75\times0.70}=0.413\text{kW}$。

(8) 核算絮凝池速度梯度 G 值（按水温 15℃，$\mu=1.14\times10^{-3}\text{Pa}\cdot\text{s}$ 计算），

第一格 $$G_1=\sqrt{\frac{P_1}{\mu\cdot V}}=\sqrt{\frac{154.33}{1.14\times10^{-3}\times194/3}}=45.75\text{s}^{-1}$$

第二格 $$G_2=\sqrt{\frac{P_2}{\mu\cdot V}}=\sqrt{\frac{52.87}{1.14\times10^{-3}\times194/3}}=26.78\text{s}^{-1}$$

第三格 $$G_3=\sqrt{\frac{P_3}{\mu\cdot V}}=\sqrt{\frac{9.83}{1.14\times10^{-3}\times194/3}}=11.55\text{s}^{-1}$$

平均速度梯度 $G=\sqrt{\dfrac{\Sigma P}{\mu\times 194}}=\sqrt{\dfrac{217.03}{1.14\times 10^{-3}\times 194}}=31.33\mathrm{s}^{-1}$

$G\cdot T=31.33\times 20\times 60=37596$，在 $10^4\sim10^5$ 范围。

4. 网格（栅条）絮凝池

网格（栅条）絮凝池由多格竖井组成，每格竖井中安装若干层网格或栅条，上下交错开孔，形成串联通道。当水流自上而下，或自下而上流动通过网格、栅条时，水流收缩后再扩大，引起水流紊动，形成漩涡，促使水中颗粒相互碰撞聚结。因此，它具有速度梯度分布均匀、絮凝时间较短的优点。图 4-32、图 4-33 为网格、栅条构件图及絮凝池平面布置图。

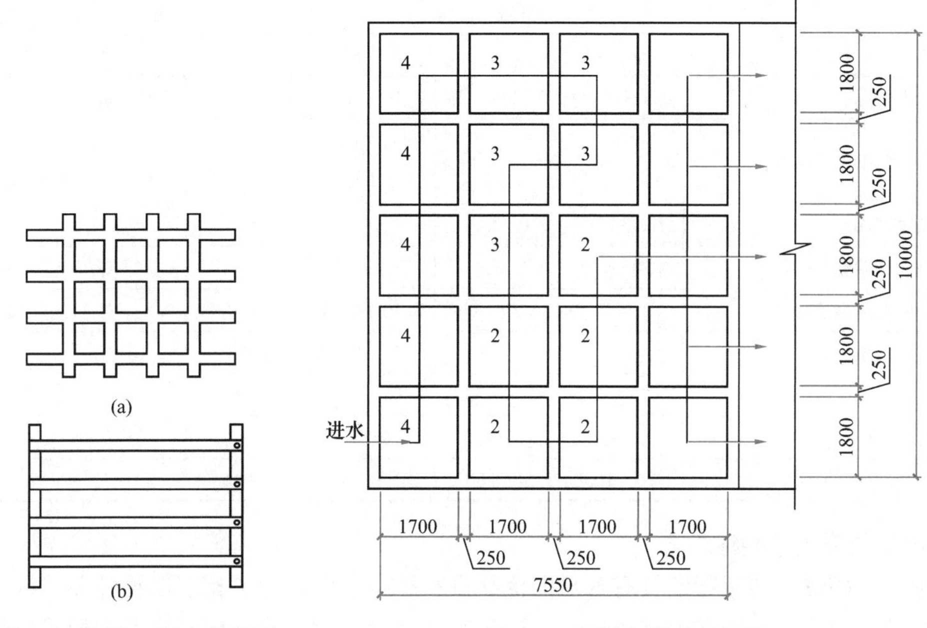

图 4-32 网格、栅条构件图
(a) 网格；(b) 栅条

图 4-33 网格絮凝池平面图
(图中数字表示网格层数)

网格（栅条）絮凝池水头损失由水流通过两竖井间孔洞损失和每层网格（栅条）水头损失组成，即

$$h=\Sigma h_1+\Sigma h_2 \tag{4-37}$$

式中 h_1——水流通过竖井间孔洞水头损失，m；

h_2——水流通过网格（栅条）水头损失，m。

其中

$$h_1=\xi_1\frac{v_1^2}{2g} \tag{4-38}$$

$$h_2=\xi_2\frac{v_2^2}{2g} \tag{4-39}$$

v_1——水流通过竖井间孔洞流速，m/s；

ξ_1——孔洞阻力系数，按180°下转弯阻力系数计算，取3.0；

v_2——水流通过网格（栅条）层时的过网过栅流速，m/s；

ξ_2——水流通过网格（栅条）阻力系数，根据实际工程水头损失测定值推算，前段可取1，中段取0.9左右。

网格（栅条）絮凝池的水头损失较小，相对应的水流速度梯度较小，应根据不同水质条件选用。

网格（栅条）絮凝池往往和沉淀池合建。为防止分格面积过大，单池处理水量小于3万m^3/d为宜，主要设计参数见表4-4。

网格(栅条)絮凝池主要设计参数　　表4-4

设计参数	网格絮凝池			栅条絮凝池		
	前　段	中　段	末　段	前　段	中　段	末　段
竖井平均流速(m/s)	0.12～0.14	0.12～0.14	0.10～0.14	0.12～0.14	0.12～0.14	0.10～0.14
网孔、栅条缝隙(mm)	80×80	100×100	100×100或不设	50	50	50或不设栅条
板条宽度(mm)	35	35	35	50	50	50
过网、过栅流速(m/s)	0.25～0.30	0.22～0.25	0.10～0.15	0.25～0.30	0.22～0.25	0.10～0.15
竖井间孔洞流速(m/s)	0.30～0.20	0.20～0.15	0.10～0.14	0.30～0.20	0.20～0.15	0.10～0.14
网格、栅条层数	≥16	≥8	0～2	≥16	≥8	0～2
网格、栅条层距(mm)	60～70	60～70	60～70	60～70	60～70	60～70
絮凝时间(min)	3～5	3～5	4～5	3～5	3～5	4～5
速度梯度(s^{-1})	70～100	40～50	10～20	70～100	40～60	10～20

5. 不同形式絮凝池组合

上述不同形式的絮凝池具有各自的优缺点和适应条件。为了相互取长补短，特别是处理水量较小而难以从构造上满足要求，或者水质水量经常变化，可采用不同形式的絮凝池组合工艺。

常用的絮凝池组合工艺之一是折板絮凝池和平直板絮凝池的组合。由于折板水流转折次数多，混合絮凝作用较好。絮凝池后段的絮凝体逐渐增大，要求水流流速慢慢减小，紊动作用减弱。后段的折板改为平直板具有很好的絮凝效果。当水量较小或水量水质经常变化时，常采用机械搅拌絮凝和竖流直板或机械搅拌絮凝和水平流隔板絮凝组合工艺，来弥补起始段廊道或竖井尺寸偏小、施工不便的影响，并可调节机械搅拌器旋转速度以适应水量变化。

思考题与习题

1. 何谓胶体稳定性？用胶粒间相互作用势能曲线说明胶体稳定性的原因。

2. 在混凝过程中，压缩双电层和吸附－电中和作用有何区别？简要叙述硫酸铝混凝作用机理是什么？

3. 硫酸铝混凝剂在水解聚合过程中与水的pH的关系是什么？

4. 高分子混凝剂投量过多时，为什么混凝效果反而不好？

5. 目前我国常用的混凝剂有哪几种？各有哪些优缺点？

6. 在混凝过程中，投加在水中的电解质（混凝剂）通常先发挥凝聚作用，再发挥絮凝作用。不同的混凝剂，混凝作用有什么不同？

7. 何谓同向絮凝和异向絮凝？两者的凝聚速率（或碰撞速率）与哪些因素有关？脱稳后的颗粒碰撞聚结主要原因是什么？

8. 混凝控制指标有哪几种？为什么要重视混凝控制指标的研究？你认为合理的控制指标应如何确定？

9. 絮凝过程中，G 值的含义是什么？控制 G 值和 GT 值的作用是什么？沿用已久的 G 值和 GT 值的数值范围存在什么缺陷？

10. 什么叫助凝剂？常用的助凝剂有哪几种？在什么情况下需投加助凝剂？

11. 为什么有时需将 PAM 在碱化条件下水解成 HPAM？PAM 水解度是何含义？一般要求水解度为多少？

12. 影响混凝效果的主要因素有哪几种？这些因素是如何影响混凝效果的？

13. 原水温度、浊度和碱度对混凝效果会产生较大影响，克服这些影响的方法是什么？

14. 投加过量石灰等碱性物质对铝盐混凝剂水解聚合有什么影响？

15. 混凝剂有哪几种投加方式？各有何优缺点及其使用条件？

16. 何谓混凝剂“最佳剂量”？如何确定最佳剂量并实施自动控制？

17. 当前水厂常用的混合方法有哪几种？各有何优缺点？在混合过程中，控制 G 值的作用是什么？

18. 当前水厂中常用的絮凝设备有哪几种？各有何优缺点？在絮凝过程中，为什么 G 值应自进口逐渐减小？折板絮凝池混凝效果为什么优于隔板絮凝池？

19. 在絮凝过程中，隔板絮凝池和折板絮凝池设计取值参数有何不同？

20. 采用机械絮凝池时，为什么要采用 3～4 档搅拌机且各档之间需用隔墙分开？

21. 自来水厂常用的絮凝方式分为机械搅拌和水力搅拌两大类型，说明这两种絮凝形式的原理和主要差别是什么？

22. 水总碱度 0.1mmol/L(按 CaO 计)。硫酸铝(含 Al_2O_3 为 16%)投加量 25mg/L，设水厂每日生产水量 50000m^3。求水厂每天约需多少千克石灰(石灰纯度按 50%计，保证硫酸铝顺利水解的富余碱度取 0.2mmol/L(按 CaO 计))。

23. 设聚合铝$[Al_2(OH)_nCl_{6-n}]_m$ 在制备过程中，控制 $m=5$，$n=4$，求该聚合物的碱化度为多少？

24. 设原水悬浮物体积浓度 $\Phi=5\times10^{-5}$。假定悬浮颗粒粒径均匀，有效碰撞系数 $\alpha=1$，水温按 15℃计，设计流量 $Q=360m^3/h$，搅拌功率(或功率损耗)$P=195W$。该絮凝池按 PF 型反应器计算，经 15min 絮凝后，水中颗粒数量浓度将降低百分之几？（参考答案：降低 91.8%）

25. 某水厂采用精制硫酸铝作为混凝剂，其最大投量为 35mg/L。水厂设计水量 10 万 m^3/d。混凝剂每日调制 3 次，溶液浓度按 10%计，水厂自用水量按 5%计，求溶解池和溶液池体积各为多少？（参考答案：$W_1=4.0m^3$，$W_2=12m^3$）

26. 隔板絮凝池设计流量 7.5 万 m^3/d。絮凝池有效容积为 1100m^3。絮凝池总水头损失为 0.26m(水厂自用水量按 5%计，水的动力黏度 $\mu=1.14\times10^{-3}Pa\cdot s$)。求絮凝池总的平均速度梯度 G 值和 GT 值各为多少？（参考答案：$G=43.03s^{-1}$、$GT=51940$）

27. 某机械絮凝池分为 3 格，每格有效尺寸为 2.6m×2.6m×4.2m。每格设一台垂直轴桨板搅拌器，构造按图 4-30 设计，内外侧桨板各 4 块。桨板尺寸为：$r_2=1050mm$；桨板长 1400mm，宽 120mm；$r_1=525mm$。叶轮中心点旋转线速度为：第 1 格，$v_1=0.5m/s$；第 2 格，$v_2=0.32m/s$；第 3 格，$v_3=0.2m/s$。求：3 台搅拌器所需搅拌功率及相应的平均速度梯度 G 值(水温 20℃计)。

28. 有一流量 $Q=5$ 万 m^3/d 的机械搅拌絮凝池共分为 3 格，每格容积相同，在 15℃时计算出平均速度梯度为$\overline{G}$=60s^{-1}，又知各格速度梯度的关系为：$G_1:G_2:G_3=5:3:1$，求第一格的水流速度梯度G_1是多少$\left(提示：\overline{G}=\sqrt{\frac{1}{3}(G_1^2+G_2^2+G_3^2)}\right)$?（参考答案：$G_1=17.57s^{-1}\times5=87.85s^{-1}$）

29. 一座折板絮凝池设有7条尺寸相同的廊道，廊道内流速分为3档（见图4-34）。经测定计算，各档流速廊道水流速度梯度分别为：$G_1=104\ s^{-1}$、$G_2=45\ s^{-1}$、$G_3=21\ s^{-1}$，则絮凝池平均水流速度梯度G值是多少？

（提示：$G=\sqrt{\frac{\gamma\sum h}{\mu\sum T}}$，$h$—水头损失，$T$—水流停留时间，参考答案：$G$=48.74$s^{-1}$）

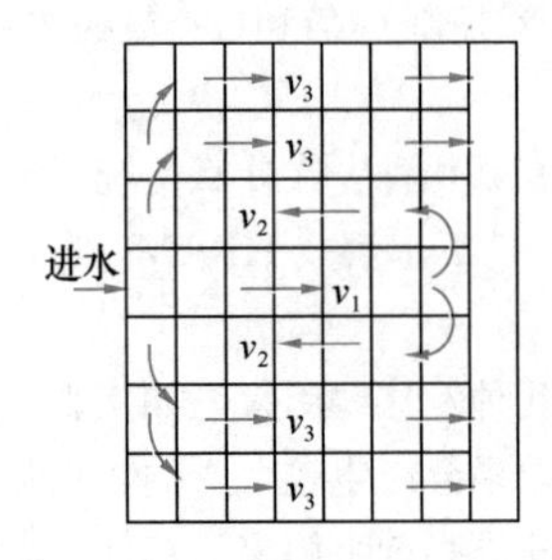

图4-34　多廊道折板絮凝池

第5章　沉淀、澄清和气浮

5.1　沉淀和气浮原理

5.1.1　沉淀分类

在水处理工艺中，水中悬浮颗粒在重力作用下，从水中分离出来的过程称为沉淀。当颗粒的密度大于水的密度时，则颗粒下沉；相反，颗粒的密度小于水的密度时，颗粒上浮。

根据悬浮颗粒的浓度和颗粒特性，其从水中沉降分离的过程分为以下几种基本形式：

1. 分散颗粒自由沉淀

悬浮颗粒浓度不高，下沉时彼此没有干扰，颗粒相互碰撞后不产生聚结，只受到颗粒本身在水中的重力和水流阻力作用的沉淀。含泥砂量小于5000mg/L的天然河流水中泥砂颗粒具有自由沉淀的性质。

2. 絮凝颗粒自由沉淀

经过混凝后的悬浮颗粒具有一定絮凝性能，两颗粒相互碰撞后聚结，其粒径和质量逐渐增大，沉速随水深增加而加快的沉淀。天然水源水中细小粒径的泥砂也会发生自然絮凝作用，成为絮凝颗粒自由沉淀。

3. 拥挤沉淀

拥挤沉淀又称分层沉淀，当水中悬浮颗粒浓度大（一般大于15000mg/L），在下沉过程中颗粒处于相互干扰状态，并在清水、浑水之间形成明显界面层整体下沉，故又称为界面沉降。

4. 压缩沉淀

压缩沉淀即为污泥浓缩，沉降到沉淀池底部的悬浮颗粒组成网状结构絮凝体，在上部颗粒的重力作用下挤出空隙水得以浓缩的沉淀。网状结构絮凝体的组成和水中杂质的成分有关，不再按照颗粒粒径大小分层。

5.1.2　天然悬浮颗粒在静水中自由沉淀

当水中悬浮颗粒浓度较低，沉淀时不受池壁和其他颗粒干扰，也不受沉降时所排开的液体影响的沉淀。如低浓度的除砂预沉池属于这种沉淀。

在重力作用下，颗粒下沉，同时受到水的浮力和水流阻力作用。这些作用力达到平衡时，颗粒以稳定沉速下沉。以直径为d（m）的球形颗粒为例，其在水中所受的重力为F_1，则

$$F_1 = \frac{1}{6}\pi d^3(\rho_s - \rho)g \tag{5-1}$$

式中　ρ_s——悬浮颗粒的密度，kg/m³；

ρ——水的密度，kg/m³；

g——重力加速度，m/s^2。

颗粒下沉时所受到水的阻力 F_2 是颗粒上下部位的水压差在竖直方向分量—压力阻力和颗粒周围水流摩擦阻力在竖直方向分量—摩擦阻力之和，称为绕流阻力。

$$F_2 = \frac{1}{2}C_D\rho \cdot \left(\frac{\pi}{4}d^2\right)u^2 \tag{5-2}$$

式中 C_D——绕流阻力系数，与颗粒的形状、颗粒在水中方位和水流雷诺数有关，同时与颗粒表面粗糙程度有关；

$\frac{\pi}{4}d^2$——球形颗粒在垂直方向的投影面积；

u——球形颗粒沉速，m/s。

颗粒开始下沉时，初速为零，而后加速下沉，阻力增大。当所受到的阻力和其在水中的重力相等时，颗粒等速下沉。一般所说的沉淀速度即指等速下沉时的速度，由下式求得：

$$\frac{1}{6}\pi d^3\ (\rho_s - \rho)g = \frac{1}{2}C_D\rho \cdot \left(\frac{\pi}{4}d^2\right)u^2 \tag{5-3}$$

于是得：

$$u = \sqrt{\frac{4}{3C_D}\left(\frac{\rho_s - \rho}{\rho}\right)gd} \tag{5-4}$$

绕流阻力系数 C_D 与雷诺数 Re 有关，Re 计算式是：

$$Re = \frac{ud}{\nu} = \frac{\rho ud}{\mu} \tag{5-5}$$

式中 ν——水的运动黏度系数，cm^2/s（u、d 分别以“cm/s”“cm”为单位计算）；

μ——水的动力黏度系数，Pa·s（u、d 分别以“m/s”“m”为单位计算）。

根据试验，C_D 和 Re 关系如图 5-1 所示。

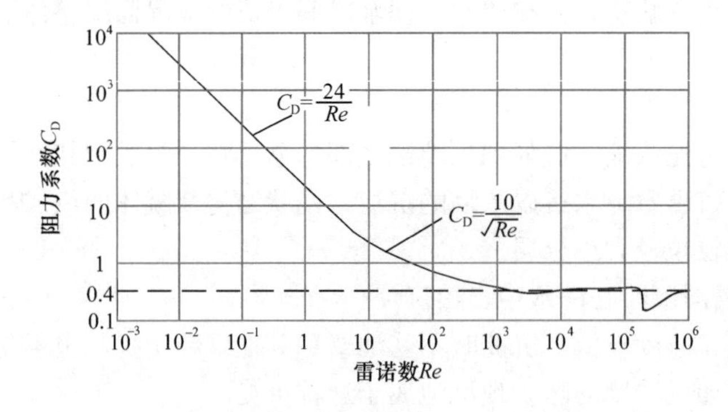

图 5-1 球形颗粒 Re 与 C_D 的关系

同时，可回归为如下表达式：

$$C_D = \frac{24}{Re} + \frac{3}{\sqrt{Re}} + 0.34 \tag{5-6}$$

试验证明，在 $Re<1$ 范围内，绕圆球流过的水流呈层流状态，绕流阻力系数 $C_D \approx \frac{24}{Re}$，代入式（5-4）得斯托克斯（G. G. Stokes）公式：

$$u = \frac{1}{18}\frac{\rho_s - \rho}{\mu}g d^2 \tag{5-7}$$

在 $1 < Re < 1000$ 范围内，属于过渡区，绕流阻力系数 $C_D \approx \frac{10}{\sqrt{Re}}$，代入式（5-4）得阿兰（Allen）公式：

$$u = \left[\left(\frac{4}{225}\right)\frac{(\rho_s - \rho)^2 g^2}{\mu \rho}\right]^{\frac{1}{3}} d \tag{5-8}$$

在 $1000 < Re < 250000$ 范围内，绕圆球流过的水流呈紊流状态。绕流阻力系数 $C_D \approx 0.4$，代入式（5-4）得牛顿（Newton）公式：

$$u = 1.83\sqrt{\frac{\rho_s - \rho}{\rho}g\ d} \tag{5-9}$$

当 $Re = 250000$ 时，绕流阻力系数 C_D 值骤然下降到 0.2 左右，如图 5-1 所示，应代入式（5-4）计算球体颗粒沉速。

对于非球形颗粒，应以实际计算的体积和投影面积代入式（5-3）计算。

还应指出，式（5-7）～式（5-9）是式（5-4）在不同的 Re 范围内的特定形式。不难理解，在计算某一颗粒的沉速或粒径时，因不知道 Re 范围，无法确定采用哪一公式，因而不能直接计算。

利用先行绘制的 $C_D - Re$ 关系表（表 5-1），或绘制成相互对应的标尺，可使此类计算简化。如果已知悬浮颗粒粒径为 d，求其沉速 u，则可变换式（5-4）为：

$$C_D = \frac{4}{3}\frac{(\rho_s - \rho)g\ d}{\rho\ u^2} \tag{5-10}$$

引入

$$Re^2 = \frac{\rho^2 u^2 d^2}{\mu^2} \tag{5-11}$$

将式（5-10）、式（5-11）相乘，消去 u^2，得

$$C_D\ Re^2 = \frac{4\rho(\rho_s - \rho)g\ d^3}{3\mu^2} \tag{5-12}$$

由已知条件代入式（5-12）后求出 $C_D Re^2$ 值，查表 5-1 得出相应的 Re 值，代入雷诺数计算式，即计算出 u 值。

C_D—Re 关系表 **表 5-1**

Re	C_D	$C_D Re^2$	C_D/Re	Re	C_D	$C_D Re^2$	C_D/Re
0.1	249.8268	2.498	2498.2683	0.8	33.6941	21.564	42.1176
0.2	127.0482	5.082	635.2410	0.9	30.1689	24.437	33.5210
0.3	85.8172	7.724	286.0574	1.0	27.3400	27.340	27.3400
0.4	65.0834	10.413	162.7085	2.0	14.4613	57.845	7.2307
0.5	52.5826	13.146	105.1653	3.0	10.0721	90.648	3.3574
0.6	44.2130	15.917	73.6883	4.0	7.8400	125.440	1.9600
0.7	38.2114	18.724	54.5877	5.0	6.4816	162.041	1.2963

续表

Re	C_D	$C_D Re^2$	C_D/Re	Re	C_D	$C_D Re^2$	C_D/Re
6.0	5.5647	200.331	0.9275	900.0	0.4667	378000.00	0.000519
7.0	4.9025	240.221	0.7004	1000.0	0.4589	458868.33	0.000459
8.0	4.4007	281.642	0.5501	1110.0	0.4517	556498.49	0.000407
9.0	4.0067	324.540	0.4452	1120.0	0.4511	565823.11	0.000403
10.0	3.6887	368.868	0.3689	1130.0	0.4505	575222.45	0.000399
20.0	2.2108	884.328	0.1105	1140.0	0.4499	584696.49	0.000395
30.0	1.6877	1518.950	0.0563	1150.0	0.4493	594245.19	0.000391
40.0	1.4143	2262.947	0.0354	1160.0	0.4488	603868.53	0.000387
50.0	1.2443	3110.660	0.0249	1170.0	0.4482	613566.47	0.000383
60.0	1.1273	4058.274	0.0188	1180.0	0.4477	623338.99	0.000379
70.0	1.0414	5102.986	0.0149	1190.0	0.4471	633186.06	0.000376
80.0	0.9754	6242.625	0.0122	1200.0	0.4466	643107.66	0.000372
90.0	0.9229	7475.445	0.0103	1300.0	0.4417	746416.50	0.000340
100.0	0.8800	8800.000	0.0088	1400.0	0.4373	857149.61	0.000312
200.0	0.6721	26885.28	0.003361	1500.0	0.4335	975284.25	0.000289
300.0	0.5932	53388.46	0.001977	1600.0	0.4300	1100800.00	0.000269
400.0	0.5500	88000.00	0.001375	1700.0	0.4269	1233678.39	0.000251
500.0	0.5222	130541.02	0.001044	1800.0	0.4240	1373902.60	0.000236
600.0	0.5025	180890.82	0.000837	1900.0	0.4215	1521457.24	0.000222
700.0	0.4877	238960.78	0.000697	2000.0	0.4191	1676328.16	0.000210
800.0	0.4761	304682.25	0.000595	3000.0	0.4028	3624950.30	0.000134

同理，已知颗粒沉速 u，求粒径 d 时，可用 C_D/Re 先行消去 d，得：

$$\frac{C_D}{Re}=\frac{4\mu(\rho_s-\rho)g}{3\rho^2u^3} \tag{5-13}$$

将 u 代入式（5-13），求出 $\frac{C_D}{Re}$ 值，查表得出相应的 Re 值，代入雷诺数计算式，求出 d 值。

【例 5-1】 已知球形细砂颗粒粒径 $d=0.45$mm，颗粒密度 $\rho_s=2.65\text{g/cm}^3$，水的动力黏度系数 $\mu=1.14\times10^{-3}$Pa·s，求该细砂颗粒在静水中的沉速。

【解】 用 $d=0.00045$m、$\rho_s=2650\text{kg/m}^3$、$\rho=1000\text{kg/m}^3$、$\mu=1.14\times10^{-3}$Pa·s、$g=9.81\text{m/s}^2$ 代入式（5-12），得：

$$C_D Re^2=\frac{4\rho(\rho_s-\rho)gd^3}{3\mu^2}=1513$$

查表 5-1 得 $Re\approx30$。用 $Re=30$，$\mu=1.14\times10^{-3}$Pa·s，$d=0.00045$m，$\rho=1000\text{kg/m}^3$ 代入雷诺数计算式，求出沉淀速度 u，得

$$u=\frac{Re\mu}{\rho\, d}=0.076\text{m/s}$$

该颗粒沉淀时，$1<Re\approx30<1000$，属过渡区范围，代入式（5-8）阿兰（Allen）公式验算，得 $u=0.071$m/s，计算结果接近。

5.1.3 絮凝颗粒在静水中自由沉淀

经混凝后的悬浮颗粒已经脱稳，大多具有絮凝性能。在沉淀池中虽不如在絮凝池中相互碰撞聚结频率高，但因水流流速分布差异而产生相邻水层速度差，以及颗粒沉速差异仍会导致颗粒相互碰撞聚结。

对于絮凝颗粒沉淀研究较少，日本、苏联学者提出，根据投加混凝剂的种类、加注量对沉淀基本公式进行修正。试验时可取絮凝颗粒球形度系数 $\phi=0.8$，绕流阻力系数 $C_D\approx 45/Re$ 代入式（5-4），得絮凝颗粒在静水中的自由沉淀速度：

$$u=\frac{4}{135\mu}(\rho_s-\rho)gd^2 \tag{5-14}$$

聚结或悬浮颗粒群体絮状物的沉淀和单颗粒沉淀有一定差别。因为群体颗粒比较松散，密度较小，在垂直方向的投影面积不等于单颗粒投影面积之和，周围水流雷诺数 Re 也有变化。在层流状态下，斯坦因（Steinour）对牛顿（Nowton）公式进行修正，提出如下絮凝颗粒自由沉淀速度计算经验关系式：

$$u=\frac{(\rho_s-\rho)g\,d^2}{18\mu}\varepsilon^2\,10^{-1.82(1-\varepsilon)} \tag{5-15}$$

式中　ε——群体颗粒空隙率。

其他符号同前。

最后还应指出，在低 Re 范围内，悬浮颗粒粒径较小，并非完全接近球形，测定粒径大小有一定难度，常以沉淀速度反求粒径，或用沉速大小代表某一特定颗粒。

5.1.4 悬浮颗粒在静水中拥挤沉淀和污泥浓缩

当悬浮物浓度较高时，沉速大的颗粒沉到下层，排挤出的水体向上涌出，直接影响上部颗粒的沉淀速度，处于相互干扰状态，这一沉淀过程称为拥挤沉淀，此时的沉速即为拥挤沉速。

拥挤沉速可用实验方法测定。一般说来，水中悬浮颗粒絮凝性能越好，相互聚结的群体颗粒越多，缝隙中的上升水流对絮凝体的沉淀影响越大，出现拥挤沉淀时的体积浓度越小。含有细小泥砂颗粒的水体，泥砂体积浓度在 4%～5%以上开始出现拥挤沉淀。而经混凝后的絮凝颗粒，体积浓度在 1%左右即将开始出现拥挤沉淀。

高浊度水的拥挤沉淀过程，可用透明沉淀筒进行静水沉淀分析：

将高浊度水放入透明的沉淀筒图 5-2(a)，静止沉淀 t_1 时间后，就会出现清、浊水层分明的界面，称为混液面，如图 5-2(b) 所示。此时整个沉淀筒中分为 4 区：清水区 A、等浓度区 B、变浓度区 C 及压实区 D。清水区下面各区总称为悬浮物区或污泥区。等浓度区中的浓度是均匀的。这一区内的颗粒大小虽然不同，但由于下层挤出空隙水流对上层颗粒沉淀干扰，大的颗粒沉降速度变慢而小的颗粒沉降速度变快了。因而形成等速下沉现象，整个区内似乎都是由大小完全相等的颗粒所组成。当最大颗粒粒度与最小颗粒粒度之比小于 6∶1 时，就会出现这种等速下沉现象。颗粒下沉的结果，在沉淀筒内出现了一段清水区。清水区和等浓度区之间形成一个清晰的交界面，称浑液面。浑液面向下位移的速度代表了颗粒相互干扰后的平均沉降速度，也就是混凝颗粒相互聚结成群体的沉速。试验证明，颗粒间絮凝效果越好，则清水区悬浮物越少，浑液面越加清晰。沉淀到沉淀筒底部的颗粒，受到上部不断沉淀下来颗粒的重力作用，挤出空隙水，出现了一压实区。压实区的悬浮颗粒沉速逐渐减少，在筒底的颗粒沉速为零。由于筒底的存在，压实区内悬浮物缓慢下沉的过程就是这一区悬浮物缓慢压实的过程。由于空隙水的涌出，又直接影响了压实区各层密实程度和上部颗粒的沉速。从压实区到等浓度区之间必然存在一过渡区，即从等浓度区逐渐过渡到压实区的一段沉淀区，又称为变浓度区。

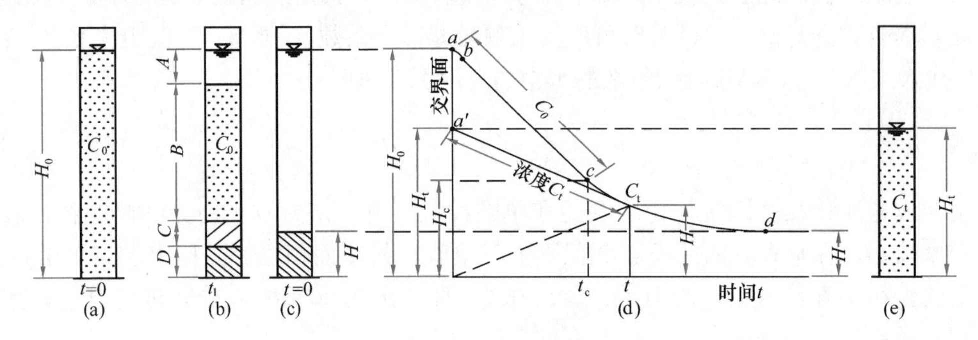

图 5-2　高浊度水的沉淀过程

在整个沉淀过程中，浑液面不断下降，清水区高度不断增加，压实区高度不断增大，而等浓度区高度则逐渐减少，最后消失。因进出变浓度区的沉降颗粒趋于平衡，其高度基本不变。当等浓度区消失后，变浓度区逐渐消失如图 5-2(c) 所示，浑液面沉速减慢，进入污泥压缩沉淀阶段。浑液面从等速沉淀转变为降速沉淀的位置，称为**临界点**。由此可知，临界点以前的沉淀为拥挤沉淀，临界点以后的沉淀为压缩沉淀。

为寻求浑液面下沉的规律，可以浑液面高度为纵坐标，沉淀时间为横坐标，绘出浑液面下沉曲线，如图 5-2(d) 所示。曲线 $a-b$ 段为上凸的曲线，视为颗粒间絮凝结果；$b-c$ 段为直线，表明浑液面等速下沉。因 $a-b$ 曲线段较短，一般变化不甚明显，也可作为 $b-c$ 直线段的延伸。曲线 $c-d$ 段为下凹曲线，表明浑液面沉速逐渐减小，等浓度区、过渡区消失，转为压缩沉淀，c 点为临界沉降点。随着沉淀时间的增加，沉淀污泥区压缩速度变慢，当时间 $t=t_{\infty}$ 时，压实区高度最后变为 H_{∞}。

有关 $c-d$ 曲线段压缩沉淀计算，常以孔奇（Kynch）沉淀理论为基础。孔奇理论假定，当均质颗粒群体成层沉降时，某层污泥的沉降速度仅是该层颗粒浓度的函数。以此得出推论，浓度不变的水波自底部向上传播，通过全部固体物，各波的速度不变。在 t 时间内交界面沉淀了 H_t-H 的高度，底部等速向上传播到 H 高度，界面浓度变成了 C_t。从而得到固体浓度和界面沉降速度关系式以及沉降曲线（图 5-2d）。

$$C_t=\frac{C_0H_0}{H+v_tt}=\frac{C_0H_0}{H_t} \tag{5-16}$$

$$v_t=\frac{H_t-H}{t} \tag{5-17}$$

式中　H_0——沉淀柱高度；

C_0——沉淀水均匀浓度；

H_t——通过曲线上的 C_t 点切线在纵坐标上的截距；

H——t 时的分界面高度；

C_t——界面高度为 H 时的污泥固体浓度；

v_t——t 时的界面沉降速速；

t——沉淀时间。

同理，在 $c-d$ 曲线段上任一点 i 的切线斜率即为浓度为 C_i 的界面沉速 v_i。

以图 5-2（d）为例，过 $c-d$ 曲线段起点 c 点作 $c-d$ 曲线的切线即为 $a-c$ 直线，属拥挤沉淀区域，拥挤沉速为 v_c，则

$$v_c = \frac{H_0 - H_c}{t_c} \tag{5-18}$$

式中 v_c——拥挤沉速；

H_c——t_c 时的分界面高度；

t_c——沉淀时间。

过 $c-d$ 曲线终点 d 作切线，斜率为 0，即 $V_d=0$，说明污泥区为 H_d 时不再压缩，污泥最终压实浓度 $C_d=C_\infty$，则有：

$$C_d = \frac{H_0C_0}{H_d} \tag{5-19}$$

如取用同一种水样，用不同高度的沉淀柱试验，可得出相似的沉淀曲线（图 5-3）。曲线上各点与坐标原点连线有如下关系：$\frac{OP_1}{OP_2}=\frac{OQ_1}{OQ_2}$。这种沉淀过程与沉淀高度无关的现象，便可能用较短沉淀柱（筒），来推测实际沉淀效果。

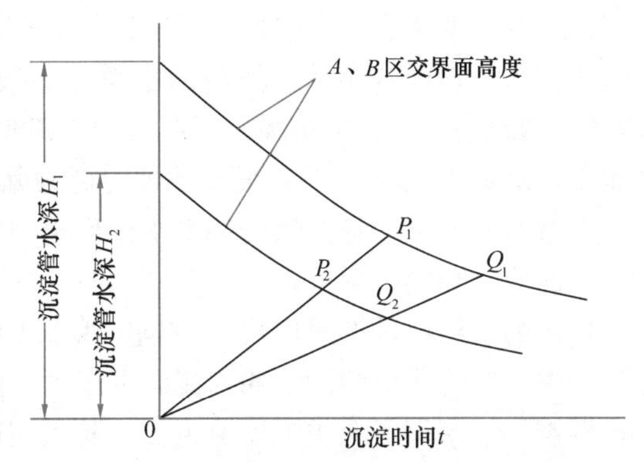

图 5-3 不同沉淀高度的沉淀过程相似关系

5.1.5 气浮分离原理和特点

混凝沉淀的目的是如何使水中细小颗粒聚结成粒径大、密度高、韧性强的颗粒，在重力作用下沉淀去除。然而在不同的水质处理中，又常常碰到密度较小的颗粒，用沉淀的方法难以去除。例如，湖泊、水库及部分海水中的藻类、植物残体及细小的胶体，即为这类杂质。如能因势利导向水中充入气泡，粘附细小微粒，则能大幅降低带气微粒的密度，使其随气泡一并上浮，从而得以去除。这种产生大量微细气泡粘附于杂质、絮粒之上，将悬浮颗粒浮出水面而去除的工艺，称为气浮分离。

在我国，气浮分离工艺作为一项新的技术，已取得了很大发展。在分离水中杂质的同时，还伴随着对水的曝气、充氧，对微污染及臭味明显的原水，更显示出其特有的效果。

气浮净水工艺有很多种方式，其中加压溶气气浮法是一种比较成熟、应用广泛的净水工艺。该气浮池又称压力溶气气浮池。先将空气和水一起送入压力溶气罐，借助空气接触湍流，制成空气饱和溶液。然后导入溶气释放器降压消能，使微气泡稳定释放出来，并与水中杂质颗粒粘附一起浮至水面。浮渣由刮渣机推入浮渣槽，清水从气浮池下部流出。压

力溶气法不依赖于强烈搅拌，可制备直径细小气泡，有助于粘附细小杂质颗粒和微絮凝颗粒，因而在水处理中广为应用。

溶气气浮池与其他沉淀池、澄清池相比，具有如下特点：

（1）经混凝后的水中细小颗粒周围粘附了大量微细气泡，很容易浮出水面，所以对混凝要求可适当降低，有助于节约混凝剂投加量。

（2）排出的泥渣含固率高，便于后续污泥处理。

（3）池深较浅、构造简单、操作方便，且可间歇运行。

（4）溶气罐溶气率和释放器释气率在95%以上，可去除水中90%以上藻类以及细小悬浮颗粒。

（5）需要配套供气、溶气装置和气体释放器。

5.2 沉 淀 池

5.2.1 沉淀池类型

经混合、絮凝后，水中悬浮颗粒已形成粒径较大的絮凝体，需在沉淀（或澄清）构筑物分离出来。即使常年水质较清的水源，为适应雨后混浊度增大的特点，也建造了沉淀（澄清）构筑物。在正常情况下，沉淀池去除处理系统中90%以上的悬浮固体，而排出沉泥水中，沉泥占1%～2%，优于滤池过滤去除悬浮物的效果。

在重力作用下，悬浮颗粒从水中分离出来的构筑物是沉淀池。不同形式的沉淀池分离悬浮物的原理相同，构造有一定差别。

常用的沉淀池是按照进出水方向来划分的。一般分为竖流式、平流式和辐流式沉淀池。其中，竖流式沉淀池中的水流向上运动，沉降颗粒向下运动。为使进出水均匀，多设计成圆锥形。鉴于竖流式沉淀池主要去除沉淀速度大于上升水流速度的颗粒，表面负荷选用值较小，占地面积增大，直接影响了该池的使用。

辐流式沉淀池中的水流从池中心进入后流向周边，水平流速逐渐减少，沉降杂质沉淀到底部。辐流式沉淀池多设计成圆形，池底向中心倾斜。这种圆形沉淀池占地面积较大，构造相对复杂，周边出水均匀性较差。故多用于高浊度水的预沉处理，或出水浊度要求不高的污水处理。

按照悬浮颗粒沉降距离区分，斜管、斜板沉淀池的沉淀属于浅池沉淀。斜管（板）沉淀池主要基于增大沉淀面积，减少单位面积上的产水量来提高杂质的去除效率。

目前，使用最多的沉淀池是平流式沉淀池。其性能稳定、去除效率高，是我国自来水厂应用较早、使用最广的泥水分离构筑物。

平流式沉淀池为矩形水池，其构造如图5-4所示。上部是沉淀区，或称泥水分离区，底部为存泥区。沉淀池的前端和后端分别是进水区和清水出水区，中间为沉淀区。经混凝后的原水进入沉淀池后，沿进水区整个断面均匀分布，经沉淀区后，水中颗粒沉于池底，清水由出水口流出，存泥区的污泥通过吸泥机或排泥管排出池外。

平流式沉淀池去除水中悬浮颗粒的效果，常受到池体构造及外界条件影响，即实际沉淀池中水中颗粒运动规律和沉淀理论有一定差别。为便于讨论，首先提出“理想沉淀池”概念，来分析水中颗粒运动规律。

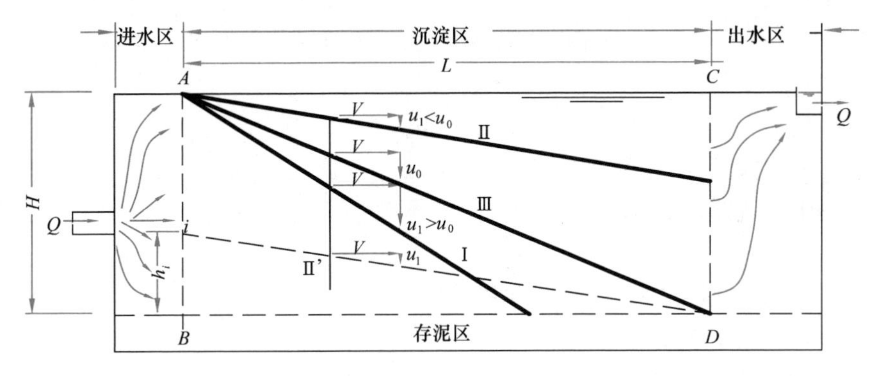

图 5-4　平流理想沉淀示意图

5.2.2　平流式沉淀池内颗粒沉淀过程分析

1. 理想沉淀池基本假定

所谓“理想沉淀池”指的是池中水流流速变化、沉淀颗粒分布状态符合以下三个基本假定条件：

(1) 颗粒处于自由沉淀状态，即在沉淀过程中，颗粒之间互不干扰，颗粒大小、形状、密度不发生变化，颗粒的浓度及分布在池深方向完全均匀一致，因此沉速始终不变。

(2) 水流沿水平方向等速流动。在任何一处的过水断面上，各点的流速相同，始终不变。

(3) 颗粒沉到池底即认为已被去除，不再返回水中。到出水区尚未沉到池底的颗粒全部由出水带出池外。

2. 平流式沉淀池表面负荷和临界沉速

根据上述假定，悬浮颗粒在理想沉淀池沉淀规律如图 5-4 所示。

原水进入沉淀池后，在进水区均匀分配在 $A-B$ 断面上，水平流速为：

$$v=\frac{Q}{HB} \tag{5-20}$$

式中　v ——水平流速，m/s；

Q ——流量，m^3/s；

H——沉淀区水深，m；

B——$A-B$ 断面的宽度，m。

如图 5-4 所示，沉速为 u 的颗粒以水平流速 v 向右水平运动，同时以沉速 u 向下运动，其运动轨迹是水平流速 v、沉速 u 的合成速度方向直线。具有相同沉速的颗粒无论从哪一点进入沉淀区，沉降轨迹互相平行。从沉淀池最不利点（即进水区液面 A 点）进入沉淀池的沉速为 u_0 的颗粒，在理论沉淀时间内，恰好沉到沉淀池终端池底，u_0 被称为“临界沉速”，或“截留速度”，沉降轨迹为直线Ⅲ。沉速大于 u_0 的颗粒全部去除，沉降轨迹为直线Ⅰ。沉速小于 u_0 的某一颗粒沉速为 u_i，在进水区液面以下某一高度 i 点进入沉淀池，可被去除，沉降轨迹为虚线Ⅱ′。而在 i 点以上进入沉淀池的 u_i 颗粒未被去除，如实线Ⅱ，虚线Ⅱ′与实线Ⅱ平行。

截留速度 u_0 及水平流速 v 都与沉淀时间 t 有关：

$$t=\frac{L}{v} \tag{5-21}$$

$$t=\frac{H}{u_0} \tag{5-22}$$

式中 L——沉淀区长度，m；

v——水平流速，m/s；

H——沉淀区水深，m；

t——水流在沉淀区内的理论停留时间，s；

u_0——颗粒截留速度，m/s。

令式（5-21）等于式（5-22），得，

$$u_0=\frac{Hv \cdot B}{L \cdot B}=\frac{Q}{A} \tag{5-23}$$

式中 A——沉淀池的表面积，也是沉淀池在水平面上的投影，即为沉淀面积。

式（5-23）的 Q/A，通常称为“表面负荷率”，或“溢流率”，代表沉淀池的沉淀能力，或者单位面积的产水量，在数值上等于从最不利点进入沉淀池全部去除的颗粒中最小的颗粒沉速。由于各沉淀池处理的水质特征参数（水中悬浮颗粒大小及分布规律、水温等）有一定差别，所选用的表面负荷率不完全相同。

3. 沉淀去除效率计算

如上所述，沉速为 u_i 的颗粒（$u_i<u_0$）从进水区水面进入沉淀池，将被水流带出池外。如果从水面以下距池底 h_i 高度处进入沉淀池，在理论停留时间内，正好沉到池底，即认为已被去除。如果原水中沉速等于 u_i 的颗粒质量浓度为 c_i，进入整个沉淀池中沉速等于 u_i 颗粒的总量为 $Qc_i=HBvc_i$。由 h_i 高度内进入沉淀池中沉速等于 u_i 颗粒的总量是 h_iBvc_i，则沉淀去除的数量占该颗粒总量之比，即为沉速等于 u_i 颗粒的去除率，用 E_i 表示：

$$E_i=\frac{h_iBvc_i}{HBvc_i}=\frac{h_i}{H} \tag{5-24}$$

由于沉速等于 u_0 的颗粒沉淀 H 高度和沉速等于 u_i 的颗粒沉淀 h_i 高度所用的时间均为 t，则：

$$E=\frac{h_i/t}{H/t}=\frac{u_i}{u_0} \tag{5-25}$$

把式（5-23）代入式（5-25），得：

$$E=\frac{u_i}{Q/A} \tag{5-26}$$

由此可知，悬浮颗粒在理想沉淀池中的去除率除与本身的沉速有关外，还与沉淀池表面负荷率有关，而与其他因素如池深、池长、水平流速、沉淀时间无关。这一结论对研究沉淀效果具有重要的指导意义。不难理解，沉淀池表面积不变，改变沉淀池的长宽比或池深，在沉淀过程中，水平流速将按改变的比例变化，从最不利点进入沉淀池沉速为 u_0 的颗粒，在理论停留时间内同样沉到终端池底。

由式（5-26）可以看出，提高悬浮颗粒去除效率的途径是：一是增大颗粒沉速，二是增大沉淀面积，这就是沉淀（澄清）工艺设计的基本出发点。

以上讨论的是某一特定的沉速为 u_i 的颗粒（$u_i<u_0$）去除效率。实际上，原水中沉速小于 u_0 的颗粒众多，这些不同沉速的颗粒总去除率等于各颗粒去除率的总和。假定进入沉淀池中沉速小于 u_0 的颗粒沉速分别为 u_1、u_2、u_3、…、u_0，$u_1<u_2<u_3\cdots<u_0$。所有沉速小于 u_1 的颗粒质量占全部颗粒质量比为 p_1，所有沉速小于 u_2 的颗粒（含沉速等于 u_1 颗粒）占全部颗粒质量比为 p_2，令 $p_2-p_1=\mathrm{d}p_1$，则 $\mathrm{d}p_1$ 表示沉速等于 u_1 的颗粒质量占全部颗粒质量比。所有沉速小于 u_3 的颗粒（含沉速等于 u_1、u_2 颗粒）占全部颗粒质量比为 p_3，令 $p_3-p_2=\mathrm{d}p_2$，则 $\mathrm{d}p_2$ 表示沉速等于 u_2 的颗粒质量占全部颗粒质量比。所有沉速小于 u_0 的颗粒（含沉速等于 u_1、u_2、u_3……的颗粒）占全部颗粒质量比为 p_0，所有沉速小于 u_0 的颗粒去除率总和应为：

$$p=\frac{u_1}{u_0}\mathrm{d}p_1+\frac{u_2}{u_0}\mathrm{d}p_2+\cdots+\frac{u_n}{u_0}\mathrm{d}p_n=\frac{1}{u_0}\sum_{i=1}^{n}u_i\mathrm{d}p_i \tag{5-27}$$

写成积分式：

$$p=\frac{1}{u_0}\int_0^{p_0}u_i\mathrm{d}p_i \tag{5-28}$$

式中　p——在沉淀池中能够去除的，沉速小于截留速度 u_0 的所有颗粒质量占进水中全部颗粒质量比。

沉速$\geqslant u_0$ 的颗粒已全部去除，其占全部颗粒的质量比例为（$1-p_0$），因此，理想沉淀池总去除率 P 为：

$$P=(1-p_0)+\frac{1}{u_0}\int_0^{p_0}u_i\mathrm{d}p_i \tag{5-29}$$

式中　p_0——所有沉速小于截留速度 u_0 的颗粒质量占进水中全部颗粒质量比；

u_0——理想沉淀池截留速度，或沉淀池临界速度，mm/s；

u_i——沉速小于截留速度 u_0 的某一颗粒沉速，mm/s；

p_i——所有沉速小于沉速 u_i 的颗粒质量占进水中全部颗粒质量比；

$\mathrm{d}p_i$——沉速等于 u_i 颗粒的质量占进水中全部颗粒质量比。

上式中 p_i 是 u_i 的函数，$p_i=f(u_i)$。

由于进入各沉淀池的水质不完全相同，因而 p_i 和 u_i 的关系也不完全相同，难以准确求出适用各种水质的 $p-u$ 数学表达式。常常根据不同水质，通过实验绘出颗粒累积分布曲线，用图解法求解式（5-29）。

悬浮颗粒在静水中的自由沉淀试验可采用如图 5-5 所示沉淀筒、单点取样法进行。把

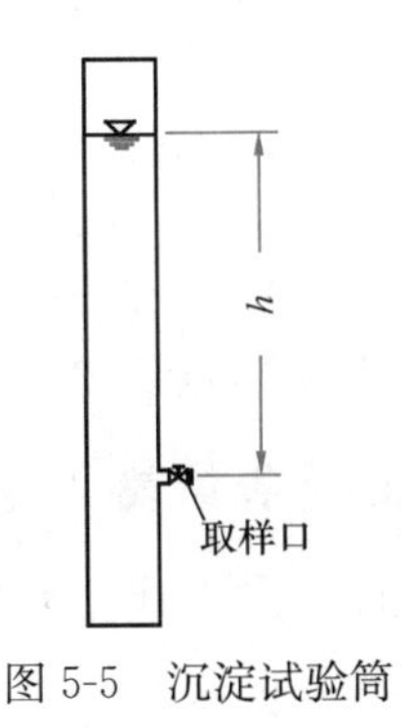

图 5-5　沉淀试验筒

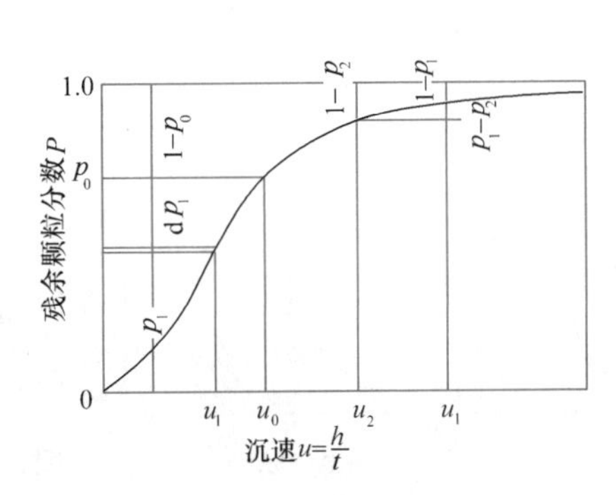

图 5-6　理想沉淀去除百分比计算

颗粒分布均匀的水样，注入试验筒中，当沉淀时间 $t=0$ 时，水中悬浮物浓度为 c_0（mg/L）。经 t_1 时间后，能够从水面到达或通过取样口断面的颗粒沉速为 $u_1=h/t_1$，而分布在某一高度 h_i 内沉速小于 u_1 的颗粒也通过了取样口断面，但分布在 h_i 高度以上，沉速小于 u_1 的颗粒平移沉到了 h_i 高度内。所以在 t_1 时取样所测得的悬浮物中仅不含有沉速 $\geqslant u_1$ 的颗粒，令其浓度为 c_1，取 $c_1/c_0=p_1$，即是沉速小于 u_1 的颗粒占全部颗粒的质量比例。依次可得到 u_2、p_2、u_3、p_3……，把 u_1、p_1、u_2、p_2……绘成曲线（图 5-6），就得到了不同沉速颗粒的累积分布曲线，从而可以求出截留速度为 u_0 的沉淀池的总去除率。

上述试验也可改用在沉淀筒底部直接取出沉泥方法，其累积沉泥量就是不同沉淀时间的总去除率。

【例 5-2】 悬浮颗粒沉淀试验沉淀柱如图 5-5 所示，取样口设在水面以下 120cm 处，沉淀试验记录见表 5-2。表中 C_0 代表进入沉淀柱中水的悬浮物浓度，C_i 代表在沉淀时间 t_i 时取出水样所含的悬浮物浓度。根据试验结果，计算表面负荷为 43.2m³/(m²·d)的平流式沉淀池去除悬浮物的百分率。

沉淀试验记录　　表 5-2

沉淀时间 t_i（min）	0	15	30	40	45	60	90	180
C_i/C_0	1	0.96	0.81	0.667	0.62	0.46	0.23	0.06

【解】 根据试验数据，可以得出不同沉淀速度 u_i 和小于该沉速的颗粒组成分数以及沉速为 u_i 的颗粒占所有颗粒质量比例（表 5-3）。

小于沉速 u_i 的颗粒组成分数和 u_i 的颗粒占所有颗粒质量比　　表 5-3

沉淀时间 t_i（min）	15	30	40	45	60	90	180
沉淀速度 $u_i=120$（cm）$/t_i$（min）	8.00	4.00	3	2.67	2.00	1.33	0.67
小于沉速 u_i 的颗粒占所有颗粒质量比（%）	96	81	66.7	62	46	23	6
沉速为 u_i 的颗粒占所有颗粒质量比（%）	4	15	14.3	4.7	16	23	17

按照表 5-3 中小于沉速 u_i 的颗粒占所有颗粒质量比数据绘出不同沉淀速度颗粒的累积分布曲线，如图 5-7 所示。

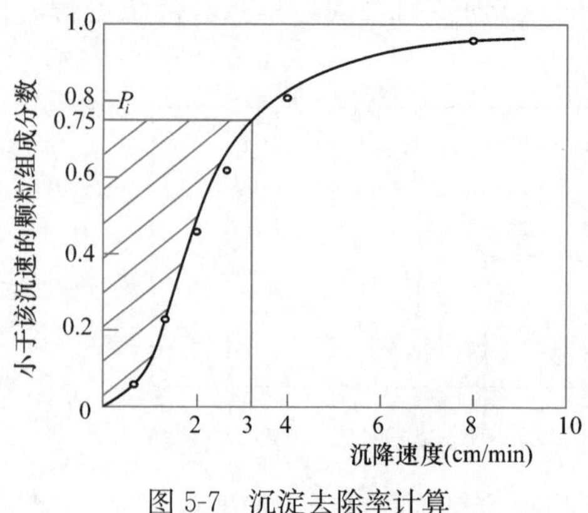

图 5-7　沉淀去除率计算

设计的沉淀池悬浮颗粒截留速度在数值上等于表面负荷率：

$$u_0=\frac{43.2\times100}{24\times60}=3\text{ cm/ min}$$

从图 5-7 上查得 $u_0=3$cm/min 时，小于该沉速的颗粒占所有颗粒质量比 $p_0=75\%$，积分式 $\int_0^{p_0}u_i\mathrm{d}p_i$ 的计算值就是图中阴影部分面积，约等于 1.13。代入式（5-29），则得总去除百分数约为：

$$P = (1-0.75) + \frac{1}{3}(1.13) = 62.67\%$$

该例题也可以按照式（5-27）、式（5-29）计算。根据表 5-3 可知，另有沉速小于 0.67cm/min 的颗粒占所有颗粒的质量比为 6%，假定这种颗粒沉速为 0.67/2=0.34cm/min，则沉速小于 3cm/min 的颗粒去除率为：

$$p = \frac{1}{3}(2.67 \times 4.7\% + 2 \times 16\% + 1.33 \times 23\% + 0.67 \times 17\% + 0.34 \times 6\%)$$
$$= 29.52\%$$

总去除百分数为：

$$P = (4.0\% + 15\% + 14.3\%) + 29.52\% = 62.82\%$$

以上讨论的悬浮颗粒沉淀属于非凝聚颗粒沉淀。水处理中常见的沉淀是混凝后的悬浮颗粒沉淀，属于凝聚性颗粒沉淀。即在沉淀过程中，颗粒大小、形状和密度都会发生变化。不同颗粒之间因水平速度差和沉速差而引起相互碰撞聚集，沉速增加。并且，随着沉淀时间或沉淀深度的增加，沉速越来越快。所以，凝聚性颗粒沉淀去除率高于非凝聚性颗粒的沉淀去除率。实际运行的平流式沉淀池悬浮颗粒去除效率高于理论计算值。当悬浮物浓度不是太高时，前文关于理想沉淀池中颗粒沉淀分析，可以近似表达凝聚性颗粒沉淀特性，对于沉淀池的设计计算没有影响。按此设计的沉淀池偏于安全。如果悬浮颗粒的浓度较高，在沉淀过程中颗粒间相互聚集，明显引起沉速变化，应按照凝聚性颗粒沉淀过程进行分析，本章从略。

5.2.3 影响沉淀效果主要因素

在讨论理想沉淀池时，假定水流稳定，流速均匀，颗粒沉速不变。而实际的沉淀池因受外界风力、温度、池体构造等影响时偏离理想沉淀条件，主要在以下几个方面影响了沉淀效果：

1. 短流影响

在理想沉淀池中，垂直于水流方向的过水断面上各点流速相同，理想停留时间为：

$$t_0 = \frac{V}{Q} \tag{5-30}$$

式中 V——沉淀池容积，m^3；

Q——沉淀池设计流量，m^3/h。

而在实际沉淀池中，有一部分水流通过沉淀区的时间小于 t_0，而另一部分则大于 t_0，该现象称为短流。引起沉淀池短流的主要原因有：

（1）进水惯性作用，使一部分水流流速变快。

（2）出水堰口负荷较大，堰口上产生水流抽吸，近出水区处出现快速水流。

（3）风吹沉淀池表层水体，使水平流速加快或减慢。

（4）温差或过水断面上悬浮颗粒浓度差，产生异重流，使部分水流水平流速减慢，另一部分水流流速加快。

（5）沉淀池池壁、池底、导流墙摩擦，刮（吸）泥设备的扰动使一部分水流水平流速减小。短流的出现，有时形成流速很慢的“死角”、减小了过流面积、局部地方流速更快，本来可以沉淀去除的颗粒被带出池外。

设计得当的平流式沉淀池，短流影响较小，但仍不可避免地存在沿深度方向和沿宽度方向的水平流速分布不均匀现象。从理论上分析，沿池深方向的水流速度分布不均匀时，表层水流速度较快，下层水流流速较慢。沉淀颗粒自上而下到达流速较慢的水流层后，容易沉到终端池底，对沉淀效果影响较小。而沿宽度方向水平流速分布不均匀时，沉淀池中间水流停留时间小于 t_0，将有部分颗粒被带出池外。靠池壁两侧的水流流速较慢，有利于颗粒沉淀去除，一般不能抵消较快流速带出沉淀颗粒的影响。

2. 水流状态影响

在平流式沉淀池中，雷诺数和弗劳德数是反映水流状态的重要指标。

水流属于层流或是紊流用雷诺数 Re 判别，表示水流的惯性力和黏滞力两者之比：

$$Re = \frac{vR}{\nu} \tag{5-31}$$

式中 v——水平流速，m/s；

R——水力半径，m，$R=\omega/\chi$；

ω——过水断面面积，m^2；

χ——湿周，m；

ν——水的运动黏滞系数，m^2/s。

对于平流式沉淀池这样的明渠流，$Re<500$，水流处于层流状态，$Re>2000$，处于紊流状态。大多数平流式沉淀池的 $Re=4000\sim20000$，显然处于紊流状态。在水平流速方向以外产生脉动分速，并伴有小的涡流体，对颗粒沉淀产生不利影响。

水流稳定性以弗劳德数 Fr 判别，表示水流惯性力与重力的比值：

$$Fr = \frac{v^2}{Rg} \tag{5-32}$$

式中 v——水平流速，m/s；

R——水力半径，m，

g——重力加速度，$9.81m/s^2$。

当惯性力的作用加强或重力作用减弱时，Fr 值增大，抵抗外界干扰能力增强，水流趋于稳定。

在实际沉淀池中存在许多干扰水流稳定的因素，如因进水中悬浮物浓度或含盐量不同而产生密度差异的异重流，密度大的水流向下运动，以较高的流速沿池底绕道前进。当提高沉淀池的 Fr 值，上述异重流的影响将会减弱。一般认为，平流式沉淀池的 Fr 值大于 10^{-5} 为宜。

比较式（5-31）、式（5-32）可知，减小雷诺数、增大弗劳德数的有效措施是减小水力半径 R 值。斜管、斜板沉淀池可有效降低雷诺数、增加弗劳德数。沉淀池纵向分格，也能减小水力半径。因减小水力半径有限，还不能达到层流状态。提高沉淀池水平流速 v，有助于增大弗劳德数，减小短流影响，但会增大雷诺数。由于平流式沉淀池内水流处于紊流状态，再适当增大雷诺数不至于有太大影响，故希望适当增大水平流速，不过分强调雷诺数的控制。

3. 絮凝作用影响

如前所述，平流式沉淀池水平流速并非完全均匀，存在速度梯度，以及脉动分速，伴有小的涡流体。同时，因沉淀颗粒的大小不完全相同，颗粒间存在沉速差别，因而导致颗粒间相互碰撞聚结，进一步发生絮凝作用。水流在沉淀池中停留时间越长，则絮凝作用越加明显。无疑，这一作用有利于沉淀效率的提高，但同理想沉淀池相比，也视为偏离基本假定条件的因素之一。

5.2.4 平流式沉淀池构造与设计计算

1. 平流式沉淀池的构造

平流式沉淀池可分为进水区、沉淀区、存泥区和出水区四部分。

(1) 进水区

从絮凝池到沉淀池，如何使水流分布均匀，尽量减小紊流区域，不使絮凝体破碎，进水区的布置是沉淀池设计的重要环节之一。

进水区通常采用图 5-8 穿孔墙形式，将水流分布于沉淀池整个断面。从理论上分析，欲使进水区配水均匀，应增大进水流速来增大过孔水头损失。如果增大水流过孔流速，势必增大沉淀池的紊流段长度，破碎絮凝颗粒。显然，这一方法是不合适的。目前，大多数沉淀池属混凝沉淀，而进水区或紊流区段占整个沉淀池长度比例很小，故首先考虑絮凝体的破碎影响，所以多按絮凝池末端流速作为过孔流速设计穿孔墙过水面积，且池底积泥面上 0.3m 至池底范围内不设进水孔。考虑施工方便，进水孔可设计成(50～150)mm×(50～150)mm 方孔。

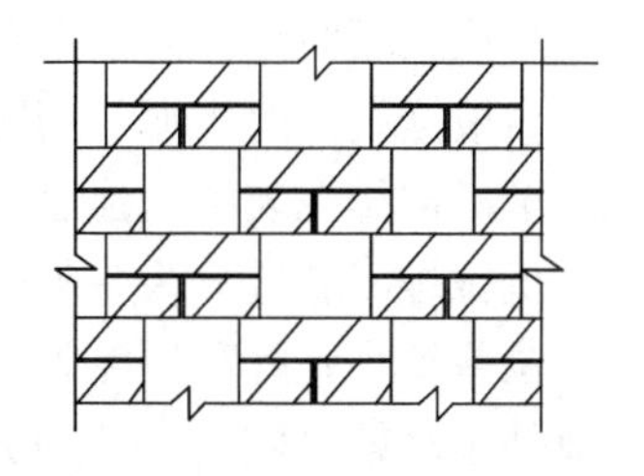

图 5-8 穿孔墙

(2) 沉淀区

沉淀区即为泥水分离区，由长、宽、深尺寸决定。根据理论分析，沉淀池深度与沉淀效果无关。但考虑后续构筑物，如滤池、清水池、二级泵房的建设，不宜埋深过大。同时考虑外界风吹及水平流速不使沉泥泛起，常取有效水深 3～3.5m，超高 0.3～0.5m。沉淀池长度 L 与水量无关，决定于水平流速 v 和停留时间 T，即 $L=vT$。一般要求长深比大于 10，即为水平流速和截留速度之比大于 10，大多数沉淀池都能满足这一要求。沉淀池宽度 B 决定于处理水量，即 $B=\dfrac{Q}{Hv}$。宽度 B 越小，池壁的边界条件影响就越大，水流稳定性越好。一般设计 B=3～8m，最大不超过 15m。纵向分格是增加池壁边界条件影响的方法，有助于增加弗劳德数 Fr，起到整流作用。基于此原因，设计要求长宽比 (L/B) 大于 4。

(3) 出水区

沉淀后的清水在池宽方向能否均匀流出，对沉淀效果有较大影响。多数沉淀池出水采用穿孔管、淹没式孔口出流、齿形堰、薄壁堰集水，如图 5-9 所示。

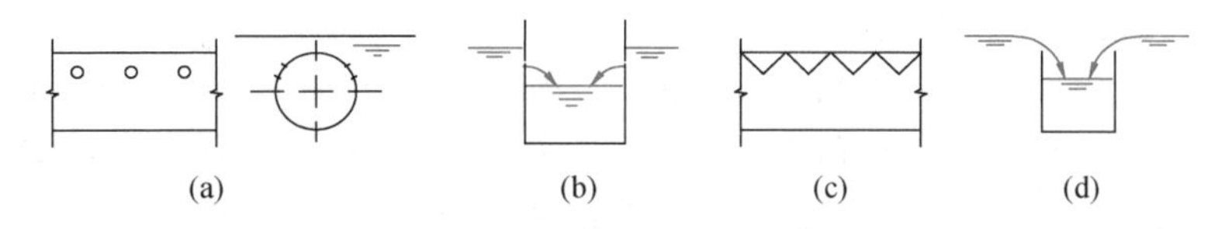

图 5-9 沉淀池出水集水方式

(a) 穿孔管集水；(b) 淹没孔口出流；(c) 锯齿堰出流；(d) 薄壁堰出流

其中，齿形堰、薄壁堰集水不易堵塞，其单宽出水流量分别和堰上水头的 2.5 次方、1.5 次方成正比。而淹没式孔口集水，有时被杂物堵塞，其孔口流量和淹没水位的 0.5 次方成正比。显然，以淹没式孔口集水的沉淀池水位变化时，不会立刻增大出水流量，对于滤池滤速的变化有一定缓冲作用。

为防止集水堰口流速过大产生抽吸作用带出沉淀杂质，堰口溢流率不大于 250m^3/(m·d)为宜。目前，新建沉淀池大多采用增加集水堰长或指形出水槽集水，效果良好。加长堰长或指形槽集水，相当于增加沉淀池的中途集水作用，既降低了堰口负荷，又因集水槽起端集水后，减少集水槽后段沉淀池中水平流速，从而提高沉淀去除率或减少沉淀池长度或提高沉淀池处理水量。

(4) 存泥区和排泥方法

平流式沉淀池下部设有存泥区。根据排泥方式不同，存泥区高度不同。斗式、穿孔管排泥需根据设计的排泥斗间距或排泥管间距设定存泥区高度。多年来，平流式沉淀池普遍使用了机械排泥装置，池底为平底，一般不再设置排泥斗、泥槽和排泥管。

机械排泥装置分为泵吸式和虹吸式两种。其中泵吸式适用于沉淀池内水位和池外排水渠水位差较小，虹吸排泥管不能保证均匀排泥的条件；而虹吸式排泥则利用沉淀池内水位和池外排水渠水位差，节约泥浆泵和动力，目前应用较多（图 5-10）。

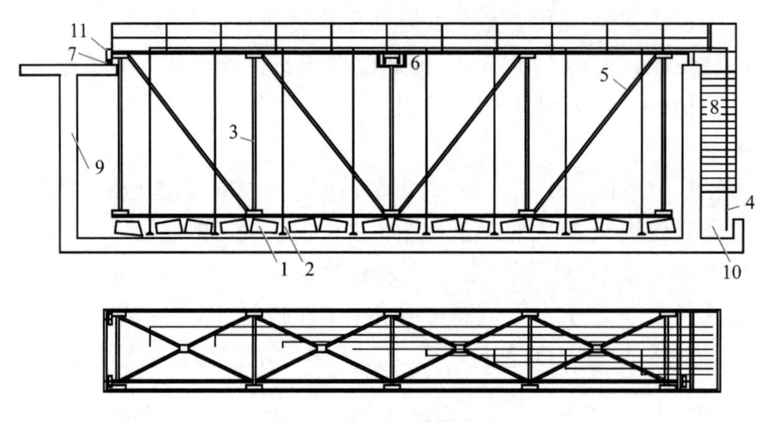

图 5-10　虹吸式排泥机

1—刮泥板；2—吸泥口；3—吸泥管；4—排泥管；5—桁架；6—传动装置；
7—导轨；8—爬梯；9—池壁；10—排泥渠；11—驱动滚轮

上述两种排泥装置安装在桁架上，利用电机、传动机构驱动滚轮，沿沉淀池长度方向运动。为排出进水端较多积泥，有时设置排泥机在前三分之一长度处返回一次。机械排泥较彻底，但排出泥水浓度较低。为此，有的沉淀池把排泥设备设计成只刮不排装置，即把沉泥刮到底部泥槽中，由泥位计控制排泥管排出。

2. 平流式沉淀池的设计计算

在设计平流式沉淀池时，通常把表面负荷率和停留时间作为重要控制指标，同时考虑水平流速。当确定沉淀池表面负荷率 $[Q/A]$ 之后，即可确定沉淀面积，根据停留时间和水平流速便可求出沉淀池容积及平面尺寸。有时先行确定停留时间，用表面负荷率复核。目前，我国大多数平流式沉淀池设计的表面负荷率 $[Q/A]=(1\sim2.3)$ $m^3/(m^2\cdot h)$ (0.28～0.64mm/s)，停留时间 $T=1.5\sim3.0$h，低温低浊水处理沉淀时间宜为 2.5～3.5h，水平流速 $v=10\sim25$mm/s，并避免过多转折。也可根据沉淀试验和类似水源水质的沉淀池运行情况确定最佳设计参数。

平流式沉淀池设计方法如下：

(1) 按截留速度计算沉淀池尺寸

沉淀池面积 A：

$$A = \frac{Q}{3.6u_0} \tag{5-33}$$

式中 A——沉淀池面积，m^2；

u_0——截留速度，mm/s；

Q——设计水量，m^3/h。

沉淀池长度 L：

$$L = 3.6vT \tag{5-34}$$

式中 L——沉淀池长度，m；

v——水平流速，mm/s；

T——水流停留时间，h。

沉淀宽度 B：

$$B = \frac{A}{L} \tag{5-35}$$

沉淀池深度 H：

$$H = \frac{QT}{A} \tag{5-36}$$

式中 H——沉淀池有效水深，m；

其他符号同上。

(2) 按停留时间 T 计算沉淀池尺寸

沉淀池容积 V：

$$V = QT \tag{5-37}$$

式中 V——沉淀池容积，m^3；

Q——设计水量，m^3/h；

T——水流停留时间，h。

沉淀池面积 A：

$$A = \frac{V}{H} \tag{5-38}$$

式中 A——沉淀池面积，m^2；

H——沉淀池有效水深，一般取 3.0～3.5m。

沉淀池长度 L：

$$L = 3.6vT \tag{5-39}$$

符号同上。

沉淀池每格宽度（或导流墙间距）宜为 3～8m，最大不超过 15m。用下式计算：

$$B = \frac{V}{LH} \tag{5-40}$$

式中 B——沉淀池宽度，m；

其他符号同上。

（3）校核弗劳德数 Fr，使 Fr 控制在 $1\times10^{-4}\sim1\times10^{-5}$。

（4）出水集水槽和放空管尺寸

出水通常采用指形槽集水，两边进水，槽宽 0.2～0.4m，间距 1.2～1.8m。

指形集水槽集水流入出水渠。集水槽、出水渠大多采用矩形断面，其水深 H 按槽（渠）起端水深计算：

$$H=\sqrt{3}\cdot\sqrt[3]{\frac{Q^2}{gB^2}}\quad(\text{m})\tag{5-41}$$

式中 Q——集水槽、出水渠流量，m^3/s；

B——槽（渠）宽度，m；

g——重力加速度，$9.81m/s^2$。

沉淀池放空时间 T' 按变水头非恒定流放空容器公式计算，同时乘上适当安全系数。按下式求出排泥、放空管管径 d：

$$d\approx\sqrt{\frac{0.7BLH^{0.5}}{T'}}\tag{5-42}$$

式中 T'——沉淀池放空时间，s；

其余符号同前。

【例 5-3】 设计计算规模为 10 万 m^3/d 的平流式沉淀池。

【解】（1）水厂自用水按 5%计，分为两格，每格沉淀池流量为：

$$Q=\frac{1}{2}\times\frac{100000\times1.05}{24}=2187.5m^3/h=0.608m^3/s$$

（2）设计数据选用：

截流速度 $u_0=0.60mm/s$；

沉淀时间 $T=1.5h$；

水平流速 $v=14mm/s$。

（3）计算与设计

1）沉淀面积：

$$A'=\frac{Q}{3.6u_0}=\frac{2187.5}{3.6\times0.6}=1012.73m^2;$$

沉淀池长度：$L=3.6\times14\times1.5=75.6m$，取 $L=76m$；

沉淀池宽度：$B=\frac{1012.73}{76}=13.3m$，取 $B=14m$。

实际沉淀面积：

$A=76\times14=1064m^2$，实际截留速度 $u_0=0.571mm/s$；

沉淀池有效水深：$H=\frac{QT}{BL}=\frac{2187.5\times1.5}{14\times76}=3.08m$，取有效水深 3.20m，超高 0.30m；

实际停留时间：$T=\frac{76\times14\times3.2}{2187.5}=1.556h$；

实际水平流速：$v=\frac{76}{1.556\times3.6}=13.57mm/s$。

2）絮凝池与沉淀池之间采用穿孔墙布水，过孔流速取 0.2m/s，则孔口总面积为 0.608/0.2＝3.04m^2，孔口尺寸取 0.15×0.08＝0.012m^2，孔口个数等于 3.04/0.012＝253 个，为便于施工，沿水深方向开孔 9 排，每排开 29 孔，共 261 孔。

沉淀池放空时间按 3h 计，则埋设一根放空管直径 d 为：

$$d=\sqrt{\frac{0.7\times14\times76\times3.2^{0.5}}{3\times3600}}=0.351\text{m}$$

取 d＝350mm。

3）取指形集水槽长等于池长的 1/10≈8.0m，间距 2.0m，共 7 条，每条流量 $q=0.608/7=0.087\text{m}^3/\text{s}$。

取槽内起端水深等于槽宽，则 $H=B=0.9q^{0.4}=0.9\times(0.087)^{0.4}=0.34\text{m}$。

两侧开 d＝35mm 圆孔，孔口淹没深度 0.07m，

则每孔流量为：$q'=0.62\times\frac{\pi}{4}(0.035)^2\sqrt{2g\times0.07}=6.99\times10^{-4}\text{m}^3/\text{s}$。

集水槽每边开孔个数为$\frac{0.087}{2\times6.99\times10^{-4}}=62$个

按孔口间距@＝125mm 设计，每边开孔 64 个。

集水槽集水流入出水渠后，从出水渠中间设置出水管流入滤池。渠宽按 1.0m 计，

则出水渠起端水深 $H=\sqrt{3}\times\sqrt[3]{\frac{(0.608/2)^2}{9.81\times1.0^2}}=0.366\text{m}$。

为保证出水均匀，集水槽出水应自由跌落，则出水渠渠底应低于沉淀池水面的高度，等于出水渠水深、集水槽水深、集水槽孔口跌落高度(采用 0.05m)、集水槽孔口淹没高度之和，即为：

0.366＋0.34＋0.05＋0.07＝0.826m，取出水渠宽 1.0m、深 1.0m。

（4）水力条件校核

沉淀池宽 14m，可考虑沿纵向设置隔墙一道，沿底部开 300×300mm 间距 5000mm 导流孔，则沉淀池过水断面积 $\omega=7\times3.2=22.4\text{m}^2$。

湿周 $\chi=7+2\times3.2=13.4\text{m}$。

水力半径 $R=22.4/13.4=1.67\text{m}$。

弗劳德数 $Fr=\frac{v^2}{Rg}=\frac{0.01357^2}{1.67\times9.81}=1.12\times10^{-5}$。

雷诺数 $Re=\frac{vR}{\nu}=\frac{1.357\text{cm/s}\times167\text{cm}}{0.01\ \text{cm}^2/\text{s}}=22662$(水温20℃，$\nu=0.01\text{cm}^2/\text{s}$)。

5.2.5 斜板、斜管沉淀池

1. 斜板、斜管沉淀池沉淀原理

从平流式沉淀池内颗粒沉降过程分析和理想沉淀原理可知，悬浮颗粒的沉淀去除率仅与沉淀池沉淀面积 A 有关，而与池深无关。在沉淀池容积一定的条件下，池深越浅，沉淀面积越大，悬浮颗粒去除率越高。此即“浅池沉淀原理”。

如图 5-11 所示，如果平流式沉淀池长为 L、深为 H、宽为 B，沉淀池水平流速为 v，截留速度为 u_0，沉淀时间为 T。将此沉淀池加设两层底板，每层水深变为 $H/3$，在理想沉淀条件下，则有：

未加设底板前，$u_0=\dfrac{H}{T}=\dfrac{H}{L/v}=\dfrac{Hv}{L}=\dfrac{HBv}{LB}=\dfrac{Q}{A}$

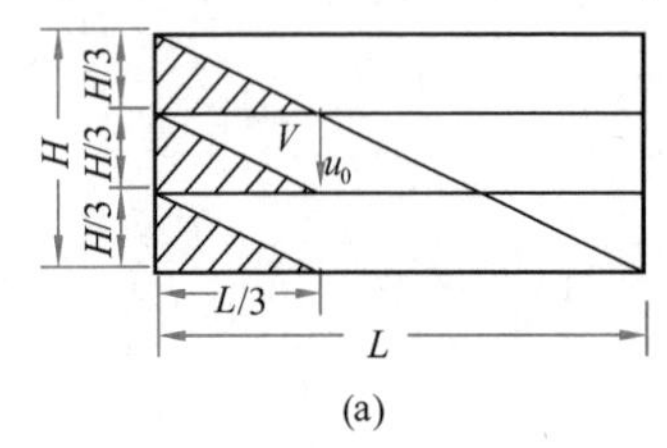

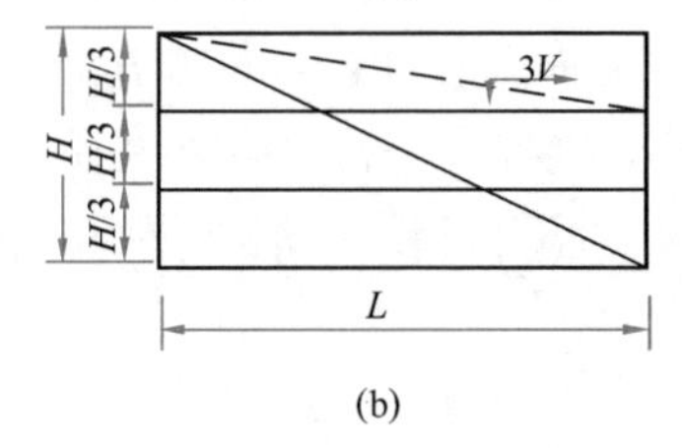

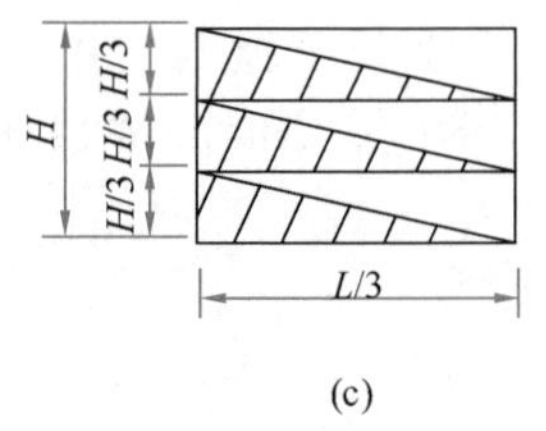

图 5-11　浅池沉淀原理

加设两层底板后（图 5-11a），$u_0'=\dfrac{H/3}{L/v}=\dfrac{1}{3}\dfrac{HBv}{BL}=\dfrac{1}{3}\dfrac{Q}{A}$，$u_0'=\dfrac{1}{3}u_0$ 截留速度比原来减小 2/3，去除效率相应提高。

如果去除率不变，沉淀池长度不变，而水平流速变为 v'（图 5-11b），即：

$u_0=\dfrac{1}{3}\dfrac{Hv'}{L}=\dfrac{Hv}{L}$，$v'=3v$，则处理水量比原来增加两倍。

如果去除率不变，处理水量不变，而改变沉淀池长度（图 5-11c），即：

$u_0=\dfrac{1}{3}\dfrac{Hv}{L'}=\dfrac{Hv}{L}$，$L'=\dfrac{1}{3}L$，则沉淀池长度减小原来的 2/3。

按此推算，沉淀池分为 n 层，其处理能力是原来沉淀池的 n 倍。但是，如此分层排出沉泥有一定难度。为解决排泥问题，可把众多水平隔板改为倾斜隔板，并预留排泥区间，这变成了斜板沉淀池。用管状组件（组成六边形、四边形断面）代替斜板，即为斜管沉淀池。

在斜板沉淀池中，按水流与沉泥相对运动方向可分为上向流、同向流和侧向流三种形式。而斜管沉淀池只有上向流、同向流两种形式。水流自下而上流出，沉泥沿斜管、斜板壁面自动滑下，称为上向流沉淀池。水流水平流动，沉泥沿斜板壁面滑下，称为侧向流斜板沉淀池。上向流斜管沉淀池和侧向流斜板沉淀池是目前常用的两种基本形式。

斜板沉淀池与水平板分隔的多层沉淀池相比，沉淀面积减少很多，但远远大于不加斜板的沉淀池沉淀面积。斜板（或斜管）沉淀池沉淀面积是众多斜板（或斜管）的水平投影之和，沉淀面积很大，从而减少了截留速度。又因斜板（或斜管）湿周增大，水流状态为层流，更接近理想沉淀池。

图 5-12(a)　轴向流速 v_0、截流速度 u_0 的几何关系图

斜板中轴向流速 v_0、截流速度 u_0 和斜板构造的几何关系如图 5-12(a)所示。

根据图 5-12(a) 几何关系图可以得出如下关系式：

$$\frac{v_0}{u_0}=\frac{L+s}{h}=\frac{L+\dfrac{d}{\cos\theta}\dfrac{1}{\sin\theta}}{\dfrac{d}{\cos\theta}}=\frac{L}{d}\cos\theta+\frac{1}{\sin\theta}$$

$$\frac{u_0}{v_0}\left(\frac{L}{d}\cos\theta+\frac{1}{\sin\theta}\right)=1 \tag{5-43a}$$

假定斜板宽度为 B，得：

$$u_0=\frac{v_0}{\frac{L}{d}\cos\theta+\frac{1}{\sin\theta}}=\frac{v_0 d}{(L\cos\theta+b)}\cdot\frac{B}{B}=\frac{Q}{BL\cos\theta+Bb}$$

由此可知，斜板沉淀池截流速度 u_0 值等于处理流量 Q 与斜板投影面积、沉淀池面积之和的比值。

如果斜管直径为 d，截留速度 u_0、以最不利沉淀断面上流速代替斜管中轴向流速 v_0，和斜管构造的几何关系表达式为：

$$\frac{u_0}{v_0}\left(\frac{L}{d}\cos\theta+\frac{1}{\sin\theta}\right)=\frac{4}{3} \tag{5-43b}$$

式中符号同斜板轴向流速 v_0、截留速度 u_0 几何关系图中符号。

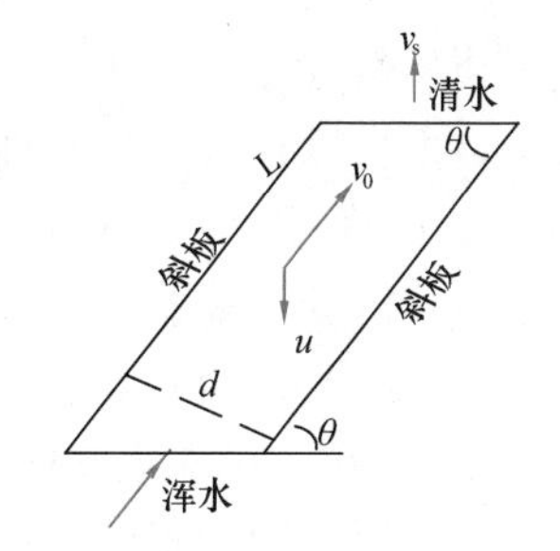

图 5-12(b) 斜板间水流和悬浮颗粒运动轨迹

v_0—斜板间轴向流速，mm/s；

v_s—斜板出口上升流速，mm/s；

u—悬浮颗粒下沉流速，mm/s；

d—斜板间距，mm；

θ—斜板倾角

悬浮颗粒在斜板中的运动轨迹如图 5-12(b) 所示。可以看出，在沉淀池尺寸一定时，斜板间距 d 越小，斜板数越多，总沉淀面积越大。斜板倾角 θ 越小，越接近水平分隔的多层沉淀池。斜板间轴向流速 v_0 和斜板出口水流上升流速 v_s 有如下关系：

$$v_s=v_0\sin\theta \tag{5-43c}$$

2. 斜管沉淀池设计计算

斜板、斜管沉淀池沉淀原理相同。给水处理中使用斜管沉淀池较多，故本节以介绍斜管沉淀池设计为重点，也适用于斜板沉淀池的设计。

斜管沉淀池构造如图 5-13 所示，分为清水区、斜管区、配水区、积泥区。在设计时应考虑以下几点：

底部配水区高度不小于 1.5m，以便减小配水区内流速，达到均匀配水。进水口采用穿孔墙、缝隙栅或下向流斜管布水。

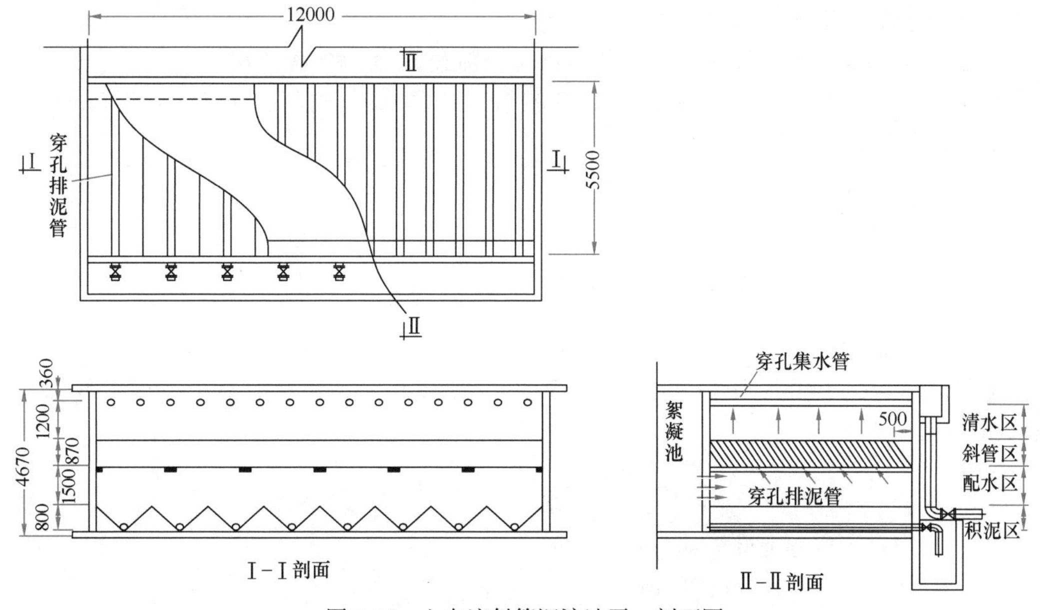

图 5-13 上向流斜管沉淀池平、剖面图

斜管倾角越小，则沉淀面积越大，截留速度越小，沉淀效率越高，但排泥不畅，根据生产实践，斜管水平倾角 θ 通常采用 60°。

斜管材料多用厚 0.4～0.5mm 无毒聚氯乙烯或聚丙烯薄片热压成波纹板，然后粘结成多边形斜管。为防止堵塞，斜管内切圆直径取 30～40mm 以上。斜管长度和沉淀面积有关，但长度过大，势必增加沉淀池深度，沉淀效果提高很少。所以，一般选用斜管长 1000mm，斜管区高 860mm，可满足要求。

斜管沉淀池清水区高度是保证均匀出水和斜管顶部免生青苔的必要高度，一般取 1200～1500mm。清水集水槽根据清水区高度设计，其间距应满足斜管出口至两集水槽的夹角小于 60°，可取集水槽间距等于 1～1.2 倍的清水区高度。

斜管沉淀池的表面负荷是一个重要的技术参数，是对整个沉淀池的液面而言，又称为液面负荷。用下式表示：

$$q=\frac{Q}{A} \tag{5-44}$$

式中 q——斜管沉淀池表面负荷，$m^3/(m^2 \cdot h)$；

Q——斜管沉淀池处理水量，(m^3/h)；

A——斜管沉淀池清水区面积，(m^2)。

上向流斜管沉淀池表面负荷 q 一般取 $5.0 \sim 9.0m^3/(m^2 \cdot h)$(相当于 1.4～2.5mm/s)，低温低浊度水取 $3.6 \sim 7.2m^3/(m^2 \cdot h)$。不计斜管沉淀池材料所占面积及斜管倾斜后的无效面积，则斜管沉淀池表面负荷 q 等于斜管出口处水流上升流速 v_s。

小型斜管沉淀池采用斗式及穿孔管排泥，大型斜管沉淀池多用桁架虹吸机械排泥。

【例 5-4】 设计产水量 1.5 万 m^3/d 的上向流斜管沉淀池一座，自来水厂自用水 5%计。

【解】 (1) 设计流量计算

$$Q=15000\times1.05=15750m^3/d=656.25m^3/h=0.1823m^3/s。$$

(2) 设计数据选用

表面负荷取 $q=10m^3/(m^2 \cdot h)$，清水区上升流速即为 $v=0.00278m/s$。

斜管材料选用厚 0.4mm 塑料板热压成正六边形管，内切圆直径 $d=25mm$，长 1000mm，水平倾角 60°。

(3) 计算与设计

1) 清水区面积

$$A=\frac{Q}{q}=\frac{656.25\ m^3/h}{10\ m^3/(m^2 \cdot h)}=65.63m^2$$

取斜管沉淀池平面尺寸 $5.5\times12=66m^2$，如图 5-13 所示。进水区布置在 12m 长边一侧，在 5.5m 短边中扣除 $1000\times\cos60°=500mm$ 无效长度，并考虑斜管结构系数 1.03，则净出口面积为：

$$A'=\frac{5.5\times12-0.5\times12}{1.03}=58.25m^3。$$

斜管出口水流实际上升流速为：

$$v_s=\frac{0.1823m^3/s}{58.25m^2}=0.00313m/s=3.13mm/s。$$

斜管内轴向流速为：

$$v_0 = 3.13/\sin 60° = 3.61\text{mm/s}。$$

取清水区高度 1.20m，超高 0.30m。

2）斜管区高 $1000\text{mm} \times \sin 60° = 866\text{mm} = 0.87\text{m}$。

3）取配水区高 1.50m，下部穿孔排泥管处斜槽高 0.80m。

4）斜管沉淀池高度 $H = 0.30 + 1.20 + 0.87 + 1.50 + 0.80 = 4.67\text{m}$。

（4）复核

1）雷诺数 Re 值

水力半径

$$R = \frac{d}{4} = \frac{30}{4} = 7.5\text{mm} = 0.75\text{cm}$$

当水温 $t = 20°$时，水的运动黏度 $\nu = 0.01\text{cm}^2/\text{s}$，则

$$Re = \frac{Rv_0}{\nu} = \frac{0.75 \times 0.361}{0.01} = 27.08$$

2）弗劳德数 Fr 值

$$Fr = \frac{v_0^2}{Rg} = \frac{(0.361)^2}{0.75 \times 981} = 1.77 \times 10^{-4}$$

3）斜管沉淀时间

$$T = \frac{1000}{3.61} = 277\text{s} = 4.62\text{min}$$

5.2.6 其他沉淀池

1. 高密度沉淀池

近十几年来，国内外研究部门、水处理公司不断革新水处理工艺，研究了很多新的设备和构筑物。这里介绍的 DENSADEG 高密度沉淀池就是其中的一种，其构造如图 5-14 所示。该沉淀池由混合絮凝区、推流区、泥水分离区、沉泥浓缩区、泥渣回流及排放系统组成。

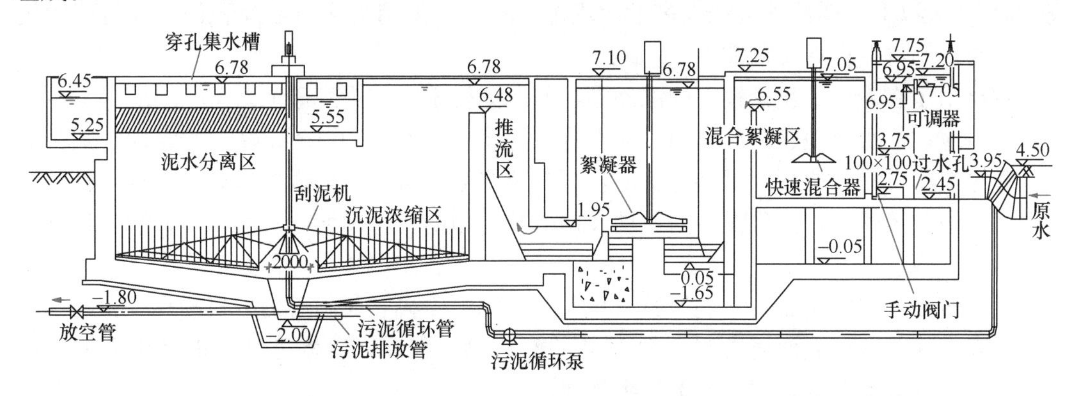

图 5-14　高密度沉淀池

其工艺流程是：加注混凝剂的原水和沉淀浓缩区的回流污泥迅速混合后进入絮凝区，在机械搅拌絮凝器作用下加入有机高分子絮凝剂进一步发挥絮凝作用。经絮凝后的水以推流方式进入沉淀区，泥渣下沉，上清液经斜管区泥水分离后进入集水槽出水。

在沉淀池底部设置污泥浓缩区，上层新鲜污泥回流到进水混合池中与原水混合，下层老化污泥排出。

该沉淀池特点之一是污泥回流，回流量约占处理水量的5%～10%，发挥了接触絮凝作用。在絮凝区及回流污泥中投加高分子混凝剂有助于絮凝颗粒聚结沉淀。沉淀出水经过斜管沉淀区，较大的沉淀面积进一步沉淀分离出了水中细小杂质颗粒。下部设有很大容积的污泥浓缩区，根据污泥浓度定时排放。据介绍，DENSADEG高密度沉淀池较深，池深8～9m。集接触絮凝、斜管沉淀、污泥浓缩于一体。斜管出水区负荷很高，可达20～25$m^3/(h \cdot m^2)$（5.6～7mm/s）。排放污泥含固率在3%以上，直接进入污泥脱水设备。

2. 辐流式沉淀池

在处理诸如黄河上游的高浊度水和某些高浓度污水的过程中，沉淀是重要工艺，沉淀的关键技术在于沉淀泥渣的排除。辐流式沉淀池具有排泥方便的特点，故常用于高浊度水和某些高浓度污水的沉淀。如果原水泥砂浓度过高，辐流式沉淀池实际上则起污泥浓缩作用，应按照污泥浓缩理论计算设计（见第23章）。

辐流式沉淀池无论用于给水处理或污水处理，其沉淀原理、设计计算方法基本相同，只是水中悬浮物性质有所差别。前者是天然水中的泥砂，后者是污水中的悬浮物。在设计参数的选用（如表面负荷、沉淀时间等）和一些细部设计上有所不同，应根据原水水质确定。例如，污水中常含有密度小于水的悬浮物浮在水面，设计时常常在出水堰前加设撇渣设备，而在给水处理中，通常不设此种设备。

辐流式沉淀池构造和设计计算方法见第16章。

3. 预沉池和沉砂池

我国黄河上游和其他高浊度水源，因泥砂含量高且粒径大于0.03mm的颗粒占有较大比例，容易淤积在絮凝池和沉淀池底部难以清除，通常采用预沉处理。

常用的预沉池有两种形式：一是结合浑水调蓄用的调蓄池，同时作为预沉池。二是辐流式预沉池。调蓄预沉池容积根据河流流量变化、砂峰延续时间和积泥体积确定。预沉时间一般10天以上。调蓄预沉池大多不设置排泥系统，采用吸泥船清除积泥。辐流式预沉池设计要求见本教材有关章节。

主要用于去除水中粒径较大的泥砂颗粒的沉淀构筑物称为沉砂池。

沉砂池在污水处理中广泛应用。为去除水源水中粒径为0.1mm以上的泥砂，减小后续处理构筑物负荷和调蓄水库砂峰负荷，可在预沉池或沉淀池前设置沉砂池。给水处理和污水处理中的沉砂池，去除泥砂的原理和构造基本相同。考虑所处理的水质差别，设计时应注意以下两点：

（1）给水处理中所需去除的泥砂来自天然水源，砂粒表面附着的有机物很少；污水处理中所需去除的砂粒表面通常附有约15%的有机物。因此，给水处理一般采用平流式沉砂池或水力旋流沉砂池，不采用曝气沉砂池。

（2）给水处理中所要去除砂粒径较小，一般在0.1mm以上，而污水处理所需去除的砂粒径较大，一般在0.2mm以上。因此，用于给水、污水处理的沉砂池沉淀时间等有所不同，见表5-4。一般说来，给水处理的沉砂池体积大于污水处理中的沉砂池体积。用于高浊度水的沉砂池可与预沉池合在一起。

沉砂池主要设计参数对比表　　表 5-4

沉砂池形式	水处理类型	沉淀时间(min)	水平流速(m/s)	其他设计参数
平流式	给水处理	15～30	0.02	进水端应设水流扩散过渡段
	污水处理	0.5～1.0	0.15～0.30	有效水深 0.25～1.0m
旋流式	给水处理	≥10		水流上升速度 0.005m/s
曝气式	污水处理	1～3	0.1	水流旋流速度 0.25～0.3m/s

5.3 澄　清　池

5.3.1 澄清原理及澄清池分类

1. 澄清原理

在理想沉淀池中，沉速等于 u_i 的颗粒去除效率为 $E_i = u_i/(Q/A)$。显然，增大絮凝颗粒沉速 u_i，便可提高杂质颗粒去除效率。增大絮凝颗粒沉速方法可采用改善絮凝条件、使用新型絮凝剂等。基于上述原理，澄清池就是利用构筑物内已经形成的絮凝颗粒和新进入的颗粒碰撞粘附、聚结成较大的颗粒，从而提高颗粒沉淀速度。

在澄清池运行时，常先通过投加较多的混凝剂，适当降低负荷，或投加黏土等技术措施，使絮凝颗粒形成一定的浓度和粒径。当进入澄清池水中的细小颗粒与之接触时，便发生絮凝作用并被泥渣层截留下来，使浑水获得澄清。可见，澄清池不同于沉淀池的主要特点就是集絮凝和沉淀功能于一体的水处理单元。澄清池内的泥渣层絮凝是先生成的高浓度絮凝体为介质的絮凝，即絮凝颗粒之间具有显著粒径差异或沉速差异，这种絮凝又称为接触絮凝。随着澄清池运行时间的延续，泥渣层浓度越来越高。经排泥系统排出多余老化泥渣后，泥渣层始终处于浓度相对平衡状态，并通过新陈代谢保持了泥渣的接触絮凝活性。

2. 澄清池分类

澄清池形式多种多样，根据搅拌方式和进水方式不同区分，常用的澄清池有数十种之多，其澄清原理大同小异，基本上可归纳为两大类型：

(1) 泥渣悬浮型澄清池（又称为泥渣过滤型澄清池）

泥渣层处于悬浮状态，原水通过泥渣层时，水中杂质因接触絮凝作用而被拦截下来，故称为泥渣悬浮型澄清池。由于悬浮泥渣层类似过滤层，又称为泥渣过滤型澄清池。

1) 悬浮型澄清池。图 5-15 为一种泥渣悬浮型澄清池工作原理示意图。投加混凝剂后的原水经底部穿孔配水管进入澄清池，自下而上通过泥渣悬浮层。水中杂质截留在悬浮层中，清水从集水槽流出，悬浮层中不断增加的泥渣浓缩后定期排除。泥渣悬浮型澄清池主要有悬浮澄清池和脉冲澄清池两大类。悬浮型澄清池中水流上升速度保持不变，泥渣层基本上处于稳定状态。泥渣层浓度和接触絮凝活性通过排出沉泥控制。脉冲澄清池中水流上升速度发生周期性变化，泥渣层不断发生周期性膨胀收缩。悬浮澄清池构造简单，但因悬浮泥渣层与上升水流必须保持平衡，原水浊度、温度、水量变化都会引起悬浮层浓度波动，直接影响澄清效果。所以，目前设计此种澄清池越来越少。

挟带有悬浮颗粒的水流经过悬浮层后，悬浮颗粒被截留下来成为泥渣层。不计入悬浮泥渣体积，可以认为水流在悬浮层中的停留时间等于悬浮层体积除以进水流量。计入悬浮泥渣体积时，水流在悬浮层中的停留时间应等于悬浮层体积减去泥渣体积后再除以进水流量。泥渣在悬浮层中的停留时间近似等于悬浮层中泥渣质量除以进水中悬浮颗粒质量。

2）脉冲澄清池。其剖面图如图 5-16 所示。原水由进水管 4 进入进水室 1，真空泵 2 抽吸进水室 1 中空气，进水室水位上升，此为充水过程。当进水室水位上升到最高水位时，真空泵 2 停止抽气，进气阀 3 开启，进水室内的水迅速流入澄清池，此为放水过程。当进水室水位下降到最低水位时，进气阀 3 关闭，真空泵启动，再次使进水室水位上升。如此反复进行脉冲工作，进入悬浮层的水量忽大忽小，从而使悬浮泥渣层产生周期性的膨胀和收缩，不仅有利于悬浮泥渣与微絮凝颗粒接触絮凝，还可使悬浮层在全池扩散，浓度趋于均匀，防止颗粒在池底沉积。

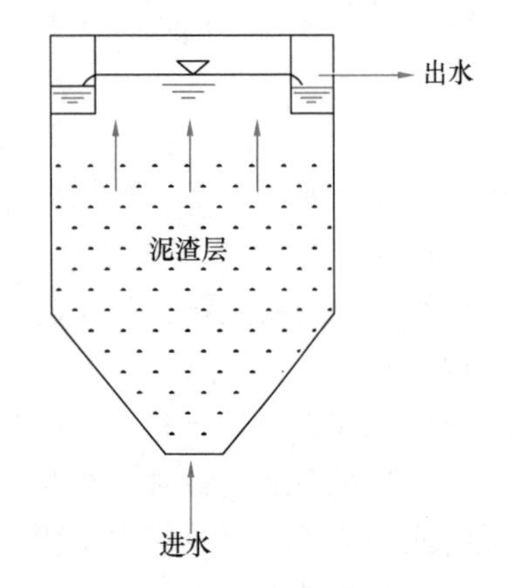

图 5-15　泥渣悬浮型澄清池示意图

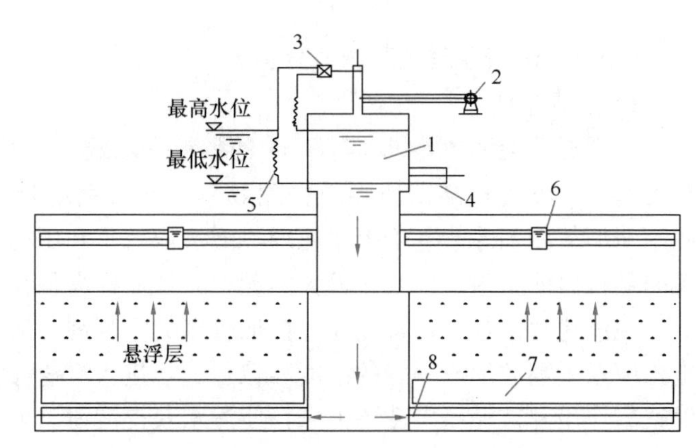

图 5-16　脉冲澄清池

1—进水室；2—真空泵；3—进气阀；4—进水管；5—水位电极；6—集水槽；7—稳流板；8—配水管

（2）机械搅拌澄清池

为了充分发挥泥渣接触絮凝作用，可通过泥渣在池内循环流动，使大量泥渣回流，增加颗粒间的相互碰撞聚结几率。回流量一般为设计进水流量的 3～5 倍。借助水力提升的泥渣循环澄清池，简称为水力循环澄清池。借助机械提升的泥渣循环澄清池，简称为机械搅拌澄清池（或称为机械加速澄清池）。该澄清池在工程上应用较多，以下作一简单介绍。

机械搅拌澄清池如图 5-17 所示，主要由第一絮凝室和第二絮凝室及分离室组成。整个池体上部是圆形，下部是截头圆锥形。投加药剂后的原水在第一絮凝室和第二絮凝室内与高浓度的回流泥渣相接触，达到较好的絮凝效果，聚结成大而重的絮凝体在分离室中分离。图 5-17 所示的澄清池只是机械搅拌澄清池的一种形式，还有很多其他的构造形式，其基本构造和澄清原理相同。

原水由进水管 1 通过三角配水槽的缝隙或出水孔均匀流入第一絮凝室（Ⅰ），积聚在三角形配水槽上部的气体由透气管 3 排出。混凝剂投加位置可选择在水泵吸水管或澄清池进水管上，由投药管 4 投加，或者两处同时投加。搅拌桨板 5 焊接在提升叶轮 6 下面，由上部无级变速驱动电机同心转动，使进入第一絮凝室的原水和回流泥渣混合，经提升叶轮中间进水口，提升到第二絮凝室（Ⅱ），图中表示回流量为设计进水流量的 4 倍。为减少

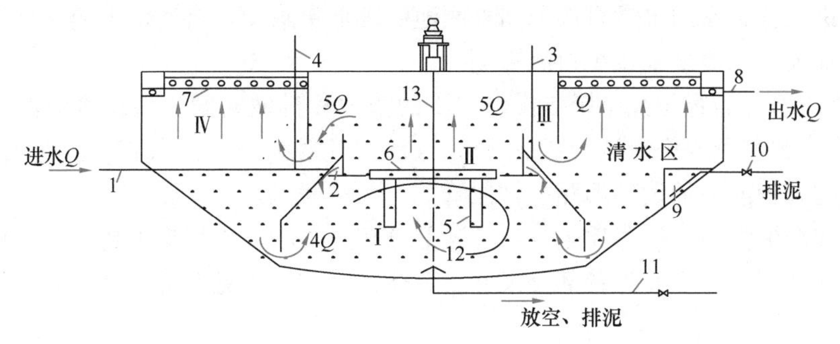

图 5-17　机械搅拌澄清池剖面示意图

1—进水管；2—三角配水槽；3—透气管；4—投药管；5—搅拌桨；6—提升叶轮；
7—集水槽；8—出水管；9—泥渣浓缩室；10—排泥阀；11—放空管；
12—排泥罩；13—搅拌轴
Ⅰ—第一絮凝室；Ⅱ—第二絮凝室；Ⅲ—导流室；Ⅳ—分离室

水流的旋转，在第二絮凝室内壁设几块竖向导流板。经导流室Ⅲ流入分离室Ⅳ时，混合水体中的泥渣下沉，清水向上经集水槽 7、出水管 8，流入下一构筑物。

向下沉降的泥渣一部分沿锥底回流缝再度进入第一絮凝室，循环流动；另一部分泥渣则扩散至泥渣浓缩室至适当浓度定期排除。当泥渣浓缩室排泥不能消除泥渣上浮现象时，可用底部放空排泥管排泥。

根据多数机械搅拌澄清池效果分析，第一、二絮凝室絮凝时间基本合理，并且可以利用机械控制泥渣循环和搅拌，因此能较好地适应原水水质、水量变化。为提高澄清池澄清效果，有的在第一絮凝室裙板内加设扰流板，同时增大搅拌叶片长度和面积，在第二絮凝室加设多层网格，均有助于增加颗粒碰撞速率。

由于机械搅拌澄清池是混合、絮凝、泥水分离三种工艺在一个构筑物中综合完成的，各部分相互影响。所以计算工作不能一次完成，必须在设计过程中相互调整。其主要设计参数为：

1）第二絮凝室计算流量即为叶轮提升流量，取进水流量的 3～5 倍，叶轮直径可为第二絮凝室内径的 70%～80%，并应设调整叶轮和开启度的装置。

2）分离室清水上升流速 0.8～1.1mm/s。

3）澄清池总停留时间 1.2～1.5h，第一、二絮凝室停留时间 20～30min，按照提升流量计算，第二絮凝室循环一次的停留时间约为 0.8～1.5min。第一絮凝室、第二絮凝室（包括导流室）、分离室容积比一般控制在 2∶1∶7 左右。第一、二絮凝室絮凝时间等于第一、二絮凝室（包括导流室）有效容积除以澄清池进水流量。第一、二絮凝室絮凝时间加上分离室停留时间即为澄清池设定处理流量的总停留时间。

4）第二絮凝室、导流室流速取 40～60mm/s。

5）原水进水管流速取 1m/s 左右，三角配水槽自进水处向两侧环形配水，每侧流量按进水量的一半计算。配水槽和缝隙流速均采用 0.4m/s 左右。

6）集水槽布置力求避免产生上升流速过高或过低现象。在直径较小的澄清池中，一般沿池壁建造环形集水槽；直径较大的澄清池，大多加设辐射形集水槽。澄清池集水槽计算和沉淀池集水槽计算相同，超载系数取 1.2～1.5。

为防止进入分离室的水流直接流向外圈池壁环形集水槽，有时增大内圈环形集水槽的集水面积，加大集水流量来减少短流影响。

7）泥渣浓缩室的容积大小影响排出泥渣的浓度和排泥时间。根据澄清池大小，可设泥斗1～4个，其容积取澄清池容积的1%～4%。当原水浊度较高或澄清池尺寸较大时，应选用较大的容积或另加设环形穿孔排泥管。

机械搅拌澄清池设计计算比较复杂，各部分相互关联，需根据上述主要设计参数运用水力学和几何知识一步步计算各部分尺寸。具体计算方法参见有关设计手册。

5.4 气浮分离

5.4.1 气浮分离原理和气浮池类型

1. 气浮分离原理

前几节有关沉淀、澄清的内容，主要叙述了如何使水中细小颗粒聚结成密度大、粒径大的颗粒，在重力作用下沉淀去除。对于难以沉淀的粒径细小、质量轻的杂质，可采用粘附在导入的气泡上，大幅降低带气微粒的密度，随气泡一并上浮去除。

在我国，气浮分离工艺作为一项新的技术，已取得了很大发展。在分离水中杂质的同时，还伴随着对水体的曝气、充氧，对于受污染的水源水及含有溶解气体的污水，更显示出其特殊的效果。

向水中通入空气或减压释放水中的溶解气体，都会产生气泡。气泡周围的水分子受到分子间内聚力作用，产生表面张力，形成气泡膜，如同均匀受力的弹性膜。表面张力有使液体表面积尽量缩小的趋向，从而使气泡成近似圆形。

水中杂质或微絮凝体颗粒粘附微细气泡后，形成带气微粒。因为空气密度仅为水密度的1/775，显然受到水的浮力较大。粘附一定量微气泡的带气微粒，上浮速度远远大于下沉速度，粘附气泡越多，上浮速度越大。

带气微粒上浮过程和自由沉淀过程相似，其上浮速度的大小，同样与其本身重力、受到水的浮力、阻力大小有关。大多数的微小气泡直径在100μm以下，带气微粒直径在500μm以下，其上浮时，周围水流雷诺数$Re<1$。因此，上浮速度符合斯托克斯公式（Stockes）公式：

$$u_s = \frac{1}{18\mu}(\rho - \rho_s)gd^2 \tag{5-45}$$

式中 u_s——带气微粒上浮速度，m/s；

μ——水的动力黏度系数，Pa. s；

ρ——水的密度，kg/m^3；

ρ_s——带气微粒的密度，kg/m^3；

d——带气微粒直径，m；

g——重力加速度，m/s^2。

气泡与水中杂质、絮凝微粒的粘附作用和水中杂质、絮粒性质有关。构成气泡膜的水分子是一层很薄的水膜，处于稳定状态，可相互粘附。当气泡接触到杂质或絮凝微粒时，如果微粒对水分子的吸引力小于水分子内聚力，气、液、固三相间的水膜收缩，直至与气泡粘附。可见，憎水性颗粒容易粘附气泡。经脱稳后的絮凝颗粒，水化膜厚度越小，越有利于和气泡结合。于是，便会出现单气泡粘附单颗粒、多气泡粘附单颗粒周围，或者多气泡撞入颗粒群体中间及粘附在颗粒周围的现象。其中，第三种形式的粘附可以发挥气泡絮凝作用，使整个颗粒群体在上浮过程中处于稳定状态，上浮至水面后成为泥渣不易下沉，起到了共聚作用。

从水中杂质或絮凝颗粒结构分析发现，松散的絮凝颗粒群体外围和内部容易吸附气泡，便于上浮分离。密度大、粒径小的颗粒不易上浮，故含沙量较高的河水及含有煤渣、粗沙、水泥碎屑的污水不宜采用气浮分离的方法。

2. 气浮池类型

向水中通入空气，使其形成微细气泡并扩散于整个水体的过程称为曝气。按照曝气形式，气浮池分为两大类：一类是分散空气气浮池；一类是溶解空气气浮池。

(1) 分散空气气浮池

如图 5-18 所示，由电机驱使转子旋转，带动周围水体旋转，涡流中心形成负压，吸入空气进入立管和转子并被击碎，随提升的水流经分散器小孔向周围扩散。加入的微小气泡与水中微粒粘附后上浮至水面，由刮渣机刮到侧面渣槽中。

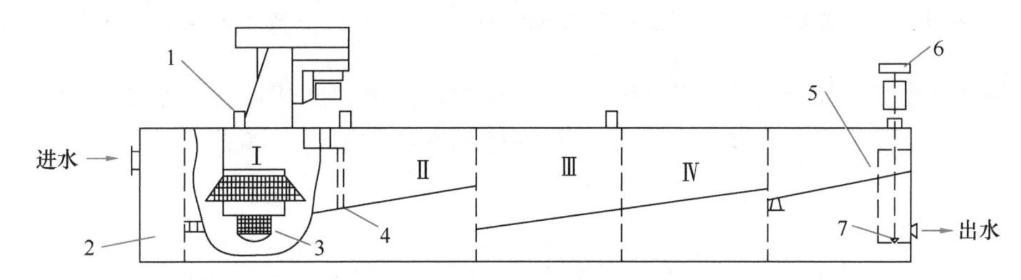

图 5-18 高速转子散气气浮池

1—空气入口；2—进水槽；3—转子；4—挡板；5—集水槽；6—气动水平控制设备；7—排水阀

为提高气浮效果，气浮池分成多格，每格安装一套如图 5-19 所示的单元高速转子散

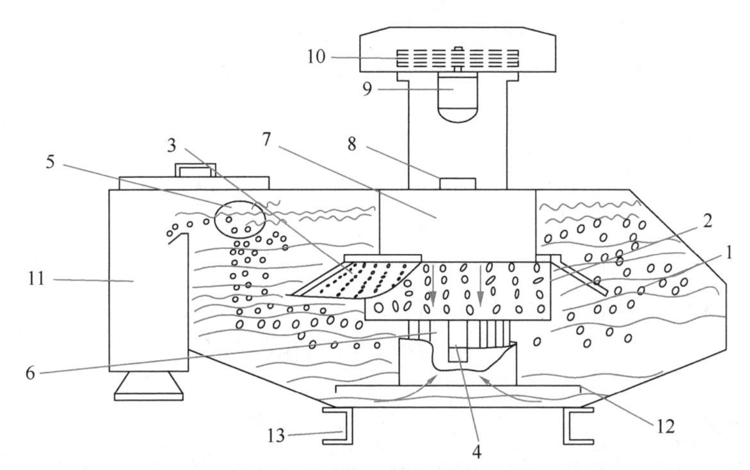

图 5-19 单元高速转子散气装置

1—气浮室；2—分离室；3—分散器罩；4—导流板；5—刮渣槽；6—星形转子；7—立筒；8—空气进口；9—电动机；10—传动装置；11—渣槽；12—底板；13—导轨

气装置。需要处理的水体进入进水槽后，依次通过Ⅰ、Ⅱ、Ⅲ、Ⅳ四个单元高速转子散气装置，连续进行气浮处理，清水从气浮池底部汇集到集水槽排出。出水口上的气动水平控制设备用来调节出水流量，以此抬高或降低全池水位，便于刮渣排渣。

另外，也有采用底部设置微孔板布气，上部为侧面进水的平流式气浮池，如图 5-20 所示。小气泡上升至分离室后，粘附水中的微粒，累积在水面，定时刮至排渣槽 5，分离出杂质后的清水经液位调节器 6 溢流排出。

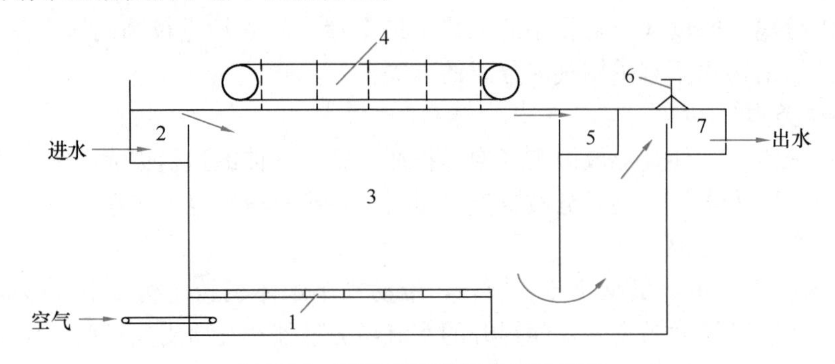

图 5-20　平流式微孔板布气气浮池

1—微孔板；2—进水槽；3—气浮分离室；4—刮渣机；5—排渣槽；6—液位调节器；7—出水槽

此两种分散空气气浮池所产生的气泡直径较大，上浮速度快，扰动水体剧烈，广泛用于矿物浮选、含脂羊毛废水及含有大量表面活性剂废水的泡沫分离处理。

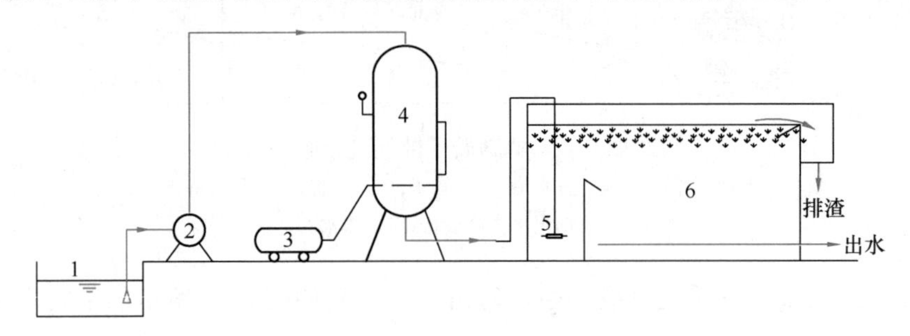

图 5-21　压力溶气气浮池

1—吸水池；2—提升水泵；3—空气压缩机；4—压力溶气罐；5—溶气释放器；6—气浮池

（2）释放溶解空气气浮池

释放溶解空气气浮池如图 5-21 所示，又称压力溶气气浮池。先将空气和回流水一起送入压力溶气罐 4，借助空气接触湍流，形成空气饱和溶液。然后导入溶气释放器 5 降压消能，促使微气泡稳定释出。释出的气泡与水中杂质颗粒粘附在一起浮至水面，浮渣由刮渣机排入浮渣槽排出，清水从气浮池下部流出。这一方法不依赖于强烈搅拌，可制备直径小于 0.10mm 的细小气泡，有助于粘附细小杂质颗粒和微絮凝颗粒，因而在水处理中广为应用。

（3）电解气浮池

用可溶性金属（铁、铝等）作为阳极和阴极，在直流电作用下发生电化学反应，水分子离解产生的 H^+ 向负极迁移生成 H_2，离解产生的 OH^- 向正极迁移生成 O_2。同时，OH^- 和电极电解产生金属阳离子结合生成氢氧化物吸附凝聚水中杂质颗粒，粘附产生的微气泡后被带至水面，进行固液分离，这种气浮分离的构筑物称为电解凝聚气浮池。该气浮池除具有固液分离作用外，往往兼有氧化、脱色和杀菌作用。电解气浮耗电量较大，有一定的实用条件，作为处理地表水源水工艺，目前应用很少。

5.4.2 释放溶解空气气浮池

溶解空气气浮池由压力溶气系统、溶气释放系统、气浮分离系统三部分组成，各系统设计要求既独立又有密切联系。

1. 压力溶气系统

压力溶气系统如图 5-22 所示，包括水泵、压力溶气罐及附属设备，其中压力溶气罐是溶解空气的关键设备。

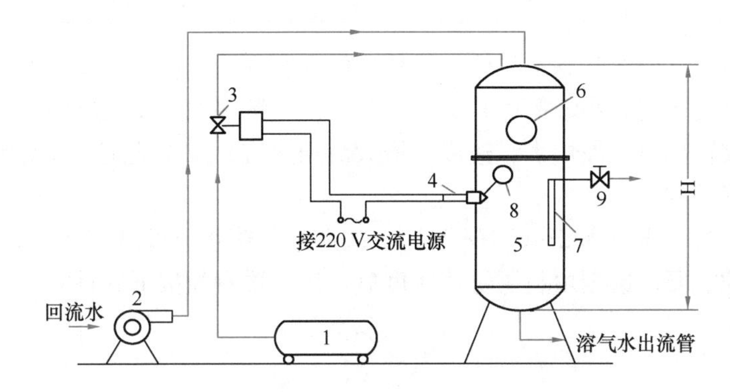

图 5-22 压力溶气系统

1—空气压缩机；2—提升水泵；3—电磁阀；4—液位传感器；5—溶气罐；
6—观察窗；7—液位显示管；8—浮球继电开关；9—放气阀

水泵用以向溶气罐注水，其流量等于气浮池的回流水量。在给水处理中多取用 10%左右的设计水量，废水处理中取用 20%～30%的设计流量。水泵扬程等于压力溶气罐内溶气压力，一般取 0.2～0.4MPa。

溶气罐供气多采用空气压缩机供气、水射器抽吸和水泵吸水管吸气等供气溶气方式。其中，水射器抽吸和水泵吸水管吸气溶气系统装置简单，又称为射流溶气。由吸水管上安装水射器吸气后直接进入压力溶气罐溶气，水泵流量难以控制，溶气效率较低。

空气压缩机供气式溶气系统应用广泛。由于空气在水中溶解度很小，常选用小功率空压机或间歇工作。根据压力溶气水减压释放溶解的空气形成气泡试验分析，当溶气罐压力 0.2～0.3MPa 时，释放出来的微气泡尺寸最小，气浮效果最好；若溶气压力超过 0.3MPa，则产生气泡相互粘附和并成大气泡现象，故选用空压机设定压力为 0.4MPa 以下。空压机额定气量，由回流水量、溶气效率、空气溶解度系数决定，即

$$Q_g = \frac{\psi QRa_e}{60 \times 1000} \tag{5-46}$$

式中 Q_g——空压机额定气量，m^3/min；

ψ——综合水温校正及安全系数，取 $\psi=1.5\sim1.8$；

Q——气浮池设计水量，m^3/h；

R——设计回流比，给水处理 10%左右，废水处理 20%～30%；

a_e——气浮处理单位水量所需的释气量，L/m³，按下式计算：

$$a_e = 7360\eta K_T P \tag{5-47}$$

式中　K_T——压缩空气溶解度系数，1/(mmHg·m³)，见表5-5；

η——压缩空气溶气效率，根据填料层高度、水温、容器压力确定，一般取 η=80%～90%。

P——压力溶气罐溶气压力，MPa。

不同温度下的 K_T 值　　表 5-5

温度（℃）	0	10	20	30	40
K_T	3.77×10^{-2}	2.95×10^{-2}	2.43×10^{-2}	2.06×10^{-2}	1.79×10^{-2}

压力溶气罐内空气的溶解基本符合气体传递的双膜理论，溶气效率与溶气压力、水流喷淋方式、水流过流密度、水温等因素有关。鉴于空气溶解主要受液膜阻力控制，在设计溶气罐时常采用放置填料、加快水流速度、增大液相紊流、减少液膜厚度等措施提高液膜更新速度，强化溶解空气。

压力溶气罐在溶气压力0.2～0.4MPa时，按照溶气罐水流过流密度计算其容积大小，可以满足气浮池的需要。选定填料层过流密度后，溶气罐直径按下式计算：

$$D = \sqrt{\frac{4\alpha QR}{\pi I}} \tag{5-48}$$

式中　D——压力溶气罐直径，m；

Q、R——意义同上；

α——水温矫正系数；一般取 α=1.1～1.3；

I——溶气罐水流过流密度，m³/(h·m²)。对于空罐，I 选用40～80m³/(h·m²)，安装填料的溶气罐，I 选用100～200m³/(h·m²)。

溶气罐高度 H 计算公式为：

$$H = 2H_1 + H_2 + H_3 + H_4 \tag{5-49}$$

式中　H_1——溶气罐顶或罐底封头高度（由罐体直径决定），m；

H_2——布水区高度，取0.2～0.3m；

H_3——贮水区高度，取1.0m；

H_4——填料层高度，可取1.0～1.3m。

2. 溶气释放系统

空气的溶气过程是空气中氮气、氧气、二氧化碳等以分子扩散或紊流扩散的传质方式，克服水分子之间的引力后，进入水分子空隙中。空气分子具有动能（溶气罐中为压能），转化成了气、水分子间的内能。而溶气水释放出空气是溶气的逆过程，必须使气、水分子间的内能转化为气体分子的动能，克服水分子的引力，由液相扩散到气相。为此，需专门设置溶气释放系统。将溶气水的压能瞬间转化为动能。在剧烈紊动和布朗运动作用下迅速扩散，以微小气泡形式分散在水中，气泡越小，气浮效果越好。目前工程上应用的溶气释放器，由两片不锈钢圆盘组成，如图5-23所示。圆盘间

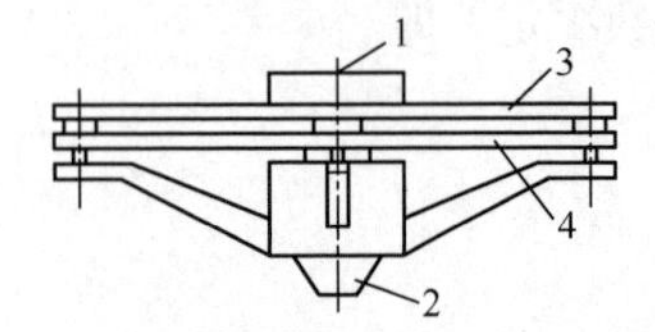

图5-23　TV型溶气释放器
1—溶气水接口；2—压缩空气接口；3—上盘；4—下盘

距 3～4mm，经不断改进，使出水更加均匀。如果释放器一旦堵塞，只要在气浮池外打开通气阀，接通压缩空气气源，推动上下压盘，使两圆盘间距增大，压力溶气水即会将释放器内污物冲洗干净。每个释放器作用范围 0.4～0.8m^2。

3. 气浮分离系统

气浮分离系统主要是指气浮池。根据水流方向，常用的气浮池分为平流式和竖流式。图 5-24 为平流式气浮池，该池设有捕捉区、气浮分离区、出水区及刮渣设备。

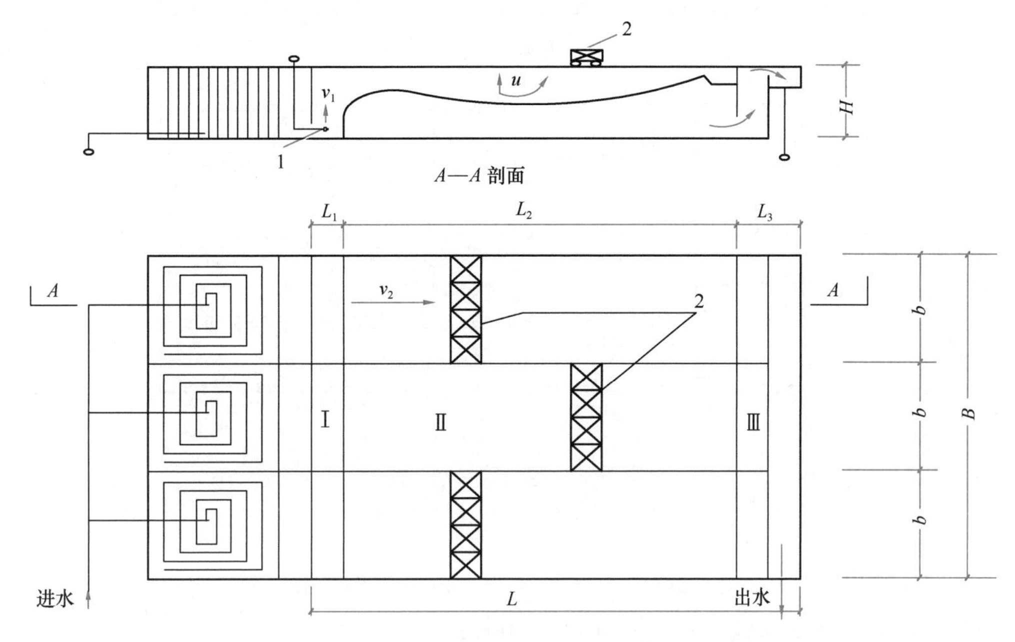

图 5-24　平流式气浮池

1—溶气释放器；2—刮渣机

Ⅰ—捕捉区；Ⅱ—气浮区；Ⅲ—出水区

其中，捕捉区是溶气水释放出微小气泡对絮凝颗粒接触捕捉的区域，一般控制水流上升流速 v_1＝10～20mm/s，水深 1.5～2.0m，水流停留时间 60s 以上。

气浮区也称为分离区，带气微粒在该区脱离水体浮至水面，清水向下流入集水系统，水流速度 v_2＝1.5～2.0mm/s。分离区有效水深 2～3.0m，单格池宽不超过 10m，池长不超过 15m 为宜，水流停留时间 15～30min。

出水区采用堰口或出水管出水，为防止进水区发生短流，一般在气浮区下部沿池底设“丰”字穿孔集水管（图 5-25），穿孔集水管孔口流速≤0.5m/s 为宜。

浮至水面的泥渣进一步相互聚结、挤出部分空隙水，形成浮渣层，通常用机械刮渣机刮至泥渣槽排出。为不使浮渣移动时破碎，刮渣机行走速度取 3～6m/min。

【例 5-5】 已知原水水源为河水，最高浊度 80NTU，设计计算 0.5 万 m^3/d 平流式气浮池一座。

【解】（1）设计参数选用

1）水厂自用水量取 5%；

2）溶气水回流比 R＝10%，水温校正系数 α＝1.20，综合水温及安全系数 Ψ＝1.80；

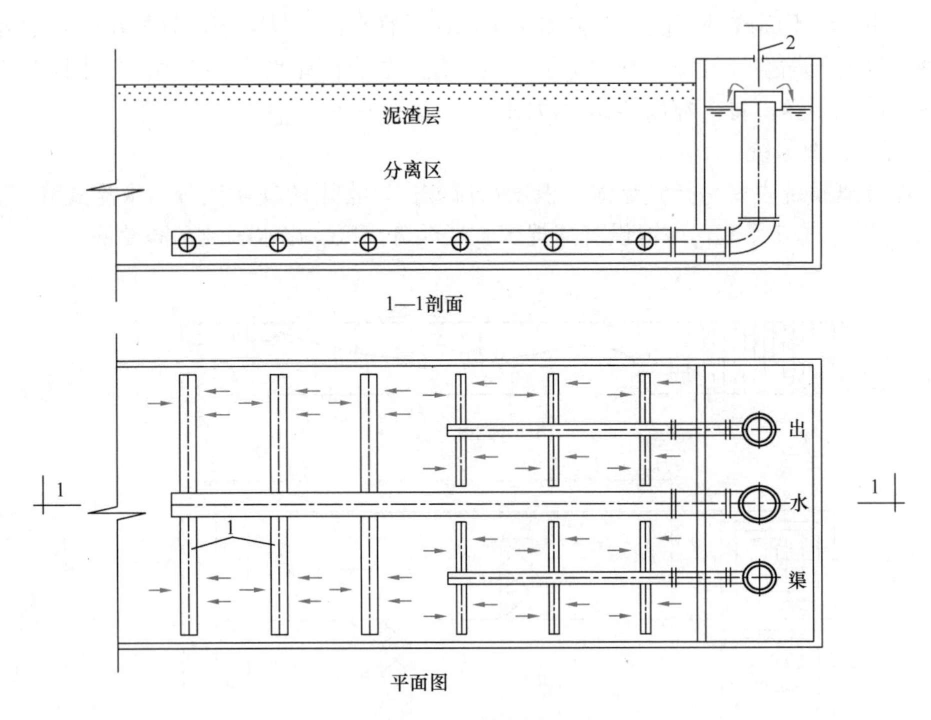

图 5-25　穿孔管集水系统

1—穿孔集水管；2—水位调节阀

3）空压机供气，压力溶气罐压力 0.25MPa，内装填料，溶气效率 $\eta=80\%$；

4）压力溶气罐过流密度 $I=150\text{m}^3/(\text{h}\cdot\text{m}^2)$；

5）捕捉区水流上升速度 $v_1=20\text{mm/s}$；

6）气浮区向下水流速度 $v_2=1.5\text{mm/s}$；

7）气浮区停留时间 $t=20\text{min}$。

（2）设计计算

1）设计流量 $Q=5000\times1.05=5250\text{m}^3/\text{d}\approx220\text{m}^3/\text{h}$。

2）空压机额定气量：

$$Q_g=\frac{\psi QR\eta K_T\times7360P}{60\times1000}=\frac{1.8\times220\times10\%\times80\%\times2.43\times10^{-2}\times7360\times0.25}{60\times1000}$$

$$=0.0236\text{m}^3/\text{min}$$

选用 Z-0.025/6 空压机两台，一用一备。

3）压力溶气罐尺寸：

溶气罐直径：$D_d=\sqrt{\frac{4\alpha QR}{\pi I}}=\sqrt{\frac{4\times1.2\times220\times10\%}{\pi\times150}}=0.473\text{m}$。

选用标准溶气罐 TR-5 型，$D=0.5\text{m}$，总高 $H=3.44\text{m}$，出水口距罐体支座底高 0.50m。

4）捕捉区表面积：

$$A_1=\frac{Q+\alpha QR}{v_1}=\frac{220+1.2\times220\times10\%}{3600\times0.02}=3.42\text{m}^2$$

取捕捉区宽度L_1=0.60m，则捕捉区长度（即气浮池宽度）为：

$$B=\frac{A_1}{L_1}=\frac{3.42}{0.6}=5.70\text{m}$$

捕捉区出口流速同上升流速，则出口堰上水深亦为h=0.60m。

选用TV-Ⅱ型释放器共10个，单排布置。

5）气浮区表面积：

$$A_2=\frac{Q+\alpha QR}{v_2}=\frac{220+1.2\times220\times10\%}{3600\times0.0015}=45.63\text{m}^2$$

气浮区长度　$L_2=\frac{A_2}{B}=\frac{45.63}{5.70}=8.0\text{m}$。

6）气浮池水深：

$$H=v_2t=0.0015\times20\times60=1.80\text{m}$$

取有效水深2.0m。

7）气浮池容积：

$$W=(A_1+A_2)\cdot H=(3.42+45.63)\times2=98.10\text{m}^3$$

总停留时间：

$$T=\frac{W}{Q+\alpha QR}=\frac{98.10}{220+1.2\times220\times10\%}=0.398\text{h}\approx24\text{min}$$

捕捉区气、水接触时间：

$$t=\frac{H-h}{v_1}=\frac{2-0.6}{0.02}=\frac{1.4}{0.02}=70\text{s}$$

出水集水系统及捕捉区前的絮凝池计算从略。

思 考 题 与 习 题

1. 什么是自由沉淀、拥挤沉淀和絮凝沉淀?

2. 已知悬浮颗粒密度和粒径，如何求得颗粒沉速?

3. 在沉淀过程中，絮凝颗粒相互聚结的途径有哪些?

4. 平流式沉淀池沉淀基本原理是什么？为什么沉淀去除率与沉淀池深度无关?

5. 影响平流式沉淀池效果的主要因素有哪些?

6. 斜管（板）沉淀池提高去除效果的原理是什么？设计的清水区、进水区高度有什么要求?

7. 辐流式沉淀池沉淀的基本原理是什么？用于给水处理和污水处理的辐流式沉淀池构造上有什么不同?

8. 澄清池去除水中杂质的原理是什么？机械搅拌澄清池各室的作用和设计要求是什么?

9. 气浮分离的原理是什么？溶解空气气浮池由哪些系统组成？各系统的作用是什么?

10. 已知颗粒密度ρ=2.65g/cm^3，测得在静水中沉速u=6.0mm/s，求该颗粒粒径为多大?

11. 原水泥砂沉降试验数据见表 5-6。

原水泥砂沉降试验数据　　表 5-6

颗粒沉速 u_i（mm/s）	0.05	0.10	0.35	0.55	0.60	0.75	0.82	1.00	1.20	1.30
大于等于 u_i 的颗粒占所有颗粒的质量比（%）	100	94	80	62	55	46	33	21	10	3

现设计一座平流式沉淀池，深 4.0m，沉淀时间 1.85h，进水悬浮物含量 32mg/L，按理想沉淀池计算，出水悬浮物含量为多少？（参考答案：出水悬浮物含量 $C_i=8.08$mg/L）

12. 一座平流式沉淀池，有效水深 $H=3.43$m、沉淀长度 $L=88$m。进入沉淀池沉淀颗粒的沉速及占所有颗粒的质量比例见表 5-7。

进入沉淀池沉淀颗粒的沉速及所有颗粒的质量比　　表 5-7

颗粒沉速 u_i（mm/s）	≥0.50	0.40	0.30	0.20
进入沉淀池时占所有颗粒的质量比 dp_i（%）	62	15	13	10

经测试，流出沉淀池的水中仅含有沉速为 0.40mm/s、0.30mm/s、0.20mm/s 的三种颗粒占沉淀池进水中所有颗粒的质量比为 13%，则该平流式沉淀池水平流速约为多少？（参考答案：水平流速 $v=$ 12.21mm/s）

13. 一座沉淀池长 60m、宽 15m、水深 4.0m，底部排水坑中安装 DN500 放空管一根，放空管中心线和池底标高相同，取放空管管口出流流量系数 $\mu=0.82$，则放空一半水量（水位从 4.0m 变化到 2.0m），大约需要多长时间？（参考答案：不用积分方法计算，$T\approx25$min）

14. 一座斜管沉淀池总沉淀面积为 A（m^2），安装高 866mm、倾角 60°、每边边长 17.32mm 正六边形斜管。当进水悬浮物含量 50mg/L 时，沉淀池出水悬浮物含量 2.0mg/L。据此推算出沉淀池中悬浮物总去除率 p 和截留速度 u_0（mm/s）符合如下关系：$p=1-\frac{3}{2}u_0^2$。如果斜管材料和无效面积占沉淀池清水区面积的 20%，正六边形斜管内径按正六边形内切圆直径计算，则该沉淀池液面负荷是多少？（参考答案：液面负荷 $q=1.51$mm/s）

15. 一座机械搅拌澄清池如图 5-26 所示，污泥回流量是进水流量的 4 倍，第Ⅱ絮凝室、导流室Ⅲ中的流速为 40mm/s，清水区Ⅳ水流上升流速为 1.0mm/s，搅拌机提升叶轮直径 3.0m，是第Ⅱ絮凝室内径 d_1 的 0.75 倍。如果不计澄清池内导流室两侧隔墙厚度，则该澄清池内径 d_3 是多大？（参考答案：$d_3=$ 12.65m）

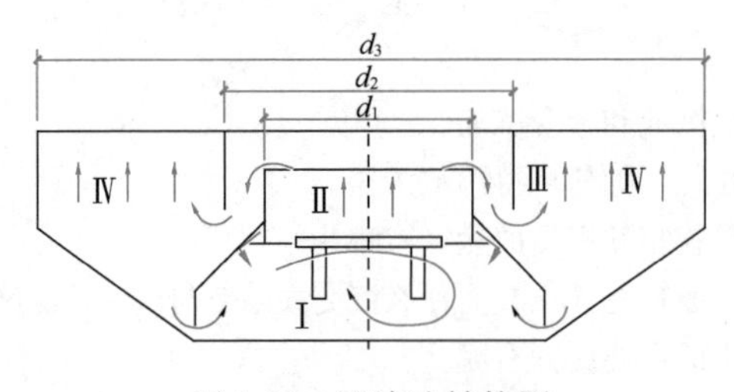

图 5-26　澄清池结构图

16. 设计计算 2.5 万 m^3/d 的机械搅拌澄清池，并画出示意图。

17. 参照教材例题，设计计算 1.0 万 m^3/d 的气浮分离池，确定溶气罐尺寸、气浮池尺寸。

第6章 过　　滤

6.1 过滤基本理论

6.1.1 过滤机理

水中悬浮颗粒经过具有孔隙的介质被截留分离出来的过程称为过滤。在水处理中，一般采用石英砂、无烟煤、陶粒等粒状滤料截留水中悬浮颗粒，从而使浑水得以澄清。同时，水中的部分有机物、细菌、病毒等也会附着在悬浮颗粒上一并去除。在饮用水净化工艺中，经滤池过滤后，水的浊度可达1NTU以下。当原水常年浊度较低时，有时沉淀或澄清构筑物省略，采用直接过滤工艺。在自来水处理中，过滤是保证水质卫生安全的主要措施，是不可缺少的处理单元。

最早使用的滤池为慢滤池，铺设1m左右厚度细砂作为过滤层，下部铺垫卵石，底部埋入集水管道。在0.1～0.3m/h的滤速下，经2～3周，滤层表面由藻类、细菌及原生动物繁殖生成一层滤膜。沉淀水或原水通过滤层后得到净化。其主要原理是水中悬浮物被致密的滤膜所截留，同时水中一些有机物被滤膜中的微生物氧化分解。经数月后，滤层阻力增加到最大允许值，停止过滤，放空滤池，人工或机械将表层滤料移出池外清洗，然后再放入池中。此种滤池滤后水质优良，但滤速很慢，不能满足大规模水厂生产需要，于是便发展了快滤速的滤池，简称快滤池。

快滤池形式很多，滤料级配、反冲洗方法各异，但去除水中杂质的原理基本相同。以单层石英砂滤料滤池为例，多取滤料粒径为0.5～1.0mm。经冲洗水力分选后，滤料粒径在滤层中自上而下由细到粗依次排列，滤料层中空隙尺寸也因此由上而下逐渐增大。表层滤料大多为粒径等于0.5mm的球体颗粒，则滤料颗粒间的缝隙尺寸约为80～200μm。众多研究表明，经混凝沉淀后的水中悬浮物粒径小于30μm，能被滤料层截留下来，不是简单的机械筛滤作用，而主要是悬浮颗粒与滤料颗粒之间的粘附作用。

水流中的悬浮颗粒能够粘附在滤料表面，一般认为涉及以下两个过程。首先，悬浮于水中的微粒被输送到贴近滤料表面，即水中微小颗粒脱离水流流线向滤料颗粒表面靠近的输送过程，称为迁移。其次，接近或到达滤料颗粒表面的微小颗粒截留在滤料表面的附着过程，又称为粘附。

1. 颗粒迁移

在过滤过程中，滤料空隙内水流一般呈层流状态。水流挟带的细小颗粒随着水流流线运动。在物理作用、水力作用下，这些颗粒脱离流线迁移到滤料表面。通常认为发生如下作用：当处于流线上的颗粒尺寸较大时，会直接碰到滤料表面产生拦截作用；沉速较大的颗粒，在重力作用下脱离流线沉淀在滤料表面，即产生沉淀作用；随水流运动的颗粒具有较大惯性，当水流在滤料空隙中弯弯曲曲流动时脱离流线而到达滤料表面，是惯性作用的结果；由相邻水层流速差产生的速度梯度，使微小颗粒不断旋转跨越流线向滤料表面运动，即为水动力作用；此外，细小颗粒的布朗运动或在其他微粒布朗运动撞击下扩散到滤料表面，属于扩散作用。

对于上述迁移机理，目前只能定性描述，其相对作用大小尚无法定量计算。虽然也有一些数学表达式，但还不能应用于实际。水中微小颗粒的迁移，可能是上述作用单独存在或者几种作用同时存在。例如，进入滤池的凝聚颗粒尺寸较大时，其扩散作用几乎无足轻重。还应指出，这些迁移机理影响因素比较复杂，如滤料尺寸、形状、水温、水中颗粒尺寸、形状和密度等。颗粒迁移机理示意如图 6-1 所示。

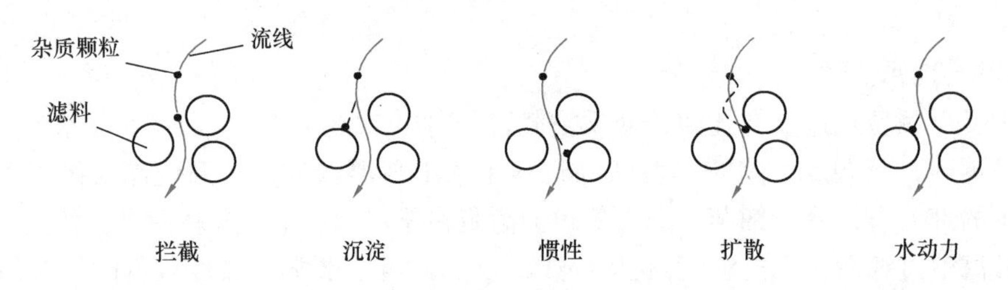

图 6-1　颗粒迁移机理示意图

2. 颗粒粘附

水中的悬浮颗粒在上述迁移机理作用下，到达滤料附近的固液界面，在彼此间静电力作用下，带有正电荷的铁、钙等絮体被吸附在滤料表面。或者在范德华引力及某些化学键以及某些化学吸附力作用下，粘附在滤料表面原先已粘附的颗粒上，如同颗粒间的吸附架桥作用。颗粒的粘附过程，主要取决于滤料和水中颗粒的表面物理化学性质。未经脱稳的悬浮颗粒，一般不具有相互聚结的性能，不能满足粘附要求，滤料就不容易截留这些微粒。由此可见，颗粒的粘附过程与澄清池中泥渣层粘附过程基本相似，主要发挥了接触絮凝作用。另外，随着过滤时间增加、滤层中空隙尺寸逐渐减小，在滤料表层就会形成泥膜，这时，滤料层的筛滤拦截将起很大作用。

3. 杂质在滤层中的分布

水中杂质颗粒粘附在砂粒表面的同时，还存在空隙中水流剪切冲刷作用而导致杂质颗粒从滤料表面脱落的趋势。粘附力和水流剪切冲刷力的相对大小，决定了颗粒粘附与脱落的可能性大小。过滤初期，滤料较干净，空隙率最大，空隙中水流速度最小，水流剪力较弱小，颗粒粘附作用占优势。随着过滤时间延长，滤层表面截留的杂质逐渐增多，空隙率逐渐减小，空隙中的水流速度增大，剪切冲刷力相应增大，将使最后粘附的颗粒首先脱落下来，连同水流挟带不再粘附的后续颗粒一并向下层滤料迁移，下层滤料截留作用渐次得到发挥。对于某一层滤料而言，颗粒粘附和脱落，在粘附力和水流剪切冲刷力作用下，处于相对平衡状态。

由于非均匀滤料的排列是自上而下、由细到粗，空隙尺寸由小到大，势必在滤料表层积聚大量杂质以至于形成泥膜。过滤阻力剧增或者因滤层表面受力不均匀使泥膜产生裂缝，大量水流自裂缝中流出。这时，悬浮杂质穿透滤层、出水水质恶化，过滤被迫中止。显然，所截留的悬浮杂质在滤层中分布很不均匀。以单位体积滤层中截留杂质的质量进行比较，上部滤料层截留量大，下部滤料层截留量小。在一个过滤周期内，按整个滤层计算，单位体积滤料中的平均含污量称为“滤层含污能力”（单位：g/cm^3 或 kg/m^3）。可见，在滤层深度方向截留悬浮颗粒的量有较大差别的滤池，滤层含污能力较小。

为了改变上细下粗滤层中杂质分布不均匀现象，提高滤层含污能力，便出现了双层滤料、三层滤料及均质滤料滤池。滤料组成情况如图 6-2 所示。

双层滤料是上部放置密度较小、粒径较大的轻质滤料（如无烟煤），下部放置密度较大、粒径较小的重质滤料（如石英砂）。经水反冲洗后，自然分层，轻质滤料在上层，重质滤料位于下层。虽然每层滤料仍是从上至下粒径从小到大，但就滤层整体而言，上层轻质滤料的平均粒径大于下层重质滤料的平均粒径，上层滤料空隙尺寸大于下层滤料空隙尺寸。于是，很多细小悬浮颗粒就会迁移到下层滤料，使得整个滤层都能较好的发挥作用。因而可增加杂质穿透深度，如图 6-3 所示。穿透深度曲线与坐标轴所包围的面积除以滤层的厚度等于滤层含污能力。显然，双层滤料的含污能力大于单层滤料。

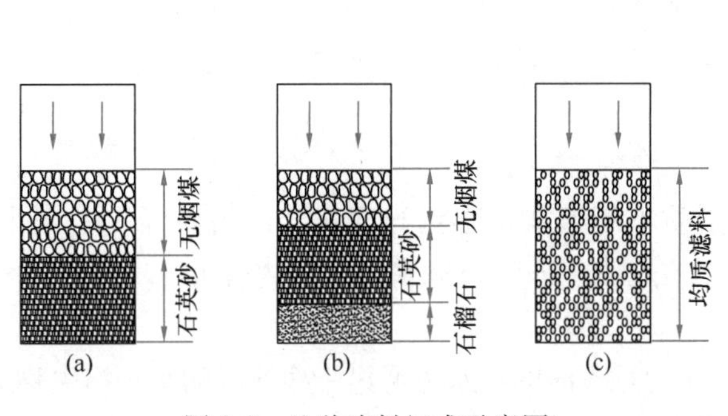

图 6-2　几种滤料组成示意图

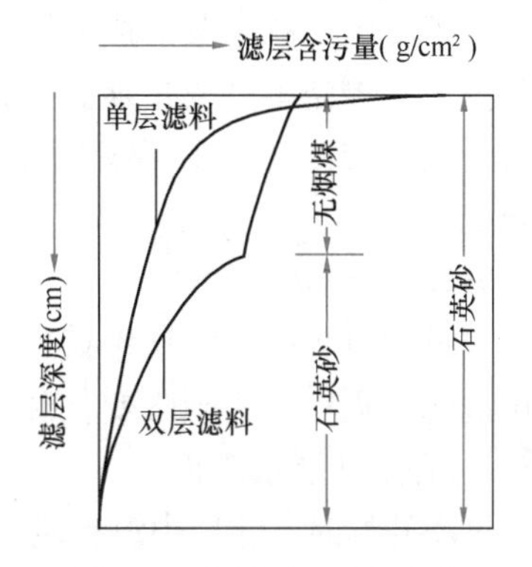

图 6-3　滤料层含污量变化

三层滤料是在双层滤料下部再铺设一层密度更大、粒径更小的重质滤料，如石榴石、磁铁矿石。使整个滤层滤料粒径从大到小分为三层，可进一步发挥下层滤料截留杂质的作用。实践证明，双层滤料、三层滤料含污能力是单层滤料的 1.5 倍以上。

常用的均质滤料即为均匀级配粗砂滤料，石英砂粒径一般取 0.9～1.2mm。大多采用气水反冲洗，反冲洗时滤层不发生膨胀，沿整个滤层深度方向的任一横断面上，滤料组成和平均粒径均匀一致。过滤时，一些细小悬浮颗粒也会迁移到下层，大部分滤层发挥了截污作用。所以，这种均匀级配粗砂滤料层的含污能力显然大于上细下粗单层细砂滤料层的含污能力。

由上述分析可知，截留的悬浮颗粒在滤层中的分布状况和滤料粒径有关，同时，还和滤料形状、过滤速度、水温、过滤水质有关。一般说来，滤料粒径越大、越接近于球状、过滤速度由快到慢、进水水质浊度越低、杂质在滤层中的穿透深度越大，下层滤料越能发挥作用，整个滤层含污能力相对较大。据此，不少学者提出了一些过滤数学模式，对于提高过滤效率、优化滤池设计具有指导意义。

4. 直接过滤

原水不经沉淀或澄清处理而直接进入滤池的过滤称为“直接过滤”。直接过滤有两种方式：(1) 原水投加混凝剂后不经过絮凝沉淀构筑物直接进入滤池过滤，一般称“接触过滤”。(2) 原水投加混凝剂后经过短时间的絮凝，水中悬浮胶体颗粒脱稳、聚结成一定粒径（约 40～60μm）颗粒即刻进入滤池过滤称为“微絮凝过滤”。直接过滤的两种方式截留水中悬浮颗粒的原理相同，即滤层同时发挥絮凝和过滤截留作用。和经过沉淀后的过滤相比，直接过滤的滤料粒径稍大，滤层厚度有所增加，悬浮颗粒容易迁移到滤料层深部。因而杂质穿透深度较大，有助于提高整个滤层的含污能力。

“接触过滤”“微絮凝过滤”仅适用浊度和色度较低且水质变化较小的水源水，一般不含大量藻类（<500 个/mL）。

原水进入滤池前，无论是接触过滤或微絮凝过滤，均不应形成大的絮凝体以免很快堵塞滤层表面空隙。为提高微小絮粒的强度和粘附力，有时需投加高分子助凝剂以发挥高分子在滤层中的吸附架桥作用，不使粘附在滤料上的杂质脱落穿透滤层。助凝剂投加在混凝剂投加点之后的滤池进水管上。

直接过滤工艺简单，混凝剂用量较少。在处理湖泊、水库等低浊度原水时有较多的应用。由于发生接触絮凝形成的颗粒不像经混凝沉淀后的颗粒那样均匀、稳定，所以，当混凝剂投加量控制不好或投加点选择不当，则会使进入滤层的水中已有较大絮粒生成而堵塞滤层，或者絮凝不好，穿透滤层。有些水厂感到不易控制，而宁愿增设沉淀（澄清）设施。

6.1.2 过滤水力学

在过滤过程中，滤层中截留的悬浮杂质不断增加，必然导致过滤水力条件发生变化。讨论过滤过程中水头损失变化和滤速变化的规律，即为过滤水力学的内容。

1. 清洁砂层水头损失

过滤开始时，滤层中没有截留杂质，认为是干净的。水流通过干净滤层的水头损失称为“清洁滤层水头损失”或称为“起始水头损失”。常用的单层细砂滤料滤池滤层厚 700～800mm，设计滤速 7～9m/h，其起始过滤水头损失约 30～50cm。

清洁滤层水头损失变化涉及滤料粒径、空隙度大小、过滤滤速、滤层厚度诸多因素。很多专家提出了不同的表达式，所包含的因素基本一致，计算结果相差很小。这里仅介绍卡曼一康采尼（Carman-Kozony）公式。该公式适用于清洁砂层中的水流呈层流状态，水头损失变化与滤速的一次方成正比。表达如下：

$$h_0 = 180\,\frac{\nu}{g}\cdot\frac{(1-m_0)^2}{m_0^3}\left(\frac{1}{\varphi\cdot d_0}\right)^2 L_0 v \tag{6-1}$$

式中 h_0——水流通过清洁砂层的水头损失，cm；

ν——水的运动黏度，cm^2/s；

g——重力加速度，$981cm/s^2$；

m_0——滤料空隙率；

d_0——与滤料体积相同的球体直径，cm；

L_0——滤层厚度，cm；

v——过滤滤速，cm/s；

φ——滤料颗粒球形度系数，见 6.2 节。

在计算滤层过滤水头损失时，和滤料同体积球的直径不便计算，也可用当量粒径代入式（6-1）计算，其误差不超过 10%。当量粒径表示为：

$$\frac{1}{d_{eq}} = \sum_{i=1}^{n}\frac{p_i}{\frac{d'_i + d''_i}{2}} \tag{6-2}$$

式中　d_{eq}——当量粒径，cm；

d'_i、d''_i——相邻两个筛子的筛孔孔径，cm；

p_i——截留在筛孔为d'_i和d''_i之间的滤料质量占所有滤料的质量比；

n——滤料分层数。

如果滤层是非均匀滤料，其水头损失可按滤料筛分曲线（见6.2节）分成若干层计算。取相邻两筛孔孔径的平均值作为各层滤料计算粒径，则各层滤料水头损失之和即为整个滤层水头损失。

$$H_0 = \Sigma h_0 = 180 \cdot \frac{\nu}{g} \frac{(1-m_0)^2}{m_0^3} \left(\frac{1}{\varphi}\right)^2 L_0 v \cdot \sum_{i=1}^{n} (p_i / d_i^2) \tag{6-3}$$

式中　H_0——整个滤层水头损失，cm；

n——根据筛分曲线计算分层数；

d_i——滤料计算粒径，即相邻两筛孔孔径的平均值，cm；

p_i——计算粒径为d_i的滤料占全部滤料质量比；

其他符号同6-1式。

【例6-1】 滤池滤料筛分结果见表6-1，滤层厚80cm，滤料球形度系数$\varphi=0.98$，空隙率$m_0=0.38$。计算滤速为9m/h，水温为20℃时清洁滤层水头损失值。

滤料层筛分记录　　表6-1

筛孔孔径（mm）	通过该筛号的砂量占全部滤料的质量比（%）	筛孔孔径（mm）	通过该筛号的砂量占全部滤料的质量比（%）
1.54	100	0.701	31
1.397	92	0.589	8
0.991	75	0.44	0

【解】 上述滤料的计算粒径$d_1=\frac{0.154+0.1397}{2}=0.14685\text{cm}$，$p_1=100\%-92\%=8\%$

$$d_2=\frac{0.1397+0.0991}{2}=0.1194\text{cm}，p_2=92\%-75\%=17\%$$

依次得到$d_3=0.0846\text{cm}$，$p_3=44\%$；$d_4=0.0645\text{cm}$，$p_4=23\%$；$d_5=0.05145\text{cm}$，$p_5=8\%$。

取$g=981\text{cm/s}$，滤速$v=\frac{900\text{cm}}{3600\text{s}}=0.25\text{cm/s}$，水温20℃时水的运动黏度$\nu=0.01\text{cm}^2/\text{s}$，代入式（6-3）得：

$$H=\Sigma h_0 = 180 \times \frac{0.01}{981} \times \frac{(1-0.38)^2}{0.38^3} \cdot \left(\frac{1}{0.98}\right)^2 \times 80 \times 0.25 \times$$

$$\left(\frac{0.08}{0.14685^2}+\frac{0.17}{0.1194^2}+\frac{0.44}{0.0846^2}+\frac{0.23}{0.0645^2}+\frac{0.08}{0.05145^2}\right) = 43.53\text{cm}$$

由此可知，非均匀滤料滤层按粒径大小分层越多，清洁滤层水头损失计算精确度越高。

清洁滤层水头损失即为过滤开始时的水头损失，随着过滤时间延长，滤层中截留的悬浮物量逐渐增多，滤层空隙率m_0减少，过滤水头损失必然增加。欲使水头损失保持不变，则过滤滤速必须减小。这就出现了等速过滤和变速过滤（实为减速过滤）两种基本过滤方式。

2. 等速过滤过程中的水头损失变化

当滤池过滤速度保持不变，亦即单格滤池进水量不变的过滤称为“等速过滤”。虹吸滤池和无阀滤池属于等速过滤滤池。

由式（6-1）、式（6-3）可以看出，清洁滤层水头损失和滤速 v 的一次方成正比，可以简化为如下表达式：

$$H_0 = KL_0v \tag{6-4}$$

式中 K——包含水温、d_0、m_0、φ 因素的过滤阻力系数；

L_0——滤层厚度，m；

v——滤速，m/h，等于过滤水量除以滤池表面积。

显然，当滤层中截留的悬浮杂质增多后，滤层空隙率减小，悬浮物沉积在滤料表面后滤料颗粒表面积增大，其形状也发生变化，水流在滤料中流态发生变化，因而使得过滤阻力系数 K 值增大，水头损失增加。在等速过滤过程中，滤层阻力增加，因滤后出水流量稍小于进水流量，使得砂面上的水位逐渐上升。如图 6-4 所示。当水位上升至最高允许水位时，过滤停止以待冲洗。

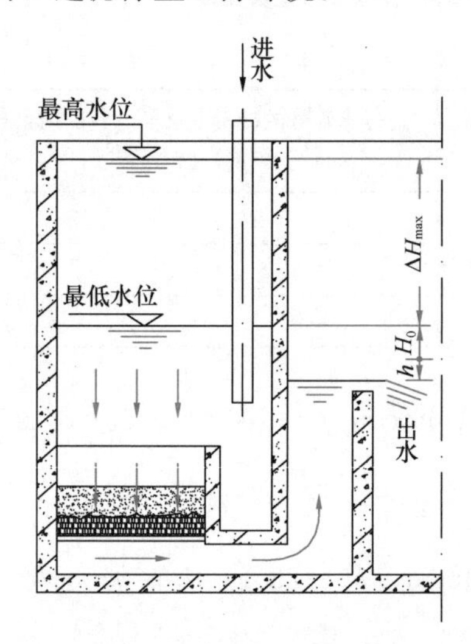

图 6-4 等速过滤

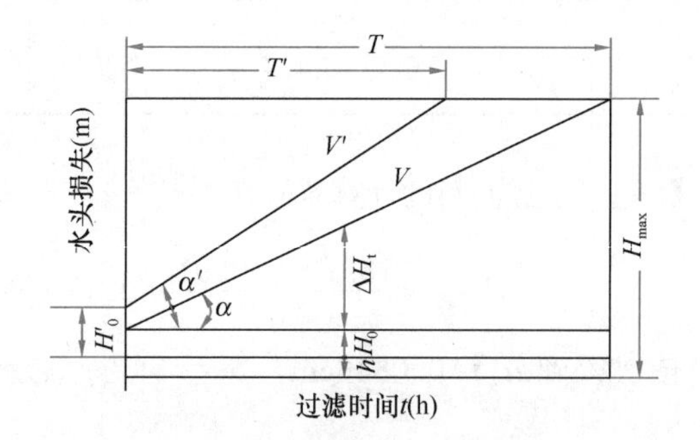

图 6-5 水头损失与过滤时间的关系

冲洗后刚开始过滤时，滤层水头损失为 H_0，当过滤时间为 t 时，滤层水头损失增加 ΔH_t，于是，滤池总的水头损失表示为：

$$H_t = H_0 + h + \Delta H_t \tag{6-5}$$

式中 H_t——过滤 t 时间后滤池总水头损失，cm；

h——滤池配水系统、承托层及管（渠）水头损失之和，cm；

ΔH_t——过滤 t 时间后滤层水头损失增加值，cm。

式中 H_0、h 在等速过滤过程中保持不变。ΔH_t 随 t 的增加而增大。ΔH_t 与 t 的关系反映了滤层截留杂质的量与过滤时间的关系，主要是滤层空隙率的变化和过滤时间的关系，一般呈线性变化（图 6-5）。图中 H_{max} 为最大允许过滤水头损失值，也是滤池期终过滤水头损失值，一般取 1.5～2.5m。图中 T 为过滤周期。在正常情况下，过滤周期由最大过滤水头损失和滤后水质决定。当滤速增大时，例如 $v'>v$，单位时间内截留在滤层的杂质增多，则水头损失增加就快，$H'_0>H_0$，$\tan\alpha'>\tan\alpha$。同时，配水系统、承托层及管渠系统水头损失相应增大，过滤周期 $T'<T$。

以上仅讨论整个滤层水头损失变化情况。至于由上而下逐层滤料水头损失的变化就比较复杂。可以肯定，上层滤料截污量较多，越往下层越少，因而水头损失增加值也由上而下逐渐减小。滤层中水头损失的增加速率和滤层中杂质的分布状况有关。如前所述，当杂质穿透深度较大，杂质在上、下滤层中分布趋于均匀，水头损失变化的速率较小。所以，滤料粒径越大，越接近于球状，水头损失变化速率越小。在保证过滤水质条件下，清洁砂层过滤时，较大的滤速有助于悬浮杂质向滤层深处迁移，也会使水头损失增加缓慢。

3. 变速过滤过程中的滤速变化

在过滤过程中，如果过滤水头损失不变，即保持砂面上水位和滤后清水出水水位高差不变。由公式（6-1）、公式（6-3）可知，因截留杂质的滤层空隙率 m 值减小，必然使滤速逐渐减小，这种过滤方式称为“等水头变速过滤”，或称为“等水头减速过滤”，如图 6-6 所示，一组 4 格滤池，每格滤池进水口在最低工作水位以下，各格滤池之间通过进水渠相连接，出水均流入同一座清水池。过滤时，4 格滤池内的工作水位相同，也就是总的过滤水头损失基本相等。为便于操作管理，新投入运行的滤池，可用间隔一定时间冲洗的方法，使各格滤池具有不同的滤速。滤层中截污量最少的滤池滤速最大，滤层中截污量最多的滤池滤速最小。4 格滤池按照各自截污量由少到多，过滤速度由大到小。但在整个过滤过程中，4 格滤池的平均滤速始终不变，以保持该组滤池总的进、出水流量平衡。

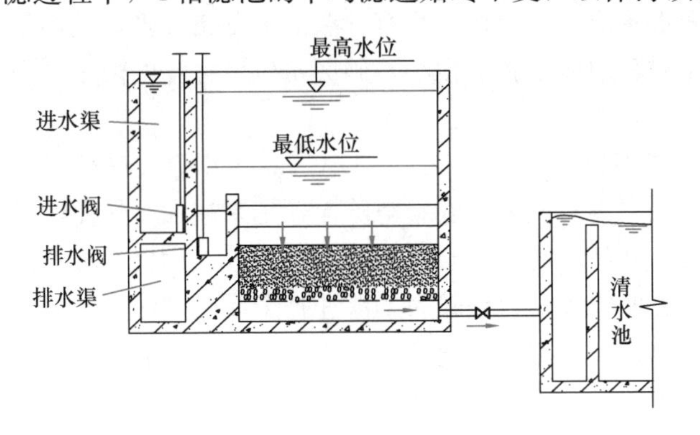

图 6-6　减速过滤

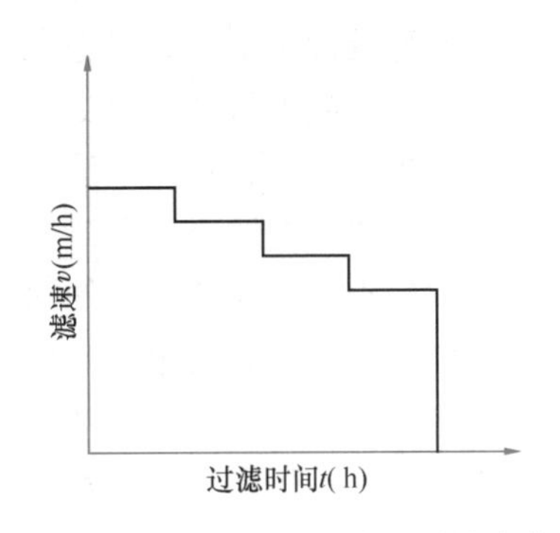

图 6-7　（一组 4 格）滤池滤速变化

图 6-7 表示其中一格滤池的滤速变化情况。实际工况是，当一格滤池滤层截污达到最大值时，滤速最小，需停止过滤进行冲洗。该格滤池冲洗前过滤的水量由其他三格滤池承担，每格滤池滤速按照各自滤速大小成比例的增加。短时间的滤速变化，图中未作显示。当反冲洗的一格滤池冲洗结束后投入过滤时，过滤滤速最大，其他三格滤池滤速依次降低。任何一格滤池的滤速均会出现如图 6-7 所示的阶梯形变化曲线。

【例 6-2】　一组双层滤料滤池共分为 4 格，假定出水阀门不作调节，等水头变速过滤运行。经过滤一段时间后，各格滤速依次为：第 1 格 $v_1=10$m/h，第 2 格 $v_2=9$m/h，第 3

格 $v_3=8\text{m/h}$，第 4 格 $v_4=7\text{m/h}$。当第 4 格滤池停止过滤进行冲洗时，其余 3 格滤池短时间的强制滤速各是多少？

【解】 假定每格滤池过滤面积为 $F(\text{m}^2)$，总过滤水量是 $(10F+9F+8F+7F)=34F$ (m^3/h) 不变。第 4 格滤池停止过滤时，$7F(\text{m}^3/\text{h})$ 的流量分配到其他三格之中，每格滤池增加的滤速和原来的滤速大小成正比。于是得，

第 1 格滤池短时间的滤速变为：$10\times\left(1+\frac{7}{34-7}\right)=10\times\frac{34}{34-7}=12.6\text{m/h}$；

第 2 格滤池短时间的滤速变为：$9\times\left(1+\frac{7}{34-7}\right)=9\times\frac{34}{34-7}=11.30\text{m/h}$；

第 3 格滤池短时间的滤速变为：$8\times\left(1+\frac{7}{34-7}\right)=8\times\frac{34}{34-7}=10.10\text{m/h}$。

冲洗结束后，各格滤池滤速重新变化。第 4 格滤池滤速最大，其他几格依次减少。如果不计滤池反冲洗期间短时间的滤速变化，则每格滤池在一个过滤周期内都发生 4 次滤速变化。由此可见，当一组滤池的分格数越多，则两格滤池冲洗间隔时间越短，阶梯形滤速下降折线将变为近似连续下降曲线。

应该指出，根据进、出水量平衡关系，上述一组 4 格滤池保持恒定的过滤水头是不可能的。当一格滤池冲洗干净后投入运行，所有滤池砂面上的水位都下降到较低值，随着过滤时间增加，每格滤池截污量不同程度地增加后，水头损失增大，砂面水位上升。按照过滤水质或过滤时间的长短，决定冲洗一格滤速最小的滤池时，其他滤池砂面水位骤然升高。反冲洗结束，砂面水位再恢复到较低处，如此周而复始地变化。虽然，为了防止冲洗结束后的一格滤池滤速过大，引起杂质穿透滤层，而采用控制出水量的方法，力求过滤周期内滤速比较均匀，但仍不能保证砂面水位不发生变化。只有一组滤池分格很多，其中任何一格滤池反冲洗前后，过滤水量变化对其他多格影响很小，砂面水位变化幅度微乎其微时，有可能达到近似“等水头变速过滤”状态。

有关等速过滤、变速过滤的比较，严煦世、克里斯比（J. L. Cleasby）等人进行过深入的研究。等速过滤时，悬浮杂质在滤层中不断积累，滤料空隙流速越来越大，从而使悬浮颗粒不易附着或使已附着的固体脱落，并随水流迁移至下层或带出池外。相反，降速过滤时，过滤初期，滤料干净，滤料层空隙率较大，允许较大的滤速把杂质带到深层滤料之中。过滤后期，滤层空隙率减小，因滤速减慢而空隙流速变化较小，水流冲刷剪切作用变化较小，悬浮颗粒仍较容易附着或不易脱落，从而减少杂质穿透，出水水质稳定。同时，变速过滤过程中，承托层和配水系统中的水头损失随滤速的降低而减小，所节余的这部分水头可用来补偿滤层，使滤层有足够大的水头克服砂层阻力，延长过滤周期。

4. 过滤过程中的负水头现象

在正常过滤过程中，砂层中任一深度处的最大水头损失应等于该处的水深。当滤层中截留了大量杂质后，空隙率减小，滤速增大，过滤水头损失增加，使得某一深度处的水头损失超过水深时，便出现了负水头现象。实际上是滤池内水的部分势能转化成了动能的结果。图 6-8 表示滤层中的压力变化。直线 1 表示静水压力线，曲线 2 表示清洁滤层过滤时水压线，曲线 3 表示过滤到某时间 t_1 后的水压变化线，曲线 4 表示滤层中截留了大量杂质时水压变化线。各水压线与静水压力直线 1 之间的水平距离表示过滤时滤层中的水头损

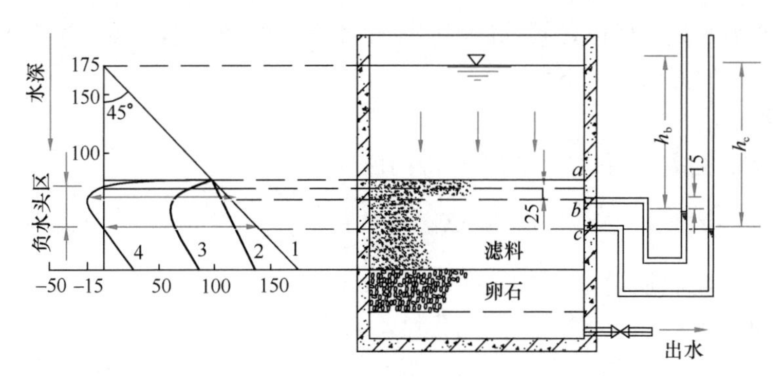

图 6-8 过滤时滤层内压力变化

1—静水压力线；2—清洁滤料过滤时水压线；3—过滤时间为 t_1 时的水压线；4—过滤时间为 t_2（$t_2 > t_1$）时的水压线

失值。图中测压管水头表示滤层截留大量杂质后 b 处和 c 处的水头（静水压力）。水流通过 c 处以上砂层的水头损失 h_c 恰好等于 c 处以上水深，达到了最大值。水流通过 b 处以上砂层水头损失值 h_b 大于 b 处以上水深，超过了最大允许值。于是在 a—c 之间滤层内出现了负水头过滤现象。水头损失 h_b 大于 b 处以上水深 15cm，即测压管水头低于 b 点 15cm，该处出现的负水头为 15cmH_2O 柱。

当滤层中出现负水头时，水中的溶解的气体会释放出来形成气囊，减少过滤面积，增大空隙流速，增大水头损失。同时，气囊有可能穿过滤层上升，带出轻质滤料和部分细滤料，破坏滤层结构。反冲洗时，气囊容易粘附滤料顺水带出滤池。避免发生负水头过滤的方法是增加砂面上水深，或者控制滤层水头损失不超过最大允许值，或者将滤后水出水口位置提高至滤层砂面以上。

6.2 滤料和承托层

6.2.1 滤料

滤料的选用是影响过滤效果的重要因素。滤料选用涉及滤料粒径、滤层厚度和级配。

1. 滤料选用基本要求

（1）具有足够的机械强度，防止冲洗时产生磨损和破碎现象；

（2）化学稳定，与水不产生化学反应，不恶化水质，尤其是不能析出对人体健康、工业生产有害物质，不增加水中杂质含量；

（3）具有一定颗粒级配和适当的空隙率；

（4）应尽量就地取材，货源充沛，价格便宜。

天然石英砂是使用最广泛的滤料，一般可满足（1）、（2）两项要求。经筛选可满足第（3）项要求。在双层和多层滤料中，选用的无烟煤、石榴石、钛铁矿石、磁铁矿石、金刚砂，以及聚苯乙烯和陶粒滤料，经加工或烧结，大多可满足上述要求。

2. 滤料粒径、级配和滤层组成

根据滤池截留杂质的原理分析，滤料粒径的大小对过滤水质和水头损失变化有着很大影响。滤池的滤料层装填了一定粒径范围的石英砂或其他滤料，常因各种粒径比例不同，致使过滤状态产生变化。所以，筛选滤料时不仅要考虑粒径大小，还应注意不同粒径的级配。表示滤料粒径的方法有以下两种：

（1）有效粒径法

以滤料有效粒径 d_{10} 和不均匀系数 K_{80} 表示：

$$K_{80} = \frac{d_{80}}{d_{10}} \tag{6-6}$$

式中 d_{10}——通过滤料质量10%的筛孔孔径，mm；

d_{80}——通过滤料质量80%的筛孔孔径，mm。

上式 d_{10} 反映滤料中细颗粒尺寸，d_{80} 反映滤料中粗颗粒尺寸。一般说来，过滤水头损失主要决定于 d_{10} 的大小。d_{10} 相同的滤池，其水头损失大致相同。不均匀系数 K_{80} 越大，表示滤料粗细颗粒尺寸相差越大、越不均匀，对过滤和反冲洗越不利。大量杂质被截留在表层，滤层含污能力减小，水头损失增加很快。反冲洗时，为满足下层粗滤料膨胀摩擦，表层细颗粒滤料有可能被冲出池外。若仅满足细颗粒滤料膨胀要求，则粗颗粒滤料不能很好冲洗。如果选用 K_{80} 接近于1，即为均匀滤料，过滤、反冲洗效果较好，但需筛除大量的其他粒径滤料，价格提高。我国常用的是有效粒径法，单层、多层及均匀级配粗砂滤料滤池滤速和滤料组成见表6-2。

滤池滤速和滤料组成 **表 6-2**

滤料类别	滤料组成			正常滤速（m/h）	强制滤速（m/h）
	有效粒径（mm）	均匀系数	厚度（mm）		
单层细砂滤料	石英砂 $d_{10}=0.55$	$K_{80}<2.0$	700	6～9	9～12
双层滤料	无烟煤 $d_{10}=0.85$	$K_{80}<2.0$	300～400	8～12	12～16
	石英砂 $d_{10}=0.55$	$K_{80}<2.0$	400		
均匀级配粗砂滤料	石英砂 $d_{10}=0.9\sim1.2$	$K_{80}<1.6$	1200～1500	6～10	10～13

注：滤料密度（g/cm^3）为：石英砂2.50～2.70；无烟煤1.40～1.60；实际采购滤料粒径与设计粒径允许偏差0.05mm。

常年浊度不高的水源水，可以采用直接（接触）过滤，所选用滤料多为双层滤料。接触双层滤料滤池滤速及滤料组成见表6-3。

接触双层滤料滤池滤速及滤料组成 **表 6-3**

滤料名称	滤料组成				滤速（m/h）	强制滤速（m/h）
	粒径（mm）	密度（g/cm^3）	不均匀系数 K_{80}	滤层厚度（mm）		
石英砂滤料	$d_{min}=0.5$ $d_{max}=1.0$	2.50～2.70	1.5	500～700	6～8	8～10
无烟煤滤料	$d_{min}=1.2$ $d_{max}=1.8$	1.4～1.6	<1.3	500～600		

如前所述，粒径较小的滤料，具有较大的比表面积，粘附悬浮杂质的能力较强，但同时具有较大的水头损失值。在普通快滤池中，自上而下，滤料粒径由小到大，表层截留了大量污泥，下层滤层未能很好地发挥作用。水流自下而上反粒度过滤的滤池，虽然各层滤料都能截留杂质，但会使滤层浮动，影响出水水质。因而发展了双层或多层滤料滤池。尽管每一层滤料的粒径仍然是上小下大，就整体滤层来说，滤料粒径上大下小。从而能使截留的污泥趋于均匀分布，滤层具有较大的含污能力。

常用的双层滤料滤池，以粒径小密度大的砂滤料放在下层，粒径大密度小的无烟煤放在上层。三层滤料滤池则在下部再铺设一层重质滤料。双层滤料或三层滤料的选用主要考虑正常过滤时，各自截留杂质的作用及相互混杂问题。根据所选滤料的粒径大小、密度差别、形状系数及反冲洗强度大小，有可能出现正常分层、分界处混杂或分层倒置几种情况。这就需要合理掌握反冲洗强度，尽量减少混杂的可能。生产经验表明，煤—砂交界面混杂厚度 5cm 左右，对过滤效果不会产生影响。

（2）最大粒径、最小粒径法

有一些水厂在筛选滤料时简单地用最大、最小两种筛孔筛选。取 $d_{max}=1.2mm$，$d_{min}=0.5mm$，筛除大于 1.2mm 和小于 0.5mm 的滤料。

满足上述要求的滤料，将有一系列的不同选择。例如，确定了 d_{10}、d_{80}，无法确定其他不同粒径滤料占所有滤料的比例。有可能 d_{20}、d_{30} 的滤料粒径接近 d_{10} 或 d_{80}。完全满足上述要求的两座滤池，过滤和反冲洗效果存在一定差别。

3. 滤料筛选

取天然河沙砂样，洗净置 105℃恒温箱烘干，待冷却后称取干砂，用一组筛子过筛，最后称出留在各筛号上的砂量，绘制成筛孔孔径与通过筛孔砂量关系曲线，再根据设计要求，确定筛除的砂子粒径和砂量。

例如，某天然河沙 100g，洗净烘干称重筛分结果见表 6-4。

滤料筛分结果　　表 6-4

筛孔（mm）	留在该号筛上的砂量		通过该号筛的砂量	
	质量（g）	占所有砂量比例（%）	质量（g）	占所有砂量比例（%）
2.362	0.1	0.1	99.9	99.9
1.651	9.3	9.3	90.6	90.6
0.991	21.7	21.7	68.9	68.9
0.589	46.6	46.6	22.3	22.3
0.246	20.6	20.6	1.7	1.7
0.208	1.5	1.5	0.2	0.2
筛底盘	0.2	0.2	—	—
合计	100	100.0		

绘成筛孔—通过砂量关系曲线（图 6-9）即为滤料筛分曲线。

从筛分曲线可求得：$d_{10}=0.4mm$，$d_{80}=1.34mm$，$K_{80}=\frac{1.34}{0.4}=3.37$，显然不符合设计要求。现取 $d_{10}=0.55mm$，$d_{80}=1.10mm$，$K_{80}=2.0$，自横坐标 0.55mm 和 1.10mm 两点分别作垂线与筛分曲线相交，自两交点再作平行线与右侧纵坐标相交，以此交点记为

10%和80%。在10%和80%之间分成7等份，每等份为10%。以10%为单位，确定右侧纵坐标的0点和100%之点，即为选用滤料的新坐标。从新坐标原点和100%之间作平行线与筛分曲线相交，在此两交点以内的河砂即为选用滤料，余下部分应予筛除。由图6-9可知，筛除$d>1.54$mm的河砂占所有河砂的13%，筛除$d<0.44$mm的河砂占所有河砂的13%，共筛除26%左右。

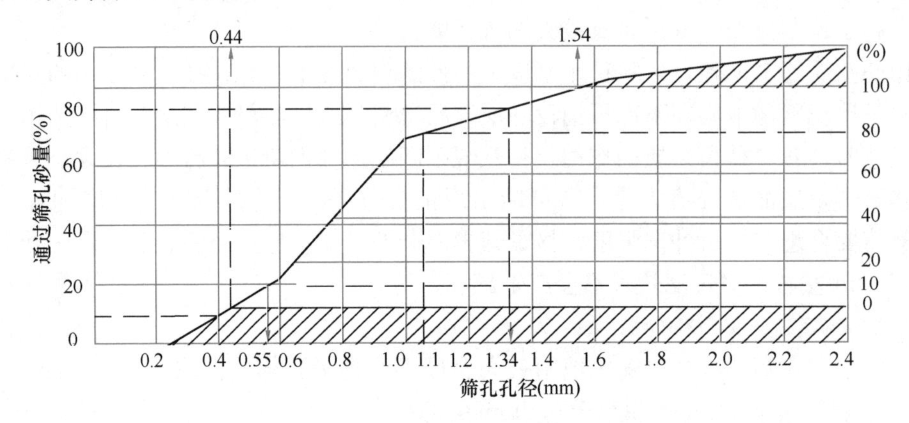

图6-9　滤料筛分曲线

为了校准筛孔孔径，常取数粒河砂称重计算。即把河砂样品倾入某一筛子过筛后，将留在该号筛上的河砂倒出放回原处，用力振动，使卡在筛孔中的砂粒脱落下来。取出数粒称重，用下式求出等体积球体直径d_0即校准直径：

$$d_0 = \sqrt[3]{\frac{6G}{n\pi\rho_s}} \tag{6-7}$$

式中　G——n个砂粒的质量，g；

n——称重的颗粒数；

ρ_s——砂粒密度，g/cm^3。

4. 滤料空隙率测定

滤料层中空隙所占的体积与滤料层体积比称为滤料层空隙率。空隙率的大小可用称重法测定。

取一定量滤料，烘干称重，用比重瓶测出密度。放入过滤筒，清水过滤一段时间，量出滤层体积，按下式求出空隙率m值：

$$m = 1 - \frac{G}{\rho_s V} \tag{6-8}$$

式中　m——滤料空隙率；

G——烘干后的砂重，g；

ρ_s——烘干后砂的密度，g/cm^3；

V——滤料层体积，cm^3。

滤料层空隙率与滤料颗粒形状、均匀程度以及密实程度有关。一般所用石英砂滤料空隙率在0.42左右。

5. 滤料形状

天然滤料经风化、水流冲刷、相互摩擦，表面凹凸不平，大都不是圆球状的。即使校

准粒径 d_0 相同的滤料，形状并不相同，因而表面积也不相同。为便于比较，引用了球形度系数 φ 的概念，定义为：

$$\varphi=\frac{\text{同体积球体表面积}}{\text{颗粒实际表面积}} \tag{6-9}$$

由于没有一种满意的方法可以确定不规则形状颗粒的形状系数，各种方法只能反映颗粒大致形状。根据实际测定和滤料形状对过滤和反冲洗水力学特性影响推算，天然砂滤料球形度系数 φ 值一般为 0.75～0.80。几种不同形状颗粒球形度系数见表 6-5，相应的形状示意图如图 6-10 所示。

滤料颗粒球形度及空隙率　　表 6-5

序　号	形状描述	球形度系数 φ	空隙率 m
1	圆球形	1.0	0.38
2	圆形	0.98	0.38
3	已磨蚀的	0.94	0.39
4	带锐角的	0.81	0.40
5	有角的	0.78	0.43

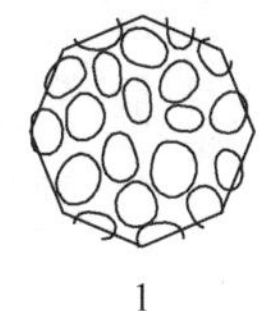

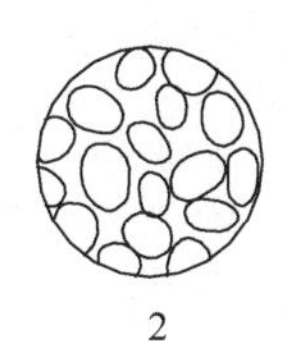

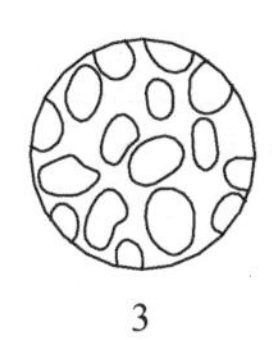

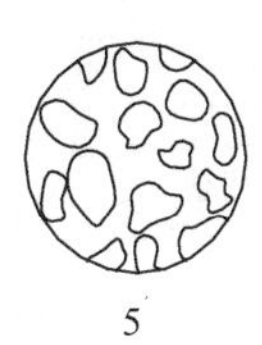

图 6-10　滤料颗粒形状示意图

6. 滤料改性

常规滤池的主要功能是去除水中的浊度杂质。同时，附着在悬浮物上的有机物、细菌和病毒也能部分去除。为了强化去除水源水中溶解的有机、无机污染物的处理效果，国内外专家在滤料方面进行了不少研究。例如，在一定 pH 条件下，用铁、铝等混凝剂浸泡石英砂滤料，经烘干或高温加热后，可改变石英砂表面特性。其中包括表面电性由负变正、比表面积增大、吸附能力增强，从而提高过滤时去除水中有机物、砷、锰、氟等效果。用电解质浸泡天然沸石滤料进行改性，也可以提高去除水中氨氮、磷、氟等污染物的效果。用天然石英砂或沸石等进行表面化学改性后作为载体，通常称之为改性滤料。针对不同的处理对象，可采用不同的改性方法。由于改性滤料过滤一段时间后，需要再生，增加一定操作程序和费用，当前仍处于研究阶段，尚未在生产上应用。

6.2.2　承托层

在滤层下面，配水管（板）上部放置一层卵石，即为滤池承托层。正常过滤时，承托层支承滤料并防止滤料从配水系统流失。在滤池冲洗时，承托层把配水系统各孔口射出水流的动能转成了势能，平衡各点压力，起到均匀布水作用。

承托层的设置既要考虑上层承托层的最大空隙尺寸应小于紧靠承托层的滤料最小粒径，不使滤料漏失。又要考虑反冲洗时，足以抵抗水的冲力，不发生移动。单层、双层滤料滤池采用大阻力配水系统时，承托层采用的天然卵石或砾石粒径、厚度见表 6-6。

大阻力配水系统承托层材料、粒径和厚度　　表 6-6

层次（自上而下）	材料	粒径（mm）	厚度（mm）
1	砾石	2～4	100
2	砾石	4～8	100
3	砾石	8～16	100
4	砾石	16～32	顶面高出配水系统孔眼 100

为防止反冲洗时承托层移动，国外的单层和双层滤料滤池的承托层也有采用“粗—细—粗”的砾石分层方式。即在面层设置一层粗砾石防止中层细砾石向上移动，其他各层厚度相应减少。

小阻力配水方式和承托层材料、粒径与厚度参见表 6-7。

小阻力配水方式和承托层材料、粒径与厚度　　表 6-7

配水方式	承托层材料	粒径（mm）	厚度（mm）
滤　板	粗砂	1～2	100
格　栅	卵石	1～2 2～4 4～8 8～16	80 70 70 80
混凝土孔板上铺尼龙网	卵石	1～2 2～4 4～8	50～100 50～100 50～100
滤帽（滤头）	粗砂	1～2	100

气水反冲洗滤池，通常采用长柄滤头（滤帽）配水布气系统，承托层一般用粒径 2～4mm 粗石英砂，保持滤帽顶至滤料层之间承托层厚度不宜小于 100mm。

6.3 滤池冲洗

6.3.1 滤池冲洗方法

在过滤过程中，水中悬浮颗粒越来越多地截留在滤层之中，滤料间空隙率逐渐减小，通过滤层缝隙的水流速度逐渐增大，同时引起流态和阻力系数发生变化，致使过滤水头损失增加。因滤层中水流冲刷剪切力增大，易使杂质穿透滤层，过滤水质变差。为了恢复滤层过滤能力，洗除滤层中截留的污物，需对滤池进行冲洗。

截留在滤层中的杂质，一部分滞留在滤层缝隙之中，采用水流反向冲洗滤层，很容易把污泥冲出池外。而一部分附着在滤料表面，需要扰动滤层，使之摩擦脱落，冲出池外。于是便有了如下反冲洗方式。

（1）高速水流反冲洗：利用较大流速的水流反向冲洗滤层，使整个滤层处于膨胀状态，相互碰撞摩擦。同时在水流冲刷剪切力作用下，附着在滤料表层的污泥脱落，连同缝隙中的污泥一并排出池外。

（2）气、水反冲洗：利用高速气流反向冲洗滤层，使滤层发生移动，碰撞摩擦，滤料表面的附着污泥脱落在缝隙之中，再用低速水流冲洗排出池外。

(3) 表面辅助冲洗、高速水流冲洗：考虑滤层表面截留污泥最多的特点，在高速水流冲洗时，对滤层表面增加一道冲洗工序，有利于加强表层滤料碰撞摩擦和水流剪切作用，提高反冲洗效果。

6.3.2 高速水流反冲洗

高速水流反冲洗是普通快滤池常用的冲洗方法。相当于过滤滤速 4～5 倍以上的高速水流自下而上冲洗滤层时，滤料因受到绕流阻力作用而向上运动，处于膨胀状态。上升水流不断冲刷滤料使之相互碰撞摩擦，附着在滤料表面的污泥就会脱落，随水流排出池外。可以看出，反冲洗水流流速较小时，滤层受到水流作用力较小，能使滤层松动，但不易悬浮起来，相互碰撞摩擦作用减弱。而且，缝隙中的水流冲刷剪切作用力较小，不能很好地促使滤料表层污泥脱落，也不能把缝隙中污泥及时排出。相反，反冲洗水流流速过大，会将滤料全部冲起处于离散状态，相互碰撞摩擦作用减弱。因此，冲洗水流速度太小或太大，都不会有很好的冲洗效果。

在高速水流冲洗过程时，滤层膨胀，空隙率增加，冲洗水流的水头损失发生变化，这些都和冲洗的流速有关，本节对这些基本概念进行讨论。

1. 滤层膨胀率

在冲洗滤池时，当滤层处于流态化状态后，即认为滤层将发生膨胀。膨胀后增加的厚度与膨胀前厚度的比值称为滤层膨胀率，其计算公式为：

$$e = \frac{L - L_0}{L_0} \times 100\% \tag{6-10}$$

式中 e——滤层膨胀率，又称为滤层膨胀度，%；

L_0——滤层膨胀前的厚度，mm；

L——滤层膨胀后的厚度，mm。

滤层膨胀率的大小和冲洗强度有关，直接影响了冲洗效果。实践证明，单层细砂级配滤料在水反冲洗时，膨胀率为 45%左右，具有较好的冲洗效果。

由于滤料层膨胀前后单位面积上滤料体积（不计空隙体积）不变，则有：

$$L_0(1 - m_0) = L(1 - m) \tag{6-11}$$

代入式（6-10）后，得：

$$e = \frac{m - m_0}{1 - m} \tag{6-12}$$

式中 m_0——滤料层膨胀前空隙率；

m——滤料层膨胀后空隙率。

由上式可以看出，无论滤料层厚度 L_0 是多少，其空隙率 m_0 确定后，再增大冲洗水的流量和压力，都会使滤料层膨胀后空隙率 m 值增大，膨胀率 e 值增大，该增大值和 L_0 值大小无关。

【例 6-3】 石英砂滤料滤池，在未冲洗之前滤料的空隙率为 $m_0 = 0.43$，石英砂滤料的密度 $\rho_s = 2.65\text{g/cm}^3$，用水高速冲洗时测得膨胀后的 1L 砂—水混合液中石英砂重 1.007kg，求冲洗时滤层膨胀率是多少？

【解】 假设石英砂滤料层未膨胀前的厚度为 L_0，膨胀后的厚度为 L_i、膨胀后的空隙率是 m_i，可按照以下两种方法求解：

方法1　先求出m_i，代入式（6-8），$m_i=1-\frac{G}{\rho_s V}=1-\frac{1.007}{2.65}=1-0.38=0.62$，

$$膨胀率\ e=\frac{m_i-m_0}{1-m_i}=\frac{0.62-0.43}{1-0.62}=0.50$$

方法2　膨胀后的滤层厚度$L_i=L_0(1+e)$，膨胀前后滤料质量不变，则：

$2.65\times(1-m_0)L_0=1.007\times(1+e)L_0$，得$e=\frac{2.65\times(1-0.43)}{1.007}-1=1.50-1=0.50$。

按照式（6-10）、式（6-12）所求的是同一种粒径滤料滤层的膨胀率。对于不同粒径组成的非均匀滤料层，在相同的冲洗流速下，不同粒径滤料具有不同的膨胀率。上层细滤料膨胀率大，下层粗滤料膨胀率小。假定第i层滤料的质量占滤层总质量之比为p_i，则膨胀前第i层滤料厚$l_0=p_iL_0$，膨胀后变为了$l_i=p_iL_0(1+e_i)$。膨胀后，整个滤层总厚度变为$L=\sum_{i=1}^{n}l_i=\sum_{i=1}^{n}p_iL_0(1+e_i)$，代入式（6-10），则得整个滤层膨胀率为：

$$e=\sum_{i=1}^{n}p_ie_i \tag{6-13}$$

式中　e_i——第i层滤料膨胀率；

p_i——第i层滤料的质量占整个滤层质量之比；

n——滤料分层数。

在实际工程中，一般不会分层计算滤层膨胀率，往往将整个滤层膨胀前后的厚度测出后，即按式（6-10）计算出滤层膨胀率，方法简单。但应该注意，在一定冲洗强度下，虽然整个滤层膨胀率一定，若滤料粒径相差很大，则粗滤料膨胀率过小甚至不膨胀，细滤料膨胀率过大甚至冲出滤池，都会影响冲洗效果。因此，滤料粒径级配不能任意选用，必要时应根据不同的膨胀率反求出滤料粒径。

2. 滤层水头损失

在反冲洗时，水流从滤层下部进入滤层，如果反冲洗流速较小，则反冲洗相当于反向过滤，水流通过滤层时的水头损失用式（6-1）、式（6-3）计算。当反冲洗流速增大，滤层松动，处于流态化状态时，水流通过滤料层水头损失可用欧根（Ergun）公式计算：

$$h=\frac{150\nu}{g}\cdot\frac{(1-m_0)^2}{m_0^3}\left(\frac{1}{\varphi d_0}\right)^2L_0v+\frac{1.75}{g}\cdot\frac{1-m_0}{m_0^3}\cdot\frac{1}{\varphi d_0}L_0v^2 \tag{6-14}$$

式中符号同式（6-1）。该式和式（6-1）的主要差别在于右边增加一项紊流项。通常认为第一项和式（6-1）相似，是层流项，其数值是式（6-1）的83%。在过滤过程中，滤速在10m/h左右时，即使局部滤层的水流是紊流，紊流项计算出的水头损失占滤层的水头损失之比不足5%，可以忽略。而在反冲洗时，紊流项水头损失占滤层水头损失的比例增大。例如，8L/(s·m²)的冲洗强度相当于28.8m/h反向过滤速度，紊流项水头损失占滤层水头损失的10%左右，是不容忽略的。

当滤层膨胀起来后，处于悬浮状态下的滤料受到水流的作用力主要是水流产生的绕流阻力，在数值上等于滤料在水中的质量。即有：

$$\rho gh=(\rho_s-\rho)g\ (1-m)L$$

$$h=\frac{\rho_s-\rho}{\rho}(1-m)L \tag{6-15}$$

式中　h——滤层处于膨胀状态时，冲洗水流水头损失值，cm；

ρ_s——滤料密度，g/cm^3，或 kg/m^3；

ρ——水的密度，g/cm^3，或 kg/m^3；

m——滤层处于膨胀状态时的空隙率；

L——滤层处于膨胀状态时的厚度，cm；

g——重力加速度，981cm/s^2。

上式也可表达为：

$$h=\frac{\rho_s-\rho}{\rho}(1-m_0)L_0 \tag{6-16}$$

对于不同粒径的滤料，其比表面积不同，在相同的冲洗流速作用下，所产生的水流阻力不同。因此，冲起不同粒径滤料处于膨胀状态时的水流流速是不同的。

根据滤料的特征参数，很容易求出滤料层流态化前后的水头损失值，绘成图 6-11 所示的水头损失和冲洗流速关系图。

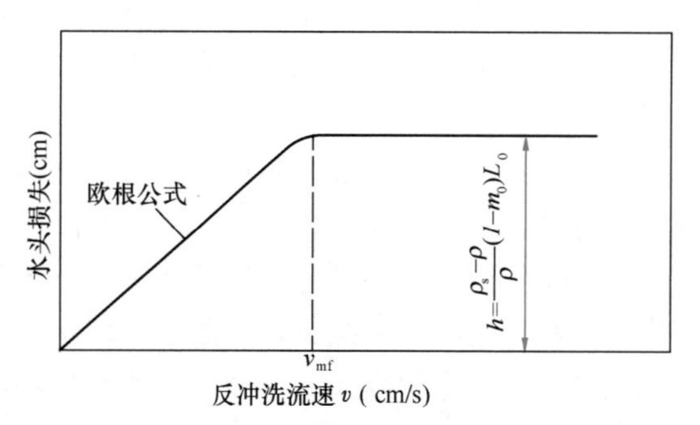

图 6-11　水头损失和冲洗流速关系

图 6-11 中，滤料膨胀前后水头损失线交叉点对应的反冲洗流速是滤料层刚刚处于流态化的冲洗速度临界值 v_{mf}，称为最小流态化冲洗速度。当反冲洗流速大于 v_{mf} 后，滤层将开始膨胀起来，再增加反冲洗强度，托起悬浮滤料层的水头损失基本不变，而增加的能量表现为冲高滤层，使滤层的膨胀高度和空隙率增加。过大的反冲洗流速将把滤料冲出池外。

3. 反冲洗强度

滤料层反冲洗时单位面积上的冲洗水量(L/(s・m^2))称为反冲洗强度。根据最小流态化冲洗流速求出的水头损失等于滤料在水中的质量关系，可以求出不同粒径滤料在不同冲洗强度下的膨胀率。或者，根据膨胀率、滤料粒径及水的黏滞系数求出反冲洗强度。

敏茨（Д・М・Минц)、舒别尔特（С・А・Шуберт）通过实验研究提出如下石英砂滤料水反冲洗强度计算式：

$$q=29.4\frac{d_0^{1.31}}{\mu^{0.54}}\cdot\frac{(e+m_0)^{2.31}}{(1+e)^{1.77}(1-m_0)^{0.54}} \tag{6-17}$$

式中　q——反冲洗强度，L/(s・m^2)；

d_0——与砂滤料颗粒体积相同的球体直径，cm；

μ——水的动力黏度，Pa・s；

m_0——滤料层膨胀前空隙率，石英砂滤料一般取 $m_0=0.41\sim0.42$。

从上式看出，反冲洗强度和水的动力黏度有关。冬天水温低时，动力黏度增大，在相同的冲洗强度条件下，滤层膨胀率增大。因此，冬天反冲洗时的强度可适当降低。不同的水温条件下冲洗强度关系为：

$$\frac{q_1}{q_2}=\left(\frac{\mu_2}{\mu_1}\right)^{0.54} \tag{6-18}$$

式（6-17）包含参数较多，不便计算，一般不用该式确定反冲洗强度。又因为流态化时滤层水头损失值稍大于滤料在水中的质量。将式（6-14）和式（6-15）联合求解，求出的流态化时反冲洗流速和实际滤池反冲洗速度有一定差别。考虑到实际的滤池滤料是不均匀的。上层细滤料截污量大，允许有较大的膨胀率，而下层粗滤料只要达到最小流态化状态，即有很好的冲洗效果。通常，滤池冲洗强度按下式计算：

$$q = 10kv_{\mathrm{mf}} \tag{6-19}$$

式中 q——冲洗强度，L/(s·m²)；

k——安全系数，一般取 k=1.1～1.3，趋于均匀的滤料取小值；

v_{mf}——滤层中最大粒径滤料最小流态化速度，cm/s。

滤层反冲洗强度的计算，关键在于滤层中最大粒径滤料的最小流态化速度的大小，一般通过实验求得。20℃水温，滤料粒径 d=1.2mm 的石英砂滤料，v_{mf}≈1.0～1.2cm/s，代入式(6-19)得 q=13～16L/(s·m²)。

有研究提出滤层中最大粒径滤料流态化时的雷诺数 R_{emf} 值计算方法，从中求出 v_{mf} 值。因计算复杂，在此不作介绍。

多层滤料滤池，除考虑冲洗效果之外，还要考虑滤料混杂问题。从理论上分析，上层密度小、粒径大的滤料截留杂质最多，应保证有较好的冲洗效果，选定合适的冲洗强度。以此强度确定下层密度大、粒径小的滤料最小流态化速度，并求出下层滤料粒径。其中反冲洗强度、流态化速度表达式都包含有滤料密度参数。

4. 冲洗时间

当冲洗强度或滤层膨胀率符合要求，若冲洗时间不足时，也不能充分清洗掉滤料层中的污泥。而且，冲洗废水也不能完全排出而导致污泥重返滤层。如此长期运行，滤层表面将形成泥膜。因此，除了保证有一定冲洗强度外，还应考虑有足够的冲洗时间。根据实际滤池运行经验，不同的滤池滤料，在水温 20℃时的冲洗强度、膨胀率和冲洗时间参照表 6-8确定。在实际操作中，冲洗时间可根据排出冲洗废水的浊度适当调整。

冲洗强度和冲洗时间 **表 6-8**

滤料组成	冲洗强度(L/(s·m²))	膨胀率(%)	冲洗时间(min)
单层细砂级配滤料	12～15	45	7～5
双层煤、砂级配滤料	13～16	50	8～6

表 6-8 所列数据是单水冲洗滤池的冲洗强度和冲洗时间，当设有表面冲洗设备时，冲洗强度可取低值。由于水源水质随季节变化，滤池冲洗强度也应根据水质情况适当调整。冬天水温变低，水的动力黏度增大，在相同的冲洗强度下，膨胀率增大。水温每降低1℃，滤层膨胀率增加 1%。在滤层膨胀率不变的条件下，水温每升高或降低 1℃，其冲洗强度增减 1%。

单水冲洗滤池的冲洗强度及冲洗时间还和投加的混凝剂或助凝剂种类有关，也与原水含藻情况有关。

单水冲洗滤池的冲洗周期一般为 12～24h。

6.3.3 气水反冲洗

上述单水反冲洗滤池滤层一般厚 0.70～1.0m，高速水流冲洗时，上层滤料完全膨胀，下层滤料处于最小流态化状态。其水头损失不足 1.0m，滤料层中的水流速度梯度一般在 $400\mathrm{s}^{-1}$以下，所产生的水流剪切力不能够使滤料表面污泥完全脱落。如果冲洗速度过大，滤料层膨胀率过大，滤料间相互碰撞摩擦作用反而减弱。这对于深层截留杂质的滤料，很难达到较好冲洗效果。

高速水流冲洗不仅耗水量大，而且滤料上细下粗明显分层，下层滤料的过滤作用没有很好发挥作用。为此，人们便研究了气水反冲洗工艺。

1. 气水反冲洗原理

在滤层结构不变或稍有松动条件下，利用高速气流扰动滤层，促使滤料互撞摩擦，以及气泡振动对滤料表面擦洗，使表层污泥脱落，然后利用低速水流冲洗使污泥排出池外，即为气水反冲洗的基本原理。和单水流高速冲洗相比，低速水流冲洗后滤层不产生明显分层，仍具有较高的截污能力。气流、水流通过整个滤层，无论上层下层滤料都有较好冲洗效果，允许选用较厚的粗滤料滤层。由此可见，气水反冲洗方法不仅提高冲洗效果，延长过滤周期，而且可节约一半以上的冲洗水量。所以，气水反冲洗滤池得到广泛应用。

气水反冲洗滤池需要增加一套空气冲洗设备，构造和控制系统较复杂，投资有所增加。

2. 气水冲洗强度及冲洗时间

气水反冲洗时，滤料组成不同，冲洗方式有所不同，一般采用以下几种方法：

（1）先用空气高速冲洗，然后再用水中速冲洗；

（2）先用高速空气、低速水流同时冲洗，然后再用水低速冲洗；

（3）先用空气高速冲洗，然后高速空气、低速水流同时冲洗，最后低速水流冲洗。

也有使用时间较长的滤池，滤料层板结，先用低速水流松动后，再按上述冲洗方法冲洗。

根据大多数滤池运行情况，气水反冲洗强度、时间可采用表 6-9 所列数据：

气水反冲洗强度及冲洗时间　　表 6-9

滤料层组成	先气冲洗		气水同时冲洗			后水冲洗		表面扫洗		冲洗周期（h）
	强度（L/（s·m²））	时间（min）	气强度（L/（s·m²））	水强度（L/（s·m²））	时间（min）	强度（L/（s·m²））	时间（min）	强度（L/（s·m²））	时间（min）	
单层细砂级配滤料	15～20	3～1				8～10	7～5			12～24
双层煤、砂级配滤料	15～20	3～1				6.5～10	6～5			12～24
单层粗砂级配滤料（有表面扫洗）	13～17	2～1	13～17	2.5～3	5～4	3.5～4.5	8～5	1.4～2.3	全程	24～36
单层粗砂级配滤料（无表面扫洗）	13～17	2～1	13～17	3～4	4～3	4～8	8～5			24～36

注：本表不适用于翻板阀滤池。

无论哪一种滤料组成的滤池，采用气水反冲洗后，其过滤周期都比单水冲洗延长很多。单层细砂级配滤料滤池，气水反冲洗后过滤周期可达 24h 以上。粗砂均匀级配滤料滤池，气水反冲洗周期可采用 24～36h。实际上，一般自来水厂的单层粗砂级配滤料气水反冲洗滤池，滤后水浊度＜0.5NTU，过滤周期达 48h 左右。

6.3.4 滤池配水配气系统

滤池配水配气系统，是安装在滤池底部滤料层、承托层之下的布水布气系统。过滤时配水系统收集滤后水到出水总管之中。反冲洗时，将反冲洗水（气）均匀分布到整个滤池之中。力争使所有相同粒径的滤料有相同的膨胀率，既不出现冲洗不到的“死角”，又不出现冲动承托层现象。配水配气大多共用一套系统，也有分为两套系统，本节从配水系统开始，分别进行叙述。

当反冲洗水流经过配水系统时，将产生一定阻力。按照滤池配水系统反冲洗阻力大小划分，常用滤池的配水系统分为大阻力配水系统、中阻力和小阻力配水系统。其中，中阻力配水系统是介于大、小阻力配水系统之间的一种配水形式，在理论上，应属于小阻力配水系统范畴。

1. 大阻力配水系统

大阻力配水系统是普通快滤（或双阀快滤池）常用的配水系统，又称为穿孔管大阻力配水系统。通常布置成“丰”字形穿孔管（渠）配水，如图 6-12、图 6-13 所示。滤池中间是一根干管或干渠，两侧对称接出多根相同管径的支管。每根支管下方开两排出水孔，与水平线成 45°交错排列。反冲洗时，冲洗水从中间干管（渠）流入各支管，再从出水孔喷出，穿过承托层，冲动滤层使之处于悬浮状态，带出滤层中污泥排入排水槽（渠）排出池外。

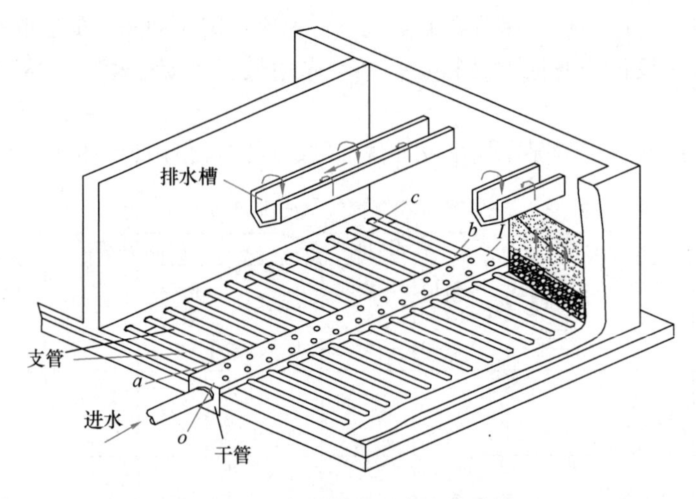

图 6-12 穿孔管大阻力配水系统

为便于讨论大阻力配水系统的原理，将配水干管支管均看作沿程均匀泄流管道。支管上孔口出流流量大小和支管、干管中压力变化有关。所以，应首先分析管道中压力变化。

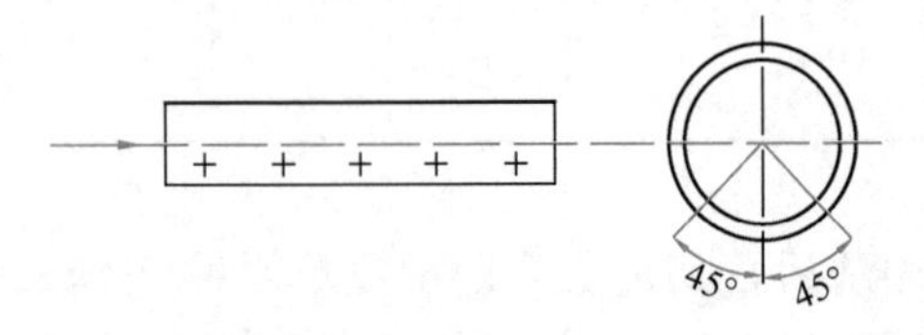

图 6-13 穿孔支管

(1) 沿程均匀泄流管道中压力变化

沿程均匀泄流管道的进口水流平均流速为 v，管内的静水压力 H，在流动过程中不断泄流出水后，到达末端不再流动，流速 $v=0$，流速水头转化为压力水头，又称为“恢复水头”，如图 6-14 所示。

根据能量方程得：

$$H_2 = H_1 + \alpha \frac{v^2}{2g} - h \tag{6-20}$$

式中　H_2——沿程均匀泄流管（渠）末端压力水头，m；

H_1——沿程均匀泄流管（渠）起端压力水头，m；

v——管（渠）进口平均流速，m/s；

g——重力加速度，9.81m/s^2；

h——沿程均匀泄流管（渠）水头损失，m；

α——压头恢复系数，取 $\alpha=1$。

假定配水干渠是混凝土浇筑渠道，配水干管、配水支管均采用水泥砂浆内衬，用曼宁公式计算输水管水头损失，沿途均匀泄流管（渠）水头损失 $h=\frac{1}{3}ALQ_0^2$，代入式(6-20)得：

$$H_2 = H_1 + \frac{v^2}{2g} - \frac{1}{3}ALQ_0^2 \tag{6-21}$$

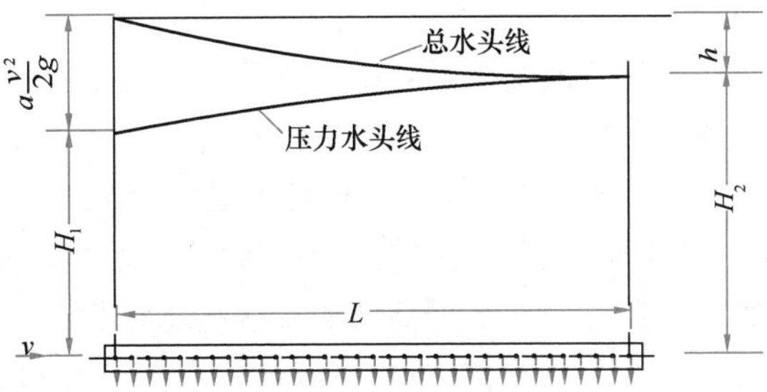

图 6-14　沿途均匀泄流管（渠）内压力变化

式中　A——管道的比阻；

L——管道长度，m；

Q_0——管道起端流量，m^3/s。

用 $A=\frac{64}{\pi^2 D^2 C^2}$，$C=\frac{1}{n}R^{\frac{1}{6}}$，$R=\frac{D}{4}$代入式（6-21），得：

$$H_2 = H_1 + \left(1 - 41.5\frac{n^2 L}{D^{1.33}}\right)\frac{v^2}{2g} \tag{6-22}$$

式中　n——管道粗糙系数；

L——管道长度，m；

D——管道直径，m。

可以看出，当$1-41.5\frac{n^2L}{D^{1.33}}=0$时，则 $H_2=H_1$，即穿孔管末端压力水头等于起端压力水头。取管道粗糙系数 $n=0.012$，得 $H_2=H_1$ 条件下的管道直径和长度关系式是：

$$L = \frac{D^{1.33}}{0.006} \tag{6-23}$$

当管道直径 $D=0.20$m 时，求得 $H_2=H_1$ 时的管道长 $L=19.6$m。快滤池大阻力配水系统的干管直径 D 一般大于 0.20m，长度 $L<19.6$m，按照公式（6-23）计算，则配水干管的末端压力水头 H_2 往往大于起端压力水头 H_1。同样，配水支管长度 L 一般不大于 60 倍的支管管径，而末端压力水头也会大于起端压力水头。这就证明，在水头损失较小的管道中，流速水头转变为压力水头，引起终端管内压力升高，出口流量增大。

（2）大阻力配水系统原理

如图 6-12 所示，如果不计配水干管、配水支管的沿程水头损失，即 $h_{\mathrm{O-I}}=0$，$h_{\mathrm{b-c}}=0$，则有：

$$H_{\mathrm{I}} = H_{\mathrm{O}} + \frac{v_{\mathrm{g}}^2}{2g} \tag{6-24}$$

$$H_c = H_b + \frac{v_z^2}{2g} \quad (6\text{-}25)$$

式中　H_I、H_c——干管、支管末端压力水头，m；

H_O、H_b——干管、支管起端压力水头，m；

v_g、v_z——干管、支管起端平均流速，m/s。

水流从干管起端、末端流入到支管 a、b 处时；局部水头损失相等，即 $h_{o-a}=h_{I-b}$，则支管上 a 孔和 c 孔处压力水头之间关系符合下式：

$$H_c = H_a + \frac{v_g^2 + v_z^2}{2g} \quad (6\text{-}26)$$

式中　H_c、H_a——支管上孔口 c、孔口 a 处的压力水头，m。

在实际滤池配水系统中，干管、支管的沿程水头损失都不等于 0，而按照水头损失等于 0 进行分析计算，显然是有意识地增大了末端孔口的压力水头。

图 6-12 所示的 a、c 孔口位置是整个滤池中具有代表性的两个孔口，其出水流量差别大小即反映滤池反冲洗的均匀性程度。反冲洗压力水从 a、c 孔口喷出后穿过承托层，扰动滤层，到达同一水平高度的冲洗排水槽槽口。则 a、c 孔口处的压力水头减去冲洗排水槽槽口高出 a、c 孔口处的差值就是水流经孔口、承托层、滤层的总水头损失值，分别用 H'_a、H'_c表示。在数值上等于支管 a、c 点压力水头 H_a，H_c 减去同一个终点水头值，有如下关系式：

$$H'_c = H'_a + \frac{1}{2g}(v_g^2 + v_z^2) \quad (6\text{-}27)$$

a、c 孔口及孔口以上承托层、滤层总水头损失和孔口出流量的平方成正比，则有：

$$H'_a = (S_1 + S'_2)Q_a^2$$
$$H'_c = (S_1 + S''_2)Q_c^2$$

式中　Q_a——孔口 a 出水流量；

Q_c——孔口 c 出水流量；

S_1——孔口阻力系数，因各孔口加工精度相同，S_1 相同；

S'_2、S''_2——分别为孔口 a、孔口 c 处以上承托层及滤层阻力系数之和。

于是得：

$$Q_c = \sqrt{\frac{S_1 + S'_2}{S_1 + S''_2}Q_a^2 + \frac{1}{S_1 + S''_2}\,\frac{v_g^2 + v_z^2}{2g}}$$

由该式可知，欲使 Q_a 尽量接近 Q_c，措施之一就是增大孔口阻力系数 S_1，削弱承托层、滤料层分布不均匀 S'_2、S''_2 和配水系统不均匀的影响。即 S_1 值很大，$\frac{S_1+S'_2}{S_1+S''_2}\approx 1$，$\frac{1}{S_1+S''_2}\frac{v_g^2+v_z^2}{2g}$ 也会减小，而使 $Q_c \approx Q_a$。这就是“大阻力配水系统”的配水原理。

（3）大阻力配水系统设计

配水支管上孔口出流的孔口流量主要由孔口内压力水头决定，即：

$$Q = \mu\omega\sqrt{2gH} \quad (6\text{-}28)$$

式中　Q——孔口的出流量，m^3/s；

μ——孔口流量系数，一般小孔口出流取 $\mu=0.62$；

ω——孔口面积，m^2；

H——孔口内压力水头，m。

于是，可以得出滤池配水系统中反冲洗流量分布差别最大的 a、c 两孔口流量的比例关系式：

$$\frac{Q_a}{Q_c}=\frac{\mu\omega\sqrt{2gH_a}}{\mu\omega\sqrt{2gH_c}}=\sqrt{\frac{H_a}{H_a+\frac{1}{2g}(v_g^2+v_z^2)}} \tag{6-29}$$

一般滤池设计要求 $Q_a/Q_c \geqslant 95\%$，则 $\sqrt{\frac{H_a}{H_a+\frac{1}{2g}\ (v_g^2+v_z^2)}} \geqslant 95\%$，得：

$$H_a \geqslant 9.26\frac{(v_g^2+v_z^2)}{2g} \tag{6-30}$$

为了简化计算，通常假定 H_a 作为平均的压力水头，H_a 与冲洗强度、开孔比的关系是：

$$H_a=\left(\frac{qF\times 10^{-3}}{\mu f}\right)^2\frac{1}{2g}=\left(\frac{q}{10\mu\alpha}\right)^2\frac{1}{2g} \tag{6-31}$$

式中 q——水反冲洗强度，L/(s·m^2)；

F——滤池过滤面积，m^2；

f——配水系统孔口总面积，m^2；

μ——孔口流量系数；

α——开孔比，即配水孔口总面积与过滤面积之比，$\alpha=\frac{f}{F}\times 100\%=\frac{q}{1000\mu v}\times 100\%=\frac{q}{10\mu v}\%$，一般设计时取 $\alpha=0.20\%\sim 0.28\%$，计算时代入%前的数值。

该式中的流量系数 μ 值，包含了孔口阻力系数 ξ 值、流速水头校正系数和孔口收缩系数 ε，是淹没出流的孔口水头损失，也就是大阻力配水系统的水头损失值。

干管（渠）、支管中的流速与冲洗强度有关，分别表示为：

$$v_g=\frac{qF\times 10^{-3}}{\omega_g}$$
$$v_z=\frac{qF\times 10^{-3}}{n\omega_z} \tag{6-32}$$

式中 ω_g——干管（渠）过水断面面积，m^2；

ω_z——支管过水断面面积，m^2；

n——支管根数。

把式（6-32）、式（6-31）代入式（6-30）得：

$$\frac{1}{2g}\left(\frac{qF\times 10^{-3}}{\mu f}\right)^2 \geqslant 9.26\times\frac{1}{2g}\left[\left(\frac{qF\times 10^{-3}}{\omega_g}\right)^2+\left(\frac{qF\times 10^{-3}}{n\omega_z}\right)^2\right],$$

用 $\mu=0.62$ 代入计算，结果为：

$$\left(\frac{f}{\omega_g}\right)^2+\left(\frac{f}{n\omega_z}\right)^2\leqslant 0.28 \tag{6-33}$$

可以看出，滤池配水均匀性与配水系统的构造有关，而与滤池的面积、反冲洗强度无关。实际的滤池面积不宜过大，以免承托层、滤层铺设误差太大而影响反冲洗的均匀性。一般要求单池面积不大于 $100m^2$ 为宜。

上述推导过程中，忽略了管道的沿程水头损失值，有意识增大了最远一点孔口 c 的流量。在这种条件下，如果 a 孔口流量与 c 孔口流量之比能够满足 95%以上，而实际上存在有管道水头损失，其恢复水头引起的 c 孔口压力水头减小，则 a 孔口流量与 c 孔口流量更为接近，滤池冲洗配水更加均匀。

大阻力配水系统的构造见 6.4.2 节普通快滤池的设计。

【例 6-4】 一座大阻力配水系统的普通快滤池，配水支管上的孔口总面积为 f，配水干管过水断面面积是孔口总面积的 6 倍，配水支管过水断面面积之和是孔口总面积的 3 倍。以孔口平均流量代替干管起端支管上孔口流量，孔口流量系数 $\mu=0.62$，该滤池反冲洗时，配水均匀程度可达多少？

【解】 设冲洗强度为 q，则：

$$\frac{Q_a}{Q_c}=\sqrt{\frac{H_a}{H_c}}=\sqrt{\frac{H_a}{H_a+\frac{1}{2g}(v_g^2+v_z^2)}}$$

$$=\sqrt{\frac{\frac{1}{2g}\left(\frac{qF\times10^{-3}}{\mu f}\right)^2}{\frac{1}{2g}\left(\frac{qF\times10^{-3}}{\mu f}\right)^2+\frac{1}{2g}\left[\left(\frac{qF\times10^{-3}}{6f}\right)^2+\left(\frac{qF\times10^{-3}}{3f}\right)^2\right]}}$$

$$=\sqrt{\frac{(1/0.62)^2}{(1/0.62)^2+(1/6)^2+(1/3)^2}}=\sqrt{\frac{2.60}{2.60+0.028+0.111}}=97.4\%$$

2. 小阻力配水系统

从大阻力配水系统原理知道，增大配水系统孔口阻力系数 S 值，可以削弱承托层、滤层分布不均匀的影响以及干管支管压力不均匀的影响。同样，适当减小干管支管的流速 v_g 和 v_z，配水系统中的流速水头就会变得很小，见式（6-29），a、c 两点压力水头就会近似相等，也就会使 $Q_c\approx Q_a$，这就是小阻力配水系统的原理。对于过滤面积不大的小型滤池，不考虑承托层和滤层分布不均匀的影响，而采用较小阻力的布水方法，即为小阻力配水系统。还应指出，配水系统的阻力大小是一个相对概念，一般说来，大阻力配水系统中孔口出流阻力在 3.0m 以上，而小阻力配水系统的孔口出流阻力在 1.0m 以下。还有一种孔口阻力稍大一些的配水方式，被称为中阻力配水系统，其原理是吸收了大、小阻力配水系统的优点，实际上也是小阻力配水系统范围。大、中、小阻力配水系统，阻力大小体现在开孔比 α 上，在通常情况下，大阻力穿孔管配水系统 $\alpha=0.20\%\sim0.28\%$；中阻力滤砖配水系统 $\alpha=0.60\%\sim0.80\%$；小阻力配水系统 $\alpha=1.25\%\sim2.00\%$。

小阻力（中阻力）配水系统的形式多种多样，常见的滤池构造如图 6-15 所示，配水系统构造形式如图 6-16、图 6-17 所示。

上述中阻力配水系统中的滤砖为二次配水方式，其中 F-1 型滤砖由混凝土浇筑或陶土

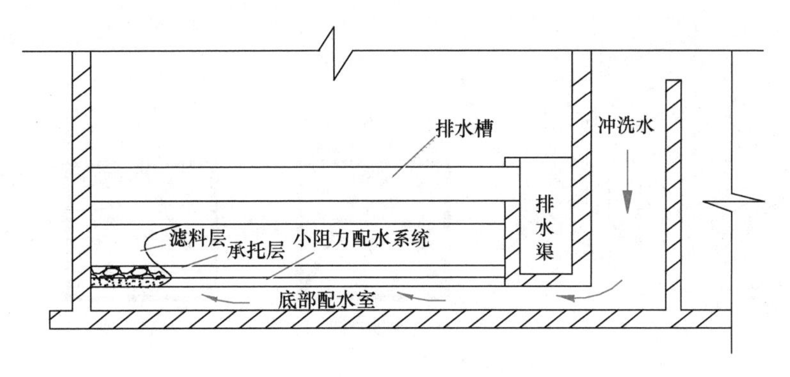

图 6-15　小阻力配水滤池

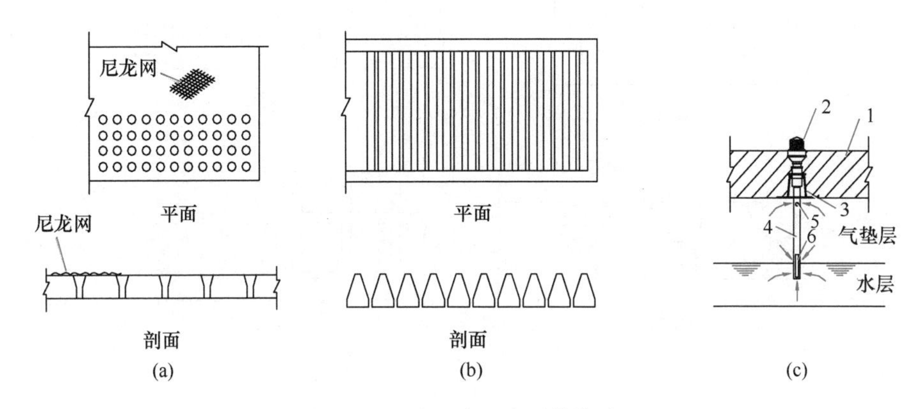

图 6-16　小阻力配水系统构造

(a) 孔板式；(b) 栅条式；(c) 长柄滤头

1—滤板；2—滤帽；3—预埋套管；4—滤杆；5—进气孔；6—进气水孔

烧制，外形尺寸 600mm×280mm×250mm，一次配水有 4 孔，孔径 d=25mm，二次配水 96 孔，孔径 d=4mm。多块滤砖拼接，水泥砂浆嵌缝粉平，形成整体，上铺 100～200mm 承托层。

三角形内孔二次配水滤砖，又称为复合气水反冲洗滤砖，既可以用于单水反冲洗，也可以用于气、水同时反冲洗。标准型尺寸为 940mm×270mm×290mm。三角形两侧等腰边上开出气孔 d=3.5mm 共 12 个，最下面开出水孔 d=2.0mm 共 6 个，中间开出气孔 d=5.5mm共 6 个，顶板上开喷出孔，孔径 d=4.5mm，132 个。该滤砖一般用 ABS 工程塑料注塑成型，加工精制，安装方便，配水均匀性较高。

中、小阻力配水系统的阻力计算方法同大阻力配水系统。配水孔处压力水头大小和冲洗强度有关，单水冲洗时，一次配水孔口压力大小（即水头损失值）仍按式（6-31）计算，即：

$$H=\frac{1}{2g}\left(\frac{q}{10\mu\alpha}\right)^2$$

式中　H——配水系统孔口压力水头，m，

q——冲洗强度，L/(s·m^2)；

μ——孔口流量系数；

α——开孔比，即配水孔眼面积与过滤面积之比，%。

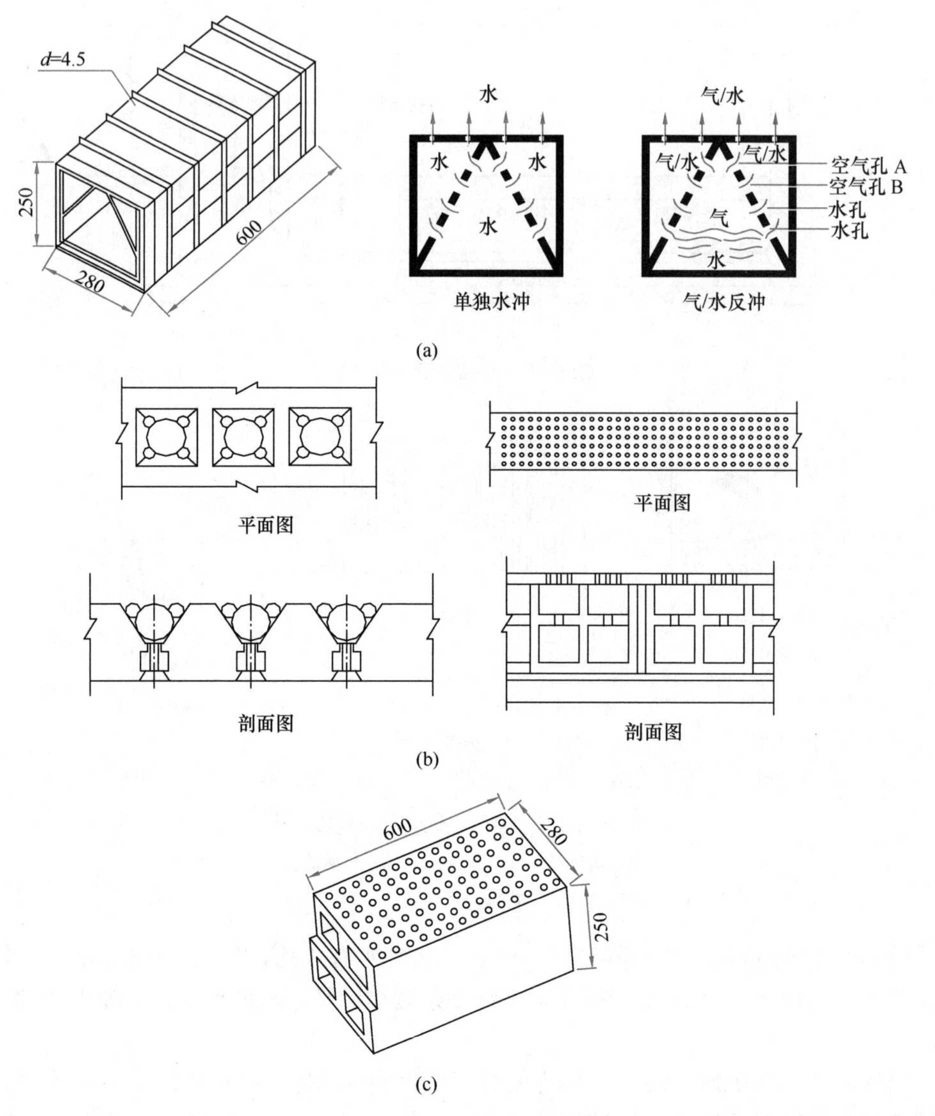

图 6-17 中阻力配水系统构造

（a）三角形内孔二次配水滤砖；（b）滤球式；（c）二次配水滤砖

和大阻力配水系统计算式各项符号意义相同，仅孔口流量系数 μ、开孔比 α 取值不同，因而水头损失计算值有较大的差别。一般中、小阻力配水系统的孔口流量系数，应通过试验求出。在无试验数据时，其流量系数 μ、开孔比 α 可参考表 6-10 选用。

中、小阻力配水系统孔口流量系数和开孔比 **表 6-10**

配水形式	构造特点	开孔比 α（%）	流量系数 μ
滤球式	大球 $d=78$mm，5 个 小球 $d=38$mm，19 个，孔距为 380mm	0.32	0.78
二次配水滤砖	一次配水 4 孔，$d=25$mm 二次配水 96 孔，$d=4$mm	一次配水 1.37 二次配水 0.72	0.75

续表

配水形式	构造特点	开孔比 α（%）	流量系数 μ
三角形内孔 二次配水滤砖	一次配水 6 孔，d=20mm 喷出孔 132 个，d=4.5mm	一次配水 0.72 二次配水 0.80	0.75
圆钢隔栅	圆钢栅条 d12@15mm	20	0.85
钢筋混凝土 条缝滤板	板面条缝宽 45@65mm 板底条缝宽 5@65mm	板底 8	0.60
钢筋混凝土 穿孔滤板	板面 d=30mm，168 孔/m^2， 板底 d=10mm	板面 11.87 板底 1.32	0.75
长柄滤头	缝隙总面积 335mm^2/个， 安装 41 个/m^2	1.37	0.80

小阻力配水系统一般用于虹吸滤池、无阀滤池和移动罩滤池，单池面积在 20～40m^2，反冲洗水头 1.5m 左右。

3. 气水反冲洗配水布气系统

气水反冲洗滤池一般采用长柄滤头、三角形配水（气）滤砖或穿孔管配水布气系统。其中长柄滤头使用最多，将在 6.4.3 节均质滤料滤池设计中介绍。

三角形两次配水（气）滤砖如图 6-17(a) 所示。气、水由等腰三角形进水（气）渠进入，从三角形两腰上的气、水孔流出。汇集后从顶面喷出孔流出。

穿孔管配气系统同大阻力配水系统，一般适用旧滤池改造。原有的单水冲洗系统不能满足气水同时冲洗两相流要求，需另行安装一套穿孔管空气冲洗系统，各自独立供水供气。

配气干管一般采用焊接钢管或镀锌钢管，支管采用硬质塑料管，用螺栓固定在滤池底板上。干管、支管中空气流速取用 10m/s 左右，支管孔眼空气出流速度 30～35m/s。

6.3.5 反冲洗供水供气

冲洗水供给根据滤池形式不同而不同，虹吸滤池、无阀滤池不另建造冲洗水供给系统，将在 6.4 节介绍。这里仅介绍普通快滤池单水冲洗供水方法和气、水反冲洗滤池的空气供给方式。

1. 高位水箱、水塔冲洗

普通快滤池采用单水反冲洗时，冲洗水量较大，通常采用高位水箱（水塔）或水泵冲洗，如图 6-18、图 6-19 所示。

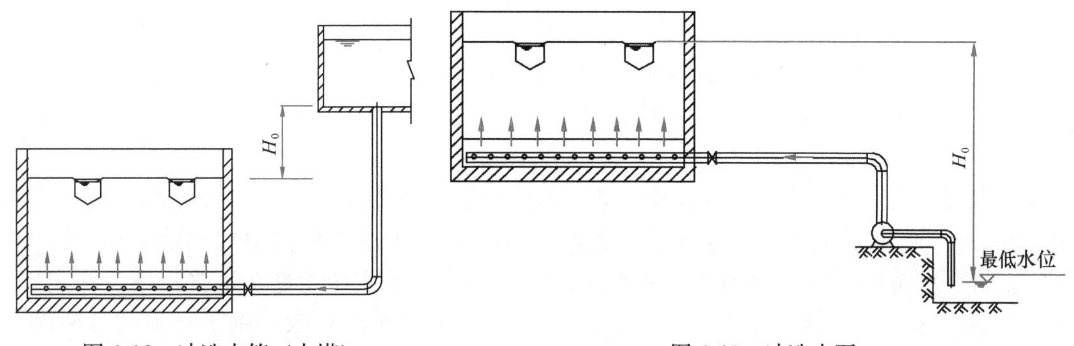

图 6-18　冲洗水箱（水塔）

图 6-19　冲洗水泵

滤池反冲洗高位水箱建造在滤池操作间之上，又称为屋顶水箱。水塔一般建造在两组滤池之间。在两格滤池冲洗间隔时间内，由小型水泵抽取滤池出水渠中清水，或抽取清水池中水送入水箱或水塔。水箱（塔）中设置水位继电开关，水位下降到设定的最低水位时开泵，上升到最高水位时停泵。水箱（塔）中的水深变化，会引起反冲洗水头变化，直接影响冲洗强度的变化，使冲洗初期和末期的冲洗强度有一定差别。所以水箱（塔）水深越浅，冲洗越均匀，一般设计水深 1～2m，最大不超过 3m。

高位水箱（塔）的容积按单格滤池冲洗水量的 1.5 倍计算：

$$V = \frac{1.5qFt \times 60}{1000} = 0.09qFt \tag{6-34}$$

式中 V——高位水箱或水塔的容积，m^3；

q——反冲洗强度，$L/(s \cdot m^2)$；

F——单格滤池面积，m^2；

t——冲洗历时，min。

冲洗水箱、水塔底高出滤池冲洗排水槽顶的高度 H_0（图 6-18）按下式计算：

$$H_0 = h_1 + h_2 + h_3 + h_4 + h_5 \tag{6-35}$$

式中 h_1——冲洗水箱（水塔）至滤池之间管道的水头损失值，m；

h_2——滤池配水系统水头损失，m，大阻力配水系统按式（6-31）计算；

h_3——承托层水头损失，m，$h_3 = 0.022qz$；（6-36）

q——反冲洗强度，$L/(s \cdot m^2)$；

z——承托层厚度，m；

h_4——滤料层水头损失，按式(6-15)或式(6-16)计算；

h_5——富余水头，一般取 1～1.5m。

2. 水泵冲洗

水泵冲洗是设置专用水泵抽取清水池或贮水池清水直接送入反冲洗水管的冲洗方式。因冲洗水量较大，短时间内用电负荷骤然增加。当全厂用电负荷较大，冲洗水泵短时间耗电量所占比例很小，不会因此而增大变压器容量时，可考虑水泵冲洗。由于水泵扬程、流量稳定，可使滤池的冲洗强度变化较小，其造价低于高位水箱（水塔）冲洗方式。

冲洗水泵的流量 Q 等于冲洗强度 q 和单格滤池面积的乘积。水泵扬程按下式计算：

$$H = H_0 + h_1 + h_2 + h_3 + h_4 + h_5 \tag{6-37}$$

式中 H_0——滤池冲洗排水槽顶与吸水池最低水位的高差，m；

h_1——吸水池到滤池之间最长冲洗管道的局部水头损失、沿程水头损失之和，m；

h_2～h_5 同式（6-35）。

气水反冲洗滤池的水冲洗流量比普通快滤池单水冲洗流量小，一般用水泵冲洗，水泵流量按最大冲洗强度计算。水泵扬程计算同式（6-37），但式中的滤池配水系统水头损失 h_2、滤料层水头损失值 h_4 的计算方法不同，即：h_2 为配水系统中滤头水头损失，按照厂家提供数据计算，一般设计取 0.2～0.3m；h_4 为按未膨胀滤层水头损失计算式（6-14）计算，设计时多取 1.50m 左右。

3. 供气

气水反冲洗滤池供气系统分为鼓风机直接供气和空压机串联贮气罐供气。鼓风机直接供气方式操作方便，使用最多。鼓风机风量等于空气冲洗强度 q 乘以单格滤池过滤面积，其出口处静压力按下式计算：

$$H_A = h_1 + h_2 + kh_3 + h_4 + h_5 \tag{6-38}$$

式中 H_A——鼓风机出口处静压力，Pa；

h_1——输气管道压力总损失，Pa；

h_2——配气系统的压力损失，Pa；

k——安全系数，(1.05～1.10)×9810；

h_3——配气系统出口至空气溢出面的水深，m；

h_4——富余压力，取 h_4=0.5×9810=4905Pa；

h_5——采用长柄滤头时，气水室内冲洗水压力，代替配气系统出口至空气溢出面的水深 h_3，一般取：

$$h_5 = 2.5 \times 9810 = 24500\text{Pa}$$

在实际的长柄滤头配水配气系统的滤池中，H_A≈39240Pa 左右，相当于 4.0m 水柱。

6.4 滤池形式和滤池设计

6.4.1 滤池分类

在水处理中，当前常用的是快滤型滤池。快滤型滤池的形式多种多样，滤速一般都在 6m/h 以上，截留水中杂质的原理基本相同，仅在构造、滤料组成、进水、出水方式以及反冲洗排水等方面有一定差别。

按照滤料组成和级配划分，常用的滤池有单层细砂级配滤料滤池，单层粗砂均匀级配滤料滤池、双层滤料滤池和三层滤料滤池以及活性炭吸附滤池。其中，石英砂滤料、双层滤料及三层滤料滤池是用于去除水中悬浮颗粒为主的滤池。活性炭吸附滤池则是用于水中有机物、有毒物质或色、嗅、味等感官指标不能满足水质要求时的净水处理构筑物。

按照过滤时进出水方式和反冲洗进水及排水方式划分，可以分为：有过滤进水、反冲洗进水、过滤出水、反冲洗排水四个阀门控制的滤池，俗称四阀滤池，或称普通快滤池。为节省阀门数量，将滤池进水，反冲洗排水阀门控制改为虹吸管进水、虹吸管排水的滤池，即为双阀（双虹吸管）滤池。基于滤层过滤阻力增大，砂面水位上升到一定高度形成虹吸或水位继电器控制的原理，可省去控制阀门。便出现了无阀滤池、虹吸滤池和单阀滤池。

按照反冲洗方法分类，有单水反冲洗和气水反冲洗滤池。

此外，还有上向流、下向流、双向流之分，以及混凝、沉淀过滤和接触絮凝过滤滤池。

滤池的形式是多样的，各自具有一定的适用条件。从过滤周期长短，过滤水质稳定考虑，滤料粒径、级配与组成是滤池设计的关键因素，也由此决定反冲洗方法。在过滤过程中，一组滤池的过滤流量基本不变，进入到各格滤池的流量是否相等，是等速过滤或是变速过滤操作运行的主要依据。原水中悬浮物的性质、含量及水源受到污染的状况，是滤池选型主要考虑的问题，也是整个水处理工艺选择和构筑物形式组合的出发点。

6.4.2 普通快滤池

1. 普通快滤池的构造及工艺流程

普通快滤池通常指的是安装四个阀门的快滤型滤池。一组滤池分为多格，图 6-20 所示的普通快滤池是其中的一格。每格内的滤层、承托层、配水系统、冲洗排水槽尺寸完全相同。各格滤池共用一根进水总管 1、清水总管 12、冲洗水总管 11 和废水渠 14。每一格滤池均单独过滤，单独反冲洗，互不干扰。于是，在每一格滤池上都设置了四个阀门，又称四阀滤池。滤池内的配水干管（或干渠）10、配水支管 9 是反冲洗水的配水系统，又是过滤后的清水收集系统。冲洗排水槽 13 既收集反冲洗时清洗过滤层的污水，同时又是在过滤过程中向整格滤池均匀布水的进水渠道，可避免局部进水过多冲刷滤层。滤池滤层一般采用单层石英砂滤料或无烟煤—石英砂双层滤料，放置在承托层之上。

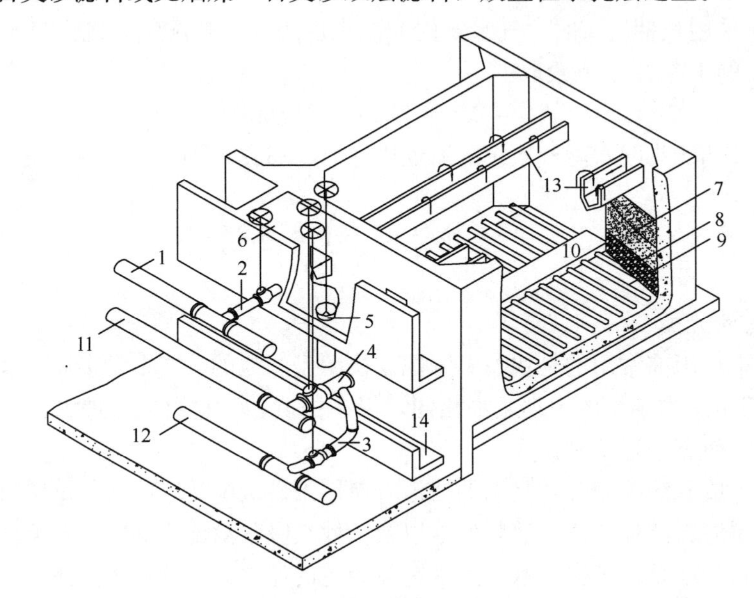

图 6-20 普通快滤池剖面图

1—进水总管；2—进水支管；3—清水支管；4—冲洗水支管；5—排水阀；
6—浑水渠；7—滤料层；8—承托层；9—配水支管；10—配水干管；
11—冲洗水总管；12—清水总管；13—冲洗排水槽；14—废水渠

过滤时，进水支管 2 与清水支管 3 上阀门开启，冲洗水支管 4 上阀门与排水阀 5 关闭。则浑水由进水总管 1、进水支管 2、浑水渠 6 经冲洗排水槽 13 均匀地进入整格滤池。滤料层截留水中悬浮杂质后，清水穿过滤料层 7、承托层 8，经配水支管 9 收集到配水干管（渠）10，通过清水支管 3 汇入清水总管 12 流入清水池。在滤料层中，杂质截留量逐渐增加，滤料层水头损失逐渐增大或者过滤滤速逐渐减小。当滤层过滤水头损失增加到一定值，或过滤滤速减小到一定值，或者滤后出水浊度增加到一定值时，即认为该格滤池过滤周期已满，需停止过滤进行冲洗。

冲洗时，先行关闭进水支管 2 上的进水阀门，待砂面上水位下降到高出砂面 0.3m 左右时，关闭清水支管 3 上的阀门。开启排水阀 5，排出浑水渠 6 和冲洗排水槽 13 中的存水。开启冲洗水支管 4 上的阀门，由高位水箱或冲洗水泵供给的反冲洗清水经冲洗水总管

11、冲洗水支管 4，进入配水干管 10、配水支管 9，从配水支管上的孔眼喷出，由下而上穿过承托层，将滤料层冲起使之处于悬浮状态并相互摩擦。滤料层中截留的杂质随冲洗废水排入冲洗排水槽 13、浑水渠 6 和废水渠 14 流入排泥水收集池。经 5～8min 的反冲洗时间，滤料层基本冲洗干净，冲洗废水逐渐变清，反冲洗结束。关闭冲洗支管 4 上的阀门、排水阀 5。待滤料层慢慢沉到承托层上稳定一段时间后，重新开始过滤。从过滤开始到过滤结束的一段时间称为快滤池的工作周期。

关于过滤周期的概念有两种说法：其一认为，过滤周期是指从过滤开始到过滤终止运行的时间，过滤周期＋冲洗历时＝工作周期。该工作周期也是两次冲洗间隔的时间，也称为冲洗周期。其二认为，过滤周期是指从过滤开始运行、截留杂质饱和后进行冲洗到再次过滤的整个间隔时间。把工作周期、过滤周期、冲洗周期均看作是间隔同一个时间段的两次运行，是同一个概念。实际上，连续过滤一次的时间，或从过滤开始经滤池冲洗到再次过滤两次间隔的时间都可以当作过滤周期。本教材认为采用第一种说法，把工作周期、过滤周期分开定义比较明确。显然，快滤池的工作周期包括过滤周期、反冲洗历时和待滤时间。而设计滤速是指过滤周期内全部滤池进行工作时的滤速。

快滤池过滤出水水质稳定、使用历史悠久，适用于不同规模的水厂。当设计水量在 1 万 m^3/d 以下规模时，可设计成图 6-20 所示的管道进水方式。设计水量较大时，一般设计成如图 6-21 所示的管渠结合的进、出水方式。把反冲洗进水总管（渠）、滤后出水管

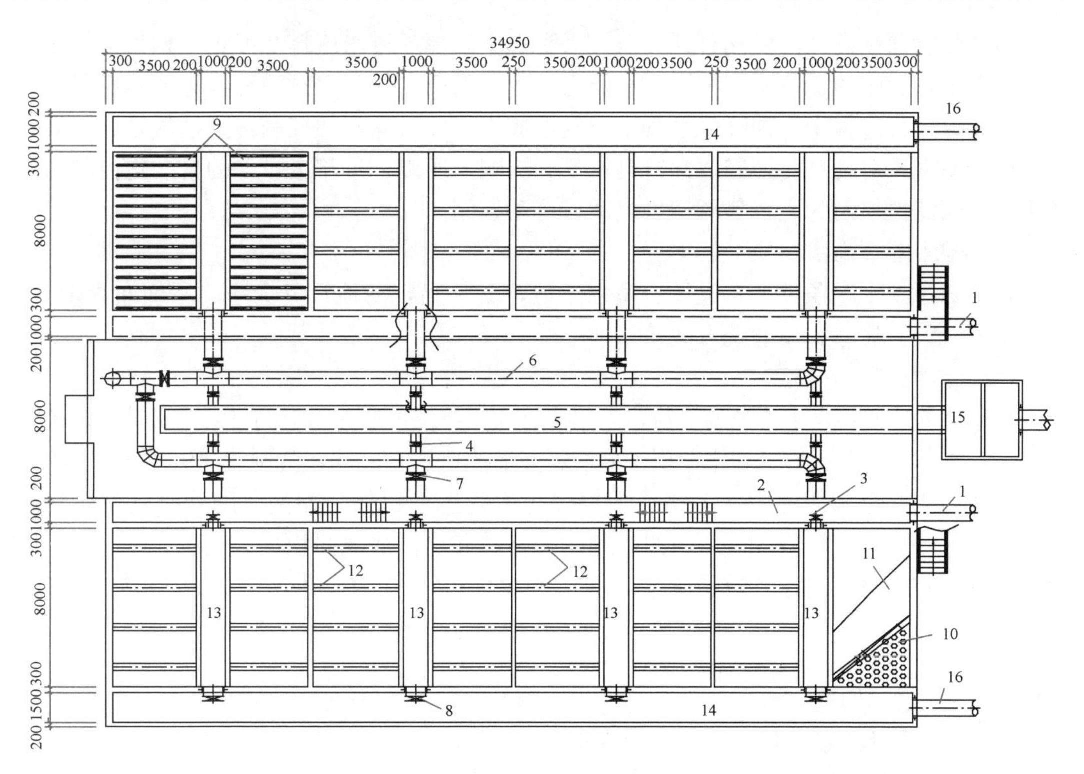

图 6-21　快滤池平面图

1—进水管；2—进水渠；3—进水阀；4—出水阀；5—清水总渠；6—冲洗水干管；7—冲洗进水阀；8—冲洗排水阀；9—配水支管；10—承托层；11—滤层；12—冲洗排水槽；13—冲洗排水渠；14—排水总渠；15—出水井；16—排水管

（渠）布置在管廊中间，浑水进水、反冲洗排水分别布置在滤池两端。如果一组滤池分为4格以上，可设计成双排，中间设管廊和操作间，上部设反冲洗高位水箱。单格滤池面积较大时，大多采用每格双单元布置，即中间布置排水总渠，两侧有若干条冲洗排水槽。

普通快滤池的“浑、排、冲、清”四个阀门先后开启、关闭各一次，即为一个工作周期。为了减少阀门数量，开发了“双阀滤池”，即用虹吸管代替过滤进水和反冲洗排水的阀门。在管廊间安装真空泵，抽吸虹吸管中空气形成真空，浑水便从进水渠中虹吸到滤池，反冲洗废水从滤池排水渠虹吸到池外排水总渠，如图6-22所示。

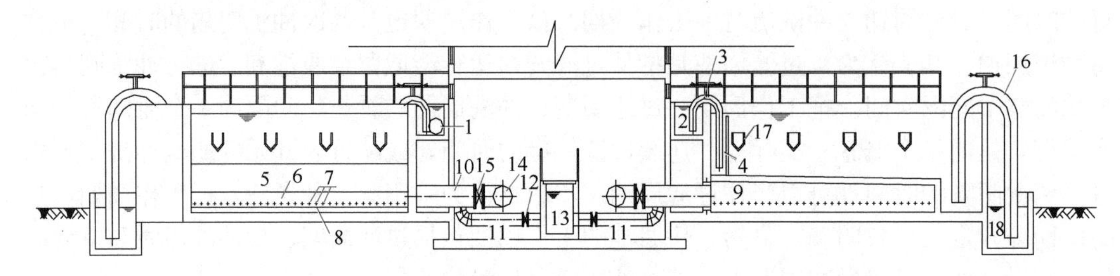

图6-22　双阀快滤池

1—进水管；2—进水渠；3—进水虹吸管；4—水封槽；5—滤层；6—承托层；7—配水支管；8—垫层；9—配水干渠；10—配水干管；11—清水出水管；12—清水出水阀门；13—清水出水干渠；14—冲洗水干管；15—冲洗阀门；16—排水虹吸管；17—冲洗排水槽；18—排水总渠

当虹吸管顶端进气电磁阀打开，该虹吸管真空破坏，进水或排水停止，相当于关闭了阀门。由于虹吸管的造价低于相同排水能力短管上阀门造价，双阀滤池具有节约投资的优点。在实际运行过程中，抽吸虹吸管中空气形成真空的时间不便控制，且抽气管、虹吸管须严密不漏气。对自动化控制、运行具有不利影响，所以，近年来设计的自动化控制的滤池仍以四阀滤池控制为主，各阀门为电动或气动控制。

2. 普通快滤池设计

在已知过滤水量条件下，设计一座快滤池，就是确定滤池尺寸大小、平面布置形式、进出水管（渠）尺寸、反冲洗方式等。

（1）滤池面积与分格

快滤池的滤速相当于滤池的负荷，以单位时间、单位过滤面积上的过滤水量计算，单位是“$m^3/(m^2 \cdot h)$”或“m/h”。通常单层细砂滤料滤池滤速6～9m/h，强制滤速9～12m/h。所谓强制滤速指的是全部滤池中的一格或二格停止运行进行检修、冲洗或翻砂时其他滤池滤速。根据这一要求，也就决定了一组滤池的分格数和单格滤池面积。

过滤面积由设计滤速和流量确定：

$$F = \frac{Q}{v} \tag{6-39}$$

式中　F——过滤面积，m^2；

Q——设计流量（包括水厂自用水量），m^3/h；

v——设计滤速，m/h。

设计滤速是指过滤周期内的滤速。如果设计的快滤池每天反冲洗一次，即工作周期为24h。扣除反冲洗时间和冲洗后停用时间约为1.0h左右，则实际过滤时间为23h。有些水厂设计时明确要求滤池每天过滤22h，应按实际过滤时间的流量计算。则每天滤池过滤水

量即为 QT（T 为实际过滤时间，h）。还应注意的是，有些水厂要求，滤池冲洗后排放初滤水 0.5h，应计入冲洗后的停用时间内。在这种情况下，滤池实际过滤水量大于设计供水量。

一组滤池分格多少由过滤滤速和强制滤速的大小决定，和设计水量无关。但在设计时必须考虑过滤水量、允许停运的格数。如果设计水量较小，总过滤面积不足 30m^2，只能设计 2～3 格。平时低速过滤，1 格反冲洗或检修时，其他 1～2 格的强制滤速不大于 12m/h。单层砂滤料滤池不同过滤面积的分格、滤速和允许停运格数，参见表 6-11。

当一组滤池分格数少于 4 格时，宜用单排布置；大于 4 格时，可采用双排布置，中间设置管廊、操作间及高位水箱，设计成方形。在分格数相同的条件下，管廊越长，输水管越长，操作间越长，相对应的造价增加。所以尽量设计成管廊操作间较短些，对于反冲洗均匀配水是有益的。

单层细砂滤料滤池面积与分格数　　表 6-11

滤池总面积（m^2）	分格数	设计滤速（m/h）	允许停运格数	滤池总面积（m^2）	分格数	设计滤速（m/h）	允许停运格数
＜30	2	＜6	1	150	5	＜9	1
30～50	3	＜8	1	200	5	＜7	2
100	3	＜8	1		6	＜8	2
	4	＜9	1	300	6	＜8	2
150	4	＜8	1		6	＜9	2

【例 6-5】　一座单层细砂滤料的普通快滤池，设计过滤水量 2400m^3/h，平均设计滤速为 8m/h，出水阀门适时调节，等水头等速过滤运行。当其中一格检修，一格反冲洗时其他几格滤池强制滤速不大于 12m/h，该座滤池可采用的最大单格滤池面积为多少？

【解】　假定该座滤池共分为 n 格，单格面积为 F（m^2），全部滤池均在工作时的过滤水量是 $8nF$（m^3/h）。其中一格停运检修，一格反冲洗，（$n-2$）格的最大过滤水量是 12（$n-2$）F（m^3/h）。则有；

$$12(n-2)F \geqslant 8nF\text{，得最少分格数 } n \geqslant 6 \text{ 格}$$

$$\text{单格滤池最大过滤面积 } F = \frac{2400\text{m}^3/\text{h}}{8\text{m/h} \times 6 \text{ 格}} = 50\text{m}^2/\text{格。}$$

（2）滤池深度

普通快滤池深度包括：砾石承托层厚 400mm 左右，反冲洗配水支管放置其中；滤层厚度 700～800mm，放置在承托层之上；滤层砂面以上水深，又称为砂面水深，一般为 1500～2000mm，砂面水深越大，池深越大；保护高度，又称为超高或干舷高度，一般取 300～400mm。

由此可以计算出滤池总深度约 3000～3600mm，多层滤料滤池池深约 3500～4000mm。滤池滤料层承托层组成见 6.2 节滤料和承托层。

滤池的深度不代表滤池内水面标高。砂面上水位标高和过滤水头损失、清水池最高水位有关。清水池最高水位多在地面以上 0.3m 左右，从滤池到清水池间管渠水头损失约为 0.20m。普通快滤池工作周期可根据过滤水头损失而定，一般取过滤周期 12～24h，反冲洗前的水头损失最大值允许达 2.0～2.5m，则普通快滤池砂面上水位标高约在地面以上 2.5～3.0m。以此推算沉淀（澄清）池的水面标高值。

（3）滤池管廊

一组快滤池，无论分格多少，总是把各格进、出水管渠，阀门集中布置在一起，称为滤池管廊。单排布置的滤池，管廊宽度较小，双排对称布置的滤池，管廊宽度可采用 8.0～10.0m。为不使管廊内配件太多，检修不便，通常把反冲洗进水管，清水出水管及控制阀门设置在管廊内，而过滤进水渠，反冲洗排水渠及控制阀门布置在滤池另一侧。管廊内需有检修通道、爬梯，可以到达任一控制阀门，配件旁边。管廊内的反冲洗进水管直径较大，选用的控制阀门有数百千克，宜设置起重设备。同时考虑两端的进出大门运输方便，以及管廊内照明、通风、排除积水的措施。

（4）管廊内管线设计流速

普通快滤池的管渠有浑水进水管（渠），滤后清水管（渠），反冲洗进水管（渠），反冲洗排水管（渠）及与各格相连接的支管。其设计过水断面参考下列流速确定：

浑水进水管（渠）　　0.8～1.0m/s

清水出水管（渠）　　1.0～1.5m/s

反冲洗进水管（渠）　　2.0～2.5m/s

反冲洗排水管（渠）　　1.0～1.5m/s

初滤水排放管（渠）　　3.0～4.5m/s

如果浑水进水渠、反冲洗排水渠为重力流，其流速适当放小，同时计入超载系数进行计算。

（5）配水系统

普通快滤池配水系统大多采用管式大阻力配水系统。

过滤面积较小的快滤池管式大阻力配水系统由干管、支管组成。过滤面积较大的快滤池配水干管改为配水渠，如图 6-23 所示。配水系统过水断面参考下列数据计算：

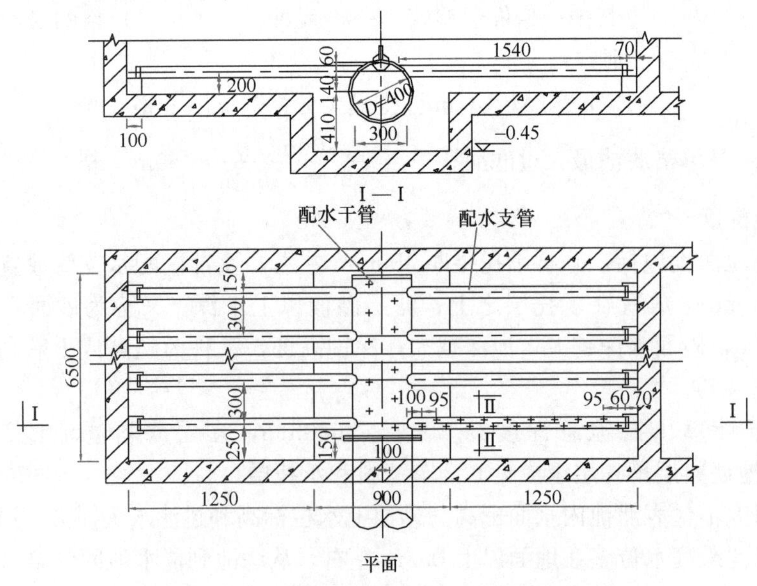

图 6-23　穿孔管式大阻力配水系统

1）配水干管（渠）进口处流速 1.0～1.5m/s，支管起端流速 1.5～2.0m/s，支管上孔眼出口流速 5～6m/s。

2）配水支管间距 0.20～0.30m，支管长度与支管直径之比不大于 60。

3）支管上孔眼直径 9～12mm，与垂线呈 45°角向下交错排列。孔眼个数和间距根据滤池开孔比 α 确定。

4）不设废水渠的小型快滤池配水干管（渠）埋设在承托层之下，直径或渠宽大于 300mm 时，应开孔布水。并在上方加设挡水板，以不直冲滤料。

（6）排水渠和冲洗排水槽

滤池反冲洗废水能否及时排出池外对冲洗效果有很大影响。因此，在快滤池设计时，非常重视冲洗水的排出问题。快滤池冲洗水通常由冲洗排水槽和排水渠排出，其布置形式如图 6-24 所示。同时，它又是过滤进水分配到每格滤池的渠道。

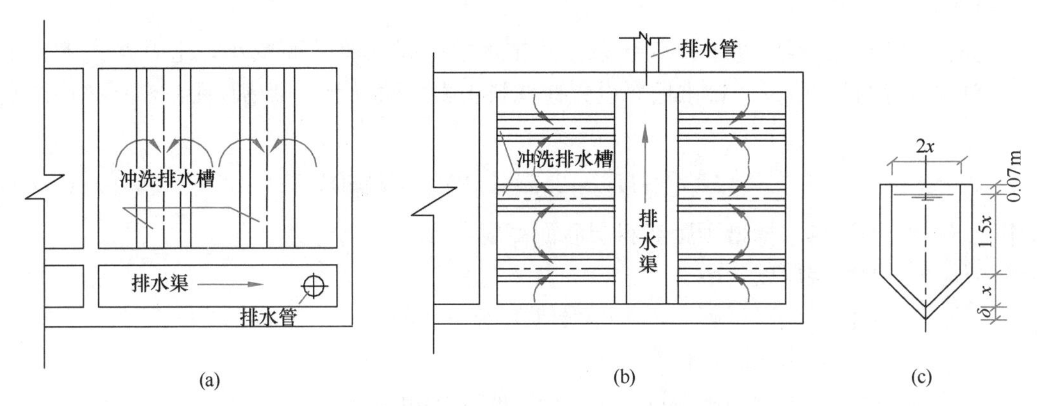

图 6-24　排水渠和冲洗排水槽布置图

（a）排水渠设在滤池一侧；（b）排水渠设在滤池中间；（c）冲洗排水槽

图 6-24 中的两种冲洗水排出布置形式适用于不同过滤面积的滤池。滤池面积较小时，排水渠设在滤池一侧；滤池面积较大时，排水渠设在滤池中间。

排水渠，又称废水渠，收集冲洗排水槽排出水，再由排水管排到池外废水池。排水渠一般设计成矩形，起端水深按下式计算：

$$H_q = \sqrt{3}\sqrt[3]{\frac{Q^2}{gB^2}} \tag{6-40}$$

式中　Q——滤池冲洗流量，m^3/s；

B——渠宽，m；

g——重力加速度，$9.81m/s^2$。

为使排水顺畅，排水渠起端水面需低于冲洗排水槽底 100～200mm，使排水槽内废水自由跌落到排水渠中。渠底高度即由排水槽槽底高度和排水渠中起端水深确定。

冲洗排水槽一般设计成槽底三角形断面形式，如图 6-24(c) 所示，也有槽底是半圆形断面。

过滤面积较小的快滤池，冲洗排水槽常设计成槽底斜坡，末端深度等于起端深度的 2 倍，使收集的废水在水力坡度下迅速流到排水渠。槽底是平坡的排水槽，末端、起端断面相同，起端水深是末端水深的$\sqrt{3}$倍。取槽宽 $2x$ 等于起端平均水深，则图 6-24（c）所示的排水槽断面模数 x 的近似计算式为：

$$x \approx 0.45Q^{0.4}(\mathrm{m}) \tag{6-41}$$

式中 Q——冲洗排水槽排水量，$\mathrm{m^3/s}$，$Q=qL_0a_0/1000$；

q——滤池反冲洗强度，$\mathrm{L/(s \cdot m^2)}$；

L_0——冲洗排水槽长度，m，L_0 一般小于 6m；

a_0——两条冲洗排水槽中心距，多取 $a_0=1.5\sim2.0\mathrm{m}$。

也可按照冲洗排水槽末端流速 v 计算，则：

$$x = \frac{1}{2}\sqrt{\frac{qL_0a_0}{1000v}}(\mathrm{m}) \tag{6-42}$$

通常取 $v \leqslant 0.6\mathrm{m/s}$。

在反冲洗时，滤料层处于膨胀状态，两排水槽中间水流断面减小，上升水流流速加快，容易冲走滤料，所以，排水槽底设置在滤料层膨胀面以上。则槽顶距滤料层砂面的高度为：

$$H_e = eH_2 + 2.5x + \delta + 0.07(\mathrm{m}) \tag{6-43}$$

式中 H_e——冲洗排水槽槽顶距滤料层砂面高度，m；

H_2——滤料层厚度，m；

e——冲洗时滤料层膨胀率，一般取 40%～50%；

x——冲洗排水槽断面模数，m；

δ——冲洗排水槽槽底厚度，m；一般取 0.05m；

0.07——冲洗排水槽超高，m。

为达到均匀地排出废水，设计排水渠和冲洗排水槽时还应注意以下几点：

1）排水渠通常设有一定坡度，末端渠底比起端低 0.30m 左右。排水渠下部是配水干渠的快滤池，排水渠底板最高处安装排气管，并在排水渠中部底板上设置检修人孔，故要求设在池内的排水渠宽度一般在 800mm 以上。

2）冲洗排水槽在平面上的总面积（槽宽×槽长）一般不大于滤池面积的 25%，以免冲洗时槽与槽之间水流上升速度过大，将细滤料冲出池外。

3）冲洗排水槽中心间距 1.5～2.0m。间距过大，距离槽口最远一点和最近一点的水流流程相差过远，出水流量存在差异，直接影响反冲洗均匀性。如果间距过小，在排水槽平面上总面积相同条件下，冲洗排水槽过多，构造复杂，造价增加。

4）单位槽长的溢入流量应相等，故施工时力求排水槽口水平，误差限制在±2mm 以内。

【例 6-6】 如图 6-24(b) 所示，快滤池冲洗排水槽分布在排水渠两侧，每侧 3 条，每条长 4m，中心间距 2.00m，中间排水渠宽 0.8m，滤层厚 $H_2=0.80\mathrm{m}$，在 $15\mathrm{L/(s \cdot m^2)}$ 水冲洗强度下，膨胀率为 45%。计算：①冲洗排水槽槽顶距滤料层砂面高度；②冲洗排水槽面积占滤池面积的比例；③中间排水渠底距冲洗排水槽底的高度。

【解】 单格滤池过滤面积 $F=2\times4\times6=48\mathrm{m^2}$

冲洗水量 $Q=15\times48/1000=0.72\mathrm{m^3/s}$

每条冲洗排水槽流量 $Q_1=\frac{0.72}{6}=0.12\text{m}^3/\text{s}$

冲洗排水槽断面模数 $x \approx 0.45Q_1^{0.4}=0.193\text{m}$

①冲洗排水槽槽顶距滤料层砂面高度：

$$H_e = 0.45 \times 0.80 + 2.5 \times 0.193 + 0.05 + 0.07 = 0.963\text{m}$$

②冲洗排水槽总面积：$(2\times0.193+0.05\times2)\times4\times6=11.664\text{m}^2$

冲洗排水槽总面积与滤池过滤面积的比值$=11.664/48=24.3\%<25\%$

③排水渠宽 0.80m，排水渠起端水深 $H_q=\sqrt{3}\times\sqrt[3]{\frac{0.72^2}{9.81\times0.8^2}}=0.754\text{m}$

则中间排水渠底应低于冲洗排水槽槽底 0.754+0.1=0.854m。其中 0.1m 是排水渠起端水面低于排水槽底的富余高度，以保证排水槽自由跌落，排水通畅。

6.4.3 均质滤料滤池

均质滤料滤池是一种滤料粒径较为均匀的重力式快滤型滤池，基本形式同法国得利满（Degremont）公司开发的 V 型滤池。由于截污量大，过滤周期长，而采用了气水反冲洗方式。近年来，在我国应用广泛，适用于大、中型水厂。

1. 构造和工艺流程

均质滤料滤池构造如图 6-25 所示。一组滤池通常分为多格，每格构造相同。多格滤池共用一条进水总渠、清水出水总渠、反冲洗进水管和进气管道。反冲洗水排入同一条排水总渠后排出。滤池中间设双层排水、配水干渠，将滤池分为左右两个过滤单元。渠道上层为冲洗废水排水渠 7，顶端呈 45°斜坡，防止冲洗时滤料流失。下层是气水分配渠 8，过滤后的清水汇集在其中。反冲洗时，气、水从分配渠中均匀流入两侧滤板之下。滤板上安装长柄滤头，上部铺设 d=2～4mm 粗砂承托层，覆盖滤头滤帽 50～100mm。承托层上面铺 d=0.9～1.2mm 滤料层厚 900～1200mm。滤池侧墙设过滤进水 V 形槽和冲洗表面扫洗进水孔。

管廊内设有反冲洗进水进气管，和各格滤池冲洗进水、进气支管相连接，阀门控制。在过滤时，冲洗进水、进气阀门关闭，浑水由总渠经开启的进水阀 1、堰口 3 进入分配渠，向两侧流过侧孔 4 进入 V 形槽 5。同时，从 V 形槽槽底扫洗水布水孔 6 和槽顶溢流，均匀分布到滤池之中。滤后清水从底部空间 11 经配水孔 9 汇入气水分配渠 8，再由水封井 12、出水堰 13、清水渠 14 流入清水池。出水堰 13 的标高和砂面上水位标高的差值即为过滤水头损失值。

当滤后水质逐渐变差时，即要进行滤池反冲洗。首先关闭进水阀门 1，保持进水孔 2 仍处于开启状态。待砂面上水位下降到和排水渠 7 的渠顶相平时，关闭清水出水阀 16，开启排水阀 15，排出滤池内部分存水。启动鼓风机，开启进气阀 17，压缩空气经配水配气渠 8 上部的配气孔 10 均匀分布在滤板之下底部空间 11 中，并形成气垫层。不断进入的空气经长柄滤头滤杆上进气孔（缝）到滤头缝隙流出，冲动砂滤料发生位移，填补、互相摩擦，致使滤料表面附着的污泥脱落到滤料空隙之中。被气流带到水面表层的污泥，在 V 形槽底扫洗孔横向出流的扫洗水作用下，推向排水渠 7。运行时间较长的滤池，有时滤料层中存有泥球，滤层板结，空气反冲洗之前，先用水冲洗松动滤层后再用空气冲洗。空气反冲洗强度 13～17L/(s·m²)，历时 1～2min 后，启动反冲洗水泵，开启冲洗水阀 18，

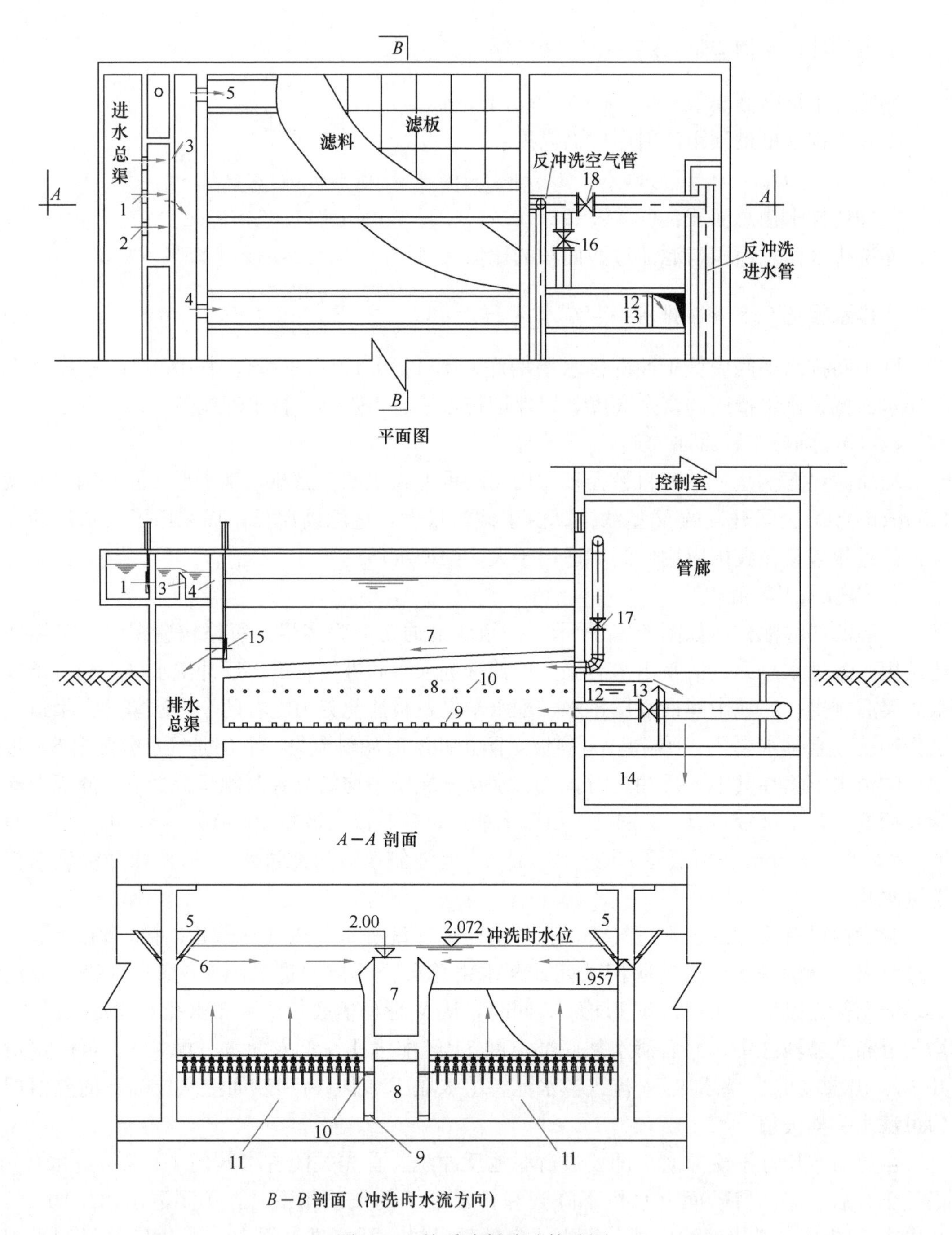

图 6-25　均质滤料滤池构造图

1—进水阀；2—进水孔；3—堰口；4—侧孔；5—V 形槽；6—扫洗水布水孔；7—排水渠；8—配水配气渠；9—配水孔；10—配气孔；11—底部空间；12—水封井；13—出水堰；14—清水渠；15—排水阀；16—清水阀；17—进气阀；18—冲洗水阀

或用高位水箱冲洗，冲洗水经配水配气渠 8 下部的配水孔 9 进入滤板下底部空间 11 的气垫层之下，从长柄滤头滤杆端口压入滤头，和压缩空气一并从滤头缝隙进入滤池。反冲洗水流冲刷滤层，进一步搅动滤料相互摩擦，促使滤料表层污泥脱落，同时把滤层空隙中污泥冲到水面排走。气水同时冲洗时，空气冲洗强度不变，水冲洗强度2.5～3L/(s・m²)，气水同时冲洗 5～4min，最后停止空气冲洗，关闭进气阀 17，单独用水漂洗(后水冲洗)，适当增大反冲洗强度到 4～6L/(s・m²)，冲洗 5～8min。整个反冲洗过程历时 10～12min。

2. 工艺特点

均质滤料滤池和普通快滤池滤料层截留水中杂质的原理相同。按照气水反冲洗方式设计的均质滤料滤池，和普通快滤池的构造有一定差别。从滤料级配、过滤过程、反冲洗方式等方面考虑，具有以下工艺特点：

(1) 滤层含污量增加：所谓均质滤料并非所有滤料粒径均一，而是 d_{max} 和 d_{min} 相差较小，趋于均匀。气水反冲洗后，不会发生滤料上细下粗的分级现象；又因为该种滤料空隙尺寸相对较大，过滤时，杂质穿透深度大，能够发挥绝大部分滤料的截污作用，因而滤层含污量增加，过滤周期延长。

(2) 等水头过滤：滤池出水阀门根据砂面上水位变化，不断调节开启度，用阀门阻力逐渐减小的方法，克服滤层中增大的水头损失，使砂面上水位在过滤周期内趋于平稳状态。虽然，上层滤料截留杂质后，空隙流速增大，污泥下移，但因滤层厚度较大，下层滤料仍能发挥过滤作用，确保滤后水质。当一格反冲洗时，进入该池的待滤水大部分从 V 形槽下扫洗孔流出进行表面扫洗，不至于使其他未冲洗的几格滤池增加过多水量或增大滤速，也就不会产生冲击作用。

(3) 滤料反复摩擦，污泥及时排出：空气反冲洗引起滤层微膨胀，发生位移，碰撞。气水同时冲洗，增大滤层摩擦及水力冲刷，使附着在滤料表面的污泥脱落，随水流冲出滤层，在侧向表面冲洗水流作用下，及时推向排水渠，不沉积在滤层。和处于流态化的滤层相比，气水同时冲洗的摩擦作用更为有利。

(4) 配水布气均匀：滤池滤板表面平整，每块滤板水平误差不超过±1mm，全池滤板水平误差不超过±3mm。同格滤池所有滤头滤帽或滤柄顶表面在同一水平高程，高差不超过±5mm。从底部空间进入每一个滤头的气量、水量基本相同。底部空间高 700～900mm，气、水通过时，流速很小，各点压力相差很小，可以保证气、水均匀分布，冲洗到滤层各处，不产生泥球，不板结滤层。

均质滤料气水反冲洗滤池构造复杂，管道较多，如图 6-26 所示，在设计图中应详细注明渠道尺寸、管道直径、安装位置、配水布气孔口大小和位置等。

3. 均质滤料滤池设计计算

(1) 单池面积

滤池过滤面积等于处理水量除以滤速。单池面积与分格数有关。根据均质滤料滤池的工艺特点可知，当一格滤池反冲洗时，如果进入该格的待滤水量参与表面扫洗，仅有少量水量增加到其他几格，因此不会出现较大的强制滤速。如果滤池冲洗时不用待滤水表面扫洗，则应按照强制滤速大小进行计算。

滤池分格越多，单池面积越小，所需的阀门管道配件相应增多，造价增加。虽然滤池分格较多时进水进气管道口径减小、冲洗设备容量减小，但对减少滤池造价无较大影响。分格多少，主要考虑反冲洗配水布气均匀，表面扫洗排水通畅，滤池不均匀沉降引起滤板水平误差等因素，故希望单格滤池面积不宜过大。常见的过滤面积及分格个数见表 6-12。

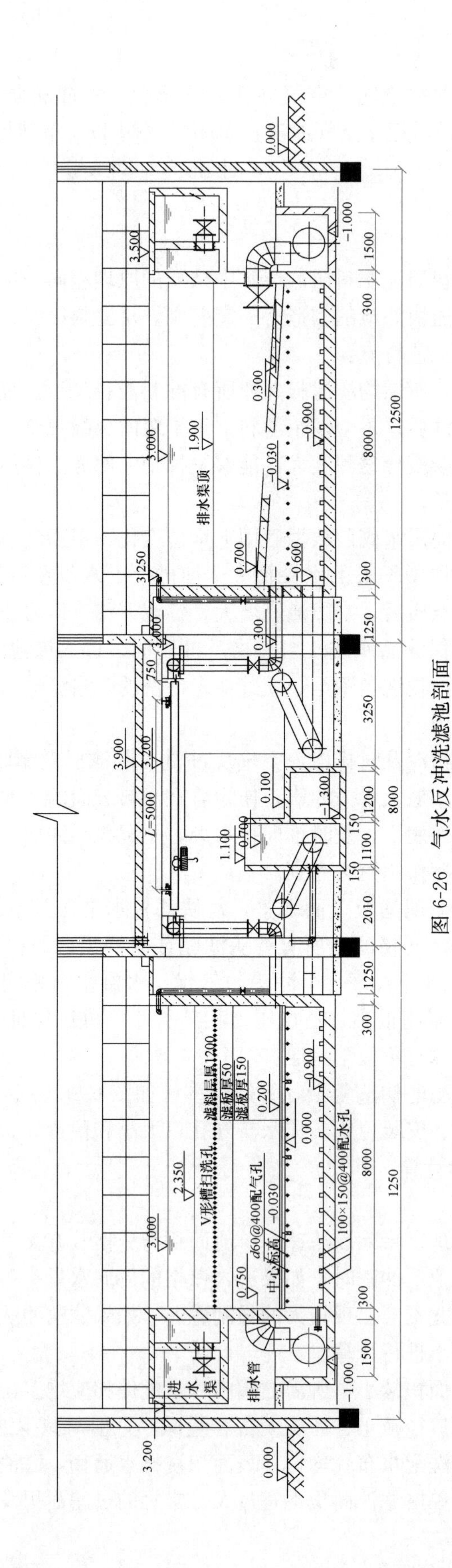

图 6-26　气水反冲洗滤池剖面

气水冲洗滤池过滤面积与分格　　表 6-12

过滤面积（m²）	分格数	过滤面积（m²）	分格数
＜80	2	250～300	4～5
80～150	2～3	350～500	5～6
150～200	4	500～800	6～8

其平面尺寸虽没有长宽比限制，但考虑表面扫洗效果，滤池两侧 V 形槽槽底扫洗配水孔口到中央排水渠边缘的水平距离宜在 3.50m 以内，最大不超过 5.0m。

（2）滤池深度

气水反冲洗滤池底部气垫层高 100～200mm，冲洗水层高 500～700mm，底部空间高 700～900mm；滤板厚 100mm；承托层厚 150～200mm；滤料层 1200～1500mm；滤层砂面以上水深 1200～1500mm；进水系统跌落（从进水总渠到滤池砂面上水位）300～400mm；进水总渠超高 300mm；则滤池深度约 4000～4500mm。

每格滤池的出水都经过出水堰口流入清水总渠，砂面上水位标高和出水堰口标高之差即为最大过滤水头损失值。均质滤料滤池冲洗前的滤层水头损失值一般控制在 2.0～2.50m。

（3）配水、配气系统

均质滤料气水反冲洗滤池具有均匀的配水、配气系统。通常由配水、配气渠、滤板、长柄滤头组成，如图 6-27 和图 6-28 所示。

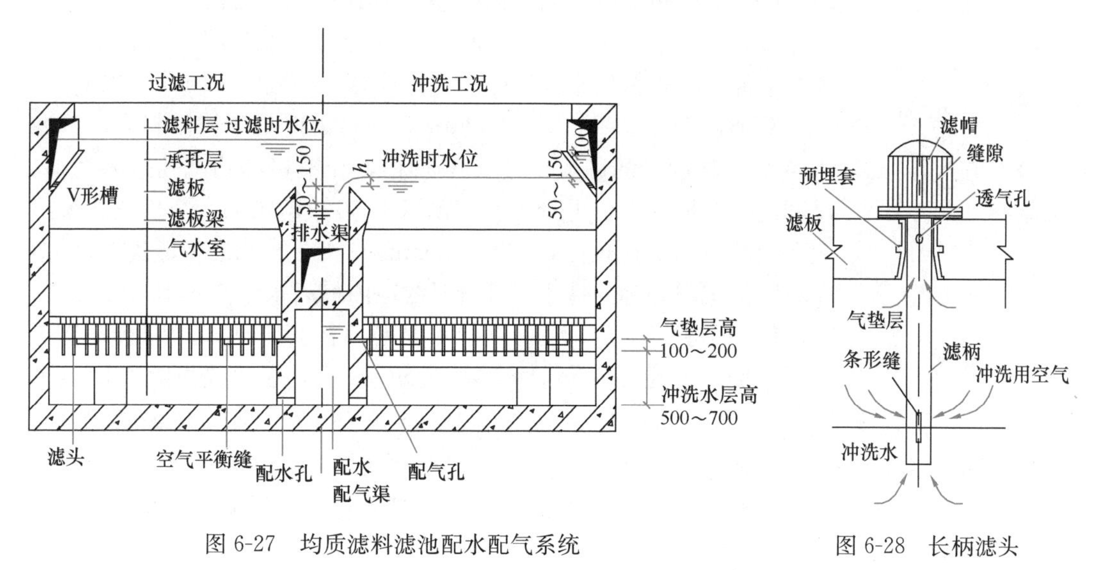

图 6-27　均质滤料滤池配水配气系统　　图 6-28　长柄滤头

配水、配气渠位于排水渠之下，起端高 1000～1300mm，末端高 700～1000mm，起端安装空气进气管，进气管管顶和渠顶平接。进气管下面安装冲洗水进水管，进水管管底和渠底平接。配水配气渠起端末端宽度相同。当气、水同时进入配水配气渠时，空气处于压缩状态，其体积占冲洗水的 20%～30%。配水渠进口应满足冲洗水流速 1.5m/s 左右，采用配气干管时，进口端空气流速 10～15m/s。

配水、配气渠上方两侧在安装长柄滤头的滤板底以下 30mm 范围内开 *DN*50mm@300～

400mm 配气孔，空气过孔流速 10m/s 左右。

配水、配气渠两侧沿渠底开 100mm×150mm@300～400mm 配水孔，配水孔过孔水流流速 1.0～1.50m/s。

滤板搁置在配水、配气渠和池壁之间的支撑小梁上，高出池底 700～900mm。每平方米滤板上安装长柄滤头 50～60 个。搁置滤板的支撑小梁垂直配水配气渠，小梁和滤板之间留 20mm×1000mm 空气平衡逢。长柄滤头的滤柄内径一般 14～21mm，上部留有 d=2mm 进气孔，下部留有 1～3 段条形缝，供进气进水之用，控制气垫层厚度为 100～200mm。滤帽上有宽 0.25～0.4mm、高 25mm 若干条缝隙，每个滤头缝隙面积约 2.5～3.35cm^2。根据安装滤头个数便可计算出长柄滤头滤帽缝隙总面积与滤池过滤面积之比值(开孔比)。同时控制同格滤池安装的所有滤头滤帽或滤柄顶表面在同一水平高度，误差不超过 5mm。

(4) 管渠设计

均质滤料气水反冲洗滤池的管渠较多，除进水总渠、滤后清水总渠、反冲洗进水管(渠)、反冲洗排水干渠之外，还有冲洗输气管、V 形槽、排水渠等，如图 6-27 所示。

其中过滤水进水总渠、滤后清水总渠、排水总渠流速及断面设计参见普通快滤池管渠设计。低压空气输气管直径按照 10～15m/s 流速设计。为防止输气管中进水，进入滤池的空气总管应安装在滤池砂面上最高水位以上。一般沿管廊屋顶敷设，并安装进气阀门。

位于配水配气渠上的排水渠渠底标高随着配水配气渠渠顶高度变化而变化。

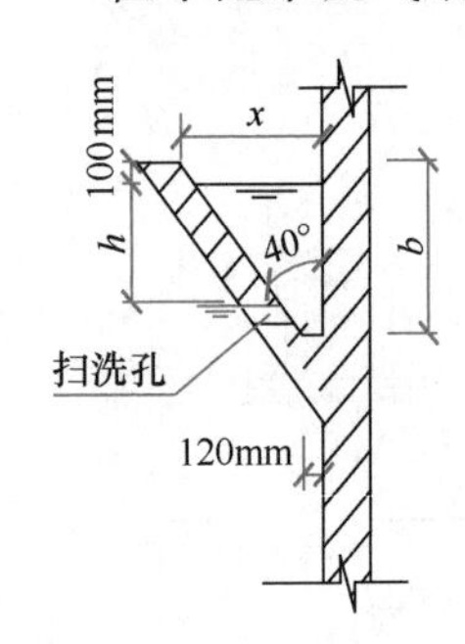

图 6-29　V 形槽

该排水渠一般宽 800～1200mm，渠顶高出滤料层 500mm。排水渠起端深度应根据后水冲洗时的水深计算，一般取 1000mm 以上。

V 形槽设计尺寸如图 6-29 所示，在过滤时处于淹没状态，待滤水经 V 形槽起端的进水孔进入 V 形槽，经槽口和扫洗孔进入滤池。反冲洗时，槽内水位下降到斜壁顶以下 50～100mm。经扫洗孔流出表面扫洗。扫洗孔孔径 d=25～30mm@100～200mm，流速 2.0m/s 左右。扫洗中心标高低于反冲洗时滤池内最高水位 50～150mm。

【例 6-7】 V 型滤池中央排水渠渠顶标高 2.00m，排水渠到 V 形槽一侧滤池宽 3.50m，V 形槽夹角 45°，后水冲洗强度 8 L/(s·m^2)，表面扫洗强度 2.3L/(m^2·s)，扫洗孔出流流速 v=3.13m/s，孔口流速系数 $\varphi\approx$0.97，流量系数 μ=0.62。扫洗孔中心标高低于冲洗时滤池内最高水位 0.08m，高于 V 形槽槽底 0.05m。计算①V 形槽尺寸；②扫洗孔间距：③槽底标高（计算简图如图 6-27、图 6-29 所示）。

【解】 ① V 形槽尺寸

取扫洗孔平均断面上过孔流速 v=3.13m/s，冲洗时 V 形槽内外水位差 h 值按下式计算：

因为 $v=\varphi\sqrt{2gh}$，则 $h=\dfrac{v^2}{2g\varphi^2}=\dfrac{3.13^2}{2\times9.81\times0.97^2}=0.53\text{m}$；

槽高：$b=0.53+0.10+0.08+0.05=0.76\text{m}$；

槽宽：$x=b\tan45^\circ+0.12=0.76\times\tan45^\circ+0.12=0.88\text{m}$，取 $x=0.88\text{m}$。

② 扫洗孔间距

取扫洗孔内径 d=30mm，单孔流量：

$$q=\mu\omega\sqrt{2gh}=0.62\times\frac{\pi}{4}\times(0.03)^2\times\sqrt{2\times9.81\times0.53}$$

$$=0.00141\text{m}^3/\text{s}=1.41\text{L/s}$$

设扫洗孔间距为 a，沿长度 L 方向共开 L/a 个扫洗孔。根据扫洗水强度 2.3L/(s·m^2)计算，$2.3\times3.5L=1.41L/a$，得扫洗孔间距：$a=\frac{1.41}{2.3\times3.5}=0.175\text{m}$ 取扫洗孔 $d30$ @175mm。

③ 槽底标高

在反冲洗时，滤池内水面高于中央排水渠渠顶 h_1值按照薄壁堰流计算，

堰口单宽流量，$Q=0.42\sqrt{2g}h_1^{1.5}=1.86h_1^{1.5}$，式中，$Q$ 为单位宽度堰口上后水冲洗流量与表面扫洗流量之和，即 $Q=\frac{(8+2.3)\times3.5\times1}{1000}=0.036\text{m}^3/(\text{s}\cdot\text{m})$

$$h_1=\left(\frac{0.036}{1.86}\right)^{2/3}=0.072\text{m}$$

取 V 形槽扫洗孔低于冲洗时滤池内最高水位 0.08m，则 V 形槽槽内底标高为：

$$2.0+0.072-0.08-0.015(\text{扫洗孔半径})=1.977\text{m}。$$

4. 运行控制

均质滤料滤池反冲洗时，V 形槽扫洗孔不间断出水。表面扫洗流量和过滤水量大致相等时，进入各格的过滤水量不变。当表面扫洗水量小于过滤水量时，多余的过滤水会平均分配到其他几格滤池，滤速稍有增加，如果一格检修，其他几格滤池滤速将会变大。即分配到每格滤池的水量和该格滤池的实际过滤速度成正比。

保持每格滤池恒水头等速过滤的方法是利用阀门控制。常见的气动蝶阀控制系统如图 6-30 所示。

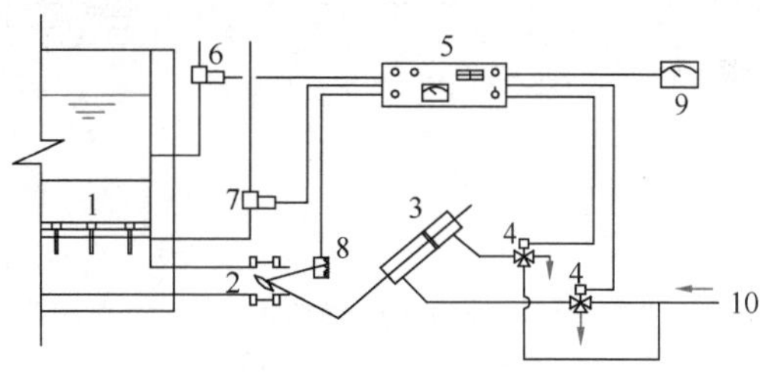

图 6-30 气动蝶阀控制系统

1—滤料层；2—滤后水出水阀；3—阀门控制活塞；4—电磁三通阀；5—电动控制单元；6—待滤水压力传感器；7—滤后水压力传感器；8—与阀杆偶联电位计；9—堵塞指示器；10—压缩空气

由待滤水压力传感器 6 根据滤池砂面上水位深度传递到电动控制单元 5，当水位高低超过±20mm 时，电动控制单元 5 打开电磁三通阀 4 中的一个，使压缩空气 10 进入阀门控制活塞，操作滤后水出水阀 2，调节开启度，减小或增大出水流量。在对出水阀门 2 进行调节时，与阀杆偶联电位计 8，产生可调的反馈信号，并在一段时间后自动消失，恢复到设定水位。通过滤后水压力传感器 7 测定滤层水头损失，并由堵塞指示器 9 显示滤层堵塞状态，在超出允许的水头损失值时报警。

6.4.4 虹吸滤池

虹吸滤池是一种用虹吸管代替进水、反冲洗排水阀门，并以真空系统控制滤池工作状态的重力式过滤的滤池。一座虹吸滤池往往是由数格滤池组成的一个整体。池型有圆形、矩形和多边形，从施工方便和保证冲洗效果考虑，大多情况下采用矩形池型，如图 6-31

所示。

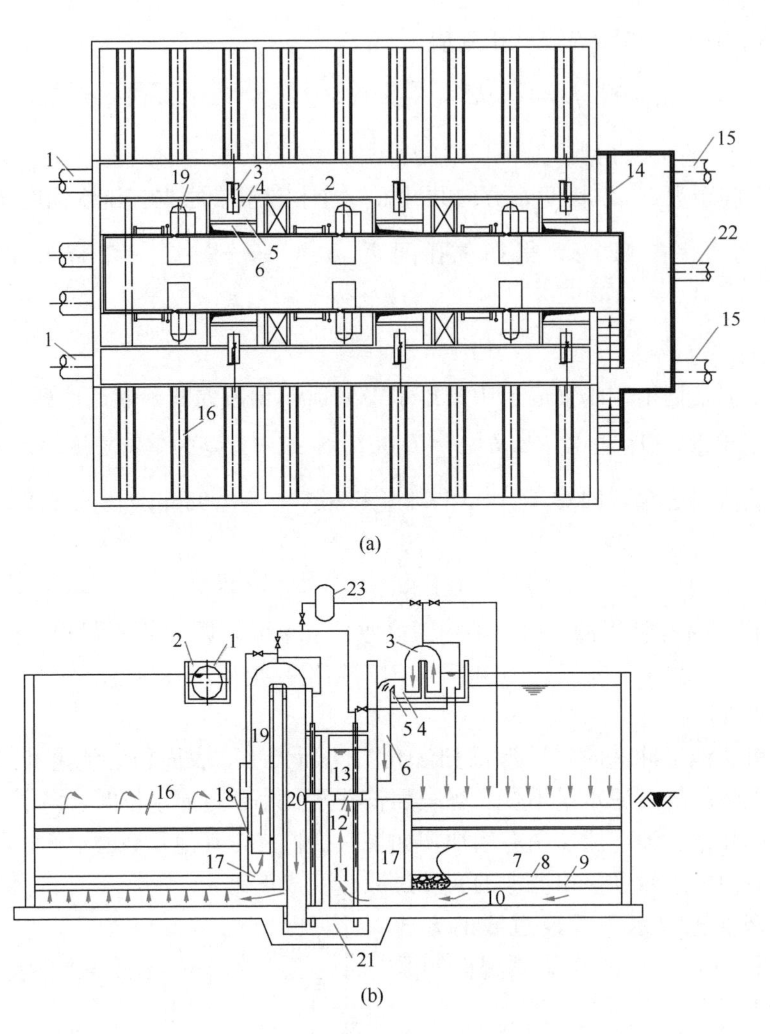

图 6-31 虹吸滤池布置图

(a) 平面示意图；(b) 剖面图

1—进水管；2—进水渠；3—进水虹吸管；4—单格滤池进水槽；5—进水堰；6—单格滤池进水管；7—滤层；8—承托层；9—配水系统；10—底部集水区；11—清水室；12—出水孔洞；13—清水集水渠；14—出水堰；15—清水出水管；16—排水槽；17—反冲洗废水集水渠；18—防涡栅；19—虹吸上升管；20—虹吸下降管；21—排水渠；22—排水管；23—真空系统

1. 工艺流程

过滤水由进水管 1 流入进水渠 2，经进水虹吸管 3 流入单格滤池进水槽 4，然后从进水堰 5 溢流至单格滤池进水管 6，从而进入滤池进行过滤。经滤层 7、承托层 8 和配水系统 9 后，滤后水在底部集水区 10 收集至清水室 11，经出水孔洞 12 进入清水集水渠 13。在清水集水渠 13 末端经出水堰 14 溢流后由清水出水管 15 输送至清水池。

过滤开始时，砂面上的最低水位和出水堰 14 堰顶水位之差，是过滤时滤料层、承托层、配水系统及底部集水渠的水头损失之和。池内砂面上的最高水位与出水堰堰顶水位之差，是最大的过滤水头损失值，即为期终允许水头损失值。

当滤池内砂面上水位到达最高值时，即进行反冲洗。首先破坏进水虹吸管 3 的真空以终止虹吸进水。这时，滤池内仍在过滤，水位继续下降。池内水位的下降速度明显变慢后，利用真空系统 23 抽吸排水虹吸管 19、20 中的空气使之产生虹吸。刚开始时，滤池内剩余的待滤水首先排出，当滤池内砂面上水位下降到低于清水集水渠 13 内的水位且两者的水位差（即冲洗水头）足以克服配水系统 9、承托层 8 和滤层 7 的水头损失时，反冲洗开始。其他几格过滤的清水经清水室 11 到达底部集水区 10，经过配水系统 9、承托层 8 和滤层 7，排入排水槽 16 收集并流入反冲洗废水集水渠 17，再由排水虹吸管 19、20 排至排水渠 21。在排水渠 21 末端，翻过排水溢流堰，经排水管 22 排放。结束冲洗时，先破坏排水虹吸管 19、20 的真空，再抽吸进水虹吸管 3 中空气恢复虹吸进水，过滤重新开始。

2. 水力自动控制和强制操作（图 6-32）

（1）自动冲洗：在过滤一个周期后，滤池内砂面上水位上升，排水虹吸辅助管 6 的进口被淹没。待滤水流经虹吸辅助管 6 流入排水渠，并通过三通 16、排水抽气管 7 将排水虹吸管内的空气不断抽走，排水虹吸管内的水位也相应较快地上升，形成虹吸排水。此时，滤池内的水位迅速下降，降至接近排水槽上口时，清水渠内的清水就通过配水系统穿透滤层向上流动，开始反冲洗。

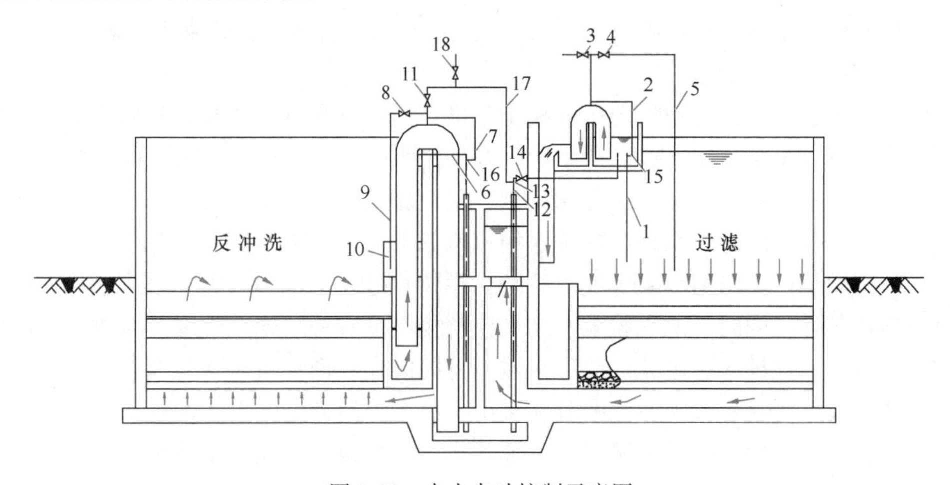

图 6-32　水力自动控制示意图

1—辅助虹吸管；2—进水抽气管；3—强制虹吸破坏阀门；4—封闭阀门；5—虹吸破坏管；6—虹吸辅助管；7—排水抽气管；8—计时调节阀；9—虹吸破坏管；10—计时水箱；11—强制操作阀；12—强制辅助虹吸管；13—抽气三通；14—强制辅助虹吸管阀门；15、16—抽气三通；17—强制抽气管；18—强制破坏虹吸阀门

（2）停止进水：排水虹吸形成后，滤池内水位迅速下降至进水虹吸破坏管 5 的管口以下，空气便进入进水虹吸管破坏了虹吸，致使进水停止。

（3）停止反冲洗：反冲洗开始后，滤池内水位迅速下降到计时水箱 10 的上沿时，计时水箱内的存水由虹吸破坏管 9 吸出，导致箱内水位下降。经一定时间（计时调节阀 8 控制），虹吸破坏管 9 的管口暴露出水面，而空气进入排水虹吸管破坏了虹吸，冲洗被迫停止，反冲洗过程结束。

（4）恢复进水：反冲时，其他几格过滤清水仍然从集水渠进入滤池，反冲洗停止后，滤池内的水位逐渐上升。当水位淹没进水虹吸破坏管 5 的下端口时，进气口形成水封。在进水辅助虹吸管 1 和抽气三通 15 的作用下，进水虹吸管内的空气不断被抽走，形成虹吸，恢复滤池进水，过滤过程重新开始。

(5) 强制操作：正常运行中，两格滤池同时反冲洗的几率很小。但是，如果进水水质变化或其他原因使得过滤周期缩短至10h以内时，可采用手动强制冲洗，以免发生两格滤池同时冲洗。或者滤池处于低负荷工作状态时，为避免在较低冲洗强度下产生泥球，必要时宜对各格滤池定时手动强制冲洗一次。

一组滤池设置一套抽气装置，接至各个排水虹吸管的抽气管上。当任何一格滤池需要冲洗时，只要开启强制辅助虹吸管上的阀门14和11，就可以使排水虹吸管形成虹吸进行滤池反冲洗。冲洗结束后，关闭阀门14和11。

进水虹吸管一般会自动形成虹吸，所以不必强制操作。若需要强制虹吸，则可用胶管临时将强制虹吸管与进水虹吸抽气管连通，开启阀门3，即会形成虹吸进水，然后关闭阀门3。

打开阀门3可破坏进水虹吸，而打开阀门11和18，并关闭阀门14，则可破坏排水虹吸。

通过阀门8调节破坏管的流量可改动管口暴露于空气的时间，进而控制反冲洗时间长短。

向配水槽内注水使进水虹吸管形成水封，关闭阀门4，进水虹吸管即可形成虹吸，开始工作。当滤池正常运行后，再打开阀门4，使进水虹吸管实现自动水力控制。

3. 工艺特点和设计计算

虹吸滤池的总进水量自动均衡地分配至各格，当总进水量不变时，各格均为变水头等速过滤；采用真空系统或继电控制进水虹吸管和排水虹吸管，代替了进水阀门和排水阀门的启闭，在过滤和反冲过程中实现无阀控制；利用滤池本身的出水及水头进行单格滤池的冲洗，不必设置专门的冲洗水泵或冲洗水箱（水塔）；过滤时，水位始终高于滤层，不会出现负水头现象。由于采用小阻力配水系统，单格面积不宜过大，反冲洗可用水头偏低，影响反冲洗均匀性。同时，池深较大，结构比较复杂，有一定施工难度。从滤料截留水中杂质的过程分析，这种等速过滤的滤后水质不易控制在较低水平。

虹吸滤池设计时首先考虑滤池的分格多少。由于滤池冲洗水来自本组滤池其他数格滤池的过滤水，故当其中一格反冲洗时，其他几格的过滤水量必须满足冲洗水量，即：

$$n \geqslant \frac{3.6q}{v} \tag{6-44}$$

式中 n——一组虹吸滤池分格数；

q——反冲洗强度，L/(s·m²)；

v——滤速，m/h。

由于一组虹吸滤池每格的进水堰口标高相同，则进入每格滤池的过滤水量相同。当任何一格滤池冲洗或者检修、翻砂时，其他几格都增加相同的水量。全部滤池均在工作的正常滤速和其中一格冲洗或其中一格检修、翻砂停运时其他几格的强制滤速符合下列关系式：

$$nv = (n-n')v' \tag{6-45}$$

式中 n——一组虹吸滤池分格数；

v——全部滤池工作时的滤速，m/h；

n'——停止过滤运行的格数；

v'——停运 n' 格滤池后其他几格滤池的强制滤速，m/h。

虹吸滤池冲洗前的过滤水头损失允许达到 1.5m。反冲洗时，清水集水渠内的水位与冲洗排水槽口标高差（即冲洗水头）宜采用 1.0～1.2m，并应有调整冲洗水头的措施。

虹吸进水管流速取 0.6～1.0m/s，虹吸排水管流速取 1.4～1.6m/s，依此计算管道断面。

【例 6-8】 设计一座虹吸滤池分为 n 格，设计滤速 8m/h。如果当其中一格滤池以 15L/(s·m^2) 的水冲洗强度冲洗时，该座滤池进水流量不变，且保持继续向清水池供应 30%的设计流量。则一格滤池反冲洗时其他几格滤池的强制滤速是多少？

【解】 假定该座滤池分为 n 格，当进水量不变的条件下，保持继续向清水池供应 30%的设计流量，剩余 70%的流量用于冲洗一格滤池，则有如下关系式：$8n(1-30\%)\text{m}^3/\text{h} \geqslant \frac{3600\times 15}{1000}\text{m}^3/\text{h}$，求得 $n \geqslant 9.64$，取 $n=10$ 格。

当一格滤池反冲洗前各格滤池的滤速都是 8m/h，代入式(5-24)，$8\times 10 = v'(10-1)$，得强制滤速 $v'=8.9\text{m/h}$。

6.4.5 重力式无阀滤池

无阀滤池是一种不设阀门、水力控制运行的等速过滤滤池。按照滤后水压力大小分为重力式和压力式两类。通常，滤后水出水水位较低，直接流入地面式清水池的无阀滤池为重力式；而滤后水直接进入高位水箱、水塔或用水设备，滤池及进水管中都有较高压力的无阀滤池为压力式。无阀滤池一般单格面积较小，常用于中小型规模水厂和分散的给水工程。本节主要介绍重力式无阀滤池。

1. 重力式无阀滤池的构造和工艺流程

重力式无阀滤池构造如图 6-33 所示，主要由进水分配槽、U 形进水管、过滤单元、

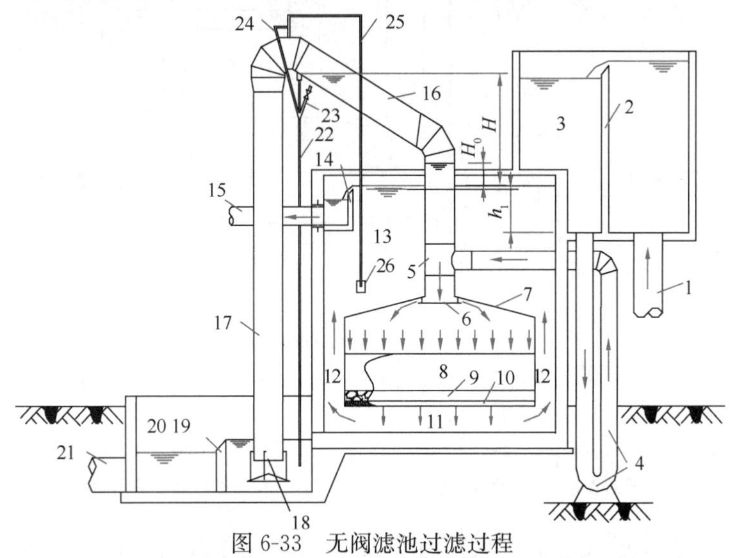

图 6-33 无阀滤池过滤过程

1—进水管；2—进水堰；3—进水分配槽；4—U 形进水管；5—三通；6—挡板；7—顶盖；8—滤料；9—承托层；10—配水系统；11—底部集水区；12—连通渠；13—冲洗水箱；14—出水堰；15—出水管；16—虹吸上升管；17—虹吸下降管；18—冲洗强度调节器；19—排水堰；20—排水井；21—排水管；22—虹吸辅助管；23—强制冲洗器；24—抽气管；25—虹吸破坏管；26—虹吸破坏斗

冲洗水箱、虹吸上升管、虹吸下降管、虹吸破坏系统组成。

过滤水从进水堰 2 流入配水槽 3，经 U 形进水管 4、三通 5、挡板 6 进入滤池顶盖下的空间，流经滤层 8、承托层 9 和配水系统 10，收集在底部集水区 11 后，经连通渠 12 进入冲洗水箱 13，最后从出水堰 14 溢流后由清水出水管 15 流入清水池。

过滤开始时，虹吸上升管 16 中的水位和冲洗水箱 13 中的水位差 H_0 值很小，称为起始过滤水头损失或清洁砂层水头损失。随着过滤时间的增加，滤层中截留的杂质增多，水头损失增加，虹吸上升管中的水位上升。挤压虹吸上升管中的空气从虹吸下降管 17 下端管口排出。当虹吸上升管中的水位到达虹吸辅助管 22 上端管口时，水流便从虹吸辅助管口向下流入排水井，通过下降水流在管中形成的真空和挟气作用，抽气管 24 抽吸虹吸上升管 16 中顶部及虹吸破坏管 25 中的积存气体，加速了虹吸上升管 16、虹吸下降管 17 中水位升高速度。当虹吸上升管 16、虹吸下降管 17 中空气被抽吸到一定真空度时，虹吸上升管中水位迅速到达顶端虹吸下降管连接处下落。大量水流越过虹吸下降管顶部顺流而下时，带出虹吸下降管中的空气，形成虹吸排水，从进水分配箱进入的待滤水经 U 形进水管 4、三通 5 直接流入虹吸上升管排出，过滤停止。

无阀滤池停止过滤的时刻即为反冲洗开始的时刻。此时有三条虹吸管路同时进行排水，如图 6-34 所示。

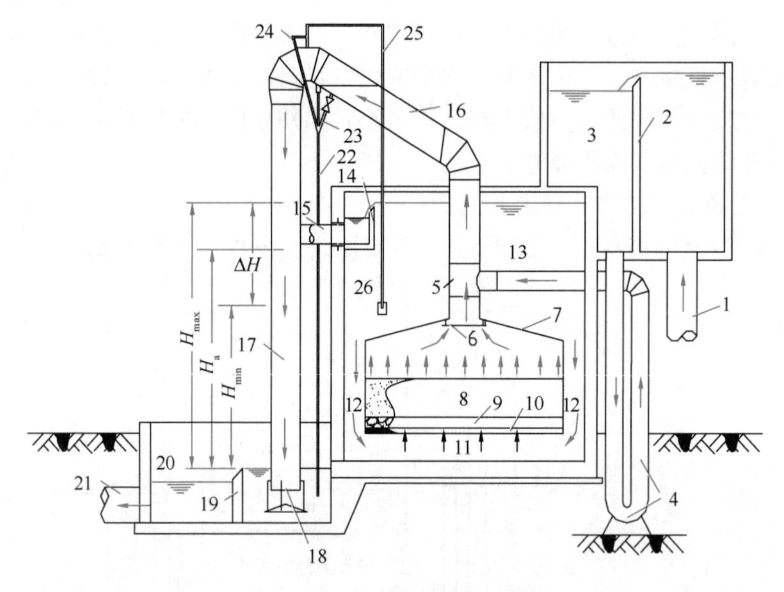

图 6-34　无阀滤池冲洗过程

1—进水管；2—进水堰；3—配水槽；4—U 形进水管；5—三通；6—挡板；7—顶盖；8—滤层；9—承托层；10—配水系统；11—底部集水区；12—连通渠；13—冲洗水箱；14—出水堰；15—出水管；16—虹吸上升管；17—虹吸下降管；18—冲洗强度调节器；19—排水堰；20—排水井；21—排水管；22—虹吸辅助管；23—强制冲洗器；24—抽气管；25—虹吸破坏管；26—虹吸破坏斗

其一是冲洗水箱中的大量清水从连通渠 12 流经承托层和滤层，经虹吸上升管 16、虹吸下降管 17 排入排水井 20，对滤池实施反冲洗。

其二是进水槽 3 中的待滤水不再经过滤层，直接经虹吸上升管、虹吸下降管排出。如果设置了自动停水装置，反冲洗的一格滤池会自动停止进水，仅在反冲洗初期有少量过滤水排出。

第三是虹吸破坏管25虹吸破坏斗26中的存水排入虹吸下降管。当冲洗水箱中水位下降到虹吸破坏斗26以下不再向破坏斗充水时，虹吸破坏管很快把破坏斗中的存水抽空，管口露出水面，随即大量空气从虹吸破坏管进入到虹吸上升管顶部，虹吸破坏，反冲洗结束，过滤水重新进入滤池，开始下一周期的过滤。

上述过滤、反冲洗过程是按照滤层截污量变化，引起过滤水头损失变化后水位上升，自动形成的水力控制过程。如果在滤层水头损失还没有达到引起自动反冲洗而因水质变化或调试过程中需要反冲洗时，可采用强制冲洗。打开强制冲洗器23上的进水阀门，通入压力水高速流入虹吸辅助管22，经抽气管24快速抽吸虹吸上升管中的空气，迫使水位上升到达虹吸下降管顶部后形成虹吸，即进行强制冲洗。

2. 重力式无阀滤池设计计算

重力式无阀滤池要求各管道设计严密、标高计算准确，完全按照水力计算结果自动运行，涉及内容较多，仅对主要部位的设计计算作一简要说明。

(1) 反冲洗水箱

反冲洗水箱置于滤池顶部，一般加设盖板或密封（留出人孔），水箱容积按照一格滤池冲洗一次所需要的水量计算：

$$V = 0.06qFt \tag{6-46}$$

式中 V——冲洗水箱容积，m^3；

q——冲洗强度，$L/(s \cdot m^2)$，一般采用平均冲洗强度 $q_a = 15L/(s \cdot m^2)$；

F——单格滤池过滤面积，m^2；

t——冲洗历时，min，一般取4～6min。

反冲洗水箱深度和合用一个冲洗水箱的滤池格数 n 有关，和下列设计要求有关。

① 当一格滤池冲洗时，其他几格滤池过滤的水量不参与冲洗，不计算连通渠和连通渠斜边面积，则冲洗水箱的深度 ΔH 为：

$$\Delta H = \frac{V}{nF} = \frac{0.06qFt}{nF} = \frac{0.06qt}{n} \tag{6-47}$$

② 各格滤池无冲洗时自动停止过滤进水装置，当一格滤池冲洗时，其他（$n-1$）格滤池过滤的水量补充到冲洗水箱参与冲洗，不计算连通渠和连通渠斜边面积，则冲洗水箱的深度 ΔH 为：

$$\Delta H = \frac{V}{nF} = \frac{0.06qFt - (n-1)Fvt/60}{nF} = \frac{0.06qt}{n} - \frac{(n-1)vt}{60n} \tag{6-48}$$

③ 各格滤池均有冲洗时自动停止过滤进水装置，当一格滤池冲洗时，其他（$n-1$）格滤池过滤的水量等于 n 格滤池过滤的水量，全部补充到冲洗水箱参与冲洗，不计算连通渠和连通渠斜边面积，则冲洗水箱的深度 ΔH 为：

$$\Delta H = \frac{V}{nF} = \frac{0.06qFt - nFvt/60}{nF} = \frac{0.06qt}{n} - \frac{nvt}{60n} \tag{6-49}$$

上述公式中符号同公式（6-46）中的符号。

多格滤池合用一座冲洗水箱，水箱水深可以减少很多。反冲洗时的最大冲洗水头 H_{max} 和最小冲洗水头 H_{min}，分别指的是冲洗水箱最高、最低水位和排水堰口标高的差值。

当冲洗水箱水深变浅后，最大冲洗水头和最小冲洗水头差别变小，反冲洗强度变化较小，能使反冲洗趋于均匀。

无阀滤池的分格多少除考虑冲洗水箱水深，冲洗强度均匀之外，还应考虑的是，当一格滤池冲洗时，其他几格过滤水量必须小于该格冲洗水量。这和虹吸滤池的分格要求正好相反。否则，其他几格过滤水量等于或大于一格反冲洗水量时，无阀滤池将会一直处于反冲洗状态。因此，一组无阀滤池合用一座反冲洗水箱时，其分格数一般$\leqslant 3$。当一格滤池冲洗即将结束时，其余两格滤池过滤水量不至于随即淹没虹吸破坏管口，使虹吸得以彻底破坏。

(2) 虹吸上升管

无阀滤池虹吸上升管的设计与冲洗水头有关。从反冲洗过程可知，冲洗水箱水经连通渠、承托层、滤层进入虹吸上升管、下降管排入排水井，其水量等于冲洗强度乘以滤池面积。设计时，冲洗强度采用平均冲洗强度，即按照 H_{max} 和 H_{min} 平均值 H_a 计算的冲洗强度。如果冲洗的一格不能自动停水，进入该格的过滤水直接进入虹吸上升管、虹吸下降管排出，则虹吸管的流量等于这两部分流量之和。在计算反冲洗总水头损失时，包括如下内容：

$$\Sigma h = h_1 + h_2 + h_3 + h_4 + h_5 + h_6 \tag{6-50}$$

式中 h_1——连通渠水头损失，m。按照反冲洗流量代入谢才公式 $i = v^2/C^2R$ 计算沿程水头损失，取进口局部阻力系数 $\xi_{进口}=0.5$，出口局部阻力系数 $\xi_{出口}=1$ 计算局部水头损失；

h_2——配水系统水头损失，m，见 6.3.4 节中小阻力配水系统；

h_3——承托层水头损失，m；

h_4——滤料层水头损失，m；

h_5——挡板水头损失，m，一般取 0.05m；

h_6——虹吸管沿程和局部水头损失，按照反冲洗流量加上过滤流量计算，m。

当滤池的面积和反冲洗强度确定后，即确定了反冲洗水的流量，从而也就能计算出 $h_1 \sim h_5$ 的水头损失值。但虹吸管水头损失值 h_6 不能确定，还需要确定虹吸管管径后计算。这时，可以先行选定管径计算出总水头损失，然后确定排水堰口的高度，使总水头损失 Σh 小于冲洗水箱平均水位与排水堰前水封井水位高差值，即 $\Sigma h < H_a$。也可以按照设定的平均冲洗水头 H_a，反求出虹吸管管径。在能够利用地形高差的地方建造无阀滤池，将排水井放在低处，增大平均冲洗水头后，便可减小虹吸管管径。设计时，虹吸下降管管径比上升管管径小 1～2 级。虹吸下降管管口安装冲洗强度调节器，用改变阻力大小的方法调节冲洗强度。

(3) 虹吸辅助管

虹吸辅助管是加快虹吸上升管、虹吸下降管形成虹吸、减少虹吸过程中水量损失的主要部件，如图 6-35 所示。当虹吸上升管中水位到达虹吸辅助管上端管口后，从辅助管内下降的水流抽吸虹吸上升管顶端积气，加速虹吸形成。在辅助虹吸作用下，虹吸上升管中的水位很快就会充满全管，所以用虹吸辅助管上端管口标高作为过滤过程中砂面上水位上升的最大值。虹吸辅助管管口标高和冲洗水箱中出水堰口 14 标高的差值即为期终允许过滤水头损失值 H。无阀滤池期终允许过滤水头损失多取 1.5～2.0m。为防止虹吸辅助管

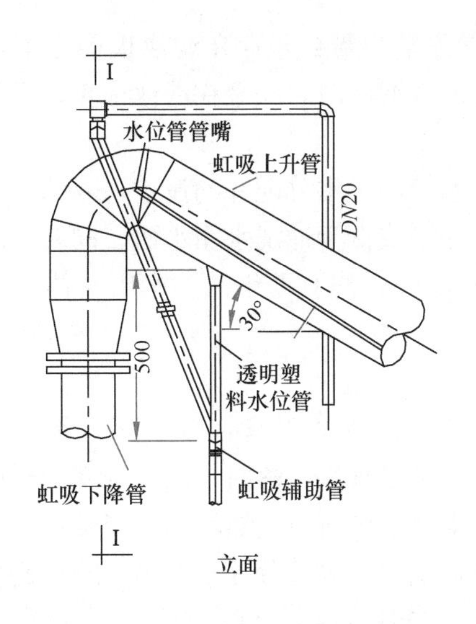

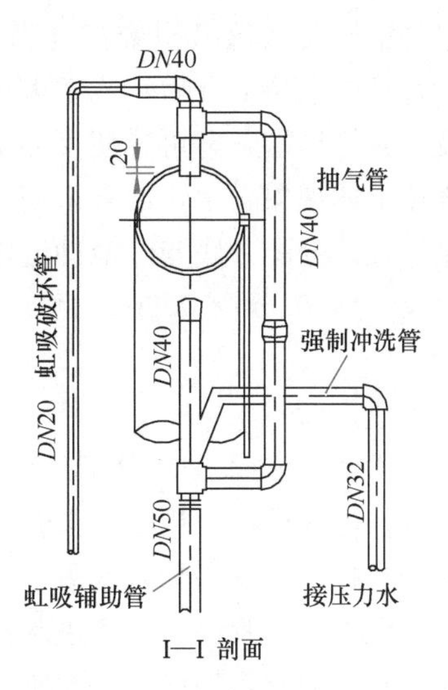

图 6-35 虹吸辅助管

管口被水膜覆盖，通常设计成比辅助管管径大一号的管口。有时，虹吸上升管中水位上升缓慢，而虹吸辅助管形成附壁流时间偏长，一些无阀滤池的虹吸辅助管采用从上升管中部接出，在原来焊接辅助管口标高处弯曲下来，可使虹吸辅助管中有足够水量抽吸虹吸上升管口的空气，加快形成虹吸。

(4) 虹吸破坏斗

虹吸破坏斗如图 6-36 所示。和虹吸辅助管相连接的虹吸破坏管 25、虹吸破坏斗 26 是破坏虹吸、结束反冲洗的关键部件。

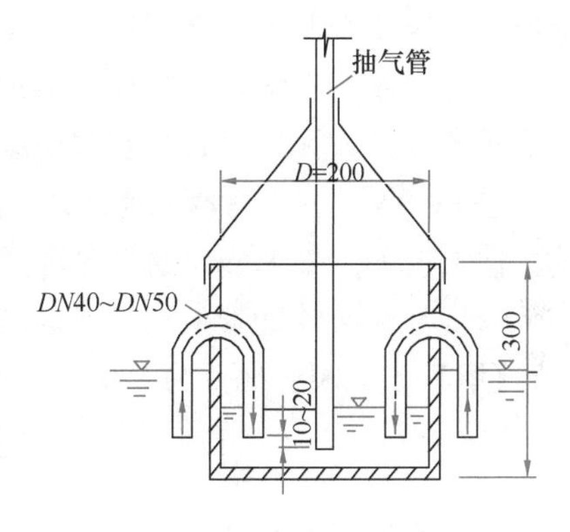

图 6-36 虹吸破坏斗

由虹吸破坏管抽吸破坏斗中存水排入虹吸下降管时，水斗中存水抽空后再行补充的间隔时间长短直接影响到虹吸破坏程度。当冲洗水箱中水位下降到破坏斗缘口以下仍能通过两侧的小虹吸管流入破坏斗。只有破坏斗外水箱水位下降到小虹吸管口以下，破坏斗才停止进水。虹吸破坏管很快抽空斗内存水后，管口露出进气，虹吸上升管排水停止，冲洗水箱内水位开始上升，当从破坏斗两侧小虹吸管管口上升到管顶向破坏斗充水时，需要间隔一定时间。于是，就有足够的空气进入虹吸管，彻底破坏虹吸。

(5) 进水分配槽

进水分配槽一般由进水堰和进水井组成。过滤水通过堰顶溢流进入到各格滤池，同时保持一定高度，克服重力流过滤过程中的水头损失。进水堰顶标高＝虹吸辅助管管口标高＋U 形进水管、虹吸上升管内各项水头损失＋保证堰上自由跌水高度（0.1～0.15m）。

进水分配槽的进水井和堰后的进水分配井大多合建在一起。堰后进水分配井平面尺寸和水深对无阀滤池的运行会产生一定影响。由于过滤水头损失逐渐增加，进水分配井中的水位逐渐升高。当滤料为清洁砂层或冲洗不久过滤时，水头损失很小，虹吸上升管及进水分配井中水位高出冲洗水箱水面很少，从进水堰上跌落的水流就会卷入空气，从进水管带入滤池。这些空气要么逸出积聚在虹吸上升管顶端，要么积存在滤池顶盖之下，越积越多。虹吸上升管中水位上升后，或者大量水流冲洗滤池时，积聚在滤池顶盖之下的气囊就会冲入虹吸上升管顶端，有可能使反冲洗中断。

为了避免上述现象发生，通常采用减小进水管、进水分配井的流速，保持进水分配井有足够水深，设计分配井底与滤池冲洗水箱顶相平或低于冲洗水箱水面。同时，放大进水分配井平面尺寸到(0.6m×0.6m)～(0.8m×0.8m)，均有助于散除水中气体，防止卷入空气作用。

（6）U形进水管

如图6-34所示，如果进水分配井出水直接进入虹吸上升管，而不设U形弯管，就会出现如下现象；过滤后期，当虹吸上升管中水流越过顶端下落时，反冲洗立即开始，冲洗水箱中清水经承托层、滤层涌入虹吸上升管，上升管中流量骤然增加，强烈抽吸三通处接入管中水流，无论进水管是否停止进水都会将进水管中大部分存水抽出，不可避免地吸入空气，破坏虹吸。为此，加设U形管进行水封，并将U形管管底设置在排水水封井水面以下，U形管中存水就不会排往排水井，也就不可能从进水管处吸入空气。

（7）过滤系统

无阀滤池滤料、承托层设置在封闭的池体下部，顶盖将过滤水和水箱清水隔开，并以10°～15°的坡度坡向虹吸上升管管口，以利于冲洗废水汇流排出。顶盖下安装挡板，防止进水直冲滤层。顶盖下的浑水区高度，即为反冲洗时滤料膨胀高度，一般等于50%的滤层厚度。为安全起见，在不计入顶盖下锥体高度条件下，再加上0.10m安全高度。

因冲洗水头有限，设置在滤料承托层下的配水系统均采用小阻力系统，承托层上铺单层石英砂滤料或无烟煤石英砂双层滤料。

【例6-9】 一座无阀滤池共分3格，设计反冲洗强度15L/(s·m^2)，冲洗历时6min，平均冲洗水头H_a=2.80m，期终允许过滤水头损失H=1.70m。排水井堰口标高为－0.50m，求无阀滤池虹吸辅助管上端管口标高最大值是多少？

【解】 无阀滤池分为3格，其冲洗水箱有效水深为：

$$\Delta H=\frac{V}{nF}=\frac{0.06qFt}{nF}=\frac{0.06\times15\times6}{3}=1.80\text{m}$$

冲洗水箱平均水位（即1/2水深处）标高为：2.80＋（－0.5）＝2.30m

冲洗水箱出水溢流堰口标高为：$2.30+\frac{1.80}{2}=3.20\text{m}$

虹吸辅助管上端管口标高最大值为：3.20＋1.70＝4.90m

6.4.6 压力式无阀滤池和压力滤池

1. 压力式无阀滤池

压力式无阀滤池常作为小型水厂或厂矿水厂的处理构筑物。当水源水浊度较低无需建造沉淀构筑物而直接过滤时使用。其构造形式如图6-37所示。

压力式无阀滤池由水泵3抽取水源水，同时在吸水管2上投加混凝剂，通过滤池5接触过滤后的清水经清水管6进入水塔中分隔出来的冲洗水箱，再溢流到高位水塔供给用户使用。当过滤一段时间后，过滤水头损失增加，同时有一部分水流从虹吸上升管9流入虹吸辅助管12，通过抽气管13抽吸虹吸下降管10顶部空气形成真空，水泵停止工作，冲洗水水箱中的水沿清水管6冲洗滤池后经虹吸上升管9、虹吸下降管10排出到排水井14。冲完后，水泵重新启动，进行下一周期的过滤。压力式无阀滤池和压力滤池都是一种自动控制运行的小规模的水处理构筑物，即使在平原地带也可不设二级清水泵房的供水系统。

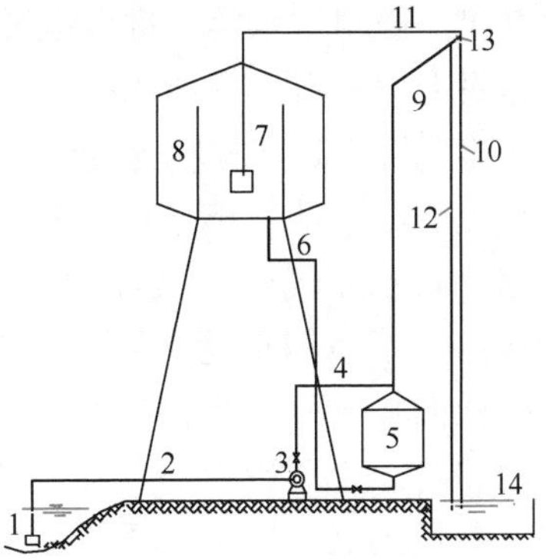

2. 压力滤池

压力滤池是一种工作在高于正常大气压下的封闭罐式快滤型滤池。一般池体为钢制的圆柱状封闭罐，可分为立式和卧式两种。由于单池过滤面积较小，所以通常用作软化、除盐系统的预处理工艺，也可以用于工矿企业、小城镇及游泳池等小型或临时供水工程。

压力滤池像无阀滤池一样设有进水系统、过滤系统和配水系统，池体外则设置各种管道、阀门和其他附属设备。图6-38为双层滤料压力滤池示意图。

压力滤池的过滤和冲洗过程基本上同普通快滤池，所不同之处在于：进水是用水泵送入滤池，滤池在压力下工作；滤后水的压力一般较高，可以直接输入水塔中或后续用水处。

图6-37　压力式无阀滤池

1—取水管；2—吸水管；3—水泵；4—压力水管；5—滤池；6—清水管；7—冲洗水箱；8—向外供水水塔；9—虹吸上升管；10—虹吸下降管；11—虹吸破坏管；12—虹吸辅助管；13—抽气管；14—排水井

压力滤池有以下特点：(1) 池体一般采用圆筒形钢结构，池体直径在3m以下，设备定型，管理方便，可灵活地满足小型、分散性供水要求；(2) 滤层多采用双层滤料，进水浊度不宜太高，通常在100NTU以下；(3) 滤层中不会出现负水头过滤现象；(4) 滤速选用8～10m/h，期终允许水头损失达5～7m；(5) 池体全封闭，不便装卸滤料和观察滤池运行过程；(6) 压力滤池工艺有时可省去二级清水泵站，直接向水塔输水后接入供水管网。

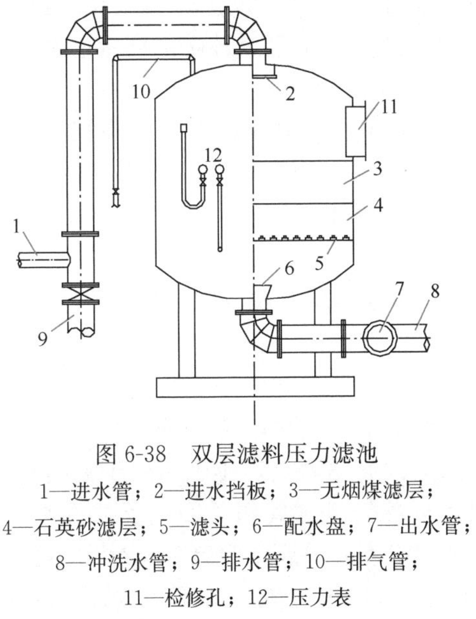

6.4.7　翻板阀滤池

翻板阀滤池是反冲洗排水阀板在工作过程中来回翻转的滤池。滤池冲洗时，根据膨胀的滤料复原过程变化阀板开启度，及时排出冲洗废水。

目前，在处理微污染水源水的工艺中，常常采用轻质的颗粒活性炭滤料，较大的冲洗强度容易使滤料浮起流失，很小的冲洗强度又往往不能使滤料冲洗干净。为此，一些水厂引进了这种翻板阀滤池。据介绍，翻板阀滤池对于多层滤料或轻质滤料滤池采用不同的反冲洗强度时具有较好的控制作用。

图6-38　双层滤料压力滤池

1—进水管；2—进水挡板；3—无烟煤滤层；4—石英砂滤层；5—滤头；6—配水盘；7—出水管；8—冲洗水管；9—排水管；10—排气管；11—检修孔；12—压力表

(1) 翻板阀滤池构造

翻板阀滤池构造和石英砂、无烟煤多层滤料滤池基本相同，其构造如图6-39所示。

翻板阀滤池分为进水、滤层、过滤水收集、反冲洗配水布气及反冲洗排水系统。进水系统一般由进水渠、进水堰及进水阀门（阀板）组成。为使进水均匀分配到各格滤池，通常设有进水渠。反冲洗排水渠和进水渠布置在滤池同一端或分在两端。进水阀板安装在进水渠侧墙上，每格滤池安装一块，过滤时开启进水，反冲洗时关闭。滤池滤料以颗粒活性炭为主，下铺石英砂垫层和砾石承托层。过滤水收集系统也是反冲洗的配水系统。过滤水由布水布气管（又称为横向排水管）收集后经垂直立管流入配水渠，再通过出水管排出。不锈钢垂直立管又称为垂直列管或列管组，并设有小布气管。每根立管连接一根横向排水管。横向排水管由塑料板加工而成（图 6-39），呈马蹄状，便于形成气、水两相流。上下留有布气配水孔，埋设在承托层之下。滤池排水由翻板阀和排水渠组成，翻板阀又称为泥水舌阀，安装在排水渠侧墙上，距活性炭滤料层 200mm 左右，是该种滤池关键技术之一。翻板阀布置安装如图 6-40 所示。

（2）翻板阀滤池的运行

1）过滤：过滤水流由进水渠经进水阀板和溢流堰进入滤池。设置各格进水堰口标高相同，使得每格滤池的进水量相同。滤池中的水流以重力流方式渗透穿过滤层、石英砂垫层和砾石承托层进入横向排水管，从竖向列管组中流入配水配气总渠，再通过出水管流入清水池。出水管上的阀门在过滤时调整开启程度，可使翻板阀滤池在等水头条件变速过滤，也可控制为变水头等速过滤。

2）反冲洗：翻板阀滤池中的滤料可以是颗粒活性炭下铺石英砂垫层，也可采用双层滤料。按照滤池反冲洗效果考虑，应以最小的反冲洗水量，使冲洗后滤层残留的污泥最少，同时又不使双层滤料乱层。翻板阀滤池通常采用气—水反冲洗形式。其过程为：

冲洗准备　关闭进水阀门，停止过滤进水，待滤池中滤料上水位下降到滤料层以上 50～100mm 时，关闭过滤出水阀门。

空气冲洗　开启进气管阀门，空气从滤层下部通过滤层，因气流扰动滤料层，使其发生移动填补、相互摩擦。空气冲洗强度 16L/(s·m^2)，冲洗时间 2～4min，比其他气水反冲洗滤池空气反冲洗强度高，冲洗时间短。

气水冲洗　采用空气、水同时反冲洗，使滤料之间产生强烈的相对运动发生摩擦，粘附在滤料表面的污泥脱落在缝隙之中并随水流排出。此阶段空气反冲洗强度维持在 16L/(s·m^2)左右，水反冲洗强度 4～5L/(s·m^2)，历时 4～5min。

后水冲洗　翻板阀滤池后水冲洗的主要目的是使滤料层膨胀起来，进一步相互摩擦，把滤料缝隙中的杂质全部冲出池外。和其他滤池一样，反冲洗供水可以是高位水箱或者反冲洗水泵输送。单独用水冲洗时的冲洗强度允许达 15～16L/(s·m^2)，滤层膨胀率 40%以上。

翻板阀滤池后水反冲洗的时间根据滤池反冲洗时滤层上的水位决定。当滤池滤料层上水位最低时开始反冲洗，水位到达滤池水位最大允许值时停止，经数十秒后逐渐打开排水阀板(翻板阀)排水。

冲洗废水排除　排水翻板阀安装在滤层以上 200mm 处，设有 50%开启度，100%开启度两个控制点。反冲洗开始时，冲洗水流自下而上冲起滤料层，排水阀处于关闭状态。当反冲洗水流上升到滤层以上距池顶 300mm 时，反冲洗进水阀门关闭或反冲洗水泵停泵。20～30s 后排水翻板阀逐步打开，先开启 50%开启度，然后再开启 100%开启度。经 60～80s 滤层上水位下降至翻板阀下缘，即淹没滤层 200mm 左右，关闭翻板阀，再开始

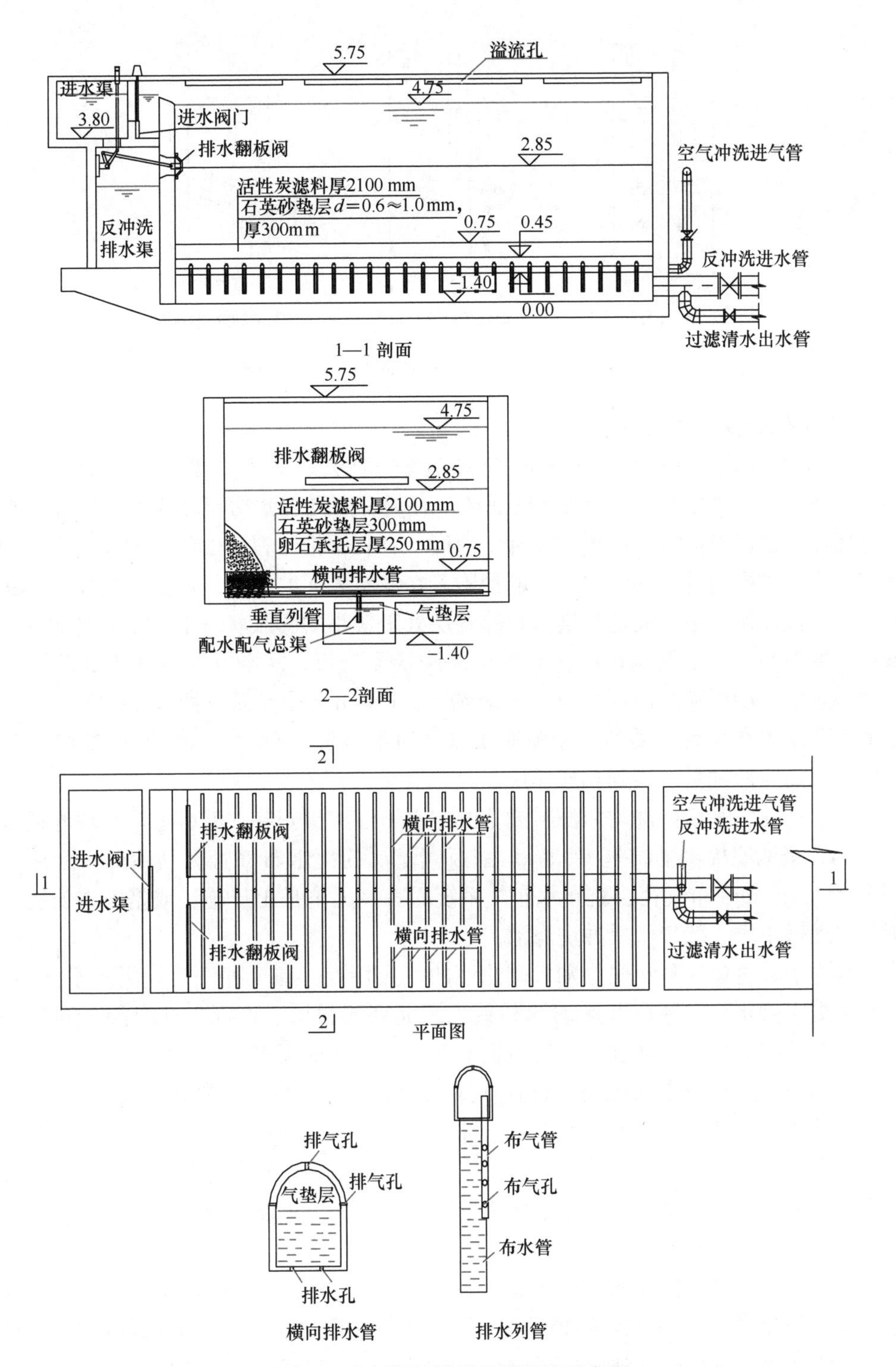

图 6-39　翻板阀活性炭吸附滤池示意图

另一次的反冲洗。

每冲洗一格滤池时，如此操作 2～3 次，即可使滤料中残余污泥小于 0.1kg/(m^3 滤料)，并且附着在滤料上的细小气泡也会被冲出池外。

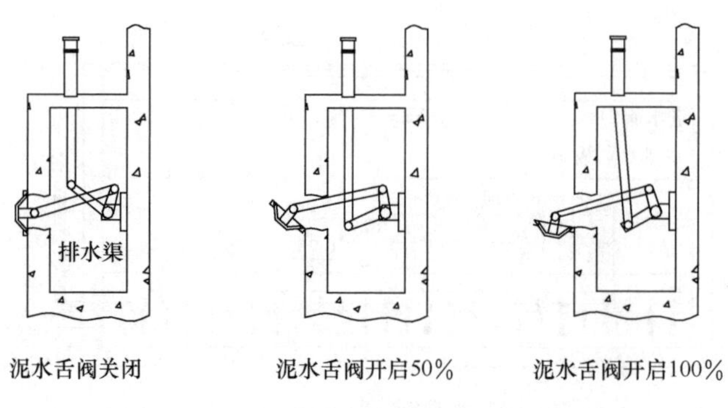

图 6-40　翻板阀（泥水舌阀）布置示意图

(3)翻板阀滤池的主要特点

翻板阀滤池用气或水反冲洗时允许有较大的反冲洗强度，水冲强度可达 15 L/(s·m^2)以上。这对于含污量较高的滤层，有利于恢复过滤功能。从水流冲洗滤料所产生的剪切冲刷作用考虑，瞬间增大反冲洗速度，有利于把滤料表面的污泥冲刷下来变成滤料缝隙间污泥排出池外，同时也能冲刷掉附着在滤料表面的气泡。从滤池反冲洗时滤料膨胀后相互摩擦作用考虑，高速冲洗时，滤料层处于较小的膨胀状态下，比低速冲洗有利于发挥相互摩擦作用。根据翻板阀滤池的反冲洗状况分析，从空气冲洗开始到后水冲洗结束，滤料层从移动到膨胀最后下沉，历时约 8～10min，后水高速冲洗 1～2min，滤料相互摩擦主要发生在滤料松动的开始膨胀阶段，而不是发生在后水冲洗时的滤料层膨胀阶段，但后水高速冲洗具有相辅相成作用。

通常设计的气水反冲洗均质滤料滤池的布水布气滤头安装在滤板上，每块滤板水平误差±1mm，全池滤板水平误差±3mm。翻板阀滤池的配水布气管为马蹄形，上部半圆形部分开 d=3～5mm 布气孔。就布水布气系统而言，无论是土建施工或是工艺安装，其简易程度都远远小于一般气水反冲洗滤池。

缓时排水、避免滤料流失是翻板阀滤池的一大特点。在反冲洗时，废水不立即排放，待反冲洗进水停止后，膨胀起来的滤料首先沉淀到滤料层，再逐步开启翻板阀排水。这样，即使在较高的反冲洗强度下，滤料也不至于随反冲洗废水流出池外。

翻板阀滤池反冲洗废水排放阀设置在滤池侧壁，阀门口与滤料层相距 150～200mm。当一次反冲洗进水结束后，部分滤料和被冲洗下来的污泥一并悬浮起来，因滤料粒径或密度大于冲洗下来的污泥颗粒的粒径、密度，先行下沉复位，随即打开排水阀，能使含泥废水几乎在 60s 以内完全排出。这种反冲洗缓时排水方法，允许有较高的反冲洗强度，又可避免排放废水时引起滤料流失。

活性炭轻质滤料滤池，滤层厚度 1.5～2.0m。表面滋生的菌落脱落物及截留的细小颗粒容易穿透到深层。往往因为反冲洗强度不足冲洗不干净，或者反冲洗强度过大滤料流失而影响过滤效果。翻板阀滤池延时排放废水的特点可有效克服上述矛盾。所以该种滤池有利于发挥滤料深层截污的特点，提高滤后水质，延长过滤周期。

(4) 翻板阀滤池设计要点

1) 滤料组成

单层滤料：石英砂滤料 d=0.9～1.20mm，厚 1200mm；

活性炭滤料 d=2.5mm，厚1500～2000mm。

双层滤料：石英砂滤料 d=0.7～1.20mm，厚800mm；

无烟煤滤料 d=1.6～2.5mm，厚700mm。

2）设计滤速　滤池滤速大小主要考虑进出水水质特点，当进水浊度<10NTU，出水浊度<0.5NTU，设计滤速取6～10m/h。

3）过滤水头损失2.00～2.50m，砂面以上水深1.5～2.0m。

4）气水反冲洗　空气冲洗：冲洗强度15～17L/(s·m^2)，历时3～5min；

气水同时冲洗：空气冲洗强度15～17L/(s·m^2)，水冲洗强度2.5～3.0L/(s·m^2)，历时4～5min；单水冲洗：冲洗强度15～16L/(s·m^2)，历时2～3min。

5）翻板阀底距滤层顶垂直距离不小于0.30m。

配水配气系统中的竖向配水管流速：1.5～2.5m/s；竖向配气管流速：15～25m/s；横向布水布气管水孔流速：1.0～1.5m/s；气孔流速：10～20m/s。

思考题与习题

1. 水中杂质被截留在滤料层中的原理是什么？
2. 水中杂质在滤层中穿透深度和哪些因素有关？
3. 滤层含污能力的大小和哪些因素有关？
4. 多层滤料提高过滤效果的原因是什么？气水反冲洗滤池具有较好过滤效果的原因是什么？
5. 直接过滤有哪些方式？如何优化设计直接过滤滤池？
6. 变水头过滤的滤池水头损失变化的原因是什么？
7. 等水头过滤和变水头过滤的过滤周期有什么不同？
8. 过滤过程中出现“负水头”过滤的原因是什么？如何避免这一现象的出现？
9. 滤料粒径表示方法有哪些？不均匀系数过大对过滤和反冲洗有什么影响？
10. 滤料承托层的作用是什么？在什么情况下可设计成较小的厚度？
11. 滤池单水反冲洗的原理是什么？气水反冲洗的原理是什么？
12. 什么是滤层的最小流态化冲洗速度？当反冲洗速度大于最小流态化冲洗速度时，如何计算滤层水头损失？
13. 滤池反冲洗强度如何计算？增大反冲洗强度对冲洗效果有什么影响？
14. 大阻力配水系统的原理是什么？设计要求有哪些？
15. 小阻力配水系统有哪些形式？大、小阻力配水系统的主要差别是什么？
16. 大阻力配水系统的反冲洗水塔或高位水箱的容积、高度如何确定？
17. 气水反冲洗的冲洗水泵如何选型？
18. 什么是滤池的强制滤速？普通快滤池分格要求是什么？
19. 普通快滤池的冲洗排水槽设计应符合哪些要求？
20. V型滤池V形槽的作用是什么？其断面尺寸如何确定？
21. 均质滤料滤池和普通快滤池的反冲洗过程有什么不同？
22. 均质滤料气水反冲洗滤池和普通快滤池的分格要求有什么不同？
23. 虹吸滤池的分格要求是什么？虹吸滤池较深的原因是什么？
24. 无阀滤池的分格要求和虹吸滤池有什么不同？无阀滤池水箱容积如何确定？
25. 无阀滤池进水分配槽水面标高和反冲洗排水水封井堰口标高有什么关系？

26. 取天然海沙砂样 200g，筛分试验结果见表 6-13。如果设计 d_{10} =0.54mm，k_{80} =2.0。筛选滤料时，筛除的砂料比例是多少？

筛分试验结果　　　　表 6-13

筛孔（mm）	留在该号筛孔上的砂量		通过该号筛孔的砂量	
	质量（g）	%	质量	%
2.36	0.80			
1.65	18.40			
1.00	40.60			
0.59	85.00			
0.25	43.40			
0.21	9.20			
筛地盘	2.60			
合计	200			

27. 根据上述筛选滤料，取滤料粒径 d 的大小为：0.59mm≤d<2.36mm，设计的滤层厚 70cm，空隙率 m_0 =0.40，砂粒球形度系数 Φ=0.94，当滤速为 10m/h、水温 20℃时的滤层起始过滤水头损失是多少？（参考答案：17.324cm）

28. 有一座气水反冲洗滤池，设计过滤滤速为 9m/h，并调节出水阀门保持恒水头等速过滤。在气水反冲洗时同时表面扫洗，表面扫洗强度 1.5L/(s·m^2)。如果进入该组滤池的过滤水量不变，在一格滤池反冲洗时其他几格滤池强制滤速不大于 11m/h，则该组滤池至少应分为几格？如果不设表面扫洗，其他设计参数不变，则该组滤池至少应分为几格？（参考答案：n>6 格）

29. 某水厂设置了一座颗粒活性炭吸附滤池，内装煤质颗粒活性炭滤层厚 1800mm。商品煤质颗粒活性炭 520kg/m^3，真密度 ρ_{s1} =0.8g/cm^3。湿水后颗粒活性炭粒径大小不变，湿真密度变为 ρ_{s2}=1.35g/cm^3，水的密度 $\rho_{水}$ =1.00g/cm^3。当以 12L/(m^2·s)冲洗强度单水冲洗滤池时，全部活性炭滤料层处于悬浮状态。这时向上水流托起活性炭滤料层的水头损失应为多少？（参考答案：活性炭滤料层水头损失 h =0.41m）

30. 快滤池管式大阻力配水系统，配水干管、支管起端流速都是 1.50m/s；如果要求该配水系统均匀性达到 95%以上，则支管上孔口的流速是多少？（参考答案：孔口流速 v=6.47m/s）

31. 快滤池大阻力配水系统配水支管上的孔口出流相当于淹没式孔口出流，如果支管上孔口总面积 f 和滤池过滤面积 F 之比(开孔比)α=0.25%，孔口流量系数 μ=0.62，单水反冲洗强度 15L/(s·m^2)，滤层、承托层水头损失之和为 0.70m，快滤池冲洗排水槽口高出清水池最低水位 6m，富余水头 1.0m，输水管总水头损失 1.2m，求反冲洗水泵扬程是多少？（参考答案：水泵扬程 13.67m）

32. 计算、设计 5 万 m^3/d 的快滤池一座。

33. 计算、设计 10 万 m^3/d 的气水反冲洗滤池一座。

第7章 消　　毒

为防止通过饮用水传播疾病，在生活饮用水处理中，消毒是必不可少的。消毒并非要把水中微生物全部消灭，只是要消除水中致病微生物。致病微生物包括病菌、病毒及原生动物孢囊等。

水中微生物往往会粘附在悬浮颗粒上，因此，给水处理中的混凝、沉淀和过滤在去除悬浮物、降低水的浑浊度的同时，也去除了大部分微生物（包括病原微生物）。但尽管如此，消毒仍必不可少，它是生活饮用水安全、卫生的最后保障。

水的消毒方法很多，包括氯及氯化物消毒、臭氧消毒、紫外线消毒及某些重金属离子消毒等。氯消毒经济有效，使用方便，应用历史最久也最为广泛。但自1974年发现受污染水源经氯消毒后往往会产生一些有害健康的副产物，例如三卤甲烷等，人们便重视了其他消毒剂或消毒方法的研究，例如，近年来人们对臭氧和二氧化氯消毒日益重视。但不能就此认为氯消毒会被淘汰。一方面，对于不受有机物污染的水源或在消毒前通过前处理把形成氯消毒副产物（DBPs）的前体物（如腐殖酸和富里酸等）预先去除，氯消毒仍是安全、经济、有效的消毒方法；另一方面，除氯以外其他各种消毒剂的副产物以及残留于水中的消毒剂本身对人体健康的影响，仍需要进行全面、深入地研究。因此，就目前情况而言，氯消毒仍是应用最广泛的一种消毒方法。

7.1 氯　消　毒

7.1.1 氯消毒机理

氯气是一种黄绿色有毒气体。液态氯为黄绿色透明液体。氯容易溶解于水（20℃和98kPa时，溶解度7160mg/L）。当氯溶解在纯水中时，下列两个反应几乎瞬时发生：

$$Cl_2 + H_2O \rightleftharpoons HOCl + H^+ + Cl^- \tag{7-1}$$

次氯酸HOCl部分离解为氢离子和次氯酸根：

$$HOCl \rightleftharpoons H^+ + OCl^- \tag{7-2}$$

其平衡常数为：

$$K_i = \frac{[H^+][OCl^-]}{[HOCl]} \tag{7-3}$$

在不同温度下次氯酸离解平衡常数见表7-1。

次氯酸离解平衡常数　　表7-1

温度（℃）	0	5	10	15	20	25
K_i（$\times 10^{-8}$）(mol/L)	2.0	2.3	2.6	3.0	3.3	3.7

水中所含Cl_2、HOCl和OCl^-均称自由氯或游离氯。

【例 7-1】 计算在 20℃，pH 为 7 时，次氯酸 HOCl 所占的比例。

【解】 根据式（7-3），可得

$$\frac{[OCl^-]}{[HOCl]}=\frac{K_i}{[H^+]}$$

K_i 可查表 7-1，在 20℃时，$K_i=3.3\times10^{-8}$，HOCl 所占比例为

$$\frac{[HOCl]\times100}{[HOCl]+[OCl^-]}=\frac{100}{1+\frac{[OCl^-]}{[HOCl]}}=\frac{100}{1+\frac{K_i}{H^+}}=\frac{100}{1+\frac{3.3\times10^{-8}}{10^{-7}}}=75.2\%$$

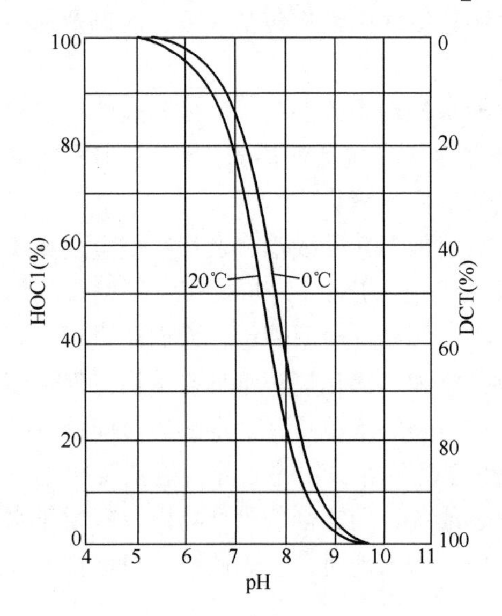

图 7-1 不同 pH 和水温时，水中 HOCl 和 OCl^- 的比例

由此可见，HOCl 与 OCl^- 的相对比例取决于温度和 pH。图 7-1 表示在 0℃和 20℃时，不同 pH 值时的 HOCl 与 OCl^- 的比例。pH 高时，OCl^- 较多，当 pH＞9 时，OCl^- 接近 100%；pH 低时，HOCl 较多，当 pH＜6 时，HOCl 接近 100%。当 pH＝7.54 时，HOCl 与 OCl^- 大致相等。

氯消毒作用的机理，一般认为主要通过次氯酸 HOCl 起作用。HOCl 为很小的中性分子，它能扩散到带负电的细菌表面，并通过细菌的细胞壁穿透到细菌内部。当 HOCl 分子到达细菌内部时，能起氧化作用破坏细菌的酶系统而使细菌死亡。OCl^- 虽亦具有杀菌能力，但是带有负电，难于接近带负电的细菌表面，杀菌能力比 HOCl 差得多。生产实践表明，pH 越低 HOCl 浓度越高，则消毒作用越强，证明 HOCl 是消毒的主要因素。

以上讨论是基于水中没有氨成分。实际上，很多地表水源中，由于污染而含有一定的氨。氯加入这种水中，产生如下反应：

$$Cl_2+H_2O=HOCl+HCl \tag{7-4}$$

$$NH_3+HOCl=NH_2Cl+H_2O \tag{7-5}$$

$$NH_2Cl+HOCl=NHCl_2+H_2O \tag{7-6}$$

$$NHCl_2+HOCl=NCl_3+H_2O \tag{7-7}$$

上述反应可见：次氯酸 HOCl、一氯胺 NH_2Cl、二氯胺 $NHCl_2$ 和三氯胺 NCl_3 都存在，它们在平衡状态下的含量比例决定于氯、氨的相对浓度、pH 和温度。理论上，常温下一氯胺生成最佳 pH 为 8.4，当 pH 大于 9 时，一氯胺占优势；当 pH 为 7.0 时，一氯胺和二氯胺同时存在，近似等量；当 pH 小于 6.5 时，主要是二氯胺；而三氯胺只有在 pH 低于 4.5 时才存在。水中的一氯胺、二氯胺和三氯胺均称化合性氯。

从消毒效果而言，水中有氯胺时，仍然可理解为依靠次氯酸起消毒作用。从式（7-5）到式（7-7）可见：只有当水中的 HOCl 因消毒而消耗后，反应才向左进行，继续产生消毒所需的 HOCl。因此当水中存在氯胺时，消毒作用比较缓慢，需要较长的接触时间。也有资料报道，氯胺本身也能破坏细菌核酸和病毒的蛋白质外壳，从而达到消毒作用。故有关氯胺消毒的机理尚待研究。根据实验室静态实验结果，用氯消毒，5min 内可杀灭细菌

达 99%以上；而用氯胺时，相同条件下，5min 内仅达 60%，需要将水与氯胺的接触时间延长到十几小时，才能达到 99%以上的灭菌效果。比较 3 种氯胺的消毒效果，$NHCl_2$ 要胜过 NH_2Cl，但前者具有臭味。当 pH 低时，$NHCl_2$ 所占比例大，消毒效果较好。三氯胺 NCl_3 消毒作用极差，且具有恶臭味（到 0.05mg/L 含量时，已不能忍受）。值得注意的是 NCl_3 在水中溶解度很低，不稳定而易气化，沉淀物可引起爆炸。据报道 1kgNCl_3 最大爆炸能量相当于 0.42kg 炸药。一般自来水中不太可能产生三氯胺，其恶臭味和爆炸性并不引起严重问题。但是当自来水厂采用氯氨消毒或用到液氨时，硫酸铵溶液（或液氨）池不得与次氯酸钠溶液池（或容器）置于同一加氯间。硫酸铵（或液氨）池和次氯酸钠溶液池的清洗水不得使用同一根排水管混合排出，以免低 pH 的次氯酸钠溶液与氨反应生成 NCl_3，引起爆炸。

水中所含的氯以氯胺形式存在时，诸如一氯胺、二氯胺和三氯胺均称为化合性氯或结合氯。自由性氯的消毒效能比化合性氯要高得多。为此，可以将氯消毒分为两大类：自由性氯消毒和化合性氯消毒。

7.1.2 氯消毒方法和投加点

1. 加氯量与余氯量关系

水中加氯量，可以分为两部分，即需氯量和余氯量。需氯量指用于灭活水中微生物、氧化有机物和还原性物质等所消耗的部分加氯量。为了抑制水中残余病原微生物的再度繁殖，出厂水和管网中尚需维持少量剩余氯。出厂水的余氯量需低于游离氯的嗅阈值，一般不高于 0.8 mg/L。我国《生活饮用水卫生标准》规定出厂水游离性余氯在接触 30min 后不应低于 0.3mg/L，在管网末梢不应低于 0.05mg/L；当采用化合氯消毒时，出厂水中一氯胺余量在与水接触 120min 后不少于 0.5mg/L，管网末梢不低于 0.05mg/L。管网末梢余氯量虽仍具有消毒能力，但对再次污染的消毒尚嫌不够，而可作为预示再次受到污染的信号，此点对于管网较长且有死水端和设备陈旧的情况，尤为重要。

以下分析不同情况下加氯量与剩余氯量之间的关系：

（1）如水中无微生物、有机物和还原性物质等，则需氯量为零，加氯量等于剩余氯量，如图 7-2中所示的虚线①，该线与坐标轴呈 45°角。

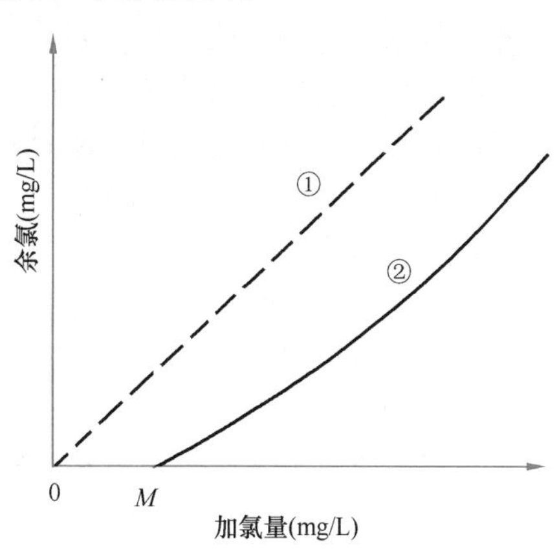

图 7-2 加氯量与余氯关系

（2）事实上天然水特别是地表水源多少已受到有机物和细菌等污染，氧化这些有机物和杀灭细菌要消耗一定的氯量，即需氯量。加氯量必须超过需氯量，才能保证一定的剩余氯。当水中不含氨氮物质时，需氯量 0M 满足以后就会出现余氯，如图 7-2 中的实线②。因水中不含氨氮，故余氯为自由氯。这条曲线与横坐标交角小于 45°，其原因为：

1）水中有机物与氯作用的速度有快慢。在测定余氯时，有一部分有机物尚在继续与氯作用中。

2）水中余氯有一部分会自行分解，如次氯酸由于受水中某些杂质或光线的作用，产生如下的催化分解：

$$2HOCl \longrightarrow 2HCl + O_2 \tag{7-8}$$

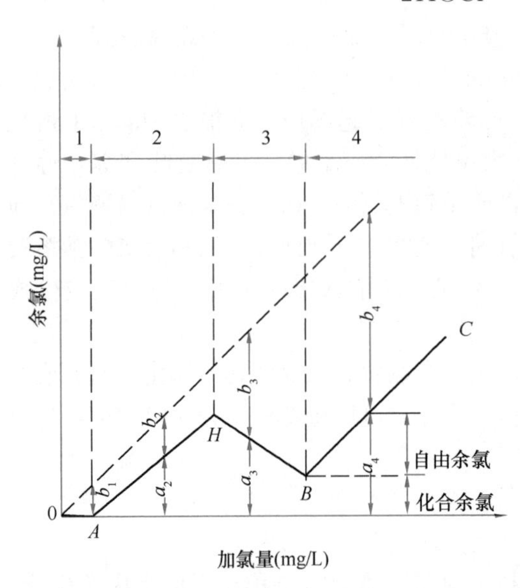

图 7-3　水中含有氨时加氯量与余氯的关系

（3）当水中含有氨和氮化合物时，情况比较复杂。当起始的需氯量 0A（图 7-3）满足以后，加氯量增加，剩余氯也增加（曲线 AH 段），但后者增长得慢一些。超过 H 点加氯量后，虽然加氯量增加，余氯量反而下降，如 HB 段，H 点称为峰点。此后随着加氯量的增加，剩余氯又上升，如 BC 段，B 点称为折点。

图 7-3 中，曲线 AHBC 与斜虚线间的纵坐标 b 表示需氯量：曲线 AHBC 的纵坐标值 a 表示余氯量。曲线可分为 4 区，分述如下：

第 1 区，即 0A 段，称无余氯区。该区表示水中杂质把氯消耗尽，余氯量为零，需氯量为 b_1，这时消毒效果不可靠。

第 2 区，即曲线 AH，称化合性余氯区。加氯后，氯与氨发生反应，有余氯存在，但余氯为化合性氯，其主要成分是一氯胺。

第 3 区，即 HB 段，称化合性余氯分解区。该区内的化合性余氯随加氯量继续增加，开始下列化学反应：

$$2NH_2Cl + HOCl \longrightarrow N_2\uparrow + 3HCl + H_2O \tag{7-9}$$

反应结果使氯胺被氧化成一些不起消毒作用的化合物，余氯反而逐渐减少，最后到达折点 B。

超过折点 B 以后，进入第 4 区，即曲线 BC 段，称折点后余氯区。加氯量进入该区后，已经没有消耗氯的杂质了，故所增加的氯均为自由性余氯，加上原存在的化合性余氯，该区同时存在自由余氯和化合余氯。

从整个加氯曲线看，到达峰点 H 时，余氯量最多，但这是化合性余氯而非自由性余氯。在折点 B 处余氯最少，也是化合性余氯。在折点以后，若继续加氯，则余氯量也随之增加，而且所增加的是自由性余氯。加氯量超过折点的称为折点氯化或折点加氯。

加氯曲线应根据水厂生产实际进行测定。图 7-3 只是一种典型示意。由于水中含有多种消耗氯的物质（特别是有机物），故实际测定的加氯曲线往往不像图 7-3 那样曲折分明。

缺乏试验资料时，一般地表水经混凝、沉淀和过滤后或清洁的地下水，加氯量可采用 1.0～1.5mg/L，一般地表水经混凝、沉淀而未经过滤时，加氯量可采用 1.5～2.5mg/L。

2. 加氯点

过滤之后加氯，因消耗氯的物质已经大部分去除，所以加氯量很少。滤后消毒为饮用水处理的最后一步。在投加混凝剂时同时加氯，可以氧化水中的有机物，提高混凝效果。用硫酸亚铁作为混凝剂时，可以同时加氯，将亚铁氧化成三价铁，促进硫酸亚铁的混凝作用。这些氯化法称为滤前氯化或预氯化。预氯化还能防止水厂内各类构筑物中滋生青苔和延长氯胺消毒时间，使加氯量维持在图 7-3 中的 AH 段，以节约加氯量。对于受污染水源，为避免氯消毒的副产物过量产生，滤前加氯或预氯化应尽量减少氯的投加量。

当城市管网延伸很长，管网末梢的余氯难以保证时，需要在管网中途补充加氯。这样既能保证管网末梢的余氯，又不致使水厂附近管网中的余氯过高。管网中途加氯的位置一般都设在加压泵站或水库泵站内。

7.1.3 自由性氯和化合性氯消毒

广义而言，凡利用能在水中产生 HOCl 消毒的氯（Cl_2）和含氯化合物（如氯胺、漂白粉、次氯酸钠等）均称氯消毒。根据余氯成分，可分为“自由性余氯法”和“化合性余氯法”，通俗称“自由氯消毒”和“化合氯消毒”。

自由氯消毒和氯胺消毒两种方法的选择，主要基于消毒副产物（DBPs）的控制。加氯量越大，生成的消毒副产物越多，这是不争的事实。消毒副产物的分子结构式中仅含有碳原子的称为含碳消毒副产物（C-DBPs），诸如三卤甲烷（THMs）、卤乙酸（HAA）、卤代呋喃酮（MX）等；而其分子结构式中同时含有碳原子和氮原子的称为含氮消毒副产物（N-DBPs），诸如卤乙腈（HANs）、卤代硝基甲烷（HNMs）、卤乙酰胺（HAcAms）等。目前已经知道消毒副产物大约有 700 多种，仅对其中 100 余种可进行定量分析和毒性测试。

若水中不含氨物质，需氯量满足以后所增加的投氯量均为自由余氯。但一般水源中总含有氨物质，只是含量不同。根据图 7-3，当原水中有机物和氨含量低时，加氯量可超过折点 B，此时所增加的氯均为自由氯（即曲线第 4 区）。若第 4 区内自由氯在总余氯量中占优势（有资料认为占 80%以上），可认为是自由氯消毒（即自由余氯法），也称“折点氯化法”。因自由氯消毒效果远胜于化合氯消毒，故折点氯化法应用较广。但当水中有机物含量高时，由于自由氯氧化能力强，可能会与水中腐殖质等一些有机物反应生成 THMs 和 HAAs 等具有“三致”作用的消毒副产物，且当水中氨含量高时，加氯量也大增，不经济，生成的消毒副产物浓度也高。故对污染较严重的水源，折点氯化法尽量慎用，或采用强化常规处理、预处理及深度处理等方法以减少氯化消毒副产物的前体物，或采用氯胺消毒法或采用其他消毒方法。

氯胺消毒作用缓慢，对细菌等灭活能力较自由氯弱。但氯胺消毒的优点是：当水中含有有机物和酚时，氯胺消毒不会产生氯臭和氯酚臭；加氯量少，无需过折点，可大大减少 THMs 和 HAAs 产生的可能；能保持水中余氯较久，尤其适用供水管网较长的情况。不过，因氯胺杀菌作用弱，单独采用氯胺消毒的水厂很少。

氯胺消毒首先利用原水中氨，不足时可以人工加氨，当原水中氨含量较高时，加氯量控制在加氯曲线峰点（H 点）以前，化合性余氯量能满足消毒要求时，即无需加氨，加氯量也较节省。如果加氯曲线中峰点的化合余氯量满足不了消毒要求，则可人工加氨。人工投加的氨可以是液氨、硫酸铵 $(NH_4)_2SO_4$ 或氯化铵 NH_4Cl。硫酸铵或氯化铵应先配成溶液，然后再投加到水中。液氨投加方法与液氯相似，化学反应见反应式（7-4）至式（7-6）。

氯和氨的投加量视水质不同而比例不同。一般采用氯∶氨=(3∶1)～(6∶1)。当以防止氯臭为主要目的时，氯和氨之比小些；当以杀菌和维持余氯为主要目的时，氯与氨之比应大些。

采用氯氨消毒时，一般先加氨，待其与水充分混合后再加氯，这样可减少氯臭，特别当水中含酚时，这种投加顺序可避免产生氯酚恶臭。但当管网较长，主要目的是为了维持余氯较为持久，可先加氯后加氨。有的以地下水为水源的水厂，可采用进厂水加氯消毒，出厂水加氨减臭并稳定氯。氯和氨也可以同时投加。有资料认为，氯和氨同时投加比先加氨后加氯，可减少有害副产物（如 THMs 和 HAAs 等）的生成。总之，采用氯胺消毒时，氯氨比和投加顺序应根据原水水质、水厂处理工艺和消毒要求等确定。

7.1.4 加氯设备和氯的贮存

人工操作的加氯设备主要包括加氯机（手动）、氯瓶和校核氯瓶质量（也即校核氯量）的磅秤等。近年来，自来水厂的加氯自动化发展很快，特别是新建的大、中型水产，大多采用自动检测和自动加氯技术，因此，加氯设备除了加氯机（自动）和氯瓶外，还相应设置了自动检测（如余氯自动连续检测）和自动控制装置。加氯机是安全、准确地把来自氯瓶中的氯输送到加氯点的设备。加氯机配以相应的自动检测和自动控制设备，能随着流量、氯压等变化自动调节加氯量，保证了制水质量。加氯机形式很多，可根据加氯量大小、操作要求等选用。氯瓶是一种贮氯的钢制压力容器。干燥氯气或液态氯对钢瓶无腐蚀作用，但遇水或受潮则会严重腐蚀金属，故必须严格防止水或潮湿空气进入氯瓶。氯瓶内保持一定的余压也是为了防止潮气进入氯瓶。

对液氯使用量在 40kg/h 以上的，原则上都要设置蒸发器；或采用其他安全可靠的增加气化量的措施。

采用氯蒸发器系统时，加氯机连接氯瓶的铜管接的是氯瓶下端的出氯口。氯瓶的功能仅是在内部压力的作用下将液态氯输送给氯蒸发器。在氯瓶内不发生气化，因此无需考虑氯瓶的喷水等保温供热措施。氯瓶的供气量只与氯蒸发器的蒸发量有关，供氯量要比氯瓶蒸发方式稳定得多。此外，采用氯蒸发器系统能根据监测仪表数据准确控制氯瓶中的剩余氯量，经济地使用氯瓶容积，能减少在线氯瓶的数量，节约占地面积和保证运行安全。

加氯间是安置加氯设备的操作间。氯库是贮备氯瓶的仓库。加氯间和氯库可以合建，也可分建。由于氯气是有毒气体，故加氯间和氯库位置除了靠近加氯点外，还应位于主导风向下方，且需与经常有人值班的工作间隔开。加氯间和氯库在建筑上的通风、照明、防火、保温等应特别注意，还应设置一系列安全报警、事故处理设施等。有关加氯间和氯库设计要求请参阅设计规范和有关手册。

7.1.5 氯的泄漏及其处置

加氯系统中的加氯机、管道阀门及氯瓶等均有可能漏氯。因此加氯间一般应设置漏氯报警装置和漏氯自动处理系统（如通风和漏氯吸收系统等）联动。当室内空气含氯量达到 $1mg/m^3$（少量泄漏）时，自动开启通风装置；当空气含氯量达到 $5mg/m^3$ 时，关闭通风装置并启动报警系统；当室内空气含氯量达到 $10mg/m^3$（大量泄漏）时，自动启动氯气吸收处理装置。因此要求漏氯检测仪的量程大约为 $0.7 \sim 15mg/m^3$。

事故处理设备和漏氯吸收系统如下：

1. 事故处理设备

水厂通常因地制宜设计事故处理设备。例如可常设一个能淹没故障氯瓶的碱液桶，事故时将氯瓶放入并迅速运出氯库。有的单位设置经常存有石灰水的事故坑，事故时将氯瓶迅速浸入坑内再作处理。

2. 漏氯吸收系统

漏氯吸收系统的处理能力按能在 1 小时内处理 1 个氯瓶的泄漏量设计，安装在邻近氯库和加氯间的单独房间内。漏氯吸收系统处理的尾气排放浓度必须符合《大气污染物综合排放标准》GB 16297—1996 的规定。

有些漏氯吸收装置已有成套设备生产。常用氢氧化钠碱液喷淋吸收，反应式如下：

$$2NaOH+Cl_2 \longrightarrow NaClO+NaCl+H_2O \quad (7\text{-}10)$$

吸收塔形式为逆流填料塔，如图 7-4 所示。吸收塔一般安装有碱雾吸收装置、漏氯监测仪和自动控制系统。

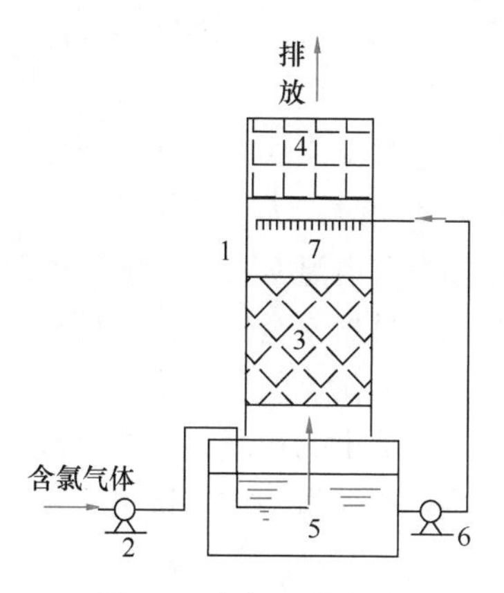

图 7-4　氯气吸收装置

1—吸收塔；2—离心空气泵；3—填料；4—除雾装置；5—碱液池；6—碱液泵；7—喷淋装置

吸收漏氯的碱液用量通常为：每 100kg 氯约用 125kg 氢氧化钠（30%溶液）或氢氧化钙（10%溶液），或 300kg 纯碱（25%溶液）。

也有的漏氯吸收系统采用氯化亚铁—铁粉悬浮液作为吸收液，亚铁的浓度大约为 20%。氯可以将铁元素氧化成亚铁，还有可能将亚铁进一步氧化成三价铁。由于三价铁的氧化还原电位比铁元素高，所以在有元素铁的条件下三价铁又能被铁粉还原成亚铁离子。因此最终消耗的是元素铁。理论上每 100kg 氯约消耗 79kg 铁粉。这种方法可以利用工业废铁屑，吸收液成本低，容易制备，腐蚀性较小，不容易变质。生成的氯化铁比较稳定，可以回收作为化工原料。

3. 抢救措施

加氯间外应设值班室。值班室内应备有防毒面具、人员抢救设施和工具箱。抢修工具和用品应放在加氯间的入口处，并在水厂其他地方设置备用；照明、通风和动力控制开关应设在容易操作的户外。

由于氯是有毒气体，发生泄漏时扩散快，影响范围大。因此在使用中要考虑氯气泄漏时的事故处理措施，中毒人员抢救程序（例如对氯中毒人员不能进行嘴对嘴人工呼吸，只能采用机械呼吸机和吸氧），故障设备的处置方案，以及工作人员的疏散预案等。

7.2　其他消毒方法

7.2.1　二氧化氯消毒

二氧化氯（ClO_2）在常温下是一种黄绿色气体，具有与氯相似的刺激性气味，沸点 11℃，凝固点－59℃，极不稳定，气态和液态 ClO_2 均易爆炸，故必须以水溶液的形式现场制取，即时使用。ClO_2 易溶于水，其溶解度约为氯的 5 倍。ClO_2 水溶液的颜色随浓度增加而由黄绿色转为橙色。在水中以溶解气体存在，不发生水解反应。水溶液在较高温度与光照下会形成亚氯酸盐（含 ClO_2^-）和氯酸盐（含 ClO_3^-），在水处理中 ClO_2 参与氧化还原反应也会生成 ClO_2^-。ClO_2 溶液浓度在 10g/L 以下时没有爆炸危险。水处理中 ClO_2 浓度远低于 10g/L。

制取 ClO_2 的方法较多。在给水处理中，制取 ClO_2 的方法主要有：

（1）用亚氯酸钠（$NaClO_2$）和氯（Cl_2）制取，反应如下：

$$Cl_2+H_2O \longrightarrow HOCl+HCl$$

$$\begin{array}{c} HOCl + HCl + 2NaClO_2 \longrightarrow 2ClO_2 + 2NaCl + H_2O \\ \hline Cl_2 + 2NaClO_2 \longrightarrow 2ClO_2 + 2NaCl \end{array} \tag{7-11}$$

根据反应式（7-11），理论上 1mol 氯和 2mol 亚氯酸钠反应可生成 2mol 二氧化氯。但实际应用时，为了加快反应速度，投氯量往往超过化学计量的理论值，这样，产品中就往往含有自由氯 Cl_2。作为受污染水的消毒剂，多余的自由氯存在就存在产生 THMs 的可能之虑，虽然不会像氯消毒那样严重。

二氧化氯的制取是在 1 个内填瓷环的圆柱形容器发生器中进行。由加氯机出来的氯溶液和泵抽出的亚氯酸钠稀溶液共同进入 ClO_2 发生器，经过约 1min 的反应，便得 ClO_2 水溶液，像加氯一样直接投入水中。发生器上设置 1 个透明管，通过观察，出水若呈黄绿色即表明 ClO_2 生成。反应时应控制混合液的 pH 和浓度。

（2）用酸与亚氯酸钠反应制取，反应如下：

$$5NaClO_2 + 4HCl \longrightarrow 4ClO_2 + 5NaCl + 2H_2O \tag{7-12}$$

$$5NaClO_2 + 2H_2SO_4 \longrightarrow 4ClO_2 + 2Na_2SO_4 + NaCl + 2H_2O \tag{7-13}$$

在用硫酸制备时，需注意硫酸不能与固态 $NaClO_2$ 接触，否则会发生爆炸。此外尚需注意两种反应物（$NaClO_2$ 和 HCl 或 H_2SO_4）的浓度控制，浓度过高，化合时也会发生爆炸。这种制取方法不会存在自由氯，故投入水中不存在产生 THMs 之虑。

制取方法也是在一个圆柱形 ClO_2 发生器中进行。先在两个溶液槽中分别配置一定浓度（注意浓度不可过高，一般 HCl 浓度 8.5%，亚氯酸钠浓度 7%）的 HCl 和 $NaClO_2$ 溶液，分别用泵打入 ClO_2 发生器，经过约 20min 反应后形成 ClO_2 溶液。酸用量一般超过化学计量 3～4 倍。

以上两种 ClO_2 制取方法各有优缺点。采用强酸与亚氯酸钠制取 ClO_2，方法简便，产品中无自由氯，但 $NaClO_2$ 转化成 ClO_2 的理论转化率仅为 80%，即 5mol 的 $NaClO_2$ 产生 4mol 的 ClO_2。采用氯与亚氯酸钠制取 ClO_2，1mol $NaClO_2$ 可产生 1mol 的 ClO_2，理论转化率 100%。由于 $NaClO_2$ 价格高，采用转化率高的氯与亚氯酸钠制取在经济上占有优势。当然，在选用生产设备时，还应考虑其他各种因素，如设备的性能，价格等。

二氧化氯对细菌的细胞壁有较强的吸附和穿透能力，从而有效地破坏细菌内含巯基的酶，ClO_2 可快速控制微生物蛋白质的合成，故 ClO_2 对细菌，病毒等有很强的灭活能力。ClO_2 的最大优点是不会与水中有机物作用形成三卤甲烷。此外，ClO_2 消毒能力比氯强；ClO_2 余量能在管网中保持较长时间，即衰减时间比氯慢；由于 ClO_2 不水解，故消毒效果受水的 pH 影响极小。不过，ClO_2 消毒副产物 ClO_2^- 和 ClO_3^- 对人体健康有毒性。ClO_3^- 长期接触可导致溶血性贫血，ClO_2^- 浓度高时会增加高铁血红蛋白。因此，我国《生活饮用水卫生标准》规定：使用二氧化氯消毒时，水中亚氯酸盐和氯酸盐含量均不超过 0.7mg/L。

目前，我国二氧化氯消毒在小型水厂应用较多，为了控制亚氯酸盐和氯酸盐副产物浓度，一般采用二氧化氯和氯联用消毒技术，先用二氧化氯消毒，投加量一般控制在 0.5mg/L 左右，不超过 0.7 mg/L，再根据需要在出厂水中投加适量氯。

7.2.2 次氯酸钠消毒

当前制备次氯酸钠方法主要是电解法和化学法，电解法制备次氯酸钠（NaClO）是用发生器的钛阳极电解食盐水而制得，反应式如下：

$$NaCl + H_2O \longrightarrow NaClO + H_2 \uparrow \tag{7-14}$$

次氯酸钠也是强氧化剂和消毒剂，但消毒效果不如氯强。次氯酸钠消毒作用仍靠HOCl，反应式如下：

$$NaClO + H_2O \rightleftharpoons HOCl + NaOH \tag{7-15}$$

次氯酸钠发生器有成品出售。由于次氯酸钠易分解，故通常采用次氯酸钠发生器现场制取，就地投加，不宜储运。制作成本就是食盐和电耗费用，此法一般用于小型水厂。

化学法制备次氯酸钠是用氢氧化钠吸收氯气制得，反应式如下：

$$2NaOH + Cl_2 \longrightarrow NaOCl + NaCl + H_2O \tag{7-16}$$

$$NaClO + H_2O \rightleftharpoons HOCl + NaOH \tag{7-17}$$

化学法也是我国在次氯酸钠溶液制备中使用的主要方法。次氯酸钠替代氯的消毒方法，消除了使用液氯的重大安全隐患，提高了生产运行的安全性，近年来颇受欢迎。

7.2.3 臭氧消毒

臭氧（O_3）是氧（O_2）的同素异形体。在常温常压下，它是淡蓝色的具有强烈刺激性气体，液态呈深蓝色。臭氧的标准电极电位为2.07V，仅次于氟（2.87V），居第二位。它的氧化能力高于氯（1.36V），二氧化氯（1.5V）。臭氧是一种活泼的不稳定的气体。臭氧密度约为空气的1.7倍，易溶于水，在空气或水中均易分解为O_2。臭氧对人体健康有影响，空气中臭氧浓度达到1000mg/L即有致命危险，0.01mg/L时即能嗅出，安全浓度为1mg/L。

臭氧都是在现场用空气或纯氧通过臭氧发生器产生的。臭氧发生系统包括气源制备和臭氧发生器。臭氧发生器是臭氧生产系统的核心设备。如果以空气作为气源，臭氧生产系统应包括空气净化和干燥装置以及鼓风机或空气压缩机等，所产生的臭氧化空气中臭氧含量一般在2%～3%（质量比）；如果以纯氧作为气源，臭氧生产系统应包括纯氧制取设备，所生产的是纯氧/臭氧混合气体，其中臭氧含量约达6%（质量比）。臭氧用于水处理，其工艺系统包括三部分：(1) 臭氧发生系统；(2) 接触设备；(3) 尾气处理设备。由臭氧发生器出来的臭氧化空气（或纯氧）进入接触设备与待处理水充分混合。为获得最大传质效率，臭氧化空气（或纯氧）应通过微孔扩散器等设备形成微小气泡均匀分散于水中。由于臭氧对生物体有毒害作用，故从接触设备排出的尾气应进行处理。

臭氧既是消毒剂，又是氧化能力很强的氧化剂。在水中投入臭氧进行消毒或氧化通称臭氧化。作为消毒剂，臭氧能通过直接氧化和间接氧化作用破坏微生物有机体结构而导致微生物死亡。所谓间接氧化，即臭氧在水中OH^-和某些有机或无机物的诱发下产生羟基自由基（OH·）的氧化。自由基（OH·）是强氧化剂（$E^\circ = 3.06V$）。它的氧化无选择性，氧化能力较直接氧化能力强、反应快，不过仅由臭氧所产生的羟基自由基很少，除非与其他物理化学方法配合方可产生较多的OH·。

与氯消毒相比，臭氧消毒的主要优点是：(1) 消毒能力强。与其他常用消毒剂比较，按消毒效果强弱顺序：臭氧>二氧化氯>氯>氯胺；(2) 不会产生THMs和HAAs等副产物；(3) 消毒后的水口感好，不会产生氯及氯酚等臭味。但臭氧消毒也存在以下缺点：(1) 臭氧在水中很不稳定，易分解，故经臭氧消毒后，管网水中无余量。为了维持管网中消毒剂余量，通常在臭氧消毒后的水进入管网前，尚需投加少量氯或氯胺。(2) 臭氧消毒系统设备复杂，电耗较高，投资较大。

臭氧消毒虽然不会产生 THMs 和 HAAs 等有害副产物，但也不能忽视在某些特定条件下可能产生有毒有害副产物。例如，当水中含有溴化物时，经臭氧化后，将会产生有潜在致癌作用的溴酸盐；臭氧也可能与腐殖质等天然有机物反应生成具有“三致”作用的物质如醛化物（如甲醛）等。不过，在一般给水处理中，这类副产物含量很低，通常在允许范围以内，故臭氧消毒副产物不像氯化副产物那样受到广泛关注。但在臭氧消毒以后再加氯以维持水中消毒剂余量时，还应注意，某些有机物经臭氧氧化形成的中间产物更易与氯作用生成“三致”物质。

由于臭氧消毒设备复杂，电耗较高，投资大，故城市水厂单纯消毒一般不采用臭氧，通常与微污染水源氧化预处理或深度处理相结合。

水的消毒方法除了以上介绍的几种以外，还有紫外线消毒、高锰酸钾消毒、漂白粉消毒、重金属离子（如银）消毒及微电解消毒等。综合各种消毒方法，可以这样说，没有一种方法完美无缺。不同消毒方法适用于不同条件和不同水量规模，应根据水质水量等具体情况选用。

思考题与习题

1. 目前水的消毒方法主要有哪几种？简要评述各种消毒方法的优缺点。

2. 什么叫自由性氯？什么叫化合性氯？两者消毒效果有何区别？简述两者的消毒原理。

3. 水的 pH 对氯消毒作用有何影响？为什么？

4. 什么叫折点加氯？出现折点的原因是什么？折点加氯有何利弊？

5. 什么叫余氯？余氯的作用是什么？

6. 制取 ClO_2 有哪几种方法？写出它们的化学反应式并简述 ClO_2 消毒原理和主要特点。

7. 用什么方法制取 O_3 和 NaOCl？简述臭氧消毒的优缺点。

8. 有一水厂砂滤池出水中氨氮（NH_3）含量为 1.5mg/L。采用氯气消毒时，①要求出厂水自由性余氯 0.3mg/L 以上，则加氯量至少应为多少？②如要求化学性余氯 0.5mgL 以上，则加氯量至少应为多少？（参考答案①9.69mg/L，②6.8mg/L）

9. 用氯气消毒时，灭活水中细菌的时间 T（s 计）和水中剩自由性余氯浓度 C（mg/L 计）有如下关系：$C^{0.86} \cdot T=1.74$。在余氯量足够时，水中细菌个数减少的速率仅与原有细菌个数有关，成一级反应，速度变化系数 $k=2.4s^{-1}$。如果自来水中含有 $NH_3=0.1$mg/L，要求杀灭 95% 以上的细菌，需要保自由性持余氯最少是多少 mg/L？（参考答案 2.095mg/L）

第 8 章　微污染水源的预处理和深度处理

在水源水质受到有机污染时，混凝、沉淀、过滤等常规处理工艺对水中有机污染物，特别是溶解性有机物及氨等去除效果有限，或色度、藻类等含量较高或 pH 异常，导致出水水质会出现感官性状、部分化学指标和消毒副产物超标的现象，出水水质安全性下降，可在常规处理工艺的基础上，增设预处理和深度处理工艺，才能使自来水厂的出厂水水质达到国家《生活饮用水卫生标准》。对于以黄河水为代表的含泥、砂量大的原水，也需进行预处理。预处理单元置于常规处理工艺之前，深度处理单元置于常规处理工艺之后。

8.1　预　处　理

在自来水厂常规处理工艺前面采用具有针对性去除对象的物理、化学和生物处理方法称为给水预处理，该工艺过程对水中的污染物进行初级处理，使常规处理工艺更好地发挥作用，可以减轻后续处理构筑物的去除负荷。目前常用的给水预处理方法包括高浊度水预处理、化学预氧化、生物预处理和粉末活性炭（PAC）吸附法等。

8.1.1　高浊度水预处理

高浊度水主要指流经黄土高原的黄河干流和支流的河水，水体含砂量较高，在沉降过程中形成界面沉降特征。其水质含砂量高到难以用浑浊度单位“NTU”来表述，工程上往往以单位体积的含砂量（kg/m^3）来测定。水中含砂量变化大和暴雨有关，即与汛期有关。

天然高浊度水的沉降可分为自由沉降、絮凝沉降、界面沉降和压缩沉降等四种类型。当含砂量较低（$6kg/m^3$ 以下）且泥砂颗粒组成较粗时，一般具有自由沉降的性质；当含砂量较高（$6kg/m^3$ 以上，$15\sim20kg/m^3$ 以下）且泥砂颗粒较细时，由于细小泥砂颗粒独特的电化学特性产生的自然絮凝作用，其影响因素为紊动、矿物组成、含盐量、温度、有机质含量、含砂量大小、粒度、沉降历时等，从而形成絮凝沉降；当含砂量更高时（$>15\sim20kg/m^3$ 以上时），细颗粒泥砂因强烈的絮凝作用而互相约束，形成浑水层。浑水层以同一平均速度整体下沉，并产生明显的清一浑水界面，此类沉降称界面沉降。组成浑水层的细颗粒泥砂称为稳定泥砂，其粒径范围随含砂量的升高而加大；原水含砂量继续增大，泥砂颗粒便进一步聚结为空间网状结构，黏性也急剧增高。此时颗粒在沉降中不再因粒径不同而分选，而是粗、细颗粒共同组成一个均匀的体系而压缩脱水下沉，称为压缩沉降。

当原水含砂量和浑浊度高时，宜采取预沉处理。预沉方式的选择，应根据原水含砂量及其粒径组成、砂峰持续时间、排泥要求、处理水量和水质要求等因素，结合地形条件采用沉砂、自然沉淀或凝聚沉淀。预沉处理的设计，水的含砂量应通过对设计典型年砂峰曲线的分析，结合避砂蓄水设施的设置条件，合理选取。高浊度水预处理的工艺可分为两类。一类是在条件允许的情况下，设置浑水调节水库作为天然预沉池，原水经取水设施进入预沉水库，进行自然沉淀，以去除大量泥砂。预沉水库的沉淀时间较长，一般都以天为单位，所以在设计时对流速等参数均不做控制，而常按事故调蓄水量的要求确定。预沉水库的设计库容，除包括沉淀过程所需容积、积泥体积和事故调节水量容积外，还应考虑渗漏和蒸发所消耗的容积。预沉水库一般可采用吸泥船作为排泥设施。

另一类是在用地条件受限制时，采用絮凝沉淀作为沉砂的预处理，常见的辐流式沉淀（砂）池、有平流沉淀（砂）池、水力旋流沉砂池、斜板（管）沉淀池、机械搅拌澄清池等，但必须对普通池形做适当改变，以解决大量泥砂的沉积、浓缩和排除。

1. 辐流式沉淀（砂）池　辐流式沉淀池是一种池深较浅的圆形构筑物。原水自池中心进入，沿径向以逐渐变小的速度流向周边，在池内完成沉淀过程后，通过周边集水装置流出，如图 8-1 所示。沉淀池直径 30～100m，周边水深 2.4～2.7m，池底最小坡度不小于 0.05，沉淀时间不少于 2～3h。可以采用自然沉淀，也可投加聚丙烯酰胺作絮凝沉降。沉淀池可采用机械排泥，也可采用人工排泥。

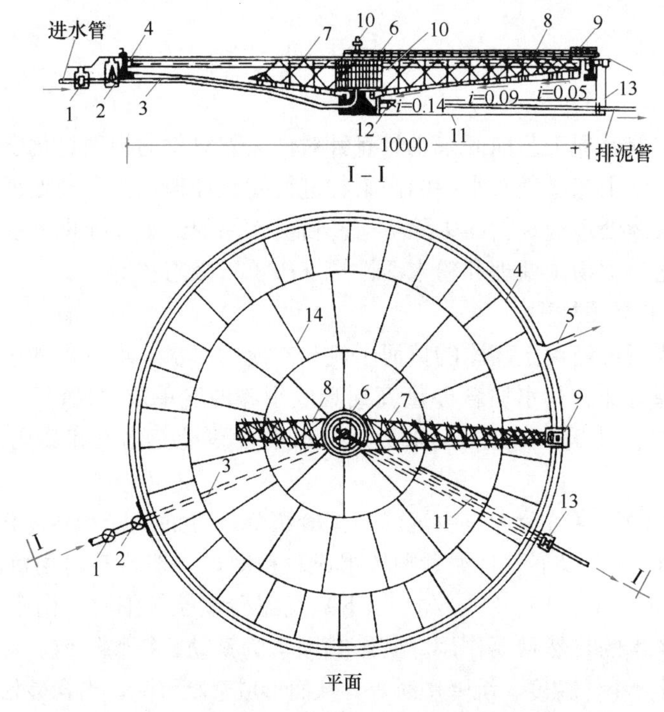

图 8-1　辐流式沉淀（砂）池

1—进水计量表；2—进水闸门；3—进水管；4—池周集水槽；5—出水槽；
6、7、8—转动桁架；9—牵引小车；10—圆筒形配水罩；11—排泥管廊；
12—排泥闸门；13—排泥计量表；14—池底伸缩缝

2. 平流式沉淀（砂）池　平流式沉淀（砂）池如图 8-2 所示。一般沉淀时间 15～30min，水平流速 20mm/s。该池形池长较短，进水端需设水流扩散过渡段，务使进水分配均匀。

3. 水力旋流沉砂池　水力旋流沉砂池多用于小型预沉池布置详见图 8-3。其利用水在容器内强烈旋转，使泥砂汇集中心而沉降除去。水力旋流沉砂池构造简单，水头损失较小

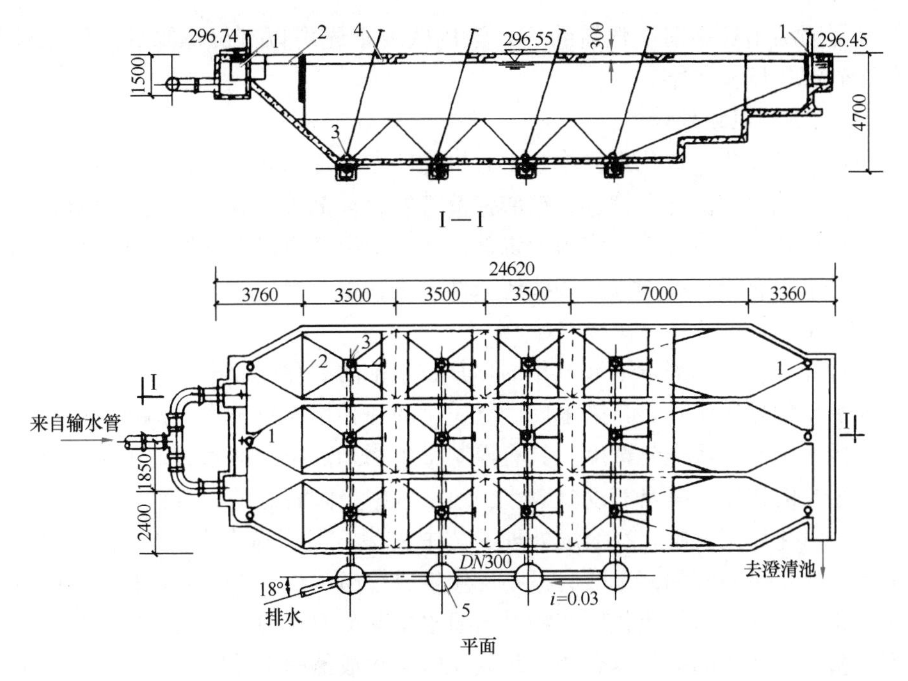

图 8-2 50000m³/d 平流沉砂池

1—提板闸；2—格栅；3—池底阀门；4—阀杆；5—检查井

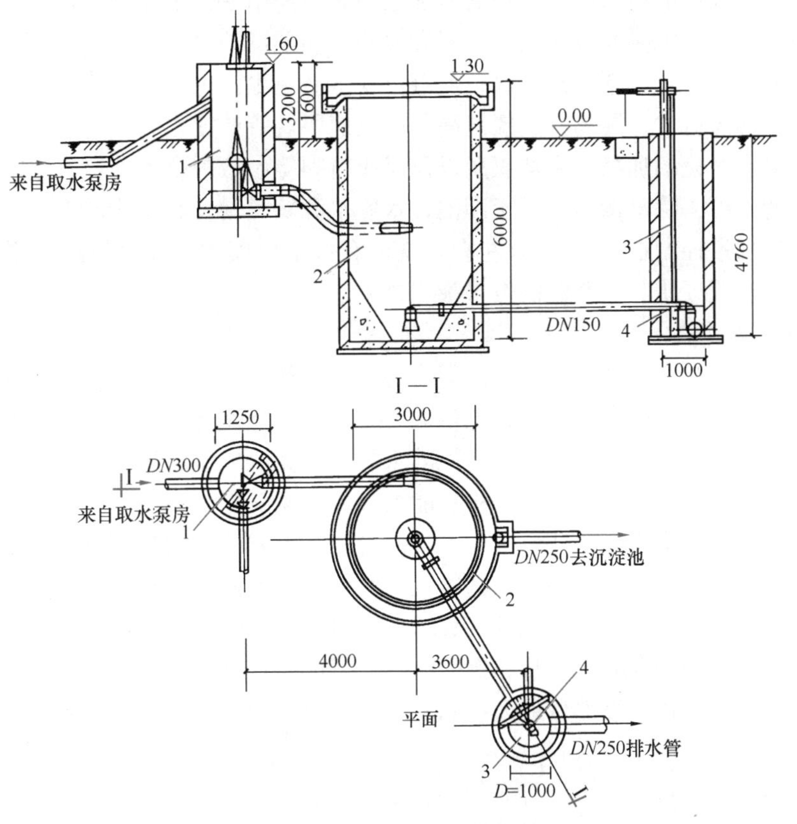

图 8-3 3000m³/d 水力旋流沉砂池

1—气水分离井；2—旋流沉砂池；3—排砂井；4—阀门

但池体较高，喷嘴出口略向下偏转约 3°，池内壁要求光滑以利旋流除砂。停池时彻底清扫，以免泥砂沉积压实堵塞。

8.1.2 化学预氧化处理

通过向水中投加化学氧化剂去除水中有机物的方法称为化学氧化法。常用的氧化剂有氯、臭氧、二氧化氯、高锰酸钾、高铁酸钾及其复合药剂等。其中，氯、臭氧、二氧化氯等，既是氧化剂，又是消毒剂。作为消毒剂，在本书第 7 章已有介绍。作为氧化剂，去除的对象主要是水中有机污染物以及某些还原性无机物以及微生物与藻类等。

1. 氯预氧化

氯是一种经济有效的消毒剂和氧化剂，其在水中的氧化还原电位 $E^{\circ}=1.36V$。在常规处理前投加氯，称预氯化，是自来水厂广泛应用的一种预氧化技术。预氯化能氧化某些有机物从而降低水中有机污染物浓度，具有控制微生物和藻类在取水管道中繁殖及其在水处理构筑物上生长的作用，并具有助凝效果。地下水中呈溶解态的二价铁、锰可经氯氧化为氢氧化铁和二氧化锰沉淀物，在后续处理工艺中去除。但当原水中有机污染物含量高时，氯与腐殖质主要是腐殖酸和富里酸有机物反应生成三卤甲烷（THMs）和卤乙酸（HAA）等对人体健康有危害作用的氯化副产物。当原水中藻类腐烂时，藻的代谢产物就会释放出来，特别是蓝绿藻产生的酚类化合物，与氯反应会生成氯酚臭味物质。氯可氧化水中部分含氮有机化合物而产生有毒有害的有机氯胺和含氮消毒副产物等。

有关给水设计标准指出，经处理的水加氯后，三卤甲烷等消毒副产物的生成量与前体物浓度、加氯量、接触时间成正相关。研究表明，在预沉池之前加氯，三卤甲烷等生成量最高；快速混合池次之；絮凝池再次；混凝沉淀池后更少。三卤甲烷等生成量还与氯、碳比值成正比；加氯量大、游离性余氯量高，则三卤甲烷等浓度也高。为了减少消毒副产物的生成量，氯预氧化的加氯点和加氯量以及反应时间等参数应合理确定。然而，氯具有较强的杀藻功能并可去除藻毒素，对于湖泊、水库水源藻类暴发和嗅味严重时，可在取水口加氯，一般投加量控制在 0.5mg/L 左右，既可有效杀灭藻类，又可使氯化副产物控制在一定范围内。实践证明，氯杀藻的效果最明显。

2. 二氧化氯预氧化

二氧化氯如果在常规处理前投加，即作为预氧化剂。二氧化氯一般与水中有机物有选择性的反应，在水中的标准氧化还原电位 $E^{\circ}=1.50V$，能氧化不饱和键及芳香族化合物的侧链。用二氧化氯处理受酚类化合物污染的水可以避免形成氯酚臭味。二氧化氯具有良好的除藻性能，水中一些藻类的代谢产物也能被二氧化氯氧化。

对于无机物，水中少量的 S^{2-}、NO^{2-} 和 CN^{-} 等有毒有害还原性酸根，均可被 ClO_2 氧化去除；二氧化氯可以将水中铁、锰氧化，对络合态的铁锰也有很好的去除效果。

二氧化氯预氧化的优点是生成的 THMs 类物质几乎可以忽略不计。但是二氧化氯预氧化也会产生有毒副产物亚氯酸盐和氯酸盐（二者的限值均为 0.7mg/L），水厂使用实践证明，需要限制二氧化氯投加量最大在 0.5～0.7mg/L。二氧化氯预氧化一般适用于小型水厂。

3. 高锰酸钾预氧化

高锰酸钾具有去除水中有机污染物、除色、除嗅、除味、除铁、除锰、除藻等功能，并具有助凝作用。高锰酸钾去除水中有机物的作用机理较为复杂，既有高锰酸钾的直接氧化作用，也有高锰酸钾在反应过程中形成的新生态水合二氧化锰对有机物的吸附和催化氧化作用。高锰酸钾氧化有机物受水的 pH 影响较大。在酸性条件下，高锰酸钾氧化能力较强（pH 极低时，E°可达 1.69V）；在中性条件下，氧化能力较弱（pH＝7.0 时，E°＝1.14V）；在碱性条件下，氧化能力有所提高，有的人认为可能是由于某种自由基生成的结果。pH 增高，高锰酸钾氧化速度加快，投加量可适当减少。

高锰酸钾投加量取决于原水水质。研究资料表明，用于去除有机微污染物、藻和控制嗅味的投加量可为 0.5～2.5mg/L，投加量最大不超过 3mg/L，以免水的颜色发生变化。投加适量高锰酸钾亦可除锰，但过量投加反而会引起锰含量更高。其投加量应精确控制，需通过烧杯搅拌试验确定。高锰酸钾宜采用湿式投加，投加溶液浓度宜为 1%～4%。用计量泵投加到管道中与待处理水混合，超过 5%的高锰酸钾溶液易在管路中结晶沉积。

高锰酸钾投加点可设在取水口，当在水处理工艺流程中投加时，先于其他水处理药剂投加的时间不宜少于 3min；经过高锰酸钾预氧化的水应通过砂滤池过滤，以滤除所生成的二氧化锰，否则出厂水中会增加色度。

投加在取水口的高锰酸钾经过与原水充分混合反应后，再投加氯或粉末活性炭等。高锰酸钾预氧化后再加氯，可降低水的致突变性。高锰酸钾与粉末活性炭混合投加时，高锰酸钾用量将会升高。如果需要在水厂内投加，高锰酸钾投加点可设在快速混合之前，与其他水处理剂投加点之间宜有 3～5min 的间隔时间。高锰酸钾系强氧化剂，其固体粉尘聚集后容易爆炸。

高锰酸钾复合药剂是以高锰酸钾为核心，由多种组分复合而成，可充分发挥高锰酸钾与复合药剂中其他组分的协同作用，强化除污染效能。

高锰酸钾使用方便，目前在给水处理中已多有应用，也有很多水厂作为应急处理储备药剂。但高锰酸钾在 pH 为中性条件下，氧化能力较差，且具有选择性。若过量投加高锰酸钾，处理后的水会有颜色，因此投加量不易控制。

4. 高铁酸钾预氧化

高铁酸钾（K_2FeO_4）是一种具有很强氧化能力的氧化剂，含正六价铁，在水中的标准氧化还原电位 E°＝2.20V，远高于高锰酸钾。高铁酸钾在 pH 为中性条件下，对水中有机污染物、色、嗅、味及藻类等均有很好的去除效果。六价铁被还原后生成三价铁，形成 $Fe(OH)_3$沉淀，通过共沉淀和吸附的作用起到絮凝剂的作用。高铁酸钾在水处理中具有发展应用前景。但目前高铁酸钾制备难度较大，成本较高，易分解，尚需进一步研究。

5. 臭氧预氧化

臭氧是氧的同素异形体，在常温下是一种有特殊臭味的淡蓝色气体，有强烈刺激性、氧化性很强。常用的生产臭氧的技术为电解、核辐射、紫外线、等离子体、电晕放电法等。水处理中往往以纯氧或空气作为氧源，臭氧发生器通过放电氧化产生臭氧。

臭氧投加在混凝、沉淀之前称为臭氧预氧化（简称预臭氧）。随着水污染问题的加剧和臭氧化研究的不断深入，臭氧化技术在水质净化中的作用已更多的得到国内、外的关注和重视。臭氧与水中污染物反应有两种途径，一种是直接反应，指臭氧分子直接和污染物的反应，主要有氧化还原反应、亲电取代反应（式（8-1））、环加成反应（式（8-2））等。臭氧分子对水中的有机污染物直接氧化，通常具有一定选择性，由于臭氧的偶极结构，臭氧分子只能与水中含有不饱和键的有机污染物反应导致键的断裂或与无机成分作用。臭氧可以与水中多种污染物发生这种缓慢反应，且对有机物氧化不彻底。另一种途径是间接反应，指利用臭氧自行分解（或是其他的直接反应）产生的羟基自由基（OH·）和污染物的反应。这是因为臭氧分子中氧原子具有强亲电子或亲质子性，臭氧分解后产生新生态氧原子，在水中可形成具有强氧化作用基团一羟基自由基（OH·）。该自由基可以与水中大部分有机物以及部分无机物发生反应，具有反应速率快、无选择性等特点。碱性条件下臭氧在水体中分解后产生羟基自由基等中间产物，因此当水中 pH 高于 7 时，以间接反应为主，有利于臭氧氧化，能够使许多有机物彻底氧化矿化生成 CO_2 和 H_2O。但难以达到全部矿化，可以将大分子的有机物氧化分解为小分子的有机物，以利于后续处理工艺的生物降解。一般 O_3 自行分解产生的（OH·）量有限，只有与其他物理、化学方法配合，方可产生。

$$C_6H_5OH \xrightarrow{O_3} C_6H_6(OH)(O{-}O{-}O) \longrightarrow C_6H_4(OH)_2 \xrightarrow{O_3} \longrightarrow CO_2+H_2O \qquad (8\text{-}1)$$

$$-C{=}C- \xrightarrow{O_3} -C(O)-C(O)-\ (O{-}O{-}O\ \text{环}) \longrightarrow \begin{cases} -C(=O)-OH \\ -C(=O)- \end{cases} \qquad (8\text{-}2)$$

O_3在水中的标准氧化还原电位 $E^{\circ}=2.07\text{V}$，氧化能力强，能氧化大部分有机物，可降低水中三卤甲烷生成潜能（THMFP），但对水中已经形成的三氯甲烷没有去除作用。O_3分解产生 O_2，有助于提高水中溶解氧浓度。预臭氧能氧化水中的一些大分子天然有机物，如腐殖酸、富里酸等。水中的色度和嗅味大多与有机物有关，预臭氧可以通过与不饱和基团的反应，破坏带双键和芳香环的致色有机物的结构，从而去除水中色度。预臭氧可以将水中的溶解性铁、锰氧化为高价离子，从而使之易于被后续水处理工艺去除。预臭氧可以溶裂藻细胞，杀死藻类，并使死亡的藻类易于被后续工艺去除，同时还可有效氧化去除水中的藻嗅化合物和藻毒素。预臭氧可以增加水中含氧官能团有机物（如羧酸等），使其与金属盐水解产物、钙盐等形成聚合体，降低颗粒表面静电作用，使颗粒更容易脱稳、沉淀，改善混凝条件，发挥助凝作用。预臭氧还可替代或减少前加氯以降低氯化消毒副产物。但臭氧除藻，一般需要的投加量较大，不及氯的效果。

目前，臭氧预氧化应用于微污染水源的处理越来越普遍。臭氧氧化工艺设施的设计应包括气源装置、臭氧发生装置、臭氧化气体输送管道、臭氧接触池和尾气破坏装置等。

位于常规处理的混凝、沉淀（澄清）之前的预臭氧接触池布置方法中有的采用图 8-4 所示形式。臭氧接触池的个数或能够单独排空的分格数不宜少于 2 个。臭氧接触池设计水深采用 4～6m。水流应采用竖向流，并设置竖向导流隔板将接触池分成若干区格。导流隔板间净距不宜小于 0.8m，隔板顶部和底部设置通气孔和流水孔。接触池出水采用薄壁堰跌水出流。臭氧接触池全密闭，池顶部设置臭氧尾气收集管和排放管以及自动双向压力平衡阀，池内水面与池内顶保持 0.5～0.7m 距离，接触池入口和出口处采取防止接触池顶部空间内臭氧尾气进入上、下游构筑物的措施。接触池出水端水面处设置浮渣排除管道。

臭氧投加量宜根据待处理水的水质状况并结合试验结果确定，也可参照相似水质条件

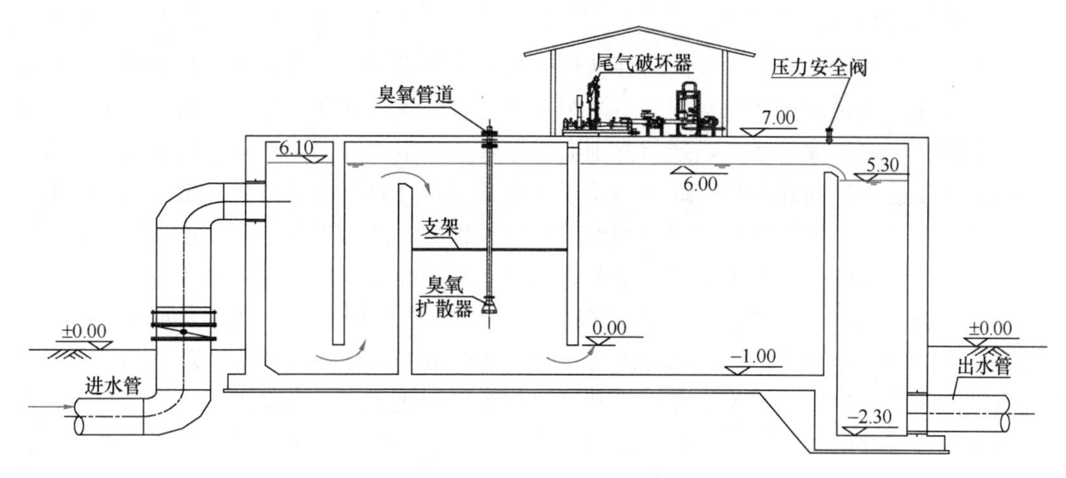

图 8-4　预臭氧接触池布置图

下的经验选用。一般预臭氧投加量为 0.5～1.0mg/L，接触反应时间为 2～5min。臭氧的投加方式，可通过水射器抽吸臭氧化气体后注入设在接触池进水管上的静态混合器（专用的臭氧管道混合器），或经设在接触池的射流扩散器直接注入接触池内。由于进入预臭氧池中的水为原水，可选用射流扩散器，其形状宜为弧角矩形或圆形，扩散器应设于该反应区格的平面中心。

为防止臭氧扩散装置被原水中的杂质堵塞，需外部提供部分动力水来与臭氧化气体混合，以提高臭氧的投加输送效率。抽吸臭氧化气体的水射器所用动力水，可采用沉淀（澄清）后、过滤后或水厂自用水（不宜采用原水）由专用增压泵供给。

所有与臭氧化气体或溶解有臭氧的水体接触的材料应耐臭氧腐蚀。输送臭氧气体的管道直径应满足最大输气量的要求，管道设计流速不宜大于 15m/s，管材应采用 316L 不锈钢。

以上所介绍的几种化学预氧化法处理后，原水中分子量＞30kDa 的大分子有机物的含量明显减少。虽然对水中有机污染物有氧化去除能力，但氧化能力均有一定限度，且有不同的选择性。预氧化会将大分子有机物氧化分解成小分子有机物，例如臭氧预氧化后，小分子有机物含量增加最多，而不能彻底氧化，即不会全部矿化变成二氧化碳和水。因而，有时候预氧化后，出水的致突变活性反而有所增加。故化学预氧化的应用需考虑此问题。

鉴于化学氧化法的局限性，人们便研究了一种高级氧化法。所谓高级氧化法（Advanced Oxidation Process，AOP）是指采用物理或化学方法的诱导使水中产生羟基自由基（OH·）的氧化。OH·是极强的氧化剂，标准氧化还原电位 $E^{\circ}=2.80$V，且无选择性，可使水中许多有机物彻底矿化。诱发 OH·产生有多种方法。例如，利用紫外光（UV）照射并以 TiO_2 作为催化剂的光催化氧化法（TiO_2/UV）；向水中投加臭氧（O_3）或 H_2O_2，同时采用紫外光照射的光激发氧化法（O_3/UV 或 H_2O_2/UV）；采用超声（US）和紫外（UV）联合辐照的光声氧化法（US/UV）；H_2O_2 和 Fe^{2+} 反应的 Fenton 试剂法（H_2O_2/Fe^{2+}）等，均可产生 OH·。高级氧化法一般用于生活饮用水的深度净化，但目前尚未在城市给水中应用。影响 OH·产率的因素较多，如何提高 OH·产率并付诸生产应用，尚需继续深入研究。

8.1.3 生物预处理

当水源水中氨含量较高，或同时存在可生物降解有机污染物或藻类含量很高时，可采用生物预处理。氨是微污染原水中的主要污染物之一，氨的存在增加了氯的消耗量，间接导致消毒副产物的生成量增加，残留氨则会促进管网中硝化细菌的增殖。目前去除原水中的氨的最佳工艺是生物处理法。此法原用于污水处理，且有近百年历史。由于近些年来水源水污染日益严重，生物处理法便应用到给水处理领域。微污染水源的预处理采用好氧生物处理，即生物膜法。当水中有足够的溶解氧时，利用好氧微生物的生命代谢活动去除水中氨和有机物，主要包括悬浮填料生物接触氧化法、塔式或曝气生物滤池和生物流化床等。曝气生物滤池则兼有降解氨和去除有机物以及固液分离作用，其基本理论和处理方法与污水处理相同。由于微污染水源中氨和有机物浓度相比于污水都低得多，故主要靠贫营养型微生物在足够的充氧条件下，不断与来水中的氨和有机物接触，通过其自身生命代谢活动（氧化、还原、合成、分解）等过程，充分发挥微生物的絮凝、吸附、硝化和生物降解作用，使水中氨和有机物得以转化和去除。

微污染原水中的含氮有机物，在微生物作用下可逐步生物降解生成 NH_3 和 NH_4^+。生物预处理就是在悬浮填料生物接触氧化池中创造富集好氧微生物的有利条件，在亚硝化杆菌和硝化杆菌的作用下进一步硝化合成 NO_2^- 和 NO_3^-，最后完成有机物的无机化过程。

$$2NH_4^+ + 3O_2 \xrightarrow{\text{亚硝化杆菌}} 2NO_2^- + 4H^+ + 2H_2O + 486 \sim 703\text{kJ(能量)} \quad (8\text{-}3)$$

$$2NO_2^- + O_2 \xrightarrow{\text{硝化杆菌}} 2NO_3^- + 129 \sim 175\ \text{kJ(能量)} \quad (8\text{-}4)$$

悬浮填料生物接触氧化法主要通过悬浮填料表面生物膜中微生物的新陈代谢活动达到去除氨和有机物的目的。悬浮填料是工艺的核心，其材质由聚乙烯、聚丙烯等塑料或树脂为主，适当添加辅助成分，一般呈球形或圆柱形等规则状，密度控制在 0.95～0.98g/cm^3，比表面积大，孔隙率高，附着生物量多；按流体力学设计几何构型，填料在水中三维流动力强，如图 8-5 所示。图 8-6 为一种悬浮填料生物接触氧化池示意图。生物接触氧化池的设计，可采用池底进水、上部出水或一侧进水、另一侧出水等方式。进水配水方式宜采用穿孔花墙，出水方式宜采用三角堰或梯形堰等；水力停留时间宜采用 1～2h，曝气气水比宜为 0.8∶1～2∶1，曝气系统可采用穿孔曝气或微孔曝气系统；布置成单段式或多段式，有效水深宜为 3～5m，多段式宜采用分段曝气；悬浮填料可按池有效体积的 30%～50%投配，并应采取防止填料堆积的措施。使用相对密度略低于水的悬浮填料，在曝气作用下可达到流化状态。其主要特点为：悬浮填料具有良好的几何构型，微生物生长状态良好，微生物菌群获得较强的含碳有机物的降解能力，使有机物降解效率高。水中氧气和污染物可顺利穿过填料，增加生物膜与氧气和有机污染物的接触。流化状态有利于保持微生物的高活性，提高传质效率和充氧效果以及生物降解性能。悬浮填料比表面积较大，可附着大量的微生物，适合硝化菌生长，硝化脱氮效果明显。悬浮填料的密度适中，易流化，不积泥，水力搅拌能耗不高，且无需反冲洗；操作及维护较简单，在处理池

图 8-5 悬浮填料

出水端设置栅栏就可以防止填料流失。

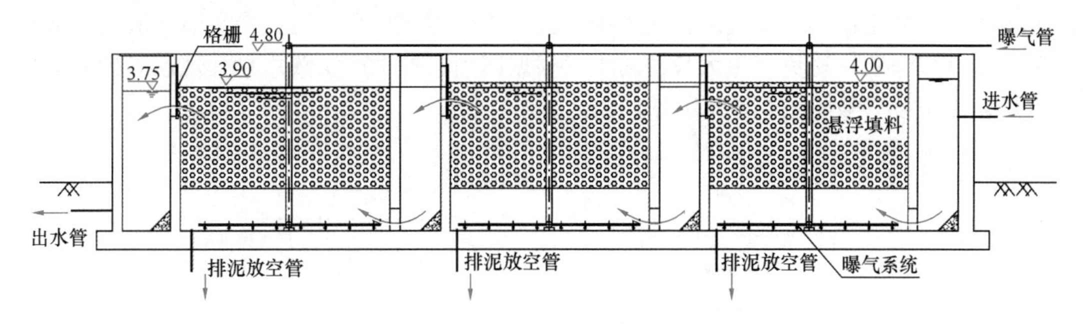

图 8-6　悬浮填料生物接触氧化池示意图

采用生物预处理的主要优点是：运行费用低，对氨去除效果好。主要缺点是：处理效果受温度影响较大。

8.1.4　粉末活性炭（PAC）预处理

粉末活性炭用于水处理已有数十年的历史，目前仍是水处理常用方法之一，主要用于去除水中的色、嗅、味等有毒有害的各种有机污染物，特别是对汞、铅、铬、锌等无机物和三氯苯酚、二氯苯酚、农药、THMs 前体物和藻类导致的嗅味等均有明显的吸附去除效果，吸附机理详见 8.2 节。PAC 吸附的主要优点是：设备简单，投资少，应用灵活，对季节性水质变化和突发性水质污染适应能力强。主要缺点是：PAC 不能再生回用。

PAC 通常作为微污染水源的预处理。当取水口距水厂有较长输水管道或渠道时，粉末活性炭的投加设施宜设在取水口处。PAC 也可与混凝剂同时投加。投加点的选择，应考虑以下因素：①要保证与水快速、充分的混合；②要保证与水有足够的接触时间。此外，还应考虑 PAC 与混凝的竞争。例如，混凝、沉淀虽然以去除水的浑浊度为主，但在去除浑浊度的同时，也能部分去除水中有机物，包括部分大分子有机物和被絮凝体所吸附的部分小分子有机物。能被混凝、沉淀去除的，尽量不用 PAC，以减少 PAC 用量。从这个角度考虑，必要时在混凝、沉淀后，砂滤前投加 PAC 最好。但砂滤前投加 PAC 往往会堵塞滤层，或部分 PAC 穿透滤层使滤后水变黑。总之，PAC 投加点应根据原水水质和水厂处理工艺布置慎重选择。研究结果表明，PAC 投加点选择合适，在相同处理效果下，可节省 PAC 用量。粉末活性炭的投加量范围是根据国内、外生产实践用量规定。用于微污染水预处理的 PAC 的设计投加量可按 20～40mg/L 计，实际投加量可根据现场试验可减少或增加，并应留有一定的安全余量。

去除藻毒素时，可采用预氧化、粉末活性炭吸附等；去除藻类代谢产物类致嗅物质时，可采用臭氧、粉末活性炭吸附。水源存在油污染风险的水厂，除了在取水口周围设置吸油棉之外，应在取水口或水厂内设置粉末活性炭投加装置。

当一年中原水污染时间不长或应急需要或水的污染程度较低，以采用粉末活性炭吸附为宜，长时间或连续性处理，宜采用粒状活性炭吸附。粉末活性炭宜加于原水中，进行充分混合，接触 10～15min 以上之后，再加氯或混凝剂。除在取水口投加以外，根据试验结果也可在混合池、絮凝池、沉淀池中投加。目前粉末活性炭已经成为自来水厂不可缺的应急处理备用吸附剂。

PAC投加方式有干式和湿式两种（见图8-7），目前常用湿式投加法，即首先将PAC配制炭浆，而后定量的、连续的投入水中。大型水厂的湿投法，可在炭浆池内液面以下开启粉末活性炭包装，避免产生大量的粉尘。根据国内、外生产实践用量，规定湿投粉末活性炭的炭浆浓度一般采用5%～10%。

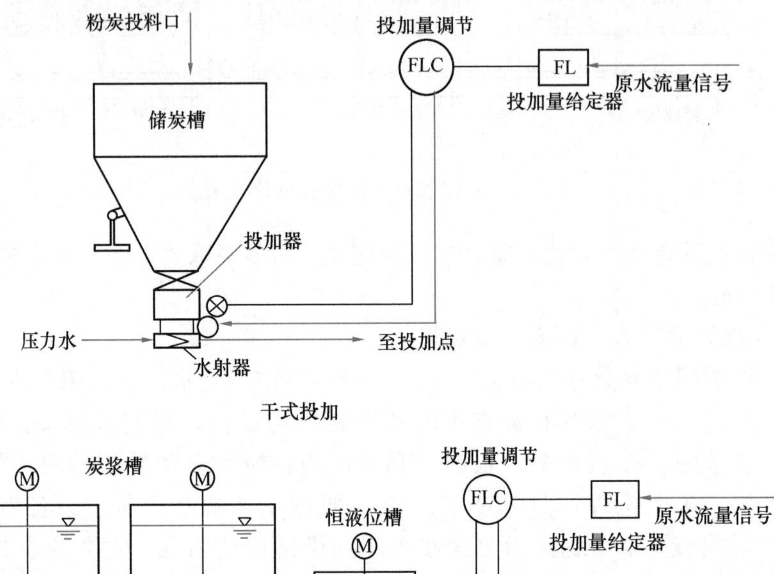

图8-7　粉末活性炭投加系统示意图

8.2　深　度　处　理

常用的深度处理工艺主要包括：臭氧—生物活性炭（O_3-BAC）、活性炭吸附、纳滤或反渗透膜处理技术（详见后续章节）等，根据特种需要作为深度处理的可选用工艺。

8.2.1　深度处理的氧化配套设施

一般原水中含有氨，采用颗粒活性炭吸附或生物活性炭池处理工艺之前，须前置臭氧氧化，或纯氧氧化，或曝气氧化设施。否则，颗粒活性炭池出水中的亚硝酸盐浓度会随着时间的推移而升高，乃至超标。而人类摄入过多的亚硝酸盐后会在胃中形成一种蛋白水解物质，从而生成真正的致癌物质——亚硝胺，因此亚硝酸盐具有间接致癌作用。

1. 后臭氧氧化

饮用水预处理设有预臭氧氧化工艺时，设在颗粒活性炭池前面的为后臭氧氧化工艺。

此时投加O_3的目的，一方面是尽可能直接氧化去除一些有机物，同时也可将难生物降解有机物分解为可生物降解有机物，将大分子有机物分解为小分子有机物，改善水的可生化性，以利于后续炭层中的生物降解和活性炭吸附；同时也增加水中溶解氧浓度，为好氧菌生长繁殖创造条件，有利于活性炭上生物膜的生长。

后臭氧接触系统有的采用微孔布气盘，臭氧转移效率高。后臭氧投加量为1.0～2.0mg/L，接触反应时间6～15min。后臭氧接触池一般设2～3个投加点。水串联气并联方式的后臭氧接触池布置如图8-8所示。后臭氧接触池的设计水深宜采用5.5～6m，布气区格的水深与水平长度之比宜大于4。接触池宜由二段到三段接触室串联而成，由竖向隔板分开。每段接触室应由布气区格和后续反应区格组成，并应由竖向导流隔板分开。每段接触室顶部均应设尾气收集管。总接触时间应根据工艺目的确定，宜为6～15min，其中第一段接触室的接触时间宜为2～3min。臭氧气体应通过设在布气区格底部的微孔曝气盘直接向水中扩散。微孔曝气盘的布置应满足该区格臭氧气体在±25％的变化范围内仍能均匀布气，其中第一段布气区格的布气量宜占总布气量的50％左右。臭氧接触地内壁应强化防裂、防渗措施。

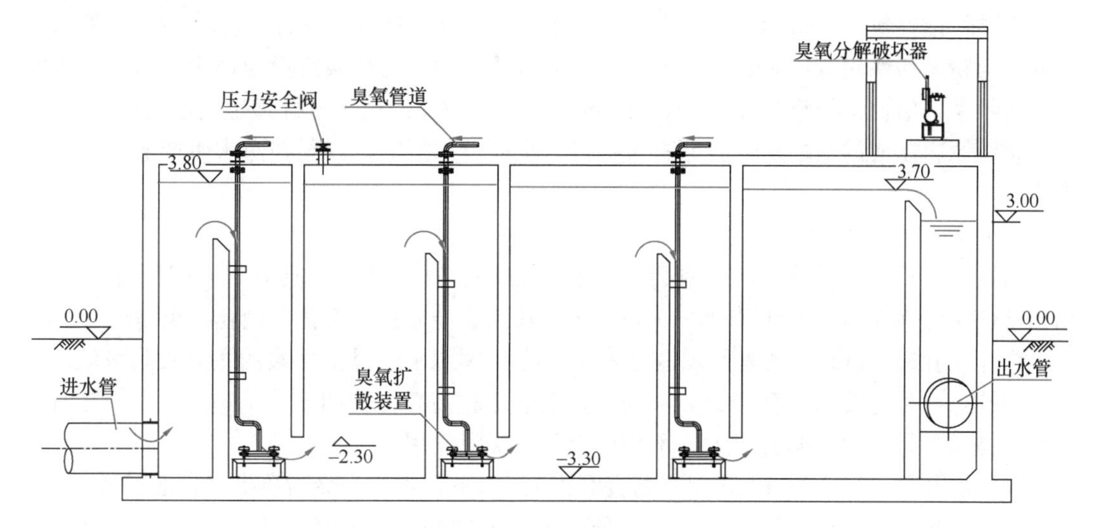

图8-8　后臭氧接触池布置图

这是一种水串联臭氧化气体并联投加方式的后臭氧接触池，受水质与扩散装置的影响，进入接触池的臭氧不能全部吸收，因此接触池必须采取全封闭的构造，同时每一级反应区顶部均应设置尾气收集管，对接触池排出的臭氧尾气进行处理，常用的尾气处理方法有高温加热法和催化剂法。

臭氧在氧化分解有机物的同时，也会产生某些副产物。例如，某些有机物经臭氧氧化后所产生的中间产物，也许就是氯消毒副产物的前体物，同时会导致出厂水AOC（可同化有机碳）升高。当原水中溴离子含量较高时，臭氧氧化会使水中有害的臭氧化副产物溴酸盐和次溴酸盐浓度升高。臭氧投加量的确定应考虑防止出厂水中溴酸盐浓度超标，我国《生活饮用水卫生标准》GB 5749—2022规定饮用水中的溴酸盐不得超过0.01mg/L。必要时，尚应采取阻断溴酸盐生成途径或降低溴酸盐生成量的工艺措施，诸如在臭氧投加前先投加硫酸铵，以降低溴离子浓度，从而控制溴酸盐的生成。硫酸铵投加在后臭氧接触池前效果较好，因为投加在原水中或砂滤池之前的水中，由于砂滤池也有生物作用，会很快把投入的氨生物降解掉。

2. 纯氧氧化或曝气氧化

当原水中含有残留的氨时，饮用水处理中一般不再单独使用颗粒活性炭池，除非应急处理或短暂使用。在不具备使用臭氧氧化的条件时，可采用纯氧充氧工艺。特别是在炭罐中的炭层中布置穿孔氧气管道，充入炭层中的氧气，可将亚硝酸盐氧化成硝酸盐，以控制有害于健康的亚硝酸盐浓度。

也有采用微曝气充氧的中试试验研究案例，但效果远不及臭氧。

8.2.2 活性炭吸附理论

吸附是一种物质附着在另一种物质表面上的慢慢作用过程。吸附是一种界面现象，其与表面张力、表面能的变化有关。引起吸附的推动力有两种，一种是水对疏水物质的排斥力，另一种是固体对溶质的亲和吸引力。能从气、液相中吸附某些物质的固体物质称为吸附剂；被吸附的物质称为吸附质。活性炭是含碳物质经过炭化、活化处理制得的具有发达空隙结构和巨大比表面积的碳吸附剂。活性炭颗粒尺寸大于 80 目（0.18mm）筛网孔径的称为颗粒活性炭（Granular activated carbon，GAC）；而小于 80 目（0.18mm）筛网孔径的称为粉末活性炭（Powder activated carbon，PAC）。活性炭广泛应用于给水和污水处理。近年来，活性炭纤维（Activated carbon fiber，ACF）用于水处理也引起关注。

含碳原料制成的活性炭，其原料包括煤、果壳、木屑等。我国在净水生产上常用的是煤质炭。

1. 活性炭结构和表面特性

活性炭具有发达的孔隙结构和巨大的比表面积。这是活性炭具有很强吸附能力的原因。活性炭比表面积一般在 700～1600m^2/g。其孔隙分大孔、中孔和微孔三类。

微孔：孔径＜2nm，其表面积占总表面积约 95%以上，是活性炭的主要吸附区域。

中孔：又称过渡孔，直径为 2～50nm，其表面积占总面积约 5%以下，中孔一方面为吸附质提供扩散通道，同时对大分子物质也具有吸附作用。

大孔：孔径一般大于 50nm，占总表面积 1%以下，主要为吸附质提供扩散通道。

按照立体效应，活性炭所能吸附的分子直径大约是孔道直径的 1/2 到 1/10，也有认为活性炭起吸附作用的孔隙直径 D 是吸附质分子直径 d 的 1.7～21 倍，最佳 D/d=1.7～6.0，对此还有待深入研究。

虽然孔隙直径相同，活性炭吸附有机物或无机物的性能也不完全相同。这与活性炭表面特性和吸附质性质有关。

就活性炭表面特性而言，由于活性炭制造条件和方法不同，其表面性质也不同。有的活性炭表面含有羧基、酚羟基、羰基等酸性氧化物官能团，有的含有碱性官能团。有关碱性官能团目前说法还不一致。有的活性炭表面具有两性性质。

表面带有酸性官能团的具有极性，易吸附极性分子。水分子是极性分子，易被吸附，故只有极性比水分子更强的物质才能被吸附，非极性和弱极性物质则不易被吸附。为避免水分子对活性炭吸附的影响，加工制造活性炭时，尽量控制酸性官能团的产生。目前，水处理中常用的活性炭一般是非极性的。

2. 活性炭吸附性能

(1) 吸附原理

分子力产生的吸附称为物理吸附，它的特点是被吸附的分子不是附着在吸附剂表面固定点上，而是稍能在界面上自由移动，它是一个放热过程，吸附热较小，一般为 21～41.8 kJ/mol，不需要活化能，在低温条件下即可进行。物理吸附可在吸附的同时，被吸附的分子由于热运动还会离开固体表面，这种现象称为解吸。物理吸附可以形成单分子层吸附，又可形成多分子层吸附。由于分子力的普遍存在，一种吸附剂可以吸附多种物质，但由于被吸附物质不同，吸附量也有所差别，这种吸附现象与吸附剂的比表面积、孔隙分布有着密切关系。

吸附剂和吸附质靠化学键结合的称化学吸附。化学吸附需要活化能，一般需要在较高温度下进行。其吸附热在 41.8～418kJ/mol 范围内。化学吸附往往具有选择性。一种吸附剂往往只能吸附某一种或几种吸附质，故为单分子层吸附。化学吸附较稳定，不易解吸。化学吸附与吸附剂表面化学性质有关。

吸附质的离子由于静电引力作用聚集在吸附剂表面的带电点上，并置换出原先固定在这些带电点上的等当量的其他离子，即离子交换，称为交换吸附。离子的电荷是交换吸附的决定因素，离子所带电荷越多，它在吸附剂表面上的反电荷点上的吸附力越强。

在水处理中，活性炭吸附往往同时存在物理吸附、化学吸附和离子交换吸附，利用三种吸附现象的综合作用达到去除污染物的目的，但一般以物理吸附为主。

(2) 影响活性炭吸附的主要因素

1) 活性炭性质的影响

如前所述，活性炭比表面积、孔隙尺寸和孔隙分布以及表面化学性质对吸附效果影响很大。但吸附效果主要决定于吸附剂和吸附质两者的物理化学性质，一般需通过试验选择合适的活性炭。

2) 吸附质性质及浓度的影响

吸附质分子大小和极性是影响活性炭吸附效果的重要因素。过大的分子不能进入小孔隙中。一般认为，分子量在 500～1000Da 范围易被吸附。活性炭对非极性分子的物质吸附效果较好。有机物中，活性炭对芳香族化合物吸附优于对非芳香族化合物的吸附，对苯的吸附优于对环己烷，对带有支链烃类的吸附，优于对直链烃类，对分子量大、沸点高的有机化合物的吸附，高于分子量小、沸点低的有机化合物的吸附。在无机物中，活性炭对汞、铋、锑、铅、六价铬等均具有较好吸附效果。

吸附质浓度对活性炭吸附量也有影响。一般情况下，吸附质浓度越高，活性炭吸附量越大。

3) pH 影响

水的 pH 往往影响水中有机物存在形态。例如，当 pH$<$6 时，苯酚很容易被活性炭吸附；当 pH$>$10 时，苯酚大部分会电离为离子而不易被吸附。不同吸附质的最佳 pH 应通过实验确定。一般情况下，水的 pH 越高，吸附效果越差。

4) 水中共存物质的影响

无论是微污染水源或污水中，总是会有多种物质，包括有机物和无机物。多种物质共存时，对活性炭吸附有的有促进作用，有的起干扰作用，有的互不干扰。有研究认为，水中有 $CaCl_2$ 时，会使活性炭对黄腐酸的吸附有促进作用。因为黄腐酸会与钙离子络合而增加了活性炭对黄腐酸的吸附量。也有无机盐类如镁、钙、铁等，也可能沉积于活性炭表面而阻碍对其他物质的吸附。

水中多种物质共存时，往往存在竞争吸附。易被活性炭吸附的物质首先被吸附，只有当活性炭尚余吸附位时，才吸附其他物质。对特定的吸附对象而言，其他物质的竞争吸附就是一种干扰或抑制。

5）温度的影响

吸附剂吸附单位质量吸附质时所放出的总热量称为吸附热，吸附热越大，则温度对吸附的影响越大。在水处理中的吸附主要为物理吸附，吸附热较小，温度变化对吸附容量影响较小，对有些溶质，温度高时，溶解度变大，对吸附不利。

总之，影响活性炭吸附的因素很复杂。以上所述仅涉及几个主要因素，且较粗略。

3. 吸附容量

由于影响活性炭吸附效果的因素复杂，故往往需通过试验来判断活性炭吸附性能。吸附容量就是衡量活性炭吸附性能的一个重要指标。吸附容量是指，在恒定的温度下，单位质量活性炭，在达到吸附平衡时所能吸附的物质量。在未达到吸附平衡时，吸附的量则称为吸附量。吸附容量试验方法如下：

在恒定温度下，于几个烧杯中分别放入容积为 V（L）溶质浓度为 C_0（mg/L）的水样，在各烧杯中同时投加不同量 m（mg）的活性炭，分别进行搅拌。试验过程中，不断测定各烧杯水样中的溶质浓度 C_i，直到溶质浓度不变时的平衡浓度 C_e（mg/L）为止，此时各水样中被吸附物质的吸附量为 x（mg）。由试验结果可以算出各水样中单位质量活性炭可吸附的溶质量，即为吸附容量：

$$q_e = \frac{x}{m} = \frac{V(C_0 - C_e)}{m} \quad (\text{mg/g}) \tag{8-5}$$

由于制造活性炭的原料和活化过程不同，各种活性炭的吸附容量可以相差很大。用同样方法也可对不同种类活性炭吸附某一种溶质的效果进行比较。

由吸附容量 q_e 和平衡浓度 C_e 的关系所绘出的曲线即为吸附等温线，表示吸附等温线的公式称为吸附等温式。

最常用的吸附等温式是伏罗因德利希（Freundlich）经验公式，如下

$$q_e = \frac{x}{m} = KC_e^{\frac{1}{n}} \tag{8-6}$$

式中 q_e——吸附容量，mg/g；

C_e——平衡浓度，mg/L；

K——常数；

n——常数。

式（8-6）表示为图 8-9(a)，C_e 与 x/m 都没有极限值。将式（8-6）两边取对数后写为：

$$\lg q_e = \lg K + \frac{1}{n}\lg C_e \tag{8-7}$$

在双对数坐标纸上，以 $\lg q_e$ 为纵坐标，$\lg C_e$ 为横坐标，按烧杯试验所得值绘图，详

见图 8-9(b)，纵坐标上的截距为 K 值，斜率为$\frac{1}{n}$值。可用此图解法求得式（8-6）中的常数 K 及 n 值。

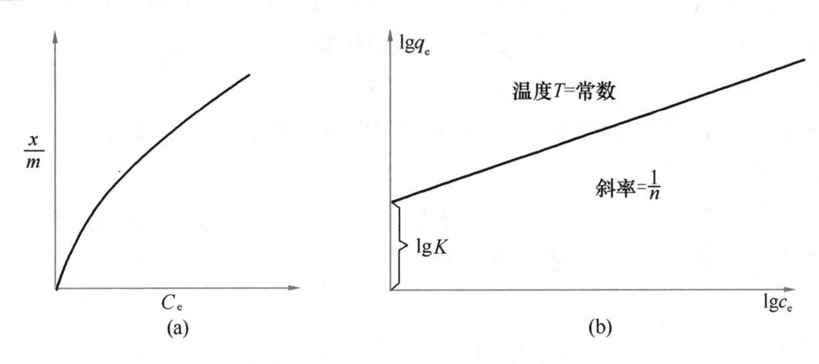

图 8-9　Freundlich 吸附等温线

另一个常用的公式是朗格谬尔（Langmuir）公式：

$$q_e = \frac{bq^0 C_e}{1 + bC_e} \tag{8-8}$$

式中　q^0——每克活性炭所吸附溶质质量的极限值，mg/g；C_e与 x/m 都没有极限值。将式（8-6）两边取对数后

b——常数，L/mg。

其余符号同前，Langmuir 公式系假定吸附剂只吸附一层溶质分子，可从理论导出。图 8-10(a) 为 Langmuir 吸附等温线，由图 8-10(b) 求吸附等温线常数。

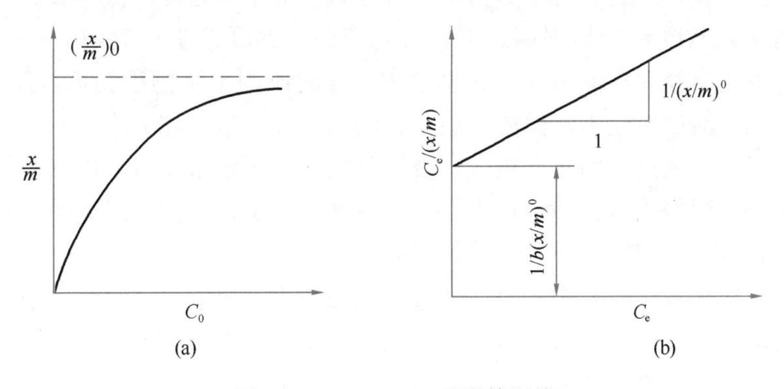

图 8-10　Langmuir 吸附等温线

由吸附等温线可以比较不同活性炭对各种溶质的吸附效果，并由此计算将所拟去除的溶质从初始浓度 C_0 降低到要求浓度时，所需投加的活性炭数量：

$$a = \frac{C_0 - C_e}{q_e} \tag{8-9}$$

式中 q_e 为吸附等温线上对应于 C_e 的值。

上述静态吸附试验只能提供活性炭初步的可能性数据。它不能反映活性炭动态吸附性能，也不能反映吸附速率。因此，在实际生产应用中，还需作动态模拟试验。

8.2.3 活性炭吸附池和生物活性炭池

1. 活性炭吸附池

颗粒活性炭吸附装置的构造和工作过程类似快滤池，只是将滤料换成GAC。GAC颗粒粒径一般为1.0～2.5mm。GAC过滤吸附通常用于生活饮用水和污水的深度处理。

活性炭吸附池的容积决定于流量、水力负荷和接触时间，由此可得出活性炭池的容积、断面、高度和炭池数。

活性炭池的最简单设计方法是应用空床接触时间（或简称为接触时间），如设计流量已定，则活性炭床容积等于接触时间乘以流量，炭的容积除以炭的堆积密度即为所需活性炭的质量。

在缺乏试验资料时，活性炭池的设计参数可参照：滤速8～20m/h，炭层厚度1.0～2.5m，接触时间6～20min，水反冲洗强度11～13L/(s·m^2)，冲洗时间8～12min，膨胀度为25%～35%。为提高冲洗效果，也可采用气水联合冲洗。

颗粒活性炭装置有两种类型，即固定床和移动床。固定床中，炭粒固定不动，水流一般从上而下，但也可从下而上。移动床中，水流从下而上，炭粒和水的流动方向相反，废炭从底部排出，新鲜炭或再生炭从顶部补充，称为逆流系统。

流量大时，固定床可以采用各种形式的快滤池构造，例如在快滤池的砂层上铺活性炭层，也可以在快滤池后面设置单独的活性炭池。流量较小时可以采用活性炭柱，可有单柱、多柱并联、多柱串联以及多柱并联和串联等布置形式。

单一活性炭滤柱适用于间歇运行、由试验得出的泄漏曲线坡度较大、柱内活性炭可以使用很长时间无需经常换炭和再生的情况。多柱系统适用于处理的流量较大，采用单柱的尺寸或高度过大以致受到场地限制或需连续运行时。并联系统一般用3～4个活性炭柱，进水分别进入各柱，处理水汇集到公共总管中。这时所用水泵扬程较低，所需动力较省。串联系统是由几个活性炭柱串联而成，前一柱的出水即为后一柱的进水，适用于泄漏曲线坡度较小、处理单位水量的用炭量较大以及要求较好的出水水质时。串联系统中，第1柱的活性炭耗竭后，即停止运行准备再生，第2柱换成第1柱，同时最后一只新鲜的备用炭柱投入使用，如此顺序依次运行，以确保水质。

吸附饱和的活性炭从炭池中取出，经过再生后回用。再生目的是恢复活性炭的吸附活性。由于水处理过程中，主要吸附的是水中低浓度的有机物，因此以热再生法应用最多。再生时活性炭有损耗，原因是部分活性炭在再生过程中被氧化，也有一部分是运输中的损耗。在现场就地再生时，损耗约5%，集中再生时损耗约为10%～15%。再生后的活性炭可测定其碘值、糖蜜值等，并与新鲜炭比较，以了解吸附活性恢复情况。

再生过程可分4个阶段：加热干燥、解吸以去除挥发性物质、大量有机物的热解、蒸汽和热解的气体产物从炭粒的孔隙中排出。颗粒活性炭常用的热再生装置是多层耙式再生炉，近年来也有应用直接通电加热的再生方法。

2. 生物活性炭池

生物活性炭池与设在其之前的臭氧氧化配合组成臭氧—生物活性炭工艺。臭氧－生物活性炭（O_3-BAC）工艺在欧洲和美国已广泛应用，目前我国的应用也日益增多，是一种较成熟的深度处理方法。

新建或改建的臭氧—生物活性炭工艺前期运行时依靠活性炭的吸附能力去除水中有机物。一般南方地区在前期半年左右的时间，主要是颗粒活性炭发挥吸附作用，即以吸附为主。随着吸附时间的推移，吸附能力会逐渐下降，炭层中的生物膜开始逐步形成（称挂膜）。当发现活性炭炭粒表面（或大孔内表面）滋生大量微生物，诸如丝状菌、菌胶团、轮虫、钟虫等，微生物就会降解来水中的和吸附在活性炭孔隙中的有机物，此时活性炭得到了再生，可继续发挥吸附作用。经处理后的水中的有机物得到有效降解，氨浓度明显降低，此时吸附和生物降解作用同步进行。依靠臭氧的充足氧源，使生物依靠活性炭载体不断地进行新陈代谢。老的生物膜脱落，新的生物膜生长，可充分发挥降解水中氨和去除有机物的能力。颗粒活性炭池使用的后期，往往生物降解作用尤为突出。该工艺可用于微污染水源的饮用水或污水处理厂出水的深度处理。

O_3-BAC 工艺将臭氧化学氧化、活性炭物理化学吸附、生物氧化降解几种技术合为一体。可有效去除原水中微量有机物、氨和氯消毒副产物的前体物等指标，大大提高饮用水的安全性。该工艺对砂滤出水中高锰酸盐指数和 UV_{254} 的平均去除率分别为 30%和 40%左右；对 DOC 的平均去除率为 20%左右。

经过生物活性炭工艺处理后的水体 pH 一般可下降 0.3 左右，同时出水中的铝浓度（采用铝盐混凝剂时）也会有所降低。这是因为生物活性炭池中的微生物的新陈代谢活动释放了 CO_2，从而降低了出水中的 pH，也使得溶解在水中的铝离子和偏铝酸根离子重新参与反应生成氢氧化铝沉淀，被活性炭层截留，从而使出水中含铝浓度降低。

在生活饮用水深度处理中，臭氧—生物活性炭法（O_3-BAC）处理一般置于砂滤池之后，生产实践表明，O_3-BAC 对水中有机物和氨能有效去除，而且可延长活性炭再生周期长达 3 年以上。

生物活性炭滤池一般设在砂滤之后，采用下向流活性炭池，进水浑浊度一般在 1NTU 以下。特殊情况下也有设在砂滤之前的，往往采用上向流活性炭池。实践证明，V 型滤池不适合作为活性炭滤池，较大的气、水反冲洗强度易使轻质的颗粒活性炭破碎、生物膜脱落，一并浮起流失很小的冲洗强度往往不能使炭粒冲洗干净。有水厂选用的翻板滤池对轻质颗粒活性炭采用不同反冲洗强度时具有较好的控制作用，但翻板滤池翻板阀易漏水。有水厂采用了改型普通快滤池作为颗粒活性炭池，详见图 8-11。

值得一提的是生物活性炭池的反冲洗周期控制很重要，根据季节性气温，往往通过反冲洗周期长短来控制炭层中的微生物的多寡。

图 8-11 所示为 20 万 m^3/d 活性炭池布置图，分为 8 格，单格面积为 $112m^2$，滤速 9.8 m/h。采用普通快滤池洗砂槽进水和排水方式。

活性炭层厚度为 2.2m，选用 8～30 目颗粒活性炭，炭层下设承托层，采用粗砂滤料，粒径为 2～4mm，厚度 0.1m。

活性炭滤池采用小阻力长柄滤头配水配气系统，单水冲洗为主，定期气水反冲洗，气冲强度 $15L/(m^2 \cdot s)$，水冲强度 $8 \sim 9L/(m^2 \cdot s)$。

每格滤池设电动进水阀门、排水阀门、清水出水调流阀、气冲阀、水冲阀和排气阀，可以自动控制滤池的过滤和反冲洗操作。

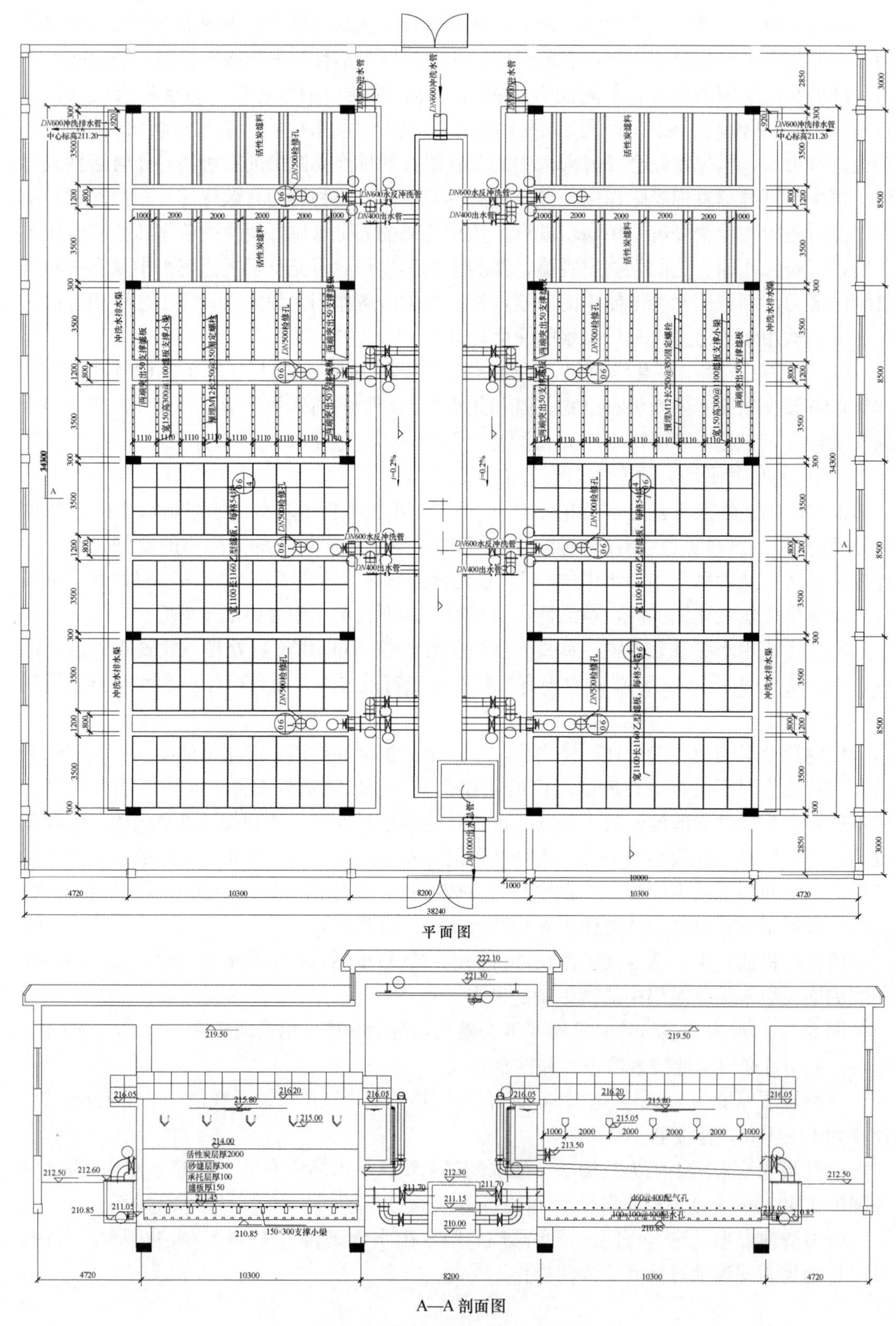

图 8-11　活性炭吸附滤池布置图

思考题与习题

1. 高浊度水的沉砂预处理一般采用哪几种沉砂池？
2. 如何控制臭氧氧化副产物溴酸盐？
3. 微污染水源的预处理和深度处理有哪些方法？简述各种方法的基本原理和优缺点。
4. 活性炭等温吸附试验结果可以证明哪些问题？
5. 粒状活性炭和粉末活性炭用于水处理，使用场合有什么不同？
6. 什么叫生物活性炭？
7. 活性炭吸附试验结果见表 8-1。

活性炭吸附试验结果　　　　表 8-1

烧杯编号	活性炭量 m (mg)	平衡浓度 C_e (mg/L)	q_e (mg/mg)
1	0	75.0	—
2	50	44.0	0.124
3	100	30.0	0.089
4	200	17.5	0.0575
5	500	6.7	0.0272
6	800	3.9	0.0177
7	1000	3.0	0.0144

(1) 试求浓度为 3mg/L 时的 q_e 值。

(2) 求弗罗因得利希（Freundlich）吸附公式的 K 和 n 值。

第9章 膜 分 离 法

9.1 膜的分类和性质

电渗析、反渗透、纳滤、超滤、微滤统称为膜分离法。所谓膜分离法系指在某种推动力作用下，利用特定膜的透过性能，达到分离水中离子或分子以及某些微粒的目的。膜分离的推动力可以是膜两侧的压力差、电位差或浓度差。膜分离具有高效、耗能低、占地面积小等特点，并且可以在室温和无相变的条件下进行，因而得到了广泛的应用。各种膜去除杂质的范围以及特点如图9-1和表9-1所示。

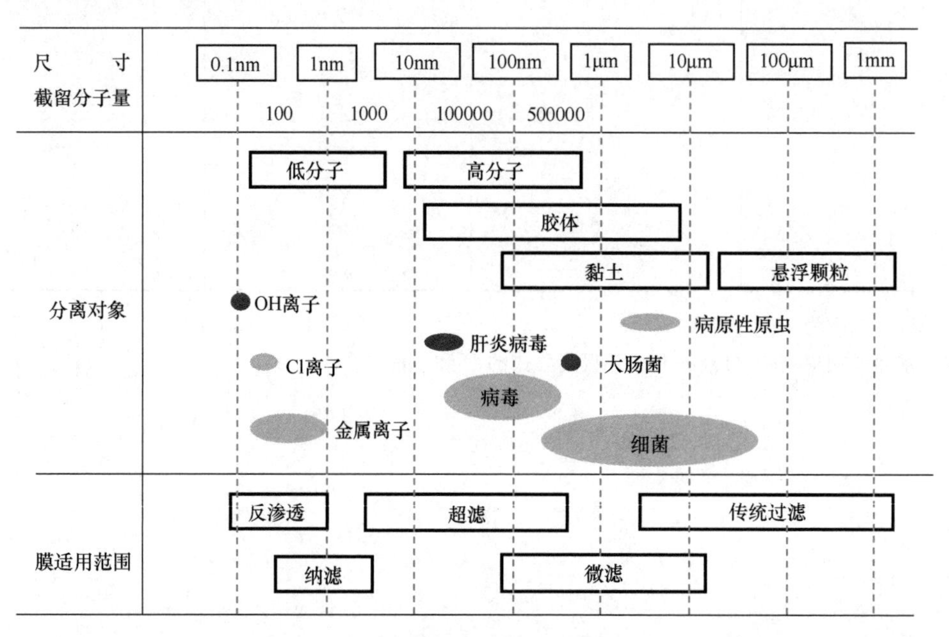

图9-1 压力驱动膜去除杂质的范围

各种膜分离方法以及特点 表9-1

膜分离种类	推动力	透过物	截留物	膜孔径
电渗析	电位差	电解质离子	非电解质物质	—
反渗透	压力差	水溶剂	全部悬浮物、大部分溶解性盐、大分子物质	0.0001～0.001μm
纳滤	压力差	水溶剂	全部悬浮物、某些溶解性盐和大分子物质	0.001～0.01μm
超滤	压力差	水和盐类	悬浮固体和胶体大分子	0.01～0.1μm
微滤	压力差	水和溶解性物质	悬浮固体	>0.1μm

9.1.1 膜的结构

膜结构的特点是非对称结构（图 9-2）和明显的方向性。膜主要有两层结构，表皮层和支撑层。表皮层致密，起脱盐和截留作用。支撑层为一较厚的多孔海绵层，结构松散，起支撑表皮层的作用。支撑层没有脱盐和截留作用。

只有致密的表皮层与水接触，才能达到脱盐和截留效果，如果多孔层与水接触，则脱盐率或截留率下降，而透水量大为增加，这就是膜的方向性。

具有实用价值的膜要有较高的脱盐率和透水通量。根据这样的要求，膜的结构必须是不对称的，这样可尽量降低膜阻力，提高透水量，同时满足高脱盐率的要求。薄而致密的表皮层和多孔松散的支撑层比同样厚度的表皮层具有同样的脱盐能力，但阻力最小。表皮层越薄，透水通量越大。

9.1.2 膜组件及其种类

所谓的膜组件是指将膜、固定膜的支撑材料、间隔物或管式外壳等通过一定的粘合或组装构成基本单元，在外界压力的作用下实现对杂质和水的分离。膜组件有板框式、管式、卷式和中空纤维式 4 种类型。

板框式：膜被放置在多孔支撑板上，两块多孔支撑板叠压在一起形成的料液流道空间，组成一个膜单元。单元与单元之间可并联或串联连接。板框式膜组件方便膜的更换，清洗容易，而且操作灵活。

管式：管式膜组件有外压式和内压式两种。管式膜组件的优点是对料液的预处理要求不高，可用于处理高浓度的悬浮液。缺点是投资和操作费用较高，单位体积内的膜装填密度较低，在 30～500m^2/m^3。

卷式：组件如图 9-3 所示，将导流隔网、膜和多孔支撑材料依次叠合，用胶粘剂沿三边把两层膜粘结密封，另一开放边与中间淡水集水管连接，再卷绕一起。原水由一端流入导流隔网，从另一端流出，即为浓水。透过膜的淡化水沿多孔支撑材料流动，由中间集水管流出。卷式膜的装填密度一般为 600 m^2/m^3，最高可达 800m^2/m^3。卷式膜由于进水通道较窄，进水中的悬浮物会堵塞其流道，因此必须对原水进行预处理。反渗透和纳滤多采用卷式膜组件。

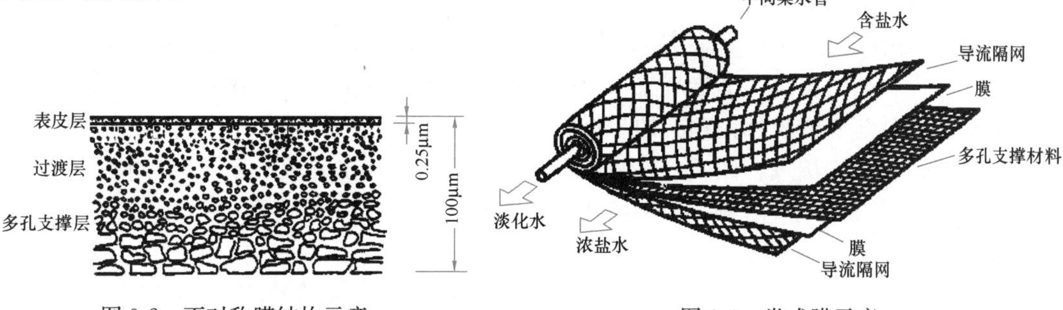

图 9-2 不对称膜结构示意　　图 9-3 卷式膜示意

中空纤维膜：中空纤维膜是将一束外径 50～100μm、壁厚 12～25μm 的中空纤维弯成 U 形，装于耐压管内，纤维开口端固定在环氧树脂管板中，并露出管板。透过纤维管壁的处理水沿空心通道从开口端流出。中空纤维膜的特点是装填密度最大，最高可达 30000m^2/m^3。中空纤维膜可用于微滤、超滤、纳滤和反渗透。

9.1.3 截留分子量

膜孔的大小是表征膜性能最重要的参数。虽然有多种实验方法可以间接测定膜孔径的大小，但由于这些测定方法都必须做出一些假定条件以简化计算模型，因此实用价值不大。通常用截留分子量表示膜的孔径特征。所谓截留分子量是用一种已知分子量的物质（通常为蛋白质类的高分子物质）来测定膜的孔径，当 90％的该物质为膜所截留，则此物质的分子量即为该膜的截留分子量。图 9-4 为各种不同截留分子量的超滤膜。由于超滤膜的孔径不是均一的，而是有一个相当宽的分布范围。因此，虽然表明某个截留分子量的超滤膜，但对大于或小于该截留分子量的物质也有截留作用。当分子量和截留率的曲线越平坦，则孔径越不均一，而当曲线越陡峭，则孔径越均一。

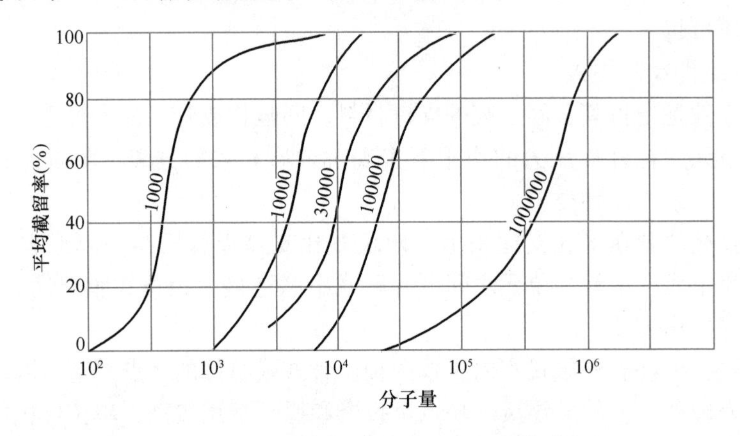

图 9-4 各种不同截留分子量的超滤膜

9.2 微滤、超滤、纳滤和反渗透

9.2.1 反渗透和纳滤

1. 反渗透（Reverse Osmosis，简称 RO）

（1）渗透现象与渗透压

1748 年法国学者阿贝·诺伦特（Abbe Nollet）发现，水能自然地扩散到装有酒精溶液的猪膀胱内，从而发现了渗透现象。动物的膀胱是天然的半透膜。我们将这些只能透过溶剂而不能透过溶质的膜称为理想的半透膜。

用只能让水分子透过，而不允许溶质透过的半透膜将纯水和咸水分开，则水分子将从纯水一侧通过膜进入咸水一侧，结果使咸水一侧的液面上升，直到某一高度，此即所谓渗透现象，如图 9-5 所示。

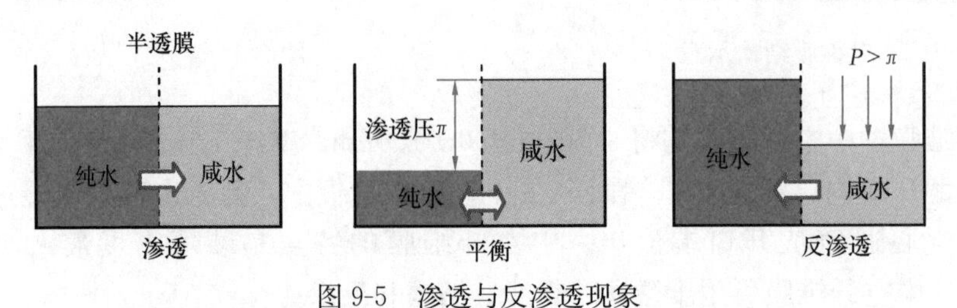

图 9-5 渗透与反渗透现象

渗透现象是一种自发过程，但要有半透膜才能表现出来。根据热力学原理

$$\mu = \mu^0 + RT\ln x \tag{9-1}$$

式中 μ——在指定的温度、压力下咸水中水的化学位；

μ^0——在指定的温度、压力下纯水的化学位；

x——咸水中水的摩尔分数；

R——理想气体常数，等于 8.314J/(mol·K)或 8.314Pa·m^3/(mol·K)；

T——热力学温度，K。

由于 $x<1$，$\ln x$ 为负值，故 $\mu^0>\mu$，亦即纯水的化学位高于咸水中水的化学位，所以水分子向化学位低的一侧渗透。渗透现象如同其他自发过程（例如水从高处流向低处，热从高温对流到低温等），水的化学位的大小决定着质量传递的方向。

当渗透达到动平衡状态时，半透膜两侧存在着一定的水位差或压力差，如图 9-5 所示，此即为在指定温度下的溶液（咸水）渗透压 π，并可由下式进行计算：

$$\pi = icRT \tag{9-2}$$

式中 c——溶液的物质的量浓度，mol/m^3；

π——溶液渗透压，Pa；

i——系数，对于海水，约等于 1.8。

例如，盐度(指海水中的含盐量)为 34.3‰的海水，浓度等于 0.56×10^3mol/m^3，其渗透压(25℃)为

$$\pi = icRT = 1.8\times0.56\times10^3\times8.314\times298 = 2.5\times10^6\text{Pa} = 2.5\text{MPa}$$

（2）反渗透

如图 9-5 所示，当咸水一侧施加的压力 P 大于该溶液的渗透压 π，可迫使渗透反向，实现反渗透过程。此时，在高于渗透压的压力作用下，咸水中水的化学位升高并超过纯水的化学位，水分子从咸水一侧反向地透过膜进入纯水一侧，海水淡化即基于此原理。理论上，用反渗透法从海水中生产单位体积淡水所耗费的最小能量即理论耗能量（25℃），可按下式计算：

$$W_{\min} = \frac{ARTS}{\overline{V}} \tag{9-3}$$

式中 $W_{\min}$——理论耗能量，kW·h/m^3；

A——系数，等于 0.000537；

S——海水盐度，一般为 34.3‰，计算时仅用分子数值代入式中；

$\overline{V}$——水的偏摩尔体积，等于 0.018×10^{-6}kW·h/(mol·K)；

R——理想气体常数，亦可写成 $R=2.31\times10^{-6}$kW·h/(mol·K)。

将上列各值代入式（9-3），得

$$W_{\min} = \frac{0.000537\times2.31\times10^{-6}\times298\times34.3}{0.018\times10^{-3}} = 0.7\text{kW}\cdot\text{h/m}^3$$

由于 1kW·h 等于 3.6×10^6Pa·m^3，故

$$0.7\left(\frac{\text{kW}\cdot\text{h}}{\text{m}^3}\right)\times3.6\times10^6\left(\frac{\text{Pa}\cdot\text{m}^3}{\text{kW}\cdot\text{h}}\right) = 2.52\text{MPa}$$

该值亦即海水的渗透压。

实际上，在反渗透过程中，海水盐度不断提高，其相应的渗透压亦随之增大，此外，为了达到一定规模的生产能力，还需施加更高的压力，所以海水淡化实际所耗能量要比理论值大得多。

（3）反渗透膜及其透过机理

目前用于水的淡化除盐的反渗透膜主要有醋酸纤维素（Cellulose Acetate，CA）膜和芳香族聚酰胺（PA）膜。CA 膜的亲水性好，但易受微生物侵蚀而水解，导致脱盐率下降；在酸性、碱性环境下易水解，故适用 pH 范围小（5～6）。PA 膜应用 pH 范围广（4～11），耐微生物降解，但耐氯性能差。

反渗透膜的透过机理主要有优先吸附－毛细孔流机理，溶解－扩散机理和氢键机理等，各自不同程度地解释了一部分的透过现象。其中优先吸附－毛细孔流机理影响最大。该理论以吉布斯吸附等温式为依据。吉布斯吸附等温式表达了在一定温度下，溶液的浓度、表面张力和吸附量之间的定量关系式：

$$\Gamma = -\frac{c}{RT} \cdot \frac{\mathrm{d}\sigma}{\mathrm{d}c} \tag{9-4}$$

式中的 c 为溶质在溶液本体中的平衡浓度，σ 为溶液的表面张力，Γ 为溶质在单位面积表面层中的吸附量。根据吉布斯吸附等温式，当 $\mathrm{d}c>0$，即 $\mathrm{d}\sigma/\mathrm{d}c>0$，则 $\Gamma<0$。这说明当溶液中的溶质增加时，溶质在溶液表面层中的吸附量减少，即溶质会自动离开表面层，进入溶液的本体。这种现象也称为“负吸附”，而无机盐类会造成负吸附。这表明盐的浓度增加，会在盐水的表面形成很薄的纯水层（2～6Å）。索里拉金（Sourirajan）根据对吉布斯吸附等温式的理解，认为膜和盐水的界面上也应该存在纯水层。如果膜是有孔的话，则纯水层在压力的作用下通过孔流出，可实现盐和水的分离，如图 9-6 所示。因此，该理论认为，膜表面要具有亲水性，使其对水有优先吸附作用而排斥盐分，因而在固一液界面上形成厚度为两个水分子（1nm）的纯水层。同时膜表面还应具有一定数量和合适尺寸的孔。当孔径为纯水层厚度的一倍（2nm）时，称为膜的临界孔径。当孔径大于临界孔径时，透水性增加，但盐分容易从膜孔中透过，导致脱盐率下降。反之，若孔径小于临界孔径，则脱盐率增加，但透水性下降。因此，所谓的临界孔径为达到最大的溶质分离度以及最大的流体透过性，膜表面应有的最合适的孔径尺寸。

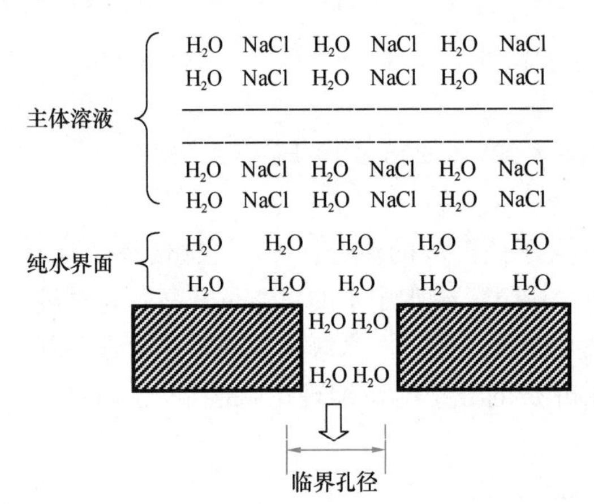

图 9-6　选择性吸附—毛细孔流机理示意

（4）反渗透主要技术参数

1）水与溶质的通量

反渗透过程中水和溶质的通量可分别表示为：

$$J_W = W_p(\Delta P - \Delta \pi) \tag{9-5}$$

$$J_s = K_p \Delta C \tag{9-6}$$

式中　J_W——水透过膜的通量，$cm^3/(cm^2 \cdot s)$；

W_p——水的透过系数，$cm^3/(cm^2 \cdot s \cdot Pa)$；

ΔP——膜两侧的压力差，Pa；

$\Delta\pi$——膜两侧的渗透压差，Pa；

J_s——溶质透过膜的通量，$mg/(cm^2 \cdot s)$；

K_p——溶质的透过系数，cm/s；

ΔC——膜两侧的浓度差，mg/cm^3。

由上式可知，在给定条件下，透过膜的水通量与压力差成正比，而透过膜的溶质通量则主要与分子扩散有关，因而只与浓度差成正比。所以，提高反渗透器的操作压力不仅使淡化水产量增加，而且可降低淡化水中的溶质浓度。另一方面，在操作压力不变的情况下，增大进水的溶质浓度将使水通量减小，溶质通量增大，这是由于原水渗透压增高以及浓度差增大所造成的结果。

2）脱盐率

反渗透的脱盐率 R 表示膜两侧的含盐浓度差与进水含盐量之比：

$$R = \frac{C_b - C_f}{C_b} \times 100\% \tag{9-7}$$

式中　C_b——进水含盐量，mg/L；

C_f——淡化水含盐量，mg/L。

脱盐率 R 亦可用水透过系数 W_p 与溶质透过系数 K_p 的比值来表示。反渗透过程中的物料衡算关系为

$$QC_b = (Q - Q_f)C_c + Q_f C_f \tag{9-8}$$

这里进水流量 Q 与淡化水流量 Q_f 的单位为“L/s”，C_b、C_c、C_f 分别表示进水、浓水、淡化水中的含盐量，单位为“mg/L”。膜进水侧的含盐量平均浓度 C_m 可表示为：

$$C_m = \frac{QC_b + (Q - Q_f)C_c}{Q + (Q - Q_f)} \tag{9-9}$$

脱盐率可写成

$$R = \frac{C_m - C_f}{C_m} \text{或} \frac{C_f}{C_m} = 1 - R \tag{9-10}$$

由于 $J_s = J_W C_f$，故

$$R = 1 - \frac{J_s}{J_W C_m} = 1 - \frac{K_p \Delta C}{W_p(\Delta P - \Delta\pi)C_m} \tag{9-11}$$

3）淡化水的含盐量

淡化水的含盐量可用近似法进行计算，首先假定 $C_f = 0$，则式（9-8）简化为：

$$QC_b = (Q - Q_f)C_c$$

此时，膜进水侧的含盐量平均浓度为：

$$C_m = \frac{2QC_b}{2Q - Q_f} = \frac{2C_b}{2 - \frac{Q_f}{Q}} = \frac{2C_b}{2 - m} \tag{9-12}$$

式中 $m=Q_f/Q$，称为水的回收率。将上式代入式（9-10），得

$$C_f = C_m(1-R) = \frac{2C_b}{2-m}(1-R) \tag{9-13}$$

将上式算得的 C_f 初值代入式（9-8），再由式（9-13）求得的 C_f 新值，即为淡化水的含盐量。对用于苦咸水淡化的醋酸纤维素膜，初步计算时，其脱盐率可按 90%考虑。

2. 纳滤（Nanofiltration，简称 NF）

反渗透膜对离子的截留没有选择性，使操作压力高，膜通量受到限制。对于某些通量要求大，同时对某些物质截留率要求不是太高的应用来说，反渗透膜并非最佳选择。20 世纪 80 年代末，发展了纳滤膜。纳滤膜与反渗透具有类似性质，故又称为"疏松型"反渗透膜。纳滤膜的截留分子量为 200～1000，与截留分子量相对应的膜孔径约为 1nm 左右，故将这类膜称为纳滤膜。纳滤膜对 NaCl 的截留率一般小于 90%。纳滤膜的特点是对二价离子有很高的去除率，可用于水的软化，而对一价离子的去除率较低。纳滤膜对有机物有很好的去除效果，故在微污染水源的饮用水处理中有广阔的应用前景。

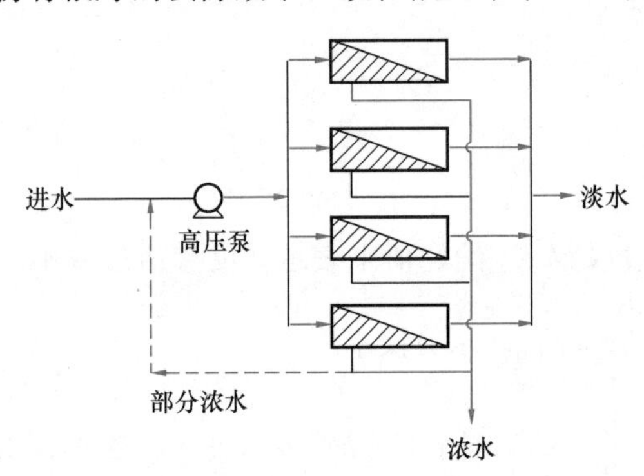

图 9-7 单级处理系统（图中阴影线表示浓水）

3. 反渗透和纳滤工艺系统

反渗透装置是以膜组件为基本单元。根据原水水质、产品水水质要求和水的回收率要求，膜组件的排列可分为"级"和"段"两种方式。

(1) 分级系统

所谓"级"，是指淡水连续通过的膜组件串联数。图 9-7 为单级处理系统。图 9-8 为二级处理系统。在二级处理系统中，第一级处理后的淡水作为第二级进水（通过泵进入）。第二级淡水即为装置的最后产品水（淡水）。因此，分级系统主要目的是提高产品水水质，即提高脱盐率。串联的级数越多，产品水含盐率越低，水质愈好，实际生产中，通常仅分为二级。

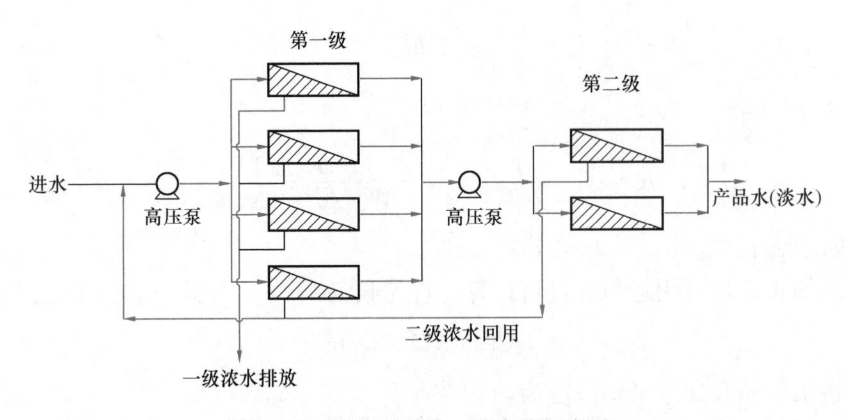

图 9-8 二级处理系统（淡水分级串联）

在单级处理系统中，原水仅经过一级处理，脱盐率较多级系统低，水的回收率低（一

般在50%以下)。为提高水的回收率,部分浓水可回流利用,成为部分循环系统(图9-7中虚线所示)。由于高含盐量的浓水回流重新处理,淡水水质有所降低。

在二级处理系统中,为提高水的回收率,可将第二级浓水(盐浓度一般低于进水)回流至第一级,与原水混合后作为第一级进水,第一级浓水则排放。

在分级系统中,为保持各个膜组件中流量基本相等,膜组件排列方式是前多后少,级内并联,级间串联。分级系统亦可称淡水分级串联系统,通常用于原水含盐量很高(如海水和盐咸水),一级处理达不到水质要求时的淡化处理。或在某除盐工艺中,第二级反渗透可代替离子交换,以简化水的除盐工艺和操作。

(2)分段系统

所谓"段",是指浓水连续通过的膜组件串联数。分段系统中,第一段浓水作为第二段进水(不经泵自动流入);第二段浓水作为第三段进水,依此类推,最后一段浓水排放。各段淡水汇集后即为整个装置的产品水,实为混合淡水。图9-9为二段式处理系统(或称一级二段式系统)。

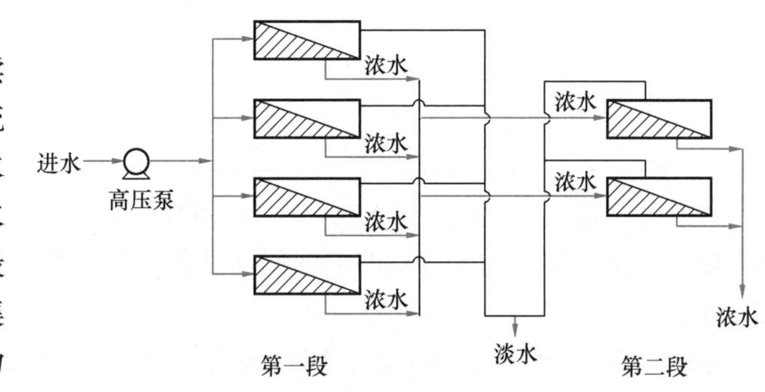

图9-9 二段式处理系统(浓水分段串联)

分段的主要目的是提高水的回收率。为保持各段膜组件中流量基本相等,膜组件也按前多后少,段内并联,段间串联的方式配置。分段系统亦称浓水分段串联系统,通常用于处理水量大,要求水的回收率高的场合。串联的级数越多,水的回收率越高。但回收率有一定限制,其上限由以下两个因素决定:

1)浓水的最大浓度。反渗透进水中含有$CaCO_3$、$CaSO_4$和SiO_2等的难溶盐物质,进水在反渗透过程中不断得到浓缩。因此,应计算确定这些难溶盐是否会在膜表面上沉积出来,即不形成垢的最低浓度值决定RO系统的回收率。

2)膜元件的最低浓水流速。为了防止浓差极化,对于不同厂商生产的膜元件,其产品说明书中可以查到最佳膜元件性能的最低浓水流速。

反渗透用于水的淡化和除盐时,整个工艺流程包括三部分:

原水⟶[预处理]⟶[反渗透]⟶[后处理]⟶产品水

预处理的目的和方法见下文。后处理包括离子交换和消毒等,见第11章。

纳滤若用于水的软化或初步除盐,其工艺系统和反渗透类似,但操作压力低于反渗透;若主要用于去除水中有机物,其工艺与超滤类似。

4. 反渗透与纳滤前的预处理

进水水质的预处理是膜处理工艺的一个重要组成部分,是保证膜装置安全运行的必要条件。预处理包括去除悬浮物、有机物、胶体物质、微生物以及某些有害物质(如铁、锰)。悬浮物和胶体物质会黏附在膜表面,使膜过滤阻力增加。某些膜材质如醋酸纤维素可成为细菌的养料,细菌会将醋酸纤维作为食物吞食,使膜的醋酸纤维减少,影响膜的脱盐性能。水中的有机物,特别是腐殖酸类会污染膜。因此,作为膜的预处理,可采用常规处理如混凝、沉淀和过滤，活性炭吸附以及投加消毒剂等，消除影响膜运行的不利因素。反渗透对进水水质的要求见表 9-2。

反渗透对进水水质的要求　　表 9-2

水质指标	卷式膜	中空纤维膜
浊度（度）	<0.5	<0.3
污染指数 FI	3～5	<3
pH	4～7	4～11
水温（℃）	15～35	15～35
COD（mg/L）	<1.5	<1.5
游离氯（mg/L）	0.2～1.0	0～0.1
总铁（mg/L）	<0.05	<0.05

表中污染指数 FI 值表示在规定压力和时间的条件下，用微孔膜过滤一定量的水所花费的时间变化来计算过滤过程中的滤膜堵塞的程度，从而间接地推算水中悬浮物和胶体颗粒的数量。

污染指数 FI 的测定方法是：用有效直径为 42.7mm、孔隙直径为 0.45μm 的微孔膜，在 0.2MPa 的压力下测定最初过滤 500mL 水所需要的时间 t_1，然后继续过滤 15min 后，再测定过滤 500mL 水所需要的时间 t_2，按下式计算 FI 值：

$$FI=\left(1-\frac{t_1}{t_2}\right)\times\frac{100}{15} \tag{9-14}$$

当 t_1 和 t_2 相等时，表明水中没有任何杂质，此时的 FI 值为 0；如果水中的杂质较多，使 t_1/t_2 趋向 0，此时的 FI 值为 6.7。FI 值的范围在 0～6.7。反渗透膜的进水的 FI 值要求低于 3，该值正好为范围的中间值。

【例 9-1】 设有水透过系数 W_p 为 2×10^{-10}cm^3/(cm^2 · s · Pa)，溶质透过系数 K_p 为 4×10^{-5} cm/s 的反渗透膜，在操用压力为 4.05MPa，水温为 25℃ 的条件下对浓度为 6000mg/L 的苦咸水进行淡化处理。

1)试计算透过膜的水通量 J_W，溶质通量 J_s 以及脱盐率 R；

2)如果淡水产量要求 4000m^3/d，要求淡水的含盐量为 600mg/L，假设回收率 m 为 90%，试计算所需反渗透膜的面积。

【解】 1) 计算透过膜的水通量 J_W，溶质通量 J_s 以及脱盐率 R；

$$c=\frac{6000}{58.5}=102.56\text{mol/m}^3\ \text{（NaCl 分子量为 58.5）}$$

$$\pi=i\cdot c\cdot R\cdot T=2\times102.56\times8.314\times298=0.508\text{MPa}$$

膜的透水通量 J_W 为：

$$J_W=W_p(\Delta P-\Delta\pi)=2\times10^{-10}\times(4.05-0.508)\times10^6$$
$$=7.084\times10^{-4}\text{cm}^3/(\text{cm}^2\cdot\text{s})$$

溶质的通量 J_s 为：

$$J_s=K_p\cdot\Delta C\approx K_p\cdot C_b=4\times10^{-5}\times6=2.4\times10^{-4}\text{mg}/(\text{cm}^2\cdot\text{s})$$
$$J_s=J_W\cdot C_f$$

$$C_f = \frac{J_s}{J_W} = \frac{2.4 \times 10^{-4}}{7.084 \times 10^{-4}} = 0.338\text{mg/cm}^3$$

$$R = \frac{C_b - C_f}{C_b} = \frac{6 - 0.338}{6} = 0.94 = 94\%$$

2）计算所需反渗透膜的面积。

$$m = \frac{C_f}{Q},\ Q = \frac{Q_f}{m} = \frac{4000}{0.9} = 4444\text{m}^3/\text{d}$$

$$C_m = \frac{2C_b}{2 - m} = \frac{2 \times 6000}{2 - 0.9} = 10909\text{mg/L}$$

$$C_f = C_m(1 - R) = 10909 \times (1 - 0.94) = 654.54\text{mg/L}$$

$$C_c = \frac{QC_b - Q_fC_f}{Q - Q_f} = \frac{4444 \times 6000 - 4000 \times 654.54}{4444 - 4000} = 54157\text{mg/L}$$，代入（9-9）式，

$$C_m = \frac{QC_b + (Q - Q_f)C_c}{Q + (Q - Q_f)} = \frac{4444 \times 6000 + (4444 - 40000) \times 54157}{2 \times 4444 - 4000}$$

$$= 10374\text{mg/L}$$

$$\pi = 2 \times \frac{10374}{58.5} \times 8.314 \times 298 = 0.878\text{MPa}$$

$$J_W = 2 \times 10^{-10} \times (4.05 - 0.878) \times 10^6 = 6.34 \times 10^{-4}\text{cm}^3/(\text{cm}^2 \cdot \text{s})$$

$$= 0.5477\text{m}^3/(\text{m}^2 \cdot \text{d})$$

$$A = \frac{4000}{0.5477} = 7300\text{m}^2$$

5. 反渗透和纳滤膜的污染和防治

膜污染是指膜装置在运行过程中，被截留的污染物质沉积于膜面或孔隙中，使膜通量下降或操作压力升高加剧，或出水水质下降。造成反渗透和纳滤膜污染的物质有无机物、有机物和微生物，其中包括悬浮物、胶体和溶解性物质。根据运行经验，金属（Fe、Mn、Ni 等）氧化物、钙沉淀物（$CaCO_3$、$CaSO_4$等）、胶体和细菌等，是造成反渗透和纳滤膜污染的主要物质。膜受到污染时，应进行清洗以恢复膜通量。

反渗透膜污染的清洗方法主要是化学清洗。实际运行中，清洗信号有三种：（1）在恒定压力和温度下运行时，水通量下降 10%～15%；（2）在恒定通量和温度下，操作压力增加 10%～15%；（3）产水水质明显下降，不符合要求。若发现其中一种现象出现，就要进行膜清洗。即使尚未出现上述现象，通常每隔 3～4 个月也要清洗一次。如果化学清洗在正常情况下每月超过一次，表明预处理效果不好，应强化预处理。预处理是预防膜污染的重要环节。

化学清洗可用不同的药剂，包括一些酸、碱、次氯酸钠等等，应根据膜的种类和污染物性质选用。

9.2.2 微滤和超滤

超滤（Ultrafiltration，简称 UF）和微滤（Microfiltration，简称 MF）对溶质的截留被认为主要是机械筛分作用，即超滤和微滤膜有一定大小和形状的孔，在压力的作用下，溶剂和小分子的溶质透过膜，而大分子的溶质被膜截留。超滤膜的孔径范围为 0.01～0.1μm，可截留水中的微粒、胶体、细菌、大分子的有机物和部分的病毒，但无法截留无

机离子和小分子的物质。微滤膜孔径范围在0.05～5μm。

超滤所需的工作压力比反渗透低。这是由于小分子量物质在水中显示出高度的溶解性，因而具有很高的渗透压，在超滤过程中，这些微小的溶质可透过超滤膜，而被截留的大分子溶质，渗透压很低。微滤所需的工作压力则比超滤更低。

1. 过滤模式

超滤和微滤有两种过滤模式，终端过滤和错流过滤（图9-10）。终端过滤为待处理的水在压力的作用下全部透过膜，水中的微粒为膜截留，而错流过滤是在过滤过程中，部分水透过膜，而一部分水沿膜面平行流动。由于截留的杂质全部沉积在膜表面，因而终端过滤的通量下降较快，膜容易堵塞，需周期性地反冲洗以恢复通量；而错流过滤中，由于平行膜面流动的水不断将沉积在膜面的杂质带走，通量下降缓慢。但由于一部分能量消耗在水的循环上，错流过滤的能量消耗较终端过滤大。值得指出的是，微滤和超滤可采用终端过滤或错流过滤模式，而反渗透和纳滤必须采用错流过滤模式。

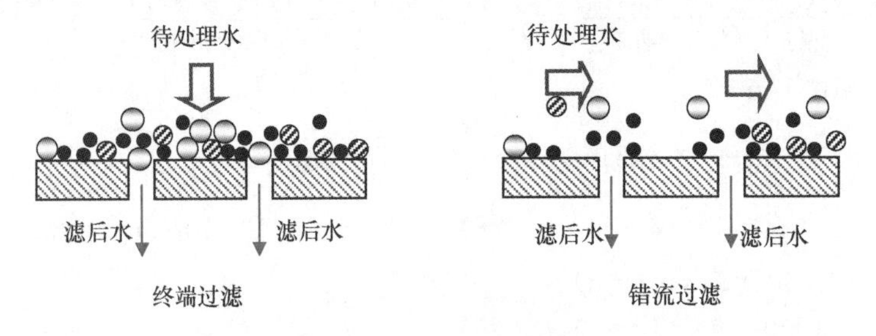

图9-10　过滤模式图

2. 过滤通量的表达式

由于微滤和超滤分离机理主要是机械筛分，故常用孔模型来描述水通量和溶质通量。水透过超滤膜是通过一定数量的孔来进行的，由于孔径很小，水在孔内做层流流动。若孔的半径为r，长度为l，膜孔的孔隙率为ε，则水通量J_W和膜两端的压差ΔP的关系可用哈根-泊肃叶（Hagen-Poiseuille）定律来描述。

$$J_W=\left(\frac{\varepsilon\cdot r^2}{8\mu l}\right)\cdot\Delta P \tag{9-15}$$

实际上，膜内的孔是弯曲的，其长度l与膜厚度δ_m并不相等，故用弯曲系数τ来校正。

$$\tau=\frac{l}{\delta_m} \tag{9-16}$$

则公式变为：

$$J_W=\left(\frac{\varepsilon\cdot r^2}{8\mu\tau\delta_m}\right)\cdot\Delta P=\frac{\Delta P}{\mu\cdot\frac{8\tau\delta_m}{\varepsilon r^2}}=\frac{\Delta P}{\mu R_m} \tag{9-17}$$

$$R_m=\frac{8\tau\delta_m}{\varepsilon r^2} \tag{9-18}$$

由式（9-17）可知，对于一定的膜，其水通量和所施加的压力为线性关系。R_m表示膜本身的阻力。式（9-17）还表明，溶液的黏度 μ 和通量为反比关系。当处理的溶液为水时，其黏度与水温有关。水温越低，则黏度越大。这说明当施加的压力一定时，水温的降低将导致水通量的下降。应该指出的是，上述的关系式仅在水中不含任何杂质的情况下成立。通常利用上述的关系式来测定膜本身的阻力 R_m，所得到的通量也称为纯水通量。

3. 超滤过程的浓差极化

在膜分离过程中，水连同小分子透过膜，而大分子溶质则被膜所截留并不断累积在膜表面上，使溶质在膜面处的浓度 C_m 高于溶质在主体溶液中的浓度 C_b，从而在膜附近边界层内形成浓度差 C_m-C_b，并促使溶质从膜表面向着主体溶液进行反向扩散，这种现象称为浓差极化。又由于为超滤膜截留的主要为大分子，其在水中的扩散系数很小，导致超滤的浓差极化现象较反渗透尤为严重。

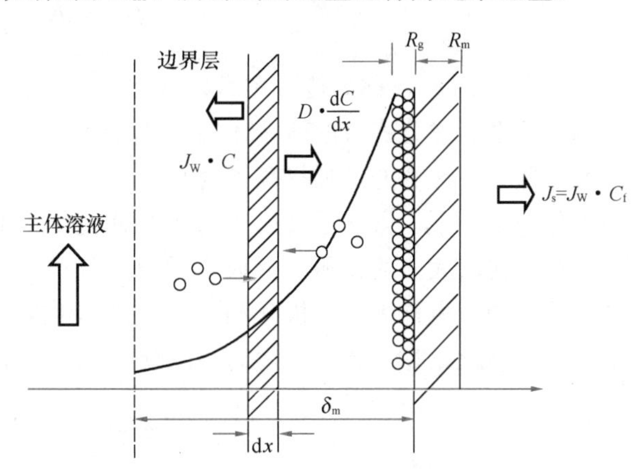

图 9-11　浓差极化机理图

在稳定状态下，厚度为 δ_m 的边界层内溶质的浓度不变（图 9-11），即溶质向膜迁移的通量变化率等于浓差扩散产生的反向迁移量的变化率。取厚度为 d_x 的微元体积，溶质向膜迁移量为 $J_W\cdot C$，反向扩散的溶质量为 $D\cdot dC/dx$，则有：

$$\frac{d}{dx}(J_W\cdot C)=\frac{d}{dx}\left(D\cdot\frac{dC}{dx}\right) \tag{9-19}$$

$$J_W\cdot\frac{dC}{dx}-D\cdot\frac{d^2C}{dx^2}=0 \tag{9-20}$$

积分得：

$$J_W\cdot C-D\cdot\frac{dC}{dx}=C_1 \tag{9-21}$$

式中　D——溶质在水中的扩散系数，cm^2/s；

C_1——积分常数。

$J_W\cdot C$ 表示迁移向膜的溶质通量，$D\cdot dC/dx$ 表示由于扩散从膜面返回主体溶液的溶质通量，在稳定状态下，其差值等于透过膜的溶质通量 J_s。因此，上式可变为：

$$J_s=J_W\cdot C-D\cdot\frac{dC}{dx} \tag{9-22}$$

由于 $J_s=J_W\cdot C_f$，上式可变为：

$$J_W\cdot C_f=J_W\cdot C-D\cdot\frac{dC}{dx}$$

$$J_W\cdot dx=D\cdot\frac{dC}{C-C_f}$$

根据边界条件，$x=0$，$C=C_b$；$x=\delta_m$，$C=C_m$，积分得：

$$J_W = \frac{D}{\delta_m} \cdot \ln \frac{C_m - C_f}{C_b - C_f}$$

因 C_f 值很小，上式可简化为：

$$J_W = K\ln \frac{C_m}{C_b} \tag{9-23}$$

式中的 $K=D/\delta_m$，称为传质系数。式（9-23）表明，在稳态下，J_W 与 C_m 之间保持对数的函数关系。按公式（9-23），似乎增加 J_W 可通过增大 C_m 的方法来实现，但增大 C_m 必须增加压力。压力的增加提高了透水通量，从而膜表面的溶质浓度 C_m 也随之增加。在浓差极化的情况下，虽然增加压力可提高水通量，但 C_m 也随之增加，浓差极化更加严重。由于溶质在膜表面的累积，形成了所谓浓差极化层，它增加了膜过滤的阻力。由于是浓差极化造成的，也称为浓差极化阻力。浓差极化阻力的危害可通过式（9-17）进一步说明。由于浓差极化增加了膜过滤阻力，因此，式（9-17）可写成：

$$J_W = \frac{\Delta P}{\mu(R_m + R_c)} \tag{9-24}$$

R_c 为浓差极化阻力。由此可知，增大压力 ΔP，R_c 也随之增加，从而限制了通量 J_W 的提高。减少浓差极化阻力提高通量的一个有效方法是提高传质系数 K。增加膜表面的紊流程度可减小边界层厚度 δ_m，从而达到提高 K 的目的。

在大分子溶液超滤过程中，由于 C_m 值的急剧增加，极化模数 C_m/C_b 迅速增大。在某一压力差下，当 C_m 值达到这样的程度，以至大分子物质很快生成凝胶，此时膜面溶质浓度称为凝胶浓度，以 C_g 表示。于是，式（9-23）相应地改写成

$$J_W = K\ln \frac{C_g}{C_b} \tag{9-25}$$

在此情况下，C_g 为一固定值，其值大小与该溶质在水中的溶解度有关，因而透过膜的水通量亦应为定值。若再加大压力，溶质反向扩散通量并不增加。在短时间内，虽然透过水通量有所提高，但随着凝胶层厚度的增大，所增加的压力很快为凝胶层阻力所抵消，透过水通量又恢复到原有的水平。因此，一旦生成凝胶层，透过水通量并不因压力的增加而增加，而与进水溶质浓度 C_b 的对数值呈直线关系减小。凝胶层的形成与处理的对象有很大的关系，这种现象主要发生在化工生产、废水处理或浓缩的场合，在膜处理给水中，一般不会产生凝胶层现象。

4. 超滤和微滤膜的污染和防治

膜污染是指膜在过滤过程中产生的通量下降或膜压差上升的现象。膜污染分为可逆污染和不可逆污染。可逆污染是指通量下降或膜压差的上升可通过水力清洗得到恢复，不可逆污染无法通过水力清洗而只能通过药剂清洗获得恢复。

可逆污染所造成的阻力称为可逆阻力 R_r，不可逆污染所造成的阻力称为不可逆阻力 R_i 可为下式所表达。

$$J = \frac{\Delta P}{\mu(R_m + R_r + R_i)}$$

式中　J——膜的过滤通量，$m^3/(m^2 \cdot s)$；

R——膜的过滤阻力，m^{-1}；

ΔP——膜的驱动压力，Pa；

μ——动力黏滞系数，Pa·s。

可逆阻力和不可逆阻力通过试验得出，在过滤过程中，可逆和不可逆污染逐渐增加。水中的有机物，无机物和微生物均可对超滤和微滤膜造成污染。有机物可以认为是膜的主要污染物。有机物对膜污染主要通过沉积在膜表面，形成滤饼层或凝胶层，以及进入膜孔内部，缩小甚至堵塞膜孔。滤饼层和凝胶层可通过水力清洗得以消除，被认为是造成可逆污染的主要因素；膜孔堵塞难以为水力清洗消除，被认为是造成不可逆污染的主要因素。

控制有机污染的主要工艺措施是预处理，常用的预处理有混凝、氧化、活性炭吸附以及生物处理。

9.2.3 膜技术在水处理中的应用

本节重点介绍反渗透、纳滤、超滤和微滤膜在水处理中的应用，电渗析见 9.3 节。

1. 反渗透和纳滤膜在水处理中的应用

随着水资源不足以及水环境污染问题的日益严重以及全球都面临不断增长的饮用水需求。以海水、地下苦咸水以及污水作为水源来满足饮用水的需求已日益受到重视。这些水源的共同水质特征是高含量的总溶解固体（TDS）。例如，海水的 TDS 大约在 20000～50000mg/L，而苦咸水在 1000～10000mg/L，污水回用水的 TDS 在 600～1400mg/L。为了将 TDS 处理至饮用水水质标准范围内，反渗透和纳滤成为主要的技术手段。根据国际脱盐协会的统计，截至 2004 年，全球有 17348 个膜脱盐水厂正在运行。其中的 84% 采用反渗透，而剩余的 16%采用纳滤膜。调查表明，这些水厂出水的 68%用于饮用水的供应，16%作为地下水的回灌，仅有 9%用于工业。因此，脱盐的主要目的还是用于饮用水。

我国已建成百吨级以上的反渗透海水淡化工程十余个，日产水量合计 3 万吨。随着海水淡化技术的进步以及规模的增大，海水制水成本也不断下降，我国海水淡化的成本可控制在 5.0～6.0 元/t。

反渗透和纳滤的预处理目的是最大限度地去除水中的悬浮物和胶体。预处理的方法有常规处理、膜过滤（微滤或超滤膜）和保安过滤。

2. 超滤和微滤在给水处理中的应用

由于水环境受到不同程度的污染以及饮用水水质标准的不断提高，寻求新的饮用水安全保障技术改进或替代自来水厂的处理工艺已是给水领域的最重要课题。用膜处理替代水厂常规处理工艺是最具前瞻性的技术创新。膜技术的特点是依靠孔径大小对水中杂质进行选择性截留。微滤膜的孔径一般在 0.1μm，超滤膜在 0.01μm，而各种细菌的尺寸范围在 0.5～5μm。因此，微滤膜和超滤膜几乎可以 100%地去除细菌和微生物。同样的道理，膜对水中悬浮固体也有很好的去除作用。膜处理可使出水的浊度低于 0.1NTU，而这一数值是常规处理的极限。此外，一些致病微生物如贾第虫和隐孢子虫耐氯能力很强，常规处理的灭活效果较差，而膜对贾第虫和隐孢子虫有很好的去除效果。常规处理的主要去除对象是浊度物质和致病微生物，它需要通过混凝、反应、沉淀、过滤和消毒 5 道工艺环节才能达到目的，而膜处理仅需 1 道工艺就可实现，因而占地面积可大大缩小。微滤膜和超滤膜由于孔径较大，去除水中溶解性有机物的效果较差，此外，有机物还会造成通量下降。

为了提高有机物的去除效果和避免通量的下降，可采用混凝、粉末活性炭和臭氧作为膜预处理，形成组合工艺。这样的组合工艺已成为膜应用和研究的主流。

微滤或超滤膜还可以与纳滤膜联用，形成所谓的双膜系统。在这样的系统中，微滤或超滤膜主要进行固液分离，其作用类似于常规处理；而纳滤膜主要去除有机物，其作用类似于臭氧生物活性炭。这样的双膜系统更优于现行的臭氧生物活性炭深度处理。这是由于双膜系统的出水水质不受原水水质变化的影响，而且没有溴酸盐的问题。

1987 年，在美国科罗拉多州的 Keystone，建成了世界上第一座膜分离水厂，水量为 $105m^3/d$，采用 $0.2\mu m$ 孔径的聚丙烯中空纤维微滤膜。1988 年，在法国的 Amoncourt，建成了世界上第二座膜分离水厂，水量为 $240m^3/d$，采用 $0.01\mu m$ 醋酸纤维素中空超滤膜。据统计，到 1999 年为止，全世界已建成的膜分离水厂超过了 50 座，水量规模从 $100m^3/d$ 到 $100000m^3/d$。由此可以看出，膜技术的另一特点是适应水量变化的能力很强，它可以通过增减膜组件的数量轻松应对水量的变化。显然，在小水量上，膜具有常规处理无法比拟的优势。

3. 膜技术在污水处理中的应用

近年来，膜技术被应用于污水处理，产生了一种新型的处理工艺，即膜生物反应器（MBR，Membrane Bioreator）。由于膜分离替代了常规的固液分离，从而有效地截留微生物，实现了水力停留时间和污泥龄的分离。因此，MBR 具有污染物处理效率高，出水水质好、剩余污泥量少等优点。MBR 还具有结构紧凑、容易实现自动化控制等优点。

MBR 可分为一体化和分置式两种。分置式是指膜组件与生物反应器分开设置。泵将生物反应器的水打入膜组件，膜出水排出系统，而浓缩液回流至生物反应器。分置式的优点是：膜组件和生物反应器独立运行，相互干扰少，易于调节控制；膜组件易于清洗更换；膜通量较大。其缺点是：动力消耗大，泵叶轮产生的剪切力会降低微生物的活性，从而影响处理效果。一体化是将膜组件置于生物反应器中，依靠重力或水泵抽吸产生的负压作为膜驱动力。一体化的优点是：动力消耗小，占地面积小，系统的运行不会对微生物的活性产生影响。但由于一体化的膜驱动力较小，一般在 0.05～0.07MPa，导致通量较小。MBR 还可以应用于给水处理，它可以有效地去除氨氮和有机物，因此，对于污染较为严重的原水，MBR 有着独特的优势。

9.3 电渗析（Electrodialyse，简称 ED）

电渗析是以电位差为推动力的膜分离技术，用于除盐和咸水淡化。

9.3.1 离子交换膜及其作用机理

1. 离子交换膜

(1) 分类

离子交换膜是电渗析器的重要组成部分，按其选择性能，可分为阳膜和阴膜，按膜体结构，可分为异相膜、均相膜和半均相膜。异相膜的优点是机械强度好、价格低，缺点是膜电阻大、耐热差、透水性大。均相膜则相反。国产部分离子交换膜的主要性能见表 9-3。

国产部分离子交换膜的主要性能　　表 9-3

膜的种类	厚度（mm）	交换容量（mmol/g）	含水率（%）	膜电阻（$\Omega\cdot cm^2$）	选择透过率（%）
聚乙烯异相阳膜	0.38～0.5	≥0.28	≥40	8～12	≥90
聚乙烯异相阴膜	0.38～0.5	≥0.18	≥35	8～15	≥90
聚乙烯半均相阳膜	0.25～0.45	2.4	38～40	5～6	>95
聚乙烯半均相阴膜	0.25～0.45	2.5	32～35	8～10	>95
聚乙烯均相阳膜	0.3	2.0	35	<5	>95
氯醇橡胶均相阴膜	0.28～0.32	0.8～1.2	25～45	～6	≥85

（2）性能

1）膜电阻：膜电阻与电渗析所需的电压有密切的关系。电阻越小，所需的电压越低。膜电阻一般用膜的电阻率乘以膜的厚度表示，单位为“$\Omega\cdot cm^2$”。

2）含水率：表示湿膜中所含水的百分数，一般为 40%～50%。

3）膜厚度：应适当，太厚会增加膜电阻，太薄容易导致渗水，降低去除效果。膜的厚度一般为 0.3～0.4mm，最薄可达 0.1mm。

4）交换容量：表示一定质量的膜中所含活性基团的数量，以单位干重所含的可交换离子的毫摩尔数表示，一般为 1～3mmol/g（干膜）。交换容量越高，膜的选择透过性能越好。由于活性基团具有亲水性能，交换容量太高，含水率增加，膜的强度下降。

5）迁移数：在电渗析器中，电流的输送是由正负离子来承担的，由于正、负离子的迁移速度不同，因而各自的迁移输送的电量也不相同。某种离子在总电量中所分担的比例为该离子的迁移数。

如用 i 表示总电流量，i_+ 表示正离子所输送的电量，i_- 表示负离子所输送的电量，则有 $i=i_++i_-$。如以 t_+ 表示阳离子的迁移数，t_- 表示阴离子的迁移数，则

$$t_+=\frac{i_+}{i_++i_-}=\frac{i_+}{i} \tag{9-26}$$

$$t_-=\frac{i_-}{i_++i_-}=\frac{i_-}{i} \tag{9-27}$$

6）选择透过率：阳膜只允许阳离子透过，阴膜只允许阴离子透过，因此，理想的情况是：阳膜的 $t_+=1$，$t_-=0$，阴膜的 $t_+=0$，$t_-=0$。但离子交换膜的选择透过性并非那么理想，因为总有少量的同号离子同时透过。为此，采用选择透过率 P 表示离子交换膜的选择透过性能的优劣。

$$P_+=\frac{\bar{t}_+-t_+}{1-t_+}\times 100\% \tag{9-28}$$

式中　P_+——阳膜对阳离子的选择透过率，%；

t_+——阳离子在溶液中的迁移数；

$\bar{t}_+$——阳离子在阳膜内的迁移数。

上式中的分子 $\bar{t}_+-t_+$ 表示在实际膜的条件下，阳离子在阳膜内和在溶液中的迁移数之差，分母 $1-t_+$ 表示在理想膜的情况下，阳离子在阳膜内和在溶液中的迁移数之差，其比值即为实际阳膜对阳离子的选择透过率。显然，P_+ 越接近于 100%，阳膜的选择透过性越好。

2. 离子交换膜的作用机理

离子交换膜的作用机理可用道南（Dounan）平衡理论给予解释。

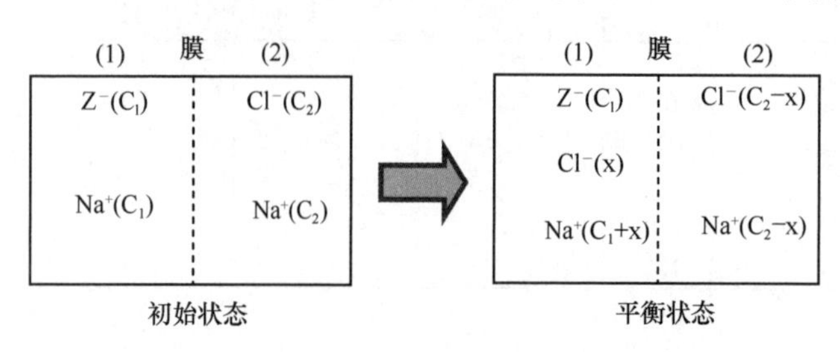

图 9-12 道南膜平衡示意

如用一半透膜将具有不扩散阴离子 Z^- 的钠盐溶液与氯化钠溶液隔开，前者浓度为 c_1，后者为 c_2。离子 Z^- 不能扩散透过到膜的另一侧，而其余离子如 Na^+、Cl^- 则可自由透过（图 9-12）。

假设有浓度为 x 的 Na^+ 从（2）室透过膜迁移到（1）室，根据电中性法则，必然有浓度为 x 的 Cl^- 从（2）室透过膜迁移到（1）室。经过一段时间后，膜两侧的 Na^+、Cl^- 浓度不变，达到了动态平衡。此时的膜两侧的 Na^+、Cl^- 浓度为：

$$[Na^+]_1=c_1+x,\ [Cl^-]_1=x,\ [Na^+]_2=[Cl^-]_2=c_2-x$$

根据热力学理论，当体系处于平衡时，膜两侧的 NaCl 化学势必然相等，由此得膜两侧的 Na^+ 和 Cl^- 浓度乘积相等。

$$[Na^+]_1\times[Cl^-]_1=[Na^+]_2\times[Cl^-]_2$$

式中 $[Na^+]_1$ 和 $[Cl^-]_1$ 为(1)室的离子浓度，$[Na^+]_2$ 和 $[Cl^-]_2$ 为(2)室的离子浓度，得

$$(c_1+x)x=(c_2-x)^2$$

$$x=\frac{c_2^2}{c_1+2c_2}$$

在平衡状态下，膜两侧的 Cl^- 离子浓度的比值为：

$$\frac{[Cl^-]_2}{[Cl^-]_1}=\frac{c_2-x}{x}=\frac{c_1+c_2}{c_2}\approx\frac{c_1}{c_2}\ （当\ c_1\gg c_2\ 时）$$

这意味着当膜的一侧 Na^+Z^- 浓度非常大时，则 $x\to0$，此时，膜的另一侧的 Cl^- 几乎不能透过膜。

将道南理论应用于离子交换膜，可将离子交换膜与溶液的界面看作是半透膜。固定于离子交换膜上的活性基团相当于这里的不扩散离子 Z^-，可交换离子为 Na^+，在这种情况下，上述体系相当于阳离子交换膜。当膜的交换容量很大（即 c_1 值很大）时，溶液中的 Cl^- 几乎进不了膜内，也就是膜对离子具有选择透过性。若增大溶液中的 NaCl 浓度 c_2，进入膜内的 Cl^- 也随之增加，而膜的选择透过性则相应降低。阴离子交换膜的选择透过性亦可用同一原理加以阐述。

9.3.2 电渗析原理及过程

电渗析法是在外加直流电场作用下，利用离子交换膜的选择透过性（即阳膜只允许阳离子透过，阴膜只允许阴离子透过），使水中阴、阳离子做定向迁移，从而达到离子从水中分离的一种物理化学过程。

图 9-13 为电渗析原理示意图。在阴极和阳极之间，将阳膜与阴膜交替排列，并用特制的隔板将这两种膜隔开，隔板内有水流的通道。进入淡室的含盐水，在电场的作用下，水中的阳离子不断透过阳膜向阴极方向迁移，阴离子不断透过阴膜向阳极方向迁移，水中

离子含量不断减少，含盐水逐渐变成淡化水。而进入浓室的含盐水，由于阳离子在向阴极方向迁移中不能透过阴膜，阴离子在向阳极方向迁移中不能透过阳膜，同时，浓室还不断接受相邻的淡室迁移透过的离子，因此，浓室中的含盐水的离子浓度不断增加而变成浓盐水。这样，在电渗析器中，形成了淡水和浓水两个系统。与此同时，在电极和溶液的界面上，通过氧化、还原反应，发生了电子与离子之间的转换，即电极反应。以食盐水溶液为例，阴极还原反应为：

$$H_2O \longrightarrow H^+ + OH^-$$

$$2H^+ + 2e \longrightarrow H_2 \uparrow$$

阳极氧化反应为

$$H_2O \longrightarrow H^+ + OH^-$$

$$4OH^- \longrightarrow O_2 \uparrow + 2H_2O + 4e$$

$$2Cl^- \longrightarrow Cl_2 \uparrow + 2e$$

所以，阴极不断排出氢气，阳极则不断有氧气或氯气放出。此时，阴极室溶液呈碱性，当水中有 Ca^{2+}、Mg^{2+}、HCO_3^- 等离子时，会生成 $CaCO_3$ 和 Mg（OH）$_2$ 水垢，沉积在阴极上，而阳极室溶液则呈酸性，对电极造成强烈的腐蚀。

在电渗析过程中，电能的消耗主要用来克服电流通过溶液、膜时所受到的阻力以及进行电极反应。

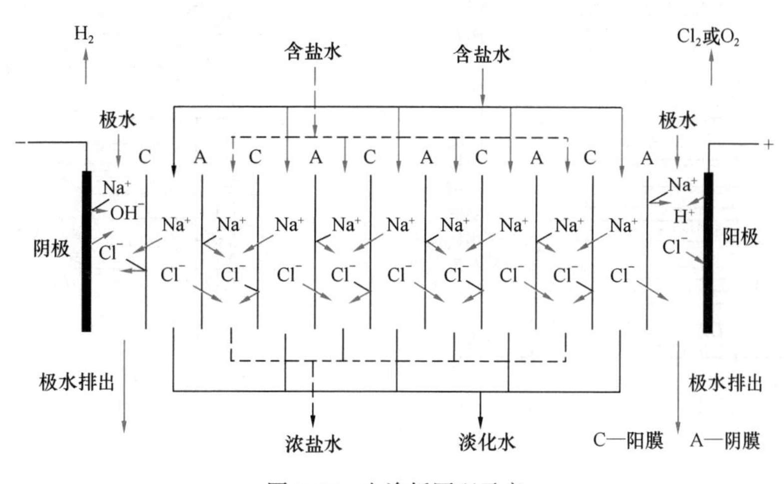

图 9-13 电渗析原理示意

9.3.3 电渗析器的构造与组装

1. 电渗析器的构造

电渗析器结构包括压板、电极托板、电极、极框、阴膜、阳膜、浓水隔板、淡水隔板等部件，如图 9-14 所示。将这些部件按一定顺序组装并压紧，组成一定形式的电渗析器。整个结构可分为膜堆、极区、紧固装置 3 部分。

（1）膜堆

一对阴、阳膜和一对浓、淡水隔板交替排列，组成最基本的脱盐单元，称为膜对。电极（包括中间电极）之间由若干组膜对堆叠一起即为膜堆。

隔板由配水孔、布水槽、流水道和隔网组成。配水孔的作用是均匀配水。布水槽将水

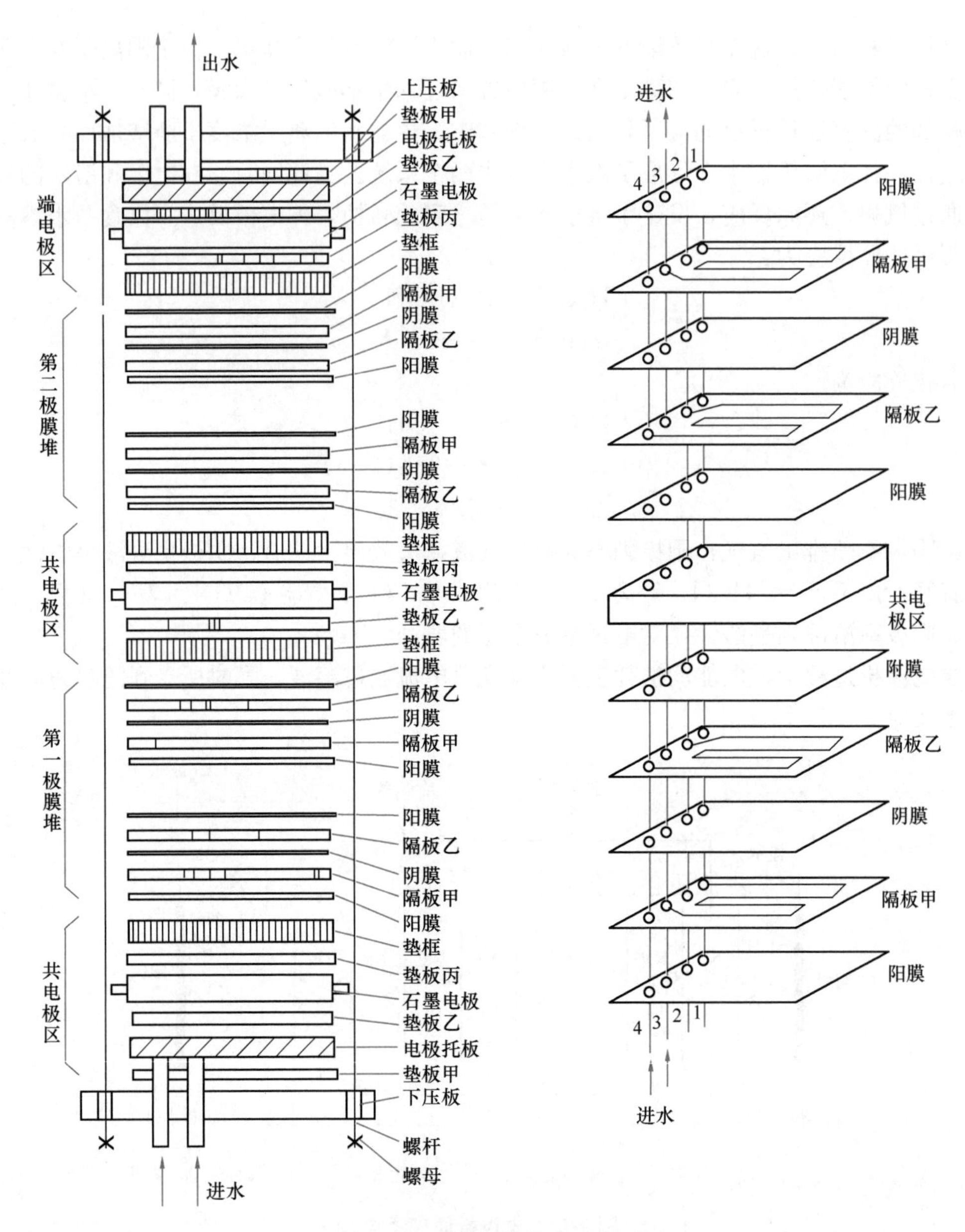

图 9-14　电渗析器构成示意图
（带有共电极）

引入淡室或浓室。浓、淡水隔板由于连接配水孔与流水道的布水槽的位置有所不同，分别构成相应的浓室和淡室。

对隔板材料要求绝缘性能好、化学稳定性好、耐酸碱等，常用的有聚氯乙烯、聚丙烯、合成橡胶等。隔板的厚度有 0.5mm、0.8mm、1.0mm、1.5mm、2.0mm、2.5mm 等规格。隔板越薄，离子迁移的路程越短，则电阻越小，电流效率越高，还可使设备体积减小。但隔板越薄，水流阻力越大，而且容易产生堵塞。隔板的流水道是进行脱盐的场所。流水道分为有回路式和无回路式两种，如图 9-15 所示。有回路式隔板脱盐流程长、流速大、水头损失较大、电流效率高、适用于流量较小而除盐率要求较高的场合。无回路式隔板脱盐流程短、流速低、水头损失小、适用于流量较大而除盐率较低的场合。流水道上的隔网作用是隔开阴、阳膜和加强水流扰动，提高极限电流密度。常用的隔网有鱼鳞网、编织网、冲膜式网等。

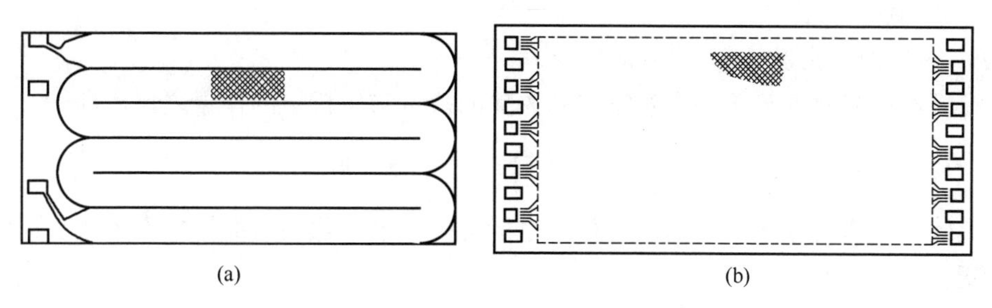

图 9-15　隔板示意

(a) 有回路式隔板；(b) 无回路式隔板

(2) 极区

电渗析器两端的电极连接直流电源，还设有原水进口，淡水、浓水出口以及极室水通路。电极区由电极、极框、电极托板、橡胶垫板等组成。极框较隔板厚，放置在电极与阳膜（紧靠阴、阳极的膜均用抗腐蚀性较强的阳膜）之间，以防止膜贴到电极上，保证极室水流通畅，及时排除电极反应产物。常用电极材料有石墨、钛涂钌、铅、不锈钢等。

(3) 紧固装置

紧固装置用来将整个极区和膜堆均匀夹紧，形成整体，使电渗析器在压力下运行时不漏水。压板由槽钢加强的钢板制成，紧固时四周用螺杆拧紧。

电渗析器的配套设备还包括整流器、水泵、转子流量计等。

2. 电渗析器的组装

电渗析器组装方式有“级”和“段”。一对电极之间的膜堆称为一级，具有同向水流的并联膜堆称为一段。增加段数就等于增加脱盐流程，提高脱盐效率。增加膜对数可提高水处理量。一台电渗析器的组装方式有一级一段、多级一段、一级多段和多级多段等(图 9-16)。

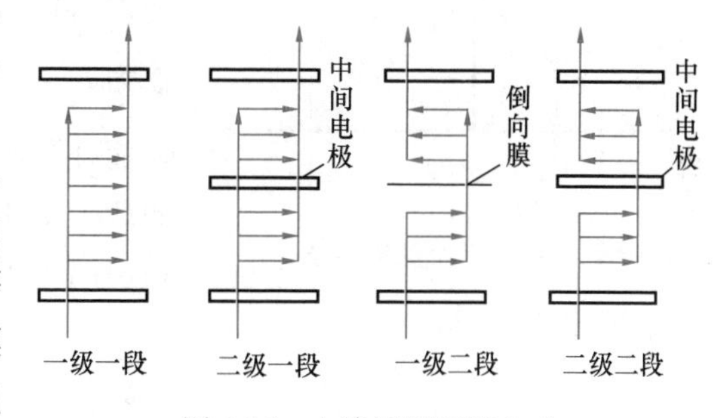

图 9-16　电渗析器组装方式

9.3.4　电流效率与极限电流密度

1. 电流效率

电渗析器用于水的淡化时，一个淡室（相当于一对膜）实际去除的盐量为

$$m_1 = \frac{q(c_1 - c_2)t \cdot M_B}{1000}(\mathrm{g}) \tag{9-29}$$

式中　q——一个淡室的出水量，L/s；

c_1、c_2——分别表示进、出水含盐量，计算时均以当量粒子作为基本单元，mmol/L；

t——通电时间，s；

M_B——物质的摩尔质量，以当量粒子作为基本单元，g/mol。

根据法拉第定律，应析出的盐量为：

$$m = \frac{ItM_B}{F} \tag{9-30}$$

式中　I——电流，A；

F——法拉第常数，等于 96500C/mol。

电渗析器电流效率等于一个淡室实际去除的盐量与应析出的盐量之比，即

$$\eta = \frac{m_1}{m} = \frac{q(c_1 - c_2)F}{1000I} \times 100\% \tag{9-31}$$

电流效率与膜对数无关，而后者仅与电压有关。电压随膜对数增加而增大，而电流则保持不变。

应将电渗析器的电能效率与电流效率加以区别。电能效率是衡量电能利用程度的一个指标，可定义为整台电渗析器脱盐所需的理论耗电量与实际耗电量之比，即

$$电能效率=\frac{理论耗电量}{实际耗电量}$$

目前电渗析器的实际耗电量比理论耗电量要大得多，因而电能效率仍较低。

2. 极限电流密度

单位面积膜通过的电流称为电流密度 i，单位为“mA/cm^2”。

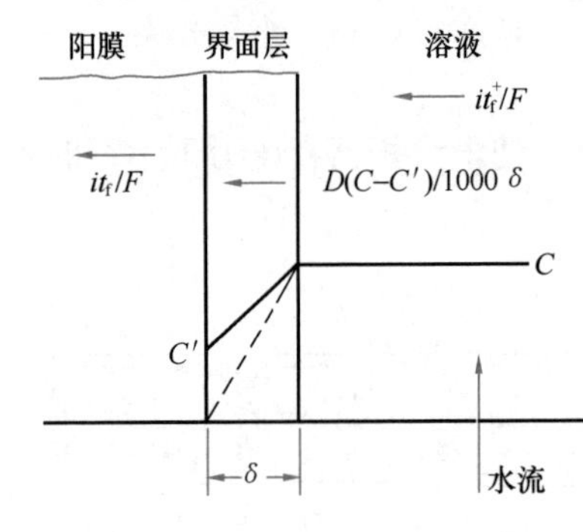

图 9-17　浓差极化示意

以阳膜淡室一侧为例（图 9-17）。膜表面存在一层厚为 δ 的界面层。当电流密度为 i，阳离子在阳膜内的迁移数为 $\bar{t}_+$，其迁移量为 $\frac{i}{F}\bar{t}_+$，相当于单位时间、单位面积所迁移的物质的量。阳离子在溶液中的迁移数为 t_+，其迁移量为 $\frac{i}{F}t_+$。由于 $\frac{i}{F}\bar{t}_+ > \frac{i}{F}t_+$，造成膜表面处阳离子的亏空，使界面层两侧出现浓度差，从而产生了离子扩散的推动力。此时，离子迁移的亏空量由离子扩散的补充量来补偿。根据菲克定律，扩散物质的通量表示为：

$$\phi = \frac{D(c - c')}{\delta \cdot 1000} \tag{9-32}$$

式中　ϕ——单位时间、单位面积通过的物质的量，$mmol/(cm^2 \cdot s)$；

D——扩散系数，cm^2/s；

c，c'——分别表示界面层两侧溶液的物质的量浓度，mmol/L；

δ——界面层厚度，cm。

当处于稳定状态时，离子的迁移与扩散之间存在着如下的平衡关系：

$$\frac{i}{F}(\bar{t}_+ - t_+) = D\frac{c - c'}{1000\delta} \tag{9-33}$$

若逐渐增大电流密度 i 值，则膜表面的离子浓度 c' 必将逐渐降低，当 i 达到某一数值时，$c' \to 0$。如若再提高 i 值，由于离子扩散不及，在膜界面上引起水的离解，H^+ 离子透过阳膜来传递电流，这种膜界面现象称为浓差极化。此时的电流密度称为极限电流密度 i_{lim}，由式（9-33）得

$$i_{\lim} = \frac{FD}{\bar{t}_{+} - t_{+}} \frac{c}{1000\delta} \tag{9-34}$$

实验表明，δ 值主要与水流速度有关，可由下式表示：

$$\delta = \frac{k}{v^{n}} \tag{9-35}$$

其中 n 值在 0.3～0.9 之间。n 值越接近于 1，说明隔网造成的水流紊乱效果越好。系数 k 与隔板形式及厚度等因素有关。将式（9-35）代入式（9-34），得

$$i_{\lim} = \frac{FD}{1000(\bar{t}_{+} - t_{+})k} c v^{n} \tag{9-36}$$

在水沿隔板流水道流动过程中，水的离子浓度逐渐降低。其变化规律沿流向按指数关系分布，式中的 c 值一般采用对数平均值表示，即：

$$c = \frac{c_1 - c_2}{2.3\lg \frac{c_1}{c_2}} \tag{9-37}$$

这样，极限电流密度与流速、平均浓度之间的关系最后可表示为：

$$i_{\lim} = K c v^{n} \tag{9-38}$$

式中 v——淡水隔板流水道中的水流速度，cm/s；

c——淡室中水的对数平均离子浓度，mmol/L；

$K = \frac{FD}{1000(\bar{t}_{+} - t_{+})k}$，称为水力特征系数，主要与膜的性能、隔板形式与厚度、隔网形式、水的离子组成、水温等因素有关。

式（9-38）称为极限电流密度公式。在给定条件下，式中 K 和 n 值可通过试验确定。

极限电流密度的测定通常采用电压一电流法。其测定步骤为：（1）在进水浓度稳定的条件下，固定浓、淡水和极水的流量与进口压力；（2）逐渐提高操作电压，待工作稳定后，测定与其相应的电流值；（3）以膜对电压对电流密度作图，并从曲线两端分别通过各试验点作一直线，如图 9-18 所示，从两直线交点 P 引垂线交曲线于 C，点 C 的电流密度和膜对电压即为极限电流密度和与其对应的膜对电压。这样，每一流速 v，可得出相应的 $i_{\lim}$ 以及淡室中水的对数平均离子浓度 c 值。再用图解法即可确定 K 和 n 值。

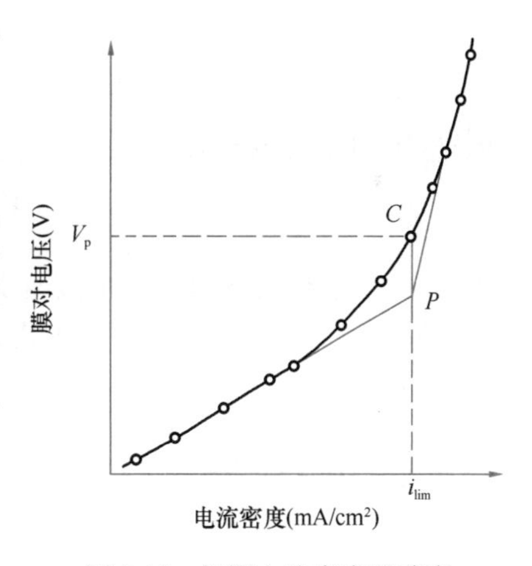

图 9-18 极限电流密度的确定

3. 极化与沉淀

在电渗析器的膜界面现象中，极化现象主要发生在阳膜的淡室一侧，而另一沉淀现象则主要发生在阴膜的浓室一侧。

当阴膜淡室一侧出现水的离解，产生的 OH^- 离子迁移通过阴膜进入浓室，使浓水的 pH 上升，出现 $CaCO_3$ 和 $Mg(OH)_2$ 的沉淀现象。极化会造成如下不良的后果。

（1）使部分电能消耗在水的离解上，降低电流效率；

（2）当水中有钙镁离子时，会在膜面生成水垢，增大膜电阻，增加耗电量，降低出水水质；

（3）极化严重时，出水呈酸性或碱性。

防止极化和控制结垢的主要措施有：

（1）控制操作电流低于极限电流，以避免极化现象的发生，减缓水垢的生成；

（2）定期倒换电极，使浓、淡室亦随之相应变换，这样，阴膜两侧表面上的水垢，溶解与沉积相互交替，处于不稳定状态（图 9-19）。倒换电极的时间间隔一般为 2～8h；

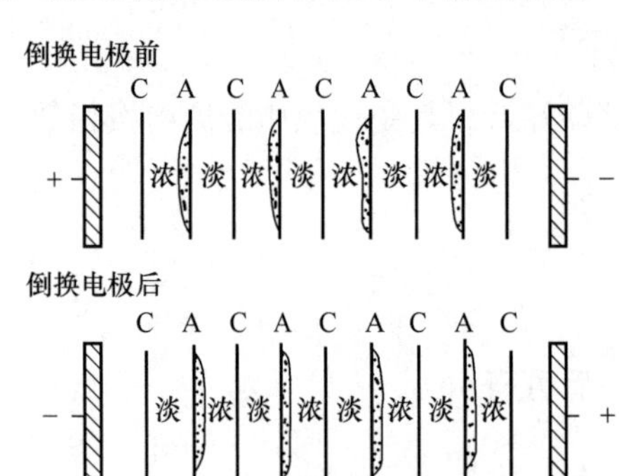

图 9-19 倒换电极前后结垢情况示意

C—表示阳膜；A—表示阴膜

（3）定期酸洗，用浓度为 1%～2%的盐酸溶液在电渗析器内循环清洗以消除结垢，酸洗时间一般为 1～2h 或酸洗至进出电渗析器的酸液 pH 不变为止。酸洗周期从每周到每月一次，视实际情况而定。

9.3.5 电渗析器的工艺设计与计算

1. 电渗析器总流程长度的计算

电渗析器总流程长度即在给定条件下需要的脱盐流程长度。对于一级一段或多级一段组装的电渗析器，脱盐流程长度也就是隔板的流水道长度。

设隔板厚度为 d（cm），流水道宽度为b（cm），流水道长度为 l（cm），膜的有效面积为 bl（cm）则平均电流密度等于

$$i=\frac{1000I}{bl}(\mathrm{mA/cm^2}) \tag{9-39}$$

一个淡室的流量可表示为

$$q=\frac{dbv}{1000}(\mathrm{L/s}) \tag{9-40}$$

式中 v——隔板流水道中的水流速度，cm/s。

将式（9-39）、式（9-40）代入式（9-31），得出所需要的脱盐流程长度为

$$l=\frac{vd(c_1-c_2)F}{1000\eta i}(\mathrm{cm}) \tag{9-41}$$

将式（9-38）代入式（9-41），得出在极限电流密度工况下的脱盐流程长度表达式：

$$l_{\mathrm{lim}}=\frac{2.3Fdv^{1-n}}{1000\eta K}\lg\frac{c_1}{c_2}(\mathrm{cm}) \tag{9-42}$$

2. 电渗析器并联膜对数的计算

电渗析器并联膜对数 n_{p} 可由下式求出

$$n_{\mathrm{p}}=278\frac{Q}{dbv} \tag{9-43}$$

式中 Q——电渗析器淡水产量，$\mathrm{m^3/h}$；

278——单位换算系数。

【例 9-2】 若将含盐量为 4.6mmol/L 的原水处理成淡水，产水量为 $7\mathrm{m^3/h}$，要求经电渗析处理后淡水含盐量为 0.95mmol/L。试确定电渗析器组装方式，求出隔板平面尺寸、

流程长度、膜对数、工作电压、操作电流及耗电量。

【解】

(1) 计算总流程长度

假定在临界电流密度状态下运行，若采用聚乙烯异相膜，隔板厚度 2mm，普通鱼鳞网，$K=0.03$，电流效率取 0.8，取 $n=1$，$F=96.5\text{C/mmol}$，则可求得总流程长度：

$$L=\frac{2.3Fv^{1-n}d}{K\eta}\lg\frac{C_1}{C_2}=\frac{2.3\times96.5\times0.2}{0.03\times0.8}\lg\frac{4.6}{0.95}=1266.7\text{cm}$$

(2) 膜对数计算

水在隔板流水道中的流速取 $v=10\text{cm/s}$，流水道宽度 $b=6.7\text{cm}$，则膜对数：

$$n_{\text{p}}=278\frac{Q}{dbv}=\frac{278\times7}{0.2\times6.7\times10}=145.2\text{ 对}$$

可取塑料隔板 146 对，阴膜 146 张，阳膜 147 张（靠极框边均为阳膜）。

(3) 计算隔板尺寸、隔板或膜的有效面积

利用系数 α 按 0.7 计算，隔板或膜面积 A 为：

$$A=\frac{bL}{\alpha}=\frac{6.7\times1266.7}{0.7}=12124.1\text{cm}^2$$

采用 800mm×1600mm 隔板，面积为 12800cm^2，有效面积为 $8960\ \text{cm}^2$

(4) 计算极限电流密度

$$C=\frac{C_1-C_2}{2.3\lg\frac{C_1}{C_2}}=\frac{4.6-0.95}{2.3\lg\frac{4.6}{0.95}}=2.32\text{mmol/L}$$

$$i_{\text{lim}}=KCv^n=0.03\times2.32\times10=0.7\text{mA/cm}^2$$

(5) 确定工作电压

由于膜对数较多，考虑组装方式为二级一段，中间设共电极，每膜对电压取 3.5V，则利用下式计算膜堆电压：

$$U_{\text{s}}=NU_{\text{p}}=73\times3.5=256\text{V}$$

采用铅电极，若每对电极极区电压取 15V，则工作电压为：

$$U=U_{\text{s}}+U_{\text{e}}=256+15=271\text{V}$$

(6) 计算操作电流

由于有共电极，操作电流应为二级电流之和，则：

$$I_{\text{D}}=2Ai_{\text{lim}}\times10^{-3}=2\times8960\times0.7\times10^{-3}=12.5\text{A}$$

(7) 计算耗电量

整流器效率 m 约为 0.95～0.98，取 $m=0.97$，则耗电量为：

$$W=\frac{UI_{\text{D}}}{Qm}\times10^{-3}=\frac{271\times12.5}{7\times0.97}\times10^{-3}=0.5\text{kW}\cdot\text{h/m}^3$$

9.3.6 电渗析技术的发展

填充床电渗析亦称为电去离子过程（Electrodeionization，EDI）是电渗析技术的发

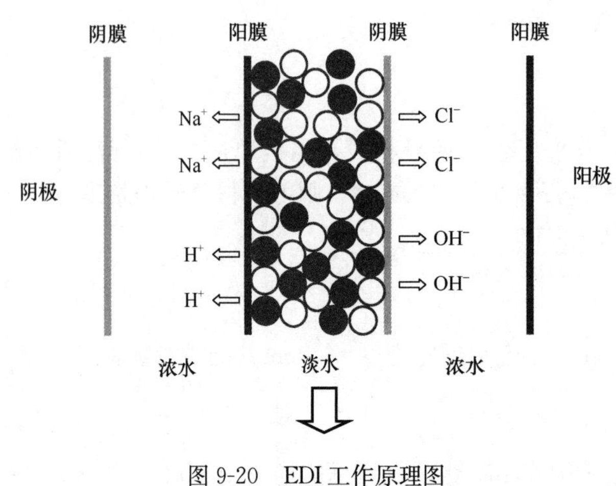

图 9-20 EDI 工作原理图

展。它是在电渗析器的淡室中填充离子交换树脂而成，将电渗析、离子交换和电化学再生三者结合成一个整体。

EDI 的工作原理如图 9-20 所示。在电渗析淡室的阴膜和阳膜之间填充离子交换树脂（颗粒、纤维或编织物）。淡室中的离子交换树脂的导电能力比水高 2～3 个数量级，由于离子交换树脂不断发生交换和再生作用，形成离子通道，从而使淡室的电导率大为增加，提高了极限电流密度。

填充床电渗析应在极化状态下运行。此时，膜和树脂附近的界面层发生极化，水离解为 H^+ 和 OH^-，这些离子，除一部分迁移至浓室外，大部分对淡室中的树脂进行再生，保持其交换能力。填充床电渗析的去离子过程大致分为两个阶段。首先，开始进入淡室时，由于水的含盐量较高，淡室中的树脂以盐型存在。由于树脂的导电性能比水的高，离子的迁移主要由树脂完成。随着淡室中的离子浓度不断下降，导致浓差极化，引起水的电离，电离产生的 H^+ 和 OH^- 对离子交换树脂进行再生，树脂经再生转化为 H 型和 OH 型。

填充床电渗析的特点是：(1)可连续稳定生产高质量的纯水，纯度达16～17MΩ·cm，最高可达18MΩ·cm；(2)无需酸碱再生。

由于填充床电渗析利用了浓差极化进行自动再生，对进水水质要求较高。一般用反渗透的出水作为进水。

填充床电渗析主要用于制取纯水。目前制取纯水主要用反渗透和离子交换联用工艺。但离子交换需酸碱再生后才能恢复交换能力，不仅生产无法连续进行，而且酸碱废液导致污染。填充床电渗析正好克服了传统离子交换的缺点，因此，它正逐渐取代离子交换。由于填充床电渗析的应用，发展了新的纯水制取工艺，如全膜法。

思考题与习题

1. 电渗析器的级和段是如何规定的？级和段与电渗析器的出水水质、产水量以及操作电压有何关系？

2. 试画出 6 级 3 段电渗析器组装示意图。

3. 电渗析器的电流效率与电能效率有何区别？

4. 试说明电渗析的极化现象，它有何危害？应如何防止？

5. 电渗析极限电流密度公式中的 K 和 n 值的大小对电渗析装置有何影响？

6. 在电渗析过程中，流经淡室的水中阴、阳离子分别向阴、阳膜不断地迁移，此时淡室中的水流是否仍旧保持电中性？如何从理论上加以解释？

7. 试阐明在电渗析运行时，流经淡室的水沿隔板流水道流动过程中的浓度变化规律。

8. 何谓渗透与反渗透？渗透压与反渗透压？

9. 反渗透法除盐与电渗析法相比有何特点？

10. 试阐明超滤浓差极化过程中，膜面浓度 C_m 与压力差 ΔP 之间的关系。

11. NaCl 浓度为 10000mg/L 的苦咸水，采用有效面积为 $10cm^2$ 的醋酸纤维素膜，在压力 6.0MPa 下进行反渗透试验。在水温 25℃时，透水通量 J_W 为 $0.01cm^2/s$ 时，其溶质浓度为 400mg/L，试计算水的透过系数 W_p，溶质透过系数 K_p 以及脱盐率。

12. 某溶液含 1%NaCl，处理量为 $20m^3$，利用电渗析去除 90%的 NaCl。求所需的脱盐时间。已知电流效率为 0.9，操作电流为 100A，电渗析器的膜对数为 50 个。

第10章 特种水源水处理方法

10.1 地下水除铁除锰

含铁含锰的地下水在我国分布很广。铁和锰可共存于地下水中，但含铁量往往高于含锰量。我国地下水的含铁量一般小于5～15mg/L，含锰量约在0.5～2.0mg/L之间。

水中的铁以Fe^{2+}或Fe^{3+}形态存在。由于Fe^{3+}溶解度低，易被地层滤除，故地下水中的铁主要是溶解度高的Fe^{2+}离子。锰以+2、+3、+4、+6或+7价形态存在。其中除了Mn^{2+}和Mn^{4+}以外，其他价态锰在中性天然水中一般不稳定，故实际上可认为不存在。但Mn^{4+}的溶解度低，易被地层滤除，所以以溶解度高的Mn^{2+}为处理对象。地表水中含有溶解氧，铁锰主要以不溶解的$Fe(OH)_3$和MnO_2状态存在，所以铁锰含量不高。地下水或湖泊和蓄水库的深层水中，由于缺少溶解氧，以致+3价铁和+4价锰还原成为溶解的+2价铁和+2价锰，因而铁锰含量较高，须加以处理。

水中含铁量高时，水有铁腥味，影响水的口味；作为造纸、纺织、印染、化工和皮革精制等生产用水，会降低产品质量；含铁水可使家庭用具如瓷盆和浴缸发生锈斑，洗涤衣物会出现黄色或棕黄色斑渍；铁质沉淀物Fe_2O_3会滋长铁细菌，阻塞管道，有时自来水会出现红水。

含锰量高的水所发生的问题和含铁量高的情况相类似，并更为严重，例如使水有色、嗅、味，降低纺织、造纸、酿酒、食品等工业产品的质量，家用器具会污染成棕色或黑色。洗涤衣物会有微黑色或浅灰色斑渍等。

我国《生活饮用水卫生标准》GB 5749—2022中规定，铁、锰浓度分别不得超过0.3mg/L和0.1mg/L，这主要是为了防止水的腥臭或沾污生活用具或衣物，并没有毒理学的意义。铁锰含量超过标准的原水须经除铁除锰处理。

10.1.1 地下水除铁方法

地下水中二价铁主要是重碳酸亚铁（$Fe(HCO_3)_2$），只有在酸性矿井水中才会含有硫酸亚铁（$FeSO_4$）。

重碳酸亚铁在水中离解：

$$Fe(HCO_3)_2 \longrightarrow Fe^{2+} + 2HCO_3^- \tag{10-1}$$

当水中有溶解氧时，Fe^{2+}易被氧化成Fe^{3+}：

$$4Fe^{2+} + O_2 + 2H_2O \longrightarrow 4Fe^{3+} + 4OH^- \tag{10-2}$$

氧化生成的Fe^{3+}以$Fe(OH)_3$形式析出。因此，地下水中不含溶解氧是Fe^{2+}稳定存在的必要条件。一般，地下水中均不含溶解氧，故含铁地下水中的铁通常是Fe^{2+}。

去除地下水中Fe^{2+}，通常采用氧化方法。常用的氧化剂有氧、氯、高锰酸钾和臭氧等。由于利用空气中的氧既方便又较经济，所以生产上应用最广。本书重点介绍空气自然氧化法和接触催化氧化法等。

（1）空气自然氧化法

采用空气中的氧除铁，称空气自然氧化法，或简称自然氧化法。空气中 O_2 的体积约占 20.93%，CO_2 占 0.03%。曝气时，O_2 溶解到水中，CO_2 则逸出到大气中，以保持平衡状态。除铁工艺如图 10-1 所示。

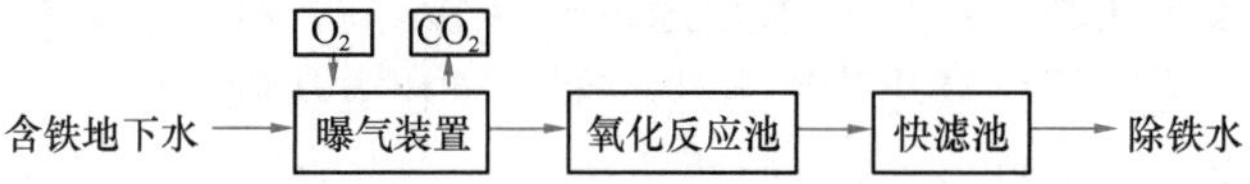

O_2 ↓ CO_2 ↑

含铁地下水 → 曝气装置 → 氧化反应池 → 快滤池 → 除铁水

图 10-1　自然氧化法除铁工艺

根据式（10-3）计算，每氧化 1mg/L 的 Fe^{2+}，理论上需氧 0.14mg/L。但实际需氧量要高于理论值 2～5 倍。曝气充氧量按下式计算：

$$[O_2]=0.14a\,[Fe^{2+}] \tag{10-3}$$

式中 $[Fe^{2+}]$ ——水中 Fe^{2+} 浓度，mg/L；

$[O_2]$ ——溶氧浓度，mg/L；

a——过剩溶氧系数，$a=2\sim5$。

水中 Fe^{2+} 的氧化速度即是 Fe^{2+} 浓度随时间的变化速率，与水中溶解氧浓度、Fe^{2+} 浓度和氢氧根浓度（或 pH）有关。当水中的 pH>5.5 时，Fe^{2+} 氧化速度可用下式表示：

$$-\frac{d\,[Fe^{2+}]}{dt}=k\,[Fe^{2+}]\,[O_2]\,[OH^-]^2 \tag{10-4}$$

式中 k 值为反应速率常数。公式左端负号表示 Fe^{2+} 浓度随时间而减少。一般情况下，水中 Fe^{2+} 自然氧化速度较慢，故经曝气充氧后，应有一段反应时间，才能保证 Fe^{2+} 获得充分的氧化。

曝气的作用主要是向水中充氧。曝气装置有多种形式，常用的有曝气塔、跌水曝气、喷淋曝气、压缩空气曝气及射流曝气等。在空气自然氧化法除铁工艺中，为提高 Fe^{2+} 氧化速度，通常采用在曝气充氧的同时还可同时散除部分 CO_2，以提高水的 pH 的曝气装置，如曝气塔等。提高水的 pH 即增加了式（10-4）中 $[OH^-]$ 浓度。由于 Fe^{2+} 氧化速度与 $[OH^-]^2$ 成正比，故 pH 的提高可大大加速 Fe^{2+} 的氧化速度。图 10-2 为曝气塔示意图。塔中可设多层板条或厚度为 0.3～0.4m 的焦炭或矿渣填料。填料层上、下净距离在 0.6m 以上，以便空气流通。含铁地下水从塔顶穿孔管喷淋而下，成为水滴或水膜通过填料层，空气中的氧便溶于水中，同时也散除了部分 CO_2。

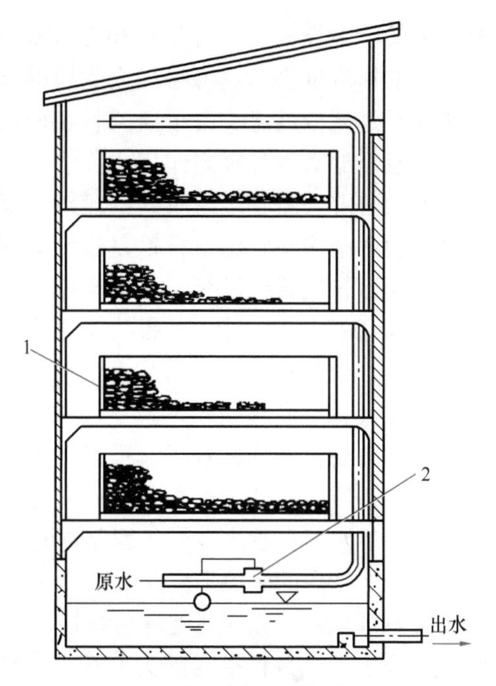

图 10-2　除铁曝气塔

1—焦炭层 30～40cm；2—浮球阀

曝气后的水进入氧化反应池，氧化池的作用除了使 Fe^{2+} 充分氧化为 Fe^{3+} 外，还可使 Fe^{3+} 水解形成 $Fe(OH)_3$ 絮体的一部分在池中沉淀下来，从而减轻后续快滤池的负荷。水在氧化反应池内停留时间一般在1h左右。

快滤池的作用是截留三价铁的絮凝体。除铁用的快滤池与一般澄清用的快滤池相同，只是滤层厚度根据除铁要求稍有增加。

(2) 接触催化氧化法

由于自然氧化法除铁时，Fe^{2+}的氧化速度较缓慢，所需曝气装置和氧化反应池较复杂、庞大，便出现了接触催化氧化除铁方法。催化氧化方法的核心是，在除铁滤池滤料表面需形成化学成分为$Fe(OH)_3$的铁质活性滤膜。该铁质活性滤膜即是催化剂，可加速水中Fe^{2+}的氧化。其催化氧化机理是，铁质活性滤膜首先吸附水中Fe^{2+}，在水中含有溶解氧条件下，被吸附的Fe^{2+}在活性滤膜催化作用下，迅速氧化成Fe^{3+}，并水解成$Fe(OH)_3$，又形成新的催化剂。因此，铁质活性滤膜除铁的催化氧化过程是一个自催化过程。催化氧化除铁工艺如图10-3所示。

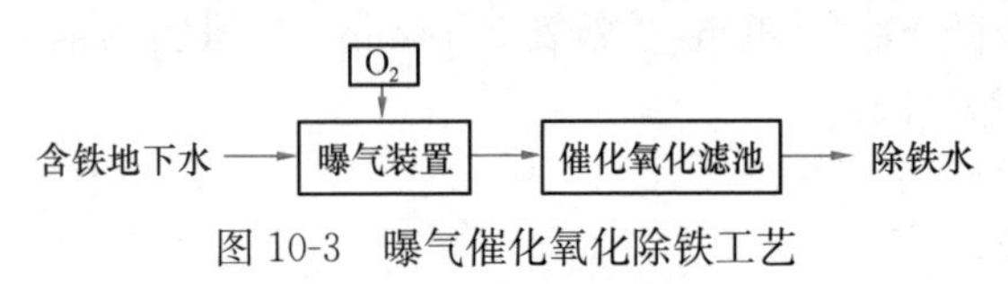

图10-3　曝气催化氧化除铁工艺

接触催化氧化除铁工艺简单，不需设置氧化反应池。在催化氧化除铁过程中，曝气仅仅是为了充氧，无需散除CO_2，故曝气装置也比较简单，例如简单的射流曝气就可达到充氧要求。图10-4为射流曝气除铁示意图。水射器利用高压水流吸入空气，并将空气带入深井泵吸水管中，达到充氧目的。高压水来自压力滤池出水回流。这种除铁形式构造简单，适用于小型水厂。

滤池中的滤料可以是天然锰砂，石英砂或无烟煤等粒状材料。这些滤料只是铁质活性滤膜的载体，本身对铁的吸附容量有限。相比之下，锰砂对铁的吸附容量大于石英砂和无烟煤。一般活性滤膜的形成过程是，将曝气充氧后的含铁地下水直接经过滤池过滤。由于新滤料表面尚无活性滤膜，仅靠滤料本身吸附作用去除少量铁质，故出水水质较差。随着过滤时间的延续，滤料表面活性滤膜逐渐增多，出水含铁量逐渐减少，直至滤料表面覆盖棕黄色滤膜，出水含铁量达到要求时，表面滤料已经成熟，可投入正常运行。滤料成熟期少则数日，多则数周。由于锰砂对铁的吸附容量较大，故成熟期较短。一旦铁质活性滤膜形成就获得稳定的除铁效果。而且随着过滤时间的延长，铁质活性滤膜逐渐累积，催化能力不断提高，滤后水质会越来越好。因此过滤周期并不决定于滤后水质，而是决定于过滤阻力。这与一般澄清用的滤池不同。

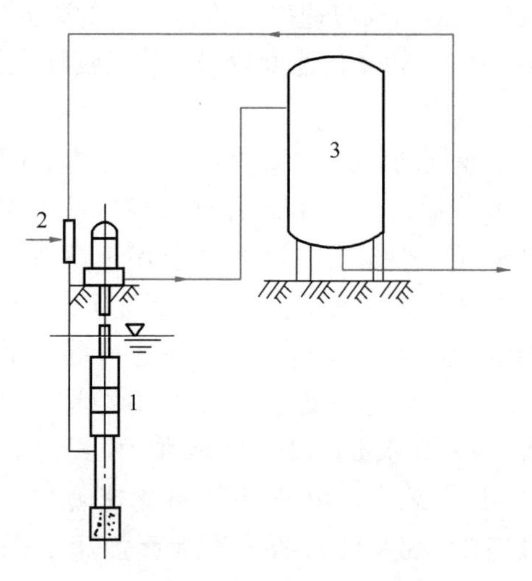

图10-4　射流曝气除铁

1—深井泵；2—水射器；3—除铁滤池

接触催化氧化除铁滤池滤料粒径、滤层厚度和滤速，视原水含铁量、曝气方式和滤池形式等确定，滤料粒径通常为0.5～2.0mm，滤层厚度在0.8～1.5m范围内（压力滤池滤层一般较厚），滤速通常在5～7m/h内，含铁量高的采用较低滤速，含铁量低的采用较高滤速。天然锰砂除铁滤池的滤速也有高达20m/h以上。

由于接触催化氧化除铁工艺的设备简单，处理效果稳定，故目前应用较广。

(3) 氯氧化法除铁

1) 氯是比氧更强的氧化剂，可在广泛的pH范围内将二价铁氧化为三价铁，反应瞬间即可完成，氯与二价铁方程式为：

$$2Fe^{2+}+Cl_2 \longrightarrow 2Fe^{3+}+2Cl^- \quad (10\text{-}5)$$

按此理论反应式计算，每氧化1mg/L的Fe^{2+}理论上需耗用0.64mg/L的Cl。由于水中尚存在能与氯反应的其他还原性物质，所以实际投氯量要比理论值高。

2) 含铁地下水经加氯氧化后，通过混凝、沉淀和过滤以去除水中生成的$Fe(OH)_3$悬浮物。当原水中含铁量少时，可省去沉淀池；当原水中含铁量更少时，还可省去絮凝池，采用投氯后直接过滤。

10.1.2 地下水除锰方法

铁和锰的化学性质相近，所以常共存于地下水中。地下水除锰仍以氧化法为主，但铁的氧化还原电位低于锰，容易被O_2氧化，相同pH时二价铁比二价锰的氧化速率快，以至影响二价锰的氧化。因此地下水除锰比除铁困难。在pH中性条件下，Mn^{2+}几乎不能被溶解氧氧化。只有当$pH>9.0$时，Mn^{2+}才能较快地氧化成Mn^{4+}，所以在生产上一般不采用空气自然氧化法除锰。目前常用的是催化氧化法除锰。氯、高锰酸钾和臭氧等氧化剂也可用于除锰，但因药剂费较高，应用不广，只在必要时使用。

(1) 接触催化氧化法除锰

接触催化氧化法除锰方法和工艺系统与接触催化氧化法除铁类似，其工艺如图10-5所示，即在滤料表面首先形成黑褐色活性滤膜。活性滤膜即是催化剂。活性滤膜首先吸附水中的Mn^{2+}。在水中含有溶解氧条件下，被吸附的Mn^{2+}在活性滤膜催化作用下，氧化成Mn^{4+}并形成MnO_2固体被去除。根据众多专家研究，活性滤膜化学成分有多种说法，有的认为是MnO_2；有的认为是Mn_3O_4或某种待定混合物MnO_x（$x=1.33$时，即为Mn_3O_4，$x=1.33\sim1.42$为黑锰矿，$x=1.15\sim1.42$为水锰矿）；也有认为是某种待定化合物，可用$Mn_xFe_yO_z \cdot xH_2O$表示。总之，锰质活性滤膜比较复杂，尚待深入研究。若以MnO_2为催化剂，则Mn^{2+}的催化氧化反应为：

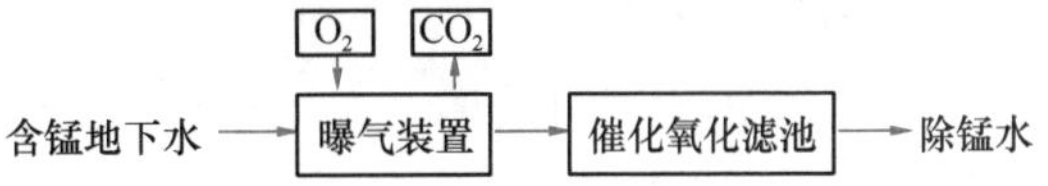

O_2 ↓　CO_2 ↑
含锰地下水 → 曝气装置 → 催化氧化滤池 → 除锰水

图10-5　催化氧化除锰工艺

$$Mn^{2+}+MnO_2 \longrightarrow MnO_2 \cdot Mn^{2+}\ （吸附） \quad (10\text{-}6)$$

$$MnO_2 \cdot Mn^{2+}+\frac{1}{2}O_2+H_2O \longrightarrow 2MnO_2+2H^+\ （氧化） \quad (10\text{-}7)$$

总反应式为：

$$2Mn^{2+}+O_2+H_2O \longrightarrow 2MnO_2+4H^+ \quad (10\text{-}8)$$

由上可知，催化氧化法除锰也是自催化过程。根据式（10-8）计算，理论上每氧化1mg/L的Mn^{2+}，需氧0.29mg/L。实际需氧量约为理论值的2倍以上。

滤料可用石英砂、无烟煤和锰砂等。由于石英砂滤料成熟期很长，催化氧化除锰的滤料通常采用锰砂。

由于地下水中铁和锰往往共存，且除铁易、除锰难，故对含有铁锰的地下水，总是先除铁、后除锰。

当地下水中铁锰含量不高时，可上层除铁下层除锰而在同一滤层中完成，不致因锰的泄漏而影响水质。但如含铁、锰量大，则除铁层的范围增大，剩余的滤层不能截留水中的锰，为了防止锰的泄漏，可在流程中建造两个滤池，前面是除铁滤池，后面是除锰滤池。图 10-6 为上层除铁、下层除锰压力滤池示意图。

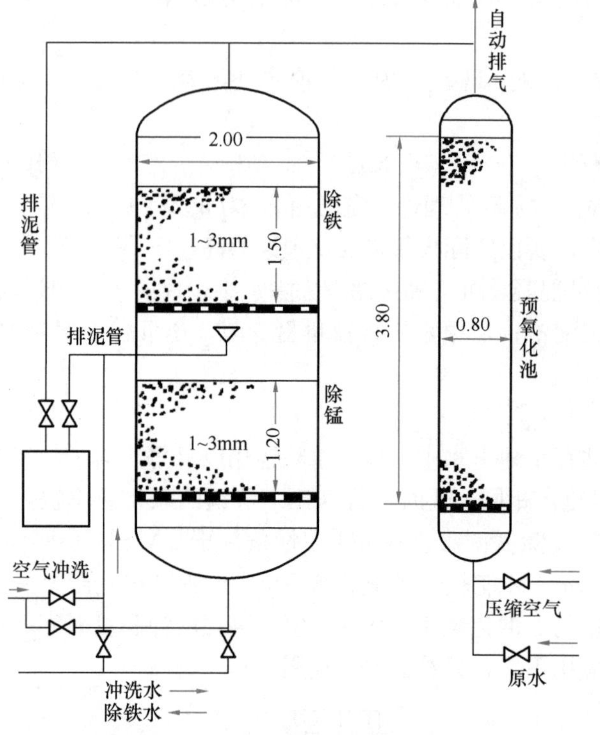

图 10-6　除铁除锰双层滤池

(2) 高锰酸钾氧化法除锰

高锰酸钾是比氯更强的氧化剂，可以在中性或微酸性条件下将水中的二价锰迅速氧化成四价锰：

$$3Mn^{2+}+2KMnO_4+2H_2O \longrightarrow 5MnO_2\downarrow+2K^{+}+4H^{+} \tag{10-9}$$

理论上，每氧化 1mg/L 的 Mn^{2+} 需要 1.92mg/L 的高锰酸钾。实际使用时以试验值为准。高锰酸钾的投加量是需要控制的关键因素之一，投加量过高反而导致锰超标，过量还会导致色度增加。

(3) 氯接触过滤法除锰

含 Mn^{2+} 地下水投加氯后，流经包覆着 $MnO(OH)_2$ 的（碱式氧化锰）滤层，Mn^{2+} 首先被 $MnO(OH)_2$ 吸附，在 $MnO(OH)_2$ 的催化作用下被强氧化剂迅速氧化为 Mn^{4+}，并与滤料表面原有的 $MnO(OH)_2$ 形成某种化学结合物。新生的 $MnO(OH)_2$ 仍具有催化作用，继续催化氯对 Mn^{2+} 的氧化作用。滤料表面的吸附反应与再生交替进行，从而完成除锰过程。

过滤的滤料可采用对 Mn^{2+} 有较大吸附能力的天然锰砂。理论上每氧化 1mg/L 的 Mn^{2+} 需要 1.29mg/L 的氯，生产装置的实际消耗量与此相近。

(4) 生物除铁除锰

近年来，国内外都在进行生物法除铁除锰研究。因为氧化法除锰比除铁难得多，且要求较高的 pH，故生物法除锰尤其受到重视。

生物法除铁除锰也是在滤池中进行，称生物除铁除锰滤池。与澄清用的滤池和接触催化氧化除铁、除锰滤池不同的是，生物除铁除锰滤池的滤料层应通过微生物接种、培养、驯化形成生物滤层。滤料表面和空隙间的微生物中含有铁细菌。一般认为，当含铁、含锰地下水通过滤层时，在有氧条件下，通过铁细菌胞内酶促反应、胞外酶促反应及细菌分泌物的催化反应，使 Fe^{2+} 氧化成 Fe^{3+}，Mn^{2+} 氧化成 Mn^{4+}，生物除铁、除锰工艺较新，一般可在同一滤池内完成，如图 10-7 所示。生物除铁除锰需氧量较少，只需简单曝气即可（如跌水曝气），曝气装置充氧。滤池中滤料仅起微

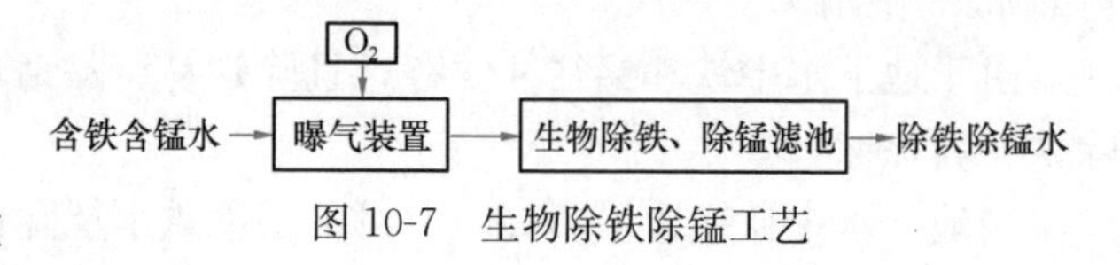

图 10-7　生物除铁除锰工艺

生物载体作用，可以是石英砂、无烟煤和锰砂等。生物滤层成熟期视细菌接种方法而不同，一般在数十天左右。目前，生物除铁除锰法我国已有生产应用，尚需不断积累经验和不断研究，使这一新技术得以推广。

10.2 水的除氟

氟是人体必需元素之一，但过量则有毒害作用。

目前，世界上许多国家饮用水中的氟含量严重超标，印度、北非和我国部分地区的居民因长期饮用高氟水而饱受氟骨症的煎熬。尤其我国地下水含氟地区的分布范围很广，因长期饮用含氟量高的水可引起慢性氟中毒，特别是对牙齿和骨骼产生严重危害，轻者患氟斑牙，表现为牙釉质损坏，牙齿过早脱落等，重者则骨关节疼痛，甚至骨骼变形，出现弯腰驼背等，完全丧失了劳动能力，所以高氟水的危害严重。我国《生活饮用水卫生标准》GB 5749—2022 规定氟化物的含量不得超过 1mg/L；当水源与净水技术受限时，氟化物指标限值按 1.2mg/L 执行。世界卫生组织（WHO）建议值为 1.5mg/L。

我国饮用水除氟方法中，应用最多的是吸附过滤法。作为吸附剂的滤料主要是活性氧化铝，其次是骨炭，是由兽骨燃烧去掉有机质的产品，主要成分是磷酸三钙和炭，因此骨炭过滤称为磷酸三钙吸附过滤法。两种方法都是利用吸附剂的吸附和离子交换作用，是除氟的比较经济有效方法。其他还有混凝、电渗析等除氟方法，但应用较少。

10.2.1 活性氧化铝法

活性氧化铝是白色颗粒状多孔吸附剂，粒径 0.5～2.5mm，有较大的比表面积。活性氧化铝是两性物质，等电点约在 9.5，当水的 pH 小于 9.5 时可吸附阴离子，大于 9.5 时可去除阳离子，因此，在酸性溶液中活性氧化铝为阴离子交换剂，对氟有极大的选择性。

活性氧化铝使用前可用硫酸铝溶液活化，使其转化成为硫酸盐型，反应如下：

$$(Al_2O_3)_n \cdot 2H_2O + SO_4^{2-} \rightarrow (Al_2O_3)_n \cdot H_2SO_4 + 2OH^- \qquad (10\text{-}10)$$

除氟时的反应为：

$$(Al_2O_3)_n \cdot H_2SO_4 + 2F^- \rightarrow (Al_2O_3)_n \cdot 2HF + SO_4^{2-} \qquad (10\text{-}11)$$

活性氧化铝失去除氟能力后，可用 1%～2%浓度的硫酸铝溶液再生：

$$(Al_2O_3)_n \cdot 2HF + SO_4^{2-} \rightarrow (Al_2O_3)_n \cdot H_2SO_4 + 2F^- \qquad (10\text{-}12)$$

活性氧化铝除氟有下列特性：

(1) pH 影响

原水含氟量为 $C_0=20$mg/L，取不同 pH 水样进行试验的结果如图 10-8所示，可以看出，在 pH＝5～8 范围内时，除氟效果较好，而在 pH 为 5.5 时，吸附量最大，因此如将原水的 pH 调节到 5.5 左右，可以

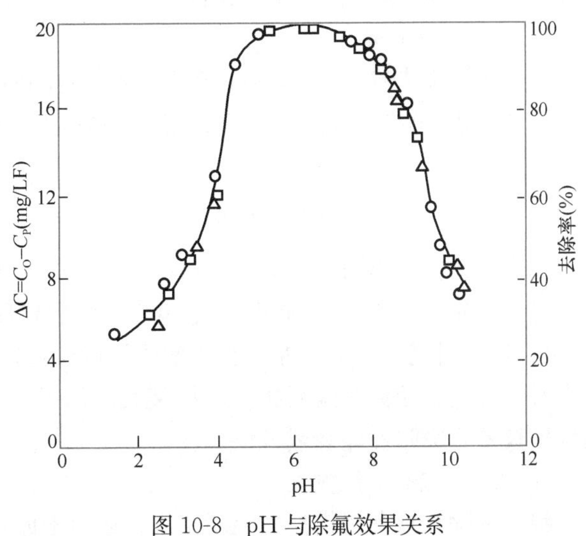

图 10-8　pH 与除氟效果关系

增加活性氧化铝的吸氟效率。

(2) 吸氟容量

吸氟容量是指每1g活性氧化铝所能吸附氟的质量，一般为1.2～4.5mgF^-/gAl_2O_3。它取决于原水的氟浓度、pH、活性氧化铝的颗粒大小等。在原水含氟量为10和20mg/L的平行对比试验中，如保持出水F^-在1mg/L以下时，所能处理的水量大致相同，说明原水含氟量增加时，吸氟容量可相应增大。进水pH可影响F^-泄漏前可以处理的水量，pH＝5.5似为最佳值。颗粒大小和吸氟容量呈线性关系，颗粒小则吸氟容量大，但小颗粒会在反冲洗时流失，并且容易被再生剂NaOH溶解（当用NaOH再生时）。国内常用的粒径是1～3mm，但已有粒径为0.5～1.5mm的产品。

由上可见，加酸或加CO_2调节原水的pH到5.5～6.5之间，并采用小粒径活性氧化铝，是提高除氟效果和降低制水成本的途径。

活性氧化铝除氟工艺可分成原水调节pH和不调节pH两类。调节pH时为减少酸的消耗和降低成本，我国多将pH控制在6.5～7.0之间，除氟装置的接触时间应在15min以上。

除氟装置有固定床和流动床。固定床的水流一般为升流式，滤层厚度1.1～1.5m，滤速一般为3～6m/h，视原水含氟浓度而定。移动床滤层厚度为1.8～2.4m，滤速一般为10～12m/h。

活性氧化铝柱失效后，出水含氟量超过标准时，运行周期即告结束须进行再生。再生时，活性氧化铝柱首先反冲洗10～15min，膨胀率为30%～50%，以去除滤层中的悬浮物。再生液浓度和用量应通过试验确定，一般采用$Al_2(SO_4)_3$再生时为1%～2%，采用NaOH时为1%。再生后用除氟水反冲洗8～10min。再生时间约1.0～1.5h。采用NaOH溶液时，再生后的滤层呈碱性，须再转变为酸性，以便去除F^-离子和其他阴离子。这时可在再生结束重新进水时，将原水的pH调节到2.0～2.5并以平时的滤速流过滤层，连续测定出水的pH，当pH降低到预定值时，出水即可送入管网系统中应用，然后恢复原来的方式运行。和离子交换法一样，再生废液的处理是一个麻烦的问题，再生废液处理费用往往占运行维护费用很大的比例。

10.2.2 骨炭法

骨炭法或称磷酸三钙法，是仅次于活性氧化铝而在我国应用较多的除氟方法。骨炭的主要成分是羟基磷酸钙，其分子式可以是$Ca_3(PO_4)_2 \cdot CaCO_3$，也可以是$Ca_{10}(PO_4)_6(OH)_2$，交换反应如下：

$$Ca_{10}(PO_4)_6(OH)_2 + 2F^- \Longleftrightarrow Ca_{10}(PO_4)_6F_2 + 2OH^- \qquad (10\text{-}13)$$

当水的含氟量高时，反应向右进行，氟被骨炭吸收而去除。

骨炭再生一般用1%NaOH溶液浸泡，然后再用0.5%的硫酸溶液中和。再生时水中的OH^-浓度升高，反应向左进行，使滤层得到再生又成为羟基磷酸钙。

骨炭法除氟较活性炭氧化铝法的接触时间短，只需5min，且价格比较便宜，但是机械强度较差，吸附性能衰减较快。

10.2.3 其他除氟方法

混凝法除氟是利用铝盐的混凝作用，适用于原水含氟量较低并需同时去除浑浊度时。

由于投加的硫酸铝量太大会影响水质，处理后水中含有大量溶解铝引起人们对健康的担心，因此应用越来越少。电凝聚法除氟的原理和铝盐混凝法相同，应用也少。

膜分离技术除氟包括电渗析和反渗透等。膜分离技术除氟效率都较高，是具有良好应用前景的新型饮用水除氟技术。电渗析和反渗透除氟法可同时除盐，适宜于苦咸高氟水地区的饮用水除氟，尽管在价格上和技术上仍然存在一些问题，预计其应用有增长的趋势。

10.3 水的除砷

我国含砷地下水分布较广。迄今已发现新疆、内蒙古、山西、台湾等13个省区地下水中含砷量较高，其中山西省“砷中毒”地方病已列入全国“重灾区”。地表水中的砷主要来源于工业污染。砷是一种有毒物质，其毒性随不同化合物而异。三价砷化物毒性大于五价砷化物。长期饮用含砷量高的水，砷可在人体内积蓄，引起慢性中毒。常见的砷中毒病是“黑脚病”（一种皮肤病）和皮肤癌等。我国《生活饮用水卫生标准》GB 5749—2022规定，饮用水中砷含量最高为0.01mg/L。

砷在水中通常以三价和五价的无机砷及有机砷形式存在。地表水中，砷主要是五价（As（Ⅴ））；地下水中，砷主要是三价（As（Ⅲ））。As（Ⅲ）和As（Ⅴ）分别主要有H_3AsO_3、$H_2AsO_3^-$和$H_2AsO_4^-$、$HAsO_4^{2-}$，其存在形式与水的pH有关，如图10-9所示，由图可见，在pH<7时，As（Ⅲ）主要是H_3AsO_3；As（Ⅴ）主要是$H_2AsO_4^-$。

目前，水的除砷方法主要有混凝沉淀法、活性氧化铝吸附法、离子交换法及反渗透法等。

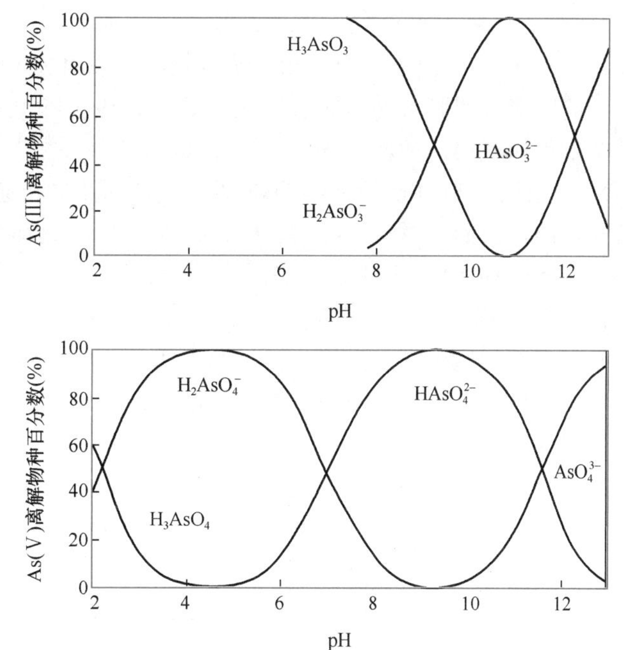

图10-9 As（Ⅲ）、As（Ⅴ）的物种与pH的关系

10.3.1 混凝沉淀法除砷

混凝沉淀法是目前运用的最广泛的除砷方法，混凝剂一般选用铁盐，铁盐除砷效果一般高于铝盐。混凝沉淀法对As^{5+}的去除效果明显好于As^{3+}，所以在除砷过程中常对所处理的水进行预氧化，把三价As^{3+}氧化为五价As^{5+}，再进行混凝。

铁盐混凝沉淀法是利用$FeCl_3$或聚合硫酸铁等铁盐在水溶液中水解成Fe（OH）$_3$絮凝体，吸除水中的五价砷（As^{5+}）使砷得以去除。此法最适宜被污染的地面水源除砷。混凝沉淀法简便、易于实施，如与氧化剂相配合，可同时去除水中的As^{3+}和As^{5+}，但缺点是形成含砷废渣，造成对环境二次污染。有研究认为：当1.03<pH<5.35时，投加铁盐混凝剂可使水中五价砷

（As^{5+}）形成 $FeAsO_4$ 沉淀物。本法是在低 pH 的条件下，向水溶液中加入过量的三氯化铁（$FeCl_3$）溶液，使水溶液中的砷酸根离子与铁离子形成溶解度很低的 $FeAsO_4$，并与过量的铁离子形成羟基氧化铁 FeOOH，通过吸附沉淀使砷得到去除。本法多用于处理含砷量<1.0mg/L、pH=6.5～7.8 的原水。含砷浓度高时，可以进行砷回收而不易造成渣的二次污染。

高铁酸盐作为一种多功能水处理剂，它具有氧化和絮凝双重水处理功能。利用高铁酸钾的强氧化性，先将水中的 As^{3+} 氧化成 As^{5+}，后续投加 $FeCl_3$ 絮凝共沉淀达到除砷目的。

10.3.2 活性氧化铝除砷

活性氧化铝在近中性溶液中对许多阴离子有亲和力。采用粒状活性氧化铝作为滤料，含砷水经过滤，通过吸附、络合和离子交换等作用，使砷从水中去除。为提高活性氧化铝的除砷效率及容量，宜先加入酸把水调节成微酸性。每立方米（约合 830kg 左右）粒径为 0.4～1.2mm 的活性氧化铝在处理 4000 多立方米的水之后，可以进行再生，再生液可选用 1%的氢氧化钠溶液，用量为滤料体积的 4 倍左右，再生后的活性氧化铝可以重复使用。

10.3.3 其他方法除砷

其他除砷方法包括离子交换法、电吸附法、物化吸附法和反渗透等方法。

离子交换法利用树脂（如聚苯乙烯树脂等）吸附交换原理除去水中的砷。在近中性 pH 环境中，强碱性阴离子交换树脂主要去除五价砷（以 $H_2AsO_4^-$ 或 $HAsO_4^{2-}$ 形态存在）；而三价砷（H_3AsO_3）去除效果差。故水中含有 As^{3+} 时，应通过预氧化使 As^{3+} 氧化成 As^{5+}，然后经离子交换去除。预氧化剂可采用次氯酸钠、高锰酸钾和氯等。

离子交换树脂可采用盐溶液（NaCl）再生。除交换树脂外，新型的离子交换材料逐渐被发现和应用，如新型离子交换纤维等。

电吸附法利用电吸附材料形成的双电层对不同价态的含砷带电粒子具有特异的吸附和解吸性能，去除水中的砷。电吸附法中，在起始砷浓度为 0.3mg/L 时，去除率超过 96%；水的利用率达 80%，上述特点是目前流行的反渗透法不能比拟的，反渗透的去除率仅 83%，而一级反渗透仅为 30%。电吸附材料的再生不需要任何化学试剂，无二次污染，但必须用原水彻底排污，排污时只需将正负电极短接，并保持 0.5h，使电极上的粒子不断解析下来，至进出水电导率相近为止。

粉煤灰作为燃煤产生的一种粉尘状废弃物，具有一定的骨架结构和微孔，对许多物质都有一定的吸附作用，利用此特点可达到吸附去除砷的目的。稀土元素的水合氧化物和稀土盐类也具有较高的吸附阴阳离子的能力，可用于吸附水中的砷。

思考题与习题

1. 水中含有铁、锰、氟、砷会有什么危害?
2. 地下水除铁、锰常用什么方法，并简述工艺系统。为什么除锰比除铁困难?
3. 简述接触催化氧化法除铁除锰机理。除铁、除锰滤料成熟期是指什么?
4. 目前应用最广泛的除氟方法是什么，并简述其原理。

5. 水中砷通常以何种价态存在？常用的除砷方法有哪几种，并简述其原理。

6. 有一处含铁含锰地下水厂，流量 2 万 m^3/d，地下水含铁（Fe^{2+}）6mg/L，含锰（Mn^{2+}）2mg/L，准备采用两级曝气两级接触催化氧化工艺除铁除锰。在曝气过程中，氧气利用率约 15%，富余安全系数 $k=2$，则曝气用空气压缩机流量每分钟为多少立方米？

（参考答案：选用空压机流量 $Q=0.892m^3$ 空气/min）

第 11 章　水的软化与除盐

11.1　软　化　概　述

硬度是水质的一个重要指标。生活用水与生产用水均对硬度指标有一定的要求，特别是锅炉用水中若含有硬度盐类，会在锅炉受热面上生成水垢，从而降低锅炉热效率、增大燃料消耗，甚至因金属壁面局部过热而烧损部件，引起爆炸。因此，对于低压锅炉，一般要进行水的软化处理；对于中、高压锅炉，则要求进行水的软化与脱盐处理。

硬度盐类包括 Ca^{2+}、Mg^{2+}、Fe^{2+}、Mn^{2+}、Al^{3+} 等易形成难溶盐类的金属阳离子。在一般天然水中，主要是钙离子和镁离子，其他离子含量很少，所以通常以水中钙、镁离子的总含量称为水的总硬度 H_t。硬度又可分为碳酸盐硬度 H_c 和非碳酸盐硬度 H_n。前者在加热时易沉淀析出，亦称为暂时硬度，而后者在加热时不沉淀析出，亦称为永久硬度。

硬度单位以往习惯用“meq/L”，国外也有以 10mgCaO/L 作为 1 度（如德国），也有换算成“$mgCaCO_3/L$”表示（如美国、日本）。它们之间的换算关系为：

$$1meq/L = 2.8 \text{德国度} = 50mgCaCO_3/L$$

按照法定计量单位规定，硬度应统一采用物质的量浓度 c 及法定单位（mol/L 或 mmol/L）表示。一系统中某物质的基本单位数等于 6.022×10^{23}（称为阿伏伽德罗常数）时，其物质的量 n 为 1mol。基本单位可以是原子、分子、离子或是这些粒子的特定组合，但应予指明，包括由 n 导出的量如摩尔质量 M、浓度 c 等。因此，物质的量 n 与基本单元 X 的粒子数 N 和阿伏伽德罗常数 L 之间的关系为：

$$n(X) = N(X)/L \tag{11-1}$$

基本单元 X 的表示方法，可以采用 Ca^{2+}、Mg^{2+}，亦可采用 $1/2Ca^{2+}$、$1/2Mg^{2+}$，但以后者更为方便。它们之间的关系为：

$$n\left(\frac{1}{2}Ca^{2+}\right) = 2 \cdot n(Ca^{2+})$$

其通式为：

$$n\left(\frac{1}{z}X\right) = z \cdot n(X) \tag{11-2}$$

这里，z 等于离子电荷数。在实用中，称 $\frac{1}{z}X$ 为当量粒子。选用当量粒子作为基本单元时，以往的“meq/L”可代之以“mmol/L”而数值保持不变。因此，在计算离子平衡时，引用当量粒子概念比较方便。

另外，如以 n 表示物质的量（mol），以 c 表示物质的量浓度（mol/L），以 m 表示质量（g），以 M 表示摩尔质量（g/mol），以 V 表示溶液体积（L），它们之间关系可表示成

$$c_B = \frac{n_B}{V} = \frac{m}{M_B V}$$

或 $$m = n_B M_B = c_B M_B V \tag{11-3}$$

这里 B 泛指基本单元。

基本单元选用当量粒子，既符合法定计量单位的使用规则，又保留了当量浓度表示方法的某些优点，有许多方便之处，在许多场合可得到广泛采用。

硬度单位表示方法及其换算关系见表 11-1。

硬度单位表示方法及其换算关系 **表 11-1**

表示方法		物质的量浓度		当量浓度	$CaCO_3$ 的质量浓度	度
定义		$c(Ca^{2+}) = n(Ca^{2+})/V$	$c(1/2Ca^{2+}) = n(1/2Ca^{2+})/V$	Ca^{2+}的毫克当量数/体积	$CaCO_3$ 的质量/体积	10mgCaO/L
单位		mmol/L	mmol/L	meq/L	mg/L	德国度（°d）
换算关系	$c(Ca^{2+})$ mmol/L	1	2.0	2.0	100	5.6
	$c(1/2Ca^{2+})$ mmol/L	0.5	1	1	50	2.8
	meq/L	0.5	1	1	50	2.8
	mg/L（$CaCO_3$）	0.01	0.02	0.02	1	0.056
	德国度（°d）	0.18	0.36	0.36	17.9	1

天然水中的阳离子主要是 Ca^{2+}、Mg^{2+}、Na^{+}（包括 K^{+}），阴离子主要是 HCO_3^-、SO_4^{2-}、Cl^-，其他离子含量均较低。就整个水体来说是电中性的，亦即水中阳离子的电荷总数等于阴离子的电荷总数。实际上，这些离子并非以化合物形式存在于水中，但是一旦将水加热，便会按一定规律先后分别组合成某些化合物从水中沉淀析出。钙、镁的重碳酸盐转化成难溶的 $CaCO_3$ 和 $Mg(OH)_2$ 首先沉淀析出，其次是钙、镁的硫酸盐，而钠盐析出最难。在水处理中，往往根据这一现象将有关离子假想组合一起，写成化合物的形式。若以当量粒子作为基本单元，则水中各种阳离子的物质的量浓度总和应等于各种阴离子的物质的量浓度总和，如图 11-1 所示。

<table>
<tr><td colspan="2">$c(1/2Ca^{2+}) = 2.4$</td><td colspan="2">$c(1/2Mg^{2+}) = 1.2$</td><td>$c(Na^{+}) = 1.2$</td></tr>
<tr><td>$c(HCO_3^-) = 1.2$</td><td colspan="2">$c(1/2SO_4^{2-}) = 1.8$</td><td colspan="2">$c(Cl^-) = 1.8$</td></tr>
<tr><td>$c(1/2Ca(HCO_3)_2) = 1.2$</td><td>$c(1/2CaSO_4) = 1.2$</td><td>$c(1/2MgSO_4) = 0.6$</td><td>$c(1/2MgCl_2) = 0.6$</td><td>$c(NaCl) = 1.2$</td></tr>
</table>

图 11-1　水中离子假想组合图

图 11-1 表明水中各种离子的假想组合及化合物含量的大小，这样，便于对水质进行分析研究。

目前水的软化处理主要有下面几种方法：

一是基于溶度积原理，加入某些药剂，将水中钙、镁离子转变成难溶化合物并使之沉淀析出，这一方法称为水的药剂软化法。

二是基于离子交换原理，利用某些离子交换剂所具有的阳离子（Na^+ 或 H^+）与水中钙、镁离子进行交换反应，达到软化的目的，称为水的离子交换软化法。

三是基于电渗析原理，利用离子交换膜的选择透过性，在外加直流电场作用下，通过离子的迁移，达到软化的目的。

此外，利用压力驱动膜如纳滤膜和反渗透膜的截留性能，也能有效地去除水中的钙、镁离子，参见第9章。

11.2 水的药剂软化法

水处理中常见的某些难溶化合物的溶度积见表11-2。

某些难溶化合物的溶度积（25℃） 表11-2

化合物	$CaCO_3$	$CaSO_4$	$Ca(OH)_2$	$MgCO_3$	$Mg(OH)_2$
溶度积	4.8×10^{-9}	6.1×10^{-5}	3.1×10^{-5}	1.0×10^{-5}	5.0×10^{-12}

水的药剂软化是根据溶度积原理，按一定量投加某些药剂(如石灰、苏打)于水中，使之与水中的钙镁离子反应生成难溶化合物如$CaCO_3$和$Mg(OH)_2$，通过沉淀去除，达到软化的目的。

1. 石灰软化

石灰CaO是由石灰石经过煅烧制取，亦称生石灰。石灰加水反应称为消化过程，其生成物$Ca(OH)_2$称为熟石灰或消石灰。

$Ca(OH)_2$首先与水中的游离CO_2反应，反应式如下：

$$CO_2+Ca(OH)_2 \longrightarrow CaCO_3\downarrow+H_2O \tag{11-4}$$

其次与水中的碳酸盐硬度$Ca(HCO_3)_2$和$Mg(HCO_3)_2$反应，反应式如下：

$$Ca(OH)_2+Ca(HCO_3)_2 \longrightarrow 2CaCO_3\downarrow+2H_2O \tag{11-5}$$

$$\left.\begin{array}{l}Ca(OH)_2+Mg(HCO_3)_2 \longrightarrow CaCO_3\downarrow+MgCO_3+2H_2O\\ MgCO_3+Ca(OH)_2 \longrightarrow CaCO_3\downarrow+Mg(OH)_2\downarrow\end{array}\right\} \tag{11-6}$$

在式(11-5)的反应中，去除1mol的$Ca(HCO_3)_2$，需要1mol的$Ca(OH)_2$。式(11-6)第一步反应生成的$MgCO_3$，其溶解度较高，还需要再与$Ca(OH)_2$进行第二步反应，生成溶解度很小的$Mg(OH)_2$才会沉淀析出。所以去除1mol的$Mg(HCO_3)_2$，需要2mol的$Ca(OH)_2$。

从上述的反应可以看出，石灰中的OH^-与水中的HCO_3^-反应，生成CO_3^{2-}。CO_3^{2-}与水中的Ca^{2+}反应，生成$CaCO_3$沉淀析出。

$$H_2O+CO_2 \rightleftharpoons H^++HCO_3^- \rightleftharpoons 2H^++CO_3^{2-} \tag{11-7}$$

投加石灰的实质是使水中的碳酸平衡向右移动，生成CO_3^{2-}，如式(11-7)所示。因此，投加石灰后，最先消失的应为CO_2，亦即石灰首先与CO_2反应。当投加的石灰量有富余时，石灰继续与$Ca(HCO_3)_2$和$Mg(HCO_3)_2$反应。

石灰与非碳酸盐硬度的反应如下式：

$$MgSO_4+Ca(OH)_2 \longrightarrow Mg(OH)_2\downarrow+CaSO_4 \tag{11-8}$$

$$MgCl_2+Ca(OH)_2 \longrightarrow Mg(OH)_2\downarrow+CaCl_2 \tag{11-9}$$

由此可见，镁的非碳酸盐硬度虽也能与石灰作用，生成$Mg(OH)_2$沉淀，但同时生成等物质量的钙的非碳酸盐硬度。所以，石灰软化无法去除水中的非碳酸盐硬度。

石灰反应生成的$CaCO_3$和$Mg(OH)_2$沉淀物常常不能完全成为大颗粒，而是有少量呈胶体状态残留在水中。特别是当水中有机物存在时，它们吸附在胶体颗粒上，起保护胶体的作用，使这些胶体在水中更稳定。这种情况的存在导致石灰处理后，残留在水中的 $CaCO_3$ 和 $Mg(OH)_2$ 增加。它不仅造成了处理效果的降低，而且还会使水质不稳定。因此，石灰软化与混凝处理经常同时进行。在这种情况下，混凝剂要用铁盐。

在进行石灰处理时，用量无法正确估算。因为石灰用量不仅与水质有关，石灰软化过程还有许多的次要反应。因此，最优的用量不能按理论来估算，而应通过试验确定。在进行设计或拟定试验方案时，需要预先知道石灰用量的近似值。

石灰用量 $\rho(CaO)$（以 100%CaO 计算）可按下列两种情况进行估算。

（1）当钙硬度大于碳酸盐硬度，此时水中碳酸盐硬度仅以 $Ca(HCO_3)_2$ 形式出现，

$$\rho(CaO)=56[c(CO_2)+c(Ca(HCO_3)_2)+c(Fe^{2+})+K+\alpha] \quad (mg/L) \tag{11-10}$$

（2）当钙硬度小于碳酸盐硬度，此时水中碳酸盐硬度以 $Ca(HCO_3)_2$ 和 $Mg(HCO_3)_2$ 形式出现，

$$\rho(CaO)=56[c(CO_2)+c(Ca(HCO_3)_2)+2c(Mg(HCO_3)_2)+c(Fe^{2+})+K+\alpha](mg/L) \tag{11-11}$$

式中 $c(CO_2)$——原水中游离 CO_2 浓度，mmol/L；

$c(Fe)$——原水中铁离子浓度，mmol/L；

K——混凝剂投加量，mmol/L；

α——CaO 过剩量，一般为 0.1～0.2mmol/L。

经石灰处理后，水的剩余碳酸盐硬度可降低到 0.25～0.5mmol/L，剩余碱度约为 0.8～1.2mmol/L。石灰软化法虽以去除碳酸盐硬度为目的，但同时还可去除部分铁、硅和有机物。经石灰处理后，硅化合物可去除 30%～35%，有机物可去除 25%，铁残留量约 0.1mg/L。

2. 石灰—苏打软化

这一方法是同时投加石灰和苏打（Na_2CO_3）。石灰去除碳酸盐硬度，苏打去除非碳酸盐硬度。化学反应如下：

$$CaSO_4+Na_2CO_3 \longrightarrow CaCO_3\downarrow+Na_2SO_4 \tag{11-12}$$

$$CaCl_2+Na_2CO_3 \longrightarrow CaCO_3\downarrow+2NaCl \tag{11-13}$$

$$MgSO_4+Na_2CO_3 \longrightarrow MgCO_3+Na_2SO_4 \tag{11-14}$$

$$MgCl_2+Na_2CO_3 \longrightarrow MgCO_3+2NaCl \tag{11-15}$$

$$MgCO_3+Ca(OH)_2 \longrightarrow Mg(OH)_2\downarrow+CaCO_3\downarrow \tag{11-16}$$

此法适用于硬度大于碱度的水。

11.3 离子交换法

离子交换法是水的软化和除盐的常用方法。它是利用离子交换剂的选择性吸附反应完成水中离子的去除。

11.3.1 基本原理

水处理用的离子交换剂有离子交换树脂和磺化煤两类。离子交换树脂的种类很多，按其结构特征，可分为凝胶型、大孔型等孔型；按其单体种类，可分为苯乙烯系、酚醛系和

丙烯酸系等；根据其活性基团（亦称交换基或官能团）性质，又可分为强酸性、弱酸性、强碱性和弱碱性，前两种带有酸性活性基团，称为阳离子交换树脂，后两种带有碱性活性基团，称为阴离子交换树脂。磺化煤为兼有强酸性和弱酸性两种活性基团的阳离子交换剂。阳离子交换树脂或磺化煤可用于水的软化或脱碱软化，阴、阳离子交换树脂配合用于水的除盐。

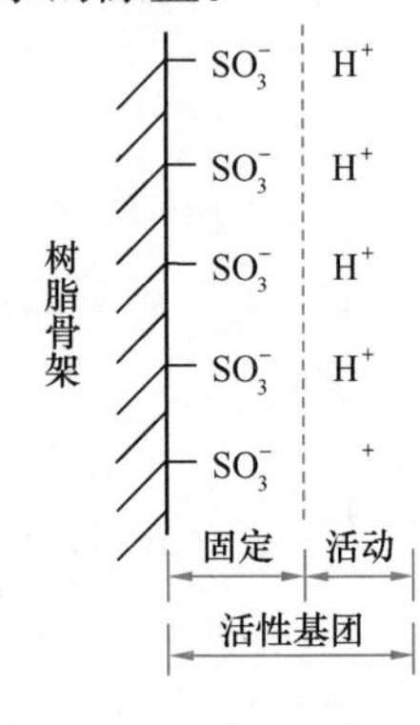

图 11-2 离子交换树脂活性基团结构图

离子交换树脂是由空间网状结构骨架（即母体）与附属在骨架上的许多活性基团所构成的不溶性高分子化合物。活性基团遇水电离，分成两部分：（1）固定部分，仍与骨架紧密结合，不能自由移动，构成所谓固定离子；（2）活动部分，能在一定空间内自由移动，并与其周围溶液中的其他同性离子进行交换反应，称为可交换离子或反离子。以强酸性阳离子交换树脂为例，可写成 $R—SO_3^- H^+$，其中 R 代表树脂母体即网状结构部分，$—SO_3^-$ 为活性基团的固定离子，H^+ 为活性基团的活动离子，如图 11-2 所示。$R—SO_3^- H^+$ 还可进一步简写为 RH。因此，离子交换的实质是不溶性的电解质（树脂）与溶液中的另一种电解质所进行的化学反应。这种反应不是在均相溶液中进行，而是在固态的交换树脂和溶液接触的界面上进行。这一化学反应可以是中和反应、中性盐分解反应或复分解反应：

$$R-SO_3H+NaOH \longrightarrow R-SO_3Na+H_2O \text{（中和反应）}$$

$$R-SO_3H+NaCl \longrightarrow R-SO_3Na+HCl \text{（中性盐分解反应）}$$

$$2R-SO_3Na+CaCl_2 \longrightarrow (R-SO_3)_2Ca+2NaCl \text{（复分解反应）}$$

11.3.2 离子交换树脂的命名与型号

离子交换树脂的全名称由分类名称（指微孔形态）、骨架（或基团）名称、基本名称排列组成，例如凝胶型苯乙烯系强酸性阳离子交换树脂。为了区别同一类树脂的不同品种，在全名称前冠以三位阿拉伯数字组成的型号。第一位数字代表产品分类（表 11-3），第二位数字为骨架代号（表 11-4）；第三位数字为顺序号，用以区别交换基团或交联剂等差异；在“×”号后的阿拉伯数字表示交联度。例如型号为 001×7 的树脂，即指强酸性苯乙烯系阳离子交换树脂，其交联度为 7%（见后文）。对于大孔型树脂，可在型号前加“D”表示，但无需标明交联度。例如 D111 即指大孔型弱酸性丙烯酸系交换树脂。

分类代号（第一位数字） 表 11-3

代 号	0	1	2	3	4	5	6
活性基团	强酸性	弱酸性	强碱性	弱碱性	螯合性	两性	氧化还原

骨架代号（第二位数字） 表 11-4

代 号	0	1	2	3	4	5	6
骨架类别	苯乙烯系	丙烯酸系	酚醛系	环氧系	乙烯吡啶	脲醛系	氯乙烯系

11.3.3 离子交换树脂的基本性能

1. 外观

离子交换树脂外观呈不透明或半透明球状颗粒。颜色有乳白、淡黄或棕褐色等数种。

树脂粒径一般为 0.3～1.2mm。

2. 交联度

树脂骨架的交联程度取决于制造过程。例如，工业中常用的聚苯乙烯树脂即用 2%～12%的二乙烯苯作为苯乙烯的交联剂，通过二乙烯苯架桥交联构成网状结构的树脂骨架。苯乙烯系树脂的交联度指二乙烯苯的质量占苯乙烯和二乙烯苯总量的百分率。交联度对树脂的许多性能具有决定性的影响。交联度的改变将引起树脂交换容量、含水率、溶胀度、机械强度等性能的改变。水处理用的离子交换树脂，交联度以 7%～10%为宜。

3. 含水率

树脂的含水率一般以每克湿树脂所含水分的百分比表示（约 50%）。树脂交联度越小，孔隙度越大，含水率也越大。

4. 溶胀性

干树脂浸泡在水中时，成为湿树脂，体积增大；湿树脂转型时（例如阳树脂由钠型转换为氢型），体积也有变化。这种体积变化的现象称为溶胀。前一种所发生的体积变化率称为绝对溶胀度，后一种所发生的体积变化率称为相对溶胀度。溶胀是由于活性基团因遇水而电离出的离子起水合作用生成水合离子，从而使交联网孔胀大所致。由于水合离子半径随不同离子而异，因而溶胀后体积亦随之不同。树脂交联度越小或活性基团越易电离或水合离子半径越大，则溶胀度越大。例如强酸性阳离子交换树脂由 Na 型转换为 H 型，强碱性阴离子交换树脂由 Cl 型转换为 OH 型，相对溶胀度变化约为+5%。

5. 密度

水处理中，树脂均处于湿态下工作，故通常所谓树脂真密度和视密度系指湿真密度和湿视密度。湿真密度指树脂溶胀后的质量与其本身所占体积（不包括树脂颗粒之间的空隙）之比：

$$湿真密度=\frac{湿树脂质量}{树脂颗粒本身所占体积}\ (g/mL) \tag{11-17}$$

苯乙烯系强酸树脂湿真密度约 1.3g/mL，强碱树脂约为 1.1g/mL。

湿视密度指树脂溶胀后的质量与其堆积体积（包括树脂颗粒之间的空隙）之比，亦称为堆密度。

$$湿视密度=\frac{湿树脂质量}{树脂堆积体积}\ (g/mL) \tag{11-18}$$

该值一般为 0.60～0.85g/mL。

上述两项指标在生产上均有实用意义。树脂的湿真密度与树脂层的反冲洗强度、膨胀率以及混合床和双层床的树脂分层有关，而树脂的湿视密度则用于计算离子交换器所需装填湿树脂的数量。

6. 交换容量

交换容量是树脂最重要的性能，它定量地表示树脂交换能力的大小。交换容量又可分为全交换容量和工作交换容量。前者指一定量树脂所具有的活性基团或可交换离子的总数量，后者指树脂在给定工作条件下实际上可利用的交换能力。

树脂全交换容量可由滴定法测定。在理论上亦可从树脂单元结构式进行计算。以苯乙烯系强酸阳离子交换树脂为例，其单元结构式（未标明交联）分子量等于

$$
\begin{array}{c}
-CH-CH_2- \\
| \\
\text{(苯环)} \\
| \\
SO_3H
\end{array}
=184.2
$$

亦即，每 184.2g 树脂中含有 1g 可交换离子 H^+，亦相当于 1mol H^+ 的质量。扣去交联剂所占的分量（按 8%计），强酸树脂全交换容量应为

$$\frac{1\times1000}{184.2}\times92\%=4.99\text{mmol/g}\ （干树脂）$$

从离子交换反应看出，树脂的可交换离子均为 1 价，而水中被交换离子可为 1 价或 2 价。因此，树脂全交换容量可定义为树脂所能交换离子的物质的量 n_B 除以树脂体积 V 或质量 m，即

$$q_V=\frac{n_B}{V}或q_m=\frac{n_B}{m}$$

式中的 B 为可交换离子的基本单元，等于离子式除以电荷数，即一律以当量粒子为基本单元。

交换容量的单位可用"mmol/L"(湿树脂)或"mmol/g"(干树脂)。它们之间的关系为

$$q_V=q_m\times(1-含水率\%)\times湿视密度 \tag{11-19}$$

如强酸树脂含水率为 48%，湿视密度为 800g/L，则

$$q_V=4.99\times(1-0.48)\times800=2075\text{mmol/L}$$

mmol/g 在使用上不方便，这是因为：(1) 湿树脂交联网孔隙内充满了水分，故用饱和状态的湿树脂表示，使用上更方便；(2) 使用时，树脂的用量不以质量计算，而按树脂的容积计算。所以，在水处理应用时，一般采用 "mmol/L" 作为交换容量的单位。

树脂工作交换容量与实际运行条件有关，诸如再生方式、原水含盐量及其组成、树脂层高度、水流速度、再生剂用量等。在其他条件一定的情况下，选择逆流再生方式，一般可获得较高的工作交换容量。在实际中，树脂工作交换容量可由模拟试验确定，亦可参考有关数据选用。

7. 有效 pH 范围

由于树脂活性基团分为强酸、强碱、弱酸、弱碱性，水的 pH 势必对交换容量产生影响。强酸、强碱树脂的活性基团电离能力强，其交换容量基本上与 pH 无关。弱酸树脂在水的 pH 低时不电离或仅部分电离，因而只能在碱性溶液中才会有较高的交换能力。弱碱树脂则相反，在水的 pH 高时不电离或仅部分电离，只是在酸性溶液中才会有较高的能力。各种类型树脂的有效 pH 范围见表 11-5。

各种类型树脂有效 pH 范围　　　表 11-5

树脂类型	强酸性	弱酸性	强碱性	弱碱性
有效 pH 范围	1～14	5～14	1～12	0～7

此外，树脂还应有一定的耐磨性、耐热性以及抗氧化性能。

11.3.4 离子交换平衡

离子交换是一种可逆反应。正反应为交换反应，逆反应为树脂再生。一价对一价的离子交换反应通式为

$$R^-A^+ + B^+ \rightleftharpoons R^-B^+ + A^+ \tag{11-20}$$

其离子交换选择系数表示为

$$K_{A^+}^{B^+} = \frac{[R^-B^+][A^+]}{[R^-A^+][B^+]} = \frac{\frac{[R^-B^+]}{[R^-A^+]}}{\frac{[B^+]}{[A^+]}} \tag{11-21}$$

式中 $[R^-B^+]$、$[R^-A^+]$——树脂相中离子浓度，mmol/L；

$[B^+]$、$[A^+]$——溶液中离子浓度，mmol/L。

此时，选择系数为树脂中 B^+ 与 A^+ 浓度的比率与溶液中 B^+ 与 A^+ 浓度的比率之比。选择系数大于 1，说明该树脂对 B^+ 的亲合力大于对 A^+ 的亲合力，亦即有利于进行离子交换反应。

选择系数亦可用离子浓度分率表示：

若令

$$c_0 = [A^+] + [B^+]$$
$$c = [B^+]$$
$$q_0 = [R^-A^+] + [R^-B^+]$$
$$q = [R^-B^+]$$

其中 c_0——溶液中两种交换离子的总浓度，mmol/L；

c——溶液中的 B^+ 离子浓度，mmol/L；

q_0——树脂的全交换容量，mmol/L；

q——树脂中的 B+离子浓度，mmol/L，则

$$\frac{[R^-B^+]}{[R^-A^+]} = \frac{q}{q_0 - q}; \quad \frac{[B^+]}{[A^+]} = \frac{c}{c_0 - c}$$

代入式(11-18)，得

$$\frac{q/q_0}{1 - q/q_0} = K_{A^+}^{B^+} \frac{c/c_0}{1 - c/c_0} \tag{11-22}$$

式中 q/q_0——树脂中 B^+ 离子浓度与全交换容量之比；

c/c_0——溶液中 B^+ 离子浓度与总离子浓度之比。

式(11-22)的图形如图 11-3 所示。

二价对一价的离子交换反应通式为

$$2R^-A^+ + B^{2+} \rightleftharpoons R_2^-B^{2+} + 2A^+ \tag{11-23}$$

其离子交换选择系数为

$$K_{A^+}^{B^{2+}} = \frac{[R_2^-B^{2+}][A^+]^2}{[R^-A^+]^2[B^{2+}]} \tag{11-24}$$

上式亦可写成如下形式

$$\frac{q/q_0}{(1 - q/q_0)^2} = \frac{K_{A^+}^{B^{2+}} q_0}{c_0} \cdot \frac{c/c_0}{(1 - c/c_0)^2} \tag{11-25}$$

式中 $K_{A^+}^{B^{2+}} q_0/c_0$ 为一无因次数，可称之为表观选择系数。式(11-25)的图形如图11-4所示。可以看出，该系数随 $K_{A^+}^{B^{2+}}$ 和 q_0 值的增大或 c_0 值的减小而增大，从而有利于离子交换，反之则有利于再生反应。因此，改变液相中离子总浓度可改变离子交换体系的反应方向。常见的离子交换树脂的选择系数近似值见表 11-6 和表 11-7。

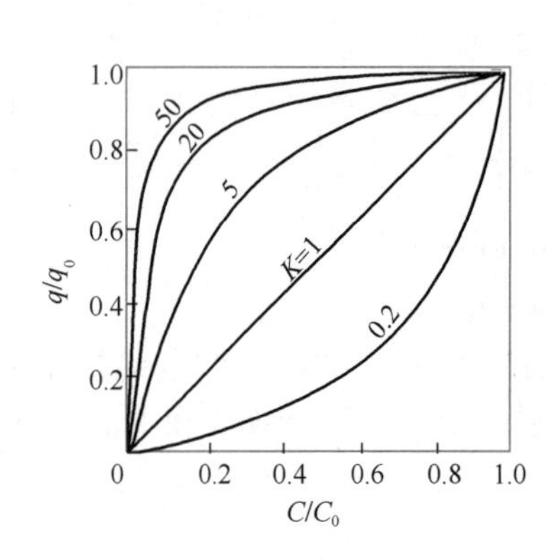

图 11-3 一价对一价离子交换平衡曲线

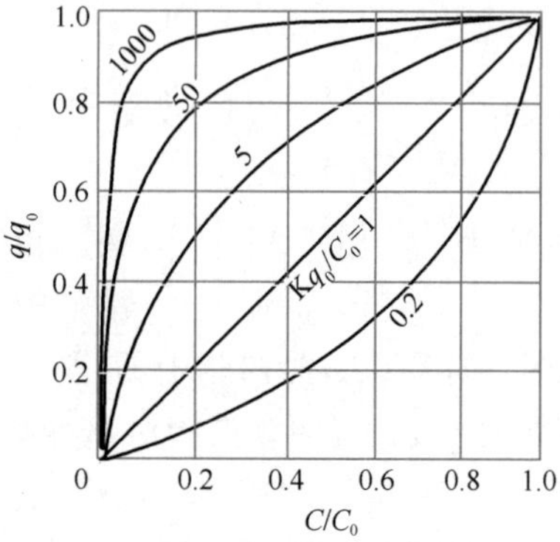

图 11-4 二价对一价离子交换平衡曲线

凝胶型强酸阳离子交换树脂对几种常见离子的选择系数 表 11-6

交联度	$K_{H^+}^{Li^+}$	$K_{H^+}^{Na^+}$	$K_{H^+}^{NH_4^+}$	$K_{H^+}^{K^+}$	$K_{H^+}^{Mg^{2+}}$	$K_{H^+}^{Ca^{2+}}$
4%	0.8	1.2	1.4	1.7	2.2	3.1
8%	0.8	1.6	2.0	2.3	2.6	4.1
16%	0.7	1.6	2.3	3.1	2.4	4.9

凝胶型强碱阴离子交换树脂对几种常见离子的选择系数近似值 表 11-7

$K_{Cl^-}^{NO_3^-}$	3.5～4.5	$K_{Cl^-}^{SO_4^{2-}}$	0.11～0.15
$K_{Cl^-}^{Br^-}$	3	$K_{CO_3^-}^{HSO_4^-}$	2～3.5
$K_{Cl^-}^{F^-}$	0.1	$K_{NO_3^-}^{SO_4^{2-}}$	0.04
$K_{Cl^-}^{HCO_3^-}$	0.3～0.8	$K_{OH^-}^{Cl^-}$	Ⅰ型 10～20
$K_{Cl^-}^{CN^-}$	1.5		Ⅱ型 1.5

由表 11-6 和表 11-7 可知，同一种树脂对不同离子进行交换反应，其选择系数是不同的，这取决于树脂和离子之间的亲合力。选择系数大，则亲合力亦大。强酸树脂对水中各种常见离子的选择性顺序为

$$Fe^{3+} > Ca^{2+} > Mg^{2+} > K^+ > NH_4^+ > Na^+ > H^+ > Li^+$$

位于顺序前面的离子可从树脂上取代位于顺序后面的离子。由此可知，原子价越高的阳离子，其亲合力越强；在同价离子(碱金属和碱土金属)中原子序数越大，则水合离子半径越小，其亲合力也越大。

应着重指出，上述有关选择性的顺序均指常温、稀溶液的情况而言。当高浓度时，顺

序的前后变成次要的问题，而浓度的大小则成为决定离子交换反应方向的关键因素。

利用离子平衡方程式及选择系数，可以估算离子交换过程中某些极限值，从而得出水处理系统处理效果的有益启示。

根据离子交换平衡，可作如下计算：

1. 离子交换出水泄漏量的计算

经过再生后，大部分的树脂得到了再生，恢复了交换能力，但仍有一部分的树脂没得到再生。因此，树脂层底部的再生程度影响交换初期的出水水质。经再生后，一价对一价离子的交换初期的出水泄漏量为：

$$[B^+]=\frac{c_0}{K_A^B\cdot\frac{[R^-A^+]}{[R^-B^+]}+1} \tag{11-26}$$

式中 $[R^-B^+]$——再生后未恢复交换能力的树脂，mmol/L；

$[R^-A^+]$——再生后恢复了交换能力的树脂，mmol/L；

$[B^+]$——交换初期的出水泄漏量，mmol/L。

由式(11-23)可见，在 c_0 和 K_A^B 不变的情况下，$[R^-A^+]$越大或$[R^-B^+]$越小，则交换初期的出水泄漏量$[B^+]$越小。因此，保证树脂层底部树脂的再生效果是提高水质的重要因素。

2. 树脂极限工作交换容量的计算

离子交换至完全丧失交换能力，出水离子组成接近或等于进水的离子组成，此时的工作交换容量为“极限工作交换容量”。一价对一价离子的极限交换容量为：

$$[R^-B^+]=\frac{K_A^B q_0}{K_A^B+\frac{[A^+]}{[B^+]}} \tag{11-27}$$

式中 $[R^-B^+]_0$——树脂的极限工作交换容量，mmol/L；

$[A^+]$、$[B^+]$——原水的离子组成，mmol/L。

3. 树脂再生极限值的计算

树脂再生极限值指无限量的已知浓度的再生液使树脂能达到的最大再生程度，用下式计算：

$$\frac{[R^-A^+]}{q_0}=\frac{1}{1+K_A^B\cdot\frac{[B^+]}{[A^+]}} \tag{11-28}$$

式中 $[R^-A^+]$——最大再生程度时的交换容量，mmol/L；

$[A^+]$、$[B^+]$——再生液的离子组成，mmol/L。

【例 11-1】 装填 Na 型强酸树脂的离子交换柱采用逆流再生操作工艺交换。层底部再生度为 98%，进水硬度 $c(1/2Ca^{2+})=4$mmol/L。试计算运行初期出水的剩余硬度(树脂全交换容量为 2mol/L，选择系数 $K_{Na^+}^{Ca^{2+}}=3$)。

【解】

$$c_0=c(1/2Ca^{2+})=4\text{mmol/L}$$

$$q_0=2\text{mol/L}$$

$$K_{Na^+}^{Ca^{2+}}=3$$

$$q=2\times0.02=0.04\text{mol/L}$$

代入式(11-22)

$$\frac{c/c_0}{(1-c/c_0)^2}=\frac{4\times10^{-3}}{3\times2}\cdot\frac{0.04/2}{(1-0.04/2)^2}=0.000039$$

$$\frac{c}{c_0}\approx0.0000139$$

出水剩余硬度 $c\left(\frac{1}{2}Ca^{2+}\right)=0.0000139\times4=0.0556\times10^{-3}$mmol/L。

11.3.5 离子交换速度

离子交换过程除受到离子浓度和树脂对各种离子亲合力的影响外，同时还受到离子扩散过程的影响。后者归结为有关离子交换与时间的关系，即离子交换速度问题。

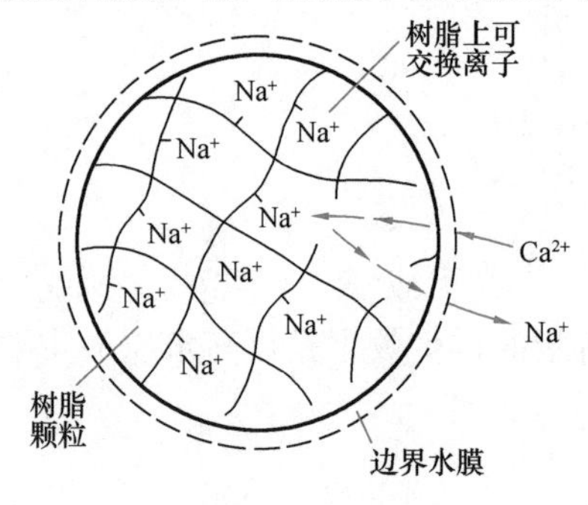

图 11-5 离子扩散过程示意

以 Ca^{2+} 和 Na^+ 离子交换为例，离子扩散过程一般可分为如下五个步骤（图 11-5）：

（1）外部溶液中待交换的钙离子向树脂颗粒表面迁移并通过树脂表面的边界水膜；

（2）钙离子在树脂孔道中移动，到达某有效交换位置上；

（3）钙离子与树脂上可交换离子 Na^+ 进行交换反应；

（4）被交换下来的离子 Na^+ 从有效交换位置上通过孔道向外面移动；

（5）Na^+ 通过树脂表面的边界水膜进入外部溶液中。

在步骤（3）中，Ca^{2+} 与 Na^+ 的交换属于离子之间的化学反应，其反应速度非常快，在瞬间完成。但步骤（1）、（5）和（2）、（4）则分属于不同形式的扩散过程，其速度一般较慢，且受外界条件影响。其中步骤（1）和（5）为膜扩散过程；步骤（2）和（4）为孔道扩散过程。通常离子交换速度为上述两种扩散过程中的一个所控制。若离子的膜扩散速度大于孔道扩散速度，则后者控制着离子交换的速度。反之，若离子的膜扩散速度小于孔道扩散速度，则前者控制着离子交换的速度。离子交换反应由膜扩散过程控制还是由孔道扩散过程控制，其主要区别表现在如下几点：

（1）溶液浓度：浓度梯度是扩散的推动力，溶液浓度的大小是影响扩散过程的重要因素。当水中离子浓度在 0.1mol/L 以上时，离子的膜扩散速度很快，此时，孔道扩散过程成为控制步骤，通常树脂再生过程属于这种情况。当水中离子浓度低于 0.003mol/L 时，离子的膜扩散速度变得很慢，在此情况下，离子交换速度受膜扩散过程控制，水的离子交换软化过程属于这种情况。

（2）流速或搅拌速率：膜扩散过程与流速或搅拌速率有关，这是由于边界水膜的厚度反比于流速或搅拌速率的缘故。而孔道扩散过程基本上不受流速或搅拌速率变化的影响。

（3）树脂粒径：对于膜扩散过程，离子交换速度与颗粒粒径成反比；而对于孔道扩散过程，离子交换速度则与颗粒粒径的二次方成反比。

（4）交联度：树脂的交联度越大，网孔越小，则孔道扩散过程越慢。

11.3.6 树脂层离子交换过程

在离子交换柱中装填钠型树脂，从上而下通过含有一定浓度钙离子的水。交换反应进行了一段时间后，停止运行，逐层取出树脂样品并测定树脂内的钙离子含量以及饱和程度。图 11-6 中，黑点表示钙型树脂，白点表示钠型树脂。由此可见，树脂层经过一段时间的交换后，可分为三部分。第一部分表示树脂内的可交换离子已全部变成钙离子；第二部分的树脂层中既有钙离子又有钠离子，表示正在进行离子交换反应；第三部分的树脂中基本上还是钠离子，表示尚未进行交换。如把整个树脂层各点饱和程度连成曲线，即得图 11-6 所示的饱和程度曲线。

实验证明，树脂层离子交换过程可分为两个阶段（图 11-7）。第一阶段为刚开始交换反应，树脂饱和程度曲线形状不断变化，随即形成一定形式的曲线，称为交换带形成阶段。第二阶段是已定形的交换带沿着水流方向以一定速度向前推移的过程。所谓交换带是指某一时刻正在进行交换反应的软化工作层。交换带并非在一段时间内固定不动，而是随着时间的推移而缓慢移动。交换带厚度可理解为处于动态的软化工作层的厚度。

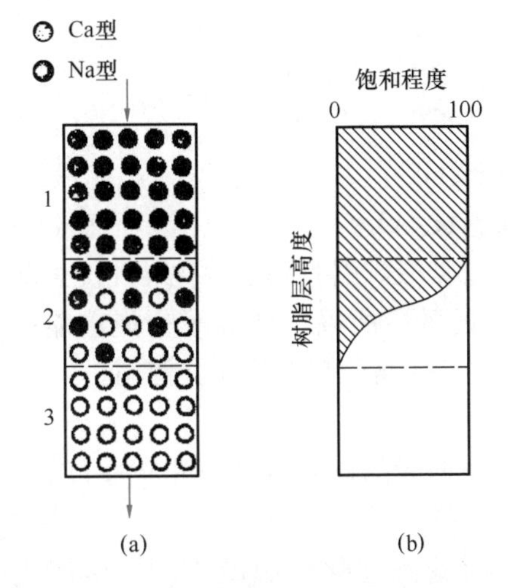

图 11-6　树脂层饱和程度示意

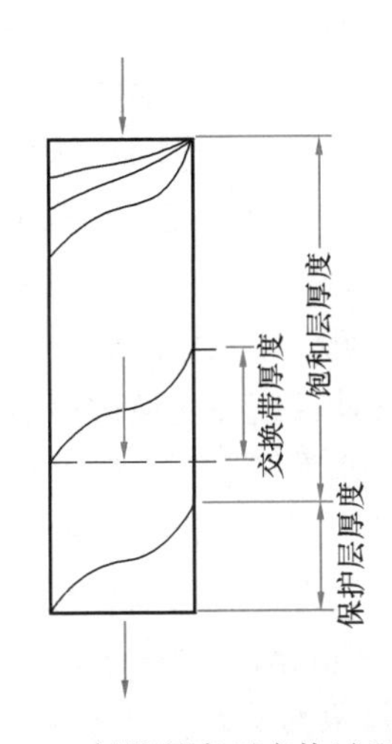

图 11-7　树脂层离子交换过程示意

当交换带下端到达树脂层底部时，硬度也开始泄漏。此时，整个树脂层可分为两部分：树脂交换容量得到充分利用的部分称为饱和层，树脂交换容量只是部分利用的部分称为保护层。可见，交换带厚度相当于此时的保护层厚度。在水的离子交换软化情况下，交换带厚度主要与进水流速及进水总硬度有关。

11.4　离子交换软化方法与系统

11.4.1　离子交换软化方法

目前常用的有 Na 离子交换法、H 离子交换法和 H-Na 离子交换法等。

1. Na 离子交换法（图 11-8）

Na 离子交换法是最简单的一种软化方法，其反应如下：

$$2RNa+Ca(HCO_3)_2 \rightleftharpoons R_2Ca+2NaHCO_3 \tag{11-29}$$

$$2RNa+CaSO_4 \rightleftharpoons R_2Ca+Na_2SO_4 \tag{11-30}$$

$$2RNa+MgCl_2 \rightleftharpoons R_2Mg+2NaCl \tag{11-31}$$

该法的优点是处理过程中不产生酸水，但无法去除碱度。在锅炉给水中，含碱度

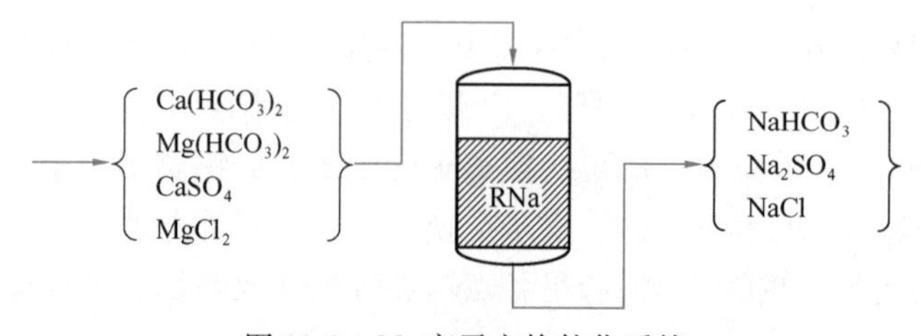

图 11-8　Na 离子交换软化系统

(HCO_3^-)的软水进入锅炉内，在高温高压下，$NaHCO_3$ 会被浓缩并发生分解和水解反应生成 NaOH 和 CO_2（反应式（11-32）），造成锅炉水系统的腐蚀并恶化蒸气品质。Na 离子交换法的再生剂为食盐。设备和管道防腐设施简单。

$$\left.\begin{aligned} 2NaHCO_3 &\longrightarrow Na_2CO_3+CO_2\uparrow+H_2O \\ NaCO_3+H_2O &\longrightarrow 2NaOH+CO_2\uparrow \\ 2NaHCO_3 &\longrightarrow 2NaOH+2CO_2\uparrow \end{aligned}\right\} \tag{11-32}$$

2. H 离子交换法

强酸性 H 离子交换树脂的软化反应如下：

$$2RH+Ca(HCO_3)_2 \longrightarrow R_2Ca+2CO_2+2H_2O \tag{11-33}$$

$$2RH+Mg(HCO_3)_2 \longrightarrow R_2Mg+2CO_2+2H_2O \tag{11-34}$$

$$2RH+CaCl_2 \longrightarrow R_2Ca+2HCl \tag{11-35}$$

$$2RH+MgSO_4 \longrightarrow R_2Mg+H_2SO_4 \tag{11-36}$$

由此可见，原水中的碳酸盐硬度在交换过程中形成碳酸，因此除了软化外还能去除碱度。非碳酸盐硬度在交换过程中，除软化外生成相应的酸。所以，H 离子交换法能去除碱度，但出水为酸水，无法单独作为处理系统，一般与 Na 离子交换法联合使用。

3. H-Na 离子交换脱碱软化法

同时应用 H 和 Na 离子交换进行软化的方法，根据两者的连接情况，可分为 H-Na 并联和 H-Na 串联离子交换法，如图 11-9 所示。

由图 11-9 可见，经 H-Na 并联离子交换后，同时达到软化和脱碱作用。所产生的 CO_2 可用脱气塔去除。

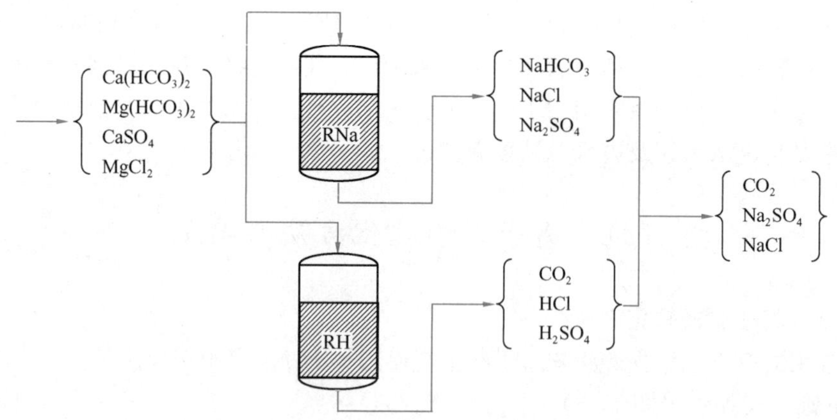

图 11-9　H-Na 并联离子交换脱碱软化系统

11.4.2　离子交换软化装置

离子交换装置，按照运行方式的不同，可分为固定床和连续床两大类。

固定床是离子交换装置中最基本的一种形式。离子交换树脂装填在离子交换器内。在处理过程中，软化和再生均在同一交换器内完成，所以称之为固定床。固定床离子交换工艺有两个缺陷：一是离子交换器的体积较大，树脂用量多，这是因为在离子交换需要再生之前，大量的树脂已呈失效状态，所以交换器的大部分容积，实际上用来存贮失效树脂的仓库，容积利用率低；二是离子交换的运行方式不连续，无法连续供水。故发展了移动床和流动床工艺。

固定床按其再生运行方式不同，可分为顺流和逆流两种。

1. 顺流再生固定床

(1) 顺流离子交换器的构造

顺流式是指运行时的水流方向和再生时的再生液流动方向一致，通常是由上向下流动。

软化用的离子交换器分为钠离子交换器和氢离子交换器。交换器为能承受 0.4～0.6MPa 压力的钢罐。内部构造分为上部配水系统、树脂层和下部配水系统三部分。其构造类似于压力式过滤器。树脂层高度一般为 1.5～2.0m。上部有足够空间，以保证反洗时树脂层膨胀之用。

(2) 顺流离子交换器的运行

顺流固定床离子交换器的运行通常分为四个步骤，反洗、再生、正洗和交换。

1) 反洗。交换结束后，在再生之前用水自下而上进行反洗，其目的是松动树脂层和清除树脂层上部的悬浮物、碎粒和气泡，以利再生顺利进行。反洗的强度一般为 3L/(m^2 · s)。反洗进行到出水不浑浊为止，一般需要 10～15min。

2) 再生。再生的目的是使树脂恢复交换能力。再生剂的用量是影响再生程度的重要因素，对交换容量的恢复和制水成本有直接的关系。由于离子反应是可逆和等当量的，故再生反应只能进行到化学平衡状态，所以用理论的再生剂量再生，无法使树脂的交换容量完全恢复，故在生产上再生剂的用量要超过理论值。单位体积树脂所消耗的纯再生剂的量与树脂工作交换容量的比值（mol/mol）称为再生比耗。顺流的再生比耗为理论值的 2～3.5 倍。再生比耗的增加可以提高再生程度，但增加到一定程度后，再生程度提高得很少。再生液的浓度也是影响再生程度的影响因素。再生液的浓度太低，则再生时间长，自用水量大，再生效果差；再生液浓度太高，反而会使再生效果下降。氯化钠的浓度为 10%，盐酸浓度 5%～10%较为合适。再生流速为 4～8m/h。

3) 正洗。正洗的目的是清除过剩的再生剂和再生产物。开始可用 3～5m/h 的较小流速清洗约 15min，主要是为了充分利用残留在树脂层中的再生液，然后加大流速到 6～10m/h。正洗时间一般为 25～30min。

4) 交换。交换流速为 20～30m/h。

顺流再生固定床的优点是设备结构简单，操作方便。但存在如下主要缺点：树脂层底部的再生不彻底，再生效率差，再生比耗大；交换初期的出水水质差，硬度提早泄漏；工作交换容量较低等。因此，顺流再生固定床只适用于处理水量较少，原水硬度较低的场合。

2. 逆流再生固定床

再生液流向与交换时的水流流向相反的，称逆流再生工艺。常见的是再生液向上流，原水向下流的逆流再生固定床。再生时，再生液首先接触饱和程度低的底层树脂，然后再

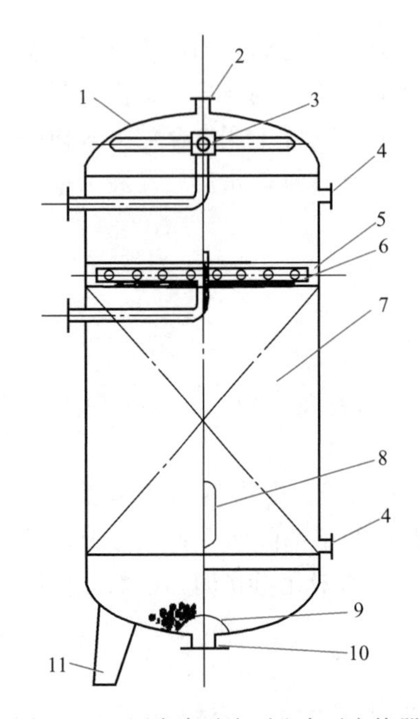

图 11-10　固定床逆流再生离子交换器

1—壳体；2—排气管；3—上配水装置；4—树脂装卸口；5—压脂层；6—中间排液管；7—树脂层；8—视镜；9—下配水装置；10—出水管；11—底脚

生饱和程度较高的中、上层树脂。这样，再生液被充分利用，再生剂用量显著降低，并能保证底层树脂得到充分再生。软化时，处理水在经过相当软化之后又与底层树脂接触，进行充分交换，从而提高了出水水质。该特点在处理高硬度水时更为突出。逆流再生离子交换器如图 11-10 所示。

逆流再生能降低泄漏，也可以从离子交换平衡得到解释。以 H 型树脂与含钠盐的水进行交换反应为例，根据式（11-23），Na^+ 的泄漏量可表达为：

$$[Na^+]=\frac{c_0}{1+K_{H^+}^{Na^+}\frac{[RH]}{[RNa]}}$$

显然，[RNa] 和 c_0 越小，[RH] 和 $K_{H^+}^{Na^+}$ 越大，则泄漏量 $[Na^+]$ 就越小。在特定的情况下，当 c_0 和 $K_{H^+}^{Na^+}$ 为定值时，再生后底层树脂的组成 [RH] 与 [RNa] 直接影响 $[Na^+]$ 数值。逆流再生能做到底层的 [RH] 值最大和 [RNa] 值最小，因而出水漏钠量可大为降低。

实现逆流再生，有两种操作方式：一是采用再生液向上流、水流向下流的方式，应用比较成熟的有气顶压法、水顶压法等；二是采用再生液向下流、水流向上流的方式、应用比较成功的有浮动床法。气顶压法是在再生之前，在交换器顶部送进压强约为 30～50kPa 的压缩空气，从而在正常再生流速（5m/h 左右）的情况下，做到离子树脂层次不乱。构造上与普通顺流再生设备的不同处在于，在树脂层表面处安装有中间排水装置，以便排出向上流的再生液和清洗水，借助上部压缩空气的压力，防止乱层。另外，在中间排水装置上面，装填一层厚约 15cm 的树脂或相对密度轻于树脂而略重于水的惰性树脂（称为压脂层），它一方面使压缩空气比较均匀而缓慢地从中间排水装置逸出，另一方面起到截留水中悬浮物的作用。

逆流再生操作步骤（图 11-11）如下：

（1）小反洗：从中间排水装置引进反洗水，冲洗压脂层，流速约 5～10m/h，历时10～15min；

（2）放水：将中间排水装置上部的水放掉，以便进空气顶压；

（3）顶压：从交换器顶部进压缩空气，气压维持在 30～50kPa，防止乱层；

（4）进再生液：从交换器底部进再生液，上升流速约 5m/h；

（5）逆向清洗：用软化水逆流清洗（流速 5～7m/h），直到排出水符合要求；

（6）正洗：顺向清洗到出水水质符合运行控制指标，即可转入运行，正洗流速为10～15m/h。

逆流再生固定床运行若干周期后要进行一次大反洗，以便去除树脂层内的污物和碎粒。大反洗后的第一次再生时，再生剂耗量适当增加。逆流再生要用软化水清洗，否则底层已再生好的树脂在清洗过程中又被消耗，导致出水水质下降，失去了逆流再生的优点。

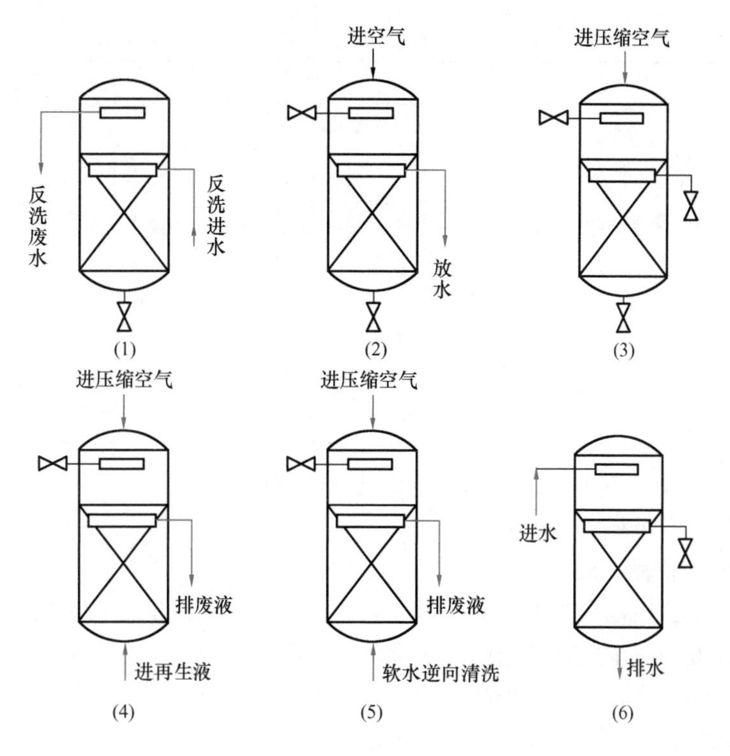

图 11-11　逆流再生操作示意

水顶压法的装置及其工作原理与气顶压法相同，仅是用带有一定压力的水替代压缩空气。再生时将水引入交换器顶部，经压脂层进入中间排水装置与再生废液同时排出。水压一般为 50kPa，水量约为再生液用量的 1～1.5 倍。

无顶压逆流再生的操作步骤与顶压基本相同，只是不进行顶压。此法的特点在于，增加中间排水装置的开孔面积，使小孔流速低于 0.1～0.2m/s。这样，在压脂层厚 20cm，再生流速小于 7m/h 的情况下，无需任何顶压手段，即可保证不乱层，而再生效果完全相同。

低流速再生法也属无顶压再生。此法是将再生液以很低流速由下向上通过树脂层，保持层次不乱，多用于小型交换器。

另一类逆流再生即是浮动床逆流再生。与上述逆流再生不同的是，软化时，原水由下向上流动，高速上升水流将树脂层流态化。再生时，再生液由上而下流经树脂层，故同样具有逆流再生特点。

逆流再生固定床几种再生方法比较见表 11-8。

逆流再生固定床几种再生方法的比较　　表 11-8

操作方式	条　　件	优　　点	缺　　点
气顶压法	1. 压缩空气压力 0.3～0.5kg/cm²，压力稳定，不间断 2. 气量 0.2～0.3m³/（m²·min） 3. 再生液流速 3～5m/h	1. 不易乱层，稳定性好 2. 操作容易掌握 3. 耗水量少	需设置净化压缩空气系统
水顶压法	1. 水压 0.5kg/cm² 2. 压脂层厚 500mm 3. 顶压水量为再生液用量的 1～1.5 倍	操作简单	再生废液量大，增加废水中和处理的负担

续表

操作方式	条　件	优　点	缺　点
低流速法	再生流速 2m/h	设备及辅助系统简单	不易控制，再生时间长
无顶压法	1. 中间排水装置小孔流速低于 0.1m/s 2. 压脂层厚 280mm，再生时处于干的状态 3. 再生流速 5～7m/h	1. 操作简便 2. 外部管道系统简单 3. 无需任何顶压系统，投资省	采用小阻力分配，容易偏流
浮动床法		1. 运行流速高，水流阻力小 2. 操作方便，设备投资省 3. 无需顶压系统，再生操作简便	1. 对进水浊度要求较高 2. 需体外反洗装置 3. 不适合水量变化较大的场合

综上所述，与顺流再生比较，逆流再生具有如下优点：

(1) 再生剂耗量可降低 20%以上；

(2) 出水水质显著提高；

(3) 原水水质适用范围扩大，对于硬度较高的水，仍能保证出水水质；

(4) 再生废液中再生剂有效浓度明显降低，一般不超过 1%；

(5) 树脂工作交换容量有所提高。

3. 固定床软化设备的设计计算

离子交换器的计算基于下述物料衡算关系式

$$Fhq = QTH_t \tag{11-37}$$

式中 F——离子交换器截面积，m^2；

h——树脂层高度，m；

q——树脂工作交换容量，mmol/L；

Q——软化水水量，m^3/h；

T——软化工作时间，即从软化开始到出现硬度泄漏的时间，h；

H_t——软化离子量，mmol/L。

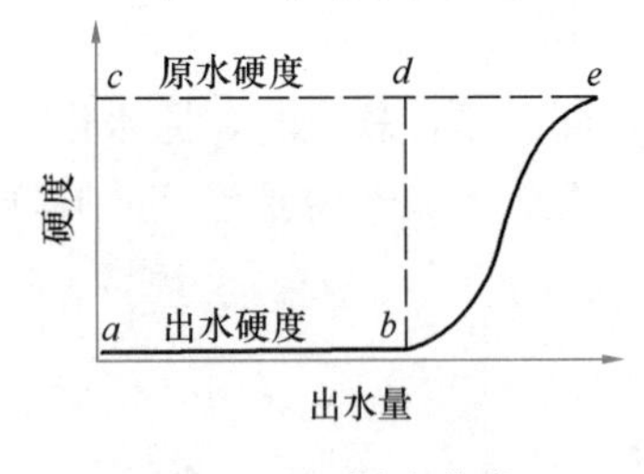

图 11-12 漏出曲线

式 (11-37) 左边表示交换器在给定工作条件下所具有的实际交换能力，式右边表示树脂交换的离子总量。其中的关键是如何确定树脂工作交换容量。图 11-12 表示阳离子交换器软化水剩余硬度与出水量的关系曲线。出水量到达 b 点时，硬度开始泄漏，b 点称为硬度泄漏点。如交换反应继续进行，则软化水剩余硬度很快上升，直到接近或等于原水硬度，此时，交换器的交换能力几乎全部耗竭。图中面积 $abedca$ 表示在给定条件下交换器总的交换能力，面积 $abdca$ 为交换器的工作交换能力。后者除以树脂体积即等于树脂工作交换容量。此外，工作交换容量还可以表示为

$$q = \eta \cdot q_0 \tag{11-38}$$

或

$$q = \{\eta_r - (1 - \eta_s)\} \cdot q_0 \tag{11-39}$$

式中 q_0——树脂全交换容量，mmol/L；

η——树脂实际利用率；

η_r——树脂再生程度，简称再生度；

η_s——树脂饱和程度，简称饱和度。

上面这些系数可由图 11-13 形象地表达出来。该图为逆流再生固定床开始泄漏硬度时，树脂层饱和程度情况示意图。面积①表示再生后的整个树脂层内的交换能力未能恢复的部分。面积②表示软化工作期间树脂层交换能力实际用于离子交换所占的部分。面积③表示当交换器开始泄漏硬度时，树脂层交换能力尚未利用的部分。由图可知

$$\eta = \frac{②}{① + ② + ③}$$

$$\eta_r = \frac{② + ③}{① + ② + ③}$$

$$\eta_s = \frac{① + ②}{① + ② + ③}$$

由此可得出

$$\eta = \frac{②}{① + ② + ③} = \frac{② + ③}{① + ② + ③} - \frac{③}{① + ② + ③} = \eta_r - (1 - \eta_s)$$

这里应着重指出，所谓再生度系指树脂处在再生之后、交换之前的恢复状态而言；饱和度系指树脂处在交换之后、再生之前的失效状态而言，在概念上不应混淆。在实际生产中，树脂再生度和饱和度均在 80%～90%范围内。对于逆流再生，这两个指标趋于上限，对于顺流再生，则趋于下限。树脂实际利用率根据具体条件大约在 60%～80%的范围内。

11.4.3 离子交换软化系统的选择

(1) Na 离子交换软化一般用于原水碱度低，只需进行软化的场合，可用作低压锅炉的给水处理系统。该系统的局限性在于，当原水硬度高、碱度较大的情况下，单靠这种软化处理难以满足要求。该系统处理后的水质是：碱度不变，去除了硬度，但蒸发残渣反而略有增加，这是因为 Na^+ 取代了水中的 Ca^{2+}、Mg^{2+}，而 1mol Na^+ 的质量大于 $1/2Ca^{2+}$ 或 $1/2Mg^{2+}$ 的摩尔质量。

(2) H 离子交换不单独自成系统，多与 Na 离子交换联合使用。这里，着重对强酸树脂用于 H 离子交换的出水水质变化过程进行分析。

当进水流经 H 离子交换器时，由于强酸树脂对水中离子选择性顺序为 $Ca^{2+} > Mg^{2+} > Na^+$，所以出水中离子出现的次序为 H^+、Na^+、Mg^{2+} 和 Ca^{2+}，而此次序与原水中这些离子的相对浓度无关。图 11-14 表示 H 离子交换出水水质变化的全过程。在开始阶段，原水中所有阳离子均被树脂上的 H^+ 所交换，出水强酸酸度保持定值，并与原水中 c（$1/2SO_4^{2-} + Cl^-$）浓度相当。从点 a 开始，出水出现 H^+ 泄漏，其含量迅速上升，与之相应，出水酸度开始急剧下降，这是由于阳离子总量为定值，随着出水中 Na^+ 含量增加的同时，H^+ 含量则相应减小的缘故。随后到某一时刻，出水 Na^+ 含量超过原水的 Na^+ 含量，这表明水中 Mg^{2+}、Ca^{2+} 已开始将先前交换到树脂内的 Na^+ 置换出来。当出水 Na^+ 含量与原水 c（$1/2SO_4^{2-} + Cl^-$）浓度相当时，出水酸度等于零，随后呈碱性。当此碱度等于原水碱度，出水 Na^+ 含量也达到最高值，即与原水中阴离子总浓度 c（$1/2SO_4^{2-} + Cl^- + HCO_3^-$）相当。此后，在一段时间内，出水碱度与 Na^+ 含量保持不变，此时 H 离子交换运行完全转变为 Na 离子运行，对水中的 Na^+ 不起交换反应，而对 Mg^{2+}、Ca^{2+} 仍然具有交换能力，直到点 b，硬度开始泄漏，说明交换柱内的交换带前沿已到达树脂层底部，与之

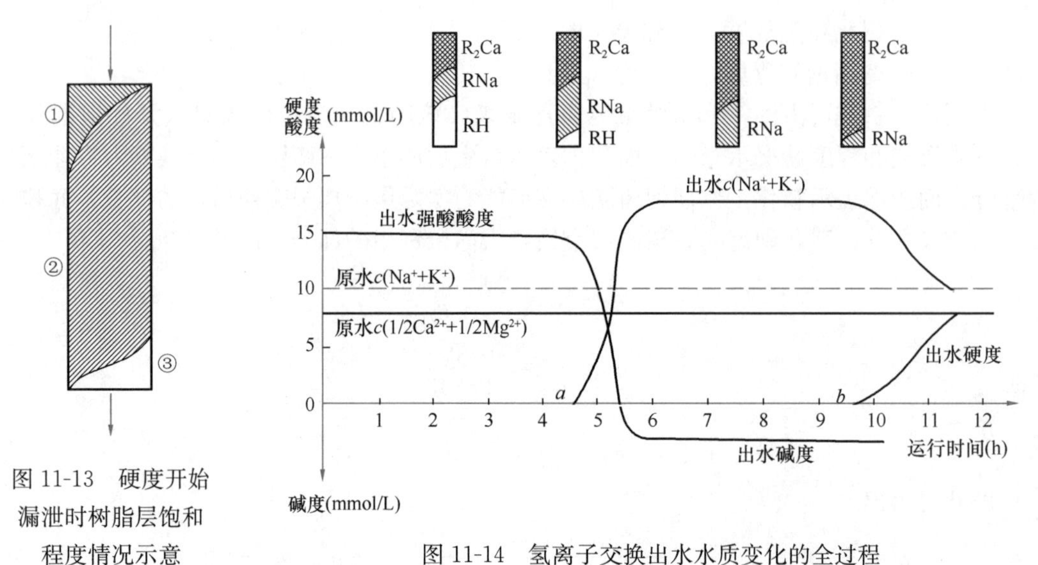

图 11-13　硬度开始漏泄时树脂层饱和程度情况示意

图 11-14　氢离子交换出水水质变化的全过程

相应，出水 Na^+ 含量从最高值开始下降。最后，出水硬度接近原水硬度，出水 Na^+ 含量亦接近于原水 Na^+ 含量，整个树脂层交换能力几乎完全耗竭。由此可见，在 H 离子交换过程中，根据原水水质与处理要求，对失效点的控制应有所不同。在水的除盐系统中，失效点应以 Na^+ 泄漏为准，而在水的软化系统中，亦可考虑以硬度开始泄漏作为失效点。

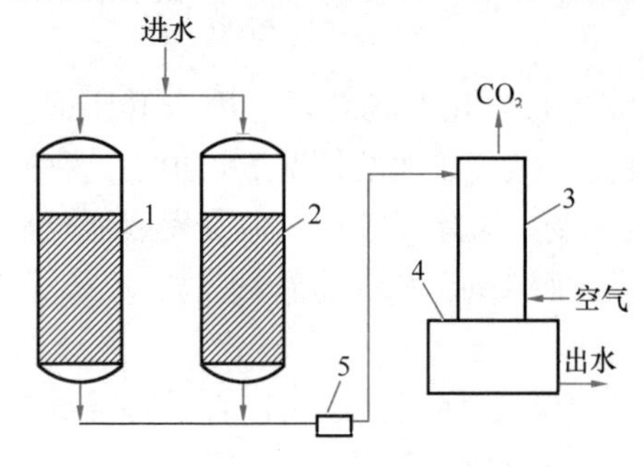

图 11-15　H-Na 并联离子交换系统

1—H 离子交换器；2—Na 离子交换器；3—除二氧化碳器；4—水箱；5—混合器

（3）H-Na 离子交换脱碱软化系统适用于原水硬度高、碱度大的情况。该系统分为并联和串联两种形式。

1）H-Na 并联离子交换系统

如图 11-15 所示，原水一部分（Q_{Na}）流经 Na 离子交换器，另一部分（Q_H）流经 H 离子交换器。前者出水呈碱性，后者出水呈酸性。这两股出水混合后进入除二氧化碳器去除 CO_2。

原水的流量分配与原水水质及其处理要求有关。如 H 离子交换器的失效点以 Na^+ 泄漏为准，则整个运行期间出水呈酸性，其酸度等于原水 $c(1/2SO_4^{2-}+Cl^-)$ 浓度。考虑混合后的软化水应含有少量剩余碱度，流量分配可按下式计算

$$Q_H \cdot c(1/2SO_4^{2-}+Cl^-)=(Q-Q_H)\cdot c(HCO_3^-)-QA_r \tag{11-40}$$

式中　Q——处理水总流量，m^3/h；

$c(HCO_3^-)$——原水碱度，mmol/L；

A_r——混合后软化水剩余碱度，约为 0.5mmol/L。

上式移项后，得

$$Q_H=\frac{c(HCO_3^-)-A_r}{c(1/2SO_4^{2-}+Cl^-)+c(HCO_3^-)}Q=\frac{c(HCO_3^-)-A_r}{c(\Sigma A)}Q\ (m^3/h) \tag{11-41}$$

$$Q_{Na}=\frac{c(1/2SO_4^{2-}+Cl^-)+A_r}{c(\Sigma A)}Q\ (m^3/h) \tag{11-42}$$

式中 $c(\Sigma A)=c(1/2SO_4^{2-}+Cl^-+HCO_3^-)$，mmol/L，亦即原水阴离子总浓度。

若 H 离子交换器运行到硬度开始泄漏，从图 11-14 看出，在到达点 b 时刻，运行前期所交换的 Na^+，到运行后期已几乎全部被置换了出来。从整个运行周期来看，就好像水中 Na^+ 并没有参与交换反应似的，亦即周期出水平均 Na^+ 含量仍等于原水 Na^+ 含量。因此，在 $H_t>H_c$ 的条件下，经 H 离子交换的周期出水平均酸度在数值上与原水非碳酸盐硬度相当。以此为依据，亦可计算出当 H 离子交换器运行失效以硬度为泄漏点的 H-Na 并联的流量分配。

H 离子交换出水与 Na 离子交换出水一般采取瞬间混合方式，混合水立即进入除二氧化碳器。要使任何时刻都不会出现酸性水，H 离子交换过程运行到 Na^+ 泄漏为宜。如运行到硬度泄漏，则初期混合水仍可能呈酸性，这不仅给后续设备（除二氧化碳器、管道、软水池、水泵等）在防腐蚀上加重负担，而且即使软水池容量能起一定调节作用，也难以保证任何时刻不出现酸水。

2）H-Na 串联离子交换系统

该系统如图 11-16 所示。原水一部分（Q_H）流经 H 离子交换器，出水与另一部分原水混合后，进入除二氧化碳器脱气，然后流入中间水箱，再由泵打入 Na 离子交换器进一步软化。流量分配比例也要根据原水水质与处理要求而定，计算方法与 H-Na 并联情况完全一样。

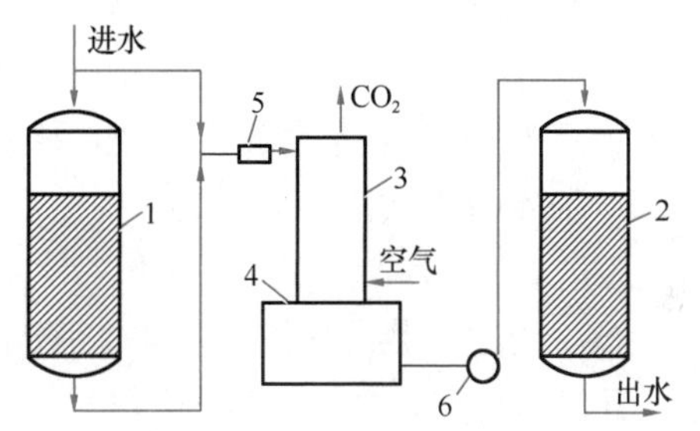

图 11-16　H-Na 串联离子交换系统

1—H 离子交换器；2—Na 离子交换器；3—除二氧化碳器；4—中间水箱；5—混合器；6—水泵

H-Na 串联离子交换系统适用于原水硬度较高的场合。因为部分原水与 H 离子交换出水混合后，硬度有所降低，然后再经过 Na 离子交换，这样既减轻 Na 离子交换器的负担，又能提高软化水质。

综上所述可知，H-Na 并联系统与 H-Na 串联系统的不同之处在于，前者只是一部分流量经过 Na 离子交换器，而后者则是全部经过 Na 离子交换器。因此，就设备而言，并联系统比较紧凑，投资省。但从运行来看，串联系统安全可靠，更适合于处理高硬度水。经过 H-Na 离子交换处理，蒸发残渣可降低 1/3～1/2，能满足低压锅炉对水质的要求。

上述各种离子交换系统的出水水质列于表 11-9。

离子交换软化系统出水水质变化情况　　　　表 11-9

指标	Na 离子交换	H 离子交换	H-Na 离子交换
$c(1/2SO_4^{2-}+Cl^-)$	无变化	无变化	无变化
$c(HCO_3^-)$	无变化	全部去除	与软化水剩余碱度相当
$c(1/2Ca^{2+}+1/2Mg^{2+})$	等浓度为 $c(Na^+)$所替代	等浓度为 $c(H^+)$所替代	—
$c(Na^+)$	等于 $c(1/2SO_4^{2-}+Cl^-+HCO_3^-)$	1. Na^+泄漏为控制点时，几乎全部去除 2. 硬度泄漏为控制点时，几乎无变化	与软化水阴离子浓度总和相当
$c(H^+)$	—	1. Na^+泄漏为控制点时，等于原水 $c(1/2SO_4^{2-}+Cl^-)$浓度 2. 硬度泄漏为控制点时，与原水非碳酸盐硬度相当	—

续表

指标	Na离子交换	H离子交换	H-Na离子交换
剩余硬度 $c(1/2Ca^{2+}+1/2Mg^{2+})$	≤0.05	≤0.05	≤0.05
$\rho(CO_2)$，mg/L	无变化	分解1mmol/L的HCO_3^-产生44mg CO_2/L	分解1mmol/L的HCO_3^-产生44mg CO_2/L

注：浓度单位为“mmol/L”。

关于离子软化系统处理后水中蒸发残渣的变化情况讨论如下。在蒸发过程中，HCO_3^-按式（11-43）进行下列反应

$$2HCO_3^- \xrightarrow{\Delta} CO_3^{2-}+CO_2+H_2O \quad (11\text{-}43)$$

其中一部分的HCO_3^-转变成CO_2逸出，残渣中只存在CO_3^{2-}，亦即2mol HCO_3^-只生成1mol CO_3^{2-}，其质量比为60/(2×61)=0.49。因此，在计算时应将HCO_3^-的质量数乘以0.49换算为CO_3^{2-}的质量数。据此，原水以及离子交换出水蒸发残渣可分别表达如下。

a. 原水蒸发残渣可表示为

$$S_{k(y)}=\rho(Na^++K^+)+\rho(Ca^{2+})+\rho(Mg^{2+})+\rho(\Sigma A)(mg/L) \quad (11\text{-}44)$$

式中$S_{k(y)}$为原水蒸发残渣，质量浓度$\rho(X)$的单位均为“mg/L”，其中ΣA表示阴离子总量，并已考虑将HCO_3^-换算成CO_3^{2-}。

b. Na离子交换出水蒸发残渣可表示为

$$S_{k(Na)}=\rho(Na^++K^+)+1.15\rho(Ca^{2+})+1.89\rho(Mg^{2+})+\rho(\Sigma A)(mg/L) \quad (11\text{-}45)$$

式中换算系数1.15和1.89根据下式得出

$$\frac{2molNa^+\text{所具有的质量}}{1molCa^{2+}\text{所具有的质量}}=\frac{2\times23}{40}=1.15$$

$$\frac{2molNa^+\text{所具有的质量}}{1molMg^{2+}\text{所具有的质量}}=\frac{2\times23}{24.3}=1.89$$

将式(11-44)代入式(11-45)，可得

$$S_{k(Na)}=S_{k(y)}+0.15\rho(Ca^{2+})+0.89\rho(Mg^{2+})\ (mg/L) \quad (11\text{-}46)$$

上式亦是Na离子交换出水蒸发残渣的另一表达式。

H-Na离子交换出水蒸发残渣为

$$S_{k(H-Na)}=S_{k(y)}+0.15\rho(Ca^{2+})+0.89\rho(Mg^{2+})-53[c(HCO_3^-)-A_r](mg/L) \quad (11\text{-}47)$$

式中 $c(HCO_3^-)$——原水碱度，mmol/L；

A_r——出水剩余碱度，mmol/L；

53——相当于$1/2Na_2CO_3$的摩尔质量。

上式右边最后一项考虑原水经H-Na离子交换后，原有的碱度只有剩余碱度A_r，并且在蒸发残渣中以Na_2CO_3形式出现。

(4)弱酸树脂的工艺特性及其应用。弱酸性阳离子交换树脂目前得到推广使用的是一种丙烯酸型。我国近年生产的型号111即属于此类型。其化学结构式为

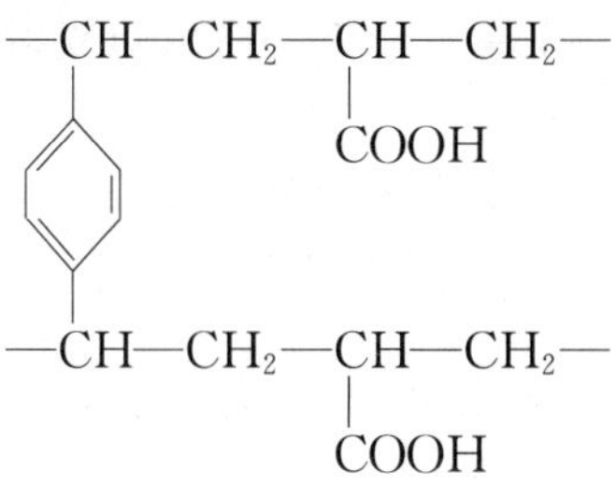

$$-CH-CH_2-\underset{\displaystyle COOH}{\underset{|}{CH}}-CH_2-$$

$$-CH-CH_2-\underset{\displaystyle COOH}{\underset{|}{CH}}-CH_2-$$

由于起活性基团作用的主要是羧酸（$-COOH$），所以也称为羧酸树脂，表示为 RCOOH，实际参与离子交换反应的可交换离子为 H^+。

弱酸树脂主要与水中碳酸盐硬度起交换反应：

$$2RCOOH+Ca(HCO_3)_2 \longrightarrow (RCOO)_2Ca+2H_2CO_3 \quad (11\text{-}48)$$

$$2RCOOH+Mg(HCO_3)_2 \longrightarrow (RCOO)_2Mg+2H_2CO_3 \quad (11\text{-}49)$$

反应产生的 H_2CO_3，只有极少量离解为 H^+，并不影响树脂上的可交换离子 H^+ 继续离解出来并和水中 Ca^{2+}、Mg^{2+} 进行反应。由于 H_2CO_3 是弱酸，容易分解为 CO_2 逸出，更有利于 H^+ 继续离解。弱酸树脂对于水中非碳酸盐硬度以及钠盐一类的中性盐基本上不起反应，即使开始时也能进行某些交换反应，但亦极不完全。

$$2RCOOH+CaCl_2 \longrightarrow (RCOO)_2Ca+2HCl \quad (11\text{-}50)$$

$$RCOOH+NaCl \longrightarrow RCOONa+HCl \quad (11\text{-}51)$$

这是因为反应的产物如 HCl、H_2SO_4，离解度极大，立即产生可逆反应，抑制了交换反应的继续进行。因此，弱酸树脂无法去除非碳酸盐硬度。

另一方面，对 H^+ 的亲合力，弱酸树脂与强酸树脂差别很大，这主要与树脂上的活性基团与 H^+ 形成的酸的强弱有关。弱酸树脂很容易吸附 H^+，是由于羧酸根（$-COO^-$）与 H^+ 结合所生成的羧酸离解度很小的缘故。因此，用酸再生弱酸树脂比再生强酸树脂要容易得多。从式（11-50）、式（11-51）来看，再生反应即逆反应能自动地向左边进行，不必用过量的或高浓度的酸进行强制反应，再生用酸量接近于理论值。这样，再生液既能充分利用，浓度也可以很低。

弱酸树脂单体结合的活性基团多，所以交换容量大。如国产 111 全交换容量≥12.0mmol/g（干树脂），比普通强酸树脂（例如 001×7）高一倍多。

弱酸树脂与 Na 型强酸树脂联合使用可用于水的脱碱软化。联用方式有两种：一是前面提到的 H-Na 串联系统，二是在同一交换器中装填 H 型弱酸和 Na 型强酸树脂，构成 H-Na 离子交换双层床。

前已述及，磺化煤具有磺酸和羧酸两种活性基团，当再生剂用量减少到与弱酸活性基团等物质量时，磺化煤上的弱酸活性基团优先得到再生，可作为交换容量较低的弱酸性阳离子交换剂使用。上述再生方式称为贫再生。将全部进水流量通过贫再生的 H 离子交换器（以磺化煤作为交换剂），经脱气后，再进行 Na 离子交换，即构成所谓 H 型交换剂采用贫再生方式的 H-Na 串联离子交换系统。

【例 11-2】 已知某原水水质为：

$1/2Ca^{2+}=2.39$mmol/L　$1/2Mg^{2+}=1.23$mmol/L　$Na^+=0.84$mmol/L

$HCO_3^-=2.94$mmol/L　$1/2SO_4^{2-}=0.92$mmol/L　$Cl^-=0.6$mmol/L

1）如果软水量为 $100m^3/h$，采用氢一钠并联软化脱碱法，试计算氢离子交换器和钠离子交换器的尺寸；

2）试计算原水和氢一钠并联系统出水的蒸发残渣。

（剩余碱度为 0.6mmol/L，系统自用水量为 10%）

【解】

$$Q=1.1\times100=110m^3/h$$

$$Q_H=\frac{c(HCO_3^-)-A_r}{c(\Sigma A)}Q=\frac{2.94-0.6}{4.46}\times110=57.7m^3/h$$

$$Q_{Na}=Q-Q_H=110-57.7=52.3m^3/h$$

1）计算氢离子交换器和钠离子交换器的尺寸

① 氢离子交换器的尺寸

选用 001×7 强酸性阳离子交换树脂，其工作交换容量为 $900mol/m^3$，树脂层高度 h 取 1.8m，则：

交换周期 $T=\frac{hq}{vH_t}=\frac{1.8\times900}{18\times4.46}=20.2h$。

交换流速 $v=15\sim20m/h$，取 $v=18m/h$。

交换器总面积 $F=\frac{Q}{v}=\frac{57.7}{18}=3.2m^2$。

交换器采用 3 台，两用一备。

每台交换器的面积 $F_1=\frac{F}{n}=\frac{3.2}{2}=1.6m^2$。

选用 ϕ1500mm 逆流再生交换器，实际面积为 $1.76m^2$。

每台交换器的湿树脂质量 $G=V\gamma=Fh\gamma=1.76\times1.8\times800=2534kg$。

式中，γ 为树脂的湿真密度，$\gamma=800kg/m^3$。

② 钠离子交换器的尺寸计算：

选用 001×7 强酸性阳离子交换树脂，其工作交换容量为 $900mol/m^3$，树脂层高度 h 取 2m，则：

交换周期 $T=\frac{hq}{vH_t}=\frac{2\times900}{15\times3.62}=33.1h$。

交换流速 v 取 15m/h。

交换器总面积 $F=\frac{Q}{v}=\frac{52.3}{15}=3.49m^2$。

交换器采用 3 台，两用一备。

每台交换器的面积 $F_1=\frac{F}{n}=\frac{3.49}{2}=1.75m^2$。

选用 ϕ1500mm 逆流再生交换器，实际面积为 $1.76m^2$。

每台交换器的湿树脂质量 $G=V\gamma=Fh\gamma=1.76\times2\times800=2816kg$。

2）计算蒸发残渣

原水 $S_{k(y)}=\rho(Na^++K^+)+\rho(Ca^{2+})+\rho(Mg^{2+})+\rho(\Sigma A)$

$=0.84\times23+2.39\times20+1.23\times12.1+(0.49\times2.94\times61$
$+0.92\times48+0.6\times35.5)$
$=235.3mg/L$

氢—钠离子并联系统出水的蒸发残渣为：

$$S_{k(H-Na)} = S_{k(y)} + 0.15\rho(Ca^{2+}) + 0.89\rho(Mg^{2+}) - 53[c(HCO_3^-) - A_r]$$
$$= 235.3 + 0.15 \times 2.39 \times 20 + 0.89 \times 1.23 \times 12.1 - 53 \times (2.94 - 0.6)$$
$$= 131.7 \text{mg/L}$$

(5) 连续床。流动床内的树脂在装置内连续循环流动，失效树脂在流动过程中(经再生、清洗设备)恢复交换能力，连续定量地补充新鲜树脂，从而保证交换不间断地进行。连续床离子交换可分为移动床和流动床两类。移动床是指交换器中的树脂层在运行中是周期性移动的，即定期排出一部分已失效的树脂同时补充等量的再生好的新鲜树脂。失效树脂的再生过程是在另一专用设备中进行的，故移动床的交换过程和再生过程分别在不同设备中进行，制水过程是连续的，移动床交换系统的形式较多，按其设置的设备可分为三塔式、双塔式和单塔式；按其运行方式可分为多周期式和单周期式。

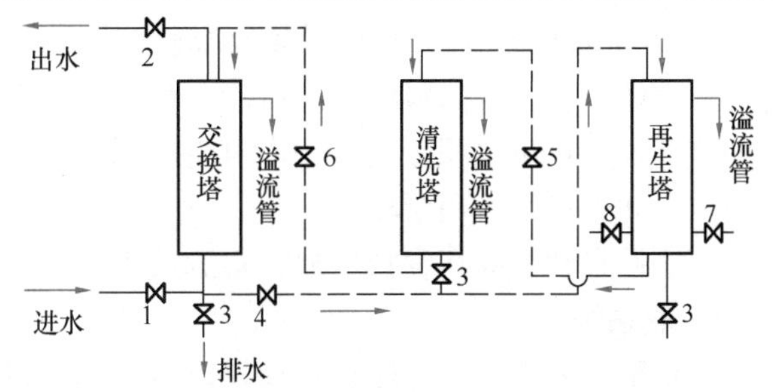

图 11-17　三塔式移动床运行示意图

1—进水阀；2—出水阀；3—排水阀；4—失效树脂输出阀；5—再生后树脂输出阀；6—清洗后树脂输出阀；7—进再生液阀；8—进清水阀

三塔式移动床的组成和运行流程如图 11-17 所示(图中虚线表示树脂输送管线)。

交换时，原水由交换塔底部进入并将树脂层托起，即为成床(成为浮动床)，进行离子交换；处理后的水由上部流出。运行一段时间后，停止进水并进行排水使树脂层下落，即为落床。与此同时清洗后的新鲜树脂由上部进入交换塔的树脂层上层，同时排水过程中将失效树脂排出塔底部并进入再生塔。因此，落床过程中，交换塔内同时完成新鲜树脂补充和失效树脂排出，两次落床之间的交换运行时间，称移动床的一个大周期。

树脂再生时，再生液由再生塔下部进入，对失效树脂进行再生，再生废液由上部流出。再生后的树脂由再生塔底部依靠进水水流输送到清洗塔中进行清洗。两次输送再生后树脂的间隔时间为一个小周期。交换塔内一个大周期中输送过来的失效树脂可分成几次再生，称多周期再生。若对交换塔输送来的失效树脂进行一次再生，则称单周期再生。

再生后树脂的清洗是在清洗塔内进行，清水由下而上流经树脂层进行清洗，清洗后的新鲜树脂输送至交换塔。

若把再生塔和清洗塔合为一塔，上部用于再生，下部用于清洗，则称双塔式。若将再生塔和清洗塔置于交换塔上部，则称单塔式。实际上，双塔式和单塔式，仍包括交换、再生和清洗三部分，只是三部分设置方式不同。

移动床的主要优点是运行流速高；可连续供水，减少设备备用量；树脂利用率高。主要缺点是树脂移动频繁、磨损大；再生剂比耗高；运行管理要求高。

流动床内的树脂在装置内连续循环流动，失效树脂在流动过程中(经再生、清洗设备)恢复交换能力，连续定量地补充新鲜树脂，从而保证交换不间断地进行。

11.4.4 再生设备

1. 食盐系统

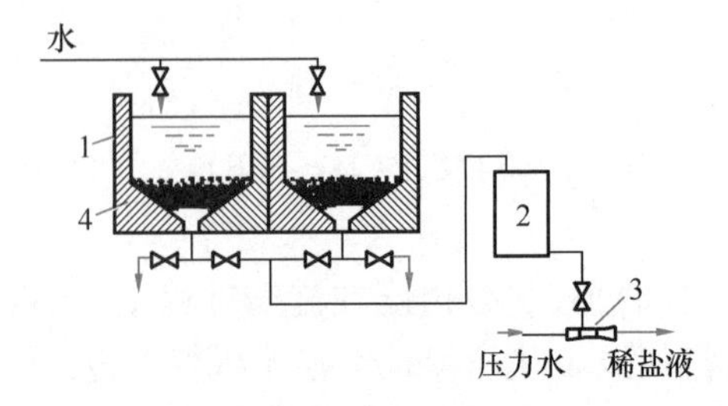

图 11-18 湿存食盐系统(水射器输送)

1—贮盐槽；2—计量箱；3—水射器；4—滤料层

食盐系统包括食盐贮存、盐液配制及输送等设备。一般为湿法贮存，当盐日用量小于 500kg 时，亦可干法贮存。图 11-18 为用水射器输送的湿存食盐系统。贮盐槽兼作贮存和溶解之用。用盐量较大时，可设置两个贮盐槽，以便轮换，清洗。贮盐槽内壁应有耐腐蚀措施。槽底部填有厚约 35～45m 的石英砂和卵石，其级配规格从 1～4mm 到 16～32mm。溶解好的饱和食盐溶液经固体食盐层和滤料层过滤后流入计量箱。在由水射器输送的同时，将盐液稀释到所需的浓度。计量箱容积相当于一次再生的用量。该系统操作方便，但水射器工作水压要保持稳定。此外，还可用泵输送。

干法贮存食盐则将食盐堆放在附近盐库，平时随用随溶解，备有溶解和过滤装置。

2. 酸系统

酸系统主要由贮存、输送、计量以及投加等设备组成。酸贮存量一般按 15～30d 用量考虑。工业盐酸浓度为 30%～31%，硫酸浓度为 91%～93%。盐酸腐蚀性强，与盐酸接触的管道、设备均应有防腐蚀措施。盐酸还释放氯化氢气体，对周围设备有腐蚀作用，而且污染环境，损害健康。因此，酸槽应密闭，设置在仪表盘和水处理设备的下风向，并保持必要的距离。贮酸的钢槽(罐)内壁要衬胶。浓硫酸虽不引起腐蚀，但浓度在 75%以下的硫酸仍有腐蚀性。

图 11-19 为盐酸配制、输送系统。贮酸池中的盐酸经泵输送到高位酸罐内，再自流到计量箱。再生时，用水射器将酸稀释并送往离子交换器。采用浓硫酸为再生剂时，考虑到浓硫酸在稀释过程中释放大量的热能，应先稀释成 20%左右的浓度，然后再配制成所需的浓度。

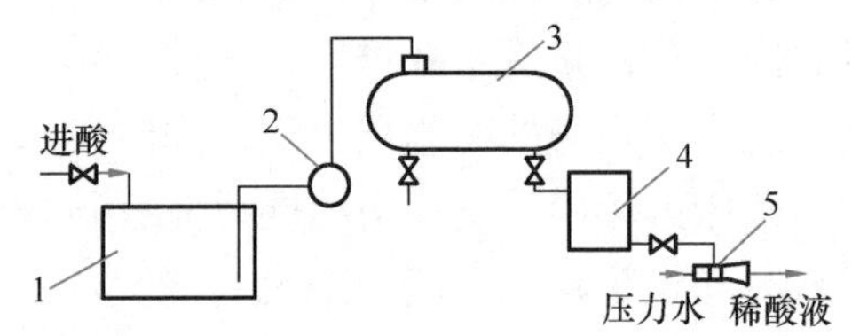

图 11-19 盐酸配制、输送系统

1—贮酸池；2—泵；3—高位酸罐；4—计量箱；5—水射器

3. 再生剂用量计算

再生剂用量 G 表示单位体积树脂所消耗的纯再生剂量(g/L 或 kg/m^3)；再生剂比耗 n 表示单位体积树脂所消耗的纯再生剂物质的量与树脂工作交换容量的比值(mol/mol)，则每台离子交换器再生一次需要的再生剂总量为：

$$G_{总}=\frac{QM_tM_BnT}{1000\alpha}(\text{kg}) \tag{11-52}$$

式中 α——工业用酸和盐的浓度或纯度,%；

M_t——进水硬度，mol/m^3；

M_B——再生剂摩尔质量，g/mol。

11.4.5 除二氧化碳器

天然水中溶解的气体主要有 O_2 和 CO_2。另外，在氢离子交换过程中，处理水中产生大量的 CO_2。水中 1mmol/L 的 HCO_3^- 可产生 44mg/L 的 CO_2。这些气体腐蚀金属，而且二氧化碳还对混凝土有侵蚀作用。此外，游离碳酸进入强碱阴离子交换器，加重强碱树脂的负荷。因此，在离子交换脱碱软化或除盐系统中，均应考虑去除 CO_2 的措施。

在平衡状态下，CO_2 在水中的溶解度仅为 0.6mg/L（水温 15℃）。当水中溶解的 CO_2 浓度大于溶解度，则 CO_2 逐渐从水中析出，即所谓的解吸过程。又由于空气中 CO_2 含量极低(约 0.03%)，因而可创造一种条件使含有 CO_2 的水与大量新鲜空气接触，促使 CO_2 从水中转移到空气中的解吸过程能加速进行。这种脱气设备称为除二氧化碳器(或脱气塔)。

碳酸是一种弱酸，水的 pH 越低，游离碳酸越不稳定。这可从式(11-7)的碳酸平衡中明显看出。水的 pH 低，则平衡向左方移动，有利于碳酸的分解。碳酸几乎全部以游离 CO_2 的形态存在于水中。这给脱气提供了良好的条件。所以，在水的脱碱软化或除盐系统中，往往将除二氧化碳器放置在紧接氢离子交换器之后。

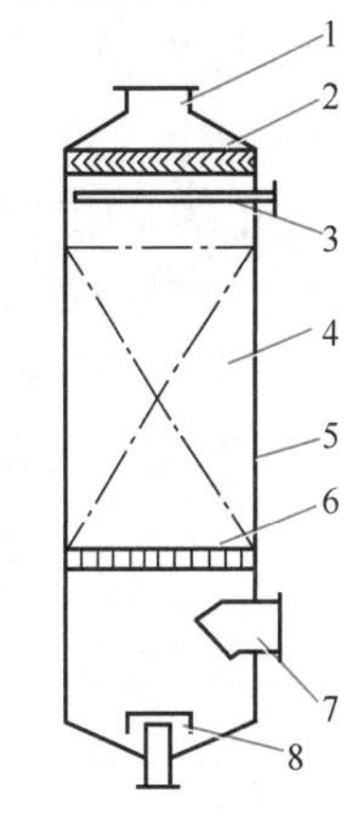

图 11-20 鼓风填料式除二氧化碳器

1—排风口；2—收水器；3—布水器；4—填料；5—外壳；6—承托架；7—进风口；8—水封及出水口

图 11-20 为鼓风填料式除二氧化碳器示意图。布水装置将进水沿整个截面均匀淋下。经填料层时，水被淋洒成细滴或薄膜，从而大大增加了水和空气的接触面。空气从下而上由鼓风机不断送入，在与水充分接触的同时，将析出的二氧化碳气体随之排出。脱气后的水则由出水口流出。

常用填料有拉希环、聚丙烯鲍尔环、聚丙烯多面空心球等。

11.5 咸水淡化和除盐

11.5.1 水的纯度

在工业上，水的纯度常以水中含盐量或水的电阻率来衡量。电阻率是指断面 1cm×1cm，长 1cm 体积的水所测得的电阻，单位为欧姆·厘米(Ω·cm)。根据各工业部门对水质的不同要求，水的纯度可分为下列四种。

(1) 淡化水：一般指将高含盐量的水经过除盐处理后，变成为生活及生产用的淡水。海水及苦咸水的淡化属于此类。

(2) 脱盐水：相当于普通蒸馏水。水中强电解质的大部分已去除，剩余含盐量约为 1～5mg/L。25℃时，水的电阻率为 0.1～10×10^6Ω·cm。

(3) 纯水：亦称为去离子水。水中的强电解质的绝大部分已去除，而弱电解质如硅酸和碳酸等也去除到一定程度，剩余含盐量低于 1.0mg/L。25℃时，水的电阻率为(1.0～10)$\times10^6$ Ω·cm。

(4) 高纯水：又称为超纯水。水中的导电介质几乎已全部去除，而水中胶体微粒、微生物、溶解气体和有机物等亦已去除到最低的程度。高纯水的剩余含盐量应在 0.1mg/L 以下。25℃时，水的电阻率在 10×10^6Ω·cm 以上。理论上纯水的电阻率为 18.3×10^6 Ω·cm(25℃)。

11.5.2 咸水淡化与除盐方法概述

海水(咸水)淡化的主要方法有多级闪蒸、反渗透法、电渗析法和冷冻法等。多级闪蒸和反渗透法主要用于海水淡化，而电渗析法主要用于苦咸水淡化，冷冻法还处于探索阶段。多级闪蒸技术成熟，运行安全性高，适合于大型化的海水淡化。由于反渗透法在分离过程中，没有相态的变化，无需加热，能量消耗少，设备比较简单。据 1998 年的全球统计，在海水淡化产量中，多级闪蒸占 44.1%，反渗透法占 39.5%，多效蒸馏占 4.05%；而 2000 年的全球统计表明，多级闪蒸降到 42.4%，反渗透法上升到 41.1%。反渗透法发展迅速，将超过多级闪蒸。各种海水淡化方法所耗的能量见表 11-10。

离子交换法主要用于除盐。该法可与电渗析或反渗透法联合使用。这种联合系统可用于水的深度除盐。离子交换法制取纯水的纯度见表 11-11。

海水淡化方法的能耗　表 11-10

淡化方法	能耗(kW·h/m³)
多级闪蒸法	30～37
反渗透法	8～14
电渗析法	8～16
冷冻法	28

离子交换法制取纯水的纯度(25℃)　表 11-11

除盐方法	水的电阻率($10^6\Omega\cdot cm$)
纯水理论值	18.3
离子交换复床	0.1～1.0
离子交换混合床	5.0
离子交换复床—混合床	＞10

有关反渗透法和电渗析法在本书第 9 章已有介绍。本章重点介绍离子交换法。

11.5.3　阴离子交换树脂的工艺特性

阴离子交换树脂通常是在粒状高分子化合物母体的最后处理阶段导入伯胺、仲胺或叔胺基团而构成的。胺是 NH_3 中的氢原子被烃基取代的化合物。氨分子中的 1 个、2 个、3 个氢原子被 1 个、2 个、3 个烃基取代的胺分别称为伯胺 $R\text{-}NH_2$、仲胺 $R=NH$ 和叔胺 $R\equiv N$。氨与水作用，生成氢氧化铵 NH_4OH，氨与酸作用，生成铵盐 NH_4X。当它们中的四个氢原子为四个烃基所取代，则分别成为季铵碱 $R\equiv NOH$ 和季铵盐 $R\equiv NX$。例如，将聚苯乙烯经氯甲基醚处理，再用叔胺使其胺化，即得季铵型强碱性阴离子交换树脂。由于阴树脂所具有的活性基团均呈碱性，所以称为碱性基团。根据基团碱性的强弱，又可分为强碱性和弱碱性两类。季铵型属强碱性基团，伯胺型、仲胺型和叔胺型属弱碱性基团。弱碱性基团是由于胺基水解反应而得的：

$$R-NH_2+H_2O\longrightarrow R-NH_3^+OH^-$$

$$R=NH+H_2O\longrightarrow R=NH_2^+OH^-$$

$$R\equiv N+H_2O\longrightarrow R\equiv NH^+OH^-$$

这里的 R 代表某些简单的脂肪烃烃基。

碱性基团与树脂母体的关系犹如强酸性树脂上的磺酸基—SO_3H 与其母体的关系，只是碱性基团结构较为复杂而已。碱性基团的可交换离子为羟基 OH^-。为方便起见，一般将阴离子交换树脂表示成 ROH(R 代表树脂母体及其所属固定活性基团)。正是 OH^- 使阴树脂具有碱性，如 OH^- 属于季铵基，即为强碱性树脂，如 OH^- 属于其他三种胺基，则为弱碱性树脂。

强碱性树脂又可分为Ⅰ型和Ⅱ型。Ⅰ型树脂碱性较强，除硅能力较强，适用于制取纯水。但Ⅰ型再生时所需的再生剂量较大，工作交换容量较低。Ⅱ型树脂的碱性较Ⅰ型的弱，除硅能力较差，但交换容量大于Ⅰ型。

1. 强碱树脂的工艺特性

在水的除盐过程中，经 H 离子交换的出水含有各种强酸、弱酸阳离子，这些离子的去除由强碱性阴离子交换树脂承担，其交换反应如下：

$$ROH + HCl \longrightarrow RCl + H_2O \tag{11-53}$$

$$\left.\begin{aligned} ROH + H_2SO_4 &\longrightarrow RHSO_4 + H_2O \\ 2ROH + H_2SO_4 &\longrightarrow R_2SO_4 + 2H_2O \end{aligned}\right\} \tag{11-54}$$

$$ROH + H_2CO_3 \longrightarrow RHCO_3 + H_2O \tag{11-55}$$

$$ROH + H_2SiO_3 \longrightarrow RHSiO_3 + H_2O \tag{11-56}$$

从反应式来看，阴离子交换出水应呈中性，但实际上呈弱碱性，这是由于阳床出水中总是有微量 Na^+ 泄漏，致使阴床出水含有微量氢氧化钠的缘故。另外，实验表明，式(11-54)的两个反应是同时存在的。

强碱树脂对水中常见阴离子的选择性顺序一般为：

$$SO_4^{2-} > Cl^- > OH > HCO_3^- > HSiO_3^-$$

在交换过程中，SO_4^{2-} 能置换出先前吸附在树脂的 Cl^-，而 Cl^- 又能置换出先前吸附在树脂的弱酸阴离子。表 11-12 说明强碱树脂层饱和时被吸附的各种阴离子在层内分布的情况。

强碱树脂层饱和时被吸附离子的分布　　表 11-12

组成	第一层(厚 30.5cm)	第二层(厚 30.5cm)	第三层(厚 30.5cm)	第四层(厚 60.1cm)
SO_4^{2-}	70%	25%	5%	0%
Cl^-	痕迹	36%	50%	14%
HCO_3^-	痕迹	痕迹	6%	94%
$HSiO_3^-$	0.5%	0.5%	1%	98%

图 11-21 表示强碱阴离子交换器的运行过程曲线。清洗分为两步：第一步将清洗水排出，直到清洗排水总溶解固体等于进水总溶解固体；第二步将清洗水循环回收到阳离子交换器的入口，直到出水电导率符合要求，即开始正常运行。在运行阶段，出水电导率和硅含量均较稳定。当到达运行终点时，在电导率上升之前，硅酸已开始泄漏。而在硅酸泄漏过程中，电导率出现瞬时下降，这是由于出水中含有的微量氢氧化钠为突然出现的弱酸所中和，生成硅酸钠和碳酸氢钠，其导电性能低于氢氧化钠的缘故。若阴床运行以硅酸开始泄漏作为失效控制点，则电导率瞬时下降可视为周期终点的信号。由图 11-21 看出，在开始泄漏之后，出水硅含量迅速上升。

强碱树脂除硅还有如下要求：

(1) 进水应呈酸性。用强碱树脂除硅应在低的 pH 下进行。此时，水中硅酸化合物以 H_2SiO_3 的形式存在，其交换反应见式(11-56)，生成电离度极小的水，有利于反应向右方进行。若进水酸性降低，则水中溶解状态的硅酸有部分以 $HSiO_3^-$ 形式存在(其假想化合物有如 $NaHSiO_3$)，与强碱树脂进行交换反

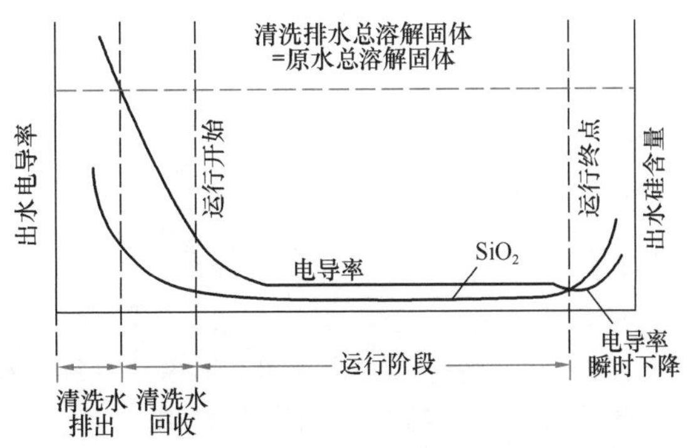

图 11-21　强碱阴离子交换器的运行过程曲线

应见下式：

$$ROH+NaHSiO_3 \longrightarrow RHSiO_3+NaOH \tag{11-57}$$

由于生成物 NaOH 离解出大量 OH^- 离子，由强碱树脂的选择性顺序可知，强碱树脂对 OH^- 的亲合力大于对 $HSiO_3^-$ 的亲合力，OH^- 离子阻碍了反应向右方进行。因此，进水要求酸性的实质是利用进水中的 H^+ 与 OH^- 生成离解度极小的水，保证除硅的顺利进行。

(2) 进水漏钠量要低。阳床出水漏钠量的增加，Na^+ 与 $HSiO_3^-$ 组成假想化合物 $NaHSiO_3$，从而妨碍除硅的进行。

(3)再生条件要求高。必须采用 OH 型的碱类，常用的再生剂一般为 NaOH。再生液浓度 2%～4%，再生时间不少于 1h。实践证明，适当提高再生液的温度(对强碱Ⅰ型为 40～50℃，Ⅱ型为 35℃)能改善再生效果，有利于提高下一周期的出水水质。

2. 弱碱树脂的工艺特性

弱碱树脂只能与强酸阴离子起交换反应，而不能吸附弱酸阳离子。由于弱酸活性基团在水中离解能力很低，弱碱树脂对强酸阴离子的交换反应，只有在低 pH 条件下才能进行。

$$R-NH_3OH+HCl \longrightarrow R-NH_3Cl+H_2O \tag{11-58}$$

$$2R-NH_3OH+H_2SO_4 \longrightarrow (R-NH_3)_2SO_4+2H_2O \tag{11-59}$$

在中性溶液中，弱碱树脂不与这些强酸离子起交换反应，因此，在除盐系统中，弱碱阴床往往设置在强酸阳床之后。

弱碱树脂极易用碱再生。作为再生剂可用 NaOH，也可用 $NaHCO_3$、Na_2CO_3 或 NH_4OH，碱比耗只需理论值 1.2 倍。弱碱树脂交换容量高于强碱树脂。此外，弱碱树脂抗有机物污染能力较强，若在强碱阴床之前，设置弱碱阴床，既可减轻强碱树脂的负荷，又能保护其不受有机物的污染。

11.5.4 复床除盐

复床系指阳、阴离子交换器串联使用，达到水的除盐目的。复床除盐的组成方式有多种，下面介绍最常用的复床系统。

1. 强酸—脱气—强碱系统

该系统是一级复床除盐中最基本的系统，由强酸阳床、除二氧化碳器和强碱阴床组成，如图 11-22 所示。进水先通过阳床，去除 Ca^{2+}、Mg^{2+}、Na^+ 等阳离子，出水为酸性水，随后通过除二氧化碳器去除 CO_2，最后由阴床去除水中的 SO_4^{2-}、Cl^-、HCO_3^-、$HSiO_3^-$ 等阴离子。为了减轻阴床的负荷，除二氧化碳器设置在阴床之前，水量很小或进水碱度较低的小型除盐装置可省去脱气措施。

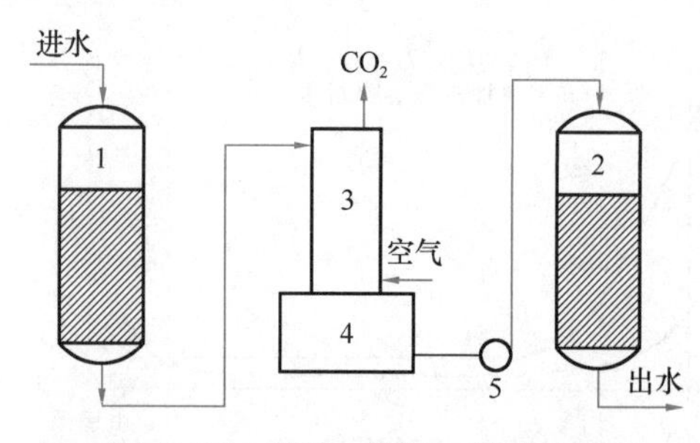

图 11-22 强酸—脱气—强碱系统

1—强酸阳床；2—强碱阴床；3—除二氧化碳器；4—中间水箱；5—水泵

强碱阴床设置在强酸阳床之后的原因在于：

(1) 若进水先通过阴床，容易生成 $CaCO_3$、$Mg(OH)_2$ 沉积在树脂层内，使强碱树脂交换容量降低。

(2) 若进水先经过阴床，更不利于除硅。

(3) 强酸树脂抗有机物污染的能力优于强

碱树脂。

(4) 若原水先通过阴床，本应由除二氧化碳器去除的碳酸，都要由阴床承担，从而增加了再生剂耗用量。

该系统适用于制取脱盐水。含盐量不大于 500mg/L 的原水经处理后，出水电阻率可达到 $0.1\times10^6\Omega\cdot cm$ 以上，硅含量在 0.1mg/L 以下。在运行中，有时出水的 pH 和电导率都偏高，这往往是由于阳床泄漏 Na^+ 过量所致。为提高出水水质，可采用逆流再生。另外，强碱阴床采用热碱液再生，有利于除硅。

2. 强酸—脱气—弱碱—强碱系统

该系统流程适用于有机物含量较高，强酸阴离子含量较大的原水。弱碱树脂用于去除强酸阴离子，强碱树脂主要用于除硅。再生采用串联再生方式，全部 NaOH 再生液先用来再生强碱树脂，然后再生弱碱树脂。对于强碱树脂来说，再生水平是很高的，强碱树脂再生后的废液又能为弱碱树脂充分利用，再生剂能充分利用，再生比耗低。除二氧化碳器设置在阴床前面，以便于强碱阴床与弱碱阴床串联再生。该系统出水水质与系统 1 大致相同，但运行费用略低。

11.5.5 混合床除盐

1. 基本原理与特点

阴、阳离子交换树脂装填在同一个交换器内，再生时使之分层再生，使用时先将其均匀混合。这种阴、阳树脂混合一起的离子交换器称为混合床。由于混合床中阴、阳树脂紧密交替接触，构成无数由阳床和阴床串联的复床，反复进行多次脱盐。混合床的反应过程(以 NaCl 为例)可表示为

$$\left.\begin{array}{ll}RH+NaCl\longrightarrow RNa+HCl & ROH+HCl\longrightarrow RCl+H_2O\\ ROH+NaCl\longrightarrow RCl+NaOH & RH+NaOH\longrightarrow RNa+H_2O\end{array}\right\}\quad(11\text{-}60)$$

上述的阴、阳离子交换反应是同时进行的，影响阳离子交换反应的 H^+ 离子和影响阴离子交换反应的 OH^- 离子能立即反应生成离解度极小的水，因此，逆反应几乎没有，交换反应彻底。混合床由于上述的优点，具有出水纯度高，水质稳定，间断运行影响小，失效终点明显等特点。混合床的出水电阻率可达 $(5\sim10)\times10^6\Omega\cdot cm$。混合床是纯水以及超纯水制备必不可少的除盐设备。

混合床的缺点是，再生时阴、阳离子树脂很难彻底分层。特别是当有部分阳树脂混杂在阴树脂层时，经碱液再生，这一部分阳树脂转为 Na 型，造成运行后 Na^+ 泄漏，即所谓的交叉污染。另外，混合床对有机物污染很敏感。运行初期的出水电阻率可达到 $10\times10^6\Omega\cdot cm$，但经反复使用后，出现出水电阻率逐渐下降的现象，其原因主要是阴树脂的变质和污染所致。变质表现在季铵型阴树脂的强碱性活性基团的数量逐渐减少；污染表现为运行中吸附了油脂、有机物(如腐殖酸)以及铁的氧化物等杂质。为了防止有机物污染强碱树脂，在混合床之前，应进行必要的预处理。

为了克服交叉污染所引起的 Na^+ 泄漏，近年来曾发展了三层混床新技术。此法是在普通混床中另装填一层厚约 10～15cm 的惰性树脂，其密度介于阴、阳树脂之间，其颗粒大小也能保证在反洗时将阴、阳树脂分隔开来。实践表明，三层混床水质优于普通混床，出水的 Na^+ 含量不大于 $10\mu g/L$。

2. 装置及再生方式

混合床内设有上部进水、中间排水、底部配水等管系。另外，在树脂层上、下部还装有进碱、进压缩空气以及进酸管。

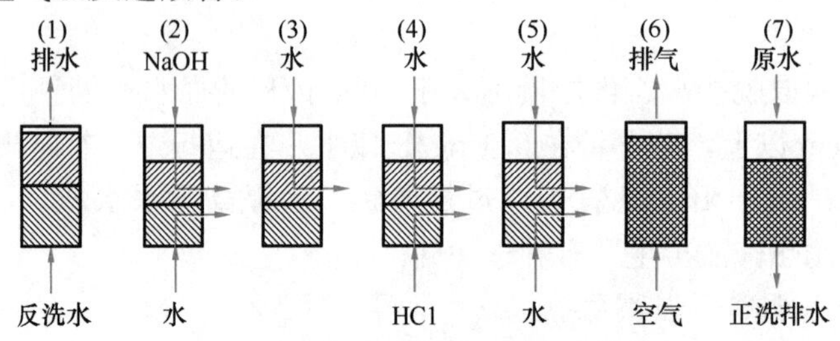

图 11-23 混合床体内酸、碱分别再生示意

混合床反洗分层主要借助于阴、阳树脂湿真密度的差别。再生方式有体内再生与体外再生两种。体内再生又区分为酸、碱分别再生和同时再生。以体内再生为例(图 11-23)，混合床再生操作步骤有：

(1) 反洗分层：反洗流速 10m/h 左右，反洗到阴、阳树脂明显分层约需时 15min。

(2) 进碱再生：浓度 4%再生液以约 5m/h 流速通过阴树脂层，经由中间排水管排出，与此同时，少量水流经阳树脂层向上流，防止碱液下渗。碱耗量为 200～250g/mol。

(3) 阴树脂正洗：用脱盐水以约 12～15m/h 流速通过阴树脂层，正洗到出水碱度低于 0.5mmol/L，正洗水量约为 10L/L 树脂。

(4) 进酸再生：浓度 5%HCl(或 1.5%H_2SO_4)再生液由底部向上流经阳树脂层，由中间排水管排出，与此同时，阴树脂层保持少量正洗水流，防止酸液渗入。酸耗量为 100～150g/mol。

(5) 阳树脂正洗：用脱盐水以 12～15m/h 流速上下同时正洗到出水酸度 0.5mmol/L 左右为止，正洗水量约为 15L/L 树脂。

(6) 混合：将水放至树脂层表面上约 10cm 处，通入压缩空气约 2～3min 使之均匀混合，立即快速排水，使整个树脂层迅速下落，防止重新分层。

(7) 最后正洗：流速 15～20m/h，正洗到出水电阻率大于 $0.5\times10^6\Omega\cdot cm$，pH 接近于 7，即可投入运行。

混合床体外再生是将失效树脂用水力输送方式输入到专设的再生器内进行再生，再生步骤与体内再生大致相同。

3. 高纯水制备与终端处理

复床与混合床串联或二级混合床串联是当前制取纯水以至高纯水的有效方法。如强酸—脱气—强碱—混合床系统，出水电阻率可达到 $10\times10^6\Omega\cdot cm$，硅含量为 0.02mg/L 的水平。又如强酸—弱碱—混合床系统的出水水质可达到电阻率 $10\times10^6\Omega\cdot cm$ 以上，硅含量 0.005mg/L 的水平。然而，电子工业对高纯水水质要求越来越高，不仅要求去除水中全部的电解质，而且还要去除水中微粒以及有机物等。为此，生产用于集成电路的高纯水系统，在混床后，还需进行终端处理，包括紫外线消毒、精制混床、超滤等工艺。

11.5.6 氢型精处理器(Hipol)

为了克服混合床再生操作复杂，阴、阳树脂难以彻底分开等缺点，可采用氢型精处理工艺，即在复床之后设置一高速阳床以替代混合床。其原理基于如下事实：复床出水产生电导率的微量电解质主要是 NaOH。这种情况部分是由于阳床泄漏 Na^+ 所引起，部分是由于阴床中残留的 NaOH 再生液缓慢释放所致。在经过一道阳床(即氢型精处理器)后，将进行如下交换反应

$$RH + NaOH \longrightarrow RNa + H_2O$$

这样就可以简单而且彻底地达到去除 Na^+ 的目的。实践表明：

(1) 氢型精处理器流速高(100m/h 左右)，出水水质好。

(2) 当阴床 SiO_2 泄漏时，氢型精处理器出水电导率就会上升，因此可替代硅酸盐表监视终点。

(3) 该工艺使用条件是：只有当复床出水水质达到规定要求时，才能取代混合床提纯水质。

11.5.7 离子交换双层床

1. 阳离子交换双层床

阳离子交换双层床即在同一交换器内装有弱酸和强酸两种树脂，借助两种树脂的湿密度与真密度的差别，经反洗分层后，使弱酸树脂位于上层，强酸树脂位于下层，组成了如图 11-24 所示的双层床。由于弱酸树脂以及逆流串联再生的应用，使阳双层床的交换能力提高，酸比耗降低，废酸量亦显著减少。

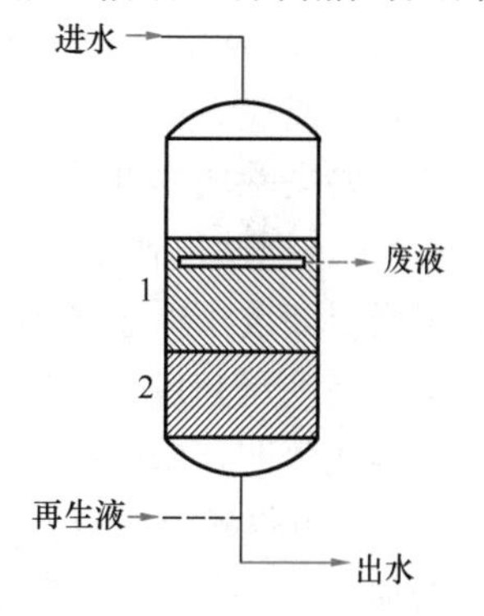

图 11-24 阳离子交换双层床
1—弱酸树脂；2—强酸树脂

为了使分层效果好，与弱酸 111 相配的最好用强酸 001×11 树脂。两种树脂的湿密度与真密度差大于 0.09g/mL，有利于分层。

再生时，酸比耗只需 1.1，但由于采用逆流串联再生，再生效果仍然很好。这是因为全部再生液先与下层强酸树脂接触，对强酸树脂而言，酸比耗不仅是 1.1，而是理论值的 3～4 倍，加上又是逆流再生，所以再生程度相当高。对于上层弱酸树脂而言，由于极易再生，可充分利用强酸树脂的再生废液。

从离子交换过程来看，弱酸树脂主要去除水中碳酸盐硬度，强酸树脂主要去除非碳酸盐硬度和钠盐。当原水从上而下流经弱酸树脂层，碳酸盐硬度的 Ca^{2+}、Mg^{2+} 为 H^+ 所取代，进入强酸树脂层时，虽然阳离子总量减少，但 Na^+ 占阳离子的百分比增大，这本应造成 Na^+ 泄漏量的增加，由于强酸树脂层的再生程度高，所以 Na^+ 泄漏量仍保持低值。为了保证出水水质，强酸树脂高度应不低于 80cm。至于弱酸树脂层，只要体积比选用适当，其交换容量可发挥全部作用，甚至达到饱和状态。

在阳双层床中，弱酸、强酸树脂的体积比主要取决于树脂交换容量与原水水质。设计计算时，树脂体积比的选择应通过实验确定，亦可按下式进行初步估算

$$\frac{\text{弱酸树脂体积}}{\text{强酸树脂体积}} = \frac{q_J}{q_r} \cdot \frac{H_c - 0.3}{H_n + c(Na^+) + 0.3} = \frac{q_J}{q_r} \cdot \frac{H_c - 0.3}{c(\Sigma K) - H_c + 0.3} \tag{11-61}$$

式中 q_J——强酸树脂工作交换容量，mmol/L；

q_r——弱酸树脂工作交换容量，mmol/L；

H_c——进水碳酸盐硬度或碱度，mmol/L；

H_n——进水非碳酸盐硬度，mmol/L；

$c(Na^+)$——进水 Na^+浓度，mmol/L；

0.3——出水剩余碱度，mmol/L；

$c(\Sigma K)$——进水阳离子总浓度，mmol/L，亦即

$$c(\Sigma K)=c(1/2Ca^{2+}+1/2Mg^{2+}+Na^+)$$

弱酸、强酸树脂工作交换容量差别较大，前者约为2000～2500mmol/L，后者大约1200～1500 mmol/L。实用中应以实测为准。

阳离子交换双层床适用于硬度/碱度的比值接近于1或略大于1而 Na^+含量不大的水质。对于硬度/碱度比值很小(例如0.55～0.64)的水，所需的弱酸树脂层很薄，双层床就失去了它的优越性。另一方面，若不按原水水质情况，过分增加弱酸树脂层的高度，也是没有意义的，因为当双层床失效时，弱酸树脂交换容量并没有充分利用，结果反而降低了整个双层床的工作交换容量，提高了酸比耗。

2. 阴离子交换双层床

阴离子交换双层床由弱碱301和强碱201×7两种树脂组成，再生型的湿密度与真密度分别为1.04和1.09g/mL。在较高的反洗流速下，使全部树脂层的膨胀率达到80%，然后降低流速，稳定一段时间，即可分层。上层弱碱树脂主要去除强酸阴离子，下层强碱树脂主要去除弱酸阴离子。前者工作交换容量为850～1000mmol/L，后者为350～400 mmol/L。据此可初步估算出弱碱、强碱树脂的体积比，并按以下条件进行校核：(1)强碱树脂层高度不低于80cm；(2)在双层床高度超过1.6m的情况下，根据进水水质，弱碱树脂层高度可超过总高度的50%，但少于30%就失去了双层床的意义。

实践表明，弱碱树脂和逆流串联再生的采用给阴离子交换双层床增添了如下特点：

(1) 由强碱单层床改为弱碱、强碱双层床，整个床的交换能力显著提高，出水量亦相应增加。

(2) 碱比耗减少，废碱量亦降低。

(3) 阴双层床对原水含盐量的适用范围较之强碱单层床有所扩大。

(4) 阴双层床碱比耗虽只有1.1，而对于强碱树脂，由于逆流串联再生，碱比耗可达3～4。如伴以加热再生，能进一步提高出水水质，减少硅含量。

(5) 阴双层床对于用工业低质液碱再生的适应性较强。

阴双层床在运行过程中必须掌握再生条件，否则会出现大量胶体硅(甚至胶冻)聚积在弱碱树脂上，使出水水质恶化，甚至无法正常运转。这种现象之所以产生是由于，当阴双层床失效时，下层强碱树脂吸附了大量的硅酸和碳酸，若在逆流再生中很集中地将它们再生出来，含有大量的 Na_2SiO_3、Na_2CO_3 的废碱液进入上层弱碱树脂层时，会发生如下反应：

$$R-NH_3Cl+NaOH \longrightarrow R-NH_3OH+NaCl \quad (11\text{-}62)$$

$$2(R-NH_3Cl)+Na_2SiO_3+2H_2O \longrightarrow 2(R-NH_3OH)+2NaCl+H_2SiO_3 \quad (11\text{-}63)$$

$$2(R-NH_3Cl)+Na_2CO_3+2H_2O \longrightarrow 2(R-NH_3OH)+2NaCl+H_2CO_3 \quad (11\text{-}64)$$

废碱液中的NaOH与吸附在树脂上的强酸阴离子起交换反应，形成中性盐，而废碱液中的 Na_2SiO_3、Na_2CO_3 因水解生成NaOH亦参与交换反应，产生了大量的硅酸和碳酸，使溶液中的pH迅速下降，硅酸聚合作用加强，从再生废液中析出胶体硅，附着在弱碱树脂颗粒上。为此，阴离子交换双层床的再生工艺应采取如下措施：

(1) 失效后应立即再生，以避免在长时间放置过程中，强碱树脂上的硅酸发生聚合，给再生带来困难，并影响下一周期的出水水质。

(2) 在再生过程中，不仅再生碱液要加热，而且要使交换器内温度保持约40℃，这对于避免产生胶体硅以及降低出水硅含量都很重要。

(3) 先用浓度1%的碱液以较快流速通过双层床，以洗脱强碱树脂层的部分硅酸，同时也使弱碱树脂层得到初步再生并提高碱性，然后用浓度3%的碱液以正常流速进行再生。此外，亦可采用同一浓度(2%)的碱液以先快后慢的流速进行再生。碱液与树脂的接触时间约1h。

11.5.8 树脂的污染与复苏处理

1. 树脂的污染

树脂的污染主要是由于进水中的悬浮物、微生物、各种无机物和有机物所致。污染的主要标志是：树脂工作交换容量下降、颜色变深、出水水质恶化。

阳树脂的污染主要来自无机物，特别是Al^{3+}、Fe^{3+}等重金属离子，这些离子与阳树脂之间的静电作用力极强，使树脂上一部分活性基团转变成Al型和Fe型，导致工作交换容量逐渐减小。

天然水中的有机物(如腐殖酸、富里酸)对强碱阴树脂的污染主要是以范德华力为主的物理吸附，用通常NaOH再生方法难以洗脱。此外，吸附在阴树脂上的胶体二氧化硅，用NaOH再生洗脱也比较困难。在运行中又会因不断水解而泄漏，导致出水提前漏硅。铁、铝、铜等重金属会与其他无机离子或有机物生成复杂的络合物，并以阴离子形态交换吸附到阴树脂上，使树脂性能显著下降。

2. 树脂污染后的复苏处理

受无机阳离子污染的阳树脂通常用盐酸酸洗处理，必要时，可辅以压缩空气擦洗。受有机物污染的阳树脂可用5%NaOH溶液进行处理。提高再生液温度可增大有机物的洗脱率。

硅污染的阴树脂可用过量的碱再生液进行再生。受铁、铝等金属离子污染的阴树脂可浸泡在含10%～15%HCl的高浓度溶液中约12h，可获得较好的除铁效果。用碱性氯化钠混合复苏液(4%NaOH+10%NaCl)处理受有机物污染的强碱阴树脂，复苏效果较为理想。

11.6 纯水制备系统

这里所用的“纯水”一词并无具体水质标准，而是泛指原水经常规处理去除了水中悬浮物后，进一步去除了水中溶解性物质(包括水中各种阴、阳离子)的水。水的纯度达到何种程度，或达到何种水质标准，视工业用水的要求确定，可以是前文所指的“脱盐水”，也可以是“纯水”或“高纯水”等。

纯水制备工艺主要取决于原水水质和用户对纯水水质的要求，一般由预处理、脱盐、后处理三个主要工序组成。

预处理主要去除原水中的悬浮物、色度、胶体、有机物、微生物、余氯等杂质，使其主要水质指标达到下一步除盐设备进水要求。预处理常用过滤器、预软化器、热交换器、脱碳器、保安过滤器等。

脱盐主要为反渗透和离子交换法的组合，以去除水中大部分的有机物、离子和各种杂质。

由于脱盐工序后的水仍含有微生物、微粒(死的微生物、树脂碎片及预处理泄漏的胶体物质等)，这些杂质的去除由后处理完成，使其出水达到用户的要求。后处理由精制混床、紫外线杀菌、微滤等基本单元组成。

下面是几种典型的高纯水制备系统。

系统一：某兆位级高纯水制备系统。

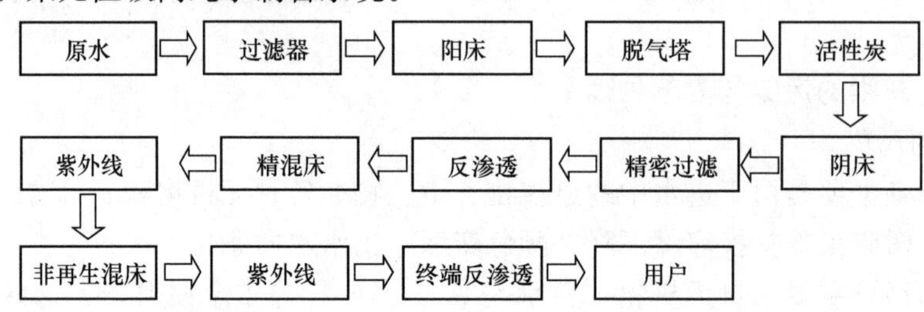

系统二：某药厂的纯水制备系统。

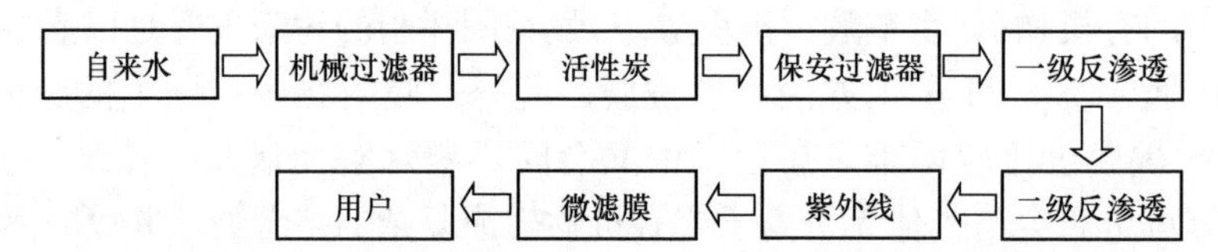

系统三：反渗透—填充床电渗析(EDI)高纯水系统。

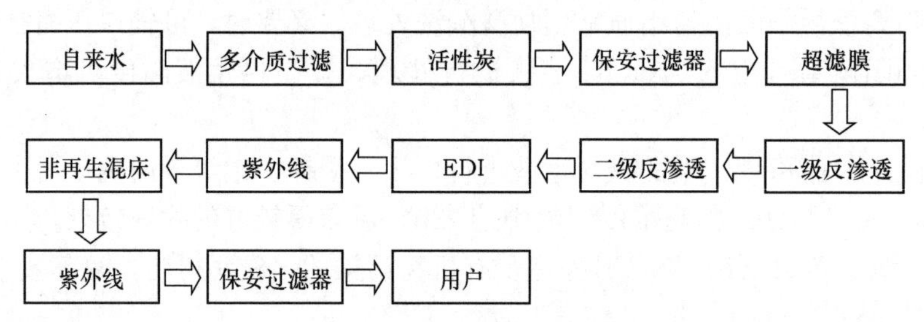

思考题与习题

1. 按照法定计量单位，下列物质的量或物质的量浓度的表达方式是否合适？

$$n(1/2H_2SO_4)=2n(H_2SO_4)$$

$$c(CaCO_3)=\frac{1}{2}c(1/2CaCO_3)$$

$$n(Fe^{3+})=n(1/2Fe_2O_3)=2n(Fe_2O_3)$$

$$c(NaOH)=2c(2NaOH)$$

2. 为什么说质量 m 或质量浓度 $\rho(=m/V)$ 均与基本单元的形式无关？

3. 水质分析见表 11-13。

水质分析 表 11-13

$\rho(Ca^{2+})$	70mg/L	$\rho(HCO_3^-)$	140.3mg/L
$\rho(Mg^{2+})$	9.7mg/L	$\rho(SO_4^{2-})$	95mg/L
$\rho(Na^+)$	6.9mg/L	$\rho(Cl^-)$	10.6mg/L

(1) 试用物质的量浓度(mmol/L)表示水中离子的假想组合形式；

(2) 如果软水量为 90m^3/h，采用氢—钠离子并联软化脱碱系统，试分别求出以漏钠为运行终点和以漏硬度为运行终点的流量分配(剩余碱度为 0.6mmol/L)。

4. 为什么说，在 $H_t \geqslant H_c$ 的条件下，经 H 离子交换(到硬度开始泄漏)的周期出水平均强酸酸度在数值上与原水 H_n 相当？此时 H-Na 离子交换系统的 Q_H 和 Q_{Na} 的表达式为何？若原水碱度大于硬度，情况又如何？

5. 在固定床逆流再生中，用工业盐酸再生强酸阳离子交换树脂。若工业盐酸中 HCl 含量为 31%，而 NaCl 含量为 3%，试估算强酸树脂的极限再生度($K_{H^+}^{Na^+}=1.5$)。

6. 在一级复床除盐系统中如何从水质变化情况来判断强碱阴床和强酸阳床即将失效？

第12章　水的冷却和循环冷却水处理

12.1　水　的　冷　却

工业生产往往会产生大量热量。当热量累积到一定程度时，会使生产设备或产品质量受到影响，甚至危及生产安全，故必须采用冷却介质带走生产中的一部分热量。水是吸收和传递热量的良好介质且便于获得，因此，工业生产通常采用水冷却。水的冷却系统有直流式和循环式两类。由于工业冷却水用量一般都很大，为节约水资源，通常采用循环式冷却水系统，尤以敞开式循环冷却水系统应用较多。图12-1为敞开式循环冷却水系统流程图。冷水进入换热器将热流体冷却，水温升高，热水流入冷却塔内进行冷却。冷却后的水用水泵再送入换热器循环使用。

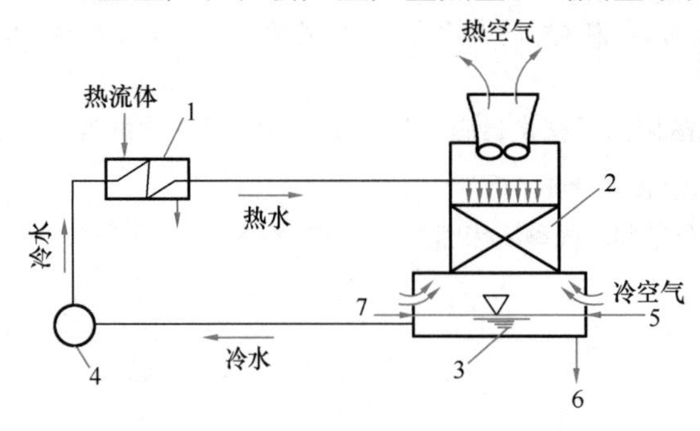

图12-1　循环冷却水系统

1—换热器；2—冷却塔；3—集水池；4—循环水泵；5—补充水；6—排污水；7—投加处理药剂

降低水温的设备称为冷却构筑物。水的冷却构筑物有水面冷却池、喷水冷却池和冷却塔三类，其中冷却塔是最常用的冷却构筑物，本书重点介绍冷却塔。

12.1.1　冷却塔分类

按通风方式分类有自然通风冷却塔和机械通风冷却塔。按热水和空气的接触方式分类有湿式冷却塔、干式冷却塔和干湿式冷却塔。按热水和空气的流动方向分类有逆流式冷却塔和横流式冷却塔。

1. 自然通风冷却塔

塔外冷空气进入冷却塔后，吸收热水的热量，温度增加，湿度变大，密度变小。由于塔内外的空气密度差异，产生了内外的压力差，塔外空气在压力差的作用下进入塔内。由于无需通风机械提供动力，故称为自然通风。为了满足冷却所需的空气流量，自然通风冷却塔必须建造一个高大的塔筒。自然通风冷却塔建造费用高，运行费用低。从节能角度，自然通风冷却塔显得更为经济，被采用的有逐渐增多的趋势。自然通风冷却塔有逆流式和横流式两种。

2. 干式冷却塔

干式冷却塔的热水在散热翅管内流动，依靠与管外空气的温差进行冷却。干式冷却塔没有水的蒸发损失，也无风吹和排污损失，所以它适合于缺水地区。由于水的冷却靠接触散热，冷却极限为空气的干球温度，冷却效率低。此外，干式冷却塔的建造需要大量的金属管，造价为同容量湿式塔的4～6倍。

3. 干湿式冷却塔

这种塔为湿式塔和干式塔的结合，干部在上，湿部在下。采用这种塔的目的主要是消除塔出口排出的饱和空气的凝结而造成塔周围的污染。该塔也有节水的作用。

4. 机械通风逆流湿式冷却塔

湿式是指热水和空气直接接触，与干式塔相比，湿塔冷却效率高，但水量损失较大。机械通风是指依靠风机强制造成空气的流动进行冷却。机械通风逆流湿式冷却塔分为鼓风式和抽风式两种，目前多采用抽风式。逆流是指空气和热水做相对运动，其特点是冷却效果好，但阻力较大。因此，逆流塔的淋水密度较低。

5. 机械通风横流湿式冷却塔

该类型塔的空气和热水做交叉流动，故也称为十字式冷却塔。与逆流塔相比，横流塔的阻力较小，可采用较大的淋水密度，但冷却效果不如逆流塔。

6. 冷却塔

热水通过压力喷嘴喷向塔内，成为散开的喷流体，同时将大量空气带入塔内，热水通过蒸发和接触传热将热量传给空气，冷却后的水落入集水池，空气通过收水器后排出。这种塔不用填料和风机。处理水量可从每小时几吨到几百吨。

12.1.2 冷却塔的构造和工艺过程

冷却塔构造主要包括：热水分配装置（配水系统，淋水填料），通风及空气分配装置（风机，风筒，进风口）和其他装置（集水池，除水器，塔体）等部分。

图 12-2 为抽风式逆流冷却塔。热水经进水管 10 流入冷却塔内，经配水管系 1 的支管上喷嘴均匀地洒至下部淋水填料 2 上。水在填料中以水滴或水膜形式向下流。冷空气从下部进风口 5 进入塔内。热水与冷空气在淋水填料中逆流条件下进行传热和传质过程以降低水温。吸收了热量的湿空气则由风机 6 经风筒 7 抽出塔外。随气流挟带的一些雾状小水滴经除水器 8 分离后回流至塔内。冷水便流入下部集水池 4 中，再泵送到冷却水循环系统中。

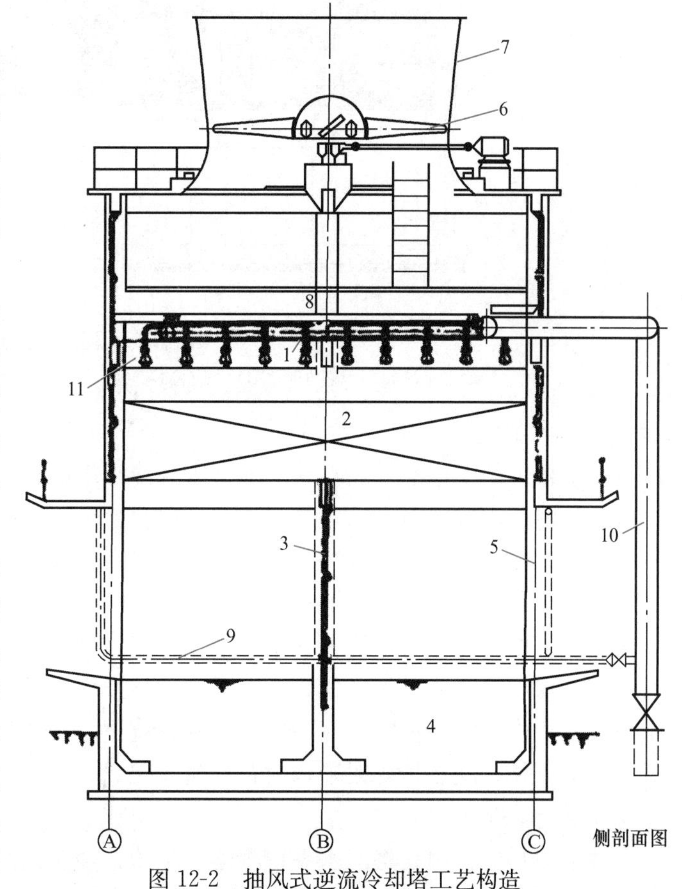

图 12-2 抽风式逆流冷却塔工艺构造

1—配水管系；2—淋水填料；3—挡风墙；4—集水池；5—进风口；6—风机；7—风筒；8—除水器；9—化冰管；10—进水管；11—喷嘴

图 12-3 为横流式冷却塔。

热水从上部经配水系统1洒下，冷空气由侧面经进风百叶窗2水平进入塔内。水和空气的流向相互垂直，在淋水填料3中进行传热和传质过程，冷水则流到下部集水池中，湿热空气经除水器4流到中部空间，再由顶部风机抽出塔外。

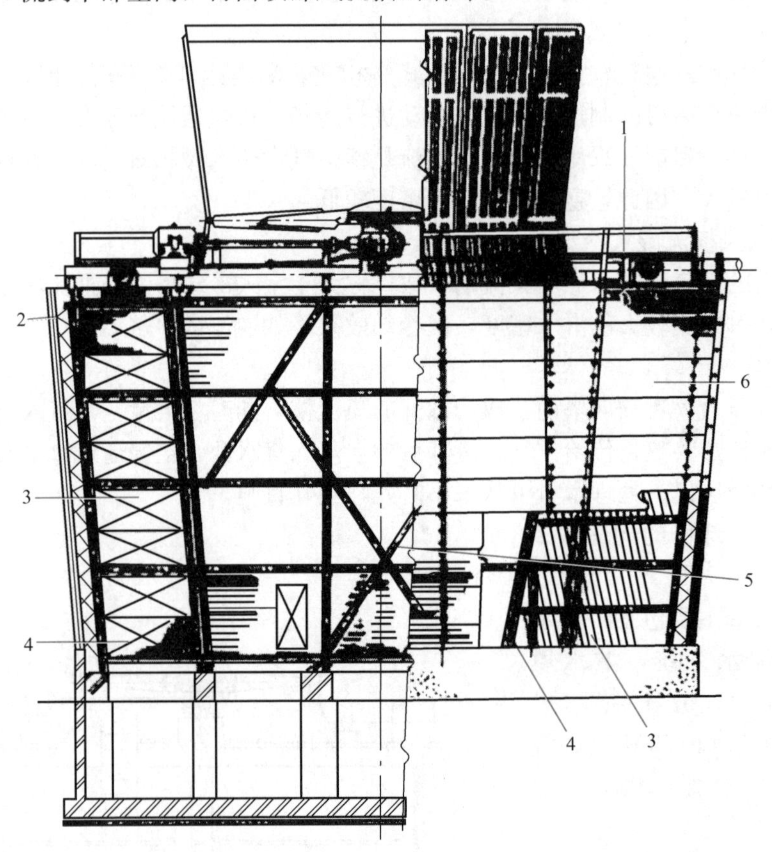

图12-3 横流式冷却塔工艺构造

1—配水系统；2—进风百叶窗；3—淋水填料；4—除水器；5—支架；6—围护结构

1. 配水系统

配水系统的作用是将热水均匀地分配到冷却塔的整个淋水面积上。如分配不均，会使淋水填料内部水流分布不均，从而在水流密集部分通风阻力增大，空气流量减少，热负荷集中，冷效降低；而在水量过少的部位，大量空气未充分利用而逸出塔外。

配水系统可分为管式、槽式和池(盘)式。管式可分为固定式和旋转式两种。固定式主要用于大、中型冷却塔，旋转式多用于小型的玻璃钢逆流冷却塔。槽式配水系统主要用于大型塔或水质较差或供水余压较低的系统。该系统维护管理方便，缺点是槽断面大，通风阻力大，槽内易沉积污物。池(盘)式配水系统适用于横流塔。优点是配水均匀，供水压力低，维护方便，缺点是受太阳辐射，易生藻类。

2. 淋水填料

淋水填料的作用是将配水系统溅落的水滴，经多次溅散成微细小水滴或水膜，增大水和空气的接触面积，延长接触时间，从而保证空气和水的良好热、质交换作用。水的冷却过程主要是在淋水填料中进行，是冷却塔的关键部位。

淋水填料可分为点滴式、薄膜式和点滴薄膜式三种类型。

点滴式填料主要依靠水在填料上溅落过程中形成的小水滴进行散热。

薄膜式填料是使水在填料表面形成薄膜状的缓慢水流，从而具有较大的水气接触面积和较长的接触时间。薄膜式填料中，水膜散热为主，占总散热量的70%。增加水膜表面积是提高这种填料冷却效果的关键。

点滴薄膜式淋水填料的性能在点滴式和薄膜式填料之间。

淋水填料一般采用塑料制成。在大型冷却塔中，也有采用水泥网格填料。填料形式有多种，如折波填料、蜂窝填料等。

3. 通风及空气分配装置

(1) 风机

在机械通风冷却塔中，空气的流动是靠风机来形成的。目前一般采用抽风式。风机和传动装置安装在塔的顶部，这样可使塔内气流分布更均匀。风机启动后，在风机下部形成负压，冷空气从下部进风口进入塔内。冷却塔的风机采用轴流风机，轴流风机的特点是风量大，静压小。

(2) 风筒

风筒包括进风收缩段、进风口和上部扩散筒。风筒的作用是：减少气流出口的动能损失；减小或防止从冷却塔排出的湿热空气，又回流到塔的进风口，重新进入塔内。

(3) 空气分配装置

空气分配装置的作用是将空气均匀分布在填料内。在逆流塔中，空气分配装置包括进风口和导风装置；在横流塔中仅指进风口。

逆流塔的进风口指填料以下到集水池水面以上的空间，也称为雨区。如进风口面积较大，则进口空气的流速小，不仅塔内空气分布均匀，而且气流阻力也小，但增加了塔体高度，提高了造价。反之，如进风口面积较小，虽然造价降低，但空气分布不均匀，进风口涡流区大，影响冷却效果。逆流塔的进风口面积与淋水面积之比不小于0.5，当小于0.5时，宜设导风装置以减少进口涡流。横流式冷却塔的进风口高度等于整个淋水装置的高度，淋水填料高度和径深比宜为2～2.5。在机械通风冷却塔的进风口处，一般都要加百叶窗。百叶窗的作用，主要是防止塔内的淋水溅出塔外，造成水的损失并影响塔周围环境；百叶窗也起导流的作用。

4. 其他装置

(1) 除水器

从冷却塔排出的湿热空气中，带有一些水分，其中一部分是混合在空气中的水蒸气，无法采用机械方法分离；另一部分是随气流带出的小水滴，可用除水器分离。除水器的作用是减少水量损失和改善周围环境。

(2)集水池

集水池起贮存和调节水量作用，有时还可作为循环水泵的吸水井。集水池的容积应满足循环水处理药剂在循环系统内的停留时间的要求。循环水系统的容积约为循环水小时流量值的1/5～1/3。

12.1.3 水的冷却理论基础

1. 湿空气的性质

湿空气是由干空气和水蒸气所组成的混合气体。大气一般都含有一定量的水蒸气，故大气实际都是湿空气。

在大气压力下，空气中的水蒸气含量很少，而且大都处于过热状态。故湿空气中的水蒸气或湿空气本身可作为理想气体进行研究。

(1) 湿空气的压力

1) 湿空气总压力

对冷却塔来说，湿空气的总压力就是当地的大气压，按照气体分压定律，其总压力 P 等于干空气的分压力 P_g 和水蒸气分压力 P_q 之和。

$$P=P_g+P_q(\text{kPa}) \tag{12-1}$$

气体方程：

$$PV=GRT10^{-3} \tag{12-2}$$

或

$$P=\frac{G}{V}RT10^{-3}=\rho RT10^{-3}(\text{kPa}) \tag{12-3}$$

式中 $\rho=\frac{G}{V}$为气体的密度，kg/m³；

V——气体体积，m³；

G——气体质量，kg；

R——气体常数，J/(kg·K)；

T——绝对温度，K。

将式(12-3)分别用于干空气和湿空气，则得：

$$\left.\begin{aligned}P_g=\rho_g R_g T\times10^{-3}(\text{kPa})\\P_q=\rho_q R_q T\times10^{-3}(\text{kPa})\end{aligned}\right\} \tag{12-4}$$

式中 ρ_g、ρ_q——干空气和水蒸气在其本身分压下的密度，kg/m³；

R_g——干空气的气体常数，287.14J/(kg·K)；

R_q——水蒸气气体常数，461.53J/(kg·K)。

2) 饱和水蒸气分压力

空气在某一温度下，吸湿能力达到最大值时，空气中的水蒸气处于饱和状态，称饱和空气。饱和空气中的水蒸气分压称饱和蒸气压力(P''_q)。湿空气中所含水蒸气的量，不会超过该温度下的饱和蒸气含量，故而水蒸气分压 P_q 也不会超过该温度下的饱和蒸气压力 P''_q，即 $P_q<P''_q$。当温度 $\theta=0\sim100$℃及通常的气压范围内时，P''_q 可按下列经验公式计算：

$$\lg P''_q=0.0141966-3.142305\left(\frac{10^3}{T}-\frac{10^3}{373.15}\right)+8.2\lg\left(\frac{373.15}{T}\right)-0.0024804(373.16-T) \tag{12-5}$$

式中 P''_q——饱和蒸气压力，kgf/cm²；

T——绝对温度，K；

$T=273.15+\theta$，θ 为空气的温度,℃。

公式(12-5)计算出的 P''_{q} 的单位是"kgf/cm^2"，应化为单位"kPa($1kgf/cm^2 \approx 98kPa$)"。

从式(12-5)可知，P''_{q} 只与空气温度 θ 有关，而与大气压力无关。空气的温度越高，蒸发越快，P''_{q} 也越大。因此在一定温度下已达到饱和的空气，当温度升高时成为不饱和空气；反之，不饱和的空气，当温度降低到某一值时，成为饱和空气。

(2) 湿度

1) 绝对湿度

每立方米湿空气中所含水蒸气的质量称空气的绝对湿度。其数值等于水蒸气在分压 P_{q} 和湿空气在温度 T 时的密度。按式(12-4)：

$$\rho_{q}=\frac{P_{q}}{R_{q}T}\times 10^{3}=\frac{P_{q}}{461.53T}\times 10^{3}(kg/m^{3}) \quad (12\text{-}6a)$$

饱和空气的绝对湿度 ρ''_{q} 为：

$$\rho''_{q}=\frac{P''_{q}}{R_{q}T}\times 10^{3}=\frac{P''_{q}}{461.53T}\times 10^{3}(kg/m^{3}) \quad (12\text{-}6b)$$

2) 相对湿度

空气的绝对湿度和同温度下饱和空气的绝对湿度之比，称湿空气的相对湿度，用 φ 表示。

$$\varphi=\frac{\rho_{q}}{\rho''_{q}} \quad (12\text{-}7)$$

将式(12-6)代入式(12-7)，得

$$\varphi=\frac{P_{q}}{P''_{q}} \quad (12\text{-}8)$$

相对湿度表示湿空气接近饱和的程度。相对湿度低的空气较干燥，易吸收水分，反之则不易吸收水分。

由式(12-8)可求得

$$P_{q}=\varphi P''_{q}\text{，则 } P_{g}=P-P_{q}=P-\varphi P''_{q} \quad (12\text{-}9)$$

相对湿度为

$$\varphi=\frac{P''_{\tau}-0.000662P(\theta-\tau)}{P''_{\theta}} \quad (12\text{-}10)$$

式中 θ，τ——湿空气的干球、湿球温度,℃；

P''_{θ}、P''_{τ}——相当于 θ 和 τ 的饱和水蒸气压力，kPa；

P——大气压力，kPa。

3) 含湿量

含有 1kg 干空气的湿空气混合气体中，所含水蒸气的质量 x(kg)称为湿空气的含湿量，也称为比湿，用 x 表示，单位为"kg/kg(干空气)"。

$$x=\frac{\rho_{q}}{\rho_{g}} \quad (12\text{-}11)$$

将式(12-6)代入式(12-11)，得

$$x=\frac{\rho_q}{\rho_g}=\frac{R_g P_q}{R_q P_g}=\frac{287.14P_q}{461.53P_g}=0.622\frac{P_q}{P-P_q}=0.622\frac{\varphi P''_q}{P-\varphi P''_q} \tag{12-12}$$

由式(12-12)可知，当大气压 P 一定时，空气中的含湿量 x 随着水蒸气分压 P_q 的增加而增加。

大气压 P 一定时，使湿空气变成饱和空气的温度称为露点。当空气温度低于露点温度时，水蒸气开始凝结。

在一定温度下，每千克干空气中最大可容纳的水蒸气量称为饱和含湿量(x'')。由式(12-12)可知，当 $\varphi=1$ 时，含湿量达最大值，此时 x''为

$$x''=0.622\frac{P''_q}{P-P''_q} \tag{12-13}$$

一定温度下，x 值等于 x''的空气称为饱和空气。饱和空气不能再吸收水蒸气。如果 $x<x''$，则每千克干空气允许增加($x''-x$)的水蒸气；($x''-x$)值越大，说明空气越干燥，吸湿能力越强，反之亦然。

如已知含湿量，由式(12-12)、式(12-13)可求得 P_q，P''_q

$$\left.\begin{aligned}P_q&=\frac{x}{0.622+x}P\\ P''_q&=\frac{x''}{0.622+x''}P\end{aligned}\right\} \tag{12-14}$$

(3) 湿空气的密度

湿空气的密度等于 1m^3 湿空气中所含的干空气和水蒸气在各自分压下的密度之和，即：

$$\rho=\rho_g+\rho_q(\mathrm{kg/cm^3}) \tag{12-15}$$

将式(12-4)代入式(12-5)

$$\begin{aligned}\rho&=\frac{P_g\times10^3}{R_g T}+\frac{P_q\times10^3}{R_q T}\\ &=\frac{(P-P_q)\times10^3}{R_g T}+\frac{P_q\times10^3}{R_q T}\\ &=\frac{P\times10^3}{R_g T}-\frac{P_q\times10^3}{T}\left(\frac{1}{R_g}-\frac{1}{R_q}\right)\\ &=\frac{1000}{287.14}\frac{P}{T}-\frac{P_q}{T}\left(\frac{1}{287.14}-\frac{1}{461.53}\right)\times10^3\\ &=3.483\frac{P}{T}-1.316\frac{P_q}{T}\end{aligned} \tag{12-16}$$

上式表明，湿空气的密度随大气压力的降低和温度的升高而减小。

(4) 湿空气的比热

含 1kg 干空气和 $x$kg 水蒸气的湿空气，温度升高 1℃所需的热量，称为湿空气的比热，用 C_{sh}表示。

$$C_{sh}=C_g+C_q x(\mathrm{kJ/(kg\cdot ℃)}) \tag{12-17}$$

式中　C_g——干空气的比热，在压力一定，温度小于 100℃时，约为 1.005kJ/(kg・℃)；

C_q——水蒸气的比热，约为 1.842kJ/(kg·℃)。

故 $$C_{sh}=1.005+1.842x(\text{kJ}/(\text{kg}\cdot℃)) \tag{12-18}$$

在冷却塔计算中，C_{sh}一般采用 1.05kJ/(kg·℃)。

(5) 湿空气的焓

焓表示气体含热量的大小，用 i 表示。

湿空气的焓等于 1kg 干空气和含湿量 $x$kg 水蒸气的含热量之和

$$i=i_g+xi_q(\text{kJ/kg}) \tag{12-19}$$

式中 i_g——干空气的焓，kJ/kg；

i_q——水蒸气的焓，kJ/kg；

x——湿空气的含湿量，kg/kg 干空气。

计算含热量时，要有一个计算基点。国际水蒸气会议规定，在水汽的热量计算中，以水温为 0℃的水的热量为零。因此，1kg 干空气在温度为 θ 时的焓 i_g 为：

$i_g=C_g\theta=1.005\theta$(kJ/kg)，$C_g$ 干空气比热，其值为 1.005kJ/(kg·℃)。

水蒸气的焓由两部分组成：

1) 温度为 0℃的 1kg 水变为 0℃的水蒸气所吸收的热量称为汽化热，用 γ_0 表示，

$$\gamma_0=2500\text{kJ/kg}$$

2) 1kg 水蒸气由 0℃升高到 θ℃所需的热量：

$$i_q=C_q\theta=1.842\theta$$

$$i=i_g+xi_q=1.005\theta+(2500+1.842\theta)x \tag{12-20}$$

经整理得：

$$i=(1.005+1.842x)\theta+2500x=C_{sh}\theta+\gamma_0 x \quad (\text{kJ/kg}) \tag{12-21}$$

式(12-21)中，右边第一项与温度 θ 有关，称为显热；第二项与温度无关，称为潜热。

将式(12-12)中的 x 值代入式(12-21)，得

$$i=1.005\theta+0.622(2500+1.842\theta)\frac{\varphi P''_q}{P-\varphi P''_q} \tag{12-22}$$

当空气达到饱和时，即 $\varphi=1$，空气的焓达到温度 θ℃下的最大值。此时：

$$i''=1.005\theta+0.622(2500+1.842\theta)\frac{P''_q}{P-P''_q} \tag{12-23}$$

根据水面饱和气层的概念，空气饱和焓发生在该气层中，此时的气温即为水温，因此，式(12-23)中的 θ 应为水温 t 所替代。

在湿空气的诸参数中，只有干球温度 θ、湿球温度 τ 和大气压通过实际测定获得，其余参数可通过上述公式计算得到。为了计算方便，一般将空气的主要热力学参数(φ、P、i、θ)之间的相应关系绘制成图表。

(6) 湿球温度

干湿球温度是湿空气的主要热力学参数。图 12-4 为干湿球温度计。不包纱布的一支为干球温度计，即用一般温度计测得的气温。包有纱布并将纱布的自由端浸入水中的一支称为湿球温度计，它的水银球上附着薄水层。因此，湿球温度计测定的是这层水膜的温度。

如果大气温度为 θ，相应的水蒸气分压和含湿量为 P_q 和 x；水膜的初始水温为 t，且 $t>\theta$，相应的饱和水蒸气分压和饱和含湿量为 P''_q 和 x''。由于大气是大量的，水膜的蒸发和传导的热量对大气几乎不产生任何影响，可认为大气的热力学参数（θ、x、i、P_q）不变。开始时，接触散热和蒸发的方向均由水向大气传送，在它们的作用下，水膜温度 t 下降。当 t 下降至 θ 时，无接触散热作用。但由于蒸发的散热，t 进一步下降，$t<\theta$，此时接触散热的方向改变，由大气向水膜传送。蒸发丧失的热量大于接触散热所提供的热量，水膜温度 t 继续下降。由于 t 的降低同时大气温度 θ 又保持不变，接触散热的推动力($\theta-t$)增加，接触散热量增大。另一方面，水膜温度 t 的降低使水膜表面饱和气层的 P''_q 下降，同时由于大气的水蒸气分压 P_q 不变，蒸发推动力(P''_q-P_q)下降，导致蒸发传热量减少。当接触散热量与蒸发散热量相等时，水膜的温度为湿球温度 τ。由此可见，湿球温度代表在当地气象条件下，水被冷却的最低温度，也即冷却构筑物出水温度的理论极限值。

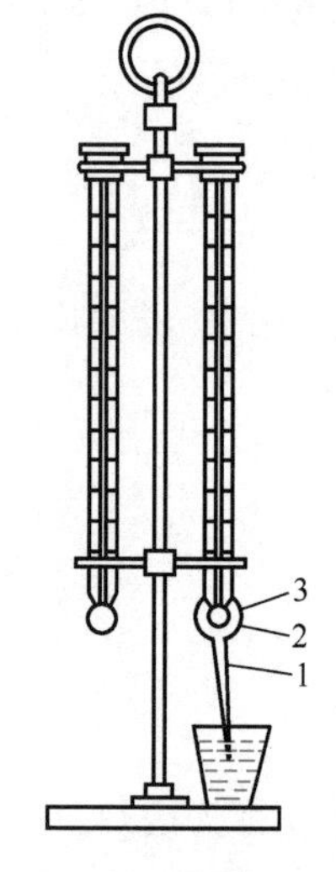

图 12-4　干湿球温度计
1—纱布；2—水层；3—空气层

2. 水的冷却原理

在冷却塔中，水的冷却是以空气为冷却介质的。当热水表面与空气接触时，将通过蒸发传热和接触传热使水温降低，达到热水冷却效果。

根据分子运动理论，水的表面蒸发是由水分子热运动引起的。根据分子运动的不规则性，各个分子的运动速度的变化幅度很大。当表面某些水分子的动能大于其内聚力时，这些水分子即从水面逸出而进入空气中，此即蒸发过程。蒸发过程会带走水的自身热量，使水温降低。与此同时，逸出的水分子又可能会重新返回水面。若单位时间内，逸出的水分子多于返回的水分子，水即不断蒸发，水温不断降低。若返回水面的水分子多于逸出的水分子，则产生水蒸气凝结。若逸出和返回的水分子数的平均值相等，蒸气和水处于动平衡状态，此时空气中的水蒸气达到饱和状态。一般，空气中的水蒸气都处于不饱和状态，故当热水与空气接触时，就会通过蒸发过程使水冷却，直到空气中水蒸气达到饱和为止。

在自然界中，水的表面蒸发大部分是在水温低于沸点时发生的。一般认为空气和水接触的界面上有一层极薄的饱和空气层，称水面饱和气层。水首先蒸发到水面饱和气层中，再扩散到空气中。水面饱和气层的温度 t' 可认为与水面温度 t_f 相同。设水面饱和气层的饱和水蒸气分压为 P''_q，而远离水面的空气中，温度为 θ 时的水蒸气分压为 P_q，则分压差 $\Delta P=P''_q-P_q$ 即是蒸发的推动力。只要 $P''_q>P_q$，水的表面就会蒸发，而与水面温度 t_f 高于还是低于空气温度 θ 无关。因此，蒸发的方向总是由水向空气。

为了加快水的蒸发速度，可采取下列措施：(1)增加热水与空气之间的接触面积。接触面积越大，水分子逸出的机会越多，蒸发越快。冷却塔采用填料就是增加了水—气接触面积；(2)提高水面空气流动的速度，使逸出的水蒸气分子迅速扩散，降低接近水面的水蒸气分压 P_q，提高蒸发的推动力。冷却塔采取提高气水比就是为此目的。

除蒸发传热外，当热水水面和空气接触时，如水的温度与空气的温度不等，将会产生接触传热过程。如水温高于空气温度，水将热量传给空气，空气接受了热量，温度上升，而水温下降，这种现象称为接触散热。温度差(t_f-θ)即是接触散热的推动力。接触散热的热量传送方向可以从水流向空气，也可以从空气流向水，其方向取决于两者温度的高低。

在冷却塔中，蒸发散热和接触散热同时存在。随着季节的不同，两者的比例相差较大。冬季气温很低，(t_f-θ)值很大，冷却以接触散热为主，接触散热量可占 50%，严冬时甚至达 70%左右。夏季气温较高，(t_f-θ)值不仅很小，而且经常发生气温高于水温的现象。此时，冷却主要依靠蒸发散热，蒸发散热量可达 80%～90%。不同水温下的接触散热和蒸发散热的关系可由给定气象条件下的散热量和水温的关系来表示，如图 12-5 所示。从图 12-5 可以看出：随着水温的增高，总散热量也增大；而且蒸发散热量的增加速度明显高于接触散热量。因此，在总散热量中，蒸发散热占主导地位。

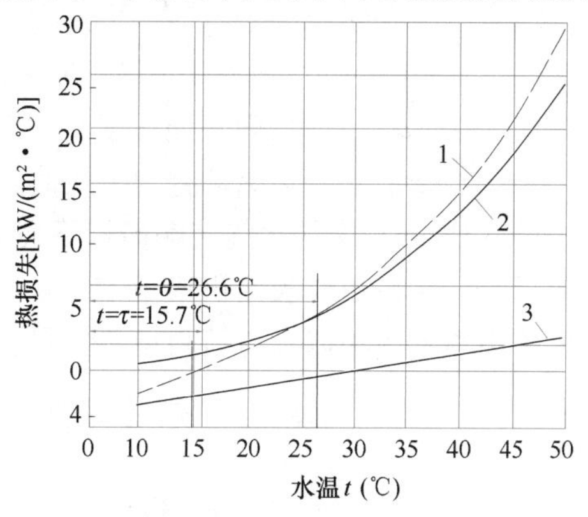

图 12-5　接触散热与蒸发散热间的关系

1—总散热；2—蒸发散热；3—接触散热

3. 接触散热量和蒸发散热量

假设在单位时间内，水和空气接触的微元面积为 dF(m^2)，则接触散热量为：

$$dH_\alpha = \alpha(t_f - \theta)dF \quad (kJ/h) \tag{12-24}$$

式中　t_f——水体表面的温度，℃；

θ——空气温度，℃；

α——接触散热系数，kJ/(m^2 · h · ℃)。

在微元面积上，单位时间内蒸发的水量 dQ_u 与水面饱和气层和空气的分压差成正比，其蒸发水量为：

$$dQ_u = \beta_p(P''_q - P_q)dF \quad (kg/h) \tag{12-25}$$

式中　P''_q——与水温 t_f 相应的饱和水蒸气分压，kPa；

P_q——温度为 θ 时的空气水蒸气分压，kPa；

β_p——以分压差为基准的蒸发传质系数，kg/(m^2 · h · kPa)。

由式（12-14）可知，分压差也可用含湿量差代替。式（12-25）中的 β_p 相应地以 β_x 取代。因此，蒸发水量又可表示为：

$$dQ_u = \beta_x(x'' - x)dF \quad (kg/h) \tag{12-26}$$

式中　x''——与水温 t_f 相应的饱和空气含湿量，kg/kg；

x——温度为 θ 时的空气含湿量，kg/kg；

β_x——以含湿量差为基准的蒸发传质系数，kg/(m^2 · h)。

在蒸发冷却时，单位时间内的蒸发散热量等于蒸发水量与水的汽化热的乘积，故：

$$dH_\beta = \gamma_0 dQ_u = \gamma_0\beta_p(P''_q - P_q)dF = \gamma_0\beta_x(x'' - x)dF \quad (kJ/h) \tag{12-27}$$

式中　γ_0——水的汽化热，kJ/kg。

在单位时间内，冷却的散热量 dH 等于蒸发散热量 dH_β 和接触散热量 dH_α 之和：

$$dH = dH_\alpha + dH_\beta = \alpha(t_f - \theta)dF + \gamma_0\beta_x(x'' - x)dF \quad (kJ/h) \tag{12-28}$$

在冷却塔中，淋水填料全部接触表面积 F 的总散热量 H 为：

$$H=\int_0^H \mathrm{d}H=\int_0^F \alpha(t_f-\theta)\mathrm{d}F+\int_0^F \gamma_0\beta_x(x''-x)\mathrm{d}F$$
$$=\alpha(t_f-\theta)_m F+\gamma_0\beta_x(x''-x)_m F \tag{12-29}$$

式中 $(t_f-\theta)_m$——塔内水面温度与空气温度差的平均值；

$(x''-x)_m$——含湿量差的平均值。

式（12-29）中的水气接触面积 F 很难确定，但它与淋水填料的表面积有关，但在实际应用时，采用填料表面积很不方便，而填料的体积很容易确定。因此，在实际计算时，通常采用填料体积以及与填料单位体积相应的系数，有：

$$\left.\begin{aligned}&\text{总接触散热量}:H_\alpha=\alpha(t_f-\theta)_m F=\frac{\alpha F}{V}(t_f-\theta)_m V\\&\text{总蒸发水量}:Q_u=\beta_x(x''-x)_m F=\frac{\beta_x F}{V}(x''-x)_m V\end{aligned}\right\} \tag{12-30}$$

令：
$$\alpha_V=\frac{\alpha F}{V};\ \beta_{xV}=\frac{\beta_x F}{V} \tag{12-31}$$

式中 α_V——容积散热系数，kJ/(m^3·h·℃)；

β_{xV}——与含湿量差有关的淋水填料的容积散质系数，kg/(m^3·h)；

V——淋水填料的体积，m^3。

冷却的总散热量为：

$$H=H_\alpha+H_\beta=\alpha_V(t_f-\theta)V+\gamma_0\beta_{xV}(x''-x)V \tag{12-32}$$

12.1.4 冷却塔的热力计算

本书将以逆流冷却塔为例，介绍冷却塔热力计算的基本理论和方法。

1. 麦克尔(Merkel)焓差方程

麦克尔焓差方程是目前冷却塔热力计算中广泛采用的方法。

麦克尔在推导焓差方程时，引进了刘易斯(Lewis)数。刘易斯数表示热量交换和质量交换之间的速度关系。在水气交换过程中，接触传热系数 α 和含湿量传质系数 β_x 之间，近似地存在下列关系：

$$\frac{\alpha}{\beta_x}=\frac{\alpha_V}{\beta_{xV}}=C_{sh}=1.05\quad(\text{kJ/kg}\cdot℃) \tag{12-33}$$

式(12-33)称为刘易斯关系式，或称刘易斯准则。刘易斯关系成立的条件是绝热蒸发，而冷却塔内水的蒸发冷却过程并不符合绝热蒸发的条件。因此，以麦克尔焓差理论作为基础的热力计算并不完全精确，尽管如此，该方法的精度满足工程应用。

由式(12-33)可知，空气温度为 θ℃时，湿空气的焓为：

$$i=C_{sh}\theta+\gamma_0 x$$

水面饱和气层的温度为 t_f 时，其含湿量为 x''，则饱和焓为：

$$i''=C_{sh}t_f+\gamma_0 x'' \tag{12-34}$$

则有：

$$\begin{aligned}\mathrm{d}H&=\mathrm{d}H_\alpha+\mathrm{d}H_\beta\\&=\alpha_V(t_f-\theta)\mathrm{d}V+\gamma_0\beta_{xV}(x''-x)\mathrm{d}V\\&=\beta_{xV}\left[\frac{\alpha_V}{\beta_{xV}}(t_f-\theta)+\gamma_0(x''-x)\right]\mathrm{d}V\end{aligned}$$

$$= \beta_{xV}\left[(C_{sh}t_f + \gamma_0 x'') - (C_{sh}\theta + \gamma_0 x)\right]dV$$
$$= \beta_{xV}(i'' - i)dV \tag{12-35}$$

式(12-35)为麦克尔方程，麦克尔方程明确指出水冷却的推动力为焓差。

2. 逆流冷却塔热力计算

(1) 逆流塔热力学平衡基本方程

如图 12-6 所示，由冷却塔顶部的水流量为 Q(kg/h)，水温为 t_1，经过淋水填料的水气热量交换后，水温冷却到 t_2。由冷却塔底部，即水流相反方向通入空气，流量为 G(kg/h)。进入塔内的空气接受了水的热量，空气的诸热力学参数由进口处的 $\theta_1, \varphi_1, x_1, i_1$ 变化到出口处的 $\theta_2, \varphi_2, x_2, i_2$。

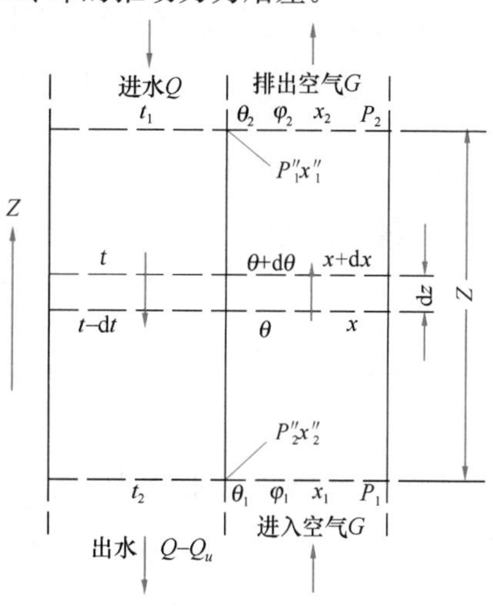

图 12-6　逆流式冷却塔中的水冷却过程

淋水填料高度为 Z。一般认为，逆流塔的水气热力学参数沿淋水填料宽度方向不变，它仅随高度的变化而变化，即水气热力学参数为填料高度 Z 的一维函数。在淋水填料中，沿宽度划出微元层，微元高度为 dz。进入微元层的水量为 Q_z，水温为 t，则进水所含热量为 $C_w Q_z t$ (C_w(kJ/(kg・℃))为水的比热。设在该层中蒸发的水量为 dQ_u，水温降低了 dt，则该层出水所含的热量为：$C_w(Q_z - dQ_u)(t - dt)$。在该层内的水所散发的热量 dH_s 应为以上两部分热量之差：

$$dH_s = C_w Q_z t - C_w(Q_z - dQ_u)(t - dt) \tag{12-36}$$

上式简化并略去二阶微量 $C_w dQ_u dt$，得：

$$dH_s = C_w Q_z dt + C_w t dQ_u \tag{12-37}$$

水的蒸发量较小，可忽略不计，即 $Q_z \approx Q$，则得：

$$dH_s = C_w Q dt + C_w t dQ_u \tag{12-38}$$

空气通过微元层时，含热量提高，增值为 di，则空气吸收的热量 dH_k 为：

$$dH_k = G di \tag{12-39}$$

水温下降所散发的热量 dH_s 等于空气所吸收的热量 dH_k，则有：

$$G di = C_w Q dt + C_w t dQ_u \tag{12-40}$$

移项得：

$$G di - C_w t dQ_u = C_w Q dt$$

$$G di\left(1 - \frac{C_w t dQ_u}{G di}\right) = C_w Q dt$$

得：

$$G di = \frac{C_w Q dt}{1 - \frac{C_w t dQ_u}{G di}} \tag{12-41}$$

设：

$$K = 1 - \frac{C_w t dQ_u}{G di}$$

K 为考虑蒸发水量传热的流量系数。在忽略了接触传热，而蒸发传热仅考虑汽化潜热的条件下，K 可近似表示成：

$$K = 1 - \frac{C_w t_2}{\gamma_m}$$

γ_m 为塔内平均汽化热，单位为“kJ/kg”。

生产中，K 值按以下经验公式计算：

$$K = 1 - \frac{t_2}{586 - 0.56(t_2 - 20)} \tag{12-42}$$

式（12-41）可写成：$G\mathrm{d}i = \frac{1}{K} C_w Q \mathrm{d}t$ (12-43)

根据麦克尔焓差方程，对于微元层体积 dV，水散发的热量 dH 可表示为：

$$\beta_{xv}(i'' - i)\mathrm{d}V = \frac{1}{K} C_w Q \mathrm{d}t \tag{12-44}$$

移项得：

$$\frac{\beta_{xv}\mathrm{d}V}{Q} = \frac{1}{K}\frac{C_w \mathrm{d}t}{i'' - i} \tag{12-45}$$

假定 β_{xv} 在整个淋水填料中为常数，将式（12-45）积分得：

$$\int_0^v \frac{\beta_{xv}\mathrm{d}V}{Q} = \frac{C_w}{K}\int_{t_2}^{t_1} \frac{\mathrm{d}t}{i'' - i}$$

$$\frac{\beta_{xv}V}{Q} = \frac{C_w}{K}\int_{t_2}^{t_1} \frac{\mathrm{d}t}{i'' - i} \tag{12-46}$$

式（12-46）就是建立在麦克尔焓差方程基础上的逆流塔热力计算的基本方程式。

式（12-46）右端表示对冷却任务的要求，称为冷却数（或交换数），与外部气象条件有关，而与冷却塔的构造和形式无关。冷却数用 N 表示：

$$N = \frac{C_w}{K}\int_{t_2}^{t_1} \frac{\mathrm{d}t}{i'' - i} \tag{12-47}$$

N 是一个无量纲数。

式（12-46）左端表示在一定淋水填料和冷却塔构造形式下，冷却塔具有的冷却能力。它与淋水填料的特性、构造、几何尺寸、散热性能以及气、水流量有关，称为冷却塔的特性数，用 N' 表示：

$$N' = \frac{\beta_{xv}V}{Q} \tag{12-48}$$

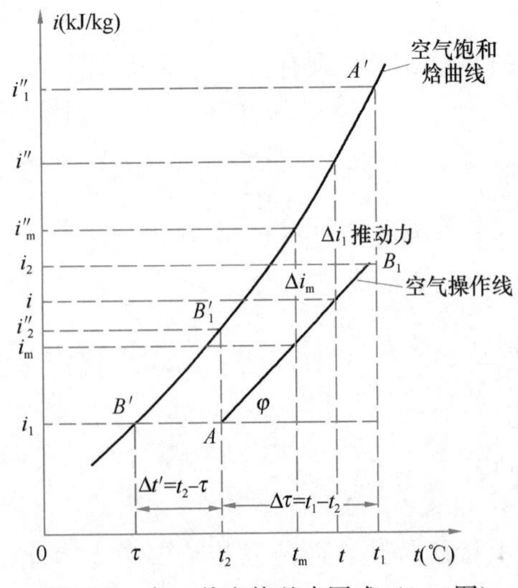

图 12-7　气、热交换基本图式（$i-t$ 图）

特性数表示冷却塔的冷却能力。特性数越大则塔的冷却性能越好。冷却塔的计算就是要使设计的冷却塔的冷却能力满足当地气象条件下的冷却任务。

（2）逆流塔焓差法热力学基本方程图（i-t）

已知条件：当地湿球温度 τ，大气压力 P 以及进、出水温度 t_1、t_2 和气水比 λ。

1）水面饱和气层的饱和焓曲线

以 t 为横坐标，i 为纵坐标，已知当地大气压 P，在 $\varphi=1$ 的条件下，给定不同的水温，可求出相应的饱和焓 i''，从而画出空气饱和焓 $i''-t$ 关系曲线，如图 12-7 中 $A'-B'$ 曲线所示。

在横坐标上找到 t_1、t_2 值，并分别作垂线与空气饱和焓曲线 $A'-B'$ 相交于 A'、B'_1 两点，在纵坐标上，相应的饱和焓为 i''_1、i''_2。

2）空气操作线

空气操作线反映淋水填料中空气焓 i 和水温 t 的关系。从式（12-43）可知：

$$G\mathrm{d}i = \frac{1}{K}C_{\mathrm{w}}Q\mathrm{d}t$$

令 $\dfrac{G}{Q}=\lambda$，代入上式得：

$$\frac{\mathrm{d}i}{\mathrm{d}t} = \frac{C_{\mathrm{w}}}{K\lambda} = \tan\varphi \tag{12-49}$$

式中，λ 为气水比。

式（12-49）表明淋水填料内的空气焓的增加与水温的降低为线性关系，其斜率为 $\dfrac{C_{\mathrm{w}}}{K\lambda}$。

以塔底的空气焓 i_1 和出水水温 t_2 为边界条件，将式（12-49）积分得：

$$G(i-i_1) = \frac{C_{\mathrm{w}}}{K}Q(t-t_2)$$

$$i = i_1 + \frac{(t-t_2)}{K}\cdot\frac{Q}{G}\cdot C_{\mathrm{w}} = i_1 + \frac{t-t_2}{K\lambda}\cdot C_{\mathrm{w}} \quad (\mathrm{kJ/kg}) \tag{12-50}$$

冷却塔顶部空气出口的焓 i_2 为

$$i_2 = i_1 + \frac{C_{\mathrm{w}}\cdot\Delta t}{K\lambda} \quad (\mathrm{kJ/kg}) \tag{12-51}$$

空气操作线的作法：在横坐标上找到当地湿球温度 τ 值，作垂线交空气饱和焓曲线于 B' 点。B' 点的纵坐标为 i_1，就是进入塔内空气的焓值。由 B' 点引水平线交 $t_2-B'_1$ 线于 A 点。A 点坐标(t_2，i_1) 表示塔底的水温 t_2 与进塔空气焓 i_1 的关系。

从 A 点以 $\tan\varphi=C_{\mathrm{w}}/K\lambda$ 为斜率作直线交 $A'-t_1$ 线于 B_1 点，B_1 点的焓 i_2 便是塔顶空气的焓，B_1 点的坐标为（t_1，i_2）。直线 AB_1 表示塔中不同高度的空气焓与水温值的变化关系，称为空气操作线。

3）焓差的物理意义

由图 12-7 可知，在 AB_1 直线上，相应于水温 t 的 i 即为水温 t 时的空气焓，而 $A'B'$ 曲线上相应于同一水温的 i'' 则为该点水气交界面饱和气层的焓。因此，$A-B_1$ 线和 $A'-B'$ 线上各点的纵坐标差值就是焓差，是热交换的推动力。

对式（12-46）和操作线进行分析，可得到以下结论：

a. 饱和焓曲线与操作线相距越远，焓差越大，则式（12-46）冷却数 N 越小，填料体积 V 即冷却塔的体积可减小。

b. 如果空气操作线的起点 A 向左移动，即缩小（$t_2-\tau$）值，由于饱和焓曲线的斜率是先小后大，故焓差缩小，冷却推动力减小。这说明出水温度 t_2 越接近理论冷却极限 τ，冷却越困难，从而填料体积 V 也越大。从经济上考虑，($t_2-\tau$) 值一般不应小于 3～5℃。

c. 气水比 λ 越大，操作线的斜率越小，则焓差越大。这说明增加气水比会增大冷却推动力，使冷却容易进行。但增大气水比会增加风机的电耗，使冷却塔运行费用增加。

(3) 冷却数 N 的求解

冷却数的求解就是如何求式（12-47）的积分。

$$N=\frac{C_{\mathrm{w}}}{K}\int_{t_2}^{t_1}\frac{\mathrm{d}t}{i''-i}$$

为了积分，必须将 i'' 和 i 表示成水温 t 的函数。由式（12-50）和式（12-23）可知，空气焓与水温是线性关系，而饱和焓与水温是复杂的非线性关系，直接积分很困难。因此，冷却数的求解方法可分为两类，一类是将饱和焓和水温的关系进行简化，如假设为线性或二次抛物线关系，这类方法有平均焓差法和抛物线积分法；另一类是采用数学方法进行数值计算，有辛普逊（Simpson）法。

1）抛物线积分法

在一定水温区间内，饱和焓和水温之间的关系可用下列的抛物线方程表示：

$$i''=at^2+bt+c \tag{12-52}$$

式（12-52）中的常数 a，b，c 值，对于冷却塔进出水温 t_1 和 t_2 的各个区间，用最小二乘法求得。此时，冷却数 N 可表示为

$$N=\frac{C_{\mathrm{w}}}{K}\int_{t_2}^{t_1}\frac{\mathrm{d}t}{i''-i}=\frac{C_{\mathrm{w}}}{K}\int_{t_2}^{t_1}\frac{\mathrm{d}t}{At^2+Bt+C} \tag{12-53}$$

2）平均焓差法

以焓差的倒数 $\left(\frac{1}{i''-i}\right)$ 为纵坐标，温度为横坐标，可绘制图 12-8，则求解冷却数转化为求面积 ABt_1t_2。由于在（t_1-t_2）范围内，$\left(\frac{1}{i''-i}\right)$ 呈非线性变化，故曲线面积无法直接计算。假设存在某一焓差，在（t_1-t_2）范围内保持不变，而该焓差形成的矩形面积等于曲线面积，则冷却数 N 可容易地由下式表示：

$$N=\frac{C_{\mathrm{w}}}{K}\int\frac{\mathrm{d}t}{i''-i}=\frac{C_{\mathrm{w}}}{K}\frac{\Delta t}{\Delta i_{\mathrm{m}}} \tag{12-54}$$

式中的 Δi_{m} 即为平均焓差。假设饱和焓 i'' 与水温 t 为线性关系，则可推导出 Δi_{m} 的表达式。

$$\Delta i_{\mathrm{m}}=\frac{\Delta i_{\mathrm{c}}-\Delta i_{\mathrm{z}}}{2.3\lg\frac{\Delta i_{\mathrm{c}}}{\Delta i_{\mathrm{z}}}}\quad(\mathrm{kJ/kg}) \tag{12-55}$$

$$\Delta i_{\mathrm{c}}=i''_1-i_2\quad(\mathrm{kJ/kg})$$

$$\Delta i_{\mathrm{z}}=i''_2-i_1\quad(\mathrm{kJ/kg})$$

3）辛普逊（Simpson）近似积分法

将冷却数的积分式分项计算以求近似解。图 12-8（a）中，在水温差 $\Delta t=t_1-t_2$ 的范围内，将 Δt 分成 n 等分（n 为偶数），每等分为 $\mathrm{d}t=\frac{\Delta t}{n}$，求得相应水温 t_2，$t_2+\frac{\Delta t}{n}$，$t_2+2\frac{\Delta t}{n}$，…，$t_2+(n-1)\frac{\Delta t}{n}$ 和 $t_2+n\frac{\Delta t}{n}=t_1$ 时的焓差（$i''-i$），其值分别为 Δi_0、Δi_1、Δi_2、…、Δi_{n-1} 和 Δi_n。将各点的温度及相应的焓差倒数点绘在图 12-8（b）上，得 AB 曲线，求 ABt_1t_2 面积积分，得：

$$N=\frac{C_{\mathrm{w}}}{K}\int_{t_2}^{t_1}\frac{\mathrm{d}t}{i''-i}=\frac{C_{\mathrm{w}}\mathrm{d}t}{3K}\left(\frac{1}{\Delta i_0}+\frac{1}{\Delta i_1}+\frac{1}{\Delta i_2}+\frac{1}{\Delta i_3}+\frac{1}{\Delta i_4}+\cdots+\frac{2}{\Delta i_{n-2}}+\frac{1}{\Delta i_{n-1}}+\frac{1}{\Delta i_n}\right) \tag{12-56}$$

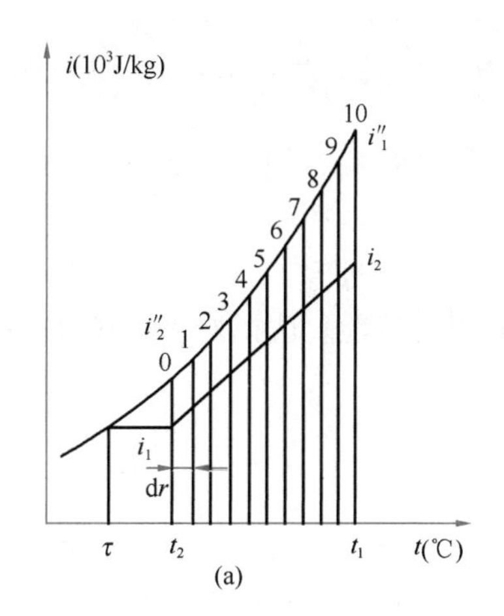

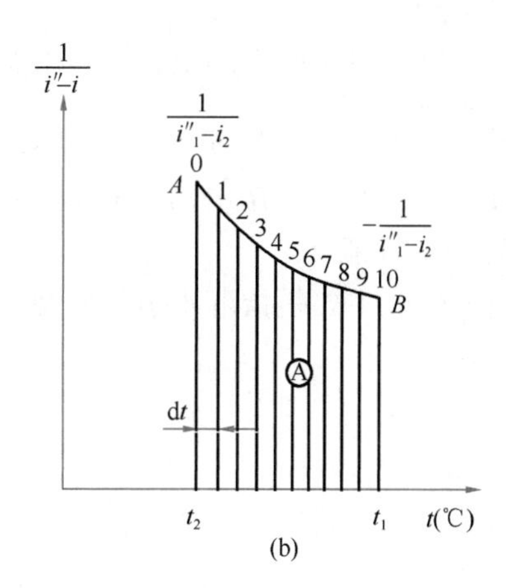

图 12-8　交换数积分

（a）积分分格；（b）交换数积分

此法需计算每项分母 $\Delta i_n = i''_n - i_n$ 中的 i_n 值。由式（12-51）可知，i_n 与 i_{n-1} 的关系为：

$$i_n - i_{n-1} = \frac{C_w}{K\lambda} \cdot \frac{\Delta t}{n} \quad (\text{kJ/kg}) \tag{12-57}$$

通过大气的热力学参数可计算出大气焓 i_0，因此，计算时应从淋水填料层的底部开始。根据大气焓和上式，可计算填料各层中的 i。应用辛普逊积分法的计算过程见表 12-1。

辛普逊积分法计算表　　　　**表 12-1**

t	i''	i	Δi	$\frac{1}{\Delta i}$	N_1
$t_0 = t_2$	$i''_0 = f(t_0, P)$	$i_0 = i_1 = f(\theta_1, \varphi_1)$	$\Delta i_0 = i''_0 - i_0$	$\frac{1}{\Delta i_0}$	$\frac{1}{\Delta i_0}$
$t_1 = t_0 + \mathrm{d}t$	$i''_1 = f(t_1, P)$	$i_1 = i_0 + \frac{C_w \mathrm{d}t}{K\lambda}$	$\Delta i_1 = i''_1 - i_1$	$\frac{1}{\Delta i_1}$	$\frac{4}{\Delta i_1}$
$t_2 = t_1 + \mathrm{d}t$	$i''_2 = f(t_2, P)$	$i_2 = i_1 + \frac{C_w \mathrm{d}t}{K\lambda}$	$\Delta i_2 = i''_2 - i_2$	$\frac{1}{\Delta i_2}$	$\frac{2}{\Delta i_2}$
$t_3 = t_2 + \mathrm{d}t$	$i''_3 = f(t_3, P)$	$i_3 = i_2 + \frac{C_w \mathrm{d}t}{K\lambda}$	$\Delta i_3 = i''_3 - i_3$	$\frac{1}{\Delta i_3}$	$\frac{4}{\Delta i_3}$
…	…	…	…	…	…
$t_{n-1} = t_{n-2} + \mathrm{d}t$	$i''_{n-1} = f(t_{n-1}, P)$	$t_{n-1} = i_{n-2} + \frac{C_w \mathrm{d}t}{K\lambda}$	$\Delta i_{n-1} = i''_{n-1} - i_{n-1}$	$\frac{1}{\Delta i_{n-1}}$	$\frac{4}{\Delta i_{n-1}}$
$t_n = t_{n-1} + \mathrm{d}t = t_1$	$i''_n = f(t_n, P)$	$i_n = i_{n-1} + \frac{C_w \mathrm{d}t}{K\lambda} = i_2$	$\Delta i_n = i''_n - i_n$	$\frac{1}{\Delta i_n}$	$\frac{1}{\Delta i_n}$
					$\sum_1^n N_i$
				$N = \frac{C_w \mathrm{d}t}{3K} \sum_1^n N_i$	

当水温差 $\Delta t < 15℃$时，辛普逊法的 n 可取 2，从而式（12-56）可简化成下式

$$N = \frac{C_w \Delta t}{6K} \left(\frac{1}{i''_2 - i_1} + \frac{4}{i''_m - i_m} + \frac{1}{i''_1 - i_2} \right) \tag{12-58}$$

式中，i_m 为 i_1+i_2 的平均值，i''_m 为水温 $t_m=\frac{t_1+t_2}{2}$ 时的饱和空气焓，其余符号同前。

采用辛普逊积分法计算时，n 取的越大，则结果越精确，但同时计算工作量也增加。可将辛普逊法进行编程计算，也可采用 Excel 进行计算。

3. 冷却塔的性能

冷却塔的性能主要是指淋水填料的热力特性和阻力特性。选择淋水填料时应通过技术经济综合评定。

（1）热力特性

1）容积散质系数 β_{xv}

热力特性表示填料的散热能力。根据麦克尔的焓差方程，水的冷却与焓差有关外，还与填料的容积散质系数 β_{xv} 有关。因此，β_{xv} 反映了填料的散热能力。β_{xv} 与冷却水量、风量、水温和大气条件有关。当塔的尺寸和填料一定时，β_{xv} 可表示成下列函数形式

$$\beta_{xv}=f(g,q,t_1,\tau) \tag{12-59}$$

式中　g——空气流量密度，$kg/(m^2\cdot s)$；

q——淋水密度，$m^3/(m^2\cdot h)$。

通过试验表明，湿球温度 τ 对 β_{xv} 的影响很小，可忽略不计。进水水温 t_1 与 β_{xv} 成反比关系。β_{xv} 可表示为

$$\beta_{xv}=A\cdot g^m\cdot q^n\cdot t_1^{-p} \tag{12-60}$$

当进水水温较低时，可不考虑 t_1 的因素，则式（12-60）表示如下：

$$\beta_{xv}=A\cdot g^m\cdot q^n \tag{12-61}$$

式中　A、m、n——试验常数。

填料的热力特性是通过试验得到的。当填料的尺寸一定时，改变冷却水量、风量、进水水温和气象参数如湿球温度和干球温度等，得到相应的冷却水温 t_2。计算冷却数 N 并根据热力学基本方程得到相应的 β_{xv}。由此得到了若干组的（β_{xv}，g，q，t_1），通过回归分析，可得到式（12-60）或式（12-61）。

2）特性数 N'

设 Z 为冷却塔淋水填料的高度，F 为横截面积，由式（12-48）可知：

$$N'=\frac{\beta_{xv}V}{Q}=\beta_{xv}\frac{\frac{V}{F}}{\frac{Q}{F}}=\beta_{xv}\frac{Z}{q} \tag{12-62}$$

将式（12-61）代入式（12-62）：

$$N'=Ag^mq^n\frac{Z}{q}=AZg^mq^{n-1} \tag{12-63}$$

当 $m+n=1$ 时，式（12-63）可写成：

$$N'=AZ\left(\frac{g}{q}\right)^m=A'\lambda^m \tag{12-64}$$

式中　Z——淋水填料高度，m；

λ——气水比；

A'——试验常数。

（2）阻力特性

阻力特性反映淋水填料中的风压损失，用下式表达

$$\frac{\Delta P}{\rho g}=Av_{m}^{n}\quad(m)\tag{12-65}$$

式中 ΔP——淋水填料中的风压损失，Pa；

ρ——进塔空气密度，kg/m^3；

g——重力加速度，m/s^2；

v_m——淋水填料中的平均风速，m/s；

A、n——与淋水密度有关的试验系数。

不同淋水填料，其热力特性和阻力特性有所不同。不同之处在于式（12-64）和式（12-65）中试验系数的不同，这里不作详细介绍。

12.1.5 冷却塔的设计与计算

1．设计任务和内容

（1）设计任务

冷却塔的工艺设计主要是热力计算，包括以下两类问题。

1）在规定冷却任务下，即已知冷却水量 Q，冷却前后水温 t_1、t_2 和当地气象参数（τ，θ，φ，P）条件下，选择淋水填料，并通过热力、空气动力和水力计算，决定冷却塔的尺寸、个数，风机，配水系统和循环水泵等。

如果已经选定了某一塔形，则按照选定的冷却塔与当地气象参数，确定冷却数曲线与特性数曲线的交点，从而求得所需要的气水比 λ。最后确定所需冷却塔的总面积、个数，校核或选定风机。

2）已知标准塔或定型塔的各项条件（如尺寸，淋水填料形式等），在当地气象参数（τ，θ，φ，P）下，按照给定的气水比 λ 和水量 Q，验算冷却塔的出水水温是否符合设计要求。

（2）设计内容

冷却塔的设计内容包括三部分：

1）冷却塔类型的选择，包括塔形、淋水填料、其他装置和设备的选择。

2）工艺计算，包括热力、空气动力和水力计算。

3）冷却塔的平面、高程、管道布置和循环水泵站设计。

2．所需基础资料

（1）冷却水量 Q，进水温度 t_1 和出水温度 t_2。

（2）气象参数：按照湿球温度频率统计法，绘制频率曲线并求出频率为5%～10%的日平均气象条件；查出设计频率下的湿球温度值，并在原始资料中寻出与此湿球温度相对应的干球温度，相对湿度和大气压力的日平均值；计算密度，焓和含湿量等。

（3）淋水填料性能试验资料：淋水填料的热力特性 $N=f(\lambda)$ 或 $\beta_{xv}=f(g,q)$，阻力特性 $\frac{\Delta P}{\rho g}=f(v)$。

3．设计步骤和方法

首先根据当地气象资料和工艺要求，计算具有一定保证率下的 τ,θ,φ,P。然后根据设

计任务选择冷却塔形式和淋水填料。最后进行冷却塔工艺计算和平面布置，其步骤如下：

（1）热力计算

在确定的冷却任务下，通过热力计算求出冷却塔所需的总面积，即已知 Q, t_1, t_2, P, τ 和 φ，求 F（第一类问题）；或计算所设计的冷却塔在不同情况下，冷却后的实际水温，亦即已知 $Q, \lambda, t_1, P, \tau, \varphi$ 和 f，求 t_2（第二类问题）。

（2）空气动力计算

空气动力计算的任务是选择风机或验算所选风机是否符合要求，若采用自然通风冷却塔，则确定自然通风冷却塔风筒的高度。

（3）水力计算

水力计算的任务是确定配水管渠尺寸，配水喷嘴个数、布置，计算全程阻力，并为选择循环水泵提供依据。

【例 12-1】 已知某逆流冷却塔的冷却水量 $Q=600\text{m}^3/\text{h}$，进水水温 $t_1=54℃$，出水水温 $t_2=30℃$，干球温度 $\theta_1=30℃$，湿球温度 $\tau_1=24℃$，大气压力 $P=99.32\text{kPa}$。采用折波填料，该填料在 1.5m 高度上试验获得的热力特性方程为：

$$\beta_{xv} = 2633g^{0.73}q^{0.39}$$

气水比 λ 为 0.8，淋水密度为 $8\text{m}^3/\text{m}^2\cdot\text{h}$，干空气密度为 1.13kg/m^3，求所需冷却塔淋水填料高度。

【解】 $\Delta t = 54 - 30 = 24℃$

取 $\text{d}t = 2, n = \dfrac{24}{2} = 12$，即划分为 12 等分。

由 $\theta_1=30℃$，$\tau_1=24℃$，按式（12-5）和式（12-10），可求得 $\varphi=0.60$

由 $\theta_1 = 30℃$，$\varphi = 0.60$，$P = 99.32\text{kPa}$，按式（12-5）和式（12-22）求得 $i_1 = 72.65\text{kJ/kg}$

由 $t_2=30℃$，按式（12-42）可求得 $K=0.948$

水的比热 $C_w=4.18\text{kJ/(kg}\cdot℃)$。

计算结果见表 12-2。

计 算 结 果　　　　**表 12-2**

t	i''	i	Δi	$\frac{1}{\Delta i}$	N_i
30	101.03	72.65	28.38	0.0352	0.0352
32	112.14	83.67	28.47	0.0351	0.1404
34	124.32	94.69	29.62	0.0337	0.0675
36	137.69	105.71	31.97	0.0312	0.1250
38	152.39	116.74	35.64	0.0280	0.0561
40	168.57	127.76	40.8	0.0245	0.0980
42	186.41	138.78	47.62	0.0209	0.0419
44	206.1	149.81	56.29	0.0177	0.0710
46	227.89	160.83	67.05	0.0149	0.0298
48	252.03	171.85	80.17	0.0124	0.0498
50	278.82	182.88	95.94	0.0104	0.0208
52	308.63	193.90	114.72	0.0087	0.0348
54	341.86	204.92	136.93	0.0073	0.0073
					0.7782

$$N=\frac{C_w}{K}\int_{t_2}^{t_1}\frac{dt}{i''-i}=\frac{C_w dt}{3K}\left(\frac{1}{\Delta i_0}+\frac{4}{\Delta i_1}+\frac{2}{\Delta i_2}+\frac{4}{\Delta i_3}+\frac{2}{\Delta i_4}+\cdots+\frac{2}{\Delta i_{n-2}}+\frac{4}{\Delta i_{n-1}}+\frac{1}{\Delta i_n}\right)$$

$$=\frac{4.18\times 2}{3\times 0.948}\times 0.778=2.28$$

$$\text{淋水面积 } S=\frac{600}{8}=75\text{m}^2$$

$$\lambda=\frac{G\times\gamma}{Q\times 1000}\quad 0.8=\frac{G\times 1.13}{600\times 1000}$$

$$G=424778\text{m}^3/\text{h}$$

$$g=\frac{424778\times 1.13}{75\times 3600}=1.78\text{kg/(m}^2\cdot\text{s)}$$

$$\beta_{xv}=2633\times 1.78^{0.73}\times 8^{0.39}=9004\text{kg/(m}^3\cdot\text{h)}$$

$$V=\frac{Q\times 1000\times N}{\beta_{xv}}=\frac{600000\times 2.28}{9004}=151.9\text{m}^3$$

$$H=\frac{151.9}{75}=2.02\text{m}$$

12.2 循环冷却水的处理

本节所介绍的是敞开式循环冷却水系统的水质处理。因敞开式循环冷却水系统中，水在循环过程中与大气接触，一方面由于部分水量蒸发而使水中盐类浓缩；另一方面，大气中某些杂质也会进入水中，因此，敞开式循环冷却水系统的水质变化较大，处理也较为复杂。

12.2.1 循环冷却水处理的任务

冷却水在循环系统中不断循环使用，会产生下列危害：

（1）结垢。水中碳酸钙等溶解盐类在换热器及管道的表面形成的沉积物称为结垢。结垢使传热效率下降，过水断面减小，不仅影响循环冷却水系统的正常运行，使生产受到影响，甚至会出现严重事故。

（2）腐蚀。循环冷却水在循环过程中与空气充分接触，使水中的溶解氧得到补充。水中的溶解氧会造成金属的电化学腐蚀。

（3）污垢和黏垢。冷却水和空气充分接触，吸收了空气中大量的灰尘、泥砂、微生物等，使系统的污泥增加，在换热器和管道表面沉积形成污垢。污垢不仅使传热效率下降，过水断面减小，同时也促进了腐蚀。同时，冷却塔内的光照、适宜的温度、充足的溶解氧和养分都有利于细菌和藻类的生长。细菌和藻类的大量繁殖会产生许多的代谢产物，这些代谢产物所形成的污垢具有黏性，故往往又把微生物形成的垢称为黏垢。

在冷却水循环过程中，结垢、腐蚀、污垢和黏垢不是单独存在，它们之间是互相影响和转化的。腐蚀形成的腐蚀产物会引起污垢，而污垢会进一步促进腐蚀。

循环冷却水处理的任务是防止或减轻结垢沉积、腐蚀以及抑制微生物的生长，防止或减轻系统产生污垢或黏垢。简称阻垢、缓蚀和杀生。

12.2.2 循环冷却水水质和水质稳定基本指标

1. 循环冷却水水质指标

循环冷却水水质指标通常根据补充水水质及换热设备的结构形式、材质、工况条件、污垢热阻值、腐蚀速率、被换热介质性质并结合水处理药剂配方等因素综合确定。表12-3为间冷开式系统循环冷却水的主要指标。闭式系统和直冷系统循环冷却水水质指标可参考《工业循环冷却水处理设计规范》GB/T 50050—2017规定。

间冷开式系统循环冷却水水质指标（《工业循环冷却水处理设计规范》GB/T 50050—2017）

表12-3

项目	单位	要求和使用条件	许用值
浑浊度	NTU	根据生产工艺要求	≤20
		换热设备为板式、翅片管式、螺旋板式	≤10
pH	—	—	6.8～9.5
钙硬度＋全碱度（以$CaCO_3$计）	mg/L	—	≤1100
		传热面水侧壁温大于70℃	钙硬度小于200
总Fe	mg/L	—	≤1.0
Cu^{2+}	mg/L	—	≤0.1
Cl^-	mg/L	碳钢、不锈钢换热设备、水走管程	≤1000
		水走壳程：不锈钢换热设备 传热面水侧壁温不大于70℃ 冷却水出水温度小于45℃	≤700
$SO_4^{2}+Cl^-$	mg/L	—	≤2500
硅酸（以SiO_2计）	mg/L		≤175
$Mg^{2+}+SiO_2$（Mg^{2+}以$CaCO_3$计）	mg/L	pH≤8.5	≤50000
游离氯	mg/L	循环回水总管处	0.2～1.0
NH_3-N	mg/L	—	≤10.0
		铜合金设备	≤1.0
石油类	mg/L	非炼油企业	≤5
		炼油企业	≤10
COD_{Cr}	mg/L	—	≤100

2. 循环冷却水水质稳定基本指标

表达循环冷却水水质稳定处理效果的两个基本指标是腐蚀率和污垢热阻，分别反映水的腐蚀、结垢和微生物繁殖所造成的间接影响。

(1) 腐蚀率

1) 均匀腐蚀

腐蚀率表示金属的腐蚀速度，以金属失重而算得的平均腐蚀深度，单位为"mm/a"。其物理意义是：如果金属表面各处的腐蚀是均匀的，则金属表面每年的腐蚀深度以"mm"表示，即为腐蚀速率。

腐蚀率可用失重法测定，即将金属材料试件挂在热交换器冷却水中的某个部位，经过一定时间，由试验前后的试片重量差计算出年平均腐蚀深度，即腐蚀率C_L：

$$C_L = 8.76\frac{P_0 - P}{\rho \cdot F \cdot t} \tag{12-66}$$

式中 C_L——腐蚀率，mm/a；

P_0——腐蚀前的金属质量，g；

P——腐蚀后的金属质量，g；

ρ——金属密度，g/cm^3；

F——金属与水接触面积，m^2；

t——腐蚀作用时间，h。

《工业循环冷却水处理设计规范》GB/T 50050—2017 规定：碳钢设备传热面水侧腐蚀速率应小于 0.075mm/a，铜合金和不锈钢传热面水侧腐蚀速率应小于 0.005mm/a。

2）局部腐蚀（点蚀）

对于局部腐蚀，如点蚀（或坑蚀），通常用“点蚀系数”反映点蚀的危害程度。点蚀系数是金属最大腐蚀深度与平均腐蚀深度之比。点蚀系数越大，对金属危害越大。

3）缓蚀率

经水质处理后使腐蚀率降低的效果称为缓蚀率，以 η 表示：

$$\eta=\frac{C_0-C_L}{C_0}\times100\% \tag{12-67}$$

式中 C_0——循环冷却水处理前的腐蚀率；

C_L——循环冷却水处理后的腐蚀率。

（2）污垢热阻

热阻为传热系数的倒数。热交换器传热面由于结垢及污垢沉积使传热系数下降，从而使热阻增加，此热阻称为污垢热阻。

热交换器的热阻在不同时刻由于垢层不同而有不同的污垢热阻值。一般在某一时刻测得的称为即时污垢热阻 R_t，即为经 t 小时后的传热系数的倒数与开始时（热交换器表面未积垢时）的传热系数倒数之差：

$$R_t=\frac{1}{K_t}-\frac{1}{K_0}=\frac{1}{\psi_t K_0}-\frac{1}{K_0}=\frac{1}{K_0}\left(\frac{1}{\psi_t}-1\right) \tag{12-68}$$

式中 R_t——即时污垢热阻，$m^2\cdot K/W$；

K_0——开始时，传热表面清洁（未结垢）所测得的总传热系数，$W/m^2\cdot K$[或 $W/(m^2\cdot ℃)$]；

K_t——循环水在传热面积垢经 t 时间后所测得的总传热系数，$W/m^2\cdot K$[或 $W/(m^2\cdot ℃)$]；

ψ_t——积垢后传热效率降低的百分数。

《工业循环冷却水处理设计规范》GB/T 50050—2017 规定：设备传热面水侧污垢热阻不应大于 $3.44\times10^{-4}m^2\cdot K/W$；闭式系统设备传热面水侧污垢热阻值应小于 $0.86\times10^{-4}m^2\cdot K/W$。

12.2.3 循环冷却水结垢控制指标

1. 影响循环冷却水水质的因素

（1）循环冷却水水质污染

1）补充水水质，如补充水的溶解盐类、溶解气体、微生物及其他有机物等会影响循环水水质。

2）外界进入循环冷却水系统的污染物，形成污垢。空气中灰尘、泥砂、可溶性气体等起核心作用和吸附架桥作用，混杂无机盐类晶体和藻类微生物，结团，逐渐增大，产生沉降网捕作用，形成污垢。沉积在流速缓慢或滞流区以及死角部位。

3）加入药剂后产生结垢。用聚磷酸盐作为缓蚀剂时，会水解成正磷酸，正磷酸与水中的钙离子生成难溶的磷酸钙垢。

4）微生物的生长及腐蚀产物。空气或原水带入了大量的微生物和藻类，由于循环水中的氮磷充足、水温合适、溶解氧过饱和等因素，给微生物和藻类的生长提供了最佳的环境。微生物和藻类的生长繁殖迅猛。藻类群体的生长使过水断面变小，影响了水和空气的流动。此外，微生物和藻类的新陈代谢产物，即生物黏泥，沉积在管道和设备表面，妨碍热传递，促进腐蚀。

（2）循环冷却水的脱二氧化碳作用

大气中的二氧化碳含量很少，分压低。水在冷却塔中与空气接触后，水中原有的二氧化碳大量逸出，使碳酸平衡破坏，产生了碳酸盐沉淀。因此，由于循环冷却水的脱二氧化碳作用，有产生结垢的趋势。

（3）循环冷却水的浓缩作用

冷却水在循环过程中，会产生3种水量损失，即蒸发损失水量，风吹损失水量，排污损失水量。漏泄损失水量可以避免，不计此列。根据《工业循环冷却水处理设计规范》GB 50050—2017补充水量计算方法，敞开式循环冷却系统补充水量等于各种损失水量之和，用下式表示：

$$Q_m = Q_e + Q_b + Q_w \tag{12-69}$$

式中 Q_m——系统补充水量，m^3/h；

Q_e——蒸发水量，m^3/h；

Q_b——排污水量，m^3/h；

Q_w——风吹损失水量，m^3/h。

循环冷却水在蒸发时，水分损失了，但溶解盐类仍留在水中，使循环冷却水的溶解盐不断浓缩，盐类浓度不断增高。为了控制盐类浓度，必须补充新鲜水，排出浓缩水。补充的新鲜水量应等于上式中的总水量损失值，以保持循环水量的平衡。

补充的新鲜水和循环水中的含盐量是不同的。设补充水的含盐量为C_B(mg/L)，循环水的含盐量为C_x(mg/L)，C_x和C_B的比值称为浓缩倍数N：

$$N = \frac{C_x}{C_B} \tag{12-70}$$

冷却水循环过程中，排污、风吹排出的循环系统的总盐量用$C_x(Q_b + Q_w) = C_x(Q_m - Q_e)$表示，补充水带入循环系统的总盐量用$C_B Q_m$表示。在循环冷却水系统运行初期，循环水中含盐量$C_x$与补充水中含盐量基本相等，即$C_x = C_B$，则$C_B Q_m > C_x(Q_m - Q_e)$。随着循环系统的持续运行，如果系统中既无沉淀，又无腐蚀，也不加入引起盐量变化的化学药剂，则由于蒸发作用，循环水中含盐量不断增加，即C_x不断增大。当C_x增大至排出系统排出的总盐量与补充水带入系统的总盐量相等时，则达到浓缩平衡，用下式表示：

$$C_B Q_m = C_x(Q_m - Q_e) \tag{12-71}$$

$$Q_m = \frac{Q_e \cdot N}{N - 1}$$

当进、出系统的盐量达到平衡时，循环水中含盐量将保持稳定。

根据式(12-71)，还可求得浓缩倍数N：

$$N = \frac{Q_m}{Q_m - Q_e} = \frac{1}{1 - Q_e/Q_m} \tag{12-72}$$

由此式可知，除直流水冷却系统外，其他循环水冷却系统的浓缩倍数 N 值总是大于1，即循环冷却水中含盐量总是大于补充水的含盐量。

蒸发水量与气候条件和冷却幅度有关，可以用下式计算：

$$Q_e = k \cdot \Delta t \cdot Q_r \tag{12-73}$$

式中 Q_e——蒸发水量，m^3/h；

Q_r——循环冷却水量，m^3/h；

Δt——冷却塔进出水水温差，℃；

k——气温系数，1/℃，按照表12-4选用，环境气温为中间值的可用内插法计算。

气温系数 k **表12-4**

进塔气温(℃)	−10	0	10	20	30	40
k(1/℃)	0.0008	0.0010	0.0012	0.0014	0.0015	0.0016

蒸发损失水量还可以根据进出冷却塔空气含湿量计算。

风吹损失水量除与风速有关外，还与冷却塔的类型、淋水填料、冷却水量有关，机械通风冷却塔风吹损失水量占循环水量的0.1%，开放式冷却塔(无除水器时)取1%～1.5%。

排污水量可根据所要求的浓缩倍数 N 值加以控制。由 $C_B Q_m = C_x(Q_m - Q_e)$ 得：

$$(Q_e + Q_b + Q_w) = N(Q_b + Q_w), (Q_b + Q_w)(N-1) = Q_e$$

在给定的水质条件下，可求出开式系统排污水量计算式：

$$Q_b = \frac{Q_e}{(N-1)} - Q_w \tag{12-74}$$

式中符号意义同上。

浓缩倍数的大小反映了水资源复用率的大小，是衡量循环冷却水系统运行状况的一项重要技术经济指标。如果排污量大，N 值小，则补充水量和水处理药剂耗量较大，并且会由于药剂浓度不足而难以控制腐蚀。适当减少系统中的排污水量和补充水量，增大 N，可以节约用水和水处理药剂，减少对环境的污染。但是，如果过分提高 N，会导致循环冷却水中的含盐量显著增大，有结垢或腐蚀的危险。因此，应综合考虑当地水源水质、水处理药剂情况和运行管理条件，选择技术经济合理的浓缩倍数。《工业循环冷却水处理设计规范》GB 50050—2017中规定：敞开式系统的设计浓缩倍数不宜小于5.0，且不应小于3.0，直冷系统的设计浓缩倍数不应小于3.0。

2. 循环冷却水结垢和腐蚀的判别方法

水的腐蚀性和结垢性往往是由水—碳酸盐系统的平衡决定的。当水中碳酸钙含量超过其饱和值时，则会出现碳酸钙沉淀，引起结垢；当水中碳酸钙含量小于其饱和值时，则水对碳酸钙具有溶解能力，可使已沉积的碳酸钙溶于水。前者称结垢性水；后者称腐蚀性水。两者均称为不稳定水。腐蚀性水不仅可腐蚀混凝土管道，也可使金属管内原先沉积在管壁上的碳酸钙溶解，使金属表面裸露在水中，产生腐蚀。结垢和腐蚀在一般给水系统中都会存在，而在循环冷却水系统中，尤其突出。判断水的结垢和腐蚀性有多种方法，下面主要介绍以下三种方法。

(1) 极限碳酸盐硬度法

极限碳酸盐硬度法指循环冷却水在一定的水质、水温条件下，保持不结垢的水中碳酸盐硬度最高限值，即当水中游离二氧化碳很少时，循环冷却水可能维持 HCO_3^- 的最高限量。影响碳酸钙析出的因素很多，如有机物会干扰碳酸钙的析出，又如不同的水质、水温条件下，影响的程度均不相同，故难以用理论推导计算。

极限碳酸盐硬度可根据相似条件下的实际运行数据确定或根据小型试验确定。试验条件应和实际运行相似，如温度、pH、悬浮固体含量、有机物含量、钙离子浓度以及水力条件等。试验时，每隔 2～4h 取一次水样分析，测定水温、pH、碳酸盐硬度等，当水的碳酸盐硬度不变时，其值即为极限碳酸盐硬度。极限碳酸盐硬度只能用于判断结垢与否，而不可用于腐蚀性的判断。

(2) 朗格利尔饱和指数法(Langelier Saturation Index，LSI)

在一定的溶液体系内，可采用相同条件(水温，含盐量，硬度和碱度)下达到碳酸钙饱和溶解度时的 pH 作为衡量的标准，以 pH_s 表示。实际的 pH 以 pH_0 表示，则 Langelier 指数定义为：

$$I_L = pH_0 - pH_s \tag{12-75}$$

式中 pH_0——水的实际 pH；

pH_s——水为 $CaCO_3$ 所平衡饱和时的 pH。

当 $I_L=0$ 时，则水质稳定；

$I_L>0$ 时，则水中 $CaCO_3$ 处于过饱和，有析出结垢的倾向；

$I_L<0$ 时，则水中 $CaCO_3$ 低于饱和值，水有腐蚀倾向。

一般认为，$I_L=\pm(0.25\sim0.30)$ 范围内，可判断为稳定。

LSI 只能判断冷却水是否腐蚀、结垢，但无法指出腐蚀或结垢的程度，有时甚至会有误判现象。

(3) 雷兹纳尔稳定指数法 (Ryznar Stability Index，RSI)

RSI 针对 LSI 的缺陷，概括了大量生产数据，提出了一个半经验性的指数，其定义是：

$$I_R = 2pH_s - pH_0 \tag{12-76}$$

$I_R=4.0\sim5.0$ 时，水有严重的结垢倾向；

$I_R=5.0\sim6.0$ 时，水有轻微的结垢倾向；

$I_R=6.0\sim7.0$ 时，水有轻微结垢或腐蚀倾向；

$I_R=7.0\sim7.5$ 时，腐蚀显著；

$I_R=7.5\sim9.0$ 时，严重腐蚀。

(4) 临界 pH 法

用试验方法测得刚刚出现结垢时水的 pH，称为临界 pH，用 pH_C 表示。

当水的实际 $pH>pH_C$ 时，循环水有结垢倾向；

当水的实际 $pH<pH_C$ 时，循环水有腐蚀倾向，不结垢；

pH_C 相当于饱和指数中的 pH_s，但与 pH_s 不同的是，pH_C 为实测值，比计算值 pH_s 更能反映真实情况。

12.2.4 循环冷却水处理

循环冷却系统虽然包括许多组成部分，但循环冷却水处理的目的则主要是为了保护换热器免遭损害。

为了达到循环冷却水所要求的水质指标，必须对腐蚀、沉积物和微生物三者的危害进行控制。由于腐蚀、沉积物和微生物三者相互影响，故必须采用综合处理方法。为便于分析问题，先分别进行讨论。实际上，采用药剂处理时，某些药剂往往同时兼具缓蚀和阻垢的双重作用。

1. 腐蚀处理

防止循环冷却水腐蚀的方法主要是投加某些药剂—缓蚀剂，使之在金属表面形成一层薄膜将金属表面覆盖起来，从而与腐蚀介质隔绝，达到缓蚀的目的。缓蚀剂所形成的膜有氧化物膜、沉淀物膜和吸附膜三种类型。在阳极形成保护膜的缓蚀剂称为阳极缓蚀剂；在阴极形成保护膜的称为阴极缓蚀剂。

（1）氧化膜型缓蚀剂

这类缓蚀剂直接或间接产生金属氧化物或氢氧化物，在金属表面形成保护膜。此类缓蚀剂所形成的膜薄而致密，与基体金属黏附性强，结合紧密，能阻碍溶解氧扩散，使腐蚀反应速度降低。当保护膜达到一定厚度时，膜的增长自动停止，不再加厚。氧化膜型缓蚀剂的缓蚀效果良好，而且有过剩的缓蚀剂也不会产生结垢。但此类缓蚀剂均为重金属含氧酸盐，如铬酸盐等，排放到水体，会污染环境，基本上禁止使用。

（2）离子沉淀膜型缓蚀剂

这类缓蚀剂与溶解于水中的离子生成难溶盐或络合物，在金属表面上析出沉淀，形成保护膜。所形成的膜多孔、较厚、比较松散，多与基体金属的密合性较差。因此，防止氧扩散不完全。当药剂过量时，薄膜会不断增长，引起垢层加厚而影响传热。这种缓蚀剂有聚磷酸盐和锌盐。聚磷酸盐的缓蚀作用与它的螯合作用有关。即聚磷酸盐和水中的Ca^{2+}、Mg^{2+}、Zn^{2+}等离子形成的络合盐在金属表面构成保护膜。

正磷酸盐是阳极缓蚀剂，它主要形成以Fe_2O_3和$FePO_4$为主的保护膜，抑制阳极反应。

聚磷酸盐能与水中的Ca^{2+}、Mg^{2+}，形成聚磷酸钙，在阴极表面形成沉淀型保护膜。因此，采用聚磷酸盐作为缓蚀剂时，水中应该有一定浓度的Ca^{2+}、Mg^{2+}离子。

聚磷酸盐的缺点是容易水解成正磷酸盐，这样会降低它的缓蚀效果，而且磷还是微生物和藻类的营养成分，会促进微生物的繁殖。

锌盐也是一种阴极型缓蚀剂，锌离子在阴极部位产生$Zn(OH)_2$沉淀，起保护膜的作用。锌盐往往和其他缓蚀剂联合使用，有明显的增效作用。锌盐在水中的溶解度很低，容易沉淀。此外，锌盐对环境的污染也很严重，这就限制了锌盐的使用。

（3）金属离子沉淀膜型缓蚀剂

这种缓蚀剂是使金属活化溶解，并在金属离子浓度高的部位与缓蚀剂形成沉淀，产生致密的薄膜，缓蚀效果良好。保护膜形成后，即使在缓蚀剂过剩时，薄膜也停止增厚。这种缓蚀剂如巯基苯并噻唑（简称MBT）是铜的很好阳极缓蚀剂。剂量仅为1～2mg/L。因为它在铜的表面进行螯合反应，形成一层沉淀薄膜，抑制腐蚀。这类缓蚀剂还有杂环硫醇。

巯基苯并噻唑与聚磷酸盐共同使用，对防止金属的点蚀有良好的效果。

（4）吸附膜型缓蚀剂

这种有机缓蚀剂的分子具有亲水性基和疏水性基。亲水基即极性基能有效地吸附在清洁的金属表面上，而将疏水基团朝向水侧，阻碍水和溶解氧向金属扩散，抑制腐蚀。缓蚀效果与金属表面的洁净程度有关。这类缓蚀剂主要有胺类化合物及其他表面活性剂类有机化合物。

这类缓蚀剂的缺点在于分析方法比较复杂，难以控制浓度；价格较贵，在大量用水的冷却系统中使用还有困难，但有发展前途。

2. 结垢控制

结垢控制主要防止水中的微溶盐类 $CaCO_3$、$CaSO_4$、$Ca_3(PO_4)_2$ 和 $CaSiO_3$ 等从水中析出，粘附在设备或管壁上，形成水垢。

结垢控制的方法主要有两类：一类方法是控制循环水结垢的可能性或趋势的热力学方法，如减少钙镁离子浓度、降低水的 pH 和碱度；另一类方法是控制水垢生长速度和形成过程的化学动力学方法，如投加酸或化学药剂，改变水中盐类的晶体生长过程和生长形态，提高容许的极限碳酸盐硬度。

（1）排污、降低补充水碳酸盐硬度

经常排放循环水系统中累积的污水量，减少循环水中的盐类等杂质浓度，控制浓缩倍数来防止结垢。

根据式（12-72），得 $N=\frac{Q_m}{Q_m-Q_e}=1+\frac{Q_e}{Q_b+Q_w}$，即 $C_x=\left(1+\frac{Q_e}{Q_b+Q_w}\right)C_B$。

由上式可知，补充水含盐量 C_B越大，则排污量 Q_w 越大。排污量太大不经济，一般小于 3%～5%。故此方法适用于 C_B远小于 C_x，且新鲜补充水源充足的地区。排污量计算同式（12-74），$Q_b=\frac{Q_e}{(N-1)}-Q_w$。

采用酸化法将碳酸盐硬度转化为溶解度较高的非碳酸盐硬度。化学反应如下：

$$Ca(HCO_3)_2+H_2SO_4\longrightarrow CaSO_4+2CO_2\uparrow+2H_2O \tag{12-77}$$

$$Mg(HCO_3)_2+2HCl\longrightarrow MgCl_2+2CO_2\uparrow+2H_2O \tag{12-78}$$

（2）投加阻垢剂阻垢

投加阻垢剂来改变循环冷却水中的碳酸钙的晶体生长过程和形态，使其分散在水中不易成垢，使水中的碳酸钙等处于相应的过饱和的亚稳状态，提高水的极限碳酸盐硬度。

1）阻垢机理

① 静电排斥作用

阻垢剂投入水中后，它会吸附到悬浮在水中的一些泥砂、尘土等杂质上，使其表面带相同的负电荷，使颗粒间相互排斥，呈分散状态悬浮在水中。

② 增溶作用

阻垢剂在水中能离解出氢离子，本身成为带负电的阴离子，如羧基。这些负离子能与钙镁等金属离子形成稳定的络合物，从而提高了碳酸钙晶体析出的过饱和度，即增加了碳酸钙在水中的溶解度。

③ 晶格畸变作用

碳酸钙为结晶体，其成长按照严格顺序，由带正电荷的钙离子与带负电荷的碳酸根离子相撞才能彼此结合，并按一定的方向成长。在水中加入阻垢剂后，阻垢剂会吸附到碳酸钙晶体的活性增长点上与钙螯合，抑制晶格向一定的方向成长，使晶格歪曲。另外，部分吸附在晶体上的化合物随着晶体成长被卷入晶格中，使碳酸钙晶格发生错位，在垢层中形成一些空洞，分子与分子间的相互作用减少，使硬垢变软。

④ 絮凝作用

阻垢剂多为线性的高分子化合物，它除了一端吸附在碳酸钙晶体上以外，其余部分则围绕到晶粒的周围，使其无法成长，晶体成长受到干扰，晶体变得细小，所形成的垢层松软，极易被水流冲洗掉。

2）常用的阻垢剂以及性能、作用

① 聚磷酸盐

在循环冷却水中使用的聚磷酸盐有六偏磷酸钠和三聚磷酸钠，它们既有阻垢作用，又有缓蚀作用。

聚磷酸盐能在水中离解出有—O—P—O—P—链的阴离子，其中磷原子与两个氧原子相连，而氧容易给出两个电子，与金属离子共同形成配价键，生成溶解度较大的螯合物。

聚磷酸盐的螯合能力与磷原子的总数成正比。磷原子的数目越多，螯合金属离子的能力也越强。

聚磷酸盐在水中形成—O—P—O—P—的长链形状，具有良好的表面活性，可吸附在 $CaCO_3$ 的微小晶体上，使电负性增加，相互排斥，难以结垢。

聚磷酸盐的缺点是在水中会水解成正磷酸盐。这是由于聚磷酸盐上的—O—P—O—P—链，其—O—P—键能小，容易被水解。聚磷酸盐的水解会降低其缓蚀和阻垢效果，而且正磷酸根离子会与钙离子生成溶解度很小的磷酸钙垢。

聚磷酸盐的水解速度受到很多因素的影响：水在工艺冷却设备中的升温过程中得到了聚磷酸盐水解所需的热能；氢离子对水解起催化作用，pH 高则水解速度缓慢，在 pH=9～10 时基本稳定；水中有铁和铝的氢氧化物溶胶时，水解加快；有微生物存在时也会加速水解的速度；如水中有可被络合的阳离子，大多数情况下可加快水解速度；最后，聚磷酸盐本身的浓度越高，水解速度也越大。

从这些影响因素可以看出，在一般水质和水温不高的情况下，水解速度很慢，但在水温超过 30～40℃以后，特别是在一些催化因素的作用下，聚磷酸钠会在数小时，甚至在几分钟内发生很显著的水解变化。

在实际应用中，往往考虑聚磷酸盐投量的一半可水解为正磷酸盐，以此控制磷酸钙的沉淀和聚磷酸盐的投量。

② 有机磷酸盐（膦酸盐）

有机磷酸盐阻垢剂主要有膦酸盐和二膦酸盐。有机磷酸盐含 C—P 键，键能大，稳定，不易水解。有机磷酸盐能在水中离解出氢离子，成为带负电的阴离子。这些阴离子能与水中的多价金属离子形成稳定的络合物，从而提高了碳酸钙的析出饱和度。膦酸盐还具有较高的表面活性，会吸附在晶体表面，阻碍结晶的正常生长，使之产生畸变，难以形成密实的垢层。

③ 聚羧酸类阻垢剂

常用的聚羧酸类阻垢剂有聚丙烯酸和聚马来酸等。这类阻垢剂含羧酸官能团或羧酸衍生物的聚合物。其官能团—COOH 在水中离解成—COO^-，成为 Ca^{2+}、Mg^{2+} 和 Fe^{3+} 很好的螯合剂。聚羧酸的阻垢性能与其分子量、羧基的数目和间隔有关。如果分子量相同，则碳链上的羧基数越多，阻垢效果越好。这类化合物不仅对碳酸钙水垢具有良好的阻垢作用，而且对泥土、粉尘、腐蚀产物等污物也起分散作用，使其不凝结，呈分散状态悬浮在水中，从而被水流冲走。

3. 微生物控制

微生物和藻类的生长会产生黏垢，黏垢会导致腐蚀和污垢。因此，如何控制微生物的滋长是很重要的。

微生物控制的化学药剂，也称为杀生剂，可以分为氧化型、非氧化型和表面活性剂。

(1) 氧化型杀生剂

目前循环冷却水中使用的氧化型杀生剂，主要有氯和次氯酸盐。氯具有杀生能力强，价格低廉，来源方便等优点。氯在水中水解成盐酸和次氯酸。次氯酸是很强的氧化剂，它容易扩散通过微生物的细胞壁。冷却水的 pH 直接控制次氯酸的电离度，最佳 pH=5，但金属的腐蚀速度加快，故 pH 以 6.5～7.5 为佳。一般氯的浓度可控制在 0.5～1.0mg/L。

二氧化氯的杀生能力较氯强，杀生作用较氯快，药剂持续时间长。二氧化氯的特点是适用的 pH 范围广，它在 pH=6～10 的范围内能有效杀灭大多数的微生物，其次是它不会与冷却水中的氨或有机胺起反应。

臭氧杀生效果与冷却水的温度、pH、有机物含量等因素有关。臭氧作为杀生剂不会增加水中氯离子浓度，冷却水排放时不会污染环境或伤害水生生物。臭氧不仅能杀生，还有缓蚀阻垢效果。残余的臭氧浓度应保持在 0.5mg/L。

(2) 非氧化型杀生剂

硫酸铜常被作为杀生剂，仅投加 1～2mg/L 就可有效灭藻。但硫酸铜对水生生物的毒性较大，而且铜离子会析出，沉积在碳钢表面，形成腐蚀电极的阴极，引起腐蚀。

氯酚类杀生剂主要有双氯酚、三氯酚和五氯酚的化合物。氯酚类杀生剂的杀生作用是由于它们能吸附在微生物的细胞壁上，然后扩散到细胞结构中，在细胞质内生成一种胶态溶液，并使蛋白质沉淀。

氯酚类杀生剂毒性大，容易污染环境。

(3) 表面活性剂杀生剂

表面活性剂杀生剂主要以季铵盐化合物为代表。季铵盐的杀生作用归功于其正电荷。这些正电荷与微生物细胞壁上带负电的基团生成电价键。电价键在细胞壁上产生应力，导致溶菌作用和细胞的死亡。

最常用的两种表面活性剂杀生剂为洁尔灭（十二烷基二甲基苄基氯化铵）和新洁尔灭（十二烷基二甲基苄基溴化铵）。具有杀生能力强，使用方便，毒性小和成本低等优点。使用浓度为 50～100mg/L，适宜的 pH 为 7～9。

季铵盐在使用过程中会产生以下问题：在被尘埃、油类严重污染的系统中，会失效。这是因为它们具有表面活性，因而用于油类乳化而失去了杀生的作用；其次是起泡多，故常常和消泡剂一起使用。

4. 复方缓蚀阻垢剂

在循环冷却水处理中，很少单用一种药剂来控制腐蚀或阻垢，一般总是用两种以上药剂配合使用，即所谓复方缓蚀阻垢剂。采用复方药剂的优点是：一方面可发挥不同药剂的增效作用，提高处理效果，减少药剂用量；另一方面在配方时可综合考虑腐蚀、结垢和微生物的控制。

12.2.5 循环冷却水的预处理

为防止换热器受循环水损害，应在换热器管壁上预先形成完整的保护膜的基础上，在运行过程中进行腐蚀、结垢和微生物控制。预处理就是要形成保护膜，简称预膜。预膜形成后，在运行过程中，只是维持或修补已形成的保护膜。

为了有效地预膜，必须先对金属表面进行清洁处理。用化学清洗剂是一种处理方法。用化学清洗剂清洗后，要用清水冲洗，将化学清洗剂和杂质全部冲洗干净，然后进行预膜。在现代循环冷却水处理中，循环冷却系统的预处理包括：（1）化学清洗剂清洗；（2）冲洗干净；（3）预膜。

在循环冷却系统第一次投产运行之前；在每次大修、小修之后；在系统发生特低 pH 之后；在新换热器投入运行之前；在任何机械清洗或酸洗之后；以及在运行过程中某种意外原因引起保护膜损坏等情况，都必须进行循环系统的预处理。

循环冷却系统中所使用的化学清洗剂有很多种，要结合所清除的污垢成分来选用。大体说来，以黏垢为主的污垢应选用杀生剂为主的清垢剂；以泥垢为主的污垢应选用以混凝剂或分散剂为主的清垢剂；以结垢为主的垢物应选用以螯合剂和分散剂为主的清垢剂等。

预膜的好坏往往决定缓蚀效果的好坏。预膜一般要在尽可能短的时间如几小时之内完成。预膜剂可以采用循环冷却水正常运行下缓蚀剂配方，但以远大于正常运行时的浓度来进行；也可以用专门的预膜剂配方。

思考题与习题

1. 横流塔与逆流塔在工艺构造和运行工况上各有何异同？

2. 为什么说淋水填料是冷却塔的关键部位？

3. 何谓湿球温度？为什么湿球温度是水冷却的理论极限？

4. 在冷却塔中，水为什么会被冷却？水在塔内散发的热量如何计算？受何因素影响？

5. 何谓麦克尔焓差理论方程？该方程为什么具有近似性？既然有近似性，冷却塔计算公式中还认为与生产实际吻合，为什么？

6. 麦克尔方程物理意义是什么？

7. 在循环冷却水系统中，结垢、污垢和黏垢的含义有何区别？

8. 何谓污垢热阻？何谓腐蚀率？何谓极限碳酸盐硬度？

9. 简要叙述循环冷却水结垢与腐蚀的机理。如何判别循环冷却水结垢和腐蚀倾向？试述各种方法的优缺点。

10. 水质不稳定时，为什么投加磷酸盐？常用的磷系综合配方有哪些？

11. 什么叫缓蚀剂？常用的有哪几类缓蚀剂？简要叙述各类缓蚀剂的防蚀原理和特点。

12. 什么叫循环冷却水碳酸盐的浓缩倍数？若循环冷却水在密闭系统中循环，浓缩倍数应为多少？

13. 哪几种药剂既可作阻垢剂，又可作缓蚀剂，并简述其阻垢和缓蚀机理。

14. 在循环冷却水系统中，控制微生物有何作用？常用的有哪几种微生物控制方法？并简述其优缺点。

15. 循环冷却水系统中所用化学清洗剂有哪几类，并简述其适用条件。

16. 某工厂循环冷却水量 Q 为 $2000m^3/h$，进水温度 t_1 为 45℃，出水温度 t_2 为 29℃，当地湿球温度 τ 为 24℃，干球温度 θ 为 29℃，干空气重度 γ 为 $1.11kg/m^3$。拟采用一座逆流式冷却塔，风机风量 G 为 $1500000m^3/h$，淋水填料为塑料斜波，淋水面积为 $250m^2$。该填料在 1.2m 高度上试验获得的热力特性方程为：

$$\beta_{xv} = 2972 g^{1.24} q^{0.27}$$

试问该冷却塔是否满足冷却任务。

第13章 城市给水处理工艺系统和水厂设计

13.1 给水处理工艺系统和构筑物选择

13.1.1 给水处理工艺系统

城市给水处理是把含有不同杂质的原水处理成符合使用要求的自来水。对江、河、湖泊和水库地表水源而言，由于其原水中所含杂质有很大差别。故根据不同的原水水质，应采取不同的处理方法及工艺系统。无论采取哪些处理方法和工艺，经处理后的水质必须符合国家规定的《生活饮用水卫生标准》GB 5749—2022 的要求。

对于自来水厂的水源，应符合生活饮用水水源标准。即选用地下水作为水源时，应符合《地下水质量标准》GB/T 14848—2017 要求；选用地表水作为水源时，应符合《地表水环境质量标准》GB 3838—2002 Ⅲ类以上水体标准。如果就近无法找到合适水源，或因投资过大，不能长距离引水时，可对不完全符合水源标准的原水增加水质预处理或深度处理工艺。

1. 常规处理工艺

对于地面水源水而言，常规处理工艺是去除浊度和杀灭致病微生物为主的工艺，适用于未受污染或污染极其轻微的水源。自来水厂在去除泥砂等构成悬浮物的同时，也能去除一些附着在上面的有机和无机溶解杂质和菌类。所以首先降低水的浊度至关重要。

目前，去除水中浊度的方法有很多，但自来水厂通常采用的方法是混凝、沉淀（澄清）、过滤。经该工艺去除形成浊度的杂质后，再进行消毒，即可达到饮用水水质要求。其典型的工艺流程如图 13-1 所示。

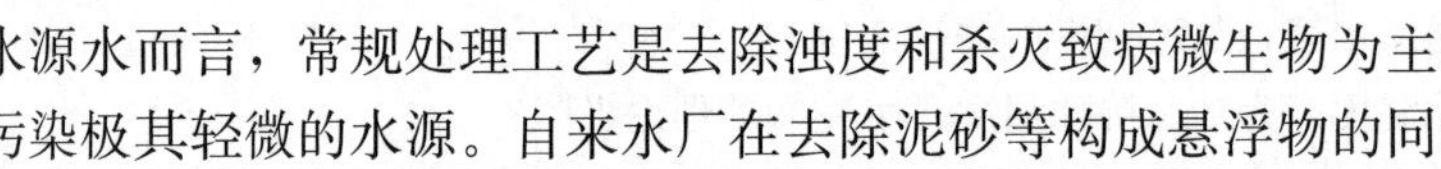

混凝剂
↓
水源水 → 混合絮凝 → 沉淀(澄清) → 过滤 → 消毒 → 清水池 → 管网

图 13-1 常规处理工艺流程

在设计常规处理工艺时，涉及混凝剂选用、混合絮凝方法、沉淀（澄清）过滤类型、消毒剂种类等方面内容。根据不同水源水质，便出现了优化设计问题。

如果原水常年浊度较低（一般在 25NTU 以下），且水源未受污染、不滋生藻类，水质变化不大者，可省略混凝、沉淀（或澄清）单元，投加混凝剂后直接采用双层煤砂滤料或单层滤料滤池过滤。也可在过滤前设置一微絮凝池，称为微絮凝过滤。所谓微絮凝过滤，是指絮凝阶段不必形成粗大絮凝体以免堵塞表面滤层，只需形成微小絮体即进入滤池的过滤。图 13-2 为微絮凝过滤工艺流程。

如果水源水常年浊度很高，含砂量很大，为减少混凝剂用量，则在混凝、沉淀前增设预沉池或沉砂池，即为高浊度水二级沉淀（或澄清）工艺，如图 13-3 所示。

以上所用的处理方法，均称为常规处理方法。

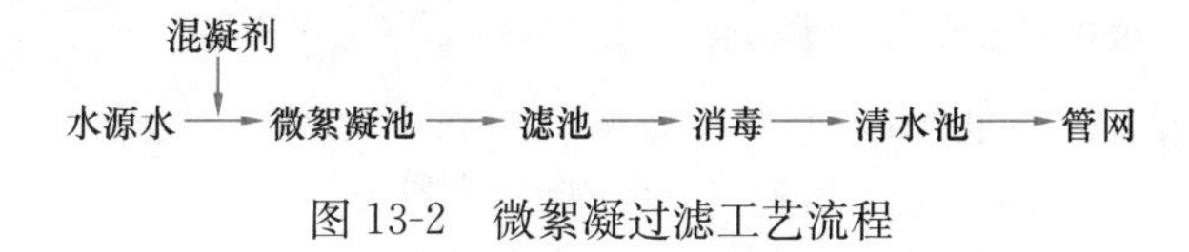

图 13-2　微絮凝过滤工艺流程

混凝剂

水源水 ──→ 调蓄预沉自然预沉或沉砂池 ──→ 混合絮凝 ──→ 沉淀（澄清）──→ 过滤 ──→

消毒 ──→ 清水池 ──→ 管网

图 13-3　高浊度水二级沉淀（或澄清）工艺流程

2. 受污染水源水处理工艺

我国不少城市水厂水源都受到不同程度的污染，很多湖泊、水库呈现富营养化。大多数受污染水源水中氨氮、COD_{Mn}、铁锰、藻类含量超过水源水质量标准。

对于水中有机物（特别是溶解有机物）、氨氮和藻类等，常规处理工艺往往不能有效去除。为此，需在常规处理的基础上增加预处理或深度处理。预处理通常设在常规处理之前，深度处理设在常规处理之后。

（1）预处理—常规处理工艺

目前，受污染水源水预处理通常采用生物化学氧化法、化学氧化法以及粉末活性炭吸附等方法。

图 13-4 为常规处理工艺之前增加生物预氧化工艺流程。

混凝剂

水源水 ──→ 生物预氧化 ──→ 混合絮凝 ──→ 沉淀（澄清）──→ 过滤 ──→

消毒 ──→ 清水池 ──→ 管网

图 13-4　设有生物预氧化的微污染水源水氧化工艺流程

生物预氧化可以有效去除微污染水源水中氨氮、藻类和部分有机物。

生物预氧化工艺设在混凝构筑物之前，辅助设置鼓风机房以保证原水中有足够的溶解氧，且需保持水温在 5℃以上。一般情况下，生物预氧化工艺前不宜采用预氯化处理。如果是长距离输水，为防止输水管中滋生贝螺，有时在取水泵房处投加氯气，但应保持生物预氧化池进水含氯量＜0.2mg/L。

为了配合水厂其他处理构筑物高程布置，生物预氧化构筑物设置在地面之上，出水重力流进入混合絮凝、沉淀池。也可以利用取水沟渠，建造地下式生物预氧化池，取水泵房直接取用生物氧化池后的出水。

当受污染水源水中含有较多难以生物降解的有机物时，宜采用化学预氧化法。

化学预氧化常用的氧化剂有氯（Cl_2）、臭氧（O_3）、二氧化氯（ClO_2）、高锰酸钾（$KMnO_4$）及其复合药剂。化学氧化剂的种类及投加剂量选择，决定于水中污染物种类、性质和浓度等。一般说来，选用氯气作为预氧化剂，经济、有效，投加设备简单，操作方便，是使用较多的预氧化剂。但氯氧化副产物前期物含量较高时，不宜使用。图 13-5 为化学预氧化工艺流程。

粉末活性炭是一种应用很广的吸附剂。具有吸附水中微量有机物及其产生的异味、色

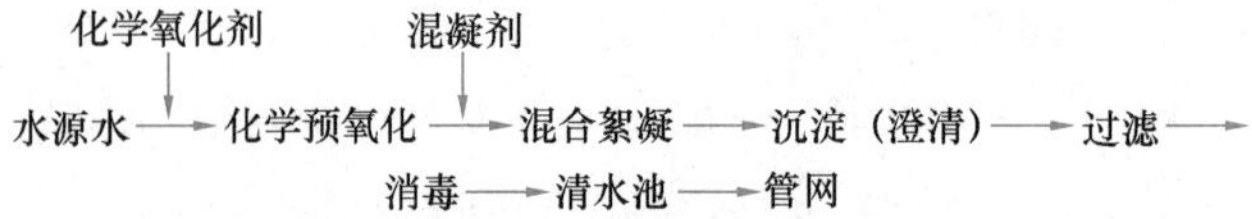

化学氧化剂　　混凝剂

水源水 → 化学预氧化 → 混合絮凝 → 沉淀（澄清）→ 过滤 →

消毒 → 清水池 → 管网

图 13-5　设有化学预氧化的微污染水源水处理工艺流程

度的能力。当水源水质突发变化或季节性变化时，在混凝剂投加之前投加粉末活性炭，经沉淀、过滤截留在排泥水中。粉末活性炭投加点应进行试验后确定，有的投加在混凝剂投加点之前，有的投加在絮凝池中间或后段，机动灵活，简易方便。其工艺流程如图 13-6 所示。

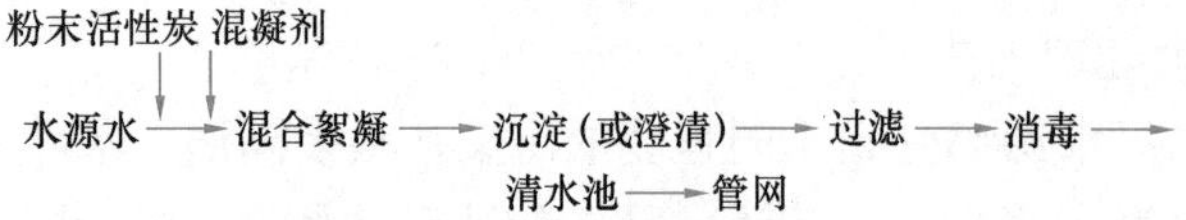

粉末活性炭 混凝剂

水源水 → 混合絮凝 → 沉淀（或澄清）→ 过滤 → 消毒 →

清水池 → 管网

图 13-6　预加粉末活性炭的微污染水源水处理工艺流程

上述给水处理的预处理工艺是根据水源水质来确定的。一般说来，微污染水源水中氨氮含量常年大于 1mg/L，应首先考虑采用生物预处理工艺。对于藻类经常繁殖的水源水，预氧化杀藻后，可配合活性炭吸附，降低藻毒素含量。含有溶解性铁锰或少量藻类的水源水，预加高锰酸钾氧化具有较好效果。水中土腥味和霉烂味，多由土臭素和 2－甲基异冰片引起，投加高锰酸钾预氧化和粉末活性炭吸附联用能够很好去除异嗅异味。

（2）常规处理—深度处理工艺

当水源污染比较严重，经混凝、沉淀、过滤处理后某些有机物质含量或色、嗅、味等感官指标仍不能满足出水质要求时，可在常规处理之后或者穿插在常规处理工艺之中增加深度处理单元。目前，生产上常用的深度处理方法有颗粒活性炭吸附法和臭氧—活性炭法。图 13-7 为臭氧—活性炭进行深度处理的工艺流程。

臭氧

水源水 → 混合絮凝 → 沉淀或澄清 → 砂滤料滤池 → 臭氧接触氧化池 →

活性炭滤池 → 消毒 → 清水池 → 管网

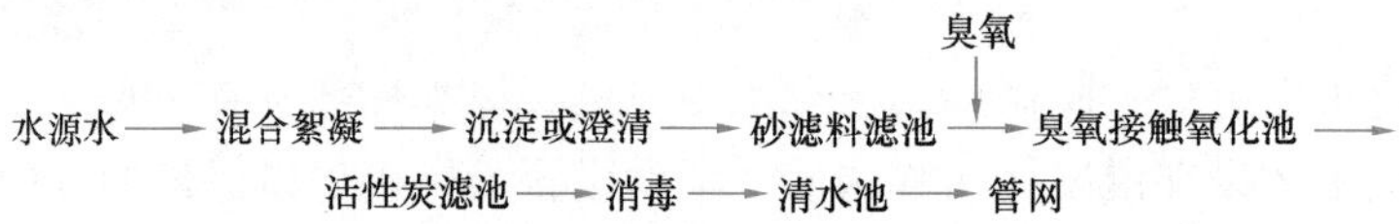

图 13-7　加设臭氧—活性炭吸附的受污染水源水处理工艺流程

近年来，纳滤、反渗透等膜处理工艺开始应用于生活饮用水深度处理。超滤工艺能使出水浊度降至 0.1NTU 以下。纳滤可去除水中某些溶解性有机物和无机物。超滤和纳滤合用称双膜处理。所以混凝后的水经过沉淀或不经沉淀便可进入超滤，而后再经纳滤，从而简化了工艺流程，可去除水中有机物、细菌和病毒。图 13-8 为采用超滤和纳滤进行深度处理的工艺流程。

水源水 → 混合絮凝 → 超滤 → 纳滤 → 消毒 → 清水池 → 管网

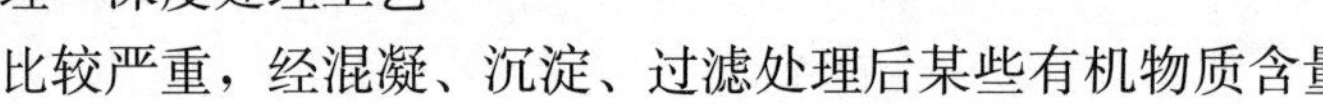

图 13-8　采用双膜深度处理的工艺流程

有的自来水厂中一条生产线采用反渗透工艺，去除了水中部分离子，另一条生产线采用常规处理工艺，出水混合后水质良好。

（3）预处理—常规处理—深度处理工艺

当微污染水源水中氨氮含量常年大于 1mg/L，高锰酸盐指数（COD_{Mn}）大于 5mg/L

时，大多在常规处理前后分别增加生物预处理和深度处理工艺，如图 13-9 所示。

水源水 → 生物预处理 → 混合絮凝 → 沉淀或澄清 → 石英砂过滤 →
臭氧氧化 → 活性炭吸附过滤 → 消毒 → 清水池 → 管网

图 13-9 预处理—常规处理—深度处理工艺流程

为了减少活性炭吸附滤池出水中的悬浮颗粒，有的水厂把活性炭吸附滤池设计成上向流滤池，放置在石英砂滤料滤池之前。

3. 排泥水处理系统

排泥水是指絮凝（反应）池、沉淀、澄清池排泥水和滤池反冲洗排出的生产废水。不含有水厂食堂、浴室等生活污水和消毒、加药间排出的废水。虽然这些水中污泥取自河道，但流经自来水厂后又加入了混凝剂，而后形成高浊度废水。如果集中排出，很容易淤积河道，同时也会影响河流的生态环境。为此，有些距城市污水处理厂较近的自来水厂，在有可能条件下，将排泥水排入污水处理厂集中处理。当需在自来水厂进行处理时，上清液回用，污泥经浓缩脱水后，外运处置。目前，所有新建自来水厂均考虑排泥水处理系统。

排泥水中聚结颗粒的粒径和原水浑浊度有关，排泥水沉降性能因投加的混凝剂种类不同而存在差异。

排泥水处理的流程一般包括以下几部分：排泥水截流、浓缩，污泥调理和污泥脱水。其流程如图 13-10 所示。

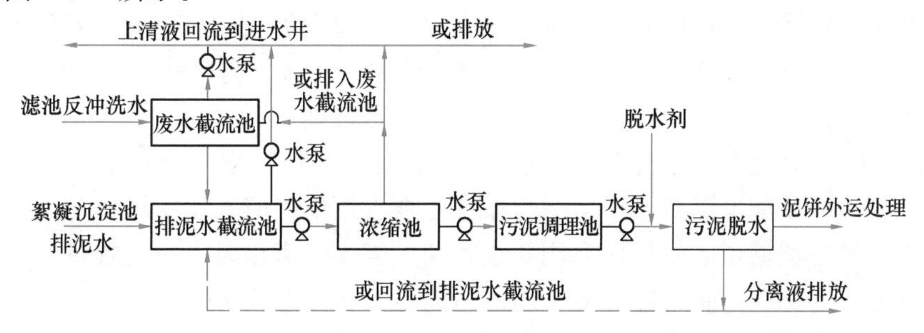

图 13-10 自来水厂排泥水处理系统流程

图 13-10 表达了污泥处理系统各单元进出水方向、排泥水处理的基本流程。一般自来水厂的沉淀、过滤构筑物排泥水占处理水量的 8%以下。排泥水处理规模由干泥量确定。而实际设计时的污泥处理系统，以干泥量多少来选择污泥提升、污泥脱水、干化设备。排泥水提升、浓缩池设计则按照排泥水量多少进行水力计算。

水厂沉淀（澄清）池排泥和滤池冲洗是间歇进行的，其水质和水量也是变化的。如将这些排泥水直接浓缩，所需浓缩池体积庞大，管理也困难。因此，截留池一方面收集沉淀（澄清）池和滤池排泥水，同时起调节和平衡浓缩池的进水流量作用。

排泥水浓缩是自来水厂排泥水处理的关键工艺。根据常用的污泥脱水机械的脱水要求，经浓缩后排出的泥浆水含固率应在 2%以上。按照物料平衡计算，进入浓缩池的排泥水中有 75%以上的上清液漂出，剩余 25%以下的泥浆进一步污泥脱水。

自来水厂排泥水处理、处置方法及工艺系统选择，应根据污泥特性和现场条件，综合考虑技术、经济、环境影响和运行、管理等因素确定。

有关污泥浓缩、脱水及调质等构筑物和设施设计计算见本教材第 23 章。

13.1.2 给水处理构筑物选择

给水处理构筑物的类型较多，应根据水源水水质、用水水质要求、水厂规模、水厂可用地面积和地形条件等，通过技术经济比较后选用。以“混凝—沉淀—过滤”的常规处理工艺而言，每一单元处理都应根据上述条件选择合适的处理构筑物形式。例如，隔板絮凝池多用于大、中型规模的自来水厂；无阀滤池一般适应于规模不大于 10 万 m^3/d 的小型水厂；辐流式沉淀池一般用于高浊度水处理；气浮宜用于藻类含量较高的微污染水源水处理。当水厂用地面积有限时，往往不采用平流式沉淀池，而采用斜管沉淀池。

当处理工艺确定之后，处理构筑物形式选择，仍存在一个优化设计的问题。例如，沉淀池停留时间取高限值时，出水浊度较低，后续过滤负荷降低，过滤面积减少，或冲洗周期增长，冲洗耗水量减少，但沉淀池造价提高。故设计参数选用时需要优化组合。目前，构筑物形式组合和设计参数的选用优化，主要凭设计者经验。如何根据水源水质，采用相关技术集成和构筑物优化组合数学模型有待进一步确定。

13.2 水 厂 设 计

13.2.1 水厂厂址选择

水厂厂址选择是城市规划，给水专项规划中的内容。不仅涉及取水水源评价、城市防洪，还涉及城市发展、工业区布局、重要交通道路的建设等。一般考虑以下几个方面：

(1) 水厂应设置在城市河流上游，不受洪水威胁的地方。自来水厂的防洪标准与城市防洪标准相同，或高于城市防洪标准，并留有安全富余度。

(2) 水厂应尽量设置在交通方便，靠近电源的地方。因供水安全要求，自来水厂常需两路电源，独立的变配电系统。一、二类城市主要水厂供电应采用一级负荷。一、二类城市非主要水厂及三类城市的水厂可采用二级负荷。当不能满足时，应设置备用动力设施。

(3) 考虑水质安全要求，自来水厂周围应有良好的卫生环境，并便于设立防护地带。自来水厂不应设置在垃圾堆放场、垃圾处理厂、污水处理厂附近。应远离化工厂，或有烟尘排放的地方。

(4) 自来水厂的建设常常统一规划，分期实施，同时考虑远期发展用地条件及废水处理排放，污泥处置的条件。

(5) 有良好的工程地质条件，确保水处理构筑物不发生不均匀沉降。

(6) 合理布局，尽量靠近主要用水区域，减少主干管工程量，节约投资；要少拆迁，不占或少占农田；充分利用地形，把有沉砂特殊处理要求的水厂设在水源附近。

(7) 当取水水源距离用水区较近时，处理构筑物一般设置在取水构筑物附近。当取水水源远离用水区时，有的处理构筑物设置在取水点附近，其优点是：便于集中管理，水厂排泥水就近排放。主要缺点是：从水厂二级泵房到用水区的清水输水管按照最高日最高时输水量设计，输水管造价提高。当处理构筑物设在用水区时，水源水由取水泵房或提升泵房通过压力或重力流输送到建有处理构筑物的水厂，经过处理后再输送到用水区管网。浑水输水渠易受污染，多用管道输送。这种布置形式的缺点是把水厂排泥水一并远距离输送，既浪费能量，也增加了城市排水量，但输水管按照最高日平均时流量设计，造价较低。究竟选择何种形式，不仅要考虑技术经济条件，还应考虑水质变化因素。长距离输送自来水时，自来水在管中停留时间较长，水质会有所下降。有研究指出，当取水地点距城市用水区 15km 以上时，自来水厂建设在集中用水区是适宜的。

13.2.2 水厂平面设计

设计一座自来水厂，无论规模大小，都包含有取水构筑物、处理构筑物、清水池、二级泵房、混凝剂、消毒剂调配投加间，混凝剂、消毒剂存放间。同时还要设置化验室、机修间、材料仓库、车库、配电间以及办公室、食堂宿舍。这些构筑物、建筑物必须根据生产工艺流程分别设置在合适位置。

1. 水厂平面布置原则

自来水厂基本组成分为生产构筑物、生产建筑物和辅助建筑物两部分。生产构筑物指的是混凝、沉淀、过滤构筑物和清水池，以及生物氧化、化学氧化构筑物和排泥水调节、浓缩、污泥调配构筑物。其平面尺寸按照相应的设计参数确定。生产建筑物主要是一、二级泵房、加药间、消毒间。建筑面积根据水厂规模、选用设备情况确定。生产辅助建筑物和生活辅助建筑物的面积根据水厂规模、管理体制和功能确定。

水厂平面布置的主要内容包括：各构筑物建筑物的平面定位；相互连接管渠布置，生活污水排水布置，道路、围墙、绿化、喷水池景观布置等。一座自来水厂构筑物很多，各种管线交错，通常按照以下原则进行布置。

（1）确保水处理构筑物功能要求

水处理构筑物是自来水厂的主要构筑物。根据水源或原水进水井位置依次布置取水泵房或提升泵房及混凝、沉淀、过滤、深度处理、清水池等构筑物。以这些构筑物为主线，力求水流通畅、顺直，避免迂回，然后布置有关生产辅助构筑物、建筑物。混凝剂投加系统是保证混凝沉淀必不可少的，而投加点通常设在絮凝池之前。所以加药间以及混凝剂贮存间应设置在投加点附近。考虑原水水质变化，有的水厂采用了投加粉末活性炭及预氧化工艺，同样也应设置在投加点附近，形成相对完整的加药系统区域。需要考虑生物预氧化处理的水厂，生物氧化池应布置在混凝剂投加点之前。

滤池反冲洗水泵房或高位冲洗水箱和鼓风机房一般紧靠滤池。采用臭氧活性炭深度处理的水厂，提升泵房吸水池及臭氧生产车间、接触氧化池也应在活性炭滤池旁。臭氧生产车间及纯氧贮罐应远离水厂其他建筑物道路 10m 以外，远离民用建筑明火或散发火花地点 25m 以外。

二级泵房及吸水井应紧靠清水池。排泥水处理构筑物应设置在排水方便处，且便于泥饼外运。

（2）统一规划分期实施

一般自来水厂近期设计年限为 5～10 年，远期规划设计年限 10～20 年，故应考虑近远期结合，以近期为主的原则。自来水厂水处理构筑物远期大多采用逐步分组扩建，而加药间、二级泵房、加氯间则不希望分组过多，所以常常按照 5～10 年后的规模建设，其中设备仪表则按近期规模设置。

（3）功能分区

大中型规模的自来水厂，除设有各种处理构筑物的生产区以外，因所需工作人员较多，还设有办公、中央控制、化验仪表校验、值班宿舍等，常集中在一座办公楼内，同时设有食堂、厨房、锅炉房、浴室。这些（生产管理建筑物和生活设施）可组合为生活区，设置在进门附近，与生产区分开、互不干扰。采暖地区锅炉房布置在水厂最小频率风向的上风向。

此外，水厂的机修仓库、车库等组成的附属设施区，有时堆物杂乱、加工制作扬尘，也应和生产区分开。

(4) 充分利用地形、土方平衡降低能耗

建设在有一定地形高差的水厂，应充分利用地形，把沉淀、澄清构筑物建造在地形较高处，清水池建造在地形较低处。这不仅使水流顺畅，而且减少了土方开挖及填补土方量。

建有生物预氧化构筑物的水厂，生物氧化池深较大，也可设置在原水进水处的地形较低处。水厂排泥水调节池设置在水厂排水口低洼处。

(5) 布置紧凑，道路顺直

在满足各构筑物功能前提下，各构筑物应紧凑布置，尽量减少各构筑物间连接管渠长度。自来水厂的道路布置是平面布置的重要内容。水厂的滤池、加药间、加氯间、一二级泵房附近必须有道路到达，大型水厂可设置双车道或环形道路，所有道路尽量顺直，进出车辆方便行驶，避免水厂布置零散多占土地，增加道路。

上述内容是水厂平面设计时考虑的一般原则，在实际工程设计中，应根据具体地形情况多方案比较后确定。就目前各大中型自来水厂平面设计来看，基本上采用了以生产构筑物为主的分区布置形式。

图 13-11 是一座微污染水源水处理工艺的自来水厂，采用了生物预氧化、混凝沉淀、砂滤工艺之后又加设了臭氧活性炭深度处理工艺。清水池设置在沉淀池之下，沿河流侧布置，并规划出河道整治距离。

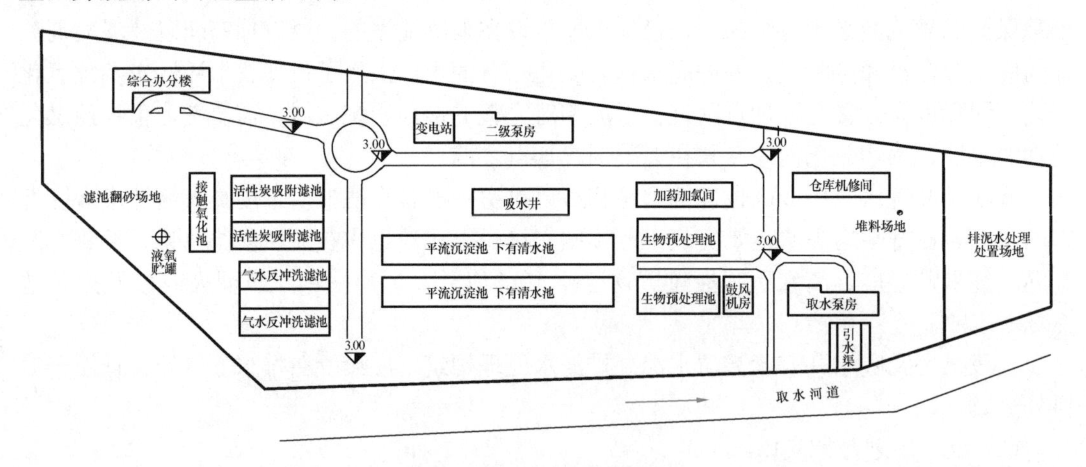

图 13-11　水厂平面布置图

2. 构筑物布置

各水厂大多按照生产构筑物为主线，生产建筑物靠近生产构筑物、辅助建筑物另设分区的布置方式。在充分利用地形条件下，力求简捷。同时还注意的是应和朝向、风向适应。露天滤池进出水水流南北方向，可避免冬天北边滤池表层结水现象。沉淀池进出水流南北方向，可避免南面墙体受日照水温上升形成环向流。需要散发热量的泵房，其朝向应和水厂夏天最大频率风向一致，有利于自然通风散热。

根据自来水厂各构筑物功能和相互关系，水厂构筑物布置形式，特点和基本要求如下：

(1) 直线形布置

这是最为常见的布置形式，从进水到出水，全流程呈直线形。其生产联络管线最短，水流顺畅，有利于分组分期建造，成为各自独立的生产线。与之配合的生产建筑物，如加药间可独立设置，同时向几条生产线投加混凝剂。清水池互相连通，由一座二级泵房向用水区供水。

(2) 折角形布置

当水厂地形或占地面积受到限制时，生产构筑物不能布置成直线形时，有的采用了折角形布置，其生产线呈“L”状。转折点常放在清水池或吸水井，也有的从滤池出水开始转折。这种形式常常把清水池、二级泵房、加药间设置在中间，两侧布置混合絮凝、沉淀构筑物，如图 13-12 所示。

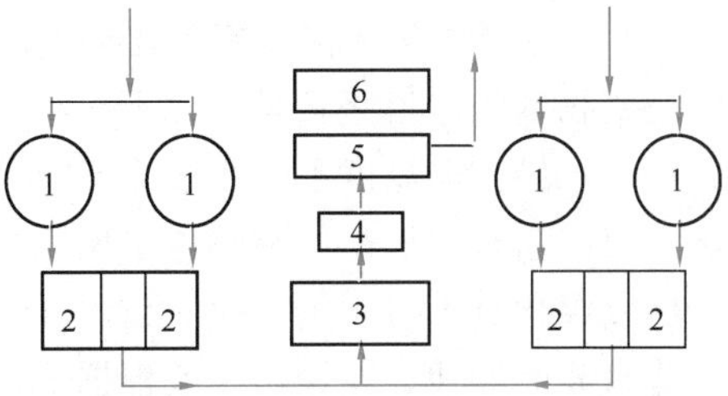

图 13-12　折角、回转形水厂流程

1—机械加速澄清池；2—滤池；3—清水池；4—吸水井；5—二级泵房；6—加氯加药间

(3) 回转形布置

图 13-12 所示的水厂布置也可认为是回转形布置形式。因水厂周围道路和地形限制，只好将生产线转折。可根据需要分期先行建造一组两座澄清构筑物，也可先行建造一座，而滤池一期单边布置。

有些水厂把清水池设置在沉淀池之下，如图 13-11 所示，是回转形的另一种形式。无论何种布置形式，都应该考虑近远期结合，以及水流顺畅，水头损失较小，利于管理，节约能量，尽量避免二次提升。在地形起伏的地方，将活性炭滤池、清水池布置在最低处，较为合理。

3. 附属建筑、道路和绿化

自来水厂附属建筑物分为生产附属建筑物和生活附属建筑物。生产附属建筑物包括化验室、机修车间、仓库、汽车库。生活附属建筑物包括行政办公、生产管理部门、食堂、浴室、宿舍等。这些附属建筑物大多集中在一个区间内，管理方便不干扰生产。各附属建筑物面积参考表 13-1。

自来水厂附属建筑物面积参考表　　**表 13-1**

水厂类别	地表水源水厂				地下水源水厂			
规模（万 m^3/d）	0.5～5.0	5～10	10～20	>20	0.5～2.0	2.0～5.0	5.0～10	10～20
化验室面积（m^2）	60～100	110～150	160～180	200	30～60	60～80	80～100	100～120
生产管理用房（m^2）	100～200	200～300	300～350	400	80～120	120～150	150～180	180～250
机修间面积（m^2）	80～150	150～250	250～300	300	80～100	100～150	150～200	200～250
电器仪表间（m^2）	40～50	50～100	100～150	150	20～30	30～40	40～50	50～60
仓库面积（m^2）	80～150	150～200	200～250	250	40～80	80～100	100～150	150

有关行政管理用房，视管理体制而言，一般 6～7m^2/人，食堂 2.5m^2/人计。

水厂道路是各构筑物，建筑物相互联系，运送货物，进行消防的主要设施。一般根据下列要求设计。

(1) 大中型水厂可设置环形。主干道路，与之相连接的车行道或人行道应到达每一座构筑物建筑物。

(2) 大型水厂可设置双车道，中小型水厂设置单车道，但必须有回车转弯的地方。

(3) 水厂主车道一般设计单车道宽 3.5～4.0m，双车道宽 6.0～7.0m，支道和车间、构筑物间引道宽 3m 以上，人行道宽 1.5～2.0m，人行天桥宽度不宜小于 1.20m。

(4) 车行道尽头和材料装卸处必须设置回车道或回车场地，车行道转弯半径 6～10m。其中主要物料运输道路转弯半径不应小于 9.0m。

(5) 水厂围墙高度不宜小于 2.50m。有排泥水处理的水厂，宜设置脱水泥渣专用通道及出入口。自来水厂是一座整体水域面积较大的厂区，力求在绿草树荫的衬托下，环境优美，所以绿化是不可少的。水厂绿化通常有清水池顶上绿地，道路两侧行道树，各构筑物、建筑物间绿地、花坛，一般根据地理气候条件选择树种和花草。

13.2.3 水厂高程设计

1. 水厂高程设计的基本原则

自来水厂高程设计主要根据水厂地形，地质条件，各构筑物进出水标高确定。各构筑物的水面高程一般遵守以下原则：

(1) 从水厂絮凝池到二级泵房吸水井，应充分利用原有地形条件，力求流程顺畅。

(2) 各构筑物之间以重力流为宜，对于已有处理系统改造或增加新的处理工艺时，可采用水泵提升，尽量减少能耗。

(3) 各构筑物连接管道，尽量减少连接长度。使水流顺直，避免迂回。

(4) 除清水池外，其他沉淀、过滤构筑物一般不埋入地下，埋入地下的清水池，吸水井等应考虑放空溢流设施，避免雨水灌入。

(5) 设有无阀滤池的水厂清水池应尽量放置在地面之上，节约二级泵房输水能量。

(6) 在地形平坦地区建造的自来水厂，絮凝、沉淀、过滤构筑物大部分高出地面，清水池部分埋地的高架式布置方法，挖土填土最少。在地形起伏的地方建造的自来水厂，力求清水池放在最低处，挖出土方填补在絮凝池之下，即需注意土方平衡。

2. 工艺流程标高确定

自来水厂各处理构筑物之间均采用重力流时，前一个构筑物出水水面标高和下一个构筑物进水渠中水面标高差值即为连接两构筑物的管（渠）水头损失值。混合池进水分配井或絮凝池水位标高和清水池或二级泵房吸水井最高水位标高差值是整个工艺流程中的水头损失值。工艺流程中水头损失值包括两部分，一是连接管（渠）水头损失值，一是构筑物中的水头损失值。连接两构筑物管（渠）水头损失值和连接管（渠）设计流速有关，按照水力计算确定。当有地形高差时，应取用较大流速。构筑物连接管（渠）设计流速及水头损失估算值参见表 13-2。

构筑物连接管（渠）设计流速及水头损失估算值 表 13-2

连接管段	设计流速（m/s）	水头损失估算值（m）
一级泵房至絮凝池	1.00～1.20	按照短管或长管水力计算确定

续表

连接管段	设计流速（m/s）	水头损失估算值（m）
絮凝池至沉淀池	0.10～0.15	0.10
混合池至澄清池	1.00～1.50	0.3～0.50
沉淀、澄清池至滤池	0.60～1.00	0.30～0.50
滤池至清水池	0.80～1.20	0.30～0.50
清水池至吸水井	0.80～1.00	0.20～0.30
快滤池反冲洗进水管	2.00～2.50	按短管水力计算
快滤池反冲洗排水管	1.00～1.20	按满管流短管水力计算

工艺流程中处理构筑物的水头损失值和构筑物形式有关。从构筑物进水渠水面到出水渠水面之间的高差值均记为构筑物水头损失。通常按表 13-3 数据选用。

处理构筑物中水头损失值 表 13-3

构筑物名称	水头损失（m）	构筑物名称	水头损失（m）
进水井格栅	0.15～0.30	V 型滤池	2.00～2.50
水力絮凝池	0.40～0.50	直接过滤滤池	2.50～3.00
机械絮凝池	0.05～0.10	无阀滤池	1.50～2.00
沉淀池	0.20～0.30	虹吸滤池	1.50～2.00
澄清池	0.60～0.80	活性炭滤池	0.60～1.50
普通快滤池	2.50～3.00	清水池	0.20～0.30

当所设计的构筑物和连接管道水头损失确定后，便可根据地形、地质条件进行高程布置。高程布置图中的构筑物纵向比例 1∶100 或 1∶50，横向不按比例，主要注明连接管中心标高，构筑物水面标高，池底标高。图 13-13 为一水厂高程布置图。

13.2.4 水厂管线设计

1. 管线分类及设计

从取水到二级泵房进水，需要管渠连接各处理构筑物，所以涉及如下管线。

(1) 浑水管线

从水源到混合絮凝（或澄清）池或水源到预处理池再到沉淀（澄清）池之间的管道。一般设计两根。当取水水源远离水厂时。该输水管可采用钢筋混凝土管、玻璃钢夹砂管、球墨铸铁管和钢管。跨越河流，水塘道路多用钢管或球墨铸铁管，埋入厂区道路下时，应保证管顶覆土 0.80m 以上，否则设置管沟。

(2) 沉淀水管线

从沉淀池或澄清池到滤池之间的管线，分为高架式和埋地式两种。高架式中以输水管渠为多，采用现浇或预制钢筋混凝土方形渠，或压力式涵洞，或重力式渠道上铺盖板，兼作人行通道。埋地式多用钢管或球墨铸铁管。沉淀水管（渠）输水能力按照 1.3 倍输水流量计算。同时按超负荷（2 倍输水量）校核。水力计算还应注意进口收缩，出水放大时的局部水头损失值。

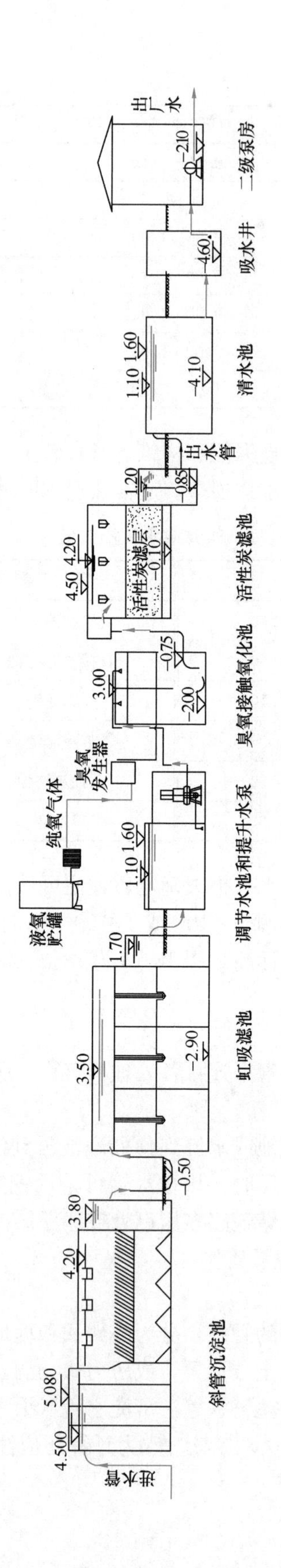

图 13-13　水厂高程布置图

（3）清水管线

从滤池到清水池，或从砂滤池到活性炭滤池到清水池之间管线。一般采用钢管、球墨铸铁管，也有采用钢筋混凝土管渠。该类清水管线应注意埋深，进入清水池时可从清水池最高水位以下 1.0～2.0m 处接入。为防止清水池水位变化影响滤池过滤水头变化，滤池出水处应设置出水堰以恒定滤池过滤水头。清水池之间连接管大多埋地较深，也有采用虹吸管连接，增加操作工序。

（4）生产超越管

生产超越管指跨越某一构筑物的生产管线。当水厂一期仅设一座澄清（沉淀）池、一座滤池、一座清水池时，应考虑加设生产超越管线，从取水泵房可以直接进入滤池，或从澄清池出水直接进入清水池或吸水井，避免其中一座构筑物因事故检修而停止供水。生产超越管上安装了较多阀门，采用焊接钢管为宜。

（5）空气输送管

设有生物氧化预处理池和气水反冲洗滤池的空气输送管，压力一般为 4～5m，可以设计一座鼓风机房或分开设计两座。空气输送管采用焊接钢管，流速 10～15m/s，架空敷设，并在水平直段加设伸缩接头配件。

（6）混凝剂、消毒剂等投加管线

投加混凝剂、消毒剂管线通常敷设在管沟内。管沟尺寸按照敷设管线的数量、直径而定。加盖盖板后留出 200mm 以上的空间，同时注意管沟内的雨水排除措施，即在最低处埋设排水管。混凝剂投加管线多用 PVC、UPVC 塑料管，投加氯气消毒剂时，先将氯气溶解在水中，也可用 PVC、UPVC 塑料管输送。

从臭氧发生器输出的臭氧化气体加注到臭氧接触氧化池时，或用臭氧消毒时，其输送管线应采用不锈钢管，架空敷设。

（7）排水管线

自来水厂排水管线包括三部分：第一部分是雨水排放管，收集道路、屋面雨水，按当地降雨强度和 2～5 年的重现期设计排水管径和坡度。雨水排除方法一般用水泥管排入附近雨水管道后流入附近河流，或通过雨水截流池、水泵提升到河道中。建在江河旁边的水厂，应注意洪水时，河水倒灌。建在山脚下的水厂应注意防洪，排洪沟渠不应穿越水厂。

第二部分是生活用水排水管线，应直接排入污水处理厂或者水厂自行设置小型污水处理装置。生活污水管多用水泥管、PVC 管。

第三部分是生产废水管线，即絮凝池，沉淀池排泥水，滤池反冲洗水，一般单独收集、浓缩、脱水，上清液回用或外排。生产废水管线多用低压或重力流钢筋混凝土管，塑料管等。

（8）电缆管线

自来水厂内有动力、照明、通信控制、数据显示等各种电缆电线。在水厂平面设计时应留出相应位置。采用设置电缆沟方式，将各类电缆集中敷设在沟内，为便于安装检修，电缆沟尺寸在 0.80m×0.80m 以上，同时注意加设排除雨水措施。

2. 连接管线水力计算

各构筑物间连接管线水力计算分为两大类：

第一类：选定连接管管径（或输水渠断面）和两端标高差值，验算输水能力；

第二类：选定连接管管径（或输水渠断面），根据通过的流量求出连接管水头损失，或输水渠两端水位差，或者渠道水面坡度。

有关构筑物连接管渠流速可选用表 13-2 中数据，按短管计算，计入局部水头损失。

13.3 水厂生产过程检测和控制

自来水厂的生产过程涉及混凝剂、助凝剂、消毒剂的投加，水质状态参数的变化以及水流速度，水头损失等多种影响因素。为了科学管理，优化运行，降低药耗、能耗、水耗，最大限度降低制水成本，越来越多的水厂采用了生产过程自动检测和自动化控制系统。在水厂设计时应充分考虑这一因素或预留检测、自动控制系统端口。

13.3.1 生产过程检测的内容

自来水厂通常在各相关构筑物、设备上安装检测仪表，以及传感器变送器等。检测仪表检测的数据变为电流、电压传送到单项构筑物控制室或传送到全厂调度控制中心，或传送到整个给水系统调度控制中心，进行分级调度或全厂系统调度。所以，生产过程检测是控制调度的基础资料，力求准确可靠。自来水厂生产过程检测的内容根据构筑物工艺要求大致如下：

（1）取水水源检测：包括水位指示，水温、浊度、COD、色度、氨氮、溶解氧等，并有水位、COD、氨氮上限报警显示；

（2）一级取水泵房控制：吸水井水位，水泵开启台数，水泵压力流量，水泵电机温度巡检及报警显示；

（3）生物预氧化处理池：水中溶解氧 DO 浓度，分段测定氨氮浓度、COD 含量、生物滤池过滤阻力、空气输送流量、鼓风机电机温度及报警显示；

（4）絮凝沉淀或澄清池检测：进出口水位，进水流量，（进）出水浊度，存泥区泥位；

（5）混凝剂、氯气等投加系统检测：混凝剂溶液池浓度，混凝剂投加量，氯气投加量，氯瓶质量及氯气泄漏报警，氨投加量，氨瓶容量及氨气泄漏报警；

（6）滤池控制：分格检测滤池液位，过滤水头损失，滤后出水浊度，滤后出水余氯，反冲洗水泵流量、压力，空气冲洗时空气流量、压力，高位水箱水位，提升水泵流量、压力；

（7）臭氧—活性炭深度处理检测：臭氧生产及空气净化系统或液氧贮存系统已有相应检测显示仪表，应接入调度控制中心。还应检测臭氧化气体中臭氧浓度，臭氧接触氧化池尾气中臭氧浓度，臭氧生产车间臭氧浓度，活性炭滤池进水中臭氧浓度，活性炭滤池进出水中 COD_{Mn}浓度、色度、氨氮浓度、DO 浓度；

（8）清水池及吸水井检测：最高、最低水位；

（9）二级泵房检测：出水总管压力、流量（及累积值）、出水浊度、余氯、pH，单台水泵压力流量，水泵电机温度巡检报警显示；

（10）排泥水处理检测：排水池、排泥池水位，排泥池泥位、调节池水位、浓缩池进出水浓度、污泥脱水排水浓度及离心脱水机工作参数；

（11）管网检测：不同测点的水压、流量、浊度、余氯等；

（12）变配电间检测：接线系统电流、电压、有功功率。

13.3.2 水厂分级调度控制

一般自来水厂采用二级调度控制，即单项构筑物控制，全厂性调度控制或全公司全系统调度控制。其中单项构筑物控制（一级控制）属生产过程控制，包括如下内容：

（1）根据水质特征参数，改变混凝剂投加量和助凝剂投加量，氯气投加量等；

（2）根据泥位高低确定吸（刮）泥机开停时间；

（3）根据滤池出水浊度变化或过滤水头损失，调整单格滤池反冲洗周期和反冲洗时间；

（4）根据清水池水位，出水管压力调整二级泵房水泵开启台数和阀门开启程度；

（5）根据清水池水位，调整取水泵开启台数和阀门开启程度。

二级控制属全厂性运转调度控制，一般在水厂控制调度中心采用计算机网络或PLC联网系统采集各单项构筑物运行参数，并根据本厂特点发出指令或直接对生产过程进行操作，使水厂运行处于优化状态。

三级控制为整个供水系统运行调度控制，根据管网供水现状和多座水厂的运行及备用水源调度，由自来水公司或城市供水控制调度中心发出指令，各水厂或分公司进行全厂性调度控制。

思考题与习题

1. 自来水厂工艺系统设计的原则是什么？

2. 针对不同水源、不同水量如何选择处理构筑物形式？

3. 自来水厂平面布置设计的原则和内容是什么？

4. 自来水厂高程布置设计原则是什么？各构筑物连接管渠怎样计算设计？

5. 一座常规处理工艺的水厂，处理水量5.250万m^3/d，拟采用絮凝、平流式沉淀池叠加在清水池之上方案（图13-14）。絮凝池、平流式沉淀池水头损失0.75m。沉淀池出水总渠水面距沉淀池底2.70m，沉淀池底板（即为清水池顶板）厚0.35m，清水池干舷0.30m，沉淀池到滤池之间连接管水头损失0.40m，滤池出水井堰口宽1.20m，高出清水池最高水位0.50m。清水池内最高、最低水位差为3.00m，则滤池允许过滤水头损失约为多少（计算附图尺寸，以“mm”计）？

（参考答案：滤池出水井堰口作用水头H_1=0.42m，滤池允许水头损失约为H_2=2.03m）

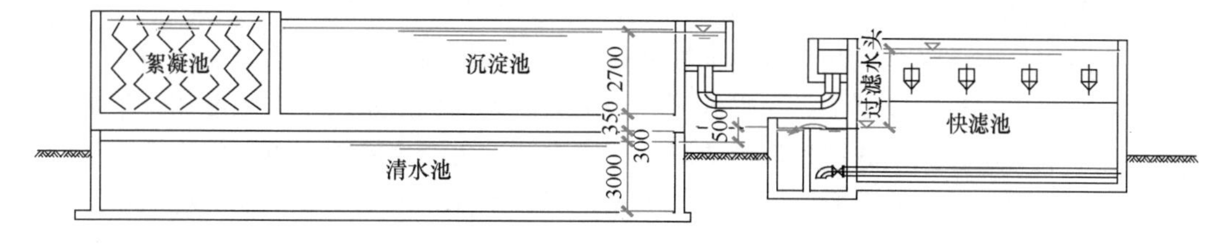

图13-14 沉淀过滤流程图

第3篇　污　水　处　理

第14章　城镇污水水质与污水出路

14.1　污水性质与污染指标

14.1.1　污水的类型与特征

污水根据其来源一般可以分为生活污水、工业废水、初期污染雨水及城镇污水。其中，城镇污水是指由城镇排水系统收集的生活污水、工业废水及部分城镇地表径流（雨雪水）、入渗地下水，是一种综合污水，也是本书讨论的主要内容。各种类型污水的特征及其影响因素如下。

1. 生活污水

生活污水是人类在日常生活中使用过的、被生活废料所污染的水。影响生活污水水质的主要因素有生活水平、生活习惯、卫生设备、气候条件等。

2. 工业废水

工业废水主要是在工业生产过程中被生产原料、中间产品或成品等物料所污染的水。工业废水由于种类繁多，污染物成分及性质随生产过程而异，变化复杂。一般而言，工业废水污染比较严重，往往含有有毒有害物质，有的含有易燃、易爆、腐蚀性强的污染物，需局部处理达到要求后才能排入到城镇排水系统，是城镇污水中有毒有害污染物的主要来源。

影响工业废水水质的主要因素有工业类型、生产工艺、生产管理水平等。

3. 初期雨水

初期雨水是雨雪降至地面形成的初期地表径流。初期雨水的水质水量随区域环境、季节和时间变化，成分比较复杂。个别地区甚至可以出现初期雨水污染物浓度超过生活污水的情况，某些工业废渣或城镇垃圾堆放场地经雨水冲淋后产生的污水更具危险性。

影响初期雨水污染的主要因素有大气质量、气候条件、地面及建筑物环境质量等。

4. 城镇污水

城镇污水包括生活污水、工业废水等，在合流制排水系统中还包括被截流进入的雨水，在半分流制排水系统中则包括初期雨水。城镇污水成分性质比较复杂，不仅各城镇间不同，同一城市中的不同区域也有差异，需要进行全面细致的调查研究，才能确定其水质成分及特点。

影响城镇污水水质的因素较多，主要为所采用的排水体制以及所在地区生活污水与工业废水的特点及比例等。

14.1.2 污水的性质与污染指标

水质污染指标是评价水质污染程度、进行污水处理工程设计、反映污水处理厂处理效果、开展水污染控制的基本依据。

污水所含的污染物质成分复杂，可通过分析检测方法对污染物质做出定性、定量的评价。污水污染指标一般可分为物理性、化学性和生物性三类。

1. 污水的物理性质与污染指标

表示污水物理性质的污染指标主要有温度、色度、嗅味、固体物质等。

(1) 温度

水温对污水的物理性质、化学性质及生物性质有直接的影响。许多工业企业排出的废水都有较高的温度，这些污水排放使水体水温升高，引起水体的热污染。因此，水温是污水水质的重要物理性质指标之一，也是污水排放，尤其是工业废水排放应控制的重要指标之一。

(2) 色度

色度是一项感官性指标。纯净的天然水是清澈、透明、无色的，但带有金属化合物或有机化合物等有色污染物的污水呈现各种颜色。生活污水的颜色常呈灰色，生产废水的色度随企业的生产性质不同差异很大，印染、化工、农药等行业的工业废水都有各自的特殊颜色，引起感官上的不悦。悬浮固体形成的色度称为表色，胶体或溶解物质形成的色度称为真色。

(3) 嗅和味

嗅和味同色度一样也是感官性指标。天然水是无嗅无味的，当水体受到污染后会产生异样的气味。水的异嗅来源于还原性硫和氮的化合物、挥发性有机物和氯气等污染物质。盐分也会给水带来异味，如氯化钠带咸味，硫酸镁带苦味，铁盐带涩味，硫酸钙略带甜味等。

(4) 固体物质

水中所有残渣的总和称为总固体（TS），总固体包括溶解性固体（DS）和悬浮固体（在国家标准和规范中，又称悬浮物，用SS表示）。水样经过滤后，滤液蒸干所得的固体即为溶解性固体（DS），滤渣脱水烘干后即是悬浮固体（SS）。固体残渣根据挥发性能可分为挥发性固体（VS）和固定性固体（FS）。将固体在600℃的温度下灼烧，挥发掉的量即是挥发性固体（VS），灼烧残渣则是固定性固体（FS）。溶解性固体一般表示盐类的含量，悬浮固体表示水中不溶解的固态物质含量，挥发性固体反映固体的有机成分含量。悬浮固体和挥发性悬浮固体是重要的水质指标，也是污水处理厂设计的重要参数之一。

2. 污水的化学性质与污染指标

表示污水化学性质的污染指标可分为有机物指标和无机物指标。

(1) 有机物

生活污水和某些工业废水中所含的碳水化合物、蛋白质、脂肪等有机化合物在微生物作用下最终分解为简单的无机物质、二氧化碳和水等。这些有机物在分解过程中需要消耗大量的氧，故属耗氧污染物。耗氧有机污染物是使水体产生黑臭的主要因素之一。

污水中有机污染物的组成较复杂，分别测定各类有机物周期较长，工作量较大，通常在工程中必要性不大。有机物的主要危害是消耗水中溶解氧。因此，在工程中一般采用生化需氧量（BOD）、化学需氧量（COD 或 OC）、总有机碳（TOC）、总需氧量（TOD）等指标来反映水中有机物的含量。

1）生化需氧量（BOD）。水中有机污染物被好氧微生物分解时所需的氧量称为生化需氧量（以 mg/L 为单位），其值间接反映了水中可生物降解的有机物量。生化需氧量越高，表示水中耗氧有机污染物越多。有机污染物被好氧微生物氧化分解的过程，一般可分为两个阶段：第一阶段主要是有机物被转化成二氧化碳、水和氨；第二阶段主要是氨被转化为亚硝酸盐和硝酸盐。污水的生化需氧量通常只指第一阶段有机物生物氧化所需的氧量。微生物的活动与温度有关，测定生化需氧量时以 20℃ 作为测定的标准温度。生活污水中的有机物一般需 20 天左右才能基本上完成第一阶段的分解氧化过程，即测定第一阶段的生化需氧量至少需 20 天时间，这在实际应用中周期太长。目前以 5 天作为测定生化需氧量的标准时间，简称 5 日生化需氧量（用 BOD_5 表示）。据实验研究，生活污水 5 日生化需氧量约为第一阶段生化需氧量的 70%左右。

2）化学需氧量（COD）。化学需氧量是用化学氧化剂氧化水中有机污染物时所消耗的氧化剂量，以“O_2 mg/L”表示。化学需氧量越高，也表示水中有机污染物越多。常用的氧化剂主要是重铬酸钾和高锰酸钾。以高锰酸钾作氧化剂时，测得的值称耗氧量，简称 COD_{Mn} 或 OC。以重铬酸钾作氧化剂时，测得的值称 COD_{Cr}，或简称 COD。重铬酸钾的氧化能力强于高锰酸钾，所测得的 COD 值与 OC 值是不同的，在污水处理中，通常采用重铬酸钾法。如果污水中有机物的组成相对稳定，则化学需氧量和生化需氧量之间应有一定的比例关系。一般而言，重铬酸钾化学需氧量与第一阶段生化需氧量之比，可以粗略地表示有机物被好氧微生物分解的可能程度。

3）总有机碳（TOC）与总需氧量（TOD）。目前应用的 5 日生化需氧量（BOD_5）测试时间长，不能快速反应水被有机物污染的程度。可以采用总有机碳和总需氧量的测定，并寻求它们与 BOD_5 的关系，实现快速测定。

总有机碳（TOC）包括水样中所有有机污染物质的含碳量，也是评价水样中有机污染物的一个综合参数。有机物中除含有碳外，还含有氢、氮、硫等元素，当有机物全都被氧化时，碳被氧化为二氧化碳，氢、氮及硫则被氧化为水、一氧化氮、二氧化硫等，此时需氧量称为总需氧量（TOD）。

TOC 和 TOD 都是燃烧化学氧化反应，前者测定结果以碳表示，后者则以氧表示。TOC、TOD 的耗氧过程与 BOD 的耗氧过程有本质不同，而且由于各种水样中有机物质的成分不同，生化过程差别也较大。不同水质条件下，TOC 或 TOD 与 BOD 不存在固定的相关关系。在水质条件基本相同的条件下，BOD 与 TOC 或 TOD 之间存在一定的相关关系。

4）油类污染物。油类污染物有石油类和动植物油脂两种。工业含油污水所含的油大多为石油或其组分，含动植物油脂的污水主要产生于人的生活过程和食品工业。脂肪比碳水化合物、蛋白质稳定，属于难生物降解有机物，对微生物无毒害作用。炼油、石油化工、焦化工业废水中石油类有机物，属于难生物降解有机物，并对微生物有一定的毒害作用。

5）酚类污染物。酚类化合物是有毒有害污染物。炼油、石油化工、焦化、合成树脂等工业废水含有酚。酚类是芳香烃的衍生物，根据羧基的数目，可分为单元酚、二元酚与多元酚。根据能否随水蒸气一起挥发，可分为挥发酚与不挥发酚。挥发酚包括苯酚、甲酚、二甲苯酚等，属于可生物降解有机物。不挥发酚包括间苯二酚、邻苯三酚等多元酚，属于难生物降解有机物。

6）表面活性剂。生活污水与使用表面活性剂的工业废水，含有大量表面活性剂。表面活性剂有两类：①烷基苯磺酸盐，俗称硬性洗涤剂（英文缩写为 ABS），含有磷并易产生大量泡沫，属于难生物降解有机物；②烷基芳基碳酸盐，俗称软性洗涤剂（英文缩写为 LAS），属于可生物降解有机物，LAS 比 ABS 泡沫大大减少，但仍然含有磷。随着无磷洗涤剂的推广，能降低污水中的磷浓度。

7）有机酸碱。有机酸工业废水含短链脂肪酸、甲酸、乙酸和乳酸。人造橡胶、合成树脂等工业废水含有机碱，包括吡啶及其同系物质。有机酸碱都属于可生物降解有机物，但对微生物有毒害或抑制作用。

8）有机农药。有机农药有两大类，即有机氯农药与有机磷农药。有机氯农药（如 DDT，六六六等）毒性极大且难分解，会在自然界不断积累，造成二次污染，我国已禁止使用。现在普遍采用有机磷农药（含杀虫剂与除草剂），约占农药总量的 80%以上，种类有敌百虫、乐果、敌敌畏、甲基对硫磷、马拉硫磷及对硫磷等，毒性大，属于难生物降解有机物，并对微生物有毒害与抑制作用。

9）苯类化合物。苯环上的氢被硝基、氨基取代后生成的芳香族卤化物，主要来源于染料工业废水（含芳香族氨基化合物，如偶氮染料、蒽醌染料、硫化染料等）、炸药工业废水（含芳香族硝基化合物，如三硝基甲苯、苦味酸等）以及电器、塑料、制药、合成橡胶等工业废水（含聚氯联苯、联苯胺、萘胺、三苯磷酸盐、丁苯等）。这些人工合成高分子有机化合物种类繁多，成分复杂，大多属于难生物降解有机物，使城镇污水的净化处理难度大大增加，并对微生物有毒害与抑制作用。

（2）无机物

1）pH。主要指示污水的酸碱性，是污水化学性质的重要指标。pH＜7 是酸性，pH＞7 是碱性，一般要求处理后污水的 pH 在 6～9 之间。天然水体的 pH 一般近中性，当受到酸碱污染时 pH 发生变化，会杀灭或抑制水体中生物的生长，妨碍水体自净，还可腐蚀船舶。若天然水体长期遭受酸、碱污染，将使水质逐渐酸化或碱化，从而对正常生态系统产生严重影响。

2）植物营养元素氮、磷。污水中的 N、P 主要来源于人类排泄物及某些工业废水。N、P 作为植物营养元素，从农作物生长角度看是宝贵的养分，但过多的 N、P 进入是导致湖泊、水库、海湾等缓流水体富营养化的主要原因。

① 氮及其化合物。污水中含氮化合物有有机氮、氨氮、亚硝酸盐氮与硝酸盐氮，四种含氮化合物的总量称为总氮（TN，以 N 计）。有机氮不稳定，在微生物的作用下会分解为氨氮；在有氧的条件下，氨氮可以进一步生物转化为亚硝酸盐氮与硝酸盐氮。

凯氏氮（KN 或 TKN）是有机氮与氨氮之和，可以用来判断污水生物法处理时，氮营养是否充足。氨氮在污水中的存在形式有游离氨（NH_3）和离子状态铵盐（NN_4^+）两种。一般，总氮与凯氏氮之差值，约等于亚硝酸盐氮与硝酸盐氮之和。凯氏氮与氨氮之差值，约等于有机氮。

② 磷及其化合物。污水中含磷化合物可分为有机磷与无机磷两类。有机磷的存在形

式主要有：葡萄糖-6-磷酸、2-磷酸甘油酸及磷肌酸等。无机磷以磷酸盐形式存在，包括正磷酸盐（PO_4^{3-}），偏磷酸盐（PO_4^-），磷酸氢盐（HPO_4^{2-}），磷酸二氢盐（$H_2PO_4^-$）等。

水体中氮、磷含量的高低与水体富营养化程度有密切关系。

3）重金属。重金属主要指汞、镉、铅、铬、镍等生物毒性显著的元素，也包括具有一定毒害性的一般重金属，如锌、铜、钴、锡等。

重金属是构成地壳的物质，在自然界分布非常广泛。重金属在自然环境的各部分均存在着本底含量，在正常的天然水中重金属含量均很低，汞的含量介于0.001～0.01mg/L之间，铬含量小于0.001mg/L，在河流和淡水湖中铜的含量平均为0.02mg/L，钴为0.0043mg/L，镍为0.001mg/L。

重金属在人类的生产和生活中有广泛的应用。这一情况使得在环境中存在着各种各样的重金属污染源。采矿、冶炼、电镀、芯片制造是向环境中释放重金属的主要污染源。这些企业通过污水、废气、废渣向环境中排放重金属，因而能在局部地区造成严重的污染后果。

4）无机性非金属有害物。水中无机性非金属有害有毒污染物主要有砷、含硫化合物、氰化物、氟化物等。

① 总砷。污水中的砷化物主要来自化工、有色冶金、焦化、火力发电、造纸及皮革等工业废水。总砷系毒理学指标，以水中砷总量计。元素砷不溶于水，几乎没有毒性，但在空气中极易被氧化为剧毒的三氧化二砷，即砒霜。砷的化合物种类很多，固体的有As_2O_3、As_2S_2、As_2S_3和As_2O_5等，液态的有$AsCl_3$，气态的有AsH_3。水环境中的砷多以三价和五价形态存在，其化合物可能是有机的，也可能是无机的，三价无机砷化物比五价砷化物对于哺乳动物和水生生物的毒性更大。

② 含硫化合物：硫在水中存在的主要形式有硫酸盐、硫化物和有机硫化物。硫酸盐（SO_4^{2-}）分布很广，天然水中，它的主要来源是石膏、硫酸镁、硫酸钠等矿岩的淋溶、硫铁矿的氧化、含硫有机物的氧化分解以及某些含硫工业废水的污染，水中硫酸根离子的浓度可从几mg/L至几千mg/L不等。

硫化氢（H_2S）有强烈的臭味，一升水中只要有零点几毫克，就会引起不愉快的臭味。厌氧生化反应产生的H_2S气体，不仅造成恶臭危害，而且会腐蚀下水道和水处理构筑物，空气中的H_2S超量会引起人畜中毒死亡。

③ 氰化物。氰化物是含有—CN基一类化合物的总称，分为简单氰化物、氰络合物和有机氰化物（腈）。简单氰化物，最常见的是氰化氢、氰化钠和氰化钾，易溶于水，有剧毒，摄入0.1g左右就会致人死亡。天然水体一般不含有氰化物，水中如发现有氰化物存在，往往是工业废水污染所致，如电镀、煤气、炼焦、化纤、选矿和冶金等工业废水中，都有氰化物的存在。

3. 污水的生物性质与污染指标

表示污水生物性质的污染指标主要有细菌总数、大肠菌群数和病毒。

（1）细菌总数

水中细菌总数反映了水体受细菌污染的程度，可作为评价水质清洁程度和考核水净化效果的指标，一般细菌总数越多，表示病原菌存在的可能性越大。细菌总数不能说明污染的来源，必须结合大肠菌群数来判断水的污染来源和安全程度。

（2）大肠菌群

水是传播肠道疾病的一种重要媒介，而大肠菌群被视为最基本的粪便污染指示菌群。大肠菌群的值可表明水被粪便污染的程度，间接表明有肠道病菌（伤寒、痢疾、霍乱等）存在的可能性。

（3）病毒

由于肝炎、小儿麻痹症等多种病毒性疾病可通过水体传染，水体中的病毒已引起人们的高度重视。这些病毒也存在于人的肠道中，通过病人粪便污染水体。目前因缺乏完善的经常性检测标准及技术，污水水质卫生标准对病毒还没有明确的规定。

4. 污水水质

城镇污水水质变化较大，下面为一些典型城镇污水的水质指标数据。表14-1是沿海某市居住小区和公共建筑生活污水水质的一般日平均值数据。表14-2是《给水排水设计手册》提出的我国典型生活污水水质。表14-3是我国几个城市的城市污水水质。表14-4是某城市工业区污水处理厂进水水质（工业废水量占50%以上）。

住宅、居住小区、各类公共建筑污水水质　　表14-1

建筑类别	BOD_5（mg/L）	COD_{Cr}（mg/L）	SS（mg/L）	NH_3-N（mg/L）	动植物油
居住小区	150～200	250～350	200～300	25～35	30～40
公共建筑	180～250	350～450	200～300	35～40	≤40

典型的生活污水水质　　表14-2

序　号	指　标	浓度（mg/L）		
		高	中	低
1	总固体 TS	1200	720	350
2	溶解性总固体 DTS	850	500	250
3	非挥发性	525	300	145
4	挥发性	325	200	105
5	悬浮物 SS	350	200	100
6	非挥发性	75	55	20
7	挥发性	275	165	80
8	可沉降物（mL/L）	20	10	5
9	生化需氧量 BOD_5	400	220	110
10	溶解性	200	110	55
11	悬浮性	200	110	55
12	总有机碳 TOC	290	160	80
13	化学需氧量 COD_{cr}	1000	400	250
14	溶解性	400	150	100
15	悬浮性	600	250	150
16	可生物降解部分	750	300	200
17	溶解性	375	150	100

续表

序号	指标	浓度（mg/L）		
		高	中	低
18	悬浮性	375	150	100
19	总氮 TN	85	40	20
20	有机氮	35	15	8
21	游离氮	50	25	12
22	亚硝酸盐	0	0	0
23	硝酸盐	0	0	0
24	总磷 TP	15	8	4
25	有机磷	5	3	1
26	无机磷	10	5	3
27	氯化物 Cl^-	200	100	60
28	硫酸盐 SO_4^{2-}	50	30	20
29	碱度 $CaCO_3$	200	100	50
30	油脂	150	100	50
31	总大肠菌（个/100mL）	10^8～10^9	10^7～10^8	10^6～10^7
32	挥发性有机化合物 VOC_5（μg/L）	＞400	100～400	＜100

几个城市污水水质参考数值　　表 14-3

城市	COD（mg/L）	BOD_5（mg/L）	SS（mg/L）	pH	氨氮（mg/L）	总磷（mg/L）	总氮（mg/L）
大连	608	223	255	7.5	34	10	43
青岛	169～1293	223～704	244～809	6.4～7.5	19～96	—	—
太原	332	243	116	7.9	35	—	—
威海	482	246	194	6.9	48	12	51
天津	362	143	146	7.3	32	4	43
邯郸	183	134	160	—	22	9	50
广州	84～140	3.2～60	31～318	7.6	—	2～3	15～27
沈阳	442	167	206	—	—	—	37
长春	550～718	203～401	240～463	6.7～7.6	30	5～6	—

某市工业区城市污水处理厂水质情况　　表 14-4

序号	污染指标	浓度均值	浓度范围	序号	污染指标	浓度均值	浓度范围
1	pH	5.9	5.6～6.8	7	硫化物(mg/L)	未检出	未检出
2	SS(mg/L)	221	204～247	8	色度(倍)	133	100～200
3	COD_{Cr}(mg/L)	397	280～597	9	挥发酚(mg/L)	0.39	0.29～0.56
4	BOD_5(mg/L)	98.3	27.9～188	10	氰化物(mg/L)	0.061	0.007～0.149
5	氨氮(mg/L)	26.7	17.7～33.6	11	苯胺(mg/L)	1.53	0.98～3.64
6	油类(mg/L)	7.7	5.4～9.23	12	硝基苯(mg/L)	0.73	0.1～6.3

续表

序号	污染指标	浓度均值	浓度范围	序号	污染指标	浓度均值	浓度范围
13	氟化物(mg/L)	0.68	0.63～0.75	21	铜(mg/L)	0.061	0.11～2.41
14	阴离子洗涤剂(mg/L)	0.73	0.49～1.17	22	镍(mg/L)	0.08	0.03～0.14
15	甲醛(mg/L)	0.15	未检出～0.45	23	镉(mg/L)	未检出	未检出
16	苯(mg/L)	0.06	未检出～0.25	24	六价铬(mg/L)	未检出	未检出
17	甲苯(mg/L)	0.46	0.012～1.23	25	三价铬(mg/L)	0.076	0.05～0.1
18	邻二甲苯(mg/L)	未检出	未检出	26	锌(mg/L)	0.98	0.34～2.42
19	对二甲苯(mg/L)	未检出	未检出	27	铅(mg/L)	未检出	未检出
20	间二甲苯(mg/L)	未检出	未检出	28	钴(mg/L)	0.002	未检出～0.004

14.2 污水出路与排放标准

14.2.1 污水出路

污水经过处理后的最终出路是返回到自然水体，或者经过深度处理后再生利用。随着我国社会经济的快速发展，城镇化水平不断提高，城市污水排放量持续增加，科学合理地处理好城市污水的出路是生态环境可持续发展的重要保障。

1. 污水经处理后排放水体

排放水体是污水净化后的传统出路和自然归宿，也是目前最常用的方法。污水直接排放水体应会破坏水体的环境功能。为了避免污水对水体的污染，保护水生生态，污水必须经过处理厂处理达到排放标准后才能排入水体。但通常经处理净化后的污水仍有少量污染物，排入水体后有一个逐步稀释、降解的自然净化过程。污水处理厂的排放口一般设在城镇江河的下游或海域，以避免污染城镇给水厂水质和影响城镇水环境质量。

2. 污水的再生利用

我国水资源十分短缺，人均水资源只有世界平均水平的约四分之一，水已成为未来制约国民经济发展和人民生活水平提高的重要因素。一方面城镇缺水十分严重，一方面大量处理后的城镇污水直接排放，既浪费了资源，又增加水体环境负荷。

与城镇供水量几乎相等的城镇污水中，经城镇污水处理厂处理后的出水水质水量相对稳定，不受季节、洪枯水等因素影响，是可靠的潜在水资源，经适当的深度处理后回用于水质要求较低的市政用水、工业冷却水等，是解决城镇水资源短缺的有效途径。这不仅可以减少城镇对优质饮用水水资源的消耗，更重要的是可以缓解干旱地区城镇缺水的窘迫状态。因此，城镇污水的再生利用是开源节流、减轻水体污染程度、改善生态环境、解决城镇缺水问题的有效途径之一。

当今世界各国解决缺水问题时，城镇污水被作为可利用的非传统水资源。美国从20世纪20年代就开始尝试利用经过处理的污水，1995年污水的回用量就达到14亿m^3，占全国总用水量的0.3%左右；日本从20世纪50年代开始污水回用，目前每年污水回用量超过2亿m^3，占全国总用水量的1.5%以上。

我国近些年来，随着对水危机认识的提高，城镇污水再生利用已被高度重视。国家《城镇污水再生利用工程设计规范》GB 50335—2016 指出：污水再生利用工程符合充分利用城镇污水资源、削减水污染负荷、提高水资源的综合利用效率、推动资源节约型和环境友好型社会建设的要求。再生处理相比海水淡化成本较低，处理技术也比较成熟，基建投资比远距离引水经济得多。《城市节约用水管理规定》等国家有关法规要求凡水资源开发程度和水体自净能力基本达到资源可以承受能力地区的城市，应当建设污水回用设施。城市建设行政主管部门应当根据城市总体规划和城市用水情况并结合各地实际，制订污水再生利用规划，作为城市供水发展规划的组成部分，按计划组织建设。

城市污水再生利用的主要对象有工业用水、农业用水、城市杂用水、园林景观用水以及排入地表水体或地下水体作补充水等，详见本书第 22 章。

14.2.2 水环境质量标准与污水排放标准

1. 水环境质量标准

天然水体是人类的重要资源，为了保护天然水体的质量，不因污水的排入而导致恶化甚至破坏，在水环境管理中需要按照不同水体和类别，制定相应的水环境质量标准。我国目前水环境质量标准主要有《地表水环境质量标准》GB 3838—2002、《海水水质标准》GB 3097—1997、《地下水质量标准》GB/T 14848—2017。

依据地表水水域环境功能和保护目标，《地表水环境质量标准》按功能高低依次将水体划分为五类：Ⅰ类主要适用于源头水、国家自然保护区；Ⅱ类主要适用于集中式生活饮用水地表水源地一级保护区、珍稀水生生物栖息地、鱼虾类产卵场、幼鱼的索饵场等；Ⅲ类主要适用于集中式生活饮用水地表水源地二级保护区、鱼虾类越冬场、洄游通道、水产养殖区等渔业水域及游泳区；Ⅳ类主要适用于一般工业用水区及人体非直接接触的娱乐用水区；Ⅴ类主要适用于农业用水区及一般景观要求水域。《海水水质标准》按照海域的不同使用功能和保护目标，将海水水质分为四类：第一类适用于海洋渔业水域、海上自然保护区和珍稀濒危海洋生物保护区；第二类适用于水产养殖区、海水浴场、人体直接接触海水的海上运动或娱乐区以及与人类食用直接有关的工业用水区；第三类适用于一般工业用水区，滨海风景旅游区；第四类适用于海洋港口水域，海洋开发作业区。

国家《污水综合排放标准》GB 8978—1996 规定地表水Ⅰ、Ⅱ类水域、Ⅲ类水域中划定的保护区和海洋水体中一类海域，禁止新建排污口，现有排污口应按水体功能要求，实行污染物总量控制，以保证受纳水体水质符合规定用途的水质标准。

2. 污水排放标准

污水排放标准根据控制形式可分为浓度标准和总量控制标准。根据地域管理权限可分为国家排放标准、行业排放标准、地方排放标准。

（1）浓度标准

浓度标准规定了排出口向水体排放污染物的浓度限值，其单位一般为“mg/L”。我国现有的国家标准和地方标准基本上都是浓度标准。浓度标准的优点是指标明确，对每个污染指标都执行一个标准，管理方便。但由于未考虑排放量的大小，接受水体的环境容量大小、性状和要求等，因此不能完全保证水体的环境质量。当排放总量超过水体的环境容量时，水体水质不能达到质量标准。另外企业也可以通过稀释来降低排放水中的污染物浓度，造成水资源浪费，水环境污染加剧。

(2) 总量控制标准

总量控制标准是以与水环境质量标准相适应的水体环境容量为依据而设定的。水体的水环境质量要求高，则环境容量小。水环境容量可采用水质模型法计算。总量控制标准可以保证水体的质量，但对管理技术要求高，需要与排污许可证制度相结合进行总量控制。我国重视并已实施总量控制标准，《污水排入城镇下水道水质标准》GB/T 31962—2015也提出在有条件的城市，可根据本标准采用总量控制。

(3) 国家排放标准

国家排放标准按照污水排放去向，规定了水污染物最高允许排放浓度，适用于排污单位水污染物的排放管理，以及建设项目的环境影响评价、建设项目环境保护设施设计、竣工验收及其投产后的排放管理。我国现行的国家排放标准主要有《污水综合排放标准》GB 8978—1996、《城镇污水处理厂污染物排放标准》GB 18918—2002、《污水排入城镇下水道水质标准》GB/T 31962—2015、《污水海洋处置工程污染控制标准》GB 18486—2001等。

《污水综合排放标准》规定排入《地表水环境质量标准》GB 3838—2002 Ⅲ类水域（划定的保护区和游泳区除外）和排入《海水水质标准》GB 3097—1997 中二类海域的污水，执行一级标准。排入《地表水环境质量标准》中Ⅳ、Ⅴ类水域和排入《海水水质标准》中三类海域的污水，执行二级标准。排入设置二级污水处理厂的城镇排水系统的污水，执行三级标准。《城镇污水处理厂污染物排放标准》规定一级标准的A标准是城镇污水处理厂出水作为回用水的基本要求，当污水处理厂出水引入稀释能力较小的河湖作为城镇景观用水和一般回用水等用途时，执行一级标准的A标准；城镇污水处理厂出水排入《地表水环境质量标准》地表水Ⅲ类功能水域（划定的饮用水水源保护区和游泳区除外）、《海水水质标准》海水二类功能水域和湖、库等封闭或半封闭水域时，执行一级标准的B标准；城镇污水处理厂出水排入《地表水环境质量标准》地表水Ⅳ、Ⅴ类功能水域或《海水水质标准》海水三、四类功能海域，执行二级标准。《污水排入城镇下水道水质标准》GB/T 31962—2015 规定了向城市下水道排放污水的排水户排入城市下水道污水中有害物质的最高允许浓度。

(4) 行业排放标准

根据部分行业排放废水的特点和治理技术的发展水平，国家对部分行业制定了国家行业排放标准，如《制浆造纸工业水污染物排放标准》GB 3544—2008、《船舶水污染物排放控制标准》GB 3552—2018、《海洋石油勘探开发污染物污水排放浓度限值》GB 4914—2008、《纺织染整工业水污染物排放标准》GB 4287—2012、《肉类加工工业水污染物排放标准》GB 13457—1992、《合成氨工业水污染物排放标准》GB 13458—2013、《钢铁工业水污染物排放标准》GB 13456—2012、《磷肥工业水污染物排放标准》GB 15580—2011、《烧碱、聚氯乙烯工业污染物排放标准》GB 15581—2016 等。

(5) 地方排放标准

省、直辖市等根据经济发展水平和管辖地水体污染控制需要，可以依据《中华人民共和国环境保护法》《中华人民共和国水污染防治法》等制定地方污水排放标准。地方污水排放标准可以增加污染物控制指标数，但不能减少；可以提高对污染物排放标准的要求，但不能降低标准。

14.3 污水处理基本方法

1. 污水的处理方法

城市污水处理是通过各种污水处理技术和措施，将污水中所含的污染物质分离、回收利用，或转化为无害和稳定的物质，使污水得到净化。污水处理技术按原理及单元可分为物理处理法、化学及物理化学处理法、生物处理法等。

物理处理法：利用物理原理和方法，分离污水中主要呈悬浮状态的污染物，在处理过程中一般不改变水的化学性质。物理处理法包括筛滤法、沉淀法、浮上法、过滤法和膜处理法等。

生物法：利用微生物的新陈代谢功能，使污水中呈溶解和胶体状态的有机污染物被降解并转化为无害物质。按微生物对氧的需求，生物处理法可分为好氧处理法和厌氧处理法两类。按微生物存在的形式，可分为活性污泥法、生物膜法等类型。

化学及物理化学处理法：利用化学反应的原理和方法，分离回收污水中的污染物，使其转化为无害或可再生利用的物质。化学及物理化学处理法包括中和、混凝、氧化还原、萃取、吸附、离子交换、电渗析等，这些处理方法更多地用于工业废水处理和污水的深度处理。

由于污水中的污染物形态和性质是多种多样的，一般需要几种处理方法组合成处理工艺，达到对不同性质的污染物的处理效果。

2. 污水的处理程度

污水按照处理的目标和要求，其处理程度一般可分为一级处理、二级处理和三级处理（深度处理）。

一级处理：主要去除污水中呈悬浮状态的固体污染物，主要技术为物理法。一级处理对 BOD_5 去除率一般为 20%～30%，故一级处理一般作为二级处理的前处理。

二级处理：污水经过一级处理后，再用生物方法进一步去除污水中的呈胶体和溶解性污染物，以及生物脱氮除磷的过程，其 BOD_5 去除率在 90%以上，主要采用生物法。

三级处理：也可称深度处理，一般以更高的处理与排放要求，或污水的回用为目的，在一、二级处理后增加的处理过程，以进一步去除污染物，其技术方法更多地采用物理法、化学法及物理化学法等，与前面的处理技术形成组合处理工艺。一般三级处理指二级处理后以达到排放标准为目标增加的工艺过程，而深度处理更多地以污水的再生回用为目标。

思 考 题

1. 简述水质污染指标在水体污染控制、污水处理工程设计中的作用。

2. 分析总固体、溶解性固体、悬浮固体及挥发性固体、固定性固体指标之间的相互关系，画出这些指标的关系图。

3. 生化需氧量、化学需氧量、总有机碳和总需氧量指标的含义是什么？分析这些指标之间的联系与区别。

4. 试论述排放标准、水体环境质量标准、环境容量之间的关系。

5. 我国现行的排放标准有哪几种？各种标准的适用范围及相互关系是什么？

6. 污水的主要处理方法有哪些，各有什么特点？

7. 污水的处理程度有哪几种，各在什么场合使用？

第 15 章　水体污染与自净

15.1　水　体　污　染

由于地球上人口迅速增加，世界各国经济和工业化不断发展，城市化进程加快，居民生活水平不断提高，导致全球范围内用水量和污水排放量大幅度增加。大量污水排入江、河、湖、海和水库甚至地下水等水体，这些污水中的污染物在数量上超过水体对它们的自然净化能力，从而使水的物理、化学及微生物性质发生变化，使水体固有的生态系统和功能遭到破坏，从而造成了水体污染。

造成水体污染的污染源包括集中的点污染源和分散的面污染源两类。未经妥善处理的城镇生活污水与工业废水集中排入水体造成的水体污染称为点源污染。来自地面和大气的污染物造成的水体污染称为面源污染（或称非点源污染）。例如，农田肥料、农药以及城市地面的污染物随雨水径流进入水体，大气中的有毒有害物质因重力沉降或降雨进入水体，均属面源污染。

目前，我国的七大水系和许多湖泊、水库、地下水和近海海域都已经受到不同程度的污染，部分经济发展较快的地区污染相当严重，对当地的生产和人民生活造成了不利的影响。

进入水体的污染物种类繁多，世界各种水体中，仅已检出的有机化合物就有 2000 多种。这些污染物的性质各异，它们对水体污染的程度和危害也各不相同。污染物的分类有很多方法，通常可按它们的物理化学性质和污染特征分为物理性污染、无机物污染、有机物污染和微生物污染四大类。

15.1.1　物理性污染

水体的物理性污染是指水温、色度、嗅味、悬浮物及泡沫等。这类污染易被人们感官所觉察，并引起人们感官不悦。

1. 水温

电厂、炼油、石化等工业企业排出数量巨大的高温冷却水，排入水体后使水体水温升高，引起水体的热污染。氧在水中的饱和溶解度随水温升高而减少，较高的水温又加速耗氧反应，可导致水体缺氧与水质恶化，危害水生动、植物的繁殖与生长。水温升高还会加快水体的富营养化进程。

2. 色度

城镇污水和某些有色工业废水排入水体后，使水体形成色度。水体色度加深除引致人们感官不悦外，还会使水的透光性减弱，妨碍水体的自净作用。

3. 固体物质污染

水体受悬浮固体污染后，浊度增加、透光度减弱，会影响水生生物的光合作用，抑制其生长繁殖，还可能堵塞鱼鳃，导致鱼类窒息死亡。其中有机悬浮固体则会因微生物的代谢作用而消耗水体中的溶解氧。悬浮固体中的可沉固体，沉积于水体底部，造成底泥积累与腐化，使水体水质恶化。

水体受溶解固体污染后，使溶解性无机盐浓度增加。如作为给水水源，将产生异味甚至引起腹泻，危害人体健康；用于农田灌溉会引起土壤板结；用于工业锅炉用水将产生结垢，引起严重事故。

15.1.2 无机物污染

无机物污染包括酸、碱污染、重金属污染、无机盐污染和氮、磷的污染。其中氮、磷污染是缓流水体富营养化的主要成因之一，部分重金属离子和无机盐具有强烈的毒性，对人类健康有直接的危害。

1. 酸、碱及一般无机盐污染

工业废水排放的酸、碱，以及降雨淋洗受污染空气中的 SO_2、NO_x所产生的酸雨，都会使水体受到酸、碱污染。酸、碱进入水体后，互相中和产生无机盐类，同时又会与水体中存在的地表矿物质如石灰石、白云石、硅石以及游离二氧化碳发生中和反应，产生硫酸盐（SO_4^{2-}）、硅酸盐（SiO_3^{2-}）、碳酸盐（CO_3^{2-}）、氯化物（Cl^-）等无机盐类。故水体的酸、碱污染往往伴随着无机盐污染。

酸、碱污染可能使水体的 pH 发生变化，微生物生长受到抑制，水体的自净能力受到影响。这种污染对渔业和农业危害甚大，渔业水体的 pH 规定不得低于 6 或高于 9.2，超过此限值时，鱼类的生殖率下降甚至死亡。农业灌溉用水的 pH 为 5.5～8.5。

水体中往往都存在着由碳酸（包括溶解的 CO_2 和未离解的 H_2CO_3 分子）、重碳酸根 HCO_3^- 和碳酸根 CO_3^{2-} 组成的碳酸系碱度，对外加的酸、碱具有一定的缓冲能力，可在一定限度内维持水体 pH 的稳定。这种缓冲能力的大小用缓冲容量表示，可通过计算加以确定。

饮用水中含少量硫酸盐对人体无明显影响，但超过 250mg/L 后，会引起腹泻。在水体缺氧情况下，SO_4^{2-} 在反硫化菌的作用下发生反硫化反应：

$$SO_4^{2-} \xrightarrow[\text{反硫化菌}]{\text{缺氧}} H_2S + S^{2-}$$

当水体 pH 低时，以 H_2S 形式存在为主；当 pH 高时，以 S^{2-} 形式存在为主。H_2S 浓度达 0.5mg/L 时即有异臭，许多金属硫化物使水色变黑，故硫化物是水体黑臭的罪魁之一。

水体受氯化物污染后，水味变咸，对金属管道与设备有腐蚀作用，且不宜作为灌溉用水。

无机盐污染还可能使水体硬度增加，其危害与前述溶解性固体略同。

2. 氮、磷的污染

氮、磷为植物营养元素，从农作物生长角度看，植物营养元素是宝贵的养分，但污水中过多的氮、磷排入天然水体可能导致富营养化。

富营养化一词来自湖沼学，是湖泊自然衰老的一种表现。湖泊中植物营养元素含量增加，导致水生植物和藻类的大量繁殖。表层密集的藻类使阳光难以透射入水体的深层，限制了下层水中的光合作用，减少了溶解氧的来源；过量生长的藻类死亡后沉入水体，腐烂分解，消耗了水中大量的溶解氧，严重时导致深层水体呈厌氧状态。如此周而复始，历经数万至数十万年，可能使某些湖泊由贫营养湖发展为富营养湖，进一步发展为沼泽和干地。

现代社会人类生活和生产使进入水体的氮、磷化合物数量剧增，包括雨水径流带入的农肥、农药、人畜粪便等面源污染物，未经处理或虽经传统工艺处理但氮、磷去除很少的工业和生活污水排入水体造成的点源污染。大量氮、磷等植物营养性物质污染水体后，可以使富营养化进程大大地加速，遇高温、少雨的气候条件时，往往引起藻类暴发，如2007年5月底太湖蓝藻暴发，无锡全市自来水供应受到严重威胁。水体富营养化现象除发生在湖泊外，同样可发生在近海海湾、水库甚至水流速度较缓慢的江河中。

除了对湖泊长期演变的不利影响外，水体富营养化对当前的环境生态、人类健康也有很大的危害。一是使水体的外观恶化。大量藻类在水面形成一层蓝绿色或赤褐色浮渣，使水质混浊、透明度降低，并发出某些藻类特有的强烈腥臭味。二是消耗水中溶解氧，严重影响鱼类生存，并导致水生生物的稳定性和多样性降低。三是分泌致病的藻毒素，影响人畜饮用。四是造成水厂运行困难，降低出厂水质，增加供水成本，甚至完全停产。

修复已经富营养化的水体、恢复其水体功能是一项长期、复杂、需要投入巨资的系统工程，应从控制氮、磷排放着手，如限制高磷洗涤剂的使用、严格氮、磷排放标准、采取脱氮除磷的污水处理工艺、控制面源污染等，才能取得事半功倍的效果。

3. 重金属及有毒无机物污染

汞、镉、铬、铅等重金属离子（包括它们的络合物）以及氰化物、砷化物均为对人体有直接毒害的污染物。它们在低浓度下（0.01～10mg/L）即呈现毒性效应；可在微生物的作用下，转化为毒性更强的有机化合物；可通过水体中的水生生物食物链成百上千倍地浓缩，最终进入人体大量积累，造成慢性中毒，人类历史上震惊世界的水俣病、骨痛病等著名的公害病就是汞、镉污染造成的。因此，我国历年来颁布的各种水环境质量标准、用水水质标准和污水排放标准都对此类污染物的浓度加以严格的限制。

上述有毒污染物主要来自选矿、炼钢、有色冶金、化工、石化、焦化、电镀等工业企业，这些企业所排放的污水数量多、危害大，而且比较分散，处理也比较困难。

锌、铜、钴、镍、锡等重金属离子，对人体也有一定的毒害作用，但比汞、镉、铬、铅等重金属离子以及氰化物、砷化物的危害程度相对要轻得多。

15.1.3 有机物污染

有机污染物包括天然有机物和人工合成有机物两大类，前者排入水体后，大多能被水中微生物降解，同时消耗水中的溶解氧，所以被称为耗氧有机污染物；后者难以被微生物降解，甚至对微生物有毒害作用，可称为难生物降解有机污染物。

1. 耗氧有机污染物

耗氧有机物主要指碳水化合物、蛋白质、脂肪等天然有机物，是生活污水和部分工业废水的主要成分。排入水体后，在有溶解氧的条件下，被水中好氧微生物降解为CO_2、H_2O与NH_3，并消耗掉水体的溶解氧。同时，大气中的氧通过水面不断溶入水体，使溶解氧得到补充，即所谓水面复氧。若排入的耗氧有机物数量较少，耗氧速率低于复氧速率，则水体可保持清洁状态。但当排入有机物数量过多，超过水体的环境容量时，则耗氧速率会超过复氧速率，水体出现缺氧甚至无氧状态。在水体缺氧的条件下，由于厌氧微生物的作用，有机物被降解为CH_4、CO_2、NH_3及少量H_2S等有害有臭气体，使水质恶化，严重时水体完全“黑臭”。

此类有机物对水生物和人类并无直接的毒害。它们对水体的污染主要表现在消耗水中的溶解氧，从而使水质恶化。因其数量巨大，所以成为污水处理的优先和主要去除对象。

2. 难生物降解有机污染物

除人工合成有机物外，纤维素、木质素等难降解天然有机物亦属此类。它们的共同特点是化学性质稳定，难以被微生物降解。

人工合成有机物种类繁多，其中相当多种类具有较强的毒性，如农药、杀虫剂、除草剂等，还有不少种类具有很强的致癌、致畸、致突变作用。由于化学性质稳定，此类有机物排入水体后能长期稳定存在，并通过食物链在生物体内逐级富集，所以对水环境和人类的危害都非常大。因为难以被微生物降解，所以以生物处理为主体的常规污水处理厂对它们的处理效果极其有限，这类有机物也被认为是一类难处理的污染物。比较有效的方法是尽量采用清洁生产工艺，减少或杜绝此类污染物的排放；或者在厂内、车间内就地处理，尽量不让此类污染物外排，绝不允许直接排入水体。

15.1.4 病原微生物污染

污水中的大量耗氧有机物会造成水体中细菌存活和繁殖的环境，污水还含有大量病原菌、寄生虫卵和病毒等，能在水体环境中繁殖或存活，并随水流将疾病传播开来。此类病原微生物对人类存在潜在的威胁，必须高度重视。尤其在传染病流行时期，更要特别重视控制病原微生物的污染。

病原菌污染主要来自生活污水，医院污水也是病原菌污染的来源之一。对付病原微生物的主要手段是向污水中投加消毒剂将其杀灭。

15.2 水体自净

15.2.1 水体的自净作用

海洋、河流、湖泊等水体都具有对污染物的自然净化能力，相当长的历史时期以来，由于人类社会的生产和生活水平较低，排入水体的污染物种类和总量都较少，水体日复一日、年复一年地对受纳污染物进行着自然净化，污染和净化这两种作用的平衡使得水体长期保持着良好的生态环境。但是，进入现代社会以后，排入水体的污染物种类和总量大大增加，超出了水体的自净能力，水体污染程度越来越严重，生态环境日趋恶化。

水体自净包括物理、化学与生物化学的净化作用，水体所具备的自净能力称为水体自净能力或自净容量。污染物的数量超过水体的自净容量，就会导致水体污染。

物理净化作用是指通过稀释、扩散、沉淀与挥发作用，使水体中的污染物浓度均化和降低，但总量基本不变。海洋体量庞大，主要通过扩散、稀释作用降低污染物的浓度，生化作用相对极小，可忽略不计。洋流、潮汐都对污染物的扩散、稀释有显著影响。

化学净化作用是指通过氧化还原、酸碱中和等过程，使水体中的污染物浓度降低，或使其存在形态发生变化。

生物化学净化作用是水体（主要是河流、湖泊、水库等）自净的主要因素。排入水体的污水中含有大量耗氧有机物，在水中微生物的生化降解作用下，其中含碳有机物最终被分解为 CO_2 和水，含氮有机物最终被分解为 NO_3^-、NO_2^-、CO_2 和水，在此过程中，化学性质不稳定的有机物被无机化而趋于稳定，有害物质被无害化，污染物总量大幅度削减，从而使水体得到净化。与此同时，水中溶解氧被消耗，水体 DO 下降；而微生物得到增殖，并通过原生动物、水生动物这一食物链最终得以净化。

在生物化学净化过程中，水中有机物的量 BOD 和溶解氧的量 DO 都会随时间和距离发生变化，研究它们的变化规律和相互关系可得出水体自净的定量模式。

15.2.2 水体的氧平衡—氧垂曲线

有机物排入河流后，可被水中微生物氧化分解，同时消耗水中的溶解氧（DO）。所以，受有机物污染的河流，水中溶解氧的含量受有机物的降解过程控制。溶解氧含量是使河流生态系统保持平衡的主要因素之一。溶解氧的急剧降低甚至消失，会影响水体生态系统平衡和渔业资源，当 DO<1mg/L 时，大多数鱼类便窒息而死，因此研究 DO 的变化规律具有重要的实际意义。

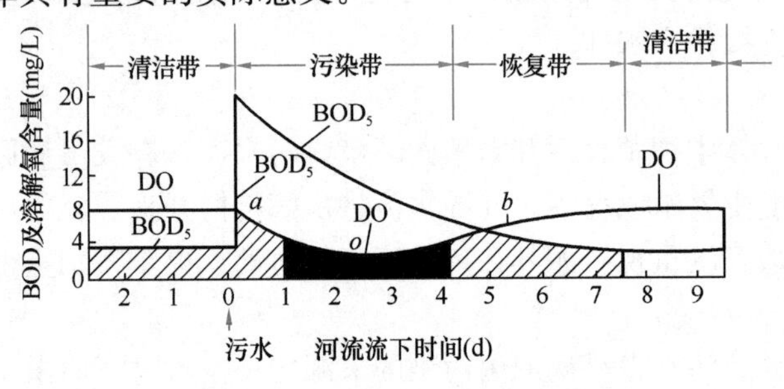

图 15-1 BOD_5 及 DO 的变化曲线

1. 氧垂曲线

有机物排入河流后，经微生物降解而大量消耗水中的溶解氧，使河水亏氧；另一方面，空气中的氧通过河流水面不断地溶入水中，使溶解氧逐步得到恢复。所以耗氧与复氧是同时存在的，河水中的 DO 与 BOD_5 浓度变化模式如图 15-1 所示。污水排入后，DO 曲线呈悬索状下垂，故称为氧垂曲线；BOD_5 曲线呈逐步下降状，直至恢复到污水排入前的基值浓度。

氧垂曲线可分为三段：第一段 $a \sim o$ 段，耗氧速率大于复氧速率，水中溶解氧含量大幅度下降，亏氧量增加，直至耗氧速率等于复氧速率。o 点处，溶解氧量最低，亏氧量最大，称 o 点为临界亏氧点或氧垂点；第二段 $o \sim b$ 段，复氧速率开始超过耗氧速率，水中溶解氧开始大幅度回升，亏氧量逐渐减少，直至转折点 b；第三段 b 点以后，溶解氧含量继续回升，亏氧量继续减少，直至恢复到排污口前的状态。

2. 氧垂曲线方程—菲利普斯方程的建立

Streeter Phelps（斯蒂特—费利普斯）1925 年对耗氧过程动力学研究后得出结论：当河流受纳有机物后，沿水流方向产生的有机物输移量远大于其扩散稀释量，当河流流量与污水量稳定，河水温度不变时，有机物生化降解的耗氧量与其时河水中的有机物量成正比。即属一维水体模型，呈一级反应，其表达式为：

$$\begin{cases} \dfrac{dL}{dt} = -K_1 L \\ t = 0, L = L_0 \end{cases}$$

$$L_t = L_0 \cdot \exp(-K_1 t)$$

或

$$L_t = L_0 \cdot 10^{-k_1 t} \qquad (15\text{-}1)$$

式中 L_0——有机物总量，即氧化全部有机物所需要的氧量，也即河水在允许亏氧量的条件下，可以氧化的最大有机物量；

L_t——t 时刻水中残存的有机物量；

t——河水流行时间，d；

k_1，K_1——耗氧速率常数，$k_1=0.434K_1$。

耗氧速率常数 K_1 或 k_1 因污水性质不同而异，须经实验确定。生活污水排入河流后，k_1 值见表 15-1。

生活污水耗氧速率常数　　表 15-1

水温（℃）	0	5	10	15	20	25	30
k_1 值	0.03999	0.0502	0.0632	0.0795	0.1	0.1260	0.1583

表 15-1 中，不同水温时的耗氧速率常数 k_1 可用下式互相换算：

$$k_{1,1}=k_{1,2}\theta^{(T_1-T_2)} \text{ 或 } k_{1,1}=k_{1,20}\theta^{(T_1-T_{20})}$$

式中　$k_{1,1}$，$k_{1,2}$，$k_{1,20}$——分别为温度 T_1、T_2、20℃时的耗氧速率常数，$k_{1,20}=0.1$；

θ——温度系数，$\theta=1.047$。

3. 溶解氧变化过程动力学

通过河流水面与大气的接触，氧不断溶入河水中，当其他条件一定时，复氧速率与亏氧量成正比例：

$$\frac{\mathrm{d}D}{\mathrm{d}t}=K_2D$$

$$t=0, D=D_0$$

式中　K_2——复氧速率常数；

D——亏氧量，$D=C_0-C_x$；

C_0——一定温度下，水中饱和溶解氧，mg/L；

C_x——河水中溶解氧，mg/L。

菲利普斯对被有机物污染的河流中溶解氧变化过程动力学进行了研究后得出结论，河水中亏氧量的变化速率是耗氧速率与复氧速率之和。在与耗氧动力学分析相同的前提条件下，亏氧方程也属一级反应，可用一维水质模型表示：

$$\frac{\mathrm{d}D}{\mathrm{d}t}=K_1L-K_2D \tag{15-2}$$

设 $t=0$ 时，$D=D_0$，$L=L_0$，则上式的积分解为

$$D_t=\frac{k_1L_0}{k_2-k_1}(10^{-k_1t}-10^{-k_2t})+D_0\,10^{-k_2t} \tag{15-3}$$

式中　D_t——t 时刻河流中亏氧量；

k_2——复氧速率常数，与水温、水文条件有关，其数值列于表 15-2 中。

复氧速率常数 k_2 值　　表 15-2

河流水文条件	水温（℃）			
	10	15	20	25
缓流水体	—	0.11	0.15	—
流速小于 1m/s 水体	0.17	0.185	0.20	0.215
流速大于 1m/s 水体	0.425	0.460	0.50	0.540
急流水体	0.684	0.740	0.80	0.865

式（15-3）称为河流的氧垂曲线方程式，即菲利普斯方程式。它的工程意义在于：

（1）用于分析受有机物污染的河水中溶解氧的变化动态，推求河流的自净过程及其环境容量，进而确定可排入河流的有机物的最大限量；

（2）推算确定最大缺氧点即氧垂点的位置及到达时间，并以此制定河流水体防护措施。

氧垂曲线到达氧垂点的时间，可通过方程（15-2）计算，即当 $\frac{dD}{dt}=0$ 时，

$$t_c=\frac{\lg\left\{\frac{k_2}{k_1}\left[1-\frac{D_0(k_2-k_1)}{k_1L_0}\right]\right\}}{k_2-k_1} \tag{15-4}$$

式中　t_c——从排污点到氧垂点所需的时间，d。

式（15-3）与式（15-4）在使用时应注意如下几点：

（1）公式只考虑了有机物生化耗氧和大气复氧两个因素，故仅适用于河流截面变化不大，藻类等水生植物和底泥影响可忽略不计的河段；

（2）仅适用于河水与污水在排放点处完全混合的条件；

（3）所使用的 k_1，k_2 值必须与水温相适应；

（4）如沿河有几个排放点，则应根据具体情况合并成一个排放点计算或逐段计算。

按氧垂曲线方程计算，在氧垂点的溶解氧含量达不到地表水最低溶解氧含量要求时，则应对污水进行适当处理。故该方程式可用于估算污水处理厂的处理程度。

4. 氧垂曲线方程的应用

以下通过【例 15-1】的计算，说明如何利用氧垂曲线方程对污水处理程度与环境容量进行估算。实际情况远比例题复杂得多，但该例题有助于了解氧垂曲线方程的工程意义。

【例 15-1】　某城镇人口 10 万人，排水量标准 150L/(p·d)，每人每日排放于污水中的 BOD_5 为 27g，换算成 BOD_u 为 40g。河水流量为 $3m^3/s$，河水夏季平均水温为 20℃，在污水排放口前，河水溶解氧含量为 6mg/L，BOD_5 为 2mg/L(BOD_u＝2.9mg/L)。根据溶解氧含量求该河流的自净容量和该城镇污水应处理的程度。排放污水中的溶解氧含量很低，可忽略。

【解】

（1）先确定各项原始数值

排入河流的污水量为：

$$q=100000\times0.150m^3/(p\cdot d)=15000m^3/d=0.173m^3/s$$

污水与河水混合后的初始溶解氧为（设只有一半河水与污水完全混合）：

$$C_x=\frac{3.0\times0.5\times6+0.173\times0}{3.0\times0.5+0.173}=5.38mg/L$$

污水与河水混合后的初始亏氧量为：

$D_0=C_0-C_x=9.17-5.38=3.79mg/L$（20℃ 时饱和溶解为 9.17mg/L）。

设临界亏氧点的溶解氧值不低于三类水体标准值 5.0mg/L，则其最高允许亏氧量为：

$$D_c=9.17-5.0=4.17mg/L$$

取 k_1＝0.1（水温 20℃），k_2＝0.2（按表 15-2 取流速小于 1.0m/s，水温 20℃的 k_2

值）。

（2）求解允许排入该河流的污水初始 BOD 值 L_0

因临界亏氧点有 $\frac{dD_c}{dt_c}=0$，可由式（15-2）$\frac{dD}{dt}=K_1L-K_2D=0$，得：

$$K_1L_c=K_2D_c$$

将式（15-1）$L_c=L_0\cdot 10^{-k_1t_c}$ 代入，可得：

$$D_c=\frac{k_1}{k_2}L_0\cdot 10^{-k_1t_c}$$

将此式与式（15-4）$t_c=\frac{\lg\left\{\frac{k_2}{k_1}\left[1-\frac{D_0(k_2-k_1)}{k_1L_0}\right]\right\}}{k_2-k_1}$ 联立，代入已知的 k_1、k_2、D_0、D_c 值，得：

$$4.17=0.5L_0\cdot 10^{-0.1t_c},\ 8.34=L_0\cdot 10^{-0.1t_c}$$

$$t_c=\frac{\lg\left\{2\left[1-\frac{3.79(0.2-0.1)}{0.1L_0}\right]\right\}}{0.2-0.1}=\frac{\lg(2-7.58/L_0)}{0.1},\ 0.1t_c=\lg(2-7.58/L_0)$$

即 $8.34=L_0\cdot 10^{-0.1t_c}=L_0\cdot 10^{-\lg(2-7.58/L_0)}=L_0\frac{1}{2-7.58/L_0}=\frac{L_0^2}{2L_0-7.58}$

可化为一元二次方程 $L_0^2-16.68L_0+63.22=0$

解得 $L_0=10.86$ 或 5.83mg/L，取 $L_0=10.86$mg/L。

（3）求临界亏氧点的位置

将 k_1、k_2、L_0、D_0 值代入式（15-4），

$$t_c=\frac{\lg\left\{\frac{k_2}{k_1}\left[1-\frac{D_0(k_2-k_1)}{k_1L_0}\right]\right\}}{k_2-k_1}=\frac{\lg\left\{2\left[1-\frac{3.79(0.2-0.1)}{0.1\times 10.86}\right]\right\}}{0.2-0.1}=3.8\text{d}$$

若河水流速为 0.5m/s，则临界点距排污点的距离为：

$$S=0.5\times 3.8\times 86400\div 1000=164.2\text{km}$$

即临界亏氧点位于污水排放点下游 164.2km 处。

（4）求污水排入河流前的允许最高 BOD_u 限值 b_w 与河流的自净容量

因污水排入前河流的本底 BOD_u 值 $b_h=2.9$mg/L，故有

$$L_0=\frac{3.0\times 0.5\times 2.9+0.173b_w}{3.0\times 0.5+0.173}=10.86\text{mg/L}$$

$$b_w=79.88\text{mg/L}$$

河流的自净容量（环境容量）为：

$$qb_w=15000\times 79.88\div 1000=1198.2\text{kgBOD}_u/\text{d}=815\text{kgBOD}_5/\text{d}$$

（5）求污水处理厂的 BOD 去除率 η

污水处理前的 BOD_5 值为 27×1000/150=180mg/L

污水处理后的 BOD_5 最高限值为 79.88×0.68=54.3mg/L

所以污水应达到的处理程度为 $\eta=(180-54.3)/180=69.8\%$

此题的另一解法为试算法。即先假定 L_0 为某值（例如令 $L_0=15$mg/L），代入式（15-4），将解得的 t_c 值代入式（15-3）求得第二个 L_0 值 L_0'；将求得的 L_0' 值与假定的 L_0 值比

较，如两者相差较大，可将求得的 L_0' 值再次代入式（15-4），再次解得 t_c 值，并代入式（15-3）求得第三个 L_0 值 L_0''；如此反复迭代，直至前后两个 L_0 值差值小于预定误差（例如 0.1mg/L），则最后求得的 L_0 值即为正确的答案。其余计算与本例相同。

思考题与习题

1. 什么是植物营养元素？过多的氮、磷排入天然水体有什么危害？

2. 耗氧有机污染物对水体的危害表现在什么地方？

3. 什么是水体自净？简述水体自净过程中的物理净化、化学净化与生物化学净化作用。

4. 氧垂曲线是如何形成的？什么是氧垂点？

5. 某城市人口 35 万人，排水量标准 150L/（p·d），每人每日排放于污水中的 BOD_5 为 27g，换算成 BOD_u 为 40g。河水流量为 $3m^3/s$，河水夏季平均水温为 20℃，在污水排放口前，河水溶解氧含量为 6mg/L，BOD_5 为 2mg/L（BOD_u＝2.9mg/L）。根据溶解氧含量用试算法求该河流的自净容量和该城镇污水应处理的程度。

第16章 物 理 处 理

城镇污水中的生活污水和工业废水都含有大量的漂浮物和悬浮物质，这些呈悬浮状态的固体污染杂质主要采用物理处理法加以去除。物理处理法的处理设备一般有筛网、格栅、沉砂池、沉淀池、隔油池、离心机与旋流分离器等。

在城镇污水处理厂中，用以去除悬浮固体的物理处理法既可组成单独的处理工艺（如作为分期实施的处理厂的初期处理设施），也可作为二级生化处理的预处理工艺。经过一级处理后的污水，由于有机性悬浮物的去除（SS约可去除40%～55%以上），同时可去除BOD 25%～40%左右，一般还不能达到污水的排放标准。

污水中的漂浮物和较大的悬浮物用筛网、格栅等筛滤设备截留去除，无机性悬浮物如泥砂等用沉砂池去除，有机性悬浮物用沉淀池（在城镇污水处理厂中通常称为初次沉淀池，简称初沉池）去除。

本章主要阐述城镇污水处理使用的格栅与筛网、沉砂池、沉淀池。

16.1 格 栅 与 筛 网

格栅与筛网设置在泵房集水井的进口处，或污水处理系统前的污水渠道中，用以截留污水中的悬浮物或漂浮物，如纤维、碎皮、毛发、木屑、果皮、蔬菜、塑料制品等，以防止水泵、管道和后续处理构筑物的机械设备如孔口等被磨损或堵塞，使后续处理流程能顺利运行，同时还可减轻后续处理构筑物的处理负荷。

由一组平行的金属栅条组成的筛滤设备叫作格栅，由金属滤网制成的筛滤设备称为筛网或格网。也可将两者统称为格栅。

格栅在城市污水处理厂中被广泛应用。被格栅截留的物质称为栅渣，栅渣含水率约为70%～80%，密度约为750～960kg/m³。

16.1.1 格栅分类

格栅的种类很多，可按不同方式将其分类。

按栅条形状，可分为平面格栅与曲面格栅。

按栅条运动状态，可分为固定格栅与回转格栅。

按栅条间隙宽度，可分为粗格栅（一般16～40mm，特殊情况可达100mm）、细格栅（1.5～10mm）和超细格栅≤1mm。

按清除栅渣的方式，可分为人工清渣、机械清渣和水力清渣。

平面格栅是最常用的格栅之一，由框架和焊接在框架上的碳钢或不锈钢制平行栅条（或筛网）组成。大部分平面格栅直接将框架固定安装在集水井或污水渠道的两侧壁上，称为固定平面格栅（图16-1，A型）；一些小型平面格栅在集水井或污水渠道两侧壁上各固定一导轨，框架插入两导轨之间，可由起重机械将框架提出水面进行人工清渣（图 16-1，B 型）。

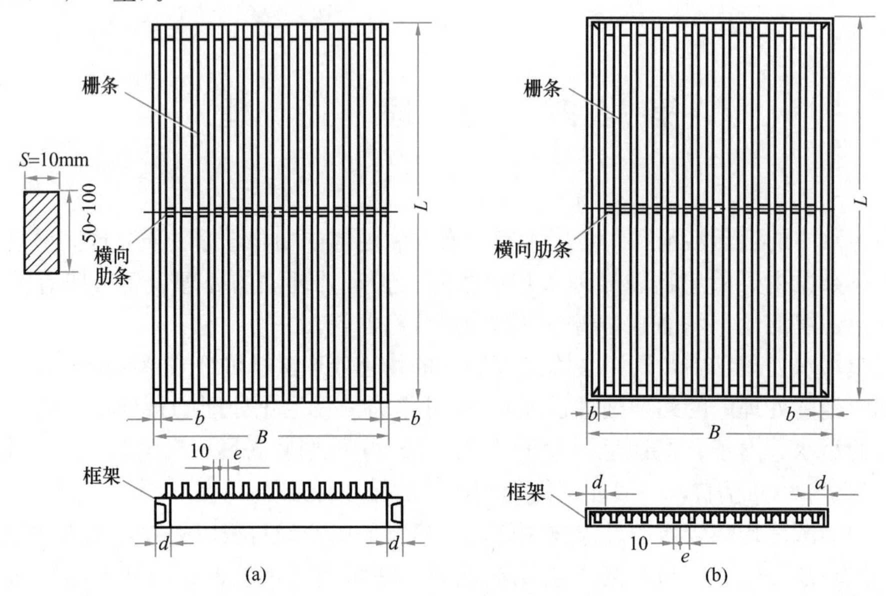

图 16-1 平面格栅
(a) A 型平面格栅；(b) B 型平面格栅

格栅基本尺寸参数包括格栅宽度 B、格栅长度 L、栅条宽度 s、栅条间隙宽度 e、栅条至外边框的距离 b 等。

图 16-2 为平面格栅的安装方式。

回转式平面格栅的栅条呈链条状，若干链状栅条并排组装在格栅框架上、下两链轮间，随着链轮的缓慢旋转，截留在链状栅条间隙的栅渣不断被带出水面，随即因重力而自行落下，或由安装在上部链轮一侧的反向旋转的刷子将其清除。回转式平面格栅如图 16-3 所示。回转式平面格网在每对链节之间装有带滤网的小框，通常采用水力清渣，图 16-4 显示其构造和作用示意图，这种回转式平面格网工程上称为旋转滤网 。

曲面格栅也可分为固定曲面格栅与旋转曲面格栅两种，如图 16-5 所示。

曲面格栅适用于水位较浅的污水渠道或格栅井。弧形格栅的旋转耙臂在电动机和减速机带动下（也有水力驱动的）沿弧形栅条面旋转，耙齿插入栅条间隙由下向上清捞栅渣，当除污耙运转到渠道的上平台面时，栅渣被清扫器清扫落入垃圾小车或栅渣输送机中。

内进式鼓形格栅除污机中，污水从鼓筒内向鼓筒外流动，水中的悬浮物截留于栅形鼓筒筐的内表面上，随着截留污物量的增多，过滤面积逐渐减小，水头损失逐渐增大，至筐内外水位差达到设定值时，除污耙自动回转梳除栅渣，将其卸入栅筐中的集渣斗内，由斗底部的螺旋输送机提升，栅渣边上行边沥水，至顶端压榨段时挤压脱水，最后落入贮渣容器中，外运处理。

平面格栅与曲面格栅均可做成粗格栅或细格栅。格栅的选用可以根据污水处理工艺来定，如不设初沉池的工艺可选用粗、细两道格栅；设有初沉池的工艺，则一般选用一道粗格栅，也可用粗、细两道格栅。设置两道格栅的污水处理厂，一般将粗格栅安装在

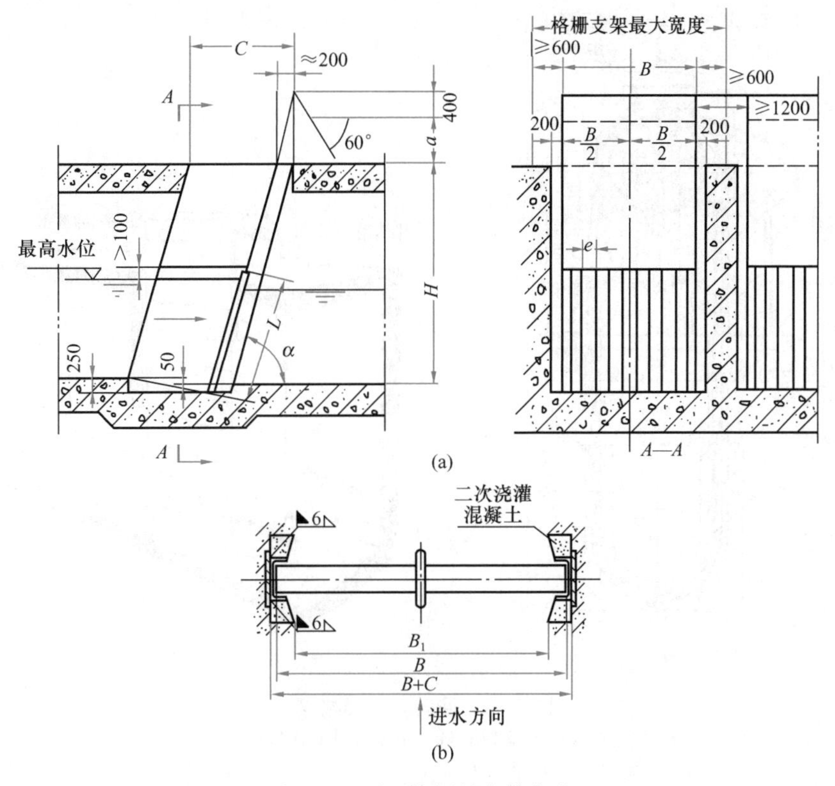

(a)

(b)

图 16-2　平面格栅的安装方式

（a）固定格栅的安装方式；（b）带导轨平面格栅的安装剖面图

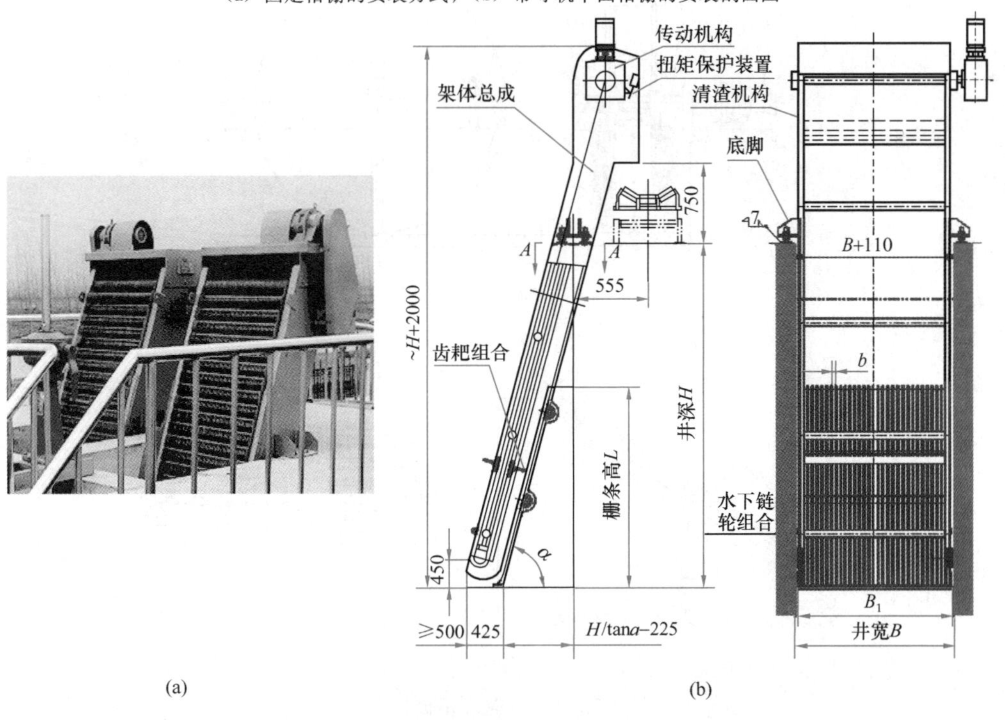

(a)　　　　(b)

图 16-3　回转式平面格栅

（a）两台回转式平面格栅并排安装；（b）构造示意图

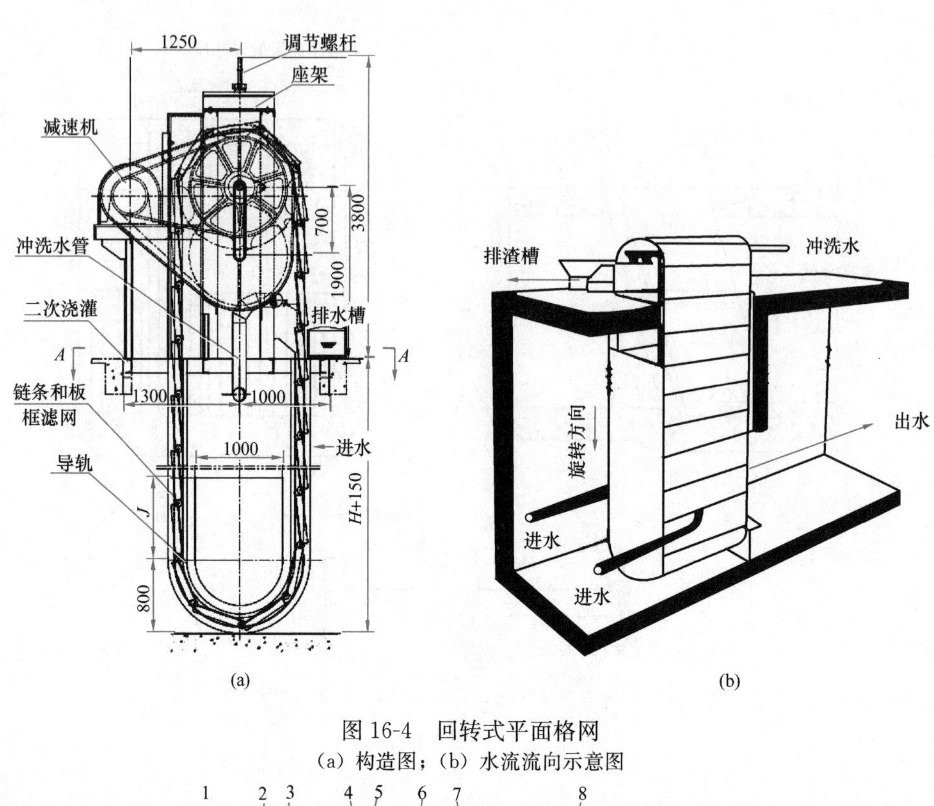

图 16-4　回转式平面格网

(a) 构造图；(b) 水流流向示意图

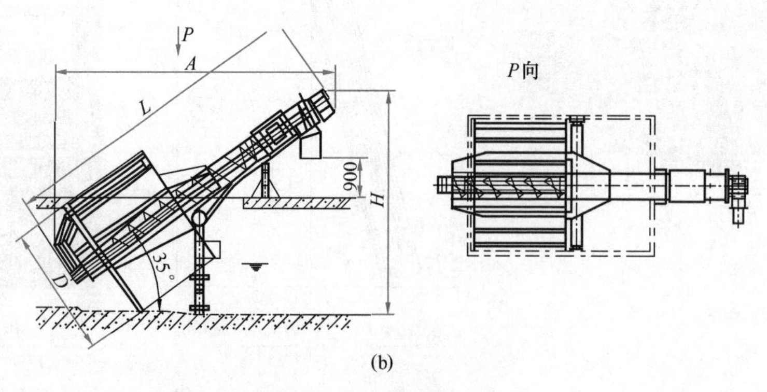

图 16-5　曲面格栅

(a) 弧形格栅；(b) 内进式鼓形格栅除污机

1—电动机和减速机；2—联轴器；3—传动轴；4—旋转耙臂；5—耙齿；6—轴承座；7—清扫器；8—弧形栅条

水泵前，用以保护水泵免遭堵塞；细格栅安装在水泵后，用以保护后续处理构筑物并减轻其处理负荷。工业废水中常夹杂有细小的颗粒和纤维等，此时可选用细格栅或超细格栅。

人工清渣格栅适用于小型污水处理厂。为工人安全及易于清渣作业，避免清渣过程中栅渣掉入水中，格栅的安装角度以30°～60°为宜。人工清渣的间隔时间较长，其格栅间隙的设计净面积应采用较大的安全系数，一般不小于进水管渠有效面积的2倍。

机械清渣格栅适用于大、中型污水处理厂。当栅渣量大于$0.2m^3/d$时，为改善劳动与卫生条件，都应采用机械清渣格栅。机械清渣格栅的安装角度一般为60°～90°，机械清渣的间隔时间较短，甚至可连续清渣，因此格栅间隙的设计净面积可取较小的安全系数，一般不小于进水管渠有效面积的1.2倍。

安装在固定格栅上的清渣机械称为格栅除污机或清渣机，其主要部件是齿耙，齿耙的耙齿嵌入栅条间隙。驱动齿耙的方式有臂式、链式和钢索牵引式等。驱动机械推动齿耙沿栅条间隙由下往上移动，将拦截的栅渣清除。格栅除污机的运行由设定的格栅前后渠道水位差或设定的时间自动控制。配有除污机的格栅称为机械格栅。

格栅除污机可分为固定式和移动式，固定在一台格栅上的除污机即为固定式格栅除污机，在较宽的大型格栅（$B>4000$mm）或多台平行格栅之间移动并轮流为它们清除栅渣的除污机即为移动式格栅除污机。在大型城市污水处理厂及大型泵站中，往往设置多台格栅，此时为节省投资、提高设备利用率，可采用移动式格栅除污机。

图16-6表示一种链条式机械格栅的示意图。齿耙固定于链条上，链条沿导轨运行，齿耙从栅条的后部下行，从底部运行至栅条前部，从下向上地将被栅条拦截的栅渣顺着挡板捞至卸渣口处，卸入栅渣小车中。

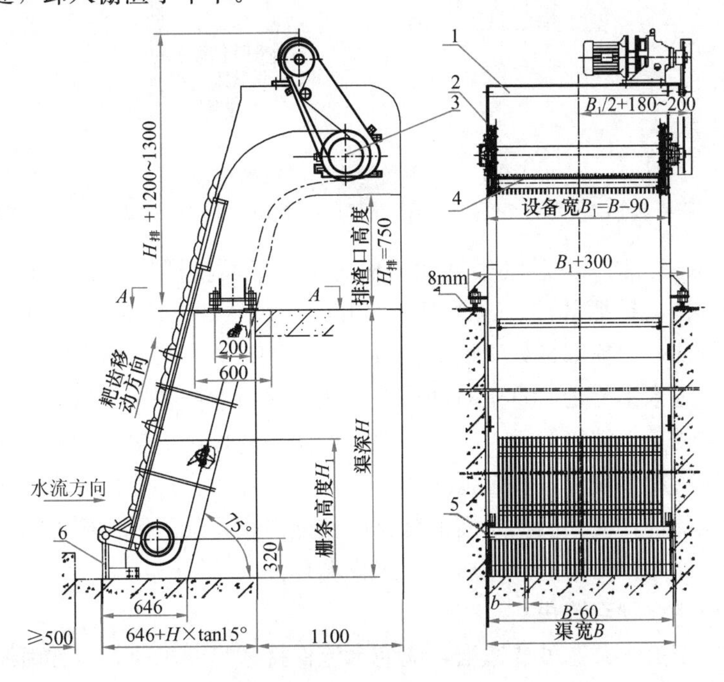

图16-6　链条式格栅栏除污机

1—架体总成；2—牵引链；3—传动系统；4—齿耙组合；5—水下导轮组合；6—水下副栅

图 16-7 是一种钢丝绳牵引式机械格栅。耙斗在张开状态下沿轨道下降至底部，在控制部件的作用下完成合耙，耙齿插入栅隙。然后由起升部件牵引耙斗上行，将拦截的栅渣、杂物等捞入耙斗中，至出渣口处借助除污推杆将栅渣卸出，耙斗停止上行并张开，完成一个除污动作循环。

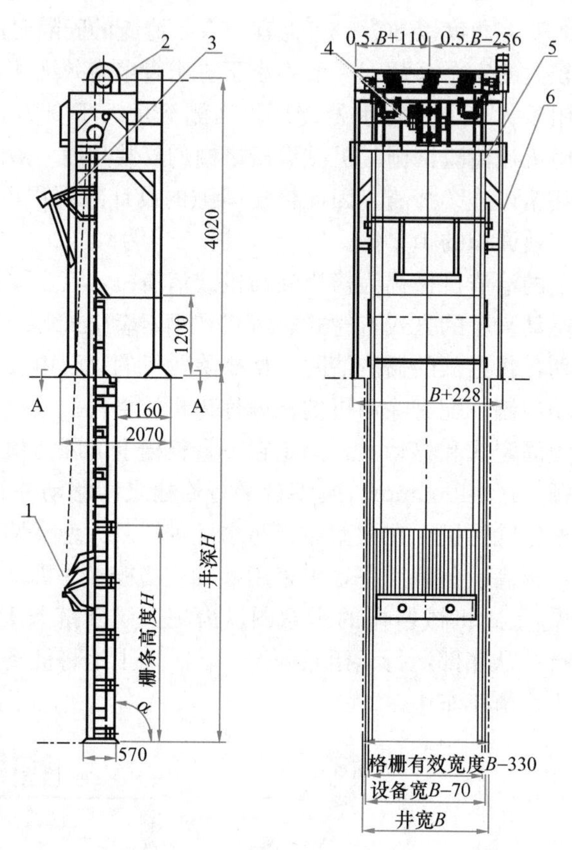

图 16-7　钢丝绳牵引式机械格栅

1—除渣耙斗；2—起升部件；3—除污推杆；4—控制部件；5—机架；6—地面支架

图 16-8 显示一台铲抓式移动格栅除污机为多台平面格栅除污的工作过程。这种格栅除污机由格栅部件、铲抓部件、电动葫芦、开闭耙装置、升降电缆卷筒、机架部件等构成。除污机运行前，铲抓部件处于最高位置，抓斗张开；当某一格栅段需要除污时，铲抓部件沿工字钢轨道水平行走，直至对准该格栅段；然后卷链装置开始向下放链，铲抓部件下行，当铲斗与栅条上端接触后，在铲斗两侧导向条的作用下耙齿插入栅条间隙，铲斗继续沿栅条向下滑行耙集栅渣，直至抵达渠（井）底后停止；接着抓斗逐渐闭合，闭合后卷链装置提升铲抓部件，使其沿栅条面上行至限位处停止；最后铲抓部件沿着工字钢轨道水平移向卸渣场，抓斗张开卸渣，完成一个工作循环。

16.1.2　格栅设计与选用

设置格栅的渠道，其宽度要适当，应使水流保持适当的流速，一方面泥砂不至于沉积在沟渠底部，另一方面截留的污染物又不至于冲过格栅。这一流速通常采用 0.4～0.9m/s。

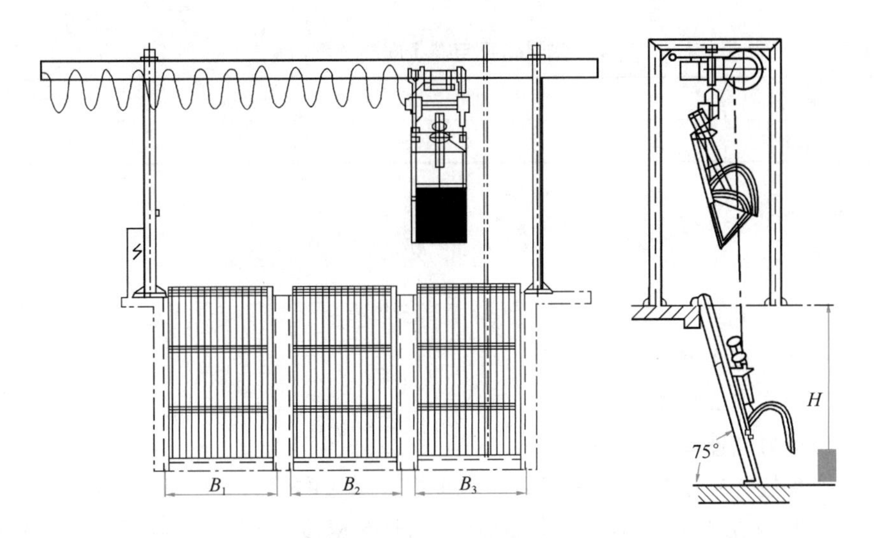

图 16-8　铲抓式移动格栅除污机

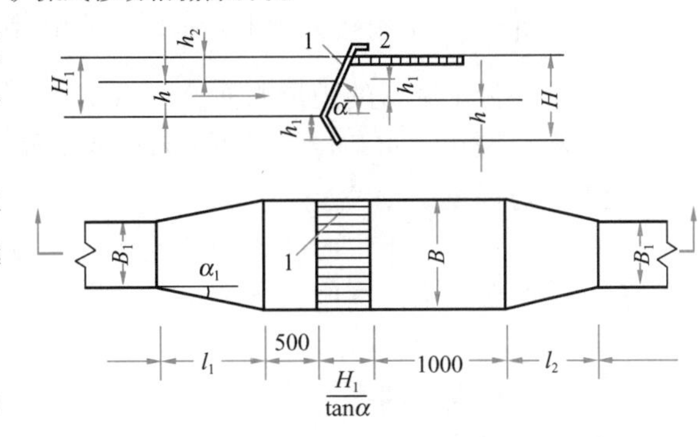

图 16-9　格栅计算草图
1—格栅；2—平台

格栅间隙净面积一般按设计规范要求的过栅流速来控制。过栅流速一般取 0.6～1.0m/s。

格栅设计内容包括尺寸计算、水力计算、栅渣量计算及清渣机械的选用等。格栅计算草图如图 16-9 所示。

格栅总宽度

$$B = s(n-1) + en \quad (16\text{-}1)$$

格栅间隙数

$$n = \frac{Q_{\max}\sqrt{\sin\alpha}}{ehv} \quad (16\text{-}2)$$

式中　B——格栅总宽度，m；

s——栅条宽度，m；

e——栅条间隙宽度，m，粗格栅：机械清除时宜为 16～25mm，人工清除时宜为 25～40mm，特殊情况下，最大间隙可为 100mm；细格栅：宜为 1.5～10mm；水泵前，栅条间隙宽度应根据水泵进口口径按表 16-1 选用；

n——格栅间隙数；

$Q_{\max}$——最大设计流量，m^3/s，当污水为自流进入时，应按分期建设每期的最高日最高时设计流量计算；当污水为提升进入时，应按每期工作水泵的最大组合流量校核管渠配水能力；合流制排水系统按合流设计流量计算；

α——格栅倾角，°。除转鼓式格栅除污机外，机械清除格栅的安装角度宜为 60°～90°，人工清除格栅的安装角度宜为 30°～60°；

h——栅前水深，m；

v——过栅流速，m/s。最大设计流量时的污水过栅流速宜采用 0.6～1.0m/s；

$\sqrt{\sin\alpha}$——经验系数。

水泵口径与栅条间隙宽度 表 16-1

水泵口径（mm）	<200	250～450	500～900	1000～3500
栅条间隙（mm）	15～20	30～40	40～80	80～100

过栅水头损失

$$h_1 = kh_0 \tag{16-3}$$

$$h_0 = \xi \frac{v^2}{2g} \sin \alpha$$

式中 h_1——过栅水头损失，m；

h_0——计算水头损失，m；

g——重力加速度，9.81m/s^2；

k——系数，格栅受污物堵塞后，水头损失增大的倍数，一般 $k=3$；

ξ——阻力系数，与栅条断面形状、栅条宽度、栅条间隙宽度等有关，$\xi = \beta\left(\frac{s}{e}\right)^{4/3}$，栅条为矩形断面时，形状系数 $\beta=2.42$；圆形断面 $\beta=1.79$；迎水面为半圆形的矩形断面 $\beta=1.83$。

为避免栅前渠道涌水，设计时可将栅后渠底降低 h_1 作为补偿。见格栅计算草图 16-9。

格栅渠道总高度

$$H = h + h_1 + h_2 \tag{16-4}$$

式中 H——格栅渠道总高度，m；

h——栅前水深，m；

h_2——格栅渠道超高，m。

格栅渠道总长度

$$L = l_1 + l_2 + 1.0 + 0.5 + \frac{H_1}{\tan\alpha} \tag{16-5}$$

$$l_1 = \frac{B - B_1}{2\tan\alpha_1}$$

$$l_2 = \frac{l_1}{2}$$

式中 L——格栅渠道总长度，m；

H_1——栅前渠道高度，m；

l_1——进水渠渐宽部分的长度，m；

B_1——进水渠道宽度，m；

α_1——进水渠道展开角，一般为 20°；

l_2——出水渠渐缩部分的长度，m。

每日栅渣量

$$W = \frac{QW_1 \times 86400}{1000} \tag{16-6}$$

式中 W——每日栅渣量，m^3/d；

W_1——栅渣量，m^3/(10^{3}m^3 污水)，与地区特点、格栅间隙大小、污水处理量、排水系统类型有关，无当地资料时可取 0.10～0.01。栅条间隙宽度 16～25mm

时，取 0.10～0.05m^3/(10^3m^3 污水)，30～50mm 时取 0.03～0.01m^3/(10^3m^3 污水)；

Q——平均日流量，(L/s)；

最大设计流量可由 $Q_{max}=K_{总}\times Q$ 求得，其中

$K_{总}$——综合生活污水量总变化系数，见表 16-2。

综合生活污水量总变化系数　　表 16-2

平均日流量（L/s）	5	15	40	70	100	200	500	≥1000
总变化系数	2.3	2.0	1.8	1.7	1.6	1.5	1.4	1.3

注：当污水平均日流量为中间数值时，总变化系数可用内插法求得。

格栅上部必须设置工作平台，其高度应高出格栅前最高设计水位 0.5m，工作平台上应有安全和冲洗设施。格栅工作平台两侧边道宽度宜采用 0.7～1.0m。工作平台正面过道宽度，采用机械清除时不应小于 1.5m，采用人工清除时不应小于 1.2m。

一般情况下污水预处理阶段散发的臭味较大，格栅、输送机和压榨脱水机的进出料口宜采用密封形式，根据周围环境情况，可设置除臭处理装置。格栅间应设置通风设施和有毒有害气体的检测与报警装置。

【例 16-1】 已知某城镇污水处理厂日平均污水量 $Q=0.35m^3/s$，试计算格栅各部分尺寸。

【解】 设格栅前渠道水深 $h=0.6m$，过栅流速 $v=0.9m/s$，栅条间隙宽度 $e=20mm$，格栅倾角 $\alpha=60°$。

(1) 计算格栅总宽度 B

按表 16-2 取 $K_{总}=1.45$，取栅条宽度 $s=0.01m$，按式（16-2）计算格栅间隙数 n，即

$$n=\frac{Q_{max}\sqrt{\sin\alpha}}{ehv}=\frac{0.35\times1.45\sqrt{\sin60^{\circ}}}{0.02\times0.6\times0.9}\approx43$$

按式（16-1）计算格栅总宽度

$$B=s(n-1)+en=0.01(43-1)+0.02\times43=1.28m$$

(2) 计算过栅水头损失 h_1

栅条采用矩形断面，形状系数 $\beta=2.42$，取水头损失增大倍数 $k=3$，将各已知数代入式（16-3），计算过栅水头损失 h_1

$$h_1=kh_0=k\xi\frac{v^2}{2g}\sin\alpha=k\beta\left(\frac{s}{e}\right)^{4/3}\frac{v^2}{2g}\sin\alpha$$

$$=3\times2.42\left(\frac{0.01}{0.02}\right)^{4/3}\frac{0.9^2}{2\times9.81}\sin60^{\circ}=0.097m$$

取 $h_1=0.1m$，即将栅后渠底降低 0.1m，以免栅前渠道涌水，如图 16-9 所示。

(3) 计算格栅渠道总高度 H

取格栅渠道超高 $h_2=0.3m$，则栅前渠道高度 $H_1=0.3+0.6=0.9m$，由式（16-4）计算格栅渠道总高度 H

$$H=h+h_1+h_2=0.6+0.1+0.3=1.0m$$

(4) 计算格栅渠道总长度 L

取进水渠道流速为 0.75 m/s，则进水渠道宽度 $B_1=1.11\text{m}$；进水渠道展开角 α_1 为 20°，进水渠渐宽部分的长度

$$l_1=\frac{B-B_1}{2\tan\alpha_1}=\frac{1.28-1.11}{2\tan 20^\circ}\approx 0.24\text{m}$$

出水渠渐缩部分的长度

$$l_2=\frac{l_1}{2}=0.24/2=0.12\text{m}$$

格栅渠道总长度

$$L=l_1+l_2+1.0+0.5+\frac{H_1}{\tan\alpha}=0.24+0.12+0.5+1.0+0.9/1.047=2.72\text{m}$$

(5) 每日栅渣量

对于栅条间隙 20mm 的格栅，可取 $W_1=0.07\text{m}^3/(10^3\text{m}^3$ 污水)，由式（16-6）可得

$$W=\frac{QW_1\times 86400}{1000}=\frac{0.35\times 0.07\times 86400}{1000}=2.12\text{m}^3/\text{d}$$

计算结果 $W>0.2\text{m}^3/\text{d}$，应采用机械格栅。

16.1.3 破碎机

破碎机的作用与格栅不同，格栅是将污水中的悬浮固体从污水中截留、分离出来，另行处置，可以减小后续处理构筑物的负荷。破碎机则将污水中较大的悬浮固体破碎成较小的、较均匀的碎块，仍留在污水中，随污水流至后续污水处理构筑物合并处理，所以后续处理构筑物的负荷并不减小。破碎机可以防止污水处理系统堵塞，保证污水处理厂设备正常运行。

破碎机可与格栅并列安装，污水中的塑料、布片、木片、空瓶罐等固体物由格栅截留送到破碎机中粉碎，而水从格栅中流过；也可安装在格栅后、污水泵前，作为格栅的补充，防止污水泵被阻塞；为减轻破碎机的磨损，有时也安装在沉砂池之后。

国外的城市污水处理厂普遍使用破碎机并取得显著效果，有成套定型设备可供选用。我国目前也已开始生产、应用。

破碎机有转鼓式、齿轮式、耙式等结构形式，可以安装在污水渠道中（立式安装），也可安装在管道上（管式），有些破碎机和格栅设计成一体化结构。转鼓式破碎机主要由半圆柱形固定滤网与同心的圆柱形转动切割盘组成，切割盘由上部的电动机和减速机带动旋转。污水流过破碎机时，固定滤网截留下来的悬浮固体，被不断旋转的圆柱形切割盘切碎后，随水流走，其构造及安装示意如图 16-10 所示。齿轮式破碎机的主要部件是一对逆向旋转的齿轮组，污水中的固体杂物通过齿轮组时被挤压破碎。

设计时须考虑维修的方便。可在破碎机前、后渠道上分别安装平板闸门，同时在旁通渠道内设置备用格栅。在停电、两台破碎机同时发生机械故障或污水流量超负荷时，可关闭破碎机前、后渠道上的平板闸门，使污水经由旁通渠道经备用格栅截污后流入后续处理构筑物。

16.1.4 栅渣的处置

格栅截留的栅渣含水率高，臭味大，须进一步处置以减轻其对环境的污染。

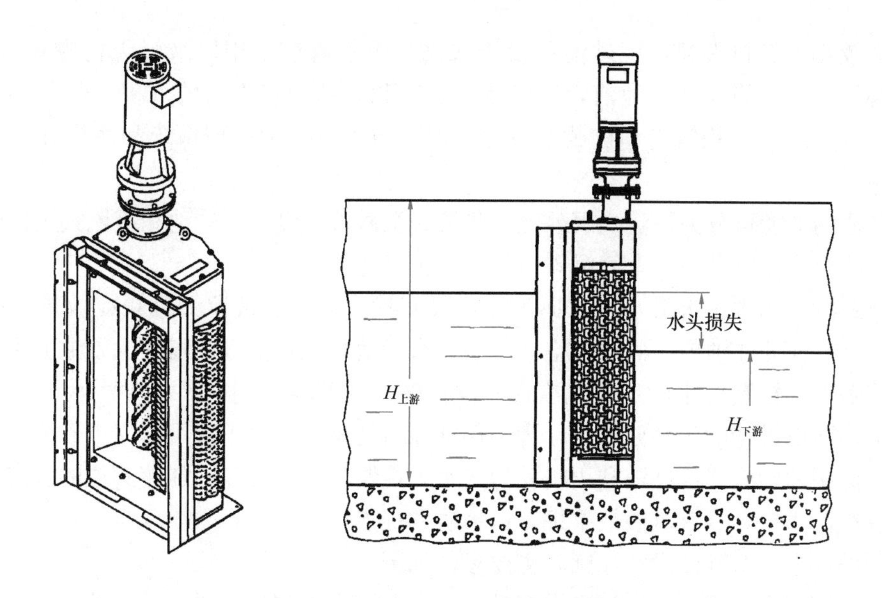

图 16-10 转鼓式破碎机构造及安装示意图

一般用压榨机将栅渣压榨脱水，去除栅渣中大部分水分，减小栅渣的容积，以利于运输及进一步焚烧或填埋处置。经压榨脱水后，栅渣含水率从 70%～80%降低到 50%～55%，体积减小为原来的 40%～60%左右。

图 16-11 为某型号螺旋输送压榨机的示意图。其螺旋直径有 200mm 和 300mm 两种，处理量为每小时 1.5～3.0m³。

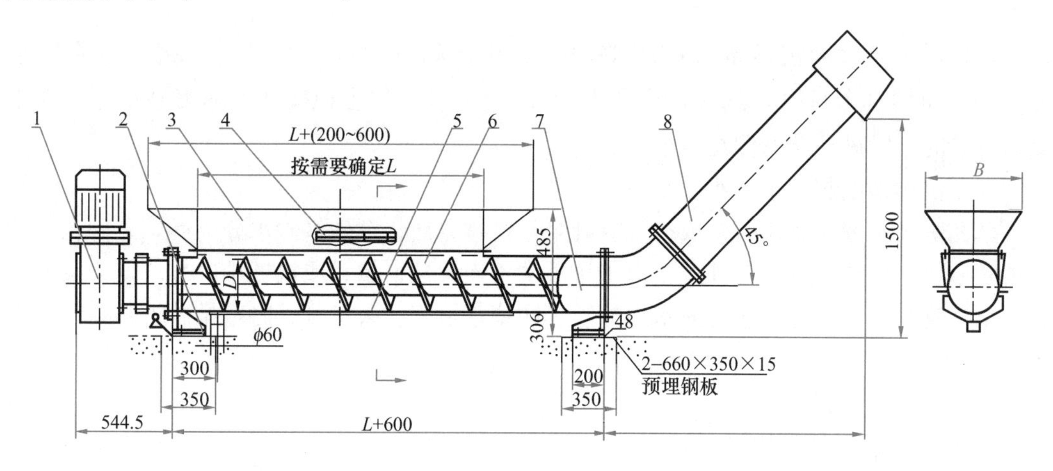

图 16-11 某型号螺旋输送压榨机示意图

1—驱动机构；2—底部支架；3—料斗；4—网格；5—出水斗；6—螺旋杆；7—料筒；8—输渣筒

16.2 沉 砂 池

由于雨水从合流制管道、缺失或破损井盖、雨污水管道不当连接处进入污水系统，地下水从管道接口等渗漏处进入污水管等原因，污水中会混入相当数量的泥、砂、煤渣等无机颗粒杂质。沉砂池设计的原则是只去除污水中相对密度较大的无机颗粒，不去除相对密度较小的有机颗粒。沉砂池可设于泵站、倒虹管前，用以减轻无机颗粒对水泵、管道的磨损；也可设于初沉池前，用以减少管渠和处理构筑物内的沉积，避免重力排泥困难，减轻后续处理构筑物和机械设备的磨损，防止对生物处理系统和污泥处理系统运行的干扰。

沉砂池的池型可分为平流式沉砂池、竖流式沉砂池、曝气沉砂池和旋流式沉砂池。常用的沉砂池有平流沉砂池、曝气沉砂池、旋流沉砂池等。

平流式沉砂池内污水沿水平方向流动，具有构造简单、截留无机颗粒效果较好的优点。曝气沉砂池即在池的一侧通入空气，使污水沿池长旋转推进。曝气沉砂池的优点是可通过调节曝气量控制污水的旋流速度，使除砂效率较稳定，同时，还对污水起预曝气作用。但生物除磷设计的污水处理厂，为了保证除磷效果，一般不采用曝气沉砂池。近年来日益广泛使用的旋流式沉砂池利用机械力或水力控制流态与流速，加速砂粒的沉淀，有机物则被留在污水中，具有沉砂效果好、占地省的优点。

工程设计中，沉砂池设计原则和主要参数如下。

（1）城镇污水处理厂一般均应设沉砂池，工业废水处理是否要设置沉砂池，应根据水质情况而定。城镇污水处理厂的沉砂池的只数或分格数应不少于两只。

（2）设计流量的选定原则是：当污水自流入池时，应按最大设计流量计算；当污水由抽升泵送入时，应按工作水泵的最大组合流量计算；在合流制处理系统中，按降雨时设计流量计算。

（3）沉砂池去除的砂粒杂质一般以相对密度为 2.65，粒径为 0.2mm 以上的颗粒为主。

（4）城镇污水的沉砂量可按每 10 万 m^3 污水的沉砂量为 $3m^3$ 计（每立方米污水 0.03L），沉砂含水率约为 60%，重度 $1.5t/m^3$，贮砂斗的容积按 2 天的沉砂量计。采用重力排砂时，贮砂斗斗壁倾角不小于 55°。

（5）沉砂池的超高不宜小于 0.3m。

（6）除砂一般宜采用砂泵或空气提升泵等机械方法。沉砂经砂水分离后，干砂在贮砂池或晒砂场贮存或直接装车外运。由于排砂的不连续性，重力或机械排砂方法均会发生排砂管堵塞现象，在设计中应考虑水力冲洗等防堵塞措施。人工排砂时，排砂管直径不应小于 200mm。

16.2.1 平流式沉砂池

1. 平流式沉砂池的构造

平流式沉砂池的原理及构造与平流式沉淀池基本相同。无机颗粒的沉淀过程属于自由沉淀类型，水温 15℃时砂粒在静水压力下的沉降速度(mm/s)见表 16-3。设计平流式沉砂池时，只需控制合适的水平流速和流行时间，就可使大于某一相对密度和粒径的颗粒有效地下沉而去除。

水温 15℃时砂粒在静水压力下的沉降速度 u_0 **表 16-3**

砂粒径（mm）	0.20	0.25	0.30	0.35	0.40	0.50
u_0（mm/s）	18.7	24.2	29.7	35.1	40.7	51.6

平流式沉砂池由入流渠、出流渠、闸板、水流部分及沉砂斗组成，如图 16-12 所示。其优点是截留无机颗粒效果较好、工作稳定、构造简单、排沉砂较方便。

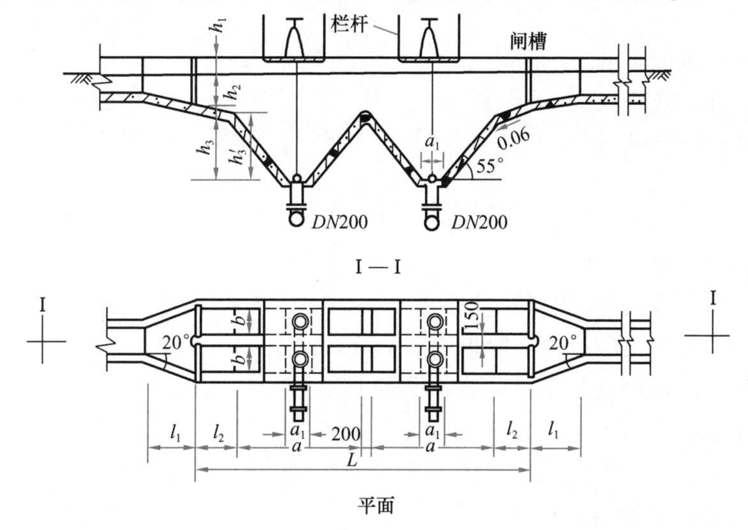

图 16-12　平流式沉砂池工艺图

2. 平流式沉砂池的设计

（1）平流式沉砂池的设计参数

1）水平流速：设计流量时的最大流速为 0.3m/s，最小流速为 0.15m/s。在此范围内相对密度 2.65、粒径 0.2mm 以上的砂粒能有效地下沉排除，而相对密度较小的有机物不致大量下沉，还可避免已沉淀的砂粒再次泛起。

2）污水流行时间：最大设计流量时，污水在池内的流行时间不少于 30s，一般为 30～60s。

3）有效水深：不应大于 1.2m，一般采用 0.25～1.0m；从养护方便考虑，每格池宽不宜小于 0.6m。

4）在进水头部应采取消能和整流措施。

5）池底坡度一般为 0.01～0.02。当设置除砂设备时，可根据除砂设备的要求，考虑池底形状。

（2）平流式沉砂池的设计计算公式

1）沉砂池长度

$$L = vt \tag{16-7}$$

式中　L——两闸板之间的水流部分长度，m；

v——最大设计流量时的流速，m/s；

t——最大设计流量时的流行时间，s。

2）水流断面面积

$$A = \frac{Q_{max}}{v} \tag{16-8}$$

式中　A——水流断面面积，m^2；

Q_{max}——最大设计流量，m^3/s。

3）池总宽度

$$B=\frac{A}{h_2} \tag{16-9}$$

式中 B——池总宽度，m；

h_2——设计有效水深，m。

4）沉砂斗所需容积

$$V=\frac{86400Q_{max}t'\cdot x}{10^5K_{总}} \tag{16-10}$$

式中 V——沉砂斗容积，m^3；

t'——清除沉砂的间隔时间，d；

x——城镇污水沉砂量，一般采用 $3m^3/10^5m^3$ 污水；

$K_{总}$——生活污水流量总变化系数，见表 16-2。

5）沉砂池总高度

$$H=h_1+h_2+h_3 \tag{16-11}$$

式中 H——沉砂池总高度，m；

h_1——超高，一般取 0.3m；

h_3——贮砂斗高度，m。

6）验算最小流速

按最小流量时，池内最小流速≤0.15m/s 进行验算

$$v_{min}=\frac{Q_{min}}{n_1\omega} \tag{16-12}$$

式中 v_{min}——最小流速，m/s；

Q_{min}——最小流量，m^3/s；

n_1——最小流量时工作的沉砂池数目；

ω——最小流量时沉砂池中的水流断面面积，m^2。

【例 16-2】 已知某城镇污水处理厂的最大设计流量为 $0.2m^3/s$，最小设计流量为 $0.1m^3/s$，总变化系数 $K_{总}=1.50$，求沉砂池各部分尺寸。

【解】 （1）长度 L：设 $v=0.25m/s$，$t=30s$，代入式（16-7）得

$$L=vt=0.25\times30=7.5m$$

（2）水流断面积 A：由式（16-8）得

$$A=\frac{Q_{max}}{v}=0.2/0.25=0.8m^2$$

（3）池总宽度 B：设 $n=2$ 格，每格宽 $b=0.6m$。

$$B=nb=2\times0.6=1.2m$$

（4）有效水深 h_2：由式（16-9）得

$$h_2=A/B=0.8/1.2=0.67m$$

（5）沉砂斗所需容积 V：设 $t'=2d$，由式（16-10）得

$$V=\frac{86400Q_{max}t'\cdot x}{10^5K_{总}}=\frac{86400\times0.2\times2\times3}{10^5\times1.5}=0.69m^3$$

（6）每个沉砂斗所需容积 V_0：设每一分格有两个沉砂斗。

$$V_0 = \frac{V}{2 \times 2} = 0.69/4 = 0.17\text{m}^3$$

（7）沉砂斗各部分尺寸：设斗底宽 $a_1 = 0.5\text{m}$，斗壁与水平面的倾角为 55°，斗高 $h_3' = 0.4\text{m}$。

则沉砂斗上口宽 a：

$$a = \frac{2h_3'}{\tan 55^\circ} + a_1 = \frac{2 \times 0.4}{\tan 55^\circ} + 0.5 = 1.33\text{m}$$

沉砂斗实际容积：

$$V_0' = h_3'(a_1 + a)b/2 = 0.4 \times (0.5 + 1.33) \times 0.6/2$$
$$= 0.22\text{m}^3 (> 0.17\text{m}^3)$$

（8）沉砂室高度 h_3：设池底坡度为 0.06，坡向砂斗，坡底长度 l_2 为

$$l_2 = (L - 2a - 0.2)/2 = (7.5 - 2 \times 1.33 - 0.2)/2 = 2.32\text{m}$$
$$h_3 = h_3' + 0.06 l_2 = 0.4 + 0.06 \times 2.32 = 0.54\text{m}$$

（9）池总高度 H：设超高 $h_1 = 0.3\text{m}$，由式（16-11）得

$$H = h_1 + h_2 + h_3 = 0.3 + 0.67 + 0.54 = 1.51\text{m}$$

（10）验算最小流速：在最小流量时，只用一格工作（$n_1 = 1$），按式（16-12）得

$$v_{\min} = \frac{Q_{\min}}{n_1 \omega} = \frac{0.1}{1 \times 0.6 \times 0.67} = 0.25\text{m/s} > 0.15\text{m/s}$$

16.2.2 曝气沉砂池

平流式沉砂池的主要缺点是沉砂表面约附着 15%的有机物，使沉砂易于腐化发臭，污染环境，增加后续处理难度，故常需配置洗砂机。沉砂经清洗后，有机物含量低于 10%，称为清洁砂。曝气沉砂池的沉砂有机物含量低于 10%，可不设洗砂机。

1. 曝气沉砂池的构造与工作原理

曝气沉砂池为狭长矩形，横断面接近正方形，如图 16-13 所示。池底一侧设有纵向集砂槽，集砂槽上方设曝气装置，空气扩散器距池底 0.6～0.9m。污水从一端进入后沿池子纵向水平流动，曝气产生的密度差使池内水流作旋流运动，两者叠加最终使污水呈螺旋流向前推进。无机颗粒在螺旋流中互相碰撞与摩擦，表面附着的部分有机物被摩擦脱去。此外，由于旋流产生的离心力，把相对密度较大的无机颗粒甩向池壁并下沉，相对密度较小的有机物旋至水流的中心部位随水带走。这样，沉砂与洗砂在池内同时完成，可使沉砂有

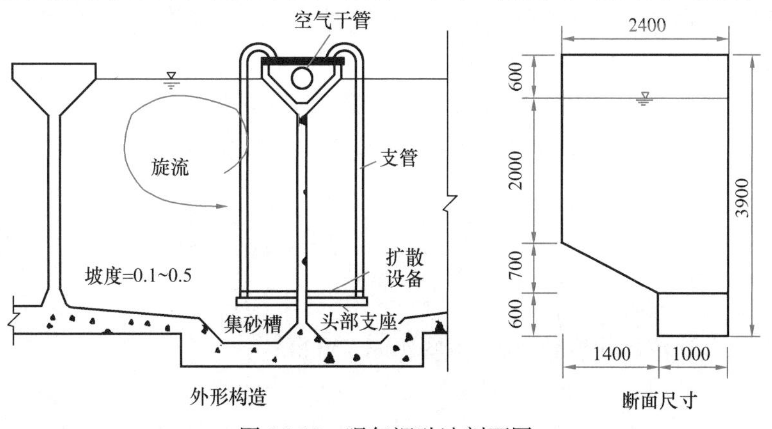

图 16-13 曝气沉砂池剖面图

机物含量降到10%以下。甩到池壁的沉砂沿池底坡度（$i=0.1\sim0.5$）滑入集砂槽，用刮砂机、空气提升器或泵吸式排砂机排除。

2. 曝气沉砂池的设计参数

（1）水平流速一般取0.1m/s。

（2）过水断面外周水流的旋流速度应保持在0.25～0.4m/s（曝气管设在池的一侧），中心的水流旋转速度几乎为零。

（3）最高时流量的污水停留时间应大于2min，当雨天最大流量时应不小于1min。

（4）池的有效水深为2～3m，池宽与池深比为1～1.5，池的长宽比可达5。

（5）曝气装置多采用穿孔管曝气器，孔径为2.5～6.0mm，曝气器距池底约0.6～0.9m。曝气装置应有调节阀门。

（6）处理每立方米污水的曝气量宜为0.1～0.2m^3空气。

（7）进水方向应与池中旋流方向一致（从起端流入），出水方向应与进水方向垂直（从末端流出），并宜设置挡板。

3. 计算公式与例题

以下结合例题对曝气沉砂池的计算公式与设计步骤加以说明。

【例16-3】 已知某城镇污水处理厂的最大设计流量为1.2m^3/s，求曝气沉砂池的各部分尺寸（图16-13）。

【解】 （1）池子总有效容积V：

$$V = 60Q_{max}t$$

式中 Q_{max}——最大设计流量，m^3/s；

t——最大设计流量时的流行时间，min，取$t=2$min，

$$V = 60Q_{max}t = 60 \times 1.2 \times 2 = 144\text{m}^3$$

（2）水流断面积：

$$A = \frac{Q_{max}}{v_1}$$

式中 v_1——最大设计流量时的水平流速，m/s，取$v_1=0.1$ m/s，

$$A = \frac{Q_{max}}{v_1} = 1.2/0.1 = 12\text{m}^2$$

（3）沉砂池设两格，每格池宽2.4m，池底坡度0.5，超高0.6m（考虑曝气影响），全池总高3.9m，断面尺寸参阅图16-13。

（4）每格沉砂池实际进水断面面积A'：由图16-13可得

$$A' = 2.4 \times 2.0 + 0.7(2.4 + 1.0)/2 = 6\text{m}^2$$

（5）池长L：

$$L = \frac{V}{A} = 144/12 = 12\text{m}$$

长宽比=12/2.4=5。

（6）每格沉砂池沉砂斗容量V_0：由图16-13可得

$$V_0 = 0.6 \times 1.0 \times 12 = 7.2\text{m}^3$$

（7）每格沉砂池实际沉砂量：设沉砂量x为$20\text{m}^3/10^6\text{m}^3$污水，排砂间隔时间$t'=$

2d，则

$$V_0' = \frac{86400Q_{max}t' \cdot x}{10^6 K_{总}} = 86400 \times 1.2 \times 2 \times 20/(10^6 \times 1.5)$$
$$= 2.8m^3 < 7.2m^3$$

（8）每小时所需空气量 q：设每 m^3 污水所需空气量 $d = 0.2m^3$

$$q = dQ_{max} \times 3600$$
$$= 0.2 \times 1.2 \times 3600 = 864m^3/h = 14.4m^3/min$$

16.2.3 旋流式沉砂池

曝气沉砂池的出水溶解氧较高，这对一些要求前级处理工序为厌氧或缺氧状态的生物处理工艺不利。机械或水力旋流沉砂池可以消除这种不利影响。此类新型沉砂池不仅具有去除沉砂表面附着有机物的功能，还具有沉砂效率高、占地小、能耗低、运行稳定、维护管理方便等优点，因此，正逐渐取代传统的平流沉砂池和曝气沉砂池。

1. 旋流沉砂池

图 16-14 所示为一种机械旋流式沉砂池，亦称钟式沉砂池。由进水口、出水口、沉砂分选区、集砂区、砂提升管、排砂管、电动机、传动装置和变速箱组成。污水由进水口沿

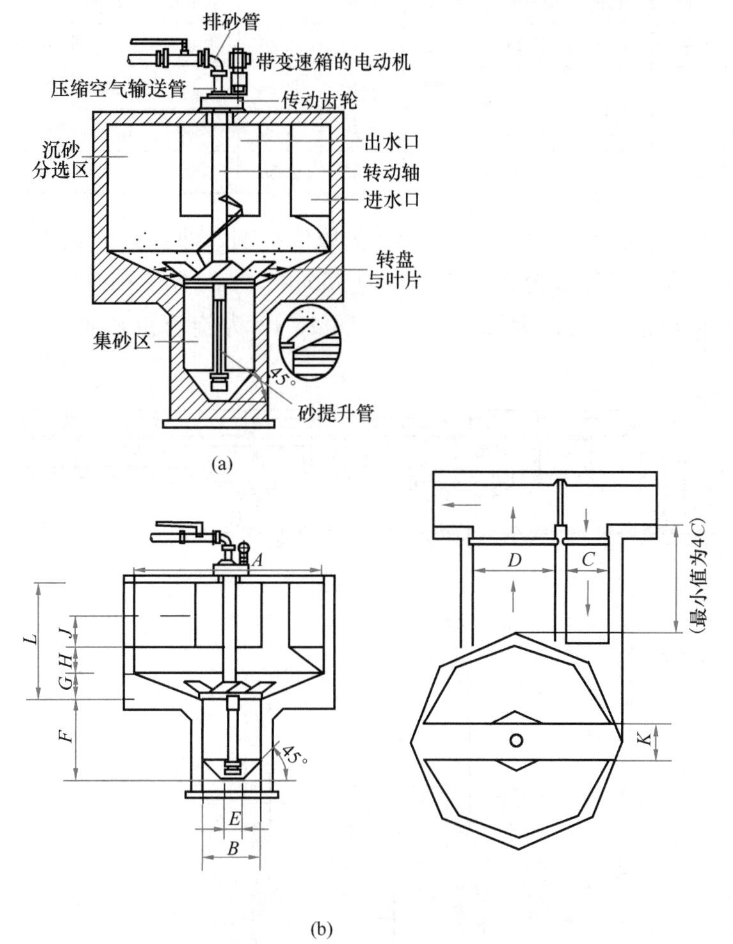

图 16-14　钟式沉砂池工艺图

（a）钟式沉砂池工艺图；（b）钟式沉砂池各部分尺寸

切线方向流入沉砂区，由转盘和斜坡式叶片带动旋转，在水流旋转产生的离心力作用下，污水中密度较大的砂粒被甩向池壁，掉入砂斗，较轻的有机物则被留在污水中。调整转速，可达到最佳沉砂效果。砂斗中的沉砂用压缩空气提升，经砂提升管、排砂管清洗后排除，清洗水回流至沉砂区，排砂达到清洁标准。

根据处理污水量的不同，旋流沉砂池可分为不同型号，各部分尺寸标于图 16-14 (b)，型号及尺寸见表 16-4。

钟式沉砂池型号及尺寸（m） **表 16-4**

型号	流量 (L/s)	*A*	*B*	*C*	*D*	*E*	*F*	*G*	*H*	*J*	*K*	*L*
50	50	1.83	1.0	0.305	0.610	0.30	1.40	0.30	0.30	0.20	0.80	1.10
100	110	2.13	1.0	0.380	0.760	0.30	1.40	0.30	0.30	0.30	0.80	1.10
200	180	2.43	1.0	0.450	0.900	0.30	1.55	0.40	0.30	0.40	0.80	1.15
300	310	3.05	1.0	0.610	1.200	0.30	1.55	0.45	0.30	0.45	0.80	1.35
550	530	3.65	1.5	0.750	1.50	0.40	1.70	0.60	0.51	0.58	0.80	1.45
900	880	4.87	1.5	1.00	2.00	0.40	2.20	1.00	0.51	0.60	0.80	1.85
1300	1320	5.48	1.5	1.10	2.20	0.40	2.20	1.00	0.61	0.63	0.80	1.85
1750	1750	5.80	1.5	1.20	2.40	0.40	2.50	1.30	0.75	0.70	0.80	1.95
2000	2200	6.10	1.5	1.20	2.40	0.40	2.50	1.30	0.89	0.75	0.80	1.95

表 16-4 的尺寸符合旋流沉砂池设计参数的取值范围，即：(1) 最高时流量的停留时间不应小于 30s；(2) 设计水力表面负荷宜为 150～200$m^3/(m^2 \cdot h)$；(3) 有效水深宜为 1.0～2.0m，池径与池深比宜为 2.0～2.5。图 16-15 为旋流沉砂池工艺设计图的实例之一。

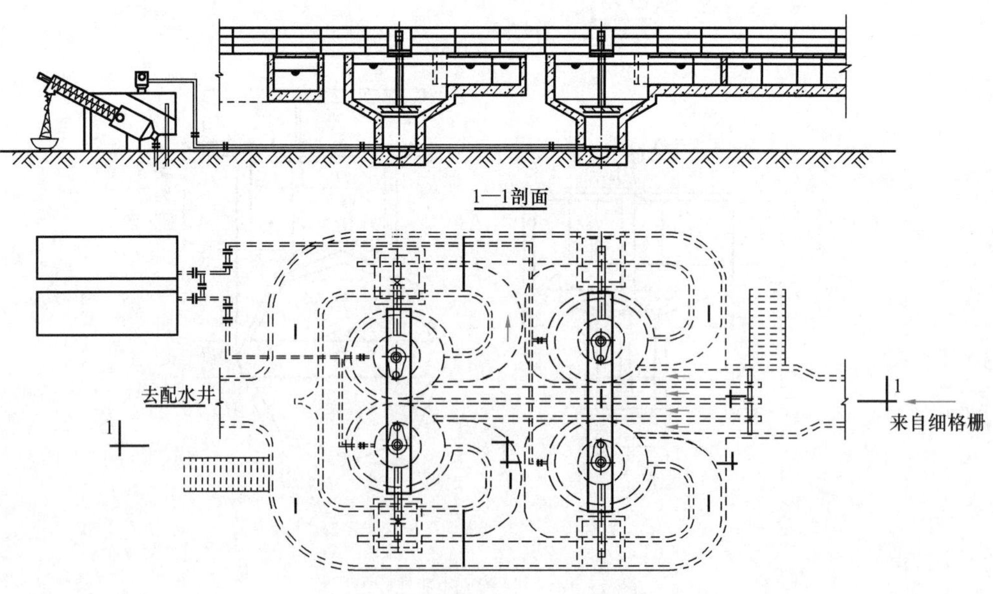

图 16-15 旋流沉砂池工艺设计图实例

2. 平流式水力旋流沉砂池

平流式水力旋流沉砂池的池型构造与曝气沉砂池相似，沿池长方向（x 向）在池底一侧布置一根水力扩散管，扩散管上按一定间距安装若干个射流喷嘴，安装在沉砂池末端出水处的潜水泵按一定的回流量将已分离掉砂粒的污水压入扩散管，从各喷嘴以射流状态喷出，喷出的射流卷吸夹带周围的流体，在形状接近圆形的沉砂池横断面内形成旋流，并与 x 方向的水平流叠加形成螺旋流，如图 16-16 所示。

在螺旋流作用下，与曝气沉砂池一样，污水中的无机砂粒增加了互相碰撞和摩擦的机会，砂粒表面附着的有机物被剥落，清洁的砂粒沉入池底的集砂槽。通过控制射流所形成的旋流速度可达到沉砂与附着有机物分离的目的，其水平流速和旋流速度的设计值也与曝气沉砂池相同。

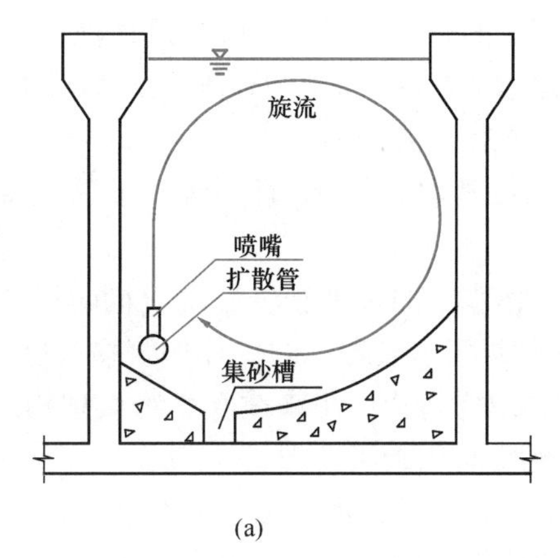

(a)

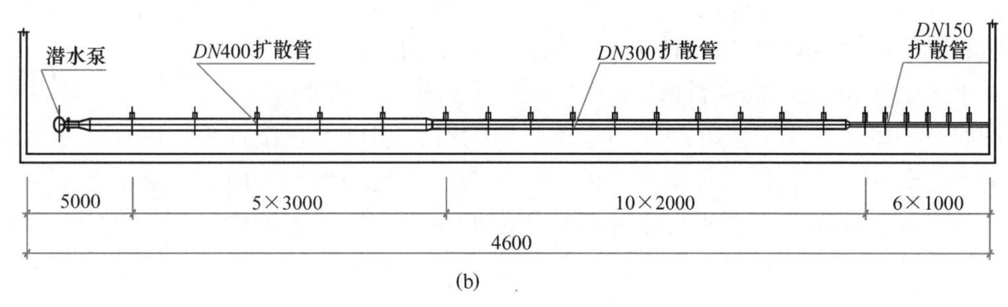

(b)

图 16-16　平流式水力旋流沉砂池构造图

（a）横断面示意图；（b）纵剖面图（水平流方向由右向左）

从螺旋流中分离出来的沉砂落入池底的集砂槽中，由行车式吸砂泵吸出后，流入设置在池外的水力旋流分离器，将多余的污水分离掉，就得到有机物含量低于 10%的清洁砂。

分离掉无机砂粒的污水流出旋流沉砂池时，一部分（回流）被潜水泵压入扩散管通过喷嘴在池内形成射流。其余部分流到后续处理构筑物进一步处理。

主要设计参数：

水平流速：0.1m/s

旋流流速：0.25～0.30m/s

喷嘴流速：5.5～6.6m/s

有效水深：2.8m

由于平流式水力旋流沉砂池操作管理方便、沉砂效果好、不受水量负荷的限制、构造简单，因此在大型污水处理厂有着广阔的应用前景，在采用A_NO、A_PO、A^2/O等前段需要厌氧或缺氧条件的污水处理工艺中更有其独特的优势。

16.3 沉 淀 池

沉淀池是水质工程最重要、应用最广泛的处理构筑物之一。在给水处理厂和城镇污水处理厂的各种水处理工艺中，沉淀池都担当着重要的角色。

关于沉淀理论和沉淀池的类型、设计计算方法等，本书第5章已经有详细的论述，本节着重讨论沉淀池在污水处理中的应用、设计要点和设计参数的确定。

按沉淀池在污水处理流程中的位置不同，可分为沉砂池、初次沉淀池（初沉池）、二次沉淀池（二沉池）和污泥浓缩池等形式。由于它们处理的对象不同、要求的处理效率不同，因此其设计参数的取值也有较大的差别。

沉砂池已如前述，污泥浓缩池将在第23章讨论，下面主要对初沉池和二沉池作一对比。

初沉池处理的对象主要是污水中的有机悬浮物SS，同时可去除部分BOD_5（主要是非溶解性的）。它既可单独作为一级污水处理厂的主体构筑物；也可设在生物处理构筑物之前作为二级污水处理厂的预处理构筑物，用来改善生物处理构筑物的运行条件并降低其BOD负荷。初沉池中沉淀的污泥称为初沉污泥。

二沉池设在生物处理构筑物（活性污泥法或生物膜法）之后，在活性污泥法工艺中，用于沉淀分离活性污泥并提供污泥回流。在生物膜法工艺中，用于沉淀去除腐殖污泥（指生物膜法脱落的生物膜）。二沉池中沉淀的污泥统称为二沉污泥。

对于初沉池和二沉池的沉淀效率，在不同场合有不同的要求。

例如，初沉池作为一级处理厂的主体构筑物时，其出水直接排放，因此要求其达到较高的沉淀效率；当它作为传统工艺的二级处理厂预处理构筑物时，沉淀效率就可以低一些；特别是近年来我国要求污水处理厂排放的污水进行脱氮除磷处理，此时为了维持足够的碳氮比和碳磷比以保证较高的脱氮除磷效果，初沉池的处理效率不宜太高。由此可见，同样是初沉池，在不同场合其沉淀时间、表面水力负荷等设计参数应该有不同的取值。

同样，二沉池在活性污泥法工艺中不仅要进行固液分离，还要将污泥进行一定程度的浓缩以供回流，而活性污泥的沉降性能又比较差，因此一般选用较低的表面水力负荷；二沉池在生物膜法工艺中只需进行固液分离、不需要进一步浓缩，脱落生物膜又比活性污泥易于沉淀，所以一般可选用较高的表面水力负荷。

污水处理厂常用的沉淀池为平流式沉淀池、竖流式沉淀池、辐流式沉淀池和斜板（管）沉淀池。

16.3.1 平流式沉淀池

平流式沉淀池为狭长的矩形水池，主要用作初沉池，配置吸泥机时也可用作二沉池。大、中、小型污水处理厂均可采用平流式沉淀池。

污水处理厂平流式沉淀池构造及设计计算方法与给水厂平流式沉淀池基本相同，只是某些设计参数和局部构造有所区别。这里重点介绍不同于给水厂平流式沉淀池的一些主要特点。

1. 主要构造特点

污水处理厂平流式沉淀池与给水厂平流式沉淀池一样，由流入装置（进水区）、流出装置（出水区）、沉淀区、污泥区（存泥区）及排泥装置等组成，所不同的是，给水厂平流式沉淀池目前通常采用机械吸泥（详见第 5 章），不设泥斗，池底水平。而污水处理厂沉淀池目前常用的有两种排泥方式，一是机械吸泥，二是机械刮泥。二沉池由于污泥呈絮状，密度小，含水率高，较难用刮泥板刮除，故常采用机械吸泥。但初沉池常用机械刮泥法，池底一端设有泥斗，如图 16-17 所示。

由于污水中浮渣较多，初次沉淀池和二次沉淀池出流处会有浮渣积聚，为防止浮渣随出水溢出，影响出水水质，应设撇除、输送和处置设施。

刮泥机下部装有刮泥板、上部装有刮渣板，刮泥板沿池底缓慢移动（移动速度一般为 0.3～1.2m/min），将污泥刮入泥斗，同时刮渣板将浮渣推向流出挡板处的浮渣槽。

当沉淀池体积较小时，也可采用静水压力法排泥，如图 16-18 所示。排泥管下端插入污泥斗，上端伸出水面以便清通。

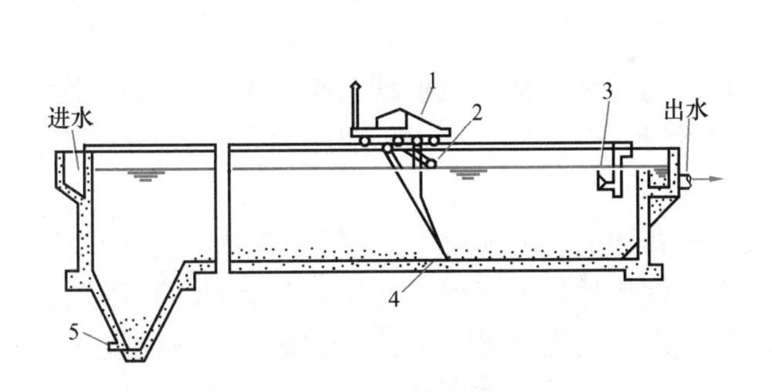

图 16-17　设有行车式刮泥机的平流式沉淀池

1—驱动装置；2—刮渣板；3—浮渣槽；4—刮泥板；5—排泥管

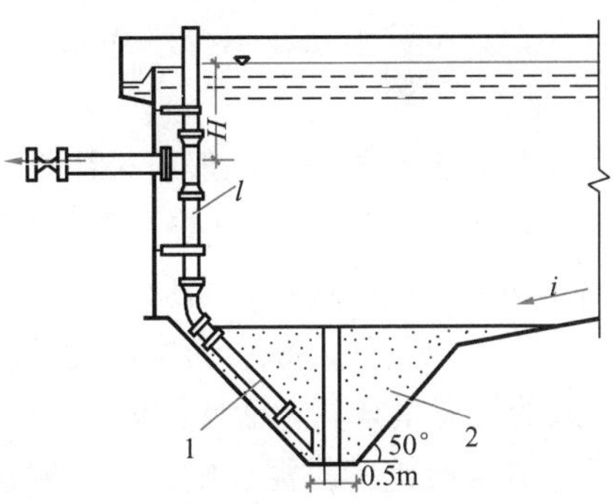

图 16-18　沉淀池静水压力排泥

1—排泥管；2—污泥斗

2. 设计计算方面的特点

工程上通常采用以下两种方法进行设计。当有沉淀试验资料时，可按与目标去除率相应的表面负荷计算；当无沉淀试验资料时，可按经验设计数据进行计算，即选择表 16-5 中合适的沉淀时间和表面负荷进行计算。按表面负荷设计平流沉淀池时，可按水平流速进行校核。平流沉淀池的最大水平流速（最大设计流量时的水平流速）：初沉池为 7mm/s，二沉池为 5mm/s。

沉淀池设计数据　　表 16-5

沉淀池类型		沉淀时间 (h)	表面水力负荷 [$m^3/(m^2 \cdot h)$]	每人每日污泥量 [g/(cap·d)]	污泥含水率 (%)	固体负荷 [$kg/(m^2 \cdot d)$]
初次沉淀池		0.5～2.0	1.5～4.5	16～36	95～97	—
二次沉淀池	生物膜法后	1.5～4.0	1.0～2.0	10～26	96～98	≤150
	活性污泥法后	1.5～4.0	0.6～1.5	12～32	99.2～99.6	≤150

当沉淀池的有效水深为2.0～4.0m时，初次沉淀池的沉淀时间为0.5～2.0h，其相应的表面水力负荷为1.5～4.5$m^3/(m^2 \cdot h)$，其中一级处理厂和无脱氮除磷的二级处理厂取沉淀时间的高值和表面水力负荷的低值，脱氮除磷的二级处理厂取沉淀时间的低值(0.5～1.0 h)和表面水力负荷的高值(3.0～4.5$m^3/(m^2 \cdot h)$)。活性污泥法后二次沉淀池的沉淀时间为1.5～4.0h，其相应的表面水力负荷为0.6～1.5$m^3/(m^2 \cdot h)$；生物膜法后二次沉淀池的沉淀时间为1.5～4.0h，其相应的表面水力负荷为1.0～2.0$m^3/(m^2 \cdot h)$。

表16-5中沉淀池的污泥量是根据每人每日SS和BOD_5数值，按沉淀池沉淀效率经理论推算求得。污泥含水率系由国内污水处理厂的实践数据汇总而得。

此外，平流沉淀池的设计还应符合下列要求：

(1) 每格长度与宽度之比不宜小于4，长宽比过小，水流不易均匀平稳，过大会增加池中水平流速，二者都影响沉淀效率。长度与有效水深之比不宜小于8，池长不宜大于60m。

(2) 宜采用机械排泥，排泥机械的行进速度为0.3～1.2m/min。

(3) 污水处理厂平流沉淀池通常在池深上设一缓冲层，以避免已沉污泥被水流搅起以及缓解冲击负荷。缓冲层高度，非机械排泥时为0.5m，机械排泥时，应根据刮泥板高度确定，且缓冲层上缘宜高出刮泥板0.3m。

(4) 沉淀池超高不少于0.3m，一般取0.3～0.5m。池底纵坡不宜小于0.01（当设有泥斗时)。

(5) 出水部分：一般应采用堰流，出水堰在整个池中应保持水平。出水堰的负荷为：初沉池不宜大于2.9L/(s·m)，二沉池不宜大于1.7L/(s·m)。有时亦可采用多槽沿程出水布置，以提高出水水质。

(6) 污泥区容积：初次沉淀池除设机械排泥的宜按4h的污泥量计算外，宜按不大于2天的污泥量计算；活性污泥法后的二次沉淀池污泥区容积，宜按不大于2h的污泥量计算，并应有连续排泥设施；生物膜法后的二次沉淀池污泥区容积，宜按4h的污泥量计算。污泥区容积包括污泥斗和池底贮泥部分的容积。当采用污泥斗排泥时，为便于控制排泥，每个污泥斗均应设单独的闸阀和排泥管。污泥斗的斜壁与水平面的倾角，方斗宜为60°，圆斗宜为55°。

(7) 如采用静水压力排泥法，静水压力值如下：初沉池不小于1.5m（指初沉池水面与污泥浓缩池水面之差)，活性污泥法的二沉池不小于0.9m（指二沉池水面与污泥回流井水面之差)，生物膜法的二沉池不小于1.2m（指二沉池水面与污泥浓缩池水面之差)。以上差别系由初沉污泥、活性污泥、腐殖污泥的形状及含水率不同所致。排泥管直径不小于200mm。

【例16-4】 某城镇污水处理厂的最大设计流量$Q_{max}=0.2m^3/s$，设计人口$N=100000$人，沉淀时间$t=1.5h$，采用行车式刮泥机刮泥。求平流式初沉池各部分尺寸。

【解】 按表16-5，取表面负荷$q=1.6m^3/(m^2 \cdot h)$，沉淀时间$t=1.5h$。

(1) 沉淀池总表面积：

$$A=\frac{Q_{max}\times 3600}{q}=\frac{0.2\times 3600}{2}=360m^2$$

(2) 沉淀部分有效水深：

$$h_2=qt=1.6\times 1.5=2.4m$$

(3) 沉淀部分有效容积：

$$V' = Q_{max} t \times 3600 = 0.2 \times 1.5 \times 3600 = 1080 m^3$$

(4) 池长：设最大设计流量时的水平流速 v=3.7mm/s，

$$L = vt \times 3.6 = 3.7 \times 1.5 \times 3.6 = 20m$$

(5) 池子总宽度：

$$B = A/L = 360/20 = 18m$$

(6) 池子个数：设每格池宽 b=4.5m。

$$n = B/b = 18/4.5 = 4$$

(7) 校核长宽比、长深比：

长宽比： $L/b = 20/4.5 = 4.4 > 4$(符合要求)

长深比： $L/h_2 = 20/2.4 = 8.3 > 8$(符合要求)

(8) 污泥部分所需的总容积：设 T=4h，污泥量为 30g/(cap·d)，污泥含水率为 97%，每人每日产生污泥量

$$S = \frac{30 \times 100}{(100-97) \times 1000} = 1.0 L/(cap \cdot d)$$

污泥总容积

$$V = \frac{SNT}{1000} = \frac{1.0 \times 100000 \times 4}{1000 \times 24} = 16.7 m^3$$

(9) 每格池污泥部分所需容积：

$$V'' = \frac{V}{n} = \frac{16.7}{4} = 4.2 m^3$$

(10) 污泥斗容积 V_1：污泥斗上口尺寸为 4.5×4.5m，下口尺寸为 0.5×0.5m，如图 16-19 所示。

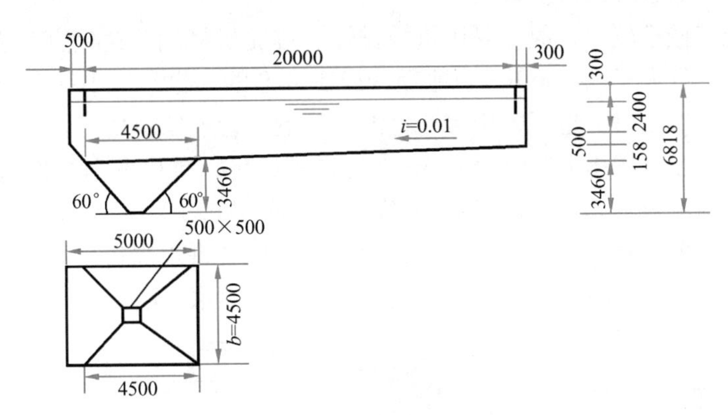

图 16-19 沉淀池计算草图

污泥斗高 h''_4 为

$$h''_4 = \frac{(4.5-0.5)}{2} \tan 60° = 3.46m$$

$$V_1 = \frac{1}{3} h''_4 (f_1 + f_2 + \sqrt{f_1 f_2})$$

$$= \frac{1}{3} \times 3.46 \, (4.5 \times 4.5 + 0.5 \times 0.5 + \sqrt{4.5^2 \times 0.5^2})$$

$$=26m^3$$

（11）污泥斗以上梯形部分污泥容积 V_2：

$$V_2 = \frac{l_1 + l_2}{2} h_4' b$$

$$h_4' = (20 + 0.3 - 4.5) \times 0.01 = 0.158m$$

$$l_1 = 20 + 0.3 + 0.5 = 20.8m$$

$$l_2 = 4.5m$$

$$V_2 = \frac{20.8 + 4.5}{2} \times 0.158 \times 4.5 = 9.0m^3$$

（12）污泥斗和梯形部分污泥容积：

$$V_1 + V_2 = 26 + 9 = 35m^3 > 4.2m^3$$

（13）池子总高度 H：设缓冲层高度 $h_3 = 0.5m$，

$$h_4 = h_4' + h_4'' = 0.158 + 3.46 = 3.62m$$

$$H = h_1 + h_2 + h_3 + h_4 = 0.3 + 2.4 + 0.5 + 3.62 = 6.82m$$

16.3.2 辐流式沉淀池

辐流式沉淀池在给水处理中常用作高浊度水的处理；在污水处理中可用作初沉池或二沉池，一般用在大、中型污水处理厂。如第5章所述，在给水处理和污水处理中所用的辐流式沉淀池，其原理、构造和设计方法相同，只是水中悬浮物的性质有所差别，故某些设计参数有所不同。

辐流式沉淀池为圆形或方形水池，池子直径（或正方形的一边）16～50m，最大可达100m，但池子直径过大易导致风对沉淀效果产生不利影响。

径深比（水池直径或正方形的一边与有效水深之比）宜为6～12，以保持辐流沉淀池的流态特征，保证其较好的沉淀效果。

辐流沉淀池直径都较大，故宜采用机械排泥，排泥机械旋转速度宜为1～3r/h，刮泥板的外缘线速度不宜大于3m/min。当池径（或正方形的一边）较小（小于20m）且无配套的排泥机械可供选用时，也可采用多斗排泥，但运行管理较麻烦。

缓冲层高度，非机械排泥时宜为0.5m；机械排泥时，应根据刮泥板高度确定，且缓冲层上缘宜高出刮泥板0.3m。坡向泥斗的底坡不宜小于0.05。

按进出水的布置方式，辐流沉淀池可分为：(1)中心进水周边出水（图16-20）；(2)周边进水中心出水（图16-21(a)）；(3)周边进水周边出水（图16-21(b)）等形式。

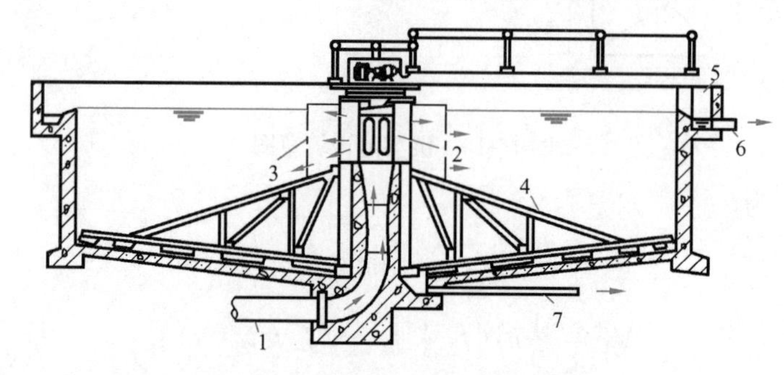

图16-20 中心进水的辐流式沉淀池

1—进水管；2—中心管；3—穿孔挡板；4—刮泥机；5—出水槽；6—出水管；7—排泥管

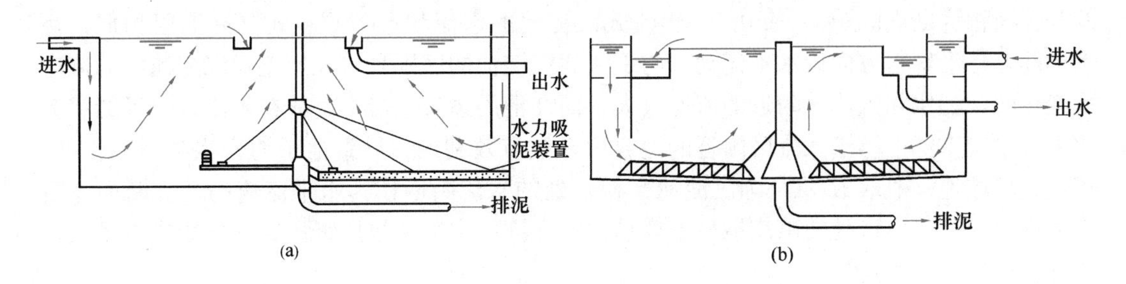

图 16-21　周边进水的向心辐流式沉淀池示意图

(a) 周边进水中心出水；(b) 周边进水周边出水

池径小于 20m，一般采用中心传动的刮泥机，其驱动装置设在池子中心走道板上（图 16-22）；池径大于 20m 时，一般采用周边传动的刮泥机，其驱动装置设在桁架的外缘（图 16-23）。

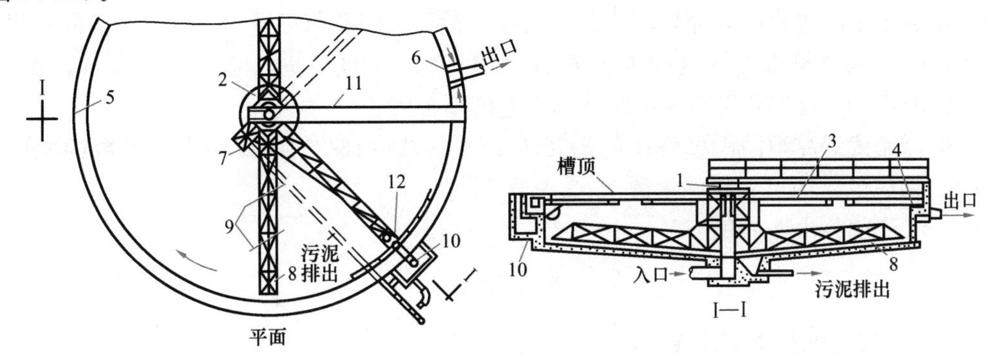

图 16-22　中央驱动式辐流沉淀池

1—驱动装置；2—整流筒；3—撇渣挡板；4—堰板；5—周边出水槽；6—出水井；7—污泥斗；
8—刮泥板桁架；9—刮板；10—污泥井；11—固定桥；12—球阀式撇渣机构

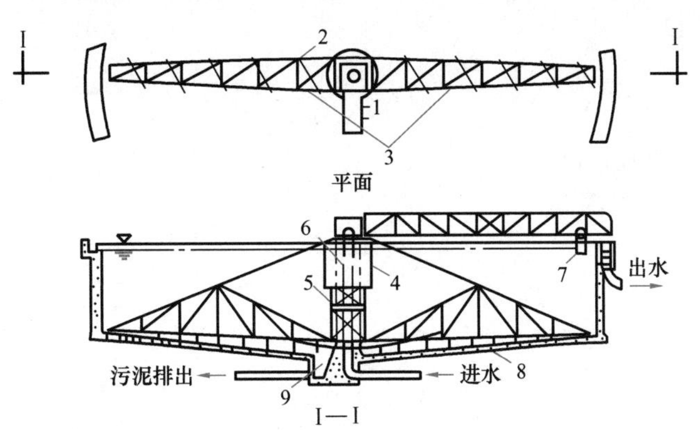

图 16-23　周边驱动式辐流式沉淀池

1—步道；2—弧形刮板；3—刮板旋壁；4—整流筒；5—中心架；6—钢筋混凝土支承台；
7—周边驱动装置；8—池底；9—污泥斗

中心进水的辐流式沉淀池也称普通辐流式沉淀池，由图 16-20 可知，入流污水由中心管上的开孔处流入，在穿孔挡板（整流板）的作用下使污水沿辐射方向流向池壁。整流板的开孔面积为断面的10%～20%。辐流式沉淀池的水流状态与平流式沉淀池很相似，污水实际上是沿辐射方向做水平流动，与平流式沉淀池的区别是水在辐流式沉淀池中的流速是变化的，污水在入流区附近的流速较大，而在池周边流速最小，故在入流区附近的沉淀效果较差，实际上等于入流区附近的池容积未被有效利用，导致池子的容积利用率较低。辐流式沉淀池一般取$R/2$(R为沉淀池半径）处的水流断面作为水平流速的计算断面。由于池周边较长，出口处的出流堰口不容易控制在同一水平，故用锯齿形三角堰或淹没式溢流孔，尽量使出水均匀。

普通辐流式沉淀池污水由中心管流入后，虽经穿孔挡板整流，但因入流区的水流速度高于设计流速（即$R/2$处的流速），悬浮颗粒在紊流的作用下很难下沉，影响了沉淀池的分离效果。为克服这一缺陷，将进水由池中心进入改为由池周边流入，而经沉淀后的澄清水则从池中心附近流出，这种池型又称为向心辐流式沉淀池（图16-21)。污水从向心辐流式沉淀池周边处进入后，流速低于设计流速，悬浮颗粒很快下沉，所以沉淀效率和容积利用率均高于中心进水的普通辐流式沉淀池，其设计表面负荷可提高一倍左右。向心辐流式沉淀池的出水槽可以设在池的半径R处（图16-21（b))、$R/2$处、$R/3$处（图16-21(a))、$R/4$处，其容积利用率依次递减，但差值不很大。

普通辐流式沉淀池的计算公式见式（16-13）～式（16-20)。式中设计参数的取值见表16-5，相应的结构尺寸参见本章16.3.1节。

（1）沉淀部分水面面积F

$$F=\frac{Q_{max}}{nq'} \tag{16-13}$$

式中 F——沉淀部分水面面积，m^2；

Q_{max}——最大设计流量，m^3/h；

n——池数，个；

q'——表面负荷，$m^3/(m^2 \cdot h)$。

（2）池子直径D

$$D=\sqrt{\frac{4F}{\pi}} \tag{16-14}$$

式中 D——沉淀池直径，m。

（3）沉淀部分有效水深h_2

$$h_2=q't \tag{16-15}$$

式中 t——沉淀时间，h。

（4）沉淀部分有效容积V'

$$V'=\frac{Q_{max}}{n}t \tag{16-16}$$

或

$$V'=Fh_2$$

（5）污泥部分所需的容积V

$$V=\frac{SNT}{1000n} \tag{16-17}$$

式中 S——每人每日污泥量，$l/(p \cdot d)$；

N——设计人口数，p；

T——两次清除污泥间隔时间，d。

（6）污泥斗容积 V_1

$$V_1 = \frac{\pi h_5}{3}(r_1^2 + r_1 r_2 + r_2^2) \tag{16-18}$$

式中 h_5——污泥斗高度，m；

r_1——污泥斗上部半径，m；

r_2——污泥斗下部半径，m。

（7）污泥斗以上圆锥体部分污泥容积 V_2

$$V_2 = \frac{\pi h_4}{3}(r_1^2 + r_1 R + R^2) \tag{16-19}$$

式中 h_4——圆锥体高度，m；

R——池子半径，m。

（8）沉淀池总高度

$$H = h_1 + h_2 + h_3 + h_4 + h_5 \tag{16-20}$$

式中 h_1——超高，m；

h_3——缓冲层高度，m。

【例 16-5】 某城镇污水处理厂的最大设计流量 $Q_{max}=2450\text{m}^3/\text{h}$，设计人口 $N=34$ 万人，采用机械刮泥，求辐流式沉淀池各部分尺寸。

【解】 参见以下计算草图（图 16-24）。

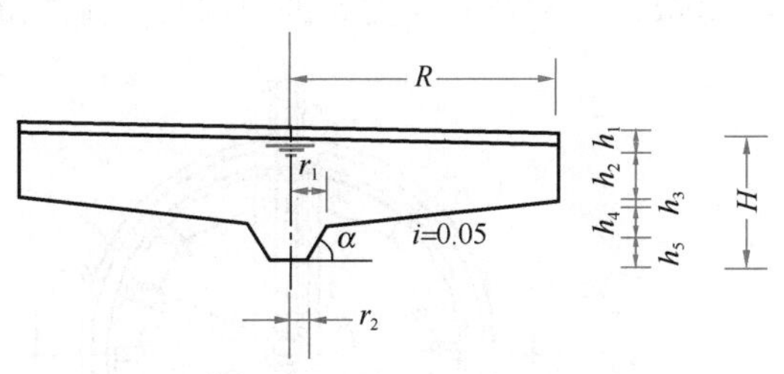

图 16-24 辐流式沉淀池计算草图

（1）沉淀部分水面面积：设表面负荷 $q' = 2\text{m}^3/(\text{m}^2 \cdot \text{h}), n = 2$ 个，

$$F = \frac{Q_{max}}{nq'} = \frac{2450}{2 \times 2} = 612.5\text{m}^2$$

（2）池子直径：

$$D = \sqrt{\frac{4F}{\pi}} = \sqrt{\frac{4 \times 612.5}{\pi}} = 27.9\text{m}$$

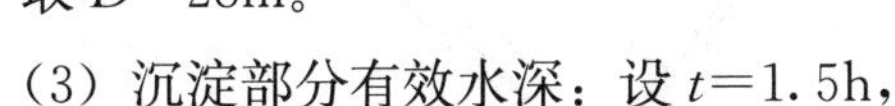

取 $D=28\text{m}$。

（3）沉淀部分有效水深：设 $t=1.5\text{h}$，

$$h_2 = q't = 2 \times 1.5 = 3\text{m}$$

（4）沉淀部分有效容积：

$$V' = \frac{Q_{max}}{n}t = \frac{2450}{2} \times 1.5 = 1838\text{m}^3$$

污泥部分所需的容积：设 $S = 0.5\text{L}/(\text{p} \cdot \text{d}), T = 4\text{h}$，

$$V = \frac{SNT}{1000n} = \frac{0.5 \times 340000 \times 4}{1000 \times 2 \times 24} = 14.2\ \text{m}^3$$

污泥斗容积：设 $r_1=2\text{m}$，$r_2=1\text{m}$，$\alpha=60°$，则

$$h_5 = (r_1 - r_2)\tan\alpha = (2-1)\tan 60° = 1.73\text{m}$$

$$V_1 = \frac{\pi h_5}{3}(r_1^2 + r_1 r_2 + r_2^2) = \frac{3.14 \times 1.73}{3}(2^2 + 2 \times 1 + 1^2) = 12.7\text{m}^3$$

（5）污泥斗以上圆锥体部分污泥容积：设池底径向坡度为0.05，则

$$h_4=(R-r_1)\times0.05=(14-2)\times0.05=0.6\text{m}$$

$$V_2=\frac{\pi h_4}{3}(r_1^2+r_1R+R^2)=\frac{3.14\times0.6}{3}(2^2+2\times14+14^2)=143.3\text{m}^3$$

（6）污泥总容积：

$$V_1+V_2=12.7+143.3=156\text{m}^3>14.2\text{m}^3$$

（7）沉淀池总高度：设 $h_1=0.3\text{m}$，$h_3=0.5\text{m}$，

$$H=h_1+h_2+h_3+h_4+h_5=0.3+3.0+0.5+0.6+1.73=6.13\text{m}$$

（8）沉淀池池边高度：

$$H'=h_1+h_2+h_3=0.3+3.0+0.5=3.8\text{m}$$

（9）径深比：

$$D/h_2=28/3=9.3(\text{符合}\ 6\sim12\ \text{要求})$$

16.3.3 竖流式沉淀池

竖流式沉淀池为圆形或正方形池型，池深较深，故适用于小型城镇污水处理厂和工业废水处理站。

图16-25为圆形竖流式沉淀池。图中1为进水管，污水从中心管2自上而下，经反射板3折向上流，沉淀水经设在池周的锯齿溢流堰，溢入集水槽7，从出水管8流出。池径较大时，为使池内水流分布均匀，可增设辐射方向的集水槽。集水槽前设有挡板4，隔除浮渣。污泥斗的倾角用55°～60°。污泥依靠静水压力 h，将污泥从排泥管5排出，排泥管径为200mm。对静水压力 h 的要求与平流式沉淀池相同。

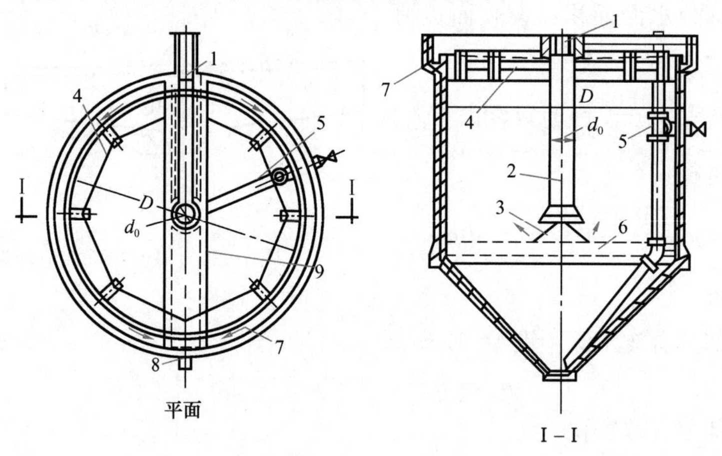

图16-25 竖流式沉淀池

1—进水管；2—中心管；3—反射板；4—挡板；5—排泥管；6—池体；7—集水槽；8—出水管；9—走道

竖流式沉淀池水流流速 v 向上，而颗粒沉速 u 向下，只有 $u\geqslant v$ 的颗粒才能被沉淀去除，$u<v$ 的颗粒不能去除。按照沉淀理论，平流式和辐流式沉淀池中，不仅 $u\geqslant v$ 的颗粒能全部被沉淀去除，$u<v$ 的颗粒也能部分被去除。因此，理论上竖流式沉淀池的去除率应比平流式和辐流式沉淀池低。但实际上初沉池和二沉池中的有机颗粒具有絮凝性能，竖流式沉淀池中水流带着微颗粒上升的过程中，不同沉速 u 的颗粒互相碰撞、絮凝、变大，沉速随之增大，从而增加了颗粒的去除率。所以竖流式沉淀池可以用作污水处理厂的初沉

池和二沉池。

为了保持池内水流自下而上做垂直流动和水流分布均匀，竖流式沉淀池直径（或正方形的一边）与有效水深之比（径深比 $D:h_2$）不宜大于 3，池径亦不宜太大，一般采用4～7m，不大于 10m。沉淀区呈柱形，污泥斗呈截头倒锥体。

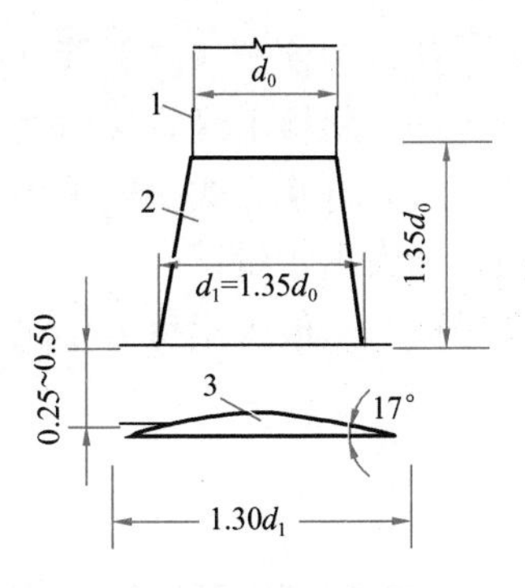

图 16-26　中心管及反射板的结构尺寸

图 16-26 是竖流式沉淀池的中心管 1，喇叭口 2 及反射板 3 的尺寸关系图。中心管内的流速 v_0 不宜过大，以防止影响沉淀区的沉淀作用，v_0 值大小与有无反射板有关，一般不宜大于 3mm/s。喇叭口及反射板用以消除进入沉淀区的水流能量，保证沉淀效果；并起使水流方向折向上流的作用。反射板底面与泥面之间为缓冲层，两者相距不宜小于 0.3m。污水从喇叭口与反射板之间的间隙流出的流速 v_1 不应大于 40mm/s。

16.3.4　斜板（管）沉淀池

污水处理中所用的斜板（管）沉淀池的原理、构造和设计方法与给水处理中相同（见第 5 章）。

斜板（管）沉淀池用作城镇污水处理厂的初沉池时，其处理效果较稳定，维护管理工作量也不大。斜板（管）沉淀池用作城市污水处理厂的二沉池时，如固体负荷过大，其处理效果不太稳定，耐冲击负荷的能力较差。同时，因活性污泥的黏度较大，容易粘附在斜板（管）上，影响沉淀效果甚至可能堵塞斜板（管）。另外，由于沉积在斜板（管）上的活性污泥继续耗氧，导致产生厌氧状态，厌氧消化产生的气体上升时会干扰污泥的沉淀，并把从板（管）上脱落下来的污泥带至水面结成污泥层。斜板（管）沉淀池在一定条件下，还有滋长藻类等问题，给维护管理工作带来一定困难。

因此，斜板（管）沉淀池只在以下两种情况下可用于城镇污水处理厂：(1) 当需要挖掘原有沉淀池潜力，扩大处理能力时；(2) 当建造沉淀池的占地面积受限制时。此时，通过技术经济比较，可采用斜管（板）沉淀池。

按水流与沉泥的相对运动方向，斜板（管）沉淀池可分为异向流、同向流和侧向流三种形式。在城镇污水处理厂中主要采用异向流斜板（管）沉淀池。

异向流斜管（板）沉淀池的表面水力负荷宜按表 16-5 数值的 2 倍计。对于二沉池，由于沉淀效果不太稳定，为防止泛泥，应以固体负荷核算，一般在平均水力负荷及平均混合液浓度时固体负荷不大于 192kg/(m^2·d)。

异向流斜管（板）沉淀池的设计，尚应符合下列要求：

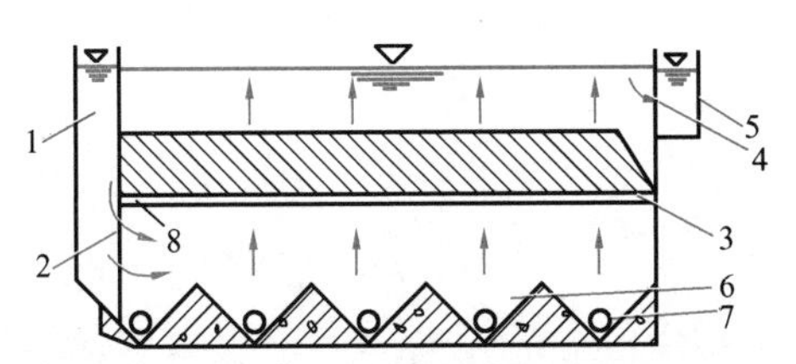

图 16-27　异向流斜板（管）沉淀池

1—配水槽；2—穿孔墙；3—斜板或斜管；4—淹没孔口；5—集水槽；6—集泥斗；7—排泥管；8—阻流板

(1) 为免堵塞，斜管孔径（或斜板净距）不宜太小，一般为 80～100mm；

(2) 斜管（板）斜长宜为 1.0～1.2m，水平倾角宜为 60°；

(3) 斜管（板）区上部水深宜为 0.7～1.0m，底部缓冲层高度宜为 1.0m；

(4) 作初沉池时，水力停留时间不超过 30min；二沉池不超过 60min；

（5）为便于清洗斜管（板）上的积泥，沉淀池应设冲洗设施；

（6）斜板上缘宜倾向池子进水端（图 16-27），池壁与斜板间隙处应装设阻流板；

（7）进水方式一般采用穿孔墙整流布水；出水方式一般采用多槽出水，以改善出水水质，加大出水量；

（8）一般采用重力排泥，每日排泥次数至少 1～2 次，或连续排泥。

思考题与习题

1. 城镇污水处理厂中物理处理法的去除对象是什么？物理处理法包括哪些方法？

2. 格栅有哪些类型？各适用于哪些场合？

3. 栅渣有哪些处置方法？

4. 已知某城镇污水处理厂的平均日处理量为 50000m^3/d，总变化系数 $K_Z=1.5$，进水渠道的最大水深为 0.8m，渠道内流速为 0.75m/s，求格栅的各部分尺寸及栅渣量（设 $s=0.01m$，$d=0.021m$，$\alpha=60°$，过栅流速为 0.9m/s，栅渣量为 0.07$m^3/10^3m^3$）。

5. 平流沉砂池、曝气沉砂池、旋流沉砂池的工作原理有何异同？它们各适用于何种污水处理工艺？

6. 初沉池和二沉池处理的对象有何异同？设计时对于初沉池和二沉池的沉淀效率、构造、设计参数等有何不同的要求？

7. 平流式沉淀池、竖流式沉淀池和辐流式沉淀池在污水处理厂中的适用范围有何不同？

8. 斜板（管）沉淀池用于城镇污水处理厂时与用在给水处理时有何不同的要求？

第17章 生物处理概论

污水的生物处理技术已有100多年的历史。与物理法、化学法相比，生物处理技术具有经济、高效的特点，并可实现无害化、资源化。因此，生物处理技术一直是污水处理的主要技术，在城市污水、工业废水的处理、深度处理和再生利用中发挥着巨大的作用。

近年来，生物处理技术在微污染源水的处理中也逐步得到应用。随着经济的持续发展和工业的迅速增长，有机化合物的产量和种类不断增加，各种生产废水和生活污水未达到排放标准就直接进入水体，对水源造成了极大的危害，使一些地方的水厂源水水质急剧下降。受污染水源水经常规的混凝、沉淀及过滤工艺只能去除水中有机物20%～30%，且由于溶解性有机物存在，使常规工艺对原水浊度去除效果也明显下降。因此，微污染源水的处理也开始采用生物处理技术作为预处理。

水质工程学中采用生物处理的主要目的是使水中挟带的污染物质，通过微生物的代谢活动予以转化、稳定，使之无害。对污染物进行转化和稳定的主体是微生物。

17.1 微生物的新陈代谢和底物降解

微生物的个体很小，一般无法用肉眼直接看到，通常需要利用显微镜才能观察。水处理工程中涉及的微生物种类很多，包括细菌、放线菌、真菌等，还包括藻类、原生动物和后生动物等。

17.1.1 微生物的新陈代谢

同所有生物一样，微生物在生命活动过程中不断从外界环境中摄取营养物质，并通过生物酶催化的复杂生化反应过程，提供能量及合成新的生物机体，进行着生长繁殖和自我更新，并将自身产生的代谢产物（废物）排泄到外界环境中去。这种由生物体在生命活动过程中从外界周围环境吸取养料并在体内不断进行物质转化的交换作用，称为新陈代谢（图17-1）。各种生物的生命活动，如生长、发育、繁殖、遗传及变异等，都是需要通过新陈代谢来实现的。

新陈代谢包括两个作用，即异化作用和同化作用。异化作用为生物体从外界环境中摄取营养物质进入体内后，通过分解代谢，将复杂的高分子物质或高能化合物（如大分子有机物）降解为简单的低分子物质或低能化合物，同时将高能化合物中所含的能量逐级释放出来的过程。同化作用是生物体把从外界环境中摄取的营养物质，通过一系列的生化反应（合成代谢），转化成复杂细胞物质的过程。在这过程中，生物合成所需的能量和物质可由分解代谢来提供。异化作用为同化作用提供物质基础和能量来源，同化作用是在异化作用的基础上进行的。两者紧密配合，构成了一个微妙的新陈代谢体系，推动了一切生物的生命活动。

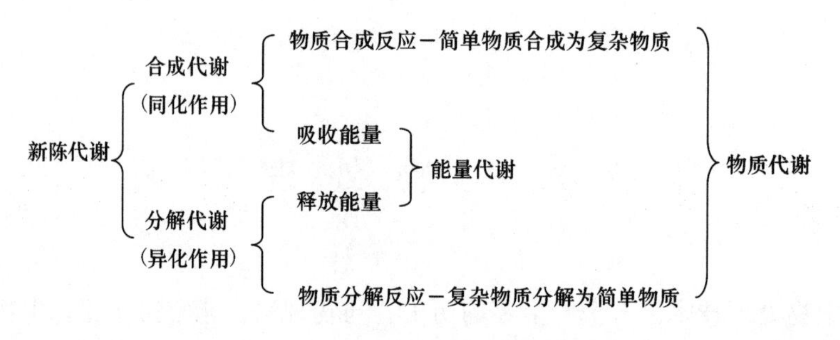

图 17-1　微生物新陈代谢示意图

17.1.2　微生物的营养类型

细菌的分类方法很多，但从水处理工程的角度看，最重要的是从操作方式上分类，即考察微生物的各种营养类型及呼吸类型的生理生化特性。

根据细菌生长过程所利用的各种能源进行划分：利用光能的生物称为光能营养型，利用化学反应能的生物称为化能营养型。按细胞合成过程中所利用的碳源进行划分：利用无机碳源（CO_2、CO_3^{2-}）的称为自养型（无机营养型），利用有机碳源（有机化合物）的称为异养型（有机营养型）。根据碳源、能源及电子供体性质的不同，可将绝大多数微生物分为光能自养型、光能异养型、化能自养型及化能异养型等四种类型。

1. 光能营养

光能营养菌具有一整套光合作用机构，它能将光能通过光合磷酸化过程转化为 ATP 的高能磷酸键，反应如下：

$$ADP + Pi \xrightarrow{光} ATP + H_2O \tag{17-1}$$

蓝细菌、绿色硫细菌和紫色硫细菌等属于光能自养型微生物，它们以无机碳（CO_2、CO_3^{2-}）为唯一碳源，以水或还原性无机物（如 H_2S）为电子供体同化无机碳，构成自身细胞物质。其中蓝细菌利用的是体内的叶绿素，进行的是产氧的光合作用；绿色硫细菌和紫色硫细菌利用的是体内的菌绿素，进行的是不产氧的光合作用。

紫色非硫细菌属于光能异养型细菌，它以光作为能源，以简单有机物（低级脂肪酸、醇等）为电子供体同化无机碳。它们属于兼性光能营养性，大多数菌种在有光或黑暗条件下均能生长。近年来，利用光合细菌净化有机污水取得较好效果，例如可使洗毛废水 BOD_5 的去除率达 98%。光能营养型微生物的电子供体和受体及主要代表细菌见表 17-1。

光能营养型微生物类型　　表 17-1

类　型	电子供体	电子受体	代表细菌
光能自养型	H_2O	CO_2	蓝细菌
	H_2S，S，H_2	CO_2	紫色硫细菌、绿色硫细菌
光能异养型	有机物	有机物	紫色非硫细菌

2. 化能营养

大多数细菌通过各种氧化还原反应获得 ATP。反应过程中一种底物被还原，另一种底物被氧化。在这一氧化还原反应过程中偶联了一个 ADP 转化为 ATP 的反应。该偶联反应可表示如下：

$$\begin{array}{c} A_{red}+B_{ox}\longrightarrow A_{ox}+B_{red} \\ \curvearrowright \\ ADP+Pi \qquad ATP+H_2O \end{array} \tag{17-2}$$

式中 red 代表还原剂，为生化反应中的电子供体；ox 代表氧化剂，为电子受体。B_{ox}可以是 O_2、NO_3^-、NO_2^-、SO_4^{2-}、CO_2 或有机物等；A_{red}可以是无机物或有机物。这一氧化还原反应所放出的能量通过某些中间体的作用传给 ADP+Pi，这一过程称为偶联反应。

化能自养型细菌可以利用无机物、H_2、H_2S、S、NH_3、NO_2^-、Fe^{2+} 等作为电子供体，按能源可分为以下几类：由氧化 NH_3、NO_2^- 等简单氮无机化合物获取能量的称为硝化细菌；由氧化 H_2S、S、$S_2O_3^{2-}$、SO_3^{2-} 等简单无机硫化物获取能量的称硫细菌；由氧化 Fe^{2+} 无机化合物等还原态铁化合物获取能量的称为铁细菌。硝化细菌、硫细菌、铁细菌均为好氧菌。厌氧氨氧化菌为自养菌，可在缺氧条件下以亚硝酸盐为电子受体，将氨直接转化为 N_2。产乙酸细菌和产甲烷细菌也属于化能自养菌，但其属于严格的厌氧菌，它们利用 H_2 将 CO_2 还原为甲烷或乙酸并获得 ATP。在化能自养型细菌中，硝化细菌、厌氧氨氧化菌被应用于水中氨氮的去除。

化能异养型细菌指能利用有机物作为电子供体的细菌，他们包括需氧菌和厌氧菌。大部分细菌和放线菌、几乎全部真菌和原生动物都是化能异养型微生物。他们以有机物为能源和碳源，通过呼吸作用获得能量。

化能营养型微生物的电子供体和受体及主要代表细菌见表 17-2。

化能营养型微生物类型　　表 17-2

类　型	电子供体	电子受体	代表细菌
化能自养型	H_2S	O_2	硫杆菌
	Fe^{2+}	O_2	氧化亚铁硫杆菌
	NH_3	O_2	亚硝化单胞菌
	NO_2^-	O_2	硝化杆菌
	NH_3	NO_2^-	厌氧氨氧化菌
	H_2	CO_2	产甲烷细菌
	H_2	CO_2	醋杆菌
化能异养型	有机物	O_2	各种细菌
	有机物	NO_3^-	地衣芽孢菌
	有机物	SO_4^{2-}	硫酸盐还原菌
	有机物	有机物	乳酸菌

微生物营养类型的划分不是绝对的，有些微生物兼有几种营养方式。例如光合细菌中的紫色非硫细菌既可以在厌氧条件下利用光能呈现为光能自养和光能异养型，也可以在好氧黑暗条件下通过化能异养方式生活。

在水处理工程中应用到的主要是微生物的化能营养特性。

17.1.3　微生物的呼吸作用

呼吸作用是有生命机体的主要生理活动。微生物呼吸作用的本质是氧化与还原的统一过程，这过程中有能量的产生和转移。微生物的产能代谢是通过呼吸作用来实现的，在呼吸作用过程中微生物获得生命活动所需的能量。一般呼吸作用均具有以下几方面的生物学现象：

（1）通过呼吸作用，复杂的有机物转化为 CO_2、H_2O、NH_3 等无机物和简单的有机物（如甲烷、低级脂肪酸等）。

（2）在呼吸过程中，发生着能量的转换。一部分能量供细胞合成之用，另一部分供维持生命的一些其他活动之用，多余的部分能量转化为热能形式释放出来。

（3）在呼吸作用的生物氧化还原过程中，产生了许多中间产物，这些中间产物的一部分用作合成生物机体物质的原料，另一部分继续分解为最终产物。

（4）在进行呼吸作用的过程中，吸收和同化各种营养物质。

能够利用的电子受体种类的不同是微生物的另一个重要分类特征。根据最终电子受体的不同，微生物的呼吸类型分为三类——发酵、有氧呼吸和无氧呼吸。其中发酵和无氧呼吸因不需要氧，又统称为厌氧呼吸。

1. 发酵

发酵是厌氧微生物获得能量的主要方式。发酵过程中，有机物是被氧化的底物（电子供体），其不完全氧化的代谢产物（有机物）是生物氧化还原反应的最终电子受体。这种生物氧化作用不彻底，最终形成的还原性产物，是比原来底物简单的有机物，在反应过程中，释放的自由能较少。以葡萄糖为例，发酵反应过程见下式：

$$C_6H_{12}O_6 \longrightarrow 2CH_3CH_2OH + 2CO_2 + 109kJ \quad (17\text{-}3)$$

厌氧微生物有发酵细菌、产氢产乙酸细菌、同型产乙酸细菌和产甲烷细菌等。

2. 有氧呼吸（好氧呼吸）

有氧呼吸是在有分子氧（O_2）的情况下进行的生物氧化反应，它的最终电子受体是分子氧。各种好氧微生物在呼吸过程中，由于被氧化的底物不同，其氧化产物不一样。如好氧异养型微生物以葡萄糖为底物彻底氧化时，最终产物为二氧化碳和水，同时放出能量，见下式：

$$C_6H_{12}O_6 + 6O_2 \longrightarrow 6CO_2 + 6H_2O + 2872kJ \quad (17\text{-}4)$$

好氧自养型微生物以无机物为呼吸底物，如它在呼吸过程中，可以氧化硫化氢、亚铁等，同时放出能量，可见式（17-5）和式（17-6）：

$$H_2S + 2O_2 \longrightarrow H_2SO_4 + \text{能量} \quad (17\text{-}5)$$

$$4Fe(OH)_2 + O_2 + 2H_2O \longrightarrow 4Fe(OH)_3 + \text{能量} \quad (17\text{-}6)$$

能进行有氧呼吸的微生物有需氧菌和兼性细菌。在有氧呼吸过程中，底物被氧化得比较彻底，获得能量亦较多。

3. 无氧呼吸

无氧呼吸是指以无机氧化物，如 NO_3^-，NO_2^-，SO_4^{2-}，$S_2O_3^{2-}$，CO_2 等代替分子氧，作为最终电子受体的生物氧化作用。这些无机盐在接受电子后被还原，其生化反应有反硝化作用、硫酸盐还原作用和碳酸盐还原作用。如反硝化作用，可见下式：

$$C_6H_{12}O_6 + 4NO_3^- \longrightarrow 6CO_2 + 2N_2\uparrow + 6H_2O + 1758kJ \quad (17\text{-}7)$$

反硝化过程中，有机物被彻底氧化，最终产物为 H_2O，CO_2 等无机物，电子受体为 NO_3^-、NO_3^-，被还原为 N_2。

能进行无氧呼吸的微生物是专性厌氧菌和兼性细菌。

上述的三种呼吸方式，获得的能量水平不同，如以葡萄糖为例，归纳见表 17-3。

三种呼吸方式的放能反应　　表 17-3

呼吸方式	电子受体	反应方程式
有氧呼吸	分子氧	$C_6H_{12}O_6+6O_2 \longrightarrow 6CO_2+6H_2O+2872kJ$
无氧呼吸	无机物	$C_6H_{12}O_6+4NO_3^- \longrightarrow 6CO_2+2N_2\uparrow+6H_2O+1758kJ$
发酵	有机物	$C_6H_{12}O_6 \longrightarrow 2CH_3CH_2OH+2CO_2+109kJ$

17.1.4　微生物生长的环境因素

微生物的生长繁殖，除了需要必需的营养物质外，还需要其他适宜的环境条件，如温度、pH、O_2、渗透压、无毒环境等。适宜的环境因素可以使各种细胞物质保持平衡状态。而环境因素不正常时，微生物就不能维持其正常的生命活动，发生变异，甚至死亡。因此，我们在生物处理工程中，总是设法创造良好的环境，让微生物在适宜的环境中生活，很好地生长、繁殖，从而达到令人满意的处理效果以及经济效益。

影响微生物生长的环境因素是较多的，一般来说，其中最主要的是温度、pH、溶解氧、营养物质以及有毒物质。

1. 温度

温度对微生物有着广泛的影响。各类微生物所需的温度范围是不同的，就整个微生物界来说，生长温度范围是 5～80℃。在微生物可以生长繁殖的温度范围内，各类微生物大体可分成三个基点，即最低生长温度，最高生长温度和最适生长温度（是指微生物生长速度最高时的温度）。而根据各类微生物所适应的温度范围，微生物可分为中温性微生物，高温性微生物和低温性微生物三类。中温性微生物（中温菌）的生长温度范围为 20～40℃，好热性微生物（嗜热菌）的生长温度在 45℃以上，好冷性微生物（嗜冷菌）的生长温度在 20℃以下。

污水生物处理中的反应温度，和微生物的生长、繁殖关系密切。我们采用不同的反应温度，就有不同的微生物和不同的生长规律。

污水好氧生物处理中，以中温性细菌为主，其生长繁殖的最适温度为 20～37℃。微生物在适宜范围内温度每升高 10℃，酶促反应速度提高 1～2 倍，因此微生物的代谢速率和增长速率均可相应提高。但当温度超过最高生长温度时，会使微生物的蛋白质迅速变性及酶系统遭到破坏而失去活性，严重者可使微生物死亡。低温对微生物往往不会致死，只会使其代谢活力降低，进而处于生长繁殖停止状态，但仍保存其生命力。所以在污水生物处理过程中，高温会比低温带来更为严重的不良结果。目前，有很多工业废水温度很高，如焦化废水、采油废水、印染废水等，对该类废水采用降温处理是不经济的。利用高温性微生物最适温度达 50～60℃这一特性，开发新的高温好氧生物处理工艺引起了研究者们的兴趣。

在厌氧生物处理的微生物中，主要有产酸菌和甲烷菌。甲烷菌中有中温性的和高温性的，中温性甲烷菌的最适温度范围为 25～40℃，高温性的则为 50～60℃。在厌氧生物处理的反应器内采用的反应温度，相应的有中温的 33～38℃和高温的 52～57℃。

2. pH

微生物的生长，繁殖和环境中的 pH 关系密切。pH 对微生物生长的影响主要是可以改变底物和菌体酶蛋白的带电状态。不同的微生物有不同的 pH 适应范围。例如细菌、放线菌、藻类和原生动物的 pH 适应范围是在 4～10 之间。大多数细菌适宜中性或偏碱性（pH＝6.5～7.5）的环境。有的细菌如氧化硫化杆菌，喜欢在酸性环境中生活，它的最适 pH 为 3.0，亦可在 pH＝1.5 的环境中生活。酵母菌和霉菌要求在酸性或偏酸性的环境中生活，最适 pH 为 3.0～6.0，适应范围为 1.5～10 之间。有些绝对厌氧菌（如产甲烷菌）对 pH 的适应范围很小，最适 pH 为 6.8～7.2。

在水的生物处理中，pH 的控制具有重要的意义。如采用好氧活性污泥法处理污水时，曝气池中混合液的 pH 宜为 6.5～8.5，这有利于大多数的细菌、放线菌、藻类和原生动物生活，并能使活性污泥中的菌胶团形成结构较好的絮状物，保证处理效果。当 pH 过高达到 9.0 时，原生动物将由活跃转为呆滞，菌胶团黏性物质解体，活性污泥结构将被破坏，处理效果下降。如果进水 pH 突然降低，曝气池混合液呈酸性时，活性污泥结构亦会变化，二次沉淀池中将出现大量浮泥现象。

水处理生物反应器的进水 pH 应设法保持稳定在一个合适的范围内。当污水的 pH 变化较大时，应设置调节池，使得污水进入反应器（如曝气池）的 pH 保持在合适的 pH 范围。

3. 溶解氧

微生物生长环境的最重要特征是微生物氧化化学物质获得能量时的最终电子受体种类。电子受体主要有三类：氧气、无机化合物和有机化合物。因此，具体的工艺操作通常是通过控制微生物的生长环境来实现的，并影响着系统中起主要作用的微生物种群和发生的具体生化过程。水处理工程中，氧是最重要的生化环境控制因素之一。根据微生物对氧气的利用情况可以分为三类：专性好氧菌、兼性细菌和厌氧菌。当有溶解氧存在或者溶解氧供应充足而不会成为限制因素时，属好氧环境。好氧环境中，微生物生长率最高，降解单位污染物所生成的细胞物质很高。严格地说，任何不是好氧的环境都属厌氧。但在水处理领域，“厌氧”一般指有机物、CO_2 作为电子受体的环境，厌氧条件下，微生物生长效率比较低。当环境中没有分子氧，但存在 NO_3^-、NO_2^- 或 SO_4^{2-} 作为主要电子受体时，称为缺氧。缺氧条件下，微生物的生长效率比厌氧条件下高，但比不上好氧环境。

除溶解氧浓度外，表征好氧、缺氧和厌氧条件的核心参数是水中的氧化还原电位。厌氧环境的电位最低，而好氧环境的电位很高，缺氧环境的电位居中。一般需氧细菌要求氧化还原电位在 300～400mV 左右，但氧化还原电位在 100mV 以上时均可生长；厌氧细菌则需要在 100mV 以下才能生活；兼性细菌在氧化还原电位达到 100mV 以上时进行有氧呼吸，氧化还原电位在 100mV 以下时则进行厌氧呼吸。

在污水的好氧生物处理中，应从外部供给氧，使得反应器中有足够的溶解氧。如果溶解氧不足，好氧微生物由于得不到足够的氧，活性会受到影响，新陈代谢能力降低，同时对溶解氧要求较低的微生物将趁机繁殖起来，影响正常的生化反应过程，系统的处理效率将下降。在好氧生物处理系统中，溶解氧一般应保持在 2～4mg/L 为宜。

溶解氧对微生物群落生态有着极为重要的影响。好氧环境能够支撑起完整的食物链，包括食物链底部的细菌和顶部的后生动物。缺氧环境食物链较受限制，而厌氧环境最受限制，只有细菌占主导地位。

4. 营养物质

微生物和其他生物一样，需要从外界环境不断吸取营养物质，进行新陈代谢活动。在这活动中，微生物从营养物质中获取能量并合成新的细胞物质。

微生物所需的营养物质必须包括组成细胞的各种原料和产生能量的物质。一般讲，在细菌细胞内，水分约为80%，干物质约为20%。干物质中有机物约占90%，其主要化学元素是C、H、O、N、P、S；无机物约占10%。

碳源和能源在微生物新陈代谢过程中的需求量最大，但有些营养物对限制微生物细胞的合成与生长的作用更甚于碳源和能源。微生物需要的主要无机营养物包括：N、S、P、K、Mg、Ca、Fe、Na和Cl；次要营养物包括：Zn、Mn、Mo、Se、Co、Cu和Ni等。采用生物处理方法时，水中除主要元素含量需要满足细菌生长需要量外，某些微含量元素由于起到专一的催化或结构上的作用，也是生化过程中的某些反应所必需的。当这种元素缺乏时，代谢作用就会受到影响，水处理系统就会出现异常现象。关于微生物生长所需的营养物量很难确定，表17-4列出了细菌生长的大概营养物需要量。

细菌生长微量营养物需要量　　表17-4

营养元素	大概需要量 （ug/mg细胞COD）	营养元素	大概需要量 （ug/mg细胞COD）
K	10	Ca	10
Mg	7	S	6
Na	3	Cl	3
Fe	2	Zn	0.2
Mn	0.1	Cu	0.02
Mo	0.004	Co	＜0.0004

一般来说，污水中大多含有微生物所能利用的碳源。但是，对于有些含碳量低的工业废水来讲，可能在进行处理时，还应另加碳源，如生活污水、米泔水、淀粉浆料等。

微生物除了需要碳营养外，还需要氮、磷营养，它们之间的比例，一般为BOD_5∶N∶P＝100∶5∶1。生活污水中的氮、磷含量较高，采用生物法处理时不需另外投加。但有的工业废水含氮、磷量低，不能满足微生物的需要，应考虑投加氮营养物质（如尿素、硫酸铵、粪水等）和磷营养物质（如磷酸钾，磷酸钠等），否则会引起污泥的不正常现象，影响处理效率。

5. 有毒物质

在工业废水中，有时存在着对微生物具有抑制和杀害作用的化学物质，这类物质称为有毒物质。这类物质包括强氧化剂、重金属离子和有毒有机物等。有毒物质主要破坏细胞的正常结构及使菌体内的酶变质，并使微生物失去活性。如强氧化剂可以使细菌的正常代谢受到阻碍，甚至死亡。高锰酸钾的消毒作用即属此类。重金属离子（砷，铅，镉，铬，铁，铜，锌等）能与细胞内的蛋白质结合，使它变质，致使酶失去活性。

不同种类的微生物对有毒物质的耐受程度存在差异，如去除有机物的一般异养菌比硝化细菌（自养菌）和产甲烷细菌（厌氧菌）具有更高的毒物承受能力。

有毒物质对微生物的毒害和抑制作用，有一个量的概念，即当达到一定浓度时，这个作用才显示出来。微生物能够承受的有毒物质浓度称为容许浓度。微生物对有毒物质的耐受程度可以通过逐步驯化的方式予以提高。

在生物处理系统中，应对有毒物质严加控制。但目前，生物处理系统中有毒物质容许浓度范围还没有统一的标准。对某种特定的污水来说，必须根据具体情况做具体的分析，必要时需通过试验确定。

17.1.5 微生物的生长规律

微生物的生长过程是通过代谢作用实现的。微生物不断将营养物质转化为细胞物质，菌体质量也不断增加。单细胞生物的生长往往伴随着细胞的分裂繁殖。由于细菌繁殖的世代时间很短（20～30min），在细菌群体中无法区分单个细菌的生长状态，因此细菌的生长是以群体细胞数目的增加作为标志的。

1. 微生物的生长曲线

在给定量的培养基中生长的细菌，称为分批培养物。由于培养基的总量是限制的，分批培养的微生物不能连续不断地增殖。各种微生物的生长速度虽然不一样，但它们在分批培养中均表现出类似的生长繁殖规律。微生物的生长规律可以用微生物的生长曲线来反映，该曲线表示了微生物在不同培养环境下的生长情况及其生长过程。在微生物学中，对纯菌种的生长规律做了大量的研究。按微生物生长速度可将微生物的生长分为4个阶段，即停滞期（迟缓期）、对数生长期（指数生长期）、静止期（稳定期）和衰亡期（图17-2）。

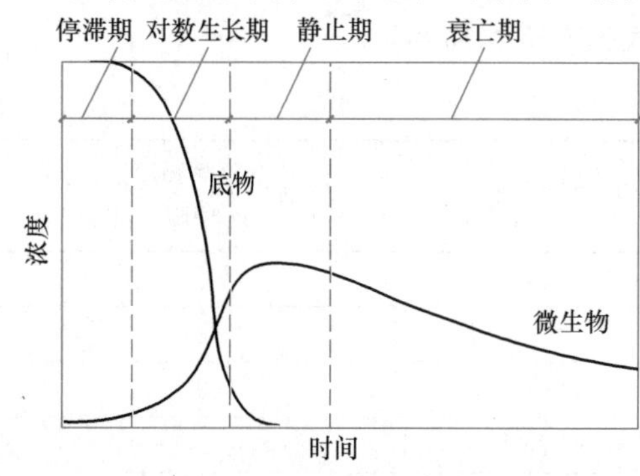

图 17-2 微生物的生长曲线

（1）停滞期

将细菌接种至培养基中并处于有利的生长环境时，还不能马上发生分裂增殖，而是先适应新环境并为增殖贮备条件，这一阶段称为停滞期。

（2）对数生长期

微生物经过停滞期的调整适应后，就可以最快的速度进行增殖，这一阶段称为对数增长期。由于培养基内的底物和营养物质丰富，细菌的繁殖速度不受底物限制，只受温度等环境因素的影响。该阶段生物体的生长呈对数关系增长。

（3）静止期

由于对数生长期对培养基中营养物质的消耗，细菌用于增殖的底物量受到限制，细胞繁殖速度逐渐减慢。体系内细菌的生长与死亡相对平衡，生物体浓度保持相对稳定，不随时间发生变化，这一阶段称为静止期。

（4）衰亡期

静止期后，由于培养基中的营养物质近乎耗尽，细菌将因得不到营养物质而只能利用菌体内的贮存物质或以死亡菌体作为养料，进行内源呼吸以维持生命，故衰亡期又称为内源呼吸期。在这期间，培养液中的活细胞数急剧下降，只有少数细胞能继续分裂，大多数细胞出现自溶现象并死亡。菌体细胞的死亡速度超过分裂速度，生长曲线显著下降。

微生物的生长曲线对于生物处理工艺条件的控制有重要的指导意义。引起上述生长曲线变化规律的根本原因是环境中营养物质的量和微生物数量之间的比值。在生物处理中，通过控制一定的F/M值（F代表营养物质，M代表细胞量），就可得出不同的微生物生长率、微生物的活性和处理效果。如微生物被接种至与原来生长条件不同的污水中，或污水处理厂因故中断运行后恢复运行时，就可能出现停滞期。这种情况下，微生物要经过若干时间的驯化或恢复才能适应新的污水或恢复正常状态。当污水中有机物浓度很高，且培养条件适宜，微生物可能处于对数增长期。处于对数期的微生物繁殖很快，活力也很强，处理污水的能力必然较高。但为了维持微生物处于对数生长状态，微生物处于食料过剩的环境中。在这种情况下，微生物的絮凝、沉降性能较差，出水中带出的有机物质（包括菌体）亦将多一些。因此，利用对数期进行污水的生物处理，虽然反应速率快，但想取得稳定的出水以及较高的处理效果是比较困难的。当污水中有机物浓度较低，微生物浓度较高时，微生物可能处于静止期，处于静止期的微生物絮凝性能好，且混合液沉淀后上清液清澈。故一般在污水生物处理工程中，常控制微生物处于静止期或衰亡期的初期，使污水的处理取得较好的效果。

2. 微生物的增长与产率系数

生物处理的过程中，微生物以水中的污染物质作为生长的碳源和能源，将污染物质转化为新细胞物质和 CO_2 或其他无毒形式。这一过程中，微生物的生长与有机物或无机物的氧化是同时进行的。细菌利用水中的污染物，通过分裂、无性繁殖或出芽进行繁殖。一般通过分裂繁殖，由一个细胞变成两个新细胞。每一次分裂所需的时间称为世代时间，不同微生物的世代时间范围很大，从不足20min到数天不等。

微生物的增长量与底物消耗量的比值定义为微生物的产率系数 Y：

$$Y=\frac{\text{g 微生物增长量}}{\text{g 底物消耗量}} \tag{17-8}$$

上述底物消耗量根据微生物实际利用的底物进行定义：如对于硝化反应，可表示为“g微生物/g被氧化的 NH_3”；对于生活污水和有机工业废水的好氧和厌氧生物处理，可表示为“g微生物/gBOD”或“g微生物/gCOD”。

由于微生物几乎都是有机物质，上述微生物的增长量可以采用挥发性悬浮固体（VSS）或颗粒COD（总COD减去可溶性COD）来计量。

微生物增长量与电子受体的电子转移所产生的能量有关。随着电子受体依次转变为 O_2、NO_3^-、SO_4^{2-} 和 CO_2 时，氧化还原反应产生的能量逐渐减少，细胞产量也会逐渐减少。生物处理中常见生物反应的微生物产率系数列于表17-5。

生物处理中常见生物反应的微生物产率系数　　表17-5

生长条件	电子供体	电子受体	产率系数
好氧	有机物	O_2	0.40gVSS/gCOD
好氧	NH_3	O_2	0.12gVSS/gNH_3－N
缺氧	有机物	NO_3^-	0.30gVSS/gCOD
厌氧	有机物	有机物	0.06gVSS/gCOD
厌氧	乙酸盐	CO_2	0.05gVSS/gCOD

上述的微生物产率系数是利用底物而直接生成的微生物量，是在理想的状态下微生物降解底物的最大产率。这一产率受氧化还原反应中可获得的能量影响，如果已知氧化还原

反应中产生的能量，产率系数可以通过生物能学的理论计算获得。而在实际的生物处理系统中，由于微生物生长的同时还有一部分损失，实际观测到的生长率要低一些。这主要是由于微生物的内源代谢引起的。

异养菌降解有机物过程中，大分子有机物首先在胞外酶（大多数是水解酶）作用下，成为溶解性的有机物。然后透过细胞膜渗入细胞内部，在胞内酶作用下，进行一系列复杂的酶反应。大部分被合成为细胞物质，小部分被氧化。胞外酶除对底物有水解作用外，对自身组织的某些组分亦有一定的降解作用，其不能降解的部分则积累而成黏液层。在细胞内部，细胞物质也有一定的自身代谢，这就是内源代谢（内源呼吸）。它是微生物的新陈代谢活动除了合成代谢和分解代谢外的一个重要组成部分。

内源呼吸是微生物细胞物质的生物氧化反应，贯穿于微生物的整个生命期。但在微生物生长曲线的不同阶段，内源呼吸的程度是不一样的：在微生物的对数增长期，由于外部环境的能源供给充足，内源呼吸是极小的，一般可不予考虑；而在非对数增长期，由于能源供给受到了限制，微生物需要通过内源代谢来满足维持微生物功能所需的能量；如果没有外部能源可供利用，则所有的维持能量都必须由内源代谢来提供；当全部内源能量都被耗尽时，细胞就会退化和死亡，或进入休眠状态。细胞物质通过内源呼吸代谢，产生一部分不能分解的残留物质。这是细胞的不易降解的组分，如细胞壁的某些组分和壁外的黏液层，主要是多糖，也有一些蛋白质。

处于对数生长期的微生物，由于底物充分，其内源代谢往往可以忽略不计。而在生物处理工艺中，微生物的内源呼吸代谢，一般要予以考虑。因此，在实际工程中，更具有应用价值的是微生物的观测产率系数 Y_{obs}：

$$Y_{obs} = \frac{\text{g 微生物实际增长量}}{\text{g 底物消耗量}} \tag{17-9}$$

Y_{obs}根据实际测得的微生物增长量和底物消耗量计算得到，Y_{obs}通常小于 Y。

3. 生物处理中的微生物生态系统

在生物处理中，微生物是一个群体，各种微生物之间必然相互影响，并共栖于一个生态平衡的环境之中。不同微生物在培养系统中，都有着自己的生长规律及生长曲线。每条曲线在这共栖环境中，都有着它自己的规律和位置，这一切都和环境中营养物质的变化以及微生物之间的相互依存情况有关。

生态系统是一定范围内由生物组分和环境组分组合而成的结构有序的系统。因此，每一种生物处理都会形成一种独特的生态系统，这种生态系统取决于处理设施的物理设计（处理过程环境条件的控制）、进水的性质和系统微生物引起的生化变化。由于生理、遗传和群体适应性的不同，即使是采用同一种生物处理工艺的不同构筑物内建立的生态系统中，微生物群落的物种多样性也是独特的。因此，不可能简单地根据处理工艺来获知不同系统内物种的数量和类型。但是，研究生物处理中群落结构的一般性质并将其与处理过程的环境关联起来是具有指导作用的。

在各种环境因素中，溶解氧对微生物群落生态有着极为重要的影响。这是因为好氧和缺氧环境中的生化过程是以呼吸作用作为基础的，而厌氧环境中的生化过程是以发酵作用作为基础的，所以微生物群落差别非常大。

可以在好氧环境下生长的微生物种类很多，涵盖了原核微生物和真核微生物。在好氧生物处理构筑物里检测到的微生物包括多种细菌、真菌、原生动物和后生动物，这些微生物形成了完整的食物链。有机物多时，则以有机物为食料的细菌占优势，数量最多；而当细菌多时，就会出现以细菌为食料的原生动物；而后出现以细菌及原生动物为食料的后生动物。这种现象，称为微生物的递变现象，如图 17-3 中所示。好氧环境下微生物的递变规律可以用于间接判断生物处理过程的水质情况。如镜检中发现大量鞭毛虫的存在，则说明污水中有机物含量尚较高，还须作进一步处理。这种情况，一般在生物处理过程中初期出现。当镜检发现游泳型纤毛虫时，表明污水已经得到一定程度的处理。一般当游泳型纤毛虫不多，而固着型纤毛虫出现时，则表明水中有机物和分散的细菌相当少。当镜检发现轮虫时，表明水中的有机物浓度已经很低，水质已经稳定。微生物镜检一般只能作为对水质总体状况的估计，是一种定性的检测，不能作为污水处理厂出水水质控制的依据。需将其与其他测定方法结合起来，才能对污水处理厂的正常运行，取得很好的作用。

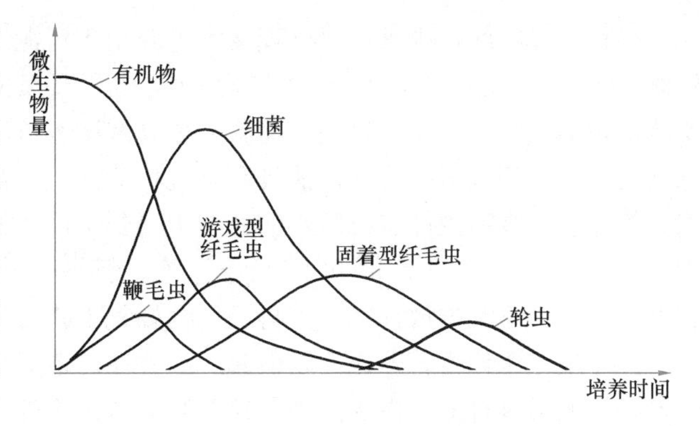

图 17-3 好氧条件下微生物的增长与递变

厌氧处理中的微生物主要为原核微生物。由于氧的限制，真核微生物无法生存，厌氧环境中的微生物不存在好氧环境中的食物链关系。但厌氧环境内存在微生物的互生关系。在完整的厌氧处理过程中包含了三个基本阶段：(1) 水解发酵；(2) 产氢、产乙酸；(3) 产甲烷。产甲烷菌和酸化菌一般会形成共生关系：产甲烷菌利用发酵过程的最终产物，如 H_2、甲酸盐和乙酸盐，转化为甲烷和二氧化碳。这一过程中，产甲烷菌通过利用 H_2 而使系统内保持极低的 H_2 分压，使酸化菌的发酵反应向着生成更多的最终产物（甲酸盐和乙酸盐）方向移动。产甲烷菌充当着促使发酵反应进行的氢吸收剂的角色。

17.2 生物处理工艺概述

传统的污水生物处理方法利用自然界生长的天然微生物群体（包括细菌、真菌、藻类和原生动物等），通过驯化、繁殖用于处理污水中的有机污染物。随着生物处理技术的不断发展，人们在水处理工程中应用到的微生物类群更加广泛。利用微生物处理水中污染物的领域也得到不断地拓宽，如水中营养盐的去除、给水中微污染源水的处理等。

17.2.1 生物处理在水处理工程中的应用与发展

早期的城市污水大多以生活污水为主，其中含有的污染物包括碳水化合物、蛋白质和脂肪等，属典型的有机性污染。含有机物的污水排放入水体会大量消耗水体中的溶解氧，引起水生生物和鱼类窒息死亡，并导致水体发黑、变臭。而微生物在好氧条件下可以分解此类有机物并使其稳定和无害化；或在厌氧条件下将有机物转化为沼气（以甲烷为主），沼气的热能可回收利用。早期的污水生物处理技术主要是采用好氧生物处理技术净化污水中的有机物，采用厌氧技术处理好氧生物处理产生的生物污泥。

很长一段时间，厌氧生物处理技术主要用于污泥的稳定处理，而污水处理则主要采用好氧生物处理。随着工业生产的不断发展，新的环境问题不断出现，对生物处理的要求和挑战也相继出现。工业的发展伴随着大量高浓度有机废水的排放，采用好氧生物处理技术能耗巨大。由于厌氧生物处理法具有有机负荷高，运行费用较低，产生的甲烷气可以回收能源等优点，在高浓度有机废水的处理中得到了广泛的应用，出现了许多新的厌氧生物处理技术，如 UASB、EGSB 和 IC 反应器等。但是，厌氧法处理后出水的有机物浓度还比较高，一般达不到排放标准，需再经后续好氧生物法处理后才能确保出水水质达标。

近年来，水体富营养化问题引起广泛关注。造成水体富营养化的主要原因是氮和磷等营养物质的过度排放。由于发现了缺氧和厌氧生物处理在净化污水中的巨大潜力，出现了一系列好氧、缺氧和厌氧相结合的生物处理系统，如缺氧/好氧工艺可以进行生物脱氮，厌氧/好氧工艺可以进行生物除磷，厌氧/缺氧/好氧工艺可以进行生物脱氮除磷等。

除了高浓度有机废水和营养盐污染控制外，近年来又出现了处理受到微量有机物污染的水源水问题。使得生物处理工艺的应用从传统的污水处理领域逐步扩展到了给水处理领域。以我国为例，我国河流普遍受到有机污染，主要湖泊富营养化严重，其中典型水域仍以氨氮和有机污染为主。有机污染成分增多使给水处理厂的混凝剂和消毒剂的消耗量增加，氯消毒剂的增加会导致大量消毒副产物的产生，包括三卤甲烷、卤乙酸和氯化芳烃等，使得饮用水的安全和管网中水的生物稳定性得不到保证。一些富营养源水中的藻类还会干扰混凝过程和造成滤池堵塞。与污水相比，微污染源水中的污染物浓度很低，属于贫营养水。因此，目前应用于微污染源水处理的生物工艺主要为好氧生物膜法。这是因为，生物膜法可以提供很长的生物停留时间而不需要长的水力停留时间；采用好氧工艺是为了防止厌氧反应所带来的负面作用：嗅和味的产生、色度、生物膜脱落等。目前用于污水处理的多种生物膜法在微污染源水的预处理中都得到了应用，如生物接触氧化池、生物滤池等。生物预处理指在常规净水工艺前增设生物处理工艺，借助微生物群体的新陈代谢活动，对水中的有机污染物、氨氮、亚硝酸盐氮及铁、锰等无机污染物进行初步的去除。其中有机污染物、氨氮和亚硝酸盐氮的去除机理与污水生物处理中的过程相一致，Fe、Mn 的去除主要由好氧菌进行，好氧菌可以将 Fe^{2+} 氧化为 Fe^{3+}，Mn^{2+} 氧化为 Mn^{4+}，好氧菌从这些反应中获得能量。一旦处于氧化态，这些金属通常会以氧化物或碳酸盐的形式沉淀而从水中分离出来。

生物处理技术百余年的发展和进步表明，生物处理技术的功能不只是分解和稳定有机物及处理生活污水。随着水生物处理微生物学和生物处理反应器的不断发展，生物处理新工艺的出现，生物处理技术已成为具有多种功能的技术。其应用的领域将涵盖给水处理、污水处理、污染水体修复和地下水修复等。生物处理技术已在很多国家的水污染控制中发挥了巨大的作用，今后还将在世界各国的水污染控制和水环境保护中发挥更大的作用。

17.2.2 微生物的营养类型、呼吸类型与生物处理

生物处理工艺的确定，需通过分析水中需去除的污染物种类，结合微生物的各种营养类型、呼吸类型的生理生化特性来进行选择。水处理工程中应用到的微生物主要为化能营养型微生物。

微生物和其他生物一样，为了进行各项生理活动，必须从外界环境摄取营养物质，予

以利用。这些营养物质，在生物体内，通过酶的催化作用，产生一系列生化反应，使生物获得需要的能量和合成新的细胞物质。因此，从根本上说，生物处理的主要过程是，微生物以水中的污染物质作为生长碳源和（或）能源，将污染物从水中去除，将其转化为新细胞物质和 CO_2 或其他无毒形式。在水中，存在着各种有机物和无机物。大部分有机物和部分无机物能被微生物作为营养源而加以利用。所以经常将微生物生长的碳源和（或）能源称为基质或底物，水处理工程师通常将细胞生长期间对污染物质的去除称为底物利用或底物降解。在水处理中，所谓底物的降解，就是水中含有的营养物质被微生物代谢、利用、转化，使得原有复杂的高分子物氧化分解为简单的低分子物的过程。

由于水质不同，采用生物处理过程所涉及的底物也不同。若水中的底物主要是有机物，那么，这个过程也被称为有机物的降解。当以去除水中的营养盐（N、P）为目标时，水中的 NH_3-N、P 就是生物处理过程的底物。在水处理过程中，水中的底物种类十分复杂，往往不是单一种类的，因此在选择处理工艺时需综合考虑。

底物降解在水处理中具有十分重要的意义。如果水中的底物是可生物降解的，说明采用生物法进行无害化处理是可行的。由于生物处理法运转管理较方便，亦较经济，故人们首先要考虑生物处理的可行性，通常称污水的可生物处理性。

在处理污水中的有机物时，由于底物是有机物，根据微生物的营养类型应选择异养微生物进行处理。其中，好氧异养微生物以有机物为食物来源，将部分碳转化为新细胞物质，而将其余的碳转化为 CO_2，CO_2 以气体形式逸出，细胞物质通过沉淀分离去除，使水中不再含有有机污染物，好氧微生物特别适合于处理浓度较低的有机废水。厌氧异养微生物适合处理高浓度的有机废水，因为其不需要氧气，产生的细胞物质较少，还能够产生可利用的甲烷气体。

由于大量人工合成有机物的出现，许多污水中存在好氧异养菌难以降解的有机物。此时可在工艺中设置厌氧区和好氧区，将异养微生物的发酵和好氧呼吸组合在一起，其特点是在厌氧区通过发酵细菌的厌氧发酵，将非溶解态或难降解有机物（如氯代有机物、杂环化合物）水解转化为溶解态、易降解的低分子有机酸（如乙酸、丙酸、丁酸等）或较易降解的化合物（如氯代化合物的厌氧还原脱氯，提高可降解性），提高污水的可生化性，再由好氧细菌进一步降解。

好氧自养菌中的硝化细菌在有氧条件下可以将水中的 NH_3 氧化为 NO_3^- 和 NO_2^-，这一过程称为硝化；而硝酸盐还原菌在缺氧时可以利用硝酸盐为电子受体，把硝酸盐还原为氮气，这一作用称为反硝化或生物脱氮过程。可通过在工艺流程中设置缺氧区和好氧区，将化能异养菌的无氧呼吸、有氧呼吸与化能自养菌有机组合。通过合理控制工艺参数，使缺氧区适合具有反硝化功能的兼性细菌，好氧区适合降解有机物的异养型好氧菌和有硝化作用的自养菌，从而达到同时去除水中有机物和 NH_3-N 的目的。

20 世纪 90 年代，荷兰 Delf 大学 Kluyver 实验室开发了厌氧氨氧化（anaerobic ammonium oxidation，ANAMMOX）工艺。该工艺在厌氧条件下以 NO_2^- 为电子受体由厌氧氨氧化菌直接将 NH_3-N 转化为 N_2，不需要额外投加有机底物；该工艺可以与硝化工艺联用，将硝化过程控制在亚硝化阶段，只需将部分氨氧化为亚硝酸盐，从而减少硝化阶段的供氧量和反硝化阶段的碳源量。

水处理工程中涉及的各种微生物及其营养类型和呼吸类型的关系总结见表 17-6。

水处理工程中应用的不同微生物　　　　表 17-6

细菌类型	常用反应名称	碳源	电子供体	电子受体	产物	水处理工程中应用
好氧异养菌	好氧氧化	有机物	有机物	O_2	CO_2，H_2O	给水与污水有机物处理
好氧自养菌	硝化	CO_2	NH_3，NO_2^-	O_2	NO_3^-，NO_2^-	给水与污水氨氮硝化
	铁氧化	CO_2	Fe^{2+}	O_2	Fe^{2+}	给水铁、锰去除
厌氧自养菌	厌氧氨氧化	CO_2	NH_3	NO_2^-	N_2	污水脱氮
兼性异养菌	反硝化	有机物	有机物	NO_3^-，NO_2^-	N_2，CO_2，H_2O	污水脱氮
厌氧异养菌	酸发酵	有机物	有机物	有机物	挥发酸	污水有机物处理
	硫酸盐还原	有机物	有机物	SO_4^{2-}	H_2S，CO_2，H_2O	
	甲烷化	有机物	挥发酸	CO_2	CH_4	污水有机物处理

不同营养类型和呼吸类型的微生物还是造成水处理工程中许多异常现象的根源。在活性污泥法的二沉池中，当停留时间过长或排泥不及时，会发生反硝化作用，硝酸盐被还原成氮气，由于气泡的顶托作用，沉淀污泥会被带至池面，影响出水水质。污水沟道中，硫酸盐还原菌在缺氧条件下能利用有机物将硫酸盐还原为硫化氢，使污水散发出恶臭味，并可能对管道清理工造成生命威胁。

17.2.3 生物处理工艺的基本分类

自 1914 年 E. Ardern 和 W. T. Lockett 在英格兰创立第一个活性污泥工艺以来，随着新工艺的不断开发，生物处理技术在水处理工程中的应用范围越来越广。许多新工艺采用了商业名称，但仍可通过其工艺机理进行分类。分类的依据主要包括微生物代谢功能类型、反应器构造类型和运行方式、处理功能（污染物种类）和处理对象（污水种类）等。不同的分类方式形成了生物处理领域常用的术语和定义。

1. 按代谢功能类型划分

用于生物处理的主要生物过程根据代谢功能类型可以划分为好氧处理、厌氧处理和缺氧处理。按代谢功能进行划分的实质是依据微生物呼吸作用的电子受体的不同。作为微生物生长环境的最重要特征，在选择生物处理工艺时，电子受体的种类必须首先予以考虑。

好氧处理：指有分子氧存在的条件下，进行的生物处理过程。

厌氧处理：指无分子氧和硝酸盐氮（化合态氧）存在的条件下，进行的生物处理过程。

缺氧处理：在缺氧条件下，通过生物作用将硝酸盐氮转化为氮气的过程，也称为反硝化。

按代谢功能进行划分是生物处理工艺最重要的分类方法。在实际工程中，电子供体来源有两种可能：进水带入（需要分析进水水质，是否含有电子受体及其浓度，如硝酸盐和硫酸盐浓度）和外部投加（外部供氧或投加硝酸盐）。由于电子受体的不同，系统内微生物的代谢途径有很大区别，对污染物的降解途径和最终产物也不同。

在水处理工程中，除了独立应用这些处理过程以解决特定的处理目标（如脱氮除磷）外，往往需要通过好氧、厌氧和缺氧处理工艺的不同组合形成串联工艺。

2. 按反应器构造类型和运行方式划分

反应器是微生物栖息和处理污染物的场所，应为微生物创造适宜的条件，使微生物的生长状态最好，其降解作用得以最大的发挥。化工原理和设备技术的发展，推动了生物处理反应器的发展。不同生长方式的微生物和不同结构类型、不同运行方式的反应器，有着不同的特性，具有不同的功能，能适应不同的需要。

根据微生物在反应器内生长方式的不同，生物处理反应器可以分为两种类型：悬浮生长工艺和附着生长工艺。

悬浮生长型工艺：降解污染物的微生物在水中处于悬浮状态生长的生物处理工艺。悬浮生长型工艺需要通过适当的搅拌方式使微生物始终处于悬浮状态，而且需要用沉淀等物理单元操作，将细胞从处理水中分离，再排放出水。

悬浮生长工艺广泛应用于城市污水、工业废水和有机污泥等的处理。悬浮生长型工艺和附着生长型工艺均可与好氧处理、厌氧处理和缺氧处理相结合，形成不同的工艺。如在城市污水处理中最常用的悬浮生长工艺是好氧活性污泥法，污泥的好氧消化采用的也是悬浮生长工艺。厌氧悬浮生长型工艺包括处理污水的厌氧接触法（即厌氧活性污泥法）和处理污泥的厌氧消化工艺等。

附着生长型工艺：降解污染物的微生物附着于某些惰性材料（如碎石、炉渣及其他专门设计的塑料或陶瓷）上的生物处理工艺。附着生长型工艺也称为生物膜法工艺。与悬浮生长工艺不同，附着生长型的微生物在固体支撑物上以生物膜形式生长，需处理的水流过生物膜而达到净化的效果；由于生物膜存在脱落现象，通常也要求采用物理单元操作将脱落的生物膜去除。好氧的附着型生长工艺包括：生物滤池、生物转盘、生物接触氧化池等；厌氧的附着型生长工艺包括：厌氧生物滤池、厌氧填料床反应器和厌氧流化床反应器等。

从反应器的不同结构类型可以将反应器分为推流式反应器和完全混合式反应器。反应器的运行方式又可以分为连续运行式和间歇运行式。这些内容将在后续章节予以介绍。

需要注意的是，上述类型是互相交叉重叠的。例如：有间歇运行的完全混合式活性污泥法（悬浮生长型），也有连续运行的推流式的活性污泥法，还有连续运行的完全混合式生物接触氧化池（附着生长型）等。表 17-7 为水处理工程中的主要生物处理工艺类型。

水处理工程中的主要生物处理工艺　　表 17-7

代谢类型	工艺类型	通用名称	处理对象				应用领域		
			有机物	硝化	反硝化	除磷	微污染源水	污水	污泥
好氧法	悬浮生长	活性污泥法	※	※				※	
		曝气塘	※	※				※	
		好氧塘	※					※	
		污泥好氧消化	※						※
	附着生长	生物滤池	※	※			※	※	
		生物接触氧化	※	※			※	※	
		生物转盘	※	※				※	
		生物流化床	※	※				※	
缺氧法	悬浮生长或附着生长	脱氮			※			※	
厌氧法	悬浮生长	厌氧接触池	※					※	
		上流式厌氧污泥床	※					※	
		厌氧塘	※					※	
		污泥厌氧消化	※						※
	附着生长	厌氧滤池	※					※	
		厌氧流化床	※					※	
好氧、缺氧、厌氧组合	悬浮生长或附着生长悬浮生长	A/O 工艺	※	※	※			※	
		A^2/O 工艺	※	※	※	※		※	

17.2.4 有机物的好氧与厌氧生物处理

1. 好氧生物处理

有机物的好氧生物处理是在有游离氧（分子氧）存在的条件下，好氧微生物降解有机物，使其稳定化、无害化的处理方法。水中存在的各种有机物，主要以胶体状、溶解态的有机物为主。微生物利用这些有机物作为营养源。这些高能位的有机物质经过一系列的生化反应，逐级释放能量，最终以低能位的无机物质稳定下来，达到无害化的要求，以便进一步回到自然环境和妥善处置。水中有机物好氧生物处理的最终过程可用图 17-4 来简单说明。

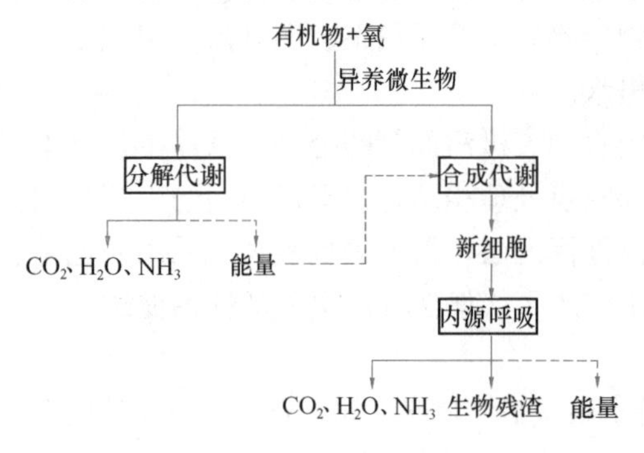

图 17-4 好氧生物处理过程中有机物的转化

由图 17-4 可见，有机物被微生物摄取之后，通过代谢活动，一部分有机物被分解，稳定，并提供微生物生命活动所需的能量；一部分被转化，合成为新的原生质（细胞质）的组成部分，即微生物自身生长繁殖。由于好氧生物处理一般控制在微生物的静止期或衰亡期的初期，系统内还存在内源代谢过程。微生物的增长和内源代谢的差值是系统内微生物的净增长。这一部分就是生物处理中的活性污泥或生物膜的增长部分，分别称剩余活性污泥和生物膜，通称生物污泥。生物污泥经固液分离后，需进行进一步处置。

一般来说，如果有机物浓度不是很高，供氧速率能满足生物氧化的耗氧速率时，可以采用好氧生物处理。好氧生物处理的反应速度较快，所需反应时间较短，处理构筑物（反应器）的容积较小。且在处理过程中散发的臭气较少。故目前对中、低浓度的有机废水，或者 BOD_5 浓度在 500mg/L 以内的有机废水，基本上采用好氧生物处理法。

2. 厌氧生物处理

有机物的厌氧生物处理是在没有游离氧的情况下，兼性细菌和厌氧细菌降解和稳定有机物的生物处理方法。

有机物的厌氧分解过程，主要经历两个阶段。首先，复杂的高分子有机化合物降解为低分子的中间产物，即有机酸、醇、二氧化碳、氨、硫化氢等。在此阶段中，由于有机酸大量积累，pH 下降，所以称为产酸阶段。产酸阶段中，起作用的主要是产酸菌，这是一种兼性厌氧菌。在第二阶段中，产甲烷菌发挥作用，这是一种专性厌氧菌，它可进一步利用产酸阶段产生的有机酸、醇，最终生成甲烷（CH_4）。第二阶段的特征是产生大量的甲烷气体，故称为产气阶段。有机废水厌氧生物处理的简化过程如图 17-5 所示。

在厌氧生物处理过程中，复杂的有机化合物被降解，转化为简单的化合物，同时释放能量。其中，大部分能量以 CH_4 形式出现，可以回收利用。同时，仅少量有机物被转化合成为新的细胞组成部分，故厌氧法相对好氧法来讲，污泥增长率小很多。

厌氧生物处理工艺由于不需另加氧源，故运转费用低。此外，它还具有可回收利用生物能（甲烷）以及剩余污泥量少的优点。其主要缺点是由于厌氧生化反应速度较慢，反应时间长，处理所需的构筑物容积较大等。此外，要保持较快的反应速度，就要保持较高的温度，这将消耗能量。总的来说，对于有机污泥的消化以及高浓度（一般 $BOD_5 \geqslant$

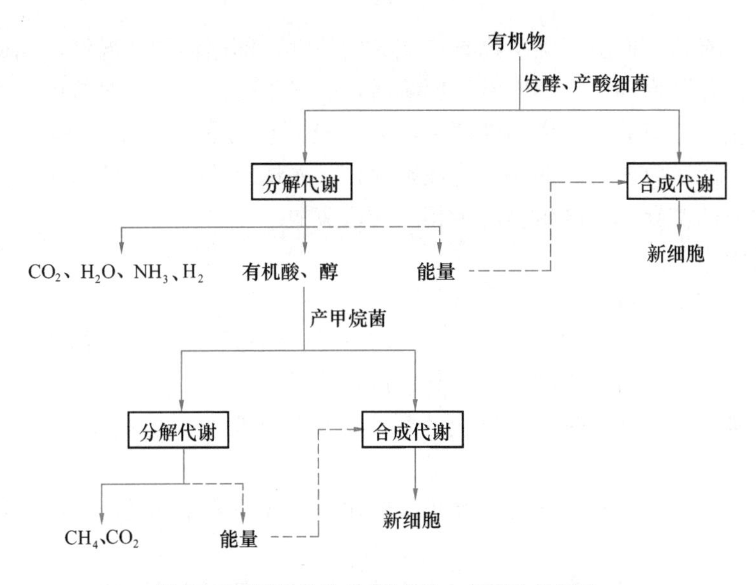

图 17-5　厌氧生物处理过程中有机物的转化

2000mg/L）有机废水均可采用厌氧生物处理法。

17.3　生物处理的生化反应动力学基础

生物处理过程中，都发生生物化学反应。生物化学反应是一种以生物酶为催化剂的化学反应。与其他化学反应一样，生化反应也在反应器内进行。生化反应动力学中，首先要确定各种因素（浓度、温度、催化剂等）对生化反应速度的影响，从而提供合适的环境，以取得较高的生化反应速度。生化反应动力学研究的主要内容包括：(1) 底物降解速率和底物浓度、生物量等因素的关系；(2) 微生物增长速率和底物浓度、生物量等因素的关系。近年来，人们在生化反应动力学方面做了不少的工作，深入研究了底物降解和微生物生长之间的关系，以便更合理地进行生物处理构筑物（反应器）的设计和运行。

17.3.1　酶的基本概念

新陈代谢活动是生命的基本特征，代谢过程包括了营养物质的转化、能量的转化、物质的合成与降解、废物的排出等。微生物的代谢过程都是在微生物酶的催化下进行的。酶是由活细菌细胞产生的一类具有高度催化专一性的特殊蛋白质。微生物之所以能在水处理工程中起到重要的作用，就是由于他们能产生多种多样的酶，进行着各种不同的代谢反应。

1. 酶的分类

目前已知的酶有数千种之多，还有许多酶在不断地发现之中。由于许多酶的化学结构尚不清楚，无法按酶的化学结构进行命名。1961 年国际酶学会按照各种酶所能催化的反应类型，分为氧化还原酶、转移酶、水解酶、异构酶、裂解酶和合成酶六大类。

除了按照酶催化反应的类型进行分类外，根据酶在细胞内外的不同，可分为外酶和内酶：外酶能透过细胞作用于细胞外的物质，主要起催化水解作用；内酶不能透过细胞，只在细胞内部起作用，主要对微生物的合成和呼吸起催化作用。

微生物内部存在着相当数量的酶，其中大多数酶的产生与底物是否存在无关，这种酶称为微生物的固有酶。但由于微生物具有变异的特性，即遗传的变异性，当微生物持续受到环境条件，如各种物理、化学因素的影响后，会发生变异，并在机体内产生适应新环境的酶，这种酶称为适应酶。在生物处理中，人们经常利用这个特性。在活性污泥的培养、驯化过程中，不能适应该污水的微生物逐渐死亡，而适应该种污水的微生物逐渐增加，并在该种污水水质的诱导下，微生物产生相应的适应酶。

2. 酶的催化特性

酶的催化特性主要包括以下几个方面：

（1）酶积极参与生物化学反应，加速反应速度，缩短反应到达平衡的时间，但不改变反应的平衡点。酶在参与反应的前后，其数量和性质不变；

（2）酶的催化效率高，酶催化反应的反应速度比非催化反应高 $10^8 \sim 10^{20}$ 倍，比其他催化反应高 $10^7 \sim 10^{13}$ 倍；

（3）酶催化过程具有专一性。一种酶只催化一种或一类化学反应，或只作用于一种物质或一类物质；

（4）酶只需要在常温、常压和接近中性的水溶液中就可以催化生物化学反应的进行，而一般的化学催化剂需要在高温、高压、强酸或强碱等条件下才能起到催化作用；

（5）酶对环境条件敏感，易失活。一般催化剂会在一定条件下因中毒而失去催化活性，而酶较其他催化剂更易失去活性。凡能使蛋白质变性的条件，如高温、强酸、强碱、重金属离子等都能使酶丧失活性；

（6）酶促反应的速度除了受酶浓度和底物浓度的影响外，还受到温度、pH、激活剂和抑制剂的影响。

3. 酶的固定化

由于酶具有蛋白质的特性，因而在高压、高温、强酸和强碱等条件下很不稳定，且存在易失活的问题。近年来，随着生物化学和微生物学技术的迅速发展，研究了固定化酶技术，把酶从微生物体内分离提取出来，通过固定化技术，把酶特异的催化活性保存下来，制成不溶于水的固型酶制剂用于生产。固定化酶的研制成功，为酶的应用展开了新的前景。

酶在微生物体内能发挥作用，将其提取后在微生物的体外也能发挥作用。目前，酶制剂在食品加工、纺织印染、制革、造纸、制药、精细化工等行业得到了应用。

酶制剂也可用于污水的生物处理。如从具有分解氰能力的产碱杆菌和无色杆菌中提取氰分解酶，可使氰分解成氨和 CO_2，可以有效处理含氰电镀废水和丙烯腈废水。脂肪酶、蛋白酶、淀粉酶、纤维素酶等混合酶可用于处理生活污水。利用多酚氧化酶可处理含酚废水。

固定化酶虽已广泛研究，但由于处理成本高，实际用于工业生产的还很少。因此寻找成本低廉的载体和简单易行的固定方法，是发展固定化酶技术的关键。目前，有关固定化微生物细胞的研究十分活跃，所谓固定化微生物细胞就是将酶连同其微生物细胞一起用各种方法固定在载体上，已被应用的有热固定法、包埋法、交联法、吸附法和凝集法等。

固定化酶的研制成功和应用，是酶制剂生产和应用方面的一项重大改革，但许多问题还需在实际应用中进一步研究，并不断完善，特别是采用固定化酶和固定化微生物细胞处理污水还是一门新的课题，有待进一步研究。

17.3.2 反应速度与反应级数

1. 反应速度

化学反应动力学所研究的是反应的速率和反应的历程。反应的历程就是反应的机理。在反应过程中，反应物（底物）的量总是不断减少的，而产物的量却是不断增加的。在生化反应中，反应速度是指单位时间里底物浓度的减少量、最终产物的增加量或细胞浓度的增加量。在生物处理中，以单位时间里底物浓度的减少或细胞的增加来表示生化反应速度。生物处理过程可概括如图 17-6 所示。

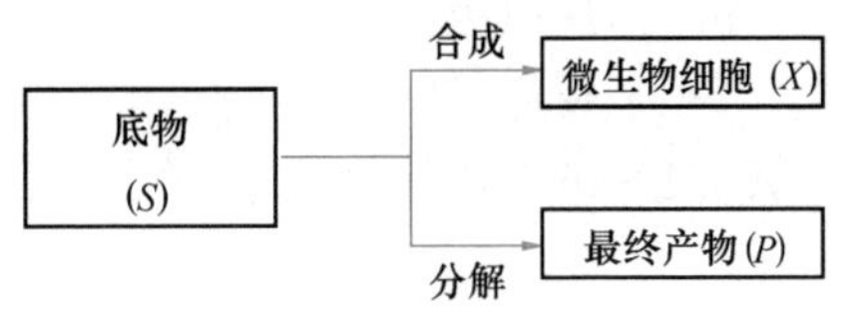

图 17-6　生化反应过程底物代谢示意图

图 17-6 中的生化反应可以下式表示：

$$S \longrightarrow y \cdot X + z \cdot P \tag{17-10}$$

用 $[S]$、$[X]$ 分别表示反应过程底物浓度和细胞浓度，则该生化反应的速率可以采用单位时间里底物浓度的减少或细胞浓度的增加分别表示为 $-\frac{d[S]}{dt}$ 和 $\frac{d[X]}{dt}$。

根据式（17-8）对微生物的产率系数 Y 的定义，式（17-8）可表示为：

$$Y = -\frac{d[X]}{d[S]} \tag{17-11}$$

则生化反应速率具有以下关系：

$$-\frac{d[S]}{dt} = \frac{1}{Y}\left(\frac{d[X]}{dt}\right) \tag{17-12}$$

式（17-12）反映了底物减少速率和细胞增长速率之间的关系，它是生物处理中研究生化反应过程的一个重要规律。了解了这个规律，就可以更合理地设计和管理污水生物处理过程。

2. 反应级数

实验结果表明，在一定温度条件下，对任一反应：

$$a \cdot A + b \cdot B = g \cdot G + h \cdot H \tag{17-13}$$

化学反应速度与参加反应的各反应物浓度的乘积成正比。则反应速度可表示为：

$$r = -\frac{d[A]}{dt} \propto [A]^{\alpha}[B]^{\beta} \quad 或 \quad r = -\frac{d[A]}{dt} = k \cdot [A]^{\alpha}[B]^{\beta} \tag{17-14}$$

式中：k——反应速度常数，与温度有关，与反应物浓度无关。

各个反应物浓度项上指数 α、β 和化学计量式中的系数 a、b 一般并不相等。

在化学反应动力学中，上式中各个反应物浓度项上指数的综合，称之为反应级数，即：

$$\alpha + \beta = n\ (反应级数) \tag{17-15}$$

如 $n=1$，称为一级反应；$n=2$，称为二级反应。反应级数的大小，反映了化学反应进行的剧烈程度。反应级数大，反应速度随浓度变化的程度亦高。

在生化反应过程中，底物的降解速度和反应器中的底物浓度有关。生化反应方程式见式（17-10），则生化反应速度：

$$v=-\frac{d[S]}{dt}\propto[S]^n \quad 或 \quad v=-\frac{d[S]}{dt}=k[S]^n \tag{17-16}$$

式中 k——反应速度常数，受温度影响；

n——反应级数；

t——反应时间。

式（17-16）可以改写为：

$$\lg v=n\lg[S]+\lg k \tag{17-17}$$

式（17-17）可表示为图 17-7，图中直线的斜率就是反应级数 n 值。

对于反应物 A 而言，其零级、一级和二级反应描述如下：

（1）零级反应

当零级反应时，反应速度不受反应物浓度控制，是个常数：

$$v=-\frac{d[A]}{dt}=k \quad 积分得到$$

$$[A]=[A]_0-kt \tag{17-18}$$

式（17-18）如图 17-8 所示。

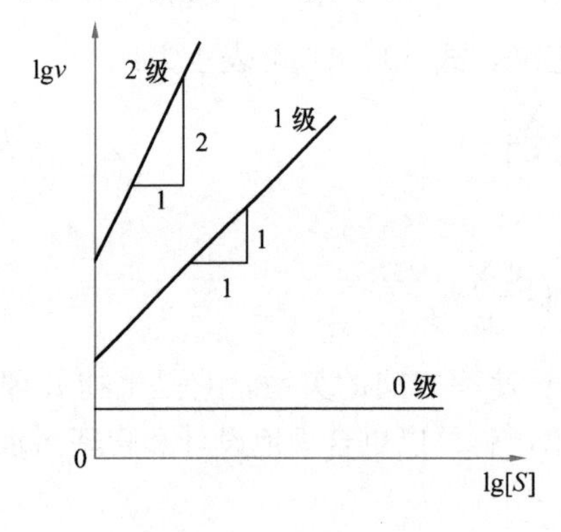

图 17-7　生化反应过程底物代谢示意图

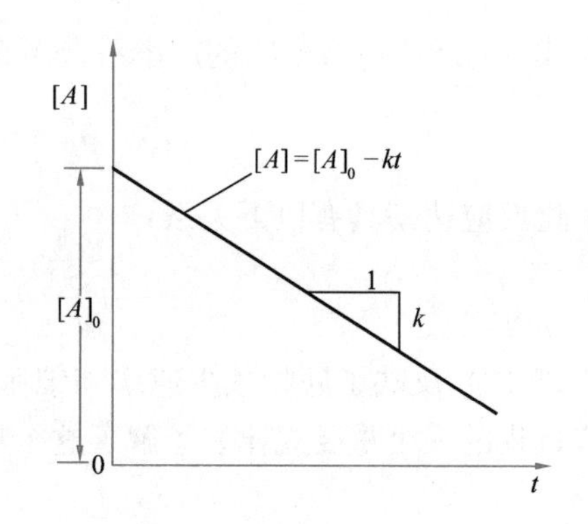

图 17-8　零级反应示意图

（2）一级反应

当一级反应时，反应速度与反应物浓度的一次方成正比：

$$v=-\frac{d[A]}{dt}=k[A] \quad 积分得到$$

$$\lg[A]=\lg[A]_0-\frac{k}{2.3}t \tag{17-19}$$

式（17-19）如图 17-9 所示。

（3）二级反应

当二级反应时，反应速度与反应物浓度的二次方成正比：

$$v=-\frac{d[A]}{dt}=k[A]^2 \quad 积分得到$$

$$\frac{1}{[A]}=\frac{1}{[A]_0}+kt \tag{17-20}$$

式（17-20）如图 17-10 所示。

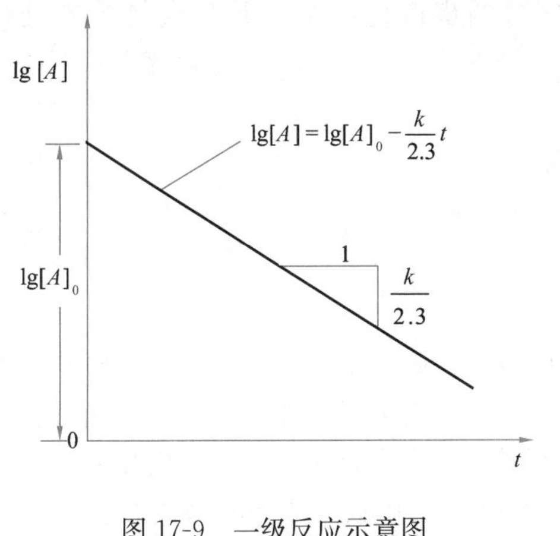

图 17-9　一级反应示意图

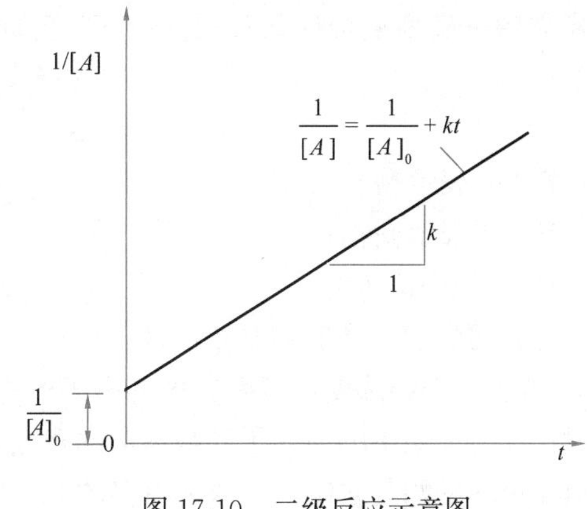

图 17-10　二级反应示意图

在生物处理中，微生物降解底物的生化反应速度受到底物浓度的影响。当底物充足不受限制时，底物降解速度和底物浓度无关，是个常数，呈零级反应；当底物浓度较低而使微生物的代谢活动受到限制时，底物降解速度和底物浓度有关。反应级数视底物和微生物之间的相对情况而定。一般，污水生物处理呈一级反应。

17.3.3 Michaelis-Menten 方程式

所有的生化反应都是在酶的催化下进行的，因此生化反应也可以说是一种酶促反应或酶反应。一定条件下，酶催化反应的反应速度称为酶活力。酶催化的反应速度越快，酶的活力就越高。酶促反应速度受酶浓度、底物浓度、pH、温度、反应产物、活化剂和抑制剂等因素的影响。酶催化反应的反应速率在通常情况下与其他化学反应遵循同样的原则。在很多情况下，用于描述单分子转化单基质的动力学，也能很好地描述微生物的生长速度及底物的利用速度。

1. 酶反应的底物饱和现象与“中间产物假说”

酶反应的一个特点是底物饱和现象。图 17-11 为底物浓度对酶促反应速度的表观影响。当底物浓度很低时，反应速度随底物浓度的增加而呈正比例上升。因此，反应速度与底物浓度之间呈一级反应动力学关系。随着底物浓度的增加，反应速度的增加开始减缓，呈现混合级动力学反应关系。当底物浓度增加到一定限度时，所有的酶全部与底物结合后，底物相对于酶呈饱和状态，酶反应速度达到最大值，此时，再增加底物不再对反应速度产生影响。这时的反应速度是该反应的最大速度。反应速度与底物浓度呈现零级反应关系。所有的酶都有这种饱和现象。但各自达到饱和时所需的底物浓度并不相同，有时甚至差异很大。

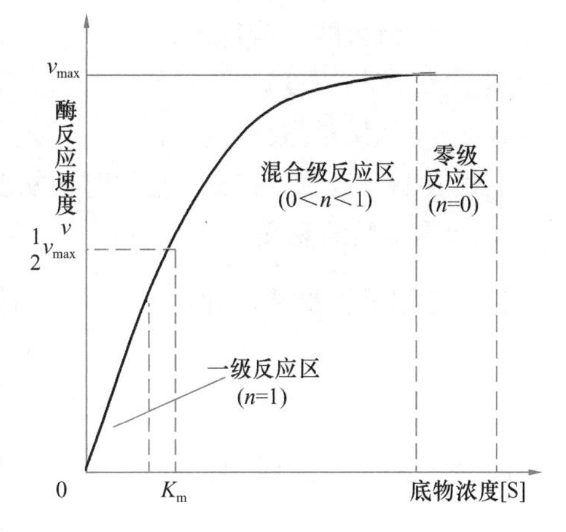

图 17-11　底物浓度对酶反应速度的影响

L. Michaelis 和 M. L. Menten 发现了酶的这种饱和现象，并于 1913 年建立了酶作用与动力学的普遍理论，后来由 G. E. Briggs 与 J. B. S. Haldane 进一步发展。这一理论被称为“中间产物假说”。根据这个假说，酶促反应分两步进行，即酶 E 与底物 S 先进行反应，形成酶—底物复合物 ES；之后，ES 再进一步分解，形成产物 P 和游离态酶 E：

$$E + S \rightleftharpoons ES \tag{17-21}$$

$$ES \longrightarrow E + P \tag{17-22}$$

式中 E——表示酶；

S——表示底物；

P——表示产物。

由上式可看出，当底物 S 浓度较低时，只有一部分酶 E 和底物 S 形成酶—底物中间产物 ES。若提高底物浓度，将有更多的中间产物形成，反应速度亦随之增加。而当底物浓度很大时，反应体系中的酶分子已基本全部和底物结合成 ES 络合物。此时，底物浓度虽再增加，但无更多的酶与之结合。故无更多的 ES 络合物生成。因而反应速度维持不变。

上述反应过程中，整个酶反应体系处于动态平衡（稳态），ES 的形成速度与分解速度相等，ES 的量保持相对恒定。

2. Michaelis-Menten 方程式

Michaelis 和 Menten 在前人工作的基础上，用纯酶作了大量的动力学实验研究，并根据中间产物学说，提出了整个反应过程中，底物浓度与酶促反应速度之间的关系式，称为 Michaelis-Menten 方程式（简称 M-M 方程式、米氏方程式），即：

$$v = v_{max} \frac{[S]}{K_m + [S]} \tag{17-23}$$

式中：v——酶反应速度；

v_{max}——最大酶反应速度；

[S]——底物浓度；

K_m——米氏常数。

上式表明，当 K_m 和 v_{max} 已知时，酶反应速度与底物之间的定量关系。

3. 米氏常数的意义

有一种情况很重要，即当 $v=\frac{1}{2}v_{max}$ 时，有

$$\frac{1}{2}=\frac{[S]}{K_m+[S]}$$

即当 $v = \frac{1}{2}v_{max}$ 时，有

$$[S] = K_m$$

这说明，当反应速度等于最大反应速度的一半时，米氏常数 K_m 等于底物浓度。米氏常数又称为半速度常数。米氏常数代表了底物与酶之间的亲和力。当米氏常数很小时，说明酶与该底物的亲和力非常强，因为米氏常数越小，达到 $\frac{1}{2}v_{max}$ 所需的底物浓度越低。此时即使底物的浓度较低，也可以达到最大反应速度。米氏常数越大时，酶与该种底物的亲和力越弱。

米氏常数是酶反应动力学研究中的一个重要系数，亦称动力学系数。它是酶反应处于动态平衡，即稳态时的平衡常数。它和酶的特性紧密联系在一起，也是酶学研究中的一个十分重要的数据。

米氏常数的重要物理意义分析如下：

（1）K_m 值是酶的特征常数之一，只与酶的性质有关，而与酶浓度无关。不同的酶，K_m 值不同。

（2）如果某种酶可利用几种底物，则每种底物各有一个特定的 K_m 值。且 K_m 值还受pH及温度的影响。因此，K_m 值作为常数，只是对一定的底物、pH以及温度而言。

（3）一种酶有几种底物就有几个 K_m 值。其中 K_m 值最小的底物一般称为该酶的最适底物或天然底物。如蔗糖是蔗糖酶的天然底物，N-苯甲酰酪氨酰胺是胰凝乳蛋白酶的最适底物。

4. 米氏常数的求解

对某个酶促反应的 K_m 值的确定方法很多。如图17-11所示，K_m 值是 v-[S] 关系图中 $v=\frac{1}{2}v_{max}$ 时的底物浓度。但在实际实验中，即使用很高的底物浓度，也只能接近而达不到真正的 v_{max}，因而也测不到准确的 K_m 值。

为了得到准确的 K_m 值，可以把米氏方程式的形式加以改变，使它成为直线方程式的形式：

$$\frac{1}{v}=\frac{K_m}{v_{max}}\cdot\frac{1}{[S]}+\frac{1}{v_{max}} \tag{17-24}$$

对式（17-24）可以采用双倒数图解法求出 K_m 值。

实验时，选择不同的［S］，测定对应的 v。以 $\frac{1}{v}$ 对 $\frac{1}{[S]}$ 作图，即可得出如图17-12中的直线。此直线在纵轴上截距为 $\frac{1}{v_{max}}$，在横轴上截距为 $-\frac{1}{K_m}$，直线的斜率方程为 $\frac{K_m}{v_{max}}$。量取直线在两坐标轴上的截距，就可求出 K_m 值及 v_{max} 值。

17.3.4 Monod 方程式

在所有生化反应中，底物降解的同时，微生物得到生长。微生物增长速度与反应器内底物浓度之间的关系是微生物增长动力学的重要内容。在生物处理中，污泥的增长速度和水中污染物浓度之间的关系也是生物处理的一个重要课题。

1942年Monod发现均衡生长的细菌的生长曲线与活性酶催化的生化反应曲线相似（图17-13）。后来上述关系式被引入污水生物处理领域，并用含有异养型微生物群体的活性污泥对底物进行活性污泥增长实验研究，发现也基本符合这种关系。

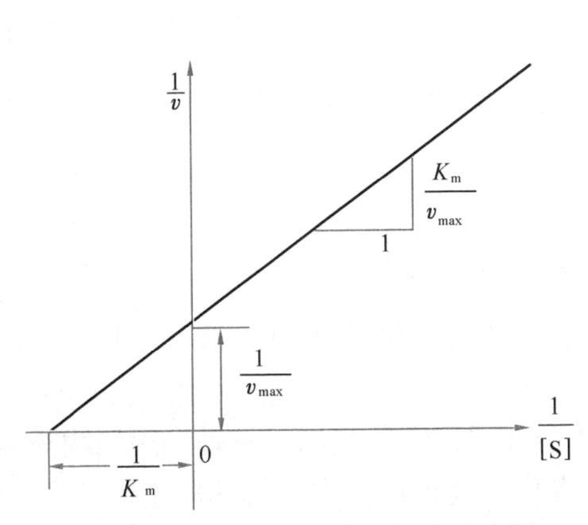

图17-12　K_m 与 v_{max} 值图解法示意图

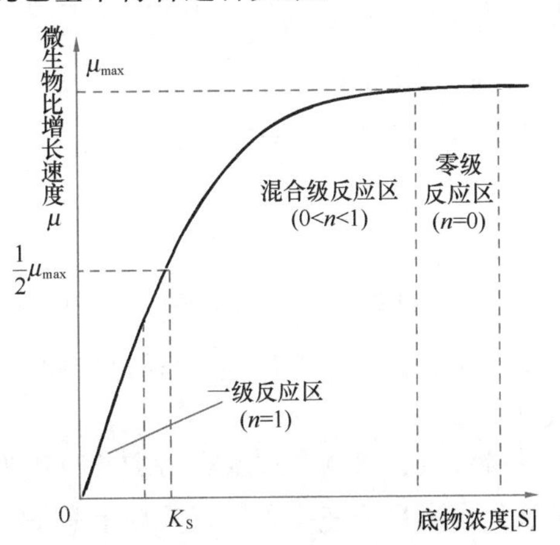

图17-13　底物浓度对微生物增长速度的影响

莫诺特方程式表示如下：

$$\mu = \mu_{\max} \frac{[S]}{K_S + [S]} \tag{17-25}$$

式中　μ——微生物比增长速度，即单位生物量的增长速度，$\mu=\frac{d\,[X]\,/dt}{[X]}$，$t^{-1}$；

$\mu_{\max}$——微生物最大比增长速度，t^{-1}；

[S]——底物浓度，mg/L；

[X]——微生物浓度，mg/L；

K_s——饱和常数，当$\mu=\frac{1}{2}\mu_{\max}$时底物的浓度，又称半速度常数。

由上可见，式（17-25）和式（17-23）（M－M方程）十分类似。在一切生化反应中，微生物增长是底物降解的结果，彼此之间存在着一个定量关系。

在微反应时段 dt 内，底物消耗量为 d［S］，微生物增长量为 d［X］，底物降解速度可表示为：

$$v_S = -\frac{d[S]}{dt} \tag{17-26}$$

微生物增长速度可表示为：

$$v_X = \frac{d[X]}{dt} \tag{17-27}$$

微生物比增长速度速度可表示为：

$$\mu = \frac{v_X}{[X]} \tag{17-28}$$

底物比降解速率 q 可表示为：

$$q = \frac{v_S}{[X]} \tag{17-29}$$

式中　q——底物比降解速率，单位生物量的底物降解速度，$\mu=\frac{d\,[S]\,/dt}{[X]}$，$t^{-1}$。

结合式（17-28）和式（17-29），式（17-11）可做如下变换：

$$Y = -\frac{d[X]}{d[S]} = \frac{d[X]/dt}{-d[S]/dt} = \frac{v_X}{v_S} = \frac{v_X/[X]}{v_S/[X]} \text{ 即}$$

$$Y = \frac{\mu}{q} \tag{17-30}$$

由式（17-30），$\mu=Y \cdot q$ 以及 $\mu_{\max}=Y \cdot q_{\max}$ 代入式（17-25），得：

$$q = q_{\max} \frac{[S]}{K_S + [S]} \tag{17-31}$$

式中　K_s——饱和常数，当 $q=\frac{1}{2}q_{\max}$时底物的浓度，又称半速度常数。

动力学系数 $q_{\max}$及 K_s 值可通过实验，采用如前介绍的双倒数作图法求得，并由此定出式（17-31）。

比较式（17-31）和 M-M 方程式可以发现，两个方程式十分相似，只是采用底物降解速度替代了酶反应速度，该式实质上是 M-M 方程在生物处理工程中的具体应用。

式（17-25）和式（17-31）是生物处理工程中目前常用的两个基本的反应动力学方程

式。在实践中，可以结合物料衡算，应用到污水生物处理工程的科研，设计和运行管理的领域中去。

17.3.5 生物处理的基本数学模式

20 世纪 50 年代以来，国外学者在动力学方面做了大量研究，试图将反应动力学应用到生物处理工程中。目前，已成功地将 M-M 方程式和 Monod 方程式与处理系统的物料衡算相结合，提出了生物处理的基本数学模式，供生物处理系统的设计和运行之用。

污水生物处理动力学主要包括以下内容：

（1）底物降解动力学，涉及底物降解与底物浓度、生物量等因素之间的关系；

（2）微生物增长动力学，涉及微生物增长与底物浓度、生物量、增长常数等因素之间的关系；

（3）同时，还研究底物降解与生物量生长、底物降解与需氧、营养要求等之间的关系。

1. 推导污水生物处理工程数学模式的几点假定

为了避免数学模式推导过程过于烦琐，在不影响工程设计计算精度的前提下，人们假定整个生物处理反应器系统的工况按完全混合、连续流模式稳定态运行考虑，并对系统作如下简化：

（1）整个处理系统处于稳定状态。反应器中的微生物浓度和底物浓度不随时间变化，维持一个常数。即：

$$\frac{d[X]}{dt}=0 \text{ 及 } -\frac{d[S]}{dt}=0 \tag{17-32}$$

（2）反应器中的物质按完全混合及均布的情况考虑。也就是说，整个反应器中的微生物浓度和底物浓度不随位置变化，维持一个常数，且底物是溶解性的。即：

$$\frac{d[X]}{dl}=0 \text{ 及 } \frac{d[S]}{dl}=0 \tag{17-33}$$

（3）整个反应过程中，氧的供应是充分的（对于好氧处理）。

对推流反应器来说，可以按若干个微小完全混合流反应器串联运行考虑。

2. 微生物增长与底物降解的基本关系式

1951 年 Heukelekian 等人通过污水生物处理的大量实验研究工作，提出污水生物处理过程中，微生物增长和底物降解之间的定量关系，这一基本关系如下方程式：

$$\left(\frac{d[X]}{dt}\right)_g=Y\left(\frac{d[S]}{dt}\right)_u-K_d[X] \tag{17-34}$$

式中 $\left(\frac{d[X]}{dt}\right)_g$——微生物净增长速度；

$\left(\frac{d[S]}{dt}\right)_u$——底物利用（或降解）速度；

Y——微生物产率系数；

K_d——内源呼吸（或衰减）系数。

如 17.1.4 节所述，微生物产率系数是由底物消耗而直接生成的微生物量，是在理想的状态下微生物降解底物的最大产率。而在实际的生物处理体系中，还会由于微生物的内源代谢引起一部分微生物损失。在实际工程中，微生物产率系数 Y 常以实际测得的观测产率系数（或称微生物净增长系数）Y_{obs}替代。为此，式（17-34）可改写为：

$$\left(\frac{d[X]}{dt}\right)_g = Y_{obs}\left(\frac{d[S]}{dt}\right)_u \tag{17-35}$$

从式（17-34）得：

$$\frac{(d[X]/dt)_g}{[X]} = Y\frac{(d[S]/dt)_u}{[X]} - K_d$$

$$\mu' = Y \cdot q - K_d \tag{17-36}$$

式中　μ'——微生物比净增长速度，单位生物量的净增长速度，$\mu' = \frac{(d\ [X]\ /dt)_g}{[X]}$。

同理，从式（17-35）得：

$$\mu' = Y_{obs} \cdot q \tag{17-37}$$

上列诸式，表达了生物处理反应器内，微生物的净增长和底物降解（以速度或比速度计）之间的基本关系，在建立污水生物处理工程数学模式中具有很重要的意义。

思考题

1. 微生物新陈代谢活动的本质是什么？
2. 微生物呼吸作用的本质是什么？好氧呼吸、无氧呼吸和发酵的基本概念是什么？
3. 影响微生物生长的环境因素有哪些？为什么在好氧生物处理中，溶解氧是十分重要的环境因素？
4. 微生物生长曲线主要由哪几部分组成？它在生物处理中具有什么实际意义？
5. 为什么生化反应器内微生物的表观产率低于真实产率？
6. 定义或解释下列名词，并说明其在生物处理微生物分类中的作用：电子供体、电子受体、异养菌、自养菌、硝化菌、反硝化菌、产甲烷菌、专性好氧微生物、专性厌氧微生物、兼性厌氧微生物。
7. 微污染源水与高浓度有机废水在采用生物处理工艺时有何不同？
8. 在生化反应过程中，酶的作用是什么？酶具有哪些特性？
9. 在生物处理中，采用了哪两个生化反应动力学的基本方程式？它们的物理意义是什么？
10. 为什么微生物产率系数 Y 的数值取决于底物的性质、微生物和生长环境？
11. 说明 Monod 方程的零级和一级近似方程式。这些近似方程的使用条件是什么？

第18章 活 性 污 泥 法

自1914年阿登（Ardern）和洛基特（Lockett）在英国曼彻斯特建成活性污泥试验厂以来，经过技术的不断发展和工艺的不断完善，活性污泥法在理论和实践上都取得了很大的进步，成为城市污水处理应用最广泛的方法。20多年来，随着生物法去除氮磷研究的深入，活性污泥法又发展出具有脱氮除磷功能的各种新工艺，是目前城市污水及大中型规模有机工业废水处理的主体工艺。本章就活性污泥法的基本原理及实际应用进行讨论。

18.1 活性污泥法基本原理

18.1.1 基本概念与基本流程

1912年英国的克拉克（Clark）和盖奇（Gage）在实验室中发现，对瓶中的污水长时间通入压缩空气曝气，再静置，瓶底会沉淀下一些污泥絮体，瓶子上部的水变得澄清，水质有机物指标明显改善。沉淀絮体用显微镜观察，可以发现存在大量的细菌、真菌及原生动物等微生物。这说明在充分供氧的条件下，微生物以污水中的有机物为食料，进行新陈代谢，微生物通过合成作用大量繁殖，形成具有絮凝能力和沉降性能的“活性污泥”。

如果将瓶子中上清液倒去，留下瓶底的污泥，再加入污水，通入压缩空气曝气，只需比第一次更少的曝气时间，就能得到澄清的上清液。这是因为瓶子中活性污泥有了更高的浓度，有更多的微生物参与新陈代谢和生物降解，分解有机物的速度就更快了。

根据上述试验结果与原理，1916年在美国建成了第一座活性污泥法污水处理厂。传统活性污泥法的基本流程是由曝气池、沉淀池、污泥回流和剩余污泥排除系统组成，如图18-1所示。

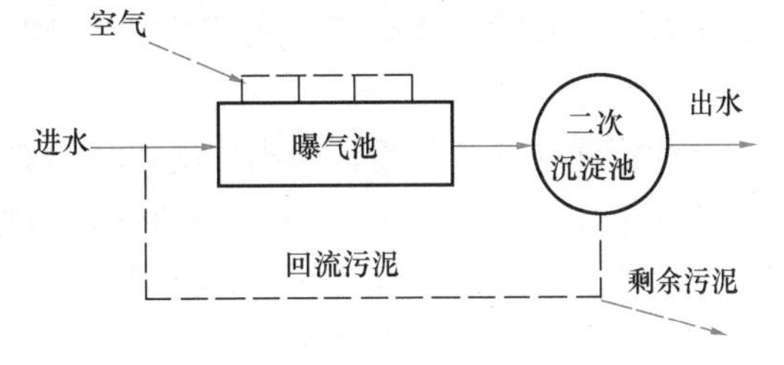

图18-1 传统活性污泥法的基本流程

在图18-1的流程中，曝气池是一个生物反应器，污水和回流的活性污泥一起进入到曝气池。由曝气设备向曝气池中通入空气，空气中的氧溶入污水为活性污泥好氧生物反应提供氧气，曝气设备起到搅拌作用使曝气池污水和活性污泥组成的混合液处于悬浮状态，污水中的有机物、氧与活性污泥中微生物充分接触和反应，使污水中有机物得到降解。从曝气池流出的混合液进入到二次沉淀池进行泥水分离，流出沉淀池的澄清水就是经活性污泥处理的出水。二次沉淀池中经沉淀浓缩的活性污泥回流到曝气池中，称回流污泥。曝气池中增殖的剩余污泥从二次沉淀池中排除，以保持曝气池中污泥浓度的恒定。剩余污泥应妥善处理，防止污染环境。

活性污泥法基本流程具有如下特点。

（1）曝气池中必须有以活性污泥形态存在的微生物。微生物在供氧充分和污水中营养物充足的条件下，适合污水中污染物降解的微生物就大量繁殖起来，形成具有絮凝沉淀性能的活性污泥。

（2）曝气池必须要以适当的方式供给氧气，不仅为微生物新陈代谢、降解有机物传递氧气，同时保持曝气池混合液处于悬浮状态，使污水中的有机物、氧气和微生物能充分进行传质和反应。在图 18-1 的基本流程中，是向曝气池鼓入空气来实现供氧的。

（3）系统中必须有回流污泥，以保持曝气池的污泥浓度。基本流程中，二沉池分离出来的活性污泥回流至曝气池，使曝气池中的微生物保持合适的浓度，使净化效果保持稳定状态。

（4）曝气池中新增长的活性污泥必须排除。当曝气池运转稳定后（即曝气池中微生物达到所需浓度后），每天排除一定量的剩余污泥（一般从二沉池排除）。排除量应等于曝气池中每天新增长的活性污泥量，保持曝气池中微生物浓度不变。若不排除，都回流到曝气池，会使池中微生物浓度太高，供氧跟不上，造成缺氧。同时，随着微生物的老化，活性降低，整个系统的稳定会遭到破坏。

目前活性污泥法已发展、演变为数十种运行流程，但无论它们如何变化，上述 4 个要素都是不可缺少的。

18.1.2 活性污泥的形态和微生物组成

1. 活性污泥的形态与性质

从活性污泥法的基本流程可以看出，要形成一个实用的污水处理系统，活性污泥除了有氧化和分解有机物的能力外，还要有良好的絮凝和沉淀性能，使活性污泥能从混合液中分离出来，得到澄清的处理出水。活性污泥中的微生物是一个混合群体，常以菌胶团的形式存在，游离状态的较少。菌胶团是由细菌分泌的多糖类物质将细菌包覆成的黏性团块，使细菌具有抵御外界不利因素的能力，是活性污泥絮凝体的主要组成部分。当污水与菌胶团接触，微生物细胞壁外的黏液层能将污水中的污染物质吸附，并在生物酶的作用下，进行代谢转化。在这一生化反应过程中、微生物自身得到良好的生长繁殖，污水也得到了净化。

活性污泥从外观上看，为类似矾花状的絮凝颗粒（绒粒），一般称生物絮凝体，其粒径一般介于 0.02～0.2mm 之间。活性污泥根据污水性质不同而具不同的颜色，一般为黄褐色或褐色，正常的活性污泥具有类似土壤的气味。活性污泥具有巨大的表面积，每毫升活性污泥的表面积大体上介于 20～100cm^2 之间。活性污泥的含水量很高，一般都在 99%以上，其相对密度因含水率不同而异，一般曝气池内混合液的相对密度为 1.002～1.003，回流污泥相对密度为 1.004～1.006。

活性污泥中的固体物质仅占 1%以下，这 1%的固体物质是由有机与无机两部分所组成，其组成比例则因污水性质不同而异，如以生活污水为主的城市污水处理厂，活性污泥中有机成分一般占 75%～85%，无机成分占 15%～25%。

2. 活性污泥中微生物组成

从活性污泥生物相显微镜观察可知，栖息在活性污泥上的微生物群体以好氧细菌为主，也存活着真菌及原生动物、后生动物等微型动物，这些微生物群体在活性污泥上组成了一个相对稳定的微型生态系统。

（1）细菌

活性污泥中的细菌以异养型的原核细菌为主。现已基本明确，可能在活性污泥上形成优势的细菌，主要有产碱杆菌属（Alcaliganes）、芽孢杆菌属（Bacillus）、黄杆菌属（Flavobacterium）、动胶杆菌属（Zooglea）、假单胞菌属（Pseudomonas）、丛毛单胞菌属（Comamonas）、大肠埃希氏杆菌（Escherichia Coli）等。此外，还可能出现的细菌有：无色杆菌属（Achromobacter）、气杆菌属（Aerobacter）、棒状杆菌属（Coryhebacterium）、微球菌属（Microbaccus）、诺卡氏菌属（Nocardia）、八叠球菌属（Sarcina）和螺菌属（Spirillum）等。至于哪些种属的细菌在活性污泥中占优势，取决于原污水中污染物的性质。如含蛋白质多的污水有利于产碱杆菌的生长繁殖，含大量糖类和烃类的污水，假单胞菌得到迅速增殖。

在活性污泥中，细菌数量一般在 $10^7 \sim 10^8$ 个/mL 之间。细菌具有较高的增殖速率，当环境条件适宜时，有些细菌的世代时间仅为 20～30min。表 18-1 列举了可能在活性污泥处理系统中出现的细菌种属。

某些细菌增殖世代时间　　表 18-1

微生物种属名	培养基	温度（℃）	世代时间（min）
大肠杆菌	肉汤	37	17
枯草杆菌	葡萄糖肉汤	25	26～32
极毛杆菌	肉汤	37	34
巨大芽孢杆菌	肉汤	30	31
蕈状芽孢杆菌	肉汤	37	28
霉状芽孢杆菌	肉汤	37	28

细菌具有较强的分解有机物并将其转化为无机物质的功能。活性污泥静置时，生物絮凝体可凝聚成较大的絮凝体而下沉。这种絮凝体的骨干就是由千万个细菌为主结成的菌胶团。菌胶团在活性污泥中有着十分重要的地位，只有在它正常发育的情况下，活性污泥的正常功能才能发挥，如活性污泥的絮凝、沉降性能以及对周围营养物质的吸附能力等。

（2）真菌

真菌种类繁多，细胞构造较为复杂。在活性污泥中真菌主要是微小的腐生或寄生的丝状菌，这种真菌具有分解碳水化合物、脂肪、蛋白质及其他含氮化合物的能力。但若大量异常的增殖会导致菌胶团松散甚至消失，活性污泥失去正常的絮凝沉降性能，这种现象称为污泥膨胀。此时，活性污泥法系统的正常运行将发生故障，运行失常。

（3）原生动物和后生动物

活性污泥中存活的原生动物主要有肉足虫类、鞭毛虫类和纤毛虫类等，原生动物数量一般在 10^3 个/mL 左右。活性污泥中原生动物，在种属上和数量上随污水的净化程度变化而改变。如鞭毛虫以污水中微型脂肪球、蛋白粒子、淀粉为食饵，其数量较多表示污泥尚未成熟，或水质即将开始恶化。纤毛虫以细菌为主要摄食对象，只有当活性污泥中细菌繁殖旺盛时，纤毛虫才会大量生长。因此，活性污泥中出现大量纤毛虫时，说明污泥已经成熟。原生动物可以作为指示性生物，通过镜检去判断活性污泥的活性。通常当活性污泥中有固着型的纤毛虫如钟虫、等枝虫、盖纤虫、独缩虫、聚缩虫等出现，且数量较多时，说明活性污泥培养驯化成熟以及活性较好。反之，如果在正常运行的曝气池中发现活性污泥中固着型纤毛虫减少，而游泳型纤毛虫突然增加，说明活性污泥活性变差，处理效果将恶化。此外，原生动物还不断地摄食水中的游离细菌，起着进一步净化水质的作用。

活性污泥中的后生动物，主要是轮虫及线虫，对环境要求很高，主要以原生动物与细菌为食饵，在活性污泥中较少见，只有当生物处理水质非常稳定时才会出现。一般在完全氧化型的活性污泥系统，如延时曝气活性污泥系统中会出现后生动物。因此，轮虫出现是净化程度很高，出水非常稳定的标志。

活性污泥中微生物与处理程度的关系如图 17-3 所示。

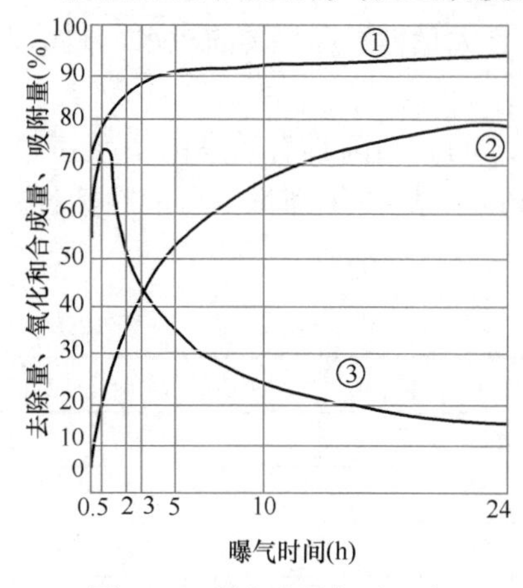

图 18-2　混合液曝气过程中有机物变化规律

18.1.3　活性污泥法净化机理

1. 活性污泥法对有机物的去除过程

活性污泥法对有机物的去除过程可分为两个阶段，即吸附阶段和稳定阶段。

图 18-2 是活性污泥法去除有机物过程分析实验中，有机物的去除量、氧化和合成量以及吸附量等数据绘成的曲线。试验中，将有机污水同活性污泥混合，进行曝气试验，定时取样，泥水分离后测定上清液的 COD，可以观测到污水 COD 的降低过程。

从图 18-2 中的曲线可见，曲线①反映污水中有机物的降低（去除）规律，曲线②反映活性污泥利用有机物的规律，曲线③反映了活性污泥吸附有机物的规律。这三条曲线反映出，在曝气过程中，污水中有机物的去除在较短时间（图中是 5h 左右）内就基本完成了（见曲线①）；污水中的有机物先是转移（吸附）到污泥上（见曲线③），然后逐渐为微生物所利用（见曲线②）；吸附作用在相当短的时间（图中是 45min 左右）内就基本完成了（见曲线③），但微生物利用有机物的过程比较缓慢（见曲线②）。当然，上面的实验分析中没有考虑微生物的内源呼吸。微生物的内源呼吸也消耗氧，特别是微生物的浓度比较高时，这部分耗氧量还比较大，不能忽略。以上的分析是概略的，主要是说明活性污泥法有机物吸附稳定过程。

活性污泥法在去除有机物的过程中，COD 的降低在初期（一般在开始的 30min 左右）特别快，以后逐渐减慢。污水中被去除的大量有机物在初期未全部被活性污泥微生物所利用。在曝气初期，活性污泥表面富集着的许多活性很强的微生物，和污水充分混合接触后，微生物细胞壁外围的黏液层就能将污水中的有机物迅速吸附到活性污泥上来。这个吸附过程进行得相当快，大约在 30min 之内，就可将污水中的有机物（以 BOD_5 计）去除大部分，BOD_5 去除率可达 70%左右。有机物的吸附去除，是微生物摄取营养物质的第一步。只有当这些物质在微生物胞外酶作用下，进入细胞内部之后，才能在胞内酶的作用下进行代谢转化，被微生物所利用。因此，在曝气初期，污水中大部分有机物的去除，并不能说明它们已全被微生物所利用。这一吸附去除过程的本身是一个物理过程，为下一步的物质转化过程做了准备。

随着曝气过程的延续，被活性污泥吸附的大量有机物为微生物所利用。这个稳定有机物的过程，较之前面的吸附有机物过程要长得多。所需曝气时间的长短，视有机物转化的深度而异，如传统的活性污泥法的曝气时间（包括吸附和稳定两个过程）为 6～8h。

综上所述，活性污泥法对污水中有机物的去除过程，是由吸附和稳定这两个阶段所组成的。在吸附阶段，主要是污水中的有机物转移到活性污泥上去。在稳定阶段，主要是转移到活性污泥上的有机物为微生物所吸收利用。这两个阶段不能绝对分开，它们在曝气过程中是并存的。前一个吸附阶段中亦存在着物质稳定，但不是主要的。在吸附阶段中必然是以吸附为主，而在稳定阶段则以有机物的生物分解为主。图 18-3 表示污水中有机物的去除途径。

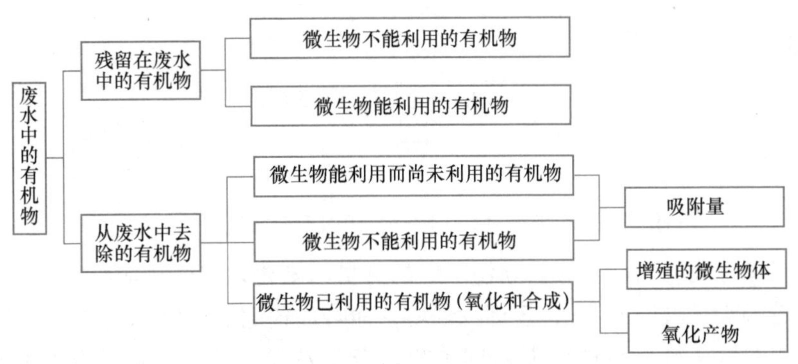

图 18-3　污水中有机物去除途径

2. 有机物微生物代谢和活性污泥泥水分离

被吸附在活性污泥菌胶团上的有机物，先是在好氧微生物的作用下，被氧化分解为中间产物，接着有些中间产物合成为细胞物质，另一些中间产物氧化为无机终点产物，这个过程就是物质的转化过程，是一个生化反应过程，也称之为稳定过程。这个过程是物质由不稳定到稳定的过程，即高分子有机物降解为简单的、稳定的、低分子无机物，如有机碳化合物氧化分解为二氧化碳和水。

在这一过程中，污水中的有机污染物首先与微生物细胞表面接触，在微生物透膜酶的催化作用下，透过细胞壁进入微生物细胞体内，小分子的有机物能够直接透过细胞壁进入微生物体内。淀粉、蛋白质等大分子有机物，则必须在细胞胞外酶的作用下，被水解为小分子后再被微生物摄入细胞体内。被摄入细胞体内的有机物，在各种胞内酶，如脱氢酶、氧化酶等的催化作用下，微生物对其进行生物代谢反应。

微生物对一部分有机物进行氧化分解，最终形成 CO_2 和 H_2O 等稳定的无机物质，并从中获取合成新细胞物质所需要的能量，这一过程可用下列化学方程式表示。

$$C_xH_yO_z+\left(x+\frac{y}{4}-\frac{z}{2}\right)O_2\xrightarrow{\text{酶}}xCO_2+\frac{y}{2}H_2O-\Delta H \tag{18-1}$$

式中　$C_xH_yO_z$——有机污染物。

另一部分有机污染物为微生物用于合成新细胞，即合成代谢，所需能量取自分解代谢。这一反应过程可用下列方程式表示。

$$\begin{aligned}&nC_xH_yO_z+nNH_3+n\left(x+\frac{y}{4}-\frac{z}{2}-5\right)O_2\xrightarrow{\text{酶}}\\&(C_5H_7NO_2)_n+n(x-5)CO_2+\frac{n}{2}(y-4)H_2O-\Delta H\end{aligned} \tag{18-2}$$

式中　$C_5H_7NO_2$——表示微生物细胞化学组成的简化分子式。

微生物在曝气池中还有内源代谢反应，微生物对其自身的细胞物质进行代谢反应的过程可用下列化学式表示。

$$(C_5H_7NO_2)_n + 5nO_2 \xrightarrow{\text{酶}} 5nCO_2 + 2nH_2O + nNH_3 + \Delta H \tag{18-3}$$

微生物分解代谢和合成代谢及其产物的模式如图 18-4 所示。

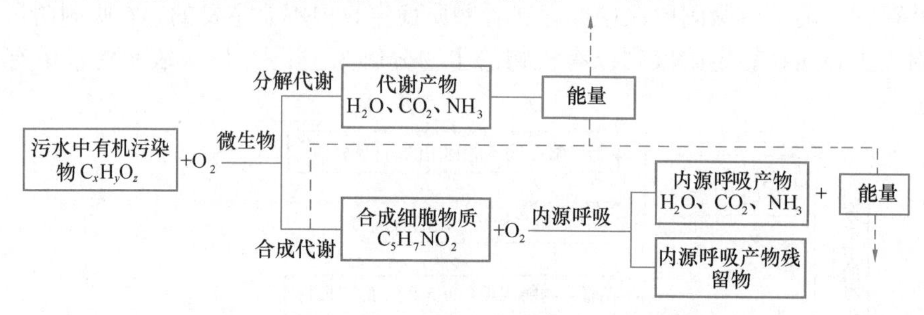

图 18-4 微生物对有机物分解代谢及合成代谢模式图

分解代谢和合成代谢都能够去除污水中的有机污染物，但产物却有所不同。分解代谢的产物主要是 C_2O 和 H_2O，可直接进入环境。而合成代谢的产物则是新生的微生物细胞，并以剩余污泥的形式排出活性污泥处理系统，需要妥善处理和处置，否则可能造成二次污染。

美国污水生物处理学者麦金尼，对活性污泥微生物在曝气池内所进行的有机物氧化分解、细胞质合成以及内源代谢三项反应，提出了如图 18-5 所示的数量关系，可供参考。

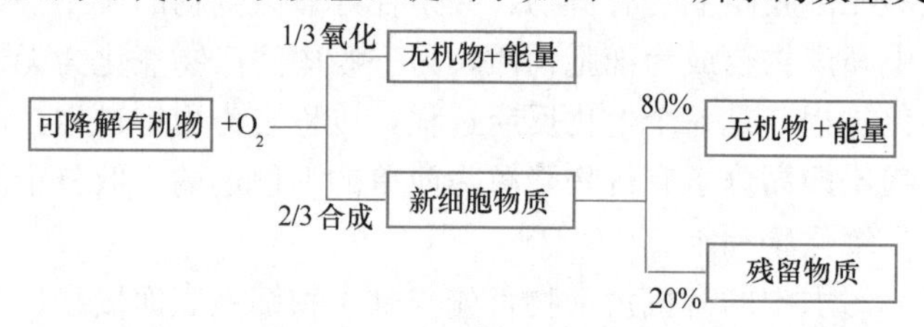

图 18-5 微生物三项代谢活动之间的数量关系（麦金尼提出）

活性污泥在达到污水中污染物去除的预定目标后，需要进行泥水分离，这一过程由二次沉淀池或系统中的沉淀区完成。泥水分离是活性污泥法最后的处理过程，和曝气池紧密联系，成为一个系统共同运行。泥水分离后澄清的出水排出系统，沉淀下来的污泥提供曝气池所需要的回流污泥量，排出处理系统的剩余污泥进一步妥善处理。

18.2 活性污泥法的主要影响因素与评价指标

18.2.1 活性污泥法的主要影响因素

1. 溶解氧

活性污泥法作为好氧微生物污水生物处理工艺，溶解氧浓度与处理效果直接相关。据有关研究，当溶解氧浓度高于 0.1mg/L 时，单个悬浮的好氧细菌代谢，基本不受溶解氧浓度的影响。但是，活性污泥中的菌胶团是由千万个微生物个体集结在一起的絮状体，要使其内部的溶解氧浓度达到 0.1～0.3mg/L，外围的溶解氧浓度需要高得多，这个浓度的大小直接影响氧向菌胶团内部的扩散，其最低限值同菌胶团的大小和混合液温度有关。据长期的研究观察及工程实践经验，运行良好的活性污泥曝气池，一般混合液中的溶解氧浓度应不低于1mg/L，其曝气池出口处浓度不宜低于2mg/L，以保证活性污泥法系统中的微生物高效发挥作用。

曝气池内溶解氧也不能过高，否则会导致有机污染物分解过快，使微生物缺乏营养，活性污泥易于老化，结构松散。同时，溶解氧过高，耗能过量，造成能源浪费，运行费用上升。

季节对曝气池溶解氧的影响应引起重视。在夏季，气温水温都较高，活性污泥中的微生物活动活跃。随着水温升高，饱和溶解氧值下降，供氧量需要相应增加。

2. 营养物质

活性污泥中的好氧微生物，在生命活动过程中，需要从污水中不断吸取所需的营养物质。营养物质以碳源营养为主，还有氮、磷营养和一些微量元素。通常取碳、氮、磷三种营养源，作为活性污泥微生物所需营养物的主体构成，一般应满足的营养源组成比例为BOD_5∶N∶P=100∶5∶1。

氮源缺乏会引起丝状菌增长或者活性污泥分散生长（絮凝差），还会抑制活性污泥增殖。磷是微生物需求量最多的无机元素，在细胞的组成元素中，磷占全部无机盐元素的50%左右，磷源不足将影响酶的活性，从而使微生物的生理功能受到影响。其他无机盐对微生物也是必不可少的营养元素，但需求量很少。

生活污水中的营养源组成能够满足活性污泥中微生物的营养需求，但工业废水不一定都能满足。有的工业废水可能缺乏某些营养源，需要向反应器内投加必要的氮、磷及其他营养物质。可以投加硫酸铵、硝酸铵、尿素、氨水等以补充氮，投加过磷酸钙、磷酸等以补充磷。工业废水与生活污水合并处理，可以改善工业废水营养缺乏的问题，是工业废水处理的有效手段。

3. 温度

活性污泥微生物的生理活动和其所处环境的温度有着密切的关系。例如城市污水处理厂的运行，在温暖季节，水温适宜时，出水水质较好；而在严寒季节，水温过低时，处理效果就会降低。这是因为微生物酶系统的工作要求一定的适宜温度范围。在适宜的温度范围内，微生物的生理活动活跃、旺盛，世代时间短，生长繁殖正常，物质代谢作用亦较快。根据污水处理厂的运行经验，曝气池的水温以20～30℃为适宜范围。若水温超过35℃或低于10℃时，处理效果就会下降。因此，对高温工业废水进行生物处理时，往往先要降温，使水温处于适宜范围内。对寒冷地区的污水生物处理构筑物，有时需要采取保温措施，维持一定的水温。对于小型生物处理构筑物，可以采取设置于室内予以保温的设计，而对大型污水处理厂，尤其在冬季寒冷地区，采取适当保温措施，维持一定的运转水温是重要的。据有关报道，如水温能维持在6～7℃，同时采取提高活性污泥浓度和降低污泥负荷率的措施，活性污泥对有机物的去除，仍能有效地发挥作用，达到一定的处理效果。

4. pH

曝气池内混合液的pH，对活性污泥微生物来说，也是重要的影响因素。pH过高过低，都是不适宜的。一般pH=6.5～7.5的中性附近是最适宜微生物新陈代谢的。在这个范围内，活性污泥微生物的生长繁殖和活性最好。如pH低于6.5时，对霉菌生长有利，如果活性污泥中有大量霉菌（真菌）繁殖，由于它们不像细菌那样可分泌黏性物质，就会破坏活性污泥的絮体结构，造成污泥膨胀。同样，如果pH过高，原生动物将由活跃转为呆滞，菌胶团黏性物质解体，活性污泥结构也将受到破坏，营养物磷也会析出而无法被微生物利用。根据活性污泥法的运行经验来看，曝气池内混合液的pH，一般以6.5～8.5范围内较好。对于pH过高过低的工业废水，在进入生物处理之前，应采取中和措施，使污水的pH调节到适宜范围后再进入曝气池。对完全混合活性污泥法来讲，由于曝气池有一定的混合稀释能力，对进水pH的变化有一定的耐冲击能力。

5. 有毒物质

有毒物质是指对活性污泥微生物具有抑制及杀害作用的化学物质。毒物对微生物的影响是破坏它们的细胞结构，主要是破坏细胞的细胞质膜和机体内的酶。酶受到破坏失去活性，细胞质膜遭到破坏，使机体外界的物质进入细胞体内，而体内的物质也溢出体外，从而破坏了微生物的正常生理活动。有毒物质对活性污泥微生物的抑制及杀害作用分急性和慢性中毒两类。

许多重金属离子（如铅、镉、铬、铜、锌等）对微生物有毒害作用。这些重金属离子能与细胞内蛋白质结合，使蛋白质变性，使酶失去活性。在污水活性污泥法生物处理中，对这些重金属离子应加以控制，使其处于容许浓度内。

酚、氰、腈、醛、硝基化合物等，一方面对微生物有毒性，另一方面又能被某些微生物分解利用使之无毒，但能承受的浓度有一定限度。活性污泥微生物对这些毒物的承受（容许）浓度在被驯化前后有很大差异。如未经驯化的微生物，对氰和酚的承受浓度分别为1～2mg/L和50mg/L左右，经驯化后，可分别达到20～30mg/L和300～500mg/L。因此，应视具体的污水进行可生物处理性试验，以确定生物处理对水中毒物的容许浓度。

在工业废水处理中，应防止超过容许浓度的有毒物质进入。对含有重金属的污水，依靠生化处理不能去除的重金属，在污泥中的积累还会影响到剩余污泥的处置，因此必须采用适当的物理、化学方法进行预处理。

另外，处理工艺及构筑物的不同，对毒物的忍受浓度也有所不同。一般认为污水生物处理构筑物内有毒物质的极限容许浓度见表18-2。

污水生物处理构筑物内有毒物质的极限容许浓度　　表18-2

有毒物质名称	极限容许浓度（mg/L）	有毒物质名称	极限容许浓度（mg/L）
铍	0.01	硝酸根	5000
钛	0.01	硫酸根	5000
铋	0.1	乙酸根	100～150
钒	0.1	硫	10～30
四乙铅	0.001	氨	100～1000
硫酸铜	0.2	苯	100
铬酸盐	5～20	酚	100
砷酸盐	20	甲醛	100～150
亚砷酸盐	5	丙酮	9000
氯化钾	2		

18.2.2 活性污泥的主要评价指标

反映活性污泥的质量，除了采用镜检生物相外，在工程设计和实际运行管理中，需要有较为完整的活性污泥评价指标体系。经过长期的研究和实践应用，目前常用的活性污泥评价指标有反映微生物数量的混合液污泥浓度，有表示活性污泥的絮凝、沉降和浓缩性能的污泥沉降比（SV%）及污泥体积指数（SVI），以及反映微生物更新的污泥泥龄等，下面分别予以介绍。

1. 混合液悬浮固体 MLSS（Mixed Liquid Suspended Solids）

混合液悬浮固体浓度，又称污泥浓度，常用 MLSS 表示，表示了曝气池单位容积混合液内所含有的污泥固体物质的总质量，它由如下部分组成：

$$MLSS = M_a + M_e + M_i + M_{ii} \tag{18-4}$$

式中 M_a(Activated Mass)——有活性的微生物；

M_e(Endogenous Mass)——微生物内源呼吸的代谢产物；

M_i(Inert Organic)——不可生物降解的有机悬浮固体；

M_{ii}(Inert Inorganic)——吸附在菌胶团上的无机悬浮固体。

污泥浓度常用的表示单位为“mg/L”或“g/L”。

由于细菌具有良好的自身凝聚性能，能形成菌胶团，从而吸附 M_e、M_i 和 M_{ii}，组成沉淀性能良好的活性污泥絮凝体。污泥浓度包括了 M_a、M_e、M_i、M_{ii} 的总量，并不代表“真正的”有活性的微生物。但污泥浓度测量方便，是在工程上表示曝气池中活性污泥浓度的重要指标，反映了活性污泥法中有活性微生物的相对数量。

2. 混合液挥发性悬浮固体 MLVSS（Mixed Liquid Volatile Suspended Solids）

混合液挥发性悬浮固体浓度，又称挥发性污泥浓度，常用 MLVSS 表示，是指 MLSS 中的有机物浓度，包括 M_a、M_e、M_i，而不包含 M_{ii}，与“真正”有活性的微生物量比较接近。采用 MLVSS 表示活性污泥量，可以避免无机物的干扰。

对于同一系统，污泥中活的微生物量 M_a 所占比例是比较稳定的，采用 MLSS 或 MLVSS 仅仅是数值有所不同，而其使用价值相等。但不同的处理系统，这一比例并不固定。在各种资料中，有时以 MLSS 为活性污泥微生物量的评价指标，有时则采用 MLVSS，在实际工作中必须注意。对于生活污水活性污泥法处理工艺，一般情况下，$f = MLVSS/MLSS = 0.67 \sim 0.75$。

在科学研究中，有时采用分析 ATP（三磷酸腺苷）的方式表示 M_a，因为只有活微生物在代谢过程中才会放出 ATP。用这种方法分析要求较高，在工程上一般很少采用。

3. 污泥沉降比 SV%（Sludge Volume）

污泥沉降比又称 30min 沉降率，指混合液在量筒内静置 30min 后所形成沉降污泥的容积占原混合液容积的百分率，以“%”表示，即：

$$SV\% = x$$

一般认为活性污泥在量筒中静置沉淀 30min 可以接近它的最大密度。污泥沉降比能反映曝气池正常运行时的污泥量，可用于控制剩余污泥的排放量，还能够通过它及早发现污泥膨胀等异常现象的发生。例如，污泥的 30min 沉降率良好，而二沉池污泥沉降不好，一般可判断二沉池运行出现问题（如污泥层可能太高、发生污泥反硝化、设备故障等）。反之，污泥的 30min 沉降率不好，问题很有可能出在曝气池。当发生 SV%突然增大时，往往说明发生了污泥膨胀。

污泥沉降比测定方法比较简单，应用广泛，是评价活性污泥的重要指标之一。

4. 污泥指数 SVI（Sludge Volume Index）

污泥指数 SVI 表示曝气池混合液经 30min 静置沉淀后，每克干污泥（即 MLSS）所占沉降污泥的容积，计算式如下：

$$SVI=\frac{\text{混合液(1L)30min 静沉形成的活性污泥容积(mL)}}{\text{混合液(1L)中悬浮固体干重(g)}}=\frac{SV(mL/L)}{MLSS(g/L)} \qquad (18\text{-}5)$$

例如：MLSS=2500mg/L=2.5g/L，SV=30%，则

$$SVI=\frac{30\times10}{2.5}=120mL/g$$

SVI 值的表示单位为“mL/g”，但一般都只用数字，将单位简化略去。SVI 值能反映出活性污泥的絮凝沉降性能，以生活污水为主的城市污水处理中，一般以介于 70～100 之间为宜。SVI 值过低，说明泥粒细小，无机物含量高，缺乏活性，故一般不希望 SVI 值低于 50。SVI 值超过 200，说明污泥沉降性能不好，并且有产生污泥膨胀的可能。表 18-3 反映了污泥指数和污泥性质之间的关系。

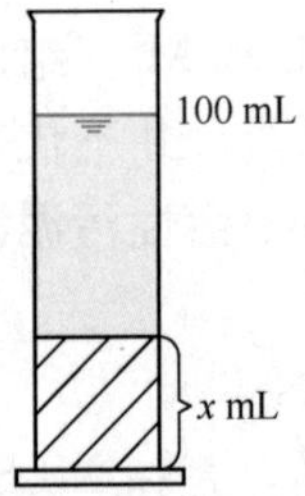

污泥指数和污泥性质之间的一般关系　　表 18-3

SVI 值	污 泥 性 能
<50	活性较差，无机物多，泥粒细而紧密，易于沉降
100 左右	正常
>200	污泥松散，含水率高，沉降性能差，可能发生污泥膨胀

100 mL

x mL

图 18-6　SV%测定简图

在相同 MLSS 时，测得的 SV 值不一定相同。污泥易沉降时，SV 值小；污泥不易沉降时，SV 值大。所以 SV 值不能完全反映污泥量的多少和它的沉降性能。SV 值与 SVI 值配合使用，就能较好地判别污泥的沉降性能。

在实际的运行管理中，人们常用沉降比来了解活性污泥的 SVI 值。因为曝气池中的 MLSS 值变化不大，观察 SV 值（图 18-6），可推知 SVI 值。这样的直接观测法，既迅速、又方便。一旦发现沉降体积指数反常时，就可知道处理系统运行不正常，并可及时在现场采取调整措施。

膨胀污泥不易沉淀，容易流失，既降低出水水质，又造成回流污泥量不足。所以，如不予以及时控制，就会使活性污泥法系统中的活性污泥越来越少，甚至从根本上破坏了整个系统的正常运行。因此，SVI 值也就成为鉴别活性污泥是否正常、有否膨胀的重要参数。

5. 污泥泥龄 θ_c（Sludge Age）

污泥泥龄 θ_c，又称微生物细胞平均停留时间，单位日（d），是曝气池中总污泥量与系统每日排除的污泥量（新增污泥量）之比，反映了活性污泥在曝气池中的平均停留时间，如下式表示：

$$\theta_c=\frac{\text{曝气池中总污泥量}}{\text{每日排出污泥量}}=\frac{VX}{\Delta X}\ (d) \qquad (18\text{-}6)$$

式中　ΔX——每日排出活性污泥系统外的活性污泥量，理论上等于曝气池内每日增长的

活性污泥量；

V——曝气池有效容积；

X——曝气池混合液污泥浓度；

活性污泥系统排出污泥量包括两部分，剩余污泥量和出水带走的污泥量，如下式：

$$\Delta X = Q_w X_r + (Q - Q_w) X_e \tag{18-7}$$

式中 Q_w——作为剩余污泥排放的污泥量；

X_r——剩余污泥浓度，一般剩余污泥从二沉池底部排除，X_r 值与回流污泥浓度同值；

Q——污水流量；

X_e——处理出水中的悬浮固体浓度。

由此，污泥泥龄计算公式如下：

$$\theta_c = \frac{VX}{Q_w X_r + (Q - Q_w) X_e} \tag{18-8}$$

一般情况下，出水中的污泥浓度很低，X_e 在计算中常被忽略，式（18-8）可简化为：

$$\theta_c = \frac{VX}{Q_w X_r} \tag{18-9}$$

在运行稳定时，剩余污泥量等于每天新增加的污泥量。因此泥龄 θ_c 也就是曝气池中活性污泥增加一倍所需的平均时间，即泥龄 θ_c 等于新增长的污泥在曝气池中的平均停留时间。它与水力停留时间 HRT 不同，HRT 是处理的污水在曝气池中的停留时间。

θ_c 与污泥负荷、处理要求及运行方式等有关。

18.3 活性污泥法反应动力学公式

长期以来，活性污泥法大多以经验方法进行设计与运行管理，采用动力学模式使设计和运行更为合理一直是活性污泥法研究和发展的主要方向之一。如第 17 章介绍，20 世纪 50 年代以来，许多学者做了大量研究工作，并开始将反应动力学应用到生物处理工程中，以 M-M 方程式和 Monod 方程式为基础的动力学计算数学模式，已经逐步在活性污泥法的设计和运行得到广泛应用。不同学者根据自己的研究成果提出各式各样的活性污泥法动力学模式，本节主要对目前学术界和工程界认同度较高的动力学模式及其应用予以介绍。

18.3.1 活性污泥法系统物料衡算

物料衡算是活性污泥法动力学计算的重要基础之一，系统的物料平衡关系如图 18-7 所示。

为简化计算模式，使计算公式具有可操作性，活性污泥系统物料衡算与动力学计算中，对稳定运行的系统做出如下合理假定：

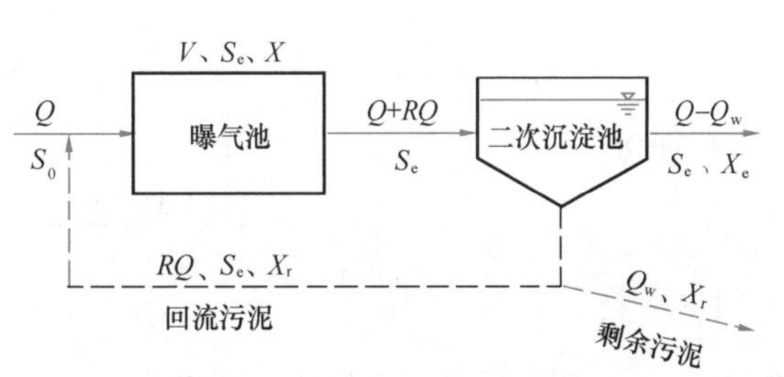

图 18-7 完全混合活性污泥法系统物料衡算图

（1）系统处于稳定运行状态，微生物、底物浓度不随时间变化；

（2）进入曝气池的污水不含微生物，

即入流微生物浓度为零；

（3）二沉池中不发生生化反应，即二沉池没有微生物的物质代谢活动及代谢物产生；

（4）二沉池中无污泥积累，固液分离效果良好。

在上述合理假定的前提下，可以通过对系统生物量、系统底物量以及曝气池生物量进行物料衡算，结合第17章的动力学模式，取得有机物降解与活性污泥增长、有机物降解速率与耗氧量，以及其他各主要参数间关系的动力学公式。

对于推流式活性污泥法动力学计算，可以把曝气池的微小长度（dl）范围内看作是一个完全混合反应器，即在这个微小段内，各点的底物浓度，微生物浓度相同，推流式曝气池可看作是无数个完全混合式曝气池串联而成。因此，对推流式活性污泥法而言，完全混合式活性污泥法计算模式的假定也是适用的，其计算结果也基本相同。

1. 活性污泥法微生物增长速率

按图18-7，系统生物量的物料衡算关系如下：

系统内生物积累量＝系统内生物进入量＋系统内生物净增长量－系统内生物排出量

这一衡算关系可以用动力学公式表示为：

$$\left(\frac{\mathrm{d}X}{\mathrm{d}t}\right)_{\mathrm{a}}V = QX_0 + \left(\frac{\mathrm{d}X}{\mathrm{d}t}\right)_{\mathrm{g}}V - [Q_{\mathrm{w}}X_{\mathrm{r}} + (Q-Q_{\mathrm{w}})X_{\mathrm{e}}] \tag{18-10}$$

按照上述活性污泥在稳定条件下，$(\mathrm{d}X/\mathrm{d}t)_{\mathrm{a}}=0$，入流微生物浓度 $X_0=0$ 的假定，则：

系统内生物排出量＝系统内生物净增长量

即：

$$\left(\frac{\mathrm{d}X}{\mathrm{d}t}\right)_{\mathrm{g}}V = Q_{\mathrm{w}}X_{\mathrm{r}} + (Q-Q_{\mathrm{w}})X_{\mathrm{e}} \tag{18-11}$$

式中 $\left(\frac{\mathrm{d}X}{\mathrm{d}t}\right)_{\mathrm{g}}$——活性污泥微生物净增长速率，可由下式表示：

$$\left(\frac{\mathrm{d}X}{\mathrm{d}t}\right)_{\mathrm{g}} = Y\left(\frac{\mathrm{d}S}{\mathrm{d}t}\right)_{\mathrm{u}} - K_{\mathrm{d}}X \tag{18-12}$$

式中 $\left(\frac{\mathrm{d}S}{\mathrm{d}t}\right)_{\mathrm{u}}$——活性污泥微生物对有机物利用（降解）速率。

将式（18-8）改写为：

$$Q_{\mathrm{w}}X_{\mathrm{r}} + (Q-Q_{\mathrm{w}})X_{\mathrm{e}} = \frac{VX}{\theta_{\mathrm{c}}}$$

以式（18-11）、式（18-12）代入上式，得：

$$\left[Y\left(\frac{\mathrm{d}S}{\mathrm{d}t}\right)_{\mathrm{u}} - K_{\mathrm{d}}X\right]V = \frac{VX}{\theta_{\mathrm{c}}} \tag{18-13}$$

即

$$Y\left(\frac{\mathrm{d}S}{\mathrm{d}t}\right)_{\mathrm{u}} - K_{\mathrm{d}}X = \frac{X}{\theta_{\mathrm{c}}}$$

整理得：

$$\frac{1}{\theta_{\mathrm{c}}} = Y\frac{(\mathrm{d}S/\mathrm{d}t)_{\mathrm{u}}}{X} - K_{\mathrm{d}} = Yq - K_{\mathrm{d}} \tag{18-14}$$

即

$$\mu' = Yq - K_{\mathrm{d}} \tag{18-15}$$

式中 q——活性污泥有机物比利用速率，$q=\frac{(\mathrm{d}S/\mathrm{d}t)_{\mathrm{u}}}{X}$；

μ'——活性污泥微生物比净增长速率，$\mu'=\frac{(dX/dt)_g}{X}$或$\mu'=\frac{1}{\theta_c}$；

产率系数Y、衰减系数K_d，见第17章说明。

从式（18-14）可见，泥龄和活性污泥的有机物比利用速率q成反比，从式（18-15）可见，活性污泥微生物比净增长速率μ'和有机物比利用速率q及产率系数Y成正比关系。

2. 活性污泥系统出水底物浓度S_e

根据第17章莫诺特方程式（17-31），活性污泥法有机物比利用速率q可表示为：

$$q=\frac{q_{max}S_e}{K_s+S_e} \tag{18-16}$$

以式（18-16）代入式（18-14），得：

$$\frac{1}{\theta_c}=Y\frac{q_{max}S_e}{K_s+S_e}-K_d$$

$$\frac{1}{\theta_c}(K_s+S_e)=Yq_{max}S_e-K_d(K_s+S_e)$$

$$S_e\left[\left(\frac{1}{\theta_c}+K_d\right)-Yq_{max}\right]=-K_s\left(\frac{1}{\theta_c}+K_d\right)$$

$$S_e=\frac{K_s(1/\theta_c+K_d)}{Yq_{max}-(1/\theta_c+K_d)}\text{或}S_e=\frac{K_s(\mu'+K_d)}{Yq_{max}-(\mu'+K_d)} \tag{18-17}$$

活性污泥法反应速度一般受底物浓度控制，为一级反应。反应器中，S_e值较低，和K_s值相比较，$S_e \ll K_s$，则

$$K_s+S_e \approx K_s \tag{18-18}$$

式(18-18)代入式(18-16)，则：

$$q=\frac{q_{max}S_e}{K_s} \tag{18-19}$$

同上进行整理可得：

$$S_e=\frac{1/\theta_c+K_d}{YK}=\frac{K_s(1/\theta_c+K_d)}{Yq_{max}}\text{或}S_e=\frac{K_s(\mu'+K_d)}{Yq_{max}} \tag{18-20}$$

从式(18-19)和式(18-20)可见，出水底物浓度S_e和泥龄θ_c或微生物比增长速率μ'成函数关系。式中，K_s、Y、q_{max}、K_d均为动力学参数，可通过实验确定。因此，可以通过上述动力学公式计算出活性污泥系统出水底物浓度S_e。

3. 活性污泥系统曝气池污泥浓度X

按图18-7，系统底物量的物料衡算关系如下：

系统内底物积累量＝系统内底物进入量＋系统内底物利用量－系统内底物排出量 （18-21）

这一衡算关系可以用动力学公式表示为：

$$\left(\frac{dS}{dt}\right)_a V=QS_0-\left(\frac{dS}{dt}\right)_u V-[(Q-Q_w)S_e+Q_wS_e]$$

$$\left(\frac{dS}{dt}\right)_a V=QS_0-\left(\frac{dS}{dt}\right)_u V-QS_e \tag{18-22}$$

按照活性污泥在稳定条件下，$(ds/dt)_a=0$的假定，则：

系统内底物进入量＝系统内底物利用量＋系统内底物排出量

即：

$$QS_0=\left(\frac{\mathrm{d}S}{\mathrm{d}t}\right)_{\mathrm{u}}V+QS_{\mathrm{e}} \tag{18-23}$$

整理得 $$\left(\frac{\mathrm{d}S}{\mathrm{d}t}\right)_{\mathrm{u}}=\frac{Q}{V}(S_0-S_{\mathrm{e}})=\frac{S_0-S_{\mathrm{e}}}{SRT}$$

式中 SRT——活性污泥反应器水力停留时间，$SRT=\frac{V}{Q}$

$$\frac{(\mathrm{d}S/\mathrm{d}t)_{\mathrm{u}}}{X}=\frac{S_0-S_{\mathrm{e}}}{SRT\cdot X}\text{或}\ q=\frac{S_0-S_{\mathrm{e}}}{SRT\cdot X} \tag{18-24}$$

代入式(18-14)，得：

$$\frac{1}{\theta_{\mathrm{c}}}=Y\frac{S_0-S_{\mathrm{e}}}{SRT\cdot X}-K_{\mathrm{d}}$$

$$\left(\frac{1}{\theta_{\mathrm{c}}}+K_{\mathrm{d}}\right)SRT\cdot X=Y(S_0-S_{\mathrm{e}})$$

上式整理得：

$$X=\frac{Y(S_0-S_{\mathrm{e}})}{SRT\cdot(1/\theta_{\mathrm{c}}+K_{\mathrm{d}})} \tag{18-25}$$

或

$$X=\frac{Y(S_0-S_{\mathrm{e}})}{SRT\cdot(\mu'+K_{\mathrm{d}})} \tag{18-26}$$

式中 Y、μ'、K_{d} 均为动力学参数，可通过实验确定。因此，可以通过上式计算出活性污泥系统曝气池中的微生物浓度 X。

4. 有机物降解的需氧量

活性污泥法曝气池中有机物降解的需氧量，包括微生物对有机物的氧化分解和其自身氧化两部分的需氧量，一般计算公式如下：

$$O_2=a'Q(S_0-S_{\mathrm{e}})+b'VX \tag{18-27}$$

式中 O_2——曝气池混合液需氧量，kgO_2/d；

a'——活性污泥微生物对有机物氧化分解的需氧率，即活性污泥微生物每降解单位 BOD_5 的需氧量，$kgO_2/kgBOD_5$；

Q——活性污泥曝气池进水流量，m^3/d；

S_0——曝气池进水五日生化需氧量浓度，以 BOD_5 计，kg/m^3；

S_{e}——曝气池出水五日生化需氧量浓度，以 BOD_5 计，kg/m^3；

b'——活性污泥微生物内源呼吸自身氧化过程的需氧量，即单位时间内每千克活性污泥自身氧化需氧速率，$kg/(kg\cdot d)$；

V——活性污泥曝气池容积，m^3；

X——活性污泥曝气池内混合液悬浮固体平均浓度，kg/m^3。

式(18-27)两边除以 $Q(S_0-S_{\mathrm{e}})$ 或 VX 可得：

$$\frac{O_2}{Q(S_0-S_{\mathrm{e}})}=a'+b'\frac{VX}{Q(S_0-S_{\mathrm{e}})}=a'+b'\frac{1}{L_{\mathrm{s}}} \tag{18-28}$$

$$\frac{O_2}{VX}=a'\frac{Q(S_0-S_{\mathrm{e}})}{VX}+b'=a'L_{\mathrm{s}}+b' \tag{18-29}$$

式中　L_s——BOD_5 去除量污泥负荷，指单位质量活性污泥在单位时间内所能承受，并将其降解到预定出水指标的 BOD_5 的量，以 $kgBOD_5/(kgMLSS \cdot d)$计；

$\frac{O_2}{Q(S_0-S_e)}$——去除每千克 BOD_5 的需氧量速率，一般以 $kgO_2/(kgBOD_5 \cdot d)$表示；

$\frac{O_2}{VX}$——单位质量活性污泥的需氧速率，一般以 $kgO_2/(kgMLSS \cdot d)$表示。

从式(18-27)、式(18-28)可见，当活性污泥法曝气池在高 BOD_5 去除量污泥负荷运行时，活性污泥的泥龄较短，降解单位质量 BOD_5 的需氧量速率就较低。原因在于高负荷条件下，一部分被吸附而未被摄入细胞体内的有机物随剩余污泥排出。同时，活性污泥微生物的自身氧化作用又低，需氧量相对就处于较低的水平。反之，当 BOD_5 去除量污泥负荷较低，泥龄较长时，微生物对吸附在细胞体内有机物降解程度高，自身氧化程度也深，就需要更多氧量支持这一过程的完成。

a'、b'是活性污泥处理法设计与运行的重要参数，其值可以通过试验，用图解法求得。一般采用式(18-29)，以$\frac{Q(S_0-S_e)}{VX}$为横坐标，以$\frac{O_2}{VX}$为纵坐标，取得直线后，斜率为 a'值，纵轴的截距为b'值，如图 18-8 所示。

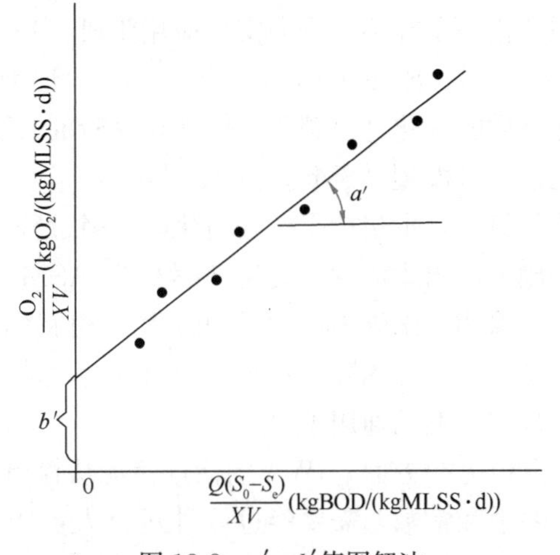

图 18-8　a'、b'值图解法

一般，生活污水的 a'值为 0.42～0.53，b'值为 0.188～0.11。

18.3.2　劳伦斯—麦卡蒂方程式的应用

劳伦斯和麦卡蒂以莫诺特(Monod)方程为基础，结合反应方程式、活性污泥处理系统的物料衡算，提出了在工程中具有实际应用意义的动力学计算关系式，得到普遍的认同和接受。下面介绍劳伦斯—麦卡蒂方程式在曝气池容积和剩余污泥排放量计算方面的动力学公式。

1. 活性污泥反应器(曝气池)容积计算

同上述物料衡算，将式(18-8)代入式(18-13)得：

$$[Q_wX_r+(Q-Q_w)X_e]=V\left[Y\frac{dS}{dt}-K_dX\right]$$

两边除以 XV，并以$\frac{dS}{dt}=\frac{S_0-S_e}{t}$代入整理后得：

$$V=\frac{QY\theta_c(S_0-S_e)}{X(1+K_d\theta_c)} \tag{18-30}$$

式中　Q、S_0 是已知的，S_e 可以根据处理要求确定，Y、X、K_d 和 θ_c 值可通过试验或经验选定，这样，就可以用式(18-30)计算出曝气池的体积。这一公式也是《室外排水设计标准》GB 50014—2021 推荐的传统活性污泥法曝气池容积的泥龄计算法。

2. 剩余活性污泥量计算

根据 Y_{obs}定义以及上述物料衡算可推得：

$$Y_{obs}=\frac{Y}{1+K_d\theta_c} \tag{18-31}$$

由此，排除的剩余活性污泥量 ΔX 的计算公式为：

$$\Delta X=Y_{obs}\cdot Q\ (S_0-S_e) \tag{18-32}$$

此处 ΔX 是以挥发性悬浮固体表示的剩余活性污泥量。

18.3.3 活性污泥数学模型的发展

长期以来，活性污泥法的设计和运行停留在经验法，以及经验与理论相结合的方法上，在有机物降解和微生物生长动力学理论的基础上，研究开发出活性污泥法设计运行的数学模型，确定与实际水质及工艺一致的动力学参数，通过数学公式计算出所需的各项运行设计数据，将是活性污泥法设计运行质的飞跃。

正在研发过程中的活性污泥法模型主要有机理模型、时间序列模型和语言模型等。在机理模型中，由国际水协会（International Water Association，缩写 IWA）推出的活性污泥法模型正在逐步推向实际应用阶段。1986 年 IWA 首次推出活性污泥法一号模型 ASM1（Activated Sludge Model NO. 1），有 13 种组分和 8 种反应过程，描述了碳氧化过程、含氮物质的硝化与反硝化，但未包含磷的去除。1995 年 IWA 经过改进和完善推出了活性污泥法二号模型 ASM2，由 19 种组分、19 种反应过程、22 个化学计量系数和 42 个动力学参数组成，也包括了生物与化学除磷过程。1998 年 IWA 在多年活性污泥法模型程序化的基础上推出了活性污泥法三号模型 ASM3，引入了有机物在微生物体内的贮藏及内源呼吸，强调了细胞内部的活动过程。国际水协会研究开发的活性污泥法模型得到了业界广泛的认同，正在国际上逐步成为活性污泥法污水处理新技术开发、工艺设计运行和计算机模拟软件开发的通用平台。

但另一方面，IWA 的活性污泥法模型在应用上还存在不少问题。数学模型中的十几个系数和常数，需要经过设计运行人员根据实际污水水质和处理工艺的要求确定具体数值，多数要经过大量监测分析后才能获得。不同的污水性质差异很大，其数值变化很多，这些参数的确定困难很大，如果参数有误，将直接影响到计算结果的精确性和可靠性。活性污泥法模型在国外尚未成为普遍采用的计算方法，在我国还缺乏实际应用的工程实例。

18.4 曝气原理与曝气设备

18.4.1 概述

溶解氧是活性污泥法的基本要素之一。曝气过程应使氧转移到液相中去的速率，不低于微生物的耗氧速率，以满足微生物对溶解氧的需求，这是曝气的充氧作用。另外，还必须使微生物、有机物和氧充分接触，使活性污泥始终处于悬浮状态，这是曝气的混合作用。

活性污泥系统曝气池的充氧和混合通过曝气设备实现。目前常用的曝气方法主要为鼓风曝气、机械曝气以及鼓风一机械联合曝气系统。曝气效果关系到曝气池内混合程度，以及污水中的有机物转移到活性污泥微生物上去的传质效果，决定了活性污泥法的能耗和处理效果。因此，正确理解掌握曝气原理、曝气方法和曝气设备，根据曝气池的构造，合理选择曝气设备，是活性污泥法设计中十分重要的内容之一。本节重点讨论气体传递原理、影响因素和常用的曝气设备。

18.4.2 氧转移原理

1. 物质扩散基本规律

物质从一相传递到另一相的过程，称之为物质的传递过程，简称传质过程。在曝气过程中，空气中的氧，从气相传递到液相中，主要是依靠界面两侧物质的浓度差为推动力，使氧分子由浓度较高一侧向着较低一侧扩散。这一过程既是传质过程，也是物质的扩散过程。浓度梯度的大小影响着物质的扩散速率，菲克（Fick）定律表示了二者之间的关系，即：

$$v_{\mathrm{d}}=-D\frac{\mathrm{d}C}{\mathrm{d}X} \tag{18-33}$$

式中 v_{d}——物质的扩散速度，以单位时间内通过单位截面积的物质数量表示；

D——扩散系数，表明物质在介质中的扩散能力，主要与扩散物质和介质的特性及温度有关；

C——物质浓度；

X——扩散路程长度；

$\frac{\mathrm{d}C}{\mathrm{d}X}$——浓度梯度，扩散中单位长度上的浓度变化值。

菲克定律说明了扩散速率和浓度梯度成正比关系，是扩散过程的基本规律。

2. 双膜理论

解释气体传递的机理，目前污水生物处理中普遍使用的是1924年刘易斯（Levis）和惠特曼（Whitman）提出的双膜理论。双膜理论认为在气液界面上存在着气膜和液膜，这两层薄膜使气体分子从一相进入另一相时形成了阻力。

依据菲克定律的原理，曝气中氧的传递速率 v_{d} 可用下式表达：

$$v_{\mathrm{d}}=\frac{\mathrm{d}M/\mathrm{d}t}{A} \tag{18-34}$$

式（18-34）代入式（18-33），则：

$$\frac{\mathrm{d}M/\mathrm{d}t}{A}=-D\frac{\mathrm{d}C}{\mathrm{d}X}$$

$$\frac{\mathrm{d}M}{\mathrm{d}t}=-DA\frac{\mathrm{d}C}{\mathrm{d}X} \tag{18-35}$$

式中 M——在时间 t 内通过界面扩散的物质数量；

A——界面面积。

图18-9为双膜理论气体传递模型简图，这一理论的基本点如下：

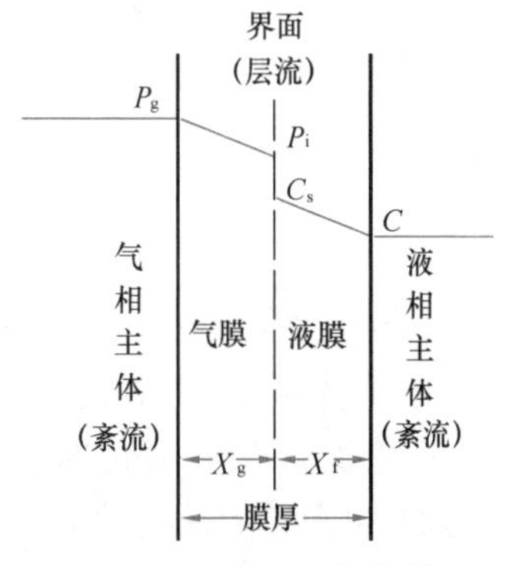

图18-9 双膜理论气体传递模型简图

（1）气、液两相自由界面存在着做层流流动的气膜和液膜。氧必须以分子扩散的方式从气相主体通过这两层膜，才能进入液相主体。气膜和液膜都为层流，两相主体流动状况只改变影响膜的厚度，如气体流速越大，气膜就越薄，对液膜也是如此。

（2）气相和液相主体中，在液体充分混合的条件下，浓度分布基本上是均匀的，不存在浓度差，没有传质阻力。氧从气相主体传递到液相主体，传质阻力在于气液双膜之中。

（3）气膜中的氧分压梯度和液膜中的氧浓度梯度是氧扩散的推动力。

由于氧是难溶气体，溶解度很小，传质的主要阻力在于液膜。气膜中，氧分子的传递动力很小，即气相主体与界面之间的氧分压差值 $P_g - P_i$ 很小，一般认为 $P_g \approx P_i$。因此，界面处的溶解氧浓度 C_s 值，就是氧分压为 P_g 下的溶氧饱和浓度值。如气相主体中气压为 1 个大气压，则 P_g 就是一个大气压中的氧分压，约为 1/5 个大气压。

由于液膜厚度（X_f）很小，C_s 和 C 可按线性变化分析，液膜溶解氧浓度的梯度为：

$$-\frac{dC}{dX}=\frac{C_s-C}{X_f}$$

代入式（18-35），得

$$\frac{dM}{dt}=-DA\frac{dC}{dX}=DA\left(\frac{C_s-C}{X_f}\right) \tag{18-36}$$

式中 $\frac{dM}{dt}$——氧传速率，kgO_2/h；

D——液膜中氧分子扩散系数，m^2/h；

A——气液接触界面面积，m^2；

$\frac{C_s-C}{X_f}$——溶氧浓度梯度，$kgO_2/(m^3 \cdot m)$。

设液相主体的体积为 V（以“m^3”计），式（18-36）两边除以 V，得：

$$\frac{dM/dt}{V}=\frac{D}{X_f}\frac{A}{V}(C_s-C)$$

$$\frac{dC}{dt}=\frac{D}{X_f}\frac{A}{V}(C_s-C) \tag{18-37}$$

取 $K_L=\frac{D}{X_f}$，则：

$$\frac{dC}{dt}=K_L\frac{A}{V}(C_s-C) \tag{18-38}$$

式中 $\frac{dC}{dt}$——液相主体中溶解氧浓度变化速率（或氧转移速率），$kgO_2/(m^3 \cdot h)$；

$K_L=\frac{D}{X_f}$——液膜中的氧分子传质系数，m/h。

实际应用中，A 值较难测定，取 $K_{La}=K_L\frac{A}{V}$，K_{La}称之为氧分子的总传递系数，简称总传质系数，以 h^{-1}计，则式(18-38)改写为：

$$\frac{dC}{dt}=K_{La}(C_s-C) \tag{18-39}$$

总传质系数 K_{La}表示了曝气充氧中氧的总传递性，传递过程中阻力大，则 K_{La}值小，反之则 K_{La}值高。另外，K_{La}的倒数($1/K_{La}$)单位是时间(h)，表示了曝气池水中溶解氧浓度从 C 增加到C_s 所需的时间。如 $K_{La}=1h^{-1}$时，意味着全池水的溶解氧从 C 提高C_s 需要 1h 时间。因此，K_{La}值小，$1/K_{La}$值大，曝气池水充氧从 C 提高 C_s 所需的时间就长，氧传递速率慢；反之，K_{La}值大时，$1/K_{La}$值小，则氧传递速率快。

在曝气充氧中，为了提高 dC/dt 值，可以从两个方面着手：

（1）提高 K_{La} 值。通过加强液体的紊流运动，减小液膜厚度和提高气、水界面更新速度，以及使曝气气泡细小，增大气、水接触面积等。

（2）提高 C_s 值。通过加大气相中的氧分压，如采用纯氧曝气、深井曝气等。

为了评价曝气设备的氧传递能力，可以在清水中测定曝气设备氧的总传质系数 K_{La}，然后换算为标准条件下（温度 t 为 20℃，1 个大气压）的 K_{La} 值。也可以在实际运行的曝气池中测定，取得曝气设备在某一确定水质下的总传质系数 K_{La}。具体的测定方法参阅相关实验教材和文献。

18.4.3 氧转移的影响因素

从式（18-37）可见，氧从气相转移到液相的速度，主要和溶氧不饱和值（C_s-C）、液膜中氧分子扩散系数 D、气液接触面积 A 和液膜厚度 X_f 等参数有关。影响上述参数的因素，也必然是影响氧转移速率的因素，这些影响因素分述如下。

1. 污水性质

污水中含有的各种杂质，对氧的传递速度产生影响。溶解性有机化合物，主要是憎水性有机物，直接影响氧的传递速度。如表面活性剂，其化学结构属于两亲分子，可以在气液界面处大量聚集，形成一层分子膜，阻碍氧分子的扩散作用，总传质系数 K_{La} 值将减小。这一影响采用小于 1 的系数 α 表示，如下式所示：

$$\alpha=\frac{K_{La}(污水)}{K_{La}(清水)} \tag{18-40}$$

污水中的溶解性盐类影响氧在水中的饱和溶解值，溶解性盐类的影响采用小于 1 的系数 β 表示，如下式所示：

$$\beta=\frac{C_s(污水)}{C_s(清水)} \tag{18-41}$$

列斯特(Lister)和蒲恩(Boon)，1973 年在城市污水采用鼓风曝气的推流式曝气池中，测得曝气池首端 α 系数值为 0.3，池尾端为 0.8。在采用表曝机的完全混合曝气池中，斯图肯堡(Stukenberg)等 1977 年测定的数据见表 18-4。

修正系数的测定值 表 18-4

耗氧速率[mg/(L·h)]	温度(℃)	α	β·Cs(mg/L)
40	19.8	0.89	7.9
41	19.8	0.86	7.9
36	19.8	0.85	7.9
40	18.7	0.78	8.2
43	19.0	0.90	8.2
43	19.4	0.89	8.1
56	19.0	0.93	8.1
50	19.5	0.93	8.0
64	20.5	0.90	7.9
59	20.6	0.94	7.9
52	19.3	0.84	8.0
52	20.0	0.99	7.9

不同污水的 α、β 系数值，可以通过曝气充氧试验测定或参考相关试验资料取得。

2. 水温

水温升高，水的黏滞度降低，分子的扩散能力增大，液膜厚度减小，K_{La} 值相应增大；反之，则 K_{La} 值减小。埃肯菲尔特（Eckenfelder）1996 年提出了 K_{La} 和温度 T 的关系式如下：

$$K_{La(T)}=K_{La(20℃)}(1.020)^{T-20} \tag{18-42}$$

式中 $K_{La(T)}$、$K_{La(20℃)}$——温度 T 为 20℃时的总传质系数，h^{-1}；

T——水温，℃。

从式（18-39）可见，氧转移速率 dC/dt 和 K_{La}、(C_s-C) 值成正比，当温度升高时，K_{La} 值增大，C_s 值则降低；反之，则 K_{La} 值降低，C_s 值增大。因此，水温变化对 dC/dt 的影响有两个相反的作用。虽然这种作用不足以相互抵消，但缩小了水温对 dC/dt 的影响。总体而言，水温对氧转移速率的影响较小。

3. 氧分压

水中溶氧饱和浓度和当地的氧分压有关，如当地的大气压强不等于 1.013×10^5 Pa 的标准大气压时，则 C_s 如下式所示：

$$C_s=C_{sb}\frac{P}{1.013\times10^5} \tag{18-43}$$

式中 C_s——大气压强为 P 时的溶氧饱和值，mg/L；

C_{sb}——大气压强等于 1.013×10^5 Pa 的标准大气压时的溶氧饱和值，mg/L；

P——当地的大气压强，Pa。

式（18-43）的溶氧饱和值，为水表面处的溶氧饱和值，适用于表面曝气的情况。对于鼓风曝气，应考虑由于水深而增加的氧分压。鼓风曝气池中水下溶氧饱和值 $\overline{C_s}$，可按下式计算：

$$\overline{C_s}=C_s\left(\frac{O_t}{42}+\frac{P_b}{2}\right) \tag{18-44}$$

式中 $\overline{C_s}$——鼓风曝气池内混合液平均溶氧饱和值，mg/L；

C_s——大气压强为 P 时的溶氧饱和值，mg/L；

O_t——池表面逸出气体中的含氧率，可按下式计算：

$$O_t=\frac{21\times(1-E_A)}{79+21(1-E_A)}100\% \tag{18-45}$$

E_A——鼓风曝气空气扩散装置氧利用率；

P_b——空气扩散装置气体出口处的压强，Pa，可按下式计算：

$$P_b=P+9.8\times10^5H \tag{18-46}$$

H——空气扩散装置距水面距离，m；

P——当地的大气压强，Pa。

4. 水的紊动程度

水体的剧烈紊动，提高氧分子在液相中的扩散能力。紊动程度越大，扩散阻力越小，扩散系数 D 越大。水体的剧烈紊动，可以减小液膜的厚度 X_f，传质系数 K_L 值增大($K_L=D/X_f$)。液体的强烈紊动，气泡被剪切得更小，气液接触界面面积 A 增加，根据式(18-37)，

相应提高了 A/V 值，总传质系数 K_{La} 值相应增大。总之，加强水的紊动程度，有利于 K_{La} 值的提高。

18.4.4 需氧量与供氧量计算

1. 曝气设备的氧转移性能指标

评价曝气设备的氧转移能力及动力效率的主要指标如下：

(1) E_A：氧利用率（氧转移效率），指鼓风曝气系统中，空气扩散装置转移到水中的氧占鼓风机供给的氧的百分比，以“%”计；

(2) E_o：充氧速率，指机械曝气设备在标准条件下每小时向曝气池供应的能够溶于水中的氧量，以“kg/h”计；

(3) E_p：动力效率，指每度电能转移到水中的氧量，以“kg/(kW·h)”计，表示了曝气设备的能源利用效率。

2. 需氧量与供氧量

在活性污泥法曝气供氧系统中，反映需氧速率与供氧速率的指标如下：

(1) O_2：曝气池混合液需氧量，即曝气池稳定运行条件下，活性污泥微生物需氧速率，见式（18-27）：

$$O_2 = a'Q(S_o - S_e) + b'VX(\mathrm{kgO_2/d})$$

(2) O_S：标准条件下曝气设备的氧转移速率，为满足活性污泥微生物对有机物的氧化分解和其自身氧化需要，在标准条件下，曝气设备转移到曝气池中去的氧量，kgO_2/d；

(3) O_g：实际转移速率，根据污水性质、水温、氧分压等条件修正后，曝气设备的实际氧转移速率，kgO_2/d。

3. 供氧量计算方法

(1) 供氧量计算

根据式（18-39），在标准条件下（温度 20℃，大气压强 1.013×10^5Pa，脱氧清水 $C=0$），氧转移速率计算公式如下；

$$O_s = \frac{dC}{dt}V = K_{La(20)}C_{s(20)}V \tag{18-47}$$

式中 V——曝气池有效容积，m^3。

根据实际条件，对污水水质、温度及氧分压等条件进行修正后，曝气池的实际供氧速率计算公式如下：

$$O_g = \alpha K_{La(20)} \cdot 1.024^{(T-20)}(\beta \cdot \rho \cdot C_{S(T)} - C)V \tag{18-48}$$

曝气池混合液需氧速率，与实际供氧速率相一致，$O_2 = O_g$，即：

$$a'Q(S_o - S_e) + b'VX = \alpha K_{La(20)} \cdot 1.024^{(T-20)}(\beta \cdot \rho \cdot C_{S(T)} - C)V$$

将式（18-47）和式（18-48）相比，则：

$$\frac{O_s}{O_g} = \frac{C_{s(20)}}{\alpha(\beta \cdot \rho \cdot C_{s(T)} - C)\ 1.024^{(T-20)}}$$

由于 $O_2 = O_g$，得：

$$O_S = \frac{O_2 C_{S(20)}}{\alpha(\beta \cdot \rho \cdot C_{S(T)} - C)\ 1.024^{(T-20)}} \tag{18-49}$$

上式中，O_s 为曝气设备标准条件下的供氧速率，由设备生产厂商提供。一般情况下，

$\frac{O_s}{O_2}$为1.3～1.6。

（2）鼓风曝气供气量计算

曝气扩散装置氧利用效率E_A与需氧量、供氧量的关系如下：

$$E_A = \frac{O_s}{S} 100\% \tag{18-50}$$

式中　S——曝气设备供氧量，kg/h；

$$S = 0.28 G_S \tag{18-51}$$

G_S——鼓风曝气系统供气量，m^3/h；

0.28——标准状态（0.1MPa、20℃）下的每m^3空气中含氧量（kgO_2/m^3）。

鼓风机供气量计算公式如下：

$$G_S = \frac{O_S}{0.28 E_A} \cdot 100 \quad (m^3/h) \tag{18-52}$$

O_s值根据公式（18-49）确定，单位换算为“kgO_2/h”。鼓风曝气的空气扩散装置在标准状态下E_A值，由厂商经检测机构测定后提供。

（3）机械曝气供氧量计算

对于机械曝气，先按公式（18-49）计算O_s值，然后根据厂商提供的各种曝气设备在标准条件下的充氧量公式，确定机械曝气设备的规格、数量。如对于泵型叶轮曝气，充氧量与叶轮直径及叶轮线速度的关系，按下式确定：

$$O_{OS} = 0.379 v^{0.28} \cdot D^{1.88} \cdot K \quad (kg/h)$$

式中　O_{OS}——泵型叶轮在标准条件下的充氧量，kg/h；

v——叶轮线速度，m/s；

D——叶轮直径，m；

K——池型结构修正系数。

当某一规格、型号泵型叶轮计算所得的$O_{OS}=O_S$时，即认为所选泵型叶轮符合设计要求。其他类型的曝气叶轮则可根据设计手册或产品说明书提供的充氧量公式或图表求得。

18.4.5　鼓风曝气系统

1. 鼓风曝气系统的组成

鼓风曝气系统由空气净化器、鼓风机、空气输配管道和空气扩散装置等组成。其中，空气净化器的作用是防止扩散装置阻塞及空气管道的磨损；空气输配管道将空气输送到空气扩散器。

2. 鼓风机

鼓风机是产生低压压缩空气的机械设备。在鼓风曝气系统中，鼓风机的风量要满足活性污泥絮体生化反应所需的氧量，能保持曝气池混合液处于悬浮状态。鼓风机的风压要满足克服管道系统和扩散器的阻力损耗以及扩散器上部的静水压差。活性污泥法污水处理系统常用的鼓风机有罗茨鼓风机和离心鼓风机。

罗茨鼓风机是容积式气体压缩机的一种，其特点是在高压力范围内，管网阻力变化时鼓风机风量变化很小。因此，罗茨鼓风机适用于阻力变化幅度较大而要求出风量稳定的场合，适用于中小型污水处理厂。但罗茨鼓风机噪声大，必须采取消声、隔声措施。

离心式鼓风机通过叶轮高速旋转产生压缩空气，其特点是空气动力性能稳定，风量大，噪声小，风量在一定幅度内可以调节。因此，离心式鼓风机适用于大中型污水处理厂。

3. 空气扩散装置

空气扩散装置（曝气器）是鼓风曝气系统的关键部件之一，它的作用是将空气分散成小气泡，增大空气和混合液之间的接触界面，促进空气中的氧溶解于水中。根据空气扩散装置的阻力，可分为大阻力、中阻力和小阻力空气扩散器。根据产生气泡的大小，空气扩散装置又可分成小气泡扩散器、中气泡扩散器、大气泡扩散器和微气泡扩散器几种类型。目前，工程上最常用的是微气泡扩散器。

(1) 微气泡扩散器。这是近10多年来发展并得到广泛应用的空气扩散器，主要有膜片式微孔空气扩散器、管式微孔空气扩散器，以及陶土、合成材料烧结的微孔扩散器。

膜片式微孔空气扩散器的关键部件是微孔膜片，用合成橡胶采用特殊工艺加工制成，开有按同心圆形式布置的孔眼。鼓风时，空气进入膜片与扩散器底座之间，气压使膜片微微鼓起，孔眼张开，空气从孔眼逸出，形成微气泡；供气停止，气压消失，在膜片的弹性作用下，孔眼自动闭合。由于水压的作用，曝气池中的混合液不会倒流进入膜片内，也不会使孔眼堵塞。膜片式微孔空气扩散器产生的气泡直径为1.5～3.0mm，少量的尘埃也可以通过孔眼，不会堵塞扩散器。微孔空气扩散器为大阻力空气扩散器。图18-10为微孔空气扩散器的构造及扩散器空气扩散效果图，图18-11为膜片式微孔空气扩散器安装图。

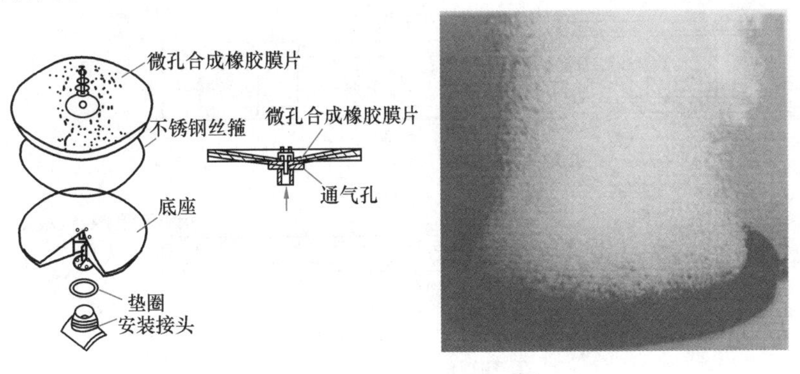

图18-10　膜片式微孔空气扩散器及扩散效果

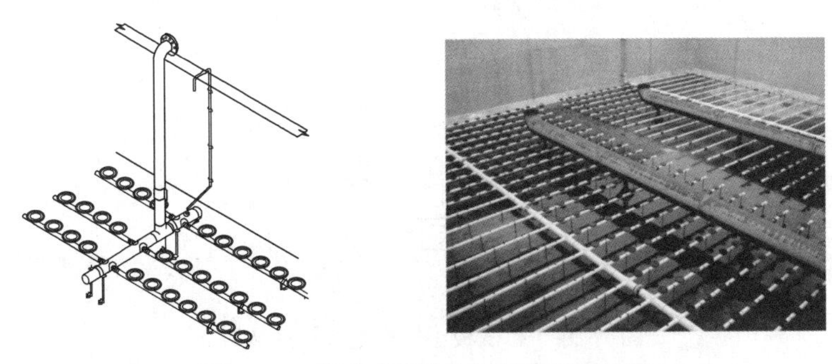

图18-11　膜片式微孔空气扩散器安装图

管式微孔空气扩散器用合成橡胶或聚乙烯材料制成，其特点与膜片式微孔空气扩散器相同。配备活动摇臂装置的摇臂式管式微孔空气扩散器，微孔扩散管安装在支管上，可用活动式电动卷扬机提升的配管系统，将曝气管提升到曝气池水面之上，便于维修保养。图 18-12、图 18-13 为管式微孔空气扩散器及其实际安装图。

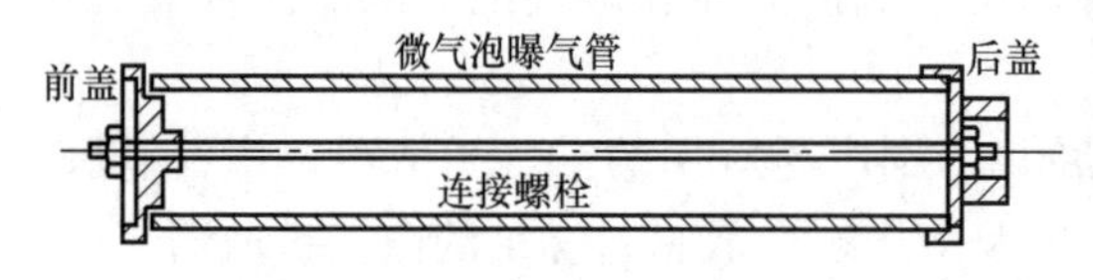

图 18-12　管式微孔空气扩散器

图 18-13　管式微孔空气扩散器安装图

（2）小气泡扩散器。典型的小气泡扩散器是由微孔材料（陶瓷、砂砾，塑料）制成的扩散板或扩散管。这类扩散器的缺点是气压损失较大，易堵塞，空气需预先过滤处理，目前已较少采用。小气泡扩散器也是大阻力空气扩散器，图 18-14 为扩散板小气泡空气扩散装置。

（3）中气泡扩散器。穿孔管是常用的中气泡扩散器。在管壁两侧向下 45°方向，开有

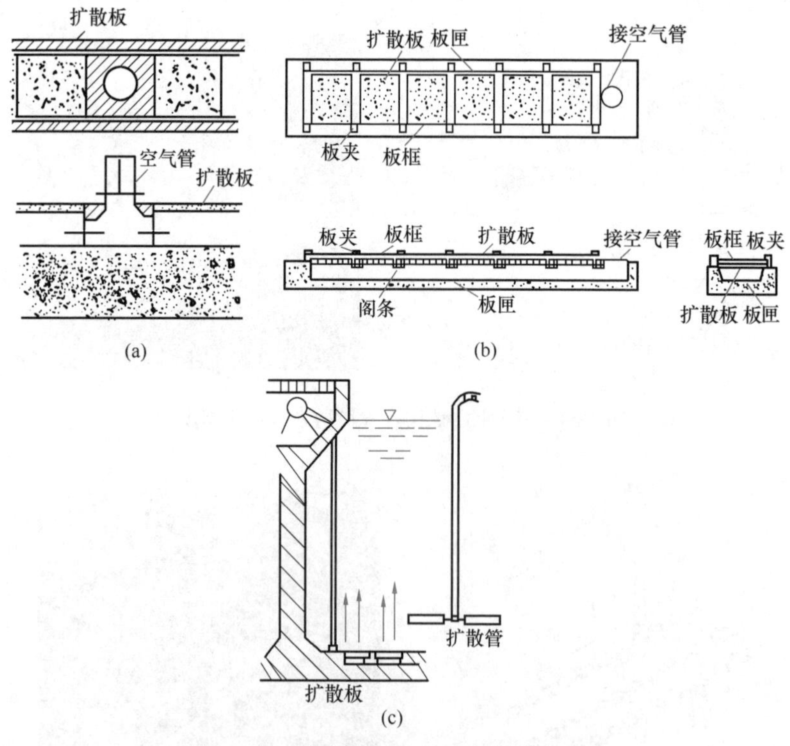

图 18-14　扩散板小气泡空气扩散装置

（a）扩散板沟安装方式；（b）扩散板匣安装方式；（c）扩散板与扩散管

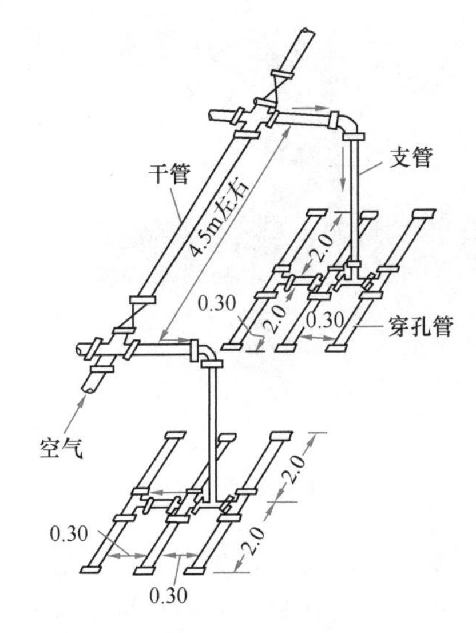

图 18-15 穿孔管中气泡空气扩散装置布置图

孔眼直径为 3～5mm 的小孔，孔口的气体流速不小于 10m/s，孔眼间距 50～300mm。这种扩散装置构造简单，不易堵塞，阻力小，但氧的利用率较低，一般只有 4%～6%左右。穿孔管空气扩散器为中阻力空气扩散器，图 18-15 为穿孔管中气泡空气扩散器。

（4）大气泡扩散器。常用竖管，气泡直径为 15mm 左右，这种扩散器一般布置在曝气池的一侧或池底，可形成旋流，增加气泡和混合液的接触时间，有利于氧的传递，同时使混合液中的悬浮固体呈悬浮状态。大气泡扩散器为小阻力空气扩散器，由于氧利用率低，目前已较少采用。

（5）其他空气扩散器。在中小型污水处理工程常用的其他空气扩散装置还有盆式扩散装置、固定螺旋式扩散装置、射流式空气扩散装置、泵式水下曝气器等。这些扩散器的构造形式很多，布置形式多样，但基本原理是一样的，可参考设计手册和产品说明书。

18.4.6 机械曝气装置

机械曝气属于表面曝气，系通过安装于曝气池表面的曝气机来达到充氧和混合的目的。机械曝气机的充氧，是通过叶轮或转刷的旋转产生水跃，使得曝气池混合液成薄幕状抛入池面上部的空气层中，形成巨大的气水接触面，加速气相中的氧分子向液相的传递。机械曝气机主要有竖式和卧式两类。

1. 竖式曝气机

竖式曝气机的转动轴与水面垂直，采用曝气叶轮。当叶轮转动时，曝气池表面产生水跃，把大量的混合液水滴和水膜抛向空气中，然后挟带空气形成水气混合物回到曝气池中，由于气水接触界面大，从而使空气中的氧很快溶入水中。随着曝气机的不断转动，表面水层不断更新，氧气不断地溶入，同时池底含氧量小的混合液向上形成环流，和表面充氧层已充氧的水交换，从而提高了整个曝气池混合液的溶解氧含量。曝气池中混合液的流动状态同池形有密切的关系，故曝气的效率不仅决定于曝气机的性能，还受曝气池池形的影响。

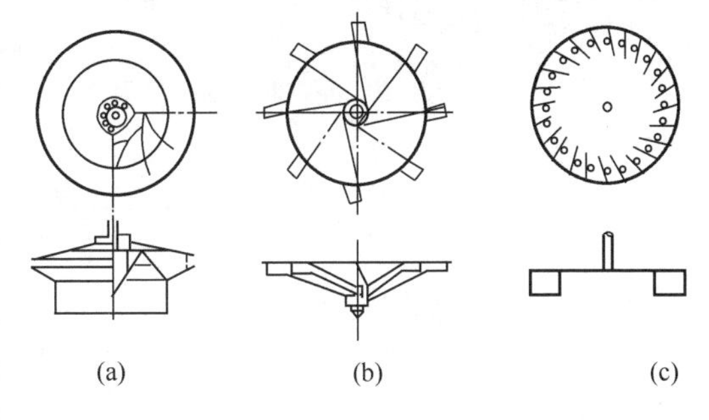

图 18-16 几种叶轮表曝机

(a) 泵型；(b) 倒伞型；(c) 平板型

图 18-16、图 18-17 是表面曝气机的类型和表面曝气池流态，图 18-18 为一种泵型曝气叶轮的实际图片。

表面曝气机叶轮的淹没深度一般在 10～100mm，可以调节，以适应进水水量和水质的变化。表曝机叶轮淹没深度大时提升水量大，淹没深度小时充氧能力强，反之亦然。

2. 卧式曝气刷

卧式曝气刷又称曝气转刷，它的转轴和曝气叶轮与水面平行安装。曝气转刷有转笼型

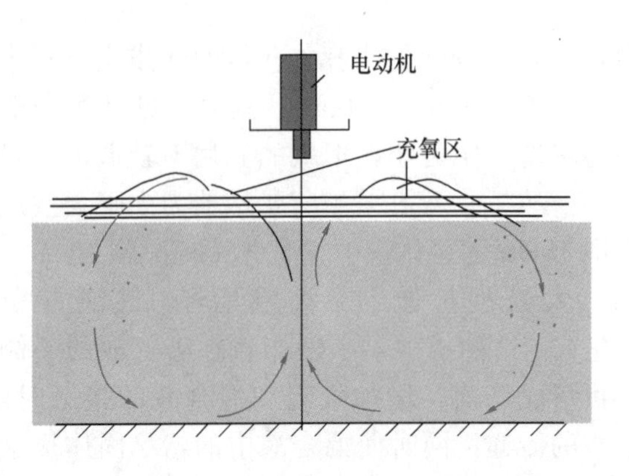

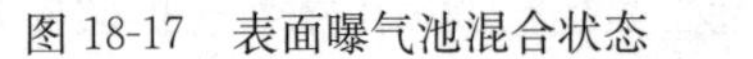

图 18-17 表面曝气池混合状态

图 18-18 一种泵型曝气叶轮

转刷、转碟型转刷等，主要使用在氧化沟工艺中。当转刷旋转运动时，剧烈冲击水面形成水跃，并把大量液滴抛向空中，使池液和空气不断接触，进行氧的转移，同时也推动曝气池混合液流动（横向环流及纵向环流），并使活性污泥处于悬浮状态。

曝气转刷充氧能力调节方便，可以通过改变转刷的浸没深度来调节它的充氧量。浸没深度的调节可通过曝气池出口堰的高低来完成，也可以通过调节曝气转刷的运转台数来适应需氧量变化的要求。

图 18-19、图 18-20 是卧式曝气装置的基本构造和运行时流态。

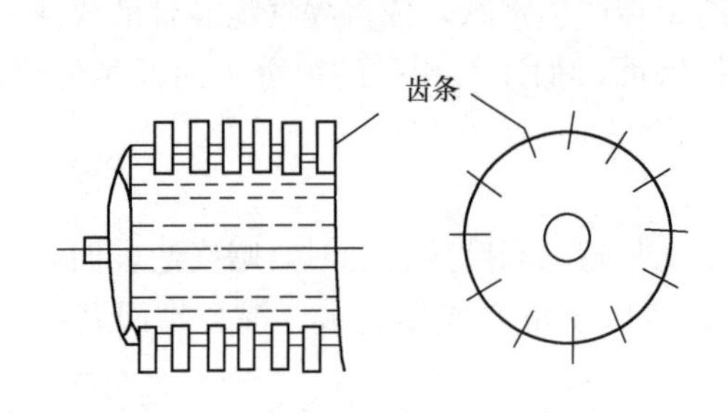

图 18-19 卧式曝气刷

图 18-20 运行中的曝气转盘

18.5 活性污泥法运行方式

18.5.1 曝气池流态与分类

活性污泥法处理工艺有很多变型，但就曝气池流态而言，主要有推流式和完全混合式两种，下面予以简要介绍。

1. 推流式

污水沿曝气池内的廊道向前推进，长池可采用来回折返的两廊道或多廊道布置，污水从曝气池一端进，另一端出。进水方式不限，出水一般采用溢流堰。污水在推流进程中，污染物浓度沿程逐渐降低，所需的空气量（需氧量）及细菌数量也相应减少。图 18-21、图 18-22

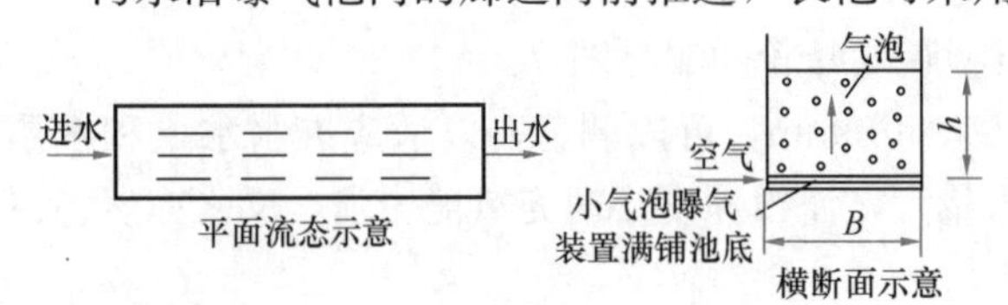

图 18-21 平流推流式曝气池示意图

分别是平流推流式和旋转推流式曝气池示意图。

平流推流式曝气池在池底均布扩散器，水流沿池长方向水平向前推流，这种池型宽深比限制小，池宽可以较大。旋转推流式将扩散器安装于曝气池横断面的一侧，由于气泡形成的密度差，池水产生旋流，池中的污水沿池长方向流动外，还有横向旋流，形成了螺旋形旋转推流，可以消除污水在池长方向的短流。为了较好地产生旋转推流，旋转推流式曝气池的池宽和有效水深之比一般宜为1～2。

随着微孔曝气器（曝气管）的广泛采用，目前推流曝气池以采用平流推流式为主。图18-23是三廊道推流曝气池平面布置图，图18-24为一推流曝气池工程实例图。

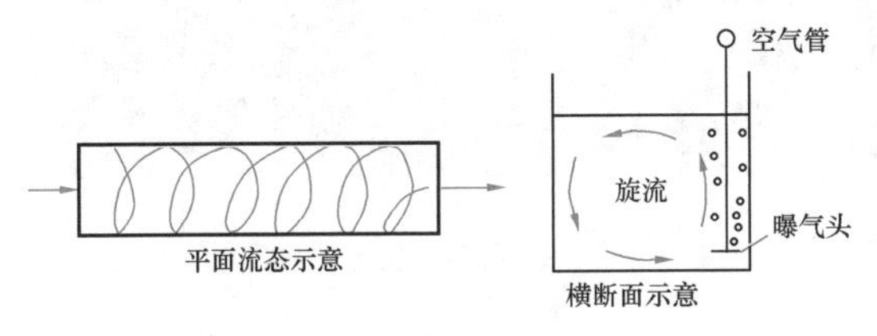

图18-22　旋转推流式曝气池示意图

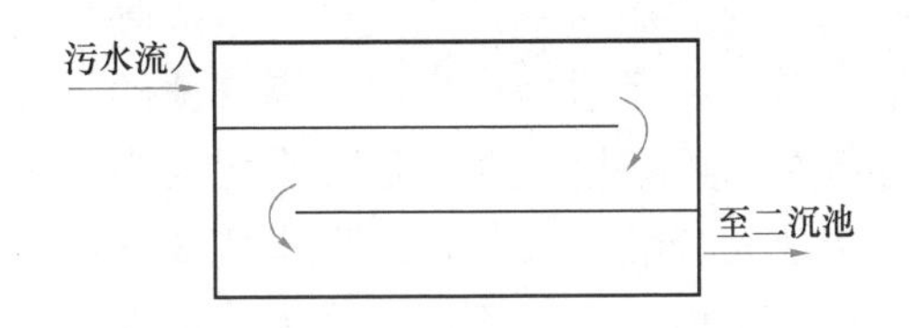

图18-23　三廊道推流曝气池平面布置示意图

图18-24　运行中的推流曝气池

2. 完全混合式

完全混合式活性污泥工艺的特点，是整个曝气池内污水与氧气及微生物瞬时混合。由于污水、氧气和微生物完全混合，池内各点的污泥浓度与需氧量相等。因此，完全混合式活性污泥法具有较强的抗冲击负荷能力，较高的氧利用率。但由于污水在短时间内均匀扩散分布到曝气池内各点，包括出水区，因而容易发生短流。部分污染物还来不及被吸附或降解去除，就随出水流出进入了沉淀池。

图18-25、图18-26为采用表面曝气机的完全混合式曝气池，图18-27为采用鼓风曝气系统的完全混合式曝气池。

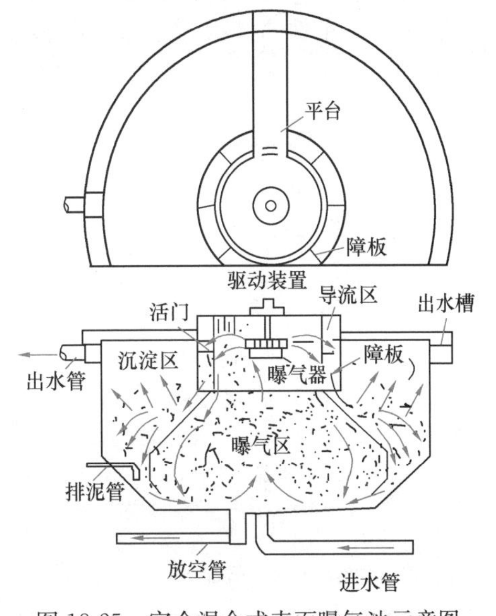

图18-25　完全混合式表面曝气池示意图

18.5.2　去除有机物为主的传统活性污泥法运行方式及其演变

1. 推流式活性污泥法

推流式活性污泥法是传统活性污泥法最早的运行方式，也是传统活性污泥法的典型代表。通常所称传统活性污泥法就是指推流式活性污泥法。其流程如图18-28所示。污水和回流污泥在曝气池首端一起进入，水流呈推流式向前运动。有机物被活性污泥微生物吸附后，沿池长曝气并逐步稳定降解。推流式活性污泥法有机物的去除率较高，出水水质较好。

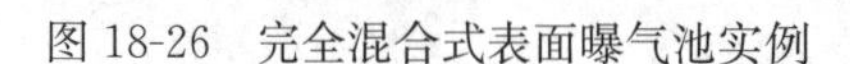

图 18-26　完全混合式表面曝气池实例

图 18-27　鼓风曝气完全混合式曝气池

推流式活性污泥法污水中的有机物沿池长逐渐降低，曝气池首端需氧速率高，尾端则降低。沿曝气池长的需氧速率由大变小，而沿池长的供氧速率是不变的，造成曝气池的后半部出现供氧速率大于需氧速率，尾端过量最多。在污水处理厂中，曝气池的供氧是能耗的主要部分，占全厂总能耗的大部分。因此，推流式活性污泥法能耗较高。另外，污水流入曝气池后，不能和曝气池中全部混合液充分混合稀释，所以水质变化的适应和耐冲击负荷能力较差，也易出现污泥膨胀的现象。由于上述原因，推流式活性污泥法已较少采用。

2. 多点进水活性污泥法

多点进水活性污泥法又称阶段曝气活性污泥法，如图 18-29 所示。针对推流式活性污泥法的不足，从进水方式入手，对工艺运行方式进行了改良。污水沿曝气池长度分成几点进入，改变了推流式活性污泥法中有机底物浓度池首高、池尾低的分布不均情况，使底物浓度沿池长分布均匀性得到改善。改善了供氧速率和需氧速率的吻合程度，有利于供氧能耗的降低。

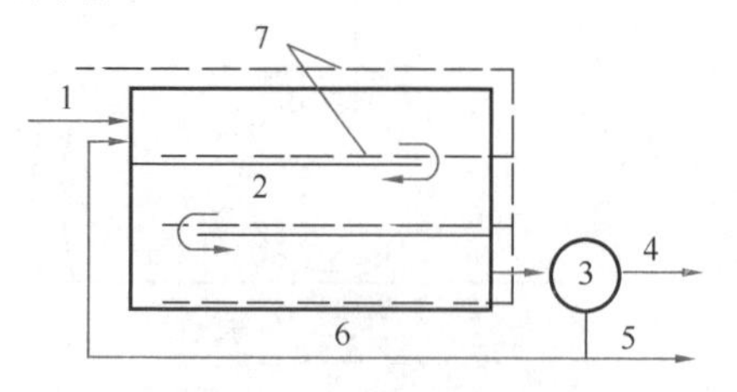

图 18-28　推流式活性污泥法运行系统

1—经预处理后的污水；2—活性污泥曝气池；3—二次沉淀池；4—经处理后出水；5—剩余污泥；6—污泥回流；7—曝气系统与空气扩散装置

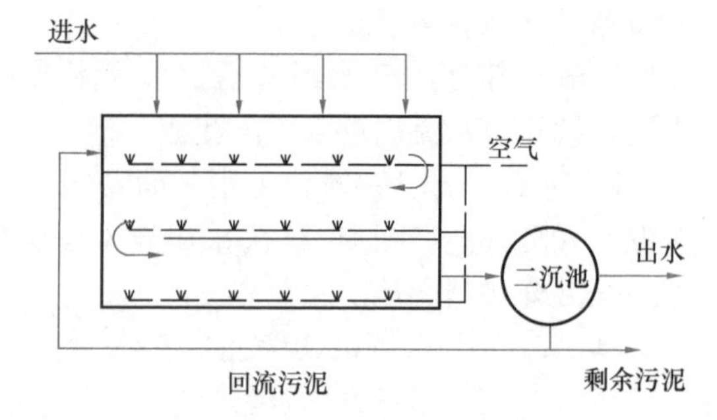

图 18-29　多点进水活性污泥法工艺流程图

3. 渐减曝气活性污泥法

渐减曝气活性污泥法，如图 18-30 所示。与多点进水活性污泥法相比，它从改变曝气量着手，克服传统的推流式活性污泥法的不足。渐减曝气活性污泥法通过沿池长渐减布置扩散器数量，使供氧速率沿曝气池长逐步递减，接近需氧速率，以节约能耗。

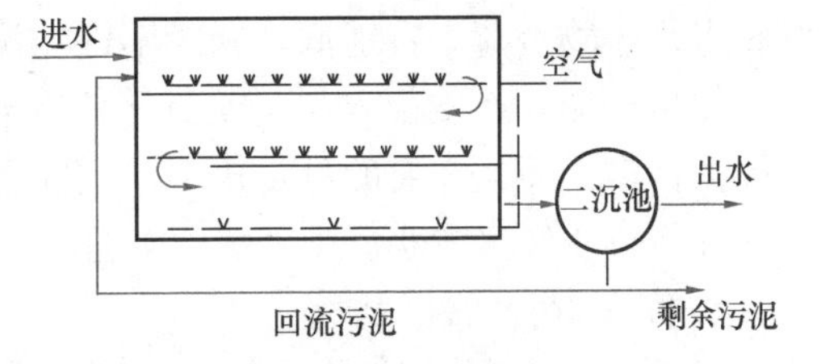

图 18-30 渐减曝气活性污泥法工艺流程图

4. 再生曝气活性污泥法

再生曝气活性污泥法的流程中，二次沉淀池排出的回流污泥先进入设于曝气池前端的再生池，进行曝气，使污泥充分恢复活性（得到“再生”）后，再进入曝气池与入流的污水混合接触，进行有机污染物的降解反应。

再生曝气活性污泥处理系统的曝气池，一般按推流式活性污泥法曝气池的方式运行，即活性污泥微生物对有机污染物进行完整的吸附、代谢过程，而活性污泥也经历完整的生长周期。因而处理水水质良好，BOD_5 去除率可达 90%以上。由于回流污泥已经过再生，活性完全恢复，生化反应速率较高。

5. 吸附—再生活性污泥法

吸附—再生活性污泥法又称接触稳定法，如图 18-31 所示。

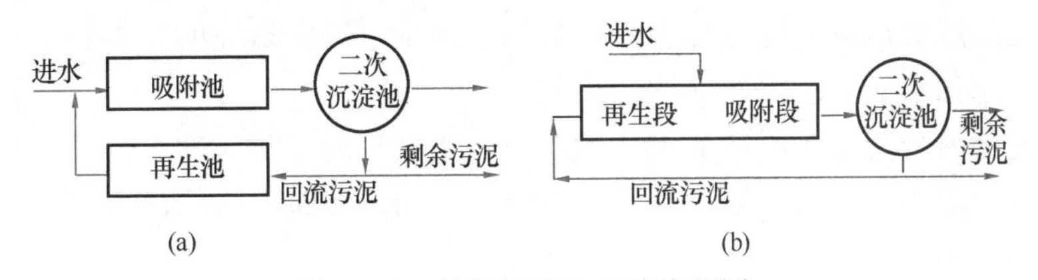

图 18-31 接触稳定法工艺流程图

(a) 分建式吸附—再生活性污泥处理系统；(b) 合建式吸附-再生活性污泥处理系统

这种运行方式将活性污泥对有机污染物降解的两个过程，即吸附与稳定分别在各自的反应器内完成。污水和经过再生池充分再生、活性很强的活性污泥同步进入吸附池，经 30～60min 充分接触，部分呈悬浮、胶体和溶解性状态的有机污染物为活性污泥所吸附，有机污染物得以去除，混合液流入二次沉淀池，进行泥水分离，澄清水排放。污泥进入再生池，在再生池进行分解和合成代谢反应，污泥的活性得到充分恢复。这种活性很强污泥进入吸附池后，能够充分发挥其吸附的功能。

与传统活性污泥法比较，吸附－再生活性污泥法有如下特征：

（1）污水与活性污泥在吸附池内接触的时间较短，吸附池容积较小。再生池接纳的是已排除剩余污泥的回流污泥，再生池的容积也较小。吸附池与再生池容积之和，低于传统活性污泥法曝气池的容积。

（2）对水质、水量的冲击负荷具有一定的承受能力。当在吸附池内的污泥遭到破坏时，可由再生池内的污泥予以补救。

另外，由于在接触池内的溶解性和不溶性物质都可被快速吸收，通常在接触池前不需设初沉池。这一工艺存在的主要问题是处理效果低于传统活性污泥法，不适宜处理溶解性有机污染物含量较高的污水。

6. 延时曝气活性污泥法

延时曝气活性污泥法又称完全氧化活性污泥法，20 世纪 50 年代在美国开始应用。它的特点是生物负荷率特别低，一般不设初沉池，曝气时间很长（一般为 24h 及以上），剩余污泥量少而且性质稳定，无需消化，易于处置。由于该法的曝气时间特别长．曝气池容积要大得多，而且需要的氧量也多，主要适用于剩余污泥处置困难的小型污水处理工程，以及降解过程缓慢的小型工业废水处理。

7．完全混合活性污泥法

20 世纪 50 年代初，为了解决推流式活性污泥法供氧和需氧的矛盾，美国开发了完全混合活性污泥法。为了从根本上改善长条形池子中混合液不均匀的状态，在分步曝气的基础上，大幅度增加进水点，同时相应增加回流污泥并使其在曝气池中迅速混合，形成了接近完全混合的流态，如图 18-32 所示。在完全混合活性污泥法的曝气池中，需氧速率和供氧速率在全池得到了平衡。

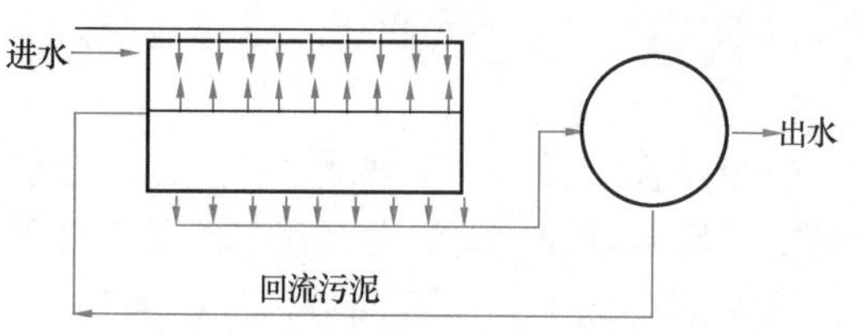

图 18-32　完全混合活性污泥法工艺流程图

完全混合活性污泥法有如下特征：

（1）曝气池中各个部分的微生物种类和数量基本相同，生活环境也基本相同；

（2）完全混合流态从某种意义上来讲，是一个大的缓冲器和均质池，进水出现冲击负荷时，骤然增加的负荷可为全池混合液所分担，减少了冲击负荷的影响；

（3）曝气池各个部分的需氧率比较均匀。

为适应完全混合活性污泥法法工艺的需要，机械曝气及相应的方形、圆形池形得到了应用。完全混合活性污泥法的缺点是，水力停留时间较短时，可能出现短流现象。

8．高负荷活性污泥法

高负荷活性污泥法，又称短时曝气、变型曝气活性污泥法。这种运行方式主要是污泥负荷率高，曝气时间短，处理效率较低，一般仅 65％左右，适用于出水水质要求较低的场合。它的流程与传统活性污泥法相似，为区别起见，常称之为变型曝气活性污泥法。

9．浅层曝气活性污泥法

派斯维尔（Pasveer）1953 年计算并测定了氧在 10℃静止水中的传递特性，发现气泡形成和破裂瞬间的氧传递速率最大。这就是浅层曝气原理，如图 18-33 所示。根据这一原理，在水的浅层处用大量空气进行曝气，就可获得较高的氧传递速率。为了使混合液保持一定的环流速率，将空气扩散器分布在曝气池相当部分的宽度上，并设一条纵墙将水池分为两部分，迫使曝气时液体形成环流。扩散器一般放置在水面以下 0.6～0.8m，与常规深度的曝气池相比，可以节省动力费用。

浅层曝气与一般曝气池相比，空气量增大，但风压仅为一般曝气的 1/4～1/3，能耗下降。然而浅层曝气由于布气系统维修上的困难，以及池底容易积泥等原因，没有得到广

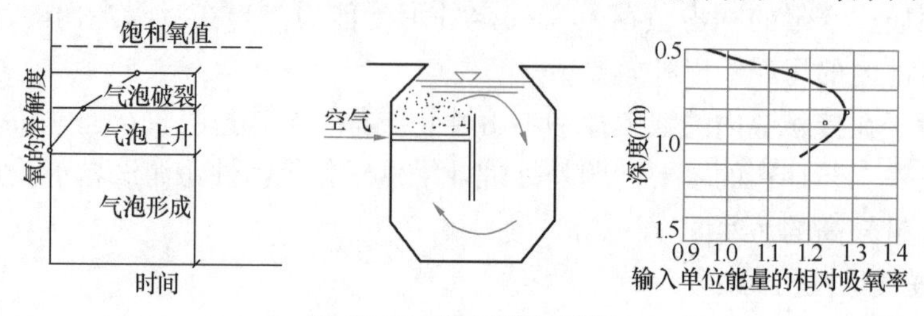

图 18-33　浅层曝气原理

泛应用。

10. 克劳斯（Kraus）法

当污水中的碳水化合物过高时（如食品加工厂的废水），活性污泥法处理系统易出现污泥膨胀。为解决这个问题，1955 年英国工程师克劳斯（Kraus）将部分回流污泥和消化池上清液、消化污泥一起先送入预曝气池，混合曝气后再和进水一起进入曝气池。消化池上清液富含的氨氮，经适当曝气（一般约 24h）后转化为硝酸盐，可提供给微生物作为氮营养源，解决了高碳污水缺少氮源的问题。而消化污泥含较重的固体颗粒，它的加入可改善混合液的沉降性能。克劳斯活性污泥法解决了高碳污水中经常出现的污泥膨胀问题，提高了运行的稳定性。

18.5.3 氧化沟

氧化沟是活性污泥法的一种变型，污水和活性污泥混合液在环状的曝气渠道中不断循环流动，又称循环活性污泥法。世界上第一座氧化沟是 1954 年建于荷兰的 Voorshopen 市污水处理厂。至今氧化沟在池型、结构、运行方式、曝气装置、处理规模、适用范围等方面都得到了很大的发展。由于氧化沟具有工艺流程简单、运行管理方便、处理效果稳定、污泥产率低等优势，近年来被广泛采用。图 18-34 是氧化沟污水处理工艺流程图。

1. 氧化沟的运行原理

氧化沟处理系统的基本特征是曝气池呈封闭式渠道形，如图 18-34 所示，通过带有方向控制器的曝气装置（图中为转刷），一方面向混合液充氧，另一方面使池中活性污泥保持悬浮状态，同时推动混合液在沟内沿池长做不停的循环流动。生化反应在流动过程中进行，污水中的污染物在流动过程中得到降解。

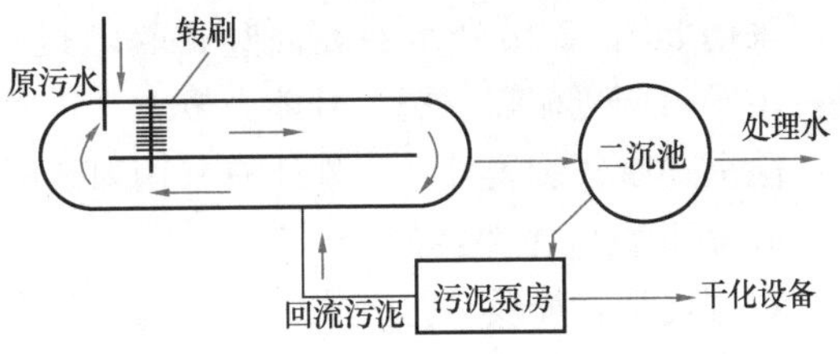

图 18-34 氧化沟污水处理工艺流程图

2. 氧化沟的特点

（1）构造形式

氧化沟的构造形式多样，可以呈圆形和椭圆形，可以是单沟和多沟系统。多样的构造形式，使氧化沟运行灵活，可按需确定运行方式，并可组合其他工艺单元，满足不同的出水水质要求。

（2）水流流态

在流态上，氧化沟介于完全混合与推流之间。从氧化沟整体而言，污水进入氧化沟，就会被几倍甚至几十倍的循环流量所稀释。以污水在沟内的平均流速为 0.4m/s 计，当氧化沟总长为 100～500m 时，污水循环一次所需时间约为 4～20min，如水力停留时间为 24h，则在整个停留时间内要做 72～360 次循环。因此，可以认为氧化沟是一个完全混合池，其中的污水水质接近一致，与完全混合活性污泥法类似，承受水量水质冲击负荷的能力较强。

（3）工艺特征

氧化沟的水力停留时间和污泥龄都比一般生物处理法长，悬浮状有机物可以与溶解性有机物同时得到较彻底的稳定，所以氧化沟可以不设置初沉池。由于氧化沟工艺的泥龄长，负荷低，排出的剩余污泥已得到稳定，剩余污泥量较少，可以不再进行污泥消化。将曝气池和二沉池合建在一起的一体式氧化沟，以及近年来发展的交替工作的氧化沟，可以不设置二沉池，从而使处理工艺更为简化。

另外，利用氧化沟的推流特性，可通过对系统合理的设计与控制，在氧化沟内形成缺氧和好氧交替出现的区域，有利于发生硝化和反硝化反应。

3. 氧化沟的曝气装置

氧化沟的曝气装置除向混合液供氧和保持充分混合外，还要求曝气装置能推动水流以一定的流速（一般不低于0.25m/s）沿池长循环流动。

氧化沟采用的曝气装置，有横轴曝气装置和纵轴曝气装置两种类型。

（1）横轴曝气装置

曝气转刷以钢管为转轴，在轴的外部沿轴长焊接大量钢质叶片呈刷子状，如图18-19所示。采用曝气转刷的氧化沟，深度较浅，一般在2～2.5m之间。

曝气转盘由成组安装在转轴上的转盘组成，转盘上有凸出的三角块并留有小孔，以提高充氧能力。转盘由转轴带动在水面上转动，采用曝气转盘的氧化沟，深度可达3.5m及以上。图18-20为运行中氧化沟的曝气转盘。

（2）纵轴曝气装置

采用如图18-16所示的表面竖式曝气机。这种曝气机一般安装在氧化沟沟渠的转弯处，由于表面机械曝气机提升能力较大，这类氧化沟的水深可增大到4～4.5m。

除上述曝气装置外，国外还有采用射流曝气器和提升管式曝气装置的氧化沟。

4. 氧化沟的主要类型

根据构造特征及运行方式，氧化沟有很多不同类型，其功能也各不相同，下面介绍几种比较典型的氧化沟。

（1）卡罗塞（Carrousel）氧化沟

从1968年第一座Carrousel氧化沟，到现在带厌氧、缺氧区的Carrousel 3000氧化沟，Carrousel氧化沟的形式在不断变化发展之中，下面简要介绍Carrousel氧化沟的工艺原理。

1）普通Carrousel氧化沟

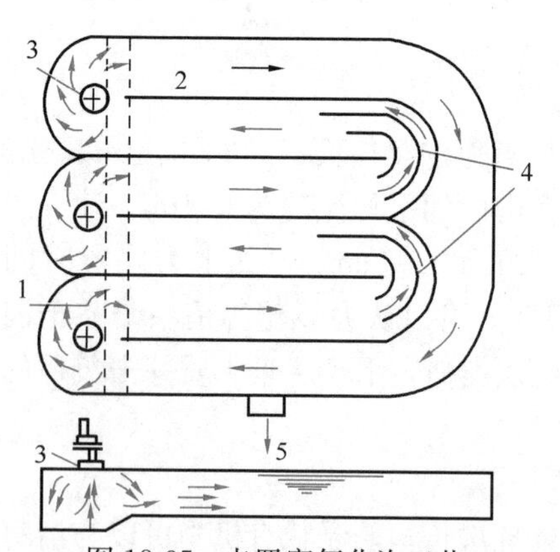

图18-35　卡罗塞氧化沟工艺

1—入流污水；2—氧化沟；3—表面曝气机；4—水流导向隔墙；5—处理后出水（至二沉池）

普通Carrousel氧化沟如图18-35所示，污水与回流污泥一起进入氧化沟系统。

Carrousel氧化沟曝气装置采用表面曝气机，混合液中溶解氧的浓度可以达到2～3mg/L，满足微生物降解有机物对溶解氧的需求。同时，混合液在溶解氧充足，负荷较低的状态下，可以发生硝化作用，将氨氮氧化成硝酸盐和亚硝酸盐。在曝气机的下游，混合液呈缺氧状态，硝酸盐和亚硝酸盐又有发生反硝化的机会。然后，混合液又进入有氧区，完成一次有氧和缺氧状态之间的循环。

氧化沟在同一曝气池不同时间和空间中，发生硝化作用和反硝化作用，就这点而言，Carrousel

氧化沟是一个模糊的 A/O 工艺，现在有学者用短程硝化反硝化来解释这一现象。

2）Carrousel 2000 氧化沟

Carrousel 2000 氧化沟是在氧化沟内设置前置反硝化功能的氧化沟工艺，如图 18-36 所示。运行过程中，借助于安装在反硝化区的螺旋桨将混合液循环至前置反硝化区，而不需设置循环泵，循环回流量可通过插式阀加以调节。前置反硝化区的容积一般占总容积的 10%左右。反硝化菌利用污水中的有机物和回流混合液中的硝酸盐和亚硝酸盐进行反硝化，由于混合液的大量回流混合，同时利用氧化沟内延时曝气所获得的良好硝化效果，该工艺使氧化沟的脱氮功能得到加强，聚磷菌的释磷和过量吸磷过程又可以实现污水中磷的去除。

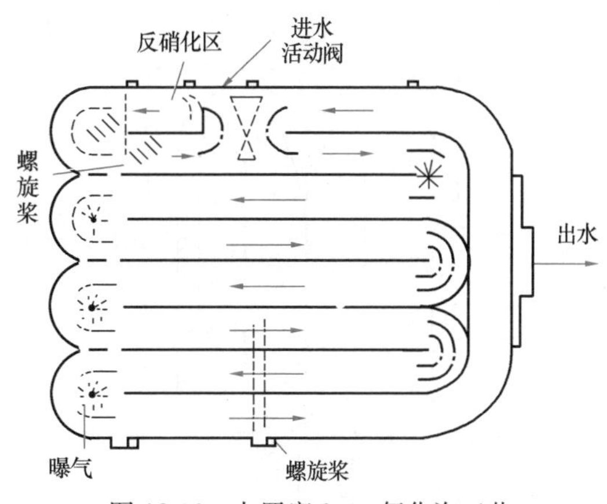

图 18-36　卡罗塞 2000 氧化沟工艺

3）Carrousel 3000 氧化沟

Carrousel 3000 氧化沟又称深型 Carrousel 氧化沟，水深可达 7.5～8m，圆形缠绕式设计可降低占地面积，如图 18-37 所示。

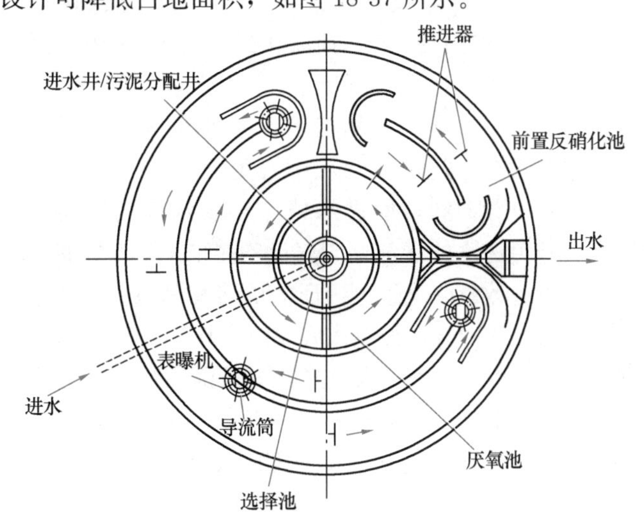

图 18-37　卡罗塞 3000 氧化沟工艺

该工艺的一个重要特点是设置预反硝化池，在开始阶段就可利用易生物降解有机物进行反硝化，避免了聚磷菌与反硝化菌对易生物降解有机物的竞争，提高了整个系统的生物脱氮除磷效果，生物脱氮除磷原理详见第 22 章介绍。

（2）交替运行氧化沟

这种形式的氧化沟由丹麦首创，图 18-38 和图 18-39 分别为二池交替（D 型）和三池交替运行（T 型）氧化沟，可以在不设二沉池的条件下连续运行，沟深一般在 2～3.5m 之间。

D 型氧化沟两池体积相同，水流相通，水深相等，不设二沉池，每个周期由进水、曝气和沉淀组成。在Ⅰ阶段，A 池进水，曝气，混合液进入不曝气的 B 池后开始沉淀，澄清水排放。在Ⅱ阶段，A 池停止曝气，混合液开始沉淀，进水仍在 A 池，出水流入 B 池，经 B 池沉淀后排放。在Ⅲ阶段和Ⅳ阶段中，A、B 两池的角色转换，改为 B 池进水，A 池出水。

T 型氧化沟的运行方式与 D 型氧化沟类似，中间一池连续曝气，另外两池交替进行氧化和沉淀，或者交替反硝化和沉淀，不需另设二沉池。与 D 型比较，T 型氧化沟在有机物降解的同时，可满足硝化与反硝化脱氮的要求，运行方式更加灵活。

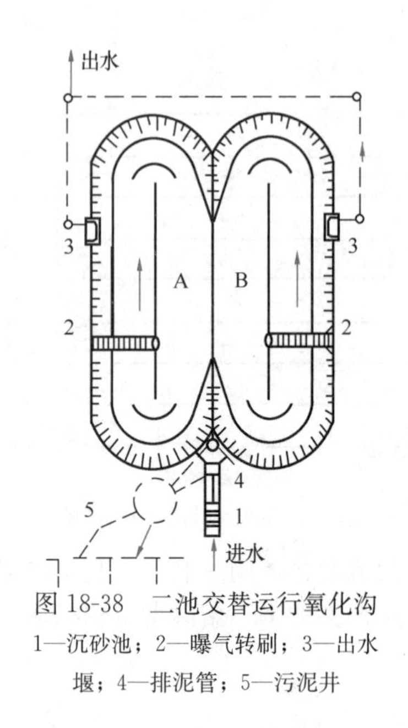

图 18-38　二池交替运行氧化沟

1—沉砂池；2—曝气转刷；3—出水堰；4—排泥管；5—污泥井

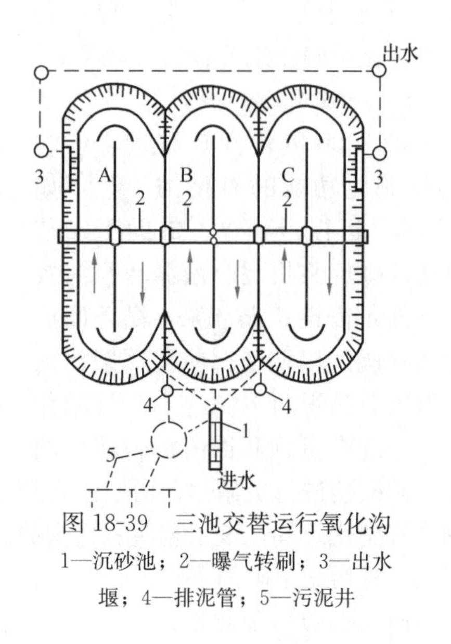

图 18-39　三池交替运行氧化沟

1—沉砂池；2—曝气转刷；3—出水堰；4—排泥管；5—污泥井

（3）奥贝尔（Orbal）氧化沟

Orbal 氧化沟又称同心圆氧化沟，是一种多渠道氧化沟系统。Orbal 氧化沟构造如图 18-40 所示，一般由 3 条同心圆形或椭圆形渠道组成，各渠道之间相通，进水由外圈渠道进入，在其中不断循环的同时，逐步进入中间和中心渠道，相当于一系列完全混合反应池串联在一起，最后从中心渠道排入二沉池。渠内设导向阀，使进水口位于出水口的下游，以避免污水的短流。曝气设备多采用曝气转盘，转盘的数量取决于渠内所需的溶解氧量。一般水深为 2～3.6m，控制沟底流速为 0.3～0.9m/s。

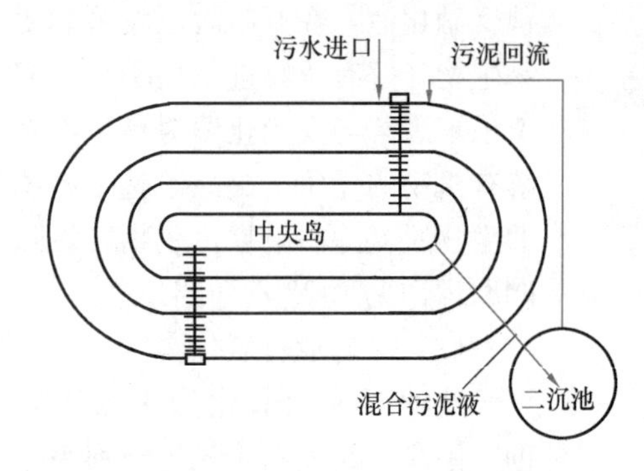

图 18-40　奥贝尔（Orbal）氧化沟

Orbal 氧化沟设置的 3 条渠道，容积分别为总容积的 50%～55%、30%～35%和 15%～20%。运行时从外到内第一、二、三渠的溶解氧保持一定的梯度，如分别为 0mg/L、1mg/L、2mg/L。以满足硝化和反硝化的工艺条件。由于第一条渠道中氧的吸收率通常很高，供氧既能满足降解 BOD 的需要，又能维持渠内的溶解氧接近为零，既节约能耗，又满足反硝化的条件。第一渠在缺氧的条件下，也可使微生物放磷和合成 PHB，为微生物在好氧条件下吸磷积聚能量，达到除磷效果。在后续渠道中，氧的吸收率降低，溶解氧含量保持在较高水平。

Orbal 氧化沟在实际运行中显示出良好的脱氮除磷效果，表 18-5 为美国 6 个采用 Orbal 氧化沟工艺的污水处理厂的运行数据。这几个污水处理厂的流量在 3400～40500m^3/d 之间，泥龄为 20 天以上，MLSS 在 2200～4000mg/L 之间。

（4）一体化氧化沟

一体化氧化沟（Integrated Oxidation Ditch）又称合建式氧化沟。一体化氧化沟的优点是不设单独的二沉池，工艺流程短，构筑物和设备少。污泥可在系统内自动回流，无需

美国 6 个污水处理厂运行数据总结（表中数据单位为 mg/L）　　表 18-5

污水处理厂	BOD		TSS		TP		TKN		NH_3-N		NO_3-N
	进水	出水	进水	出水	进水	出水	进水	出水	进水	出水	出水
Elmwood①②	221	2.3	184	1.1	5.4	0.53	32.5	2.0	25.0	1.1	1.13
Hartford	210	3.6	292	4.8	—	—	—	—	—	0.12	—
Hammonton①	353	2.1	390	4.2	—	1.70	37.0	2.1	—	0.24	2.93
Chalfont	160	3.2	152	4	3.2	0.90	—	—	15.8	1.03	5.50
Sweetwatercreek①	237	1.8	359	1.5	6.0	0.22	—	—	13.0	0.14	4.50
Lake Geneva①	203	4.2	196	6.2	—	—	—	1.3	—	—	2.62

注：①采用混合液内循环；②出水经过过滤。

回流泵和设置回流泵站，因此能耗较低，管理更方便。但缺点是沟内需要设分区，或增设侧渠，使氧化沟的内部结构变得复杂，检修不方便。下面简要介绍几种一体化氧化沟。

1）侧渠式氧化沟

侧渠氧化沟如图 18-41 所示，主沟渠为曝气池，两个侧渠交替地用作沉淀池。当其中一个侧渠作沉淀池时，其曝气设备停止工作，同时出水溢流堰开启。一定时间后改用另一侧渠作沉淀池，这样第一侧渠已沉淀的污泥重新与污水混合，因此也不需设污泥回流系统，可以实现连续运行。

2）BMTS 型氧化沟

BMTS 型氧化沟如图 18-42 所示，隔墙将氧化沟分成宽窄二区，在较宽一侧设置澄清池，澄清池前后各有挡板，迫使水流从底部进入澄清池。澄清池底部设有一排三角形的导流板，混合液从澄清池的底部流过，部分混合液从导流板间隙上升进入澄清池，进行泥水分离。澄清水通过浸没管或溢流堰排走，下沉的污泥通过导流板间隙回落到污泥区，被从澄清池底部流过的混合液带回氧化沟。

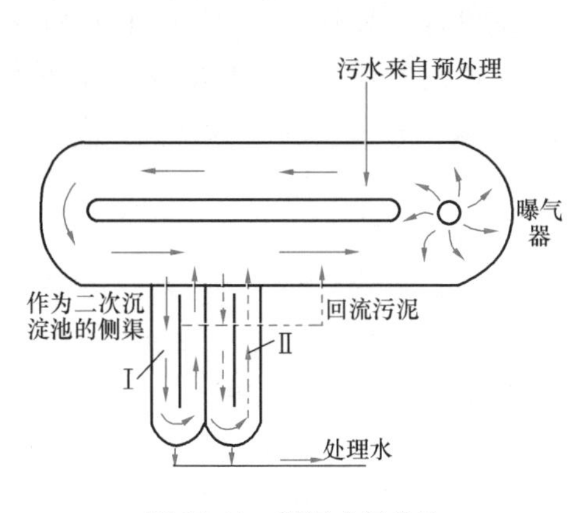

图 18-41　侧渠式氧化沟

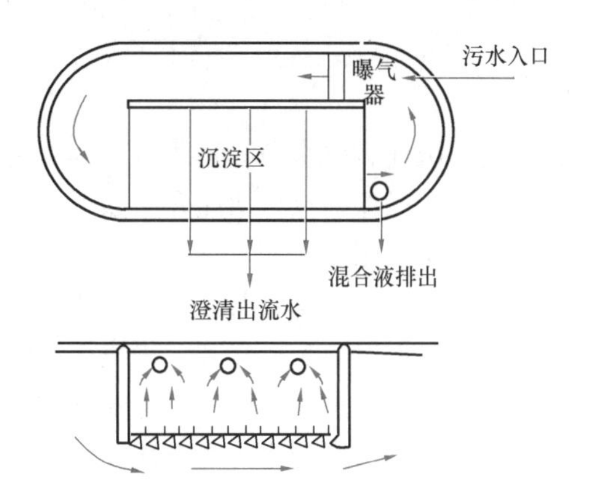

图 18-42　BMTS 型氧化沟

3）船形氧化沟

如图 18-43 所示，船形氧化沟的沉淀槽设在氧化沟的一侧，恰似在氧化沟内放置的一条船，混合液从其两侧及底部流过。在沉淀槽的一端设进水口，部分混合液由此导入，处理水则由设于沉淀槽另一端的溢流堰收集排出。

氧化沟形式还有射流式氧化沟、导管式氧化沟、跌水曝气式氧化沟等多种形式，限于

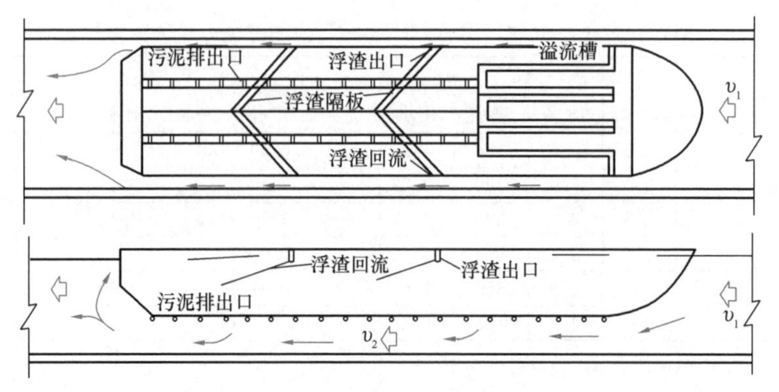

图 18-43　船形一体氧化沟

篇幅，请参阅相关书籍和文献。

18.5.4　序批式活性污泥法

序批式活性污泥法（Sequencing Batch Activated Sludge Reactor）简称SBR工艺，是最早的活性污泥法运行方式之一。但由于进出水工序操作烦琐等原因，被连续式活性污泥法所取代。随着活性污泥法运行方式的进步，尤其是自动控制技术的快速发展，SBR工艺运行中操作复杂的问题随之迎刃而解，为重新认识和启用SBR工艺创造了条件。我国对SBR法的研究和应用，始于20世纪80年代中期，目前SBR工艺已成为活性污泥法的主流工艺之一。

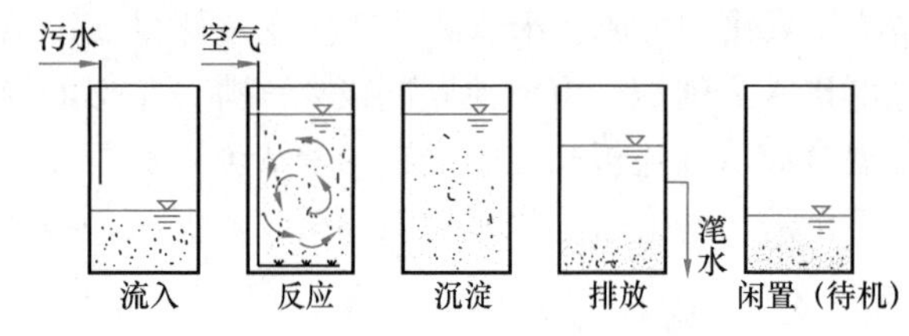

图 18-44　SBR工艺的操作过程

1. SBR工艺的工作原理及基本运行程序

与传统活性污泥法相比，SBR曝气池在流态上属于完全混合流，在有机物的降解上，却是随着时间的推移而被逐步降解的。图18-44为SBR的基本运行模式，其基本操作流程由进水、反应、沉淀、出水和闲置等五个基本过程组成，从污水流入到闲置结束构成一个周期，各工序的操作要点与功能介绍如下。

（1）进水工序

污水流入之前，反应器处于待机状态，沉淀后的上清液已经排空，反应器内贮存着高浓度的活性污泥混合液，起到了传统活性污泥法中污泥回流的作用。污水流入完毕后开始进行反应，从这个意义上说，反应器又起到了调节池的作用，所以SBR工艺受负荷影响较小，对水质、水量变化的适应性较好。

在污水流入的过程中，可以根据不同的处理目的来改变进水方式，可以有单纯进水、进水加搅拌（厌氧反应）、进水加曝气（好氧反应）等。

（2）反应工序

当污水达到预定液面高度时，便可根据处理目的来选择相应的反应操作方式。如控制曝气时间可以实现有机物的去除、硝化、磷的吸收等不同要求。控制曝气或搅拌强度来使反应器内维持厌氧或缺氧状态，实现放磷、反硝化过程。

（3）沉淀工序

沉淀工序相当于传统活性污泥法中的二沉池，曝气或搅拌停止后，混合液处于静止状态，活性污泥进行沉淀和上清液分离。SBR 反应器中的污泥沉淀是在完全静止的状态下完成的，受外界干扰小，可避免传统活性污泥法中二沉池内水流的影响，解决了连续出水容易带走相对密度轻、活性好的污泥的问题。沉淀时间依据污水类型以及处理要求具体设定，一般为 1～2h。

（4）出水工序

排出沉淀后的上清液，恢复到周期开始时的最低水位。沉淀的活性污泥大部分作为下个周期的回流污泥使用，剩余污泥予以排除。

（5）闲置（待机）工序

在这一工序中，SBR 池处于空闲状态，微生物通过内源呼吸恢复活性，溶解氧浓度下降。经过闲置期后的微生物处于一种饥饿状态，活性污泥的比表面积很大，因而在新的运行周期的进水阶段，活性污泥便可发挥其较强的吸附能力对有机物进行初始吸附去除。待机工序使池内溶解氧降低，也为反硝化工序提供了良好的工况条件。

SBR 工艺在实际运行过程中，可以根据不同的处理目的，对各工序的运行时间进行合理分配。

2. SBR 的工艺特点

与传统活性污泥法相比，SBR 工艺将各阶段的处理功能组合在一个池子中进行，在工艺上具有如下特点。

（1）SBR 工艺的优越性

1）工艺流程简单，运转灵活，基建费用低

SBR 池在同一空间不同的时间段内完成泥水混合、有机物的氧化、硝化与反硝化、磷的释放与吸收以及泥水分离等，减少了系统构筑物的数量，具有布置紧凑、节省占地的优点。

2）处理效果良好，出水稳定

SBR 反应器中存在着众多微生物种类并呈现出复杂的生物相，在运行周期内，对氧要求不同的微生物类群交替呈现优势，使各种微生物的处理能力得以发挥，难降解有机物的可生化性也得到了提高。因此，SBR 工艺可以创造生物反应的适合条件，达到稳定的处理效果。

3）对水质水量变化的适应性强

SBR 工艺从时间上来说是推流式过程，但反应器构造上保持了典型的完全混合式的特性，能承受较大的水质水量的波动，具有较强的抗冲击负荷的能力。

4）污泥沉降性能良好

SBR 池中，基质浓度梯度大，反应器中厌氧、缺氧、好氧状态交替，以及开始阶段较高的基质浓度，有利于控制丝状菌的过度繁殖，因而污泥 SVI 较低，沉降性能良好。

（2）SBR 工艺的局限性

1）SBR 池有效容积需要按照最高水位来设计，大多数时间池内水位达不到最高水位，反应器容积利用率较低。

2）SBR 池内水位不恒定，如果通过重力流入后续构筑物，则与后续构筑物水位差较大，水头损失大，特殊情况下还需要用泵二次提升。

3）SBR工艺出水不连续，要求后续处理构筑物容积较大，也使得SBR工艺串联其他连续处理工艺时难度较大。

4）SBR工艺运行较为繁杂，对管理人员的技术素质要求较高，对设备、仪表及自控系统的可靠性要求也较高。

就SBR工艺的特点而言，对小型污水处理厂，SBR是一种系统简单，节省投资、处理效果好的工艺。但它用于大型污水处理厂时，需多个反应池并联运作，池的个数增多，使操作管理变得复杂，运行费用也会提高。因此，SBR工艺更适合规模较小的污水处理厂。

3. SBR工艺的主要类型

（1）周期循环延时曝气工艺（ICEAS）

周期循环延时曝气工艺（Intermittent Cycle Extended Aeration System），简称ICEAS，是SBR工艺的一种变形。这一工艺采用连续进水、间歇排水的运行方式，克服了SBR工艺不能连续进水的缺点，其构造如图18-45所示。

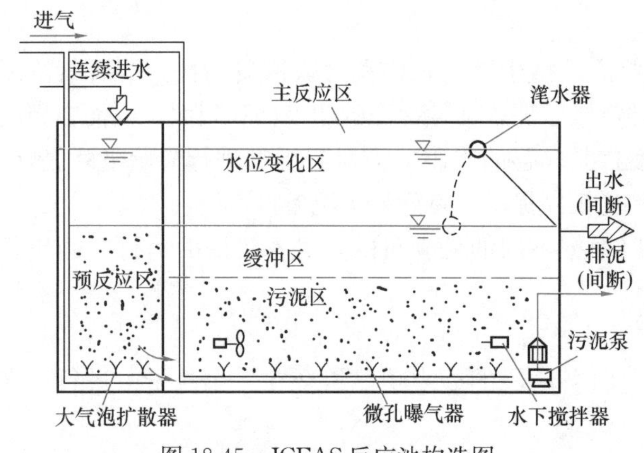

图18-45　ICEAS反应池构造图

如图18-45所示，污水连续进入预反应区，然后通过隔墙下端的小孔以层流速度进入主反应区，沿主反应区池底扩散，对主反应区在沉淀期间混合液的分离基本上不造成搅动。因此，主反应区可以实现连续进水，其工艺运行周期一般由反应、沉淀、排水组成。

ICEAS的预反应区容积约为主反应区的1/30，虽然不大，但形成了很高的F/M比，促进了微生物对食物的生物吸附，加速了对污水中溶解性有机物的去除。预反应区同时也是一个生物选择器，有利于絮凝状细菌的生长，并抑制能引起污泥膨胀的丝状细菌的生长。因此，ICEAS具有污泥龄较长，剩余污泥较少，可处理连续排放的污水的特点，在城市污水和工业废水处理中得到应用。

（2）循环式活性污泥工艺（CASS）

循环式活性污泥工艺（Cyclic Activated Sludge System），简称CASS，是在ICEAS基础上发展起来的又一种改进的SBR工艺。该工艺是生物选择器与序批式活性污泥法工艺的有机结合。

与ICEAS相比，CASS将ICEAS的两个反应区改成了三个反应区，主反应区的污泥分别或同时向生物选择区和兼氧区回流，如图18-46所示。

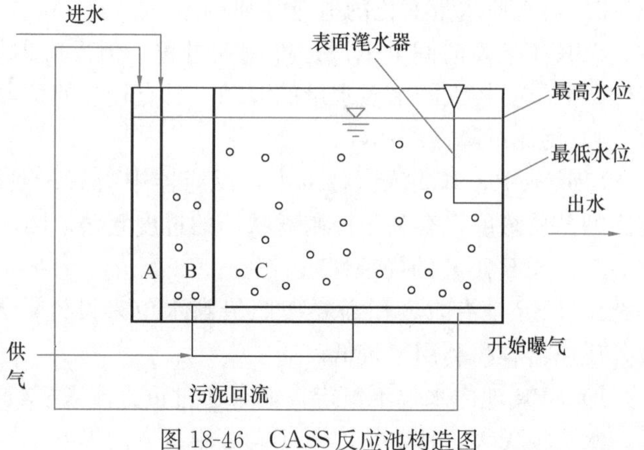

图18-46　CASS反应池构造图

如图 18-46 所示，CASS 反应池由 3 个区域组成：生物选择区 A、兼氧区 B 和主反应区 C。A 区为一个相对独立的区域，B 和 C 区用挡板隔开，但水流连通，三个区体积比约为 5∶10∶85。在运行过程中，污水连续进入 A 区，A 与 B 之间设有水流控制阀门，也可以用泵来控制污水流入 B 区。C 区是主反应区，其处理周期包括充水—曝气、充水—沉淀、上清液滗除和充水—闲置 4 个阶段，在 C 区进行排水的阶段，A 区停止向 B 区进水，B 区是 C 区前的一个预反应区，A、B 区通过吸附作用可以去除大部分有机物，使得 C 区的进水稳定，活性污泥从 C 区回流到 A、B 两区。CASS 工艺运行过程如图 18-47 所示。

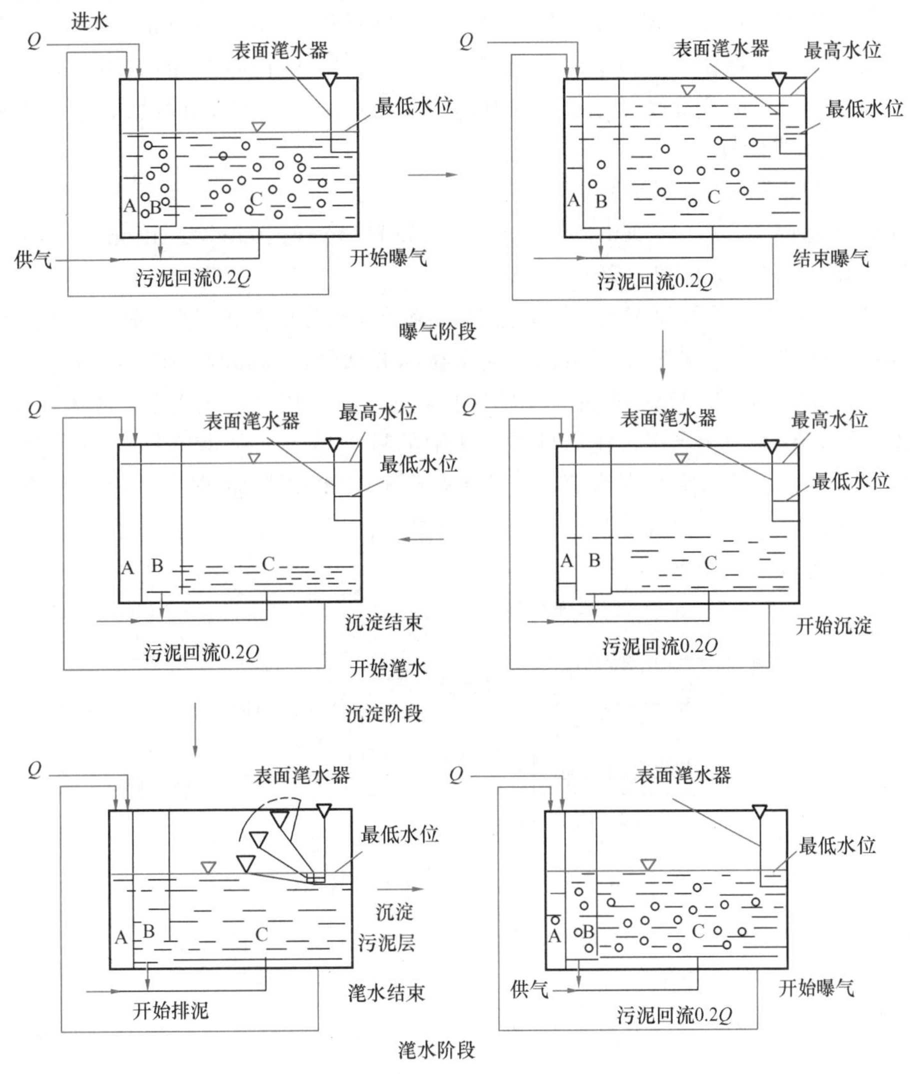

图 18-47　CASS 工艺循环操作过程

CASS 工艺运行中，开始时刻反应器内水位最低，污水依次进入反应器 A、B、C 区，B、C 区边进水边曝气，同时将 C 区的污泥回流至 A 区和 B 区，污泥回流量约为日平均流量的 20%。在沉淀阶段不停止进水，污泥继续回流。排水阶段停止 A 区向 B 区进水，当水位达到设计最低水位时停止排水，进入闲置阶段，闲置阶段 A 区又开始向 B 区进水，但不进行曝气等反应。

A 区是一个容积很小的生物选择区，创造微生物种群在高负荷下的竞争条件，选择出优势菌种，有效抑制丝状菌繁殖；并能充分利用活性污泥的快速吸附作用加速对溶解性基质的去除，及对难降解有机物的水解，也使污泥中的磷在厌氧条件下释放。兼氧区 B 具有辅助 A 区对进水水质水量变化缓冲的作用，主要通过再生污泥的吸附作用去除有机物，同时促进磷的进一步释放和强化反硝化的作用。主反应区 C 是微生物分解所吸附有机物的主场所，通过对溶解氧的控制，在主反应区内也可实现同步硝化反硝化，污泥在主反应区通过曝气和闲置恢复其活性。

在实际工程中，往往采用多个 CASS 反应池并联运行，两个为一组，这样在三个区水力相通的条件下，能够实现连续进水。目前，CASS 工艺已得到较多的应用，从运行结果看，处理效果稳定，脱氮除磷效果好，尤其适合于工业废水比例较高的城镇污水处理厂和有机工业废水处理工程。

(3) 连续和间歇曝气工艺（DAT-IAT）

连续和间歇曝气工艺（Demand Aeration Tank-Intermittent Aeration Tank），简称 DAT-IAT，是 SBR 工艺的又一新形式。

DAT-IAT 工艺在某种程度上可以看成是传统活性污泥法与传统的 SBR 工艺的有机组合。它的主体处理构筑物被隔板隔成两个大小相同的部分，形成两个串联的反应池，即连续曝气池（DAT 池）和间歇曝气池（IAT 池），如图 18-48 所示。DAT 池为预反应池，也称为需氧池，基本上相当于传统活性污泥法中的曝气池，污水连续进入 DAT 池，在池中连续曝气，池中水流呈完全混合流态，绝大部分有机物在该池中降解。然后混合液通过隔板以层流速度进入 IAT 池，按一定周期完成曝气、沉淀、排水、排出剩余污泥等工序的循环，IAT 池相当一个 SBR 池。

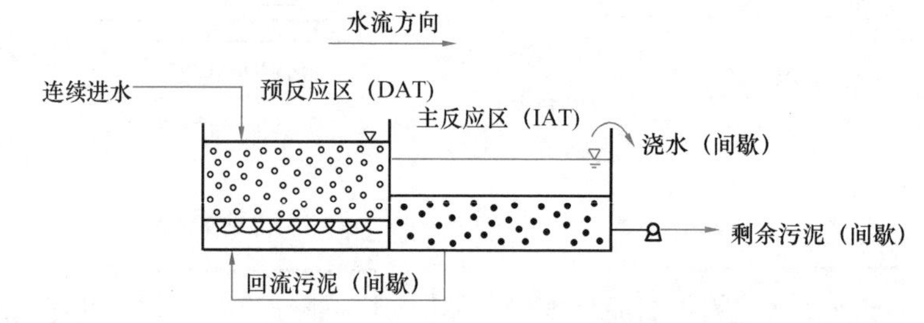

图 18-48　DAT-IAT 工艺系统图

DAT-IAT 工艺连续进水，周期运作，沉淀后的 IAT 池中的部分活性污泥回流至 DAT 中，运行由 5 个工序组成。

1) 进水工序。污水经预处理后连续进入 DAT 池，然后通过两道导流墙连续进入 IAT 池。

2) 反应工序。DAT 池和 IAT 池中均发生反应。在高强度连续曝气下，强化了活性污泥的生物吸附作用，大部分有机物在 DAT 池去除。初步生物处理后的污水通过 DAT-IAT 两池间的双层配水装置连续流入 IAT 池。IAT 池中的反应过程的操作与传统 SBR 工艺中的反应过程相同。

3) 沉淀工序。沉淀工序只发生在 IAT 池，当 IAT 池停止曝气和搅拌后，活性污泥沉淀和泥水分离。

4）排水工序。排水工序只发生在 IAT 池，操作与传统 SBR 工艺的排水工序相同。IAT 反应池底部沉降的活性污泥，一部分作为该池下个处理周期的污泥使用，另一部分用泵回流到 DAT 池。剩余污泥排至污泥处理装置进行处理。

5）闲置工序。IAT 池中可设一闲置期。

DAT-IAT 工艺提高了池容的利用率，也提高了设备利用率，增加了工艺处理的稳定性。

（4）改良型间歇活性污泥系统（MSBR）

上述 SBR 工艺都存在反应池水面上下波动和不连续出水的弊端，至后续串联工艺的水头损失较大，增加了整个污水处理系统的高程。改良型间歇活性污泥工艺（Modified Sequencing Batch Reactor，简称 MSBR）较好地解决了这一问题。MSBR 也可以看成是 A/A/O 工艺与传统 SBR 工艺的组合。

MSBR 池由两个 SBR 反应池、曝气池、厌氧池、缺氧池组成，一般设计成一个大的矩形池子。从图 18-49 可见，MSBR 工艺的整个运行过程如下，池 1、2、3 分别为缺氧、厌氧、好氧池（相当于 A/A/O），污水由池 1 和池 2 连续地流入该处理系统，运行过程中，混合液不断地由池 1 流向池 3。池 4 和池 5 是两个 SBR 反应池，二者交替作为排水池和反应池，在作为反应池的时间里，要同时进行混合液回流、反应和静止沉淀三个步骤的操作。当池 4 作为排水池时，池 5 即为反应池，依次进行上述三个步骤的操作。首先是混合液回流阶段，打开池 5 中的回流泵、搅拌器和曝气设备，将池 5 中的活性污泥回流到池 1，在池 5 中的混合液向池 1 回流的同时，3 池中的混合液以同样的速率向池 5 回流，在此阶段，池 5 中的曝气设备可时开时停，创造出有利于脱氮的环境。回流阶段结束时，关闭池 5 中的回流泵，停止混合液流进流出，使该池保持相对独立地进行反应。反应阶段结束时，关闭池 5 中的曝气及搅拌设备，使该池中的混合液进行静止沉淀，完成泥水分离。然后转换池 4、5 的功能，池 5 进行排水，池 4 开始上述一系列的操作。运行过程中，与传统活性污泥法一样，整个系统的水面始终保持恒定。

图 18-49 是 MSBR 工艺较为常见的模式，可以根据处理对象和处理目的不同改变。MSBR 工艺实现了恒定的反应池水位和连续的进出水，并有良好的脱氮除磷效果。

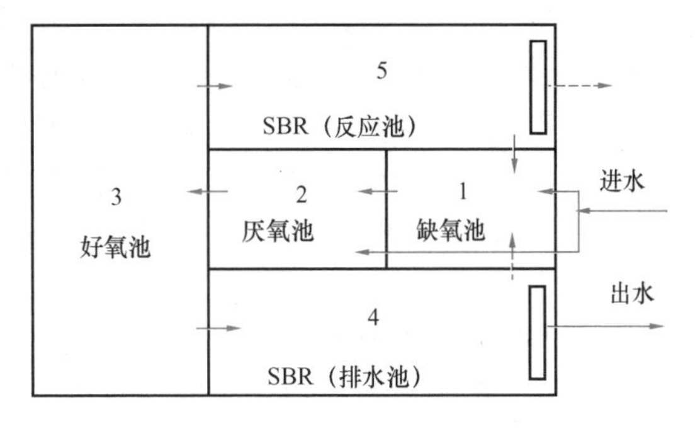

图 18-49　MSBR 工艺流程图

（5）一体化活性污泥法工艺（UNITANK）

UNITANK 处理系统的主体是一个被间隔成数个单元的矩形反应池，典型的池型是三格池。三池之间水力连通，每池都设有曝气设备，既可用鼓风机供气，也可进行机械表面曝气及搅拌。外侧的两池设有出水堰及剩余污泥排放口，它们交替作为曝气池和沉淀池，中间的一个矩形池只作曝气池。

UNITANK 工艺采用连续进水、周期交替的运行方式。基本运行周期包括两个对称的运行阶段，即左侧进水右侧出水，和右侧进水左侧出水两个阶段，其间由短暂的过渡段相连。

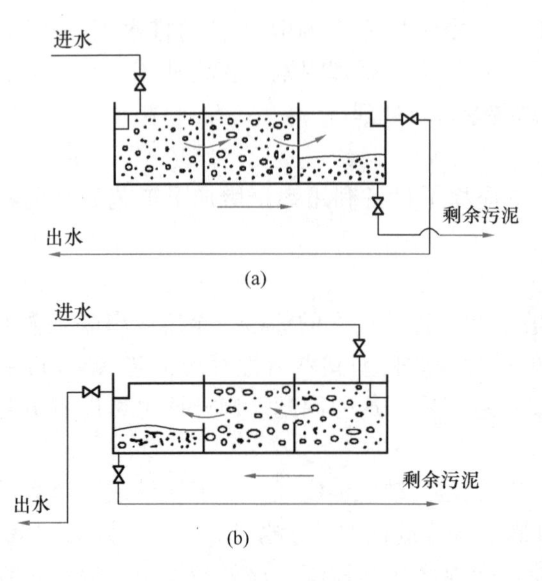

图 18-50 UNITANK 系统运行过程图

(a) 由左至右；(b) 由右至左

如图 18-50 所示，污水先从左侧进入，左侧的池子进行曝气。左池在上个运行阶段中作为沉淀池，经过曝气再生后，污泥恢复活性，可以高效降解污水中的有机物。左池混合液通过连通管流入中间曝气池，有机物得到进一步降解，再由连通管进入右池，处理水由右池中的固定堰排出，剩余污泥排放。水流方向由左向右，推流过程中，活性污泥也由左侧池进入中间池，再进入右侧池，从而在各池内得到重新分配。一段时间后，关闭左侧池的进水闸，开启中间池的进水闸，并停止左池中的曝气，进入短暂过渡阶段，污水从中间池流入右侧池。过渡结束后，关闭中间池的进水闸，开始第二阶段的运行，改为右侧进水，此时右侧池曝气，水流方向由右向左，最终由左侧池中静止沉淀后出水，短暂过渡后，进入下一个运行周期。

在需要脱氮除磷的系统中，池内还设有搅拌装置，根据需要开启曝气或搅拌装置，以实现较好的除磷脱氮效果。UNITANK 工艺可在恒水位下交替运行，水力负荷稳定，反应器容积利用率高，无需设闲置期。交替改变进水点，可以相应改善系统各段的污泥负荷，从而改善污泥的沉降性能。

SBR 工艺还有厌氧序批间歇式反应器（ASBR）、加压曝气—序批式活性污泥法（P-SBR）、活性炭吸附—序批式活性污泥法（PAC-SBR）等多种形式，限于篇幅，请参阅相关书籍和文献。

18.5.5 膜生物反应器

膜—生物反应器（Membrane-Bioreactor，简称 MBR）是一种将膜分离技术与传统污水生物处理工艺有机结合的新型高效污水处理工艺，近年来在国际水处理技术领域日益得到广泛关注，在国内污水处理工程中也逐步得到推广应用。

膜生物反应器工艺的核心是用微滤膜或超滤膜代替二沉池进行污泥固液分离的污水处理装置。与活性污泥法工艺相结合，把生物反应器的生物降解作用和膜的高效分离技术融于一体，出水水质相当于二沉池出水再经过微滤或超滤的效果，具有出水水质好、处理负荷高、装置占地面积小、污泥产量低等优势。

膜生物反应器主要由膜组件和生物反应器两部分组成。按膜组件和生物反应器的相对位置，可分为外置式 MBR（又称分置式、错流式，如图 18-51 所示）和浸没式 MBR（又称内置式、一体式，如图 18-52 所示）。

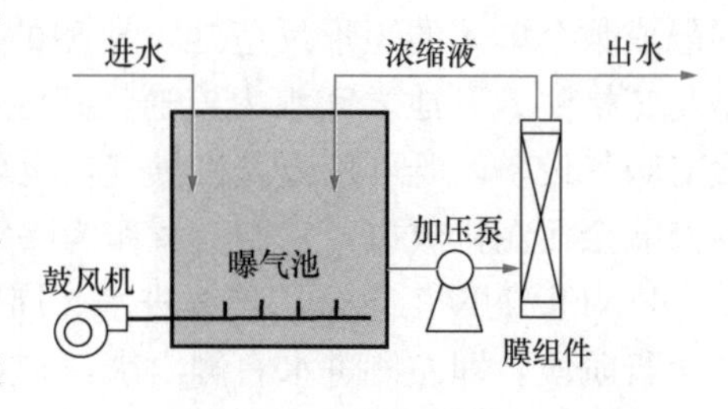

图 18-51 外置式 MBR

外置式 MBR 是指膜组件与生物反应器分开设置，两者通过泵与管路相连接。在外置式 MBR

中，膜组件和生物反应器独立运行，相互干扰较小，易于分别调节控制；膜组件置于生物反应器之外，易于清洗与更换。但为了控制污泥在膜表面的沉积，通常需要通过循环加压泵在膜表面提供高速错流，动力消耗较大。由于外置式 MBR 能耗较高，目前主要在工业废水、垃圾渗滤液等污水处理中有一定应用。

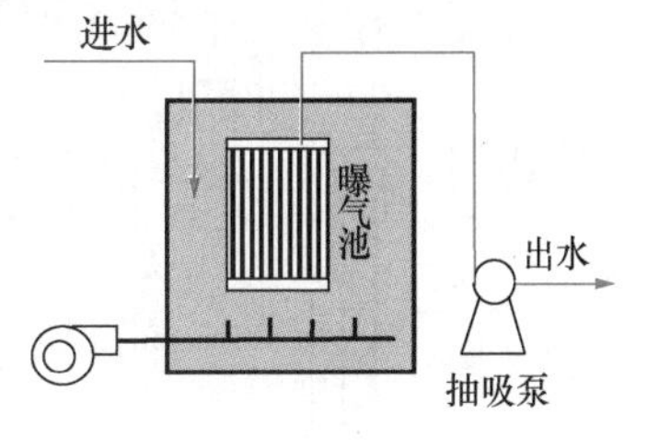

图 18-52 浸没式 MBR

浸没式 MBR 将膜组件直接安装在生物反应器内，减少了处理系统的占地面积；浸没式采用抽吸泵或真空泵抽吸出水，动力消耗明显低于外置式。但由于膜组件浸没在生物反应器的混合液中，膜污染的清洗和膜组件的更换要求较高。但随着在线清洗技术的开发，浸没式 MBR 的清洗效率及方便程度也在不断提高。

浸没式 MBR 能耗小，结构紧凑，维修方便，占地面积省，应用较外置式更为广泛，但由于膜驱动压力低，膜的通量低，所需的膜面积大。

总体而言，膜生物反应器改善了活性污泥法剩余污泥产量大、占地面积大、运行效率低等问题。具有以下优点，主要是高效的固液分离能力，出水水质好，质量稳定，悬浮物和浊度可达到接近于零的程度；膜的截流作用，使微生物保留在生物反应器内，实现了反应器水力停留时间（HRT）和污泥龄（SRT）的控制相分离，解决了传统活性污泥法最大生物浓度的限制，反应器内的微生物浓度是传统方法的 2～3 倍，可以达 7000～10000mg/L；较高的微生物浓度，对水质水量变化的适应力强，更耐冲击负荷，反应时间也明显缩短；由于膜生物反应器技术具有模块化特征，可以通过增加必要的膜组件模块，应对处理水量的增长。

同时，膜生物反应器也存在如下不足：膜生物反应器曝气需要的风量较大，膜的定期清洗液需消耗药剂，运行费用较高。由于膜设备成本较高及有一定的使用寿命，整体造价及后续更新费用都比较高。膜生物反应器系统控制要求高、运行复杂，对运行管理有较高的要求。

膜生物反应器可以根据生物处理的工艺要求，分别设置厌氧区、好氧区、缺氧区，以满足生物脱氮除磷的作用。

18.5.6 其他活性污泥法工艺

1. 深井曝气活性污泥法

深井曝气活性污泥法的研究始于 20 世纪 60 年代，一般曝气池水深可达 10～20m。20 世纪 70 年代后，国外又发展了超深井曝气法，水深可达 150～300m。深井曝气由于水深大幅度增加，水的饱和溶解氧浓度提高，氧的传递速率加快，从而提高了曝气池生物降解速率，提高了污水处理的负荷。

目前深井法曝气池的直径大多为 1.0～6.0m，深度为 50～150m。井中分隔成两个部分，一侧为下降管，另一侧为上升管。污水及污泥从下降管导入，由上升管排出。经处理后的混合液，先经脱气，再进入二次沉淀池进行固液分离。图 18-53 为深井曝气活性污泥法的工艺流程。

国内深井曝气法的研究和工程实践较少，国外已建成了几十个深井曝气活性污泥法处理厂。深井曝气池的井壁腐蚀或受损时，污水通过井壁渗透对地下水可能造成的污染，是

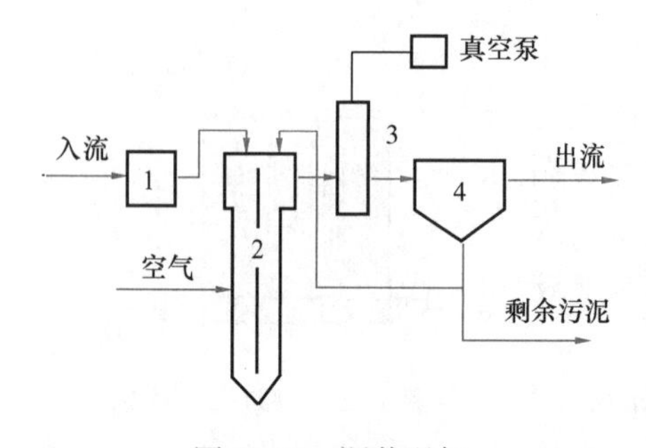

图 18-53　深井曝气活性污泥法工艺流程

1—沉砂池；2—深井曝气池；3—脱气塔；4—二次沉淀池

世界水处理领域关注的焦点之一。

2. 纯氧曝气活性污泥法

空气中氧的含量仅为 21%，而进入曝气池的空气中，又只有小部分氧被利用，因此能源利用效率很低。随着纯氧技术的发展，制氧设备的投资和制氧成本不断降低，纯氧曝气已进入到工程化应用阶段。如美国洛杉矶处理规模 160 万 m^3/d 的 Hyperion 污水处理厂，采用纯氧曝气，其系统效益可与空气曝气活性污泥法媲美。

采用纯氧曝气，溶解氧饱和浓度提高，氧溶解的推动力也随之提高，氧传递速率增加，因而污染物处理效率高，污泥指数低，沉淀分离性能好。纯氧曝气没有改变活性污泥或微生物的性质，但使微生物更加高效地发挥作用。

纯氧曝气的主要缺点是装置复杂，运转管理要求较高。水池需要密闭不漏气，结构要求高。同时生物代谢中生成的二氧化碳使其气体分压升高而加速溶于水中，结果使曝气池混合液 pH 下降，影响生物处理正常运行，因此需要适时排气和进行 pH 的调节，其构造如图 18-54 所示。

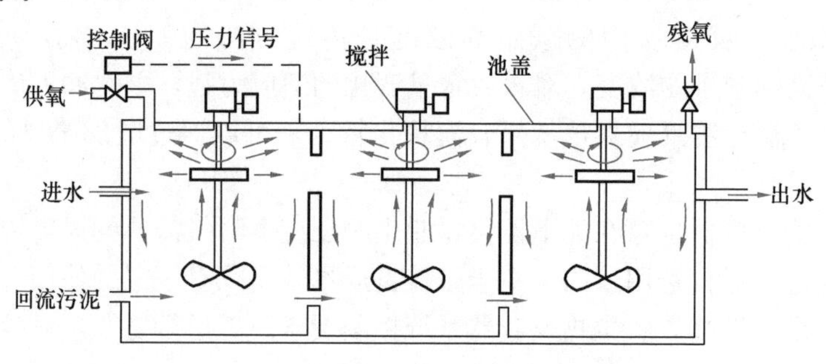

图 18-54　纯氧曝气池构造简图

3. 吸附-生物降解工艺（Adsorption-Biodegration，简称 A-B 法）

A-B 法工艺是 20 世纪 70 年代德国亚琛工业大学布·伯恩凯教授开发的活性污泥法处理工艺，其工艺流程如图 18-55 所示。A-B 工艺由 A、B 两段组成，不设初沉池。A 段污泥负荷很高，主要起吸附作用，B 段进行生物降解。两段相互独立，拥有各自的污泥回流系统，培养适合本段水质特征的微生物种群。

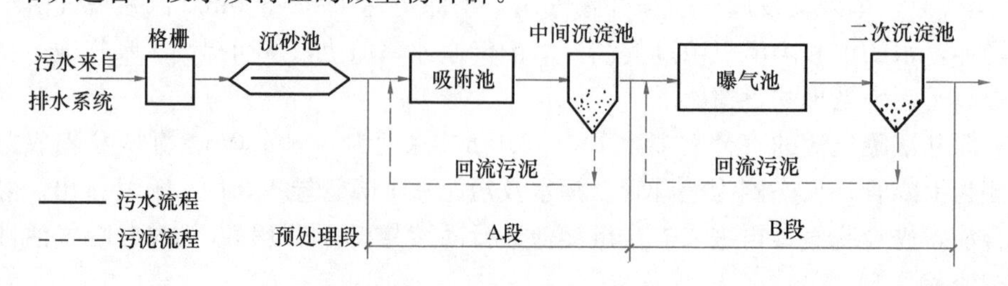

图 18-55　A-B 法工艺流程图

经过 A 段处理，BOD_5 的去除率为 40%～70%，SS 的去除率可达 60%～80%；污水可生化性有所改善，减轻了B段的负荷，有利于B段的生物降解作用。

A-B法工艺处理效果稳定，具有抗冲击负荷和pH变化的能力，基建和运转费用较低，适用于新厂建设，也适用于旧厂的改造和扩建。该工艺还可以根据经济实力进行分期建设，如可先建A级，以削减污水中的大量有机物，达到优于一级处理的效果，在条件成熟时，再建B级以满足更高的处理要求。

A-B法工艺的主要问题是A段负荷率高，去除污染物主要是靠活性污泥的初期吸附作用，污泥龄短，剩余污泥量较大，使污泥处理和处置的难度增加。

18.6 传统活性污泥法系统工艺设计计算

传统活性污泥法的主要任务是有机物的去除及氨氮的硝化，本节根据进水水质和出水的要求，讨论曝气池容积计算、需氧量及曝气系统设计计算，以及污泥回流系统与剩余污泥量的设计计算等。

18.6.1 设计内容

活性污泥系统的工艺设计，是根据进水水质和出水的排放要求，合理确定处理工艺流程和设计参数，进行曝气池、沉淀池、曝气系统和污泥处理系统的设计计算。工艺设计主要内容如下：

(1) 确定设计污水量、进出水水质、设计水温等；

(2) 合理选择工艺流程，选定曝气池、二沉池池型及曝气设备；

(3) 确定曝气池容积计算方法和设计参数，进行曝气池设计计算；

(4) 需氧量、供气量以及曝气系统的设计计算；

(5) 回流污泥量、剩余污泥量与污泥回流系统的设计计算；

(6) 二沉池的设计计算。

活性污泥法的设计计算，目前处在经验方法向理论方法过渡的阶段，存在多种计算方法并存的局面。由于污水水质的复杂性，往往要通过试验来确定设计参数，或借鉴经验数据进行设计。

本节介绍以去除有机物为主的传统活性污泥法的设计计算。

18.6.2 曝气池（区）容积计算

以去除有机物为主的活性污泥法的曝气池容积，可采用污泥负荷法或泥龄法计算，下面分别予以介绍。

1. 污泥负荷计算法

污泥负荷法是最传统的设计计算方法，属于纯经验的方法，计算公式如下：

$$V=\frac{24Q(S_o-S_e)}{1000L_sX} \tag{18-53}$$

式中 V——曝气池容积，m^3；

S_o——曝气池进水BOD_5值，mg/L；

S_e——二沉池出水BOD_5值，mg/L(当去除率大于90%时可以不计入)；

Q——曝气池的设计流量(m^3/h)；

L_s——曝气池的BOD_5污泥负荷，$kgBOD_5/(kgMLSS\cdot d)$；

X——曝气池内混合液悬浮固体平均浓度，gMLSS/L。

从计算公式可见，只要确定了公式中的参数，就可以计算得到曝气池的容积。需要确定的关键参数是污泥负荷 L_s 和曝气池内混合液悬浮固体平均浓度（简称污泥浓度）X。

污泥负荷的本质是F/M比，即在污染物能被降解到预定出水指标的前提下，单位质量活性污泥微生物在单位时间内所能承受的有机物（BOD_5）量。对于性质相同的污水，污泥负荷的大小与出水水质及曝气池容积直接有关，采用高的污泥负荷可以减小曝气池的容积，但出水水质降低，剩余污泥量增多。污泥负荷 L_s 的数值可参照同类污水处理系统的实际数据确定。如无同类经验数据可供参照时，需要通过试验确定。无试验条件时，可按表18-6的污泥负荷取值。

传统活性污泥法去除碳源污染物的主要设计参数 **表18-6**

类别	L_s [kg/(kg·d)]	X (g/L)	L_V [kg/(m³·d)]	污泥回流比 (%)	总处理效率 (%)
普通曝气	0.2～0.4	1.5～2.5	0.4～0.9	25～75	90～95
阶段曝气	0.2～0.4	1.5～3.0	0.4～1.2	25～75	85～95
吸附再生曝气	0.2～0.4	2.5～6.0	0.9～1.8	50～100	80～90
合建式完全混合曝气	0.25～0.5	2.0～4.0	0.5～1.8	100～400	80～90

此外，污泥负荷的取值还应考虑工程的实际情况。对于剩余污泥处理处置困难的污水处理厂，宜采用较低的污泥负荷，以加强污泥自身氧化，减少污泥产量。在寒冷地区采用较低的污泥负荷，能够在一定程度上补偿由于水温降低对生物处理效果带来的不利影响。

污泥浓度是（MLSS）污泥负荷法设计的另一关键参数，按图18-7进行物料衡算，可以得出污泥浓度 X、回流污泥浓度 X_r、污泥回流比 R 及污泥指数SVI之间的关系式如下：

$$X_r = \frac{10^6}{SVI} r \tag{18-54}$$

式中，系数 r 的值与污泥在二次沉淀池中的停留时间、池深、污泥厚度等因素有关，一般可取1.2左右。

$$RQX_r = (Q + RQ)X$$

$$X = \frac{R}{1+R} X_r \tag{18-55}$$

式中 R——污泥回流比；

X——曝气池混合液污泥浓度，mg/L；

X_r——回流污泥浓度，mg/L。

$$X = \frac{R}{1+R} \cdot \frac{10^6}{SVI} r \tag{18-56}$$

采用较高的污泥浓度能够减少曝气池的容积，但也会带来一些负面影响，污泥浓度的确定应综合考虑各项因素。

(1) 过高的污泥浓度会改变混合液的黏滞性，增加扩散阻力，供氧的利用率下降，能耗增加。其次，各种曝气设备都有其合理的氧传递速率的范围，当污泥量过多，需氧速率超出供氧速率时，供氧发生困难，将直接影响微生物的活性，降低处理效果。

(2) 从式（18-56）可见，曝气池污泥浓度受污泥回流比 R 和污泥指数 SVI 的影响。较高的回流比可以提高曝气池污泥浓度，但也会使能耗增加。同时，污泥浓度也受到污泥指数的制约。

因此，对不同的水质、不同的工艺应根据具体情况，采用合理的污泥浓度，表 18-6 中几种传统活性污泥法污泥浓度的取值可供参考。

采用污泥负荷法已在全球设计了成千上万座污水处理厂，说明这一方法的正确性和适用性。但另一方面，污泥负荷法的取值主要是根据经验确定，由于水质千差万别和处理要求的不同，L_s的取值范围很大，给设计的科学性和计算的精确性造成了一定困难。

2. 污泥泥龄计算法

污泥泥龄计算法，即劳伦斯—麦卡蒂方程的动力学计算公式：

$$V = \frac{24QY\theta_c(S_o - S_e)}{1000X_V(1 + K_d\theta_c)} \tag{18-57}$$

式中 Y——污泥产率系数（kgVSS/kgBOD$_5$），根据试验资料确定，无试验资料时，一般取 0.4～0.8；

X_V——生物反应池内混合液挥发性悬浮固体平均浓度（gMLVSS/L）；

θ_c——设计污泥泥龄（d）；

K_d——衰减系数（d^{-1}），20℃的数值为 0.04～0.075。

衰减系数 K_d值应以当地冬季和夏季的污水温度进行修正，并按下列公式计算：

$$K_{dt} = K_{d20} \cdot (\theta_T)^{T-20} \tag{18-58}$$

式中 K_{dt}——T℃时的衰减系数（d^{-1}）；

K_{d20}——20℃时的衰减系数（d^{-1}）；

T——设计温度（℃）；

θ_T——温度系数，采用 1.02～1.06。

污泥泥龄计算法是经验和理论相结合的设计计算方法，泥龄和污泥产率系数易于用试验方法确定，因而一定程度上比污泥负荷计算法更为精确，更与理论相符合。

18.6.3 曝气系统设计计算

在合理选择曝气方式，确定曝气设备类型的基础上，活性污泥法曝气系统设计计算的主要内容为需氧量与供氧量的计算，以及曝气设备的设计计算。

1. 需氧量与供氧量的计算

曝气池需氧量按式（18-27）计算，

$$O_2 = a'Q(S_o - S_e) + b'VX$$

计算中的关键是合理选定 a'、b'值。对于城市污水，工程设计中 a'的取值范围一般为 0.3～0.6，b'一般为 0.05～0.1。如前所述，a'、b'值可以通过试验，按式（18-28）用图解法求得，也可参照类似工程的经验数据。值得指出的是，对于同一水质，在不同负荷，或不同的处理程度下，a'、b'值会发生变化，计算的需氧量也随之改变。

需氧量确定之后，根据水质参数，再按式（18-49）计算曝气设备在标准条件下的供氧量。

$$O_S = \frac{O_2 C_{S(20)}}{\alpha(\beta \cdot \rho \cdot C_{S(T)} - C)\ 1.024^{(T-20)}}$$

曝气设备除应满足需氧量的要求外，还应使混合液保持悬浮状态，并使混合液保持一定的溶解氧浓度（一般为 2mg/L 左右）。

2. 鼓风曝气设备的设计计算

鼓风曝气设备设计计算的主要内容包括供气量与鼓风机规格数量的确定、曝气装置以及空气管道的计算。

(1) 供气量计算与鼓风机规格数量的确定

根据计算得到的供氧量，按式（18-52）即可计算得到鼓风机的供气量：

$$G_S = \frac{O_S}{0.28E_A} \cdot 100 \quad (m^3/h)$$

一般情况下，选用的鼓风机风量应略大于计算供气量 G_S。

鼓风曝气系统中，压缩空气所需的绝对风压 P 按下式计算：

$$P = h_1 + h_2 + h_3 + h_4 + h_5 \tag{18-59}$$

式中 h_1——风管沿程阻力损失，kPa；

h_2——风管局部阻力损失，kPa；

h_3——曝气器以上的曝气池水深，m，折算为 kPa；

h_4——曝气器的阻力，根据试验或产品资料，kPa；

h_5——当地大气压力，根据地面绝对标高确定，kPa。

鼓风机所需的压力（相对风压），可按下式计算：

$$P = h_1 + h_2 + h_3 + h_4 \tag{18-60}$$

式中符号意义同前。

中、小型污水处理厂选用罗茨鼓风机较多，而大、中型污水处理厂多采用离心鼓风机，尤其是大型污水处理厂，大多数使用离心鼓风机。

无论离心鼓风机，还是罗茨鼓风机，都应设置鼓风机房，包括控制室、配电室及值班室等。鼓风机房内外的噪声应分别符合《工业企业厂界环境噪声排放标准》GB 12348—2008 和《工业企业噪声控制设计规范》GB/T 50087—2013 的要求。

鼓风机应考虑备用。工作风机数量≤3 台时，备用一台；工作风机数量＞3 台时，备用两台。备用鼓风机应按设计配置的最大机组考虑。选用离心鼓风机时，需要核算各种工况条件时鼓风机的工作点，不得接近鼓风机的湍振区，并有调节风量的装置。

(2) 空气扩散装置（曝气器）的选择与布置

曝气器的类型及特点已在 18.4.5 作了具体介绍。曝气器应选用氧利用率和动力效率较高、布气均匀、阻力小、不易堵塞、耐腐蚀、操作管理和维修方便的产品。目前，在城市污水处理厂设计中，膜片式微孔曝气器及微孔曝气管，由于其氧利用率高，性能稳定，应用较普遍。

曝气器的数量，依据供氧量、服务面积、曝气池深度及产品的技术资料等通过计算确定。曝气器的布置方式有满池均布、池侧布置及沿池长分段渐减布置等。满池均布有利混合均匀，提高氧的传递效率及曝气池中溶解氧浓度的控制，是目前工程上采用较多的方式。

(3) 空气管道的布置与计算

空气管道的计算范围从鼓风机出口至曝气器管道入口端，空气管路的布置应使管线距离短，尽量减少弯头。曝气池的空气干管连成环形管路，可以减少管路中的压力损失，使支管中的空气压力均匀，也增加了运行的灵活性。

对管径较大的管道，如从鼓风机房到曝气池的总干管及支管，空气流速一般取10～15m /s。对于管径较小的管道，如通向曝气器的小支管、竖管，空气流速一般取4～5m/s。为避免发生曝气池回水进入空气管道，进入曝气池的空气立管管顶应高出曝气池水面0.5m以上。

空气管道的管径、阻力损失等具体计算，请参阅《给水排水设计手册》（第五册）：《城镇排水》等。

3. 机械曝气设备的设计计算

机械曝气设备设计计算的主要内容为曝气设备类型的选择及规格数量的确定。目前最常用的为表面曝气设备，有横轴曝气装置（曝气转刷或转碟）和纵轴曝气装置（曝气叶轮）两种类型，采用何种类型与池形直接有关，如Carrousel氧化沟、表面曝气池一般采用曝气叶轮，而交替运行氧化沟、Orbal氧化沟等则主要采用曝气转刷或转碟。

根据式（18-49）计算得到的供氧量，以及产品的充氧能力等技术资料，计算确定曝气设备的规格和数量，应使曝气设备的供氧量略大于计算供氧量。同鼓风曝气一样，机械曝气设备的选择主要考虑充氧能力、动力效率以及安装维护方便等。

设计计算中，对曝气叶轮，主要是确定叶轮的直径和数量。对曝气转刷，则为单个转刷的直径和长度，以及转刷的数量。叶轮的直径与曝气池（区）的直径（或正方形的一边）之比，倒伞或混流型为1∶3～1∶5，泵型为1∶3.5～1∶7。叶轮线速度在3.5～5.0m/s范围内，效果较好。同时，应有调节叶轮（转刷、转碟）速度或淹没水深的措施。

18.6.4 污泥回流系统及剩余污泥排除设计计算

污泥回流部分的设计计算，包括回流污泥量的计算、回流污泥提升设备的选择及计算，以及剩余污泥量的计算。

1. 回流污泥量的计算

回流污泥量取决于污泥回流比及回流污泥浓度等，回流污泥量计算方式如下：

$$Q_R = RQ \tag{18-61}$$

式中 Q_R——回流污泥量，$m^3 d$。

由式（18-55）可得：

$$R = \frac{X}{X_r - X} \tag{18-62}$$

由上式可见，污泥回流比R与曝气池污泥浓度X和回流污泥浓度X_r相关，而X_r值又与SVI值有关。因此，已知污泥浓度X、回流污泥浓度X_r和SVI，就可以计算出污泥回流比，从而确定污泥回流量。

另外，通过对活性污泥曝气池进行物料衡算，可以得到污泥回流比和泥龄的关系式，用以计算确定污泥回流比，如下式：

$$R = \frac{1}{\left(\frac{X_r}{X} - 1\right)}\left(1 - \frac{V}{Q} \cdot \frac{1}{\theta_c}\right) \tag{18-63}$$

污泥回流比、污泥浓度、回流污泥浓度及污泥指数等参数相互影响，互相制约，需要在设计中综合考虑，合理确定。其中污泥回流比R、污泥浓度X可参考表18-6的数据取值。

2. 污泥回流提升设备

目前采用的污泥回流提升设备，主要有污泥泵、螺旋泵及空气提升器。较之空气提升器，污泥泵的效率较高，流量较易调节和控制，因而采用较多。近 20 年来，螺旋泵在污泥回流系统中得到广泛的使用，主要是因为螺旋泵具有转速较慢，对活性污泥絮凝体破坏小，不会发生污泥堵塞，维护方便等优点。但螺旋泵为敞开式结构，污泥臭气散发严重，对操作环境及周边环境影响较大，这是螺旋泵需要改进的方面。

随着低转速、低扬程潜污泵的开发，潜污泵正逐步成为污泥回流的常用设备。潜污泵的优点是不需设泵房、安装维护简单、其低转速可避免破坏污泥絮体、设于液下可减少臭气散发等。

污泥回流设备的计算主要是确定回流泵的流量、扬程和台数。在日常运行中，根据曝气池的污泥浓度、污泥指数及二沉池运行情况，经常需要调节回流污泥量的大小。因此，回流泵在性能及数量上，应满足这一运行控制的需要。除了回流泵本身有流量调节功能之外，一般在泵的数量配置上应便于回流污泥量的调控。

关于回流泵的扬程、管路损失等具体计算，请参阅《给水排水设计手册》及相关参考文献。

3. 剩余污泥排除

剩余污泥一般从回流污泥系统中排除，二沉池底部、污泥回流管道、污泥回流井等处均可排除剩余污泥。因此，排除的剩余污泥浓度与回流污泥浓度相一致。剩余污泥量可采用泥龄法或按污泥产率系数进行计算，计算公式如下：

(1) 按污泥泥龄计算

$$\Delta X = \frac{V \cdot X}{\theta_C} \tag{18-64}$$

(2) 按污泥产率系数、衰减系数及不可生物降解和惰性悬浮物计算

$$\Delta X = YQ(S_o - S_e) - K_d V X_V + fQ(SS_o - SS_e) \tag{18-65}$$

式中 ΔX——剩余污泥量，kgSS/d；

Y——污泥产率系数，kgVSS/kgBOD_5，20℃时为 0.4～0.8；

Q——设计平均日污水量，m^3/d；

K_d——衰减系数，d^{-1}；

X_V——曝气池混合液挥发性悬浮固体平均浓度，gMLVSS/L；

f——SS 的污泥转换率，根据试验资料确定，无试验资料时可取 0.5～0.7 (gMLSS/gSS)；

SS_o——生物反应池进水悬浮物浓度，kg/m^3；

SS_e——生物反应池出水悬浮物浓度，kg/m^3。

式中其他符号意义同前。

18.7 脱氮除磷活性污泥工艺及设计计算

传统活性污泥法以碳源有机物（BOD、COD）为主要去除对象。污水经过处理后，BOD 可去除 90%以上。与此同时，污水中的氮、磷等污染物的形态和数量也发生了一定

变化。一部分氮、磷通过同化作用成为微生物细胞的组分，最终通过二次沉淀池从污水中分离出去，转化成固体状的污泥；另一部分氮、磷通过异化作用逐级降解为 NH_4^+、NO_2^-、NO_3^-、PO_4^{3-} 等无机盐，这部分无机性氮、磷盐类仍留在污水中，并没有从污水中分离出去。因此，传统生物处理对氮、磷的去除率并不高，氮的去除率约为 20%～40%，磷的去除率约为 10%～30%。这显然不能满足日益严格化的氮、磷排放标准，近年新建的污水处理厂大都具备脱氮除磷的功能，老厂也结合改造增加了脱氮除磷工艺。

一些工业废水（化肥、焦化等）氨氮浓度很高，一些微污染源水也含有氨氮（来自农田化肥冲刷等），都需要进行脱氮处理。

脱氮除磷技术有物化法和生物法两类，本节主要讨论生物法脱氮除磷技术。

18.7.1 生物法脱氮工艺及设计计算

1. 生物脱氮原理

污水生物脱氮过程中，污水中各种形态的氮一部分通过氨化、硝化、反硝化作用转化为氮气，以气体形式从水中脱除；另一部分则在上述作用中转化为细菌细胞，再以污泥形式从水中分离出去。

生物脱氮中的几个步骤具体介绍如下：

(1) 氨化作用

有机氮化合物（蛋白质、尿素等）在氨化细菌分泌的水解酶的催化作用下，水解断开肽键，脱除羧基和氨基而形成氨的过程，其反应如下：

$$RCHNH_2COOH+O_2 \longrightarrow NH_3+CO_2\uparrow+RCOOH$$

氨化作用可与含碳有机物（BOD）的降解在同一反应器中同时完成。

(2) 硝化作用

硝化过程分两步进行。在亚硝化菌的作用下，氨先转化为亚硝酸盐氮。然后再经硝化菌作用氧化成硝酸盐氮。反应方程式为：

$$NH_4^+ + 1.5O_2 \xrightarrow[(\Delta F=278.42kJ)]{\text{亚硝化菌 (Nitrobacter)}} NO_2^- + 2H^+ + H_2O - \Delta F$$

$$NO_2^- + 0.5O_2 \xrightarrow[(\Delta F=72.27kJ)]{\text{硝化菌 (Nitrosomonas)}} NO_3^- - \Delta F$$

连同同化作用在内，总反应为：

$$NH_4^+ + 1.83O_2 + 1.98HCO_3^- \longrightarrow 0.98NO_3^- + 0.021C_5H_7NO_2 + 1.88H_2CO_3 + 1.04H_2O$$

亚硝化菌和硝化菌都是化能自养菌。能利用氧化过程中产生的能量，用 CO_2 合成细胞有机质，这一过程需氧量较大。每去除 $1gNH_3-N$，约耗 $4.33gO_2$，生成 0.15g 新细胞，减少 7.14g 碱度（以 $CaCO_3$ 计），耗去 0.08g 无机碳（过程 pH 控制在 7～8）。

(3) 反硝化作用

NO_2^-、NO_3^- 经反硝化作用转化为 N_2 和微生物细胞。

异化反硝化反应过程为：

$$NO_3^- \longrightarrow NO_2^- \longrightarrow NO \longrightarrow N_2O \longrightarrow N_2\uparrow$$

同化反硝化反应过程为：

$$NO_3^- \longrightarrow NO_2^- \longrightarrow X \longrightarrow NH_2OH \longrightarrow \text{有机氮}$$

其中以异化反硝化为主，占 70%～90%。也就是说，反硝化过程中大部分氮被转化

成 N_2 而逸出体系，只有少量 N 被用于细胞合成。

反硝化菌是兼性异养菌。能利用污水中各种有机质作为电子供体。以硝酸盐代替分子氧作为电子最终受体，进行“无氧”呼吸，使有机质分解，同时将硝酸盐氮还原成气态氮。每 1g NO_3^-—N 被反硝化，约耗去 2.47g 甲醇（约合 3.7gCOD），产生 0.45g 新细胞，产生 3.57g 碱度（控制在 pH7～8，BOD_5 / TN≥4：1）。

2. 生物脱氮的影响因素

从生物脱氮的硝化和反硝化机理可以看出，影响生物脱氮的主要有以下几大因素：

(1) 碱度和 pH

硝化反应需要消耗碱度，如果废水中无足够碱度，硝化作用将导致废水 pH 下降，因此 pH 是影响硝化速度的重要因素。亚硝酸细菌和硝酸细菌分别在 pH 为 7.7～8.1 和 7.0～7.8 时活性最强，在实际反应池中硝化细菌可适应较宽的 pH 范围，即中性和偏碱性都较为适合脱氮。

反硝化过程会产生碱度，这对维持废水稳定的 pH 有利，并可补充硝化过程消耗的部分碱度。反硝化细菌适宜的 pH 为 7.0～7.5。

(2) 温度

脱氮受温度影响较大。硝化反应可在 4～45℃范围内进行，最适温度为 30℃左右；反硝化反应最适温度为 20～40℃。温度不但影响反应速率，还影响细菌的活性。在 5～30℃范围内，温度每提高 10℃，硝化细菌和反硝化细菌的最大比增长速率大约增加 1 倍。但温度过高或过低时，硝化细菌受到抑制。30℃以下时，硝酸化速率比亚硝酸化速率快得多，污水中 NO_2^- 基本上没有积累，但在 35℃以上时，硝酸菌所受抑制比亚硝酸细菌强得多，常会观察得到污水中 NO_2^- 积累的现象。

(3) 溶解氧

硝化和反硝化对溶解氧的要求差异很大。溶解氧浓度 DO 会影响硝化细菌的生长速率和硝化反应速率，硝化反应的适宜 DO 值为 1.0 ～2.0mg/L。反硝化菌是兼性厌氧菌，在无分子氧而有硝酸根和亚硝酸根离子存在的条件下，能利用这些离子中的结合氧将它们还原。溶解氧在反硝化过程中会与硝酸盐竞争电子供体，还会抑制硝酸盐还原酶的合成及其活性；而反硝化菌体内某些酶系统组分的合成却需要分子氧的存在。因此，工艺上反硝化过程宜采用好氧、缺氧交替的环境。

(4) 碳源有机物

与降解含碳有机物的异养菌相比，硝化细菌的比增长速率比前者小 1 个数量级，而污水中含碳物质与含氮物质的比值一般较高（COD：TKN＝10～15）。因此，在活性污泥处理系统中，硝化菌在与异养菌对底物和 DO 的竞争中处于劣势，其生长受到抑制。只有当污水中的碳源大大消耗，BOD 降低至 20mg/L 以下时，自养型的硝化菌才能逐渐取得竞争优势，硝化反应才得以进行。也就是说，应在较长的泥龄和较低的有机负荷下，硝化反应才能顺利进行。

异养型反硝化菌在呼吸时，以碳源有机物作为电子供体，硝态氮作为电子受体。实践表明，当污水中 BOD_5：TKN≥4 时，脱氮效果较好；BOD_5：TKN 过小时，需外加碳源才能达到理想的脱氮效果。甲醇是常用的外加碳源之一，它被分解后产生二氧化碳和水，不会产生新的污染物。但城市污水水量大，外加甲醇的费用较大，也可利用价廉的淀粉厂、制糖厂、酿造厂等排出的高浓度有机废水作为外加碳源。

(5) 有毒物质

某些重金属、络合离子和有毒有机物对硝化细菌和反硝化细菌有毒害作用。但反硝化菌对毒物的敏感性比硝化菌弱得多。

3. 生物脱氮工艺

(1) 活性污泥法脱氮工艺

巴茨（Barth）提出的三级活性污泥法脱氮工艺是以氨化、硝化和反硝化 3 项反应过程为基础建立的。其工艺流程如图 18-56 所示。

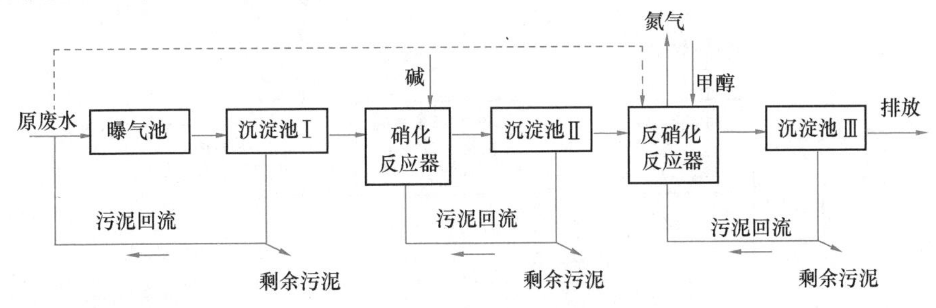

图 18-56　三级活性污泥法脱氮工艺

第一级曝气池为传统生物处理曝气池，主要功能是去除 BOD、COD，并同时完成氨化过程。第二级曝气池为硝化曝气池，NH_3 和 NH_4^+ 被氧化成 NO_3^-。硝化反应需要消耗碱度，因此需要投加碱，以防止 pH 下降。消耗的碱度为 7.1g$CaCO_3$/g NH_4^+—N。第三级为反硝化反应器，在缺氧条件下，NO_3^- 被还原成氮气释放到大气中。在这级反应器中，采取厌氧—缺氧交替的运行方式。需添加碳源，既可投加甲醇作为外加碳源，也可以引入原污水充作碳源。为了去除由于投加甲醇带来的 BOD 值，可再设一后曝气池，经曝气处理后将污水排放。

这种系统的优点是有机物降解菌、硝化菌、反硝化菌分别在各自的反应器内生长繁殖，环境条件适宜，而且有各自独立的污泥回流系统，反应速度快且比较彻底。缺点是构筑物和设备多，造价高，管理不够方便，目前已不再采用了。

将上述三级处理系统的一级曝气池并入硝化反应器，使碳源有机物氧化、氨化、硝化都在合并后的硝化反应器内完成，即为二级脱氮处理系统。它比三级处理系统减少 1 个中间沉淀池（沉淀池Ⅰ）。

若将沉淀池Ⅱ也取消，沉淀池Ⅲ的污泥回流至硝化反应器，即为单级脱氮处理系统。污水经碳源有机物氧化、氨化、硝化后直接进入反硝化反应器，流程简单，构筑物和设备少，克服了三级脱氮工艺的缺点。但是进入反硝化反应器的污水中含碳有机物很少，这种后置反硝化工艺只能利用微生物的内源代谢物质作为碳源，来满足反硝化脱氮过程所需要的碳源，所以反硝化速率较低。该工艺虽在工程上并不实用，但它为以后脱氮除磷工艺的发展奠定了基础。

(2) 前置反硝化及 A_NO 工艺

20 世纪 60 年代，Ludzack 和 Ettinger 首次提出了前置反硝化工艺，将缺氧段置于工艺的第一级，直接利用污水中的有机物作为反硝化的碳源，解决了碳源不足的问题。但好氧池的硝酸氮会被携带至沉淀池，影响沉淀池出水水质。20 世纪 70 年代，Barnard 又提出改良型 Ludzack-Ettinger 脱氮工艺，该工艺中，好氧池的混合液和沉淀后的污泥同时回流到缺氧池，这样，回流液中的大量硝酸盐回流到缺氧池后，反硝化菌以回流液中硝酸盐的氧为电子受体，原污水内的有机物为碳源，将硝态氮还原成氮气，不需外加碳源（如甲醇）。此即至今广泛应用的缺氧/好氧（Anoxic-Oxic）活性污泥法脱氮工艺，简称 AO 工艺。为与用于除磷的厌氧/好氧工艺（Anaerobic-Oxic，简称亦为 AO 工艺）区别，将前者简称为 A_NO 工艺，后者简称为 A_PO 工艺。A_NO 工艺的流程如图 18-57 所示。

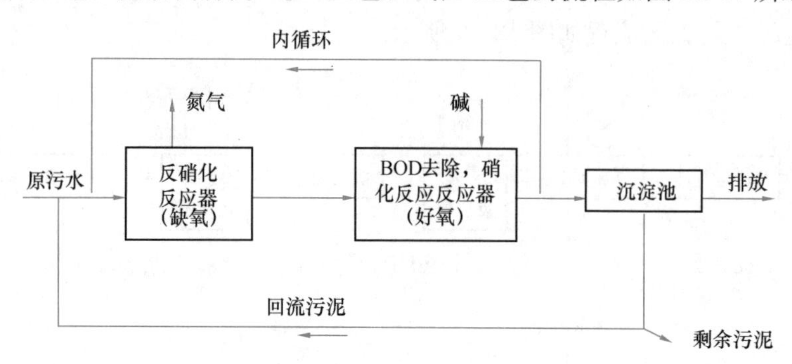

图 18-57　A_NO 脱氮工艺流程图

在反硝化过程中还原 1g 硝态氮能产生 3.75g 的碱度，而硝化过程中将 1g 氨氮氧化成硝态氮则要消耗 7.14 的碱度。所以，在 A_NO 系统中，反硝化产生的碱度可补偿硝化反应消耗的碱度的一半左右。

此外，本系统硝化曝气池在后，使反硝化残留的有机污染物可得以进一步的去除，提高了处理水水质，而且无需增设后曝气池。

本工艺还可以建成合建式装置，反应池中间隔以挡板。该形式特别便于对现有推流式曝气池的改造。

本工艺的优点是流程简单，构筑物和设备少，无需外加碳源，因此建设费用和运行费用较低。其缺点是硝化反应器出水中含有一定浓度的硝酸盐，如果沉淀池运行不当，在沉淀池内也会发生反硝化反应，使污泥上浮，处理水质恶化。

4. 生物脱氮工艺设计

本节以缺氧／好氧法（A_NO 法）为例，说明生物脱氮的工艺设计方法。

(1) 污泥负荷法和泥龄法

计算时，先将好氧池（区）和缺氧池（区）视为一个整体的生物反应池，按本书第 18 章污泥负荷法（式 18-53）或泥龄法（式 18-57）计算其总容积。

计算出生物反应池总容积 V 后，按 $V_O : V_{AN}=2\sim4$ 计算好氧池（区）容积 V_O 和缺氧池（区）容积 V_{AN}；或根据缺氧池（区）水力停留时间经验值 0.5～3h 计算缺氧池（区）容积 V_{AN}，然后计算好氧池（区）容积 V_O。

式（18-53）和式（18-57）中的主要设计参数如污泥负荷及泥龄等，宜根据试验资料确定；无试验资料时，可采用相似水质、相似工艺污水处理厂的经验数据或按《室外排水设计标准》GB 50014—2021 的规定取值，详见表 18-7。

各生物脱氮除磷工艺的主要设计参数 **表 18-7**

参数名称和单位		A_NO工艺	A_PO工艺	A^2/O工艺
BOD污泥负荷 L_s（$kgBOD_5$/（kgMLSS·d））		0.05～0.15	0.4～0.7	0.05～0.10
总氮负荷率（kgTN/（kgMLSS·d））		≤0.05		
污泥浓度（MLSS）X（g/L）		2.5～4.5	2.0～4.0	2.5～4.5
污泥龄 θ_C（d）		11～23	3.5～7	10～22
污泥产率 Y（kgVSS/$kgBOD_5$）		0.3～0.6	0.4～0.8	0.3～0.6
需氧量 O_2（kgO_2/$kgBOD_5$）		1.1～2.0	0.7～1.1	1.1～1.8
水力停留时间（h）	总计	9～22	5～8	10～23
	其中缺氧段	2～10		1～2
	其中厌氧段		1～2	2～10
污泥回流比 R（%）		50～100	40～100	20～100
混合液回流比 R_i（%）		100～400		≥200
处理效率 η（%）	（BOD_5）	90～95	80～90	85～95
	（TN）	60～85		60～85
	（TP）		75～85	60～85

考虑脱氮的需要，生物反应池应保证硝化作用能尽量完全地进行。自养硝化细菌比异养菌的比生长速率小得多，如果没有足够长的泥龄，硝化细菌就会从系统中流失。为了保证硝化发生，泥龄应大于 $1/\mu$ 并有足够的安全余量，以使环境条件不利于硝化细菌生长时，系统中仍能存留硝化细菌。通常泥龄可取 11～23d，污泥负荷可取较低的 0.05～0.15$kgBOD_5$/(kgMLSS·d)。同时，A_NO 系统的污泥产率较低、需氧量较大，水力停留时间也较长。

（2）动力学计算法

好氧池（区）容积 V_o，可按下列公式计算：

$$V_O = \frac{Q(S_o - S_e)\theta_{co} Y_t}{1000X} \tag{18-66}$$

式中 θ_{co}——好氧池（区）设计泥龄，d；可按下式计算：

$$\theta_{co} = F\frac{1}{\mu} \tag{18-67}$$

式中 F——安全系数，为 1.5～3.0；

μ——硝化细菌比生长速率，d^{-1}；可按下式计算。

$$\mu = 0.47\frac{N_a}{K_N + N_a}e^{0.098(T-15)} \tag{18-68}$$

式中 N_a——好氧池（区）中氨氮浓度，mg/L。若假定二次沉淀池中不发生硝化反应，则 N_a 即为二次沉淀池出水氨氮浓度；

K_N——硝化作用中氮的半速率常数，mg/L。是硝化细菌比生长速率等于硝化细菌最大比生长速率一半时氮的浓度，K_N 的典型值为 1.0mg/L；

T——设计温度，℃；

0.47——15℃时，硝化细菌最大比生长速率，d^{-1}。

缺氧池（区）容积 V_{AN} 可按下式计算：

$$V_{AN}=\frac{0.001Q(N_k-N_{te})-0.12\Delta X_v}{K_{de}X} \tag{18-69}$$

式中 Q——设计流量，m^3/h；

0.12——微生物中氮的分数，由表示微生物细胞中各组分质量比的分子式 $C_5H_7NO_2$ 计算而得；

X——生物反应池内混合液悬浮固体平均浓度，gMLSS/L；

N_k——生物反应池进水总凯氏氮浓度，mg/L；

N_{te}——生物反应池出水总氮浓度，mg/L；

K_{de}——反硝化脱氮速率[$kgNO_3$—N/(kgMLSS·d)]。其值宜根据试验资料确定。无试验资料时，20℃的 K_{de} 值可取 0.03～0.06$kgNO_3$—N/(kgMLSS·d)。K_{de} 与混合液回流比、进水水质、温度和污泥中反硝化菌的比例等因素有关。混合液回流量大，带入缺氧池的溶解氧多，K_{de} 取低值；进水有机物浓度高且较易生物降解时，K_{de} 取高值。K_{de} 按下式进行温度修正。

$$K_{de(T)}=K_{de(20)}1.08^{(T-20)} \tag{18-70}$$

$K_{de(T)}$、$K_{de(20)}$ 分别为 T 和 20℃时的脱氮速率；T 为设计温度（℃）。

ΔX_v——微生物的净增量，即排出系统的微生物量，kg MLVSS/d，可按下式计算：

$$\Delta X_v=yY_t\frac{Q(S_o-S_e)}{1000} \tag{18-71}$$

式中 Y_t——污泥产率系数（kg MLSS/$kgBOD_5$），宜根据试验资料确定。无试验资料时，应考虑原污水中总悬浮固体量对污泥净产率系数的影响。由于原污水总悬浮固体中的一部分沉积到污泥中，结果系统产生的污泥量将大于由有机物降解产生的污泥量，在不设初次沉淀池的处理工艺中这种现象更明显。因此，系统有初次沉淀池时取 Y_t=0.3，无初次沉淀池时取 Y_t=0.6～1.0。

y——MLSS 中 MLVSS 所占比例；

S_o——生物反应池进水 BOD_5 浓度，mg/L；

S_e——生物反应池出水 BOD_5 浓度，mg/L；

混合液回流量可按下式计算：

$$Q_{Ri}=\frac{1000V_{AN}K_{de}X}{N_t-N_{ke}}-Q_R \tag{18-72}$$

式中 Q_{Ri}——混合液回流量，m^3/d，混合液回流比宜取 100%～400%；

Q_R——回流污泥量，m^3/d，污泥回流比宜取 50%～100%；

N_{ke}——生物反应池出水总凯氏氮浓度，mg/L；

V_{AN}——缺氧区（池）容积，m^3；

N_t——生物反应池进水总氮浓度，mg/L。

【例 22-1】 某城镇污水处理厂平均日流量 150000m^3/d，日变化系数为 1.3。初沉池出水 BOD_5 浓度 150mg/L，SS120mg/L，TKN25mg/L。设计出水水质要求 $BOD_5 \leqslant$ 20mg/L，SS≤30mg/L，硝酸氮≤5mg/L。试设计 A_NO 工艺之曝气池。

【解】 由表 22-5，取污泥负荷 L_s=0.12kg BOD_5/(kgMLSS·d)，

污泥浓度（MLSS）X=3.3 g/L，

污泥回流比 R=100%，

（1）生物反应池总容积 V

$$V=\frac{24Q(S_o-S_e)}{1000L_sX}=\frac{150000\times1.3(140-20)}{1000\times0.12\times3.3}=59091\text{m}^3$$

（2）生物反应池总面积 A

取有效水深 H_1=4.5m，则

$$A=\frac{V}{H_1}=\frac{59091}{4.5}=13131\text{m}^2$$

（3）污水总水力停留时间 t

$$t=\frac{V}{Q}=\frac{59091\times24}{15000\times1.3}=12.29\text{h}$$

（4）好氧段与缺氧段的比例：

取 $V_O:V_{AN}=4$，

则 $V_O=47273\text{m}^3$，$V_{AN}=11818\text{m}^3$

$t_O=9.83\text{h}$，$t_{AN}=2.46\text{h}$

设生物反应池分 3 组，每组设 5 廊道，廊道宽 10m

则每组反应池面积 $A_1=\frac{A}{3}=4377\text{m}^2$

廊道长度 $L_1=\frac{A_1}{5\times10}=88\text{m}$

（5）混合液回流比 R_i

总氮去除率 $\eta_{TN}=\frac{N_k-N_{te}}{N_k}=\frac{25-5}{25}\times100\%=80\%$，

$$R_i=\frac{\eta_{TN}}{1-\eta_{TN}}=\frac{0.8}{1-0.8}\times100\%=400\%$$

18.7.2 脱氮新技术简述

在传统的生物脱氮工艺中，氮的去除是通过硝化与反硝化两个独立的过程实现的。传统理论认为进行硝化与反硝化的细菌种类和所需环境条件都是不同的，硝化细菌主要以自养菌为主，需要环境中有较高的溶解氧；而反硝化细菌与之相反，以异养菌为主，适宜生长于缺氧环境。因此，很难设想能在同一反应器中同时实现硝化与反硝化两个过程。

然而，近几年中有不少研究和实践证明了，有氧条件下的反硝化现象存在于各种不同的生物处理系统中。另外，近年的研究还发现一些与传统脱氮理论有悖的现象，如硝化过程可以有异养菌参与、反硝化过程可在好氧条件下进行、NH_4^+ 可在厌氧条件下转变成

N_2 等。这些研究的结果，导致了不少脱氮新工艺的诞生。

1. ANAMMOX 工艺（Anaerobic Ammonium Oxidation）

此工艺是荷兰 Delft 技术大学开发出来的一种生物脱氮新工艺。其原理为厌氧条件下，以 NO_3^- 为电子受体，将氨转化为 N_2。

1994 年，Kuenen 等发现某些细菌在硝化反硝化反应中能利用 NO_3^- 或 NO_2^- 作电子受体将 NH_4^+ 氧化成 N_2 和气态氮化物；1995 年，Mulder 和 Vandegraef 等用流化床反应器研究生物反硝化时发现，在脱氮流化床反应器的出水中氨氮也可以在缺氧条件下消失，氨去除速率最大可达到 0.4kgN/m^{3}d，而且氨的转化总是和 NO_3^- 的消耗同时发生，并伴随有气体产生，因此可假定反应器内存在如下反应：

$$5NH_4^+ + 3NO_3^- \longrightarrow 4N_2 + 9H_2O + 2H^+ \quad (\Delta G = -279kJ/mol\ NH_4^+)$$

试验结果还表明，NO_2^- 也可以作为电子受体，进行如下反应：

$$NH_4^+ + NO_2^- \longrightarrow N_2 + 2H_2O \quad (\Delta G = -358kJ/mol\ NH_4^+)$$

上述反应的 $\Delta G < 0$，说明反应可以自发进行，因此把这个以氨为电子供体的反硝化反应称为厌氧氨氧化，即 ANAMMOX 工艺。

与传统的硝化反硝化工艺或同时硝化反硝化工艺相比，ANAMMOX 工艺具有不少突出的优点。(1) 直接利用 NH_4^+ 作电子供体，无需外加有机物作电子供体，既可节省费用，又可防止二次污染；(2) 无需供氧，可使耗氧能耗大为降低；(3) 传统的硝化反应氧化 1mol NH_4^+ 可产生 2mol H^+，反硝化还原 1mol NO_3^- 或 NO_2^- 将产生 1mol OH^-，而氨厌氧氧化的生物产酸量大为下降，产碱量降至为零，可以减少中和试剂用量及其可能带来的二次污染。

2. SHARON 工艺（Single Reactor High Activity Ammonium Removal Over Nitrite）

研究发现，有许多微生物可以在有氧情况下进行反硝化作用，甚至有的可以在氧浓度接近 7mg/L 的环境下进行。

正因为反硝化作用也可以在有氧环境中发生，人们提出了一种新的思路，使硝化和反硝化在同一个反应器里进行。

传统生物脱氨氮需经过硝化和反硝化两个过程，当反硝化反应以 NO_3^- 为电子受体时，生物脱氮过程经过 NO_3^- 途径；当反硝化反应以 NO_2^- 为电子受体时，生物脱氮过程则经过 NO_2^- 途径。前者可称为全程硝化—反硝化，后者可称为短程硝化—反硝化，如图 18-58 所示。

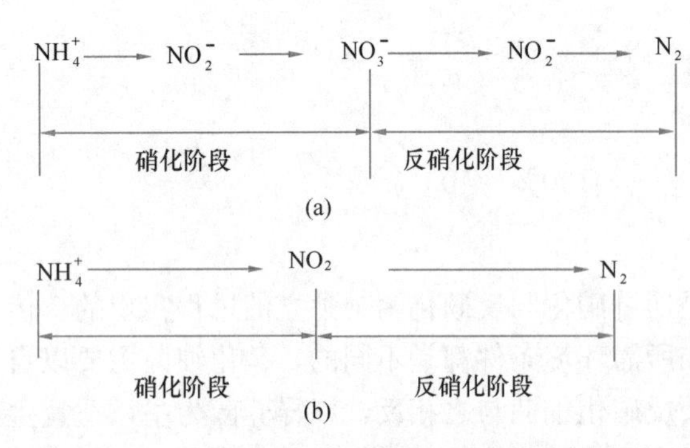

图 18-58 全程硝化—反硝化与短程硝化—反硝化示意图

(a) 全程硝化-反硝化生物脱氮途径；

(b) 短程硝化-反硝化生物脱氮途径

由图可知，短程硝化—反硝化生物脱氮的基本原理就是将硝化过程控制在亚硝酸盐阶段，阻止 NO_2^- 的进一步硝化，然后直接进行反硝化。这也是实现短程硝化反硝化的关键所在。因此，如何持久稳定地维持较高浓度 NO_2^- 的积累及影响 NO_2^- 积累的因素也便成为研究的重点和热点所在。影响 NO_2^- 积累的主要因素有温度、pH、游离氨（FA）、溶解氧（DO）、游离羟胺（FH）以及水力负荷、有害物质和泥龄等。到目前为止，经 NO_2^- 途径实现生物脱氮成功应用的报道还不多见。这主要是因为影响 NO_2^- 积累的控制因素比较复杂，并且硝酸菌能够迅速地将 NO_2^- 转化为 NO_3^-，所以要将 NH_4^+ 的氧化成功地控制在亚硝酸盐阶段并非易事。目前比较有代表性的工艺为 SHARON 工艺。

SHARON 工艺是由荷兰 Delft 技术大学于 1997 年开发的。该工艺采用的是 CSTR 反应器，适合于处理高浓度含氮废水，其成功之处在于巧妙地利用了硝酸菌和亚硝酸菌的不同生长速率，即在较高温度下（30～40℃），硝酸菌的生长率明显低于亚硝酸菌的生长速率。因此，通过控制较高温度和较短泥龄就可以自然淘汰掉硝酸菌，使反应器中的亚硝酸菌占绝对优势，从而使氨氧化控制在亚硝酸盐阶段，并通过间歇曝气便可达到反硝化的目的。该工艺已经成功地应用于消化上清液高浓度氨氮的去除。

与全程硝化反硝化相比，短程硝化反硝化具有如下的优点：①硝化与反硝化两个阶段在同一个反应器中完成，可以简化流程；②硝化阶段可减少 25%左右的需氧量，降低了能耗；③反硝化阶段可减少 40%左右的有机碳源，降低了运行费用；④ 由于高温（30～40℃）下微生物（硝化菌/反硝化菌）快速生长，可以缩短水力停留时间（*HRT*），反应器容积可减小 30%～40%左右；⑤具有较高的反硝化速率（NO_2^- 的反硝化速率通常比 NO_3^- 的高 63%左右）；⑥污泥产量降低（硝化过程可少产污泥 33%～35%左右，反硝化过程中可少产污泥 55%左右）；⑦硝化产生的酸度可部分地由反硝化产生的碱度中和，减少了投碱量等。因此，对许多低 COD/ NH_4^+ 污水的生物脱氮处理，短程硝化反硝化显然具有重要的现实意义。

3. SND 工艺（simultaneous nitrification-denitrification）

同步硝化反硝化（SND）工艺是一种近年来研究和应用较多的脱氮新工艺。

好氧反硝化菌和异养硝化菌的发现以及好氧反硝化、异养硝化和自养反硝化等研究的进展，奠定了 SND 生物脱氮的理论基础。在 SND 工艺中，硝化与反硝化反应在同 1 个反应器中同时完成，所以，与传统生物脱氮工艺相比，SND 工艺具有明显的优越性，主要表现在：①节省反应器体积；②缩短反应时间；③无需酸碱中和。其技术的关键就是硝化与反硝化的反应动力学平衡控制。

微环境理论也是目前被普遍接受的 SND 脱氮机理的理论之一。该理论从物理学角度出发，认为由于氧扩散的限制，在微生物絮体内产生 DO 梯度，从而导致微环境下的同时硝化反硝化。

微生物絮体外层溶解氧较高，以好氧硝化菌为主；絮体内部因氧传递受阻及外部氧大量消耗，形成缺氧区，反硝化菌占优势。这样絮体由外向内，形成好氧/缺氧的微环境，这是产生同步硝化反硝化的主要原因。但是 DO 梯度必须控制在一定范围内，如外层的好氧区 DO 浓度不足，则有机物氧化及硝化反应受影响，而硝化不充分，也难以进行彻底的反硝化。另一方面，好氧区 DO 浓度又不宜过高，以便在微生物絮体内形成缺氧微环境，同时也避免絮体吸附的有机物过度消耗，影响反硝化碳源的需要。

当好氧环境与缺氧环境在一个反应器中同时存在，硝化和反硝化在同一反应器中同时进行时则称为同时硝化反硝化。同时硝化反硝化既可以发生在生物膜反应器中，也可以发生在活性污泥系统中。宏观上看，氧化沟、SBR、CAST 等工艺的反应器中，由于间歇充氧或不同区域充氧强度不一致，造成反应器 DO 不均匀，导致在不同空间或不同反应时段交替形成好氧段、缺氧段、厌氧段，这也为同时硝化反硝化提供了有利宏观环境。

在生产规模的生物反应器中，完全均匀的混合状态并不存在。菌胶团内部的溶解氧梯度目前也已被广泛认同，使实现 SND 的缺氧/厌氧环境可在菌胶团内部形成。由于生物化学作用而产生的 SND 更具实质意义，它能使异养硝化和好氧反硝化同时进行，从而实现低碳源条件下的高效脱氮。

4. OLAND（Oxygen Limited Autotrophic Nitrification Denitrification）工艺

氧限制自养硝化反硝化（OLAND）工艺由比利时 GENT 微生物生态实验室开发。研究表明低溶解氧下亚硝酸菌增殖速率加快，补偿了由于低氧所造成的代谢活动下降，使得整个硝化阶段中氨氧化未受到明显影响。低氧下亚硝酸大量积累是由于亚硝酸菌对溶解氧的亲合力较硝酸菌强。亚硝酸菌氧饱和常数一般为 0.2～0.4mg/L，硝酸菌的为 1.2～1.5mg/L。OLAND 工艺就是利用这两类菌动力学特性的差异，实现了在低溶解氧状态下淘汰硝酸菌，积累大量亚硝酸的目的。然后以 NH_4^+ 为电子供体，以反应产生的 NO_2^- 为电子受体进行厌氧氨氧化反应，产生 N_2。

OLAND 工艺与 SHARON 工艺同属亚硝酸型生物脱氮工艺。

18.7.3 生物法除磷工艺及设计计算

污水中的磷主要来自粪便、洗涤剂、农药和含磷工业废水等，磷在污水中以正磷酸盐（简称正磷）、聚合磷酸盐（聚合磷）及有机磷酸盐（有机磷）的形式存在。其中，正磷和聚合磷是溶解性的，有机磷大部分是不溶于水的颗粒物。经过生物处理后，有机磷逐级降解为正磷，聚合磷水解为正磷。所以，在传统的污水生物处理过程中，除了同化作用转化为细胞组成部分的少量磷以外，原污水中的大部分磷都以溶解性的正磷酸盐（PO_4^{3-}）形式残留在污水中。

溶解性正磷酸盐可以用化学沉淀法使其转化为不溶的固体沉淀物，再从污水中分离出去；或利用生物处理，使其转化为富含磷的生物细胞，然后与污水分离。

生物法脱磷的设想是由 Greenburs 在 1955 年首先提出来的。20 世纪 60 年代，美国一些污水处理厂发现，由于曝气不足呈厌氧状态的混合液中 $PO_4{}^{3-}$ 的浓度增加，从而引起人们对生物脱磷的原理进行了广泛的研究。生物法除磷近二三十年来受到了广泛的重视和研究。

1. 生物除磷机理

有关生物除磷的机理还没有完全明了，目前比较一致的看法是聚磷菌（PAO）独特的代谢活动（即所谓好氧吸磷和厌氧释磷）完成了磷从液态（污水）到固态（污泥）的转化。普通活性污泥中磷含量为 1.5%～2.0%（P/VSS），而 PAO 能将污泥中的磷含量提高到 5%～7%（P/VSS）。

在好氧条件下 PAO 对污水中的溶解性磷酸盐过量吸收，然后进行沉淀分离。含有过量磷的污泥少部分以剩余污泥的形式排出系统而将磷去除，大部分和污水一起进入厌氧状态（或厌氧池）。此时污水中的有机物在厌氧发酵产酸菌的作用下转化为乙酸苷；而活性污泥中的聚磷菌在厌氧状态下，将体内积聚的聚磷分解，分解产生的能量部分供聚磷菌生长，另一部分能量供聚磷菌主动吸收乙酸苷，并转化为聚 β 羟基丁酸（Polyhydroxybutyrate，简称 PHB）的形式贮藏于体内，聚磷分解形成的无机磷则释放回污水中，这就是厌氧放磷。再次进入好氧状态后，聚磷菌将贮存于体内的 PHB 进行好氧分解并释放大量能量，大部分供聚磷菌增殖，一部分供其主动吸收污水中的磷酸盐，以聚磷的形式积聚于体内，这就是好氧吸磷。由于活性污泥在运行中不断增殖，必须从系统中排除和增殖量相当的活性污泥，也就是剩余污泥。剩余污泥中包含过量吸磷的聚磷菌，从而完成了从污水中去除含磷物质的过程。这就是厌氧和好氧交替的生物处理系统除磷的本质。

2. 生物除磷的环境条件

(1) 厌氧、好氧交替

生物除磷要求创造适合 PAO 生长的环境，从而使 PAO 群体增殖。在工艺上可设置厌氧、好氧交替（如空间上的 A_PO 工艺，时序上的 SBR 工艺）的环境条件，使 PAO 获得选择性增长。这是因为 PAO 在厌氧段大量吸收水中挥发性脂肪酸（VFAs），并在体内转化为聚 β 羟基丁酸，这样，PAO 进入好氧段后就无需同其他异养菌争夺水中残留的有机物，从而成为优势群体。

(2) BOD_5/TP 比值

聚磷菌厌氧放磷时，伴随着吸收易降解有机物在菌体内贮存。若 BOD_5/TP 比值过低，聚磷菌在厌氧放磷时释放的能量不能很好地被用来吸收和贮存易降解有机物，影响其好氧吸磷，从而使出水磷浓度升高。反硝化脱氮和厌氧放磷都需有机碳，在有机碳不足，尤其是易降解有机碳不足时，反硝化菌与聚磷菌争夺碳源，会竞争性地抑制放磷。

因此，根据实践经验规定生物除磷时 BOD_5/TP 之比宜大于 17。

(3) 污泥龄

磷的去除不同于 BOD 被氧化成 H_2O 和 CO_2，也不同于 NH_3—N 转变为 N_2，它是通过磷的摄取与释放来实现的，所以，在除磷过程中应尽量减少污泥系统中磷的释放和污泥回流磷的数量。由此可见，缩短泥龄，即增加排泥量可提高磷的去除率。生物除磷工艺的泥龄常为 3.5～7.0d，与硝化/反硝化脱氮工艺相比要短得多。

(4) pH 与碱度

除磷的适宜 pH 为 6～8。污水中保持一定的碱度具有缓冲作用，可使 pH 维持稳定。污水处理厂生产实践表明，为使好氧池的 pH 维持在中性附近，池中剩余总碱度宜大于 70mg/L。

3. 生物除磷工艺

生物除磷工艺主要有 A_PO 工艺（厌氧/好氧除磷工艺）和 phostrip 工艺。

(1) A_PO 工艺

A_PO 工艺能在去除有机物的同时去除污水中的磷，整个流程由初沉池、厌氧池、好氧池和二沉池组成（图 18-59）。好氧池在运行良好的状况下，剩余污泥中的磷的含量在 2.5%以上，整个 A_PO 工艺的 BOD_5 去除率大致与一般活性污泥法相同，反应池内水力停留时间较短，一般厌氧池 1～2h，好氧池 2～4h，总共 3～6h，厌氧池/好

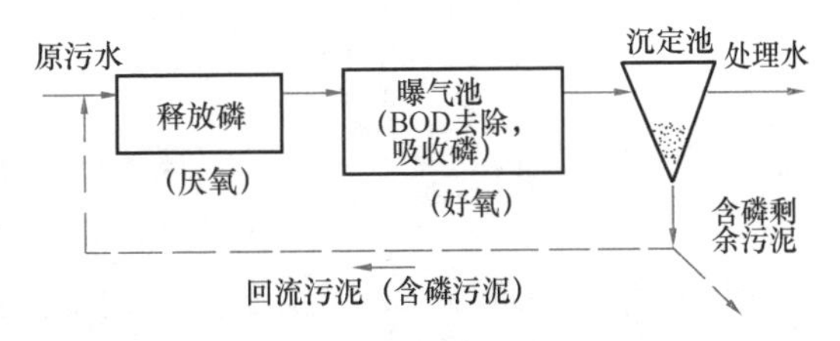

图 18-59 A_PO 生物除磷工艺流程图

氧池的水力停留时间之比一般为（1∶2）～（1∶3）。而磷的去除率为70%～80%，处理后出水磷浓度一般都小于1.0mg/L。

A_PO生物除磷工艺的流程简单，无须投加药剂，处理费用低；同时，由于厌氧池在前、好氧池在后，有利于抑制丝状菌的生长，混合液的SVI小于100，污泥易沉淀，不易发生污泥膨胀，并能减轻好氧池的有机负荷；另外，活性污泥含磷率高，一般为2.5%以上，故污泥肥效好。

如前所述，生物除磷要求较高的BOD/TP比值，当BOD/TP值很低时，BOD负荷过低会导致剩余污泥产量少，这时就难以达到较为满意的除磷效果。此外，由于城市污水一天内进水流量的变化（高低峰），会造成部分时段沉淀池内的停留时间过长，导致聚磷菌在厌氧状态下释磷，降低系统的除磷效率，所以应注意及时排泥和污泥回流。

该工艺后续的污泥浓缩工序也应注意避免停留时间过长导致厌氧释磷的问题。因此，采用该除磷工艺时，剩余污泥浓缩不宜采用污泥浓缩池，因剩余污泥在污泥浓缩池中浓缩时会因厌氧放出大量磷酸盐，并随上清液回流至A_PO系统的厌氧池，结果磷酸盐在系统内不断循环而无法去除。但若采用机械浓缩，如压滤机、离心机等浓缩方法，则可缩短浓缩时间，减少磷酸盐的析出量。

（2）phostrip工艺

1965年Livin和Shapiro提出phostrip工艺，是最早的生物除磷工艺，也是化学除磷与生物除磷相结合的处理工艺。其实质是在传统活性污泥法系统的回流污泥中引出一部分（约占进水流量的10%～20%），将其引入停留时间长达10～20h的厌氧除磷池释放出磷酸盐，除磷后的污泥仍回流入曝气池进行吸磷；富含磷的上清液则依次通过混合池、搅拌池、沉淀池Ⅱ，混合池中加入石灰，在搅拌池中石灰与磷酸盐反应生成磷酸钙沉淀，然后在沉淀池Ⅱ中将磷酸钙分离排出，脱磷的上清液亦回流到曝气池。工艺流程如图18-60所示。

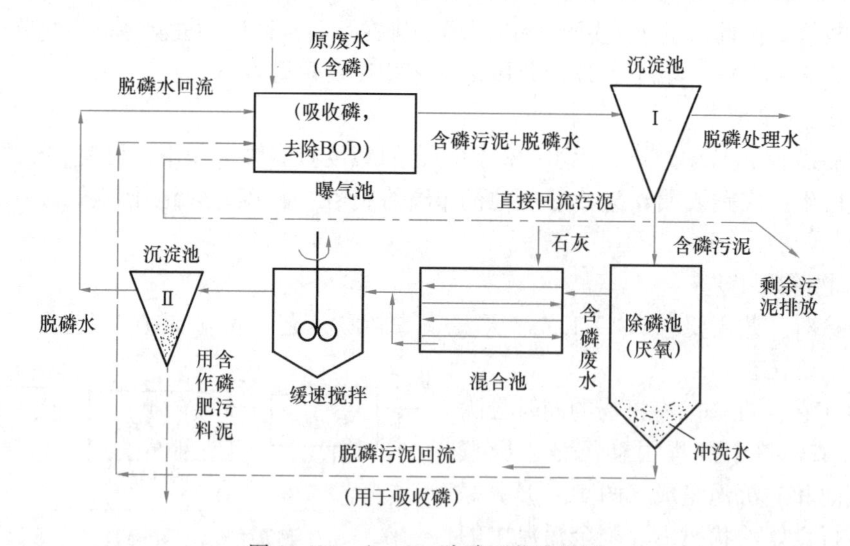

图18-60　phostrip除磷工艺流程图

phostrip工艺除磷效果较好，处理水含磷一般低于1mg/L；剩余污泥含磷较高，一般可达2.1%～7.1%；因只有少量污泥采用化学除磷，因此药剂用量相对较少。

本工艺的缺点是流程复杂，基建费用较高，运行管理比较困难。

4. 生物除磷工艺设计

本节以 A_PO 工艺为例，说明生物除磷的工艺设计方法。

与 A_NO 工艺计算方法类似，可按本书第 18 章污泥负荷法或泥龄法计算厌氧池（区）和好氧池（区）总容积见式（18-53）和式（18-57）。

计算出生物反应池总容积 V 后，按 $V_{AP}:V_O=(1:2)\sim(1:3)$ 计算厌氧池（区）容积 V_{AP} 和好氧池（区）容积 V_O；或根据厌氧池（区）水力停留时间经验值计算缺氧池（区）容积 V_{AP}，然后计算好氧池（区）容积 V_O。

按水力停留时间计算厌氧池（区）容积的公式如下：

$$V_{AP}=\frac{t_PQ}{24} \tag{18-73}$$

式中 t_P——厌氧池（区）水力停留时间，h，宜为 1～2h（若 t_P 小于 1h，磷释放不完全，会影响磷的去除率；但 t_P 过长亦不经济，综合考虑除磷效率和经济性，取 $t_P=1\sim2h$）；

Q——设计污水流量，m^3/d。

式（18-53）和式（18-57）中的主要设计参数宜根据试验资料确定；无试验资料时，可采用相似水质、相似工艺污水处理厂的经验数据或按表 22-5 的参数取值。

18.7.4 同步脱氮除磷工艺及设计计算

在一个处理系统中同时去除氮、磷和含碳有机物的工艺称为同步脱氮除磷技术。近年来，各种同步脱氮除磷工艺不断产生，如厌氧/缺氧/好氧工艺（Anaerobic/Anoxic/Oxic，简称“A/A/O”或“A^2/O”）、Bardenpho 工艺、phoredox 工艺、UCT 工艺、VIP 工艺及它们的改良或变形等。

这些工艺的共同点是都有厌氧、缺氧、好氧池（区、阶段）。厌氧池（区、阶段）的主要功能是聚磷菌在厌氧条件下释放磷；缺氧池（区、阶段）的主要功能是反硝化菌将回流液中的硝酸氮转化成氮气从污水中脱出；好氧池（区、阶段）的主要功能是含碳有机物的降解、含氮有机物的氨化和硝化、聚磷菌的过量吸磷。可见，脱氮过程由好氧、缺氧池（区、阶段）共同完成，除磷过程由厌氧、好氧池（区、阶段）共同完成，含碳有机物降解主要在好氧池（区、阶段）内完成。

A^2/O 工艺是各种同步脱氮除磷工艺中最简单的一种，总的水力停留时间较短，脱氮除磷效果较好；在厌氧、缺氧、好氧交替运行条件下，丝状菌不会大量繁殖，SVI 一般小于 100，污泥沉降性好。本书拟对 A^2/O 工艺作详细阐述，其他各种工艺仅作简要介绍。

1. 各种同步脱氮除磷工艺

（1）A/A/O 工艺

A/A/O 工艺由厌氧池、缺氧池、好氧池串联而成（图 18-61），系 A_NO 工艺与 A_PO 工艺的结合。该工艺在 A_PO 工艺中加入缺氧池，将好氧池流出的一部分混合液回流至缺氧池前端，以达到反硝化脱氮的目的。

首级厌氧池主要进行磷的释放，使污水中的磷的浓度升高，同时溶解性的有机物被细胞吸收而使污水中的 BOD 浓度下降；另外部分 NH_3—N 因细胞的合成得以去除，使污水

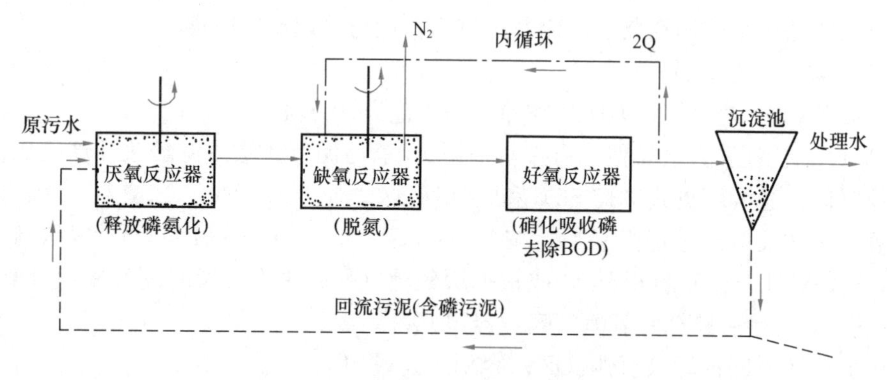

图 18-61　A/A/O 工艺流程图

中的 NH_3—N 浓度下降。

次级缺氧池中，反硝化菌利用污水中的有机物作碳源，将回流混合液中带入的大量 NO_3—N 和 NO_2—N 还原为 N_2 释放至空气。因此，BOD_5 浓度继续下降，NO_3—N 浓度大幅度下降，而磷的变化很小。

末级好氧池中，含碳有机物 BOD 被微生物氧化而继续下降；有机氮被氨化、硝化，随着硝化进行，NH_3—N 浓度下降，NO_3—N 浓度增加；而磷的浓度随着聚磷菌的过量摄取，也以较快的速率下降。

A/A/O 工艺中，脱氮和除磷对泥龄、污泥负荷和好氧停留时间的要求是相反的。脱氮要求较低负荷和较长泥龄，除磷却要求较高负荷和较短泥龄。脱氮要求有较多硝酸盐供反硝化，而硝酸盐不利于除磷。因此，A/A/O 工艺难以同时取得良好的脱氮除磷效果。例如，硝化要求泥龄为 25 天左右，以满足硝化菌生存的条件；而除磷则要求泥龄为 5～8 天，以便通过剩余污泥及时从系统中去除磷。此外，为了使系统维持在较低的污泥负荷下运行，以确保硝化过程的完成，则要求回流比较高，这样系统硝化作用良好；而磷则必须在混合液中存在快速生物降解的溶解性有机物及厌氧状态下，才能被聚磷菌释放出来，但回流污泥却将大量硝酸盐带回厌氧池，使得厌氧段硝酸盐浓度过高，此时反硝化菌夺取有机物为碳源进行反硝化，磷的厌氧释放只有待脱氮完全后才能开始，这就使得厌氧段磷的厌氧释放的有效容积大为减少，从而使得除磷效果变差。反之，如果好氧段硝化作用不完全，则随回流污泥进入厌氧段的硝酸盐减少，使磷能充分地厌氧释放，除磷效果较好；但硝化不完全，脱氮效果不佳。所以 A/A/O 工艺在脱氮和除磷两方面不能同时取得较好的效果。

针对厌氧段的硝酸盐问题可以考虑将回流污泥分两点（厌氧段和缺氧段）加入，以减少加入到厌氧段的回流污泥量，从而减少进入到厌氧段的硝酸盐和溶解氧，该改进工艺如图 18-62（a）所示。也可在厌氧池前增设 1 个前置缺氧池，回流污泥全部进入前置缺氧池，待反硝化脱氮作用将硝酸氮消耗殆尽后再流入厌氧池，在厌氧池中有效地进行磷的厌氧释放，此时就无须担心硝酸氮的干扰了，流程图如图 18-62（b）所示。

（2）Bardenpho 工艺

1972 年，南非的 Barnard 在研究生物脱氮时发现，如果反硝化很彻底会产生明显的除磷效果。因此开发出了具有两级硝化/反硝化的 Bardenpho 工艺（图 18-63），随后又在

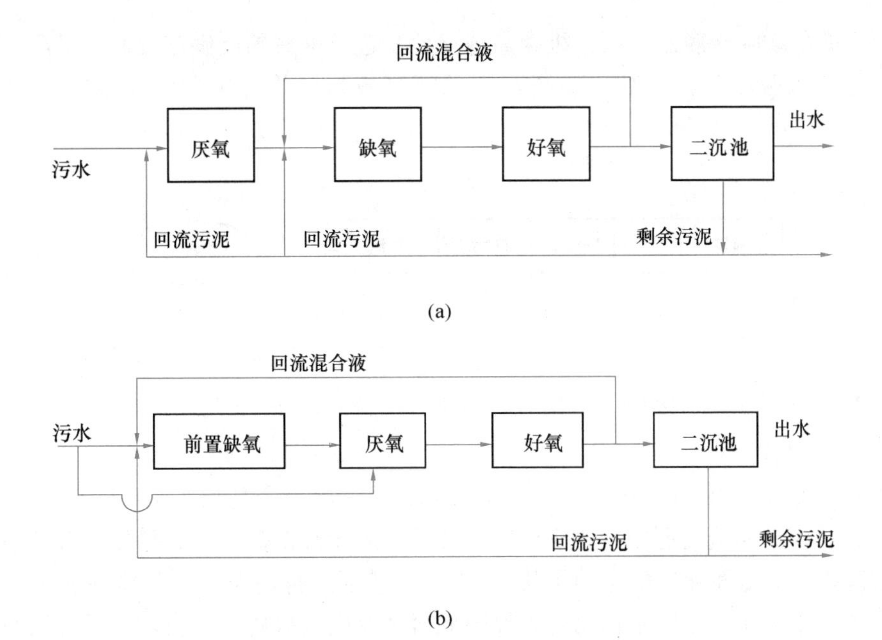

图 18-62　A/A/O 工艺的改进流程

其前端增加一级厌氧段，改进为 Phoredox 工艺（或称改进的 Bardenpho 工艺，图 18-64）。这种工艺在南非、美国及加拿大有着广泛的应用。

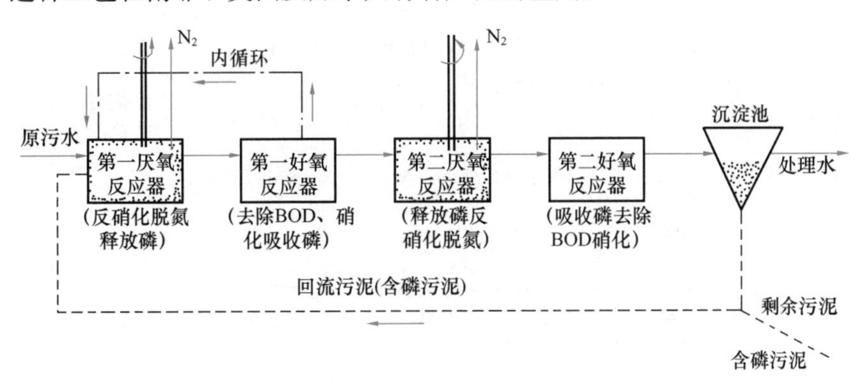

图 18-63　Bardenpho 工艺

Bardenpho 工艺由 4 池（段）串联，污水中的 NO_3^- 经 2 次反硝化，反应已相当完全，回流到第一池（段）的含磷污泥中 NO_3^- 浓度非常低，不会干扰厌氧释磷，因此脱氮除磷效果较好，剩余污泥中磷含量高达 4%～6%。缺点是水力停留时间太长。据报道，在 *HRT*（水力停留时间）依次为 3、7、4、1h 的情况下，对于 COD 为 340mg/L、TKN 为 81mg/L 的污水，经处理后 COD 为 35mg/L、TKN 为 1.6mg/L、PO_4^{3-} 小于 1.0mg/L。

（3）Phoredox 工艺（改进的 Bardenpho 工艺）

Phoredox 工艺由 5 池（段）串联，回流污泥与原污水在厌氧池内完全混合。接下来是两组硝化与反硝化池，在这两组池内将完成彻底的反硝化作用，这样回流污泥中就不会含有硝酸盐与亚硝酸盐。这种工艺的除磷稳定性优于 Bardenpho 工艺，特别适合于低负荷污水处理厂的生物除磷脱氮。第二级缺氧池（段）进行彻底的反硝化脱氮，最后一级好氧池（段）可以吹脱氮气，有利于提高污泥的沉降效果，并防止污泥在最终沉淀池中释放磷。

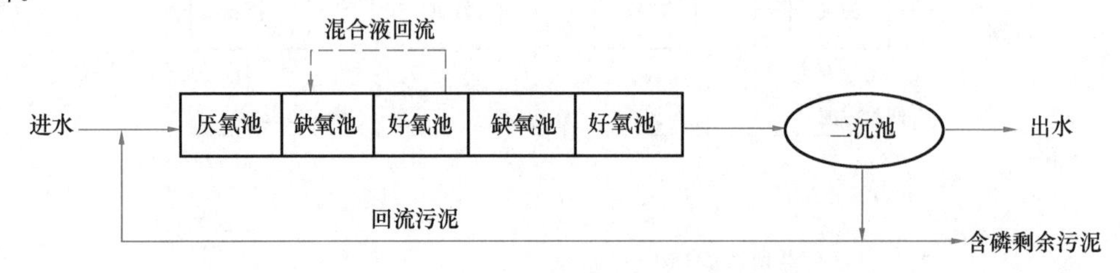

图 18-64　改进的 Bardenpho 工艺（phoredox 工艺）

（4）UCT 工艺

南非的开普敦大学（University of Capetown）于 1970 年提出了 UCT 工艺（图 18-65 和图 18-66）。因为回流污泥中很难 100%地保证不含有硝酸盐及亚硝酸盐，为了彻底排除在磷释放池内硝酸盐及亚硝酸盐的干扰，UCT 工艺不是将污泥回流到磷释放池，而是回流到其后的反硝化池。在反硝化池内脱除硝酸盐及亚硝酸盐后，再引入磷释放池与原污水混合，接下来是一组硝化与反硝化池，本工艺包括两个内循环过程。该工艺适合于低的 COD/TKN。

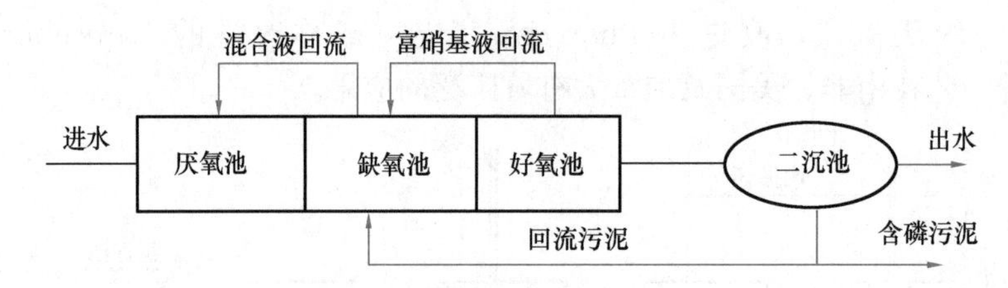

图 18-65　UCT（University of Capetown）工艺

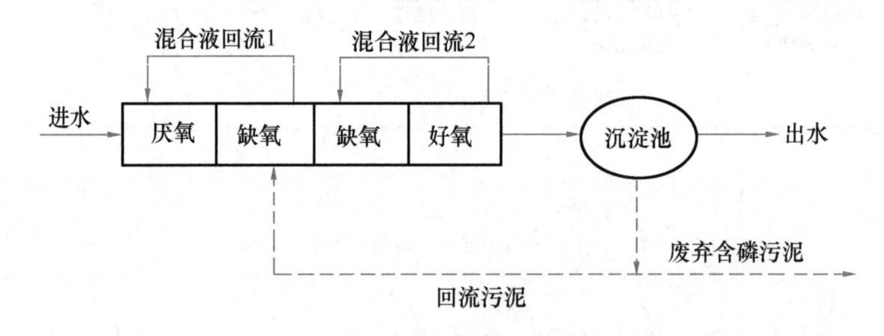

图 18-66　改良 UCT 工艺

（5）VIP（Virginia Initiative Plant）工艺

VIP 工艺是美国弗吉尼亚州于 20 世纪 80 年代末开发的，工艺流程与 A/A/O 相似，区别在于两者内循环不同，VIP 工艺的回流污泥和好氧池硝化液一并进入缺氧池始端，缺氧池混合液则回流到厌氧池始端，如图 18-67 所示。该工艺在我国污水处理厂建设中已有应用。

（6）生物除磷新概念——反硝化除磷

迄今为止，国际学术界普遍认可和接受的生物除磷理论均基于聚磷菌 PAO 的好氧吸

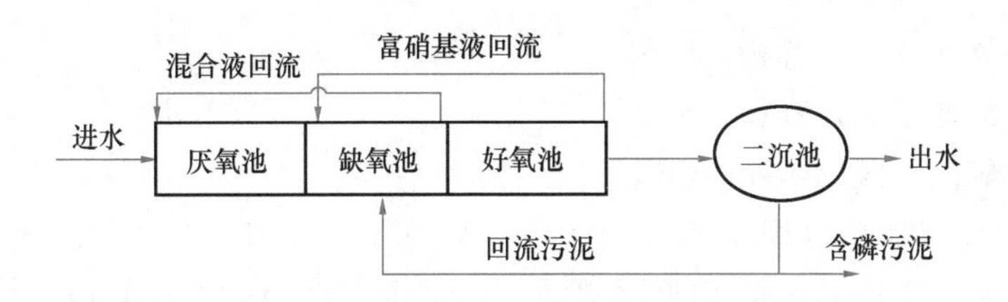

图 18-67　VIP 工艺

磷和厌氧释磷原理。但是，近年来许多研究发现，在厌氧、缺氧、好氧交替的环境下，活性污泥中除了以游离氧为电子受体的聚磷菌 PAO 外，还存在一种反硝化聚磷菌（Denitrifying Phosphorus Removing Bacteria，简称 DPB）。DPB 能在缺氧环境下以硝酸盐为电子受体，在进行反硝化脱氮反应的同时过量摄取磷，从而使摄磷和反硝化脱氮这两个传统观念认为互相矛盾的过程能在同一反应器内一并完成。其结果不仅减少了脱氮对碳源（COD）的需要量，而且摄磷在缺氧区内完成可缩小曝气池的体积，节省曝气的能源消耗。此外，产生的剩余污泥量亦有望降低。

20 世纪最后几年，荷兰、意大利、捷克等国对反硝化除磷工艺的基础性研究和工程性应用做了许多工作。虽然至今对其机理仍不甚明了，但在工程上却已得到良好的应用。图 18-68 所示的 Dephanox 工艺采用固定膜硝化及交替厌氧和缺氧的流程。世代时间长的硝化细菌固定在生物膜上，不随回流污泥暴露在缺氧条件下。交替厌氧和缺氧则为缺氧摄磷提供了条件，实测结果表明，DPB 的除磷效果相当于总除磷量的 50%。与传统工艺相比，采用反硝化除磷可节省 COD30%（用于处理生活污水时）。

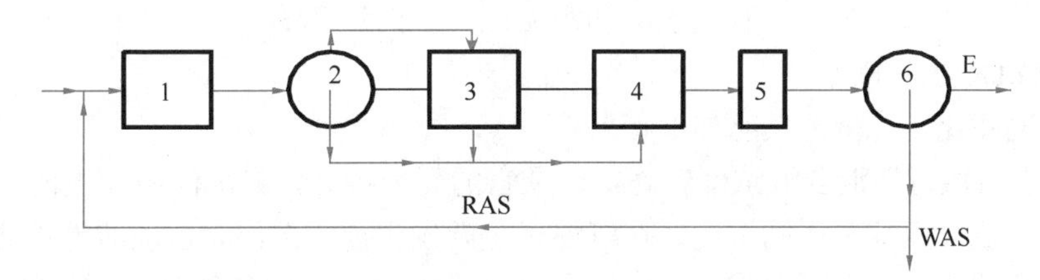

图 18-68　Dephanox 反硝化除磷工艺流程图

1—厌氧阶段；2—沉淀池；3—固定膜硝化反应器；4—反硝化摄磷；5—后曝气；6—终沉池；E—出流；RAS—回流污泥；WAS—剩余污泥

2. A/A/O 工艺的设计计算

本节以 A/A/O 工艺为例，说明同步脱氮除磷工艺的设计计算方法。

如前所述，当污水 BOD_5 ∶TKN≥4 时，反硝化脱氮效果较好；当 BOD_5 ∶TP≥17 时，能保证满意的除磷效果。因此，同步脱氮除磷 A/A/O 工艺应同时满足这两个条件。

计算时，可采用污泥负荷法式（18-53）或泥龄法式（18-57）计算生物反应池总容积 V。式中主要设计参数，宜根据试验资料确定；无试验资料时，可采用经验数据或按表 22-5 的参数取值。

厌氧池（区）容积 V_{AP}、缺氧池（区）容积 V_{AN}、好氧池（区）容积 V_O 按下式计算。

$$V = V_O + V_{AN} + V_{AP} \tag{18-74}$$

式中　V——生物反应池总容积，m^3；

V_O——好氧池（区）容积，m^3；

V_{AN}——缺氧池（区）容积，m^3；

V_{AP}——厌氧池（区）容积，m^3。

计算出生物反应池总容积V后，按$V_{AP}:V_O=1:2\sim1:3$计算厌氧池（区）容积V_{AP}和好氧池（区）容积V_O；或根据厌氧池（区）水力停留时间经验值计算缺氧池（区）容积V_{AP}，然后计算好氧池（区）容积V_O。

按水力停留时间计算厌氧池（区）容积的公式如下：

$$V_{AP}=\frac{t_P Q}{24} \tag{18-75}$$

式中　t_P——厌氧池（区）水力停留时间，h；宜为1～2h（若t_P小于1h，磷释放不完全，会影响磷的去除率；但t_P过长亦不经济，综合考虑除磷效率和经济性，取$t_P=1\sim2$h）。

脱氮和除磷对泥龄、污泥负荷和好氧停留时间的要求是相反的。在需同时脱氮除磷时，综合考虑泥龄的影响后，可取10～20d。

18.8　二次沉淀池

二次沉淀池和曝气池是活性污泥法系统中不可分割的组合体，二沉池的运行正常与否，直接关系到整个活性污泥法运行系统的稳定。二沉池除了对曝气池混合液进行固液分离和澄清之外，还承担着污泥浓缩和回流的功能。二沉池设计计算的主要内容包括池型选择，沉淀池的表面积、个数、有效水深和污泥区容积的计算等。

1. 二次沉淀池的特点

与初沉池相比，二沉池具有如下特点：

(1) 由于活性污泥混合液浓度较高，以及它的凝聚特性，二沉池中发生的沉淀类型包括絮凝沉淀、成层沉淀和压缩沉淀。在沉淀区主要发生成层沉淀，沉淀时泥水之间有清晰的界面，絮凝体成整体向下沉淀。污泥区主要发生压缩沉淀，表现为污泥浓度的增加。

(2) 活性污泥的相对密度较小，易被出水带走，并容易产生二次流和异重流现象。污水二级处理工艺中，二沉池的出水经消毒后作为最终排放出水，对澄清要求高。因此，二沉池的设计采用较小的表面负荷和堰口流速，较大的沉淀水深和停留时间。

(3) 二沉池除了泥水分离的作用外，还要对沉淀污泥进行浓缩。因此，沉淀池污泥区的设计还要满足污泥浓缩和回流的要求。

2. 二次沉淀池池型选择及构造要求

从理论上而言，辐流式、平流式及竖流式沉淀池都可用作二次沉淀池。由于污水处理厂规模一般较大，采用竖流式沉淀池会使池数过多，给运行带来很多不利。因此，除小型活性污泥法处理工程外，一般污水处理厂很少采用竖流式沉淀池。平流式沉淀池流态和沉淀效果好，但其池形较长，给污水处理厂的布置带来一定困难，采用较少。辐流式沉淀池在活性污泥法污水处理厂中使用较多，有可供参照的成熟运行经验和设计参数，在目前以经验法为主的设计环境下，是采用最多的池型。中心进水周边出水、周边进水周边出水的辐流式沉淀池都得到了广泛使用。

二沉池在构造上，要求进水区的构造有利于混合液快速形成较大的絮体，以避免质量较轻的活性污泥絮体随水带出，提高出水水质。另外，来自曝气池的活性污泥混合液是泥、水、气三相混合体，沉淀池在构造要能形成有利于气、水分离的流态，提高澄清区的分离效果。这些都是二沉池设计在构造上要考虑的重要因素。

3. 二次沉淀池的设计计算

二次沉淀池的设计计算方法及设计参数的选用见第 16 章。

18.9 活性污泥法系统的运行管理

18.9.1 活性污泥的培养及驯化

活性污泥法处理系统的试运行包括活性污泥的培养、运行参数的确定和运行管理制度的建立与完善。通过试运行，系统达到设计要求，出水水质达到设计标准，通过主管部门的验收后，可以进入正常运行阶段。

活性污泥的培养是活性污泥系统试运行的主要工作，对含有工业废水的活性污泥处理系统还要对微生物进行驯化。培养的方法有直接培养法、接种培养法及接种驯化法，下面予以简要介绍。

1. 直接培养法

在以生活污水为主的城市污水中，菌种和微生物所需的营养物具备。因此，在气候温暖的季节，可以采用不投加菌种直接进行培养的方法。直接培养法一般又分间歇培养和连续培养。

(1) 间歇培养

先将曝气池充满污水，曝气 1～2d 停止曝气，静置沉淀 1h 左右，排除部分上清液(一般为 20%～30%)，再充满污水进行曝气。如此反复进行曝气－沉淀－排水－进水的循环操作过程。培养过程中，曝气时间逐步减少，进水量逐步提高。一般经过 10～15 天后，SV%可以达到 15%～20%，MLSS 达到 1mg/L 左右。这时，可以停止间歇培养，改为小流量连续进水，并开始污泥回流，少量排除老化污泥。根据污泥量的增长情况和处理效果，逐渐提高进水量，直至进水流量和处理效果达到设计要求时，整个培养过程完成。

(2) 连续培养

同间歇培养一样，先将曝气池充满污水，曝气 1～2d 后，就开始小流量连续进水，污泥小比例回流，少量排除剩余污泥。然后逐步提高水量，直至进水流量和处理效果达到设计要求。

2. 接种培养法

为了加快活性污泥的培养过程，或在气候寒冷的季节，可以采用投加菌种的方法，提高培养速率。接种培养法一般就近取用污水性质类似的污泥菌种，投入充满污水的曝气池，并按连续培养的方法运行，直至培养完成。为减少运输工作量和投放污泥菌种的方便，经常以经机械脱水后的新鲜污泥作为菌种，可以减少运输费用和操作难度。

3. 污泥驯化

含有工业废水的城市污水微生物驯化可与菌种培养过程同步进行，即在培养过程中，减缓进水量的递增速度，使活性污泥微生物群体逐渐形成能代谢特定工业废水的酶系统。

对于工业废水或基本以工业废水为主的城市污水，需要采用异步驯化的方法，即在活性污泥培养成熟之后，逐步在进水中加入并逐渐增加工业废水的比例，使微生物在逐渐适应新的生活条件下得到驯化。在驯化过程中，能分解工业废水的微生物得到增长繁殖，不能适应的微生物被淘汰，从而使驯化过的活性污泥具有处理某种工业废水的能力。投加性质类似的工业废水处理系统的生物菌种（污泥），可以加快驯化过程，取得处理效率高的专性优势菌群。

18.9.2 活性污泥运行过程的检测与控制

活性污泥法系统完成试运行，进入正常运行阶段之后，需要对系统的运行过程进行有规律的检测和控制。主要的常规检测和控制指标见表 18-8。

活性污泥运行中检测和控制的主要项目　　表 18-8

类　别	检测与控制项目
运行基本参数	进水流量、污泥负荷、回流污泥流量、剩余污泥量、动力设备电耗等
活性污泥状态	污泥浓度、污泥沉降比、污泥指数、微生物镜检等
环境条件	pH、溶解氧、水温、溶解氧、氮、磷等
处理效果	进出水 COD、BOD_5、SS、氨氮、磷及不同类型废水的特征控制指标

随着自控技术的发展和广泛应用，有更多的项目可以实现自动检测和在线控制。

18.9.3 丝状菌膨胀及其控制

正常的活性污泥沉降性能良好，其污泥体积指数 SVI 在 50～150 之间。当污泥 SVI 值升高，污泥体积膨胀，上层澄清液减少，污泥就不易沉淀，即发生活性污泥膨胀。膨胀污泥不易沉淀，容易流失，既降低处理后的出水水质，又造成回流污泥量的不足，如不及时加以控制，就会使系统中的污泥量越来越少，从根本上破坏曝气池的稳定运行。

丝状菌性膨胀是污泥中的丝状菌过度增长繁殖的结果。活性污泥中的微生物是一个以细菌为主的群体。正常的活性污泥是由细菌形成的菌胶团。在异常情况下，丝状菌大量出现，使活性污泥中菌胶团受到破坏，从而使 SVI 增高，发生所谓丝状菌膨胀。据荷兰和前联邦德国学者的调查研究，已从膨胀污泥中分离出一百多种丝状菌，其中常见的有数十种。根据上海市污水处理厂的调查，发现膨胀污泥中主要是以浮游球衣细菌为代表的有鞘细菌和以丝硫细菌为代表的硫细菌。

造成污泥丝状膨胀的主要因素如下：

(1) 污水水质　研究结果表明，污水水质是造成污泥膨胀的最主要因素。含溶解性碳水化合物高的污水往往发生浮游球衣细菌引起的丝状菌膨胀，含硫化物高的污水往往发生由硫细菌引起的丝状菌膨胀。污水的水温和 pH 对污泥膨胀也有明显的影响。水温低于 15℃时，一般不易发生丝状菌膨胀。pH 较低时，则容易产生丝状菌膨胀。

有的研究认为，污水中碳、氮、磷的比例对发生丝状菌膨胀影响较大，氮和磷不足都易发生丝状菌膨胀。但也有研究结果表明，含氮太高促使了污泥膨胀，在试验室的研究也表明，如以葡萄糖和牛肉膏为主配制人工污水进行试验，则无论碳、氮、磷的比例是高或低，都会产生严重的污泥膨胀。

(2) 运行条件　曝气池的负荷和溶解氧浓度都会影响污泥膨胀。曝气池中的污泥负荷较高时，容易发生污泥膨胀。但影响污泥丝状菌膨胀的最主要因素是水质而不是污泥负荷。对某些污水，不论污泥负荷较高或较低都易发生污泥丝状菌膨胀。对某些污水则相反，污泥负荷较高或较低都不会发生污泥丝状菌膨胀。污泥负荷对污泥膨胀在一定条件下有一定的影响而无必然的联系。关于溶解氧浓度的影响，多数资料表明，溶解氧浓度低时，容易发生由浮游球衣细菌和丝硫细菌引起的丝状菌膨胀。试验证实，对于含硫化物高的污水，不论曝气池中的溶解氧浓度低或高都易产生由硫细菌过度繁殖引起的丝状菌膨胀。不过，在溶解氧低时，污泥中占优势的是丝硫菌。

（3）工艺方法　研究和调查表明，完全混合的工艺方法比传统的推流方式较易发生丝状菌膨胀，而间歇运行的曝气池最不容易发生污泥膨胀。不设初次沉淀池的活性污泥法，SVI 值较低，不容易发生污泥膨胀。叶轮式机械曝气较之鼓风曝气易于发生丝状菌性膨胀。射流吸气的供氧方式可以有效地克服浮游球衣细菌引起的丝状菌膨胀。

丝状菌膨胀的控制方法主要有采用化学药剂杀灭丝状菌、改变进水方式及流态、控制曝气池溶解氧浓度、调节污水的营养配比等。其中，环境调控法是目前较为有效的丝状菌膨胀控制方法，其主要是通过对曝气池环境的控制，造成有利于菌胶团细菌生长的环境条件，应用生物竞争的机制抑制丝状菌的过度生长和繁殖，从而控制丝状菌膨胀的发生。近几年得到快速发展和应用的生物选择器工艺，可以控制丝状菌膨胀就是基于这一原理。SBR 工艺及其改良工艺 CASS 等都不易发生丝状菌膨胀，这也证明了改变运行工艺条件，是控制丝状菌膨胀的有效途径。

18.9.4　活性污泥法运行中的异常情况

活性污泥法处理系统运行中，由于水质变化、操作运行等原因，会出现种种异常情况，直接影响系统的正常运行。几种常见的异常现象和应对措施见表 18-9 简要介绍。

传统活性污泥系统运行常见异常情况及对策　　表 18-9

异常情况	主要现象	可能原因及应对措施
污泥膨胀	SVI 异常增高，污泥松散，二沉池污泥不易沉降	1. 丝状菌膨胀，见 18.7.3 介绍 2. 冲击负荷、环境条件变化、F/M 比不合理等，导致污泥结构破坏或发生松散 找出引起膨胀的具体因素并加以调整，消除不利影响
污泥上浮	二沉池大块污泥上浮	1. 污泥泥龄过长、硝化进程较高、在二沉池底部发生反硝化，产生的氮气附于污泥上，使污泥成块上浮 采取及时排泥、缩短泥龄及降低溶氧浓度等对应措施，消除起因 2. 机械曝气中，曝气过度，搅拌过于激烈，大量小气泡粘附聚于污泥絮凝体上 合理控制曝气强度，恢复污泥性能，脱除微小气泡
污泥腐化	二沉池腐化污泥上浮，伴有恶臭	二沉池泥斗长期积泥，污泥厌氧发酵产生 H_2S、CH_4 等气体，顶托污泥腐化上浮 消除泥斗不合理构造，清除积泥死角，加强池底刮泥（排泥），不使污泥滞留于池底
污泥解体	污泥絮体细小，出水浑浊，去除率降低	1. 有毒物质进入系统，微生物受到毒害，污泥失去活性导致解体 查明原因，有毒有害废水进行预处理后进入 2. 曝气过量，活性污泥微生物的营养平衡破坏，微生物量减少并失去活性 控制好运行条件，恢复活性污泥形成的正常条件

续表

异常情况	主 要 现 象	可能原因及应对措施
泡沫覆盖	曝气池上堆积覆盖大量泡沫	大量表面活性剂进入曝气池 查明非正常表面活性剂来源，控制其入流，采取喷水消泡，投加消泡剂等

思考题与习题

1. 活性污泥法的基本原理和基本流程是什么？活性污泥法处理系统有哪些特点？

2. 活性污泥由哪几部分组成？评价活性污泥法的指标有哪些，其各自的含义是什么？

3. 活性污泥法污水处理由哪两个过程组成？有机物的去除过程是如何完成的？

4. 活性污泥法有机物降解与营养物有何关系？营养不足时应如何处理？

5. 水温对活性污泥法系统有哪些影响？

6. 试论活性污泥负荷、泥龄与各工艺参数的关系。

7. 活性污泥法常用的曝气设备有哪些？各有什么特点？

8. 如何计算活性污泥法的需氧量、供氧量及曝气设备？

9. 影响活性污泥法曝气氧传递的主要因素有哪些？

10. 推流式和完全混合式活性污泥法各有什么特点？

11. 试述活性污泥法主要运行方式的特点。

12. 分析曝气区容积的两种设计计算方法的特点。

13. 采用污泥负荷为曝气区容积的设计参数时，应如何确定污泥负荷和污泥浓度？

14. 某活性污泥法污水处理厂采用传统活性污泥法工艺，设计流量 2000m^3/h，原水 BOD_5浓度为 250mg/L，初沉池 BOD_5去除率 30％，曝气池 MLSS＝2400mg/L，出水 SS＝20mg/L；设计污泥负荷 L_s＝0.2kg BOD_5/（kg MLSS・d），回流污泥浓度 MLSS＝4800mg/L，每日排放剩余污泥量 300m^3，请计算曝气池容积、回流污泥比、每日污泥净增量和污泥泥龄。

15. 试述污水生物脱氮过程的原理，氨化、硝化、反硝化在污水生物脱氮过程中的作用及其碱度的变化。

16. 影响生物脱氮的主要因素有哪些？说明它们对生物脱氮过程的影响表现在哪些方面。

17. 绘图说明 A_NO 脱氮工艺的流程与原理。简述如何确定其主要设计参数。

18. 通过检索资料，阐述你对近年来出现的脱氮新工艺的看法（不限于本教材所列举的新工艺）。

19. 化学法除磷与生物法除磷相比有哪些特点？

20. 试述生物除磷的原理和环境条件。

21. 有哪些同步脱氮除磷工艺？绘图说明 A/A/O 工艺的流程与原理。

22. 简述你所了解的反硝化除磷工艺及其原理。

23. 二沉池的功能与一般沉淀池有什么不同？如何正确设计二沉池？

24. 什么叫污泥膨胀？引起污泥膨胀的主要原因是什么？

第19章　生　物　膜　法

生物膜处理法，简称生物膜法，与活性污泥法同属污水的好氧生物处理技术。生物膜法和活性污泥法的净化机理相同，都是利用微生物净化污水中的有机污染物。两者主要区别在于生物反应器中微生物的生长方式不同。在活性污泥法中，微生物以活性污泥絮体的形式悬浮生长在所要处理的污水中，所需氧气来自水中。在生物膜法中，微生物附着生长在填料或载体的表面上，形成生物膜，污水与生物膜相接触而得到净化，所需氧气一般直接来自大气，如生物滤池、生物转盘等早期的生物膜法。

活性污泥法可以看做水体自然净化的人工强化与工程化，生物膜法则可认为是模仿土壤的自净过程，是污水灌溉和土地处理的人工强化。生物膜法很早就被应用于污水的生物处理，早在1889年，美国马萨诸塞州Lawrence试验站首次采用砾石填料进行了试验，四年以后，英国人科贝特（Corbett）在索尔福城（Salford）创建了世界上第一座具有喷嘴布水装置的生物滤池。从那以后，生物滤池广泛应用于世界各国的污水处理工程。20世纪前半叶，生物滤池在欧美国家得到了大规模的工程应用，成为美国使用最为普遍的生物处理工艺。随着对生物膜工艺的深入理解，新型填料（载体）和新型工艺的采用，以及工程经验的不断积累，生物膜法得到进一步的改进和提高。现已发展出了利用微生物自身固化特性而无需外加填料（载体）的好氧颗粒污泥工艺。

生物膜法既是古老的，又是处在不断发展过程中的污水处理技术。在生物膜法中，通过人工强化技术将生物膜引入到处理污水的反应器中便形成了生物膜反应器。广义而论，凡是在污水生物处理中引入微生物附着生长载体（如滤料、填料等）的反应器，均可定义为生物膜反应器。生物膜反应器的主要类型有较早发展起来的生物滤池（Trickling Filter，也称滴滤池，包括普通生物滤池、高负荷生物滤池、塔式生物滤池），较晚发展起来的生物转盘（Rotating Biological Contactor）、生物接触氧化池（Submerged Biofilm Reactor）和生物流化床（Fluidized-bed Bioreactor），以及近期发展起来的曝气生物滤池（Biological Aerated Filter）。移动床生物膜反应器（Moving Bed Biofilm Reactor），序批式生物膜反应器（Sequencing Batch Biofilm Reactor）和复合式活性污泥生物膜反应器（Hybird Activated sludge-Biofilm Reactor）等。

19.1　生物膜法的基本概念

19.1.1　生物膜法的基本流程

生物膜法处理系统的基本流程如图19-1所示。污水如含有较多的悬浮固体，应先用初沉池去除大部分悬浮固体后再进入生物膜法反应器，以免引起堵塞，并减轻其负荷。生物膜法反应器中老化的生物膜不断脱落下来，随水流入二次沉淀池被沉淀去除。当进水有机物浓度较高时，生物膜增长较快，常采用出水回流，以稀释进水有机物浓度和提高反应器的水力负荷，加大水流对生物膜的冲刷作用，更新生物膜，防止其过量积累，从而维持良好的生物膜活性和适当的膜厚度。

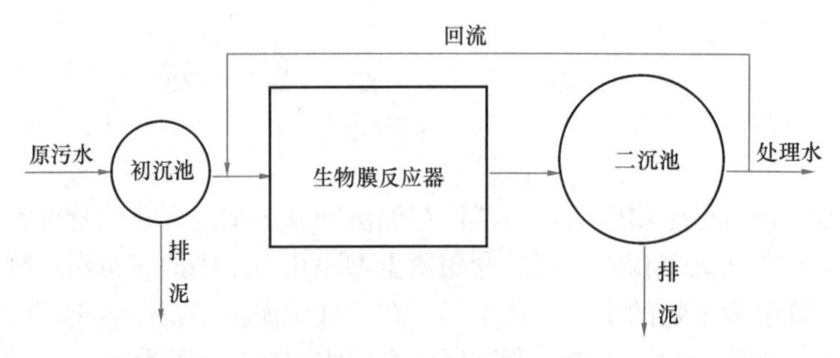

图 19-1 生物膜法基本流程

19.1.2 生物膜的形成与污水净化过程

当含有有机营养物的污水通过生物膜反应器，与反应器中填料（滤料）表面相接触时，在充分供氧条件下，微生物就可摄取污水中的有机物进行降解和代谢有机物的生命活动，在填料表面生长繁殖。随着时间的增长，污水同填料表面微生物不断接触，微生物增殖越来越多，并逐渐在填料表面形成了具有大量微生物群的黏液状膜，即生物膜，如图19-2 所示。这个起始阶段通常叫“挂膜”，成熟的生物膜由细菌（好氧、厌氧、兼性）、真菌、藻类、原生动物、后生动物以及一些肉眼可见的蠕虫、昆虫的幼虫等组成，其厚度约 2mm，形成有机污染物—细菌—原生动物（后生动物）的食物链。

以生物滤池为例，当污水通过布水设备连续地、均匀地喷洒到滤床表面，在重力作用下，污水以水滴的形式向下渗沥，或以波状薄膜的形式向下渗流。从图 19-2 可见，在生物膜内层与外层、生物膜与水层之间进行着多种物质的传递过程。空气中的氧溶解于流动水层中，然后通过附着水层传递给生物膜，供微生物呼吸。污水中有机污染物则由流动水层传递给附着水层，然后进入生物膜，并通过微生物的代谢活动而被降解，终点产物是H_2O、CO_2、NH_3等。微生物的代谢产物如 H_2O 等通过附着水层进入流动水层，并随其排走。而CO_2和厌氧层分解产物如 H_2S、NH_3以及 CH_4等气态产物则从水层逸散至空气中。成熟滤床中，在微生物的作用下，生物膜表面上的附着水中的有机物，已被生物膜所吸附、吸收和水解氧化，其水质与进水相比有很大改善，稳定得多，成为后续进水的稀释水。这样，向下渗流的进水与附着水相混合后，水中有机物的浓度低于进水，即降低了原污水中的有机物浓度，并增加了附着水中有机物浓度，同时部分生物膜的代谢物可随水流排出。由此，滤床既完成了处理污水的任务，又排除了代谢产物，为滤床持续工作创造了条件。

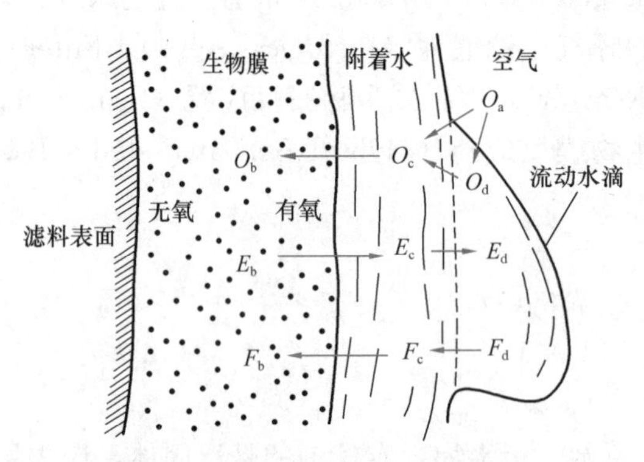

图 19-2 生物膜净化污水的过程

O—氧气；F—养料；E—分解产物；

a—空气；b—生物膜；c—附着水；d—流动水滴

因为生物膜上充满微生物，养料的需要量很大，在下一次进水来临之前（滤床各局部的进水是间歇的，进水的时间较短，不进水的时间较长)，附着水中的有机物又将回到低水平，重新具有稀释进水的能力。当然，在进水时，生物膜的吸附、吸收和分解氧化是始终存在的，而且吸附和吸收的速率可能极快。最后，经生物膜净化处理后的污水到达排水系统，流出滤池。

由于微生物的不断的繁殖，生物膜逐渐增厚，其构成亦发生变化。生物膜表层由于比较容易吸取营养和溶解氧，形成由好氧和兼性微生物组成的好氧层。而生物膜内部则由于缺乏氧和营养物，容易发生内源代谢，或形成由厌氧和兼性微生物组成的厌氧层，对有机物进行厌氧代谢，终点产物为有机酸、乙醇、醛和 H_2S 等。随着生物膜的增厚和外伸，内源代谢越显著，厌氧层也随之变厚，厌氧代谢产物大量积累并破坏好氧层生态系统的稳定状态，生物膜逐渐失去对滤料粘附性能，呈老化状态而自然脱落，并开始增长新的生物膜。

在生物膜反应器中，生物膜的增长、脱落和更新不断周而复始循环不已，其脱落的速度与有机负荷和水力负荷有关。在低负荷生物滤池中，造成生物膜脱落的原因可能更复杂些，除了上述的老化自然脱落外，昆虫及其幼虫的活动也可能促进生物膜脱落。在高负荷滤池中，因滤率高，靠着水力冲刷使生物膜不断脱落和被冲走，生物膜的厚度与滤率的大小有关。脱落生物膜的稳定性随滤池的性能而异：低负荷滤池脱落的生物膜呈深棕色，有些类似腐殖质，沉淀性能较好，稳定程度较高；高负荷滤池脱落的生物膜则活性较强，易于腐化。生物膜处理工艺中的生物膜就是通过上述周期性的生长—脱落—生长而保持其稳定有效的氧化降解污水中有机物的功能的。

19.1.3 生物膜的生物相

附着生长于生物膜上的微生物，不像活性污泥那样需承受强烈的搅拌冲击，其栖息、繁衍的环境相对比较安静稳定，宜于生长增殖。微生物生物膜固定附着在滤料或填料上，其生物固体平均停留时间（污泥龄）较长，因此硝化菌等世代时间较长的微生物在生物膜上也能够生长。在生物膜上还可能大量出现丝状菌，而且不会产生活性污泥法中令人头痛的污泥膨胀问题。生物膜内层可能出现厌氧和兼性微生物，对有机物进行厌氧代谢。此外，线虫类、轮虫类以及寡毛虫类的微型动物出现的频率也较高，在生物滤池上，甚至能够生长滤池蝇这样的昆虫类生物。在日光照射到的部位还能够出现藻类。

可见，在生物膜上形成的食物链要长于活性污泥上的食物链，在捕食性纤毛虫、轮虫类、线虫类之上还栖息着寡毛虫类和昆虫，因此，生物膜处理系统内产生的污泥量少于活性污泥处理系统产生的。

表 19-1 对生物膜和活性污泥上出现的微生物类型和数量进行了比较。

微生物类型和数量的比较　　表 19-1

微生物种类	活性污泥法	生物膜法
细菌	＋＋＋＋	＋＋＋＋
真菌	＋＋	＋＋＋
藻类	－	＋＋
鞭毛虫	＋＋	＋＋＋
肉足虫	＋＋	＋＋＋
纤毛虫缘毛虫	＋＋＋＋	＋＋＋＋
纤毛虫吸管虫	＋	＋
其他纤毛虫	＋＋	＋＋＋

续表

微生物种类	活性污泥法	生物膜法
轮虫	+	+++
线虫	+	++
寡毛虫	-	++
其他后生动物	-	+
昆虫类	-	++

综上所述，可将生物膜上微生物相的特点归纳如下：

（1）种属繁多，食物链长，污泥产率低。

据大量的工程实际数据证实，生物膜处理法产生的污泥量较活性污泥处理系统一般少1/4左右。

（2）有利于硝化菌和应硝化菌的存活和脱氧功能的发挥。

硝化菌和亚硝化菌的世代时间都比较长（如亚硝化单胞菌属 *Nitrosomonas* 和硝化杆菌属 *Nitrobacter* 的比增殖速度分别为 $0.21d^{-1}$ 和 $1.12d^{-1}$），在低污泥龄的活性污泥法处理系统中难以存活。而在生物膜处理法中，其较长的生物固体平均停留时间，有利于硝化菌和亚硝化菌的繁衍、增殖，且由于生物膜内部存在缺氧区，有利于反硝化菌生长，采用适当的运行方式，还可实现硝化反硝化的脱氮过程。

19.1.4 生物膜反应器的填料

为生物膜提供附着生长固定表面的材料称为填料（或滤料、载体）。从生物膜反应器的工艺要求进行分析，理想的生物膜填料应具备下述特性：

（1）能为微生物附着生长提供较高的比表面积（单位容积填料所具有的表面积），从而使填料保持较高的微生物量，而微生物量是控制生物反应器工作效能的重要参数；

（2）填料表面性质易于微生物挂膜和附着，并利于污水均匀流动；

（3）有足够的空隙率（填料空隙占填料总体积的百分率），保证通风（即保证氧的供给）和使脱落的生物膜能随水流出；

（4）不被微生物分解，也不抑制微生物生长，有较好的物理、化学稳定性和热力学稳定性；

（5）材质轻而机械强度高；

（6）价格低廉，取材方便。

生物膜填料对生物膜法的性能特征以及工艺发展具有重要的影响。早期的生物滤池主要以拳状碎石、碎钢渣、焦炭等无机性天然材料作为填料，其粒径在3～8cm之间，空隙率在45%～50%左右，比表面积（可附着面积）在65～100m^2/m^3之间，如图19-3（a）所示。这类滤料粒径越小，滤床的可附着面积越大，则生物膜的面积将越大，滤床的工作能力也越大。但粒径越小，空隙就越小，滤床越易被生物膜堵塞，滤床的通风也越差。该类填料普遍具有机械强度高、性质相对稳定的特点，但比表面积较小，空隙率较低，且材质太重，导致生物滤池的负荷较低，占地面积较大，在工程应用上受到很大局限。

近几十年来，随着新型有机合成材料的生产和应用，生物膜处理系统日益广泛地采用各种性能优越的轻质塑料填料，如波纹板状、蜂窝状和列管状塑料填料，比表面积可达200m^2/m^3左右，空隙率可达95%左右，见图19-3（b）～图19-3（f）和表19-2。这些新型填料对于生物转盘、生物接触氧化池、生物流化床和曝气生物滤池等各类生物膜法新工

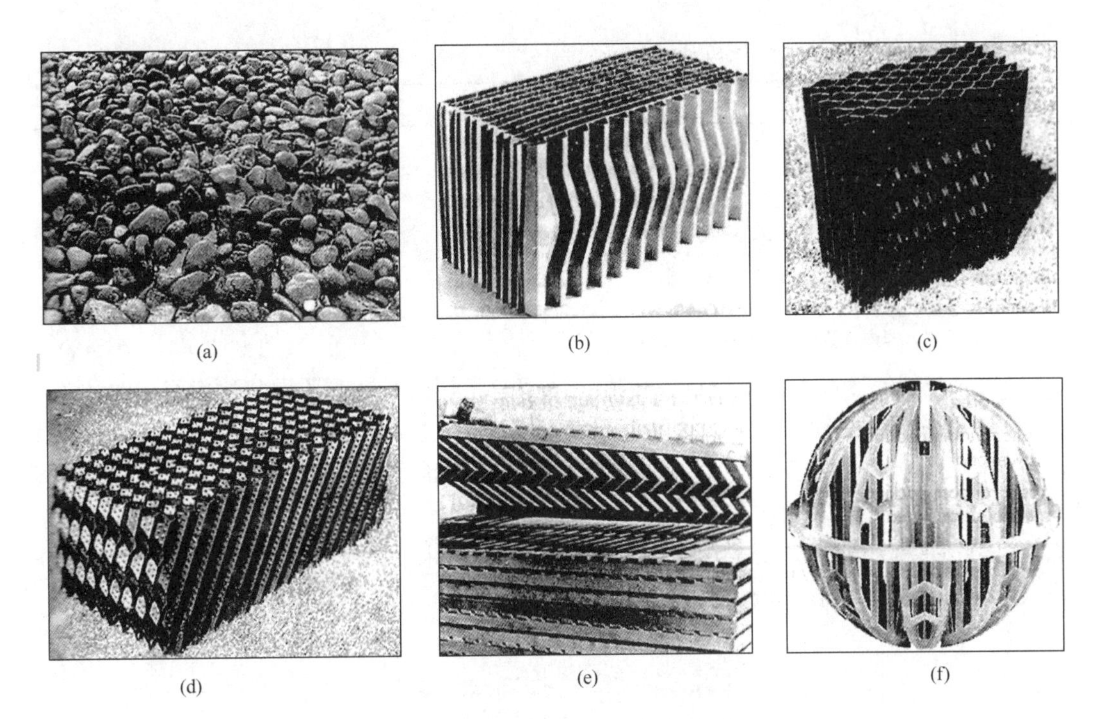

图 19-3 生物滤池典型的填料类型

（a）拳状碎石填料；（b）列管状塑料填料；（c）蜂窝状塑料填料；
（d）交错式塑料填料；（e）木制填料；（f）空心球填料

艺的发展和应用具有决定性的作用。

塑料填料各项特征和参数　　表 19-2

形状	种类	特性和排列	比表面积(m^2/m^3)	空隙率(%)
波纹	"Flocor"①	塑料薄板制成 1×1×0.6m	85①	98
	"Surfpac"	聚苯乙烯薄片做成紧密装填 1×1×0.55m	187	94
管式	"Cloisonyle"	塑料管状连续，长度方向与水平成直角排列	220	94

续表

形状	种类	特性和排列	比表面积(m^2/m^3)	空隙率(%)
蜂窝	"Surfpac"	聚苯乙烯薄片 1×1×0.55m	82	94

①Flocor 填料，国内计算比表面积为 $110m^2/m^3$。

生物滤池的滤床高度同填料的密度和空隙率有密切关系。石质拳状滤料组成的滤床高度一般在 1～2.5m 之间。一方面由于空隙率低，滤床过高会影响通风；另一方面由于太重（每 m^3 石质滤料重达 1.1～1.4t），滤床过高将影响排水系统和滤池基础的结构。而塑料滤料每立方米仅重 100kg 左右，空隙率则高达 93%～95%，滤床高度不但可以提高，而且可以采用双层或多层构造。国外一般采用双层滤床，高 7m 左右；国内常用多层的"塔式"结构，高度常在 10m 以上。

19.2 生 物 滤 池

生物滤池是生物膜反应器的最初形式，已有百余年的发展历史。早期的生物滤池负荷较低，虽然具有运行操作简单，节约能耗，净化效果好的优点，但占地面积大，易于堵塞，卫生条件差，在使用上受到限制。为此，后来采取提高水力负荷和有机负荷的方法改善其工艺性能，从而发展成为中高负荷和高负荷生物滤池。随着填料的革新和工艺运行方式的改进，根据气体洗涤塔原理，进一步创立了塔式生物滤池。这些高负荷类型的生物滤池的滤床高度大幅度提高，对滤料的水力冲刷作用和通风效果大幅度增强，反应器内生物膜连续脱落，不断更新，使低负荷生物滤池占地大、易堵塞、卫生差的问题得到了卓有成效的改善。各种生物滤池的分类和主要工艺特征见表 19-3。

生物滤池的分类和主要工艺特征　　表 19-3

项目	低负荷	中高负荷	高负荷	高负荷	塔式滤池
滤料类型	碎石	碎石	碎石	塑料	塑料
水力负荷[$m^3/(m^2 \cdot d)$]	1～4	4～10	10～40	10～75	40～200
有机负荷[kg $BOD_5/(m^3 \cdot d)$]	0.07～0.22	0.24～0.48	0.4～2.4	0.6～3.2	1.0～3.0
回流比	0	0～1	1～2	1～2	0～2
滤池蝇	很多	有多有少	很少	很少	很少
生物膜脱落方式	间歇	间歇	连续	连续	连续
滤床高度(m)	1.8～2.4	1.8～2.4	1.8～2.4	3.0～12.2	8～12
BOD_5 去除率(%)	80～90	50～80	50～90	60～90	40～70
出水质量	硝化程度高	部分硝化	无硝化	无硝化	无硝化
能耗[$kW/(10^3m^3)$]	2～4	2～8	6～10	6～10	10～20

19.2.1 生物滤池的类型与构造特征

1. 普通生物滤池

普通生物滤池，又名滴滤池，是早期出现的第一代生物滤池。普通生物滤池负荷较低，水力负荷仅为 1～4$m^3/(m^2 \cdot d)$，有机负荷仅为 0.07～0.22$kg/(m^3 \cdot d)$。普通生物滤池处理城镇污水时 BOD_5 去除率可达 90%以上，还具有易于管理、节省能耗、运行稳定、剩余污泥少且易于沉淀分离等优点，一般适用于水量较小的城镇污水或有机工业废水。但由于负荷较低，占地面积庞大，滤床易于堵塞。滤床布水时散发异味，滤床表面易生长滤池蝇，对环境卫生有不利影响。

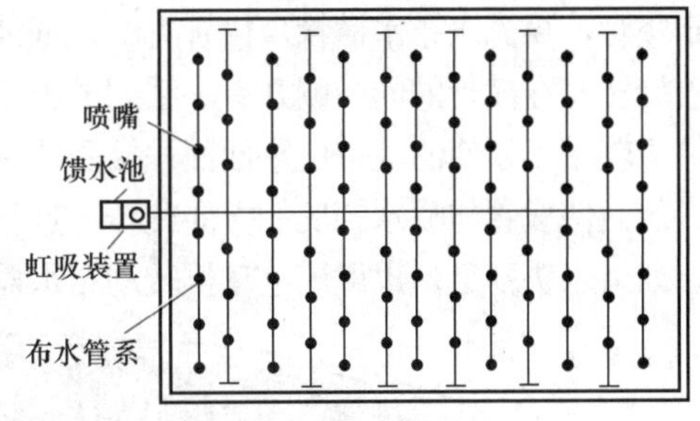

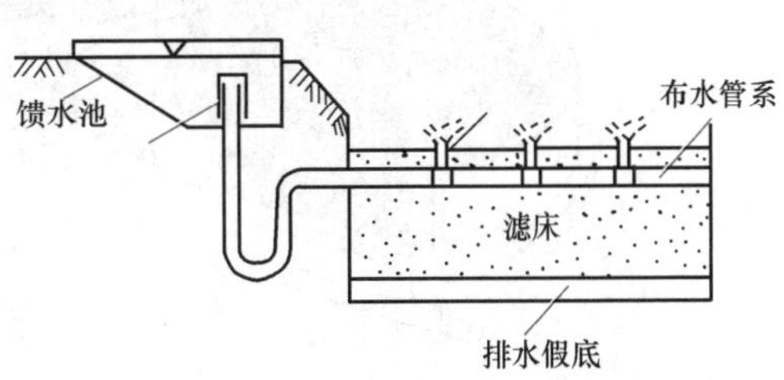

图 19-4　采用固定式喷嘴布水系统的普通生物滤池

普通生物滤池的构造由池体、滤床、布水装置和排水系统等四部分所组成，如图19-4所示。

（1）池体

池体在平面上一般呈方形或矩形，由池壁和池底组成。池壁以砖石或混凝土砌筑，其作用是围护滤料，减少污水飞溅，并承受滤料的压力。池壁有开孔和不开孔两种形式，开孔池壁有利于滤料内部的通风，但在低温季节易使净化功能降低。池壁一般应高出滤料表面 0.5～0.6m，以减少风力对池表面均匀布水的不利影响。

池底用于支撑滤料和排除处理后的污水。

（2）滤床

普通生物滤池的滤床由滤料组成，一般多采用拳状实心滤料，如碎石、卵石、炉渣和焦炭等。滤床总高度约为 1.5～2.0m，分为工作层和承托层两层，分别采用不同滤料进行充填。工作层高度 1.3～1.8m，滤料直径介于 25～40mm。承托层高度 0.2m，滤料直径介于 70～100mm。

（3）布水装置

设置布水装置的目的是使污水能均匀地分布在整个滤床表面上，同时布水装置还应具备适应水量的变化、不易堵塞和易于清通的性能。普通生物滤池传统的布水装置是固定式喷嘴布水系统。

固定式喷嘴布水系统由馈水池、虹吸装置、布水管道和喷嘴组成（图 19-4）。布水管道敷设在滤床表面以下 0.5～0.8m，布水竖管伸出池面 0.15～0.20m，在竖管顶端安装布水喷嘴。污水经过初次沉淀之后，流入设于滤池的一端或两座滤池中间的馈水池。当馈水池水位上升到某一高度时，池中积蓄的污水通过设在池内的虹吸装置，倾泻到布水管系，喷嘴开始喷水，且因水头较大，喷水半径较大。由于此时馈水池出流水量大于入流水量，池中水位逐渐下降，因此喷嘴的水头逐渐降低，喷水半径也随之逐渐收缩。当池中水位降落到一定程度时，空气进入虹吸装置，虹吸被破坏，喷嘴即停止喷水。由于馈水池的调节作用，固定喷水系统的喷水是间歇的，喷水周期一般为 5～8min。采用固定式喷嘴布水系统时，池面形状不受限制，易于运行管理。但这类布水系统需要较大的水头，约在 2.0m 左右。

普通生物滤池也可采用旋转布水器，此时滤池在平面上多为圆形，如图 19-5 所示。旋转布水器有多种结构形式，图 19-6 所示为其中应用较为广泛且构造简单的一种。旋转布水器的中央是一根空心的固定竖管，底端与设在池底下面的进水管衔接。污水以一定的压力流入池中央的固定竖管，再流入布水横管，横管有 2 根或 4 根，横管中轴线距滤床表面 0.15～0.25m，并绕竖管旋转。在横管的同一侧开有一系列的出流孔口，孔口直径10～15mm，间距不等，中心较疏，周边较密，须使滤池单位平面面积接受的污水量基本上相等。污水从孔口喷出，产生反作用力，从而使横管与喷水相反的方向旋转。这种布水装置所需水头较小，一般介于 0.6～1.5m 之间。如果水头不足，也可用电动机转动布水器。

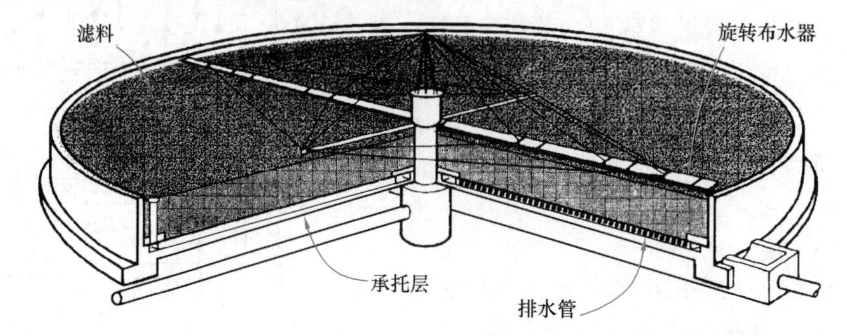

图 19-5　采用旋转布水器的普通生物滤池

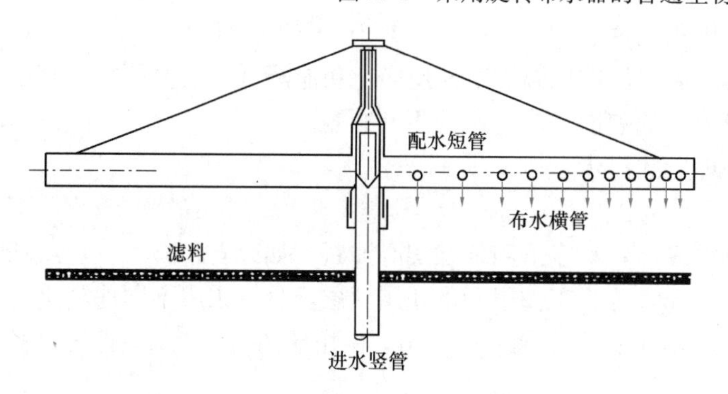

图 19-6　旋转布水器示意图

（4）排水系统

生物滤池在池底设置排水系统，其作用包括：1）收集和排除滤床流出的污水与生物膜；2）保证滤池良好的通风；3）支撑滤料。池底排水系统由池底、排水假底和集水沟组成，参看图 19-7。

排水假底是用特制砌块或栅板铺成，滤料堆在假底上面。早期常采用混凝土栅板作为排水假底（图 19-8），自从塑料填料出现以后，滤料质量减轻，可采用金属或纤维玻璃栅板作为排水假底（图 19-9）。假底的空隙所占面积不宜小于滤池平面的 5％～8％，与池底的距离不应小于 0.6m。

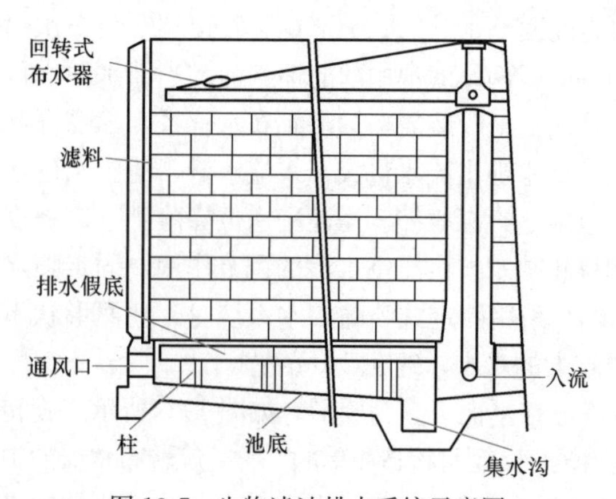

图 19-7　生物滤池排水系统示意图

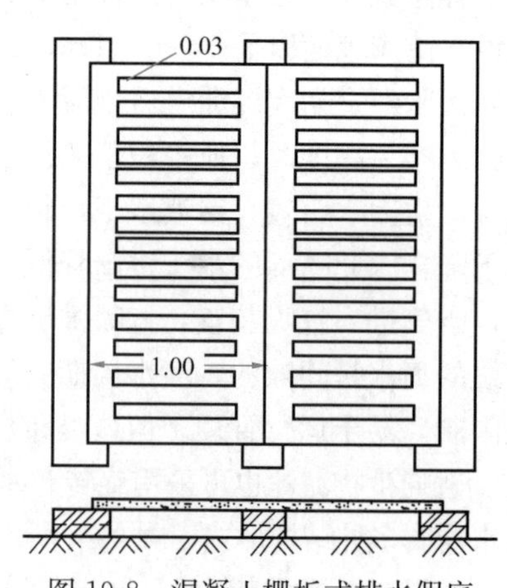

图 19-8　混凝土栅板式排水假底

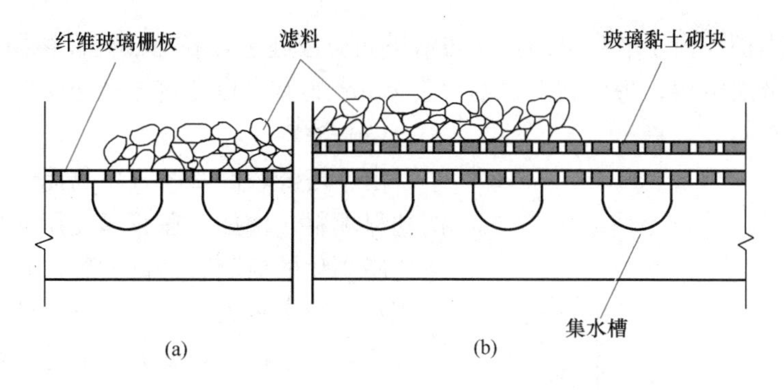

图 19-9 纤维玻璃栅板和玻璃黏土砌块排水假底

池底除支撑滤料外，还要排泄滤床上的出水。滤池底面向排水沟倾斜，排水沟宽为0.15m，间距2.5～4.0m，并坡向总排水沟。池底和排水沟的坡度约为1%～2%。排水沟要有充分的高度，过水断面积应小于总断面积的50%，确保空气能在水面上畅通无阻，使滤池中空隙充满空气。滤池底部四周设置通风孔，其总面积不得小于滤池面积的1%。

2. 高负荷生物滤池

高负荷生物滤池克服了普通生物滤池占地面积大、滤料易堵塞、环境恶化等缺点，其主要技术措施就是大幅度提高生物滤池的负荷率，将水力负荷提高到10～75m^3/(m^2·d)，有机负荷提高至0.4～3.2kg/(m^3·d)。高负荷生物滤池与普通生物滤池相比，在工艺构造上略有不同，主要区别包括：

（1）高负荷生物滤池除使用传统的天然实心滤料外，现已广泛使用由聚氯乙烯、聚苯乙烯和聚酰胺等材料制成的板状、列管状或蜂窝状的人工滤料，这种滤料具有较高的比表面积和空隙率，且质地轻、强度高、耐腐蚀，如图19-3所示。如使用粒状滤料，滤床高度一般为1.8～2.4m，其中工作层高度1.6～2.2m；滤料直径40～70mm，比普通生物滤池大，空隙率较高；承托层高度0.2m，滤料直径70～100mm，与普通生物滤池相同。

（2）高负荷生物滤池多采用旋转布水器，因此滤池在平面上多为圆形。

高负荷生物滤池处理城镇污水时BOD_5去除率可达50%～90%。通过提高水力负荷，可大幅度减少滤池的占地面积，并可及时冲刷滤池内过厚和老化的生物膜，加速生物膜更新，抑制厌氧层的发育，使生物膜经常保持较高的活性。同时，还可抑制滤池蝇的过度孳生，改善滤池的卫生条件。另一方面，在高负荷条件下，污水在生物滤池中的停留时间缩短，出水水质将相应下降，因此，高负荷生物滤池需采用限制进水BOD_5值、处理水回流等技术措施保证一定的处理水质量。进水BOD_5值一般需低于200mg/L，否则采用处理水回流加以稀释，如图19-15所示。

3. 塔式生物滤池（Tower filter）

塔式生物滤池（简称“塔滤”）是一种特殊的高负荷生物滤池。塔滤直径小，高度大，其直径与高度比为1∶6～1∶8，高度可达8～24m，形状如塔，因而称为塔式生物滤池。

塔式生物滤池的平面形状多呈圆形，图19-10为塔式生物滤池的构造示意图，由塔身、滤料、布水系统以及通风和排水装置所组成。

（1）塔身

塔身主要起围挡滤料的作用，可用砖石、混凝土砌筑，或采用钢框架结构，四周用塑料板或金属板围护。由于塔身较高，一般沿塔高分层建造，在分层处设格栅承托滤料。这样，滤料荷重分层负担，每层高度以不大于2.5m为宜，以免将滤料压碎。

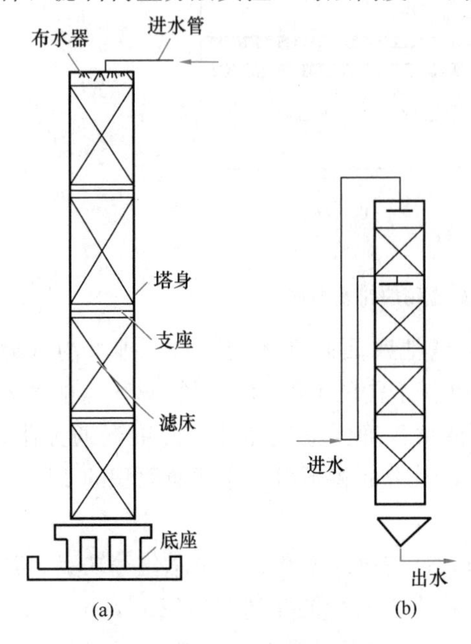

图19-10　塔式生物滤池

(2) 滤料

由于塔身较高，塔式生物滤池一般采用轻质的塑料填料。例如，在我国使用比较多的是用环氧树脂固化的玻璃布蜂窝滤料。这种滤料的比表面积和空隙率较大，有利于空气流通与污水的均匀配布，流量调节幅度大，不易堵塞。

(3) 布水装置

塔滤多采用旋转布水器。小型滤塔则可采用固定式喷嘴布水系统，也可以使用多孔管和溅水筛板布水。

(4) 通风

塔式生物滤池一般都采用自然通风。由于塔形的烟囱状构造，滤池内、外温差使塔内部形成较强的拔风状态，通风良好。污水从上向下滴落，水流紊动强烈，污水、空气与滤料上的生物膜三者充分接触，传质速度快，有利于有机污染物的降解，这是塔滤的独特优势。塔底留有一定高度（0.4～0.6m）的空间，周围设置通风孔，其有效面积不得小于滤池面积的7.5%～10%。如需进一步提高通风效果（如处理工业废水，吹脱有害气体时），也可采用人工机械通风，即在滤池上部和下部装设吸气或鼓风的风机。

塔式生物滤池的水力负荷率可达80～200m^3污水/(m^2滤料·d)，为一般高负荷生物滤池的2～10倍，BOD_5容积负荷达1.0～3.0kgBOD_5/(m^3滤料·d)。高有机负荷率使生物膜生长迅速，高水力负荷率又使生物膜受到强烈的水力冲刷，使其不断脱落更新，因此塔式生物滤池的生物膜能够经常保持活性。但是，生物膜生长过快，易于产生滤料堵塞现象，工程上常将进水的BOD_5值控制在500mg/L以下，否则需采取处理水回流稀释措施。

由于塔式滤床的高度大幅度提高，填料上生物膜存在着明显的分层现象。在不同高度的填料上生长繁育着种属各异但适应该层污水特征的微生物种群。这种情况有助于微生物的繁殖、代谢等生理活动，也有助于有机污染物的降解和去除。由于塔滤具有这种分层特征，即使受冲击负荷影响后，一般也只是上层滤料的生物膜受影响，能较快地恢复正常的工作。因此，塔滤有时可用做高浓度工业废水二级生物处理的第一级处理单元，以保证第二级处理单元保持良好的净化效果。

塔式生物滤池的优点是可大幅度缩小占地面积，对污水水质水量突变的适用性较强，能够承受较高的有机污染物冲击负荷。但塔式生物滤池在地形平坦处需要的污水抽升费用较大，并且塔身过高使其运行管理不够方便。

19.2.2　生物滤池工艺性能的影响因素

生物滤池中同时发生着有机物在污水和生物膜中的传质过程、有机物的好氧和厌氧代谢、氧在污水和生物膜中的传质过程和生物膜的生长和脱落等过程。这些过程的发生和发展决定了生物滤池净化污水的性能。影响这些过程的主要因素包括：

1. 滤池高度

生物滤池滤床的上层和下层相比，生物膜量、微生物种类和去除有机物的速率均不相同。在滤床上层，污水中有机物浓度较高，微生物繁殖速率高，种属较低级，以细菌为主，生物膜量较多，有机物除去速率较高。随着滤床深度增加，微生物从低级趋向高级，种类逐渐增多，生物膜量从多到少（表 19-4）。滤床中的这一递变现象，类似污染河流在自净过程中的生物递变。因为微生物的生长和繁殖同环境因素息息相关，所以当滤床各层的进水水质互不相同时，各层生物膜的微生物就不相同，处理污水（特别是含多种性质相异的有害物质的工业废水）的功能也随之不同。

由于生化反应速率与有机物浓度有关，而滤床不同深度处的有机物浓度不同，自上而下递减。因此，各层滤床有机物去除率不同，有机物的去除率沿池深方向呈指数形式下降（图 19-11）。研究表明，生物滤池的处理效率，在一定条件下是随着滤床高度的增加而增加的，在滤床高度超过某一数值（随具体条件而定）后，处理效率的提高相当有限。

滤床不同高度的处理效率和生物膜状况　　表 19-4

取样点离滤床表面深度（m）	有机物或有害物质浓度（mg/L）				生物膜	
	丙烯腈	异丙醇	SCN^-	COD	膜量（kg/m^3）	吸氧率（$\mu L/h$）
进水	156	35.4	18.0	955	—	—
2	82.6	31	6	60	3.0	84
5	99.2	60	10	66	1.1	63
8.5	99.3	70	24	73	0.8	41
12	99.4	91	46	79	0.7	27

2. 负荷率

生物滤池的负荷率是一个集中反映生物滤池工作性能的参数，同滤床高度一样，负荷率直接影响生物滤池的工作。生物滤池的负荷常以污水的流量表示，称为水力负荷率，表征滤池的接触时间和水流的冲刷能力，其单位是"m^3污水/(m^3滤料・d)"或"m^3污水/(m^2滤床・d)"。前者又称容积负荷，后者相当于"m/d"，又称平均滤率或表面水力负荷率。水力负荷太大则流量大，接触时间短，净化效果差；水力负荷太小则滤料利用率低，冲刷作用小。

普通生物滤池处理城市污水时，滤率一般在 1～4m/d 左右，在此低负荷率条件下，随着滤率的提高，污水中的有机物的传质速率加快，生物膜量增多，滤床（特别是它的表层）很容易堵塞。因此，生物滤池的负荷率曾长期停留在较低的水平。但是，当滤率提高到8m/d以上时，加大了下渗污水对生物膜的水力冲刷作用，使生物滤池堵塞现象又获改善。因此，高负荷生物滤池的滤率为 10～75m^3污水/（m^2滤床・d）。在高负荷条件下，随着滤率的提高，污水在生物滤池中的停留时间缩短，出水水质将相应下降。为此，可以利用污水处理厂出水回流（回流滤池），或提高滤床高度（塔式生物滤池）来改善出水水质。

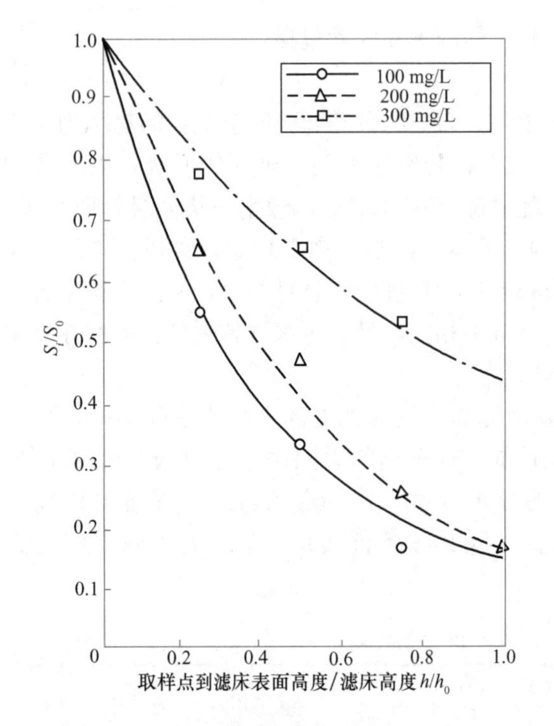

图 19-11　滤床高度对有机污染物去除的影响

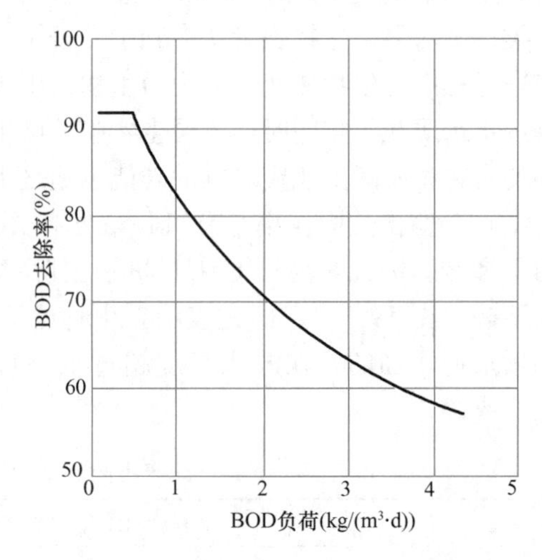

图 19-12　有机负荷对去除效果的影响

另一方面，由于生物滤池的作用是去除污水中有机物或特定污染物，因此负荷率也可用单位滤料所承担的有机物数量表示，称为有机负荷率，其单位是“kgBOD_5或特定物质/(m^3·d)”。由于一定体积的滤料具有一定的比表面积，滤料体积可间接表示生物膜面积和生物量，所以有机负荷实质上表征了F/M值。一般普通生物滤池的有机负荷为0.07～0.22 kgBOD_5/(m^3·d)，高负荷生物滤池则为0.24～3.2kgBOD_5/(m^3·d)。生物滤池的有机负荷如果超过了生物膜的有机物降解能力，则出水水质相应下降。图 19-12 为水温20℃时，塑料填料生物滤池在不同有机负荷条件下的 BOD 去除效果。低负荷滤池处理城市污水时，出水硝化程度较高。而高负荷滤池一般无硝化作用，也说明滤池负荷对处理效率的影响。

因此，讨论生物滤池的负荷率时，应与其处理效率和出水质量相对应，见表 19-5。例如，采用生物滤池处理城市污水，要求处理效率在80%～90%左右(城市污水的 BOD_5 一般在200～300mg/L左右，用生物滤池处理后，出水 BOD_5 一般在25mg/L左右)，这时，低负荷生物滤池的负荷率常在0.2kg/(m^3·d)左右。

生物滤池的负荷与处理效率　　表 19-5

应用场合	有机负荷		出水质量	
	单位	范围	单位	范围
二级处理	kg BOD_5/(m^3·d)	0.3～1.0	BOD_5，mg/L TSS，mg/L	15～30 15～30
去除 BOD_5 和硝化	kg BOD_5/(m^3·d) g TKN/(m^2·d)	0.1～0.3 0.2～1.0	BOD_5，mg/L NH_4^+-N，mg/L	<10 <3

续表

应用场合	有机负荷		出水质量	
	单位	范围	单位	范围
深度处理时硝化	g TKN/(m^2·d)	0.5～2.5	NH_4^+-N，mg/L	0.5～3
部分去除 BOD_5	kg BOD_5/(m^3·d)	1.5～4.0	BOD_5 去除率,%	40～70

3. 回流

利用污水处理厂的出水或生物滤池出水稀释进水的做法称回流，回流水量与进水量之比叫回流比。回流比与污水浓度有关，见表 19-6。

回流滤池的回流比与进水浓度之间的关系　　表 19-6

进水 BOD_5(mg/L)	<150	150～300	300～450	450～600	600～750	750～900
一级	0.75	1.50	2.25	3.00	3.75	4.50
二级(各级)	0.5	1.0	1.5	2.0	2.5	3.0

回流对生物滤池性能有下述影响：

(1) 回流可提高生物滤池的滤率，它是使生物滤池由低负荷率演变为高负荷率的方法之一（增大滤床高度也能提高负荷率）；

(2) 提高滤率有利于防止产生灰蝇和减少恶臭；

(3) 当进水缺氧、腐化、缺少营养元素或含有害物质时，回流可改善进水的腐化状况、提供营养元素和降低毒物浓度；

(4) 进水的质和量有波动时，回流有调节和稳定进水的作用。

回流将降低入流污水的有机物浓度，减少流动水与附着水中的有机物的浓度差，因而降低传质和有机物去除速率。另一方面，回流增大流动水的紊流程度，增快传质和有机物去除速率，当后者的影响大于前者时，回流可以改善滤池的工作。

一些研究表明，用生物滤池出水回流，可增加滤床的悬浮微生物量，改善滤池的性能。但是，悬浮微生物的增加，又可能影响氧向生物膜的转移，影响生物滤池的效率。可见，回流对生物滤池性能的影响是多方面的，不可一概而论。

4. 供氧

生物滤池中，微生物所需的氧一般直接来自大气，靠自然通风供给。影响生物滤池通风的主要因素是滤床的自然拔风和风速。自然拔风的推动力是池内温度与气温之差，以及滤池的高度。温度差越大，通风条件越好。当水温较低，滤池内温度低于气温时（夏季），池内气流向下流动；当水温较高，池内温度高于气温时（冬季），气流向上流动。若池内外无温差时，则停止通风。正常运行的生物滤池，自然通风可以提供生物降解所需的氧量。

入流污水有机物浓度较高时，供氧条件可能成为影响生物滤池工作的主要因素。此时可通过回流的方法，降低滤池进水有机物浓度，以保证生物滤池供氧充足，正常运行。

19.2.3 生物滤池法的工艺流程

普通生物滤池处理城市污水的典型工艺流程如图 19-13 所示。在处理城市污水方面，普通生物滤池有长期运行的经验。其优点是处理效果好，BOD_5 去除率可达 90%以上，出水 BOD_5 可下降到 25mg/L 以下，硝酸盐含量在 10mg/L 左右，出水水质稳定。

图 19-14 是交替式二级生物滤池法的流程。运行时，滤池是串联工作的，污水经初步沉淀后进入一级生物滤池，出水经相应的中间沉淀池去除残膜后用泵送入二级生物滤池，二级生物滤池的出水经过沉淀后排出污水处理厂。工作一段时间后，一级生物滤池因表层生物膜的累积，即将出现堵塞，此时将其改作二级生物滤池，而原来的二级生物滤池则改作一级生物滤池。运行中每个生物滤池交替作为一级和二级滤池使用。这种方法在英国曾广泛采用。交替式二级滤池法流程比并联流程负荷率可提高 2～3 倍。

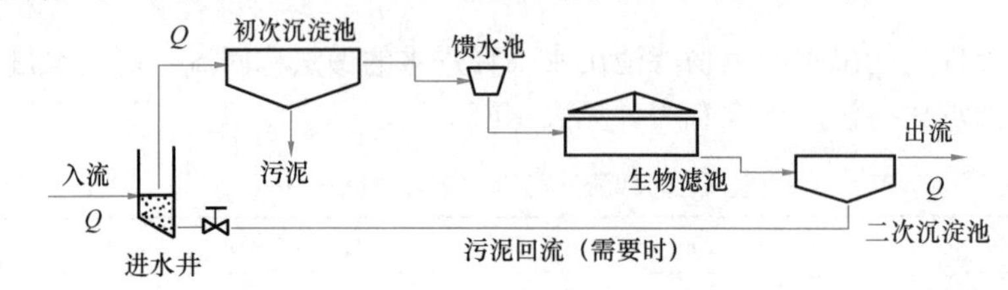

图 19-13　普通生物滤池的典型工艺流程

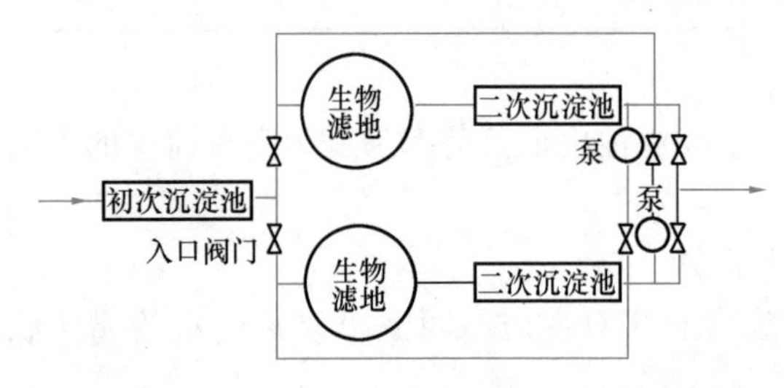

图 19-14　交替式二级生物滤池的工艺流程

图 19-15 所示是几种常用的回流式生物滤池法的流程。当条件（水质、负荷率、总回流量与进水量之比）相同时，它们的处理效率不同。图中次序基本上是按效率从较低到较高排列的，符号 Q 代表污水量，r 代表回流比。当污水浓度不太高、回流系统为重力流时采用图 19-15（a）流程，回流比可以通过回流管线上的闸阀调节，当入流水量小于平均流量时，增大回流量；当入流水量大时，减少或停止回流。当污水浓度高时采用图 19-15（b）流程，将二沉池出水回流至生物滤池顶部以稀释进水，此时回流水需用泵提升。图 19-15（c）、(d) 流程中都有两个生物滤池，可用于处理高浓度污水或出水水质要求较高的场合。由于它们的造价和日常费用较高，应用受到限制。

国外的运行经验表明，在处理城市污水时，回流式生物滤池的处理效率大致如下：

（1）单级滤池法　当滤池负荷率在 1.7kgBOD_5/(m^3滤料・d)以下时，出水的 BOD_5 约为滤池进水 BOD_5 的 1/3。

（2）二级滤池法　二沉池出水的 BOD_5 为二级滤池进水 BOD_5 的 1/2；如果一级滤池出水不经沉淀直接流向二级滤池，则一级滤池出水的 BOD_5 为进水 BOD_5 的 1/2。

19.2.1 节图 19-10(b)所示是分两级进水的塔式生物滤池。把每层滤床作为独立单元时，可看做是一种兼有并联和串联性质的二级塔式滤池。同单级进水塔式生物滤池相比，这种方法有可能进一步提高负荷率。

生物滤池的一个主要优点是运行简单，因此，适用于小城镇和边远地区。一般认为它对入流水质水量变化的承受能力较强，脱落的生物膜密实，较容易在二沉池中被分离。但生物滤池处理效率比活性污泥法略低，变化范围略大些。据统计，50％的活性污泥法处理厂 BOD_5 去除率高于 91％，50％的生物滤池处理厂的 BOD_5 去除率仅 83％以上。

19.2.4　生物滤池的计算模式

1. 计算模式

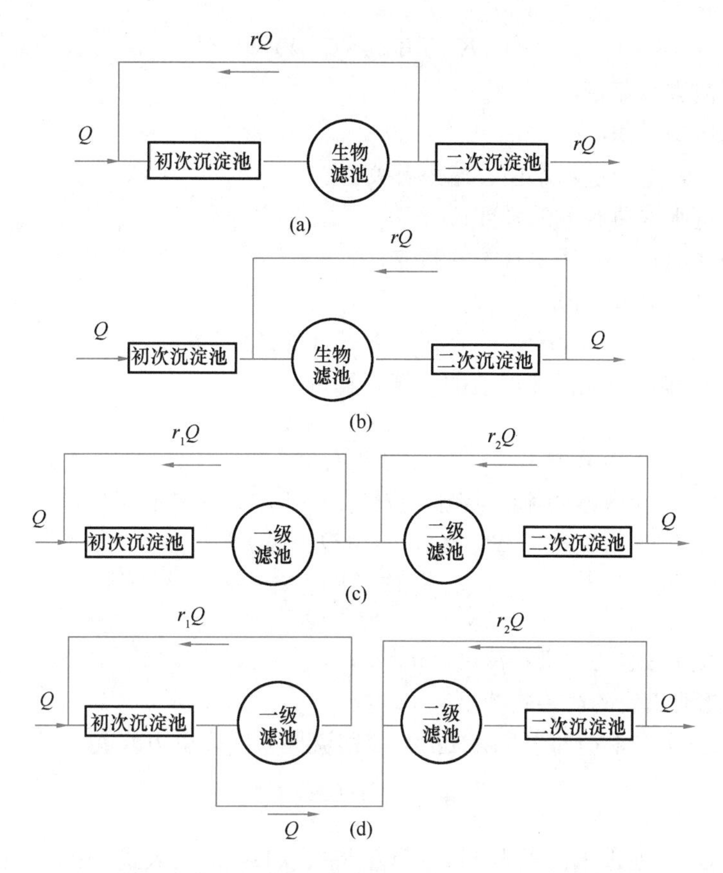

图 19-15　几种常用的回流式生物滤池法的流程

影响生物滤池性能的因素很多，各种因素之间关系复杂。虽然目前用以表示生物滤池性能的数学模式很多，但是，至今还没有一个全面反映各因素的模式。条件许可时应尽量利用试验成果进行生物滤池的设计，没有条件进行试验时，可借助于经验公式进行设计。

图 19-11 表明：污水流过滤池时，污染物浓度的下降率——每单位滤床高度（h）去除的污染物的量（以浓度 S 计），同该污染物的浓度成正比，即

$$\frac{\mathrm{d}S}{\mathrm{d}h}=-KS$$

积分，得 $\ln S/S_0=-Kh$

$$S/S_0=e^{-Kh} \tag{19-1}$$

式中　$\frac{\mathrm{d}S}{\mathrm{d}h}$——污染物浓度（以 COD_{Cr}、BOD 或某特定指标表示）的下降率；

S_0——滤池进水污染物浓度，mg/L；

S——床深为 h 处水中的污染物浓度，mg/L；

h——离滤床表面的深度，m；

K——反映滤池处理效率的系数，它同污水性质、滤池特性（包括滤料的材料、形状、表面积、空隙率、堆砌方式和生物膜性质）以及滤率有关，布水方式（如均匀程度、进水周期等）也可能对其有影响。

K 可以用下式求得

$$K = K'S_0^m(Q/A)^n \tag{19-2}$$

式中 Q——滤池进水流量，m^3/d；

A——滤床的面积，m^2；

K'——系数，它与进水水质、滤率有关；

m——与进水水质有关的系数；

n——与滤池特性、滤率有关的系数。

式（19-2）代入式（19-1）得

$$S/S_0 = \exp[-K'S_0^m(Q/A)^n \cdot h] \tag{19-3}$$

式（19-3）可以直接用于无回流滤池的计算，解得

$$h = \frac{\ln(S_0/S_e)}{K'S_0^m(Q/A)^n} \tag{19-4}$$

当采用回流滤池时，应考虑回流的影响，按图19-16建立物料平衡算式：

$$QS_i + Q_rS_e = (Q+Q_r)S_0$$

$$S_0 = \frac{QS_i + Q_rS_e}{Q+Q_r}$$

式中 S_i——入流污水的污染物浓度，mg/L；

S_e——滤池出流的污染物浓度，mg/L；

将上式右边的分子和分母各除以 Q，并以回流比 r 代替 Q_r/Q，得

$$S_0 = \frac{S_i + rS_e}{1+r} \tag{19-5}$$

考虑回流的影响，滤池进水流量为 $(1+r)Q$，将式（19-5）代入式（19-3）得

$$\frac{S_e(1+r)}{S_i+rS_e} = \exp\left\{-K'\left(\frac{S_i+rS_e}{1+r}\right)^m\left[\frac{(1+r)Q}{A}\right]^n \cdot h\right\}$$

解上式得

$$h = \frac{\ln\dfrac{S_i+rS_e}{S_e(1+r)}}{K'\left(\dfrac{S_i+rS_e}{1+r}\right)^m\left[\dfrac{(1+r)Q}{A}\right]^n} \tag{19-6}$$

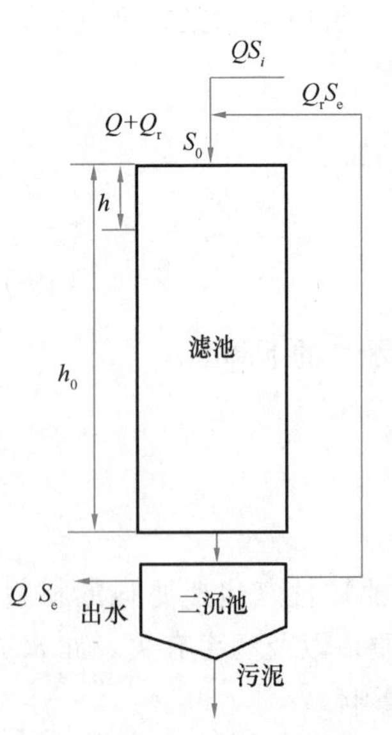

图19-16 生物滤池计算简图

生化反应速率受温度影响，可以用下式校正：$K'_T = K'_{(20)}1.035^{T-20}$

2. 系数的确定

用式（19-4）和式（19-6）进行生物滤池的设计（图19-16），应先确定 K'、m 和 n 三个系数，通常通过生物滤池模型试验求得。一般情况下，试验以前已选定滤料和进水方式，试验用的滤料和进水方式应与设计的滤池相同，试验装置可以不回流。当污水 $BOD_5 > 400mg/L$，或污水中含有毒物质时，试验装置应考虑回流。

试验时应通过浓度或流量变化（固定其中一个变量），各做5～9次试验。

K'、m 和 n 可以根据试验所得数据，用图解法求得。

(1) 求 $K'S_0^m(Q/A)^n$

式（19-3）取对数得

$$\ln(S/S_0) = -K'S_0^m(Q/A)^n \cdot h \tag{19-7}$$

这是一直线方程，可以通过测定不同池深 h 的 S/S_0，绘制 $\ln(S/S_0)$—h 曲线，其斜率的绝对值就是 $K'S_0^m(Q/A)^n$（参看图 19-17）。

(2) 求 n

由于｜斜率｜$= K'S_0^m(Q/A)^n$

两边取对数

$$\lg|\text{斜率}| = \lg K'S_0^m + n\lg(Q/A)$$

以 lg｜斜率｜对 lg (Q/A) 作图，其斜率即为 n（图 19-18）。

(3) 求 m

同样可得

$$\lg|\text{斜率}| = \lg K'(Q/A)^n + m\lg S_0$$

以 lg｜斜率｜对 $\lg S_0$ 作图，其斜率即为 m（图 19-18）。

(4) 求 K'

式（19-7）中各系数均已知，可以求出 K'。

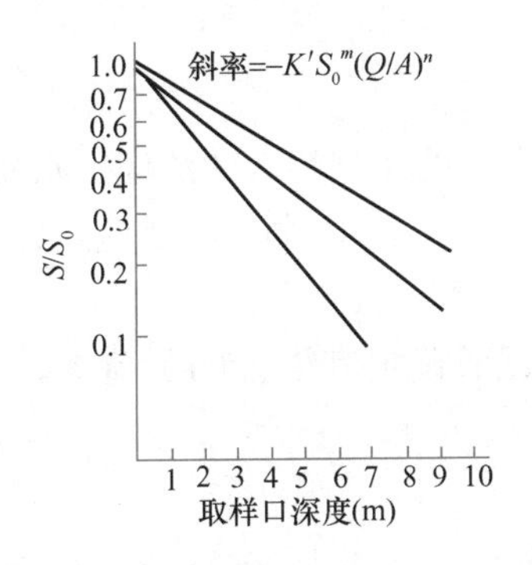

图 19-17　图解法求 $K'S_0^m(Q/A)^n$

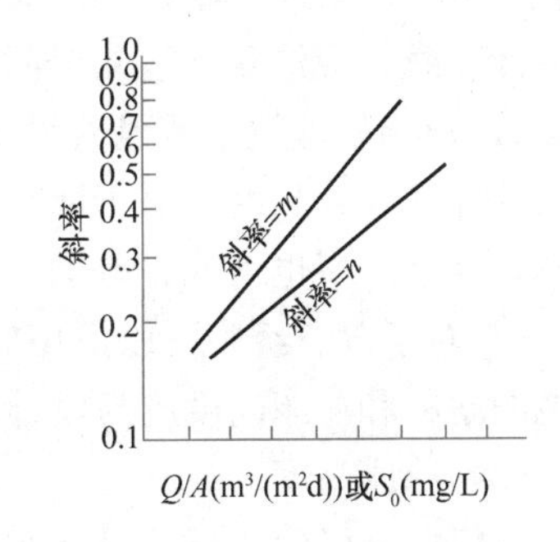

图 19-18　图解法求 m、n

19.2.5　生物滤池系统的功能设计

生物滤池处理系统包括生物滤池和二次沉淀池，有时还包括初次沉淀池和回流泵，其功能设计内容一般包括：①滤池类型和流程选择；②滤池个数和滤床尺寸的确定；③二次沉淀池的形式、个数和工艺尺寸的确定；④布水设备计算。

1. 滤池类型的选择

低负荷率生物滤池一般适用于污水量小、用地条件较为宽松、地区比较偏僻、石料费用低廉的场合。在城市化地区，常采用高负荷生物滤池。生物滤池类型的选择，只有通过技术方案比较，才能作出合理的结论。在诸多技术经济因素中，生物滤池的占地面积、基建费用、运行费用以及环境影响的比较，常起关键性作用。

2. 流程的选择

在确定流程时，通常要解决的问题是：①是否设初次沉淀池；②采用几级滤池；③是否采用回流，以及回流方式和回流比的确定。

当污水含悬浮物较多，或生物滤池采用拳状滤料时，需要设置初次沉淀池，以避免生物滤池堵塞。处理城市污水时，一般都设置初次沉淀池。

下述三种情况应考虑用二次沉淀池出水回流：①入流有机物浓度较高，可能引起供氧不足时（有人建议生物滤池的入流 BOD 应小于 400mg/L）；②水量很小，无法维持水力负荷率的最小经验值时；③污水中某种污染物在高浓度时可能抑制微生物生长的情况下，应考虑回流时。

3. 滤池个数和滤床尺寸的确定

生物滤池的工艺设计内容包括确定滤床总体积、面积和高度等。如前所述，生物滤池的负荷率有三种表达形式：即有机负荷、水力负荷和表面水力负荷。设计时，可以按负荷率计算，或经过试验后用经验公式计算。

（1）滤床总体积 V

$$V=\frac{S_0Q}{N}\times 10^{-3} \tag{19-8}$$

式中 V——滤床总体积，m^3；

S_0——滤池进水的 BOD_5 平均值，mg/L；

Q——污水日平均流量，m^3/d；采用回流式生物滤池时，此项应为 $Q(1+r)$，回流比 r 可根据经验确定；

N——有机负荷率，$kgBOD_5/(m^3 \cdot d)$。

计算时，应注意下述几个问题：

1）影响处理效率的因素很多，除负荷率之外，主要的还有污水的浓度、水质、温度、滤料特性和滤床高度。对于回流滤池，则还有回流比。因此，同类生物滤池，即使负荷率相同，处理效率也可能有差别。

2）对于没有经验可以援用的工业废水，应经过试验确定其设计的负荷率。试验生物滤池的滤料和滤床高度应与设计相一致。

（2）滤床高度

一般根据经验或试验结果确定，当缺乏试验资料时，可参见表 19-3。在滤床的总体积和高度确定之后，滤床的总面积可以算出。当总面积不大时，可采用 1 个或 2 个滤池。目前生物滤池的直径通常在 35m 以下，最大直径可达 60m。

最后应对滤率的合理性进行核算。例如，高负荷生物滤池滤率的确定与进水 BOD_5 浓度有关，见表 19-7。

高负荷生物滤池的滤率　　表 19-7

进水 BOD_5（mg/L）	120	150	200
滤率（$m^3/(m^2 \cdot d)$）	25	20	15

【例 19-1】 已知某城镇人口 80000 人，排水量定额为 100L/(人·d)，BOD_5 为 20g/(人·d)。该城镇工业废水量为 2000m^3/d，其 BOD_5 为 2200mg/L。拟混合采用高负荷生物滤池进行处理，处理后出水的 BOD_5 要求达到 30mg/L。

【解】

(1)基本设计参数计算(不考虑初次沉淀计算)

生活污水和工业废水总水量

$$Q = \frac{80000 \times 100}{1000} + 2000 = 10000\text{m}^3/\text{d}$$

生活污水与工业废水混合后的 BOD_5 浓度

$$S_0 = \frac{2000 \times 2200 + 80000 \times 20}{10000} = 600\text{mg/L}$$

由于生活污水和工业废水混合后 BOD_5 浓度较高，应考虑回流，设回流稀释后滤池进水 BOD_5 为 300mg/L，回流比为

$$600Q + 30Q_r = 300(Q + Q_r)$$

$$r = \frac{Q_r}{Q} = \frac{600 - 300}{300 - 30} = 1.1$$

(2) 生物滤池个数和滤床尺寸计算

设生物滤池的有机负荷率采用 1.2kgBOD_5/(m^3·d)，于是生物滤池总体积为

$$V = \frac{10000 \times (1.1 + 1) \times 300}{1000 \times 1.2} = 5250\text{m}^3$$

设池深为 2.5m，则滤池总面积为

$$A = \frac{5250}{2.5} = 2100\text{m}^2$$

若采用 6 个滤池，每个滤池面积

$$A_1 = \frac{2100}{6} = 350\text{m}^2$$

滤池直径为

$$D = \sqrt{\frac{4A_1}{\pi}} = \sqrt{\frac{4 \times 350}{3.14}} \approx 21\text{m}$$

(3) 校核

$$\text{滤率} = \frac{10000(1.1 + 1)}{2100} = 10\text{m/d}, \text{符合要求。}$$

经过计算，采用 6 个直径 21m，高 2.5m 的高负荷生物滤池。

4. 旋转布水器的计算

旋转布水器计算的主要内容包括：①确定布水器横管根数(一般是 2 根或 4 根)和直径；②布水管上的孔口数和孔口在布水横管上的位置；③布水器的转速；④通过计算确定布水器的工作水头等。旋转布水器的计算示意图如图 19-19 所示。

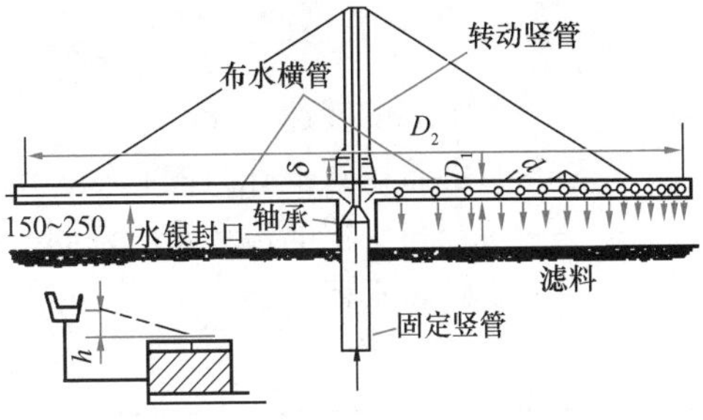

图 19-19 旋转布水器计算简图

(1)布水横管根数与直径

布水横管的根数 i 取决于滤池和滤率的大小，布水量大时用 4 根，一般用 2 根。布水横管的直径 d 计算公式如下：

$$d = 2000\sqrt{\frac{q'}{i\pi v}}(\text{mm}) \tag{19-9}$$

式中 q'——每台布水器的最大设计流量，m^3/s；

v——横管进水端流速，m/s；

i——布水横管根数；

(2) 孔口数和孔口在布水横管的位置

每根布水横管上的出水孔口数 n，按污水的孔口流速 2.0m/s 左右和每个出水孔口喷洒的面积基本相同两项条件进行考虑。设 m 为从滤池中心算起，任一孔口在布水横管上的排列顺序，r''_m 为第 1～m 个孔口的布水面积半径，R 为滤池平面半径，a 为第 n 孔的中心到池壁的距离。为布水均匀起见，每个孔口的布水面积应相等，即 $\frac{\pi(r''_m)^2}{m}=\frac{\pi R^2}{n}$，

$r''_m=\sqrt{\frac{m}{n}}R$。因此，第 m 个孔口中心离池中竖管轴线的水平距离：

$$r_m=\frac{1}{2}(r''_m+r''_{m-1})=\frac{1}{2}\left(\sqrt{\frac{m}{n}}+\sqrt{\frac{m-1}{n}}\right)R。$$

而 $R-r_n=R-\frac{1}{2}\left(1+\sqrt{1-\frac{1}{n}}\right)R=\frac{1}{2}\left(1-\sqrt{1-\frac{1}{n}}\right)R=a$，

由此推出：

$$n=\frac{1}{1-\left(1-\frac{2a}{R}\right)^2} \tag{19-10}$$

式中 R——滤池平面半径，m；

a——第 n 孔的中心到池壁的距离，m。

第 m 个孔口中心距滤池中心的距离(r_m)为：

$$r''_m=\sqrt{\frac{m}{n}}R \tag{19-11}$$

式中 m——从池中心算起，任一孔口在布水横管上的排列顺序。

孔口间距在池中心处大，向池边逐步减小，一般从 300mm 开始，逐步减小到 40mm，这样能够达到均匀布水的要求。

(3)布水器的转速

布水横管的旋转速度与滤率和横管根数有关，见表 19-8。也可以近似地用下式计算：

$$n_0=\frac{34.78\times10^6}{nd'^2D}q' \tag{19-12}$$

式中 n_0——布水器的转速，rpm；

d'——布水器横管上孔口的直径，mm；

q'——每台布水器的最大设计流量，L/s；

D——旋转布水器直径，mm，比滤池内径小 200mm 左右。

布水器旋转速度　　表 19-8

滤率(m/d)	转速(r/min)(4 根横管)	转速(r/min)(2 根横管)
15	1	2
20	2	3
25	2	4

布水横管可以采用钢管或铝管，其管底离滤床表面的距离，一般为 150～250mm，以避免风力的影响。

(4) 布水器工作水头的计算

旋转布水器所需水头用以克服竖管及布水横管的沿程阻力、出水孔口的局部阻力，此外还要考虑由于流量沿布水横管从池中心向池壁方向逐渐降低，流速逐渐减慢所形成的流速恢复水头。因此，下式成立：

$$H = h_1 + h_2 - h_3 \tag{19-13}$$

式中 H——旋转布水器所需工作水头，m；

h_1——沿程阻力，m；

h_2——出水孔口局部阻力，m；

h_3——布水横管的流速恢复水头，m。

$$h_1 = \frac{q^2 \times 294 \times D}{K^2 \times 10^3} \tag{19-14}$$

$$h_2 = \frac{q^2 \times 256 \times 10^6}{n^2 \cdot d'^4} \tag{19-15}$$

$$h_3 = \frac{q^2 \times 81 \times 10^6}{d^4} \tag{19-16}$$

式中 q——每台布水器上每根布水横管的污水流量，$q = \frac{q'}{i}$，L/s；

n——每根布水横管上的出水孔口数；

d'——布水横管上孔口的直径，mm；

d——布水横管的管径，mm；

D——旋转布水器直径，mm；

K——流量模数，其值按按表 19-9 所列数值选用，或按下式计算确定：

$$K = \frac{\pi d^2 C \sqrt{R'}}{4} \tag{19-17}$$

式中 C——阻力系数，按巴甫洛夫斯基公式计算确定；

R'——布水横管水力半径。

流量模数 K **表 19-9**

布水横管直径 d (mm)	50	63	75	100	125	150	175	200	250
流量模数 K (L/s)	6	11.5	19	43	86.5	134	209	300	560
K^2	36	132	361	1849	6500	18000	43680	90000	311000

于是，式可写成下列形式：

$$H = q^2 \left(\frac{294D}{K^2 \times 10^3} + \frac{256 \times 10^6}{n^2 \cdot d'^4} - \frac{81 \times 10^6}{d^4} \right) \tag{19-18}$$

工程实践证明，上述计算结果小于布水器实际所需水头，实际采用的水头应比上述计算值增加 50%～100%。

19.2.6 生物滤池的运行及其经验

生物滤池投入运行之前，先要检查各项机械设备（水泵、布水器等）和管道，然后用清水替代污水进行试运行，发现问题时需要做必要的整修。

生物滤池正式运行之后，有一个“挂膜”阶段，即培养生物膜的阶段。在这个始运行阶段，洁净的无膜滤床逐渐长了生物膜，处理效率和出水水质不断提高，直至进入正常运行状态。当温度适宜时，始运行阶段历时约一周。

处理含有毒物质的工业废水时，生物滤池的运行要按设计确定的方案进行。一般来说，这种有毒物质正是生物滤池的处理对象，而能分解氧化这种有毒物质的微生物常存在于一般环境中，无需从外界引入。但是，在一般环境中，它们在微生物群体中并不占优势，或对这种有毒物质还不太适应，因此，在滤池正常运行前，要有一个让它们适应新环境、繁殖壮大的始运行阶段，称为“驯化—挂膜”阶段。

工业废水生物滤池驯化—挂膜有两种方式。一种方式是从其他工厂废水站或城市污水处理厂取来活性污泥或生物膜碎屑（都取自二次沉淀池），进行驯化、挂膜。可把取来的数量充足的污泥同工业废水、清水和养料（生活污水或培养微生物用的化学品，有些工业废水并不需要外加养料）按适当比例混合后淋洒生物滤池，出水进入二次沉淀池，并以二沉池作为循环水池，循环运行。当滤床明显出现生物膜迹象后，以二次沉淀池出水水质为参考，在循环中逐步调整工业废水和出水的比例，直到出水正常。这时，驯化—挂膜结束，运行进入正常状态。这种方式是目前常用的方式，特别适用于试验性装置。但是，对大型生物滤池，由于需要的活性污泥量太多，这种始运行的方式是不现实的。

另一种方式是用生活污水、河水或回流出水替代部分工业废水（必要时投加养料）进行运行（部分工业废水暂时直接排放），运行过程中把二次沉淀池中的污泥不断回流到滤池的进水中。在滤床明显出现生物膜迹象后，以二次沉淀池出水水质为参考，逐步降低稀释用水流量和增加工业废水量，直至正常运行。

在运行中，应用心积累和整理有关水量、水质、能量消耗和设备维修等方面的资料数据，仔细记录出现的特殊情况，并不断总结经验，将不但能在本厂提高运行水平和促进技术革新，而且有助于生物过滤法的研究和革新。

19.3 生 物 转 盘

生物转盘（又名转盘式生物滤池或浸没式生物滤池）是一种生物膜法处理技术。德国斯图加特工业大学的勃别尔（Popel）教授和哈特曼（Hartman）教授对该技术进行了大量的试验研究和理论探讨，奠定了生物转盘技术发展的基础。由于它具有很多优点，自1954年德国建立第一座生物转盘污水处理厂后，到20世纪80年代欧洲已建成2000多座生物转盘，生物转盘被认为是一种净化效果好、能源消耗低的生物处理技术。我国于20世纪70年代开始进行研究，已在城市污水和印染、造纸、皮革、石油化工等行业的工业废水处理中得到应用，效果较好。

生物转盘去除污水中有机污染物的机理与生物滤池基本相同，但构造形式与生物滤池很不相同。生物转盘的主体是垂直固定在水平轴上的一组圆形盘片和一个同它配合的半圆形水槽（图19-20和图19-21所示）。微生物生长并形成一层生物膜附着在盘片表面，约40%～50%的盘面（转轴以下的部分）浸没在污水中，上半部敞露在大气中。工作时，污水流过水槽，电动机转动转盘，盘片上的生物膜和大气与污水轮替接触，浸没时吸附污水中的有机物，敞露时吸收大气中的氧气。转盘转动时向水中带进空气，并导致水槽内污水紊动，使水中溶解氧均匀分布。生物膜的厚度约为0.5～2.0mm，随着盘片上生物膜的增厚，膜内层的微生物呈厌氧状态，当其失去活性时则使生物膜自盘面脱落，并随同出水流至二沉池。

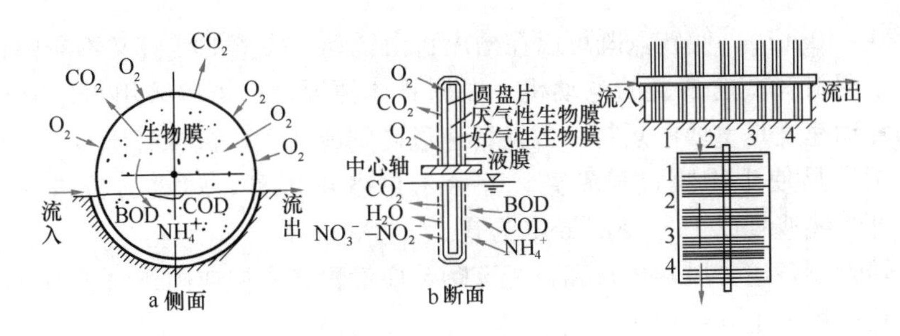

图 19-20　生物转盘工作情况示意图

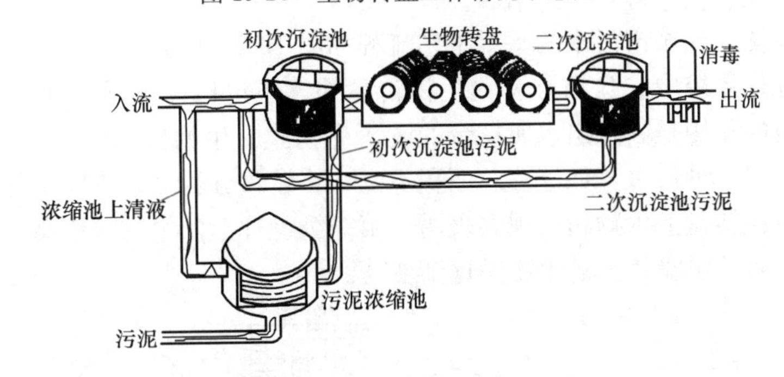

图 19-21　生物转盘工艺流程示意图

19.3.1　生物转盘的构造

生物转盘由水平安装的转动轴、垂直固定在转动轴上的一组圆形盘片、一个同它配合的半圆形污水处理槽以及驱动装置等所组成。

生物转盘盘片的材料要求表面积大、质料轻、耐腐蚀、坚硬不变形、易于挂膜、使用寿命长和便于安装运输。盘片常用圆形平板或各种波纹状表面的盘片，后者单位体积的表面积可提高一倍以上。图 19-22 所示为平板与波纹板交替组成的盘片。平板盘片多采用高密度聚乙烯或聚氯乙烯硬质塑料制成，而波纹板盘片则多采用聚酯玻璃钢。盘片直径一般为 2～3m，最大为 5m。盘片净距取决于通风效果和生物膜厚度，一般为 10～35mm，污水浓度高时取上限值，以免生物膜造成堵塞。当系统要求的盘片总面积较大时，可分组安装，一组称一级，串联运行。如采用多级转盘，则前数级的盘片间距为25～35mm，后数级为 10～20mm。转盘分级布置使其运行较灵活，可以提高处理效率。

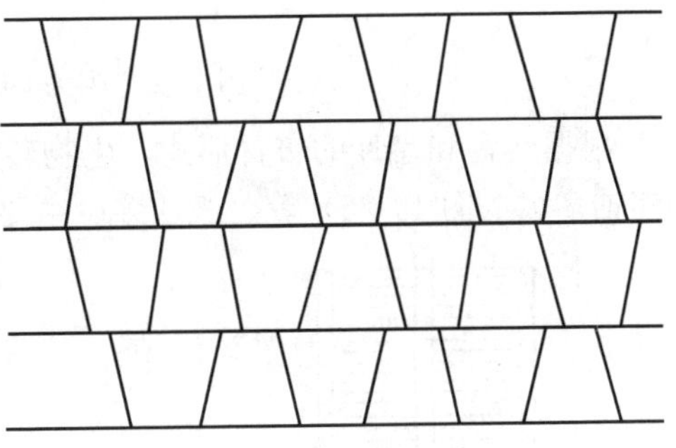

图 19-22　平板与波纹板交替组合的盘片

生物转盘转轴的抗扭刚度及抗弯刚度必须满足盘体自重、生物膜和附着水重量形成的挠度及启动时扭矩的要求。转轴直径一般为 50～80mm，长度通常小于 7.6m，过长易于挠曲变形，发生磨断或扭断。转轴安装在水槽液面之上，与液面的距离应大于 150mm。

水槽可以用钢筋混凝土或钢板制作，其断面一般呈半圆形，与盘片形状相吻合。为确保处理效率，盘片在槽内的浸没深度不应小于盘片直径的 35%。水槽容积与盘片总面积的比值直接影响污水在槽中的平均停留时间，一般采用 5～9L/m²。断面直径比转盘略大

(一般略大 20～40mm)，使转盘既可以在槽内自由转动，脱落的残膜又不滞留在槽内。驱动装置通常采用附有减速装置的电动机。根据具体情况，也可以采用水轮驱动或空气驱动。转盘的转动速度是重要的运行参数，转速过高则能耗大，机械磨损多，且在盘面产生较大的剪切力，易使生物膜过早剥离。综合考虑各项因素，转盘的转速一般以 0.8～3.0r/min，外缘线速度以 15～18m/min 为宜。

为防止转盘设备遭受风吹雨打和日光曝晒，应设置在房屋或雨棚内或用罩覆盖，罩上应开孔，开孔面积大于 0.01%。

19.3.2 生物转盘法处理工艺流程

生物转盘系统处理城市污水的基本工艺流程如图 19-23 所示。

生物转盘处理系统中，除核心装置生物转盘外，还包括污水预处理设备和二次沉淀池。二次沉淀池的作用是去除出水所挟带的脱落生物膜。生物转盘宜采用多级处理方式。实践证明，处理同一种污水，如盘片总面积不变，将转盘分为多级串联运行，能够提高处理水水质。对生物转盘上生物相的观察表明，第一级盘片上的生物膜最厚，随着污水中有机物逐渐减少，后几级盘片上的生物膜逐渐变薄。

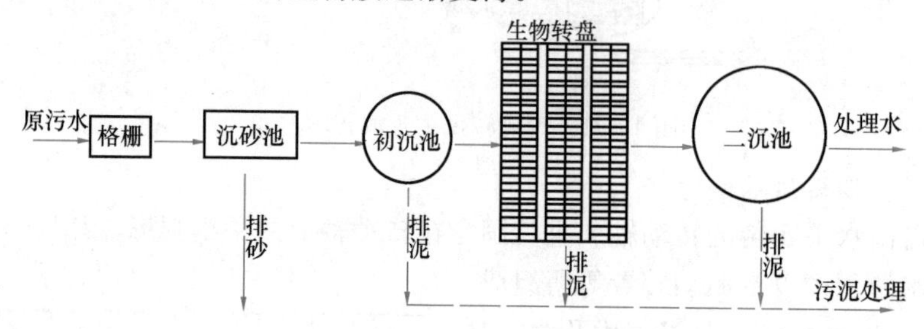

图 19-23 生物转盘系统的基本工艺流程

根据转盘和盘片的布置形式，生物转盘一般可分为单轴单级、单轴多级（图 19-24）和多轴多级（图 19-25）等。级数多少主要根据污水的水质、水量、应达到的处理程度以

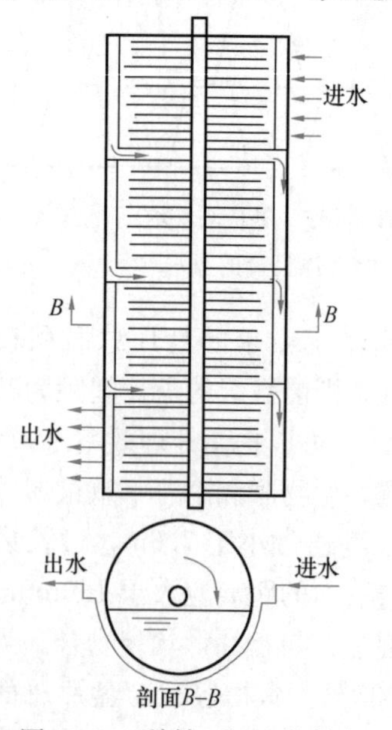

图 19-24 单轴四级生物转盘

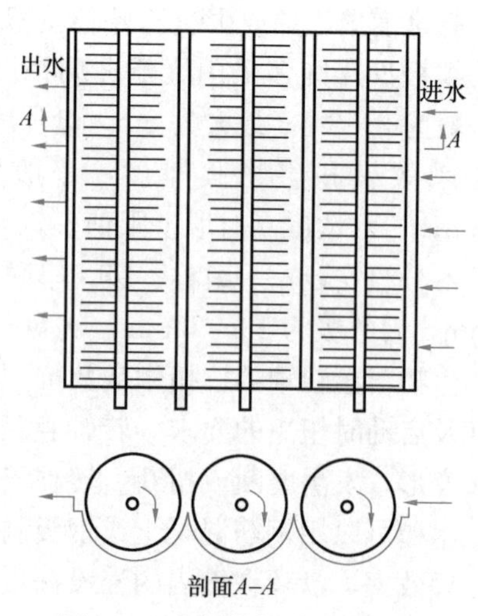

图 19-25 多轴多级生物转盘

及现场条件等因素决定。在设计时特别应注意的是第一级，它承受高负荷，如供氧不足，可能使其形成厌氧状态。

根据生物转盘在整个污水处理流程中的位置，又可分为两段或多段处理流程，中间设置沉淀池。这样的流程可用于处理高浓度有机污水。图 19-26 所示的是生物转盘二段处理流程。这一流程可用于处理高浓度有机污水，能够将 BOD_5 值由数千 mg/L 降至 20mg/L。

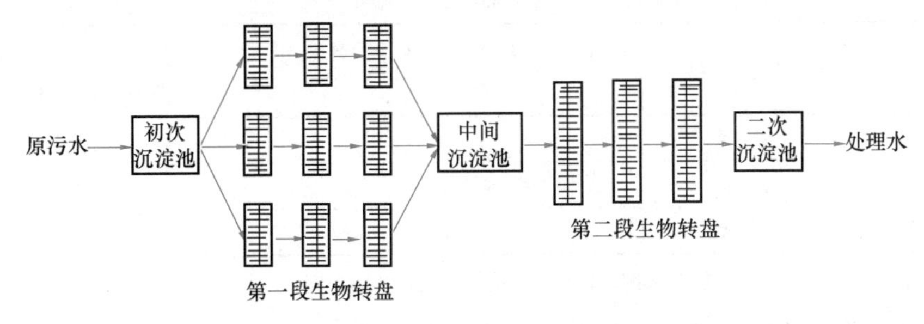

图 19-26　生物转盘二段处理流程

19.3.3　生物转盘的设计计算

生物转盘工艺设计的主要内容是计算转盘的总面积。表示生物转盘处理能力的指标是水力负荷和有机负荷。水力负荷可以表示为每单位体积水槽每天处理的水量，即"m^3 水/(m^3槽 · d)"，也可以表示为每单位面积转盘每天处理的水量，即"m^3 水/(m^2"盘片 · d)"。有机负荷的单位是"$kgBOD_5$/(m^3槽 · d)"或"$kgBOD_5$/(m^2 盘片 · d)"。生物转盘的负荷率与污水性质、污水浓度、气候条件以及生物转盘的构造、运行等多种因素有关，设计时可以通过试验或根据经验值确定。

1. 生物转盘的设计计算方法

(1) 通过试验求得需要的设计参数。设计参数如有机负荷、水力负荷、停留时间等可通过试验求得，然后进行生产规模的生物转盘设计。威尔逊等人根据生活污水作的试验研究，建议当采用 0.5m 直径试验转盘所得参数进行设计时，转盘面积宜比计算值增加 25%；当试验采用的转盘直径为 2m 时，则宜增加 10%。

(2) 用经验图表或经验值计算。当没有条件进行试验时，可以用图 19-27 或其他类似的经验性图表或经验值（表 19-10）进行计算。用图 19-27 进行计算时，应按图 19-28 进行校正。

生物转盘负荷率　　表 19-10

污水性质	处理程度（出水 BOD_5）(mg/L)	盘面负荷 [g/(m^2 · d)]
生活污水	≤60	20～40
	≤30	10～20
煮炼废水	≤60	12～16
		30～40
染色废水	≤30	20
		128～255

国内生物转盘大都应用于处理工业废水，国外生物转盘用于处理城市污水已有成熟的经验。生物转盘的表面有机负荷宜根据试验资料确定，一般处理城市污水的表面有机负荷

为 0.005～0.020kgBOD_5/(m^2·d)。国外资料：要求出水 BOD_5≤60mg/L 时，表面有机负荷为 0.020～0.040kgBOD_5/(m^2·d)；要求出水 BOD_5≤30mg/L 时，表面有机负荷为 0.010～0.020kgBOD_5/(m^2·d)。水力负荷一般为 0.04～0.2m^3/(m^2·d)。生物转盘的典型负荷见表 19-10 和表 19-11。

生物转盘的典型负荷　　表 19-11

处理要求	工艺类型	第一阶段(级)表面有机负荷 [kg/(m^2·d)]*	平均表面有机负荷 [kg/(m^2·d)]
部分处理	高负荷	≤0.04	≤0.01
碳氧化	低负荷	≤0.03	≤0.005
碳氧化/硝化	低负荷	≤0.03	≤0.002

* 此项限于多阶段(级)生物转盘系统，以防止膜的过度增长并减少臭味。

2. 按负荷率计算的步骤

(1) 转盘总面积 A

$$A=\frac{QS_0}{N}(\mathrm{m}^2) \tag{19-19}$$

式中　Q——处理水量，m^3/d；

S_0——进水 BOD_5，mg/L；

N——生物转盘的 BOD_5 负荷率，g/(m^2·d)。

(2) 转盘盘片数 m

$$m=\frac{4A}{2\pi D^2}=0.64A/D^2 \tag{19-20}$$

式中　D——转盘直径，m。

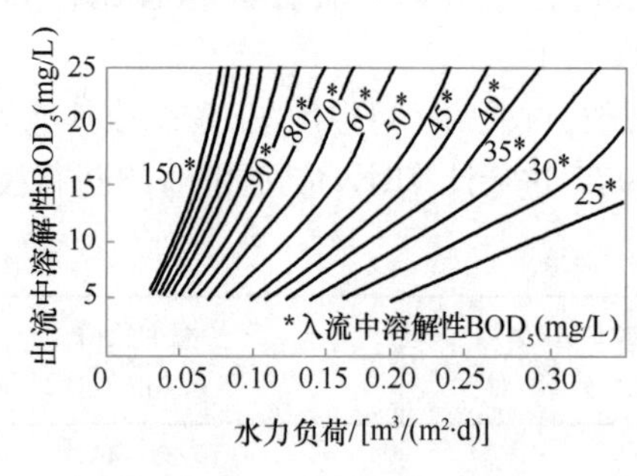

图19-27　生物转盘的水力负荷与出水溶解性 BOD_5

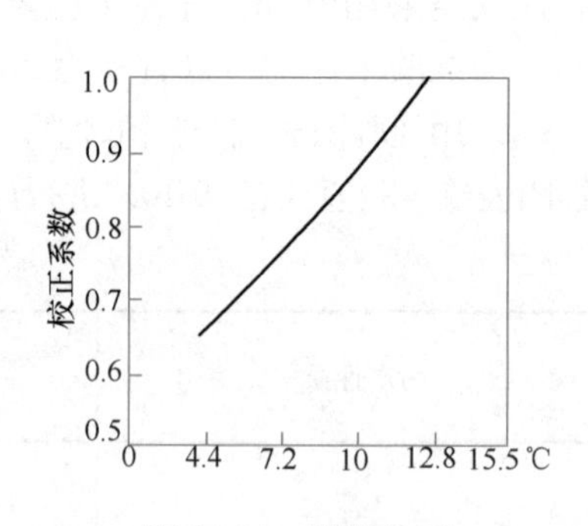

图 19-28　温度校正

(3) 污水处理槽有效长度 L

$$L=m(a+b)K \tag{19-21}$$

式中　a——盘片间净距，m，一般进水端为 25～35mm，出水端为 10～20mm；

b——盘片厚度，按材料强度决定，m；

K——系数，一般取 1.2。

(4)污水处理槽有效容积 V

$$V=(0.294\sim0.335)(D+2\delta)^2\cdot L \tag{19-22}$$

净有效容积

$$V_1=(0.294\sim0.335)(D+2\delta)^2\cdot(L-mb) \tag{19-23}$$

当 $r/D=0.1$ 时，系数取 0.294，$r/D=0.06$ 时，系数取 0.335。

式中　r——中心轴与槽内水面的距离，m；

　δ——盘片边缘与处理槽内壁的间距，m，一般取 $\delta=20\sim40$mm。

(5)转盘的转速 n_0

$$n_0=\frac{6.37}{D}\left(0.9-\frac{A}{Q_1}\right)(\text{r/min}) \tag{19-24}$$

式中　Q_1——每个处理槽的设计水量，m^3/d。

实践证明，水力负荷、转盘的转速、级数、水温和溶解氧等因素都影响生物转盘的设计和操作运行，设计运行过程应注意这些影响。图 19-29 表明，水力负荷对出水水质和 BOD_5 去除率有明显的影响。生物转盘的转速影响氧的供给、微生物与污水的接触、污水的混合程度和传质，因而对有机物的去除率有一定影响，如图 19-30 所示。

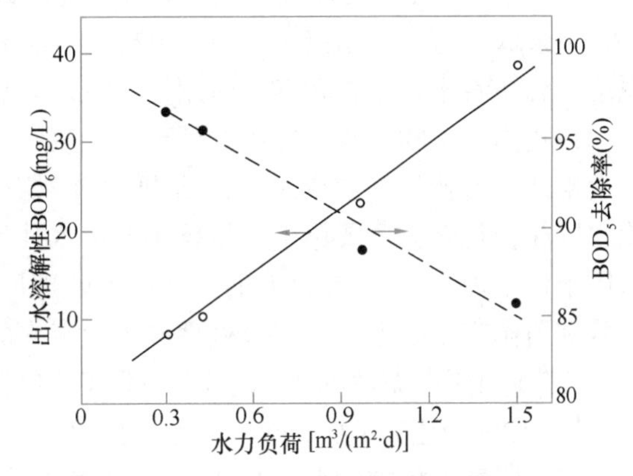

图 19-29　水力负荷对生物转盘处理效果的影响

因此，转盘的传动装置最好采用无级变速器，以便在运行时有调节的余地。但是随着转速的增加，动力消耗也大大增高，而且增加转轴的受力，因而转速不宜太高。一般经验表明，转盘的转速为 2～3r/min，直径为 3.6m 的盘片，边缘线速度以 20m/min 为宜。

转盘分级布置使其运行较为灵活，可以根据具体情况调整污水在各级处理槽内的停留时间，减少短路，提高处理效率，如图 19-31 所示。

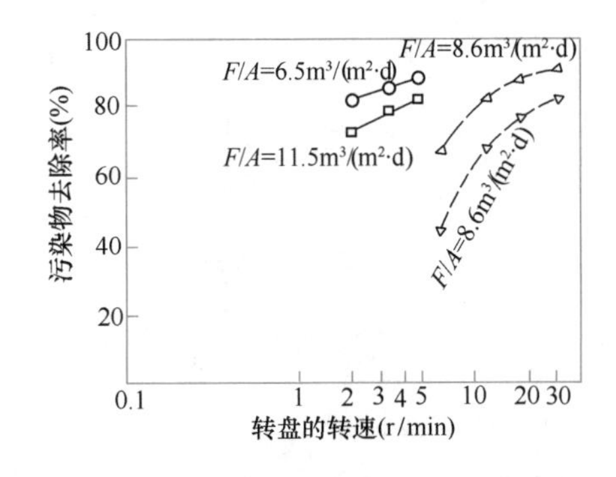

图 19-30　转速对污染物去除率的影响

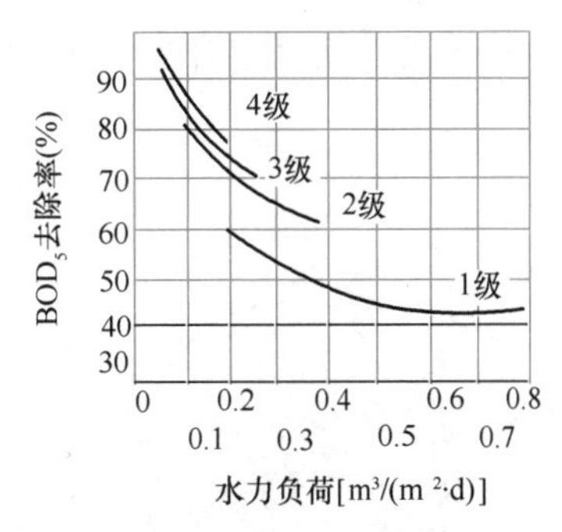

图 19-31　转盘级数对 BOD 处理效果的影响

19.3.4　生物转盘系统的工艺特征与应用

生物转盘与活性污泥法以及生物滤池相比具有如下优点：

(1) 不会出现生物滤池中滤料的堵塞现象。

(2) 生物相分级明显，在每级转盘上生长着适应于该级进水性质的微生物。

(3) 生物膜上的微生物食物链较长，且污泥龄长，在转盘上能够增殖世代时间长的微生物，因此生物转盘具有硝化、反硝化的功能。

(4) 污水与生物膜的接触时间比滤池长，耐冲击负荷能力强。

(5) 反应槽不需要曝气，因此动力消耗低，这是本法最突出的特征之一。

但是，生物转盘也有其缺点：

(1) 盘片材料较贵，投资大。因此从造价考虑，生物转盘仅适用于小水量低浓度的污水处理。

(2) 无通风设备，转盘的供氧依靠盘面的生物膜接触大气，供氧能力有限。

(3) 生物转盘的性能受环境气温及其他因素较大。北方设置生物转盘时，一般置于室内，并采取一定的保温措施。建于室外的生物转盘都应加设雨棚，防止雨水淋洗使生物膜脱落。总体看来，生物转盘的应用受到较多限制。

在我国，生物转盘主要用于处理工业废水。在化学纤维、石油化工、印染、皮革和煤气发生站等行业的工业废水处理方面均得到应用，效果良好，并取得一定的操作运行经验。以往生物转盘主要用于水量较小的污水处理厂站，近年来的实践表明，生物转盘也可以用于日处理量20万吨以上的大型污水处理厂。工程实践表明，生物转盘可根据不同用途分别用作完全处理、不完全处理或工业废水的预处理。

为降低生物转盘法的动力消耗、节省工程投资和提高处理设施的效率，空气驱动的生物转盘、与沉淀池合建的生物转盘、与曝气池组合的生物转盘和藻类转盘等开始得到应用。

空气驱动的生物转盘(图19-32)在盘片外缘周围设空气罩，在转盘下侧设曝气管，管上装有扩散器，空气从扩散器吹向空气罩，产生浮力，使转盘转动。它主要应用于城市污水的二级处理和硝化处理。

与曝气池组合的生物转盘(图19-33)是在活性污泥法曝气池中设生物转盘，以提高原有设备的处理效果和处理能力。

图19-34所示为与平流沉淀池合建的生物转盘，用平板将平流沉淀池隔成两层，上层设置生物转盘，下层是沉淀区，节省了连接管渠，减少了占地面积，可进一步改善出水水质。生物转盘与初沉池合建可起生物处理作用。

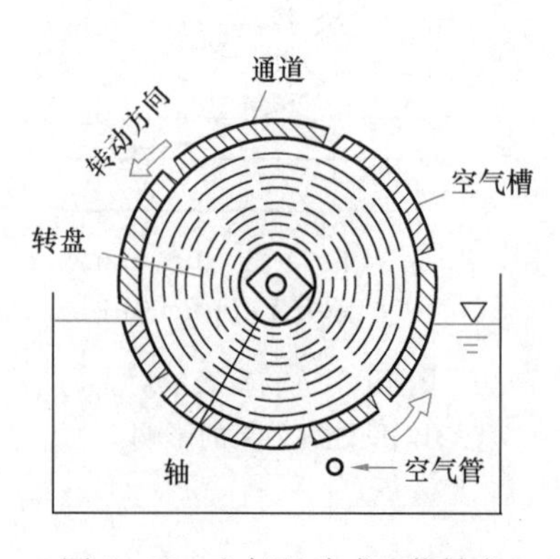

图19-32 空气驱动式生物转盘

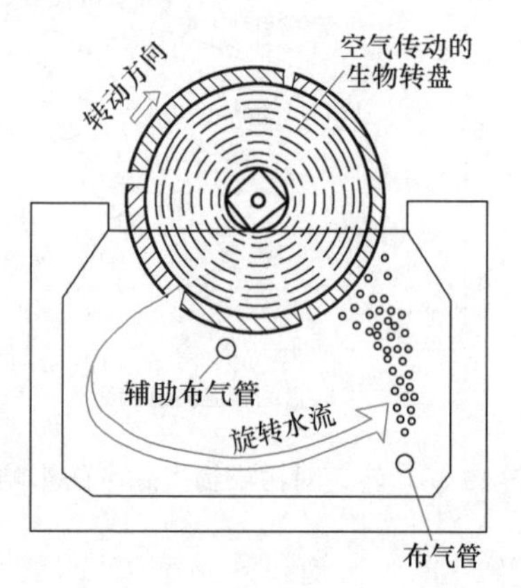

图19-33 曝气池与生物转盘相组合

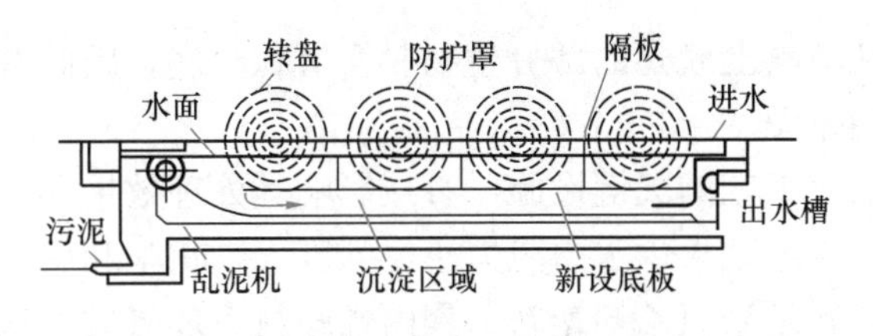

图 19-34　与沉淀池合建的生物转盘

19.4　生物接触氧化法

19.4.1　概述

生物接触氧化法的处理构筑物称生物接触氧化池。在工艺形式上，生物接触氧化池与生物滤池的主要区别首先在于其池内设置的填料全部淹没在污水中，填料上长满生物膜，污水与生物膜接触过程中，水中的有机物被微生物吸附、氧化分解和转化为新的生物膜。因此，生物接触氧化法又称为“浸没式生物滤池”。从生物接触氧化池填料上脱落的生物膜，随水流到二沉池后被去除，污水得到净化。其二，在接触氧化池中，微生物所需要的氧气来自水中，空气通过设在池底的穿孔布气管进入水流，当气泡上升时向污水供应氧气(参看图 19-35)，即采用与活性污泥法工艺中曝气池相同的曝气供氧方式。

综合上述两方面的特征，生物接触氧化法的工艺形式相当于在曝气池中充填供微生物栖息的填料，是一种介于活性污泥法和生物膜法之间、兼具两者优点的生物处理技术，因此在工程实践中得到了迅速的发展和应用，甚至在有些发达国家成为优先推荐采用的处理工艺。美国、日本和我国等将该技术广泛应用于城市污水和食品、印染、化工等各种工业废水的处理，而且还用于处理地表水的微污染源水。

生物接触氧化法的基本工艺流程如图 19-36 所示。

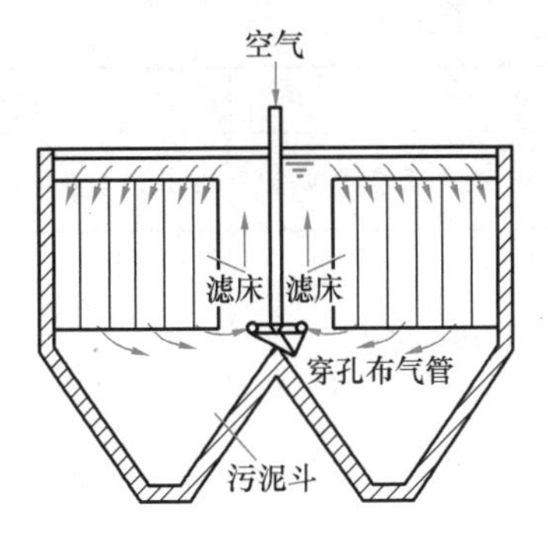

图 19-35　集中布气式浸没曝气生物滤池示意图

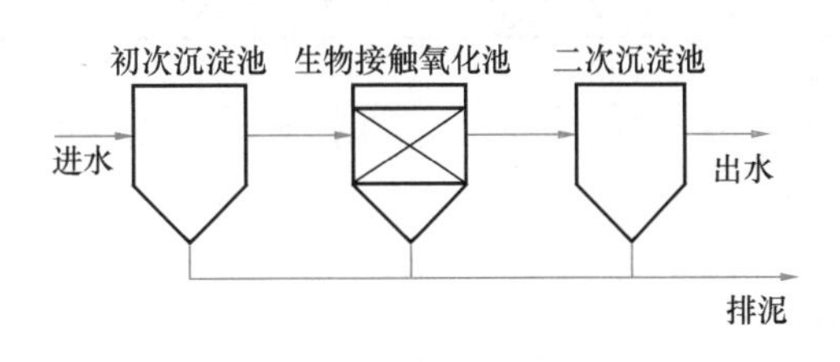

图 19-36　生物接触氧化法基本流程示意图

19.4.2　生物接触氧化池的构造

接触氧化池是生物接触氧化处理系统的核心处理构筑物，目前虽已在工程中得到广泛应用，但至今仍未形成比较定型的构造形式。图 19-37 为接触氧化池构造示意图。

接触氧化池的主要由池体、填料及其支架、曝气装置和进出水装置等所组成。

接触氧化池的平面形状一般为矩形或圆形，池体采用钢结构或钢筋混凝土结构。由于池中水流速度较低，从填料上脱落的部分生物膜会沉积池底，因此有时池底可做成多斗式或设置集泥设备，以便排泥。

生物填料是接触氧化工艺的关键设施，直接影响其处理效果和经济费用。对填料的要求包括：比表面积大、空隙率大、水力阻力小、强度大、化学和生物稳定性好、能经久耐用等。目前常采用的填料是聚氯乙烯塑料、聚丙烯塑料、环氧玻璃钢等制成的蜂窝状和波纹板状填料(图 19-38)以及纤维状填料。

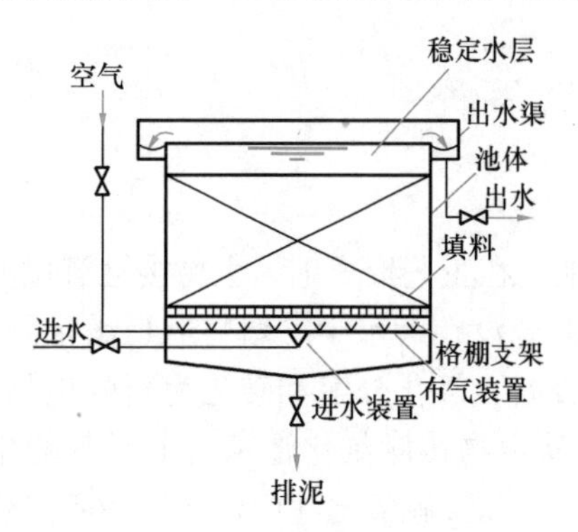

图 19-37　接触氧化池构造示意图

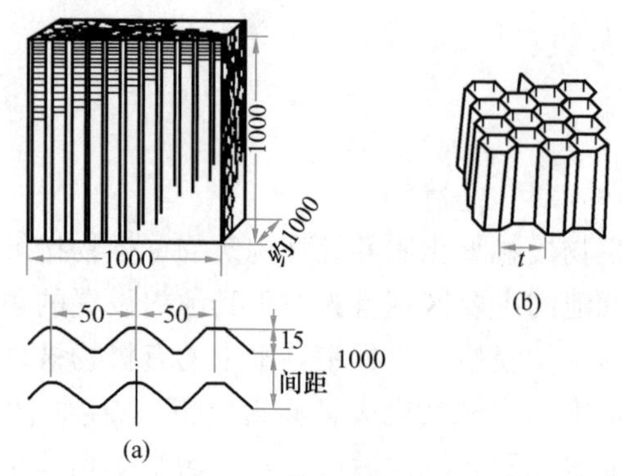

图 19-38　填料

(a)板状填料；(b)蜂窝状填料

纤维状填料是用尼龙、维纶、腈纶、涤纶等化学纤维编结成束，呈绳状连接(图 19-39)。纤维状填料比表面积和空隙率大、质量轻、性质稳定、挂膜运行后不易堵塞，还具有运输方便、组装容易以及价格低廉的特点，在工程中得到广泛应用。纤维状填料常用框架组装，带框放入池中，当需要清洗检修时，可逐框轮替取出，池子无需停止工作。表 19-12 列举了常用填料的技术性能。

生物接触氧化法常用填料技术性能　　表 19-12

填料名称 / 项目		整体型		悬浮型		悬挂型	
		立体网状	蜂窝直管	ϕ50×50mm 柱状	内置式悬浮填料	半软性填料	弹性立体填料
比表面积(m^2/m^3)		50～110	74～100	278	650～700	80～120	116～133
空隙率(%)		95～99	98～99	90～97	内置纤维束数 12(束/个)≥40(g/个) 纤维束质量 1.6～2.0(g/个)	>96	—
成品质量(kg/m^3)		20	45～38	7.6		3.6～6.7(kg/m)	2.7～4.99(kg/m)
挂膜质量(kg/m^3)		190～316	—	—		4.8～5.2(g/片)	—
填充率(%)		30～40	50～70	60～80	堆积数量 1000 个/m^3 产品直径 ϕ100	100	100
填料容积负荷($kgCOD/m^3d$)	正常负荷	4.4	—	3～4.5	1.5～2.0	2～3	2～2.5
	冲击负荷	5.7	—	4～6	3	5	—
安装条件		整体	整体	悬浮	悬浮	吊装	吊装
支架形式		平格栅	平格栅	绳网	绳网	框架或上下固定	框架或上下固定

布气管可布置在池子中心(中心曝气，图 19-35)、侧面(侧面曝气，图 19-40)和全池(全面曝气，即整个池底安装穿孔布气管，管子相互正交，形成 0.3m 的方格)。

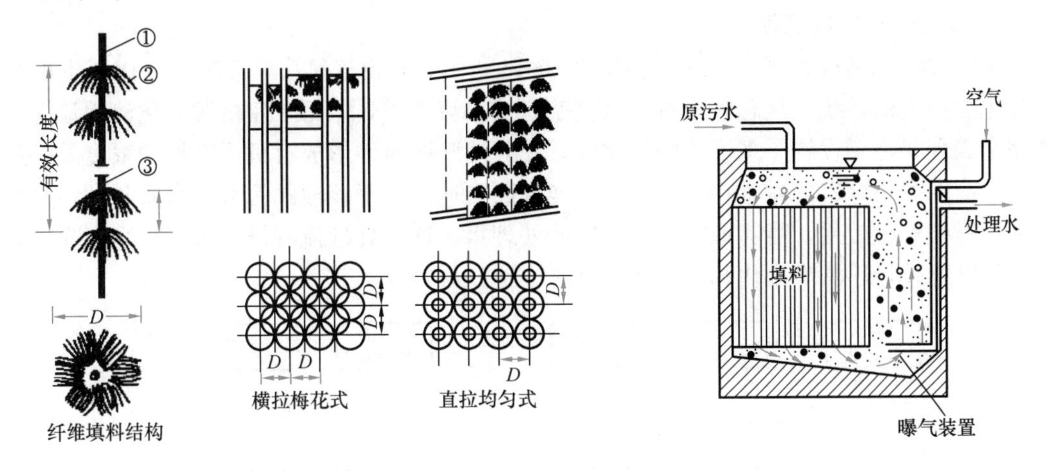

图 19-39 纤维填料的结构
①拴接绳；②纤维束；③中心绳

图 19-40 侧面曝气的生物接触氧化池

19.4.3 生物接触氧化法的工艺流程

生物接触氧化法的工艺流程一般可分为：一段(级)处理流程、二段(级)处理流程和多段(级)处理流程。

1. 一段(级)处理流程

如图 19-41 所示，原污水经初次沉淀池处理后进入接触氧化池。接触氧化池的流态为完全混合型，生物膜增长较快，有机物降解速率也较高。经接触氧化池处理后进入二次沉淀池，在二次沉淀池进行泥水分离，从填料上脱落的生物膜，在这里形成污泥排出系统，澄清水则作为处理水排放。该处理流程简单，易于维护运行，投资较低。

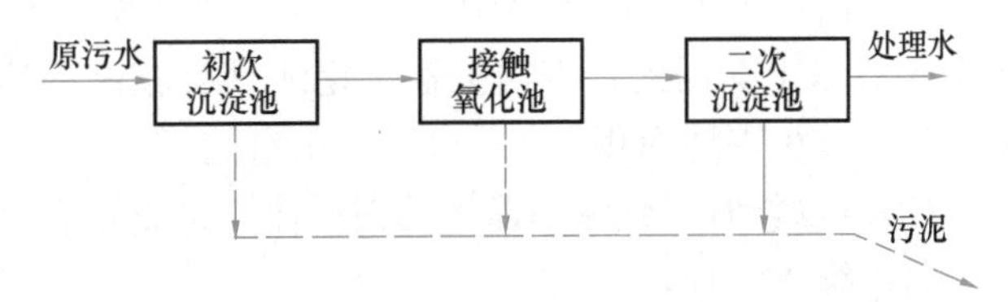

图 19-41 生物接触氧化法一段处理工艺流程

二段(级)处理流程

生物接触氧化法二段处理工艺流程如图 19-42 所示，其中中间沉淀池是否设置可根据具体情况而定。该处理流程中，每座接触氧化池的池内流态属完全混合型，而两座接触氧化池前后串联而结合在一起，又具有推流式的特点。在第一段接触氧化池内，F/M 值应高于 2.1，微生物增殖不受污水中营养物质的含量所制约，处于对数增殖期，BOD 负荷率

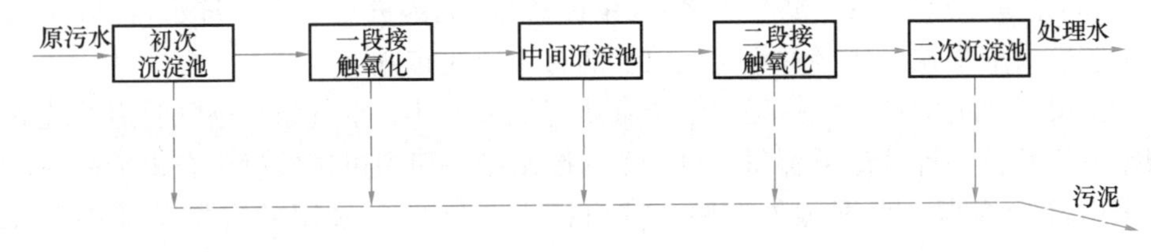

图 19-42 生物接触氧化法二段处理工艺流程

亦高，生物膜增长较快。而在第二段接触氧化池内 F/M 值一般为 0.5 左右，微生物增殖处于静止期或内源呼吸期。BOD 负荷率降低，处理水水质提高。

2. 多段(级)处理流程

多段(级)生物接触氧化处理流程如图 19-43 所示，是由连续串联 3 座或 3 座以上的接触氧化池组成的系统。从总体来看，其流态应按推流考虑，但每一座接触氧化池的流态又属完全混合。由于设置了多段接触氧化池，在各池间明显地形成有机污染物的浓度差，这样在每池内生长繁殖的微生物，在生理功能方面更适应流至该池的污水的水质条件，从而有利于提高处理效果，能够取得非常稳定的处理水。这种处理流程设计运行得当，除去除有机污染物外，还具有硝化和脱氮功能。

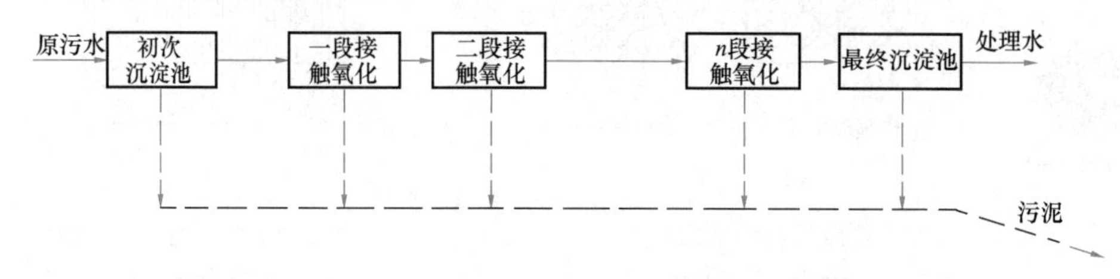

图 19-43 生物接触氧化法多段处理工艺流程

19.4.4 生物接触氧化法工艺特征

生物接触氧化法具有下列特点：

(1)由于填料的比表面积大，池内的充氧条件良好，适合微生物生存或增殖。生物接触氧化池内单位容积的生物固体量高于活性污泥法曝气池及生物滤池，折算成 MLSS 可达 10g/L 以上。因此，生物接触氧化池具有较高的容积负荷，处理效率较高，有利于缩小池容，减少占地面积；

(2)生物接触氧化法不需要污泥回流，也就不存在污泥膨胀问题，操作简单，运行方便，易于维护管理；

(3)由于生物固体量多，水流又属完全混合型，因此生物接触氧化池对水质水量的骤变有较强的适应能力；

(4)生物膜上微生物种群丰富，能形成稳定的食物链和生态系统。生物接触氧化池有机容积负荷较高时，其 F/M 保持在较低水平，污泥产量较低。且污泥颗粒较大，易于沉淀。

19.4.5 生物接触氧化池的设计与计算

生物接触氧化池的设计与计算是工艺设计的核心内容。生物接触氧化池应根据进水水质和处理程度确定采用一段式或多段式，池体平面形状宜为矩形。生物接触氧化池不宜少于两个，每池可分为两室或多室。生物接触氧化池中的填料可采用全池布置(底部进水，进气)、两侧布置(中心进气，底部进水)或单侧布置(侧部进气、上部进水)，填料应分层安装。曝气装置应根据生物接触氧化池填料的布置形式布置。

生物接触氧化池的计算包括确定池子有效容积和尺寸、空气量和空气管道系统等。目前常根据有机负荷率计算池子容积。对于工业废水则一般通过试验确定有机负荷率，也可审慎地采用经验数据。根据国外经验，城市污水二级处理采用的有机负荷率为 1.2～2.0kgBOD_5/(m^3·d)，当要求出水 BOD_5 值达到 30mg/L 以下时，有机负荷率可取为

0.8kgBOD$_5$/(m^3·d)，当要求出水 BOD$_5$ 值达到 10mg/L 以下时，有机负荷率可取为 0.2kgBOD$_5$/(m^3·d)。城市污水三级处理采用的有机负荷率为 0.12～0.18kgBOD$_5$/(m^3·d)。我国采用生物接触氧化技术处理有机工业废水部分案例的有机负荷率见表 19-13。

部分工业废水处理采用的有机负荷率　　表 19-13

污水类型	出水 BOD$_5$ (mg/L)	有机负荷率 [kgBOD$_5$/(m^3·d)]	污水类型	出水 BOD$_5$ (mg/L)	有机负荷率 [kgBOD$_5$/(m^3·d)]
印染废水	20	1.0	粘胶废水	10	3.0
印染废水	50	2.5	农药废水	—	2.0～2.5
粘胶废水	10	1.5	涤纶废水	—	1.5～2.0

1. 生物接触氧化池的有效容积（即填料体积 V）

$$V=\frac{Q(S_0-S_e)}{N} \tag{19-25}$$

式中　Q——平均日设计污水量，m^3/d；

S_0、S_e——分别为进水与出水的 BOD$_5$，mg/L；

N——有机容积负荷率，kgBOD$_5$/(m^3·d)。

2. 生物接触氧化池的总面积 A 和座数 n

$$A=\frac{V}{h_0} \tag{19-26}$$

$$n=\frac{A}{A_1} \tag{19-27}$$

式中　h_0——填料高度，一般采用 3.0～5.0m；

A_1——每座池子的面积，m^2，一般≤25m^2。

3. 池深 h

$$h=h_0+h_1+h_2+h_3 \tag{19-28}$$

式中　h_1——超高，0.5～0.6m；

h_2——填料层上水深，0.4～0.5m；

h_3——填料至池底的高度，0.5～1.5m。

4. 有效停留时间 t

$$t=\frac{V}{Q} \tag{19-29}$$

5. 空气量 D 和空气管道系统计算

$$D=D_0Q \tag{19-30}$$

式中　D_0——1m^{3}污水需气量，m^3/m^3，一般为 15～20m^3/m^3。

空气管道系统的计算方法与活性污泥法曝气池的空气管道系统计算方法相同。

19.5 生物流化床

进一步强化微生物群体降解有机物的功能，提高生物处理的效率，可从以下两项关键技术着手：

（1）扩大微生物栖息、繁殖的表面积，并相应提高供氧能力，使处理设备单位容积内的生物量进一步提高；

（2）强化生物膜与污水之间的相互接触，加快它们之间的相对运动，提高传质效率。

20世纪70年代初期，借鉴了化工领域的流化技术，生物流化床技术开始应用于污水生物处理领域。生物流化床技术充分体现了上述两方面的技术要求，成为生物膜法研究和发展的重要方向之一。

生物流化床技术是一种借助流体（液体、气体）使表面生长着微生物的固体颗粒（生物颗粒）呈流态化，从而高效去除和降解有机污染物的生物膜法处理技术。首先，生物流化床中的载体具有较大的表面积（每m^3载体的表面积可达1000～3000m^2），使生物流化床反应器中以MLSS计算的生物量高于任何一种生物处理技术。另一方面，流化床中载体密集，且处于连续流动状态，可随时与污水相互充分接触，与其他载体颗粒相互碰撞摩擦，还能有效防止堵塞现象，其传质效果得到大幅度提高。因此，国内外的试验研究结果表明，生物流化床技术处理污水具有有机负荷高、处理效果好、占地面积少、投资费用省等特点。

19.5.1 流态化原理

如图19-44所示，在圆柱形流化床①的底部，装置一块多孔液体分布板②，分布板②上堆放着表面被微生物覆盖的惰性颗粒载体（如砂、活性炭、焦炭等），液体从床底的进水管③进入，经过分布板均匀地向上流动，通过固体床层①后由顶部出口管④流出。流化床上装有压差计⑤，用以测量液体流经床层的压力降。当液体流过床层时，随着流体流速的不同，床层会出现下述三种不同的状态。

1. 固定床阶段（图19-45a）

当液体以很小的速度流经床层时，固体颗粒处于静止不动的状态，床层高度也基本维持不变，这时的床层称固定床。在这一阶段，液体通过床层的压力降Δp随空塔速度v的上升而增加，呈幂函数关系，在双对数坐标图纸上呈直线，即图19-46中的ab段。

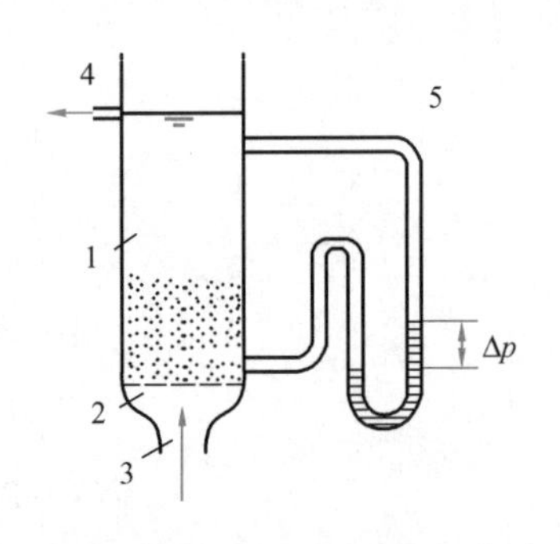

图19-44 生物流化床示意图

1—流化床；2—分布板；3—进水管；4—出水管；5—压差计

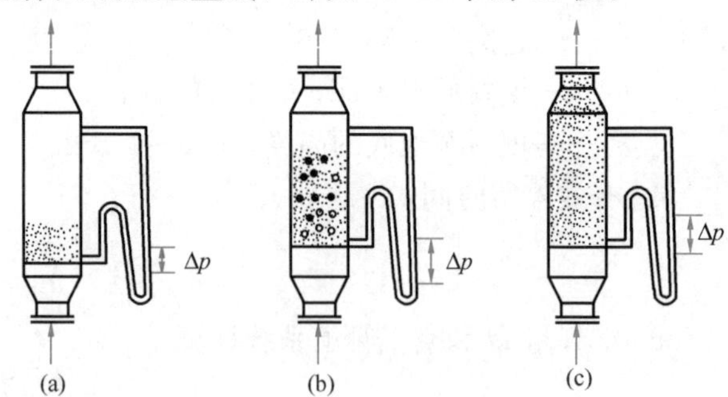

图19-45 载体颗粒的三种状态

（a）固定床；（b）流化床；（c）输送阶段

当液体流速增大到压力降Δp大致等于单位面积床层质量时（图19-46中的b点），固体颗粒间的相对位置略有变化，床层开始膨胀，固体颗粒仍保持接触且不流态化。

2. 流化床阶段（图19-45b）

当液体流速大于 b 点流速，床层不再维持固定床状态，颗粒被液体托起而呈悬浮状态，且在床层内各个方向流动，在床层上部有一个水平界面，此时由颗粒所形成的床层完全处于流态化状态，这类床层称流化床。在这阶段，流化层的高度 h 随流速上升而增大，床层压力降 Δp 则基本上不随流速改变，如图 19-46 中的 bc 段所示。b 点的流速 $v_{\min}$ 是达到流态化的起始速度，称临界流态化速度。临界速度值随颗粒的大小、密度和液体的物理性质而异。

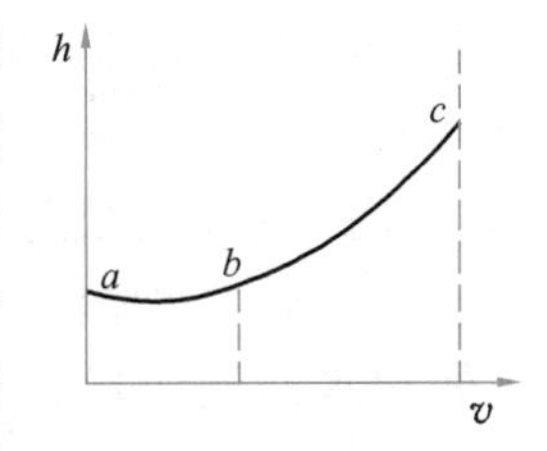

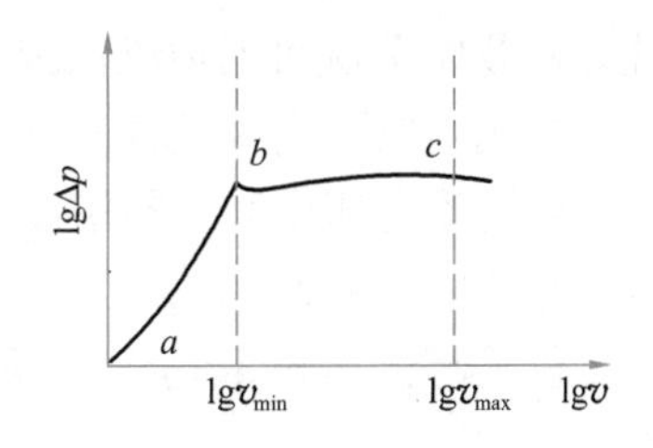

图 19-46　h、Δp 与 v 的关系

由于生物流化床中的载体颗粒表面有一层微生物膜，因此其流化特性与普通的流化床不同。流化床床层的膨胀程度可以用膨胀率 K 或膨胀比 R 表示：

$$K=\left(\frac{V_e}{V}-1\right)\times 100\% \tag{19-31}$$

式中　V、V_e——分别为固定床和流化床层体积。

$$R=\frac{h_e}{h} \tag{19-32}$$

式中　h、h_e——分别为固定床层和流化床层高度。

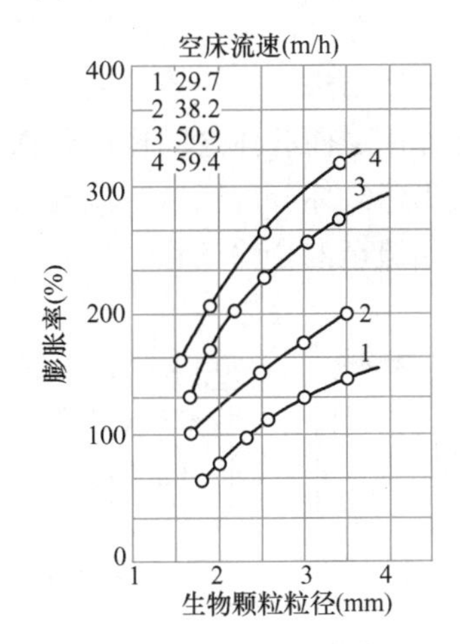

图 19-47　生物颗粒粒径与膨胀率的关系（载体颗粒粒径为 0.84～1.00mm）

在生物流化床中，相同的流速下，膨胀率随着生物膜厚度的增高而增大，如图 19-47 所示。一般 K 采用 50%～200%。

3. 液体输送阶段（图 19-45c）

当液体流速提高至超过 c 点以后，床层不再保持流化，床层上部的界面消失，载体随液体从流化床带出，该阶段称为液体输送阶段，这种床称为“移动床”或“流动床”。c 点的流速 $v_{\max}$ 称为颗粒带出速度或最大流化速度。

流化床的正常操作应控制液体流速在 $v_{\min}$ 与 $v_{\max}$ 之间。

19.5.2　生物流化床的类型

根据生物流化床的供氧、脱膜和床体结构等方面的不同，好氧生物流化床主要有下述两种类型：

1. 二相生物流化床

这类流化床是在流化床体外设置为微生物充氧的供氧设备以及脱除载体表面生物膜的脱膜装置，基本工艺流程如图 19-48 所示。经过充氧后的污水与回流水的混合污水，从底部通过布水装置进入生物流化床，缓慢而又均匀地沿床体过水断面上升。污水在上升过程中，一方面与生物载体充分接触，同时使生物载体处于流化状态。处理后的污水从流化床上部流出，进入二次沉淀池进行泥水分离后得到澄清。载体上老化的生物膜通过系统中的脱膜装置进行脱除。脱膜装置间隙工作，从载体上脱除下来的生物膜作为剩余污泥排出系统，而载体则返回生物流化床。

二相生物流化床又称液动流化床。

生物流化床中微生物浓度很高，耗氧速率也很高。以纯氧为氧源时，充氧后水中溶解氧可达 30～40mg/L；以压缩空气为氧源时，水中溶解氧一般低于 9mg/L。当一次充氧不能提供足够的溶解氧时，可采用处理水回流循环。回流比 r 可以根据氧量平衡计算来确定。

$$(1+r)Q(O_i-O_e)=Q(S_i-S_e)D$$

$$r=\frac{(S_i-S_e)D}{O_i-O_e}-1 \tag{19-33}$$

式中 S_i，S_e——分别为进水和出水 BOD_5浓度，mg/L；

O_i，O_e——分别为进水和出水的溶解氧浓度，(mg/L)；

D——去除 $1kgBOD_5$所需的氧量 ($kgO_2/kgBOD_5$)，对于城市污水 $D=1.2\sim1.4kgO_2/kgBOD_5$；

Q——污水水量，m^3/d。

以空气为氧源，往往需要采用较大的回流比，动力消耗较大。回流比 r 值确定后还应校核在此流速条件下生物载体是否流化。

2. 三相生物流化床

三相生物流化床是气、液、固三相直接在流化床体内进行生化反应，不另设充氧设备和脱膜设备，载体表面的生物膜依靠气体的搅动作用，使颗粒之间剧烈摩擦而脱落。其工艺流程如图 19-49 所示。三相生物流化床由三部分组成，在床体中心设置混合输送管，其外侧为载体下降区，其上部为载体分离区。空气由混合输送管的底部进入，在该管内与污水和载体汇合后，形成气、液、固之间强烈的三相混合和搅拌作用。而载体之间也产生强烈的碰撞摩擦作用，使老化生物膜脱落。污水从混合输送管流出经载体分离区后，流入二次沉淀池进行泥水分离得到澄清；载体则通过载体下降区重新回流至混合输送管。

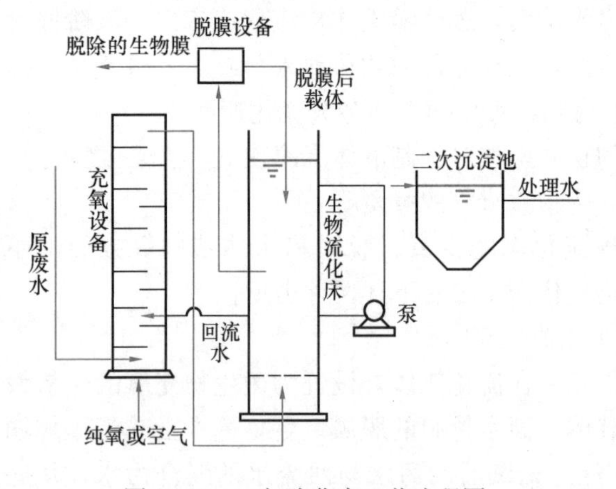

图 19-48　二相流化床工艺流程图

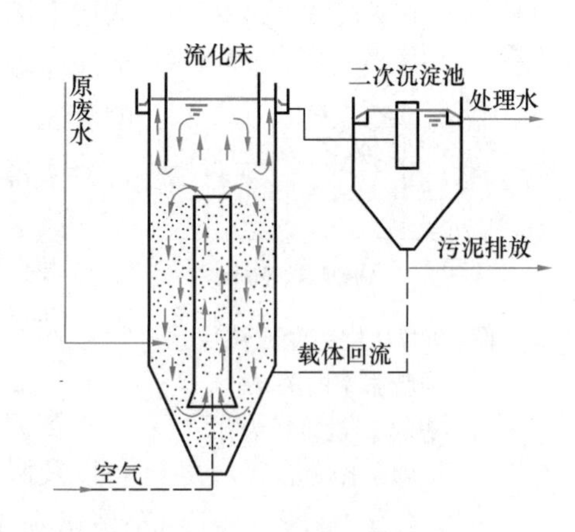

图 19-49　三相生物流化床

三相流化床又称气动流化床。

三相生物流化床的设计应注意防止气泡在床内合并成大气泡影响充氧效率。充氧方式有减压释放空气充氧和射流曝气充氧等形式。由于有时可能有少量载体被带出床体，因此在流程中通常有载体（含污泥）回流。三相流化床设备较简单，操作亦较容易，能耗也较二相流化床低，因此对三相流化床的研究较多。

生物流化床除用于好氧生物处理外，尚可用于生物脱氮和厌氧生物处理。

19.5.3 生物流化床的构造

生物流化床由床体、载体、布水装置、充氧装置和脱膜装置等部分组成，分述如下：

（1）床体。平面呈圆形，多由钢板焊制，也有钢筋混凝土浇灌砌制。

（2）载体。活性炭、焦炭、无烟煤、石英砂颗粒和各种塑料小球是常用的载体，它们是生物流化床的核心。表 19-14 列举了常用载体的物理参数，表中所列均为载体无生物膜覆盖条件下的数据。在流化床运行中，表面包覆生物膜的载体其各项物理参数与表列数据有一些差异，特别是膨胀率差异尤为明显，此时宜通过实测确定各项参数。

常用载体及其物理参数 表 19-14

载体	粒径 (mm)	相对密度	载体高度 (m)	膨胀率 (%)	空床时水的上升速度 (m/h)
聚苯乙烯球	0.5～0.3	1.005	0.7	50 100	2.95 6.90
活性炭（新华 8 号）	ϕ (0.96～2.14) ×L (1.3～4.7)	1.50	0.7	50 100	84.26 160.50
焦炭	0.25～3.0	1.38	0.7	50 100	56 77
无烟煤	0.5～1.2	1.67	0.45	50 100	53 62
细石英砂	0.25～0.5	2.50	0.7	50 100	21.60 40

注：本表所列为载体未被生物包覆时的数据。

（3）布水装置 流化床横断面上流速是否均匀，对能否发挥其净化功能至为重要，流速不均，可能导致部分载体沉积而不形成流化，使流化床的工作受到破坏。这一点对二相流化床（液动流化床）影响特别突出。布水装置的主要功能就是保证布水均匀，同时又是填料的承托层，在停水时，确保载体不流失，并易于再次启动。图 19-50 所示为常用的几种布水装置。

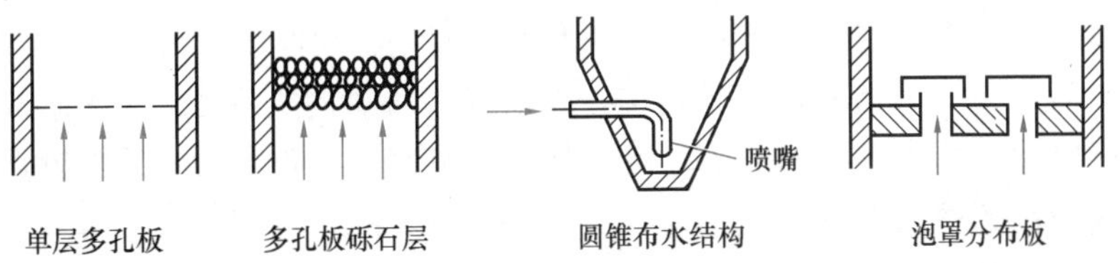

图 19-50 常用于二相流化床的几种布水装置

（4）脱膜装置 为维持生物流化床的持续正常运行，应及时脱除老化的生物膜，使生物膜经常保持一定的活性。三相流化床一般不需另行设置脱膜装置，脱膜装置主要用于二相流化床，可单独另行设立，也可以设在流化床的上部。

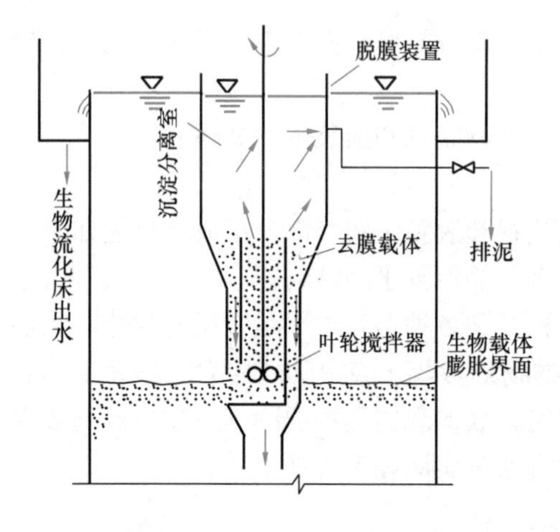

图 19-51　叶轮脱模装置

图 19-51 所示为设于流化床上部叶轮脱膜装置，叶轮旋转所产生的剪切作用使生物膜与载体分离，脱落的生物膜从沉淀分离室的排泥管排出，载体则沉降并返回流化床体。

19.5.4　生物流化床的工艺特点

(1) 容积负荷高，占地面积少

由于生物流化床采用小粒径固体颗粒作为载体，且载体在床内呈流化状态，因此其每单位体积的表面积比其他生物膜法大很多（见表 19-15），单位床体的生物量很高（10～14g/L），容积负荷也较其他生物处理法高，可达到 5kg/(m³·d)以上（见表 19-16）。由于容积负荷大幅度提高，生物流化床的占地面积只为活性污泥法的 1/5～1/8。

几种生物膜法载体比表面积的比较　　表 19-15

滤池形式	比表面积(m²/m³)	平均值(m²/m³)	大致比例	备注
普通生物滤池	40～70	50	1	块状滤料，粒径平均 8cm 左右
生物转盘	100	100	2	以 D=3.6m 转盘为例
塔式生物滤池	160	160	3	以 ϕ25mm 蜂窝为例
生物流化床	1000～3000	2000	40	以粒径 1～1.5mm 砂粒为例

几种生物处理法容积负荷率的比较　　表 19-16

容积负荷率	工艺名称							
	普通生物滤池		生物转盘	塔式滤池	接触氧化池	普通活性污泥法	纯氧曝气活性污泥法	生物流化床
	低负荷	高负荷						
kgBOD/(m³·d)	0.2	0.8	1.0	2.0	3.5	0.5	3.0	10.0

(2) 抗冲击负荷能力强

由于生物流化床的生物量很高，加上传质速度快，污水一进入床内，很快地被混合和稀释，因此生物流化床的抗冲击负荷能力较强。

(3) 微生物活性强

由于生物颗粒在床体内不断相互碰撞和摩擦，其生物膜厚度较薄，其厚度因载体粒径大小而异，一般为 40～150μm，且较均匀。据研究，对于同类污水，在相同处理条件下，其生物膜的呼吸率为活性污泥的两倍，可见其反应速率快，微生物的活性较强。这也是生物流化床负荷较高的原因之一。

(4) 传质效果好

由于生物流化床的载体颗粒在床体内处于剧烈运动状态，气－固－液界面不断更新，因此传质效果好，这有利于微生物对污染物的吸附和降解，加快了生化反应的速率。

(5) 工程应用尚具有局限性　生物流化床内的载体颗粒在湍动过程中会被磨损变小，载体材料耗损比较严重。此外，设计时还存在着生产性放大方面的问题，如防堵塞、曝气方法、进水配水系统的选用和生物颗粒流失等。因此，目前生物流化床在我国还少有工业性应用，只有待上述问题解决时，才可能使其获得较广泛的工业性应用。

19.6 曝气生物滤池

曝气生物滤池（Biological Aerated Filter，BAF）又称淹没式曝气生物滤池（Submerged Biological Aerated Filter，SBAF），是在20世纪80年代初出现于欧洲的一种生物膜法处理工艺，被称为第三代生物膜法技术。当时欧洲各国开始执行更严格的出水排放标准，增加了控制出水中氮、磷含量的指标，此时曝气生物滤池即脱颖而出。该技术最初用于污水二级生物处理以后的深度处理，但由于其良好的技术性能，应用范围不断扩大。与传统的活性污泥法相比，曝气生物滤池填料上生物污泥的附着量（作为生物量考虑）要高得多，折算成MLVSS，可达8000～23000mg/L。由于效率高，体积小，且集生物降解和固液分离作用于一体，不需二沉池，因而占地面积比活性污泥法大幅度减少，还具有异味少、结构模块化和便于自动控制等优点。

图19-52为下向流式曝气生物滤池的示意图，污水从池上部进入滤池，并通过由填料组成的滤层，在填料表面形成有微生物栖息的生物膜。在污水滤过滤层的同时，空气从距填料底部30cm处通入，并由填料的间隙上升，与下流的污水相向接触，空气中的氧转移到污水中，向生物膜上的微生物提供充足的溶解氧和丰富的有机物。在微生物的新陈代谢作用下，有机污染物被降解，污水得到处理。

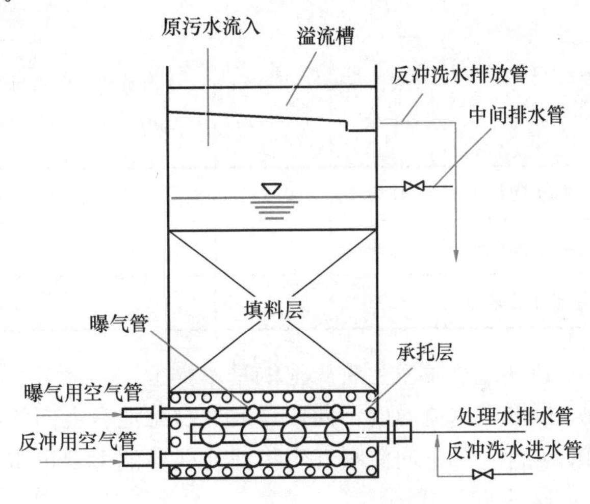

图19-52　曝气生物滤池构造示意图

污水中的悬浮物及由于生物膜脱落形成的生物污泥，被填料所截留。因此，滤层具有二次沉淀池的功能。运行一定时间后，因水头损失的增加，需对滤池进行反冲洗，以释放截留的悬浮物并更新生物膜，一般采用气水联合反冲，反冲水通过反冲水排放管排出后，回流至初沉池。

19.6.1 曝气生物滤池的基本构造

曝气生物滤池的池体高度一般为5～7m，其主体构造与给水处理的快滤池相类似，可分为布水系统、布气系统、承托层、生物填料层、反冲洗系统等五个部分，如图19-53所示。池底的承托层一般选用机械强度良好和化学稳定性好的卵石材料，其级配自上而下为：直径2～4mm，高50mm；直径4～8mm，高100mm；直径8～16mm，高100mm。承托层上部则是滤料层（滤料一般为粒径较小的粒状滤料）。承托层内设置曝气用的空气管和空气扩散装置，处理水集水管兼作反冲洗水管也设置在承托层内。

曝气生物滤池中的填料具有双重作用，既是生物膜的载体，同时兼有截留悬浮物质的作用。因此，载体填料是BAF技术的关键，直接影响其工作效能。同时，载体填料的经济费用在 BAF 处理系统中又占较大比例，所以填料的选择关系到曝气生物滤池的总体技术经济性能。

BAF 中使用的填料粒径较小，一般介于 3～20mm 之间。填料粒径过大则生物量不足，对固体杂质的截留效果差；粒径过小则易于堵塞，反冲洗过于频繁。此外，曝气生物滤池的填料一般应符合以下要求：（1）质地轻，重度小，有足够的机械强度和耐久性；（2）比表面积大，表面较粗糙，易于微生物挂膜；（3）能阻截和容纳污水中的固体杂质；（4）具有良好的化学稳定性；（5）颗粒性良好，易于制成不同粒径的颗粒；（6）水头损失小，形状系数好，易于冲洗。

目前各类曝气生物滤池所采用的滤料计有以下几种：（1）多孔陶粒；（2）无烟煤；（3）石英砂；（4）膨胀页岩；（5）轻质塑料（如聚乙烯、聚苯乙烯）；（6）膨胀硅铝酸盐。部分常用滤料的物理特性见表 19-17。根据资料和工程运行经验，粒径 5mm 左右的均质球形轻质多孔陶粒或塑料球形颗粒较为常用。

部分常用滤料的物理特性　　表 19-17

名称	物理特性							
	比表面积 (m^2/g)	总孔体积 (cm^3/g)	松散重度 (kg/m^3)	磨损率 (%)	堆积密度 (g/cm^3)	堆积空隙率 (%)	粒内孔隙率 (%)	粒径 (mm)
黏土陶粒	4.89	0.39	8.58	≤3	0.7～1.0	>42	>30	3～5
叶岩陶粒	3.99	0.103	9.56	—	—	—	—	—
膨胀球形黏土	3.98	—	15.2	1.5	—	—	—	3.5～6.2

19.6.2 曝气生物滤池的基本类型

根据进水流向的不同，曝气生物滤池有上向流曝气生物滤池（池底进水，水流与空气同向运行）和下向流曝气生物滤池（滤池上部进水，水流与空气逆向运行）两种。

1. 下向流式

早期开发的曝气生物滤池为下向流式，如图 19-52 所示。其缺点是被截留的 SS 大量集中在滤床表层几十厘米处，其水头损失占了整个滤床水头损失的绝大部分，造成滤池纳污率不高，容易堵塞，运行周期短，处理负荷较低。

曝气生物滤池的反冲洗系统宜采用气水联合反冲洗，通过长柄滤头实施。反冲洗空气强度宜为 10～15L/(m^2·s)，反冲洗水强度不应超过 8L/(m^2·s)。反冲洗周期一般为 24h，反冲洗水量为进水水量的 8%左右。反冲洗出水水质平均悬浮固体量为 600mg/L。

2. 上向流式

BIOFOR 是一种典型的上向流式 BFA，如图 19-53 所示。底部为气水混合室，其上为长柄滤头、曝气管、垫层和滤料。所用滤料密度大于水，自然堆积，滤层厚度一般为 2～4m。BIOFOR 运行时，污水从底部进入气水混合室，经长柄滤头配水后通过垫层进入滤料，在此进行 BOD、COD、氨氮、SS 的去除；反冲洗时，气、水同时进入气水混合室，经长柄滤头进入滤料，反冲洗出水回流入初沉池，与原污水合并处理。采用长柄滤头的优点是简化了管路系统，便于控制。

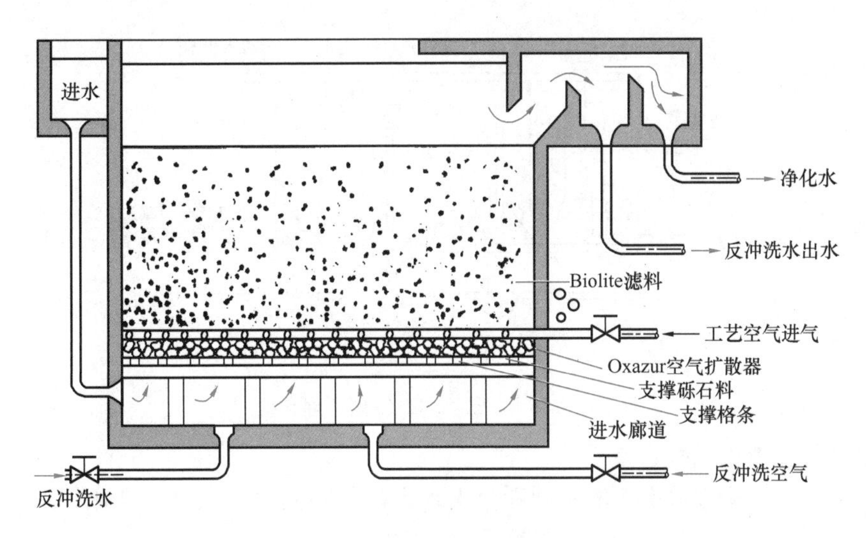

图 19-53　上向流式曝气生物滤池

上向流（气水同向流）曝气生物滤池的主要特点是：(1) 同向流可促使布气、布水均匀；(2) 采用上向流，截留在底部的 SS 可在气泡的上升过程中被带入滤池中上部，加大滤层的纳污率，延长反冲洗间隔时间。

由图 19-53 可以看出，通过改变运行条件，BIOFOR 可以满足不同的工艺要求：当用于硝化和除碳时，向曝气管内通入压缩空气；当用于反硝化时，则改加碳源，同时调整水力负荷等其他运行条件。

19.6.3　曝气生物滤池工艺流程

曝气生物滤池处理系统的基本流程如图 19-54 所示。该流程以 BAF 为处理核心，工艺简单紧凑。曝气生物滤池前应设沉砂池、初沉池或絮凝沉淀池等固液分离效果较好的预处理设施（例如 DENSADEG 预处理系统，如图 19-55 所示），进水悬浮固体浓度不宜大于 60mg/L。BAF 工艺在反冲洗操作中，短时间内水力负荷较大，反冲洗出水直接回流入初沉池会造成较大的冲击负荷。因此该工艺需另设反冲洗废水池。反冲洗出水流入反冲洗废水池贮存，而后缓慢回流入初沉池。

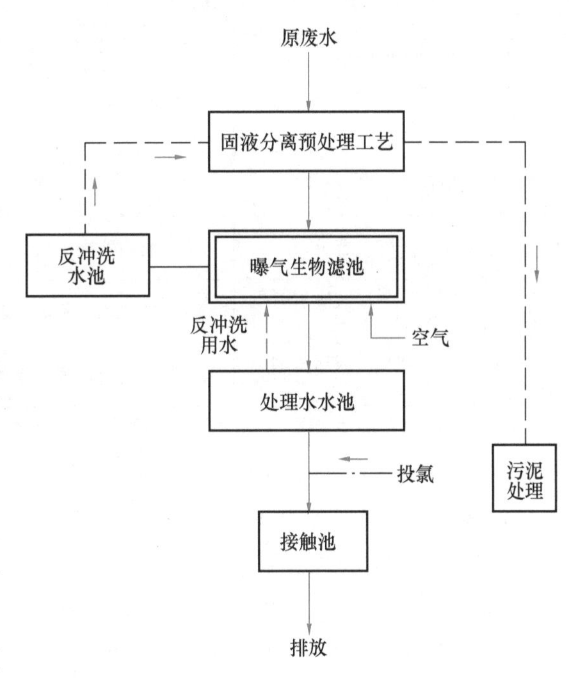

图 19-54　曝气生物滤池处理系统的典型流程

在实际的工程应用中，曝气生物滤池可根据处理程度不同分为碳氧化、硝化、后置反硝化或前置反硝化工艺等，既可在单级曝气生物滤池内完成，也可在分阶段曝气生物滤池内完成。例如：一段曝气生物滤池以碳氧化为主；二段曝气生物滤池主要对污水中的氨氮进行硝化；三段曝气生物滤池主要为反硝化除氮，或者在第二段滤池出水中投加碳源和铁

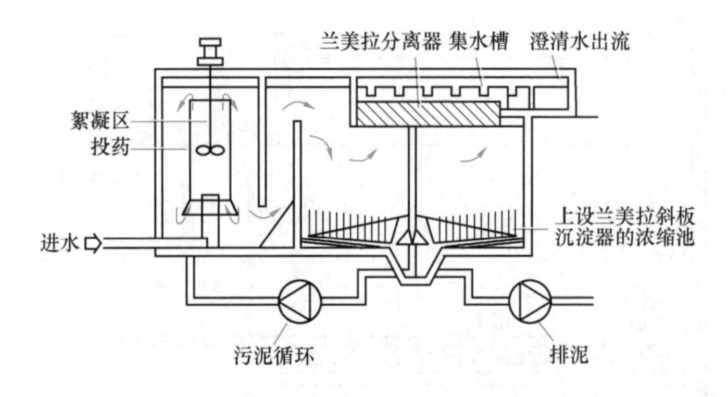

图 19-55　DENSADEG 预处理系统

盐或铝盐进行反硝化脱氮除磷。

污水处理厂根据进水水质的不同和对出水水质的不同要求，可以选用 BAF 与其他处理设施的不同组合工艺。可能的工艺流程见表 19-18。

BAF 的多种组合工艺　　表 19-18

组合工艺流程	主要功能	适用范围
初沉池－BAF(C)	去除含碳有机物，满足二级处理要求	小型污水处理厂
活性污泥法－BAF(C)	进一步去除含碳有机物，改善活性污泥法出水水质	用于改建传统活性污泥法污水处理厂，深度处理
滴滤池－BAF(C)	进一步去除含碳有机物，改善滴滤池出水水质	用于生物滤池工艺的改造，深度处理
初沉池－BAF(C)－BAF(N)	去除有机物和硝化	氨氮浓度较高，有硝化要求的污水处理厂
初沉池－BAF(N)	去除有机物和硝化	氨氮浓度较低，有硝化要求的污水处理厂
初沉池－BAF(DN)/投加絮凝剂－BAF(N)－BAF(DN)	去除有机物，脱氮除磷	高浓度含氮废水，要求脱氮除磷
初沉池－BAF(N)/投加絮凝剂－BAF(DN)	去除有机物，脱氮除磷	低浓度含氮废水，要求脱氮除磷

注：表中括号内 C 表示去碳；N 表示硝化；DN 表示反硝化。

19.6.4　曝气生物滤池主要工艺特点

(1)曝气生物滤池工艺可以节省占地面积和基建投资。由于曝气生物滤池采用的滤料比表面积大，生物量高达 10～20g/L，容积负荷高达 3～6kgBOD_5/(m^3・d)，水力负荷高达 2～10m/h(表 19-19)，且该工艺集生物降解和固液分离于一体，其后不需设二次沉淀池。因此反应器所需体积和面积较小，可大幅度减少工程投资，占地面积比常规处理厂减少 1/3～1/2。

曝气生物滤池典型容积负荷　　表 19-19

负荷类别	碳化	硝化	反硝化
水力负荷[m^3/(m^2・h)]	2～10	2～10	—
最大容积负荷[kgX/(m^3・d)]	3～6 3～6	<1.5(10℃) <2.0(20℃)	<2(10℃) <5(20℃)

注：碳氧化、硝化和反硝化时，X 分别代表五日生化需氧量、氨氮和硝态氮。

（2）曝气生物滤池出水水质好，且不易发生污泥膨胀。BAF 的生物膜较薄（一般为 110μm 左右，普通生物滤池的生物膜厚一般为 0.5～2mm），活性强；由于 BAF 生物量大，生物膜更新快，因此抗冲击负荷性能好，受气候、水量、水质变化影响小，可在 6～10℃水温下运行。采用单级 BAF 处理工艺，出水水质可达到国家二级处理出水标准；而采用多级处理工艺出水可达生活杂用水标准，还具有脱氮除磷的效果。

（3）从运行上看，曝气生物滤池具有节能和运行方便的特点。由于 BAF 的滤料粒径小，对气泡起到切割和阻挡作用，加大了气液接触面积，提高了氧利用率。使用穿孔管曝气，其动力效率在 3kgO_2/kWh 以上，比无填料时提高 30％。BAF 易挂膜，启动和恢复运行速度较快。在水温 10～15℃时，2～3 周即可完成挂膜过程。对水量变化大的污水处理适应性较强。

（4）曝气生物滤池对进水的 SS 要求较高。根据运行经验，进水的 SS 一般不超过 100mg/L，最好控制在 60mg/L 以下。这样就对曝气生物滤池前的预处理工艺提出了较高的要求。工程上常将其反冲水中的污泥回流入初沉池，可利用其吸附、絮凝能力，提高初沉池对 SS 的去除率；或者采用投加化学药剂的方法将初沉池改造为混凝沉淀池。

（5）进水提升高度较大。由于 BAF 的水头损失较大，一般为 1～2m，加上大部分都建于地面以上，其高度一般在 5～7m 之间，污水的总输送扬程约 7～10m，因而动力消耗较高。

思考题与习题

1. 什么是生物膜法？生物膜法具有哪些特点？

2. 试述生物膜法处理污水的基本原理。

3. 比较生物膜法与活性污泥法的优缺点。

4. 生物膜法有哪几种形式？试比较它们的优缺点。

5. 生物膜法采用的填料应具备哪些特性？常采用哪些类型的填料？

6. 试述各种生物膜法处理构筑物的基本结构及其功能。

7. 生物滤池有几种形式？各适用于什么具体条件？

8. 影响生物滤池处理效率的因素有哪些？它们是如何影响处理效果的？

9. 影响生物转盘处理效率的因素有哪些？它们是如何影响处理效果的？

10. 影响生物接触氧化法处理效率的因素有哪些？它们是如何影响处理效果的？

11. 什么是流态化原理和生物流化床处理工艺？

12. 生物流化床有哪些基本类型和构造特点？

13. 影响曝气生物滤池处理效率的因素有哪些？它们是如何影响处理效果的？

14. 曝气生物滤池有哪些基本类型和构造特点？

15. 曝气生物滤池有哪些主要的工艺特点？

16. 某工业废水水量为 600m^3/d，BOD_5 为 430mg/L，经初沉池后进入高负荷生物滤池处理，要求出水 $BOD_5 \leqslant 30$mg/L，试计算高负荷生物滤池尺寸和回流比。

17. 某工业废水水量为 1000m^3/d，BOD_5 为 350mg/L，经初沉池后进入塔式生物滤池处理，要求出水 $BOD_5 \leqslant 30$mg/L，试计算塔式生物滤池尺寸。

18. 某印染厂废水量为 1000m^3/d，废水平均 BOD_5 为 170mg/L，COD_{Cr} 为 600mg/L，试计算生物转盘尺寸。

19. 某印染厂废水量为 1500m^3/d，废水平均 BOD_5 为 170mg/L，COD_{Cr} 为 600mg/L，采用生物接触氧化池处理，要求出水 $BOD_5 \leqslant 20$mg/L，$COD_{Cr} \leqslant 250$mg/L，试计算接触氧化池的尺寸。

第 20 章　自然生物处理系统

自然界的土壤和水体都富含各种生物种群，在一定的自然环境条件下构成具有复杂食物代谢链网和天然自净能力的生态系统。当污水排入土壤或水体后，这些自然生态系统能利用其自净能力分解、转化和消除污水中各种形态的污染物。常见的自然生物处理系统有生物稳定塘、土地处理和湿地处理等。

20.1　生物稳定塘

20.1.1　概述

生物稳定塘又名氧化塘或生物塘，其对污水的净化过程与自然水体的自净过程相似，是一种利用天然净化能力处理污水的生物处理设施。

稳定塘的研究和应用始于 20 世纪初，20 世纪 50 年代后发展较迅速，目前已有五十多个国家采用稳定塘技术处理城市污水和有机工业废水。我国有些城市在 20 世纪 50 年代就开展了稳定塘的研究，到 20 世纪 80 年代进展加快。目前，稳定塘多用于处理中、小城镇的污水，可用作一级处理、二级处理，也可以用作三级处理。

稳定塘常按塘内的微生物类型、供氧方式和功能等分为以下 5 类。

1. 好氧塘

好氧塘的深度较浅，阳光能透至塘底，全部塘水都含有溶解氧，塘内菌藻共生，溶解氧主要由藻类供给，好氧微生物起净化污水作用。

2. 兼性塘

兼性塘的深度较大，上层为好氧区，藻类的光合作用和大气复氧作用使其有较高的溶解氧，由好氧微生物起净化污水作用；中层的溶解氧逐渐减少，称兼性区（过渡区），由兼性微生物起净化作用；下层塘水无溶解氧，称厌氧区，沉淀污泥在塘底进行厌氧分解。由此，兼性塘由好氧、兼性和厌氧微生物共同完成污水的净化。

3. 厌氧塘

厌氧塘的塘深在 2.0m 以上，有机负荷高，全部塘水均无溶解氧，呈厌氧状态，由厌氧微生物起净化作用，净化速度慢，污水在塘内停留时间长。厌氧塘一般作为高浓度有机污水的首级处理工艺，后续处理可设置兼性塘和好氧塘等。

4. 曝气塘

曝气塘采用人工曝气供氧，塘深在 2m 以上，全部塘水有溶解氧，由好氧微生物起净化作用，污水停留时间较短。

5. 深度处理塘

深度处理塘又称三级处理塘或熟化塘，属于好氧塘。其进水有机污染物浓度很低，一般 $BOD_5 \leqslant 30mg/L$。常用于处理传统二级处理厂的出水，提高出水水质，以满足受纳水体或回用水的水质要求。

除上述几种常见的稳定塘以外，还有水生植物塘（塘内种植水葫芦、水花生等水生植物，以提高污水净化效果，特别是提高对磷、氮的净化效果）、生态塘（塘内养鱼、鸭、鹅等，通过食物链形成复杂的生态系统，以提高净化效果）、完全贮存塘（完全蒸发塘）等也正在被研究、开发和应用。作为污水生物处理技术，稳定塘具有一些较为显著的优点，其中主要有：

（1）基建投资低。建设稳定塘能充分利用天然地形，例如利用农业开发价值不高的废河道、沼泽地和低洼地等，且工程构造简单，易于施工，工程周期短，可大幅度节约基建投资；

（2）运行管理经济简便。稳定塘主要依靠自然功能净化污水，运行管理简便，动力消耗低，运行费用低廉，约为传统二级处理厂的1/3～1/5；

（3）污水可资源化利用。稳定塘处理后的污水，一般能达到农业灌溉的水质标准，可充分利用污水的水肥资源，进行农业灌溉或养殖水生动物和植物，组成藻菌、水生植物、浮游生物、底栖动物以及虾、鱼、水禽等多级食物链的复合生态系统，实现污水的资源化利用。

同时，稳定塘也具有一些固有的技术局限性，其中主要有：

（1）占地面积大，当土地资源紧缺，没有空闲余地时不宜采用；

（2）污水处理效果不够稳定，在全年范围内受季节、气温、光照、降雨等气候条件和自然因素的影响而产生较大幅度的变化；

（3）设计运行不当时，易产生臭气和孳生蚊蝇，并可能形成其他形式的二次污染。例如当稳定塘的防渗措施不当时，可能污染地下水等。

虽然稳定塘处理污水存在着上述缺点，但是如果能进行合理的设计和科学的管理，则可以有显著的环境效益、社会效益和经济效益。

20.1.2 稳定塘净化机理

1. 稳定塘中的生物及其生态系统

稳定塘自然生态系统由生物和非生物两部分组成。非生物部分主要包括光照、风力、温度、有机负荷、pH、溶解氧、二氧化碳、氮和磷等营养元素。生物部分则是在稳定塘中生长栖息的多种对污水具有净化作用的生物种群，主要有细菌、藻类、微型动物（原生动物和后生动物）、水生植物和水生动物。典型的稳定塘生态系统如图20-1所示。

在稳定塘中对有机污染物起降解作用的主要是细菌，包括好氧、兼性、厌氧的异养细菌和自养菌。藻类主要有绿藻和蓝绿藻等，是自养型微生物，可通过光合作用向塘水提供溶解氧，与细菌一起形成稳定塘的菌藻共生体系（图20-2），同时可利用无机碳、氮和磷合成其细胞物质，在稳定塘生态系统中的作用十分重要。塘内菌藻生化反应可用式(20-1)和式（20-2）表示：

细菌的降解作用

$$\text{有机物} + O_2 + H^+ \longrightarrow CO_2 + H_2O + NH_4^+ + C_5H_7O_2N\ (\text{细菌}) \tag{20-1}$$

藻类的光合作用

$$106CO_2 + 16NO_3^- + HPO_4^{2-} + 122H_2O + 18H^+ \longrightarrow \underset{(\text{藻类})}{C_{106}H_{263}O_{110}N_{16}P} + 138O_2 \tag{20-2}$$

上述生化反应表明，好氧塘内有机污染物的降解过程，是溶解性有机污染物转换为无机物和固态有机物——细菌与藻类细胞的过程。此外，式（20-2）表明，每合成1g藻类，

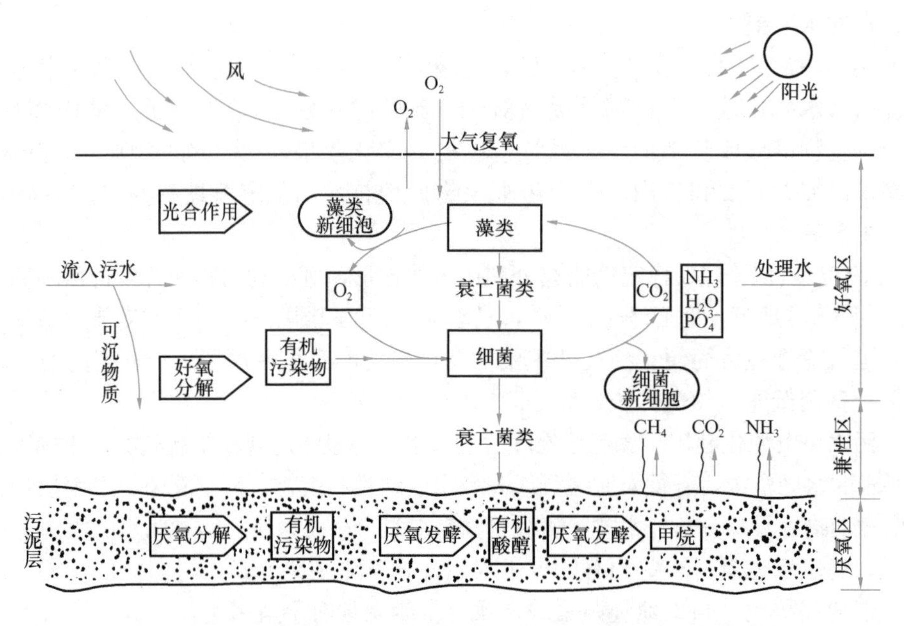

图 20-1　典型的稳定塘生态系统——兼性稳定塘净化功能模式

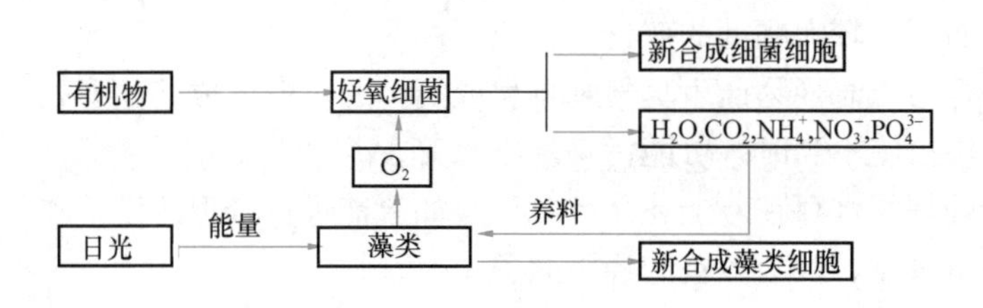

图 20-2　菌藻共生体系

释放 1.244g 氧。

在稳定塘内有时也出现一些原生动物、后生动物和枝角类动物如水蚤等微型动物，水蚤能够吞食藻类、细菌和颗粒有机物，并可分泌黏性物质，促进细小悬浮物凝聚，使塘水澄清。例如当塘中出现大量能吞食菌藻和悬浮颗粒的水蚤时，塘水往往清澈透明。

稳定塘中的水生维管束植物有助于提高对有机物和氮、磷营养物的去除效果，其根系对污染物还具有吸收和吸附作用，而水生植物收获后还能获取一定的经济效益。稳定塘中的水生维管束植物包括浮水植物、挺水植物和沉水植物。浮水植物自由漂浮在水面，其中较为常见的凤眼莲，俗称水葫芦。凤眼莲具有较强的耐污性和净化能力，可直接从大气中吸取氧气，通过其叶和茎送至根部后释放溶解于水中，细菌和微型动物则聚集在其根部。其他浮水植物还包括水浮莲、水花生、浮萍、槐叶萍等。挺水植物的根生长在底泥中，叶和茎挺出水面，只能生长在浅水中，芦苇和水葱是常见的挺水植物。常见的沉水植物有马来眼子菜、叶状眼子菜等，其根生长在底泥中，叶和茎全部沉没在水中，仅在开花时，花露出于水面。沉水植物只能生长在光可照射到、污水有机负荷较低的浅水中，且多为鱼类和水禽动物的良好饲料。

在稳定塘中宜放养一些杂食性鱼类，例如鲤鱼和鲫鱼，可捕食塘水中的食物颗粒和浮游动物；也可放养一些滤食性和草食性鱼类，例如鲢鱼和草鱼，有助于控制藻类的过度增殖。放养的水禽如鹅、鸭等则以水草、浮游动物和小型鱼类为食，能建立良好的生态系统并获取一定的经济效益。

稳定塘内的食物链并不是单一的和线状的，而是由若干纵横交错的食物链构成复杂的食物链网，如图 20-3 所示。其中细菌、藻类以及部分水生植物是生产者，成为原生动物及枝角类动物的食物，而后者又为鱼类所吞食。同时，细菌、藻类以及部分水生植物又能直接成为鱼类和水禽的饵料。可见，鱼类和水禽处在稳定塘中的最高营养级，如能使各营养级之间保持适宜的数量关系，就能建立良好的生态平衡，最后使污水中的有机污染物得到降解，营养物质得到充分利用，同时获得鱼类和水禽产物。

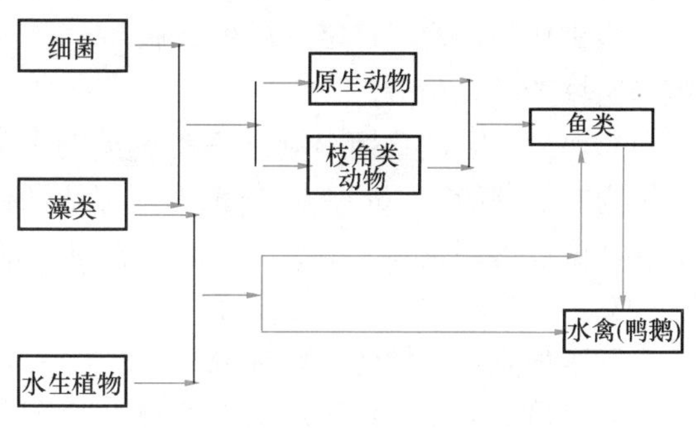

图 20-3　稳定塘内主要食物链

2. 稳定塘对污水的净化作用

（1）稀释作用。进入稳定塘的污水，在风力、水流以及污水中污染物的扩散作用下，与原塘水进行一定程度的混合，使进水得到稀释，降低了各种污染物的浓度。稀释作用可为进一步的净化作用创造条件，如降低有毒有害物质的浓度，使生物降解过程能够正常进行。

（2）沉淀和絮凝作用。污水进入稳定塘后，因塘面陡然开阔，水流速度大为降低，水中挟带的悬浮物质在重力作用下，渐次自然沉淀于塘底。此外，在稳定塘的塘水中含有大量具有絮凝作用的生物分泌物，能促使污水中的细小悬浮颗粒聚集成为大颗粒，絮凝沉淀于塘底成为沉积层。

（3）微生物的代谢作用。在兼性塘和好氧塘内，绝大部分的有机污染物是通过异养型好氧菌和兼性菌的代谢作用去除的。在兼性塘的塘底沉积层和厌氧塘内，厌氧细菌对有机污染物进行厌氧降解，最终产物主要是 CH_4 和 CO_2 以及硫醇等。在好氧层或兼性层内的难降解物质，可沉于塘底，在厌氧微生物的作用下，转化为可降解的物质而得到进一步降解。可以认为，稳定塘内有机污染物是在好氧微生物、兼性微生物以及厌氧微生物协同作用下得以去除的。

（4）水生动物的作用。稳定塘内的多种水生动物各自发挥着不同的净化功能。原生动物、后生动物及枝角类浮游动物在稳定塘内的主要功能是吞食游离细菌、藻类、胶体有机污染物和细小的污泥颗粒，分泌能够产生生物絮凝作用的黏液，使塘水进一步澄清。放养的鱼类捕食微型水生动物或残留于水中的有机大颗粒。各种生物处于同一生物链中，互相制约，它们的动态平衡有利于水质净化。

（5）水生维管束植物的作用。在稳定塘内，水生植物吸收氮、磷等营养，提高稳定塘去除氮、磷的功能；水生植物根部具有富集重金属的功能，可提高重金属的去除率；水生植物的根和茎，为细菌和微生物提供了生长介质，并可以向塘水供氧，提高 BOD 和 COD 的去除效果。

3. 稳定塘净化过程的影响因素

稳定塘的环境因子对其净化过程的作用是不可忽视的。光照影响藻类的生长及水中溶解氧的变化，温度影响微生物的生物代谢作用，有机负荷对塘内细菌的繁殖、氧和二氧化碳的含量产生影响，pH、营养元素等其他因子也可能构成制约因素。各项环境因子相互联系，多重作用，构成稳定塘的生态循环。除自然因素外，水质和维护管理等可控因素也影响稳定塘的净化功能。

（1）温度。温度直接影响细菌和藻类的生命活动，对稳定塘净化功能的影响十分重要。因为好氧菌能在10～40℃的范围内存活和代谢，最佳温度范围是25～35℃。藻类正常的存活温度范围是5～40℃，最佳生长温度则是30～35℃。厌氧菌的存活温度范围是15～60℃，33℃和53℃左右最适宜。

太阳辐射是稳定塘的主要热源之一。在一年的某些季节，沿塘的深度常会产生温度梯度，水温呈垂直分布。由于水的密度随水温下降而增大，所以沿水深发生分层现象。夏季上层水比较暖和，沿水深温度下降。秋季温度下降时，水面温度相对低于塘底部温度，上部和下部水相互交换，形成所谓的秋季翻塘。当温度下降到4℃以下时，水密度下降，冬季分层现象发生。当冰封融化和水温上升时，也会出现春季翻塘。春秋两季翻塘时，塘底的厌氧物质被带到表面而散发出相当大的臭味。进水也可能是稳定塘的另一热源，当进水与塘水温差较大，可能在塘内形成异重流。对于寒冷地区的厌氧塘，宜采用较深的塘。尽管一般情况下较深的塘底部温度低，但冬季塘的表面发生冰封，较深的塘底部温度相对较高，仍能发生一定的降解作用。

（2）光照。透过塘表面的光强度和光谱构成对塘内微生物的活性有较大的影响，对好氧塘尤为重要，因为好氧塘的关键是应使光线能穿透至塘底。光是藻类进行光合作用的能源，藻类必须获得足够的光，才能提供必要的氧气和合成新的藻类细胞物质。

（3）混合。进水与塘内原有塘水的充分混合，对发挥稳定塘的净化功能至为重要。混合能使有机物与细菌充分接触，并避免由于短流而降低塘的有效容积，特别是当进水和塘水温差较大时，对避免发生异重流十分必要。为此，应为稳定塘创造良好水力条件，以有助于塘水的混合，如选择合理的塘型、进出口的形式与位置以及在适当位置设导流板等。

（4）营养物质。微生物所需要的营养元素主要是碳、氮、磷、硫及其他微量元素，如铁、锰、钼、钴、锌、铜等。最适合的养料配比为BOD_5∶N∶P∶K＝100∶5∶1∶1。城市污水基本上能够满足微生物对各种营养元素的需要。用稳定塘处理工业废水时，应注意营养物质平衡，必须充分满足所需要的各种营养物质。

（5）有毒物质。有毒物质能抑制藻类和细菌的代谢和生长，为了使稳定塘正常运行，应对进水中的有毒物质的浓度加以限制或进行预处理。

（6）蒸发量和降雨量。降雨能使稳定塘中污染物质得到稀释，并促进塘水混合，但缩短了污水在塘中的水力停留时间。蒸发则相反，将使塘的出水量小于进水量，水力停留时间大于设计值，但塘水中的污染物质特别是无机盐类的浓度，将由于浓缩而有所提高。对蒸发和降雨两方面相反的作用应当综合考虑。

20.1.3 稳定塘的工艺类型

1. 好氧塘

好氧塘的深度一般在0.5m左右，在白天阳光照射时间内，阳光透入池底，塘内生长的藻类在光合作用下，释放出大量的氧，塘表面也由于风力的搅动进行自然复氧，使塘水保持良好的好氧状态。在水中繁殖生育的好氧异养微生物通过其本身的代谢活动对有机物进行氧化分解，而它的代谢产物 CO_2 则可作为藻类光合作用的碳源。藻类摄取 CO_2 及 N、P 等无机盐类，并利用太阳光能合成其本身的细胞质，从而在塘内形成藻—菌及原生动物的共生系统，好氧塘的功能模式如图 20-4 所示。

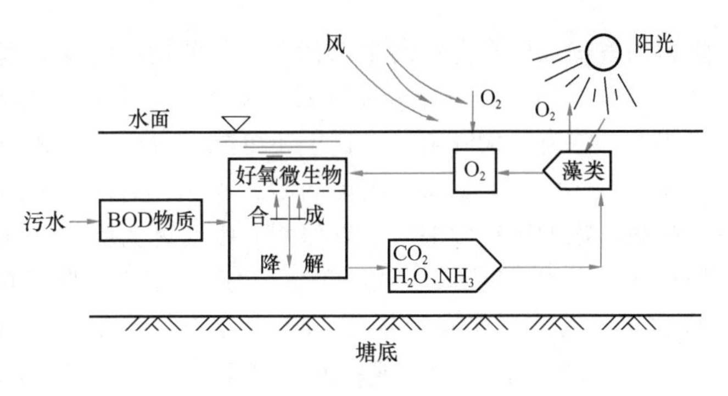

图 20-4　好氧塘工作原理示意图

好氧塘内溶解氧在一天内是变化的。晴天白昼，藻类光合作用放出的氧远超藻类和细菌所需，塘水中溶解氧含量可达到饱和状态；晚间光合作用停止，水中溶解氧由于生物呼吸作用而下降，凌晨时达最低点；阳光开始照射后，光合作用复又开始，水中溶解氧再行上升。好氧塘的 pH 与水中 CO_2 浓度有关，受塘水中碳酸盐系统的 CO_2 平衡关系影响，其平衡关系式如下：

$$\begin{aligned} & CO_2 + H_2O \rightleftharpoons H_2CO_3 \rightleftharpoons HCO_3^- + H^+ \\ & CO_3^{2-} + H_2O \rightleftharpoons HCO_3^- + OH^- \\ & H_2O \rightleftharpoons OH^- + H^+ \end{aligned} \tag{20-3}$$

上式表明，白天藻类光合作用使 CO_2 降低，pH 上升。而夜间藻类停止光合作用，细菌降解有机物的代谢没有中止，CO_2 累积，pH 下降。

好氧塘内的生物种群主要有藻类、菌类、原生动物、后生动物及水蚤等微型动物。藻类的种类和数量与塘的负荷有关，可直接反映好氧塘的运行状况和处理效果。若塘水营养物质浓度过高，会引起藻类异常繁殖，产生藻类水华，此时藻类聚结形成蓝绿藻絮状体和胶团状体，使塘水浑浊。菌类主要生存在塘水上层，浓度约为（1×10^8）～（5×10^9）个/mL，主要种属与活性污泥和生物膜相同。原生动物和后生动物的种属数与个体数，均比活性污泥法和生物膜法少。水蚤捕食藻类和菌类，本身则是鱼饵，但过分增殖会影响塘内菌和藻的数量。

好氧塘的优点是净化功能较好，有机污染物降解速率较高，污水在塘内停留时间较短。但进水应进行比较完善的预处理去除可沉悬浮物，以防形成污泥沉积层。好氧塘的缺点是占地面积大，处理水中含有大量的藻类，需进行除藻处理，对细菌的去除效果也较差。

好氧塘一般采用较低的有机负荷值。根据有机物负荷率的高低，好氧塘还可以分为高负荷好氧塘、普通好氧塘和深度处理好氧塘 3 种。高负荷好氧塘有机物负荷率较高，污水停留时间较短，塘水中藻类浓度亦较高，常用于处理污水和产生藻类。高负荷好氧塘一般设置在处理系统的前部，水深较浅，仅适于气候温暖、阳光充足的地区采用。普通好氧塘以污水二级处理为主要功能，与高负荷好氧塘相比，有机负荷率较低，污水停留时间较长，塘水较深。深度处理好氧塘常设置在处理系统的后部，或用于处理二级处理工艺的出水，有机负荷率较低，水力停留时间较长，处理水质良好。

2. 兼性塘

兼性塘是各种类型的氧化塘中应用最为广泛的一种，其典型的净化功能模式如图 20-1所示。兼性塘一般深 1.0～2.0m，阳光能够照射透入的上层部位为好氧层，由好氧异养微生物对有机污染物进行氧化分解，藻类的光合作用旺盛，释放大量的氧。在好氧层进行的各项反应、存活的生物相以及各项指标的变化基本同好氧塘。但由于污水的停留时间长，有可能生长繁育多种种属的微生物，其中包括世代时间较长的种属，如硝化菌等。因此，除有机物降解外，这里还可能进行更为复杂的反应，如硝化反应等。

塘底有一污泥层，系由沉淀的污泥和衰亡的藻类和菌类构成，由于缺乏溶解氧，此层以厌氧微生物的厌氧发酵为主导作用，因而称为厌氧层。与一般的厌氧发酵过程相同，厌氧层相继经过水解发酵、产氢产乙酸和产甲烷三个阶段的反应，可去除污水中约20%左右的BOD。其液态代谢产物如H_2O、氨基酸、有机酸等与塘水混合，气态代谢产物如CO_2、CH_4等则逸出水面，或在通过好氧层时为细菌所分解，为藻类所利用。此外，通过厌氧层的发酵反应可使沉泥得到一定程度的降解，减少塘底污泥量。

好氧层与厌氧层之间，存在着一个兼性层，这里溶解氧量很低，而且时有时无，一般在白昼有溶解氧存在，而在夜间又处于厌氧状态，在这层里存活的是兼性微生物，这一类微生物既能够利用水中游离的分子氧，也能够在厌氧条件下，从NO_3^-或CO_3^{2-}摄取氧。

由于兼性塘内进行的净化反应比较复杂，生物相也比较丰富，因此兼性塘去除污染物的范围比好氧塘广，它不仅可去除一般的有机污染物，还可有效地去除磷、氮等营养物质和某些难降解的有机污染物，如木质素、有机氯农药、合成洗涤剂、硝基芳烃等。因此，它不仅用于处理城市污水，还被用于处理石油化工、有机化工、印染、造纸等工业废水。

兼性塘的主要优点是：(1)对水量、水质的冲击负荷具有一定的适应能力；(2)在达到同等处理效果的条件下，其建设投资与维护管理费用低于其他生物处理工艺。

3. 厌氧塘

厌氧塘是依靠厌氧菌的代谢功能使有机污染物得到降解的，即先由兼性厌氧产酸菌将复杂的有机物水解、转化为简单的有机物（如有机酸、醇、醛等），再由厌氧菌（甲烷菌）将有机酸转化为甲烷和二氧化碳等。因此，厌氧塘在功能上受厌氧发酵的特征所控制，在构造上也应遵从厌氧反应的要求。由于甲烷菌的世代时间长，增殖速度慢，且对溶解氧和pH敏感，因此厌氧塘的设计和运行，必须以甲烷发酵阶段的要求作为控制条件，控制有机污染物的投配率，以保持产酸菌与甲烷菌之间的动态平衡。一般应控制塘内的有机酸浓度在3000mg/L以下，pH为6.5～7.5，进水的BOD_5∶N∶P=100∶2.5∶1，硫酸盐浓度应小于500mg/L，以使厌氧塘能正常运行。图20-5所示为厌氧塘的功能模式。

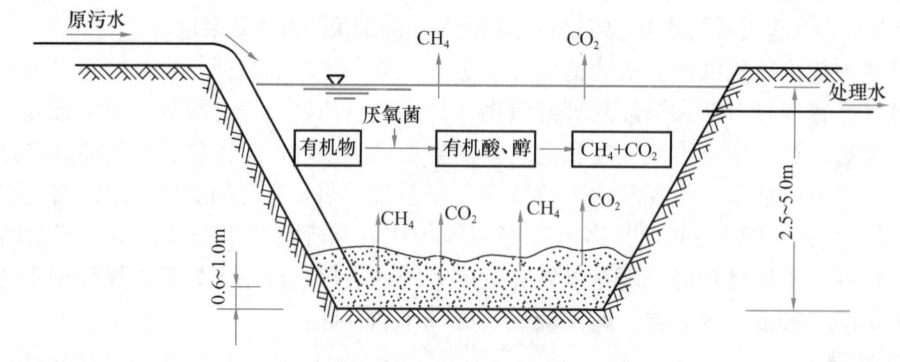

图20-5 厌氧塘功能模式图

厌氧塘多用于处理高浓度水量不大的有机废水，如肉类加工、食品工业、牲畜饲养场等废水，也可用于处理城镇污水。厌氧塘前应设置格栅、普通沉砂池，有时也设置初次沉淀池。由于厌氧塘的处理效率不高，出水 BOD_5浓度不能达到二级处理水平，因此厌氧塘很少单独用于污水处理，而是作为其他处理单元的前处理单元，其出水需要进一步通过后续的兼性塘或好氧塘处理。厌氧塘设置在处理系统的前部，具有下列几项效益：①可降解约 30%左右有机污染物；②使一部分难降解有机物转化为可降解物质，有利于后续塘处理；③通过厌氧发酵反应可降低污泥量，减轻污泥处理与处置工作。

厌氧塘的主要缺点是对周围环境有不利的影响，择要分述如下：

(1) 厌氧塘深度大，污水浓度高，易污染地下水，必须做好防渗措施。

(2) 厌氧塘多散发臭气，应使其远离住宅区，一般应相距 500m 以上。可利用厌氧塘表面的浮渣层和采取人工覆盖措施（如聚苯乙烯泡沫塑料板）防止臭气逸出。也有用回流好氧塘出水使其布满厌氧塘表层来减少臭气逸出。

(3) 厌氧塘处理某些废水（如肉类加工废水）时，在水面上可能形成浮渣层，浮渣层对保持塘水温度有利，但有碍观瞻，而且在浮渣上易孳生小虫，有碍周围环境卫生，应考虑采取适当的防护措施。

4. 曝气塘

曝气塘是人工强化的稳定塘。采用曝气装置向塘内污水充氧和搅动塘水，塘内生长有活性污泥，污泥可回流也可不回流。人工曝气装置多采用表面机械曝气器，但也可以采用鼓风曝气系统。曝气塘的水力停留时间为 3～10d，有效水深为 2～6m。

曝气塘可分为好氧曝气塘和兼性曝气塘。两类曝气塘构造上并无明显差别，主要取决于曝气装置的数量、安设密度和曝气强度。当曝气装置的功率较大，足以使塘水中全部生物污泥都处于悬浮状态，并向塘水提供足够的溶解氧时，即为好氧曝气塘。如果曝气装置的功率仅能使部分固体物质处于悬浮状态，另一部分固体物质沉积于塘底，进行厌氧分解，曝气装置提供的溶解氧也不敷全部需要，则为兼性曝气塘（图 20-6）。实践证明，对深度为 3～5m 的曝气塘，采用表面机械曝气器，其比功率为 6kW/1000m³ 污水时，可以使塘水中全部固体物质处于悬浮状态；采用比功率为 1kW/1000m³ 污水的表面曝气器，只能使部分固体物质处于悬浮状态。

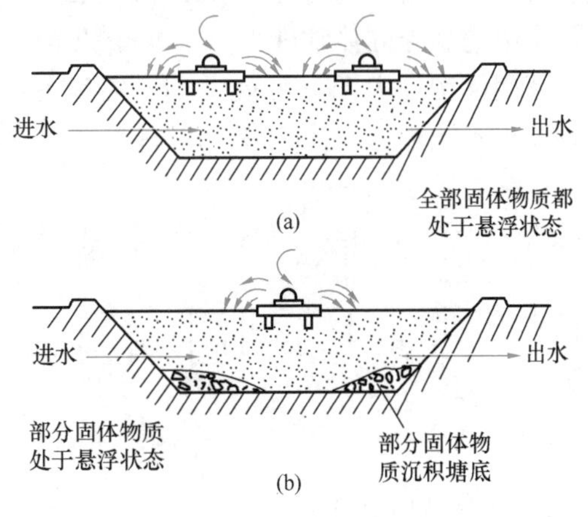

图 20-6 好氧曝气塘与兼性曝气塘
(a) 好氧曝气塘；(b) 兼性曝气塘

曝气塘不同于其他以自然净化过程为主的稳定塘，实际上是介于活性污泥法中的延时曝气法与稳定塘之间的处理工艺。曝气塘的主要优点是净化功能、净化效果以及工作效率都明显高于一般类型的稳定塘；污水在塘内的停留时间短，所需容积及占地面积均较小。缺点是曝气装置使耗能增加，运行费用也较高。

曝气塘出水的悬浮固体浓度较高，排放前需进行沉淀，沉淀的方法可以用沉淀池，或在塘中分隔出静水区用于沉淀。若曝气塘后设置兼性塘，则兼性塘要在进一步处理其出水的同时起沉淀作用。

常用类型稳定塘工艺特性的比较见表 20-1。

项目	塘性		
	好氧塘	兼性塘	厌氧塘
优点	基建投资和运转维护费低；管理方便；处理程度高	基建费用和运转维护费最低；管理方便；处理程度高；耐冲击负荷能力较强	占地省（因池深大）；耐冲击负荷强；所需动力少；贮存污泥的容积较大；作为预处理设施时，可大大减少后续兼性塘和好氧塘的容积
缺点	池容大，占地多；需要对出水中藻类进行补充处理	池容大，占地多；可能有臭味；夏季运转时常出现漂浮污泥层；出水水质有波动	对温度要求高（≥15℃）；臭味大
适用条件	适于处理营养物、溶解性有机物以及二级处理后的出水	适于处理城市污水与工业废水；小城镇污水最常采用的处理系统	适用于处理高温、高浓度废水

20.1.4 稳定塘的设计

1. 稳定塘处理系统的工艺流程

稳定塘处理系统一般由预处理设施、稳定塘和后处理设施等三部分组成。为防止稳定塘内污泥淤积，污水进入稳定塘前应先去除水中的悬浮物质。常用设备为格栅、普通沉砂池和沉淀池。若塘前有提升泵站，而泵站的格栅间隙小于 20mm 时，塘前可不另设格栅。原污水中的悬浮固体浓度小于 100mg/L 时，可只设沉砂池，以去除砂质颗粒。原污水中的悬浮固体浓度大于 100mg/L 时，需考虑设置沉淀池。稳定塘的流程组合依当地条件和处理要求不同而异，图 20-7 为几种典型的流程组合。

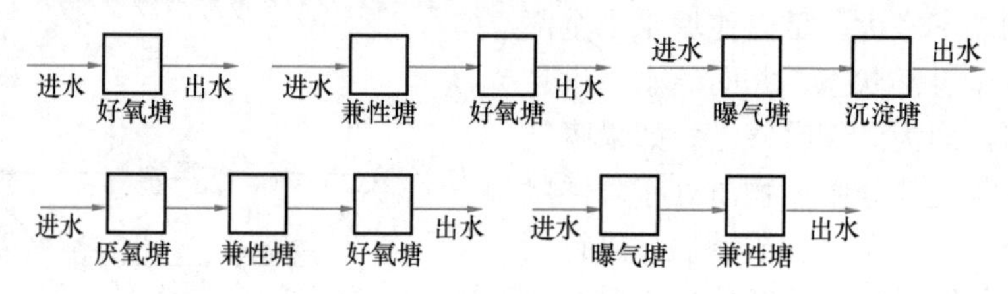

图 20-7 几种典型的稳定塘流程组合

2. 稳定塘的设计

在稳定塘内由于进行着复杂的生化反应（如各类细菌的代谢、藻类的生长繁殖、水生动植物的吸收与利用等），而且这些反应又与气候和当地具体条件（如降雨与蒸发等因素）相关，因此稳定塘的设计尚难以建立严谨的理论计算方法，当前仍主要使用经验方法。

好氧塘和兼性塘的处理功能主要与塘面积有关，特别是好氧塘的处理效果主要取决于塘面积大小。因此，好氧塘和兼性塘通常按表面有机负荷率计算。

$$F = \frac{L_a Q}{q} \tag{20-4}$$

式中 F——塘面积，m^2；

Q——平均污水量，m^3/d；

L_a——进入稳定塘的污水 BOD_5，kg/m^3；

q——BOD_5设计负荷，$kg/(m^2 \cdot d)$。

各种类型好氧塘的主要工艺参数见表 20-2。好氧塘多采用矩形，表面的长宽比为(3∶1)～(4∶1)，一般以塘深 1/2 处的面积作为计算塘面。单塘面积不宜大于 4hm²。塘堤的超高为 0.6～1.0m。塘堤的内坡坡度为(1∶2)～(1∶3)(垂直∶水平)，外坡度为(1∶2)～(1∶5)(垂直∶水平)。好氧塘的座数一般不少于 3 座，规模很小时不少于 2 座。

各种类型好氧塘的主要工艺设计参数　　表 20-2

设计参数	高负荷好氧塘	普通好氧塘	深度处理好氧塘
BOD_5负荷[kg/(hm² · d)]	80～160	40～120	<5
水力停留时间(d)	4～6	10～40	5～20
有效水深(m)	0.3～0.45	0.5～1.5	0.5～1.5
pH	6.5～10.5	6.5～10.5	6.5～10.5
温度(℃)	0～30	0～30	0～30
BOD_5去除率(%)	80～95	80～95	60～80
藻类浓度(mg/L)	100～260	40～100	5～10
出水 SS(mg/L)	150～300	80～140	10～30

兼性塘一般亦采用负荷法进行计算，其主要工艺参数见表 20-3。兼性塘一般采用矩形，长宽比(3∶1)～(4∶1)。塘的有效水深为 1.2～2.5m，超高为 0.6～1.0m，贮泥区高度应大于 0.3m，堤坝的内坡坡度同好氧塘。兼性塘一般不少于三座，多采用串联，其中第一塘的面积约占兼性塘总面积的 30%～60%，单塘面积应小于 4hm²，以避免布水不均匀和波浪较大等问题。

厌氧塘的设计应使厌氧塘维持或基本维持厌氧状态。较高的有机负荷和有机物浓度有利于厌氧反应的进行。在条件允许的前提下，深度宜选用较大值。厌氧塘常采用容积负荷率进行设计，塘容积 V(m³)可表示为：

$$V = \frac{QL_a}{q_v} \tag{20-5}$$

式中　q_v——进水 BOD_5 容积负荷，kg/(m³ · d)；

Q——进水流量，m³/d；

L_a——进水 BOD_5 浓度，kg/m³。

城市污水兼性塘的设计负荷和水力停留时间　　表 20-3

冬季平均气温(℃)	BOD_5表面负荷[kgBOD_5/(hm² · d)]	水力停留时间(d)
15 以上	70～100	不小于 7
10～15	50～70	20～7
0～10	30～50	40～20
−10～0	20～30	120～40
−20～−10	10～20	150～120
−20 以下	<10	180～150

处理城市污水的建议负荷值为 200～600kg/(hm² · d)。对于工业废水，设计负荷应通过试验确定。厌氧塘一般为矩形，长宽比为(2∶1)～(2.5∶1)，单塘面积不大于 4hm²，

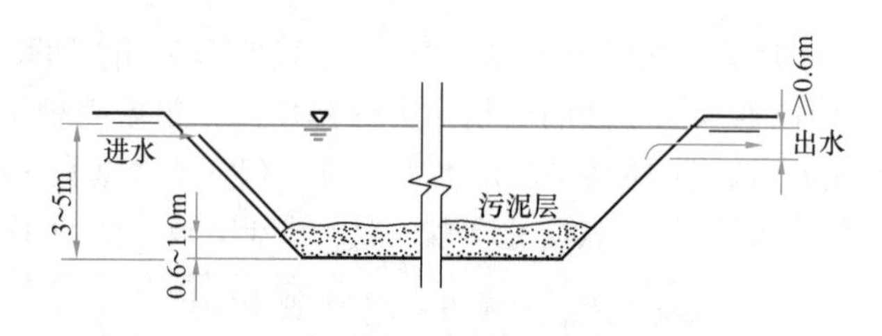

图 20-8 厌氧塘示意图

塘内有效水深一般为 3.0～5.0m，贮泥深度大于 0.5m，超高为 0.6～1.0m。厌氧塘的进水口离塘底 0.6～1.0m，出水口离水面的深度应不小于 0.6m（图 20-8），使塘的配水和出水较均匀，进、出口的个数均应大于两个。

稳定塘的进出口形式对其处理效果有较大的影响。设计时应注意配水和集水均匀，避免短流、沟流以及混合死区。常采用多点进水和出水方式，进口、出口之间的直线距离尽可能远，进口、出口的方向避开当地主导风向。

为防止浪的冲刷，稳定塘塘体的衬砌应在设计水位上下各 0.5m 以上。若需防止雨水冲刷时，塘的衬砌应做到堤顶。衬砌方法有干砌块石、浆砌块石和混凝土板等。在有冰冻的地区，背阴面的衬砌应注意防冻。若筑堤土为黏土时，冬季会因毛细作用吸水而冻胀，因此在结冰水位以上应置换为非黏性土。

稳定塘渗漏可能污染地下水源，若出水考虑再回用，则塘体渗漏会造成水资源损失。塘体防渗方法有素土夯实、沥青防渗衬面、膨润土防渗衬面和塑料薄膜防渗衬面等。由于某些防渗措施的工程费用较高，选择防渗措施时应十分谨慎。

20.2 污水土地处理

20.2.1 概述

污水土地处理是在污水农田灌溉的基础上发展起来的。污水农田灌溉的目的是利用污水中的水肥资源；土地处理则是一种以土地作为主要处理系统的污水处理方法，其目的是净化污水，控制水污染，同时兼顾农田、林地、草场等的水肥需要。

所谓污水土地处理，是指在人工控制的条件下，将污水投配在土地上，通过土壤—微生物—植物组成的生态系统，发生一系列物理、化学、物理化学和生物化学的净化作用，使污水得到净化的一种污水处理工艺。在污染物得以净化的同时，水中的营养物质和水分也得以循环利用，可促进农作物、牧草和林木以及水产和畜产的生产。采用污水土地处理系统，能够绿化大地，整治国土，建立良好的生态环境。因此，土地处理是使污水资源化、无害化和稳定化的处理利用系统，也是一种环境生态工程。

污水农田灌溉没有专门的设计运行方法和参数，灌溉水的水质、水量是依据作物生长特性、农田灌溉水质标准来确定的。污水灌田所引起的臭气散发以及土壤、地下水和植物污染等问题，随着城市迅速发展，人口高度集中，污水大量排放而日益突出。污水直接灌田已不能满足人们对环境卫生的要求，因此，污水农田灌溉时应充分考虑污水的污染问题。

污水土地处理与污水农田灌溉不同，其目的是净化污水，控制水污染，因此要有专门的设计运行方法和参数。土地处理系统的设计运行参数（如负荷率）需通过试验确定。系统的维护管理、稳定运行、出水的排放和利用、周围环境的监测等方面都有较全面的考虑与规定。

传统的二级生物处理，无法解决由于有机化学工业迅速发展带来的大量有毒有害有机物污染问题，也不能完全解决 P、N 引起的水体富营养化问题。三级处理虽然可用于解决这些问题，但工程投资大、能耗高，运行费用昂贵，管理复杂，有时还可能引起二次污染。因此，美国 1977 年的《水清洁法》PL95—217 提出应优先采用革新/代用技术处理城市污水，把土地处理技术作为一项革新/代用技术予以推广应用。我国在国家“六五”和“七五”期间，均将土地处理技术列为环保科技攻关项目进行研究。我国国务院环境保护委员会 1986 年颁发的《关于我国水污染防治技术政策的若干规定》，将污水土地处理利用列为我国的一项重要技术政策予以贯彻实施。

土地处理系统是由污水预处理设施；污水调节和贮存设施；污水的输送、布水及控制系统；土地净化田；净化出水的收集和利用系统五部分组成，其中土地净化田是土地处理系统的核心环节。常见的土地处理技术有慢速渗滤、快速渗滤、地表漫流和地下渗滤系统等类型。

20.2.2 土地处理系统的净化机理

污水土地处理中的土壤—微生物—植物生态系统是一个十分复杂的综合系统，其中土壤对污水的净化作用包括：过滤、吸附等物理作用，化学反应与化学沉淀，以及微生物对有机物的降解作用等。

1. 物理过滤

污水流经土壤，水中悬浮颗粒被土壤颗粒间的空隙截留、滤除，污水得到净化。影响土壤物理过滤净化效果的因素有：土壤颗粒的大小、颗粒间空隙的形状和大小、空隙的分布以及污水中悬浮颗粒的性质、多少与大小等。如悬浮颗粒过粗、过多以及微生物代谢产物过多等都能导致产生土壤颗粒的堵塞。

2. 物理吸附与物理化学吸附

在非极性分子之间的范德华力的作用下，土壤中黏土矿物颗粒能够吸附土壤中的中性分子。污水中的部分重金属离子在土壤胶体表面，因阳离子交换作用而被置换吸附并生成难溶性的物质被固定在矿物的晶格中。

金属离子与土壤中的无机胶体和有机胶体颗粒，由于螯合作用而形成螯合化合物；有机物与无机物的复合化而生成复合物；重金属离子与土壤颗粒之间进行阳离子交换而被置换吸附；某些有机物与土壤中重金属生成可吸附性螯合物而固定在土壤矿物的晶格中。

3. 化学反应与化学沉淀

重金属离子能与土壤的某些组分进行化学反应，生成难溶性化合物而沉积于土壤颗粒上。如改变土壤的氧化还原电位，能够生成难溶性硫化物；改变 pH，能够生成金属氢氧化物；某些化学反应还能够生成金属磷酸盐等物质，而沉积于土壤中。

4. 微生物对有机物的降解作用

土壤中生存着的微生物种类繁多、数量巨大，它们对土壤中的有机固体和溶解性有机物具有很强的降解与转化能力，这是土壤具有强大自净能力的主要原因。

土地处理过程中污水污染物的主要去除途径如下。

（1）BOD的去除

BOD大部分在土壤表层土中被去除。土壤中大量种类繁多的异养型微生物对被过滤、截留在土壤颗粒空隙中的悬浮有机物和溶解有机物进行生物降解，并合成微生物新细胞。当处理水的BOD负荷超过土壤微生物分解BOD的生物氧化能力时，会引起厌氧状态或土壤堵塞。

（2）磷和氮的去除

在土地处理中，磷主要是通过植物吸收、化学反应和沉淀（与土壤中的钙、铝、铁等离子形成难溶的磷酸盐）、物理吸附和沉积（土壤中的黏土矿物对磷酸盐的吸附和沉积）、物理化学吸附（离子交换、络合吸附）等方式被去除。其去除效果受土壤结构、阳离子交换容量、铁铝氧化物和植物对磷的吸收等因素影响。

氮主要是通过植物吸收、微生物脱氮（氨化、硝化、反硝化）、挥发、渗出（氨在碱性条件下逸出、硝酸盐的渗出）等方式被去除。其去除率受作物的类型、生长期、对氮的吸收能力以及土地处理系统的工艺等因素影响。

（3）悬浮物质的去除

污水通过作物和土壤颗粒间的空隙过滤时，水中悬浮物质被截留而去除。土壤颗粒的大小、颗粒间空隙的形状、大小、分布和水流通道，以及悬浮物的性质、大小和浓度等都影响对悬浮物的截留过滤效果。若悬浮物浓度太高、颗粒太大会引起土壤堵塞。

（4）病原体的去除

污水经土壤过滤后，水中大部分的病菌和病毒可被去除，去除率可达92%～97%。其去除率与选用的土地处理系统工艺有关，其中地表漫流技术的去除率略低，但若有较长的漫流距离和停留时间，也可达到较高的去除效率。

（5）重金属的去除

重金属的去除主要是通过土地处理的物理化学吸附、化学反应与沉淀等途径被去除。

20.2.3 土地处理基本工艺

1. 慢速渗滤系统

慢速渗滤系统是将污水投配到种有作物的土地表面，污水垂直向下缓慢地向土壤中渗滤，通过土壤—微生物—作物组成的生态系统对污水进行净化的一种土地处理工艺。土地净化田上种植的作物可吸收部分污水中的营养成分和水分，其他部分污水则渗入土壤中或蒸发（图20-9）。

慢速渗滤系统适用于渗水性较好的砂质土壤及蒸发量小、气候湿润的地区。其污水投配负荷一般较低，污水在土壤层的渗滤速度慢，在含有大量微生物的表层土壤中停留时间长，故污水净化效率高，出水水质优良，但一般不设处理水的回收收集系统。

慢速渗滤系统被认为是土地处理中最适宜的工艺，有农业型和森林型两种类型，其主要控制因素为布水方式、作物选择和预处理等。土地净化田的布水方式常采用表面布水和喷灌布水。当以处理污水为主要目的时，可选择多年生牧草作为种植的作物，牧草的生长期长，对氮的利用率高，可耐受较高的水力负荷；当以污水利用为主要目的时，可选种谷物，由于作物生长与季节及气候条件的限制，对污水的水质及调蓄管理应加强。

根据美国及我国沈阳、昆明等地的运行资料，本工艺对BOD_5的去除率一般可达95%以上，COD去除率达85%～90%，氮的去除率则在80%～90%之间。

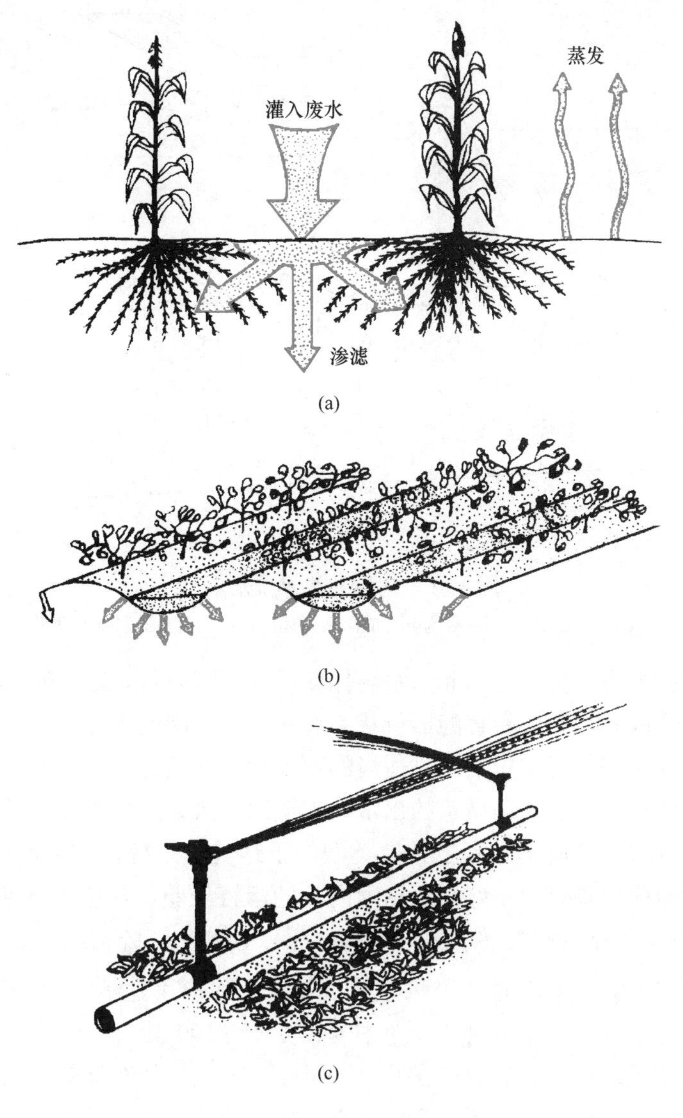

图 20-9　污水慢速渗滤系统
(a) 水流图；(b) 表面布水；(c) 喷灌布水

2. 快速渗滤系统

快速渗滤系统是一种高效、低耗、经济的污水处理与再生方法，适用于渗透性非常良好的土壤，如砂土、砾石性砂土、砂质垆埒等。污水灌至快速渗滤田表面后很快下渗进入地下，并最终进入地下水层，其水流途径如图 20-10 所示。快速渗滤法的主要目的是补给地下水和污水再生利用。用于补给地下水时不设集水系统，若用于污水再生利用，则需设地下集水管或井群以收集再生水。

在快速渗滤系统中，污水周期地向渗滤田灌水和休灌，使灌田表层土壤处于淹水一干燥和厌氧一好氧的交替运行状态。灌水期表层土壤处于厌氧状态，有机物被土壤层截留；休灌期表层土壤恢复好氧状态，产生强力的好氧降解反应，灌水期被土壤层截留的溶解性和悬浮有机物，被好氧微生物强力分解。另外，休灌期土壤层的脱水干化亦有利于下一个

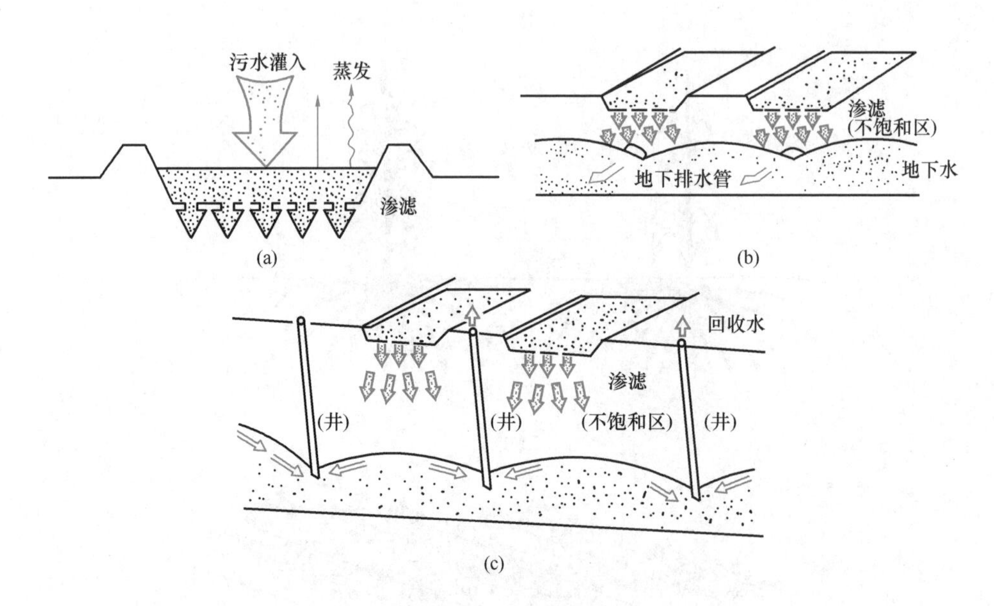

图 20-10　快速渗滤系统示意图

(a) 污水灌入；(b) 由地下管道回收处理水；(c) 由井群回收处理水

灌水周期时污水的下渗和排除。如此灌水与休灌反复循环进行，最终使污水得以净化。此外，在土壤层形成厌氧、好氧交替的运行状态有利于氮、磷的去除。

进入快速渗滤系统的污水应当经过适当的预处理，一般经过一级处理即可。如场地面积有限，需加大滤速或要求较高质量的出水，则应以二级处理作为预处理。本工艺的负荷率（有机负荷率及水力负荷率）高于其他类型的土地处理系统，如果严格控制灌水-休灌周期，本工艺的净化效果仍然很好。根据国内外的运行经验，快速渗滤处理系统的 BOD_5 去除率可达 95%，处理水 $BOD_5 < 10mg/L$；COD 去除率可达 91%，处理水 COD<40mg/L；NH_4^+ 去除率可达 85%左右，TN 去除率可达 80%；除磷率可达 65%；大肠杆菌去除率可达 99.9%，出水含大肠杆菌≤40 个/100mL。

快速渗滤处理系统设计时需要确定以下参数：(1) 水力负荷率；(2) 渗滤田面积；(3) 灌水期与休灌期之比；(4) 污水投配速率；(5) 渗滤田的座数及深度等。

水力负荷率的变动范围相当大（6～122m/a），设计取值应通过现场实测确定。灌水期与休灌期之比可采用表 20-4 的推荐值。

快速渗滤处理系统水力负荷周期*　　**表 20-4**

目标	预处理方式	季节	灌水日数 (d)	休灌日数 (d)
使污水量达到最大的入渗土壤速率	一级处理 二级处理	夏冬	1～2，1～2 1～3，1～3	5～7，7～12 4～5，5～10
使系统达到最高的脱氮率	一级处理 二级处理	夏冬	1～2，1～2 7～9，9～12	10～14，12～16 10～15，12～16
使系统达到最大的硝化率	一级处理 二级处理	夏冬	1～2，1～2 1～3，1～3	5～7，7～12 4～5，5～10

* 美国土地处理手册推荐值。

气候温暖的地区可取表中休灌日数的低值，寒冷地区宜采用较长的休灌期。对一级处理出水或相类似的污水，投配时间不应超过1～2d。污水连续投配时需多块渗滤田轮流使用，所需的渗滤田最少块数见表20-5。

污水连续投配快速渗滤处理系统所需的最少渗滤田块数　　表20-5

灌水日数(d)	休灌日数(d)	渗滤田最少块数	灌水日数(d)	休灌日数（d）	渗滤田最少块数
1	5～7	6～8	1	10～14	11～15
2	5～7	4～5	2	10～14	6～8
1	7～12	8～13	1	12～16	13～17
2	7～12	5～7	2	12～16	7～9
1	4～5	5～6	7	10～15	3～4
2	4～5	3～4	8	10～15	3
3	4～5	3	9	10～15	3
1	5～10	6～11	7	12～16	3～4
2	5～10	4～6	8	12～16	3
3	5～10	3～5	9	12～16	3

3. 地表漫流系统

地表漫流系统适用于具有和缓坡度，且渗透性低的黏土或粉质黏土土壤，地面上常种牧草或其他作物供微生物栖息并防止土壤流失。污水以喷灌法或漫灌（淹灌）法有控制地分布在地面上，污水以薄层方式沿土地坡度缓慢均匀流动，流向设在坡脚的集水渠（地面最佳坡度为2%～8%）。在流行过程中少量污水被植物摄取、蒸发和渗入地下，大部分则以地面径流形式汇集、排放或利用（参见图20-11）。该系统以处理污水为主，兼行生长牧草，是一种具有一定经济效益的污水土地处理与利用工艺，对地下水的污染较轻。

地表漫流系统一般采用格栅、筛滤等预处理方法。据国内外的实际运行资料，地表漫流处理系统对BOD_5的去除率可达90%左右，总氮的去除率为70%～80%，悬浮物去除率可达90%～95%，其出水水质相当于传统的二级生物处理的出水水质。

地表漫流系统的工艺设计参数主

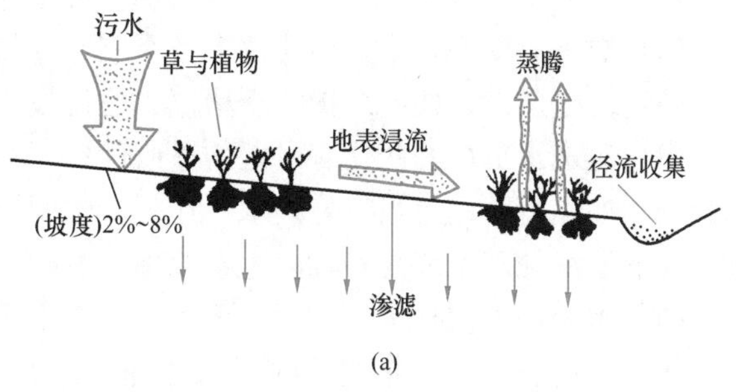

(a)

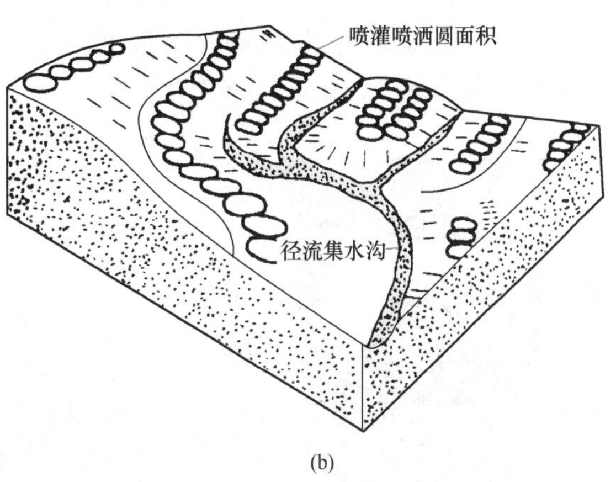

(b)

图20-11　地表漫流处理系统
(a)污水地表漫流；(b)采用喷灌的地表漫流系统

要有水力负荷率和所需土地面积两项。地表漫流处理系统的水力负荷率为平均日污水投配量（m^3/d）除以本系统的湿润面积（m^2），表示单位为“cm/d”。城市污水的水力负荷率取值介于0.6～8cm/d之间，取值大小与预处理方式有关。此外，还有投配时间与投配频率两项参数。投配时间是每天投配污水的延续时间，以“h/d”计，取值5～24h/d。投配频率是每周的污水投配日数，一般为5～7d/周。地表漫流处理系统的土地面积，根据已确定的污水投配率和坡面长度通过计算确定。表20-6所列举的是地表漫流处理系统的各项设计参数的参考值。

地表漫流处理系统各项设计参数　　表20-6

预处理方式	水力负荷率（cm/d）	投配时间（h/d）	投配周期（d/周）	斜面长（m）
格栅	0.9～3.0	8～12	5～7	36～45
初次沉淀池	1.4～4.0	8～12	5～7	30～36
稳定塘	1.3～3.3	8～12	5～7	45
二级生物处理	2.8～8.0	8～12	5～7	30～36

4. 地下渗滤系统

将经过化粪池或酸化水解池预处理后的污水，有控制地通入设于地下距地面约0.5m深处的渗滤田，在土壤的渗滤作用和毛细管作用下，污水向四周扩散，通过过滤、沉淀、吸附和微生物的降解作用，使污水得到净化。这种污水处理法就是污水地下渗滤处理系统，具有以下特征：

（1）处理系统完全设于地下，地面仍可种植绿色植物，美化环境；

（2）地下温度变化小，净化效果受季节、气候变化的影响较小；

（3）易于建设、便于维护、不堵塞、建设投资省、运行费用低；

（4）对进水负荷的变化有一定的适应性；

（5）如运行管理得当，处理水可作再生水回用于农灌、绿化等。

地下渗滤处理系统是一种以生态原理为基础，节能、污染少、充分利用水资源的一种新型的污水处理工艺技术，适用于无法接入城市排水管网的小水量污水处理，如分散的居民点住宅、度假村、疗养院等的污水处理。该处理系统在日本、美国等发达国家受到重视，并得到很大的发展。俄罗斯近年来对开发这类污水处理技术做了大量的工作，在制定工艺流程、净化方法、处理设备等方面做到了定型化、系列化，并制定了相应的技术规范。我国近年来对这一技术也日益重视，已经开展了一些试验研究工作。

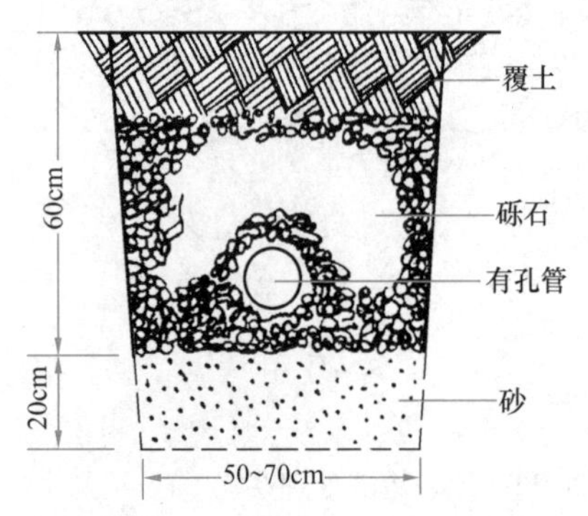

图20-12　污水土壤渗滤净化沟

地下渗滤系统常用的工艺类型如下：

（1）污水土壤渗滤净化沟　污水先经化粪池或沉淀池等预处理构筑物处理，去除其中的悬浮物，然后进入埋在地下的渗滤沟和带孔的布水管，从布水管中缓慢地向周围土壤浸润、渗透和扩散，如图20-12所示。污水布水管一般埋设在距地面0.4m左右的深度，其周围铺满砾石，砾石层底部宽0.5～0.7m，其下部铺厚约为0.2m的砂子。

水力负荷是维持本工艺正常运行的关键因素。水力负荷值不能过大，应根据测得的土壤渗透能力以确定适宜的水力负荷。

(2) 毛管浸润渗滤沟　毛管浸润渗滤沟是日本研制开发的一种浅型土壤污水处理系统，也称为尼米（Niimi）系统，如图20-13所示。毛管浸润渗滤沟利用土壤毛管浸润扩散原理，污水经预处理后进入陶土管，在其周围铺毛细管砾石层，其下铺砂层，砂层下铺有机树脂膜，以防止污水渗入下层土壤，污染地下水。污水通过砂砾的毛细管虹吸作用，缓慢地上升，并向其四周浸润扩散，进入周围土壤。在地面下0.3～0.5m的土壤层内存活着大量的微生物和各种微型动物，在这些微生物的作用下，污水中的有机污染物被吸

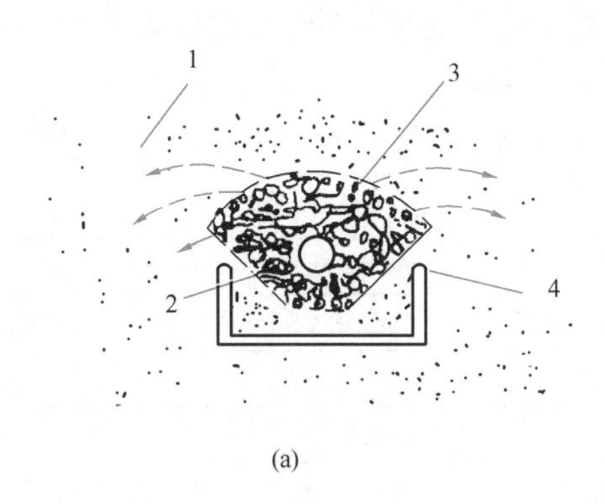

(a)

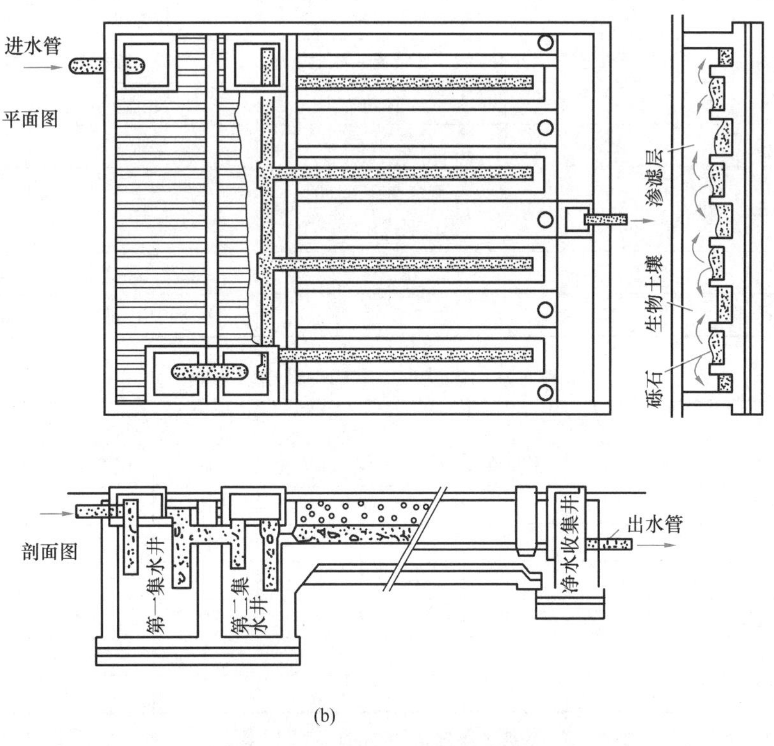

(b)

图20-13　毛管浸润渗滤沟系统

(a) 典型示意剖面图；(b) 工程图（平面及剖面图）

1—通气性土壤；2—孔管；3—砾石；4—合成树脂膜

附、降解。污水中的有机氮在微生物的作用下转化为硝酸氮，而伸入土壤层的植物根系吸收部分有机污染物、硝酸氮以及磷等植物性营养物，土壤中的微生物又为原生动物及后生动物等微型动物所摄取。这样，在毛细管浸润型渗滤系统内形成一个生态系统，通过生物—土壤系统的复杂而又相互联系和相互制约的作用下，使污水得到净化。

土壤的毛细管浸润作用是本工艺的主要特征，因此必须使土壤经常保持毛细管浸润状态，使土壤颗粒间保持一定的空隙以维持通气状态，这是本工艺良好运行的必要条件。经实测，在渗滤沟周围 0.5m 的土层内，随着距离的加大，大肠杆菌数量逐渐减少。距 1.0m 处 BOD_5 去除率可达 98%。而污水中的氨氮在 0.4m 处已有 99%转化为硝酸氮。毛管浸润渗滤沟上可种植各种植物，其产量与对照组相比可提高 2～3 倍。

20.2.4 各种土地处理工艺的比较

各种常见土地处理工艺的特性及其比较见表 20-7，相应处理效果的比较见表 20-8。

土地处理工艺的特性及其比较　　表 20-7

工艺特性	慢速渗滤	快速渗滤	地表漫流	地下渗滤
投配方式	表面布水或高压喷洒	表面布水	表面布水或高低压布水	地下布水
水力负荷(cm/d)	1.2～1.5	6～122	3～21	0.2～4.0
预处理最低程度	一级处理	一级处理	格栅、筛网	化粪池、一级处理
投配污水最终去向	下渗、蒸散	下渗、蒸散	径流、下渗、蒸散	下渗、蒸散
植物要求	谷物、牧草、林木	无要求	牧草	草皮、花木
适用气候	较温暖	无限制	较温暖	无限制
达到处理目标	二级或三级	二级、三级或回注地下水	二级、除氮	二级或三级
占地性质	农、牧、林	征地	牧业	绿化
土层厚度(m)	>0.6	>1.5	>0.3	>0.6
地下水埋深(m)	0.6～3.0	淹水期：>1.0 干化期：1.5～3.0	无要求	>1.0
土壤类型	粉土、黏壤土	砂、粉土	黏土、黏壤土	粉土、黏壤土
土壤渗透系数(cm/h)	≥0.15，中	≥5.0，快	≤0.5，慢	0.15～5.0，中

各种污水土地处理类型的处理出水水质　　表 20-8

污水成分	慢速渗滤①		快速渗滤②		地表漫流③		地下渗滤	
	平均值	最高值	平均值	最高值	平均值	最高值	平均值	最高值
BOD_5(mg/L)	<2	<5	5	<10	10	<15	<2	<5
SS(mg/L)	<1	<5	2	<5	10	<20	<20	<5
TN(mg/L)	3	<8	10	<20	5	<10	3	<8
NH_3-N(mg/L)	<0.5	<2	0.5	<2	<4	<6	<0.5	<2
TP(mg/L)	<0.1	<0.3	1	<5	4	<6	<0.1	<0.3
大肠杆菌/(个/L)	0	$<1\times10^{2}$	$<1\times10^{2}$	$<2\times10^{3}$	$<2\times10^{3}$	$<4\times10^{4}$	0	$<1\times10^{2}$

① 投配水为一级或者二级处理出水，渗滤土壤为 1.5m 深的非饱和土壤；

② 投配水为一级或者二级处理出水，渗滤土壤为 4.5m 深的非饱和土壤，总磷和大肠杆菌群的去除率随深度的增加而增加；

③ 投配水为格栅出水，地表漫流的斜坡长度为 30～36m。

20.2.5 土地处理技术的发展趋势

根据污水土地处理技术特点以及我国国情，土地处理在我国的发展战略应当遵循以下几点原则：

(1) 污水土地处理应从以处理为主要目的的“处理型”向以处理与利用相结合，或以利用为主要目的的“利用型”转移。

(2) 在利用方式上，从具有食物链影响的食用作物利用方式向脱离食物链影响的经济作物利用方式转移。森林型土地处理是利用方式的较好选择。

(3) 在水质类型上，重金属污水、放射性污水、医院污水等显然不适宜用做土地处理，必须加以严格控制。而生活污水、食品发酵工业、酿造工业等有机废水适用于土地处理。

(4) 在欧美发达国家，土地处理技术作为污水三级处理的替代技术，而中国推行污水土地处理技术则用作替代二级处理。因此，为了保证处理效果，保护承接水体免受污染，在水质要求、污染负荷与水力负荷设计、工艺条件与工程参数确定以及运行管理等方面，必须加以严格选择和控制。

(5) 污水排放的连续性与生长季节土地处理的间断性在时间与空间分布上具有矛盾性。例如，在我国北方地区推行污水土地处理最主要的技术关键是保证终年连续运行的越冬技术。

在技术上，土地处理技术当前应着重考虑以下关键问题：

1) 建立和设计不同类型覆盖作物的复合生态系统，对水力负荷进行合理的分配和调节，例如旱田与水田、农作物、经济作物、林地等。

2) 建立冬季冰下快速渗滤系统。在美国北部地区，土地处理系统冬季运行的可行方式是冰下快速渗滤技术。

3) 冬贮冬灌。选择自然坑塘、洼地修建污水库，作为缓冲系统。实现污水处理“冬贮夏用，闲水忙用”，有计划地实行污水量的全年水力分配。

4) 建立土地处理复合系统。在一个土地处理系统中，可以建立快渗—慢渗、快渗—慢渗—漫流等不同组合复合处理系统，可以提高土地处理的净化功能，并且可以实行水力负荷的科学分配。

20.3 湿地处理

20.3.1 概述

湿地处理系统是一种利用低洼湿地和沼泽地处理污水的方法。将污水投放到土壤经常处于水饱和状态而且生长有芦苇、香蒲等耐水植物的沼泽地上，污水沿一定方向流动，在流动的过程中，在耐水植物和土壤联合作用下，污水得到净化。

天然湿地系统以生态系统的保护为主，以维护生物多样性和野生生物良好生境为主，净化污水是辅助性的，是以不破坏或降低生态环境质量为前提的。天然湿地系统常利用天然洼地、苇塘加以人工修整而成，中设导流土堤，使污水沿一定方向流动，水深一般在30～80cm之间，不超过1.00m，净化作用与好氧塘相似，适宜作污水的深度处理。图20-14所示为天然湿地处理系统。

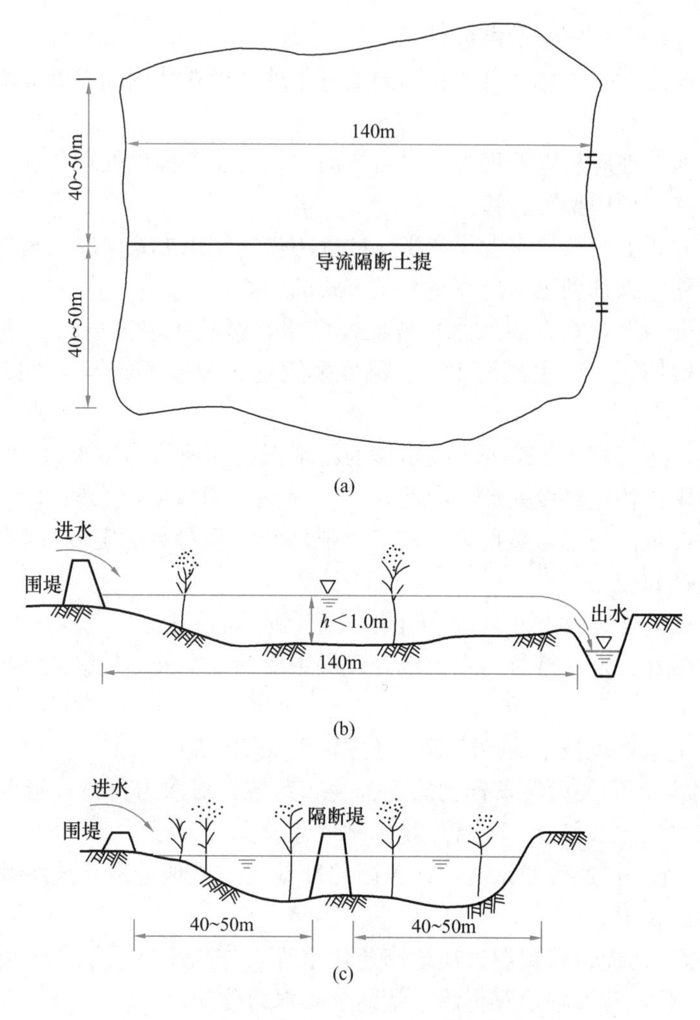

图 20-14　天然湿地系统示意图

(a) 平面示意图；(b) 纵剖面示意图；(c) 横剖面示意图

而人工湿地系统，是通过人为的控制，利用湿地复杂的物理、化学和生物综合功能净化污水，且以污水净化为主要目的。人工湿地系统需要的土地面积较大，受气候条件影响，且需要一定的基建投资。但是，若管理运营得当，它将会带来很高的经济、环境和社会效益。如，野生动植物本身具有高的生态价值和观赏价值，景色优美的环境有利于旅游业的开发并提高土地地价。

人工湿地系统由于生态特点明显，近年来日益受到重视，技术发展迅速。其主要特点如下：

(1) 能保持全年较高的水力负荷，冬季亦能连续运行。

(2) 若设计合理，运行管理严格，其处理污水效果稳定、有效、可靠，出水 BOD_5、SS 与大肠杆菌数明显优于生物处理出水，可与三级处理相当。其除磷能力也较强，同时还具有相当的硝化脱氮能力。此外，它对污水中含有的重金属及难降解有机污染物也有较高的净化能力。

(3) 基建投资费用低，仅为生物处理的 1/3～1/5；处理能耗省，运行费用低，仅为生物处理的 1/5～1/6。

(4) 机电设备少，运行操作简便。

(5) 可定期收割作物，如芦苇是优良的造纸及器具加工原料，芦根及香蒲等还是中药，具有较好的经济价值。

(6) 对于小流量污水及间歇排放的污水处理更为适宜，其耐污能力强，抗冲击负荷性能好。不仅适合于生活污水的处理，对某些工业废水、农业污水、矿山酸性废水及液态污泥也具有较好的净化能力。

(7) 在净化污染物的同时能美化景观，增添绿色观瞻，形成良好生态环境，为野生动植物提供良好生境，可把污水治理与野生动植物栖息地建设相结合，提高环境资源与旅游资源价值。

(8) 其不足之处在于：湿地处理的污水投配率较低，约为 2～20cm/d，水力停留时间较长，约为 7～10d，所需要的土地面积较大，对恶劣气候条件抵御能力较弱，净化能力受作物生长成熟程度的影响较大，有时可能需要控制蚊蝇孳生等。

20.3.2 湿地的净化机理

湿地土壤具有通过物理、化学及生物反应过程促进作物生长以及净化污水的重要作用。适用的土壤有砂质壤土、黏质壤土、粉砂黏质壤土、砂质黏土及粉砂质黏土等。此外，砾石、河砂以及废渣等，均可作为培育水生植物的土壤。在人工湿地这个特殊环境中，各种微生物生长在不同区内，诸如好氧区、缺氧区和厌氧区内，其种属与人工处理构筑物及其他土地处理工艺系统相类似，主要有细菌、真菌、原生动物、后生动物等。

人工构筑湿地常选用适合沼泽地生长的挺水水生植物，例如芦苇、香蒲、水葱、藨草属、灯芯草和蓑衣草等，见表 20-9。繁茂的水生植物能为微生物提供良好的栖息场所，这些维管束植物向其根部输送光合作用产生的氧，使其根部周围及水中保持一定浓度的溶解氧，使根区附近的微生物能够维持正常的生理活动，如图 20-15 所示。此外，繁茂的水生植物也能够直接吸收和分解有机污染物，还具有均匀水流、衰减风速、避免光照、防止藻类过度生长等多种作用。

人工湿地常选用的挺水植物　　表 20-9

水生植物	适宜萌发温度①(℃)	最大耐盐极限(10^{-3})	最佳 pH	最佳水深(cm)
香蒲	10～30(12～24)	30	4～10	50～80
芦苇	12～33(10～30)	45	2～8	10～35
灯芯草	16～26	20	5～7.5	—
藨草(水葱)	16～27	20	4～9	20～50
蓑衣草	14～32	—	5～7.5	—

注：① 指种子萌发的温度范围，地下根茎及茎块可在冻土中越冬。

湿地处理系统对污水净化的作用机理是多方面的(表 20-10)，其中主要包括：物理的沉降作用，植物根系的阻截作用，某些物质的化学沉淀作用，土壤及植物表面的吸附与吸收作用，微生物的代谢作用等。此外，植物根系的某些分泌物对细菌和病毒有灭活作用，细菌和病毒也可能在对其不适宜环境中自然死亡。

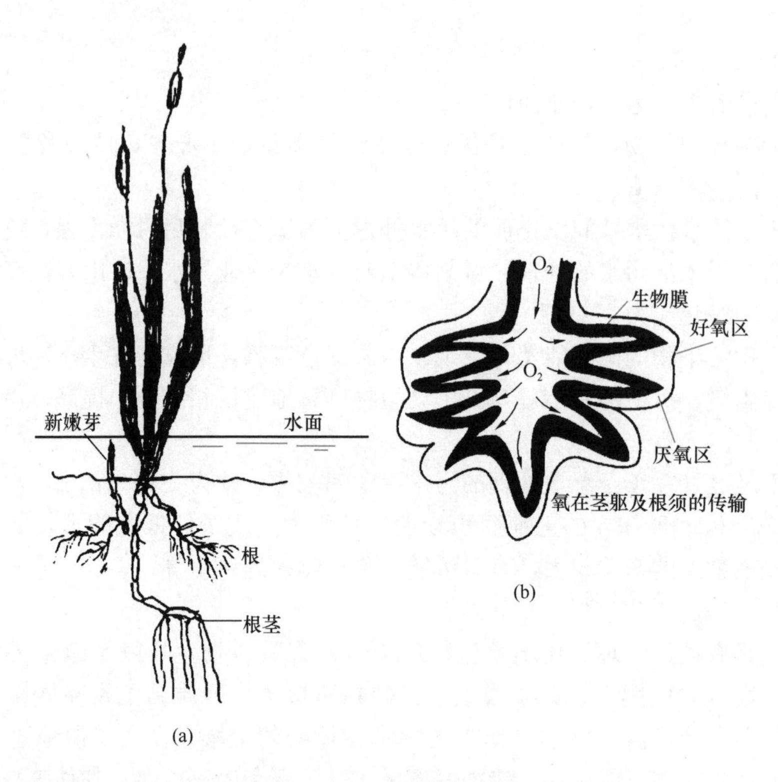

图 20-15　芦苇及根须放大图

(a)芦苇；(b)根须放大图

湿地系统去除污染物的机理　表 20-10

反应机理		对污染物的去除与影响
物理的	沉降	可沉降固体在湿地及预处理的酸化(水解)池中沉降去除； 可絮凝固体也能通过絮凝沉降去除； 随之，引起 BOD、N、P、重金属、难降解有机物、细菌和病毒等的去除
	过滤	通过颗粒间相互引力作用及植物根系的阻截作用使可沉降及可絮凝固体被阻截而去除
化学的	沉淀	磷及重金属通过化学反应形成难溶解化合物或与难溶解化合物一起沉淀去除
	吸附	磷及重金属被吸附在土壤和植物表面，某些难降解有机物也能通过吸附去除
	分解	通过紫外辐射、氧化还原等反应过程，使难降解有机物分解或变成稳定性较差的化合物
生物的	微生物代谢	通过悬浮的、底泥的和寄生于植物上的细菌的代谢作用将凝聚性固体、可溶性固体进行分解；通过生物硝化—反硝化作用去除氮；微生物也将部分重金属氧化并经阻截或结合而被去除
植物的	植物代谢	通过植物对有机物的吸收而去除，植物根系分泌物对大肠杆菌和病原体有灭活作用
	植物吸收	相当数量的氮、磷、重金属及难降解有机物能被植物吸收而去除
	自然死亡	细菌和病毒处于不适宜环境中会自然腐败及死亡

20.3.3 人工湿地的类型

经过几十年的发展，人工构筑湿地可以分为三种类型：自由水面(敞流、表面流)型；地下水流(潜流)型；潜流渗滤型。

1. 自由水面湿地

用人工筑成水池或沟槽状，沟底铺设隔水层以防渗漏，再充填一定深度的土壤层，在土壤层种植芦苇一类的维管束植物，污水由湿地的一端通过布水装置进入，并以较浅的水层(一般为 10～30cm，此时水力负荷可达 $200m^3/(10^4m^2 \cdot d)$)，在地表上以推流方式向前流动，在流动的过程中保持着自由水面并与土壤、植物，特别是与植物根茎部生长的生物膜接触，通过物理的、化学的以及生物的反应过程而得到净化。出水从另一端溢入集水沟，完成整个净化过程（参见图 20-16 和图 20-17）。

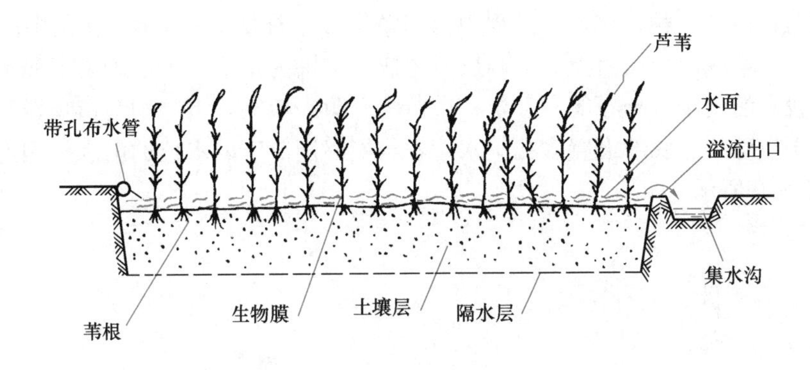

图 20-16　自由水面人工湿地构造示意图

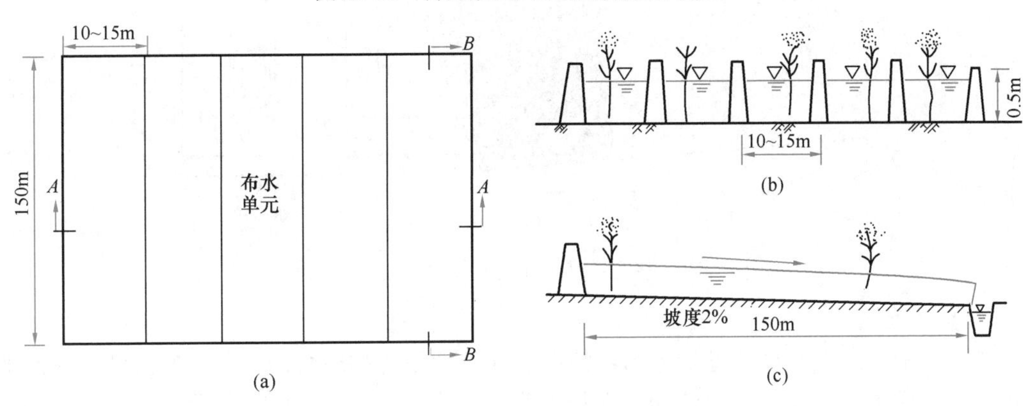

图 20-17　自由水面湿地系统

(a) 平面示意图；(b) A-A 横剖面示意图；(c) B-B 纵剖面示意图

自由水面湿地的有机负荷率及水力负荷率较低。在确定负荷率时，应考虑气候、土壤状况、植物类型以及接纳水体对水质要求等因素，特别是应将使水层保持好氧状态作为首要条件。根据本工艺的实际运行数据，有机负荷率介于 $18 \sim 110kgBOD_5/(hm^2 \cdot d)$。根据我国天津的运行数据，当进水 $BOD_5 = 150mg/L$ 时，水力负荷取值 $150 \sim 200m^3/(hm^2 \cdot d)$，出水可达二级处理水标准。

2. 潜流湿地

潜流湿地系统是人工筑成的床槽，具有纵向坡度。床内充填介质支持芦苇类挺水植物

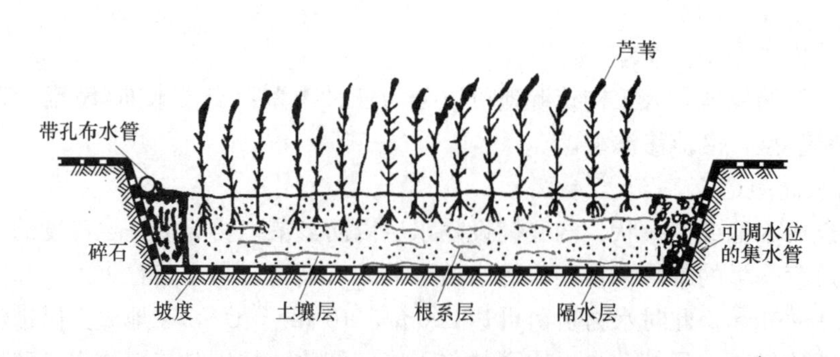

图 20-18　人工潜流湿地构造示意图

生长。床底设黏土隔水层，并具有一定的坡度。进水端沿床宽构筑有布水沟，内置砾石。污水从布水沟投入床内，沿介质下部向前水平潜流和渗滤，与布满生物膜的介质表面和溶解氧充分的植物根区接触，在这一过程中得到净化，如图 20-18 所示。在图中所示的人工潜流湿地系统中，床内介质由上、下两层所组成。上层为土壤，下层为易于使水流通的介质，如粒径较大的土壤、碎石等。上层种植芦苇等耐水植物，下层则为植物根系深入的根系层。在出水端砾石层底部设置多孔集水管，与能够调节床内水位的出水管相连接，如图 20-19 和图 20-20 所示。

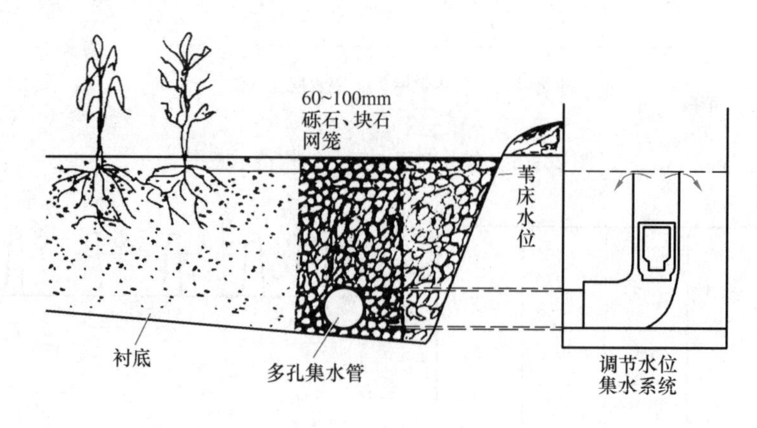

图 20-19　湿地系统多孔集水管出水设施示意图

3. 渗滤湿地

渗滤湿地实质上是潜流型湿地与渗滤型土地处理系统相结合的一种新型湿地，在湿地构筑时引导污水不仅向水平向流动，而且呈垂直向流动，如图 20-21 所示。由于土壤的垂直渗透系数大大高于水平渗滤系数，在湿地两侧地下设多孔集水管以收集净化出水。此类湿地可延长污水在土壤中的水流停留时间，从而可以提高出水水质。

渗滤湿地系统的介质常采用砂砾和黏性土壤，其中砾石床往往置前，砂床置后（参见图 20-22）。床深一般应大于根系的穿透深度，以利于水生植物的正常生长。在渗滤湿地系统中，土壤、砂砾、芦苇作物的根系及根茎间形成空隙，污水流经介质时，与介质表面及植物根系表面形成的生物膜接触，而维管束类植物通过其内腔可将叶、茎从空气中吸收来的氧转输入根区。根据输氧量与耗氧量的消长状况，使该区好氧、缺氧、厌氧状况交替进行，不仅有利于有机物的去除，也有利于难降解有机物的降解以及氮化合物的硝化与脱氮反应的进行。

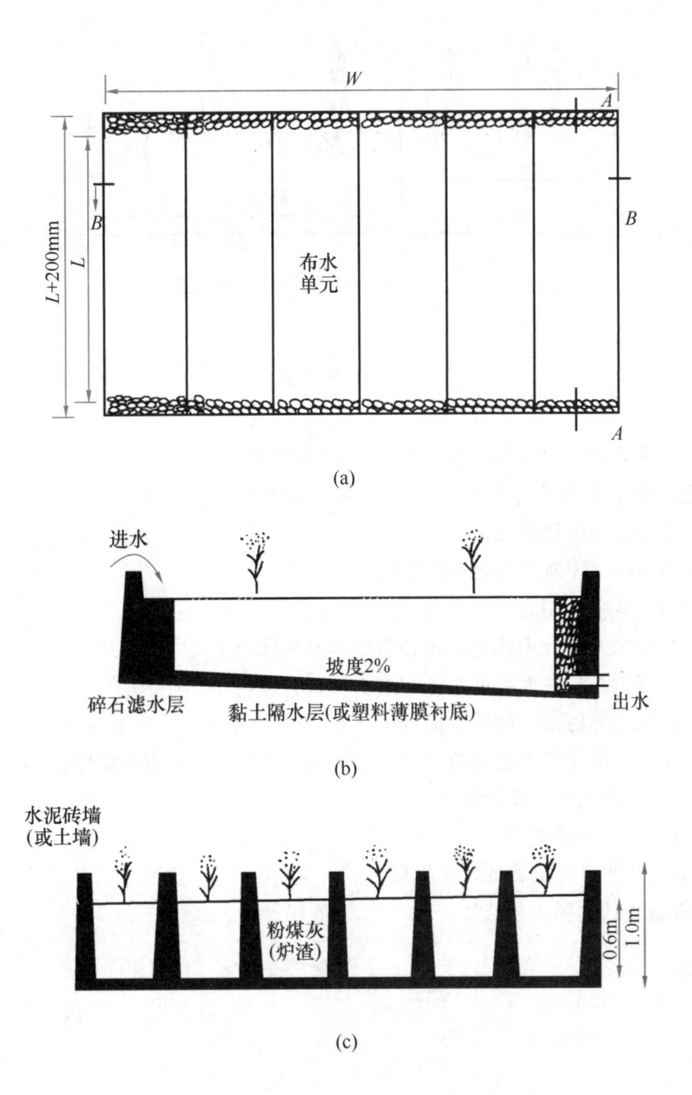

图 20-20　人工潜流湿地系统

（a）平面布置图；（b）A-A 纵剖面图；（c）B-B 横剖面图

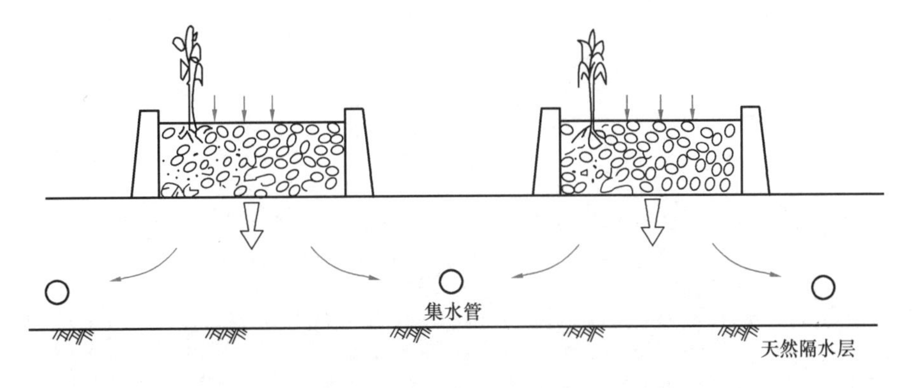

图 20-21　通过集水管出流的渗滤湿地（集水状况）

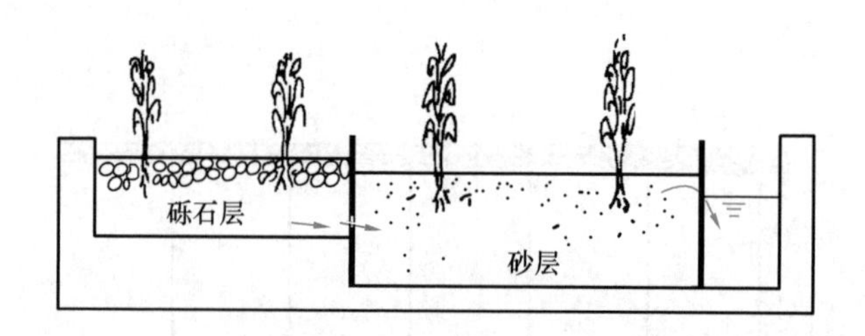

图 20-22　采用砾石床和砂床相组合的渗滤湿地

思　考　题

1. 试述稳定塘有哪几种主要类型？各适用于什么场合？
2. 试述好氧塘、兼性塘和厌氧塘净化污水的基本原理及其工艺特征。
3. 试述各类生物稳定塘的优缺点。
4. 好氧塘中溶解氧和 pH 为什么会发生变化？
5. 稳定塘设计应注意哪些问题？
6. 土地处理系统由哪几部分组成？试述各组成部分在处理系统中的作用。
7. 污水土地处理有哪几种主要类型？各适用于什么场合？
8. 试述土地处理法去除污染物的基本原理。
9. 土地处理系统设计的主要工艺参数是什么？选用参数时应考虑哪些问题？
10. 土地处理系统有哪些技术发展趋势？
11. 湿地处理有哪几种主要类型？
12. 试述湿地处理法去除污染物的基本原理。
13. 试述湿地处理法的主要工艺特征。

第 21 章　厌氧生物处理

21.1　厌氧生物处理法概述

广义的厌氧生物处理是指在无氧的条件下，厌氧微生物通过其生命活动转化各种有机物或无机物的过程。在水质工程学中，利用厌氧微生物特性进行水处理的技术主要包括有机物（污水和污泥）的厌氧生物处理和营养盐去除（生物脱氮除磷，详见第 22 章）。本章重点介绍有机污水的厌氧生物处理。

21.1.1　有机物厌氧降解基本过程

厌氧生物处理技术的研究是随着厌氧微生物学的发展而逐步深入的。早期的观点认为，有机物的厌氧处理过程分为酸性发酵和碱性发酵两个阶段：在第一阶段，复杂的有机物，如糖类、脂类和蛋白质等，在产酸菌（厌氧和兼性厌氧菌）的作用下被分解为低分子的中间产物，主要为低分子有机酸（乙酸、丙酸、丁酸等）和醇类（乙醇等）等，并有 H_2、CO_2、NH_3 和 H_2S 等产生，由于该阶段有大量的脂肪酸产生，发酵液的 pH 会降低，这一阶段被称为酸性发酵阶段或产酸阶段；在第二阶段，产甲烷细菌（专性厌氧菌）将第一阶段产生的中间产物继续分解为 CH_4 和 CO_2 等（沼气），由于有机酸的不断消耗，同时系统内有 NH_3 的存在，使发酵液的 pH 不断升高，这一阶段被称为碱性发酵阶段或产甲烷阶段。在不同的厌氧反应阶段，随着有机物的降解，同时存在新细胞的生长，细胞生长所需的能量由有机物分解过程放出的能量提供。

20 世纪 70 年代以来，科学界对厌氧微生物及其代谢过程的研究取得了长足的进步。1979 年，Bryant 等人根据对产甲烷菌和产氢产乙酸细菌的研究结果，认为两阶段理论不够完善，进一步提出了厌氧过程的三阶段理论，即：①水解发酵阶段；②产氢产乙酸阶段；③产甲烷阶段。此后，人们又归纳出了复杂有机物厌氧产甲烷的 4 个典型阶段：①水解阶段；②产酸发酵阶段；③产氢产乙酸阶段；④产甲烷阶段，如图 21-1 所示。

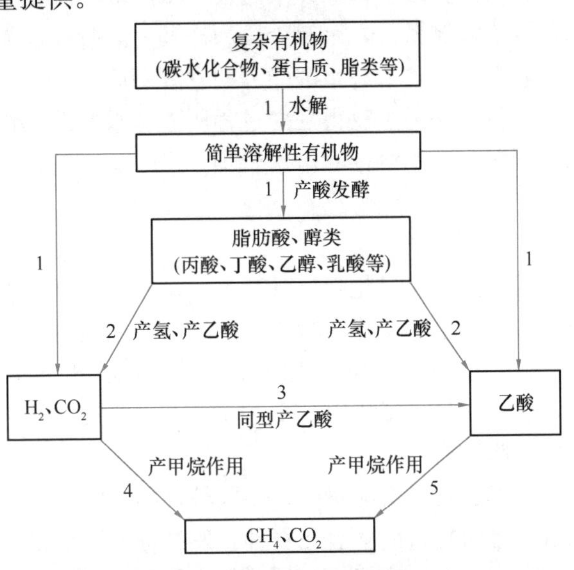

图 21-1　有机物厌氧分解过程

1—发酵细菌；2—产氢产乙酸菌，3—同型产乙酸菌；4—利用 H_2 和 CO_2 的产甲烷菌；5—分解乙酸的产甲烷菌

1. 水解阶段

在化学上，水解指的是化合物与水进行的一类反应的总称。例如，酯类物质水解生成醇和有机酸。在污水

生物处理中，水解指的是有机物进入细胞前，在胞外水解酶作用下，复杂非溶解性的聚合物被转化为简单的溶解性单体或二聚体的过程。

污水中的有机物种类繁多，生物性大分子物质包括碳水化合物（淀粉、纤维素、半纤维素和木质素等）、脂类、蛋白质和其他含氮化合物等。大分子的非溶解性有机物在水中以胶体或悬浮固体形态存在，不能透过细胞膜，无法为细菌直接利用。微生物通过释放胞外自由酶或连接在细胞外壁上的固定酶来完成生物反应，将大分子有机物水解转化为小分子物质。许多微生物可以产生胞外酶，其中主要的水解酶有脂肪酶、蛋白酶和纤维素酶等。例如纤维素被纤维素酶水解为纤维二糖与葡萄糖，淀粉被淀粉酶分解为麦芽糖和葡萄糖，蛋白质被蛋白酶水解为肽与氨基酸等。这些小分子的水解产物能够溶解于水并透过细胞膜为细菌所利用。自然界中的许多物质（如蛋白质、糖类、脂肪等）能在好氧、缺氧或厌氧条件下顺利水解。

水解过程通常较缓慢，因此被认为是含大分子有机物或悬浮物的污水厌氧降解的限速步骤。胞外酶能否有效接触到底物是影响水解速率的关键。因此大颗粒底物比小颗粒底物降解要缓慢得多。如来自于植物中的物料，其生物降解性取决于纤维素和半纤维素被木质素包裹的程度：纤维素和半纤维素是可以生物降解的，但木质素难以降解，当纤维素和半纤维素被木质素包裹时，酶无法接触纤维素与半纤维素，导致降解缓慢。在有机聚合物占多数的污水厌氧生物处理中，水解作用是整个过程的限速步骤。

影响水解速度与水解程度的因素很多，包括：①温度；②有机质在反应器内的停留时间；③有机质的组成（如木质素、碳水化合物、蛋白质与脂肪的比例）；④有机质颗粒的大小；⑤pH；⑥氨的浓度；⑦水解产物（如挥发性脂肪酸）的浓度等。但水解速度常数和这些因素的关系尚不完全清楚。水解速度常数的大小通常只适用于某种条件下某一特定底物，因而不是普遍有效的。

大量研究表明，除了采用投加水解酶的工艺外，在厌氧条件下的混合微生物系统中，即使严格控制条件，水解阶段和产酸发酵阶段也无法截然分开，这是因为进行水解的微生物实际上是一类具有水解能力的发酵细菌，水解是耗能过程，发酵细菌在水解时消耗了能量，其目的是为了获得发酵过程所需的水溶性底物，用于胞内生化反应以取得能源。当污水中同时存在不溶性和溶解性有机物时，水解阶段和产酸发酵阶段更是不可分割地同时进行。

2. 发酵阶段

发酵是指有机化合物既是电子受体也是电子供体的生物降解过程。在此过程中，水解阶段产生的小分子化合物在发酵细菌的细胞内转化为以挥发性脂肪酸为主的末端产物。因此，这一过程也称为酸化阶段。这一阶段的末端产物主要有挥发性脂肪酸（VFA）、醇类、乳酸、H_2、CO_2、NH_3和H_2S等。与此同时，发酵细菌也利用部分物质和能量合成新的细胞物质。

发酵过程是由大量的、不同种类的发酵细菌共同完成的，发酵细菌是一个复杂的混合菌群，已研究过的就有几百种。发酵细菌主要是专性厌氧菌和兼性厌氧菌，属异养菌。在环境条件中，温度对发酵细菌种群的影响较为明显。在中温厌氧生物处理中，有拟杆菌属（*Bacteroides*）、梭状芽孢杆菌属（*Clostridium*）、丁酸弧菌属（*Butyrivibrio*）、真细菌属（*Eubacterium*）、双歧杆菌属（*Bifidbcterium*）和螺旋体（*Spirochaetes*）等属的细菌。

在高温厌氧反应器中，有梭菌属和无芽孢的革兰氏阴性杆菌。其他也存在一些链球菌和肠道菌等的兼性厌氧细菌。此外，发酵基质的种类对发酵细菌的种群也有十分明显的影响。

发酵细菌所进行的生化反应受到两方面因素的制约：一方面是底物的组成与浓度，另一方面是代谢产物的种类及后续生化反应的进行情况。底物浓度大时，一般均能加快生化反应的速率；不同的底物组成有时会影响物质的流向，形成不同的代谢产物。代谢产物的积累则会阻碍生化反应的顺利进行，如代谢产生的 H_2 的有效去除使发酵细菌能产生更多的供其氧化并从中获得能量的中间产物。大多数发酵细菌可以利用发酵过程中产生的质子。利用质子有两个途径，其一是形成乙醇，另一途径则是在氢化酶作用下把质子转交给电子形成氢气：

$$2H^{+} + 2e \longrightarrow H_2$$

在这种情况下，不产生乙醇、丙酸、乳酸、丁酸等产物，而几乎只有乙酸形成。当发酵产物中有 H_2 产生而又出现积累时，生化反应会受到阻碍。因此，保持发酵细菌与后续的产氢产乙酸细菌和产甲烷细菌的平衡和协同作用是至关重要的。

发酵过程中，厌氧降解的条件、底物种类和参与的微生物种群不同，其最终产物组成也不同。例如，在一个专门的发酵反应器（如两相厌氧处理的产酸相）内，以糖作为主要的底物，则最终产物将主要是丁酸、乙酸、丙酸、乙醇、CO_2 和 H_2 等的混合物。而在一个稳定的单相厌氧反应器内，则乙酸、CO_2 和 H_2 是酸化细菌最主要的末端产物，其中 H_2 又能相当有效地被产甲烷菌利用，故在反应器中往往只能检测到乙酸和二氧化碳。

在厌氧生物处理中，发酵阶段的主要目的是为产甲烷阶段提供适宜的底物。最佳发酵产物选择的顺序应该是：一碳有机化合物、乙酸、乙醇和丁酸，而乳酸和丙酸应尽可能避免。这是因为：乙醇转化为乙酸的速度很快，丁酸次之；丙酸的产氢产乙酸过程只有当氢分压较低时才能进行且转化速率很慢，丙酸的积累会导致产甲烷相运行失败；乳酸则存在转化为丙酸的潜在危害。

3. 产氢产乙酸阶段

在产氢产乙酸阶段，发酵阶段的末端产物（挥发性脂肪酸、醇类、乳酸等）在产氢产乙酸细菌的作用下进一步转化为乙酸、H_2 和 CO_2，提供给产甲烷细菌，同时合成新的细胞物质。

在厌氧条件下，能产生乙酸的微生物主要有两类：一类为异养型细菌，能利用有机物产生乙酸和氢气；另一类为混合营养型微生物，既能利用有机物产生乙酸，也能利用 H_2 和 CO_2 产生乙酸。前者称为产氢产乙酸细菌，后者称为同型产乙酸细菌。

较高级的脂肪酸遵循氧化机理进行生物降解。产乙酸过程的某些反应见表 21-1，表中 $\Delta G'_0$ 是反应的标准吉布斯自由能，即在 pH7.0，温度 25℃和压强 1.013×10^5 Pa 条件下，假定水为纯液体，所有化合物在溶液中浓度为 1mol/L 时的自由能。由于自由能不同，反应进行的难易程度也不同。表 21-1 表明，在标准条件下，由于反应过程不产生能（$\Delta G'_0$ 为正值），乙醇、丙酸和丁酸不会被降解。但如果氢的分压降低，则可以把反应导向产物方向。研究表明，在运行良好的单相厌氧生物反应器中，氢的分压一般不高于 10Pa，平均值仅为 0.1Pa。如此低的氢分压条件下，乙醇、丙酸和丁酸的降解可以产生能，即反应的实际自由能 ΔG 可以是负值。研究结果表明，几种有机酸、醇的产氢产乙酸速率从大到小依次为：乙醇，乳酸，丁酸，丙酸。

微生物产乙酸过程的某些反应 表 21-1

反应	$\Delta G'_0$（kJ/mol）
$4CH_3OH$（甲醇）$+2CO_2 \longrightarrow 3CH_3COO^- + 2H_2O + 3H^+$	−2.9
CH_3CH_2OH（乙醇）$+H_2O \longrightarrow CH_3COO^- + H^+ + 2H_2$	+9.6
$CH_3CH_2COO^-$（丙酸）$+3H_2O \longrightarrow CH_3COO^- + HCO_3^- + H^+ + 3H_2$	+76.1
$CH_3CH_2CH_2COO^-$（丁酸）$+2H_2O \longrightarrow 2CH_3COO^- + H^+ + 2H_2$	+48.1
$CH_3CHOHCOO^-$（乳酸）$+2H_2O \longrightarrow CH_3COO^- + HCO_3^- + H^+ + 2H_2$	−4.2
$2HCO_3^-$（碳酸）$+H^+ + 4H_2 \longrightarrow CH_3COO^- + 4H_2O$	−70.3

只有在产乙酸细菌产生的氢被产甲烷细菌有效利用时，系统内氢的分压才能维持在很低的水平。产氢产乙酸细菌为产甲烷菌提供乙酸和 H_2，促进产甲烷菌的生长；产甲烷细菌能够利用 H_2 而降低环境中的氢分压，反过来又有利于产氢产乙酸细菌的生长。这种在不同类群微生物菌种之间氢的产生和利用的偶联现象称为种间氢转移。产氢产乙酸菌在耗氢微生物共生的情况下，将长链脂肪酸降解为乙酸和 H_2，并获得能量而生长，这种产氢微生物与耗氢微生物的共生现象称为互营联合。

近年来的研究所发现的产氢产乙酸菌包括互营单胞菌属（*Syntrophomonas*）、互营杆菌属（*Syntrophobacter*）、梭菌属（*Clostridium*）、暗杆菌属（*Pelobacter*）等。

同型产乙酸细菌在自然界中分布广泛，且种类较多。近年来已分离得到包括 4 个属的 10 多种同型产乙酸细菌。典型的有伍德乙酸杆菌（*Acetobacterium Woodii*）、威林格氏乙酸杆菌（*Acetobacterium wieringae*）、乙酸梭菌（*Clostridium aceticum*）、基维产乙酸细菌（*Acetogenium kivi*）等。伍德乙酸杆菌是一种典型的混合营养型同型产乙酸细菌。既能利用有机物（葡萄糖、果糖、乳酸、甘油等），又能利用 H_2 和 CO_2 形成乙酸。

在厌氧反应器内，同型产乙酸细菌的确切作用还不清楚。但有一点可以肯定：同型产乙酸细菌的自养代谢过程可以利用氢，因此有助于降低系统的氢分压，对于产氢产乙酸细菌是有利的；同型产乙酸细菌利用 H_2 和 CO_2 的产物是乙酸，对于利用乙酸的产甲烷细菌也是有利的。但由于同型产乙酸过程需要较高的氢分压，且微生物的生存环境需处于适宜状态才能发生，因此当系统内存在足够的氢利用细菌（如产甲烷细菌）时，同型产乙酸过程不会发生。

4. 产甲烷阶段

在产甲烷阶段，产甲烷细菌将乙酸、甲酸、甲醇、甲胺和 H_2/CO_2 转化为 CH_4、CO_2（沼气）和新的细胞物质。产甲烷细菌是有机物厌氧降解食物链中的最后一个成员，也是最重要的一类细菌群。

产甲烷菌是一群形态多样，具有特殊细胞结构，可代谢 H_2 和 CO_2 及少数几种简单有机物生成甲烷的严格厌氧的古细菌。产甲烷细菌广泛分布于自然界，如污泥、动物肠道、瘤胃、湖海沉积物、水田和沼泽等厌氧环境中。在厌氧反应器中，污泥消化时的产甲烷细菌数量约为 $10^6 \sim 10^8$ 个/mL，UASB 颗粒污泥中的产甲烷菌数量可达 10^9 个/mL。

1989 年，《伯杰氏细菌鉴定手册（第九版）》将产甲烷细菌列为 3 个目、6 个科、13 个属、43 个种。截至 1991 年，共分离到产甲烷菌 65 个种。Zehnder 提出的产甲烷菌分类系统及主要菌种如图 21-2 所示。

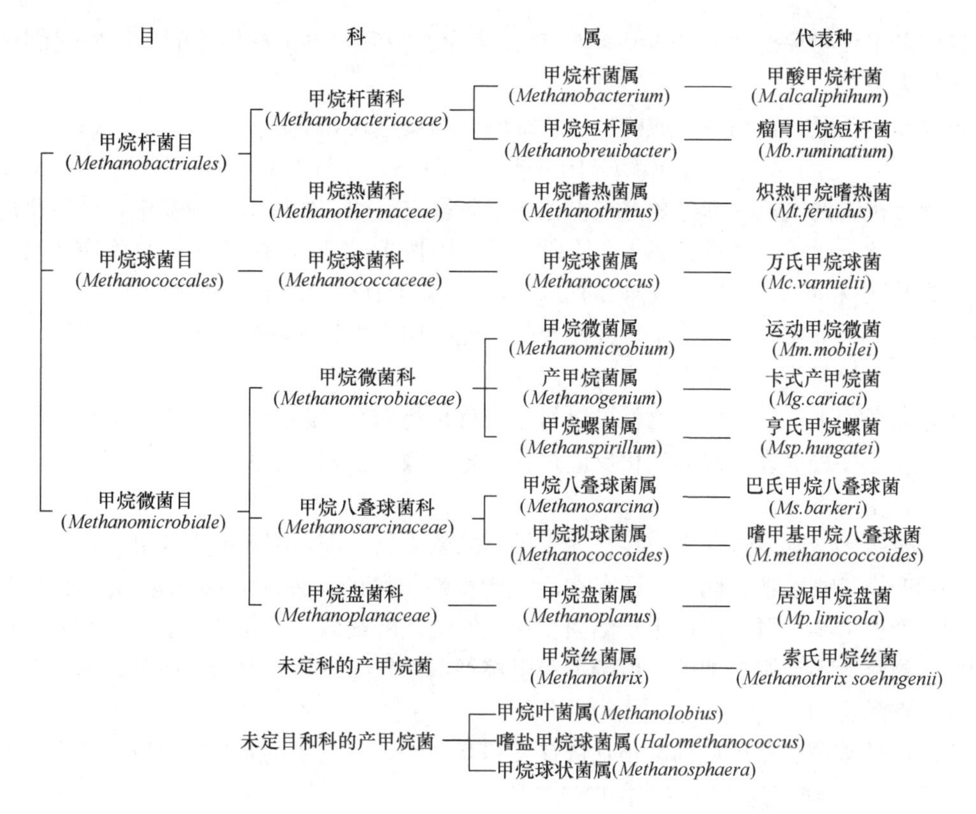

图 21-2 产甲烷细菌分类

产甲烷菌只能利用简单的碳素化合物，这与其他微生物生长代谢的能源和碳源明显不同。根据产甲烷细菌利用底物种类的不同，产甲烷过程可分为以下两个主要途径：其一是在二氧化碳存在时利用氢气生成甲烷；其二是利用乙酸生产甲烷。

在厌氧反应器中，甲烷产量的70%是由乙酸歧化产生的。在反应中，乙酸中的羧基从乙酸分子中分离，甲基最终转化为甲烷，羧基转化为二氧化碳，在中性溶液中，二氧化碳以碳酸氢盐的形式存在。反应式如下：

$$CH_3COO^- + H_2O \longrightarrow CH_4 + HCO_3^- \tag{21-1}$$

另一类产甲烷细菌（又称为嗜氢产甲烷细菌）能将 H_2 和 CO_2 生成甲烷。在一般的厌氧反应器中，正常条件下，它们生成占总量30%的甲烷。反应式如下：

$$HCO_3^- + H^+ + 4H_2 \longrightarrow CH_4 + 3H_2O \tag{21-2}$$

这类嗜氢产甲烷细菌中约有一半也能利用甲酸。这个过程可以直接进行：

$$4CHOOH \longrightarrow CH_4 + 3CO_2 + 2H_2O \tag{21-3}$$

也可以间接进行：

$$4CHOOH \longrightarrow 4H_2 + 4CO_2 \tag{21-4}$$

$$4H_2 + CO_2 \longrightarrow CH_4 + 2H_2O \tag{21-5}$$

在自然生态系统中，甲醇的厌氧降解不重要，但如果采用厌氧生物处理含甲醇废水时，不容忽视。甲醇能被甲烷八叠球菌（*Methanosarcina*）直接转化为甲烷，反应式如下：

$$4CH_3OH \longrightarrow 3CH_4 + CO_2 + 2H_2O \tag{21-6}$$

也可以由梭状芽孢杆菌（*Clostridia*）转化为乙酸后，再由利用乙酸的产甲烷细菌进一步转化为甲烷。

还存在一类氧化氢利用乙酸的产甲烷细菌，其反应式如下：

$$CH_3COOH + 4H_2 \longrightarrow 2CH_4 + 2H_2O \quad (21\text{-}7)$$

尽管有机物的厌氧处理过程是按上述 4 个阶段进行的，但厌氧反应器中，这些反应应该是瞬时连续发生的。经过上述 4 个阶段，污水中构成 COD 和 BOD 的有机物质经厌氧分解转化为 CH_4 和 CO_2，以气态产物的形式逸出。由于有机物的最终转化产物 CH_4 中含有大量的热值，厌氧生物处理也是一种简便的产能或回收生物能的处理方法。

21.1.2 厌氧生物处理中微生物之间的关系

在好氧条件下，一种微生物就可以将复杂有机物彻底降解为 CO_2。而有机物的厌氧降解过程是一个多种群多层次的生化反应过程。各种微生物相互平衡、协同作用，构成了复杂的微生物生态系统。

在有机物厌氧降解过程中，存在 3 大类群的微生物，即发酵产酸细菌群、产氢产乙酸细菌群和产甲烷细菌群。此外，还存在能将产甲烷细菌的一种基质（H_2/CO_2）转化为乙酸的同型产乙酸细菌群。与产甲烷细菌相对，发酵产酸细菌、产氢产乙酸细菌和同型产乙酸细菌又被称为不产甲烷细菌，由于不产甲烷细菌的发酵产物主要为有机酸、H_2 和 CO_2，又通称为产酸细菌。

不产甲烷细菌和产甲烷细菌相互依存又相互制约，其关系主要表现为以下几个方面：

1. 不产甲烷细菌为产甲烷细菌提供基质

发酵细菌可以将各种复杂的有机物（如碳水化合物、脂肪、蛋白质）发酵为挥发性脂肪酸、醇类、H_2、CO_2、NH_3 等产物。其中丙酸、丁酸、乙醇等又可以被产氢产乙酸细菌转化为 H_2、CO_2 和乙酸等。不产甲烷细菌通过其生命活动为产甲烷细菌提供了合成细胞物质和产甲烷过程所需的碳源和能源。

2. 不产甲烷细菌为产甲烷细菌创造了适宜的环境

产甲烷细菌是严格厌氧的微生物，无法生存在有氧的环境中。这是因为在氧还原成水的过程中，会生成某些有毒的中间产物，严格厌氧的微生物由于不能解除这些氧代谢产物而死亡。厌氧反应器运行过程中，污水和接种物会带入溶解氧，不利于产甲烷细菌的生长。好氧微生物和兼性微生物在开始阶段可以利用氧为电子受体进行好氧呼吸，消耗氧并使系统内的氧化还原电位（ORP）降低，逐步为产甲烷菌创造适宜的环境。

3. 不产甲烷细菌为产甲烷细菌清除有毒物质

工业废水中可能含有酚类、氰化物、重金属、苯甲酸等对产甲烷细菌有害的物质。不产甲烷细菌中有些能分解氰化物和裂解苯环，并从中获得碳源和能源。不产甲烷细菌不仅解除这些物质对产甲烷细菌的毒害作用，还能为其提供养分。

4. 产甲烷细菌为不产甲烷细菌解除了反馈抑制

由于厌氧条件缺乏外源电子受体，各种微生物只能利用内源电子受体进行有机物的降解。因此，如果一种微生物的发酵产物或脱下的氢不能被另一种微生物所利用，会导致有机酸的积累而使环境酸化，这种代谢产物的积累所引起的反馈作用对不产甲烷细菌的代谢会产生抑制作用。而产甲烷菌是有机物厌氧降解食物链中的最后一组成员，将不产甲烷细菌分解复杂有机物得到的简单化合物利用降解。解除了由于酸和 H_2 积累造成的反馈抑制作用，促进了不产甲烷细菌的代谢。

5. 产甲烷细菌的调节作用

除了为不产甲烷细菌解除了反馈抑制，产甲烷细菌对厌氧条件下有机物降解起三方面的调节作用。①质子调节：产甲烷菌降解乙酸去除了有毒的质子，使厌氧处理食物链内的各种微生物生活在适宜的 pH 范围内，这是产甲烷细菌主要的生态学功能；②电子代谢：产甲烷菌的氢代谢起到电子调节作用，为不产甲烷细菌代谢复杂有机物提供了热力学条件；③营养调节：某些产甲烷细菌代谢过程中会合成和分泌一些生长因子，可起到刺激不产甲烷细菌生长的作用。

21.1.3 污水厌氧生物处理工艺的发展

虽然早在 18 世纪末就发现了自然界的厌氧生物作用与厌氧微生物，但厌氧处理技术直到 19 世纪末才开始出现。1895 年 Donald 设计了世界上第一个厌氧化粪池，是厌氧处理工艺发展史上的一个里程碑。化粪池至今在排水工程中仍得到沿用。1896 年，英国建成了第一座用于生活污水处理的厌氧消化池（Anaerobic Digestor）。20 世纪 40 年代，澳大利亚出现了连续搅拌的厌氧消化池，它改善了厌氧污泥与污水的接触与混合，提高了处理效率。这些传统的厌氧消化池被称为第一代厌氧反应器。第一代厌氧反应器为微生物悬浮生长型反应器，在这些反应器中，污泥停留时间（SRT）与水力停留时间（HRT）相同，为了使污泥中的有机物达到厌氧消化稳定，必须维持较长的污泥龄，即较长的水力停留时间。所以反应器的容积很大，处理效能较低，处理效果相对较差。为了提高传统消化池的产气率和缩小装置的体积，人们进行了改进：①加热，使消化池内的温度适宜细菌的快速繁殖；②增设搅拌设备，使进水中的有机物与微生物良好接触。传统消化池与高速消化池用于处理城市污水处理厂初沉池和二沉池排出的污泥。

1956 年 Schroefer 等人成功开发了厌氧接触法（Anaerobic Contact Process，AC），标志着现代污水厌氧生物处理工艺的诞生。其操作过程与活性污泥法相似，通过污泥回流使消化池内保持足够的微生物，提高了反应器的容积负荷，改善了反应器的处理效果。1967 年，Young 和 McCarty 发明了厌氧滤池（Anaerobic Filter，AF）。进入 20 世纪 70 年代后，随着能源问题的突出，各国迫切需要开发高效节能的污水处理新工艺，大大推动了厌氧处理技术的发展。1974 年 Lettinga 等人发明了上流式厌氧污泥床反应器（Upflow Anaerobic Sludge Bed，UASB），该反应器具有很高的处理效能，获得了广泛的应用，对污水厌氧生物处理具有划时代意义。为了提高反应器内的微生物浓度，附着生长型厌氧反应器也不断被开发出来，包括厌氧生物滤池（Anaerobic Filter，AF）、厌氧膨胀床（Anaerobic Expanded Bed，AEB）、厌氧流化床（Anaerobic Fluidiged Bed，AFB）、厌氧生物转盘（Anaerobic Rotating Disc，ARD）、厌氧折流板反应器（Anaerobic Baffled Reactor，ABR）等。这些反应器内设置了填料，使微生物附着生长于固定载体或流动载体上，污水在与生物膜接触过程中被净化。这些反应器被称为第二代厌氧反应器。第二代厌氧反应器的特点是泥龄（SRT）与水力停留时间（HRT）分离，两者可不相等，可以在 HRT 很短的条件下维持很长的 SRT。这样使反应器内得以维持很高的生物量，有效提高了反应器的处理效能。第二代厌氧反应器主要用于处理各种工业有机废水。

20 世纪 80 年代以来，在第二代厌氧反应器的基础上，又不断开发出新的高效厌氧处理工艺。如 1982 年将 UASB（悬浮生长型）与厌氧滤池结合，开发了复合厌氧反应器

（Upflow Anaerobic Bed-Filter，UBF）；针对 UASB 工艺的缺点，Lettinga 等又研究了厌氧颗粒污泥膨胀床（Expanded Granular Sludge Bed，EGSB）和内循环厌氧反应器（Internal Circulation Reactor，ICR）等。这些反应器又被称为第三代厌氧反应器。

图 21-3 列出了几种厌氧反应器的示意图。一些主要厌氧生物反应器的设计参数和试验数据见表 21-2。

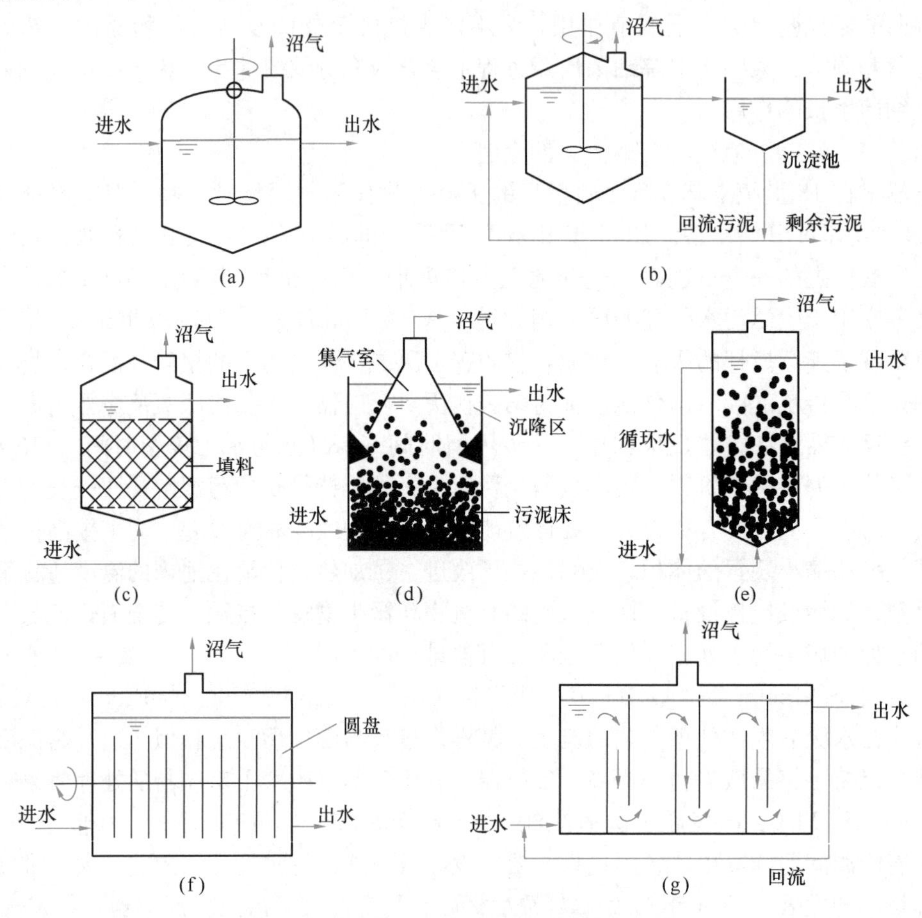

图 21-3 几种厌氧反应器的示意图

（a）普通消化池；（b）厌氧接触工艺；（c）上流式厌氧生物滤池；（d）上流式厌氧污泥床反应器

（e）厌氧膨胀床和流化床；（f）厌氧生物转盘；（g）厌氧折板流反应器

部分厌氧生物处理工艺 **表 21-2**

厌氧处理工艺	停留时间 *HRT*	处理对象	设计负荷率 $kg/(m^3 \cdot d)$	应用情况	运行温度
化粪池	半年至 1 年（污泥）	生活污水和污泥		生产	常温
隐化池	46～80d（污泥）	生活污水和污泥	0.5（VSS）	生产	常温
普通消化池	20～30d	污泥	1.0～1.5（VSS）	生产	中温、高温
高速消化池	7～10d	污泥	3.0～3.5（VSS）	生产	中温、高温
厌氧接触法	0.5～6d	有机废水	2～6（COD）	生产	中温
厌氧生物滤池	0.9～8d	有机废水	3～10（COD）	生产性	中温

续表

厌氧处理工艺	停留时间 *HRT*	处理对象	设计负荷率 kg/(m³·d)	应用情况	运行温度
上流式厌氧污泥床反应器	6～20h	有机废水	6～15（COD）	生产性	中温
厌氧膨胀床	6～24h	有机废水	4.0（COD）	试验小试	常温
厌氧流化床	0.5～4h	有机废水	9～13（COD）	试验小试	常温
厌氧生物转盘	8～18h	有机废水	8～33（kgCOD/(m²·d)）	试验小试	常温
厌氧折流板反应器	6～26h	有机废水	8～36（COD）	试验小试	常温

根据厌氧生物处理的多阶段理论，研究者们还在单相厌氧反应器的基础上开发了两相厌氧反应器。单相反应器把产酸阶段与产甲烷阶段结合在一个反应器中；而两相厌氧反应器则是产酸阶段和产甲烷阶段分别在两个互相串联的反应器进行。由于产酸阶段的产酸菌反应速率快，而产甲烷阶段的反应速率慢，因此两者分离，可充分发挥产酸阶段微生物的作用，从而提高了系统的整体反应速率。

21.1.4 厌氧生物处理的影响因素

在完整的厌氧生物处理系统中，参与生化反应的细菌主要包括发酵细菌群、产氢产乙酸细菌群、同型产乙酸细菌群和产甲烷细菌群；又可通过其不同的生理特性分为产酸细菌群和产甲烷细菌群。产酸细菌能利用的底物种类繁多，生化反应速率快，世代时间短、繁殖快，对环境的适应能力强。而产甲烷细菌能吸收利用的底物种类少，生化反应速率低，繁殖慢，对环境条件的要求高。因此，在厌氧生物处理过程中，产甲烷阶段往往是反应速率的限制阶段。

影响污水厌氧处理过程的因素主要有设计操作因素和环境因素两大类。设计操作因素主要指反应器类型、操作单元的选择与排列方式、预处理的方式、负荷、水力停留时间等。环境因素则主要考虑对系统内微生物的影响，主要包括温度、pH、碱度、营养、氧化还原电位以及抑制物的毒性等。从本质上说，环境因素是根本因素，决定了设计操作因素。

1. 温度

温度是影响厌氧生物处理的重要因素，主要表现在以下几个方面：① 温度会影响微生物某些酶的活性，导致影响微生物的底物降解速率和自身的生长速率；② 温度会影响生化反应中有机物的流向和某些中间产物的生成以及各种物质在水中的溶解度，因而可能会影响到沼气的产量和成分；③温度可能会影响污泥的性状和组分；④要维持厌氧生物处理过程的温度，需要耗能，会提高运行成本。

厌氧生物反应的温度范围很宽（5～83℃），产甲烷作用则可以在4～100℃范围内发生。根据微生物生长的温度范围，可将微生物分为低温性微生物、中温性微生物和高温性微生物三类。相应地，厌氧污水处理也分为低温、中温和高温三类。

一般地说，在每个温度区间内，随着温度的升高，细菌生长速率逐渐上升达到最大值，此时相应的生长温度为细菌的最适生长温度，超过最适生长温度后，细菌生长速率迅速下降。温度高出细菌生长温度的上限将导致细菌死亡。若持续时间过长或温度过高，当温度恢复时，微生物的活性也不能恢复。

从微生物代谢速率角度看，厌氧反应器运行在低温区（10～34℃）、中温区（35～40℃）和高温区（55～60℃），其生化反应速率是随温度提高的。但由于维持厌氧生物处理过程的高温需要的能耗也很高，在实际应用中需综合考虑。如一般不选用低温厌氧工艺，但对于一些温度较低，且使水温提高需要消耗很多能量时，可以选择低温厌氧工艺。

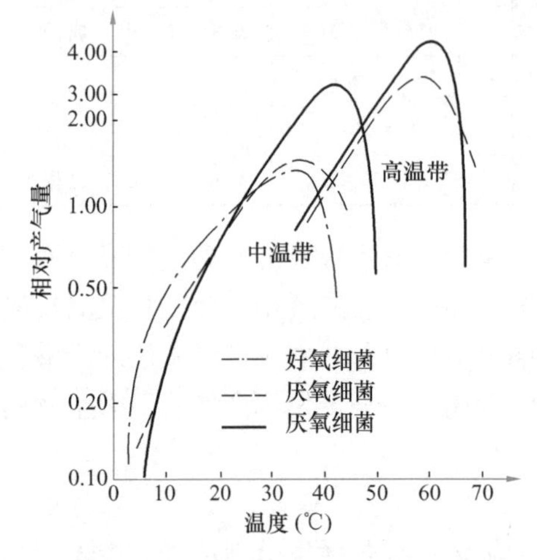

图 21-4 温度与微生物活性的关系

研究结果表明，好氧生物处理过程只有一个最适宜温度范围，而厌氧处理过程则存在两个最适宜温度范围。如图 21-4 所示，在 5～35℃范围内，好氧生物处理过程的产气量（主要为 CO_2）随温度的上升而上升，当温度超过 35～40℃后，好氧生化速率迅速下降。而厌氧生化速率在 35～40℃和 53～63℃范围内两次出现极大值，说明厌氧生物处理过程存在两个最适宜温度范围。

在厌氧生物处理过程中，之所以出现两个最适宜温度范围，是因为产甲烷阶段不同种类的产甲烷细菌具有不同的最适温度。例如：布氏产甲烷细菌的最适宜温度范围为 37～39℃，巴氏甲烷八叠球菌为 35～40℃，而嗜热甲烷杆菌却为 65～70℃。控制不同的发酵温度范围，使得系统内具有不同温度适应范围的微生物占主导地位，分别出现产气高峰。从温度对厌氧生物处理过程的影响，还可看出 45℃左右的温度十分不利，因为它既不属于高温区，也不属于中温区，厌氧微生物处于这一温度范围，活性往往会很低。

由于厌氧生物处理过程是一个多菌种多层次的混合发酵过程，其总的生化速率除取决于产甲烷细菌外，还受产酸细菌生化活性的影响。只有两类微生物均处于适宜条件下，才能取得最佳处理效果。一般来说，产酸发酵细菌最佳温度为 35℃左右，当温度低于 25℃时，产酸速率迅速降低。特别是对于高温厌氧处理，尽管有的高温产甲烷细菌的最适宜温度为 60～70℃，但一般的产酸细菌难以在如此的高温条件下正常生长。仅按高温产甲烷菌所要求的温度范围进行控制，不能取得令人满意的效果。如将温度下移控制在 50～55℃之间，就可能形成对产甲烷细菌和产酸细菌均较为适宜的温度环境。

2. pH 和碱度

pH 是影响厌氧生物处理过程的重要因素，不同的厌氧微生物类群的适宜 pH 范围不同。产酸细菌生存的 pH 范围很宽，在 pH 为 3.5～8.0 均可生存，一般认为 pH 最适范围是 6.5～7.5，pH 不但影响发酵产酸的代谢速率及生长速率，而且会影响发酵产物的种类。产甲烷菌对 pH 变化的适应性较差，不同的产甲烷细菌所要求的最适 pH 也各不相同，一般认为适宜其生长的 pH 范围为 6.5～7.8，当 pH 在 6.5 以下或 8.2 以上时，厌氧生物处理会受到严重的抑制。

微生物对 pH 的波动十分敏感，即使在其适宜 pH 范围内的 pH 突然改变也会引起细菌活力的明显下降，超出适宜 pH 范围的改变可引起更为严重的后果。这表明细菌对 pH 改变的适应比对温度改变的适应过程要慢得多。当 pH 低于下限并持续过久时，会导致甲烷菌失活而使产酸菌大量繁殖，引起反应器系统的“酸化”。酸化严重时，反应器生态系统难以恢复至原有状态。pH 对产甲烷细菌的影响是通过挥发性脂肪酸的非离解状态下的毒性而起作用的。

厌氧生物反应器内的 pH 实际上是由反应器内的缓冲体系所控制的。通过对厌氧体系中成分的分析可知，与酸碱平衡有关的主要物质有脂肪酸、氨氮、H_2S、CO_2 等。这些弱酸、弱碱性物质组成了 pH 缓冲体系，如厌氧反应器中产酸和产甲烷过程生成的 CO_2 或 HCO_3^- 能够中和污水中突然出现的强碱性物质，使混合液的 pH 不会急剧上升。厌氧反应器对酸的缓冲能力相对较弱。在厌氧反应器中，pH、碳酸氢盐碱度及 CO_2 之间存在一定的比例关系，操作合理的厌氧反应器碱度一般在 2000～4000mg/L 之间，正常范围为 1000～5000mg/L。

为保持厌氧反应器内 pH 稳定在适宜的范围，进水水质不足以提供足够的缓冲物质时，就必须采取一定的措施调节和控制反应器的运行条件。主要方法包括：

(1) 投加酸性或碱性物质：调节厌氧反应器内 pH 最直接的方法是在进水或反应器内投加酸性或碱性物质。常用的碱性物质包括 Na_2CO_3、$NaHCO_3$、NaOH 和 $Ca(OH)_2$ 等。一般情况下，在污水 pH 大于 8 时，应加酸调节。

(2) 出水回流：一般情况下，厌氧反应器的出水碱度会高于进水，因此可采用出水回流的方法，既控制反应器内的 pH，同时又对进水起到稀释作用。还有研究者提出，将出水中的 CO_2 吹脱后再回流，效果更好。但需注意采用空气吹脱时回流液会含有一定的溶解氧，可能对反应器运行产生不利影响。

3. 氧化还原电位

绝对的厌氧环境是产甲烷菌进行正常活动的基本条件。所谓厌氧环境，一般理解为隔断发酵系统与空气中氧的接触。但严格地说，厌氧环境的主要标志是发酵液具有低的氧化还原电位（ORP）。一个体系的氧化还原电位是由体系内所有能形成氧化还原电对的化学物质的存在状态决定的，体系内氧化态物质所占比例越高，其 ORP 就越高。除氧以外，其他一些氧化剂或氧化态物质的存在（如工业废水中含有的 Fe^{3+}、$Cr_2O_7^{2-}$、SO_4^{2-} 等）也会使体系内 ORP 升高。

氧化还原电位主要影响系统内微生物种群中专性厌氧菌和兼性厌氧菌的比例。一般认为，各种微生物适宜生长的 ORP，好氧微生物为 300～400mV，ORP 在 100mV 以上可以生长；兼性微生物在 100mV 以上进行好氧呼吸，在 100mV 以下进行无氧呼吸或发酵；厌氧微生物只能在 100mV 以下才能生长。产酸发酵细菌的最适 ORP 范围是 －300～－200mV，但产酸细菌可以在 ORP 为 －100～＋100mV 的环境下进行正常的生理活动。而产甲烷菌适宜的 ORP 在 －300mV 以下，培养产甲烷菌的初期 ORP 须控制在低于 －320mV的范围。

为了控制系统的 ORP，首先需要使厌氧反应器保持严格的封闭，杜绝空气的渗入，必要时厌氧反应系统中还可适当添加还原剂或铁粉。

4. 营养物质与微量元素

在厌氧生物处理过程中，必须提供充足的营养使细菌维持良好的生长状态。营养物质的确定，主要依据细胞的化学组成，表 21-3 列出了产甲烷菌的化学组成。产甲烷菌的主要营养物为氮、磷、钾、硫及生长必需的少量元素或微量元素。产甲烷菌含有相对高的铁、镍和钴浓度，这些元素可能在某些废水（如玉米、土豆加工、造纸废水等）中浓度过低。

产甲烷菌的化学组成（单位：g/kg 干细胞） **表 21-3**

元素	含量	元素	含量
氮	65	镍	0.10
磷	15	锗	0.075
钾	10	铜	0.060
硫	10	锌	0.060
钙	4	锰	0.020
镁	3	铜	0.010
铁	1.8		

估算厌氧过程所需最小营养物的浓度公式为：

$$e = COD_{BD} \cdot Y \cdot \rho_{cell} \cdot 1.14 \tag{21-8}$$

式中 e——所需最低的营养元素浓度，mg/L；

COD_{BD}——进水中可生物降解的 COD 浓度，g/L；

Y——细胞产率，$gVSS/gCOD_{BD}$；

ρ_{cell}——该元素在细胞中的含量，mg/g 干细胞。

厌氧微生物对碳、氮等营养物质的要求低于好氧微生物。对于未酸化的污水，Y 值可取 0.15，此时 COD_{BD}∶N∶P 可取大约 350∶5∶1 或 C∶N∶P＝130∶5∶1。对于基本上完全酸化的污水，Y 值可取 0.03，则 COD_{BD}∶N∶P＝1000∶5∶1 或 C∶N∶P＝330∶5∶1。

5. 抑制物质

工业废水中常常会含有对厌氧微生物产生抑制或毒害作用的化学物质，这些物质的存在会导致微生物活性下降，不同种群微生物间平衡被破坏，造成反应器运行失败。最常见的抑制或毒性物质包括无机毒性物质、有机毒性物质和生物异型化学物三大类。无机毒性物质主要包括氨氮、无机硫化物、盐类和重金属。有机毒性物质主要包括非极性有机化合物（如挥发性脂肪酸、长链脂肪酸、酚类、树脂）、单宁类化学物、芳香族氨基酸等。生物异型化合物主要有氯化物、甲醛、氰化物、洗涤剂、抗菌素等。

产甲烷抑制性（也称产甲烷毒性）指一定浓度的某种化学物质使产甲烷细菌的产甲烷活性下降的程度。常用使厌氧污泥产甲烷活性下降 50%时的抑制物浓度来表达，记作 IC_{50} 值。

污水中氨氮是以离子形式存在的铵（NH_4^+）和非离子形式存在的游离氨（NH_3）的总和。氨氮浓度在 50～200mg/L 时，对厌氧微生物有刺激作用，在 1500～3000mg/L 时则有明显的抑制作用。氨氮的毒性由游离氨引起，且氨氮对产甲烷菌的毒性是可逆的。污水中游离 NH_3 的浓度取决于 pH，如 pH 为 7 时，游离 NH_3 仅占总氨氮的 1%，当 pH 上升到 8 时，游离 NH_3 的比例可上升 10 倍。

在处理含硫酸盐或亚硫酸盐废水的厌氧反应器中，硫酸盐或亚硫酸盐被硫酸盐还原菌（sulfate reducing bacteria，SRB）在其氧化有机污染物的过程中作为电子受体加以利用，并将它们还原为硫化氢。游离态 H_2S 具有毒性。pH 对游离 H_2S 在总硫化物中所占比例有很大的影响。在 pH 为 7.0 以下时，游离 H_2S 所占比例较大，而当 pH 在 7.0～8.0 范围内，游离 H_2S 所占比例随 pH 升高迅速降低。游离 H_2S 对颗粒污泥的 IC_{50} 约为 250mg/L，而对絮状污泥的 IC_{50} 仅为 50mg/L。一般认为，其他含硫化合物对厌氧微生物的毒害较小，几种含硫化合物对产甲烷细菌的毒性强度顺序如下：硫化物＞亚硫酸盐＞硫代硫酸盐＞硫酸盐。硫酸盐还原过程中，除还原产物 H_2S 会对产甲烷细菌造成抑制外，SRB 的生长还需要与产甲烷菌相似的底物，对产甲烷过程构成一定的竞争抑制，因此硫酸盐还原过程的出现会使甲烷的产量减少，当废水中 COD/S 比较低时尤其明显。有研究者认为应控制进水 $COD/SO_4^{2-}>10g/g$。

在处理某些含高浓度无机盐的工业废水时，盐类可能会引起毒性作用。Kugelman 等通过研究提出了对未驯化的产甲烷菌形成抑制的阳离子 IC_{50} 浓度：Mg^{2+}：1900mg/L；Ca^{2+}：4800mg/L；K^+：4800mg/L；Na^+：7400mg/L。在经过驯化后，产甲烷细菌对无机盐的耐受性可以得到改善。

重金属的毒性与其在污水中的离子浓度有关。由于污水厌氧生物处理过程中会产生 CO_3^{2-} 和 S^{2-} 等阴离子，它们会与污水中的金属离子发生反应生成沉淀，pH 适当升高时沉淀效果更好，会使重金属离子的浓度迅速下降而降低对产甲烷细菌的毒性。在硫化物产生量不足的情况下，可以加入硫磺或硫化亚铁，每沉淀 1mg 重金属约需要 0.5mg 的硫化物。

重金属对产甲烷菌毒性的 IC_{50} 范围在 30～300mg/L 左右，见表 21-4。

不同重金属离子对厌氧污泥的 IC_{50}　　表 21-4

重金属	IC_{50}（mg/L）	底物	接种物
Cr^{3+}	350	乙酸	消化污泥
	＞224	乙酸	絮状污泥
Cr^{4+}	≈30	乙酸	絮状污泥
Cu^{2+}	15	乙酸	消化污泥
	≈250	氧气	M. formicium
	75	乙酸、丙酸、丁酸	消化污泥
Ni^{2+}	200	乙酸	消化污泥
Zn^{2+}	≈300	—	絮状污泥
	≈90	乙酸	絮状污泥
Pb^{2+}	≈300	乙酸	絮状污泥
Cd^{2+}	80	乙酸	消化污泥

有机化合物对产甲烷细菌的毒性主要由两种原因引起：①非极性有机化合物可能损害细胞的膜系统；②有的有机化合物（如单宁）通过氢键被蛋白质吸附，可能使酶失活。通常，相对分子质量大于 3000 的有机化合物因不能通过细胞膜而不易引起对细菌的抑制。对产甲烷细菌有抑制作用的有机物质有的是天然有机物，也有相当部分是人工合成的生物异型化合物。非极性有机化合物中挥发性脂肪酸（VFA）的毒性与 pH 关系密切，只有游离的 VFA 才表现出毒性。如果厌氧反应器中 pH 较低，则游离的 VFA 比例太高而易使产甲烷菌不能生长。相反，在 pH≥7 时，VFA 是相对无毒的。部分有机物对产甲烷活性

的 IC_{50} 见表 21-5。

部分有机物对产甲烷活性的 IC_{50} 表 21-5

化合物	菌种未驯化的 IC_{50} (mg/L)	菌种已驯化 IC_{50} (mg/L)	化合物	菌种未驯化的 IC_{50} (mg/L)	菌种已驯化 IC_{50} (mg/L)
氯仿	0.5	45	氰化物	1.0	25.0
氯代丙烷	8.0	—	苯	≈40	—
五氯酚	≈1.0	>5.0	乙基苯	340	—
甲醛	100	400			

6. 有机负荷率

进水的有机负荷率反映了底物与微生物之间的供需关系。有机负荷率是影响污泥增长、污泥活性和有机物降解效果的主要因素。提高有机负荷率可以加快污泥的增长和有机物的降解，还可缩小反应器容积。但在厌氧生物处理中进水有机负荷对有机物去除和工艺的影响十分显著。过高的进水有机负荷率可能发生产酸反应和产甲烷反应不平衡的现象，因此在运行过程中应将有机负荷控制在适当的范围内才能保证上述两种反应处于良性平衡状态。对于不同的工业废水，所采用的有机负荷率一般需要通过试验来确定。

进水的有机负荷率有两种表达方式：有机容积负荷率和有机污泥负荷率。当进水容积负荷率和反应器内污泥量已知时，可以计算出有机污泥负荷率。从本质上看，污泥负荷率较容积负荷率更能反映微生物与有机物的关系。在处理常规有机工业废水时，好氧工艺的污泥负荷率为 0.1～0.5kg BOD_5/（kg MLVSS·d)，而厌氧工艺采用的污泥负荷率一般为 0.5～1.0kg BOD_5/（kg MLVSS·d)。通常厌氧反应器内的污泥浓度比好氧反应器内可高 5～10 倍，因此厌氧工艺的容积负荷可高于好氧工艺 10 倍以上。

与产甲烷过程相比，有机负荷对产酸发酵过程的影响较小，如有机负荷为 5.0～60 kgCOD/（m^3·d）范围内，产酸过程可顺利进行。但过高的有机负荷，如超过100kg COD/(m^3·d)，会由于渗透压等的影响，造成污泥解体，生物活性下降。

7. 搅拌与混合

厌氧反应器内的混合效果对工艺的运行非常关键。良好的混合能促进微生物与底物之间的接触，减少传质阻力，并尽量减少抑制性中间产物的局部积累。在厌氧生物处理过程中会产生沼气，生化反应生成的气体以分子态排出细胞并溶于水，当溶解饱和时，便以气泡形式析出。气泡生成逐渐上升并最终离开水面的过程中会起到良好的搅拌作用。经常还需要利用外加的动力对进水和厌氧反应器内的污泥进行人工搅拌，如采用射流器进行水力循环搅拌，也可采用螺旋桨进行机械搅拌，通过将反应产生的沼气回流进行气力搅拌等。沼气循环搅拌的效能最佳，机械搅拌次之，水力循环搅拌最差。

21.1.5 厌氧生物处理工艺的应用和特点

厌氧生物处理技术在经过 100 多年的发展后，已在污水处理中具有不可替代的地位。在 20 世纪 60 年代以前，厌氧生物法主要应用于处理城市污水处理厂的污泥和粪便。70 年代以来，厌氧生物法在污水处理特别是高浓度有机废水处理中发挥了独特的作用。在酒精工业、饮料工业、啤酒工业、造纸工业、制药工业、化工工业、屠宰及肉类加工业、垃圾填埋场渗滤液等废水的处理中，都有采用厌氧生物处理取得成功的经验。

一般当污水 BOD_5 或可生物降解 COD 低于 1000mg/L 时，宜采用好氧生物法处理；当 BOD_5 浓度在 1000～30000mg/L 时，可采用厌氧生物处理工艺；当 BOD_5 浓度超过 20000～30000mg/L 或含固率超过 1.5%时，采用传统厌氧消化池较好，不宜采用高速厌氧工艺（如 UASB，AEB，AFB 等）。

与好氧生物处理技术相比，厌氧生物处理技术具有以下优点：

(1) 厌氧生物处理技术应用范围广。适用于处理污泥和不同浓度、不同性质的有机废水，适用的有机物浓度范围广，COD 可为几千至几万 mg/L。当有机物浓度较高时，不需要大量的稀释水。可处理好氧法难以降解的有机物（如偶氮染料等）和含有毒有害物质浓度较高的有机废水；

(2) 厌氧生物处理技术运行成本和能耗低，经济性好。由于厌氧法不需供氧，因而能耗较好氧法低得多。厌氧法对营养物的需求量也低，好氧法需要 BOD_5 ∶N∶P＝100∶5∶1，而厌氧法只需 BOD_5 ∶N∶P＝（300～500）∶5∶1 即可。厌氧法的污泥产率低，好氧法的污泥产率约为 0.4～0.6kgVSS/kgCOD，而厌氧法的污泥产率仅为 0.03～0.15kgVSS/kgCOD，因此厌氧法所需的污泥处理费用较少；

(3) 厌氧处理不但耗能少，而且能产生大量的能源。厌氧法处理的最终产物为 CH_4 和 CO_2 等（沼气），属于生物能，可作能源利用。甲烷的热值为 39300kJ/Nm^3，是很好的能源；

(4) 厌氧生物处理的有机物负荷率高。通常好氧法的进水容积负荷仅为 0.5～1.0kg BOD_5/(m^3·d)，而高速厌氧工艺的容积负荷可达 5～10kg BOD_5/(m^3·d)，甚至高达 50kg BOD_5/(m^3·d)。因此厌氧反应器的体积小，占地也省。

厌氧处理虽有种种优点，但厌氧方法用于大规模工业废水处理还只有 30 余年的时间，其经验与知识的积累还有一定的局限性。其缺点主要有：

(1) 厌氧生物处理技术虽然负荷高、能承受的进水浓度高且有机物去除绝对量高，但其出水 COD 浓度仍较高，一般不能达标排放，原则上仍需要后处理才能达到排放要求；

(2) 厌氧生物处理过程反应速率较慢，反应产能较少，因此厌氧微生物的增殖较缓慢。厌氧反应器初次启动过程缓慢，一般需要 8～12 周的时间。当然，由于厌氧污泥可以长期保存，初建的厌氧系统在其初次启动时可以使用现有厌氧系统的剩余污泥或保存的颗粒污泥接种，加快反应器的启动过程；

(3) 厌氧微生物对毒性物质较为敏感，当对有毒废水性质了解不足或操作不当，可能导致反应器运行条件的恶化；

(4) 厌氧生物处理过程常常会产生异味，控制不好易给周围环境带来污染与危害。

21.2 厌氧接触法

厌氧接触氧化工艺是现代高速厌氧反应器中应用较早的反应器，用以处理中等浓度的有机废水，例如屠宰加工废水、啤酒废水、酿酒废水、脂肪酸废水、制糖废水、合成乳品废水等均取得了成功。

21.2.1 厌氧接触法工艺原理

20 世纪 50 年代，Schroepter 认识到在反应器内保持大量污泥的重要性，他仿照好氧

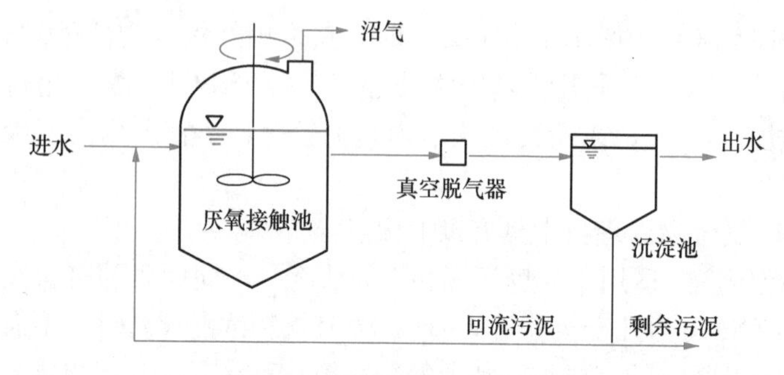

图 21-5 厌氧接触法工艺流程

活性污泥法，提出了厌氧接触法。厌氧接触法的工作原理如图 21-5 所示。厌氧接触池是一个完全混合厌氧活性污泥反应器。污水进入厌氧接触池，在搅拌作用下与厌氧污泥充分混合并进行反应，处理后的水与厌氧污泥的混合液从上部流出。厌氧接触工艺增加了污泥分离和回流装置。从而使 *SRT* 大于 *HRT*，在反应器内可以维持较高的污泥浓度。

厌氧接触法反应器内的污泥浓度通过沉淀池中污泥的回流来保证，一般可达到5000～10000mgVSS/L 左右。反应器内污泥和污水的混合可通过连续的或间歇的机械搅拌来实现。搅拌器的功率根据经验约为 0.005kW/（m^3 反应器容积）。也可通过在反应器内装设射流泵或将所产沼气回流的方式来增强混合效果。

厌氧接触工艺可以处理含有悬浮物的污水，但过高悬浮物的积累会影响污泥的分离，同时会引起污泥中细胞物质比例的下降，从而会降低反应器的负荷率或降低处理效率，因此对含悬浮固体浓度较高的污水，需要在厌氧接触工艺之前采用固液分离预处理。

与高速厌氧反应器（例如 UASB 反应器、厌氧膨胀床、厌氧流化床工艺）相比，厌氧接触工艺的负荷率较低，其负荷率通常只有 UASB 反应器的 1/3～1/5。厌氧接触工艺的负荷率受反应器中污泥浓度较低的制约。在高的污泥负荷下，厌氧接触工艺也会产生类似好氧活性污泥的污泥膨胀问题。一般认为反应器中污泥的体积指数（SVI）应在 70～150mL/g。当反应器的污泥负荷率超过 0.25kgCOD/（kgVSS・d）时，污泥的沉淀即可能发生恶化。反应器内厌氧污泥的浓度也是有限度的，当反应器内污泥浓度超过 18gVSS/L 时，污泥的固液分离会更加困难。

在厌氧接触反应器内形成的是絮状污泥，反应器中的正压使混合液中溶解气体过饱和，当混合液进入沉淀池中，这些气体将释放出来，同时絮状污泥在反应器中吸附的残余有机物在沉淀池中会继续转化为少量气体，这些气体会吸附于污泥上，从而使原本难于沉降的絮体污泥沉降更加困难。污泥的流失会使出水的 BOD 和 COD 升高，还会造成 *SRT* 下降。目前对固液分离问题尚没有满意的解决方法，除了采用有效的沉淀装置外，一般在沉淀前可采用真空脱气处理或投加化学絮凝剂的方法。为了控制沉淀池内的产气问题，还可采用反应器出水急剧冷却降温的方法，来抑制沉淀池内气体的产生，促进污泥的凝聚沉降。采用真空脱气的措施是在混合液进入沉淀池之前先通过真空脱气装置，以去除污泥絮体吸附的沼气气泡，借以改善污泥在沉淀池中的沉淀性能。

厌氧接触法的主要优点在于：适宜处理高浓度有机废水；采用污泥回流和搅拌混合装置提高了反应器内的污泥浓度，改善了反应器内的混合效果；可降解部分难生物降解的有机物，处理效果优于普通消化池。主要缺点有：污泥颗粒细小，并易夹带沼气气泡，污泥沉降效果较差；需设脱气装置，运行复杂。

21.2.2 厌氧接触法工艺系统设计

厌氧接触法的工艺设计包括厌氧接触池、沉淀池、真空脱气器、沼气产量计算、热交换等的设计。下述的设计计算方法也适用于其他厌氧反应器。

1. 厌氧接触池容积

厌氧接触池容积的设计可采用有机容积负荷率、有机污泥负荷率和动力学关系式等方法。本节重点介绍有机容积负荷率设计方法。

厌氧接触池单位容积每日承受的有机物量称为厌氧接触池的有机容积负荷率。根据定义，厌氧接触池的容积计算如下式：

$$V=\frac{Q\cdot S_0}{N_V} \tag{21-9}$$

式中 V——厌氧接触池计算容积，m^3；

Q——进水流量，m^3/d；

S_0——进水 COD（BOD_5）浓度，kgCOD/m^3 或 kgBOD_5/m^3；

N_V——进水有机容积负荷率，kgCOD/（m^3·d）或 kgBOD_5/（m^3·d）。

有机容积负荷率是厌氧接触法的主要设计参数，一般应根据试验确定。一些常见的工业废水已经有成功的设计和运行经验数据，表 21-6 中列出了厌氧接触法处理某些工业废水的有机容积负荷率和处理效率，可以在设计中参考。

中温条件下厌氧接触工艺中试与生产性实验结果　　表 21-6

废水来源	进水浓度（mg·/L）		有机容积负荷率	HRT	去除率（%）	
	COD	BOD_5	(kgCOD/(m^3·d))	(d)	COD	BOD_5
牛奶场	3000	1400	2.0	1.5	67	80
乳品加工	4900	2950	2.52	1.9	83	93
甜菜制糖	8000	3800	3.0	2.7	53	42
糖果生产	10130	7000	2.2	4.6	95	92
果胶果汁生产	1060	750	1.13	0.94	85	90
蔬菜罐头	3600	1400	1.0	3.6	80	92
小麦淀粉	9000	4200	2.5	3.6	82	95
玉米淀粉	—	6300	1.76（BOD_5）	3.3	—	88
淀粉加工	10000	—	2.4	4.2	97	—
柠檬酸	47000	17000	2.5	1.9	79	93
酒精糟液	50000	—	1.7	29.4	84	—
威士忌糟液	47520	27200	1.76	27.0	87	92
威士忌废水	33630	18830	1.03	32.7	84	—
朗姆酒蒸馏液	89000	26000	4.5	19.8	69	89
啤酒废水	—	3900	2.03（BOD_5）	2.3	—	96
屠宰废水	—	1381	1.6～3.2（BOD_5）	—	—	91
磨木浆	4800	2500	2.7	1.8	77	96
STMP 制浆	7900	3700	6.0	1.3	40	50
TMP 制浆	3500	1300	2.5	1.4	67	71

一般有机容积负荷率取值范围为 2～6kg COD/(m^3·d)，最佳底物（有机物）与微生物比值 F/M 为 0.3～0.5kg COD/(kgMLSS·d)，MLVSS 值为 3～6g/L，混合液 SVI 值为 70～150mL/g，回流比为 2～4，温度不低于 20℃为宜。

2. 真空脱气器和沉淀池

脱气可采用真空脱气器、搅拌脱气法和向上流斜板脱气法。采用真空脱气器时，脱气器的真空度约为4900Pa。

由于产气的影响，厌氧污泥沉淀性能较差，因此沉淀池的设计是非常重要的。一般来说，脱气后的厌氧污泥的沉淀性能有很大改善。当采用传统沉淀池，水力表面负荷一般可采用0.5～1.0$m^3/(m^2·h)$。采用斜板沉淀池，水力表面负荷可采用1.0～2.0$m^3/(m^2·h)$。也可采用固体通量来计算，采用传统沉淀池，固体通量可采用2～4kgSS/$(m^2·h)$；采用斜板沉淀池，固体通量可采用3～6kgSS/$(m^2·h)$。

3. 沼气产量

在厌氧生物处理过程中，碳水化合物、蛋白质、脂肪可以被厌氧微生物转化为CH_4、CO_2和NH_3。如果用$C_nH_aO_bN_d$表示这些有机物的分子式，并假定这些有机物在厌氧过程中完全转化为生物气，则产气量可以用Busswell－Mueller通式计算：

$$C_nH_aO_bN_d+\left(n-\frac{a}{4}-\frac{b}{2}+\frac{3}{4}d\right)H_2O\longrightarrow\left(\frac{n}{2}+\frac{a}{8}-\frac{b}{4}-\frac{3}{8}d\right)CH_4+\left(\frac{n}{2}-\frac{a}{8}+\frac{b}{4}+\frac{3}{8}d\right)CO_2+dNH_3 \quad (21\text{-}10)$$

当$d=0$时，即为不含氮有机物的产气量计算式。

【例21-1】 计算1kg丙酸经过厌氧生物处理后，在标准状态下（0℃，1atm），产生的CH_4和CO_2的体积。

【解】 根据丙酸的分子式，可知$n=3$，$a=6$，$b=2$，$d=0$。

则丙酸厌氧分解的方程式为：

$$\begin{array}{lll} CH_3CH_2COOH+0.5H_2O\longrightarrow & 1.75CH_4+ & 1.25CO_2 \\ 1 & 1.75 & 1.25 \\ 1000/74 & x & y \end{array}$$

丙酸分子量为74，1kg丙酸为1000/74mol，则1kg丙酸厌氧分解产生的气体分别为：

CH_4：$x=23.64$mol，CO_2：$y=16.89$mol。

在标准状态下，1mol气体的体积为22.4L，则实际产生的气体体积为：

CH_4：529.7L，CO_2：378.3L，总体积：908L，CH_4占58.3%，CO_2占41.7%。

以上是沼气产量的理论计算式，由于未考虑部分底物用于细菌增殖，出水也会溶解部分产生的气体，因此实际产气量总是低于这一理论值。

表21-7列举了几种主要有机物完全厌氧降解的沼气产量和组分，可供参考。可见，糖类物质厌氧消化的沼气产量较少，沼气中甲烷含量也较低。脂类物质沼气产量较高，甲烷含量也较多。

几种主要有机物完全厌氧降解的沼气产量和组分　　表21-7

有机物	每kg物质产气量（m^3）		质量百分数（%）	
	沼气	CH_4	CH_4	CO_2
糖类	0.75	0.37	27	73
脂类	1.44	1.04	48	52
蛋白质	0.98	0.49	27	73

实际工程中，污水中所含的有机物种类极其复杂，通常采用COD（BOD）作为有机

物数量的衡量指标。对于含难降解有机物量较低的污水，COD可占理论需氧量（TOD）95%以上，甚至可达100%。可以根据去除的COD量来计算实际产气量。McCarty采用甲烷气体的氧当量来计算厌氧产气量，甲烷和COD的关系可通过下式计算：

$$CH_4+2O_2 \longrightarrow 2H_2O+CO_2 \tag{21-11}$$

完全氧化1mol的 CH_4 需要2mol的 O_2（即64gCOD），标准状态下（0℃，1atm），1mol气体体积为22.4L，通过计算，每降解1gCOD产气体积为0.35L CH_4。根据查理定律，可计算不同温度下产生的 CH_4 体积：

$$V_2=\frac{T_2}{T_1}V_1 \tag{21-12}$$

式中 V_2——厌氧反应温度 T_2 时的甲烷体积，L；

V_1——标准状态下（0℃，1atm）的甲烷体积，L；

T_1——标准状态下的绝对温度，273 K；

T_2——实际厌氧反应温度 t 时的绝对温度，$(t+273)$ K。

根据去除的COD量计算甲烷的体积：

$$V_{CH_4}=V_2\left[Q(S_0-S_e)-1.42YQ(S_0-S_e)\right] \tag{21-13}$$

式中 V_{CH_4}——甲烷产气量，m^3/d；

Q——处理污水流量，m^3/d；

S_0，S_e——进水，出水的COD，$kgCOD/m^3$ 或 $kgBOD/m^3$；

Y——污泥产率系数，gVSS/gCOD。

沼气总量（含 CO_2 及其他少量气体）：

$$V_{沼}=V_{CH_4}\frac{1}{p} \tag{21-14}$$

式中 $V_{沼}$——沼气产气量，m^3/d；

p——沼气中甲烷的比例。

由于污水的组分十分复杂，沼气的组成常通过经验数据进行估算。一般 CH_4 的体积百分数含量范围为45%～80%，以55%～60%较为常见；CO_2 的含量范围为20%～45%，以30%左右较为常见；CH_4 和 CO_2 在沼气中的总量约为85～98%，以90%左右较为常见。

4. 污泥产量

厌氧生物处理系统中，典型的污泥产率系数 $Y=0.04\sim0.15$gVSS/gCOD，内源呼吸系数 $b=0.02\sim0.04$mgVSS/（mgVSS·d）。由于内源呼吸产生的污泥减量很低，污泥的产量可用下式计算：

$$\Delta X=Q(S_0-S_e)\cdot Y \tag{21-15}$$

式中 ΔX——每日干污泥产量，kgVSS/d；

Y——污泥产率系数，gVSS/gCOD。

5. 热量计算

厌氧生物处理需要较高的反应温度，一般需要对污水加温和对反应器保温。厌氧接触池所需的热量包括将污水提高到池温所需的热量和补偿池壁、池盖所散失的热量。

污水加热所需热量：

$$Q_H = \frac{QC\ (t_2 - t_1)}{\eta} \tag{21-16}$$

式中　Q——处理污水流量，m^3/d；

C——污水的比热，可取 $4200kJ/(m^3 \cdot ℃)$；

t_1——污水温度，℃；

t_2——厌氧反应温度，℃；

η——热效率，可取 0.85。

反应器保温所需热量：

$$Q_D = \frac{A_s K\ (t_3 - t_2)}{\eta} \tag{21-17}$$

式中　A_s——反应器外表面积，m^2；

K——总传热系数，$W/\ (m^2 \cdot K)$；

t_3——反应器周围环境温度，℃。

加热和保温所需的总热量为：

$$Q_T = Q_H + Q_D \tag{21-18}$$

厌氧生物处理过程所需的热量可以利用消化过程产生的沼气供给。纯甲烷气体的热值为 $393000kJ/Nm^3$，厌氧生物处理产生的沼气，根据所含甲烷含量的不同，热值约为 $21000 \sim 25000\ kJ/Nm^3$。

21.3　上流式厌氧污泥床（UASB）反应器

上流式厌氧污泥层（UASB）反应器是荷兰农业大学 Lettinga 等人在 20 世纪 70 年代初在研究上流式厌氧滤池的基础上开发的。厌氧滤池的填料容易发生堵塞。取消填料层后，在反应器的下部形成了一层厌氧活性污泥层，成为截留、吸附和降解有机物的主要部位。后来在池子的上部设置了一个气、固、液三相分离器。由于这种反应器结构简单，不用填料，没有悬浮物堵塞等问题，因此一出现便引起了广大研究者的极大兴趣，并很快被广泛应用于工业废水的处理中。UASB 反应器内一般情况下均能形成厌氧颗粒污泥，而厌氧颗粒污泥不仅具有良好的沉降性能，而且有较高的产甲烷活性。由于 UASB 反应器设有三相分离器，使得反应器内的污泥不易流失，反应器内能维持很高的生物量。反应器的 *SRT* 很大，*HRT* 很小，使反应器有很高的容积负荷率和处理效率以及运行稳定性。

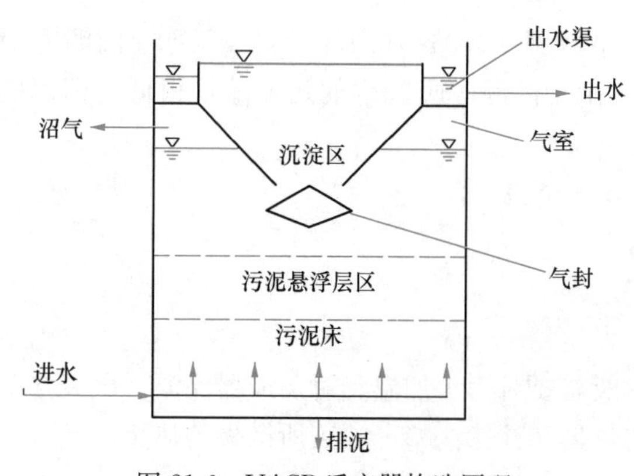

图 21-6　UASB 反应器构造原理

21.3.1　UASB 反应器的构造特点

UASB 反应器的构造原理如图 21-6 所示。

污水从池底入流，自下而上升流。在反应区进行厌氧生化反应，反应后经气体分离，混合液进入沉淀区进行固液分离。沉淀后的出水由出水渠排出反应器，沉淀下来的厌氧污泥重力沉降返回到反应区，集气室收集的沼气由沼气管排出反应器。

UASB 反应器主要有下列几部分组成：

1. 进水分配系统

UASB 反应器从底部进水，配水系统的功能主要是把污水均匀地分配到整个 UASB 反应器的反应区内，使污水与微生物充分接触，使反应器内的微生物能够获得充足的营养，进水分配系统还具有搅拌功能。

2. 反应区

反应区由污泥床和污泥悬浮层区组成，是 UASB 反应器的核心。污水与厌氧污泥在这里充分接触，产生强烈的生化反应，有机物主要在这里被厌氧菌分解。成熟的 UASB 反应器内能形成由微生物组成的生物颗粒污泥，这是 UASB 的主要特征。

3. 三相分离器

三相分离器又称气、固、液分离器，由沉淀区、集气室（或称集气罩）和气封组成，其功能是把气体（沼气）、固体（颗粒污泥）和液体分离。首先，气体被分离后进入集气室（罩），然后，固液混合液在沉淀区进行固液分离，污泥经回流缝重力沉降返回反应区。三相分离器分离效果的好坏将直接影响反应器的处理效果。

4. 出水系统

出水系统的作用是把经沉淀后的处理出水均匀地收集起来并排出反应器。出水是否均匀对处理效果有很大影响。

5. 排泥系统

排泥系统的功能是定期均匀地排除反应区的剩余厌氧污泥。

UASB 反应器内不设搅拌装置，上升的水流和产生的沼气可满足搅拌要求，反应器内不需填装填料，构造简单，易于操作运行，便于维护管理。

根据不同污水水质，UASB 反应器的构造有所不同，主要可分为敞开式和封闭式两种。

敞开式 UASB 反应器如图 21-6 所示，其顶部不密封，不收集沉淀区液面释放出的沼气。适用于处理中低浓度的有机废水，中低浓度废水经反应区处理后，出水中的有机物浓度较低，在沉淀区产生的沼气数量较少，一般不再回收。这种形式的反应器构造比较简单，易于施工安装和维修。

处理高浓度有机废水或含硫酸盐较高的有机废水时采用封闭式 UASB 反应器。其三相分离器的构造与前者有所不同，不需要专门的集气室，而在液面与池顶之间形成了大的集气室，可以同时收集反应区和沉淀区产生的沼气。此种形式的反应器的池顶可以是固定的，也可做成浮盖式的。

UASB 反应器水平截面一般采用圆形或矩形，反应器的材料常用钢结构或钢筋混凝土结构。采用钢结构时，常为圆柱形池子，当采用钢筋混凝土结构时，常为矩形池子。由于三相分离器的构造要求，采用矩形池子便于设计、施工和安装。

21.3.2 厌氧颗粒污泥的形成及其性质

具有优良沉降性能和很高的产甲烷活性的厌氧颗粒污泥是 UASB 反应器的最大特点，也是 UASB 运行能否稳定和是否高效的重要因素。如果 UASB 反应器内的污泥以松散的絮状体存在，会很容易出现污泥流失，使得反应器不可能在高的容积负荷率下稳定运行。

需要引起注意的是，并非所有 UASB 反应器都能形成颗粒污泥。一些 UASB 反应器（特别是当进水负荷不高时）的正常操作条件是以絮状污泥作为生物载体的，但只有形成了颗粒污泥的 UASB 反应器才能承受高的负荷，也才称得上高速厌氧反应器。颗粒污泥也并非 UASB 反应器独有的特征，在其他一些厌氧高速反应器，如厌氧流化床、上流式厌氧生物滤池等，也可不同程度观察到颗粒污泥的形成。形成颗粒污泥的厌氧反应器的共同特征是它们都是上流式反应器。

1. 形成厌氧颗粒污泥的意义

厌氧颗粒污泥的形成对于 UASB 反应器具有非常重要的意义：①污泥颗粒化可提高厌氧污泥的沉降性能，防止污泥流失，保持反应器中有高的污泥浓度；②颗粒污泥的良好沉降性能使其可以长期滞留在反应器中，在水力停留时间（*HRT*）较短的情况下，仍可具有很长的污泥停留时间（*SRT*），使反应器有很高的处理效能；③在颗粒污泥中，产甲烷菌主要集中在颗粒的内部，而水解发酵和产酸菌主要在颗粒的表层，这种结构为产甲烷菌提供了一个保护层或缓冲层，不仅可维持较低氧化还原电位，有利于甲烷菌的生长，并可提高污泥对 pH 变化、温度变化、冲击负荷和有害物质的抵抗能力；④厌氧颗粒污泥是各种厌氧菌聚集在一起的微生物团粒，是个微小的生态群落，各类细菌之间距离相对很近，可提高种间氢的转移速率，能有效快速地完成有机物转化为甲烷和 CO_2 等的全过程，使得颗粒污泥具有很高的产甲烷活性。

2. 厌氧颗粒污泥的形成机理

人们根据颗粒污泥培养过程中观察到现象的分析提出有关厌氧颗粒污泥形成机理的种种假说，这些假说包括：晶核假说、电荷中和假说和胞外多聚物假说等。然而至今尚未有一种较为完善的理论来阐明厌氧颗粒污泥形成的机理。

Lettinga 等人提出的“晶核假说”，认为颗粒污泥的形成类似于结晶过程，在晶核的基础上，颗粒不断发育，最后形成成熟的颗粒污泥。晶核来源于接种污泥或反应器运行过程中产生的不溶性无机盐（如 $CaCO_3$ 等）结晶体颗粒。这一假说获得了试验结果的支持，如在培养过程中投加 Ca^{2+} 等，将有助于实现污泥颗粒化，在镜检时可观察到颗粒污泥中有 $CaCO_3$ 晶体的存在。胞外多聚物假说则认为胞外多聚物（Extracellular Polymer，ECP）是形成颗粒污泥的关键因素。ECP 主要由蛋白质和多聚糖组成，ECP 的组成可影响细菌絮体的表面性质和颗粒污泥的物理性质。分散的细菌是带负电荷的，细胞之间有静电排斥，ECP 可改变细菌表面电荷，从而产生凝聚作用。

UASB 反应器的上流式水流方式是形成颗粒污泥的必要条件，由于水流和沼气的上升在反应器内形成了一定的上升流速，对污泥床形成沿高度（水流）方向的搅拌作用和水力筛选作用。定向搅拌作用产生的剪切力使微小的颗粒产生不规则的旋转运动，有利于丝状微生物的相互缠绕，为颗粒的形成创造了一个外部条件。水力筛选作用能将微小的颗粒污泥与絮体污泥分开，使污泥床下部聚集比较大的颗粒污泥，而相对密度较小的絮体污泥则进入悬浮层区，或随出水流出反应器。因污水从 UASB 反应器的床底入流，使得反应器下部的颗粒污泥优先获得充足的食料而快速增长，有利于污泥颗粒化的形成。

3. 厌氧颗粒污泥的基本性质

颗粒污泥的外观不规则，一般呈球形或椭球形，粒径一般为 0.14～2mm，大的可达 3～5mm，粒径的大小取决于污水的性质、有机物浓度和反应器运行条件等。酸化了的基质培养的颗粒污泥的粒径一般小于葡萄糖为基质培养的颗粒污泥。颗粒污泥的湿密度为 1.03～1.08g/cm^3，一般约为 1.05g/cm^3 左右。颗粒污泥在反应器内的沉降速率一般为 0.3～0.8m/h，在清水中自由沉降速度可达 2m/h。颗粒污泥的 SVI 多在 10～20mL/g 范围内。

颗粒污泥的化学组成包括有机组分和无机组分。厌氧颗粒污泥中有机组分一般用 VSS 浓度表示，污水水质不同，组成颗粒污泥的有机组分含量亦不同。颗粒污泥 VSS/SS 的变化较大，成熟的颗粒污泥 VSS/SS 一般为 0.7～0.8，但对不同水质的污水其范围可达 0.3～0.9。厌氧颗粒污泥中的无机组分即灰分是无机矿物质，其主要成分是钙、钾和铁等元素的无机化合物。随污水性质的不同，无机物的含量可达 10%～60%（干重）。

颗粒污泥的活性与操作条件和底物组成有关。污水越复杂，颗粒内产酸细菌的比例越高，颗粒污泥的活性越低。在 30℃ 时，在未酸化的底物中培养的颗粒污泥活性为 1.0kgCOD/(kgVSS·d)，而已酸化的底物，颗粒污泥的活性可达 2.5kgCOD/(kgVSS·d)；在 55℃ 下乙酸和丁酸混合培养的颗粒污泥活性高达 7.3kgCOD/(kgVSS·d)。

每个颗粒污泥相当于一个微小的生态系统。一般认为生长在处理有机物为主的污水中的颗粒污泥，各类细菌的空间分布十分明显。在颗粒的外部，水解和产酸菌占优势；而在颗粒的较内部分，以产甲烷细菌为主。

对于粒径较大的颗粒污泥，由于底物传递的限制，位于中心位置的细菌会由于得不到足够的养料而死亡。因此，粒径较大的颗粒污泥的空间结构类似一个空心的多孔丸。

在放大镜下可以观察到颗粒污泥表面有孔隙，这些孔隙被认为是底物和营养物质传递的通道，颗粒内部产生的气体也由这些孔隙逸出。

21.3.3 UASB 反应器的结构设计

UASB 反应器设计的主要内容包括：适宜的池型和反应器有效容积及其主要部位的尺寸、配水系统、三相分离器、水封高度、出水系统和排泥系统等。

1. UASB 反应器容积

UASB 反应器有效容积（包括沉淀区和反应区）可采用容积负荷法确定，即：

$$V = \frac{Q \cdot S_0}{N_V} \tag{21-19}$$

进水有机容积负荷值与污水水质、反应器的温度等有关，同时与反应器内的污泥性质（是否形成颗粒污泥）也有很大关系。Lettinga 给出了当 COD 去除率达到 85%～95%时，与运行温度有关的允许有机容积负荷率（设颗粒污泥的平均浓度为 25gVSS/L），见表 21-8。可见，经过产酸发酵后的污水，UASB 反应器可在较高的负荷下运行。

不同污水不同温度下允许有机容积负荷　　表 21-8

温度（℃）	有机容积负荷（kgCOD/（m^3·d））		
	溶解性 VFA 污水	不含溶解性 VFA 污水	SS 占 COD 总量 30%污水
15	2～4	1.5～3	1.5～2（SS 去除好）
20	4～6	2～4	2～3（SS 去除好）

续表

温度（℃）	有机容积负荷（kgCOD/（m^3·d））		
	溶解性 VFA 污水	不含溶解性 VFA 污水	SS 占 COD 总量 30%污水
25	6～12	4～8	3～6（SS 去除较好）
30	10～18	8～12	6～9（SS 去除中等）
35	15～24	12～18	9～14（SS 去除较差）
40	20～32	15～24	14～18（SS 去除差）

容积负荷与反应器内是否形成颗粒污泥也有很大关系。在 30℃条件下，对于 SS 占 COD 总量 10%～30%的污水，当 COD 去除率达到 85%～95%时，颗粒污泥和絮状污泥床 UASB 反应器的允许容积负荷见表 21-9。可见对于含有较高 SS 的污水，要取得较好的 SS 去除率，絮状污泥和颗粒污泥 UASB 反应器可采用的容积负荷差别不大。对于 SS 占 COD 超过 50%的污水，不宜直接采用 UASB 反应器，需经过预处理或采用传统消化反应器。

不同污水浓度颗粒污泥和絮状污泥 UASB 可采用的有机容积负荷　　表 21-9

污水 COD（mg/L）	有机容积负荷（kgCOD/（m^3·d））		
	絮状污泥	颗粒污泥（低 SS 去除率）	颗粒污泥（高 SS 去除率）
2000	2～4	8～12	2～4
2000～6000	3～5	12～18	3～5
6000～9000	4～6	15～20	4～6
9000～18000	5～8	15～24	4～6

对于特定的污水，反应器的容积负荷一般应通过试验确定，也可参考同类型的污水处理资料。食品工业废水或与其性质相似的其他工业废水，采用 UASB 反应器处理，在反应器内往往能够形成厌氧颗粒污泥，不同反应温度下的进水容积负荷可参考表 21-10 所列数据确定，COD 去除率一般可达 80%～90%。但如果反应器内不能形成厌氧颗粒污泥，而主要为絮状污泥，则反应器的容积负荷不可能很高，因为负荷高絮状污泥将会大量流失。所以进水容积负荷一般不超过 5kgCOD/(m^3·d)。

食品工业废水不同温度的设计容积负荷　　表 21-10

温度（℃）	有机容积负荷（kgCOD/（m^3·d））	温度（℃）	有机容积负荷（kgCOD/（m^3·d））
高温（50～55）	20～30	常温（20～25）	5～10
中温（30～35）	10～20	低温（10～15）	2～5

2. UASB 反应器反应区表面积和高度

上升流速 v 是重要的设计参数，也称表面水力负荷($m^3/(m^2 \cdot d)$)，可由下式计算：

$$v=\frac{Q}{A} \tag{21-20}$$

式中　v——上升流速，也称表面水力负荷，$m^3/(m^2 \cdot h)$；

A——反应器截面积，m^2；

Q——进水流量，m^3/d。

过高的上流速度会导致反应器内颗粒污泥的洗出。已实现污泥颗粒化的UASB反应器，对于溶解性污水，允许最大上流速度为3m/h，对于部分溶解性污水，可取1.0～1.25 m/h。如反应器内的污泥呈絮体状，则允许的最大上流速度为0.5m/h。

由于反应器的水平面积一般与三相分离器的沉淀面积相同，所以确定的水平面积必须用沉淀区的表面负荷来校核，如不适合，则必须改变反应器的高度或加大三相分离器沉淀区的面积。

已知反应器的容积和上升流速，可以计算反应区表面积（式21-20）和高度：

$$H = \frac{V}{A} \tag{21-21}$$

式中 H——反应区的高度，m；

V——反应器有效容积，m^3；

A——反应器截面积，m^2。

在处理溶解性污水时，颗粒污泥UASB反应器的高度可采用10m或更高，其优点是反应器占地小，配水均匀且配水系统造价低。对部分溶解性污水，反应器高度不能太高，可用3～7m。对于COD超过3000mg/L的污水，反应器高度可采用5～7m。

确定UASB反应器的反应区表面积后，进而确定直径或长宽比。为了运行的灵活性，同时考虑维修的可能，一般设两座或两座以上反应器。

3. 进水配水系统

进水配水系统兼有配水和水力搅拌的功能，所以必须满足以下要求：①进水必须在反应器底部均匀分配，确保各单位面积的进水量基本相同，以防止短路或表面负荷不均匀等现象发生；②应满足污泥床水力搅拌的需要，促进污水与污泥的充分接触，使污泥区达到完全混合的效果，防止局部产生酸化现象，同时有利于沼气气泡与污泥分离逸出。

配水点的设置对于UASB反应器很重要。每个配水点的服务面积是确保配水均匀的关键，服务面积与污泥床内污泥的性质和进水容积负荷有关，可参见表21-11。

UASB反应器配水点服务面积 **表21-11**

污泥性质	有机容积负荷(kgCOD/(m^3·d))	配水点服务面积（m^2）
密实的絮体污泥（>40gSS/L）	<1	0.5～1
	1～2	1～2
	>2	2～3
疏松的絮体污泥（20～40gSS/L）	1～2	1～2
	3	2～5
颗粒污泥	2	0.5～1
	2～4	0.5～2
	>4	>2

常见的配水系统形式有以下几种：

(1) 树枝管式配水系统：如图21-7所示。一般采用对称布置，各支管均布于池底，出水口向下，距池底约20cm，一般出水口直径采用15～20mm。管口位于所服务面积的中心，对准池底所设的反射锥体，使射流向四周散开。树枝管式配水系统的特点是比较简单，只要施工安装正确，配水基本可达到均匀分布。

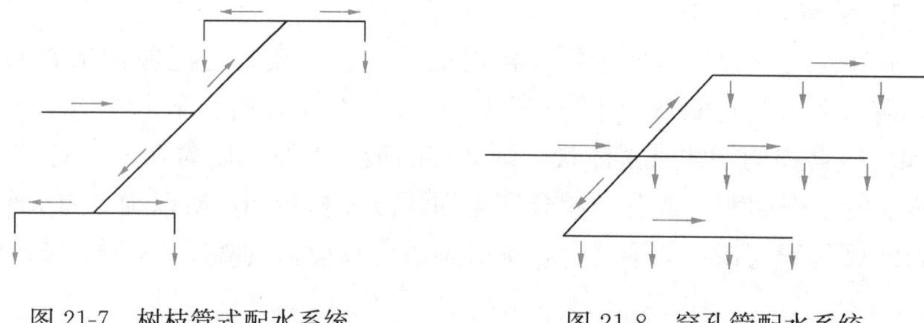

图 21-7　树枝管式配水系统　　　　图 21-8　穿孔管配水系统

(2) 穿孔管配水系统：如图 21-8 所示。配水管中心距池底一般为 20～25cm。为了配水均匀，配水管之间的中心距可采用 1.0～2.0m，出水孔距也可采用 1.0～2.0m。出水孔径一般为 10～20mm，孔口向下或与垂线呈 45°方向。配水管的直径最好不小于 100mm。为使穿孔管各孔出水均匀，要求出口流速不小于 2m/s，使出水孔阻力损失大于穿孔管的沿程阻力损失。为增大出水孔的流速，可采用脉冲间歇进水。

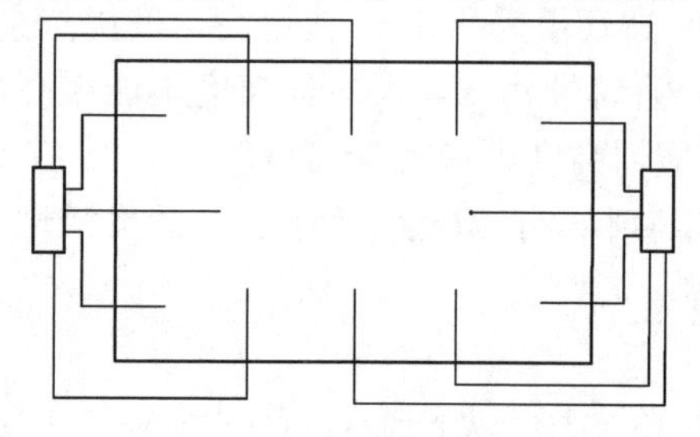

图 21-9　多点多管配水系统

(3) 多点多管配水系统：如图 21-9 所示。多点多管配水系统的配水管根数与配水点数相同，一根配水管只服务一个配水点。只要保证每根配水管流量相等，即可达到每个配水点流量相等的要求。一般采用污水通过配水渠道中的三角堰均匀流入配水管的方式。分配系统可高于 UASB 反应器的池顶。

4. 三相分离器

UASB 反应器的三相分离器的功能是对反应器上升的气、液、固混合液进行分离。三相分离效果的好坏直接影响反应器的处理效果。三相分离器应具备以下几个功能：①混合液的气体不得进入沉淀区，避免由于气体泄漏到沉淀区而干扰固液分离效果；②保持沉淀区流态稳定，使固液分离效果良好；③沉淀分离的污泥能迅速返回反应区，以维持反应器内的污泥浓度。三相分离器的形式是多种多样的，但均具有气液分离、固液分离和污泥回流三个功能；主要组成部分为气封、沉淀区和回流缝。图 21-10 为三相分离器的基本构造形式。

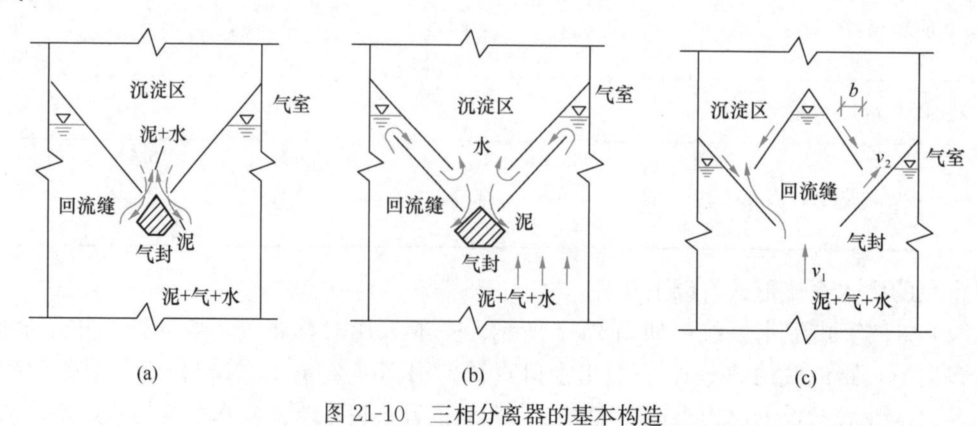

图 21-10　三相分离器的基本构造

图 21-11 中的（a）式构造简单，但泥水分离的情况欠佳，回流缝同时存在上升和下降两股流体，相互干扰，污泥回流不通畅。（c）式也存在类似情况。（b）式的构造较为复杂，但污泥回流和水流上升互不干扰，污泥回流通畅，泥水分离和气体分离效果较好。

三相分离器有多种多样的布置形式，对于容积较大的 UASB 反应器，往往有若干个连续安装的三相分离器系统，如图 21-11 所示。

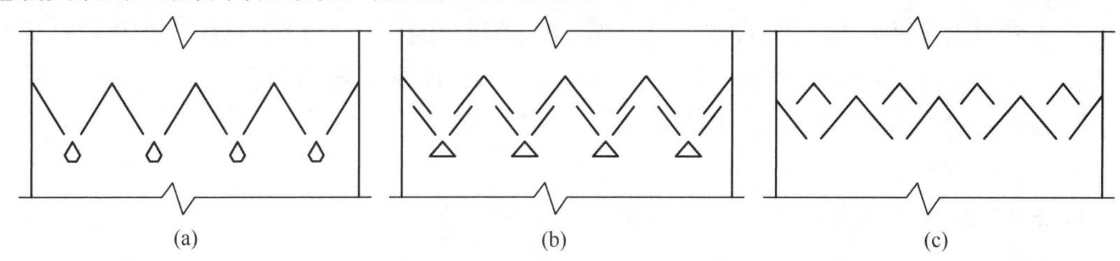

图 21-11　三相分离器的布置形式

三相分离器的设计可分为三个内容：沉淀区设计、回流缝设计和气液分离设计。以图 21-10（c）为例，可根据单元三相分离器设计断面的几何尺寸关系进行设计，详见相关手册。各部分设计注意事项如下（参见图 21-10c）：

（1）沉淀区设计：三相分离器沉淀区固液分离通过重力沉淀实现，与普通二次沉淀池设计方法相似，主要考虑因素有沉淀面积和水深。沉淀区的面积根据污水量和沉淀区的表面负荷确定。对于已形成颗粒污泥的反应器，为了防止悬浮层污泥流失，沉淀区表面负荷可采用 $1\sim2m^3/(m^2\cdot h)$。对于未形成颗粒污泥的絮体污泥 UASB 反应器表面负荷可采用 $0.4\sim0.8m^3/(m^2\cdot h)$。沉淀区的水深应大于 1.0m，沉淀区的水力停留时间以 1～1.5h 为宜。集气罩斜面的坡度应采用 55°～60°，以便于污泥滑落。

（2）回流缝设计：回流缝是污泥的回流通道。为了使回流缝的水流稳定，污泥能顺利地回流，回流缝中混合液上升流速 $v_1<2m/h$。上三角形集气罩与下三角形集气罩斜面之间回流缝的流速 v_2 需满足：对于颗粒污泥 $v_1<v_2<2m/h$；对于絮状污泥 $v_1<v_2<1m/h$。

（3）气液分离设计：该三相分离器由上、下二组重叠的三角形集气罩组成。为达到良好的气液分离效果，上下二层三角形集气罩的必须重叠，重叠的水平距离越大，气体分离效果越好，重叠量 b 一般应达到 100～200mm。

5. 水封高度

UASB 反应器三相分离器的集气室中液面高度的控制十分重要。在集气室内，气液界面可能形成浮渣或泡沫层，会影响气泡的释放。液面过高时，浮渣或泡沫可能引起排气管堵塞；液面过低可能使气体进入沉淀区。可通过设置水封来保证集气室气液界面的高度。水封的原理如图 21-12 所示。

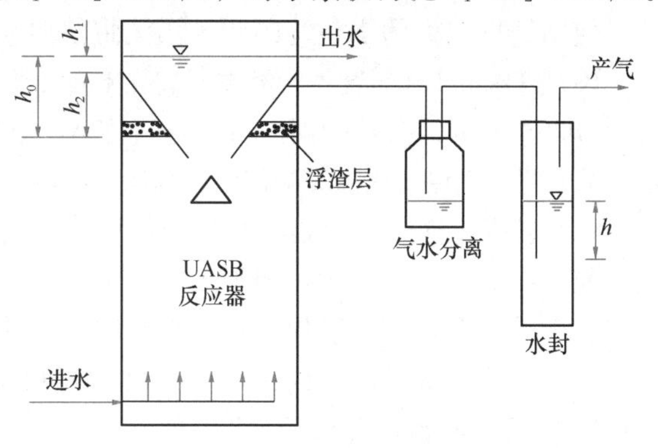

图 21-12　水封高度计算示意图

$$h = h_0 - h_3 = (h_1 + h_2) - h_3 \tag{21-22}$$

式中　h——水封高度，m；

h_0——集气室气液界面至沉淀区上液面高度，m；

h_1——集气室顶部至沉淀区上液面高度，m；

h_2——集气室气液界面至集气室顶部高度，m；

h_3——水封后的阻力，包括反应器至贮气罐的管路损失和贮气罐内的压头，m。

6. 出水系统

出水的均匀排出对于保证反应器均匀稳定运行也很重要。为保持出水均匀，沉淀区的出水通常采用出水槽，出水槽设置三角出水堰均匀收集出水，具体设计可参照普通沉淀池。通常每个单元三相分离器设一个出水槽。当 UASB 反应器为封闭式时，总出水管必须通过一个水封，以防漏气和确保厌氧条件。

7. 排泥系统

UASB 反应器均匀排泥是使反应器正常工作的重要因素。由于大型反应器一般都不设污泥斗，且池底面积又较大，不宜在一点集中排泥，必须进行均匀的多点排泥。可每 $10m^2$ 设一个排泥口。当采用穿孔管配水系统时，穿孔管也可兼作排泥管。专设排泥管管径一般不小于 200mm，以防堵塞。

21.3.4 UASB 反应器的启动

短期内培养出活性高、沉降性能优良并适于待处理污水水质的厌氧污泥是厌氧生物反应器成功启动的标志。UASB 反应器启动成功的重要标志是颗粒污泥的形成。颗粒污泥形成的主要条件包括以下几个方面：

（1）污水性质：一般处理含糖类污水易于形成颗粒污泥，而脂类污水和蛋白质污水及有毒难降解废水则较难或不能培养出颗粒污泥。保持适宜的 N、P 营养，投加补充适量的镍、钴、钼和锌等微量元素有利于提高污泥产甲烷活性，因为这些元素是产甲烷辅酶重要的组成部分，可加速污泥颗粒化过程。投加 Ca^{2+} 25～100mg/L，有利于带负电荷细菌相互粘接从而有利于污泥颗粒化。

（2）接种污泥：接种污泥的数量和活性是影响反应器成功启动的重要因素。厌氧消化污泥（如城市污水处理厂污泥消化池消化污泥等）是较好的接种污泥。若是新反应器启动，使用处理同类污水系统的颗粒污泥将使启动期大为缩短。

（3）进水 pH 和碱度：厌氧发酵过程中，环境的 pH 对产甲烷细菌的活性影响很大。因此，启动初期进水 pH 应根据出水 pH 来进行控制，通常控制在 7.5～8.0 范围内比较适宜。维持一定量碱度的作用在于它的缓冲作用，确保反应器的 pH 维持在 6.5～7.5 范围。

（4）温度：常温、中温和高温均可培养出厌氧颗粒污泥。一般说，温度越高，实现污泥颗粒化所需的时间越短，但温度过高或过低对培养颗粒污泥都是不利的。启动过程还需控制合理的升温，为了确保反应器在短时间内快速启动，较合理的升温速率为 2～3℃/d。

（5）容积负荷增加方式：UASB 反应器启动过程中容积负荷应逐步提高：第一阶段为启动初期，控制负荷＜1kgCOD/(m^3·d)，过高将导致反应器酸化，过低则微生物得不到足够的养料进行新陈代谢，时间约为 1～1.5 月；第二阶段为颗粒污泥形成期，控制负荷 1～3kgCOD/(m^3·d)，污泥的活性逐步得到提高，时间约为 1～1.5 月；第三阶段为颗粒污泥层形成期，负荷可大于 3～5 kgCOD/(m^3·d)，反应器内污泥总量增加，启动成功。

（6）出水循环：出水循环有利于将进水浓度控制在适宜的范围。对于 COD 超过 5000mg/L 的污水可以采取出水循环的方式，使进水浓度保持在 5000mg/L 左右。对于

COD 超过 20000mg/L 的污水在启动阶段可采用其他水稀释，使进水浓度保持在 5000mg/L 左右，以确保产甲烷菌的增殖与活性。

在培养颗粒污泥阶段，还应严格控制有毒物质浓度，使其在允许浓度以下。

21.3.5 UASB 反应器的几种发展形式

20 世纪 80 年代以来，在 UASB 反应器的基础上，针对其缺点又不断开发出新的高效厌氧处理工艺：内循环厌氧反应器（IC）、上流式厌氧污泥床一滤层反应器（复合厌氧反应器，UBF）、厌氧颗粒污泥膨胀床（EGSB）等。简要介绍如下：

1. IC 反应器

在 UASB 反应器生产性装置中，需要控制进水的容积负荷率和上流速度，以免由于产气负荷率和上流速度太高而增加紊流造成悬浮固体的流失。为了克服这些限制，1985 年荷兰 Paques 公司开发了 IC 反应器。

IC 反应器的基本构造与工作原理如图 21-13 所示。IC 反应器分为两个反应室。进水 1 用泵由反应器底部进入第一反应室，与该室内的厌氧颗粒污泥均匀混合。污水中所含的大部分有机物在这里被转化成沼气，所产生的沼气被第一厌氧反应室的集气罩 2 收集，并沿着提升管 3 上升。随着沼气的上升，第一反应室的混合液被提升至设在反应器顶部的气液分离器 4，气液分离出的沼气由沼气排出管 5 排走；气液分离出的泥水混合液沿着回流管 6 回到第一反应室的底部，并与底部的颗粒污泥和进水充分混合，实现了第一反应室混合液的内部循环。经过第一反应室处理后的污水，经过两个反应室间的通道进入第二厌氧反应室。第二反应室内的厌氧颗粒污泥对污水中剩余有机物进一步降解，产生的沼气由第二厌氧反应室的集气罩 7 收集，通过集气管 8 进入气液分离器 4。第二反应室的泥水混合液进入沉淀区 9 完成固液分离，沉淀后的污泥返回第二反应室，上清液由出水管 10 排出。

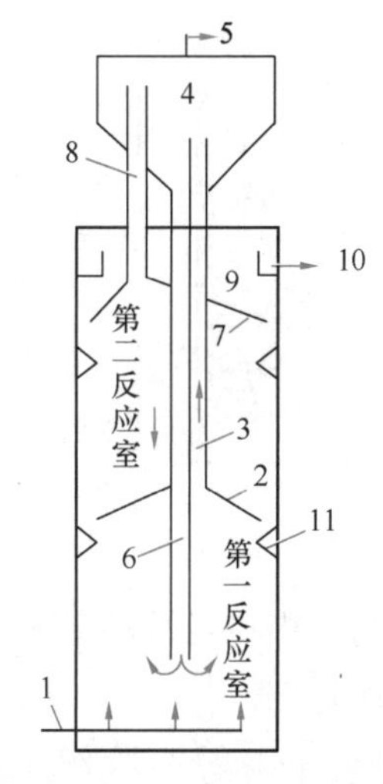

图 21-13 IC 反应器构造原理图
1—进水；2—第一反应室集气罩；3—沼气提升管；4—气液分离器；5—沼气排出管；6—回流管；7—第二反应室集气罩；8—集气管；9—沉淀区；10—出水管；11—气封

IC 反应器实际上是由两个上下叠加的 UASB 反应器串联所组成。由下部的 UASB 反应器产生的沼气作为提升的内动力，使升流管与回流管的混合液产生一个密度差，实现了下部混合液的内循环。内循环使第一厌氧反应室不仅有很高的生物量，很长的污泥龄，并具有很大的上流速度，使该室内的颗粒污泥完全达到流化状态，传质速率很高，生化反应速率得到提高，从而大大增强第一反应室的有机物去除能力。上部的 UASB 反应器对污水继续进行后处理（或称精处理），使出水取得良好的处理效果。

IC 反应器的构造特点是具有很大的高径比，一般可达 4～8；反应器的高度可达 16～25m。IC 反应器在处理中低浓度污水时，反应器的进水容积负荷率可提高至 20～24kgCOD/(m^3 · d)，处理高浓度有机废水时负荷率可提高到 35～50kgCOD/(m^3 · d)。与 UASB 反应器相比，在处理同类污水获得相同处理效率的前提下，IC 反应器的平均上流速度可达 UASB 反应器的 20 倍，进水容积负荷约为 UASB 反应器的 4 倍，污泥负荷率为 3～9 倍。

IC反应器已被成功应用于啤酒废水、土豆废水的处理。由于IC反应器的高效能和大的高径比，可节省占地面积和投资。但因反应器构造复杂，施工、安装和日常维护较为困难。

2. EGSB反应器

大部分高效厌氧反应器（如厌氧接触法、UASB反应器等）用于处理中高浓度有机废水。当用上述厌氧反应器处理低浓度有机废水（COD<1000mg/L）时，由于进水有机物浓度较低，反应器的负荷率不高，反应器内混合强度较低，造成底物与微生物混合接触效果不佳，甲烷产量相应较少。EGSB反应器的开发有效地解决了这一问题。

EGSB反应器于20世纪90年代初开发成功。结构示意如图21-14所示。该工艺实质上是固体流态化技术在有机废水生物处理领域的具体应用。EGSB反应器一般做成圆形，废水由底部配水管系统进入反应器，向上升流通过膨胀的颗粒污泥床区，使废水中的有机物与颗粒污泥均匀接触被转化成沼气。混合液升流至反应器上部，通过设在反应器上部的三相分离器，进行气、固、液分离。为了达到颗粒污泥的膨胀，混合液上流速度一般要求达到5～10m/h。即使是低浓度废水也难于达到这样高的上流速度，EGSB反应器通过出水循环回流方式获得较高的表面液体上流速度。虽然EGSB反应器上升流速很大，但颗粒污泥的沉降速度也很高，并有专门设计的三相分离器，颗粒污泥不会流失，反应器内仍可维持很高的生物量。

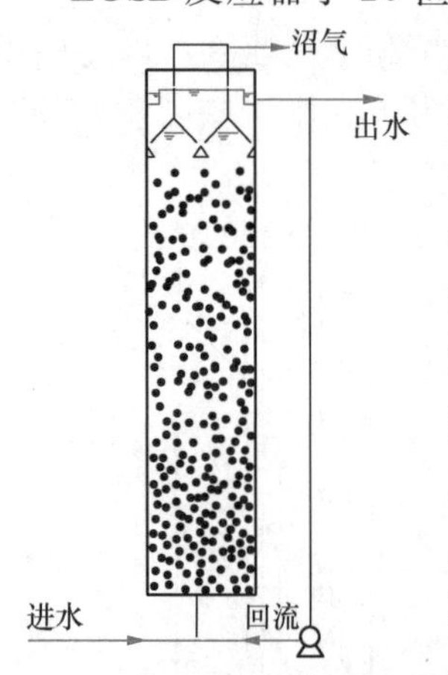

图21-14 EGSB反应器示意

EGSB也可处理高浓度有机废水。当处理高浓度有机废水时，为了维持足够的上流速度，必须加大出水的回流量。一般进水有机物浓度越高，所需回流比越大。

EGSB反应器虽然在结构形式、污泥形态等方面与UASB非常相似，但其工作运行方式与UASB显然不同。EGSB反应器的工作区为流态化的初期，即膨胀阶段（容积膨胀率约为10%～30%），在此条件下，不仅使进水能与颗粒污泥充分接触，提高了传质效率，而且有利于基质和代谢产物在颗粒污泥内外的扩散、传送，保证了反应器在较高的容积负荷条件下正常运行。另一方面有利于减轻或消除静态床（如UASB）中常见的底部负荷过重的状况，从而增加了反应器对有机负荷，特别是对毒性物质的承受能力。

EGSB反应器的特点是具有较大的高径比，一般可达3～5；生产性装置反应器可高达15～20m。截至2000年6月世界范围内已经正常投入运行的EGSB反应器共计76座，应用领域涉及啤酒、食品、化工等行业。实际运行结果表明，EGSB反应器的处理能力可达到UASB反应器的2～5倍。

3. UBF反应器

1984年加拿大学者Guiot研究开发了上流式厌氧污泥床—滤层反应器。

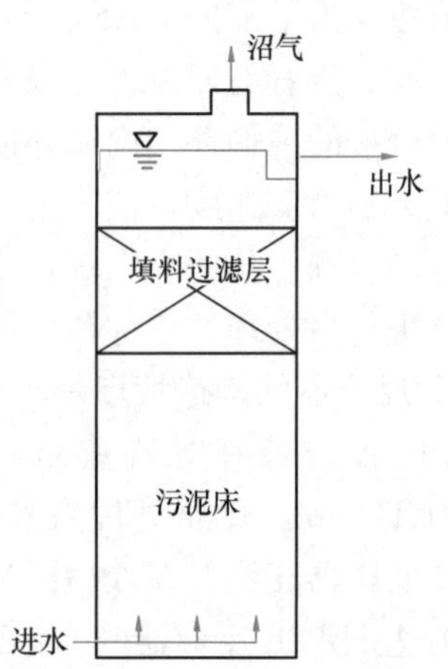

图21-15 UBF反应器的构造原理图

UBF反应器的构造原理如图21-15所示，实质为采用填料滤层替代 UASB 上部的三相分离器。其下部为与 UASB 反应器相同的厌氧污泥床，有很高的生物量浓度，床内的污泥可形成厌氧颗粒污泥；上部为与厌氧滤池相似的填料过滤层，填料表面可附着大量厌氧微生物，在反应器启动初期具有较大的截留厌氧污泥的能力，可减少污泥的流失，缩短启动期。由于反应器的上下两部均保持很高的生物量浓度，所以提高了整个反应器的总的生物量。从而提高了反应器的处理能力和抗冲击负荷的能力。

21.4 厌氧生物膜法

与好氧生物膜法相似，厌氧生物膜法在反应器内提供载体供微生物附着生长。使得在很短的水力停留时间条件下，获得很长的污泥停留时间，因此厌氧生物膜法有十分广泛的应用和发展前景。常见的厌氧生物膜处理工艺有：厌氧生物滤池、厌氧膨胀床、流化床和厌氧生物转盘等。

21.4.1 厌氧生物滤池

厌氧生物滤池是一个内部填充填料的厌氧反应器，构造如图 21-16 所示。污水从反应器的下部（上流式厌氧滤池）或上部（下向流式厌氧滤池）进入反应器，通过固定填料床，污水中的有机物经厌氧微生物降解产生沼气，沼气自下而上在滤池顶部收集。净化后的水排出反应器外。

厌氧滤池的核心是采用了生物固定化技术，使污泥的 *SRT* 极大地延长，其实质是维持了反应器内污泥的高浓度，使其成为高速厌氧反应器。厌氧滤池内厌氧污泥除通过微生物在厌氧滤池内固定的填料表面（包括反应器内壁）形成生物膜保持外，在填料之间微生物还能形成聚集体。厌氧生物滤池内的厌氧污泥比厌氧接触工艺的污泥密度大、沉淀性能好，出水剩余污泥也易于分离。厌氧生物滤池内可自行保留高浓度的污泥，不需要污泥回流。在厌氧滤池内污泥的浓度可以达到 10～20gVSS/L。

上流式厌氧生物滤池内厌氧污泥量随着高度的增加而减少，与之相对应，厌氧滤池内污水中有机物的去除主要在厌氧滤池底部进行。图21-17是一座厌氧滤池内水中COD沿

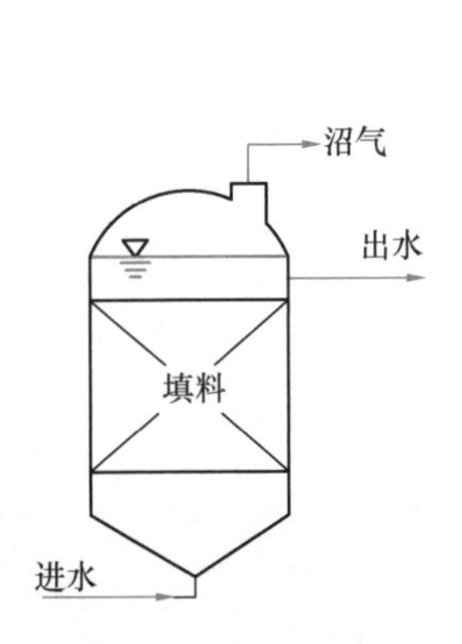

图 21-16　厌氧滤池构造图

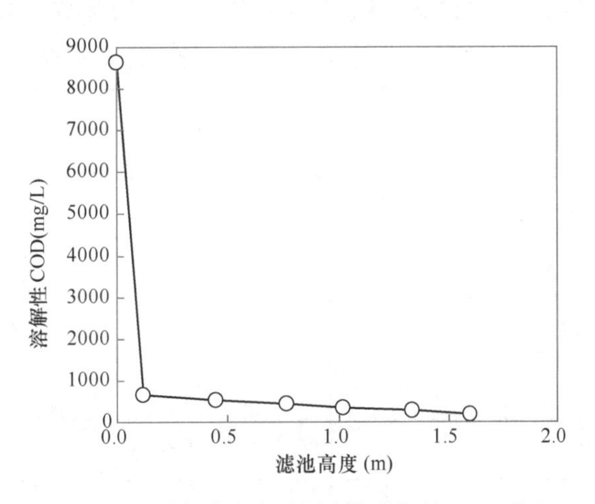

图 21-17　厌氧滤池内不同高度溶解性 COD 分布

滤池高度的分布图。在约 0.4m 高度时污水中绝大部分 COD 已被除去，进一步去除十分缓慢。Young 等认为厌氧生物滤池在 1m 以上 COD 去除率几乎不再增加，而大部分 COD 是在 0.3m 以内去除。因此在一定的有机容积负荷率下，浅的厌氧滤池反应器比深的反应器能有更好的处理效率。

此外，由于厌氧生物滤池内的填料是固定的，污水进入厌氧滤池后，其组成沿不同反应器高度逐渐变化，因此微生物种群的分布也呈现规律性。在厌氧生物滤池的底部（进水处），发酵产酸细菌的比例最大，随反应器高度上升，产乙酸菌和产甲烷菌逐渐增多并占主导地位。厌氧生物滤池内不同种类的厌氧微生物自然分层，使得各类微生物获得最佳生态条件，提高了处理能力。一般认为在相同温度条件下，厌氧滤池负荷可高出厌氧接触工艺 2～3 倍，同时会有较高的 COD 去除率。

厌氧生物滤池内填料的选择对厌氧滤池的运行有重要影响。为了便于填料截留污泥并在表面生成生物膜，表面粗糙、空隙率高、比表面积大、易于生物膜附着是对填料的基本要求。同时还要求填料的化学及生物学的稳定性强、机械强度高等。最早和最普通的厌氧滤池采用的滤料是碎石。但以碎石为填料的厌氧滤池空隙率低、质量大、易堵塞，目前已很少采用。取代的是轻质填料，有陶瓷、塑料、玻璃、炉渣、贝壳、珊瑚、海绵、网状泡沫塑料等。

上流式厌氧滤池底部污泥浓度可高达 60g/L，由于底部污泥浓度特别高，容易引起反应器的堵塞。因此厌氧滤池以处理可溶性的有机废水为主。一般进水悬浮物应控制在大约 200mg/L 以下。研究者们又开发出下流式厌氧生物滤池、有回流的厌氧生物滤池等新形式。下流式厌氧生物滤池的处理水从滤池底部排除，悬浮污泥和冲刷下来的生物膜可以及时地带出滤池。采用下向流式厌氧滤池有助于克服堵塞，因此在含悬浮物较多和高浓度的废水处理中使用。采用出水循环以稀释进水的厌氧生物滤池工艺也称为完全混合式厌氧生物滤池工艺。由于出水大量循环，提高了上流速度，减少了填料空隙中截留的悬浮物，基本上消除了滤池底部堵塞的可能性。完全混合工艺还可以减轻高浓度进水时可能形成的局部 pH 降低和有毒产物积累问题。

厌氧生物滤池已成为厌氧生物处理的一种重要工艺，并得到了较广泛的应用。表 21-12 为厌氧生物滤池处理各种工业废水的运行参数和效果。

厌氧生物滤池处理各种工业废水的运行参数和效果 **表 21-12**

废水类型	COD (g/L)	有机容积负荷率 [kgCOD/ (m^3 · d)]	*HRT* (d)	温度 (℃)	COD 去除率 (%)	滤池类型
淀粉生产	16.0～20.0	6～10	—	36	80	上流式
甜菜制糖	9.0～40.0	—	<1.0	35	70	上流式
糖果生产	14.8	—	—	中温	97	上流式
食品加工	5.6	6.0	1.3	中温	81	上流式
牛奶厂	4.0	5.8～11.6	1～2.2	30	73～93	下向流
养猪场	24.4	12.4	2.0	33～37	68	上流式

续表

废水类型	COD (g/L)	有机容积负荷率 [kgCOD/（m³·d)]	*HRT* (d)	温度 (℃)	COD去除率 (%)	滤池类型
土豆加工	2.0～10.0	7.7	0.7	＞30	80	上流式
酒糟废水	42.0～47.0	5.4	8.0	55	70～80	上流式
豆制品	20.3	11.1	1.8	30～32	78.4	上流式
化工	16.0	16.0	1.0	35	65	有回流
制药废水	1.2～16	3.4	0.5～1	25	68.4～86.9	上流式
啤酒生产	6～24	1.6	3.8～15	35	79	上流式

厌氧生物滤池也可直接采用有机容积负荷率来确定其容积。有机容积负荷率可以通过试验确定，也可参考表21-12或同类污水厌氧生物滤池的运行数据。表21-13列出了在不同温度下厌氧滤池的容积负荷率取值范围，可供参考。

不同温度下厌氧滤池的有机物容积负荷率　　表21-13

温度	进水有机容积负荷率 [kgCOD/（m³·d)]
15～25℃	1～3
30～35℃	3～10
50～60℃	5～15

21.4.2　厌氧膨胀床和流化床

固体流态化技术可以改善固体颗粒与流体之间的接触并使整个系统具有流体性质，厌氧膨胀床和流化床是化工中固体流态化技术在污水厌氧生物处理中的应用。膨胀床和流化床的区别在于采用的上升流速和填料的膨胀率不同。厌氧膨胀床系统中，采用较小的上升流速，床层膨胀率为15%～30%，填料处于部分流化状态；而流化床填料颗粒的膨胀率达50%以上。

典型的厌氧膨胀床和流化床一般为圆柱形结构。示意图如图21-18所示。厌氧膨胀床的填料可采用砂、细小的砾石、无烟煤和颗粒塑料等，粒径一般为0.3～3.0mm，填装的体积约占反应器容积的10%。厌氧流化床所采用的填料粒径较小，在0.2～0.7mm间，可采用砂粒、活性炭、沸石、塑料颗粒等。为了达到较高的上升流速，厌氧膨胀床和流化床需要将出水回流。

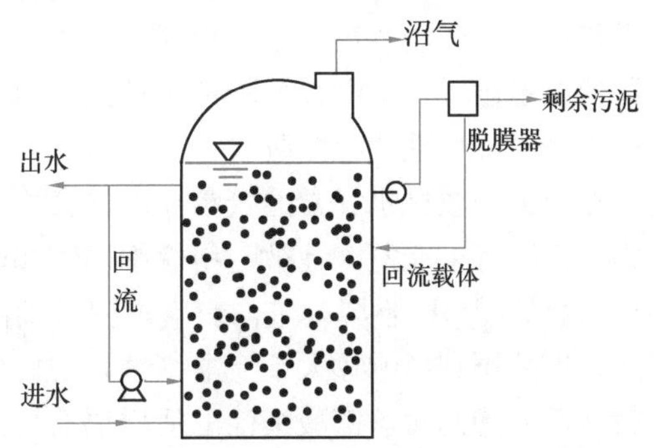

图21-18　厌氧膨胀床与流化床示意图

填料载体上的生物膜老化后需要及时剥离和更新，剥离生物膜后的填料回流至反应器继续使用。脱膜方式可采用叶轮搅拌或转刷。

厌氧膨胀床和流化床采用的填料颗粒粒径较小，可以获得较大的比表面积和易于流化。与厌氧生物滤池相比，厌氧膨胀床和流化床反应器中形成的生物膜较薄，薄的生物膜有利于物质的传递，同时能够保持微生物的高活性。且由于反应器内填料处于部分流化或流化状态，其微生物种群的分布趋于均一化，混合和传质效果好。这些特点使得厌氧膨胀床和流化床的有机负荷大大高于生物滤池。

虽然厌氧膨胀床和流化床可以取得较高的有机负荷和良好的处理效果，但其存在反应器放大、配水困难，能耗高等问题，大规模应用还需时日。

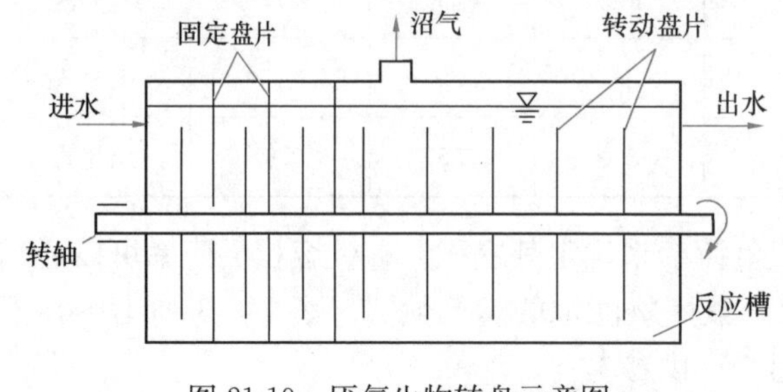

图 21-19　厌氧生物转盘示意图

21.4.3　厌氧生物转盘

厌氧生物转盘示意图如图 21-19 所示。厌氧生物转盘在构造上类似于好氧生物转盘，主要由盘片、传动轴与驱动装置、反应槽等部分组成。为了保持厌氧条件和便于收集沼气，厌氧生物转盘反应器需加盖密封。此外，与好氧生物转盘相比，厌氧生物转盘不需要利用空气中的氧，圆盘在反应槽的污水浸没深度可较高，通常采用 70%～100%。

厌氧微生物主要以生物膜的形式附着生长于生物转盘，代谢污水中的有机物，并保持较长的污泥停留时间。目前，厌氧生物转盘大多数还处于试验研究阶段。

21.5　两相厌氧生物处理工艺

两相厌氧生物处理（Two-Phase Anaerobic Biotreatment），也称两步或两段厌氧生物处理。

21.5.1　两相厌氧生物处理工艺的基本原理

厌氧生物处理过程是由几大类群不同种类的细菌组成的微生物群落共同完成的。这些细菌可简单地分为两大类，即产酸细菌和产甲烷细菌，因此也可以将厌氧消化过程分成两个阶段，即产酸阶段和产甲烷阶段。在这两个阶段内，负责有机物转化的细菌在组成及生理生化特性等方面均存在着很大的差异。产酸阶段细菌的种类很多，它们代谢能力强、繁殖速度快、对环境条件的适应性很强等。产甲烷阶段中细菌则主要是产甲烷细菌，它们的种类相对较少，能利用的基质也非常有限，繁殖速度很慢，受环境因素影响较大，比产酸阶段的细菌敏感。产酸细菌和产甲烷细菌对环境条件有着不同的要求。一般情况下，产甲烷阶段是厌氧处理的控制阶段。

控制失当或进水异常的厌氧反应器会出现所谓的“酸化现象”，这是由于产酸细菌的产物有机酸等未能及时地被产甲烷细菌利用转化为甲烷等最终产物。当反应器内有机酸积累时，会导致 pH 下降，进而影响产甲烷细菌的活性和代谢能力。pH 的下降对产甲烷细菌所产生的不利影响远大于产酸细菌，因此即使在反应器内的 pH 下降而对产甲烷细菌产生较严重的抑制时，产酸细菌的活性仍有可能还未受到较大影响，产酸过程会继续进行，导致更为严重的有机酸的积累和 pH 的下降。因此一旦单相厌氧反应器出现了酸化现象，要想将其恢复正常就很困难。

此外，由于产甲烷细菌对环境条件的要求远高于产酸细菌，产甲烷细菌的生长速率也远低于产酸细菌。在运行传统的单相厌氧反应器时，都是首先按照产甲烷细菌的要求来选择运行条件，如较低的负荷率，严格的 pH 和温度控制等。这样的运行条件虽然可以首先保证产甲烷细菌的正常生长和发挥其正常的代谢功能，但对于发酵产酸细菌就不一定是最适的生长环境条件。这在一定程度上牺牲了产酸细菌的部分功能，并导致较高的运行费用。

20 世纪 70 年代初，Chosh 和 Pohland 为了克服传统单相厌氧反应器的上述缺陷提出了相分离的概念：即建造两个独立控制运行的反应器，通过调控各自的运行参数，使其分别满足产酸发酵细菌和产甲烷细菌的最适生长条件，在两个不同的反应器中分别培养出发酵产酸细菌和产甲烷细菌，使其分别发挥各自最大的代谢能力。两个反应器分别称为产酸相（Acidogenic Phase）反应器和产甲烷相（Methanogenic Phase）反应器。

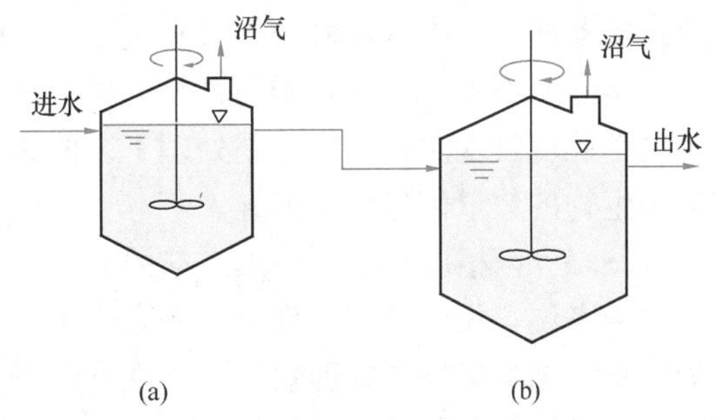

图 21-20　两相厌氧系统的工艺流程图

（a）产酸相；（b）产甲烷相

两相厌氧系统的工艺流程如图 21-20 所示。反应器的形式可采用厌氧接触工艺、厌氧生物滤池或 UASB 等。也可将不同形式的厌氧反应器进行组合，如 Anodek 工艺，采用完全混合反应器作为产酸相，同时进行污泥回流（厌氧接触工艺）；产甲烷相则采用 UASB 反应器。

21.5.2　两相厌氧生物处理工艺的相分离

相分离的方法是根据两大类菌群的生理生化特性的差异来实现的。目前，主要的相分离技术可以分为物理化学法和动力学控制法两种。

（1）物理化学法：物理化学法包括投加抑制剂、控制 ORP 或 pH 等。这些方法选择性地促进产酸细菌在产酸相反应器中和产甲烷细菌在产甲烷相反应器中的生长，从而实现产酸细菌和产甲烷细菌的分离。如在产酸相反应器中投加能抑制产甲烷细菌的抑制剂（如氯仿和四氯化碳等）；向产酸相反应器中供给一定量的氧气，提高反应器内的氧化还原电位，或者调整产酸相反应器的 pH 在较低水平（如 5.5～6.5 之间），使其不利于产甲烷细菌中的生长。还有研究者采用可透过有机酸的选择性半透膜，使得产酸相反应器出水中的多种有机物中只有有机酸才能进入后续的产甲烷相反应器，从而实现产酸相和产甲烷相分离。

（2）动力学控制法：动力学控制法通过动力学参数，如有机负荷率、停留时间等的调整来达到相分离的目的。产酸细菌的生长速率很快，世代时间较短，一般在 10～30min 的范围内；而产甲烷细菌的世代时间则相当长，一般需要 4～6d。因此，对产酸相反应器控制较短的水力停留时间和较高的有机物负荷，将使世代时间较长的产甲烷细菌无法在产酸相反应器内停留。产甲烷相反应器则需要控制相对较长的水力停留时间，有利于保持产甲烷细菌。

目前，应用最为广泛的实现相分离的方法，是将动力学控制法与物理化学法中控制产酸相反应器内 pH 相结合的方法。将产酸相反应器的 pH 调控在偏酸性的范围内，同时将 HRT 控制在较短的范围内，较低的pH和较短的 HRT 使产甲烷细菌难以在其中生长起来。

在传统的单相厌氧反应器中，参与整个厌氧消化过程的几大类细菌紧密地生长在一起，前阶段的细菌为后续的细菌提供基质，而后续的细菌则迅速地将前阶段细菌的产物消耗掉，以减轻其所产生的产物抑制作用。而在两相厌氧生物处理工艺的产酸相中，原来的能够完成整个厌氧过程的四大类群细菌转变成为以发酵和产酸细菌为主的产酸相菌群，因此产酸相反应器的出水中主要以发酵产物为主。由于产酸相内存在氢积累，产酸相反应器的出水中有机酸的组成以丁酸为主，其次是乙酸，而丙酸则更少。而典型的传统单相厌氧生物反应器的出水中有机酸的组成则主要以乙酸为主。

在实际操作中，不管采用何种相分离方法，都只能在一定程度上实现相的分离。通过微生物学检测发现两相厌氧生物处理工艺两相反应器内的微生物类群相差不大，只是不同类群微生物的数量优势存在差异。

21.5.3 两相厌氧生物处理工艺的特点

总的来说，相分离的实现可以提高产甲烷相反应器中污泥的产甲烷活性，从而提高整个处理系统的稳定性和处理效果。体现在以下几个方面：

(1) 相分离的实现，改善了产甲烷相反应器的进水水质。经过产酸相反应器预处理后，污水中的有机物主要是有机酸，而且主要以乙酸和丁酸等为主，这样的一些有机物为产甲烷相反应器中的产氢产乙酸细菌和产甲烷细菌提供了良好的基质；

(2) 相分离后，可以将产甲烷相反应器的运行条件控制在更适宜于产甲烷细菌生长的环境条件下，使得产甲烷相反应器中的污泥的产甲烷活性得到明显提高；

(3) 产酸相可以有效地去除某些毒性物质、抑制性物质或改变某些难降解有机物的部分结构，减少这些物质对产甲烷相反应器中产甲烷细菌的不利影响，提高其可生物降解性，有利于产甲烷相的运行，提高了整个系统的处理能力。两相厌氧工艺的这一特点在处理含硫酸盐有机废水时得到了充分的应用。

表 21-14 为国外部分工业废水采用单相和两相厌氧生物处理结果的比较。可以看出，经产酸相处理后，产甲烷相的处理能力有所提高。

单相和两相厌氧生物处理工艺效果比较 表 21-14

废水种类	单相 UASB 反应器			两相法		
	进水 COD (mg/L)	COD 去除率 (%)	UASB 负荷 [kgCOD/ (m^3 · d)]	进水 COD (mg/L)	COD 去除率 (%)	UASB 负荷 [kgCOD/ (m^3 · d)]
浸、沤麻	6500	85～90	9～12	6000	80	2.5～3
甜菜加工	7000	92	20	7500	86	12
酵母、酒精生产	28200	50～60	21	27000	90～97	6～7
啤酒生产	2500	80	10～15	2500	86	14
纸浆生产	16600	70	17	15300	63	2～2.5

与单相法厌氧生物处理工艺相比，两相法的工艺流程较为复杂，构筑物数量多，特别是要进行相分离，使得运行管理较为复杂。

第 22 章　污水深度处理与再生利用

以生物处理工艺为主体、以达到排放标准为目标的现代城镇污水处理技术，经过长期的发展，已达到比较成熟的程度。其间经历了三个发展阶段，早期以有机物（BOD）和悬浮固体（SS）的去除作为污水处理的主要目标；20 世纪六七十年代，随着生物处理技术在工业化国家的普及，发现仅仅去除 BOD 和 SS 还不够，氨氮的存在依然导致水体的黑臭或溶解氧浓度过低，这就促进了生物处理技术从单纯的有机物去除发展到有机物和氨氮的联合去除，即污水的硝化处理；20 世纪七八十年代，水体富营养化问题日益严重，进入了具有脱氮除磷功能的城镇污水深度处理阶段。同时，采用物理、化学方法对传统生物处理出水进行脱氮除磷处理及去除有毒有害有机化合物的深度处理技术也发展起来。目前，城镇污水处理厂去除的污染物目标已扩大到 COD、BOD、SS 和氮、磷营养物质等。

此外，由于水资源的日趋紧缺，人们开始考虑污水的再生处理和回收利用。这种再生水的水质指标高于污水排放标准，低于饮用水水质标准，介于两者之间。城镇污水处理厂的出水必须进行进一步处理，去除其中残存的悬浮物、溶解的有机物和无机物等，才能达到相应的水质标准。这种处理亦属深度处理的范畴。主要的处理技术包括混凝沉淀法、砂滤法、活性炭吸附法、物化脱氮除磷法、膜处理法、离子交换法和电渗析法等。污水再生利用的目标不同，其水质标准也不同。可根据再生利用的水质目标，在上述单元技术中选择一至几种，按照实用、经济、运行稳定的要求，经过多方案比较，组合成相应的深度处理工艺。

总之，污水的深度处理是相对于一级处理和二级处理而言的，所以有时也被称为三级处理。对于要达到更高排放标准或有回用要求时，进行三级处理或深度处理，以进一步去除二级处理后出水中剩余的有机物和无机物。三级处理与深度处理有相同之处，但又不完全相同，三级处理往往指以达到排放标准为目的，在二级处理之后增加的处理过程；而深度处理则是指以污水的再生利用为目的，对城镇污水处理厂或工业废水处理后的出水进行进一步处理所采用的处理工艺。

22.1　悬浮物的去除

城镇污水处理厂二级处理出水中残留的悬浮物是粒度 10 微米至数毫米的胶体和生物絮凝体，几乎都是有机物，它们占出水 BOD_5 的 50%～80%，适于采用过滤、混凝—沉淀或混凝—沉淀—过滤的方法去除。

混凝沉淀可以降低污水的浊度和色度，去除多种高分子物质、有机物、某些重金属毒物（如汞、镉、铅）和放射性物质等，也可以除磷，且效果显著。

混凝沉淀法用于分离水中的油类、纤维、藻类以及一些低密度杂质效果欠佳时，可采用混凝气浮工艺进行处理。

混凝澄清和微絮凝过滤也作为城镇污水的后续深度处理单元，用以达到除磷和进一步提高水质的目的。

过滤可以去除生物处理过程和混凝沉淀中未能去除的颗粒和胶体物质，进一步降低浊度和色度，也可以增加对磷、BOD、COD、重金属、细菌和其他物质的去除率。

22.1.1 混凝沉淀

1. 概述

城镇污水二级处理出水中残留的悬浮物大部分是有机胶体和生物絮凝体，其混凝过程的原理、工艺、设备等与给水处理基本相同，但城镇污水处理厂出水的水质特点与给水处理的原水水质有较大的差异，因此实际的混凝条件和设计参数不完全一致。

污水二级处理出水的絮凝时间较天然水絮凝时间短，形成的絮体较轻，不易沉淀，宜进行混凝试验或根据实际运行经验，确定混凝条件和设计参数。

2. 混凝剂选择和混凝条件的确定

污水深度处理所用的混凝剂和助凝剂和给水处理相同，参见第4章。

混凝剂的选择和混凝条件需通过烧杯试验加以确定。影响混凝效果的因素很多，既有污水本身性质对混凝效果的影响，也有所选择混凝剂的类型、混凝剂投加量和投加顺序、水温、pH对混凝效果的影响。

所有混凝剂在去除浊度的同时，对有机物都有一定程度的去除，然而两种去浊度能力相同的混凝剂，对去除有机物的效果可能相差较大。如在去除低分子有机物时，金属混凝剂比阴离子高分子混凝剂有更好的去除效果。铝盐及铁盐去除有机物的效果相差不明显。

混凝剂的投加量不仅与水质有关，而且还与混凝剂的品种、投加方式及介质条件有关。最佳投药量需经实验确定。

对任何一种需处理的污水，当使用多种混凝剂时，一定要通过实验确定其最佳投加顺序。一般情况下，当将无机混凝剂与有机混凝剂并用时，应先投加无机混凝剂，再投加有机混凝剂。

3. 混凝工艺的主要流程

混凝—沉淀工艺设备简单、维护操作易于掌握、便于间歇性生产运行、处理效果一般良好，城镇污水二级处理出水经此工艺处理后，水质基本上能达到市政杂用水的要求。

混凝—气浮工艺目前虽然还缺少应用于大规模城镇污水回用的实践经验，但城镇污水经过二级处理后，水中多为粒径小、密度低的生物絮体和化学絮体杂质，它们形成的挟气絮体密度小，便于上浮，因此采用混凝气浮技术进行固液分离也许更合适些。

国内外在污水深度处理上采用澄清池的较多，运行效果都较好。因生物絮体轻而易碎，所以澄清池上升流速要比给水澄清池低，取0.4～0.6mm/s为宜。

微絮凝—直接过滤工艺省去了传统混凝工艺所需的反应池和沉淀池，可减少80%构筑物体积。同时由于铁盐等絮凝剂的加入，使水中PO_4^{3-}以沉淀形式得以去除，对SS和COD的去除率也明显高于普通滤池。该工艺已开始被欧美一些国家用作城市污水的后续深度处理单元，达到除磷和进一步提高水质的目的。

用于污水深度处理的微絮凝过滤流程如下：

↓混凝剂（投加于快速混合）　↓氯（投加于消毒）

二沉池出水→快速混合→反应→过滤→消毒→回用

4. 设计参数的选择

污水处理出水的水质特点与给水处理的原水水质有较大的差异，因此各构筑物的设计参数亦需作适当的调整。

污水的絮凝时间较天然水絮凝时间短，形成的絮体较轻，不易沉淀，宜根据实际运行经验加以确定，深度处理采用混合－絮凝－沉淀工艺时，投药混合设施中 G 值宜采用 $300s^{-1}$，混合时间宜采用 30～120s，絮凝时间宜为 10～15min。

采用铁盐或铝盐混凝时，按平均日流量计的沉淀池表面水力负荷不大于 $1.25m^3/(m^2 \cdot h)$，按最大时流量计的表面水力负荷不大于 $1.6m^3/(m^2 \cdot h)$。平流沉淀池沉淀时间为 2.0～4.0h，水平流速可采用 4.0～10.0mm/s，沉淀池池深为 4.5m，出水堰的溢流负荷为 1～3L/(s·m)。

澄清池上升流速宜为 0.4～0.6mm/s。

当采用气浮池时，其设计参数，宜通过试验确定。

22.1.2 过滤

1. 概述

在污水深度处理工艺中，过滤作为前处理操作单元，通常是必不可少的，也是使用最多的一种单元技术。有效的过滤技术，可进一步去除剩余的悬浮物，并使出水水质保持稳定。

城镇污水二级处理出水经过混凝沉淀（混凝气浮、混凝澄清）处理后，再经砂滤处理，能去除残余的悬浮颗粒和微絮凝体，并增加 SS、BOD、COD、磷、重金属、细菌、病毒和其他物质的去除效率。由于去除了悬浮物和其他干扰物质，还可提高消毒效率，降低消毒剂用量。

过滤单元还可作为活性炭滤池、膜过滤等工艺的预处理，以减少后续处理的负荷、防止堵塞、提高处理效率。

污水过滤具有与给水过滤不同的特点。

（1）可不加药或少加药。污水过滤的对象主要是前处理中残余的生物膜或菌胶团，是较大的絮体，本身具有一定的生物絮凝作用，过滤性好，因此有时可不经加药混凝而直接过滤，过滤后 SS 能去除 90%左右，达到 10mg/L 以下，COD 的去除率约为 10～30%。然而，污水直接过滤后虽然悬浮物大为减少，但浊度、色度不易去除，所以大部分情况下，仍需加药混凝，使胶体物质、部分大分子有机物得到去除，只是混凝的加药量往往低于给水处理。

（2）反冲洗较为困难。由于污水中生物絮体颗粒较大，过滤时主要被截留在滤料层表面，较易形成毯状滤膜，导致水头损失迅速增长，过滤周期大为缩短。反冲洗时此类絮体和滤膜不能被水力冲洗脱落，而是附着于滤料表面与滤料一起膨胀与下降，因此需要辅助冲洗。滤床表面水冲洗有时仍不能冲洗干净，可采用气反冲（单独气冲或气水反冲），能达到较好的冲洗效果。气水反冲还能节省反冲水量，一般情况下，气冲强度为 $20L/(m^2 \cdot s)$，水冲强度为 $10L/(m^2 \cdot s)$。

（3）宜采用较粗滤料和较高滤速。为使杂质进入滤料层深部，提高滤料单位体积的截污量，宜采用较粗滤料（给水过滤砂粒径为 0.5～1.2mm，污水过滤则可达 2mm 或更粗）和较高滤速。

2. 过滤单元技术

普通快滤池、虹吸滤池、无阀滤池、压力滤池等给水处理中常用的滤池都可用于污水的深度处理，此外，上向流滤池、硅藻土滤池、连续流滤池、纤维滤池等新型滤池也被用于污水的深度处理。

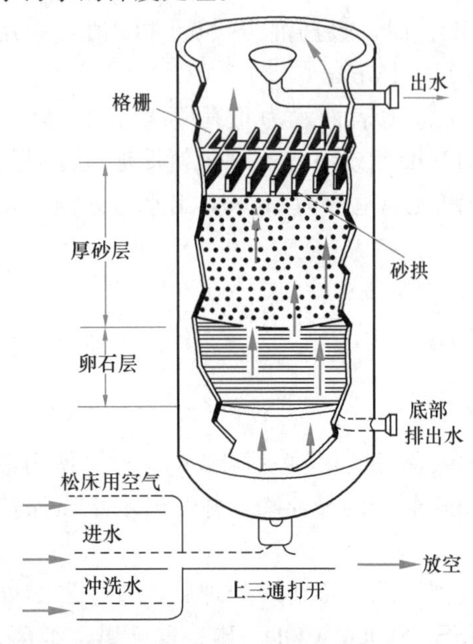

图 22-1 升流式滤池（设有遏制格栅）

(1) 上向流滤池

上向流滤池又称升流式滤池，如图 22-1 所示。原水从滤池底部进入，向上流经滤床，清水则由上部收集引出。

一般滤池过滤阶段水由上而下通过滤层，由于滤层中滤料在反冲洗后进行水力分级，形成上细下粗的粒径分布，因此过滤时悬浮物大部分截流在表面较细的砂层中，难以深入下部较粗的砂层中。而上向流滤池的水流则由下而上地通过由粗到细的滤料层，此种所谓反粒度过滤能使悬浮物在滤床中穿透到较深层，从而提高滤池的纳污能力，减缓滤层水头损失的增长，延长滤池的工作周期。所以，上向流滤池过滤效率较高，并可使用过滤前水作为反冲洗用水。

上向流滤池通常采用石英砂滤料，粒径大小和级配可按出水水质要求而定，并考虑尽可能使整个滤料层发挥截污作用。

上向流过滤存在的问题是滤床上浮或部分流化，使截留的悬浮物脱落，又从出水中带走。为防止这一现象发生，可在细滤料顶部设置平行板或金属格栅，适当大小的平行板间距或金属格栅开孔，能使滤料颗粒在开孔处形成砂拱，从而遏制滤床使其不致膨胀。此外，采用将滤床厚度增加到 1.8m 以上的方法，也能一定程度上防止滤床膨胀和滤料的上浮。

(2) 纤维滤料滤池

纤维滤料以合成纤维，如涤纶、尼龙等纤维加工制作而成。所用纤维丝直径 5～100μm，制成直径为 10～80mm 的球状、扁平椭圆状（纤维球）或束状（纤维束）滤料。纤维滤料装填在滤池内，其空隙度（占滤料层体积的 90%以上）比普通的刚性滤料大得多，而且具有可压缩性。在过滤过程中，纤维滤料受到自上而下的水流的压力而被压缩，使纤维滤料滤层的空隙变小，越往下部压缩程度越大，从而造成整个滤层的空隙大小沿水流方向由大变小，比较符合理想滤料的情形。纤维滤料的再生需用气、水反冲，气反冲起主要作用，当进行反冲洗时，作用于纤维滤料上的压力释放，纤维球或纤维束在气、水搅拌的作用下松散并膨胀，气量控制为 40～50L/(m^2 · s)、水量为 10L/(m^2 · s)时，一般可冲洗干净。纤维过滤具有滤速高、出水水质好、纳污容量大、工作周期长、反冲洗彻底、滤料不会板结和流失等诸多优点。

纤维滤料滤池在污水回用处理中（污水直接过滤、一级处理后过滤与二级处理后过滤）能充分发挥其特点。在同样过滤水量时，采用纤维滤料可以提高滤速，从而减小过滤设备的容量，节省投资。例如用其处理二级处理后出水，滤速可达 20～30m/h（常用

10m/h)，截污容量达 4～5kg/m³。

纤维滤料过滤已成功地用于我国许多污水深度处理回用工程中，去除污水中的悬浮物、COD、BOD、油等有害物质，出水基本上达到生活杂用水、景观用水、循环冷却水的水质标准。

在污水中含有油类物质时，为防止油类粘附在亲油的纤维表面，造成滤料冲洗不干净，可对纤维进行亲水防油改性处理。

纤维滤料滤池像普通滤料滤池一样有压力式和重力式两种形式。压力式多用于工业领域，重力式多用于市政领域。

(3) 连续式砂滤器

连续式砂滤器是近年来发展起来的一种新型一体化水过滤设备，应用于污水回用、饮用水处理、中水回用等领域。

图 22-2 是内循环连续式砂滤器的结构示意图，填料为有效粒径 0.70～1.00mm 的石英砂滤料。

内循环连续式砂滤器的运行分为过滤和反冲洗两个过程。

过滤过程：经投加混凝剂的污水经进水管 A 进入布水器 B，水流从布水支管的孔口流出后进入滤层底部，在水流由下而上通过滤层 C 的过程中，水中的悬浮物被滤料截流下来，过滤水上升到集水槽 D，经出水管 E 流入贮水池。

反冲洗过程：压缩空气通人砂滤器中部的提砂管 F，带动底部的脏砂和部分水一同上升，被提升的砂、水混合物从提砂管顶部 G 落入洗砂槽，砂粒随水流进入“错环式”洗砂器 H。在过滤出水与反冲洗出水的水位差的作用下，提砂管内的气提水和洗砂器内的冲洗废水一同排出滤池，在重力的作用下洗净的滤料经布砂罩 L 回到滤层。该滤池的主要特点是过滤过程和反冲洗（洗砂）过程同时进行。

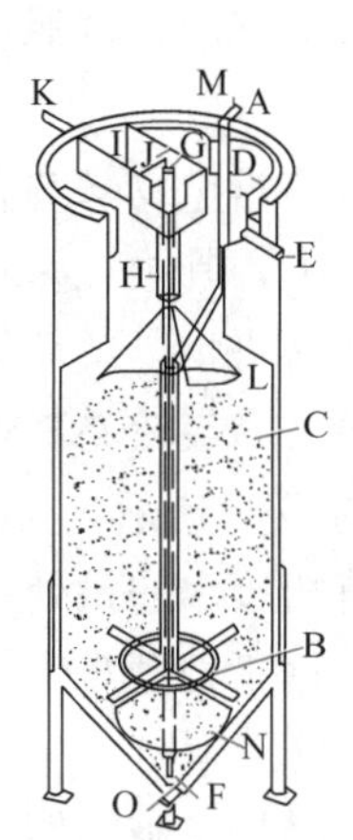

图 22-2 内循环连续式砂滤器（上向流）
A—进水管；B—布水器；C—滤层；D—集水槽；E—出水管；F—提砂管；G—提砂管顶部；H—洗砂器；I—反洗水槽；J—反洗堰；K—反洗水；L—布砂罩；M—排气孔；N—落砂罩；O—压缩空气

3. 过滤技术的设计要点

过滤技术在污水再生利用处理中的设计应注意下列要点：

(1) 用于污水深度处理的滤池与给水处理的池型没有大的差异，因此，可以参照给水处理的滤池设计参数加以选用；

(2) 滤池的进水浊度宜小于 10NTU；

(3) 滤池宜采用双层滤料滤池、单层滤料滤池、均质滤料滤池；

(4) 单层石英砂滤料滤池，滤料厚度可采用 700～1000mm，滤速宜为 4～6m/h；双层滤池滤料可采用无烟煤和石英砂，滤料厚度为无烟煤 300～400mm，石英砂 400～500mm，滤速宜为 5～10m/h；均质滤料滤池，滤料厚度可采用 1.0～1.2m，粒径 0.9～1.2mm，滤速宜为 4～7m/h；

(5) 滤池的工作周期宜采用 12～24h；

(6) 滤池宜设气、水冲洗或表面冲洗辅助系统。

22.2 溶解性物质的去除

22.2.1 溶解性有机物的去除

城镇污水或工业废水经常规生物处理后，可生物降解的有机物（溶解的和不溶解的）基本上都已去除，BOD_5 值可降到 20mg/L 以下，但 COD 值往往还比较高，表明水中还残存着一些难生物降解的溶解性有机物。对于城镇污水，这部分难降解有机物主要是丹宁、木质素、黑腐酸等；对于工业废水，其成分复杂得多，可能还包括氯或硝基取代的芳烃化合物、杂环化合物、洗涤剂、合成染料、除莠剂、DDT 等。此类有机物因属溶解性，不能用混凝、沉淀、过滤等方法去除；又因分子量大，也不能用好氧生物方法进一步去除。

此处所谓难生物降解有机物严格来说应称为“好氧异养菌难以降解的有机物”。因为在厌氧条件下，其中一些有机物可以通过发酵细菌的厌氧发酵，将非溶解态或难降解有机物（如氯代有机物、杂环化合物）水解转化为溶解态、易降解的低分子有机酸（如乙酸、丙酸、丁酸等）或较易降解的化合物（如氯代化合物的厌氧还原去氯，提高可降解性），提高污水的 B/C 比后，再用好氧生物法进一步处理。这就是所谓的酸化水解法，常被作为难降解有机废水的预处理。本节对此不作深入介绍。

目前，用于处理难生物降解的溶解有机物的主要方法是活性炭吸附和化学氧化法。

1. 活性炭吸附

活性炭结构及吸附性能等，在本书第 8 章已作介绍，这里不再详述。

在污水处理中，活性炭吸附法处理的主要对象是污水中用生化法难于降解的有机物或用一般氧化法难于氧化的溶解性有机物及污水脱色、脱臭等，使污水处理到可重复利用的程度。

目前污水处理中普遍采用粒状炭，因处理工艺简单，操作方便。也有使用粉末活性炭。国外使用的粒状炭多为煤质或果壳质无定型炭，国内多用柱状煤质炭。污水处理适用的粒状炭参考性能见表 22-1。

污水处理适用的粒状炭参考性能　　表 22-1

序号	项目	数值	序号	项目	数值
1	比表面积 (m^2/g)	950～1500	5	空隙容积 (cm^3/g)	0.85
2	密度		6	碘值（最小）(mg/g)	900
	堆积密度 (g/cm^3)	0.44	7	磨损值（最小）(%)	70
	颗粒密度 (g/cm^3)	1.3～1.4	8	灰分（最大）(%)	8
	真密度 (g/cm^3)	2.1	9	包装后含水率（最大）(%)	2
3	粒径		10	筛径（美国标准）	
	有效料径 (mm)	0.8～0.9		大于 8 号（最大）(%)	8
	平均粒径 (mm)	1.5～1.7		小于 30 号（最大）(%)	5
4	均匀系数	≤1.9			

在设计活性炭吸附工艺和装置时，应首先确定采用何种吸附剂，选择何种吸附和再生

操作方式以及污水的预处理和后处理措施。一般需通过静态和动态试验来确定处理效果、吸附容量、设计参数和技术经济指标。

在处理流程上，活性炭吸附法可与其他物理化学法联合。如先用混凝沉淀、过滤等去除悬浮物和胶体，再用粒状活性炭吸附法去除溶解性有机物。也可与生化法联合，如向曝气池投加粉状活性炭、利用粒状吸附剂作为微生物的生长载体或作为生物流化床的介质，或在生物处理之后进行吸附深度处理等，这些联合工艺都在工程中得到了应用。

活性炭吸附法还较广泛地用于工业废水的深度处理，表 22-2 列举了部分工业废水使用活性炭吸附处理的实际效果。

部分工业废水吸附处理实例　　　　表 22-2

处理能力（m^3/d）	1859	567	720	378.5	16000
除去的污染物	染料	杀虫剂	酚	多元醇	炼油废水 COD
进水中有机物浓度（mg/L）	200	50～200	400～2500	700	250
出水浓度（mg/L）	无颜色	酚$<$1	$<$1	$\leqslant$2	$<$30
流速（m^3/min）	1.33	0.38	0.5	0.26	11
接触时间（min）	40～44	53	75	20～24	50
活性炭规格（mm）	12×40	12×40	8×30	—	8×30
活性炭用量（m^3）	56.6	8 吨/塔	36.8	384～578（kg/d）	260 吨
吸附床（池）尺寸（m）	ϕ2.9	ϕ2.44×10.7（2 个）	ϕ3.25×9.3	ϕ1.2×4.6	3.6×3.6×7.8
装置类型	升流式移动床	升流式移动床串联	降流式固定床	升流式移动床	降流式吸附滤池

我国于 1976 年建成第一套大型炼油污水活性炭吸附处理的工业装置（移动床吸附塔），其工艺流程如图 22-3 所示。

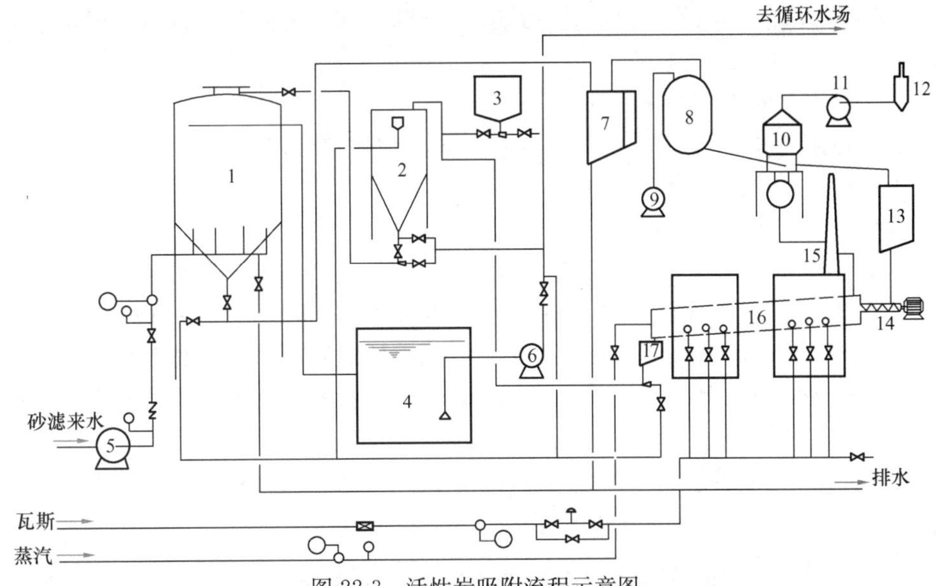

图 22-3　活性炭吸附流程示意图

1—吸附塔；2—冲洗罐；3—新炭投加斗；4—集水井；5、6—泵；7—脱水罐；8—贮料罐；9—真空泵；10—沸腾干燥炉；11—引风机；12—旋风分离器；13—干燥罐；14—进料机；15—烟筒；16—再生炉；17—急冷罐

炼油污水经隔油、气浮、生化、砂滤后，由下而上流经吸附塔活性炭层，到集水井4，由水泵6送到循环水场，部分水作为活性炭输送用水。进水COD 80～120mg/L，挥发酚0.4mg/L，油含量40mg/L以下；处理后COD 30～70mg/L，挥发酚0.05mg/L，油含量4～6mg/L。

吸附塔4台，Φ4.4×8m，每台处理水量150m^3/h，每塔内装Φ1.5×(2～4)mm的柱状炭42t，炭层高5m，空塔流速10m/h，水炭比6000：1，全负荷每天每塔卸炭600kg。

塔内炭自上而下脉冲式定时排出，用水射器水力输送至脱水罐7，脱水后用真空泵吸入贮料罐8，然后进入沸腾干燥炉10，干炭进入干燥罐13，再由螺旋输送器定量加入回转式再生炉16，再生后的活性炭落入急冷罐17，再用水射器送到冲洗罐2，洗去粉炭后，再用水射器送回吸附塔1循环使用。部分新炭由投加斗3经水射器补入系统，再生炉废气，送入烟囱15内氧化后排放。

因活性炭吸附处理的投资和运行费用相对较高，所以，在城市污水再生利用中应慎重采用。在常规的混凝、沉淀、过滤处理工艺不能满足再生水水质要求或对水质有特殊要求时，为进一步提高水质，方采用活性炭吸附处理工艺。其设计宜符合下列要求：

(1) 当选用粒状活性炭吸附处理时，宜进行静态选炭及炭柱动态试验，针对被处理水和再生水水质要求，确定用炭量、接触时间、水力负荷与再生周期等。

(2) 用于污水深度处理的活性炭，应具有吸附性能好、中孔发达、再生后性能恢复好、机械强度高、化学稳定性好等特点。

(3) 活性炭吸附可采用滤池形式的吸附池，也可采用吸附罐。应根据处理规模、投资、现场条件等因素选择。

(4) 活性炭吸附池的设计参数宜根据试验资料确定，无试验资料时，可按下列标准采用：

1) 空床接触时间为20～30min；

2) 炭层厚度为3～4m；

3) 下向流的空床滤速为7～12m/h；

4) 炭层最终水头损失为0.4～1.0m；

5) 常温下经常性冲洗时，水冲洗强度为11～13L/（m^2·s），历时10～15min，膨胀率15%～20%，定期大流量冲洗时，水冲洗强度为15～18L/（m^2·s），历时8～12min，膨胀率为25%～35%。活性炭再生周期由处理后出水水质是否超过水质目标值确定，一般经常性冲洗周期为3～5d。冲洗水可用砂滤水或炭滤水，冲洗水浊度宜小于5NTU。

(5) 活性炭吸附罐的设计参数宜根据试验资料确定，无试验资料时，可按下列标准确定：

1) 接触时间为20～35min；

2) 吸附罐的最小高度与直径之比可为2：1，罐径为1～4m，最小炭层厚度为3m，一般可为4.5～6m；

3) 升流式水力负荷为2.5～6.8L/（m^2·s），降流式水力负荷为2.0～3.3 L/（m^2·s）；

4）操作压力每0.3m炭层7kPa。

2. 化学氧化法

污水深度处理所用的化学氧化法与给水处理相同，参见本书第8章。生产上所用的氧化剂有氯、臭氧和二氧化氯等。臭氧为强氧化剂，是常用的一种氧化剂。臭氧通常投加在二级处理后、混凝沉淀之前，称预氧化。如果在砂滤池之后尚增加粒状活性炭吸附池，臭氧也可投加在砂滤后、活性炭之前，称中间氧化。

预氧化和中间氧化，主要目的是去除水中难生物降解的溶解性有机物，或将大分子有机物分解为小分子有机物，以利于后续粒状活性炭处理。同时，臭氧也能氧化去除污水中某些有毒有害的无机物（如氰化物，硫化物，铁，锰等）及脱色除臭。

如果臭氧投加在整个污水深度处理工艺之后，则主要起消毒作用。

22.2.2 溶解性无机物的去除

以生物处理为主体处理工艺的城镇污水处理厂对污水中的溶解性无机物没有去除功能，溶解性无机物的去除属于深度处理的范畴。

城镇污水中的溶解性无机物主要来自生活污水和工业废水。生活污水中的溶解性无机物大多来自粪便和洗涤剂，成分以氯化钠为主，其含量比较稳定；工业废水中的溶解性无机物种类较多，含量变化也较大，视工业行业的不同而异。

我国污水排放标准和再生水水质标准对溶解性无机物都规定了相应的水质指标，主要有总溶解固体（TDS）、硬度和氯化物等。一般情况下，污水处理厂出水的TDS、硬度和氯化物不会超标，所以无需进行脱盐处理。

沿海城市受海水影响，自来水中溶解固体有时会很高；反复使用的水，其中溶解固体也会逐渐增浓；某些工业废水中含盐量非常高。在这些情况下，污水处理厂出水就不适于农业和工业回用，必须进行脱盐处理。

污水处理厂出水脱盐处理的技术主要有纳滤（NF）、反渗透（RO）、电渗析（ED）等膜处理技术及离子交换技术等。这几项处理技术在本书第9、第11章已做详细论述，本节仅就膜分离法在再生水脱盐处理中的应用作简要介绍。

目前，一些新型的膜法污水处理技术（如膜蒸馏、液膜、膜生物反应器、控制释放膜、膜分相和膜萃取等）逐一问世，许多集成膜技术也大量地应用于污水处理，如膜法与化学反应集成、膜法与蒸发单元集成、膜法与离子交换单元集成以及RO、高压RO和NF集成等，这将对污水处理的发展产生深远的影响。

国外的水回用工厂主要利用反渗透去除溶解性盐及有机物，利用纳滤软化水质（也可去除部分有机物）。

纳滤技术可以用于去除三卤甲烷、农药、洗涤剂等可溶性有机物及异味、色度和硬度等。有很多学者对纳滤技术在污水回用中的应用进行过研究。M. Ernst和M Jekel采用纳滤、臭氧氧化和好氧生物氧化联用技术对市政污水进行深度处理后作为地下水的补充用水。I Koyuncu等人分别采用低压纳滤膜以及二级反渗透系统对牛奶工业污水进行处理，纳滤系统的COD去除率可达98%，电导率可削减98%以上，此外，Cr、Pb、Ni、Cd等有毒重金属的去除率均达100%，而二级反渗透系统对COD和悬浮固体的去除率均在99%以上，成功地实现了污水的再生与回用。

反渗透膜运行压力高，能耗大。但因其具有良好的截留性能，可去除水中大多数无机离子，所以反渗透已广泛应用于城镇污水处理和利用、化工污水、冶金焦化污水及放射性污水等处理中。反渗透膜不仅对盐分具有优良截留能力，而且对有机溶剂也具有很高选择性和稳定性。经深度处理后的出水，再采用微滤膜过滤和反渗透膜处理，处理后的出水水质可达到高标准再生用水水质指标，如再生水回注地下及某些工业用水等。从 20 世纪 70 年代末期美国就开始利用膜技术对市政污水进行深度处理，加州桔县的 21 水厂对三级处理出水进行反渗透处理，处理水回注地下以防止海水倒灌。1997 年又开始了地下水补充计划，采用超滤（微滤）→反渗透→紫外消毒的工艺组合，生产的再生水回注地下以补充地下水。

电渗析技术首先用于苦咸水淡化，而后逐渐扩展到海水淡化及制取饮用水和工业纯水中，在重金属废水处理、放射性废水处理等工业废水处理中也已得到应用。电渗析在污水回用深度处理中，可作为除盐的环节来提高再生水水质。但电渗析只能除去水中的盐分，而对水中的有机物不能去除，某些高价离子和有机物还会污染膜。另外，电渗析运行过程中易发生浓差极化而产生结垢。

22.3 污 水 消 毒

为保证公共卫生安全，防止传染性疾病传播，城镇污水处理厂出水排放前及深度处理的再生水必须进行消毒。

污水和再生水消毒程度应根据污水性质、排放标准或再生水要求确定。

污水和再生水氯消毒、臭氧消毒及二氧化氯消毒的原理、特性和消毒设施与给水厂相同，参见本书第 7 章。由于紫外线消毒在污水处理中常有应用，故这里重点介绍紫外线消毒。

22.3.1 紫外线消毒概述

污水消毒主要采用的是 C 波段紫外线（简称紫外 C 或 UV-C，又称为灭菌紫外线，波长 200～275nm），其杀菌效果最好。目前生产的紫外灯的最大紫外输出功率在波长为 253.7 nm 处。高强度、高效率的紫外 C 克服了以往紫外技术杀菌效率低、消毒水量小、成本高的缺点，已在水消毒领域具有相当的竞争力。

紫外线的杀菌机理是一个较为复杂的过程，目前较为普遍的看法是：微生物受到紫外线照射，吸收了紫外线的能量，实质是核酸对紫外线能量的吸收。核酸是一切生命体的基本物质和生命基础，核酸吸收紫外线后发生突变，从而引起微生物体内蛋白质核酶的合成阻碍；另一方面，紫外线照射产生的自由基可引起光电离，从而导致细胞死亡。

由于紫外线的穿透能力较低，所以对水的色度、浊度、含铁量等有一定要求。一般色度要求小于 15 度，浊度小于 5 度，总铁量应小于 0.3mg/L，故进入紫外线杀菌装置的水需经过较为严格的预处理。

根据国外的文献报道以及几千座污水处理厂的运行经验，如果处理后污水的 SS<30mg/L，采用紫外消毒可使大肠菌群量控制在 10000 个/L 以下，若 SS<10mg/L，则可有效控制在 1000 个/L 以下。表 22-3 列举了污水中各种主要成分对紫外线消毒与氯消毒效果的影响。

污水中各污染成分对紫外线消毒及氯消毒的影响　表 22-3

项目	紫外线消毒	氯消毒
氨	无或微影响	与氯化合生成氯胺
COD BOD	无或微影响。但如果腐殖酸或不饱和（共轭键）有机物是 COD、BOD 的主要成分则会降低 UV-C 的透射率	组成 COD、BOD 的化学物质会消耗大量的氯，消耗量取决于这些化合物的官能团以及它们的结构
腐殖酸类	强吸收 UV-C	降低氯的消毒效率
硬度	影响吸收 UV-C 的金属离子的溶解度，从而导致碳酸盐沉积于灯管上	无或微影响
铁离子	强吸收 UV-C	无或微影响
亚硝酸盐	无或微影响	被氯氧化
硝酸盐	无或微影响	无或微影响
pH	影响金属离子和碳酸盐的溶解度	影响水中次氯酸盐和亚氯酸盐的比率
SS	吸收和阻挡 UV-C 并包裹细菌	包裹细菌、降低消毒效率

灯管表面结垢会极大地影响紫外线消毒效果。水中的各种悬浮物及溶解性有机物和无机物都会造成灯管表面结垢。

灯管的结垢可以通过定期清洗来解决。最常见的是人工清洗，清洗时需要关灯、停机；另外还有机械或其他在线清洗，不需要关灯、停机。这两种清洗方法都需要定期使用酸性药品。

紫外线消毒属于物理瞬间消毒技术，没有向水体中添加任何化学药剂，在水体不受污染的条件下可以一直保持无菌状态，但实际上消毒后的水体会再次受到污染，因此经紫外消毒后的水体必须尽快地使用或排放到江河湖海。

22.3.2　紫外线消毒装置

UV 消毒器分为敞开式和封闭式。

1. 敞开式 UV 消毒器

被消毒的水在重力作用下流经敞开式 UV 消毒器并灭活水中的微生物。敞开式 UV 消毒器又可分为浸没式和水面式两种。

浸没式又称为水中照射法，其典型构造如图 22-4 所示。将外套石英套管的紫外灯置入水中，水从石英套管的周围流过，当灯管（组）需要更换时，使用提升设备将其抬高至工作面进行操作。该方式构造比较复杂，但紫外辐射能的利用率高、灭菌效果好且易于维修。

运行时要求维持恒定的水位，若水位太高则灯管顶部的部分进水得不到足够的辐射，可能造成出水中的微生物指标过高；若水位太低则上排灯管暴露于大气之中，会引起灯管过热并在石英套管上生成污垢膜而抑制紫外线的辐射。图 22-4 中采用自动水位控制器（滑动闸门）来控制水位。在自动化程度要求不高的系统中，也可以采用固定的溢流堰来控制水位。

紫外线灯管可以与水流方向垂直或平行布置。平行系统图 22-4 水力损失小、水流形态均匀；而垂直系统则可以使水流紊动，提高消毒效率。

水面式又称为水面照射法，即将紫外灯置于水面之上，由平行紫外灯管产生的平行紫外光对水体进行消毒。该方式较浸没式简单，但能量浪费较大、灭菌效果差，实际生产中很少应用。

2. 封闭式UV消毒器

封闭式UV消毒器属承压型，用金属筒体和带石英套管的紫外线灯把被消毒的水封闭起来，结构形式如图22-5所示。

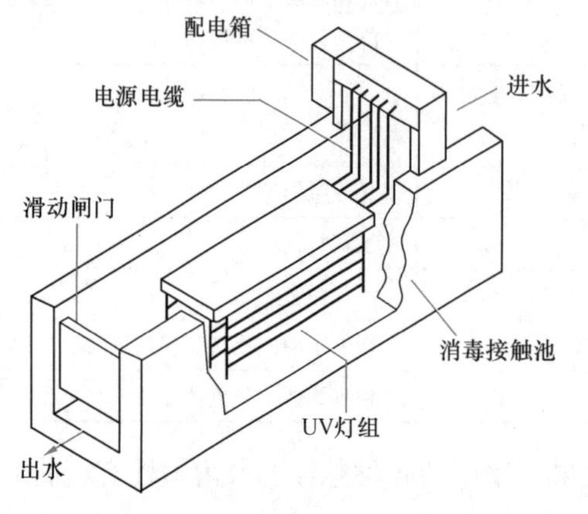

图22-4 敞开式UV消毒器构造

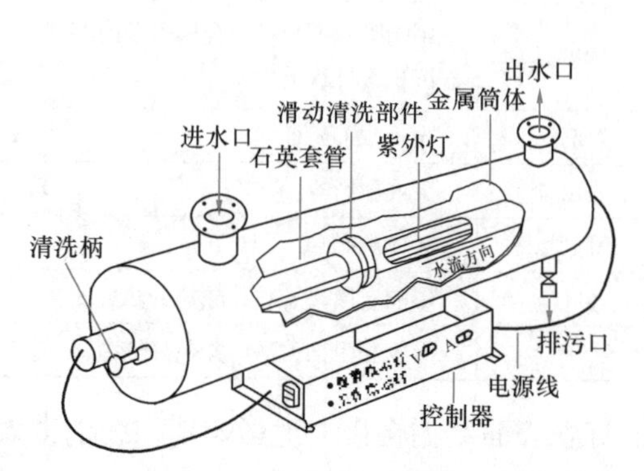

图22-5 封闭式UV消毒器构造

筒体常用不锈钢或铝合金制造，内壁多做抛光处理以提高对紫外线的反射能力和增强辐射强度，还可根据处理水量的大小调整紫外灯的数量。有的消毒器在筒体内壁加装了螺旋形叶片以改变水流的运动状态，从而避免出现死水和管道堵塞，所产生的紊流以及叶片锋利的边缘会打碎悬浮固体，使附着的微生物完全暴露于紫外线的辐射中，提高了消毒效率 。

22.3.3 设计要点

（1）紫外线剂量。由于污水的成分复杂且变化大，实践表明，紫外线剂量理论计算值比实际需要值低很多。因此，污水的紫外线剂量宜根据试验资料或类似运行经验确定；也可按下列标准确定：二级处理的出水为15～22mWs/cm^2；再生水为24～30 mWs/cm^2。

（2）紫外线照射渠的设计。紫外线照射渠不宜少于2条，当采用一条时，宜设置超越渠，以利于检修维护。照射渠水流均布，灯管前后的渠长度不宜小于1m。水深应满足灯管的淹没要求。

22.4 物化法脱氮

物化法脱氮技术有吹脱法、磷酸铵镁沉淀法、吸附法、折点加氯法、电解法、离子交换法、电渗析法、反渗透法等。这些方法大多用于处理氨氮含量较高的工业废水。本节仅对其中的吹脱法和磷酸铵镁沉淀法作简要介绍。

1. 吹脱法脱氮

吹脱法脱氮的原理是利用氨在气液两相之间的平衡关系，在空气和污水密切接触之际，使污水中的气态氨转移到空气中去。因此，吹脱法脱氮必须满足两个基本条件，一是要使污水中的离子态NH_4^+转化为游离态的NH_3；二是要使污水和空气有足够大的接触面积和相对流速。前者可以通过加碱调高污水的 pH 来实现，后者可以通过设计合理的吹脱设备如填料塔来提供。

水中的氨氮保持下式所示的平衡关系：

$$NH_3 + H_2O \rightleftharpoons NH_4^+ + OH^-$$

NH_3 和 NH_4^+ 的平衡关系受 pH 影响，pH 升高时，平衡向左移动，离子态 NH_4^+ 数量减少，游离态 NH_3 增加；pH 降低时，平衡向右移动，离子态 NH_4^+ 数量增加，游离态 NH_3 减少。因此，只要调高 pH，就可以达到增加污水中游离态 NH_3 的目的。通常在 pH 达到 11 左右时，水中游离态 NH_3 数量显著增加，约为氨氮总量的 90%以上。工程上在污水吹脱前先加入石灰或氢氧化钠等碱剂，使污水 pH 上升到 11 左右。石灰价廉，但易于在填料中结垢；氢氧化钠不结垢但价格较高。

吹脱塔内填充填料，污水从塔顶部均匀喷洒到填料上，沿填料表面下滴并在填料表面形成很薄的水膜，用风扇或风机将空气从塔底吹入，流经填料后从塔顶排出。空气流过填料表面时与水膜密切接触，水中的游离态 NH_3 通过传质作用转移到空气中，完成了污水脱氮的任务。

本方法工艺简单、控制方便、效果稳定，可以用于二级处理出水，对高浓度氨的工业废水尤为适宜。但必须注意空气中氨的回收处理，否则将造成污染转移，对大气环境产生二次污染。

2. 磷酸铵镁沉淀法（MAP 法）除氨

向水中投加磷酸盐（如 Na_2HPO_4 等）和镁盐（如 $MgCl_2$ 等），可与水中的氨氮结合成难溶的磷酸铵镁（$MgNH_4PO_4 \cdot 6H_2O$），简称 MAP。其化学反应式为：

$$Mg^{2+} + NH_4^+ + PO_4^{3-} + 6H_2O = MgNH_4PO_4 \cdot 6H_2O \downarrow$$

$$K_{sp} = [Mg^{2+}][NH_4^+][PO_4^{3-}] = 2.51 \times 10^{-13} \quad (25℃)$$

磷酸铵镁的溶度积常数 K_{sp} 较低，将生成的 MAP 晶体从污水中分离后，理论上污水中残余 NH_4^+ 浓度低于 1.2mg/L，反应比较完全，且反应速度快。

氨氮去除率的高低及沉淀物沉降的速度与 pH、起始氨氮浓度、N∶P∶Mg 配比等有很大的关系。

MAP 的溶解度主要与废水的 pH 有关。试验表明，pH 为 9～9.5 时，废水中的 MAP 溶解度最小。

氨氮去除率与废水起始氨氮浓度呈正相关关系。对于高浓度氨氮废水，虽去除率高，但剩余氨氮的绝对值仍很高。因此，当废水中氨氮含量特别高时，可采取多级沉淀的方法，使氨氮浓度逐级下降，并达到较低的绝对浓度。

根据反应式，产生 MAP 的各组分物质的量比 $m(Mg^{2+}) : m(PO_4^{3-}) : m(NH_4^+)$ 的理论配比为 1∶1∶1，但为了使废水中的氨有效的去除，可适当的改变配比，使残液中剩余的 NH_4^+ 和磷的浓度尽可能的低。一般宜使所加的可溶性镁盐和磷酸盐适当过量。某试验结果表明，在最佳工艺条件 pH 为 9.5，$m(PO_4^{3-}) : m(NH_4^+) = 1.04$，$m(Mg^{2+}) : m(NH_4^+) = 1.2$，反应时间 10min，搅拌速度 100r/min 时，残留氨氮质量浓度为 20～30mg/L，余磷小于 6mg/L。

所得的磷酸铵镁比较容易从溶液中通过沉降或过滤的方法分离出来，而且纯度也较高。试验表明，沉淀物含磷（P_2O_5 计）为 28%左右，含氮为 4.5%，含镁（以 MgO 计）为 18.18%，是一种高效的缓释复合化学肥料。

MAP 沉淀法的优点是简便、可靠、去除率高、副产品有很高的利用价值；缺点是要消耗沉淀剂，处理成本偏高。因此，MAP 沉淀法适用于各种高浓度氨氮工业废水的预处理。还需要生物处理等工艺对剩余的氮、磷等进一步处理，才能实现达标排放的目标。

22.5 化学法除磷

许多金属的正磷酸盐都有很低的溶度积，所以可以采用向污水投入金属盐类的方法，形成这些金属的正磷酸盐沉淀物，再通过固液分离达到将磷从污水中去除的目的。由于这些沉淀物的溶度积很低，所以用化学沉淀法可以将污水中的磷降低到极低的程度，能够满足《城镇污水处理厂污染物排放标准》GB 18918—2002 规定的总磷排放标准（0.5～1.0mg/L）。

1. 化学法除磷的适用范围

化学法除磷通常可用于以下三种情况：

(1) 采用污水一级强化处理工艺时，可不用生物处理，直接用化学法去除污水中绝大部分磷。

(2) 污水经生物除磷处理后，其出水总磷不能达到排放标准要求时，可辅以化学法除磷，以满足出水水质的要求。

(3) 污泥处理过程中产生的液体有除磷要求时，一般宜采用化学法先行除磷，然后再回流入污水处理系统。如污泥消化处理后的上清液、脱水机的过滤液和浓缩池上清液等，在厌氧条件下含磷物质会从污泥释放到污水中，若直接回流入污水处理系统，将造成系统中磷的反复循环而不能去除，因此应先进行除磷。

2. 化学法除磷的药剂与反应机理

钙盐、铁盐、铝盐价廉易得，是化学法除磷的常用药剂。最常用的钙盐是石灰 $Ca(OH)_2$；铝盐有硫酸铝 $Al_2(SO_4)_3 \cdot 18H_2O$、铝酸钠 $NaAlO_2$ 和聚合铝(PAC、PAS)等，其中硫酸铝较常用。铁盐有三氯化铁 $FeCl_3$、氯化亚铁 $FeCl_2$、硫酸铁 $Fe_2(SO_4)_3$ 和硫酸亚铁($FeSO_4$)等，其中三氯化铁最常用。

铁盐、铝盐投入污水后，3 价的铁、铝离子会与水中的磷酸盐和氢氧根离子发生反应，生成难溶的磷酸盐 $AlPO_4$ 和 $FePO_4$，以及金属氢氧化物 $Al(OH)_3$ 和 $Fe(OH)_3$。以铁盐为例，反应式如下：

$$Fe^{3+} + H_2PO_4^- \longrightarrow FePO_4 + 2H^+$$

$$Fe^{3+} + 3HCO_3^- \longrightarrow Fe(OH)_3 + 3CO_2$$

可见，这两个反应都消耗碱度，使 pH 下降。金属磷酸盐的溶解度受 pH 影响，所以各种药剂均有最佳 pH 范围，铁盐是 6～7，铝盐是 5～5.5。生成的金属氢氧化物具有很强的絮凝作用，可使污水中细小的胶体一起絮凝沉降而被去除，但同时也将使污泥量增加。

采用石灰除磷时，生成羟基磷酸钙 $Ca_5(PO_4)_3OH$ 沉淀，较高的 pH 有利于 $Ca_5(PO_4)_3OH$的沉淀，通常需调节 pH 到 8.5 以上，一般为 10.5 左右。此时水中碱度与

Ca^{2+}发生反应生成$CaCO_3$，反应式分别如下：

$$5Ca^{2+}+7OH^{-}+3H_2PO_4^{-} \longrightarrow Ca_5(PO_4)_3OH+6H_2O$$

$$Ca^{2+}+CO_3^{2-} \longrightarrow CaCO_3$$

因污水碱度所消耗Ca^{2+}要比磷酸盐多得多，所以所需石灰量取决于污水的碱度，而不是含磷量。石灰除磷的污泥量较铝盐或铁盐大很多，因而很少采用。

3. 药剂投加点

药剂可在生物反应池之前、之后或之中投加，分别谓之前置投加、后置投加和同步投加。在生物反应池前、中、后都投加则谓之多点投加。

前置投加时药剂加入原污水中，形成的磷酸盐沉淀与初沉污泥一起排除，其优点是可同时去除相当数量的有机物，减少生物处理的负荷。后置投加形成的磷酸盐沉淀通过另设的固液分离装置进行分离，其出水水质较好，但需增建固液分离设施。同步投加形成的磷酸盐沉淀与剩余污泥一起排除，增加的污泥量较少。多点投加可以降低投药总量，增加运行的灵活性。

采用亚铁盐需先氧化成铁盐后才能取得最大除磷效果，因此一般不作后置投加；前置投加时，一般投加在曝气沉砂池中，以使亚铁盐迅速氧化成铁盐。

石灰不能用于同步除磷，只能用于前置或后置除磷。

4. 药剂投加量

采用铝盐或铁盐除磷时，主要生成难溶性的磷酸铝或磷酸铁。理论上，3 价铝离子和铁离子与等摩尔磷酸反应生成磷酸铝和磷酸铁。由于污水中成分极其复杂，含有大量阴离子，它们会与铝、铁离子反应而消耗混凝剂，因此，根据经验投加时摩尔比宜为 1.5～3。

由于污水水质和环境条件各异，因而宜根据试验确定最佳药剂种类、剂量和投加点。

5. 化学法除磷的污泥量

化学法除磷会产生较多的化学污泥。采用铝盐或铁盐作沉淀剂时，前置投加污泥量增加40%～75%；后置投加污泥量增加 20%～35%；同步投加污泥量增加 15%～50%。采用石灰作沉淀剂时，前置投加污泥量增加 150%～500%；后置投加污泥量增加 130%～145%。

如此多的化学污泥混入生物污泥，将给污泥的后续处理带来不利的影响。前置投加时，除磷产生的化学污泥混入初沉污泥；同步投加时，除磷产生的化学污泥混入二沉污泥。在确定投加点时，应充分考虑上述影响。

22.6 城镇污水资源的再生利用

22.6.1 再生利用途径

城镇污水再生利用，也称污水回用，是指污水回收、再生和利用的通称，是污水净化再用、实现水循环的全过程。污水经处理达到再生利用水质要求后，再生利用于工业、农业、城市杂用、景观娱乐、补充地表水和地下水等。城市污水再生利用途径广泛，表 22-4 是《城市污水再生利用　分类》GB/T 18919—2002 中提出的城市污水再生利用类别。其中，工业、农业和城市杂用是城市污水再生利用的主要对象。

城市污水再生利用类别　　表 22-4

序号	分类	范围	示例
1	农、林、牧、渔业用水	农田灌溉	种子与育种、粮食与饲料作物、经济作物
		造林育苗	种子、苗木、苗圃、观赏植物
		畜牧养殖	畜牧、家畜、家禽
		水产养殖	淡水养殖
2	城市杂用水	城市绿化	公共绿地、住宅小区绿化
		冲厕	厕所便器冲洗
		道路清扫	城市道路的冲洗及喷洒
		车辆冲洗	各种车辆冲洗
		建筑施工	施工场地清扫、浇洒、灰尘抑制、混凝土制备与养护、施工中的混凝土构件和建筑物冲洗
		消防	消火栓、消防水炮
3	工业用水	冷却用水	直流式、循环式
		洗涤用水	冲渣、冲灰、消烟除尘、清洗
		锅炉用水	中压、低压锅炉
		工艺用水	溶料、水浴、蒸煮、漂洗、水力开采、水力输送、增湿、稀释、搅拌、选矿、油田回注
		产品用水	浆料、化工制剂、涂料
4	环境用水	娱乐性景观环境用水	娱乐性景观河道、景观湖泊及水景
		观赏性景观环境用水	观赏性景观河道、景观湖泊及水景
		湿地环境用水	恢复自然湿地、营造人工湿地
5	补充水源水	补充地表水	河流、湖泊
		补充地下水	水源补给、防止海水入侵、防止地面沉降

将经过深度处理，达到再生利用要求的城市污水用于工业、农业、市政杂用等需水对象，为直接再生利用。其中，最具潜力的是再生利用于工业冷却水、农田灌溉及市政杂用等。城市污水按要求进行处理后排入水体，经自净后供给各类用户使用，为间接再生利用。将经过深度处理的城市污水回灌于地下水层，再抽取使用，属间接再生利用。几个城市位于同一条大河流域，都使用该水体作为给水水源和净化污水排放水体，属宏观意义上的间接再生利用。

22.6.2　再生利用水水质标准

1. 再生利用水水质基本要求

为达到污水再生利用安全可靠，污水再生利用水水质应满足以下基本要求：

（1）再生利用水的水质符合再生利用对象的水质控制指标；

（2）再生利用系统运行可靠，水质水量稳定；

（3）对人体健康、环境质量、生态保护不产生不良影响；

（4）再生利用于生产目的时，对产品质量无不良影响；

（5）对使用的管道、设备等不产生腐蚀、堵塞、结垢等损害；

（6）使用时没有嗅觉和视觉上的不快感。

2. 再生利用水水质标准

再生利用水水质标准是确保再生利用安全可靠和再生利用工艺选用的基本依据。为引导污水再生利用健康发展，确保再生利用水的安全使用，我国已制定了一系列再生利用水水质标准，包括《城市污水再生利用　工业用水水质》GB/T 19923—2005、《城市污水再生利用　城市杂用水水质》GB/T 18920—2020、《城市污水再生利用　景观环境用水水质》GB/T 18921—2019 和《城市污水再生利用　农田灌溉用水水质》GB 20922—2007 等。

《城镇污水再生利用工程设计规范》提出：当再生水同时用于多种用途时，其水质标准可按最高要求确定，也可按用水量最大的用户的水质标准确定；个别水质要求更高的用户，可自行补充处理达到其水质标准。

(1) 再生利用于工业用水水质控制指标

工业用水种类繁多，水质要求各不相同。经深度处理后的污水主要可再生利用于冷却用水、洗涤用水、锅炉补给水及工艺与产品用水等。其中，工业冷却水用量大，使用面广，水质要求相对较低，是国内外污水再生利用于工业的主要对象，再生利用于工业用水的水质控制指标见表 22-5。

由于工业用水水质与工业生产的类型、生产工艺和产品质量要求直接相关，具体要求各不相同，《城市污水再生利用　工业用水水质》对污水再生利用于工业用水的方式提出了如下要求。

1) 用作冷却用水（包括直流冷却水和敞开式循环冷却水系统补充水）和洗涤用水时，一般达到表 22-5 中所列的控制指标后可以直接使用。必要时也可进行补充处理或与新鲜水混合使用。

2) 用作锅炉补给水水源时，达到表 22-5 中所列的控制指标后尚不能直接补给锅炉，应根据锅炉工况，对水源水再进行软化、除盐等处理，直至满足相应工况的锅炉水质标准。对于低压锅炉，水质应达到《工业锅炉水质》GB/T 1576—2018 的要求；对于中压锅炉，水质应达到《火力发电机组及蒸汽动力设备水汽质量》GB/T 12145—2016 的要求；对于热水热力网和热采锅炉，水质应达到相关行业标准。

3) 用作工艺与产品用水水源时，达到表 22-5 中所列的控制指标后，尚应根据不同生产工艺或不同产品的具体情况，通过再生利用试验或者相似经验证明可行时，工业用户可以直接使用；当表 22-2 中所列水质不能满足供水水质指标要求，而又无再生利用经验可借鉴时，则需要对再生利用水做补充处理试验，直至达到相关工艺与产品的供水水质指标要求。

(2) 再生利用于城市杂用水水质主要控制指标

城市杂用水指经深度处理的城市污水再生利用于城市绿化、冲厕、道路清扫、车辆冲洗、建筑施工、消防等。一般而言，再生利用于城市杂用水需要建设双给水系统，国内目前也有采用给水车送水的供水方式，但成本较高。再生利用于城市杂用水的水质主要控制指标见表 22-5。

(3) 再生利用于景观环境用水水质主要控制指标

景观环境再生利用指经深度处理的城市污水再生利用于观赏性景观环境用水、娱乐性景观环境用水、湿地环境用水等，其水质主要控制指标见表 22-5。

(4) 再生利用于补充水源水质控制指标

补充水源有补充地表水和补充地下水两类。地表水的补充是将经处理过的城市污水放

再生利用水用作工业用水、城市杂用水、景观环境用水水质主要控制指标

表 22-5

单位：mg/L

项目	再生利用于工业用水《城市污水再生利用 工业用水水质》GB/T 19923					再生利用于城市杂用水《城市污水再生利用 城市杂用水水质》GB/T 18920					再生利用于景观环境用水《城市污水再生利用 景观环境用水水质》GB/T 18921						
	冷却用水		洗涤用水	锅炉补给水	工艺与产品用水	冲厕	道路清扫消防	城市绿化	车辆冲洗	建筑施工	观赏性景观环境用水			娱乐性景观环境用水			景观湿地环境用水
	直流式	敞开式									河道类	湖泊类	水景类	河道类	湖泊类	水景类	
基本要求	—					—					无漂浮物，无令人不愉快的臭、味						
色度(度)	≤30					≤15	≤30	≤30	≤15	≤30	≤20						
嗅	—					无不快感					无令人不愉快的嗅味						
pH	6.0～9.0	6.5～8.5	6.0～9.0	6.5～8.5		6.0～9.0					6.0～9.0						
溶解氧	—					≥2.0					—						
COD_{Cr}	—	≤60	—	≤60		—					—						
BOD_5	≤30	≤10	≤30	≤10		≤10	≤10	≤10	≤10	≤10	≤10	≤6		≤10	≤6		≤10
悬浮物 SS	≤30	—	≤30	—		—					—						
溶解性总固体	≤1000					≤1000(2000)					—						
浊度(NTU)	—	≤5	—	≤5		≤5	≤10	≤10	≤5	≤10	≤10			≤10	≤5		≤10
氨氮	—	≤10①	—	≤10		≤5	≤8	≤8	≤5	≤8	≤5	≤3		≤5	≤3		≤5
总磷(以 P 计)	—	≤1.0	—	≤1.0		—					≤0.5	≤0.3		≤0.5	≤0.3		≤0.5
总氮	—					—					≤15	≤10		≤15	≤10		≤15
石油类	—	≤1.0	—	≤1.0		—					—						
阴离子表面活性剂	—	≤0.5	—	≤0.5		≤0.5					—						
铁	—	≤0.3				≤0.3	—	—	≤0.3	—	—						
锰	—	≤0.1				≤0.1	—	—	≤0.1	—	—						
氯离子	≤250					—					—						
二氧化硅	≤50	—		≤30		—					—						
硫酸盐	≤600	≤250				—					—						
总硬度(以 $CaCO_3$ 计)	≤450					—					—						
总碱度(以 $CaCO_3$ 计)	≤350					—					—						
总氯	≤0.05					≥1.0(出厂)，≥0.2(管网末端)					≥0.05②						
粪大肠菌群/(个·L^{-1})	≤2000					—					—						
大肠埃希氏菌/(MPN/100mL)	—					无					—						
备注	①当循环冷却系统为铜材换热器时，循环冷却系统水中的氨氮指标应小于 1mg/L					水源中溶解性固体含量较高的地区，采用括号内的 2000mg/L					未采用加氯消毒方式的再生水，其补水点无余氯要求						

流到地表水体，水质可按《地表水环境质量标准》GB 3838—2002，结合环境评价等要求综合确定。地下水回灌可以是直接注水到含水层或利用回灌水池，回灌水可用于工业、农业，以及用于建立水力屏障以防止沿海地区由于地下水过量开采引起的海水侵入，水质可按《城市污水再生利用　地下水回灌水质》GB/T 19772—2005，结合环境评价等要求综合确定。回灌水预处理程度受抽取水的用途（再生利用对象水质要求）、土壤性质与地质条件（含水层性质）、地下水量与进水量（被稀释程度）、抽水量（抽取速度）以及回灌与抽取之间的平均停留时间、距离等因素影响。回灌前除需经生物处理（包括硝化与反硝化脱氮）外，还必须有效地去除有毒有机物与重金属。此外，影响再生利用水回灌的主要指标还有悬浮物浓度和浊度（引起堵塞）、细菌总数（形成生物黏泥）、氧浓度（引起腐蚀）、硫化氢浓度（引起腐蚀）、总溶解固体（抽取水用于灌溉时）等。

（5）再生利用于农业用水水质主要控制指标

城市污水经净化后再生利用于农业灌溉的主要水质指标有含盐量、选择性离子毒性、重碳酸盐、pH等。原污水不允许以任何形式用于灌溉，一方面是感官上不好，另一方面是粪便聚集于农田可能直接污染作业工人（农民）或通过灰蝇、喷灌产生的气溶胶传播病原体。

农业再生利用水水质标准可参照《城市污水再生利用　农田灌溉用水水质》GB 20922—2007或《农田灌溉水质标准》GB 5084—2021，确定再生利用水水质控制指标。

22.6.3　污水再生利用系统

1. 污水再生利用系统类型

污水再生利用系统按服务范围可分为以下三类。

（1）建筑中水系统

在一栋或几栋建筑物内建立的中水系统称为建筑中水系统，处理站一般设在裙房或地下室，中水用做冲厕、洗车、道路保洁、绿化等。

（2）小区中水系统

在小区内建立的中水系统，可采用的水源较多，如临近城镇污水处理厂出水、工业洁净排水、小区内建筑杂排水、雨水等。小区中水系统有覆盖全区再生利用的完全系统，供给部分用户使用的部分系统，以及中水不进建筑，仅用于地面绿化、喷洒道路、地面冲洗的简易系统。图22-6是用建筑杂排水作为水源的小区中水系统。

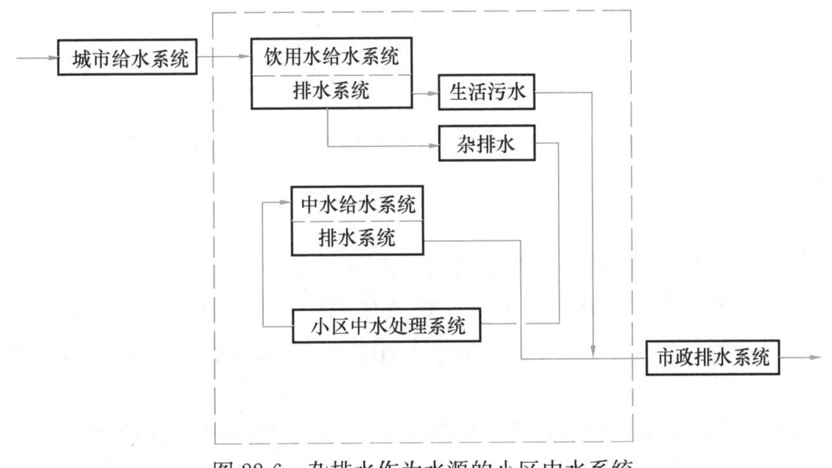

图22-6　杂排水作为水源的小区中水系统

（3）城市污水再生利用系统

城镇污水再生利用系统是在城市区域内建立的污水再生利用系统。城市污水再生利用系统以城市污水、工业洁净排水为水源，经污水处理厂及深度处理工艺处理后，再生利用于工业用水、农业用水、城市杂用水、环境用水、农田灌溉和补充水源水等。

各种再生利用系统各有其特点，一般而言，建筑或小区中水系统可就地回收、处理和利用，管线短，投资小，容易实施，但水量平衡调节要求高、规模效益较低。从水资源利用的综合效益分析，污水再生利用系统在运行管理、污泥处理和经济效益上有较大的优势，但需要单独铺设再生利用水输送管道，整体规划要求较高。

2. 污水再生利用系统组成

城市污水再生利用系统一般由污水收集、再生利用水处理（污水处理厂及深度处理）、再生利用水输配和用户用水管理等部分组成。

图 22-7 是城镇污水再生利用系统图，从图中可以看出，污水再生利用将给水和排水联系起来，实现水资源的良性循环，促进城市水资源的动态平衡。城镇污水再生利用关联到公用、城建、工业和规划等多个部门，需要统筹安排，综合实施。

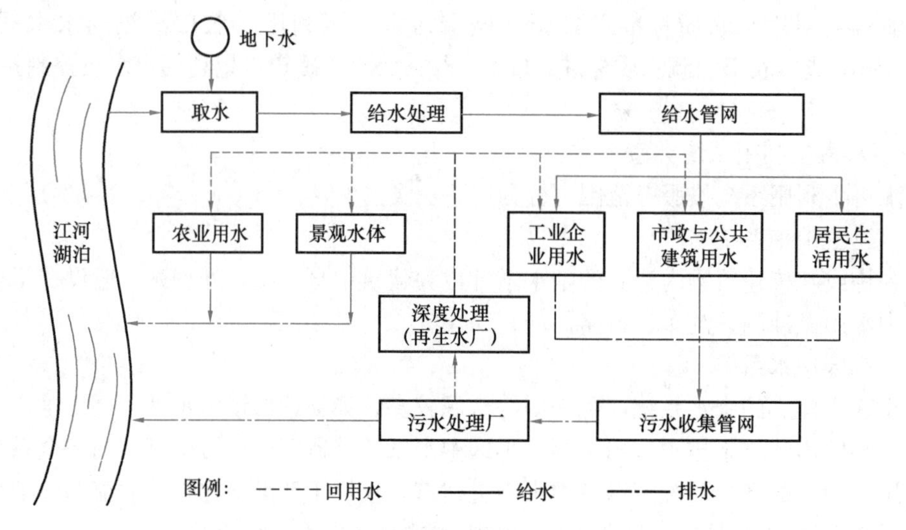

图 22-7　城镇污水再生利用系统

（1）污水收集

污水收集主要依靠城市排水管道系统实现，包括生活污水排水管道、工业废水排水管道和雨水排水管道。对于收集工业洁净水为源水的再生利用系统，可以利用城市排水管道，或另行建设收集管道。

（2）再生利用水处理

1）污水处理厂内部深度处理：污水处理厂内部建设深度处理工艺设施，将部分或全部污水处理厂出水进行深度处理，达到要求的再生利用水质控制指标后，用专用管道输送到再生利用用户，包括各类工业用户、城市杂用水、景观用水、农业用水或地下水的回灌等。

2）用户自行深度处理：污水处理厂将处理后达到排放标准，或达到用户要求水质指标的出水，用专用管道输送到再生利用水用户，在用户所在地建设再生利用水深度处理工艺设施，将污水处理厂供给的出水净化到要求的水质控制指标。

（3）再生利用水输配

再生利用水的输配系统应建成独立系统，输配水管道宜采用非金属管道，当使用金属管道时，应进行防腐蚀处理。当水压不足时，用户可自行建设增压泵站。再生利用水输配管网可参照城市给水管网的要求开展规划设计工作，除了确保再生利用水在卫生学方面的安全外，再生利用水的供水可能产生供水中断、管道腐蚀以及与自来水误接误用等关系到供水安全性的问题。因此，在再生利用水输配中必须采取严格的安全措施。

（4）用户用水管理

再生利用水用户的用水管理十分重要，应根据用水设施的要求确定用户的管理要求和标准。如当再生利用水用于工业冷却时，用户管理包括水质稳定处理、菌藻控制和进一步改善水质的其他特殊处理，并建立合理的运行工艺条件，减轻使用再生利用水可能带来的负面影响。当用于城市杂用水和景观环境用水时，则应进行水质水量监测、补充消毒、用水设施维护等工作。污水再生利用工程应对再生利用水用户提出明确的用水管理要求，确保系统安全运行。

22.6.4 再生利用处理技术方法

污水再生利用处理技术是在城市污水处理技术的基础上，融合给水处理技术、工业用水深度处理技术等发展起来的。在处理的技术路线上，城镇污水处理厂处理以达标排放为目的，而污水再生利用处理则以综合利用为目的，根据不同用途进行处理技术组合，将城镇污水净化到相应的再生利用水水质控制要求。因此，再生利用处理技术是在传统城镇污水处理技术的基础上，将各种技术上可行、经济上合理的水处理技术进行综合集成，实现污水资源化。

1. 预处理技术

以生物处理工艺为主体，以达到排放标准为目标的城市污水处理技术，经过长期的发展，已相当成熟。污水二级处理出水水质主要指标基本上能达到再生利用于农业的水质控制要求。除浊度、固体物质和有机物等指标外，其他各项已基本接近再生利用于工业冷却水水质控制指标。

对要求出水再生利用的污水处理厂，可在技术上通过工艺改进和工艺参数优化，使二级处理后的城市污水出水大多数指标达到或接近再生利用水质控制要求，可以较大程度上减轻后续深度处理的负担。出水供给再生利用水厂的城镇污水处理厂的设计应安全、稳妥，并应考虑低温和冲击负荷的影响。

2. 深度处理技术

为了向多种再生利用途径提供高质量的再生利用水，需对二级处理后的城市污水进行深度处理，去除污水处理厂出水中剩余的污染成分，达到再生利用水水质要求。这些污染物质主要是氮磷、胶体物质、细菌、病毒、微量有机物、重金属以及影响再生利用的溶解性矿物质等。去除这些污染物的技术有的是从给水处理技术移植过来的，有的是单独针对某项污染物的。由于使用对象、水质控制要求与给水处理有所不同，不能简单地套用给水处理的工艺方法和参数，而应根据再生利用水处理的特殊要求采用相应的深度处理技术及其组合。

城市污水再生利用深度处理基本单元技术有：混凝沉淀（或混凝气浮）、化学除磷、过滤、消毒等。对再生利用水水质有更高要求时，可采用活性炭吸附、脱氨、离子交换、微滤、超滤、纳滤、反渗透、臭氧氧化等深度处理技术。根据去除污染物的对象不同，二级处理出水可采用的相应深度处理方法见表 22-6。

二级处理出水深度处理方法　　表 22-6

污染物		处理方法
有机物	悬浮性	过滤（上向流、下向流、重力式、压力式、移动床、双层和多层滤料）、混凝沉淀（石灰、铝盐、铁盐、高分子）、微滤、气浮
	溶解性	活性炭吸附（粒状炭、粉状炭、上向流、下向流、流化床、移动床、压力式、重力式吸附塔）、臭氧氧化、混凝沉淀、生物处理
无机盐	溶解性	反渗透、纳滤、电渗析、离子交换
营养盐	磷	生物除磷、混凝沉淀
	氮	生物硝化及脱氮、氨吹脱、离子交换、折点加氯

3. 处理技术组合与集成

再生利用水的用途不同，采用的水质控制指标和处理方法也不同。同样的再生利用用途，由于源水水质不同，相应的处理工艺和参数也有差异。因此，污水再生利用处理工艺应根据处理规模、再生利用水水源的水质、用途及当地的实际情况，经全面的技术经济比较，将各单元处理技术进行合理组合，集成为技术可行、经济合理的处理工艺。在处理技术组合中，衡量的主要技术经济指标有：处理单位再生利用水量投资、电耗和成本、占地面积、运行可靠性、管理维护难易程度、总体经济与社会效益等。

图 22-8 是北京高碑店污水处理厂建设过程中的再生利用深度处理工艺流程图。北京高碑店污水处理厂在 20 世纪 90 年代末开始污水处理再生利用工程建设，以污水处理厂二级处理出水为源水，通过机械加速澄清池、砂滤池及消毒等深度处理后，主要供给热电厂冷却循环用水，以及城市绿化、道路喷洒和冲刷、河道景观用水等。近年来，随着污水处理技术的进步、排放和再生利用水质要求的提高，北京高碑店污水处理厂在污水二级处理工艺改造，提高污水处理效果的同时，对再生利用深度处理工艺也进行相应的工艺改进，以提高其再生利用出水水质。

图 22-9 是新加坡裕廊岛污水再生利用项目深度处理工艺流程图。裕廊岛是化工工业区，包括石化公司、化学公司及精炼公司等，再生利用项目以污水处理厂生物处理出水为源水，采用以二级过滤做预处理的反渗透技术，深度处理后的出水达到了工业区内企业高级工业用水水质要求，解决了工业区水资源短缺的问题。

图 22-10 是美国加利福尼亚州 21 世纪水厂再生利用处理工艺流程图，再生利用水厂以污水处理厂出水为源水，再生利用深度处理工艺主要包括石灰澄清、空气吹脱、再碳酸化、混合滤料过滤、活性炭吸附、反渗透、氯化处理等。深度处理后的出水与深层地下水按一定比例混合后，通过注水系统注入地层，可以有效地控制海水入侵，并将经地下水层渗滤后的水再生利用于工业、农业等。

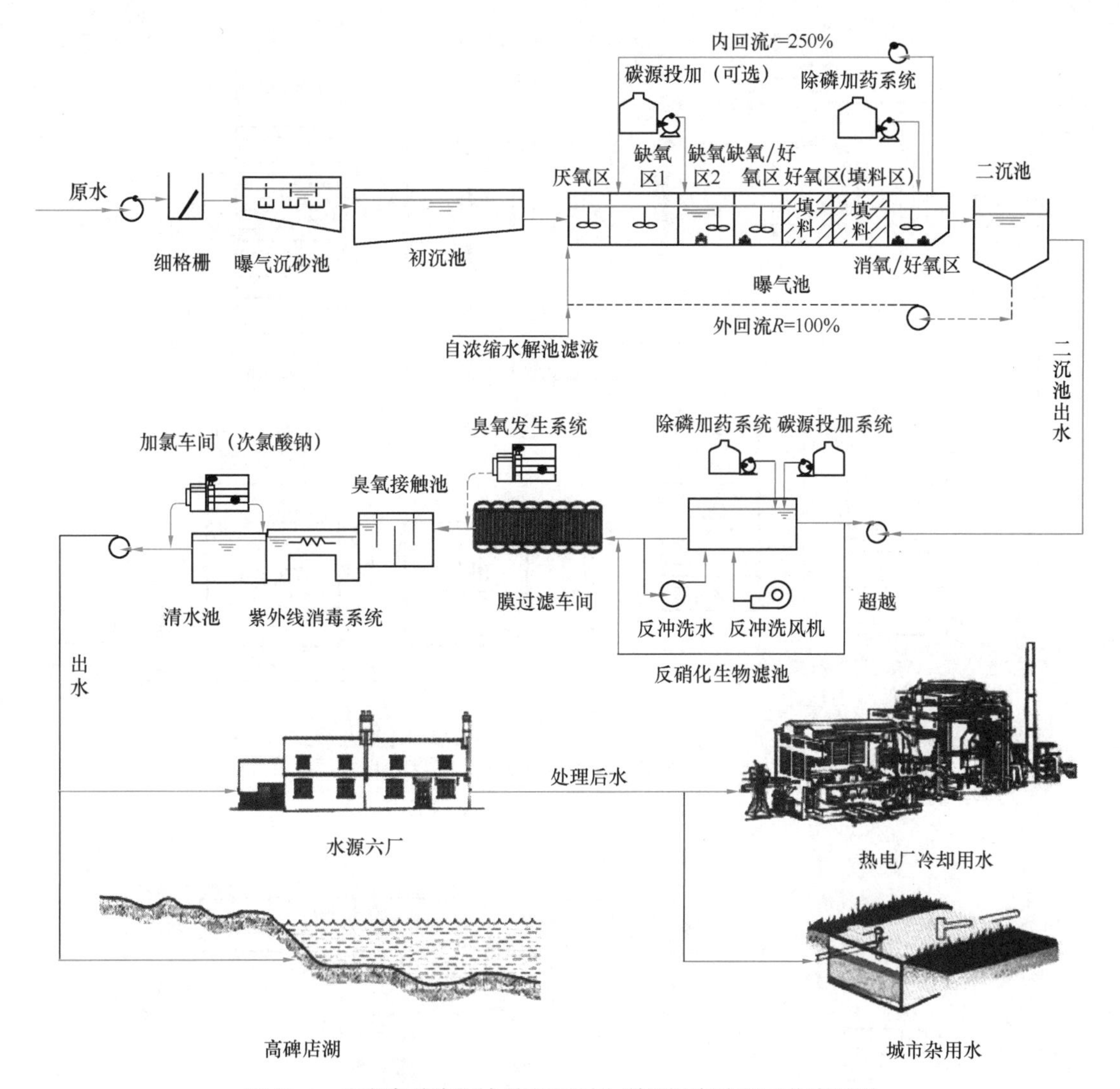

图 22-8　北京高碑店污水处理厂再生利用深度处理工艺流程图

22.6.5　污水再生利用安全措施

1. 风险评价的主要内容

污水再生利用风险评价的主要内容是再生利用水对人体健康、生态环境和用户设备与产品的影响。

（1）对人体健康的评价

人体健康的风险评价又称之为卫生危害评价，包括危害鉴别、危害判断和社会评价三个方面。

1）危害鉴别

危害鉴别的目的是确定损害或伤害的潜在可能。鉴别方法有多种，包括危害统计研究、流行病学研究、动物研究、非哺乳动物系统的短期筛选和运用已知的危害模型等。

再生利用水中有害健康的致病媒介物，可分为生物的和化学的两种。早期的危害评价主要关注水中的致病媒介物病原菌等引起的传染病，如胃肠炎、伤寒、沙门氏病菌等，这

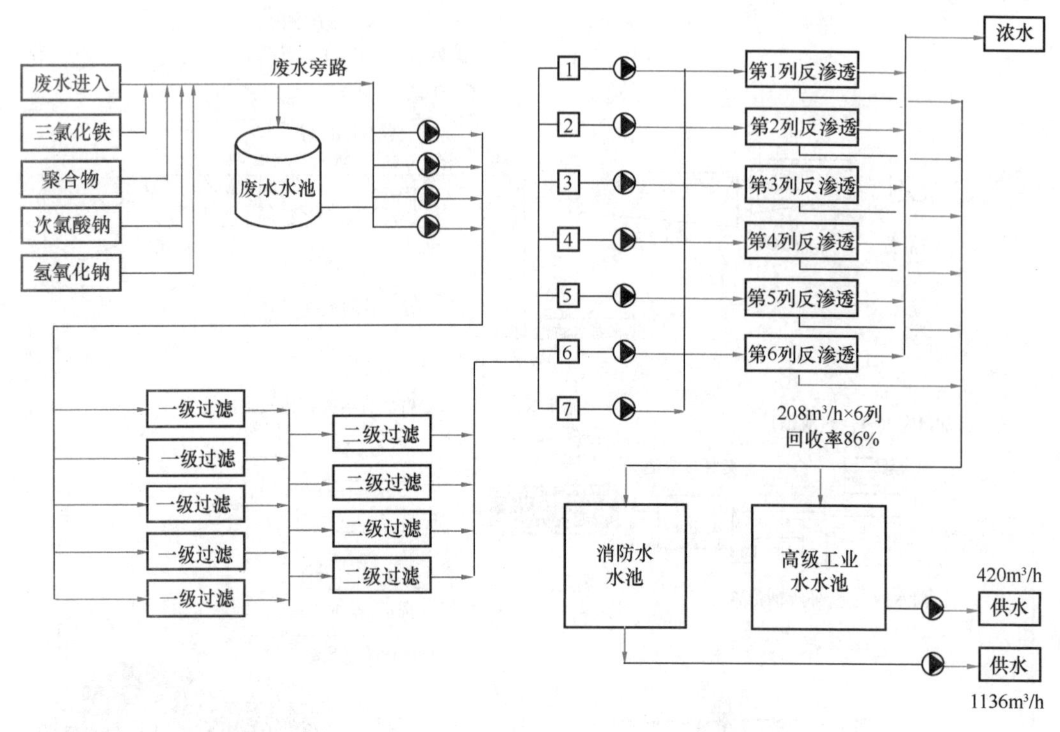

图 22-9　新加坡裕廊岛污水再生利用项目深度处理工艺流程图

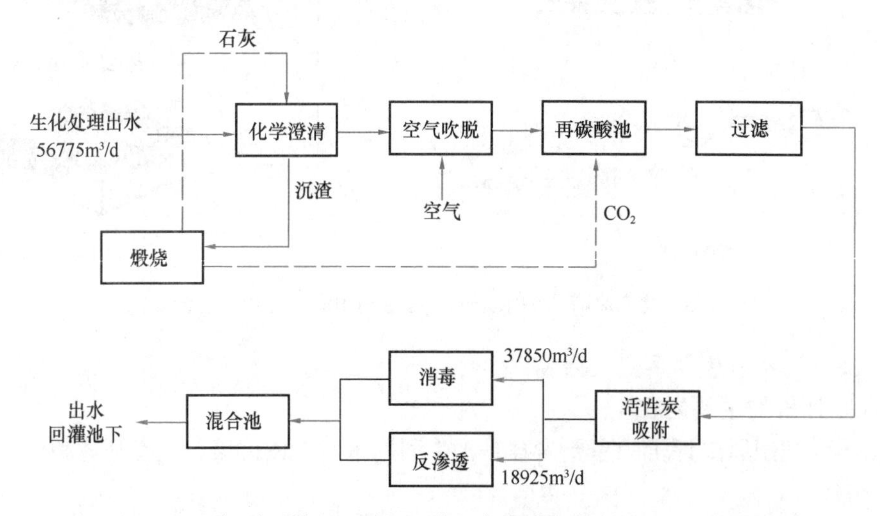

图 22-10　美国加利福尼亚州 21 世纪水厂再生利用处理工艺流程图

些生物性的致病媒介物可通过消毒来阻止其危害。随着化学工业的快速发展，世界上每年有数千种化学制品产生，近年来的危害评价开始注重有毒化学物质对人体的危害。

危害鉴别包括描述有害物质的性质，鉴别急性和慢性的有害影响和潜在危害等。

2）危害判断

危害判断又称危害评价，是设法定量地对损害或伤害的潜在可能进行评价。

一种物质有潜在危险，并不说明使用它就不安全。安全性与不利效应的或然率有关，危害评价就是试图评价这一或然率。在各种接触情况下，确定某物质的可能致病危害，需评价下述因素：①产生不利影响时某物质的剂量（剂量越大，危害就越大）；②危害物在介质（再生利用水）中的浓度、危害源距离（距危害源越近、浓度越大，危害就越大）；③吸收的介质总量（数量越大，危害越大）；④持续接触时间（接触时间越长，吸收量越大）；⑤有接触人员的特点（可能接触的人数越多，危害越大）。

危害判断的方法为根据危害统计作出基本判断、根据流行病学的研究作出基本判断和根据疾病传播模式作出基本判断等。

3）社会评价

社会评价是危害评价的最后阶段工作，判断危害是否可以被人们接受。常用的评价方法是成本/效益分析或危害/效益分析，包括危害评价的基本准则、危害的描述、疾病治疗的预计费用等。

（2）对生态环境的评价

污水再生利用于环境水体、农业灌溉和补充水源水时，都存在对生态环境产生危害的风险，产生危害的主要方面如下：

1）对地表水水体环境的影响：如再生利用水中有机物含量过高会造成水体过度亏氧，过量的氮磷会使水体发生富营养化，重金属会毒害水生动植物以及进入生物链等，从而引起水体生态环境方面的破坏。

2）对地下水水体环境的影响：如重金属、难降解微量有机物和病原体会对地下水环境产生严重的影响，有些甚至是不可逆转的影响。当被影响的地下水源为饮用水源时，情况更为严重，在再生利用于补充地下水源时，需要高度重视，全面评价，采取可靠对策。

3）对植被和作物的影响：如水质不符合要求的再生利用水会影响植被的生长质量，影响作物的生长周期、生长速率及质量。

4）对土壤环境的影响：如污染物成分含量过高的再生利用水会造成土壤重金属积累，酸、碱和盐会造成土壤盐碱化，使土壤环境受到损害。

生态环境的评价主要是鉴别可能产生的潜在影响，提出相应的安全对策，控制再生利用水可能产生的生态风险。

（3）对用户的设备与产品影响的评价

污水再生利用于工业、城市杂用水及农业灌溉等方面，都可能对用户的设备与产品产生危害。当再生利用于工业时，再生利用的主要途径是冷却水、锅炉供水和工艺用水。从工业用水的角度而言，评价内容通常包括以下方面：

1）评价再生利用水是否引起产品质量下降

再生利用水引起的产品质量下降主要表现如下：

① 由于微生物活动造成的影响：如再生利用水用于造纸，微生物可能在纸上形成黏性物、产生污点和臭味，必须严格控制微生物指标。

② 产品上发生污渍：如再生利用水中的浊度、色度、铁、锰等会使纺织品产生污点，应严格控制相应的水质指标。

③ 化学反应和污染：如硬度会增加纺织工业的各种清洗操作中洗涤剂用量，可能产生凝块沉积，钙镁离子会与某些染料作用产生化学沉淀，引起染色不均匀等。

④ 产品颜色、光泽方面的影响：如再生利用水中的悬浮固体、浊度和色度会影响纸张的颜色与光泽，需严格控制相应水质指标。

2）评价再生利用水是否引起设备损坏

主要评价内容为设备的腐蚀。如含氯量高的水不能再用作间接冷却水，避免对热交换器中不锈钢的腐蚀。

3）评价再生利用水是否引起效率降低或产量降低

① 起泡：如含过量钠、钾的再生利用水作为锅炉供水会引起锅炉水起泡。

② 滋生微生物：如碳氮磷含量高的再生利用水用作冷却水，易滋生微生物和繁殖藻类，形成生物黏泥。

③ 结垢：如再生利用水中的钙镁离子，可形成影响冷却系统传热的水垢。水中的硅、铝也会在锅炉热交换管上形成硬垢，影响传热效果。

2. 安全措施和监测控制

用水安全是污水再生利用的基础，需采取严格的安全措施和监测控制手段，保障再生利用安全。主要安全措施如下：

（1）污水再生利用系统的设计和运行应保证供水水质稳定、水量可靠，并应备用新鲜水供应系统。

（2）再生水厂与用户之间保持畅通的信息联系。

（3）再生利用水管道系统严禁与饮用水管道系统及自备水源供水系统连接，并有防渗防漏措施。

（4）再生利用水管道与给水管道、排水管道平行埋设时，其水平净距宜大于 0.5m；交叉埋设时，再生利用水管道应位于给水管道下面、排水管道上面，净距均宜大于 0.5m。

（5）不得间断运行的再生利用水水厂，供电按一级负荷设计。

（6）再生水厂的主要设施应设故障报警装置。

（7）再生水水源收集系统中的工业废水接入口，需设置水质监测点和控制闸门。

（8）再生利用水厂和用户应设置水质和用水设备监测设施，控制用水质量。

思 考 题

1. 用于污水深度处理的混凝沉淀技术有何特点？
2. 试述磷酸铵镁沉淀法（MAP 法）除氨的原理及优缺点。
3. 为什么说“城市污水再生利用”是一种值得推广应用的城市第二水源？
4. 城市污水再生利用的水质应满足哪些基本要求？
5. 城市污水再生利用系统按其服务范围可分为哪三类？各有何特点？
6. 城市污水再生利用的主要途径有哪些？其相应的水质控制指标采用的标准是什么？
7. 试论述针对不同的地区特点，宜采用怎样的再生利用系统更为合理。
8. 再生利用深度处理技术有哪些？如何进行工艺的合理组合？
9. 再生利用处理技术与常用污水处理技术的区别有哪些？
10. 试分析城市污水再生利用与工业废水再生利用在水质指标和再生利用处理技术上的特点。
11. 简述污水再生利用风险评价的主要内容及再生利用安全控制措施。

第 23 章 污泥的处理与处置

23.1 概 述

水和污水处理的实质是将水中的污染物以污泥的形式从水中分离，或转化为污泥物质或无害气体后从水中分离，从而达到水和污水净化的目的。城市污水处理厂所产生的污泥约为处理水体积的 0.3%～1.0%（以含水率 97%计）。这些污泥一般富含大量有机物、病原微生物、细菌、寄生虫卵等，有时还含有合成有机物和有害有毒物质。若不加处理随意存放，必将对周围环境造成严重污染。

23.1.1 污泥处理与处置的一般原则

污泥的处理与处置是通过适当的技术措施，使污泥及时得到再利用或以某种不损害环境的形式重新返回到自然环境中。在水质工程学中，将改变污泥性质、对其进行稳定化处理的全过程称为污泥处理，一般包括浓缩（调理）、脱水、厌氧消化、好氧消化、堆肥、干化和焚烧等。而安排污泥的出路，对污泥的最终消纳则称为污泥处置，一般包括土地利用、填埋和建筑材料利用等。

污泥处理的基本目的在于：(1) 降低污泥的含水率，使其体积减量化，便于后续处理、输送和处置；(2) 稳定污泥有机物，使其不易腐化发臭；(3) 杀灭病原微生物和寄生虫卵等，使其无害化；(4) 使污泥中的有用成分得到资源化利用。污泥处理的目的是使污泥减量化、稳定化、无害化和资源化。

1. 减量化

从污水处理构筑物排出的污泥，其含水率一般大于 95%，体积很大，不利于贮存、运输和消纳，对其进行减量化处理十分重要。1m^3 含水率 95%的生活污水污泥，其体积随含水率降低而减小的变化情况如图 23-1 所示，由图可知，当其含水率降低到 85%时，体积缩小为原来的 1/3 (333L)；当其含水率降低到 65%时，体积缩小为原来的 1/7 (143L)；当其含水率进一步降低到 20%时，体积只剩下原来的 1/16 (62.5L)。另一方面，从污泥输送的角度进行考虑，可以用泵输送的污泥，一般含水率均在 85%以上。含水率为 70%～75%的污泥呈柔软状，含水率为 60%～65%的污泥几乎成为固体状态，含水率为 34%～40%时污泥已成为可离散状态，含水率为 10%～15%的污泥则成粉末状态。因此可以根据不同的

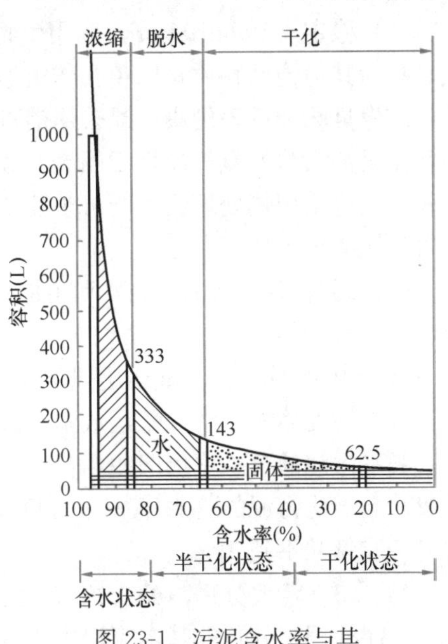

图 23-1 污泥含水率与其体积的关系

污泥处理工艺和装置要求，确定适当的污泥减量化程度。

2. 稳定化

污泥中有机物含量一般为50%～70%，在环境中会发生厌氧降解，极易腐败并产生恶臭。因此需要采用生物好氧或厌氧消化工艺，使污泥中的有机组分转化成稳定的最终产物。也可添加化学药剂，终止污泥中微生物的活性来稳定污泥，如投加石灰提高pH，即可实现对微生物的抑制。pH在11.0～12.2时可使污泥稳定，同时还能杀灭污泥中的病原体微生物。但化学稳定法不能使污泥长期稳定，因为若将处理过的污泥长期存放，污泥的pH会逐渐下降，微生物逐渐恢复活性，使污泥失去稳定性。

3. 无害化

污泥中，尤其是初沉污泥中，含有大量病原菌、寄生虫卵及病毒，易造成传染病大面积传播。肠道病原菌可随粪便排出体外，并进入污水处理系统，感染个体排泄出的粪便中病毒多达10^6个/g。有时污泥中还含有多种重金属离子和有毒有害的有机物，这些物质可从污泥中渗透或挥发出来，污染水体和空气，造成污染。因此污泥处理处置过程必须充分考虑其无害化。

4. 资源化

近年来污泥处理处置的理论正在发生变化，从原来的单纯处理逐渐向污泥有效利用、实现资源化方向发展，将污泥用于农业施肥、燃料、建筑材料制造等方面。

23.1.2 污泥处理的基本方法

(1) 浓缩（thickening）利用重力沉降或气浮方法尽可能多地分离出污泥中的水分。从沉淀池排出的污泥，其含水率常高于95%。降低污泥含水率的最简单有效的方法是浓缩。浓缩可使剩余活性污泥的含水率从约99.2%下降到97.5%左右，污泥体积缩小到原来的1/3左右。但浓缩污泥仍呈液态，进一步降低其含水率的方法是脱水，可使污泥从液态转化为固态。

(2) 稳定（stabilization）利用生物厌氧消化或好氧消化过程将污泥中的有机固体物质转化为其他惰性物质，以免在作土地改良剂或其他用途进入环境时，其有机部分发生腐败，产生臭味和危害健康；或采用消毒方法，暂时抑制微生物的代谢避免产生恶臭，例如向污泥投加大量的氯气或足量石灰，杀灭微生物或使污泥的pH高于12，抑制微生物的生长；还可采用热处理法，既可杀死微生物以稳定污泥，还能破坏污泥颗粒间的胶状性能改善污泥的脱水性能。

(3) 调理（conditioning）利用加热或化学药剂处理污泥，使污泥中的水分容易分离，改善其脱水性能。

(4) 脱水（dewatering）用真空过滤、加压过滤或干燥方法使污泥中的水分进一步分离，减少污泥体积，降低贮运成本；或利用焚化等方法将污泥固体物质转化为更稳定的物质。脱水污泥的含水率仍旧相当高，一般在60%～80%左右，需进一步干化，以降低其质量。而干化污泥的含水率一般可低于10%。经过各级处理，100kg湿污泥转化为干污泥时，质量常不到5kg。

23.1.3 污泥处理与处置的基本工艺流程

污泥处理与处置的基本流程主要有以下几种：

(1) 生污泥→浓缩→消化→自然干化→最终处置

(2) 生污泥→浓缩→消化→机械脱水→最终处置

(3) 生污泥→浓缩→消化→最终处置

(4) 生污泥→浓缩→自然干化→堆肥→最终处置

(5) 生污泥→浓缩→机械脱水→干燥、焚烧处理→最终处置

前三个方案主要以消化处理为主体，消化过程产生的生物能（即沼气，或称消化气）可作为能源利用，如用作燃料或发电。方案（4）以堆肥农用为主，当污泥符合农用肥料条件，而附近有农、林、牧或蔬菜基地时可考虑使用。方案（5）以干燥焚化为主，当污泥不适合消化等处理，或受污水处理厂用地面积的限制等可考虑采用，焚化产生的热能可用作能源。

污泥处理有各种各样的流程和设备组合，但其处理方案的选择，应根据污泥的性质与数量、投资情况与运行管理费用、环境保护要求及有关法律法规、城市农业发展情况及当地气候条件等综合考虑后选定。

在城市污水处理厂中，污泥处理是保证污水处理过程能够正常运行的重要工艺过程。虽然污泥量比污水量少得多，但污泥处理具有运行管理复杂、工程投资和运行费用高的特点，其建设费用约占污水处理厂总投资的20%～50%，而较为完善的污泥处理所需的费用与污水处理基本相当。

23.2 污泥的来源、性质和数量

23.2.1 污泥的来源、性质及主要指标

污水处理厂（站）进行处理的过程中都会产生各种沉淀物、颗粒物和漂浮物，这些污水处理过程中所产生的含水率不同的废弃物统称为污泥。污泥中的固体有些是处理构筑物从污水中截留下来的悬浮物质，例如初沉池排出的污泥；有些是由生物处理系统排出的生物污泥，例如活性污泥法系统排出的剩余污泥；有些则是处理时投加药剂后产生的化学沉淀物，例如用混凝沉淀法除磷时产生的化学污泥。

城市污水处理厂在污水处理过程中排出的污染物质主要有：栅渣、沉砂池沉渣、初沉池污泥和二沉池生物污泥等。格栅所排除的栅渣是尺寸较大的杂质，而沉砂池沉渣则以密度较大的无机颗粒为主，所以这两者一般作为垃圾处置，不视作污泥。初沉池污泥和二沉池生物污泥因富含有机物，容易在环境中腐化发臭，必须妥善处置。初沉池污泥还常含有病原体和重金属化合物等有毒有害物质，而二沉池污泥基本上以微生物机体为主，其数量众多，且含水率较高。

工业废水处理后产生的污泥，有的和城市污水处理厂相同，有的不同，有些特殊的工业污泥有可能作为资源利用。

表征污泥性质的主要参数或项目有：含水率与含固率、湿污泥密度与干污泥密度、挥发性固体、有毒有害物含量、污泥肥分以及脱水性能等。

1. 含水率与含固率

(1) 含水率是污泥中水含量的百分数。污泥中水的存在形式大致有三种，如图23-2所示。

间隙水　存在于污泥颗粒间隙中的水，称为间隙水或游离水，约占污泥水分的70%

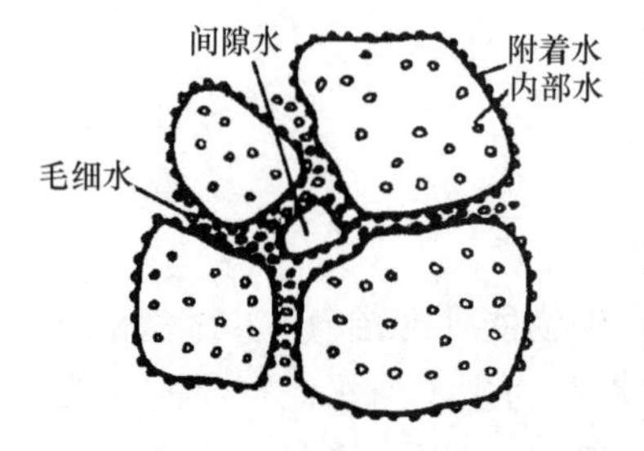

图 23-2 污泥水分示意图

左右。这部分水一般可借助外力与泥粒分离。通常，污泥浓缩处理只能去除游离水中的一部分。

毛细水　存在于污泥颗粒间的毛细管中，称为毛细水，约占污泥水分的20%左右。毛细水也可用物理方法分离出来。

内部水　粘附于污泥颗粒表面的附着水和存在于其内部（包括生物细胞内的水）的内部水，约占污泥中水分的10%左右。这部分水分只有通过干化处理才能从污泥中分离出来，但也不完全。

（2）含固率则是污泥中固体或干泥含量的百分数。湿泥量与含固率的乘积就是干污泥量。含水率降低（即含固量的提高）将大幅度降低湿泥量。城市污水处理厂各种类型污泥的数量、含水率和密度见表 23-1，从表中可以看出，从处理构筑物排出污泥的含水率一般都比较高，密度接近于 1kg/L。在污泥处理过程中，常需要采用各种方法降低污泥的含水率，见表 23-2。

当含水率变化时，可近似地用下式计算湿污泥的体积：

$$\frac{V_1}{V_2}=\frac{P_{s2}}{P_{s1}}=\frac{100-P_{w2}}{100-P_{w1}} \tag{23-1}$$

式中　V_1、V_2——分别是含水率为 P_{w1}（含固率为 P_{s1}）、P_{w2}（含固率为 P_{s2}）时的湿污泥的体积。

城市污水处理厂的污泥量和含水率　表 23-1

污泥种类		污泥量（L/m³ 污水）	含水率（%）	密度（kg/L）
沉砂池的沉砂		0.03	60	1.5
初次沉淀池的污泥		14～25	95～97.5	1.015～1.02
二次沉淀池污泥	生物膜法	7～19	96～98	1.02
	活性污泥法	10～21	99.2～99.6	1.005～1.008

不同脱水方法及脱水效果表　表 23-2

脱水方法		脱水效果	脱水后含水率（%）	脱水后状态
浓缩法		重力浓缩、气浮浓缩、离心浓缩	95～97	近似糊状
自然干化法		自然干化场、晒砂场	70～80	泥饼状
脱水方法	真空吸滤法	真空转鼓、真空转盘等	60～80	泥饼状
	压滤法	板框压滤机	45～80	泥饼状
	滚压带法	滚压带式压滤机	78～86	泥饼状
	离心法	离心机	80～85	泥饼状
干燥法		各种干燥设备	10～40	粉状、粒状
焚烧法		各种焚烧设备	0～10	灰状

【例 23-1】　污泥的原始含水率为 99.5%，求含水率为 98.5%和 95%时污泥体积降低的百分比。

【解】　设 V_1 为含水率为 99.5%时的污泥体积，V_2、V_3 分别为含水率为 98.5%、

95%时的体积。将各值代入上式，得：

$$\frac{V_1}{V_2}=\frac{100-98.5}{100-99.5}=3$$

$$\frac{V_1}{V_2}=\frac{100-95}{100-99.5}=10$$

从上例可以看出，当污泥的含水率自99.5%（含固率为0.5%）降低至98.5%（含固率为1.5%）时，污泥的体积减缩成原污泥的1/3左右；再降低至95%（含固率为5%）时，污泥的体积减缩成原污泥的1/10左右。

2. 湿污泥密度与干污泥密度

湿污泥质量等于污泥所含水分质量与干固体质量之和。湿污泥密度等于单位体积湿污泥的质量。由于水密度为1kg/L，所以湿污泥密度ρ可用下式计算：

$$\rho=\frac{p+(100-p)}{\frac{p}{\rho_w}+\frac{100-p}{\rho_s}}=\frac{100\rho_s}{p\rho_s+(100-p)} \tag{23-2}$$

式中 ρ——湿污泥密度，kg/L；

p——湿污泥含水率，%；

ρ_s——污泥中干固体物质平均密度，即干污泥密度，kg/L；

ρ_w——水的密度，kg/L。

干固体物质中，有机物（即挥发性固体）所占百分比及其密度分别用p_v、ρ_v表示，无机物（即灰分）的密度用ρ_f表示，则干污泥平均密度ρ_s可用式（23-3）计算：

$$\frac{100}{\rho_s}=\frac{p_v}{\rho_v}+\frac{100-p_v}{\rho_f} \tag{23-3}$$

$$\rho_s=\frac{100\rho_f\rho_v}{100\rho_v+p_v(\rho_f-\rho_v)} \tag{23-4}$$

污泥中的有机物密度ρ_v一般等于1kg/L，无机物密度ρ_f约为2.5～2.65kg/L，以2.5kg/L计，则式（23-4）可简化为：

$$\rho_s=\frac{250}{100+1.5p_v} \tag{23-5}$$

故湿污泥密度为：

$$\rho=\frac{25000}{250p+(100-p)(100+1.5p_v)} \tag{23-6}$$

确定湿污泥密度和干污泥密度，对于浓缩池的设计、污泥运输及后续处理，都有实用价值。

【例23-2】 已知初次沉淀池污泥的含水率为95%，有机物含量为65%。求干污泥密度和湿污泥密度。

【解】 干污泥密度用式（23-5）计算

$$\rho_s=\frac{250}{100+1.5p_v}=\frac{250}{100+1.5\times65}=1.26\text{kg/L}$$

湿污泥密度用式（23-2）计算

$$\rho=\frac{100\rho_s}{p\rho_s+(100-p)}=\frac{100\times1.26}{96\times1.26+(100-95)}=1.008\text{kg/L}$$

3. 挥发性固体

挥发性固体（用 VSS 表示），是指污泥中在 600℃的燃烧炉中能被燃烧，并以气体逸出的那部分固体。它通常用于表示污泥中的有机物的量，常用“mg/L”表示，有时也用质量百分数表示。

4. 污泥中的有毒有害物质

污泥中有时含有大量病菌、病毒、寄生虫卵等，在作肥料施用之前应采取必要的处理措施（如污泥消化）。污泥中的重金属也是主要的有害物质，我国城市污水处理厂污泥中重金属成分及含量（mg/kg）见表 23-3。

我国城市污水处理厂污泥中重金属成分及含量（mg/kg）　　**表 23-3**

重金属离子名称		Hg 汞	Cd 镉	Cr 铬	Pb 铅	As 砷	Zn 锌	Cu 铜	Ni 镍
含量范围		4.63～138	3.6～24.1	9.2～540	85～2400	12.4～560	300～1119	55～460	30～47.5
《农用污泥污染物控制标准》GB 4284—2018	A级污泥产物 B级污泥产物	<3 <15	<3 <15	<500 <1000	<300 <1000	<30 <75	<1200 <3000	<500 <1500	<100 <200

注：A级污泥产物允许使用的农用地类型为：耕地、园地、牧草地。
B级污泥产物允许使用的农用地类型为：园地、牧草地、不种植食用农作物的耕地。

污泥中重金属离子含量，取决于城市污水中工业废水所占比例及工业性质。污水经二级生物处理后，污水中重金属离子约有 50%以上转移到污泥中。因此污泥中的重金属离子含量一般都较高。故当污泥作为肥料使用时，要注意重金属离子含量是否超过我国的《农用污泥污染物控制标准》GB 4284—2018。重金属含量超过农用污泥污染物控制标准的污泥不能用作农肥。而工业废水处理厂（站）的污泥性质随废水的性质变化很大。

5. 污泥肥分

污泥中有时含有大量植物生长所必需的肥分（氮、磷、钾）、微量元素及土壤改良剂（有机腐殖质），可用于农业施肥和改善土壤。我国城市污水处理厂各种污泥所含肥分见表 23-4。

6. 污泥的脱水性能

用过滤法分离污泥的水分时，常用指数比阻抗值（r）或毛细吸水时间（CST）评价污泥的脱水性能（详见本章 23.7.2 节）。

我国城市污水处理厂污泥肥分表　　**表 23-4**

污泥类型	总氮(%)	磷(以 P_2O_5 计)(%)	钾(以 K_2O 计)(%)	有机物(%)
初沉污泥	2～3	1～3	0.1～0.5	50～60
活性污泥	3.3～7.7	0.78～4.3	0.22～0.44	60～70
消化污泥	1.6～3.4	0.6～0.8	—	25～30

23.2.2　污泥量

计算城市污水处理厂的污泥量时，一般以表 23-1 所列的经验数据为依据。当已知污泥性能参数的情况下，可用以下公式估算：

1. 初沉污泥量

可根据污水中悬浮物浓度、去除率、污水流量及污泥含水率，采用下式计算：

$$V=\frac{100C_0\eta Q}{10^3\ (100-P)\ \rho} \tag{23-7}$$

式中　V——初沉污泥量（湿污泥量），m^3/d；

Q——污水流量，m^3/d；

η——沉淀池中悬浮物去除率,%；

C_0——进水中悬浮物浓度，mg/L；

P——污泥含水率,%；

ρ——污泥密度，以 $1000kg/m^3$ 计。

或采用另一公式：

$$V=\frac{SN}{1000} \tag{23-8}$$

式中　V——初沉污泥量，m^3/d；

S——每人每天产生的污泥量，一般采用 0.3～0.8L/(d·人)；

N——设计人口数，人。

2. 剩余活性污泥量（活性污泥法）

采用下列公式进行计算：

（1）剩余活性污泥量以 VSS（挥发性固体）计：

$$P_x=YQ\ (S_0-S_e)\ -K_dX_vV \tag{23-9}$$

式中　P_x——剩余活性污泥，kgVSS/d；

Y——产率系数，$kgVSS/kgBOD_5$，一般采用 0.5～0.6；

S_0——曝气池入流的 BOD_5，kg/m^3；

S_e——二沉池出流的 BOD_5，kg/m^3；

Q——曝气池设计流量，m^3/d；

K_d——内源代谢系数，一般采用 0.06～0.1d^{-1}；

X_v——曝气池中的平均 VSS 浓度，kg/m^3；

V——曝气池容积，m^3。

（2）剩余活性污泥量以 SS（悬浮固体）计：

$$P_{ss}=\frac{P_x}{f} \tag{23-10}$$

式中　P_{ss}——剩余活性污泥量，kgSS/d；

f——$\frac{VSS}{SS}$之值，一般采用 0.6～0.75。

（3）剩余活性污泥量以体积计：

$$V_{ss}=\frac{100P_{ss}}{(100-P)\ \rho} \tag{23-11}$$

式中　V_{ss}——剩余活性污泥量，m^3/d；

P_{ss}——产生的悬浮固体，kgSS/d；

P——污泥含水率,%；

ρ——污泥密度，以 $1000kg/m^3$ 计。

23.3　污泥的输送与水力计算

23.3.1　污泥流动的水力特性

污泥在含水率较高（高于99%）的状态下，属于牛顿流体，流动特性接近于水流。随着固体浓度的增加，污泥的流动显示出半塑性或塑性流体的特性，必须克服初始剪切力 τ_0 以后才能开始流动。固体浓度越高，τ_0 值越大，所以污泥的流动特性不同于水流。在层流条件下，由于 τ_0 的存在，污泥流动的阻力很大，因此污泥输送管道的设计，常采用较大的流速，使泥流处于紊流状态。污泥流动的下临界流速约为1.1m/s，上临界流速约为1.4m/s。污泥压力管道的最小设计流速为1.0～2.0m/s。

23.3.2　污泥的输送

污泥输送的主要方法有管道（压力管道或重力管道）、卡车、驳船以及它们的组合。采用何种方法主要取决于污泥的数量和性质、污泥处理的方案、输送距离与费用、最终处置与利用方式等因素。污泥进行管道输送或装卸卡车、驳船时，需要抽升设备、污泥泵或渣泵。输送污泥的污泥泵，在构造上必须满足不易被堵塞与磨损，不易受腐蚀等基本条件。可有效地用于污泥抽升的设备有隔膜泵、旋转螺栓泵、螺旋泵及柱塞泵等。

（1）隔膜泵。没有叶轮，所以无叶轮堵塞和磨损问题。工作原理是依靠活动的隔膜与上、下两个开、闭活门。隔膜泵的缺点是流量脉动不稳定，故仅适用于泵送小流量污泥。

（2）旋转螺栓泵。由螺栓状转子与另一与其错位吻合的螺栓状定子组成（图23-3）。转子用硬质铬钢制成，定子用橡胶制成，转子旋转时与定子交替形成不同空隙而将污泥连续挤压出去。

（3）螺旋泵。根据阿基米德螺旋线原理制作而成的连续螺片与敞开的圆槽型池壁组成（图23-4），不易堵塞与磨损，但仅能提升有限的高度，无加压功能。

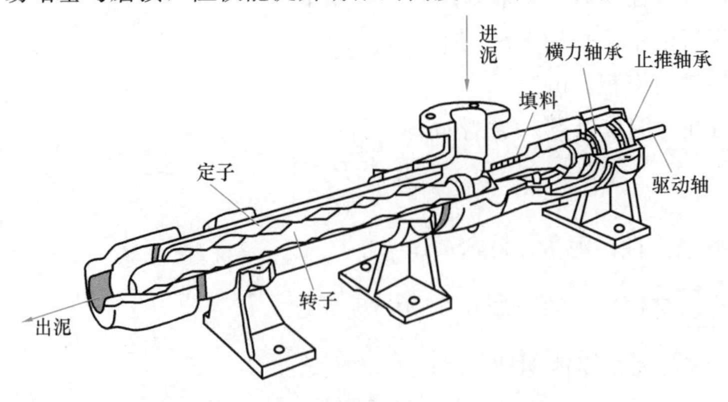

图23-3　旋转螺栓泵结构图

（4）多级柱塞泵。属活塞式泵（图23-5），用于长距离输送污泥，可分为单缸、双缸和多缸等，视需输送的距离而定。输送流量为9～14m^3/h，扬程为0.25～0.7MPa（2.5～7kg/cm^2）。

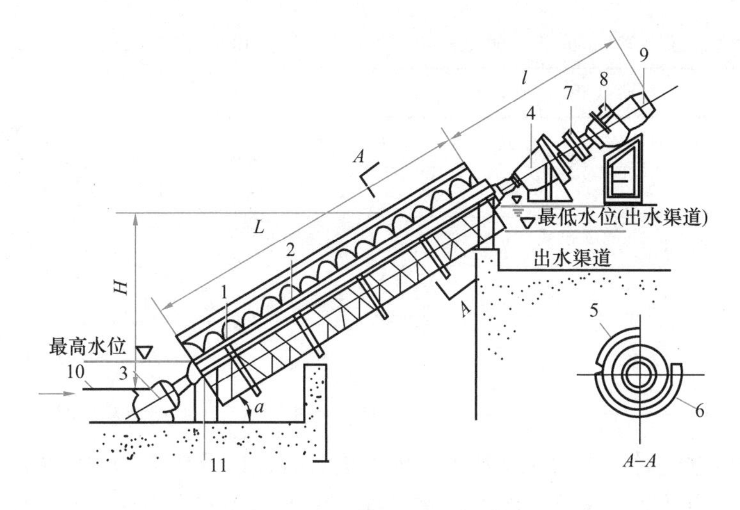

图 23-4　螺旋泵结构图

1—螺旋泵；2—轴心管；3—下轴承座；4—上轴承座；5—罩壳；6—泵壳；7—联轴器；8—减速器；9—电机；10—润滑管；11—支架

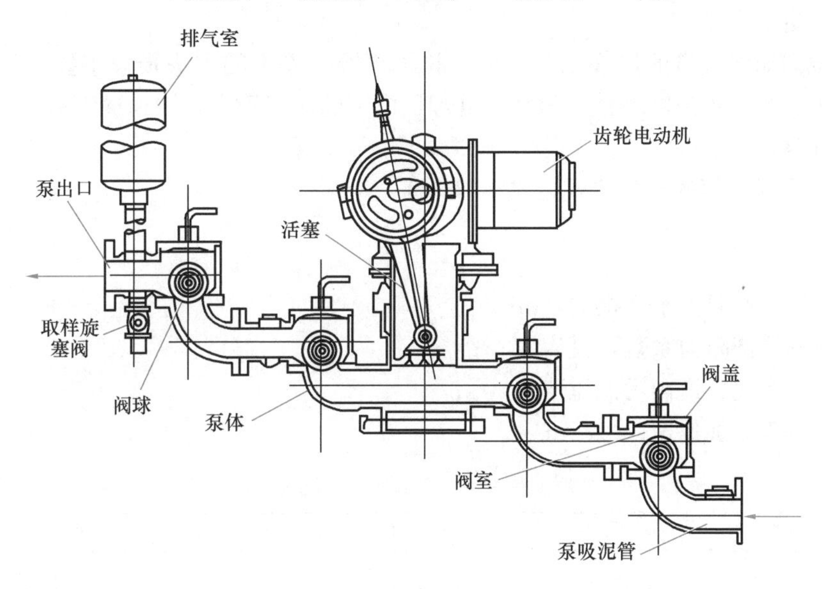

图 23-5　多极柱塞泵结构图

23.3.3　污泥流动的水力计算

（1）压力输泥管道的沿程水头损失可采用海曾—威廉（Hazen-Williams）紊流公式：

$$h_f = 6.82\left(\frac{L}{D^{1.17}}\right)\left(\frac{\upsilon}{C_H}\right)^{1.85} \tag{23-12}$$

式中　h_f——输泥管沿程水头损失，m；

L——输泥管长度，m；

D——输泥管直径，m；

υ——污泥流速，m/s；

C_H——海曾—威廉系数，适应于各种类型的污泥，其值取决于污泥含固率，根据污泥含固率，查表 23-5 得到。

污泥含固率与 C_H 值表　表 23-5

污泥含固率（%）	C_H 值
0.0	100
2.0	81
4.0	61
6.0	45
8.5	32
10.1	25

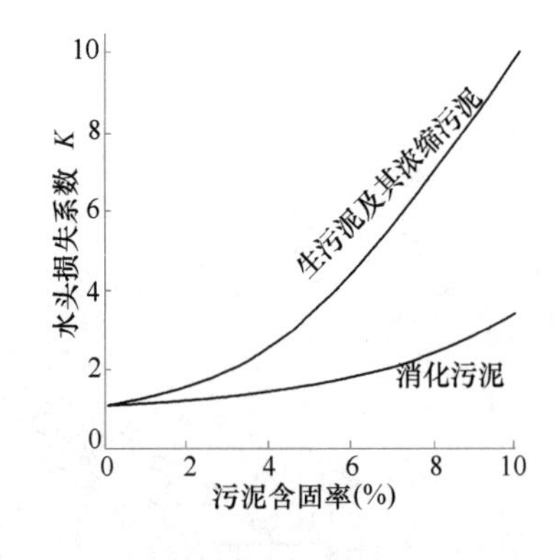

图 23-6　污泥类型及污泥含固率与 K 值图

长距离管道输送时，生污泥和浓缩污泥可能含有油以及较高的固体浓度，使用时间长时，因管壁被油脂粘附以及管底沉积，水头损失增大。为安全考虑，用海曾—威廉紊流公式计算出的水头损失值，应该乘以水头损失系数 K。K 值与污泥类型及污泥含固率有关，可查图 23-6。根据计算所得水头损失值，选择污泥泵。根据乘以 K 值后得水头损失值选泵，则运行更为可靠。

（2）压力输泥管道的局部水头损失。长距离输泥管道的水头损失主要是沿程水头损失，局部水头损失可忽略不计。但污水处理厂内部的输泥管道，因输送距离短，局部水头损失必须计算。

局部水头损失值的计算公式见式（23-13）：

$$h_i = \xi \frac{v^2}{2g} \tag{23-13}$$

式中　h_i——局部阻力水头损失，m；

ξ——局部阻力系数，见表 23-6；

v——污泥管道内污泥流速，m/s；

g——重力加速度，9.81m/s^2。

污泥管道输送局部阻力系数 ξ 值　表 23-6

配件名称		水的 ξ 值	含水率 96%污泥的 ξ 值
承插接头		0.4	0.43
三通		0.8	0.73
90°弯头		1.46（h/d=0.9）	1.14（h/d=0.8）
四通		—	—
阀门开度	0.9	0.03	0.04
	0.8	0.05	0.12
	0.7	0.20	0.32
	0.6	0.70	0.90
	0.5	2.03	2.57
	0.4	5.27	6.30
	0.3	11.42	13.00
	0.2	28.70	29.70

注：h/d——管道充满度。

23.4 污 泥 浓 缩

污泥浓缩是降低污泥含水率、减少污泥体积的有效方法。污泥浓缩主要用于减缩污泥的间隙水（即游离水），因间隙水（即游离水）在污泥水分中所占比例最大，故浓缩是污泥减容的主要方法。经浓缩后的污泥近似糊状，含水率可降低至95%～97%（见表23-2），体积可缩小数倍，但仍能保持良好的流动性。如后续处理是厌氧消化，消化池容积、加热量和搅拌能耗都可大幅度降低。如后续处理是机械脱水，污泥调理剂用量、脱水机设备容量都可大幅度降低。

污泥浓缩的方法主要有重力法、气浮法和离心法。在选择浓缩方法时，除考虑各种方法本身的特点外，还应考虑污泥的性质、来源、整个污泥处理流程及最终处置方式等。如重力浓缩法用于浓缩自来水厂排泥水、污水处理厂初沉污泥和剩余活性污泥的混合污泥时效果较好；单纯的剩余活性污泥一般用气浮法浓缩，近年发展到部分采用离心法浓缩。

23.4.1 重力浓缩法

1. 重力浓缩理论

重力浓缩理论主要有迪克（Dick）理论和孔奇（Kynch）理论。孔奇理论在本书第5章已有介绍，本章重点介绍迪克理论。

迪克于1969年采用静态浓缩试验的方法，分析了连续式重力浓缩池的工况。他引入了浓缩池横断面的固体通量这一概念，即单位时间内，通过单位面积的固体质量称为固体通量，单位“kg/（m^2·h）”。如图23-7所示，当连续式重力浓缩池运行正常时，池中固体量处于动平衡状态，即单位时间内进入浓缩池的固体质量，等于排出浓缩池的固体质量（上清液所含固体质量忽略不计）。通过浓缩池任一断面的固体通量，由两部分组成，一部分是浓缩池底部连续排泥所造成的向下流固体通量；另一部分是污泥自重压密所造成的固体通量。

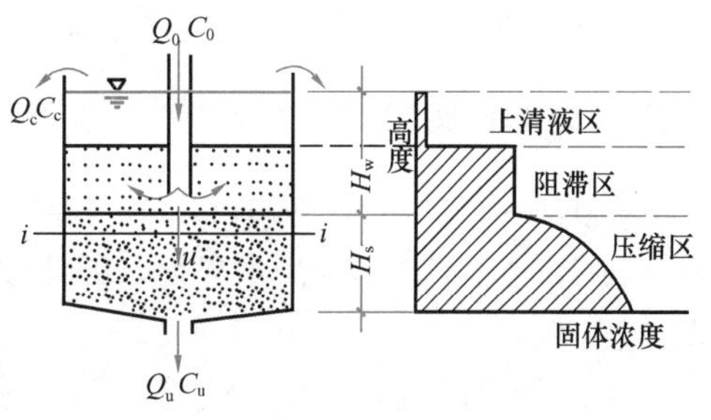

图23-7 连续式重力浓缩池工况

（1）向下流固体通量。设图23-7中断面 i-i 处的固体浓度为 C_i，通过该断面的向下流固体通量：

$$G_u = uC_i \tag{23-14}$$

式中 G_u——向下流固体通量，kg/（m^2·h）；

u——向下流流速，即由于底部排泥产生的界面下降速度，m/h。若底部排泥量为 Q_u（m^3/h），浓缩池断面积为 A（m^2），则 $u=\dfrac{Q_u}{A}$，运行资料统计表明，活性污泥浓缩池的 u 一般为0.25～0.51m/h；

C_i——断面 i-i 处的污泥固体浓度，kg/m^3。

由式（23-14）可见，当 u 为定值时，G_u 与 C_i 成直线关系。如图23-9所示的直线1。

（2）自重压密固体通量。用同一种污泥的不同固体浓度 C_1，C_2，…，C_i，…，C_n，分别在沉淀筒中做静态浓缩试验，将试验数据绘制成沉降时间与界面高度关系曲线，如图23-8所示。然后作每条浓缩曲线的界面沉速，即通过每条浓缩曲线的起点作切线，切线与横坐标相交，得沉降时间 t_1，t_2，…，t_i，…，t_n。则该浓度的界面沉速为 $\upsilon_i=\frac{H_0}{t_i}$（m/h），故自重压密固体通量为：

$$G_i=\upsilon_i C_i \tag{23-15}$$

式中 G_i——自重压密固体通量，kg/（m^2·h）；

υ_i——污泥固体浓度为 C_i 时的界面沉速，m/h。

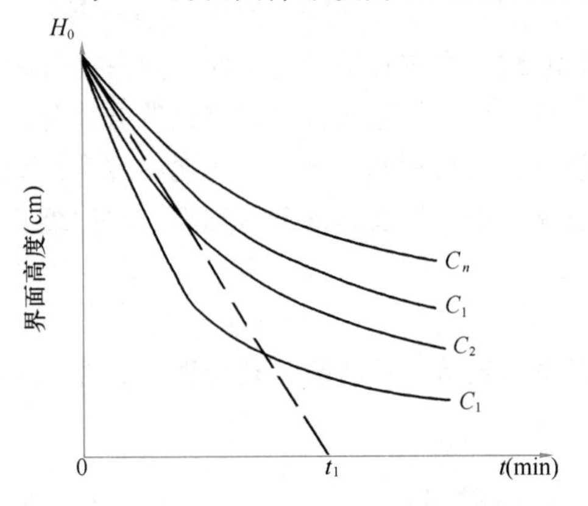

图 23-8　不同浓度污泥的界面高度与沉降时间

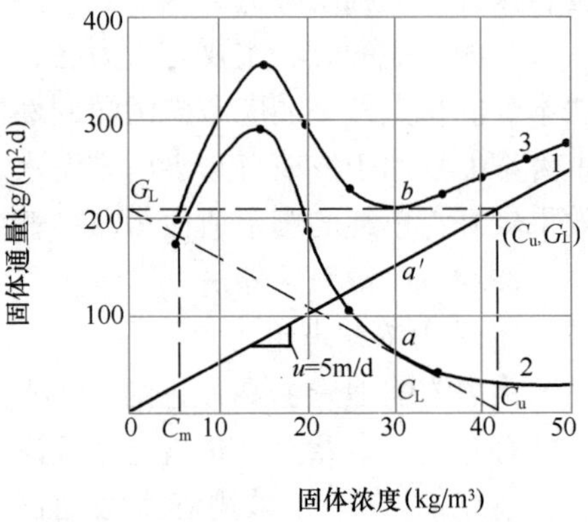

图 23-9　固体通量与固体浓度关系

根据式（23-15），可作 G_i-C_i 关系曲线，如图23-9所示的曲线2。固体浓度低于500mg/L时，不会出现泥水界面，故曲线2不能向左延伸。C_m 即等于形成泥水界面的最低浓度。

（3）总固体通量。浓缩池任一断面的总固体通量等于式（23-14）与式（23-15）之和，即图23-9中曲线1与2叠加所得的曲线3。

$$G=G_u+G_i=uC_i+\upsilon_i C_i=C_i（u+\upsilon_i） \tag{23-16}$$

图23-9的曲线3可用静态试验的方法，表征连续式重力浓缩池的工况。曲线3最低点 b 的横坐标为 C_L，称为极限固体浓度，其物理意义是：固体浓度如果大于 C_L，就通不过这个截面。经曲线3的最低点 b，作切线截纵坐标于 G_L 点，G_L 就是极限固体通量；另一种求 G_L 的方法是，先确定浓缩池底泥浓度 C_u，通过点（C_u，0）作曲线2的切线，该切线与纵坐标的交点即为 G_L。极限固体通量的物理意义是：在浓缩池的深度方向，必存在着一个控制断面，这个控制断面的固体通量最小，即 G_L。而其他断面的固体通量都大于 G_L。因此浓缩池的设计断面面积应该是：

$$A\geqslant\frac{Q_0 C_0}{G_L} \tag{23-17}$$

式中 A——浓缩池设计表面积，m^2；

Q_0——入流污泥量，m^3/h；

C_0——入流污泥固体浓度，kg/m^3；

G_L——极限固体通量，kg/（m^2·h）。

Q_0，C_0 是已知数，G_L 值可通过试验求得或参考同类性质污水处理厂的浓缩池运行数据取用。

通过理论推导可知，迪克理论通常用于可自重压缩的污泥浓缩，如污水处理厂污泥。孔奇理论一般用于不可自重压缩的污泥浓缩，如自来水厂污泥。但这也不是绝对的，应根据实际污泥特性确定。实际上，污水处理厂和自来水厂污泥浓缩，两种理论均有应用。

2. 间歇式污泥浓缩池

间歇浓缩池可建成矩形或圆形，如图 23-10 所示，多用于小型污水处理厂（站）。间歇浓缩池设计的主要参数是停留时间。如果停留时间太短，浓缩效果不好；太长不仅占地面积大，还可能造成有机物厌氧发酵，破坏浓缩过程。停留时间的长短最好经过试验决定，在不具备试验条件时，可按不大于 24h 设计，一般取 9～12h。浓缩池的上清液，应回流到初沉池前重新进行处理。

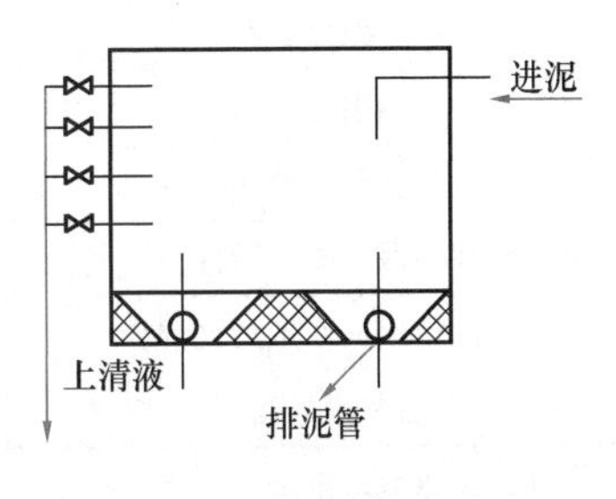

图 23-10　间歇式污泥浓缩池

3. 连续式污泥浓缩池

连续运行的浓缩池可采用沉淀池的形式，一般为竖流式（或辐流式），如图 23-11 所示。

连续式浓缩池的合理设计与运行取决于对污泥沉降特性的掌握。污泥的沉降特性与固体浓度、性质及来源有密切关系。所以在设计时，最好先进行污泥浓缩试验，掌握沉降特性，得出设计参数。设计参数主要包括：

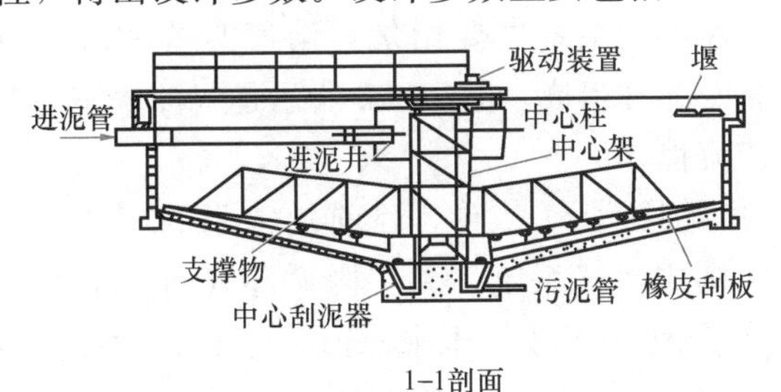

图 23-11　连续式污泥浓缩池

（1）浓缩池的固体通量：单位时间内，通过浓缩池任一断面的干固体质量[kg/(m^2·h)或 kg/(m^2·d)]；

（2）水力负荷：单位时间内，通过单位浓缩池表面积的上清液溢流量[m^3/(m^2·h)或 m^3/(m^2·d)]；

（3）水力停留时间（h 或 d）。

对于新建厂，无法通过试验求得上述设计参数时，可参考经验数据。表 23-7 列出了一些固体通量的常用数据。按固体通量计算出浓缩池的面积之后，应与按水力负荷核算的面积相比较，取其大值。初沉污泥最大水力负荷可取 1.2～1.6m^3/(m^2·h)，剩余活性污泥取 0.2～0.4m^3/(m^2·h)。

浓缩池的有效水深一般采用 4m，当采用竖流式浓缩池时，其水深按沉淀部分的上升流速不大于 0.1mm/s 计算。浓缩池容积应按污泥在其中停留 10～16h 进行核算，不宜过长。

重力浓缩池生产运行数据表　　表 23-7

污泥种类	污泥固体通量 [kg/ (m²·h)]	浓缩污泥浓度 (g/L)
生活污水污泥	1～2	50～70
初次沉淀污泥	4～6	80～100
改良曝气活性污泥	3～5.1	70～85
活性污泥	0.5～1.0	20～30
腐殖污泥	1.6～2.0	70～90
初沉污泥与活性污泥混合	1.2～2.0	50～80
初沉污泥与改良曝气活性污泥混合	4.1～5.1	80～120
初沉污泥与腐殖污泥混合	2.0～2.4	70～90
自来水厂污泥	5～10	80～120

注：入流污泥浓度 C_0=2～6g/L。

23.4.2　气浮浓缩池

气浮浓缩是依靠微小气泡与污泥颗粒产生粘附作用，使污泥颗粒的密度小于水而上浮，从而得到浓缩。气浮法对于浓缩密度接近于水的、疏水的污泥尤其适用，对于浓缩时易发生污泥膨胀的、易发酵的剩余活性污泥，其效果尤为显著。目前，浓缩污泥最常用的方法是压力溶气气浮。

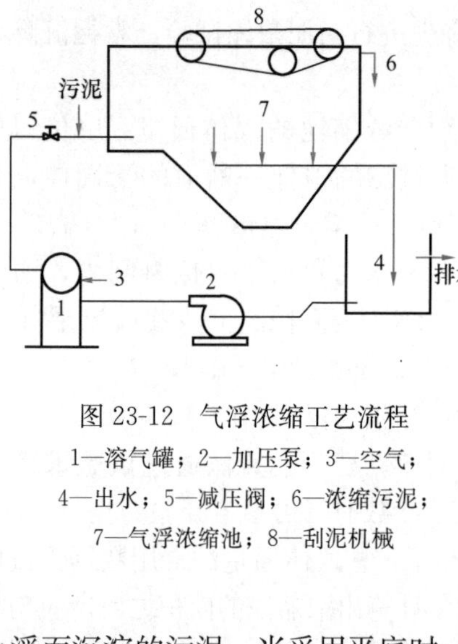

图 23-12　气浮浓缩工艺流程
1—溶气罐；2—加压泵；3—空气；4—出水；5—减压阀；6—浓缩污泥；7—气浮浓缩池；8—刮泥机械

1. 气浮浓缩系统的组成

气浮浓缩系统主要由加压溶气装置和气浮分离装置两部分组成。图 23-12 所示是气浮浓缩的典型工艺流程。

(1) 加压溶气装置。目前较常用的有“水泵一空压机式溶气系统”和“内循环式射流溶气系统”。溶气罐一般按加压水停留 1～3min 设计，溶气效率为 50%～90%，绝对压力采用 2.5×10^5～5×10^5Pa。

(2) 气浮分离装置（气浮浓缩池）。气浮浓缩池有矩形的平流式和圆形的升流式之分。前者使用得多，其底部呈 55°～60°斗形，可以排除难以上浮而沉淀的污泥。当采用平底时，应考虑如何定期清除积存于底部的沉淀物。据国外资料介绍，污泥在气浮浓缩池中的平均停留时间可短至 3～5min，国内一般不小于 20min。

由于污泥浓缩效果的优劣与污泥颗粒粘附微气泡的情况有关，在设计时，应选用合适的释放器，以获得高质量的微气泡，同时也应使减压后的溶气水与入流污泥在某一固定混合容器或管段内充分混合，以达到较好的污泥浓缩效果及降低溶气水量的目的。

2. 气浮浓缩法的主要设计参数

设计气浮浓缩池的主要参数有污泥负荷、气固比、水力负荷、回流比等。气固比是指溶气水经减压释放出的微气泡量与需浓缩的固体量之质量比，常用 A_s 表示。回流比是加压溶气水量与需要浓缩的污泥量的体积比，通常以 R 表示。

在有条件时，设计前应进行必要的试验，针对污泥及溶气水的特性，求得在不同压力下，不同污泥负荷和水力负荷时的污泥浓缩效果以及出水的悬浮固体浓度、回流比、气固比等，从而决定最佳设计参数。

气浮池污泥负荷*　　表 23-8

污 泥 种 类	负荷 [kg/(m²·d)]
空气曝气的活性污泥	25～75
空气曝气的活性污泥经沉淀后	50～100
纯氧曝气的活性污泥经沉淀后	60～150
50%初沉池污泥+50%活性污泥经沉淀后	100～200
初次沉淀池污泥	至 260

* 不投加化学絮凝剂。

在缺乏试验条件时，气固比 A_s 一般取 0.01～0.04；水力负荷取 40～80m³/（m²·d)；回流比 R 一般为 25%～35%，亦可按所需空气量计算；污泥负荷可参考表 23-8 取值。

回流比可按以下公式，根据所需空气量计算：

$$A_s=\frac{A_a}{S}=\frac{S_a R\dfrac{fP-1.013\times10^5}{9.81\times10^5}}{C_0} \tag{23-18}$$

式中 A_s——气固比；

A_a——所需空气量，g/h；

S——进入气浮池的固体总量（不计回流水 SS)，g/h；

S_a——标准大气压 101325Pa 时不同温度的空气饱和溶解度，mg/L，0℃、10℃、20℃、30℃、40℃ 的 S_a 分别为 36.5mg/L、27.5mg/L、21.8mg/L、17.7mg/L、15.5mg/L；

C_0——入流污泥浓度，g/m³；

R——回流比；

P——绝对大气压，Pa，$P=P_b+1.013\times10^5$，其中 P_b——表压，Pa；

f——溶解效率，当溶气罐内加填料及溶气时间为 2～3min 时，$f=0.9$，不加填料时，$f=0.5$。

【例 23-3】 某污水处理厂的剩余活性污泥量为 240m³/d，含水率 99.3%，泥温 20℃。现采用回流加压溶气气浮法浓缩污泥，要求含固率达到 4%，压力溶气罐的表压 P 为 2×10^5Pa。试计算气浮浓缩池的面积 A 和回流比 R。若浓缩装置改为每周运行 7d，每天运行 16h，计算气浮池面积。

【解】

设计一座矩形的平流式气浮浓缩池。

污泥量 $q_v=240\text{m}^3/\text{d}=10\text{m}^3/\text{h}$。

(1) 气浮浓缩池面积 A

污泥负荷取 75kg/(m²·d)，污泥密度为 1000kg/m³

$$A=\frac{240\times1000\times(1-99.3\%)}{75}=22.4\text{m}^2$$

（2）回流比 R

据经验，气固比 A_s 取 0.02。

采用装设填料的压力罐，溶解效率 $f=0.9$。

20℃时，空气饱和溶解度 $S_a=0.0187\times1.164=0.0218\text{g/L}=21.8\text{mg/L}$。

入流污泥浓度 C_0 为 7000g/m^3。$C_0=1000\times1000\times(1-99.3\%)=7000\text{g/m}^3$

代入式（23-18）：

$$A_s=\frac{A_a}{S}=\frac{S_aR\dfrac{fP-1.013\times10^5}{9.81\times10^5}}{C_0}$$

$$0.02=\frac{21.8R\dfrac{0.9\times2\times0.981\times10^5}{9.81\times10^5}}{7000}$$

$$R=3.57=357\%$$

回流水量，$Rq_v=357\%\times10=36\text{m}^3/\text{h}$

溶气罐净体积（不包括填料）按溶气水停留 3min 计算，则：

$$V_N=36\times\frac{3}{60}=1.8\text{m}^3$$

以水力负荷校核气浮池面积：

$$\frac{(R+1)\ q_v}{A}=\frac{(357\%+1)\ \times240}{22.4}=49\text{m}^3/(\text{m}^2\cdot\text{d})$$

符合要求。

（3）若浓缩池每天运行 16h，则流量

$$q'_v=\frac{240}{16}=15\text{m}^3/\text{h}$$

污泥负荷仍取 75kg/（$\text{m}^2\cdot\text{d}$）=3.125kg/（$\text{m}^2\cdot\text{h}$），则

$$A=\frac{15\times1000\times\ (1-99.3\%)}{3.125}=33.6\text{m}^2$$

回流比（R）仍为 357%。

回流水量：$357\%\times15=54\text{m}^2/\text{h}$

溶气罐净体积：$V_N=54\times\dfrac{3}{60}=2.7\text{m}^3$

以水力负荷校核气浮池面积：

$$\frac{(R+1)\ q_v}{A}=\frac{(357\%+1)\ \times15}{33.6}=2.04\text{m}^3/(\text{m}^2\cdot\text{h})=49\text{m}^3/(\text{m}^2\cdot\text{d})$$

仍符合要求。

23.4.3 离心浓缩法

离心浓缩法的原理是利用污泥中固、液相的密度不同，在高速旋转的离心机中受到不同的离心力而使两者分离，达到浓缩的目的。被分离的污泥和水分别由不同的通道导出机外。

离心浓缩机呈封闭式，可连续工作。一般用于浓缩剩余活性污泥等难脱水污泥。污泥在机内停留时间只有 3min 左右，出泥含固率可达 4%以上。由于工作效率高，占地面积

小，卫生条件好等特点，离心法在国外利用较普遍，在国内也日益受到重视。

衡量离心浓缩效果的主要指标有出泥含固率和固体回收率等。固体回收率即浓缩后污泥的固体总量与入流污泥中的固体总量的比值。固体回收率越高，分离液中 SS 的浓度则越低，泥水分离效果越好，浓缩效果亦越好。

在浓缩剩余污泥时，为了取得好的浓缩效果，得到较高的出泥含固率（>4%）和固体回收率（>90%），一般需要添加 PFS（聚合硫酸铁）、PAM（聚丙烯酰胺）等助凝剂，这是离心法的缺点之一。而使用气浮法浓缩剩余活性污泥时，不需要任何助凝剂即可达到出泥含固率大于 4%、出水（分离液）的 SS≤100mg/L 的效果。离心法的另一个缺点是电耗很大，在达到相同的浓缩效果时，其电耗约为气浮法的 10 倍。

用于污泥浓缩的离心机机型主要有转筒式、盘式、篮式等，可参阅有关设计手册及本章 23.8.2 节。表 23-9 列举出一些转筒式离心机的运行参数，可供参考。

转筒式离心机用于污泥浓缩的运行参数　　表 23-9

污泥种类	入流污泥含固率（%）	浓缩后污泥含固率（%）	高分子聚合物需要量（g/kg 污泥干固体）	固体物质回收率（%）
剩余活性污泥	0.5～1.5	8～10	0 0.5～1.5	85～90 90～95
厌氧消化污泥	1～3	8～10	0 0.5～1.5	80～90 90～95
普通生物滤池污泥	2～3	8～9 9～11	0 0.75～1.5	90～95 95～97

23.5 污泥厌氧消化

厌氧消化是对有机污泥进行稳定处理的最常用的方法。在污泥中，有机物主要以固体状态存在，因此，污泥的厌氧消化包括：水解、酸化、产乙酸、产甲烷等过程。一般认为，当污泥中的挥发性固体的量降低 40%左右即可认为已达到污泥的稳定。有机废水的厌氧处理也包括以上几个过程，且认为产甲烷过程是控制整个废水厌氧处理的主要过程，而在污泥的厌氧消化中，则认为固态物的水解、液化是主要的控制过程。

厌氧消化产生的甲烷能抵消污水处理厂所需要的一部分能量，并使污泥固体总量减少(通常厌氧消化使 25%～50%的污泥固体被分解)，减少了后续污泥处理的费用。消化污泥是一种很好的土壤调节剂，它含有一定量的灰分和有机物，能提高土壤的肥力和改善土壤的结构。消化过程尤其是高温消化过程（在 50～60℃条件下），能杀死致病菌。

尽管有如上的优点，厌氧消化也有缺点：投资大，运行易受环境条件的影响，消化污泥不易沉淀（污泥颗粒周围有甲烷及其他气体的气泡），消化反应时间长等。

23.5.1 污泥厌氧消化法的发展和分类

根据操作温度，污泥厌氧消化分为中温消化（Mesophilic Digestion）和高温消化（Thermophilic Digestion）等，高温消化运行的能耗大大高于中温消化，只有当条件非常有利于高温消化或要求特殊时才会采用。

根据负荷率，污泥厌氧消化又可分为低负荷率和高负荷率两种。

低负荷率消化池是一个不设加热和搅拌设备的密闭的池子，池液分层，如图 23-13 所示。

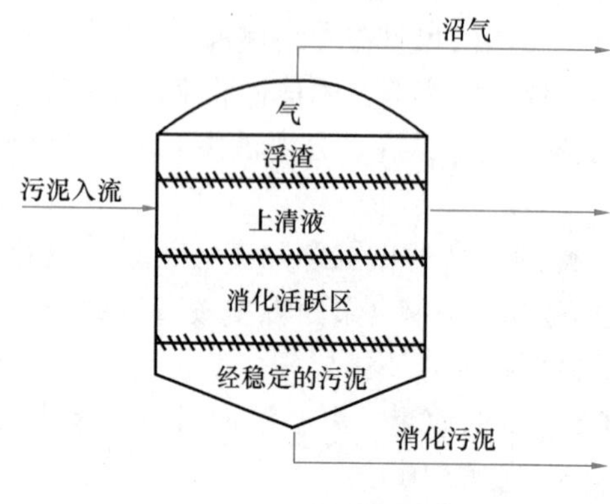

图 23-13　低负荷率厌氧消化池

它的负荷率低，一般为 0.5～1.6kgVSS/(m^3·d)，消化速度慢，消化期长，停留时间 30～60d。污泥间歇进入，在池内经历了产酸、产气、浓缩和上清液分离等所有过程。产生的沼气（消化气）气泡上升时有一定的搅拌作用。池内形成三个区——上部浮渣区、中间上清液、下部污泥区。顶部汇集消化产生的沼气并导出。经消化的污泥在池底浓缩并定期排出。上清液通常会回流到处理厂前端，与进厂污水混合。此外，21 世纪开始已有部分污水处理厂采用新型短程硝化-厌氧氨氧化工艺，实现了对污泥消化液的自养脱氮处理，大幅节约了脱氮过程中的曝气能耗以及碳源碱度投加量。

高负荷率消化池的负荷率达 1.6～6.4kgVSS/(m^3·d) 或更高，与低负荷率池的区别在于连续运行，设有加热和搅拌设备；连续进料和出料；最少停留 10～15d；整个池液处于混合状态，不分层；浓度比入流污泥低。高负荷率消化池常设两级，第二级不设搅拌设备，作泥水分离和缩减泥量之用，参见图 23-14。

随着工艺的发展，又出现了两相消化工艺。它根据厌氧分解的两阶段理论，把产酸和产沼气阶段分开，使之分别在两个池子内完成，如图 23-15 所示。该工艺的关键是如何使两阶段分开，方法有投加相应的菌种抑制剂、调节和控制停留时间和回流比等。

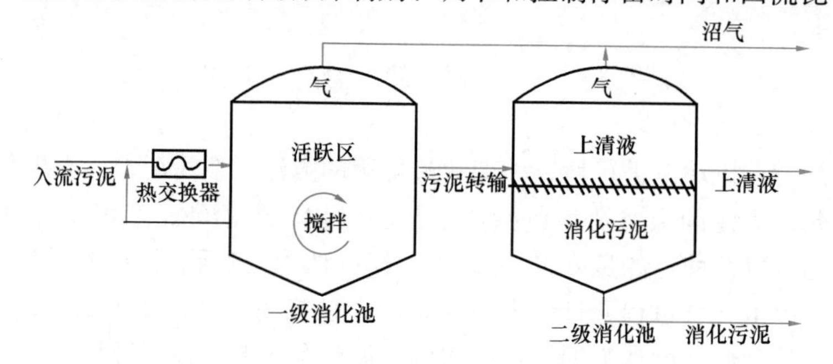

图 23-14　两级高负荷率厌氧消化系统

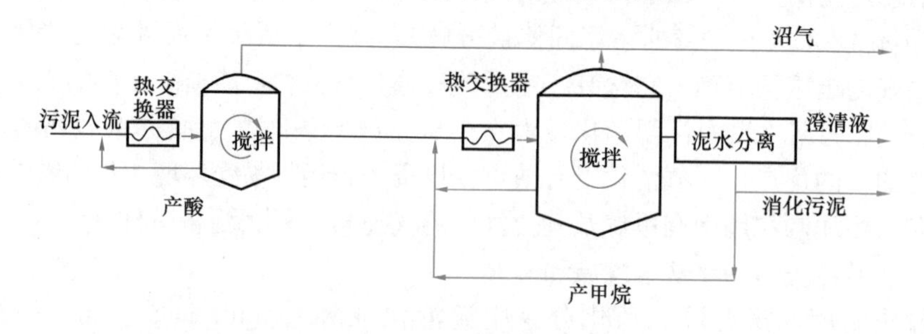

图 23-15　两相厌氧消化系统

23.5.2　影响污泥消化的主要因素

1. pH 和碱度

厌氧消化首先产生有机酸，使污泥的 pH 下降，随着甲烷菌分解有机酸时产生的重碳酸盐不断增加，使消化液的 pH 得以保持在一个较为稳定的范围内。酸化菌对 pH 的适应范围较宽，而甲烷菌对 pH 非常敏感，微小的变化都会使其受抑，甚至停止生长。消化池的运行经验表明，最佳的 pH 为 7.0～7.3。为了保证厌氧消化的稳定运行，提高系统的缓冲能力和 pH 的稳定性，要求消化液的碱度保持在 2000mg/L 以上（以 $CaCO_3$ 计）。

2. 温度

污泥的厌氧消化受温度的影响很大，一般有两个最优温度区段：33～35℃为中温消化，50～55℃为高温消化。温度不同，占优势的细菌种属不同，反应速率和产气率都不同。高温消化的反应速率快，产气率高，杀灭病原微生物的效果好，但由于能耗较大，难以推广应用。在这两个最优温度区以外，污泥消化的速率显著降低，参见图 23-16。另外，有的研究还表明，某些污泥进行高温消化的最优温度不在 50～55℃之间，而在 45℃左右。

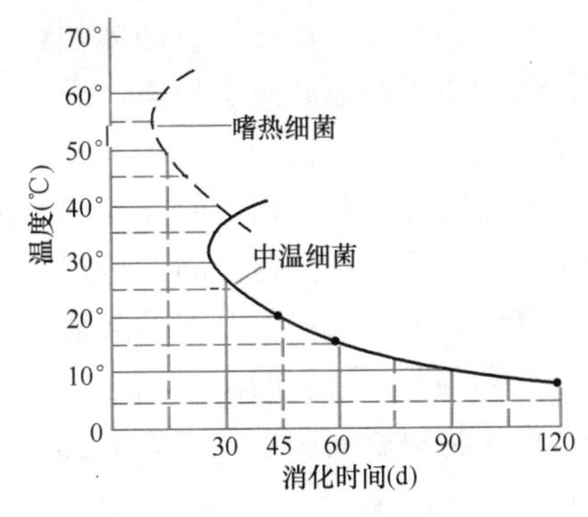

图 23-16 消化池内污泥消化时间与池内温度

3. 负荷

厌氧消化池的容积决定于厌氧消化的负荷率。负荷率的表达方式有两种：容积负荷（用投配率为参数）和有机物负荷（用有机负荷率为参数）。

以往常按污泥投配率计算消化池的体积。所谓投配率是指日进入的污泥量与池子容积之比，在一定程度上反映了污泥在消化池中的停留时间（投配率的倒数就是生污泥在消化池中的平均停留时间。例如，投配率为 5%，即池的水力负荷率为 0.05m^3/（m^3・d）时，停留时间为 1/0.05＝20d）。以水力停留时间为参数，对于生物处理构筑物不是很科学的。投配率相同，而含水率不同时，有机物量与微生物量的相对关系有时可相差几倍。

有机物负荷率是指每日进入的干泥量与池子容积之比，单位为“kg 干泥/（m^3・d)”。它可以较好地反映有机物量与微生物量之间的相对关系。同时要注意，容积负荷较低时，微生物的反应速率与底物（有机物）的浓度有关。在一定范围内，有机负荷率大，消化速率也高。

从现在的认识来看，有机物的稳定过程要经过一定的时间，也就是说污泥的消化期（生污泥的平均停留时间）仍然是污泥消化过程的一个不可忽视的因素。因此，用有机物容积负荷计算消化池容积时，还要用消化时间进行复核。消化时间，可以是指固体平均停留时间，也可以指水力停留时间。消化池在不排出上清液的情况下，固体停留时间与水力停留时间相同。我国习惯上计算消化时间时不考虑排出上清液，因此消化时间即是指水力停留时间。

4. 消化池的搅拌

在有机物的厌氧发酵过程中，让反应器中的微生物和营养物质（有机物）搅拌混合，充分接触，将使得整个反应器中的物质传递、转化过程加快。实践证明，通过搅拌，可使有机物充分分解，增加了产气量（搅拌比不搅拌可提高产气量 20%～30%）。此外，搅拌还可打碎消化池面上的浮渣。

在不进行搅拌的厌氧反应器或污泥消化池中，污泥成层状分布，从池面到池底，越往下面，污泥浓度越高，污泥含水率越低。到了池底，则是在污泥颗粒周围只含有少量水。在这些水中饱含了有机物厌氧分解过程中的代谢物，以及难降解的惰性物质（尤其在池底大量积累）。微生物被这种含有大量代谢产物、惰性物质的高浓度水包围着，影响了微生物对养料的摄取和正常的生活，以致降低了微生物的活性。如果进行搅拌，则可使池内污泥浓度分布均匀，调整污泥固体颗粒与周围水分之间的比例关系，同时亦使得代谢产物和难降解物质不在池底过多积累，而是在整个反应器内均匀分布。这样有利于微生物的生长繁殖和提高它的活性。

不进行搅拌时，因反应器底部的水压较高，气体的溶解度比上部的要大，底部的污泥中溶解了许多有害气体。通过搅拌可使底部的污泥（包括水分）翻动到上部，这样，由于压力降低，原有大多数有害的溶解气体可被释放逸出。其次，搅拌时产生的振动还可使污泥颗粒周围原先附着的小气泡（有时由于不搅拌还可能形成一层气体膜）被分离脱出。此外，微生物对温度和 pH 的变化也非常敏感，通过搅拌还能使这些环境因素在反应器内保持均匀。

根据甲烷菌的生长特点，搅拌亦不需要连续运行，过多的搅拌或连续搅拌对甲烷菌的生长也并不有利。在污泥消化的实际运行中，一般每隔 2h 搅拌一次，搅拌 25min 左右，每天搅拌 12 次，共搅拌 5h 左右。

23.5.3 消化池的构造

厌氧消化系统的主要设备是消化池及其附属设备。消化池一般是一个锥底或平底的圆池，四周为垂直墙体。平底或池底坡度较小时需要设置刮泥装置。大型消化池由现浇钢筋混凝土制成，体积较小的消化池一般用预制构件或钢板制成。整个池子由集气罩、池盖、池体与下锥体四部分组成，如图 23-17 所示。圆形消化池的直径一般为 6～30m，柱体的高约为直径的一半，而池总高接近直径。由于消化产生的污泥中主要含有甲烷，如与空气混合有强烈爆炸性，必须采用非常谨慎的措施严防空气进入消化池系统。消化池的密封顶盖有两种形式：(1) 浮动式顶盖如图 23-18 所示，可以随着污泥体积和气体体积的变化而上下浮动，为了防止空气进入消化池，池顶也可作为浮动式贮气罐使用；(2) 固定式顶盖如图 23-19 所示，带有池外压力贮气罐，当排除污泥或上清液时，可以把气体压回消化池，否则，污泥或上清液排除时形成的真空可能损坏消化池。消化池的附属设备有加料、排料、加热、搅拌、破渣、集气、排液、溢流及其他监测防护装置。

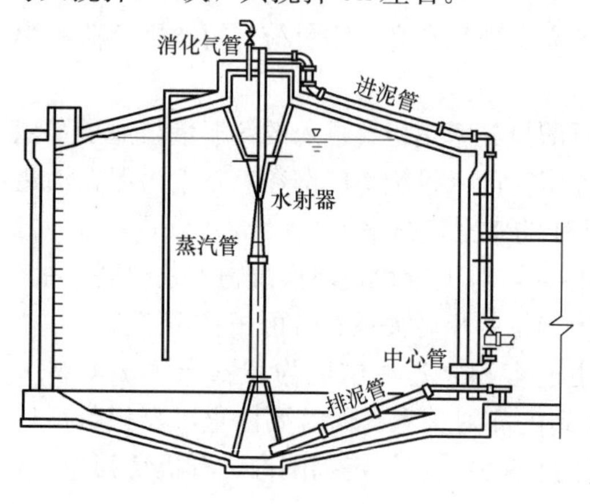

图 23-17 消化池构造

新污泥一般由泵提升，经池顶进泥管送入池内。如果污泥含固率太高（例如超过 4%～5%），泵送可能会有困难。如果污泥的含水率高，不含粗大的固体，传统的离心式污水泵就可能很好地运行。如果污泥中含有粗大的固体（如破布、绳索、木片等）及浓度较高时，一般可用螺杆式泵。排料时，污泥沿池底排泥管排出。进泥、排泥管的直径不应小于 200mm，进泥和排泥可以连续或间歇进行。操作顺序一般是排泥到计量槽，再将相

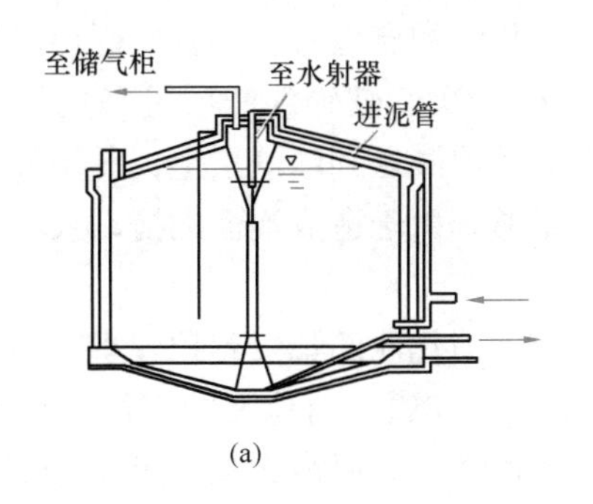

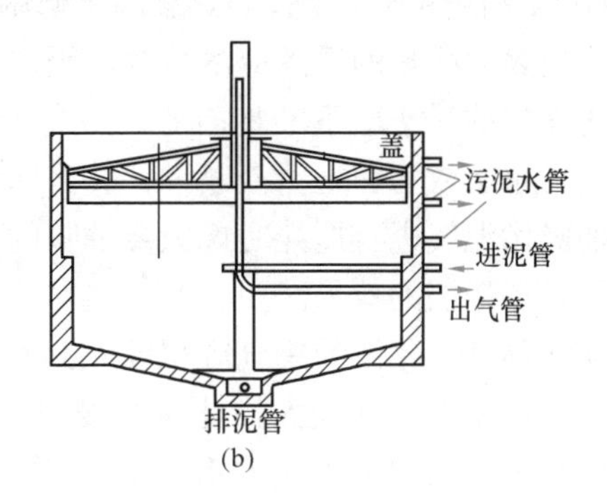

图 23-18　浮动式盖消化池

（a）浮动盖（不带气体贮存）；（b）贮气盖（带气体贮存）

等数量的新污泥加入池中，进泥过程中要充分混合。

如前所述，消化池的搅拌方法主要有三种。螺旋桨搅拌的消化池如图 23-20 所示。用鼓风机或用射流器抽吸污泥气进行搅拌的如图 23-21 和图 23-17 所示。

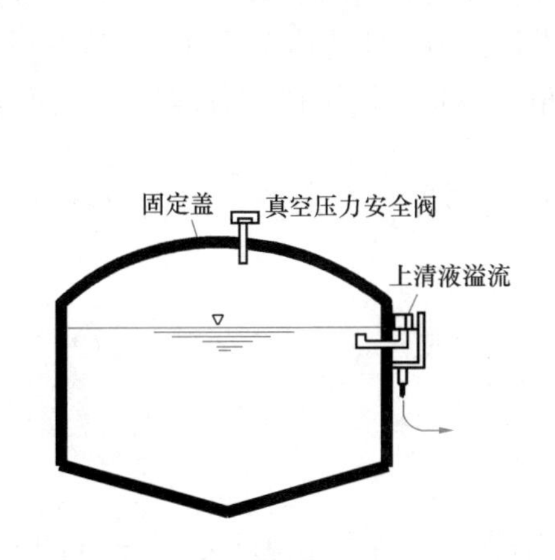

图 23-19　固定式盖消化池

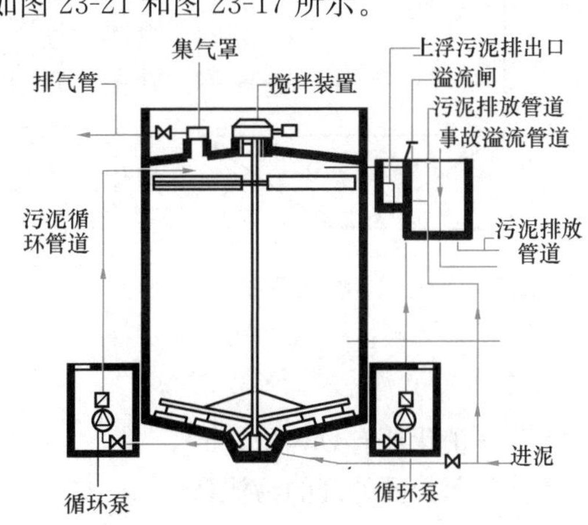

图 23-20　螺旋桨搅拌的消化池

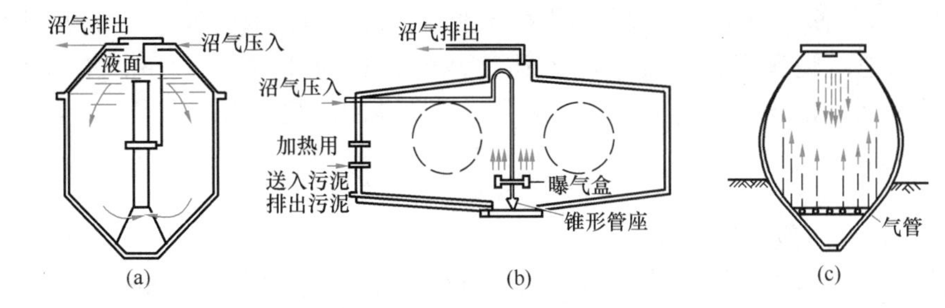

图 23-21　用鼓风机搅拌的消化池

（a）气体升液器式；（b）气体扩散式；（c）利用池底配管压入气体方法

消化池的加热方法分为池外加热和池内加热两种。池外加热法是将污泥水抽出，通过安装在池外的热交换器加热，然后循环回到池内。池内加热法可以将低压蒸汽直接投加到消化池的底部或与生污泥一起进入消化池。也可以在消化池内采用盘管间接加热，盘管内通以 70℃以下的热水，盘管加热法因维修困难和效率低而使用不多。

消化池表面积累的浮渣应尽量少，因浮渣占用消化池的有效容积，且妨碍污泥气的释放。消化池内的浮渣应不断地打碎，或每天至少打碎一次。破碎浮渣层可采用下列的方式：①用自来水或污泥上清液喷淋；②将循环污泥或污泥液送到浮渣层上；③用鼓风机或射流器抽吸污泥气进行搅拌时，只要抽吸的气体量足够，由于造成池面的搅动较剧烈，也可达到破碎浮渣层的效果。

浮动式顶盖消化池的集气容积较大。而固定式顶盖消化池的集气容积较小，在加料和排料时，池内压力波动较大，此时宜设单独的污泥气贮气罐。消化池的上清液应及时排出，这样有利于增加消化池的有效容积并减少热量消耗。上清液污染严重，悬浮固体、BOD 和氨氮的浓度都很高，不能直接排放，应回流到污水生物处理系统中。消化池的监测防护装置应包括安全阀、温度计等。

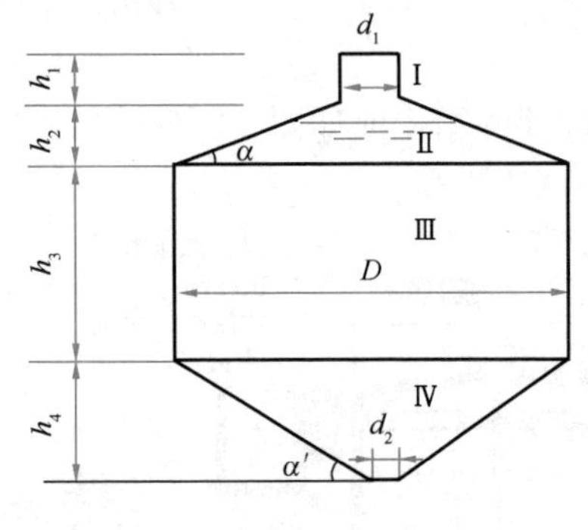

图 23-22　消化池计算用草图

23.5.4　消化池的设计计算

以固定盖式消化池为例，进行设计计算。图 23-22 为此类消化池的计算用草图。消化池的设计内容包括：池体设计、加热保温系统设计和搅拌设备的设计。此处主要介绍池体设计。消化池池体设计包括池体选型、确定池的数目和单池容积，确定池体各部尺寸和布置消化池的各种管道。

目前国内一般按污泥投配率确定消化池有效容积，即

$$V=\frac{V'}{P} \tag{23-19}$$

式中　V——消化池有效容积，m^3；

V'——每天要处理的污泥量，m^3/d；

P——污泥投配率，城市污水处理厂高负荷率消化池，当消化温度为 30～35℃时，P 可取 6%～18%。

考虑事故或检修，消化池座数下不得少于两座，每座消化池的容积，可根据运行的灵活性及结构和地基情况考虑决定。小型消化池的容积为 2500m^3 以下；中型消化池为 5000m^3 左右；大型消化池可达 10000m^3 以上。消化池的座数 n 为：

$$n=\frac{V}{V_0} \tag{23-20}$$

式中　V_0——单池有效容积，m^3。

亦可按有机负荷率（N_s）计算消化池的有效容积，N_s 值与污泥的含固率、温度有关。表 23-10 所列数据可作参考。

$$V=\frac{G_s}{N_s} \tag{23-21}$$

式中　V——消化池有效容积，m^3；

G_s——每日要处理的污泥干固体量，kgVSS/d；

N_s——单位容积消化池污泥（VSS）负荷率，kgVSS/（m^3·d）。

确定消化池单池有效容积后，就可计算消化池的构造尺寸。圆柱形池体的直径一般为6～35m，柱体高与直径之比为1∶2，池总高与直径之比约为0.8～1.0。池底坡度一般为0.08。池顶部突出的圆柱体，其高度和其直径相同，常采用2.0m。池顶至少设两个直径为0.7m的检修口。消化池必须附设各种管道，包括污泥管（进泥管、出泥管和循环搅拌管）、上清液排放管、溢流管、沼气管和取样管等。

有机负荷率 N_s　　表 23-10

污泥固体含量（%）	有机负荷率［kg VSS/（m^3·d）］				备注
	24℃	29℃	33℃	35℃	
4	1.53	2.04	2.55	3.06	VSS/SS=0.75
5	1.91	2.55	3.19	3.83	
6	2.30	3.06	3.83	4.59	
7	2.68	3.57	4.46	5.36	

23.5.5　沼气（消化气）的收集和利用

污泥和高浓度有机废水的厌氧消化均会产生大量沼气。沼气的热值很高，是一种可利用的生物能源，具有一定的经济价值。在设计消化池时必须同时考虑相应的沼气收集、贮存和安全等配套设施，以及利用沼气加热入流污泥和池液的设备。污泥消化所产生的以甲烷为主的消化气量，主要取决于被消化的挥发性固体量。可以根据挥发性固体的分解率和单位质量挥发性固体被分解所产生的气量进行估算。一般每千克挥发性固体全部消化后可得0.75～1.1m^3消化气（一般含甲烷50%～60%），而污泥挥发性固体的消化率一般为40%～60%。

23.5.6　消化池的运行与管理

消化池的运行管理包括新建消化池的启动、正常运行管理及出现异常情况时的原因查找及处理对策。

1. 新建消化池的启动

新建的消化池，需要培养消化污泥，培养方法有两种。

（1）逐步培养法

将每天排放的初次沉淀污泥和浓缩后的活性污泥投入消化池，以每小时升温1℃的速度加热。当温度达到预定的消化温度时，逐日加入新鲜污泥，同时加热以维持该消化温度，直至设计泥面，停止加泥。此时仍继续加热保持消化池内消化温度，使有机物水解液化。待污泥成熟、产生沼气后，方可投入正常运行。这一过程一般约需30～40d。

（2）一次培养法

取当地或邻近城市污水处理厂的消化污泥为种泥，投入消化池，投加量约为消化池容积的1/10，然后逐日加入本厂的新鲜污泥，直至设计泥面。加热并控制升温速度为1℃/h，最后达到预定消化温度，同时控制池内pH为6.5～7.5，稳定3～5d。待污泥成熟产生沼气后，即可继续投加新鲜污泥，进入正常运行。如当地难以取得污水处理厂消化污泥，亦可取池塘或河道底泥，经2mm×2mm孔网过滤后投入消化池，代替消化污泥作为种泥，此时一般应适当延长培养时间。

2. 消化池的正常运行

消化池运行中需要监测和控制的指标有：负荷率、产气率、沼气成分、投配污泥成分、有机物分解程度、温度、pH和碱度、氨氮等。运行正常时，负荷率、产气率、沼气成分（CO_2与CH_4所占%）、温度、pH等都符合预定的设计值，投配污泥含水率94%～96%，有机物含量60%～70%；有机物分解程度45%～55%，脂肪酸以醋酸计为2000mg/L左右；总碱度以重碳酸盐计大于2000mg/L，氨氮约为500～1000mg/L。

此外，消化池运行中还必须保证充分的搅拌、上清液的及时排除和适当的排泥。采用污泥气循环搅拌可连续工作；采用水力提升器搅拌时，每日搅拌量应为消化池容积的两倍，间歇进行，如搅拌半小时，间歇1.5～2h。当有上清液排除装置时，应先排上清液再排泥。否则应采用中、低位管混合排泥或搅拌均匀后排泥，以保持消化池内污泥浓度不低于30g/L，否则消化很难进行。消化池正常工作所产生的沼气气压在1177～1961Pa之间，最高可达3432～4904Pa，过高或过低都说明池组工作不正常或输气管网中有故障。

3. 消化池发生异常现象的原因和对策

常见的消化池异常现象有产气量下降、上清液水质恶化、沼气气泡异常等，这些异常现象及其成因和处理对策可归纳见表23-11。

消化池异常现象及其成因和处理对策　　表23-11

异常现象	异常现象的成因	处理对策
产气量下降	投加的污泥浓度过低	提高投配污泥浓度
	消化污泥排量过大	减少排泥量
	消化池温度降低	减少投配量与排泥量 检查加热设备
	池内浮渣与沉砂量增多，使消化池容积减少	检查池内搅拌效果、及时排除浮渣与沉砂 检查沉砂池的沉砂效果
	有机酸积累，碱度不足	减少投配量 投加石灰、$CaCO_3$等
上清液水质恶化，BOD_5和SS升高	排泥量不够、固体负荷过大、消化程度不够、搅拌过度	分析上列可能原因，采取相应措施
连续喷出气泡，表示消化状态严重恶化	排泥量过大 有机物负荷过高 搅拌不充分	减少或停止排泥 减少污泥投配 加强搅拌
大量气泡剧烈喷出，但产气量正常	池内聚集的沼气突然穿过浮渣层大量喷出	充分搅拌，破碎浮渣层
不产生气泡	污泥投配过量	暂时减少或中止投配污泥

23.6 污泥的好氧消化

23.6.1 概述

污泥厌氧消化运行管理要求高，消化池需密闭、池容大、池数多。当污泥量不大时，可采用好氧消化。好氧消化法类似活性污泥法，在曝气池中进行，在不投加底物的条件下对污泥进行较长时间的曝气，使污泥中微生物处于内源呼吸阶段进行自身氧化。因此微生物机体的可生物降解部分（约占 MLVSS 的 80%）可被氧化去除，消化程度高，剩余消化污泥量少。

污泥好氧消化的主要优点包括：①污泥中可生物降解有机物的降解程度高；②上清液 BOD 浓度低；③消化污泥量少，无臭、稳定、易脱水，处置方便；④消化污泥的肥分高，易被植物吸收；⑤好氧消化池运行管理方便简单，构筑物基建费用低。

污泥好氧消化的主要缺点包括：①运行能耗多，运行费用高；②不能回收沼气；③因好氧消化不加热，所以污泥有机物分解程度随温度波动大；④消化后的污泥进行重力浓缩时，上清液 SS 浓度高。

23.6.2 好氧消化的机理

污泥好氧消化处于内源呼吸阶段，细胞质反应方程如下：

$$C_5H_7O_2N + 7O_2 \rightarrow 5CO_2 + 3H_2O + H^+ + NO_3^-$$

113　　　　224

可见，氧化 1kg 细胞质需氧 224/113≈2kg。在好氧消化中，氨氮被氧化为 NO_3^-，pH 将降低，故需要有足够的碱度来调节，以便使好氧消化池内的 pH 维持在 7 左右。池内溶解氧不得低于 2mg/L，并应使污泥保持悬浮状态，因此必须要有充足的搅拌强度。池内污泥的含水率在 95%左右，以便于搅拌。

23.6.3 好氧消化池的构造及工艺设计

1. 好氧消化池的构造

好氧消化池的构造与完全混合式活性污泥法曝气池相似，主要由好氧消化室、曝气系统、泥液分离室以及消化污泥排出管等设施组成，如图 23-23 所示。其中好氧消化室是污泥进行消化降解的场所，由中心导流筒和压缩空气管组成的曝气系统提供污泥消化所需的氧气并起搅拌作用，泥液分离室使污泥沉淀回流并排除上清液，消化池的底坡一般不小于 0.25，消化池水深取决于鼓风机的风压，一般采用 3～4m。

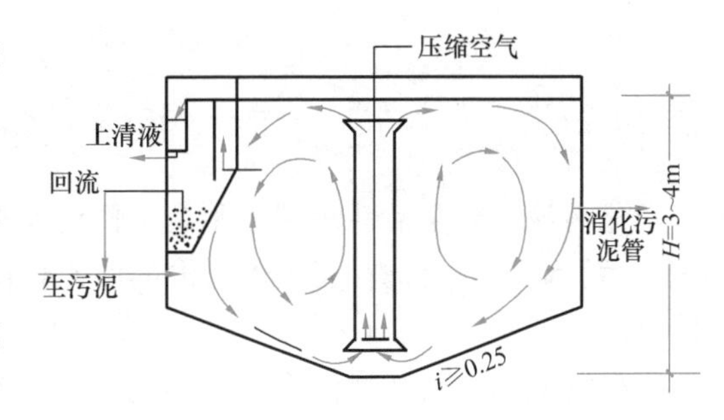

图 23-23　好氧消化池工艺图

2. 好氧消化设计

计算好氧消化池容积 V：

$$V = \frac{Q_0 X_0}{S} \ (\mathrm{m^3}) \tag{23-22}$$

式中　Q_0——进入好氧消化池生污泥量，m^3/d；

X_0——污泥中原有生物可降解挥发性固体浓度，$gVSS/m^3$；

S——有机负荷，$kgVSS/(m_3 \cdot d)$，可参考表 23-12 中所列有机负荷值。

好氧消化池设计参数　表 23-12

污泥停留时间(d)	活性污泥	10～15
	初沉污泥、混合污泥*	15～20
鼓风曝气空气需要量[m^3/(m^3·min)]	活性污泥	0.02～0.04
	初沉污泥、混合污泥*	≥0.06
有机负荷[kgVSS/(m^3·d)]		0.38～2.24
机械曝气所需功率[kW/(m^3·池)]		0.02～0.04
最低溶解氧(mg/L)		2
温度(℃)		>15℃
挥发性固体(VSS)去除率(%)		50左右

* 混合污泥，指初沉污泥与活性污泥的混合污泥。

好氧消化所需空气量应满足两方面的需要：其一是满足细胞物质自身氧化所需的空气量：活性污泥自身氧化的需气量为0.015～0.02m^3/(min·m^3)；初次沉淀污泥与活性污泥的混合污泥自身氧化的需气量0.025～0.03m^3/(min·m^3)。其二是满足搅拌混合的需气量：活性污泥为0.02～0.04m^3/(min·m^3)；混合污泥不少于0.06m^3/(min·m^3)。由此可见，搅拌混合需气量一般大于污泥自身氧化需气量，故工程设计中常以满足搅拌混合所需的空气量进行计算。

23.7　污泥的调理

23.7.1　概述

消化污泥、剩余活性污泥、剩余活性污泥与初沉污泥的混合污泥等在脱水之前应进行调理。污泥调理的目的在于改善污泥的脱水性能，提高机械脱水效果与机械脱水设备的生产能力。

初次沉淀污泥、活性污泥、腐殖污泥、消化污泥均由亲水性带负电荷的胶体颗粒组成，挥发性固体含量高、比阻值大(表23-13)，脱水非常困难。特别是活性污泥中含有平均粒径小于0.1μm的胶体颗粒、1.0～100μm之间的超胶体颗粒以及由胶体颗粒聚集的大颗粒等，所以其比阻值最大，脱水更困难。而消化污泥的脱水性能与消化的搅拌方法有关：若用水力提升或机械搅拌，污泥受机械剪切絮体被破坏，脱水性能恶化；若采用沼气搅拌则脱水性能较好。

一般认为当污泥的比阻值在(0.1～0.4)$\times10^9 s^2/g$之间时，进行机械脱水较为经济与适宜。但一般城市污水处理厂所产生污泥的比阻值均大于此值(表23-13)。故机械脱水前，必须进行污泥调理。所谓调理就是破坏污泥的胶态结构，减少泥水间的亲和力，改善污泥的脱水性能。污泥的调理方法有加药调理法、淘洗加药调理法、加热调理法、冷冻调理法、加骨粒调理法等。其中加药调理法功效可靠，设备简单，操作方便，被长期广泛采用。

各种污泥的比阻值范围　表 23-13

污泥种类	比阻值	
	(s^2/g)	(m/kg)①
初次沉淀污泥	(4.7～6.2) $\times 10^9$	(46.1～60.8) $\times 10^{12}$
消化污泥	(12.6～14.2) $\times 10^9$	(123.6～139.3) $\times 10^{12}$
活性污泥	(16.8～28.8) $\times 10^9$	(164.8～282.5) $\times 10^{12}$
腐殖污泥	(6.1～8.3) $\times 10^9$	(59.8～81.4) $\times 10^{12}$

① 若由“S^2/g”为单位表示的污泥比阻抗值为 r_1，由“m/kg”为单位表示的污泥比阻抗值为 r_2，则有 $r_1 \times 9.81 m/s^2 \times 10^3 = r_2$。

23.7.2 污泥脱水性能的评价指标

污泥过滤是最常用的脱水方法。污泥脱水性能的衡量常着眼于污泥过滤的难易，即滤速的快慢。而比阻抗值和毛细吸水值是衡量污泥脱水性能时常用的两种评价指标。

1. 比阻抗值 r

由泊肃叶—达西（Poiseilles-Darcy）定律和卡门—科克利（Carmen-Coakley）的发展和补充，得出的过滤基本方程式为：

$$\frac{dV}{dt}=\frac{pA^2}{\mu(r\rho_c V+R_m A)} \tag{23-23}$$

式中　$\frac{dV}{dt}$——过滤速度，m^3/s；

V——滤出液体积，m^3；

t——过滤时间，s；

p——过滤压力（滤布前后的压力差），N/m^2；

A——过滤面积，m^2；

ρ_c——单位体积滤出液所得滤饼干重，kg/m^3；

r——污泥过滤比阻抗，m/kg；

R_m——过滤开始时单位过滤面积上过滤介质的阻力，m/m^2；

μ——滤出液的动力黏滞度，$N \cdot s/m^2$。

当 P 为常数值时，式（23-23）可积分并整理为下式：

$$\frac{t}{V}=\left(\frac{\mu r\rho}{2pA^2}\right)V+\frac{\mu R_m}{pA} \tag{23-24}$$

$\frac{t}{V}$与 V 呈直线关系，其斜率为：

$$\frac{\mu r\rho_c}{2pA^2}=b \tag{23-25}$$

$$r=\frac{2bpA^2}{\mu \cdot \rho_c} \tag{23-26}$$

式中　b——与污泥性质有关的数值，s/m^6。

过滤比阻抗 r 的物理意义是单位干重滤饼的阻力，比阻抗值越大的污泥，越难过滤，其脱水性能也越差。

2. 毛细吸水时间（*CST*）

毛细吸水时间常用符号 *CST* 表示，英文 Capillary Suction Time 的缩写，由巴斯克维尔（Baskerville）和加尔（Gale）于 1968 年提出，其值等于污泥与滤纸接触时，在毛细管作用下，水分在滤纸上渗透 1cm 长度的时间，以秒计。他们发现在一定范围内污泥的毛细吸水时间（*CST*）与其比阻抗值 r 有关系。同济大学对上海城市污水处理厂污泥的研究结果表明，比阻抗值 r 与毛细吸水时间 *CST* 的对数具有线性关系，且毛细吸水时间测定设备简单，操作方便简捷，特别适于调理剂的选择和剂量的确定。

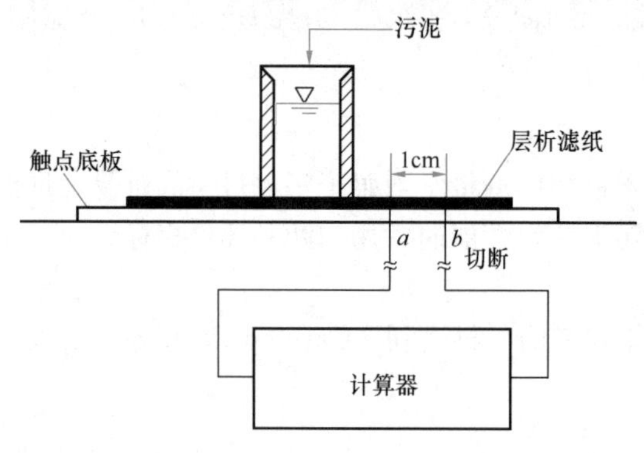

图 23-24　*CST* 值测定装置示意图

CST 的测定装置如图 23-24 所示。从图可见一无底圆筒（泥筒）放在滤纸上，滤纸放在一绝缘底板上。板面刻有间距为 1cm 的两个同心圆，并有 o、a、b 三个电触点，o、a 在内圆上，b 在外圆上。泥筒与两圆同心。当污泥倒入泥筒，其水分渗入滤纸，并向外渗出，当水分触及 o 点和 a 点时，两触点间的电路接触，设在 oa 电路上的放大器得到一个电信号，向继电器发出一个电脉冲（约历时 0.2s），继电器与一计算器的“秒表”功能相联通，开始计时。滤纸上湿润圈继续扩大，触及 b 点时，设在电路 ob 上的放大器得到信号，通过另一继电器向计算器发出一个信号，秒表停止工作，计算器上所显示的数值即是 *CST* 值，以秒计。*CST* 越大，污泥的脱水性能越差。

上述两个污泥脱水性能评价指标，当采用压滤或吸滤的方法进行污泥脱水时，可以相对评价某种污泥脱水性能的好坏。

23.7.3　加药调理法

加药调理法的原理就是通过投加化学药品的方法破坏泥水间的亲和力，使污泥的比阻抗（或 *CST*）降低。所用药品可称调理剂，净水用的混凝剂都可用作调理剂。加药调理的机理还有待深入研究，但混凝的理论可作参考。一般说来，进行机械脱水的污泥，其比阻抗值在（0.1～0.4）$\times 10^9 s^2/g$ 之间时或 *CST* 值小于 20s 时较为经济。调理效果的好坏与调理剂种类、调理剂投加量以及调理环境因素等有密切关系。

1. 调理剂种类

调理剂分无机调理剂和有机调理剂两大类。

（1）无机调理剂。最有效、最便宜的无机调理剂是铁盐：氯化铁［$FeCl_3 \cdot 6H_2O$］、硫酸铁［$Fe_2(SO_4)_3 \cdot 4H_2O$］、硫酸亚铁（$FeSO_4 \cdot 7H_2O$）和聚合硫酸铁（PFS）：［$Fe_2(OH)_n(SO_4)_{3-\frac{n}{2}}$］$_m$。另外，比较次要的还有各种铝盐：硫酸铝［$Al_2(SO_4)_3 \cdot 18H_2O$］、三氯化铝（$AlCl_3$）、碱式氯化铝［$Al(OH)_2Cl$］、聚合氯化铝（PAC）：［$Al_2(OH)_n \cdot Cl_{6-n}$］$_m$。

铁盐常和石灰联用，虽然铁盐—石灰法的使用已经很久，然而人们对石灰在污泥调理过程中的作用还了解甚少。有人认为石灰在铁盐—石灰法中的作用是补给 OH^-，以中和铁盐所造成的酸性；也有人认为，石灰的作用是提供了大量的 Ca^{2+}，在 pH＞12.3 的条件下，Ca^{2+} 能促使铁的氢氧化物和污泥颗粒发生凝聚作用。同济大学的研究表明，石灰在污泥调理中的重要作用是在 pH＞12 的条件下，提供了大量的 $Ca(OH)_2$ 絮体物，而 $Ca(OH)_2$ 絮体能够使污泥颗粒产生凝聚作用。生产中也有单独使用石灰作为调理剂的情况，效果不差，而产生的污泥量却很大。

(2) 有机调理剂。有机合成高分子调理剂种类很多，按聚合度分有低聚合度和高聚合度两种，按离子型分有阳离子型、阴离子型、非离子型、阴阳离子型等。

我国用于污泥调理的有机调理剂主要是高聚合度的聚丙烯酰胺系列的絮凝剂产品。阳离子型聚丙烯酰胺由于能中和污泥颗粒表面的负电荷并在颗粒间产生架桥作用而显出较强的凝聚力，调理效果较好，但费用昂贵。同济大学研究开发的阴离子聚丙烯酰胺-石灰调理剂，是一种经济有效的联用调理剂。

在阴离子型聚丙烯酰胺-石灰法调理过程中，由于石灰中的 $Ca(OH)_2$ 絮体物表面带有正电荷，所以 $Ca(OH)_2$ 可以通过本身的带电性，将带负电荷的絮凝剂和污泥颗粒吸附在一起，从而促使其他絮凝剂发挥效用，形成一种复合的凝聚体系。

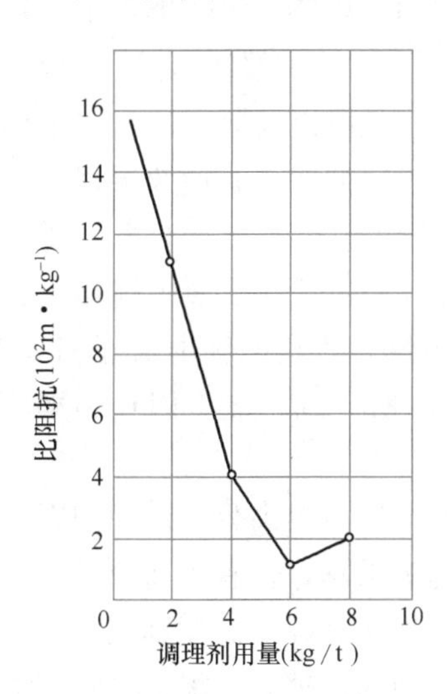

图 23-25 比阻抗与调理剂用量关系图

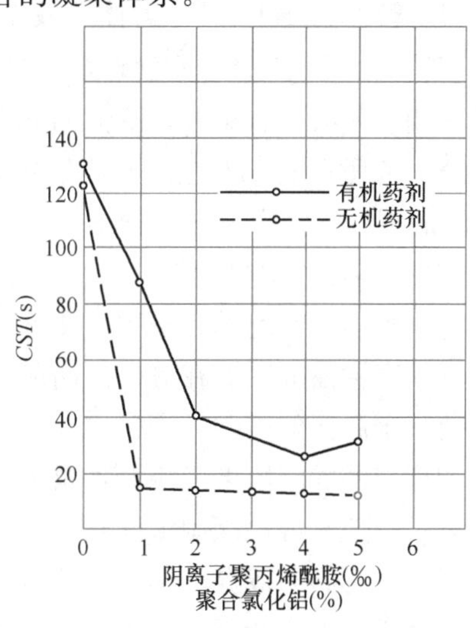

图 23-26 *CST* 与调整剂用量关系图

2. 调理剂投加量的确定

污泥调理的药剂消耗量，因污泥品种和性质、消化程度、固体浓度不同而异，尚无明确的标准。因此，目前国内外对调理剂的种类及投加量，多数是在现场或实验室直接试验确定的。图 23-25 和图 23-26 为比阻抗 r 及 *CST* 与调理剂用量的关系曲线图，由图便可确定最佳调理剂用量和品种。一般情况下，对于城市污水处理厂污泥，三氯化铁投加量为 5%～10%，消石灰投加量为 20%～40%，聚合氯化铝和聚合硫酸铁约为 1%～3%，阴离子聚丙烯酰胺为 0.1%～0.3%。

3. 影响污泥调理效果的因素

影响污泥调理效果的因素很多，主要有污泥性质、调理剂品种和投加量以及调理时的环境条件等。

(1) 污泥性质。试验证实，不同性质的污泥所需的调理剂量差异显著。一般情况下，污泥颗粒越细小、含固率越大，本身越难脱水的污泥，其调理剂用量越大。一般而言，污泥需先稳定，再脱水。很多大型污水处理厂先进行污泥厌氧消化，然后调理脱水。而在一些小型的污水处理厂中，浓缩后的初沉污泥和剩余活性污泥未经消化而直接脱水，此时，耗用药剂量最多的是剩余活性污泥，最少的是初沉污泥。

(2) 调理剂品种。污泥中有机物含量越高，越适宜选用聚合度高的阳离子有机高分子调理剂。当无机物含量较高时，可选用阴离子有机高分子调理剂及其他无机调理剂等。有些情况下，无机和有机调理剂联合使用，其调理效果更佳。应根据试验结果，比较选择调理剂品种及其投加量。

(3) 污泥调理条件。污泥调理应在10℃以上进行。低温时调理时间将有所增加，效果也差。

污泥调理的pH影响无机盐类调理剂的水解产物形态，使调理效果发生变化。铝盐的水解反应受pH影响较大，凝聚反应的最佳pH为5～7；而pH小于4或大于8时，则根本不能生成絮体而失去了调理效果。三价铁盐无论在酸性污泥水中还是在碱性污泥水中都能形成水解产物$Fe(OH)_3$絮体，最佳pH为6～11。亚铁盐在pH为8～10的范围里，其溶解度较高的$Fe(OH)_2$水解产物能被氧化成溶解度较低的$Fe(OH)_3$絮体。pH对聚合电解质的调理效果也有影响，溶液的pH影响分子的电离、电荷状况以及分子形状。阳离子型聚合电解质在低pH的酸性溶液中电离度较大，分子形状趋向伸展，调理效果好；而在高pH的碱性溶液中电离度较小，分子形状趋向卷曲，效果则差。阴离子聚合电解质在低pH的酸性溶液中电离度较小，分子形状趋向卷曲；而在高pH的碱性溶液中则相反。两性聚合电解质的情况稍有不同。在等电点时，整个分子呈中性，正负两种电荷互相吸引，故分子紧密卷曲成团。在等电点两侧的pH，分子上都会有一种电荷过剩，因互相排斥作用而使分子趋向伸展。

调理剂的配制浓度影响调理效果、药剂用量和泥饼产率，对有机高分子调理剂影响更为显著。一般来说，配制浓度越低，药剂用量则越少，调理效果越好。有机高分子调理剂溶液越稀，越容易混合均匀，分子链伸展得越好，调理效果当然越好，而配制浓度过高或过低都会降低泥饼产率。试验结果也表明，无机高分子调理剂的调理效果很少受配制浓度的影响，而有机高分子调理剂受其影响确实较大。其配制浓度在0.05%～0.1%范围内比较合适。也有研究报告提出三氯化铁配制浓度10%为最佳。铝盐配制浓度在4%～5%较适宜。

污泥与调理剂完全、充分的混合是非常必要的。在絮体形成以后决不能由于混合而破坏絮体，而且要使停留时间最短。调理效果随着停留时间的增加而降低。所以，调理后的污泥应尽快进入脱水机。

此外，淘洗加药处理法是一种调理消化污泥的传统方法。淘洗能降低消化污泥的碱度，并可减少调理剂的用量。消化污泥的碱度一般相当高，淘洗后污泥碱度的变化值能反映淘洗的效果。过去常认为碱度会无效地消耗掉一部分调理剂，现在则有人认为碱度高低仅是反映淘洗效果的参数，与调理剂用量无关。这表明污泥调理的机理现在还不够了解，而污泥调理的设计和运行在很大程度上取决于试验结果和生产经验。

23.8 污 泥 脱 水

污泥脱水的作用是去除污泥中的毛细水和表面附着水，从而缩小其体积，减轻其质量。经过脱水处理，污泥含水率能从96%左右降到60%～80%，其体积为原体积的1/10～1/5，有利于运输和后续处理。因此，世界各国都十分重视污泥脱水技术的研究开发。在国外，经过脱水处理的污泥量占全部污泥量的比例普遍较高，欧洲的大部分国家达70%以上，日本则高达80%以上。多数国家普遍采用的脱水机械为板框压滤机、带式压滤机和离心机，也有采用干化床对污泥进行自然干化的。

23.8.1 污泥的自然干化

污泥的自然干化是一种简便经济的脱水方法，曾被广泛采用，有污泥干化床和污泥塘两种类型。它们都是利用自然力量将污泥脱水的，适用于气候比较干燥、用地不紧张以及环境卫生条件允许的地区。目前，污泥塘的使用较少。

污泥干化床是一片平坦的场地，污泥在干化床上由于水分的自然蒸发和渗透逐渐变干，体积逐渐减小，流动性逐渐消失。污泥的含水率可降低到65%。尽管这种方法需要大量的场地和劳动力，但仍有不少中小规模的污水处理厂采用。一般认为该法用于50000以下服务人口的城镇污水处理厂还是经济的。

1. 污泥干化床的构造

污泥干化床的构造如图23-27所示，它的组成主要包括：

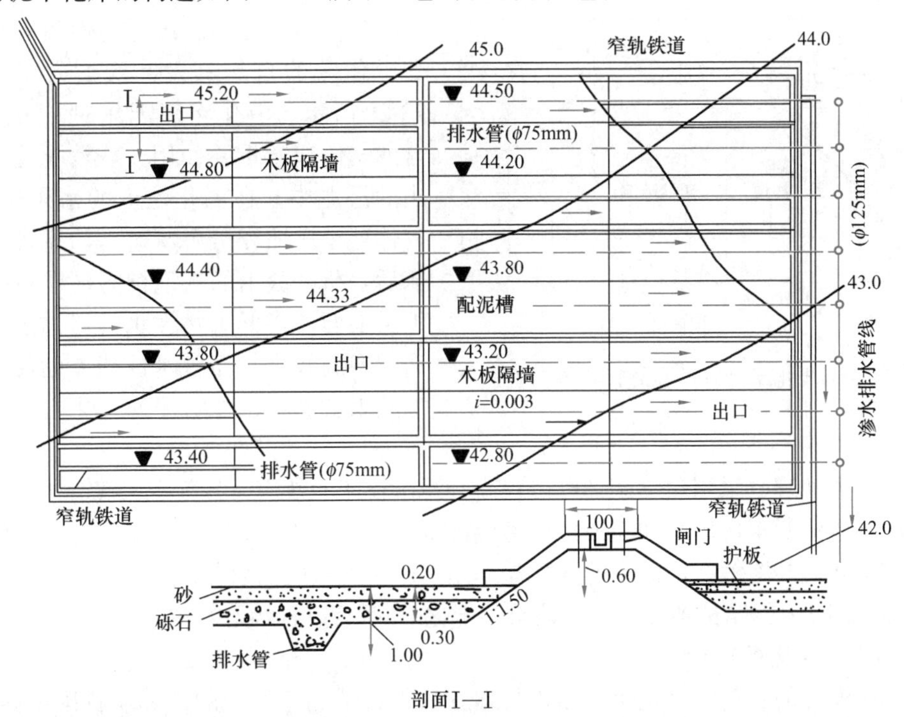

图23-27 污泥干化床

(1) 围堤和隔墙：干化床的周围及中间筑有围堤，一般用土筑成，两边坡度取1∶1.5，用围堤或木板将干化床分隔成若干块，一般每块宽度不大于10m；

（2）输泥槽：常设在围堤之上，其坡度取 0.01～0.03，输泥槽上每隔一定距离设一放泥口，输泥槽及放泥口可用木板或钢筋混凝土制成；

（3）滤水层：上层是厚为 10～20cm，粒径为 0.5～1.5mm 的沙层，并做成 1/100～1/200 的坡度，以利于污泥流动；下层是厚为 10～20cm，粒径为 15～25mm 的矿渣、砾石或碎砖层；

（4）排水系统：在滤水层下面敷设直径为 75～100mm 的未上釉的陶土管系，接口不密封，每两管中心距离为 4～8m，管坡为 0.0025～0.0030，埋设深度为 1.0～1.2m，排水总管直径为 125～150mm，坡度不小于 0.008；

（5）不透水底层：不透水底层采用黏土做成时，其厚度取 0.3～0.5m；采用混凝土做成时，其厚度取 0.10～0.15m，并应有 0.01～0.02 的坡度；

（6）如果是有盖式的，还需有支柱和透明顶盖；

（7）有些干化床上敷设有轻便铁轨，以运输污泥。

2. 污泥干化床脱水效果的影响因素

影响污泥干化床脱水效果的因素主要是气候条件和污泥性质。

（1）气候条件。由于污泥中占很大比例的水分是靠自然蒸发而干化的，因此气候条件如降雨量、蒸发量、相对湿度、风速和年冰冻期等对于干化床的效果影响很大。研究结果表明，水分从污泥中蒸发的数量为从清水中蒸发量的 75%左右，而降雨量的 57%左右会被污泥所吸收。在计算干化床蒸发量时，应予以考虑。在多雨潮湿地区不宜采用露天干化床。

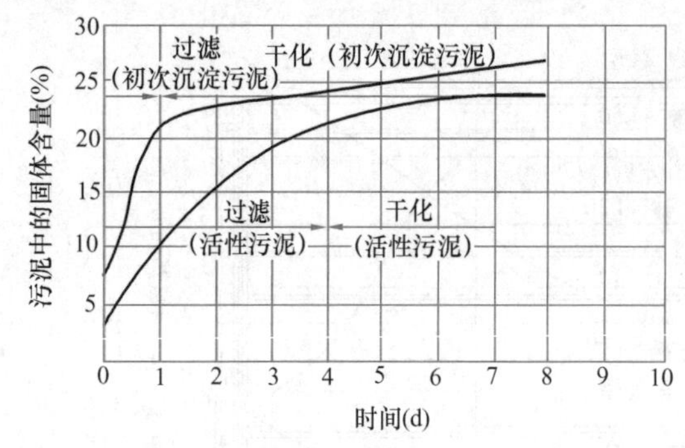

图 23-28　干化床上污泥的脱水与干燥过程

（2）污泥性质。污泥的性质同样影响着干化床的自然蒸发和渗滤效果，如图 23-28 所示。消化污泥干化时，污泥中所含的气体起着重要作用。从消化池底部排出的污泥中，在消化池内的水压作用下，气体处于压缩和溶解状态，污泥排到干化床后，所释放出的气泡把污泥颗粒挟带到泥层表面，降低了污泥水的渗透阻力，提高了渗滤效果。而脱水性能差的污泥，渗滤效果就差，这种污泥的干化主要依靠表面自然蒸发作用。

（3）污泥调理。采用化学调理可以提高污泥干化床的效率，投加有机高分子絮凝剂可以显著提高渗滤脱水速率。如当投加硫酸铝[$Al_2(SO_4)_3 \cdot 18H_2O$]时，除了有絮凝作用以外，硫酸铝还能与溶解在污泥中的碳酸盐作用，产生大量的二氧化碳气体，使污泥颗粒上浮到表面，24h 内就能见到混凝脱水效果，干化时间大致可以减少一半。

3. 污泥干化床的设计

干化床设计的主要内容是决定面积与划分块数。干化床面积的计算，各国不尽相同。我国采用单位干化床面积每年可接纳的污泥量；国外有采用单位干化床面积每年可接纳的干固体千克数，以及每人需要的干化床面积，来确定干化床总面积。干化床面积可按下式计算：

$$S_1 = \frac{W}{\delta} \tag{23-27}$$

式中　S_1——干化床的有效面积，m^2；

W——每年的总污泥量，m^3/a；

δ——在一年内排放在干化床上的污泥层总厚度，m。

δ值与污泥本身的性质及气候条件等有关。容易脱水的污泥，可采用较大的δ值；较难脱水的污泥，δ值一般只取1.0～1.5m。在年平均温度为3～7℃，年平均降雨量为500mm的地区，干化床上年污泥厚度可按表23-14所列举的数值选用。在其他条件下需乘以地区系数。例如，我国的地区系数为：东北0.7～1.0；华北1.2～1.5；西北1.5～1.8；西南、中南1.3～1.5；华东、华南1.0～1.3。

干化床上的年污泥厚度（m）　　表23-14

污泥种类	人工污泥干化床
初沉污泥和生物滤池后二沉污泥	1.5
初沉污泥与活性污泥的混合污泥	1.5
消化污泥	5.0

美国P.A.维西林德教授在《废水污泥处理和处置》一书中提出了一种值得推荐的干化床面积计算方法，其特点是考虑了当地的气候条件。现举例说明之。

【例23-4】　含固率为6%的城市污水处理厂混合污泥的消化污泥，采用露天人工滤层干化床干化。当地年平均降雨量为1016mm，全年分布均匀。年蒸发量为1524mm。实验室试验表明，在脱水的最初几天内，污泥含固率提高到18%。要求干化后泥饼含水率为50%，求所需干化床面积。

【解】

每次排入干化床的污泥层厚度为254mm，最初几天内由于渗滤作用，污泥含固率从6%提高到18%，污泥层厚度从254mm降到85mm(＝254×0.06/0.18)，即被渗滤去的水分厚度为169mm（169＝254－85）。

渗透过程基本完成，此后的干化只能依靠蒸发作用继续脱水，使污泥含固率达到50%，即污泥厚度应为（0.06/0.5）×254＝30.5mm。因此，依靠蒸发作用脱去的水的厚度应为85－30.5＝54.5mm。

由于从污泥中蒸发的水分为从清水中蒸发水分的75%，故污泥水分的年蒸发量为0.75×1524＝1143mm/a。

由于被污水吸收的雨水量为当地年降雨量的57%，则污泥吸收的雨水量为0.57×1016＝579.1mm/a。

从污泥中净蒸发量则为1143－579.1＝563.9mm/a。

因干化床每次依靠蒸发作用脱去的水分为54.5mm，则每年投加到干化床上的污泥次数和干泥清除次数为563.9/54.5＝10.3次，采用10次。

因此每平方米面积上每年可干化处理的污泥量为$10\times0.254=2.54m^3/(m^2\cdot a)$。

若全年总污泥量为W，则干化床面积为$A=\frac{W}{2.54}m^2$。当以土堤作围堤和隔墙时，干化床面积（A）应扩大1.3倍，则$A=1.3W/2.54$。

23.8.2 污泥的机械脱水

机械脱水是污泥脱水的主要方向，主要的脱水机械有转筒离心机、板框压滤机、带式压滤机和真空过滤机。20世纪80年代在西欧国家这四种机械所占的比例为8.7∶6.3∶4.6∶1，说明真空过滤机已逐步被淘汰。在美国，真空过滤机虽然曾盛行，目前也已处于被淘汰之列。近年来，转筒离心机和带式压滤机由于其优点显著而发展迅速，在很多国家被普遍采用。

由于我国的污水处理起步较晚，对污泥脱水技术的研究和实践还不多，但目前已日益受到重视。越来越多的污水处理厂采用机械进行污泥脱水，其中以带式压滤机发展最快，其次为转筒离心机及自动板框压滤机。

1. 板框压滤机

板框压滤机是最先应用于化工、食品等行业的脱水机械。虽然板框压滤机一般为间歇操作，过滤能力较低，操作维护量较大，但其构造简单，脱水后滤饼含水率低（可低于65%），固体物质回收率高，滤液清澈，滤饼剥离简便，可节省污泥的运输费用，减少污泥卫生填埋场用地，或减少后续干燥或焚烧的燃料消耗。

此外，板框压滤机能够承受较高的污泥比阻，这样可降低调理药剂的消耗量，并可采用费用较为低廉的药剂（如 $FeSO_4 \cdot 7H_2O$）。当污泥比阻为（5×10^{11}）～（8×10^{12}）m/kg时，污泥可不经过调理而直接过滤。因此，板框压滤机广泛应用于污泥脱水，比较适合于中小规模污泥脱水处理的场合。

（1）板框压滤机的构造与脱水过程

板框压滤机（图23-29）的过滤单元主要由滤板、滤框和滤布组成，其构造如图23-30所示。滤板、滤框和滤布进行组合后脱水的工作原理如图23-31所示。将表面刻有沟槽的滤板和滤框平行交替排列，每组滤板和滤框中间夹有滤布。用可动端板将滤板和滤框压紧，使滤板和滤板之间构成一个压滤室。在滤板与滤框的相同部位开有小孔，板框压紧后便成为一条滤液通道。板框压滤机工作时，加压到0.2～0.4MPa（2～4kg/cm²）的污泥从料液进口流入板框压滤室，在压力作用下，污泥中的水分可通过滤布，然后沿滤板的沟槽与孔道从压滤机排出。泥饼无法通过滤布而截留在框内滤布表面。当污泥的压滤过程结束后，将滤板和滤框松开，堆积在框内滤布上的泥饼就很容易剥落下来。

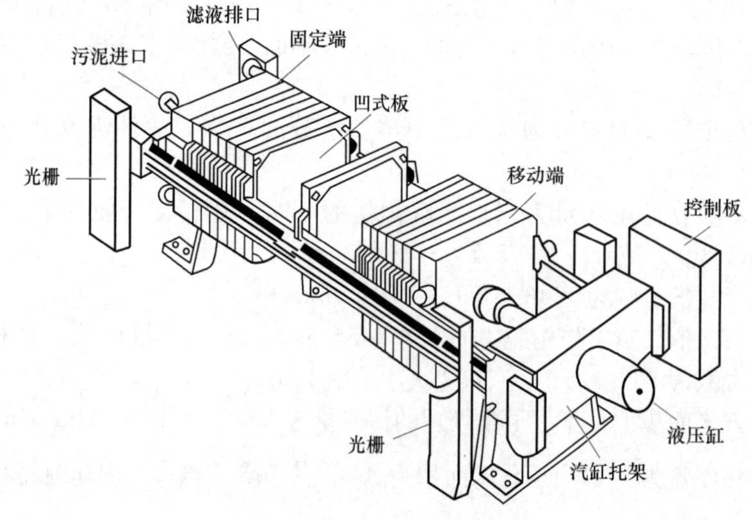

图23-29 板框压滤机示意图

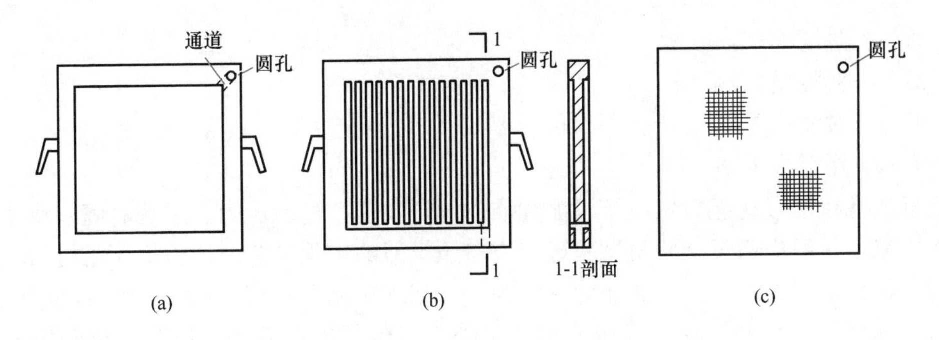

图 23-30　滤板、滤框和滤布

（a）滤框；（b）滤板；（c）滤布

（2）板框压滤机的类型

板框压滤机可分为人工板框压滤机和自动板框压滤机两种。人工板框压滤机在压滤过程结束后，需人工卸下一块块滤板和滤框，剥离泥饼并清洗滤布后，再逐块装上，劳动强度大，效率低。而自动板框压滤机操作完成后，能自动地从一端的第一个压滤室开始，依次开框，排出泥饼。当压滤机的全部压滤室的滤饼排完之后，滤板和滤框便自动复原，工作效率较高，可大幅度降低劳动强度。

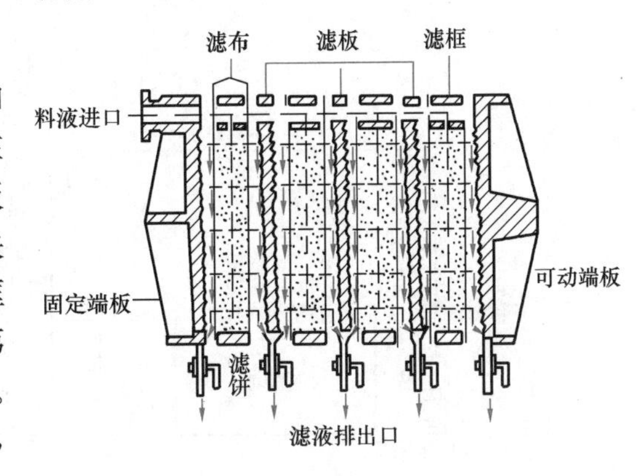

图 23-31　板框压滤机脱水的工作原理

自动板框压滤机有垂直式与水平式两种，如图 23-32 所示。国外最大的自动板框压滤机其板边长度可达 1.8～2.0m，滤板多达 130 块，总过滤面积高达 $800m^2$。国内生产的自动板框压滤机尺寸较小。

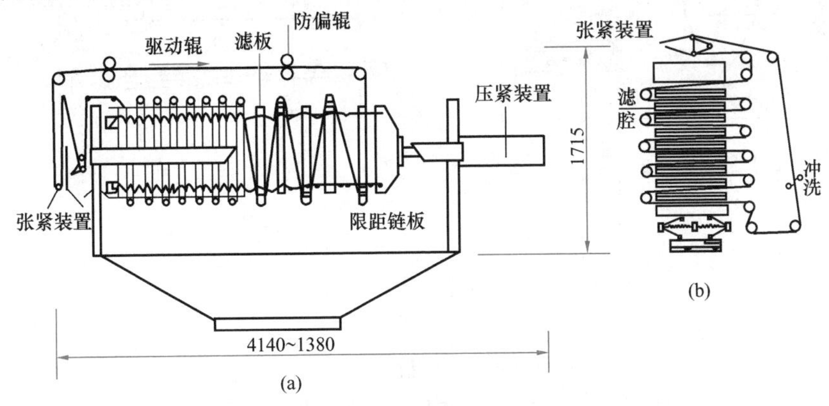

图 23-32　自动板框压滤机

（3）板框压滤机的选用

选用板框压滤机时，主要根据污泥量、过滤机的过滤能力来确定所需过滤面积和压滤机台数及设备布置。其过滤面积或容量大小可按式（23-28）计算：

$$A = 1000(1-P)Q/V \qquad (23\text{-}28)$$

式中 A——过滤面积，m^2；

Q——污泥量，kg/h；

V——过滤能力，kg 干污泥/(m^2·h)；

P——污泥含水率。

板框压滤机的过滤能力取决于污泥性质、滤饼厚度、过滤压力、过滤时间、滤布种类等诸多因素，一般应通过试验机试验确定或参照类似的工程经验。用板框压滤机为城市污水处理厂污泥进行脱水时，过滤能力一般为 2～10kg 干污泥/(m^2·h)，过滤周期为 1.5～4h。板框压滤机脱水系统除板框压滤机主机外，还包括进泥系统、投药系统和压缩空气系统，其工艺布置方式如图 23-33 所示。

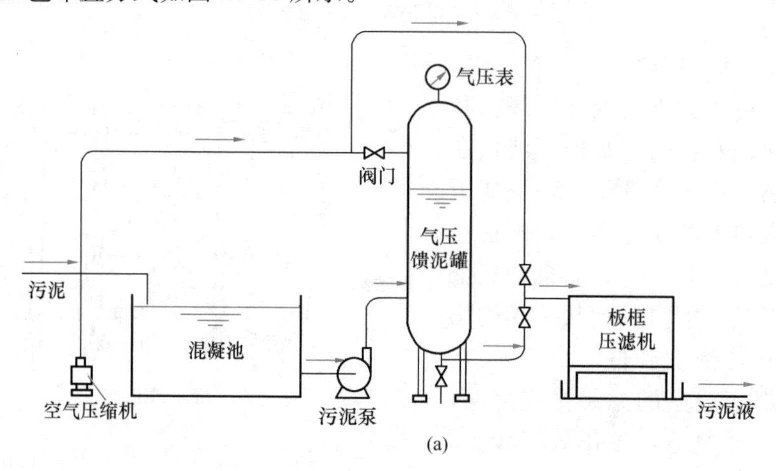

(a)

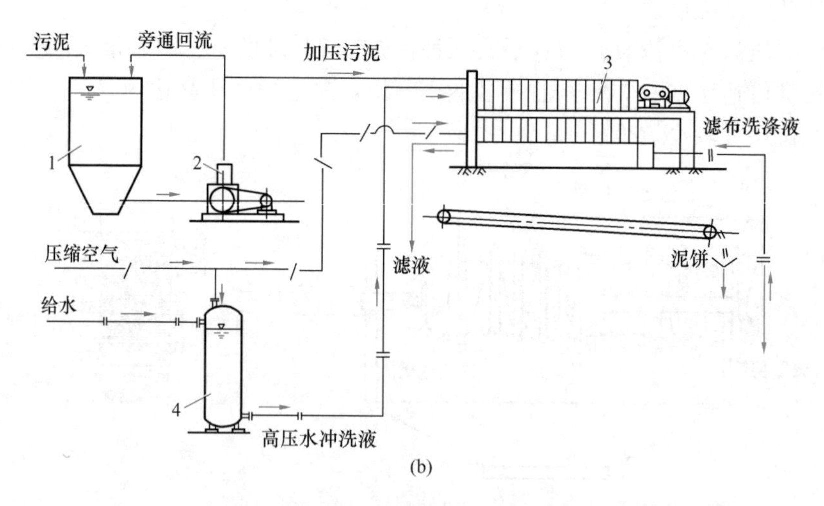

(b)

图 23-33　板框压滤机的工艺布置方式

1—污泥浓缩池；2—污泥泵；3—压滤机；4—压力罐

2. 带式压滤机

(1) 工作原理及构造。带式压滤脱水机是由上下两条张紧的滤带夹带着污泥层，从一连串按规律排列的辊压筒中呈 S 形弯曲经过，靠滤带本身的张力形成对污泥层的压榨力和剪切力，把污泥层中的毛细水挤压出来，获得含固量较高的泥饼，从而实现污泥脱水，如图 23-34 和图 23-35 所示。

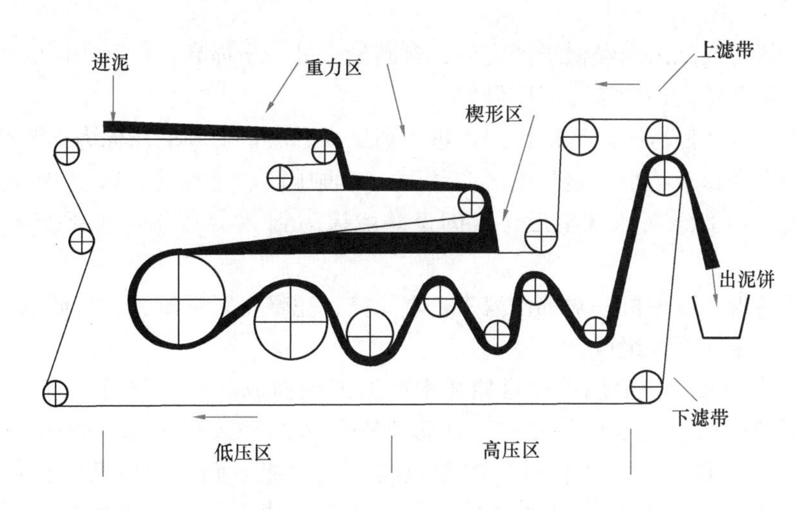

图 23-34 带式压滤脱水机工作原理

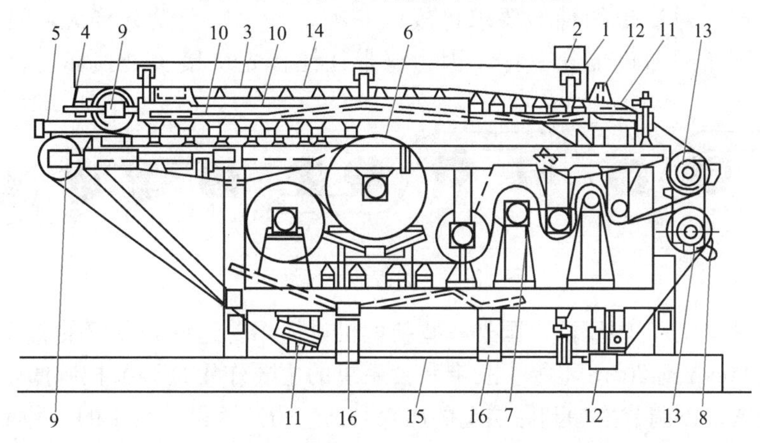

图 23-35 带式压滤机构造示意图

1—污泥进料管；2—污泥投料装置；3—重力脱水区；4—污泥翻转；
5—楔形区；6—低压区；7—高压区；8—卸泥饼装置；9—滤带张紧辊轴；
10—滤带张紧装置；11—滤带导向装置；12—滤带清冲装置；
13—机器驱动装置；14—顶带；15—底带；16—滤液排出装置

带式压滤脱水机有很多形式，但一般都分成以下四个工作区：

重力脱水区：在该区内，滤带水平行走。污泥经调质之后，部分毛细水转化成了游离水，这部分水分在该区内借自身重力穿过滤带上的细孔，从污泥中分离出来。一般来说，重力脱水区可脱去污泥中 50%～70%的水分，使含固量增加 7%～10%。例如，脱水机进泥含固量为 5%，经重力脱水区之后，含固量可升至 12%～15%。

楔形脱水区：楔形区是一个三角形的空间，滤带在该区内逐渐靠拢，污泥在两条滤带之间逐步开始受到挤压。在该段内，污泥的含固量进一步提高，并由半固态向固态转变，为进入压力脱水区做准备。

低压脱水区：污泥经楔形区后，被夹在两条滤带之间绕辊压筒作 S 形上下移动。施加到泥层上的压榨力取决于滤带张力和辊压筒直径。在张力一定时，辊压筒直径越大，压榨力越小。脱水机前边三个辊压筒直径较大，一般为 50cm 以上，施加到泥层上的压力较小，因此称为低压区。污泥经低压区之后，含固量会进一步提高，但低压区的主要作用是使污泥成饼，强度增大，为接受高压做准备。

高压脱水区：经低压区之后的污泥，进入高压区之后，受到的压榨力逐渐增大，其原因是辊压筒的直径越来越小。至高压区的最后一个辊压筒，直径往往降至25cm以下，压榨力增至最大。污泥经高压区之后，含固量一般提高到20%以上，正常情况下为25%左右。

各种形式的带式压滤机一般都由滤带、辊压筒、滤带张紧系统、滤带调偏系统、滤带冲洗系统和滤带驱动系统组成。

滤带也称为滤布，一般用单丝聚酯纤维材质编织而成，这种材质具有抗拉强度大、耐曲折、耐酸碱、耐温度变化等特点。滤带常编织成多种纹理结构，如图23-36所示。不同的纹理结构，其透气性能和对污泥颗粒的拦截性能不同，应根据污泥性质选择合适的滤带。一般来说，活性污泥脱水时，应选择透气性能和拦截性能较好的滤带；而初沉污泥脱水时，对滤带的性能要求可较低一些。有的滤带没有接头，但大部分有接头。无接头的滤带寿命可能长一些，因为滤带往往首先从接头处损坏，但该种滤带安装不方便。

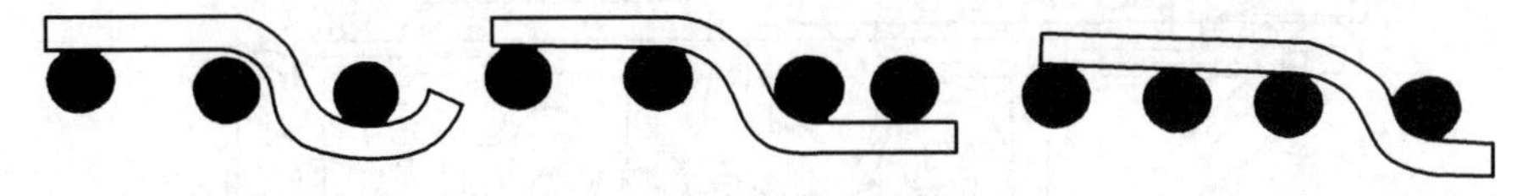

图23-36　滤带的纹理结构

脱水机一般设5～7辊压筒，国外一些新型机设8个。这些辊压筒的直径沿污泥走向由大到小，由90cm到20cm不等。滤带张紧系统的主要作用是调节控制滤带的张力，即调整滤带的松紧，以调节施加到泥层上的压榨和剪切力，这是运行中的一种重要工艺控制手段。滤带调偏系统的作用是时刻调整滤带的行走方向，保证运行正常。滤带冲洗系统的作用是将挤入滤带的污泥冲洗掉，以保证其正常的过滤性能。一般定期用高压水反方向冲洗。

(2) 处理能力的确定。带式压滤脱水机的处理能力有两个指标：一个是进泥量，另一个是进泥固体负荷。

进泥量系指每米带宽在单位时间内所能处理的湿污泥量，常用q表示，单位为"$m^3/(m \cdot h)$"。进泥固体负荷是指每米带宽在单位时间内所能处理的总干污泥量，常用q_s表示，单位"$kg/(m \cdot h)$"。很明显，q和q_s取决于脱水机的带速、滤带张力以及污泥的调质效果，而带速、张力和调质又取决于所要求的脱水效果，即泥饼含固量和固体回收率。因此，在污泥性质和脱水效果一定时，q和q_s也是一定的，如果进泥量太大或固体负荷太高，将降低脱水效果。一般来说，q可达到4～7$m^3/(m \cdot h)$，q_s可达到150～250 $kg/(m \cdot h)$。不同规格的脱水机，带宽也不同，但一般不超过3m，否则，污泥不容易摊布均匀。q和q_s乘以脱水机的带宽，即为该脱水机的实际允许进泥量和进泥固体负荷。运行中，运行人员应根据本厂泥质和脱水效果的要求，通过反复调整带速、张力和加药量等参数，得到本厂的q和q_s，以便于运行管理。表23-15为各种污泥用带式压滤机脱水的性能数据，供设计参考。

各种污泥进行带式压滤脱水的性能数据　　表 23-15

污泥种类		进泥含固量（%）	进泥固体负荷[kg/(m·h)]	PAM 加药量（kg/t）	泥饼含固量（%）
生污泥	初沉污泥	3～10	360～680	1～5	28～44
	活性污泥	0.5～4	45～230	1～10	20～35
	混合污泥	3～6	180～590	1～10	20～35
厌氧消化污泥	初沉污泥	3～10	360～590	1～5	25～36
	活性污泥	3～4	40～135	2～10	12～22
	混合污泥	3～9	180～680	2～8	18～44
好氧污泥	混合污泥	1～3	90～230	2～8	12～20

（3）带式压滤机的选用。通常根据带式压滤机生产能力和污泥量确定所需带式压滤机的宽度和台数（一般不少于 2 台）。应先根据不同的污泥性质和不同带式压滤机的构造，进行模拟试验，以确定生产能力及其他运行参数。也可参考同类污水处理厂以及同型号带式压滤机的生产能力数据。带式压滤机处理城市污水污泥时，可参考表 23-16 选取脱水负荷。

带式压滤机处理城市污水污泥的脱水负荷　　表 23-16

污泥类别	初沉原污泥	初沉消化污泥	混合原污泥	混合消化污泥
污泥脱水负荷[kg/(m·h)]	250	300	150	200

3. 离心脱水机

离心机用于污泥浓缩及脱水已有几十年的历史，经过几次更新换代，目前普遍采用的是卧螺离心机。这种离心机有很多英文名字，例如 Solid-bowl Centrifuge、Conveyor Centrifuge、Scroll Centrifuge、Decanter Centrifuge 等，相应的中文名字有转筒式离心机、碗式离心机、卧螺式离心机、涡转式离心机、螺旋输送离心机等。本节在以下叙述中统一简称为离心脱水机。

离心脱水机的优点是结构紧凑，附属设备少，占地少；固体回收率高、分离液浊度低；在密闭状况下运行，工作环境卫生，臭味小；不需要过滤介质，操作维护方便，自动化程度高；特别重要的是可以不投加或少投加化学调理剂。其动力费用虽然较高，但总运行费用较低，是目前世界各国在污泥处理中较多采用的方法之一。

但这种脱水机的噪声一般都较大，脱水后污泥含水率较高，当固液密度差很小时不易分离。污泥中若含有砂砾，则易磨损设备。离心脱水机前应设置污泥切割机，切割后的污泥粒径不宜大于 8mm。污泥浓度较高时进入离心机有利于脱水，但污泥浓度太高则黏性过大，混凝剂不易扩散，因此一般进泥的最佳含水率是 90%～92%。离心脱水机工艺流程，如图 23-37 所示。

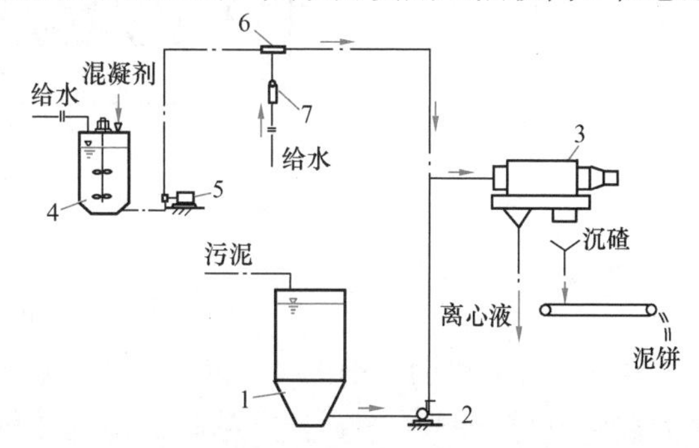

图 23-37　离心脱水工艺流程

1—污泥浓缩池；2—污泥泵；3—离心脱水机；4—混凝剂搅拌槽；5—计量泵；6—稀释器；7—水射器

（1）工作原理及构造。污泥离心脱水的原理是利用转动使污泥中的固体和液体分离，颗粒在离心机械内的离心分离速度可以达到在沉淀池中沉速的1000倍以上，可在很短的时间内使污泥中很细小的颗粒与水分离。图23-38所示是顺流式转筒离心机构造图，主要由转筒、螺旋卸料器、空心转轴（进料管）、变速箱、驱动轮、机罩和机架等部件组成。污泥由空心转轴送入转筒后，在高速旋转产生的离心力作用下，立即被甩入转鼓腔内。污泥颗粒由于密度较大，离心力也大，因此被甩贴在转鼓内壁上，形成固体层（因呈环状，称为固环层）；水分由于密度较小，离心力小，因此只能在固环层内侧形成液体层，称为液环层。固环层的污泥在螺旋输送器的缓慢推动下，被输送到转鼓的锥端，经转鼓周围的出口连续排出；液环层的液体则由堰口连续“溢流”排至转鼓外，形成分离液，然后汇集起来，靠重力排出脱水机外。进泥方向与污泥固体的输送方向一致，即进泥口和出泥口分别在转鼓的两端时，称为顺流式离心脱水机，如图23-39所示；当进泥方向与污泥固体的输送方向相反，即进泥口和排泥口在转鼓的同一端时，称为逆流式离心脱水机，如图23-40所示。

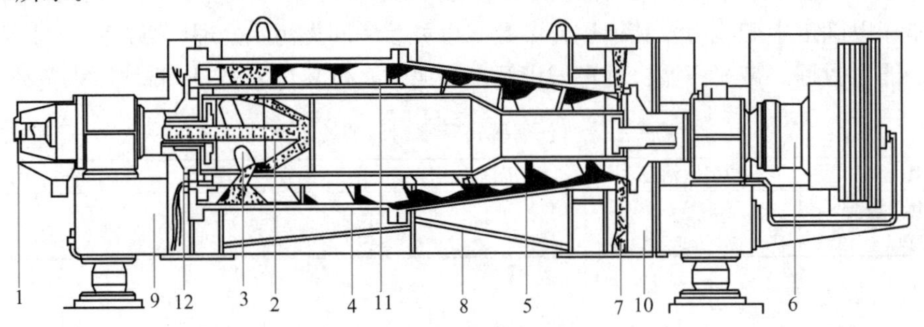

图23-38 顺流式转筒离心机构造图

1—进料管；2—入口容器；3—输料孔；4—转筒；5—螺旋卸料器；6—变速箱；7—固体物料排放口；8—机罩；9—机架；10—斜槽；11—回流管；12—堰板

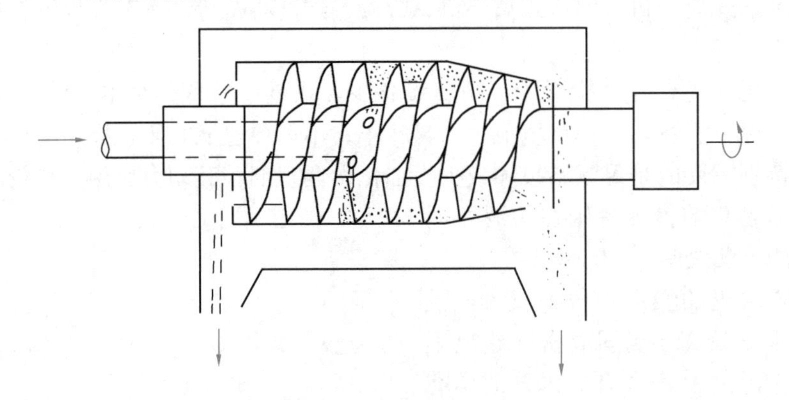

图23-39 顺流式卧螺离心脱水机

转鼓是离心机的关键部件。转鼓的直径越大，离心机处理能力也越大。转鼓的长度一般为直径的2.5～3.5倍，长度越长，污泥在机内停留的时间也越长，分离效果也越好。目前，最大的离心机的转鼓直径为183cm，长度为427cm，每小时处理污泥135m^3，每天高达3300m^3。但离心机太大时，制造费用和处理成本都较高。转鼓的转速是一个重要的机械因素，也是一个重要的工艺控制参数。转速的高低取决于转鼓的直径，要保证一定的

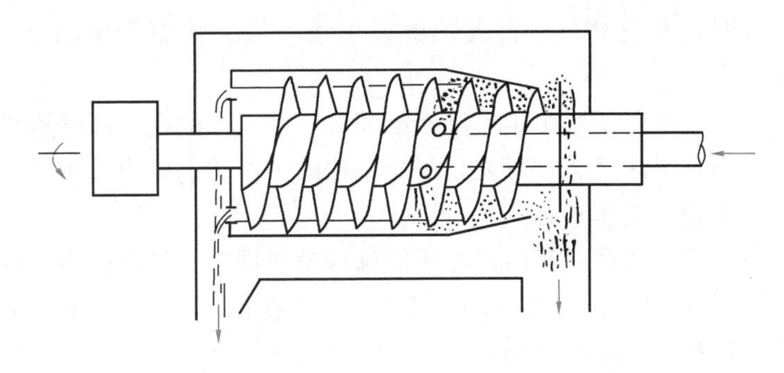

图 23-40 逆流式卧螺脱水机

离心分离效果，直径越小，要求的转速越高；反之，直径越大，要求的转速也越低。离心分离效果与离心机的分离因数有关。分离因数是颗粒在离心机内受到的离心力与其本身重力的比值，用式（23-29）计算：

$$a=\frac{n^2D}{1800} \tag{23-29}$$

式中 a——分离因数；

n——转鼓的转速，r/min；

D——转鼓的直径，m。

分离因数 a 在 1500 以下的称为低速离心机，或低重力离心机（LOW-G）；1500 以上的称为高速离心机，或高重力离心机（HIGH-G）。这两种离心机在污泥浓缩和脱水中都有采用，但绝大部分处理厂均采用低速离心机。因为高速离心机虽然可获得 98%以上的高固体回收率，但能耗很高，并需较多的维护管理。而低速离心机的固体回收率一般也能达 90%以上，但能耗要低很多。

空心转轴螺旋输送器的旋转方向与转鼓相同，但转速略高于转鼓转速，二者转速之差即为污泥被输出的速度，这一转速差决定了污泥在机内停留时间的长短，因而是一个重要的工艺控制参数。

顺流式离心机和逆流式离心机各有优缺点。逆流式离心机由于污泥中途改变方向，对转鼓内流态产生水力扰动，因而在同样条件下，泥饼含固量较顺流式略低，分离液的含固量略高，总体脱水效果略低于顺流式。但逆流式离心机的磨损程度低于顺流式，因顺流式离心机转鼓与螺旋之间全程均通过介质而产生磨损，而逆流式只在部分长度上产生磨损。一些产品在逆流离心机的进泥口做了一些改造，从而降低了污泥改变方向产生的扰动程度。目前，顺、逆流两种离心机都采用较多，但顺流式略多于逆流式。国产污泥脱水用离心机种类很少，基本上都为顺流式。

（2）离心机对各种污泥的脱水效果。离心脱水机采用无机低分子混凝剂时，分离效果很差，故一般均采用有机高分子混凝剂。当污泥主要含有机物时，一般选用离子度低的阳离子有机高分子混凝剂；当污泥中主要含无机物时，一般选用离子度高的阴离子有机高分子混凝剂。

混凝剂的投加量与污泥性质有关，应根据试验选定。例如初沉污泥与活性污泥的混合生污泥，挥发性固体≤75%时，有机高分子混凝剂的投加量一般为污泥干重的 0.1%～0.5%，脱水后的污泥含水率可达 75%～80%。而初沉污泥与活性污泥的混合消化污泥，挥发性固体≤60%时，有机高分子混凝剂的投加量一般为污泥干重的0.25%～0.55%，脱水后的污泥含水率可达75%～85%。

同一台离心机，既可用于脱水也可用于浓缩。正在脱水的离心机降低投药量并增大转速差时，可转化为浓缩工作状态；反之，正处于浓缩工作状态的离心机增大投药量并降低转速差时，可转化为脱水工作状态。

(3) 转筒式离心机的选择。转筒离心机的选择是根据它的处理能力，即每台机每小时处理湿污泥的体积（m^3），或每台机每小时处理干污泥的质量（kg）来决定的，常根据设备制造厂提供的参数和生产运行经验确定。转筒离心机一般按每天工作8～15h，选择不少于2台。表23-17所示各种污泥的离心脱水效果，可供参考。

离心机对各种污泥的脱水效果　　表23-17

污泥种类		泥饼含固量（%）	固体回收率（%）	干污泥加药量（kg/t）
生污泥	初沉污泥	28～34	90～95	2～3
	活性污泥	14～18	90～95	6～10
	混合污泥	18～25	90～95	3～7
厌氧消化污泥	初沉污泥	26～34	90～95	2～3
	活性污泥	14～18	90～95	6～10
	混合污泥	17～24	90～95	3～8

23.9 污泥的干燥与焚烧

23.9.1 污泥干燥

污泥脱水、干化后，含水率还很高，体积仍较大，为了便于进一步的利用与处理，可作干燥处理或焚烧。干燥处理后，污泥含水率可降至约20%左右，体积可大大减小，便于运输、利用或最终处理。污泥干燥与焚烧各有专用设备，也可在同一设备中进行。

1. 污泥干燥器分类

(1) 根据干燥介质与污泥的流动方向分类

根据干燥介质与污泥在干燥器中的流动方向，可分为并流、逆流与错流等3种类型的干燥器，其中最常用的是并流与错流干燥器。

1) 并流干燥器

干燥介质与污泥在干燥器中的流动方向相同，称为并流干燥器。含水率高、温度低的污泥与含湿量低、温度高的干燥介质在同一端进入干燥器，两者之间的温差大，干燥推动力也大。流至干燥器的另一端时干燥介质的温度降低，含湿量增加；而污泥被干燥，温度升高。并流干燥器的沿程推动力不断降低，被介质带走的热能少，热损失较少。并流干燥器内污泥与干燥介质的流向及温度变化关系如图23-41的实线所示。

2) 逆流干燥器

干燥介质与污泥在干燥器中的流动方向相反，称为逆流干燥器。沿程干燥推动力较均匀，干燥速度也较均匀，干燥程度高。缺点是由于含水率高、温度低的污泥与含湿量高且温度已降低的干燥介质接触，介质所含湿量有可能冷凝而反使污泥含水率提高。此外，干燥介质排出时温度较高，热损失较大。逆流干燥器内干燥介质的流向及温度变化关系如图 23-41 所示的虚线。

3）错流干燥器

错流干燥器的干燥筒进口端较大，出口端较小，筒内壁固定有抄板，污泥与干燥介质同端进入干燥筒之后，由于筒体在旋转时，抄板将污泥抄起后再掉下，污泥与干燥介质流向垂直相交，故称为“错流”。错流干燥器可克服并流和逆流干燥器的缺点，但构造比较复杂，如图 23-42 所示。

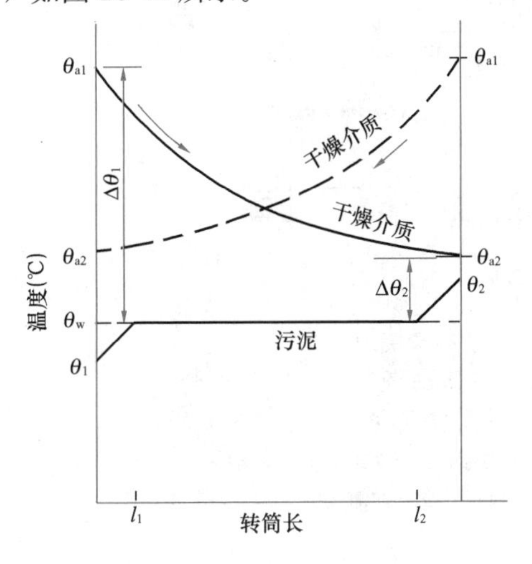

图 23-41　并流、逆流干燥器污泥与干燥介质流向及温度关系图

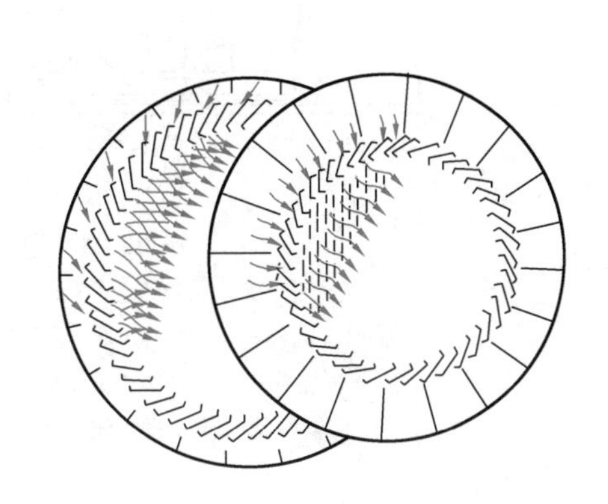

图 23-42　错流干燥器

（2）根据形状分类

根据干燥器形状可分为回转圆筒式（上述并流干燥器、逆流干燥式及错流干燥器均属此类）、急骤干燥器以及带式干燥器等 3 种。

2. 干燥器的干燥流程

（1）回转圆筒式干燥器

回转圆筒式干燥器的典型干燥流程图如图 23-43 所示。脱水污泥经粉碎机 1 与回流的干燥污泥混合预热后进入回转圆筒干燥器 2，干燥后的污泥经卸料室 3、分配器 6 后，一部分回流，一部分至贮存池 7、灰池 8 外运利用。卸料室 3 的废气经旋风分离器 4 分离、除臭燃烧器 5 除臭后排入大气；分离器 4 分离的细粉回流至进口，与脱水污泥混合预热。图 23-43 所示的干燥器为并流式，如果污泥与干燥介质逆向流动则可成为逆流式，如果筒体内壁装抄板即成错流式。

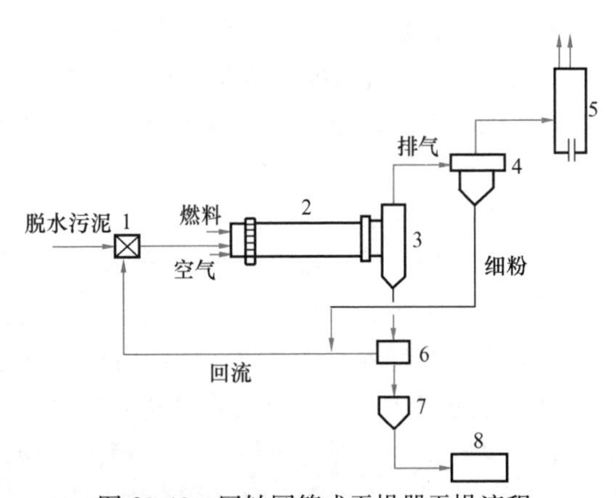

图 23-43　回转圆筒式干燥器干燥流程

1—粉碎机；2—回转圆筒干燥器；3—卸料室；4—旋风分离器；5—除臭燃烧器；6—分配器；7—贮存池；8—灰池

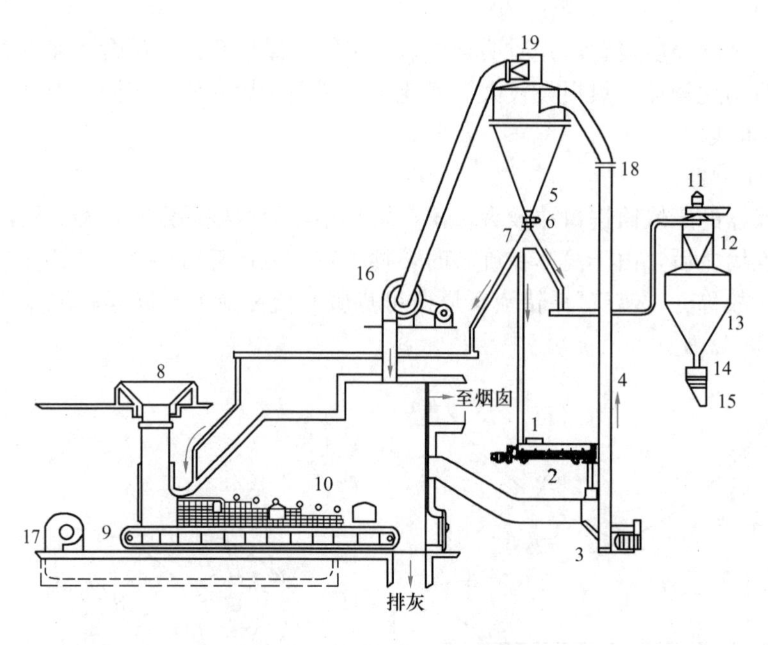

图 23-44 急骤干燥器与焚烧炉

1—进泥斗；2—混合器；3—灼热气体导管及笼式磨机；4—急骤干燥管；
5—旋风分离器；6—气闸；7—干泥分配器；8—加泥仓；9—链条炉篦加泥机；
10—焚烧炉；11—通风机；12—旋风分离器；13—贮仓；14—滑动闸门；
15—装袋秤盘；16—蒸气鼓风机；17—风机；18—伸缩接头；19—安全阀

（2）急骤干燥器

急骤干燥器的构造与干燥工艺流程如图 23-44 所示。急骤干燥器属于升流干燥装置，污泥与干燥后的污泥在混合器 2 内混合而被预热，然后送至灼热气体导管及笼式磨机 3，用焚烧炉 10 的灼热气体（气温达 530℃左右）加热并粉碎后，从急骤干燥管 4 的底部喷流而上，上升流速达 20～29m/s，进行急骤干燥，可将污泥的含水率从 80%～90%干燥至 15%～20%。干燥后的污泥经旋风分离器 5 分离，含有水蒸气的灼热气体用蒸汽风机 16 鼓至焚烧炉 10 脱臭，干燥污泥由分配器 7 分成 3 份：1 份送至焚烧炉 10 焚烧，使含水率降至 0；1 份至混合器 2 预热湿污泥；1 份至旋风分离器 12。干燥污泥落入贮仓 13，经滑动闸门 14，装料秤盘 15 装料外运，气体由通风机 11 排出。这是一种急骤干燥器与焚烧炉联用的装置，优点是热能可充分回收、排气可被焚烧脱臭、占地紧凑、热效率高、干燥强度大。

（3）带式干燥器

带式干燥器由成型器以及带式干燥器两部分组成，如图 23-45 所示。在箱形装置内有成型器 3，由两个相对转动的空心圆筒组成，圆筒上有相互吻合的一列宽 5～10mm，深几毫米的沟槽，圆筒内部通蒸汽，污泥由皮带输送器 4 输入经圆筒压制成条状并预热后，刮落至网状传送带 9 上，采用热风通气干燥的方法干燥至所要求的含水率。热风由蒸汽或燃烧重油、煤气产生，经送风机 2 送入箱内，温度保持在 160～180℃之间。被蒸发的水蒸气及废气一起排出，一部分作为循环加热用，另一部分经水洗脱臭后从烟囱 8 排出。

干燥温度保持在 160～180℃之间的原因是使污泥保持表面蒸发控制，即恒速干燥阶段，不会产生热分解的臭味，肥分不会降低。故带式干燥器可作为污泥制造肥料的设备。

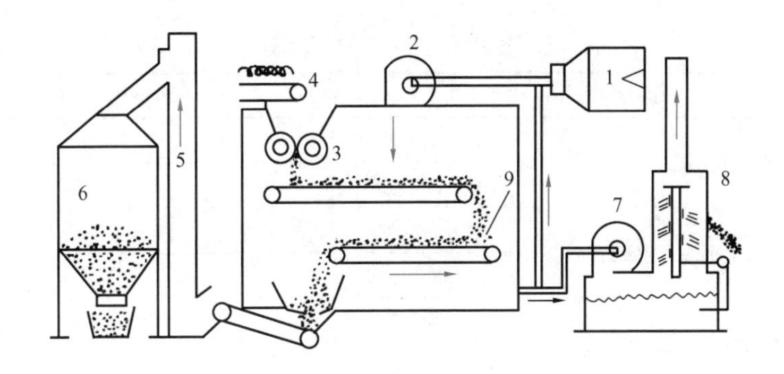

图 23-45　带式干燥器

1—干泥；2—送风机；3—成型器；4—皮带输送器；5—斗式输送机；
6—料仓；7—抽风机；8—烟囱；9—网状传送带

各种干燥器比较表　　表 23-18

指标	回转圆筒干燥器	急骤干燥器	带式干燥器
设备定型	有定型设备	无定型设备	无定型设备
灼热气体温度（℃）	120～150	530	160～180
卫生条件	可灭杀病原菌、寄生虫卵	同左	同左
蒸发强度［kg/(m^3·h)］	55～80	—	—
干燥效果，以含水率 p 计	15%～20%	约 10%	10%～15%
运行方式	连续	连续	连续
干燥时间（min）	30～32	不到 1	25～40
热效率	较低	高	较低
传热系数 K［kJ/（m^2·h·℃)］	—	—	2500～5860
臭味	低	低	低
排烟中灰分	低	高	低

3. 干燥器的比较与选用

回转圆筒干燥器、急骤干燥器、带式干燥器各项技术指标及选用列于表 23-18，供选用时参考。

23.9.2　污泥焚烧

使污泥所含水分被完全蒸发，有机物质被完全分解，最终产物是 CO_2、H_2O、N_2 等气体及焚烧灰的处理技术称为焚烧。在下列情况可以考虑采用污泥焚烧工艺：①当污泥不符合卫生要求，有毒物质含量高，不能作为农副业利用；②卫生要求高，用地紧张的大、中城市；③污泥自身的燃烧热值高，可以自燃并利用燃烧热量发电；④可与城市垃圾混合焚烧并利用燃烧热量发电。

污泥经焚烧后，含水率可降为 0，使运输与最后处置大为简化。污泥在焚烧前应有效地脱水干燥。焚烧所需热量依靠污泥自身所含有机物的燃烧值或辅助燃料。采用污泥焚烧工艺时，前处理不必用污泥消化或稳定处理，以免有机物质减少而降低污泥的燃烧热值。

各种污泥的燃烧热值表 表 23-19

污泥种类		燃烧热值（kJ/kg)(干)
初次沉淀污泥	新鲜的	15826～18192
	经消化的	7201
初沉污泥与腐殖污泥的混合污泥	新鲜的	14905
	经消化的	6741～8122
初沉污泥与活性污泥的混合污泥	新鲜的	16957
	经消化的	7453
新鲜活性污泥		14905～15215

1. 污泥的燃烧热值

污泥所含有机物质可燃，其燃烧热值的计算式为：

$$Q = 2.3a\left(\frac{100p_{\mathrm{v}}}{100-G}-b\right)\left(\frac{100-G}{100}\right) \tag{23-30}$$

式中 Q——污泥的燃烧热值，kJ/kg（干），可参考表 23-19；

p_{v}——有机物质（即挥发性固体）含量，%；

G——机械脱水时，所加无机混凝剂量（以占污泥干固体质量%计），当用有机高分子混凝剂或未投加混凝剂时，$G=0$；

a、b——经验系数，与污泥性质有关。新鲜初沉污泥与消化污泥：$a=131$，$b=10$；新鲜活性污泥：$a=107$，$b=5$。

【例 23-5】 污泥的挥发性固体含量 $p_{\mathrm{v}}=68\%$，机械脱水时投加无机混凝剂 $G=8.3\%$（占干固体质量%）。试求燃烧热值。

【解】 若为初沉污泥，用式（23-30）计算：

$$Q=2.3a\left(\frac{100p_{\mathrm{v}}}{100-G}-b\right)\left(\frac{100-G}{100}\right)$$

$$=2.3\times131\times\left(\frac{100\times68}{100-8.3}-10\right)\times\left(\frac{100-8.3}{100}\right)=17738\text{kJ/kg}$$

若为新鲜活性污泥，用式（23-30）计算：

$$Q=2.3\times107\times\left(\frac{100\times68}{100-8.3}-5\right)\times\left(\frac{100-8.3}{100}\right)=15616\text{kJ/kg}$$

2. 焚烧设备

焚烧设备主要有回转焚烧炉、立式多段炉及流化床焚烧炉。

(1) 回转焚烧炉

回转焚烧炉构造与回转干燥器基本相同，也可分为并流、错流与逆流回转焚烧炉 3 种炉型。主要不同在于焚烧炉长度较长，直径与长度之比约为 1∶(10～16)。图 23-46 为逆流回转焚烧炉流程图。

回转焚烧炉体的前段为干燥带，约占全长的 2/3，污泥被干燥至临界含水率约 10%～30%，污泥的温度和热气体的湿球温度相同约为 160℃，进行恒速蒸发，然后温度开始上升，达到着火点。后段为燃烧带，约占全长的 1/3，经干馏后的污泥，着火燃烧，燃烧受内部扩散控制，燃烧带的温度为 700～900℃。

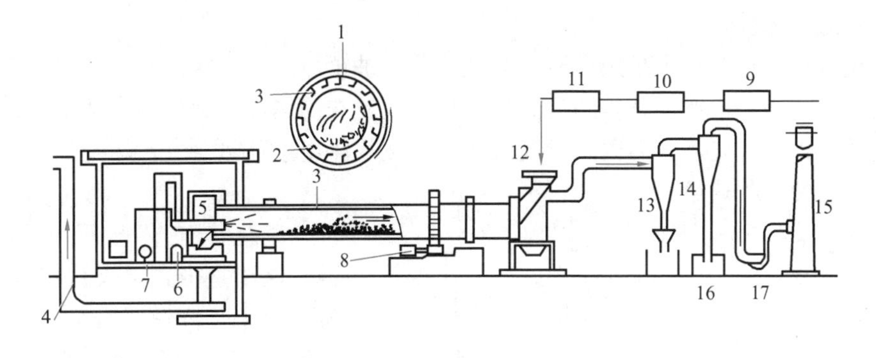

图 23-46　逆流回转焚烧炉

1—炉壳；2—炉膛；3—抄板；4—灰渣输送机；5—燃烧器；6—一次空气鼓风机；7—二次空气鼓风机；8—传动装置；9—沉淀池；10—浓缩池；11—压滤机；12—泥饼；13—一次旋流分离器；14—二次旋流分离器；15—烟囱；16—焚烧灰仓；17—引风机

(2) 立式多段焚烧炉

立式多段焚烧炉如图 23-47 所示。立式多段炉是一个内衬耐火材料的钢制圆筒，一般分 6～12 层。各层都有同轴的旋转齿耙，转速为 1r/min。空气由轴心鼓入，一方面使轴冷却，另一方面空气被预热。泥饼从炉的顶部进入炉内，依靠齿耙翻动逐层下落，顶部两层起污泥干燥作用，称干燥层，温度约 480～680℃，使污泥含水率降至 40%以下。中部几层主要起焚烧作用，称焚烧层，温度达到 760～980℃。下部几层主要起冷却并预热空气的作用，称缓慢冷却层，温度为 260～350℃。单元生产率以单位炉床面积计为 0.65～0.8t(干)/(m^2 · d)，焚烧炉污泥含水率从 65%～75%降至 0%。

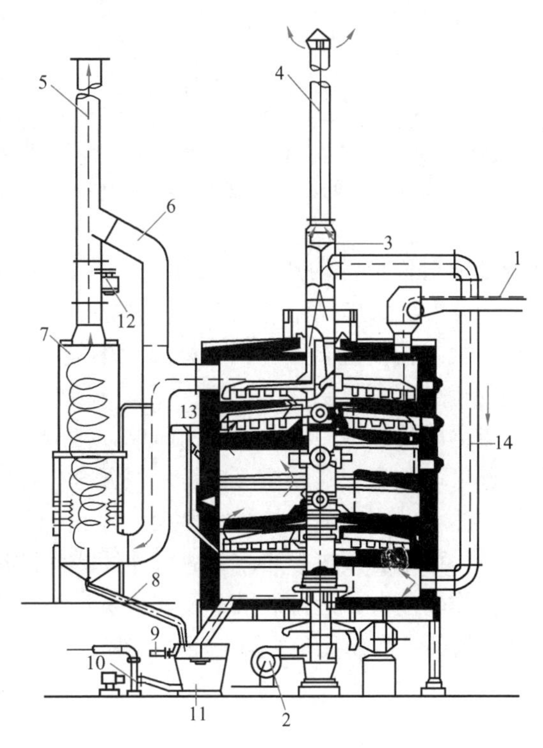

图 23-47　立式多段焚烧炉

1—泥饼；2—冷却空气鼓风机；3—浮动风门；4—废冷却气；5—清洁气体；6—无水时旁通风道；7—旋风喷射洗涤器；8—灰浆；9—分离水；10—砂浆；11—灰桶；12—感应鼓风架；13—重油；14—热空气回流管

燃烧热值为 17408.7kJ/kg 的污泥，当含水量与有机物之比为 3.5∶1 时，可自燃而不必加辅助燃料，否则应加辅助燃料。辅助燃料有煤气、天然气、沼气、丙烷或重油等。被预热空气由热空气回流管 14 从炉底层进入焚烧炉助燃，多余空气经浮动风门 3、风管 4 排入大气。燃烧废气与水蒸气经旋风喷射洗涤器 7 除尘脱臭后从风管 5 排入大气，灰浆则从灰浆管 8 落入灰桶 11。在无水除尘时，废气也可顺旁通风道 6 直接从 5 排入大气。重油从 13 喷入炉膛作为辅助燃料，在启动或污泥不能自燃时使用。落入灰桶 11 的焚烧灰用砂浆泵抽出。

(3) 流化床焚烧炉

流化床焚烧炉的特点是用硅砂作为载热体。被预热的空气从炉底部喷射而上，使硅砂层形成悬浮状态，干燥、破碎的污泥从炉顶加入，与灼热硅砂激烈混合焚烧。焚烧灰与气体一起从炉顶部经旋风分离器进行气固分离，热气体用于预热空气，热焚烧灰用于预热干燥污泥，以便回收热量。

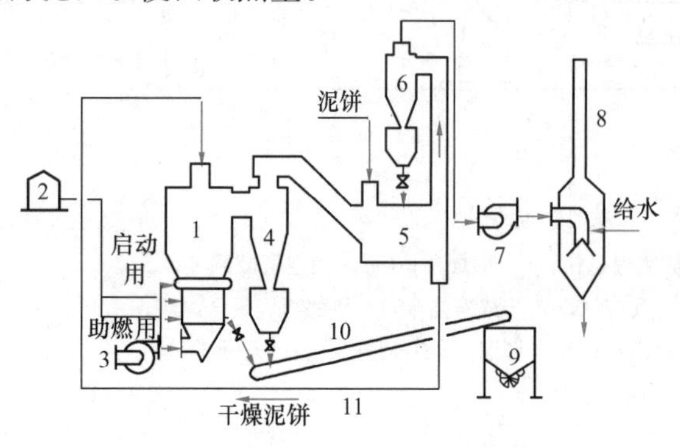

图 23-48　流化床焚烧炉流程

1—流化床焚烧炉；2—重油池；3—鼓风机；4—一次旋流分离器；5—快速干燥器；6—二次旋流分离器；7—抽风机；8—除尘器；9—灰斗；10—带式输送机；11—输送带

流化床工艺流程如图 23-48 所示。该图是带式干燥器（如图 23-45）与流化床焚烧炉联合使用的流化床焚烧炉流程。泥饼加入带式干燥器 5，将泥饼含水率干燥至约 40%，干燥器的热源利用流化床焚烧炉排出的烟道气（气温约 800℃），以便回收利用余热，然后经二次旋流分离器 6 分离，泥灰落回干燥器 5，废气经抽风机 7、除尘器 8 后排入大气，排气温度约 150℃。干燥后的污泥由输送带 11 直接送入流化床焚烧炉 1 迅速与流化床硅砂激烈混合，泥温上升 700℃，焚烧灰随喷射而上的灼热气体一起由一次旋流分离器 4 分离，焚烧灰落入带式输送机 10 送至灰斗 9，灼热气体进入 5 作为热源。重油 2 沿炉壁切向喷入炉内，在流化床中焚烧污泥，焚烧温度达 850℃。焚烧温度不能再高，否则硅砂会被熔化结块。流化床层的流化空气用鼓风机 3 鼓入。

流化床焚烧炉的特点是结构简单，接触高温的金属部件少，故障也少；干燥与焚烧连在一起，可除臭；硅砂与污泥粉激烈混合，接触面积大，热效率高，节省能源；焚烧时间短，炉体小；由于炉子的热容量大，停止运行后，每小时降温不到 5℃，因此在 2d 内重新运行，可不必预热载热体，故可连续或间歇运行；操作可用仪表控制并实现自动化。缺点是操作较复杂；运行效果不及其他焚烧炉稳定；动力消耗较大；焚烧废气可能含有致癌物质二噁英，故需配备去除二噁英的装置，价格较高。

23.10　污泥的最终处置与利用

污泥的最终处置与利用可分类归纳成图 23-49 和表 23-20。最终处置与利用的主要方法是：作为农肥利用、建筑材料利用、填地与填海造地利用以及排海。从图 23-49 可知，污泥的最终处置与利用，与污泥处理工艺流程的选择有密切关系，故需做通盘考虑。

据统计，2019 年我国污泥产量已超过 6000 万吨（以含水率 80%计），污泥处置率已达 70%。在污泥的处置方法中，卫生填埋约占 53%，土地利用约占 15%，建筑材料利用约占 8%，其他方式约占 24%。我国污泥产量持续上升，据估计 2025 年可突破 9000 万吨。

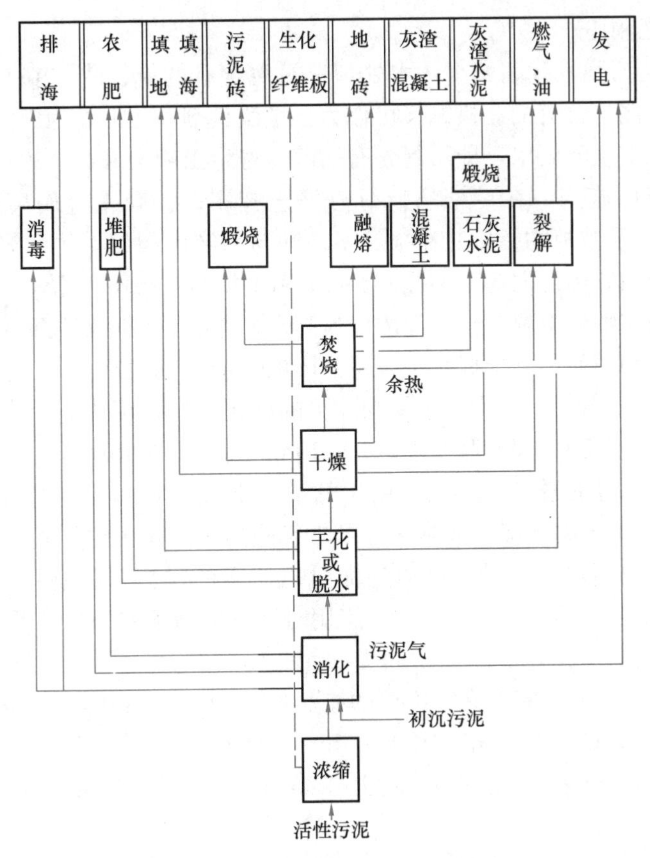

图 23-49　污泥的最终处置与利用

城镇污水处理厂污泥处置与利用的分类　　表 23-20

序号	分类	范围	备注
1	土地利用	农用	农用肥料、土壤改良
		园林绿化利用	造林育苗、城市绿化
		土地改良	盐碱度、沙化地和废弃矿场的土壤改良
		专用处置场	污泥连续地施用到土壤中进行降解
2	填埋	单独填埋	在专门填埋污泥的填埋场地进行填埋处置
		混合填埋	在城市生活垃圾填埋场进行混合填埋（含填埋场覆盖材料利用）
		特殊填埋	填地、填海造地
3	建筑材料利用	用作水泥添加料	充当制水泥的部分原料
		制砖	充当制砖的部分原料
		制轻质骨料	充当制轻质骨料（陶粒等）的部分原料
		制其他建筑材料	充当制生化纤维板等其他建筑材料的部分原料

23.10.1　农肥利用与土地处理

近年来，污泥土地利用已逐渐成为许多国家污泥处置的主要方法之一。在欧洲一些国家，如卢森堡和法国等，污泥的农用比例达到 60%。在美国，土地利用也逐渐成为主要的污泥处理方式，约占比 40%，预计比例也将逐渐上升。而在我国，随着污泥泥质的逐渐上升，污泥的土地利用也呈现上升趋势。

1. 污泥的农肥利用

如本章表 23-4 所列，我国城市污水处理厂污泥含有的氮、磷、钾等非常丰富，可作为农业肥料，而污泥中含有的有机物又可作为土壤改良剂。污泥作为肥料施用时必须符合下列要求：①满足卫生学要求，即不得含有病菌、寄生虫卵与病毒，故在施用前应对污泥做消毒处理或季节性施用，在传染病流行时停止施用；②因重金属离子，如 Cd、Hg、Pb、Zn 与 Mn 等最易被植物摄取并在根、茎、叶与果实内积累，故污泥所含重金属离子浓度必须符合我国《农用污泥污染物控制标准》GB 4284—2018，见表 23-3；③总氮含量不能太高，氮虽是作物的主要肥分，但浓度太高会使作物的枝叶疯长而倒伏减产。

污泥作为肥料利用的控制指标是每年每公顷农田施用污泥干重，一般为 2～70t/(a・hm^2)，常用 15t/(a・hm^2)。当用于水果与蔬菜的施肥时，污泥中有毒有害物质的控制指标为：Cd＜25mg/kg(干)，聚氯联苯(PCB)＜10mg/kg(干)，Pb＜1000mg/kg(干)。

污泥施用于林场可促进树木生长。由于林场的土壤含有高浓度腐殖质（树叶腐烂所致），可抑制重金属离子的迁移，故林场可以常年施用，施用的主要控制因素是防止地面径流所含硝酸盐对地面水的污染，所以施泥量以树木的需氮量控制，一般 3～5 年施用 10～220t（干）/hm^2，常用 40t(干)/hm^2。施用时，可把林场划分为若干区，每 3～5 年一个区，轮流施用。

施肥于草地时，污泥中有毒有害物质的控制指标为：Cd＜5kg(干)/(a・hm^2)，As＜10kg(干)/(a・hm^2)，Cr＜1000kg(干)/(a・hm^2)，Cu＜560kg(干)/(a・hm^2)(当土壤的 pH＞7 时)，Cu＜280kg(干)/(a・hm^2)(当土壤的 pH＜7 时)，Hg＜2kg(干)/(a・hm^2)，Pb＜1000kg(干)/(a・hm^2)。

2. 土地处理

污泥的土地处理有改造土壤和污泥专用处理场两种方法。用污泥改造不毛之地为可耕地，如用污泥投放于废露天矿场、尾矿场、采石场、粉煤灰堆场、戈壁滩与沙漠等地。污泥的投放量每次为 7～450t（干）/hm^2，根据场地的坡度、地下水位、气候条件及环境决定，连续投放数年。投放期间，应经常测定地下水和地面水的硝酸盐含量作为投放量的控制指标。

污泥专用处置场（dedicated disposal site）作为污泥土地处置方式的一种，目的是获得最大限度的污泥施用率。污泥连续地施用到土壤中，有机污染物质被降解，重金属被固定或去除，土地起到了处理系统的作用。污泥专用处置场的污泥施用量可达农田施用量的 20 倍以上，一般为 220～900t（干）/(a・hm^2)。由于大量、重复地施用污泥、专用处置场一般不适宜进行种植，当污泥投放量达到额定值后，可作为公园、绿地使用。这种处置场应对地面径流及渗透水进行截流、收集和处理，以免污染地面水与地下水。

23.10.2 污泥堆肥

污泥堆肥是农业利用的有效途径。堆肥方法有污泥单独堆肥、污泥与城市垃圾混合堆肥两种类型。

1. 基本原理

污泥堆肥一般是在好氧条件下，利用嗜温菌、嗜热菌的作用，分解污泥中的有机物并杀灭传染病菌、寄生虫卵与病毒，提高污泥肥分。污泥堆肥时一般应添加膨胀剂，膨胀剂可用堆熟的污泥、稻草、木屑或城市垃圾等。膨胀剂的作用是增加污泥堆肥的空隙率，改善通风以及调节污泥含水率与碳氮比。

堆肥可分为两个阶段，即一级堆肥阶段与二级堆肥阶段。一级堆肥可分为 3 个过程：发热、高温消毒及腐熟。堆肥初期为发热过程，即在强制通风条件下，堆肥中有机物开始分解，嗜温菌迅速成长，堆肥温度上升至约 45～55℃。在高温消毒过程中，有机物分解所释放的能量，一部分合成新细胞，一部分使肥堆的温度继续上升可达 55～70℃，此时嗜温菌受到抑制，嗜热菌繁殖，病原菌、寄生虫卵与病毒被杀灭。随着污泥中大部分有机物被氧化分解，需氧量逐渐减少，温度开始回落，堆肥进入腐熟过程。当温度降至 40℃左右，堆肥过程基本完成。一级堆肥阶段约耗时 7～9d，在堆肥仓内完成。

一级堆肥完成后，停止强制通风，采用自然堆放方式，使污泥进一步熟化、干燥和成粒，称为二级堆肥阶段。堆肥成熟的标志是物料呈黑褐色，无臭味，手感松散，颗粒均匀，蚊蝇不繁殖，病原菌、寄生虫卵、病毒以及植物种子均被杀灭，氮、磷、钾等肥效增加且易被作物吸收，符合我国《粪便无害化卫生要求》GB 7959—2012，见表 23-21。

好氧发酵（高温堆肥）的卫生要求 **表 23-21**

编号	项目	卫生要求	
1	温度与持续时间	人工	堆温≥50℃，至少持续 10d 堆温≥60℃，至少持续 5d
		机械	堆温≥50℃，至少持续 2d
2	蛔虫卵死亡率	≥95%	
3	粪大肠菌值	$\geqslant 10^{-2}$	
4	沙门氏菌	不得检出	

2. 污泥单独堆肥

污泥单独堆肥的工艺流程如图 23-50 所示。污泥干化后，含水率约 70%～80%，加入膨胀剂，调节含水率至 40%～60%，C∶N 为(20～35)∶1，C∶P 为(75～150)∶1，颗粒粒度约 2～60mm。堆肥过程产生的渗透液 BOD_5>10000mg/L，COD>20000mg/L，总氮>2000mg/L，液量约占肥堆质量的 2%～4%，需就地或送至污水处理厂处理。

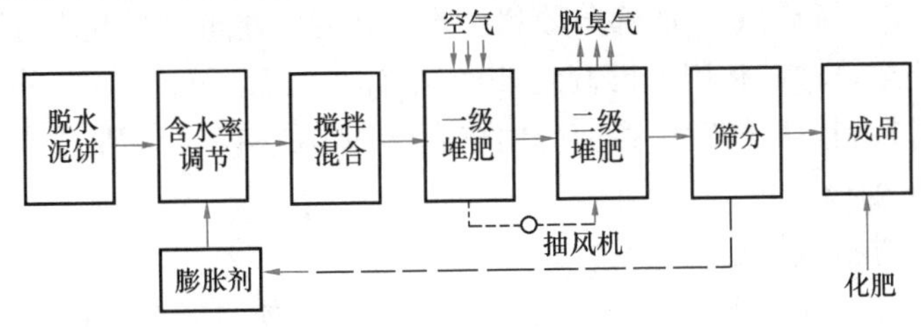

图 23-50　污泥单独堆肥一般工艺流程图

3. 污泥与城市垃圾混合堆肥

我国城市生活垃圾中有机成分约占 40%～60%，燃气或用电的城区为高限，燃煤城区为低限。因此污泥可与城市生活垃圾混合堆肥，城市生活垃圾在堆肥过程还可起膨胀剂的作用，使污泥与垃圾资源化。污泥与城市生活垃圾混合堆肥工艺流程如图 23-51 所示。城市生活垃圾先经分离去除塑料、金属、玻璃与纤维等不可堆肥成分，经粉碎后与脱水污泥混合进行一级堆肥和二级堆肥，最终制成肥料。一级堆肥在堆肥仓内完成，二级堆肥采用自然堆放。

4. 堆肥仓形式与设计

堆肥仓或称发酵仓，有倾斜式、筒式等形式，如图 23-52 所示。堆肥仓的容积取决于污泥量、污泥与城市生活垃圾（或膨胀剂）的配比、停留时间等。图 23-52（a）为倾斜仓，污泥与膨胀剂从顶部投入，强制通风管铺设于仓底部，污泥由缓慢转动的桨片搅拌并使下滑，总停留时间 7～9d。完成一级堆肥的污泥用皮带输送器送至室外作二级堆肥。

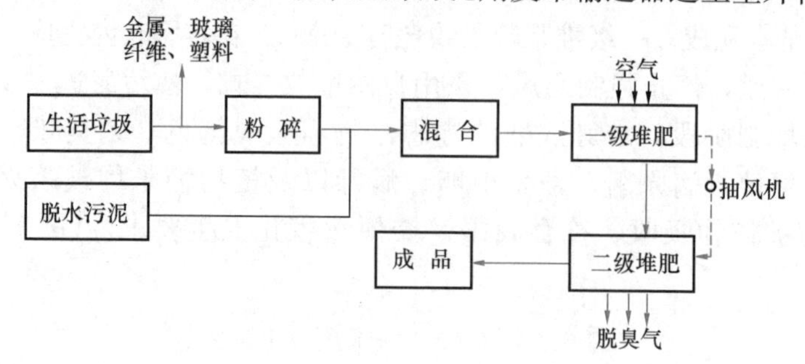

图 23-51　混合堆肥工艺流程示意

一级堆肥所需空气量

$$K = 0.1 \times 10^{0.0028T} \quad (23\text{-}31)$$

式中　K——耗氧速率，单位时间单位质量有机物消耗氧量，$mgO_2/(g \cdot h)$；

T——发酵温度，℃，一般为 55～70℃，计算时可按平均温度 60℃计。

实际需空气量按计算值的 1.2 倍选择鼓风机。

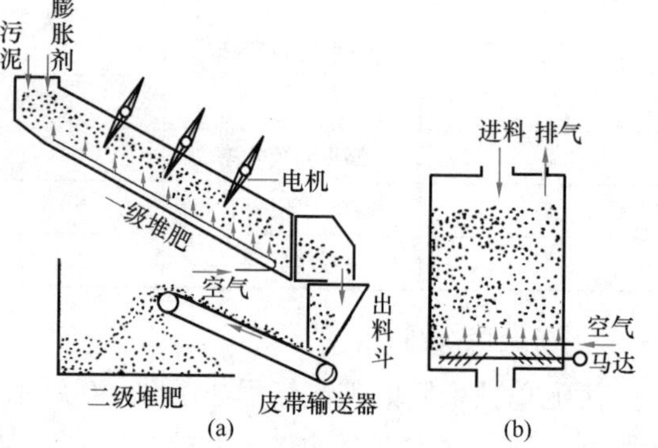

图 23-52　发酵仓（堆肥仓）

（a）倾斜仓；（b）筒仓

23.10.3　污泥建筑材料利用

污泥建筑材料利用是指将污泥作为制作建筑材料的部分原料的消纳方式，例如作为制作生化纤维板、污泥砖与地砖的部分原料。日本在污泥建筑材料利用方面已经有许多工程应用，其污泥的建筑材料利用率已高达 40%左右。英国、德国、法国等发达国家也都致力于污泥建筑材料利用的研究，目前应用技术已基本成熟，可逐步推向商业化应用。

1. 制作生化纤维板

（1）活性污泥树脂的制配

活性污泥中含有丰富的粗蛋白（约含 30%～40%，质量%）与球蛋白酶。将干化后的活性污泥在碱性条件下加热、加压、干燥后，蛋白质会发生变性，即制成活性污泥树脂，又称蛋白胶。

活性污泥中加入苛性钠，与蛋白质产生反应：

$$H_2N-R-COOH+NaOH \longrightarrow \underset{\text{水溶性蛋白质钠盐}}{H_2N-R-COONa}+H_2O$$

该反应生成水溶性蛋白质钠盐，并使细胞腔内的核酸溶于水，去除核酸引起的臭味与油脂。然后投加氢氧化钙，生成不溶性易凝胶的蛋白质钙盐，可增加活性污泥树脂的耐水性、胶着力与脱水性能：

$$2H_2N-R-COOH+Ca(OH)_2 \longrightarrow Ca(H_2N-R-COO)_2+2H_2O$$

为了进一步脱臭并提高活性污泥树脂的耐水性能与固化速度，可加少量甲醛(HCHO)。制配活性污泥树脂的配方见表23-22。可采用表中的任一配方，先加苛性钠在反应器内搅拌均匀，然后通入蒸汽加热至90℃，反应20min，再加石灰后维持90℃，反应40min。主要技术指标为：干物质含量约22%，蛋白质含量19%～24%，pH为11左右，等电点（即蛋白质正、负电荷相等时的pH）为10.55。

活性污泥树脂配方表 表23-22

配方号	活性污泥（干重）	苛性钠（工业级）	石灰CaO（70%～80%）	混凝剂			水玻璃35°波美度	甲醛（浓度40%）
				$FeCl_3$（工业级）	聚合氯化铝	$FeSO_4$（工业级）		
Ⅰ	100	8	36	15	—	4	10.8	5.2
Ⅱ	100	8	36	—	43	4	10.8	5.2
Ⅲ	100	8	36	—	—	23	10.8	5.2

（2）填料及其预处理

生化纤维板的填料可采用麻纺厂、纺织厂的纤维下脚料。麻纺厂纤维下脚料需加碱蒸煮去油，去色与柔软化。加碱蒸煮时麻∶碳酸钠∶石灰=1∶0.05∶0.15，蒸煮时间4h，然后粉碎使纤维长短一致。而纺织厂的纤维下脚料可不做预处理。

（3）生化纤维板的制造工艺

生化纤维板的制造工艺流程为搅拌、预压成型、热压和裁边。首先将活性污泥树脂（干）与纤维以2.2∶1的质量比进行混合，搅拌均匀，使搅拌料的含水率约75%～80%。接着将搅拌料进行铺料（厚度为25mm），在1min内加压至约2.0MPa，稳压4min，将其预压成型。此时纤维板料坯含水率约为60%～65%，坯厚约为8.5～9.0mm。预压成型后，通蒸汽并使压力增加至3.5～4MPa，温度为160℃，稳压3～4min，然后逐渐降至约0.5MPa，让蒸气逸出。这样反复2～3次即完成纤维板的热压处理。最后将生化纤维板根据规格要求裁边成材。

（4）生化纤维板的力学性能

生化纤维板的物理力学性能与我国三级硬质纤维板及水泥的比较见表23-23。

生化纤维板、三级硬质纤维板及水泥的比较 表23-23

材料名称	密度（kg/m^3）	抗折强度（kg/cm^2）	吸水率①（%）	β放射性强度（Ci/kg）
三级硬质纤维板	≥800	≥200	≤35	—
水泥	—	—	—	1.55×10^{-9}
生化纤维板	1250	180～220	30	1.43×10^{-9}

① 在水中浸泡24h。

2. 制造灰渣水泥与灰渣混凝土

污泥焚烧灰的矿物质成分与波特兰水泥的成分比较，见表23-24。从表中可知，污泥焚烧灰所含成分除CaO较波特兰水泥低外，其余成分均相当。故污泥焚烧灰加石灰或石灰石后，可煅烧制成灰渣水泥，其强度符合ASTM圬工水泥规范。此外，污泥焚烧灰也可作为混凝土的细骨料，代替部分水泥与细砂。

污泥焚烧灰的矿物质成分与波特兰水泥的成分比较　　表 23-24

	SiO_2	Al_2O_3	Fe_2O_3	CaO	P_2O_5	MgO	TiO_2	SO_3	BaO	Na_2O	K_2O	Cl^-
污泥焚烧灰	17～30	8～14	8～20	4.6～38	8～20	1.3～3.2	0～2.9	0.8～2.8	0～0.3	0～0.5	0.6～1.8	0～0.3
波特兰水泥	20.4～20.9	5.7～5.8	2.2～4.1	63.3～64.9	—	1.0～5.2	—	2.1～3.7	—	0～0.2	0～1.2	—

3. 制作污泥砖与地砖

(1) 污泥砖

污泥砖的制造有两种方法：一种是用干污泥直接制砖；另一种是用污泥焚烧灰制砖。用于制造砖的黏土成分要求为：SiO_2 56.8%～88.7%；Al_2O_3 4.0%～20.6%；Fe_2O_3 2.0%～6.6%；CaO 0.3%～13.1%；MgO 0.1%～0.6%。对照表 23-22 可知污泥焚烧灰的成分，除 SiO_2 偏低外，均可满足。因此在利用干污泥或污泥焚烧灰制砖时，应添加适量黏土或硅砂，提高 SiO_2 的含量，然后制砖。一般的质量配比为干污泥（或焚烧灰）∶黏土∶硅砂＝1∶1∶(0.3～0.4)。污泥砖的物理性能见表 23-25。

(2) 污泥制地砖

污泥焚烧灰在 1200～1500℃的高温下煅烧，有机物被完全焚烧，无机物熔化，再经冷却后形成玻璃状熔渣，可生产地砖、釉陶管等。

污泥砖的一般物理性能表　　表 23-25

焚烧灰∶黏土	平均抗压强度 (kg/cm^2)	平均抗折强度 (kg/cm^2)	成品率 (%)	鉴定标号
2∶1	82	21	83	75
1∶1	106	45	90	75

23.10.4　污泥裂解

污泥经干化和干燥后，可以用煤裂解的工艺方法，将污泥裂解制成可燃气、焦油、苯酚、丙酮、甲醇等化工原料。污泥高温干馏裂解的工艺流程如图 23-53 所示。

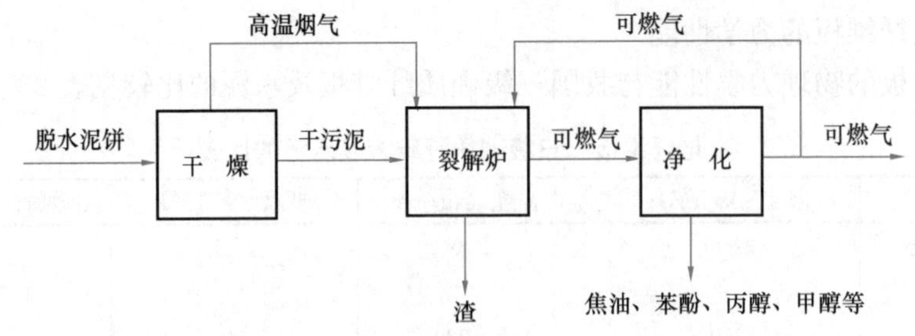

图 23-53　污泥高温干馏裂解工艺流程图

23.10.5　污泥填埋

1. 污泥填埋

污泥填埋指采用一定的工程措施将污泥埋于天然或人工开挖坑地内的安全的消纳方式。单独填埋（monofill）指污泥在专用填埋场进行填埋处置，又可分为沟填（trench）、掩埋（areafill）和堤坝式填埋（diked containment）三种类型。沟填就是将污泥挖沟填埋，沟填要求填埋场地具有较厚的土层和较深的地下水位，以保证填埋开挖的深度，并同时保留有足够多的缓冲区，沟填按照开挖沟槽的宽度可分为两种类型：宽度大于3m的为宽沟填埋（wide-trench），小于3m的为窄沟填埋（narrow-trench）。掩埋是将污泥直接堆置在地面上，再覆盖一层泥土，用做稳定污泥的处置方法，此方法适合于地下水位较高或土层较薄的场地。堤坝式填埋是指在填埋场地四周建有堤坝，或是利用天然地形（如山谷）对污泥进行填埋，污泥通常由堤坝或山顶向下卸入，因此堤坝上需具备一定的运输通道。

混合填埋指污泥与生活垃圾混合在填埋场进行填埋处置，首先将污泥堆积在固体废物的上层并尽可能充分地混合，然后将混合物平展、压实，再像通常的固体废物填埋一样进行覆土。

传统的污泥堆场也可以理解为一种填埋方式，它是利用坑、塘和洼地等，将污泥集中堆置，不加掩盖。由于它特别容易污染水源和大气，从环境保护角度看是不可取的。

由于污泥填埋渗滤液对地下水的潜在污染和城市用地减少等因素的影响，世界各国对于污泥填埋处理的技术标准要求越来越高。例如，欧盟国家规定有机物含量大于5%的污泥都将被禁止进行填埋，这也就意味着污泥必须经过热处理（焚烧）才能满足填埋要求，而这显然违背了污泥填埋工艺简单、成本低廉的初衷。在这样的形势下，发达国家污泥填埋的比例现在正在逐步下降，美国和德国的许多地区甚至已经禁止了污泥的土地填埋。例如，20世纪80年代，填埋是英国的主要污泥处置方式之一，进入21世纪后，该方式在英国被废止。而今后几十年内，美国6500个填埋场则将有5000个被关闭。

根据我国国情和现有的经济条件，在一段时间内脱水污泥进行土地填埋仍将作为一种不可或缺的过渡性处置途径。以前我国有大量污泥采用污泥堆场的非卫生填埋方式，给环境带来严重污染，这种处置方式正逐渐被摒弃。目前我国的填埋形式一般采用污泥与城市生活垃圾混合卫生填埋，但由于污泥的含水率较高，给填埋作业带来很多困难。污泥单独卫生填埋国内的应用较少，1991年上海桃浦地区建成了第一座试验性污泥卫生填埋场，将曹杨污水处理厂污泥脱水后运至桃浦填埋场处置，该填埋场占地3500m^2。2004年上海白龙港污水处理厂建成污泥专用填埋场，占地43hm^2。

2. 填地

污泥干化后，含水率约为70%～80%。用于填地的含水率以65%左右为宜，可保证填埋体的稳定与有效压实。因此在填地前可在干化污泥中添加适量的硬化剂，一方面调节含水率，一方面可加速固化。硬化剂常用石灰、粉煤灰等。

污泥填地时宜分层作业，如污泥填高累计0.5～3.0m后，需覆盖厚度为0.5m的砂土层后压实，然后再填污泥。如用污泥焚烧灰填地，可不必分层也不用砂土层。在污泥填地过程中，为了防止蚊蝇栖息与繁殖，并防止臭味外溢，填堆应覆盖塑料薄膜。填地场底部应铺设不透水层及渗出液的收集管，防止污染地下水与地面水。不透水层有两种方法：①用黏土或三合土夯实，厚度为0.6m左右，渗透系数$K \leqslant 10^{-7}$cm/s；②化学合成衬垫，主要材料是聚氯乙烯、氯磺化聚乙烯等。由于填地污泥的含水率不高，故渗出液量有限，可输送到污水处理厂或就地处理。填地场还应设置竖向排气导管，收集与排除污泥可能由于厌氧消化而产生的污泥气，避免发生爆炸的危险。

选择填地场所的主要影响因素包括当地的水文地质条件、污泥量与运距、周边环境以及填地场的开发利用等。填地场的设计年限一般为10年以上，填地完成后应覆盖植被后作为公共绿地和运动场地等。待填地污泥稳定后，再可进一步开发利用。

3. 填海造地

浅水海滩或海湾处可先建围堤后，利用污泥填海造地。污泥填海造地时，应严格遵守如下要求：①必须建围堤，不得使污泥污染海水，渗水应收集处理；②填海造地的污泥或焚烧灰中，重金属离子的含量应符合填海造地标准。

23.10.6 污泥投海

污泥投海（ocean disposal）指将生污泥或处理后的污泥直接投弃在海洋中，利用海洋的自净与稀释作用处置污泥。沿海地区可考虑把生污泥、消化污泥、脱水泥饼或污泥焚烧灰投海。污泥投海在国外曾有成功的经验，但也曾有造成严重污染的教训。根据英国的经验，污泥（包括生污泥和消化污泥）投海区需离岸10km以外，深25m以上，潮流水量为污泥量的500～1000倍，以确保海水的自净与稀释作用。此外，投海污泥最好是经过消化处理的污泥，投海的方法可用管道输送或船运。

由于污泥投海存在较大污染环境的风险，在欧盟和美国等大多数国家目前已经禁止使用。我国虽然尚未明确禁止污泥排海，但已制定了相应的污泥排海控制标准。在《城市污水处理厂污水污泥排放标准》CJ 3025—93中规定："城市污水处理厂污泥排海时应按《海水水质标准》GB 3097—1997及海洋管理部门的有关规定执行"，而污泥排海工程实际上很难满足上述规定中的控制标准，其应用已受到严格的限制。

思考题与习题

1. 污泥处理与处置的一般原则是什么？应如何因地制宜地考虑？
2. 表征污泥性质的主要指标有哪些？
3. 如何计算污泥的含水率、含固率和密度？某污泥含水率从97.5%降至94.0%，求其污泥体积的变化。
4. 简述污泥流动的水力特性，如何进行污泥输送的水力计算？
5. 什么是迪克重力浓缩理论？什么是固体通量？
6. 污泥浓缩的方法有哪几种？试述其技术经济特点及应用场合。
7. 城市污水处理厂的污泥为什么要进行消化处理？有哪些措施可以加速污泥消化过程？什么叫投配率？
8. 厌氧消化池运行过程中会发生哪些异常现象？应如何进行管理和控制？
9. 简述好氧消化池的工作原理、工艺构造和应用特点。
10. 污泥脱水性能的评价指标有哪些？试述其物理意义。
11. 什么是污泥调理？影响污泥调理效果的因素有哪些？
12. 什么是污泥的自然干化？影响污泥自然干化效果的主要因素有哪些？
13. 污泥的机械脱水有哪些工艺类型？试述其工艺原理和构造特点。
14. 什么是污泥干燥？常用的污泥干燥器有哪些类型？其工作原理如何？
15. 什么是污泥焚烧？常用的污泥焚烧炉有哪些类型？其工作原理如何？
16. 污泥的最终处置与利用有哪些主要类型？
17. 什么是污泥的土地利用？试简述其各种利用方式。

18. 什么是污泥的建筑材料利用？试简述其各种利用方式。

19. 什么是污泥填埋？为什么污泥填埋的技术标准日益提高？

20. 污泥处置与污水处理之间的关系如何？它们是如何相互影响的？

21. 某城市污水水量60000m^3/d，其中生产污水40000m^3/d，生活污水20000m^3/d。原污水悬浮物浓度为240mg/L，初沉池沉淀效率为40%，经沉淀处理后BOD_5约200mg/L。用活性污泥法处理，曝气池容积为10000m^3，MLVSS为3.5g/L，MLSS为4.8g/L，BOD_5去除率为90%。初沉污泥及剩余活性污泥采用中温消化处理，消化温度为33℃，污泥投配率为6%，新鲜污泥温度为16℃，室外温度为－10℃，根据上列数据设计污泥消化池。

22. 总生化需氧量转为甲烷的过程中，求每千克总生化需氧量经消化后能产生的甲烷量。假设起始化合物为葡萄糖。

第24章　工业废水处理

24.1　工业废水处理概论

24.1.1　工业废水的来源与特点

工业废水指工业生产过程中废弃外排的水。

1. 工业废水的来源

工业生产活动中，既从环境取得资源、将资源加工和转化为生产资料与生活资料，同时又向环境输出废弃物（排放污染物）污染环境。当污染物排放量在环境自净能力允许的限度之内，环境可以自动恢复原态，工业生产可以持续发展。如果工业部门对环境资源的开发和利用不合理，污染物排放量超过环境容量的允许极限，将造成严重的环境污染问题。

工业废水是区别于生活污水而言的，含义很广。工业生产过程产生的废水因工业部门、生产工艺、设备条件与管理水平等不同，在水质、水量与排放规律等方面差异很大；即使生产同一产品的同类工厂所排放的废水，其水质、水量与排放规律也有所不同。废水中除含有不能被利用的废弃物外，常含有流失的原材料、中间产品、最终产品和副产品等，均构成危害环境的污染物。影响工业废水所含污染物多少及其种类的因素主要有：①生产中所用的原材料；②工业生产中的工艺过程；③设备构造与操作条件；④生产用水的水质与水量。

工业废水是我国水环境的主要污染源。根据国家环境保护局发布的《2015年中国环境统计年报》，2015年全国废水排放总量为$735.3\times10^8m^3$，其中工业废水排放量$199.5\times10^8m^3$，外排的化学需氧量（COD）为293.5×10^4t，氨氮为21.7×10^4t，石油类为1.5×10^4t，挥发酚为973.2t，氰化物为146.2t，砷为111.6t，铅为77.9t，六价铬为23.5t，汞为1.0t。

2. 工业废水的分类

由于工业废水成分非常复杂，每一种工业废水都是多种杂质和若干项指标表征的综合体系，往往只能以起主导作用的一两项污染因素来对工业废水进行描述和分类。

（1）按污染物性质分类：根据废水中污染物的主要化学成分及其性质可有多种分类方法，通常分为有机废水、无机废水、重金属废水、放射性废水、热污染废水等。根据废水中主要污染物种类命名，如含酚废水、含氮废水、含汞废水、含丙烯腈废水、含铬废水等。根据废水的酸碱性，可将废水分为酸性废水、碱性废水和中性废水。根据污染物是否为有机物和是否具有毒性，可分为无机无毒、无机有毒、有机有毒、有机无毒等，这种分类方法主要用于废水处理技术的研究与讨论。例如，低浓度有机废水常用好氧生物处理技术，高浓度有机废水常采用厌氧生物处理法与好氧生物处理法联合处理，酸、碱废水用中和法处理，重金属废水用离子交换、吸附法等物化法处理。

(2) 按产生废水的工业部门分类：通常分为冶金工业废水、化学工业废水、煤炭工业废水、石油工业废水、纺织工业废水、轻工业废水和食品工业废水等。有时也按产生废水的行业分类，如制浆造纸工业废水、印染工业废水、焦化工业废水、啤酒工业废水、乳品工业废水、制革工业废水等。这种分类方法主要用于对各工业部门、各行业的工业废水污染防治进行研究与管理。

(3) 按废水的来源与受污染程度分类：根据工业企业废水的来源进行划分：①工艺废水，生产工艺产生的废水，通常受到较严重的污染，是工业废水的主要污染源，需进行处理；②冷却水，来源于热交换器、泵、压缩机轴的冷却水，在工业废水中占的比例最大，正常情况下比较清洁，但因受到热污染，直接排放会增加受纳水体的热量。大多数工业部门都在工厂内将其循环再用。冷却水循环系统产生的浓缩废水受盐类和缓蚀剂的污染严重，通常需进行处理；③洗涤废水，来源于原材料、产品与生产场地的冲洗。这类废水的水量仅次于冷却水，通常受到污染，处理后或许可以循环再用；④地表径流（雨水），许多工业企业（如炼油工业、化学工业、铸造冶炼工业等）厂区的地表径流常受到污染，含有的污染物与工业废水一样，需考虑进行处理（如初期雨水）。这种分类方法主要用于对各工业部门、各行业的工业废水污染防治进行研究与管理。

上述废水分类方法只能作为了解污染源的参考。实际的工业生产中，一种工业可能排出几种不同性质的废水，而一种废水中又可能含有多种不同的污染物。

3. 工业废水的主要特点

工业废水对环境造成的污染危害，以及应采取的防治对策，取决于工业废水的特性。工业废水的特点主要表现为：

(1) 工业废水种类繁多，涉及的处理技术比城市污水复杂得多；

(2) 工业废水排放量大，是环境的重要污染源；

(3) 污染物浓度高（与生活污水相比），如不加处理直接排放，对环境产生严重污染；

(4) 工业废水的成分十分复杂，通常难以用单一的处理技术净化，这是工业废水处理难度大、处理费用高的主要原因之一。许多工业部门排放多种有毒有害污染物，对人体健康危害大，如不经预先处理而直接排入城市污水系统，会危害污水管网和影响处理效果；

(5) 因受产品变更、生产设备检修、生产季节变化等多种因素影响，各工厂废水的水质水量变化幅度大，使处理工艺复杂化。

24.1.2 工业废水的主要污染物

了解工业废水中污染物的种类、性质和浓度，对于废水的收集、处理、处置设施的设计和操作十分重要。工业废水中污染物种类较多。根据废水对环境污染的不同，大致可划分为固体污染物、有机污染物、油类污染物、有毒污染物、生物污染物、酸碱污染物、需氧污染物、营养性污染物、感官污染物和热污染等。水体受污染的程度需要通过水质指标来表征，水质指标可分为物理、化学、生物三大类（详见第14章）。

一种水质指标可能包括几种污染物，而一种污染物也可以造成几种水质指标的表征。如悬浮物可能包括有机污染物、无机污染物、藻类等，而某种有机污染物就可以造成COD、BOD、pH等几种水质指标的表征。

几种主要工业废水的污染物与水质特点见表24-1。

几种主要工业废水的污染物与水质特点　　表 24-1

工业部门	工厂性质	主要污染物	废水特点
动力	火力发电、核电站	冷却水热污染，火电厂冲灰水中粉煤灰，酸性废水，放射性污染物	温度高，悬浮物高，酸性，放射性，水量大
冶金	选矿、采矿、烧结、炼焦、金属冶炼、电解、精炼、淬火	酚，氰化物，硫化物，氟化物，多环芳烃，吡啶，焦油，煤粉，As、Pb、Cd、B、Mn、Cu、Zn、Cr、酸性洗涤水，冷却水热污染，放射性废水	COD较高，含重金属，毒性较大，废水偏酸性，有时含放射性废物，水量较大
化工	肥料、纤维、橡胶、染料、塑料、农药、油漆、洗涤剂、树脂	酸，碱，盐类，氰化物，酚，苯，醇，醛，酮，氯仿，氯苯，氯乙烯，有机氯农药，有机磷农药，洗涤剂，多氯联苯，Hg、Cd、Cr、As、Pb、硝基化合物，胺基化合物	BOD高，COD高，pH变化大，含盐量高，毒性强，成分复杂，难降解
石油化工	炼油、蒸馏、裂解、催化、合成	油，氰化物，酚，S、As，吡啶，芳烃，酮类	COD高，毒性较强，成分复杂，水量大
纺织	棉毛加工、纺织印染、漂洗	染料，酸碱，纤维悬浮物，洗涤剂，硫化物，砷，硝基化合物	带色，毒性强，pH变化大，难降解
制革	洗毛、鞣革、人造革	硫酸，碱，盐类，硫化物，洗涤剂，甲酸，醛类，蛋白酶，As、Cr	含盐量高，BOD高，COD高，恶臭，水量大
造纸	制浆、造纸	黑液，碱，木质素，悬浮物，硫化物，As	污染物含量高，碱性大，恶臭，水量大
食品	屠宰、肉类加工、油品加工、乳制品加工、水果加工、蔬菜加工等	病原微生物，有机物，油脂	BOD高，致病菌多，恶臭，水量大
机械制造	铸、锻、机械加工、热处理、电镀、喷漆	酸，氰化物，油类，苯，Cd、Cr、Ni、Cu、Zn、Pb	重金属含量高，酸性强
电子仪表	电子器件原料、电信器材、仪器仪表	酸，氰化物，Hg、Cd、Cr、Ni、Cu	重金属含量高，酸性强，水量小
建筑材料	石棉、玻璃、耐火材料、化学建材、窑业	无机悬浮物，Mn、Cd、Cu、油类，酚	悬浮物含量高，水量小
医药	药物合成、精制	Hg、Cr、As、苯，硝基物	污染物浓度高，难降解，水量小
采矿	煤矿、磷矿、金属矿、油井、天然气井	酚，S，煤粉，酸，F、P，重金属，放射性物质，石油类	成分复杂，悬浮物高，油含量高，有的废水合有放射性物质

与生活污水相比，许多工业废水中往往还含有各种有毒有害污染物，这些污染物的来源以及对人体健康的影响见表 24-2。

工业废水中有毒有害污染物的来源与对人体的危害　　表 24-2

污染物	主要来源	对人体健康的影响
汞	氯碱工厂、汞催化剂、纸浆与造纸工厂、杀菌剂、种子消毒剂、石油燃料的燃烧、采矿与冶炼、医药研究实验室	对神经系统有累积性毒害影响（特别是甲基汞）；摄取被汞污染的贝类和鱼后，因甲基汞中毒而死亡
铅	汽车燃料防爆剂、铅的冶炼、化学工业、农药、石油燃料的燃烧、含铅的油漆、搪瓷等	影响酶及铁血红素合成，也影响神经系统；在骨骼及肾中累积，有潜在的长期影响
铬	采矿及冶金生产、化学工业、金属处理、电镀、高级磷酸盐肥料、含铬农药	进入骨骼，造成骨痛；可能成为心血管病的病因
硝酸盐及亚硝酸盐	石油燃烧、硝酸盐肥料工业	在食物及水中的亚硝酸盐能引起婴儿正铁血红蛋白血症
氟化物	化工生产、煤的燃烧、磷肥生产等	低浓度时有益，浓度超过 1mg/L 时，引起齿斑，更高时，能使骨骼变形
有机氯农药	农业杀虫、农药制造工业	一般主要从食物中摄取，一年为 10～20mg/kg
多氯联苯	电力工业、塑料工业、润滑剂、含有多氯联苯的工业排放物与工业废水	长期工作在高浓度环境中可使皮肤损伤及肝破坏
多环芳烃	有机物质的燃烧、汽油与柴油机废气中的煤烟、煤气工厂、冶炼与化学工业的废物	长期接触苯并［α］芘有致癌作用
油类	船只意外漏油事件、炼油厂、海上采油、工业废水废物中的油	油类中有害物质对人体健康会有影响，如石油及其制品含有多种有致癌作用的多环芳烃，可通过食物链进入人体诱发癌症
放射性	医药应用、武器生产、实验性核能生产、工业与研究方面放射性同位素与放射源的应用	经常与放射性物质接触会引起疾病，并且会遗传给后代

24.1.3　工业废水污染防治技术

工业废水的污染防治总体方案的确定是一个复杂的问题，必须采取综合性的对策措施。方案应使工业企业在经济利益少受损害的前提下，尽量减少污染物排放量和降低工业废水处理费用。工业废水污染防治的技术措施包括清洁生产和末端处理两部分（图 24-1）。其中，清洁生产是通过产品完善、废物产生源控制和改进生产管理等措施来减少废水量和废水污染程度的；末端处理是通过处理技术优化来实现污染物排放控制的。

1. 通过清洁生产措施控制工业废水及污染物的排放

过去的工业污染控制侧重于末端治理。虽然末端治理对解决局部污染有一定的作用，但它是一种消极的方法。由于工程投资、运行费用耗资大，经济效益少，给企业带来沉重负担；采用末端治理往往不能从根本上消除污染，有时只是污染物质（如某些有毒有害物质的处理）在不同介质间的转移，环境效果有限；单纯的末端治理，不能对资源、能源进行有效的回收利用，一些本可以利用的原材料被当成废物处理或排入环境，且处理过程还要消耗能源，增加环境的负担。

清洁生产是工业发展的一种新模式，贯穿于产品生产和消费的全过程。其主要途径包括：

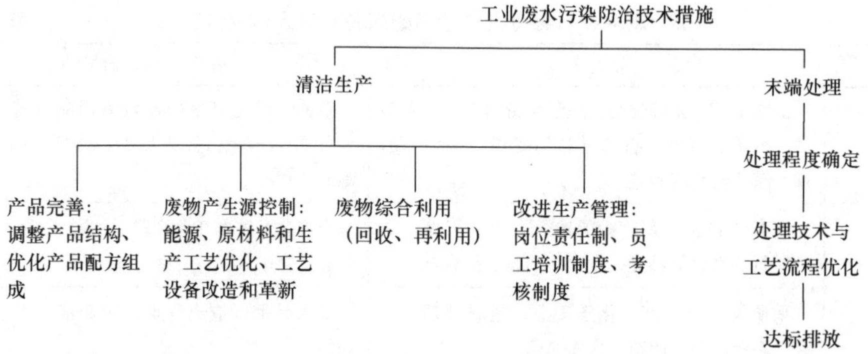

工业废水污染防治技术措施

清洁生产

产品完善：调整产品结构、优化产品配方组成

废物产生源控制：能源、原材料和生产工艺优化、工艺设备改造和革新

废物综合利用（回收、再利用）

改进生产管理：岗位责任制、员工培训制度、考核制度

末端处理

处理程度确定

处理技术与工艺流程优化

达标排放

图 24-1　工业废水污染治理技术措施原则

（1）规划产品方案，改进产品设计，调整产品结构。对产品从设计、生产、流通、消费和使用后的各阶段进行环境影响分析。对在生产过程中物耗、能耗大，污染严重，使用过程或使用后对环境危害严重的产品进行更新，调整产品结构。

（2）合理选择和利用原材料。开发和选用无害或少害原材料，替代有毒有害原材料；提高原材料的生产转化率，减少原材料流失和消耗；对流失的原材料进行循环和重复利用，可有效减少污染物的排放。合理选用原材料，可显著降低生产成本，减少废弃物和污染物的排放。

（3）改革工艺和设备。通过选用先进、高效设备，建立连续、闭路生产流程，优化工艺操作条件，减少生产过程原材料流失和产品损失，减少生产过程的用水量，提高原料转化率，减少污染物排放量。

（4）加强生产管理。加强用水计量监督、建立环保制度、加强设备维护和检修以减少跑冒滴漏、加强员工环保培训等措施，可在投资极少的条件下控制污染物的排放量。

清洁生产着眼于在工业生产的全过程中减少废水和污染物的产生量，并要求污染物最大限度的资源化，防止废物在源头产生，减轻了末端处理的压力。如电镀行业中，采用无氰电镀工艺替代氰化电镀，可大大减少镀液的毒性，降低废水的处理难度；采用多级逆流清洗工艺，不仅可降低污染物的排放量，还可回收水和化工原料，减少电镀废水的排放量。

2. 工业废水的单独处理与集中处理

工业废水的处理和处置方式主要包括单独处理和集中处理两大类。单独处理指企业单位对各自的污染源建造和运行小型废水处理设施。集中处理包括与城市污水合并处理和工业集聚区集中处理。

对于单独处理，国内外废水处理实践表明，存在如下的缺点和局限性：①小型污水处理厂在基建投资、占地面积、运行费用、人员配备等方面的单位成本较大型污水处理厂高，规模效益差；②小型废水处理厂废水水质和水量变化大，常出现冲击负荷，使设施难以正常运行；③工业废水污染物组分复杂，存在有毒有害物质或某些营养物质缺乏等问题，小型废水处理厂的运行较为困难，而大型污水处理厂的生活污水对工业废水有稀释作用，且生活污水中营养丰富；④小型废水处理厂在技术力量、管理水平等方面难以满足要求。因此，工业发达国家，除大型集中工业或工业园区采取工业废水单独处理外，对于大量的中、小型工业企业废水，均倾向于采用与城市污水合并后集中处理的方针。但我国的城市污水处理厂尚未普遍建立，实践中应尽可能根据地理位置、水质、水量等条件，优先采取工业废水与城市污水合并处理的方式，以发挥大型污水处理厂的规模效应。

根据不同工业企业排放废水水质的实际情况，工业废水的具体处理和处置方式可采取单独处理、集中处理或单独处理与集中处理结合等类型。

(1) 工厂内单独处理，达到排放标准后排放。对于某些排放含有有毒有害污染物质废水的工厂，应在厂内进行单独处理。如含有重金属、放射性物质的废水，难以通过生物处理降解，还会对污水处理厂的正常运行产生不良影响。其他的如酸碱废水、含大量有毒有害气体废水及含不能或难以生物降解污染物的废水等，均应单独处理达标后排放。

(2) 工业废水与城市污水合并处理，是指与城市污水性质相近的工业废水直接或经适当预处理，达到国家或地方标准规定的纳管水质要求后，排入城镇污水管道，与城市污水合并后，由市政部门统一设置的城市污水处理厂集中处理。城镇污水处理厂大多采用生物法进行处理，因此，纳入城镇污水处理厂统一处理的工业废水需满足以下要求：不得含有破坏城市排水管道的组分，如 pH 不得低于 5；不得含有高浓度的氯、硫酸盐等；不存在抑制微生物代谢活动的物质；不含有黏稠物质，悬浮物浓度应达到一定的要求；有毒物质的浓度不得超过限值；污染物浓度适中，既不过分增加污水处理厂负荷，又不因太低而不利于微生物生长；水温一般要求在 10～40℃，以免影响生物处理效果；严格控制病原菌。

(3) 工业集聚区集中处理：是指经济技术开发区、高新技术产业开发区、出口加工区等工业集聚区按规定建成废水集中处理设施，对集聚区内企业排放的废水进行集中处理后达标排放。近年来，我国建设的工业集聚区通过集合各种生产要素，在促进区域经济发展、优化区域规划等方面发挥了重要作用。采用工业集聚区集中处理园区内的企业产生的工业废水已经成为我国工业废水处理的重要方式，也是我国生态环境保护管理部门所提倡的方式。我国于 2015 年启动了《水污染防治行动计划》。明确提出，要强化经济技术开发区、高新技术产业开发区、出口加工区等工业集聚区污染治理。但是，也要引起关注的是，由于工业聚集区污水汇集了各种工业企业初步处理后的废水，具有水质水量变化大、污染物浓度高、污染物种类多，且具有高毒性及可生化性差的特性，处理难度较大的特点。因此，工业集聚区废水集中处理的过程中，应对废水分类收集、分质处理、应收尽收，入园企业排放的废水需进行预处理达到工艺要求后，方可接入污水集中处理设施处理。同时，工业园区应按规定完善污染治理设施，设置自动在线监控装置，稳定达标运行。

工业废水处理过程中，还应注意工业废水的清污分流问题。在一个工厂内，由于产品种类和工序复杂，各源头排放的生产废水差别很大。有些废水的水质较洁净，如冷却水；有些废水的水质污浊，如生产废水。如果不实行清污分流，将较洁净的废水和较污浊的废水混杂在一起，不仅使较清洁的废水水质受到污染，无法循环使用或重复利用；而且较为污浊的生产废水也会被稀释，使有用物质不易回收，导致工业废水处理的设备投资和运行费用大大增加。为了有利于不同水质工业废水进行分别处理和利用，工厂内应实行清污分流，设置多路管道系统收集不同性质废水，采取不同处理对策。如酸碱废水应尽可能在工序内部进行中和调节处理，含油废水应先经隔油处理等。对于两种废水可以相互处理的情况，如酸性废水和碱性废水可以混合合并处理，达到相互中和的目的。

3. 工业废水的末端处理技术

工业废水的末端处理，需综合考虑废水的水质水量及其变化规律、出水水质要求与处理程度、处理厂（站）建设区的地理、地质条件以及工程投资和建成后的运行费用等因素，建立几个方案，通过比较选择，确定技术先进、经济可行的处理工艺。对于某些处理难度较大的工业废水，若无资料可参考时，需要通过试验的帮助来确定处理的工艺流程和工艺参数。

(1) 工业废水处理的主要方法

工业废水处理方法有许多种，按作用原理可分为物理处理法、化学处理法、物理化学处理法和生物处理法。其中大部分方法是与城市生活污水处理方法相同的，如格栅、沉淀、活性污泥法、生物膜法等；另一部分则是工业废水处理特有的，如调节、中和、氧化还原、吸附、离子交换、萃取等。工业废水处理的基本方法见表 24-3。

工业废水处理的基本方法 **表 24-3**

基本方法	基本原理	单元工艺
物理处理法	物理分离或机械分离污染物	调节、过滤、沉淀、离心分离、上浮等
化学法处理	利用化学反应的作用来去除废水中的溶解物质或胶体物质	中和、氧化还原、水解、化学沉淀等
物理化学处理法	利用物理化学作用来去除废水中溶解物质或胶体物质	混凝、吸附、离子交换、萃取、膜分离、汽提、吹脱等
生物处理法	微生物吸附、降解废水中有机污染物	活性污泥法、生物膜法、氧化塘、厌氧生物处理等

(2) 工业废水处理方法的选择

工业废水中的污染物质是多种多样的，就其存在的形态，可分为溶解性和不溶解性两大类。溶解性污染物分为分子态、离子态和胶体态；不溶解性污染物分为漂浮物、悬浮在水中易于沉降和悬浮在水中不易于沉降的物质。水中不同形态污染物的去除难度相差很大，所采用的方法也不相同，如漂浮物采用简单的格栅或格网就能完成；而分子态和离子态的溶解性污染物最难去除，往往需要通过化学、生物或物化的方法才能去除。

在选择工业废水处理方法时，不能设想只用一种处理方法，就能将所有污染物质去除殆尽。一种废水往往要采用多种方法组合成的处理工艺系统，才能达到预期要求的处理效果。通常采取由易到难的顺序，依次将不同形态的污染物进行去除。

对于污染成分单一的工业废水，一般只需采用某一单元处理技术，如用离子交换法去除含铬废水、以氧化法处理含氰废水等。然而，对大多数组分复杂或成分虽然单一但浓度较高且要求处理程度高的废水，往往需要多种处理技术联合使用。通常可根据污染物的性质来确定工业废水处理工艺流程中的主体工艺，简述如下：

1) 受轻微污染的工业废水，简单处理后回用。如蒸发器冷凝水和设备冷却水，仅受热污染，水温较高，经冷却后可循环再用。

2) 含有机污染物的工业废水，可采用生物处理。低浓度有机废水采用好氧生物处理，高浓度有机废水采用厌氧与好氧生物处理工艺联用。对于含有毒有害有机污染物的工业废水经过预处理后采用生物处理。如农药废水，经水解预处理，降低毒性、提高可生化性后进行生物处理；印染废水，经微生物水解酸化预处理、提高可生化性后再进行生物处理。

3）含无机污染物的工业废水。若污染物主要为悬浮物，则采用物理处理；如高炉煤气洗涤水，通过沉淀去除悬浮物（煤灰），冷却后即可循环再用；如含有毒有害的无机污染物，可采用物理化学处理、化学处理等方法；如离子交换法处理电镀废水，化学氧化法处理含氰废水，中和法处理酸、碱废水等。

4）含液态悬浮物（油类）废水，可采用物理处理、物理化学处理。如用隔油去除浮油，加药气浮、超滤处理乳化油。

24.1.4 工业废水的均和调节

在工业废水处理中，由于生产工艺等因素的影响，废水的水质和水量往往会有波动。废水的水质水量变化对排水设施及废水处理设备，特别是对生物处理设备正常发挥其净化功能是不利的，甚至还可能破坏其运行。为了给后续处理过程提供一个最优的条件，要尽可能减小或控制进入处理设施的废水水质和水量的波动。经常采取的措施是在废水处理系统之前，设均和调节池，简称调节池。

根据调节池的功能，调节池分为均量池、均质池、均化池和事故池。

主要起均化水量作用的调节池，称水量调节池，简称均量池。主要起均化水质作用的均化池，称水质调节池，简称均质池。既能均量，又能均质的称均化池。在实际运行中，水量调节池和均化池内的水位是变化的，均质池内的水位是恒定的。

1. 水量调节池

常用的均量池有两种。一种为线内调节，实际是一座变水位的贮水池，来水为重力流，出水用泵抽。池中最高水位不高于来水管的设计水位，水深一般 2m 左右，最低水位为死水位，如图 24-2 所示。另一种为线外调节，如图 24-3 所示，调节池设在旁路上，当废水流量过高时，多余废水用泵打入调节池；当进水流量低于设计流量时，再从调节池回流至集水井，并送去后续处理。线外调节与线内调节相比，其调节池不受进水管高度限制，但被调节水量需要两次提升，消耗动力大。

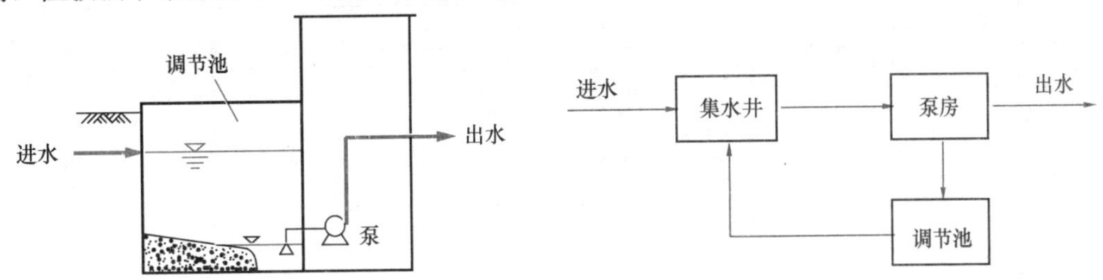

图 24-2 均量池线内调节方式

图 24-3 均量池线外调节方式

水量调节池的废水平均流量可用下式计算：

$$Q=\frac{W}{T}=\frac{\sum_{i=1}^{T}q_it_i}{T} \tag{24-1}$$

式中 Q——在周期 T 内的平均废水流量，m^3/h；

W——在周期 T 内的废水总量，m^3；

T——废水流量变化周期，h；

q_i——在 t_i 时段内废水的平均流量，m^3/h；

t_i——在 i 时段，h。

水量调节池容积的确定需在调查不同时段废水流量变化的基础上确定，可采用作图法或作表法。

【例 24-1】 已测得某化工厂废水不同时间的小时流量，见表 24-4 第（2）列，试确定该处理系统水量调节池容积。

【解】 根据式（24-1）和表 24-4 中数据，该厂日排放废水总量为 730.74m^3，按 24h 连续运行，则每小时进水泵的抽水量为 30.44m^3/h，填入第（3）列；计算每小时进水流量与水泵出水流量差值，填入第（4）列；将上述流量差值的累计值填入第 5 列。水量调节池的容积应为表 24-4 中第（5）列累计差值最大的正值 171.90m^3 与最小的负值 −28.67m^3的绝对值之和，即 171.90m^3 + 28.67m^3 = 200.57m^3。

某化工厂废水流量及水量调节池计算 **表 24-4**

时间 (h) (1)	每小时进水流量 (m^3/h) (2)	每小时水泵出水流量 (m^3/h) (3)	进水与水泵出水流量差 (m^3) (4) = (2) − (3)	累计差量 (m^3) (5)
8	11.34	30.44	−19.10	−19.10
9	20.87	30.44	−9.57	−28.67
10	52.16	30.44	21.72	−6.95
11	70.31	30.44	39.87	32.92
12	61.24	30.44	30.80	63.72
13	31.75	30.44	1.31	65.03
14	20.41	30.44	−10.03	55.00
15	24.95	30.44	−5.49	49.51
16	18.14	30.44	−12.30	37.21
17	34.02	30.44	3.58	40.79
18	52.16	30.44	21.72	62.51
19	69.17	30.44	38.73	101.24
20	86.18	30.44	55.74	156.98
21	45.36	30.44	14.92	171.90
22	18.14	30.44	−12.30	159.60
23	13.61	30.44	−16.83	142.77
24	15.88	30.44	−14.56	128.21
1	12.47	30.44	−17.97	110.24
2	9.07	30.44	−21.37	88.87
3	15.88	30.44	−14.56	74.31
4	17.01	30.44	−13.43	60.88
5	10.21	30.44	−20.23	40.65
6	12.47	30.44	−17.97	22.68
7	7.94	30.44	−22.50	0.18

采用作图法时，可用累积流量对时间在整个调节期间作图，再绘出一条按固定流量出流的废水累计流量直线，两线垂直距离最大处的水量就是所要求的调节池体积。两种典型流量模式中水量调节池容积确定如图 24-4 所示。

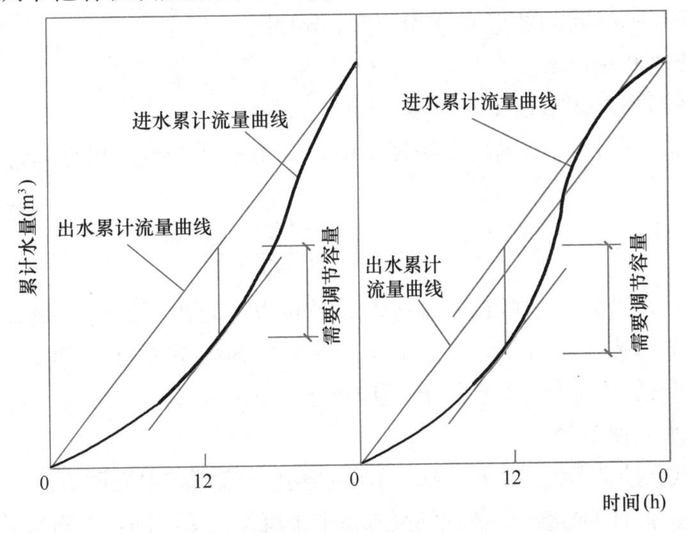

图 24-4　两种典型流量模式中水量调节池容积确定

2. 水质调节池

水质调节的基本方法有两种：一种为利用外加动力（如叶轮搅拌、空气搅拌、水泵循环）进行的强制调节，特点为设备较简单，效果较好，但运行费用高；另一种为利用差流方式使不同时间和不同浓度的废水混合，基本上无需运行费，但设备结构较复杂。

（1）外加动力搅拌式水质调节池

为使废水均匀混合，同时也避免悬浮物沉淀，需对调节池内废水进行适当的搅拌。如进水悬浮物含量约为 200mg/L 时，保持悬浮状态所需动力为 4～8W/(m^3 污水)。搅拌方式包括：水泵强制循环搅拌、空气搅拌和机械搅拌。

水泵强制循环搅拌采用水泵将出水回流至调节池，调节池底设穿孔管布水，达到搅拌的效果。优点是简单易操作，缺点是动力消耗较多。

空气搅拌采用鼓风机的压缩空气进行搅拌，调节池池底设穿孔管布气。采用穿孔管曝气时，空气用量可取 2～3m^3/(h・m 管长）或 5～6m^3/(h・m^2)。采用空气搅拌效果好，还可起到预曝气以防止厌氧的作用，但动力消耗也较高，而且因为大量产生泡沫而不适合含表面活性剂的废水。

机械搅拌通过池内安装的机械搅拌设备达到混合的目的。可采用桨式、推进式和涡流式等。因设备长时间浸于水中，易被腐蚀。

图 24-5 为采用曝气搅拌的水质调节池。

对于该类调节池，可看作完全混合式，建立物料平衡方程：

$$C_1 \cdot Q \cdot t + C_0 \cdot V = C_2 \cdot Q \cdot t + C_2 \cdot V \tag{24-2}$$

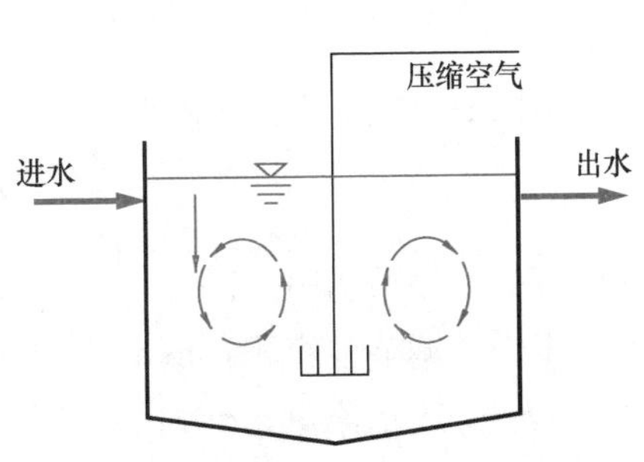

图 24-5　曝气搅拌的水质调节池

式中　t——取样间隔时间，h；

C_0——取样开始前调节池内废水浓度，kg/m^3；

C_1——取样间隔时间内的进入调节池废水的浓度，kg/m^3；

Q——取样间隔时间内的废水平均流量，m^3/h；

V——调节池容积，m^3；

C_2——取样间隔末调节池出水浓度，kg/m^3。

假设在一个取样间隔时间内出水浓度不变，则上式经变换后可计算每个时间间隔末出水的浓度：

$$C_2=\frac{C_1\cdot t+C_0\cdot V/Q}{t+V/Q} \tag{24-3}$$

可采用试算的方法，选定一定的调节池容积，就可以计算出不同时段调节池出水的浓度变化情况。在该调节池容积条件下，计算调节后出水的最大浓度与平均浓度的比值 P，确定该调节容积是否合适。调节池出水的 P 值应小于 1.2。

（2）差流式水质调节池

常见的差流式水质调节池有：图 24-6 所示的穿孔导流槽式水质调节池；图 24-7 所示的同心圆型水质调节池等。同时进入调节池的废水，由于流程长短不同，使前后进入调节池的废水相混合，达到水质调节的目的。为防止调节池内废水短路，可在池内设置一些纵向挡板，以增加调节效果。采用这种形式的水质调节池，其容积理论上只需要调节历时总水量的一半。

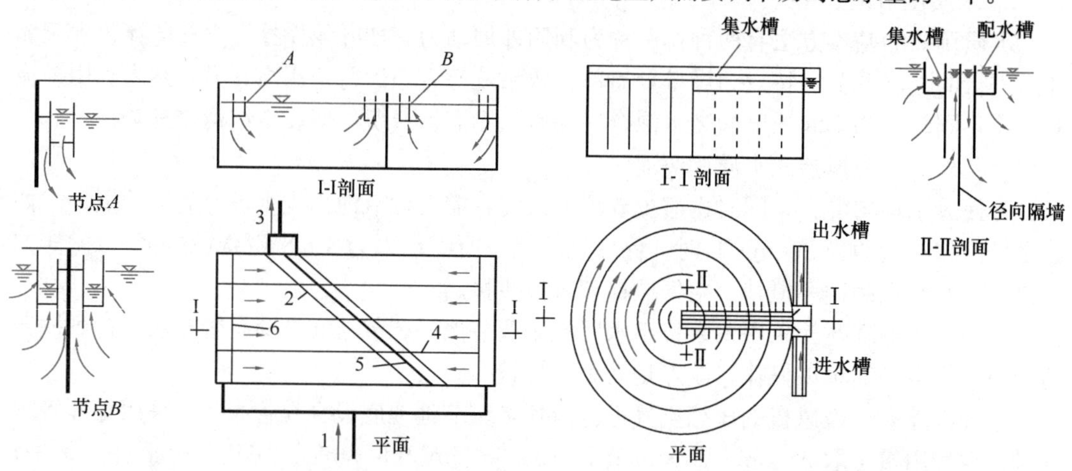

图 24-6　对角线穿孔导流槽式水质调节池
1—进水；2—集水；3—出水；4—纵向隔墙；5—斜向隔墙；6—配水槽

图 24-7　同心圆型水质调节池

以图 24-6 差流式水质调节池为例，其调节历时 T 为：

$$T=\frac{V}{Q}=\frac{V}{w\cdot v} \tag{24-4}$$

式中　T——调节历时，h；

V——调节池容积，m^3；

Q——废水流量，m^3/h；

w——调节池断面面积，m^2；

v——水流垂直于调节池断面的流速，m/s。

上式为调节池一端进水，另一端出水时的调节历时，当采用图 24-6 方式两端进水，对角线出水时，若调节池尺寸不变，则单独一端的流速仅为 $v/2$。此时，调节池内最靠池壁的水流廊道两端的出水，一端可视为起始时间的排水，另一端排水的历时 t'为：

$$t' = \frac{V}{w \cdot \frac{v}{2}} = 2\frac{V}{w \cdot v} = 2T \tag{24-5}$$

即采用对角线穿孔导流槽式水质调节池，可以保证两倍调节历时内的排水互相均匀混合。同理，采用图 24-7 所示的同心圆水质调节池，池中心出水可视为起始时间的排水，其调节池最外沿的出水历时也为 $2T$，同样可保证两倍调节历时的排水互相均匀混合。采用上述两种调节池时，调节池理论容积可按下式计算：

$$V = \frac{\sum_{i=1}^{t} q_i}{2} \tag{24-6}$$

式中 $\sum_{i=1}^{t} q_i$——调节历时 t 时段内排水的总量，m^3。

实际中，考虑水流的不均匀性及构造上的问题，采用下式计算：

$$V = \frac{\sum_{i=1}^{t} q_i}{2\eta} \tag{24-7}$$

式中 η——容积加大系数，通常取 0.7。

3. 均化池

当废水流量与浓度均随时间变化时，需采用均化池。均化池既能均量，又能均质。一般通过在池中设置搅拌装置来达到混合的目的，出水泵的流量用仪表控制。均化池的容积需同时满足水质调节和水量调节的要求。

均化池调节容积首先要符合水量调节的需求，再考虑水质调节的需求。具体设计时，可通过设定若干个不小于水量调节需求的调节池容积（或停留时间），根据各个时间段的进出流量计算出调节池内的实际容积，再参照式（24-3）的计算方法计算各个时间段的出水浓度，依据最大出水浓度与平均出水浓度之比小于 1.2 的原则，最终确定合适的容积。

4. 事故池

有些工厂可能存在事故排放废水现象，废水的水质水量超出处理设施的处理能力，使处理效果恶化。为避免冲击负荷和毒物影响，需设置事故池，贮存事故排放水。事故池平时必须保证泄空备用，且事故池的进水阀门一般由监测器自动控制，否则无法及时发现事故。

当缺乏水质水量基础数据时，调节池调节时间可按生产周期考虑。如一工作班排浓液，一工作班排稀液，调节时间应为两个工作班。此外，将调节池设置在物理处理后、生物处理之前比较适宜，这样可减轻调节池内污泥和浮渣的问题。

24.2　工业废水的化学处理

24.2.1　中和法

许多工业废水中包含酸性或碱性物质，如化工厂、化纤厂、电镀厂及金属酸洗车间等排出酸性废水，造纸厂、印染厂、炼油厂等排出碱性废水。废水中酸碱的回收利用，是进行中和处理的前提。当酸、碱浓度在3%以上应考虑回收或综合利用，酸、碱浓度在3%以下时，回收利用的经济意义不大，才考虑中和处理。

中和处理的目的是消除废水中过量的酸或碱，使pH达到中性，以免废水腐蚀管道和构筑物、危害农作物和水生生物、破坏废水生物处理系统的正常运行。

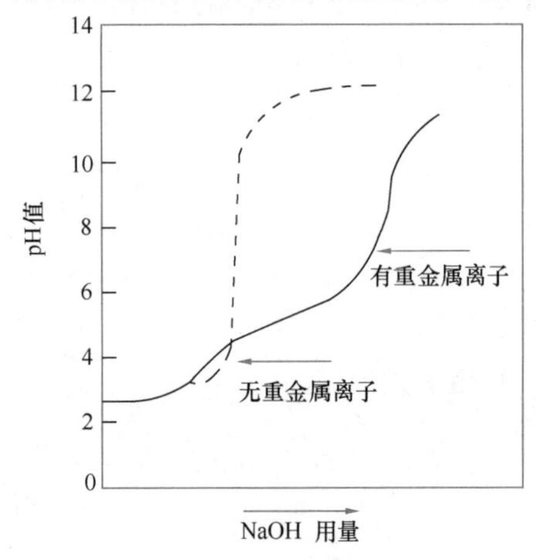

图24-8　有重金属离子共存时对中和曲线的影响

中和处理中的主要过程是酸和碱反应生成盐和水的中和反应。中和药剂的理论投加量可按照等量反应的原则计算。对于单一组分的酸和碱的中和过程，可按照酸碱平衡关系计算得出结果，绘制废水pH随中和药剂投加量而变化的中和曲线，即可方便地确定投药量。图24-8中的虚线为采用NaOH中和单一组分强酸的中和曲线。但实际废水成分十分复杂，干扰酸碱平衡的因素较多。酸性废水中常含有重金属，在用碱处理时，可能生成难溶的氢氧化物而消耗碱性药剂，如图24-8中的实线，废水中含有Cu^{2+}，加碱过程中生成$Cu(OH)_2$沉淀使中和药剂的耗量增加，中和曲线向右推移。这时，可通过试验的方法来确定中和药剂的投加量。

选择中和方法时应考虑以下因素：酸、碱废水中所含酸、碱的性质、浓度、水量及其变化情况；中和处理的目的（城市下水管道或受纳水体的要求或后处理设施的要求等）；本厂内或附近有无酸、碱废水相互中和的可能性，有无酸性或碱性废料、废液及其利用的可能性；当地中和药剂的价格及供应情况。

中和处理的主要方式有酸、碱废水相互中和、投加药剂中和、过滤中和等。

在废水中和处理中，为降低运行成本，首先考虑以废治废，例如将不同污染源排出的酸性废水和碱性废水相互中和；或采用废碱渣、废酸进行中和等。只在没有以废治废条件时才采用药剂中和。

1. 酸、碱废水相互中和

酸、碱废水相互中和是一种简单经济的以废治废处理方法。酸、碱废水相互中和一般在混合反应池内进行，池内设搅拌装置。由于两种废水的水量和浓度难以保持稳定，给操作带来困难，需在混合反应池前设调节池。

酸、碱废水相互中和过程中需考虑酸、碱量的平衡问题，当碱性废水中的碱量不足以中和酸性废水中的酸时，需补充投药进行中和；在碱性废水足够的情况下，在中和过程中应控制碱性废水的投加量，使处理后的废水呈中性或弱碱性。根据化学反应当量原理，可按下式进行计算：

$$\sum Q_j \cdot C_j \geqslant \sum Q_s \cdot C_s \cdot \alpha \cdot k \tag{24-8}$$

式中 Q_j——碱性废水流量，m^3/h；

C_j——碱性废水浓度，kg/m^3；

Q_s——酸性废水流量，m^3/h；

C_s——酸性废水浓度，kg/m^3；

α——中和剂比耗量，参见表 24-5，kg 碱/kg 酸；

k——考虑中和过程不完全的系数，一般采用 1.5～2，含重金属离子废水最好根据试验确定。

碱性中和剂比耗量　　表 24-5

酸	CaO	$Ca(OH)_2$	$CaCO_3$	$NaOH$	Na_2CO_3	$CaCO_3 \cdot MgCO_3$
H_2SO_4	0.571	0.755	1.020	0.866	1.080	0.940
HNO_3	0.445	0.59	0.795	0.635	0.840	0.732
HCl	0.770	1.010	1.370	1.100	1.450	1.290
CH_3COOH	0.466	0.616	0.830	0.666	0.880	—

注：1. 表中单位为“kg 碱/kg 酸”，即每中和 1kg 酸所需要的碱量；

2. 表中酸、盐、中和剂均系按 100%纯度计算，实际需量须由试验确定。

纯净的强酸、强碱中和时，在 pH=7 的附近，酸碱稍有过量就会导致 pH 剧烈地升降。而在实际废水中，往往存在弱酸的同离子效应，使废水存在明显的缓冲能力。这对中和处理实际操作是有利的，在要求的出水 pH 范围内，酸或碱的投加量可以有一定的过量。可在现场做中和试验，绘出中和曲线，以求得其缓冲范围。

中和池有效容积可按下式计算，其中中和反应时间视水质水量变化情况及污水缓冲能力选取，一般采用 2h 以内。

$$V=(Q_s+Q_j)t \tag{24-9}$$

式中 t——中和反应时间，h。

图 24-9 为某厂盐酸废水用电石渣清液中和的中和池示意。盐酸废水和电石渣清液中和反应后排出。为防止腐蚀，进水筒为聚氯乙烯制，中和池及隔墙均用耐酸砖衬砌。

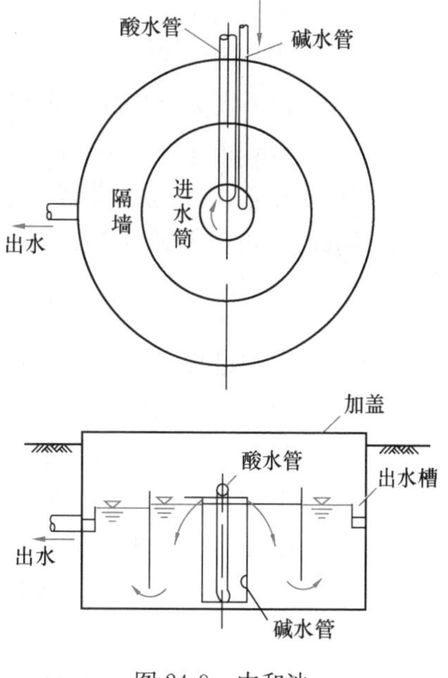

图 24-9　中和池

2. 投加药剂中和

投加药剂中和可处理任何性质、任何浓度的酸性或碱性废水。

(1) 酸性废水的投药中和

最常用的碱性中和剂是石灰(CaO)经消解配成的石灰乳，其主要成分为 $Ca(OH)_2$。

$Ca(OH)_2$对水中的杂质具有凝聚作用，适用于含杂质多的酸性废水。可采用的中和药剂还包括氢氧化钠、碳酸钠、石灰石或白云石($CaCO_3 \cdot MgCO_3$)等；还可综合利用碱性废渣、废液，如电石渣液(及其清液、灰膏)、软水站废渣(白垩，即$CaCO_3$)、废碱液($NaOH$)等。

石灰乳与酸性废水中主要酸的反应如下：

$$H_2SO_4 + Ca(OH)_2 \longrightarrow CaSO_4 \downarrow + 2H_2O$$

$$2HNO_3 + Ca(OH)_2 \longrightarrow Ca(NO_3)_2 + 2H_2O$$

$$2HCl + Ca(OH)_2 \longrightarrow CaCl_2 + 2H_2O$$

投药中和法的投药量可按下式计算：

$$G_j = G_s \frac{\alpha k}{a} \times 100 = QC_s \frac{\alpha k}{a} \times 100 \tag{24-10}$$

式中 G_j——碱投加量，kg/h；

G_s——单位时间废水中酸的含量，kg/h；

Q——废水流量，m^3/h；

C_s——酸性废水浓度，kg/m^3；

α——中和剂比耗量，参见表24-5，kg碱/kg酸；

k——反应系数，一般采用1.1～1.2；以石灰乳中和硫酸时取1.1，中和盐酸或硝酸时可取1.05；

a——中和剂纯度,%，一般生石灰含CaO 60%～80%，熟石灰含$Ca(OH)_2$ 65%～75%，电石渣含CaO 60%～70%，石灰石含$CaCO_3$ 90%～95%，白云石含$CaCO_3$ 45%～50%。

中和过程中，由于进水带有一定的悬浮物，且由于生成盐的过饱和会在废水中形成泥渣，中和沉渣量可按下式计算：

$$w = G_s \cdot B + G_j \cdot e + Q(s - c - d) \tag{24-11}$$

式中 w——中和过程沉渣量，kg/h；

B——中和单位酸量产生的盐量，见表24-6；

e——单位药剂中杂质含量；

s——中和前废水中悬浮物含量，kg/m^3；

c——中和后废水中溶解盐量，kg/m^3；

d——中和后出水悬浮物含量，kg/m^3。

化学药剂中和单位酸量产生的盐量 B 　　　　**表24-6**

酸	中和药剂	生成盐	中和单位酸量产生的盐量
H_2SO_4	$Ca(OH)_2$	$CaSO_4$	1.39
	$CaCO_3$	$CaSO_4$	1.39
	$NaOH$	Na_2SO_4	1.45

续表

酸	中和药剂	生成盐	中和单位酸量产生的盐量
HNO_3	$Ca(OH)_2$	$Ca(NO_3)_2$	1.30
	$CaCO_3$	$Ca(NO_3)_2$	1.30
	NaOH	$NaNO_3$	1.35
HCl	$Ca(OH)_2$	$CaCl_2$	1.53
	$CaCO_3$	$CaCl_2$	1.53
	NaOH	NaCl	1.61

以上计算的结果是沉渣的干重。根据沉淀后排泥的含水量，可推算出沉淀池排泥质量及体积。投药中和处理工艺流程如图 24-10 所示。

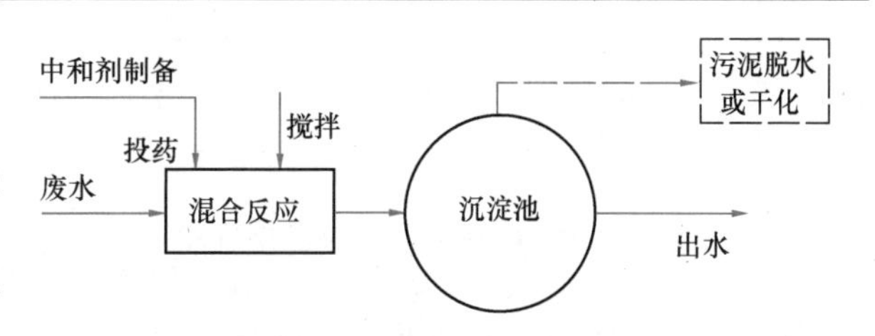

图 24-10　投药中和处理工艺流程

投药中和法的工艺过程主要包括中和药剂的制备与投配、混合与反应、中和产物的分离、泥渣的处理与处置。在投药中和前，有时要对废水进行预处理，预处理包括悬浮物质的去除和水质水量调节。前者可减少中和药剂的投药量，后者可创造稳定的处理条件。

石灰的投加方式有干投法和湿投法两种。干投法如图 24-11 所示，要求先将生石灰或石灰石粉碎后使其粒径小于 0.5mm。石灰投入废水后，经混合槽折流混合后，进入沉淀池分离沉渣。干投法的设备简单，但反应不彻底，反应速率慢，投药量大，废水水量较少时可采用。湿投法如图 24-12 所示，在石灰消解槽内将石灰配置为 40%～50%的乳液；消化后的石灰乳排入乳液槽，槽中设搅拌装置，配成 5%～10%的石灰乳；再用泵送至投配槽，经投加器投入到混合设备。送到投配槽的石灰乳量大于实际投加量或短时间内停止投加石灰时，石灰乳可在系统内循环，不易引起堵塞。与干投法相比，湿投法设备较多，但其反应迅速，投药量少。

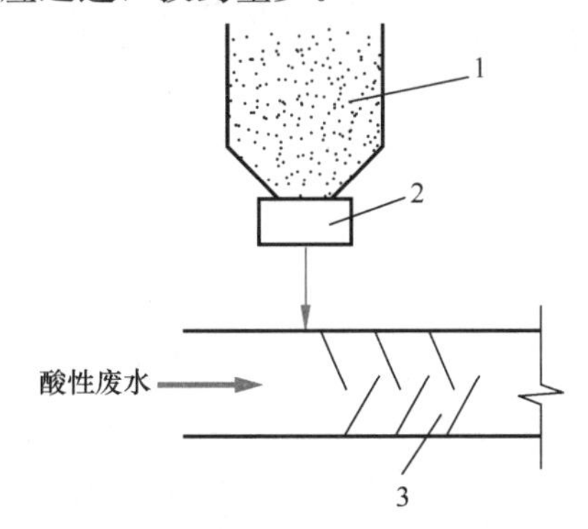

图 24-11　石灰干投法示意图

1—石灰粉贮斗；2—电磁振荡设备；3—隔板混合槽

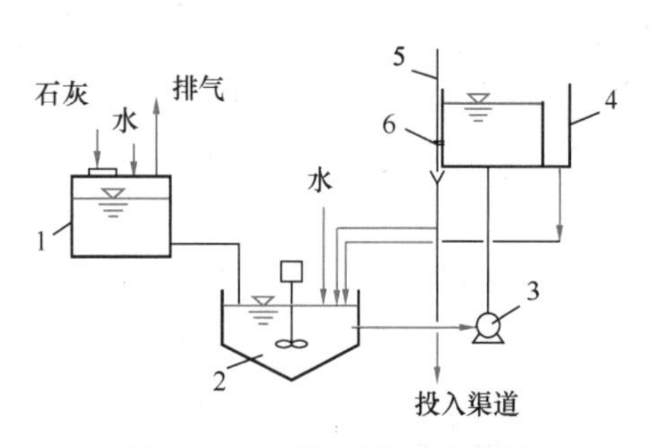

图 24-12　石灰湿投法示意图

1—石灰消解槽；2—乳液槽；3—泵；4—投配槽；5—提板闸；6—投加器

投药中和法可采用间歇处理方式，也可采用连续处理方式。通常，水量较少时采用间歇处理，水量大时采用连续处理。中和处理过程形成的泥渣应及时分离，以防堵塞管道，分离设备可采用沉淀池。

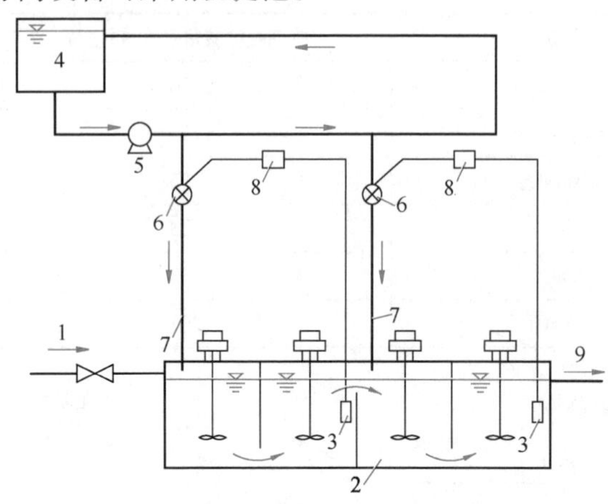

图 24-13 pH 自动控制的中和处理流程

1—进水；2—混合反应池；3—pH 电极；4—中和剂槽；5—加药泵；6—隔膜阀；7—投配管；8—自动控制器；9—出水管（至沉淀池）

当投药量大，或要求可靠性高时，应采用多级式 pH 自动控制流程，参见图 24-13。

（2）碱性废水的投药中和

常用的酸性中和剂有工业硫酸、盐酸和硝酸。其中工业硫酸的价格较低；盐酸的优点则是反应产物的溶解度大，泥渣量少，但出水溶解固体浓度高。

碱性废水与任何含酸性氧化物的气体喷淋接触，都能使废水中和，例如利用烟道废气。烟道气如有湿法除尘设施（如水膜除尘器），可用碱性废水代替除尘水喷淋，根据国内某厂经验，出水 pH 可由 10～12 下降至近于中性。此外还可回收烟灰及煤，节约喷淋用的净水。但其出水的硫化物、色度、耗氧量、水温等指标都有升高，还需进一步处理。

采用硫酸中和碱性废水时，其化学反应式如下：

$$H_2SO_4 + 2NaOH \longrightarrow Na_2SO_4 + 2H_2O$$

碱性废水投药中和处理的设计、计算及设施，与酸性废水投药中和时的基本相同。酸性中和剂的比耗量见表 24-7。

不同浓度酸性中和剂比耗量　　表 24-7

碱	H_2SO_4		HCl		HNO_3	
	100%	98%	100%	36%	100%	65%
NaOH	1.22	1.24	0.91	2.53	1.57	2.42
KOH	0.88	0.90	0.65	1.80	1.13	1.74
$Ca(OH)_2$	1.32	1.35	0.99	2.74	1.70	2.62
NH_3	2.88	2.94	2.14	5.95	3.71	5.71

注：表中单位为 kg 酸/kg 碱，即每中和 1kg 碱所需要的酸量。

3. 过滤中和

过滤中和法指使废水通过具有中和能力的滤料进行中和反应。过滤中和法仅适用于酸性废水的处理。特别适用于较洁净的废水，优点为管理简单。当废水含有大量悬浮物、油脂、重金属盐和其他毒物时，不宜采用。主要的碱性滤料有石灰石、大理石和白云石。滤料的选择与中和产物的溶解度有关。过滤中和过程中，中和反应发生在滤料颗粒的表面，如果中和产物溶解度很低，会在滤料颗粒表面形成不溶性硬壳，阻止中和反应的进一步进行。各种酸中和后形成的盐溶解度依次为 $Ca(NO_3)_2$、$CaCl_2 > MgSO_4 \gg CaSO_4 > CaCO_3$、$MgCO_3$。因此，中和处理硝酸、盐酸废水时，上述滤料均可使用；处理硫酸废水时，宜采用含镁的白云石滤料；碳酸废水不宜采用过滤中和法。

普通中和滤池为固定床，水的流向有平流和竖流两种。目前多用竖流，其中又分升流式和降流式两种，如图 24-14 所示。普通中和滤池的滤料粒径一般为 30～50mm，不得混有粉料杂质，当来水含有可能堵塞滤料的物质时，应进行预处理。过滤速度一般不大于 5m/h，接触时间不小于 10min，滤床厚度一般为 1～1.5m。

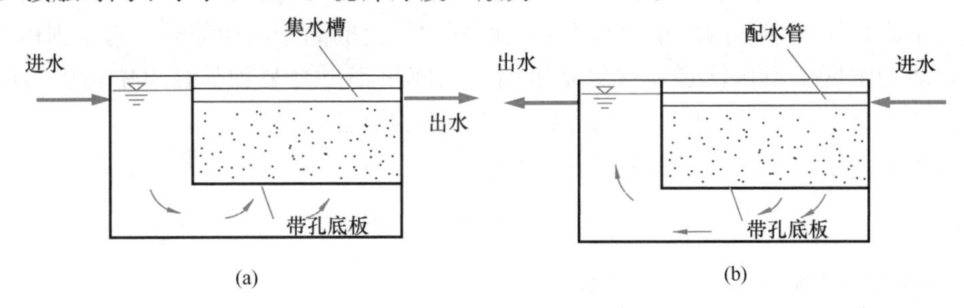

图 24-14　普通中和滤池

(a) 升流式；(b) 降流式

过滤中和的另一种形式为升流膨胀式中和滤池。

这种滤池的水流自下而上升流，滤速可高达 30～70m/h。由于滤速很高，且中和反应过程会生成 CO_2 气体，可使滤料呈悬浮状态，滤层膨胀，滤料互相碰撞摩擦，表面难以形成沉淀，垢屑和 CO_2 易于排走，不致造成滤床堵塞，中和效果较好。图 24-15 为升流膨胀中和滤池示意图。该滤池的结构自下而上分为四部分：进水区、卵石垫层、滤料层和缓冲区。升流式膨胀中和滤池的滤料粒径为 0.5～3mm，平均 1.5mm。对于含硫酸废水，限制浓度可提高到 2g/L。

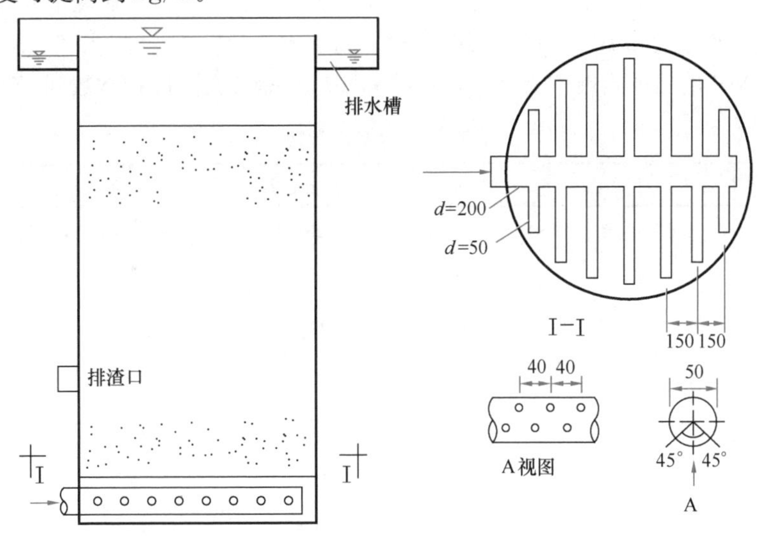

图 24-15　升流膨胀中和滤池示意图

24.2.2　化学沉淀法

1. 基本原理

化学沉淀法是通过向废水中投加某种化学物质，使之与废水中的溶解物质发生化学反应，生成难溶沉淀物并予以去除的方法。向废水中投加的这种化学物质称为沉淀剂。

根据使用的沉淀剂不同，将化学沉淀法分为石灰法、硫化物法等；也可根据反应生成的难溶沉淀物种类分为氢氧化物法、硫化物法等。化学沉淀法常用于处理含重金属等工业废水。

根据普通化学的有关知识，各种固体盐类的溶解与沉淀两个过程是同时进行的，当单位时间内由固体转入溶液的离子数和由溶液回到固体上的离子数相等时，水中固体的量不再减少，溶液浓度也不再增加，这就是所谓的溶解平衡。当某种盐在水中达到溶解平衡时，该盐的溶解量达到最大值，此值即称为该种盐的溶解度。

当达到溶解平衡时，存在所谓溶解平衡常数 K_S，对于某盐的溶解平衡式如下：

$$M_xA_y \rightleftharpoons xM^{y+} + yA^{x-}$$

K_S 值可根据溶解过程反应式求得：

$$K_S = [M^{y+}]^x \cdot [A^{x-}]^y \quad (24\text{-}12)$$

溶解平衡常数 K_S 又称为溶度积常数或溶度积。溶度积的大小与盐的种类和温度有关。如果溶液过饱和则有沉淀析出，直到溶液的离子积重新等于溶度积；反之，若离子浓度尚未达到其溶度积，则难溶盐会继续溶解，直至离子积等于溶度积。

若 M_xA_y 的溶解度为 S（mol/L），则盐类溶解度与溶度积有如下关系：

$$[M^{y+}] = x \cdot S, [A^{x-}] = y \cdot S$$

$$K_S = (xS)^x \cdot (yS)^y \quad (24\text{-}13)$$

当盐类的实际离子积大于溶度积时，化学沉淀就可以发生。在工业废水处理中，如果要去除 M^{y+}，则可通过投加 A^{x-}，使溶液中该盐的离子积 $[M^{y+}]^x\ [A^{x-}]^y > K_S$，从而形成沉淀，达到去除 M^{y+} 的目的。废水处理中常见的一些难溶盐及其溶度积常数列于表 24-8。

难溶盐的溶度积常数 **表 24-8**

分子式	K_S	pK_S	分子式	K_S	pK_S
HgI_2	4.5×10^{-29}	28.35	$BaCrO_4$	1.2×10^{-10}	9.93
$HgCl_2$	1.3×10^{-18}	17.88	$AgCl$	1.8×10^{-10}	9.75
AgI	8.3×10^{-17}	16.08	$CaCrO_4$	2.3×10^{-9}	8.64
$AgCN$	2.3×10^{-16}	15.64	$CaCO_3$	4.8×10^{-9}	8.32
$PbCO_3$	1×10^{-13}	13.00	$BaCO_3$	5.1×10^{-9}	8.29
$AgBr$	5.3×10^{-13}	12.28	$Ag_2Cr_2O_7$	2.0×10^{-7}	6.70
Ag_2CrO_4	1.1×10^{-12}	11.96	K_2PtCl_6	1.4×10^{-6}	5.85
Ag_2CO_3	8.2×10^{-12}	11.09	$MgCO_3$	1.0×10^{-5}	5.00
$ZnCO_3$	1.5×10^{-11}	10.84	Ag_2SO_4	1.6×10^{-5}	4.80
$MnCO_3$	3.8×10^{-11}	10.42	$PbCl_2$	1.6×10^{-5}	4.80
CaF_2	4.0×10^{-11}	10.40	$CaSO_4$	2.5×10^{-5}	4.63
$FeCO_3$	5.7×10^{-11}	10.25			

上述溶度积原理不仅适用于一种盐的溶液，而且适用于几种盐的混合溶液。在废水处理中，人们遇到的常常是废水中同时溶有几种盐的问题。如果水中同时存在几种盐，且它们具有相同的离子，则其中难溶盐的溶解度将比其单独存在时有所下降，这称为同离子效应。当水中有多种离子可与同一种离子生成多种难溶盐时，难溶盐将按一定顺序生成沉淀，这种现象称为分步沉淀。当多种离子的浓度相近且这些难溶盐的溶度积相差很大时，溶度积较小的难溶盐通常先发生沉淀；当多种离子的浓度相差较大时，应当以难溶盐的 K_S 值为指标进行判定，哪种离子形成的难溶盐的离子积大于其相应的 K_S，则该种难溶盐便先发生沉淀。

在废水处理中，当水中盐的浓度较高（大于 0.3mol/L）时，往往还存在溶解的盐效应，这时应当用离子活度代替离子浓度来计算离子积，称为活度积，只有当活度积的值等于该种难溶盐的溶度积后才会产生沉淀。

化学沉淀是难溶电解质的沉淀析出过程，其溶解度大小与溶质的性质、反应温度、盐效应、沉淀颗粒的大小及晶型有关。在废水处理中，需根据沉淀一溶解平衡移动的一般原理，利用过量投药、防止络合、沉淀转化、分步沉淀等，提高处理效率，回收有用物质。

化学沉淀法的工艺过程与混凝法类似，通常包括：沉淀剂的配置与投加；化学沉淀剂与水中污染物反应，生成难溶沉淀物而析出；通过凝聚、沉降、上浮、离心等方法进行固液分离；泥渣的处理与回收利用。

2. 氢氧化物沉淀法

除了碱金属和部分碱土金属外，许多金属的氢氧化物都是难溶的，部分金属氢氧化物的溶度积见表 24-9。向废水中投加氢氧化物，使水中的重金属生成氢氧化物沉淀而去除的方法称氢氧化物沉淀法。该法与废水的 pH 有十分密切的关系。沉淀剂为各种碱性物质，常用的有石灰、碳酸钠、氢氧化钠、石灰石、白云石等。

金属氢氧化物的溶度积　　**表 24-9**

氢氧化物	K_S	pK_S	氢氧化物	K_S	pK_S
$Th(OH)_4$	4.0×10^{-45}	44.4	$Fe(OH)_2$	1.0×10^{-15}	15.0
$Ti(OH)_3$	1.0×10^{-40}	40.0	$Pb(OH)_2$	1.2×10^{-15}	14.9
$Fe(OH)_3$	3.2×10^{-38}	37.5	$Co(OH)_2$	1.6×10^{-15}	14.8
$Al(OH)_3$	1.3×10^{-33}	32.9	$Ni(OH)_2$	2.0×10^{-15}	14.7
$Cr(OH)_3$	6.3×10^{-31}	30.2	$Cd(OH)_2$	2.2×10^{-14}	13.7
$Sn(OH)_2$	6.3×10^{-27}	26.2	$Mn(OH)_2$	1.1×10^{-13}	13.0
$Hg(OH)_2$	4.8×10^{-26}	25.3	$Mg(OH)_2$	1.8×10^{-11}	10.7
$Cu(OH)_2$	5.0×10^{-20}	19.3	$Ca(OH)_2$	5.5×10^{-6}	5.3
$Zn(OH)_2$	7.1×10^{-18}	17.2	$Ba(OH)_2$	5.0×10^{-3}	2.3
$Cr(OH)_2$	2.0×10^{-16}	15.7			

如果废水中的金属离子以 M^{n+} 表示，则其氢氧化物的溶解平衡为：

$$M(OH)_n \rightleftharpoons M^{n+} + nOH^-$$

其溶度积为：

$$K_S = [M^{n+}][OH^-]^n \tag{24-14}$$

对于确定的废水，其 M^{n+} 的浓度是一定的，能否生成难溶的氢氧化物沉淀，取决于

溶液中 OH^- 的浓度，即废水的 pH 是沉淀金属氢氧化物的最重要条件。

在溶液中，同时存在水的离解：

$$H_2O \rightleftharpoons H^+ + OH^-$$

其离子积 K_w 为：

$$K_w = [H^+][OH^-] \quad (24\text{-}15)$$

代入式（24-14），可求得金属离子 M^{n+} 的浓度：

$$[M^{n+}] = \frac{K_S}{[OH^-]^n} = \frac{K_S}{\left(\frac{K_w}{[H^+]}\right)^n} \quad (24\text{-}16)$$

将上式两侧取对数得：

$$\lg[M^{n+}] = \lg K_S - n(\lg K_w - \lg[H^+])$$

在 25℃条件下，水的离解常数 $K_w=[H^+][OH^-]=1\times10^{-14}$，所以有：

$$\lg[M^{n+}] = -pK_S + 14n - n \cdot pH \quad (24\text{-}17)$$

上式表明了与氢氧化物沉淀平衡共存的金属离子浓度与溶液 pH 的关系。可以看出，对于不同金属离子，浓度 $[M^{n+}]$ 相同时，溶度积 K_S 越小，开始析出氢氧化物沉淀的 pH 越低；对于同一金属离子，浓度越大，开始析出沉淀的 pH 越低。

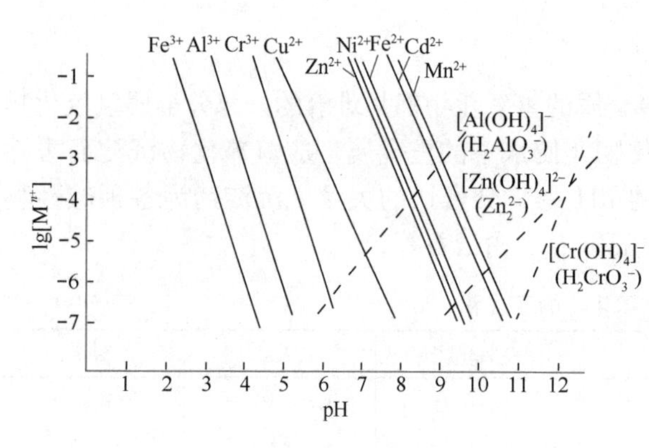

图 24-16　金属离子溶解度与 pH 关系图

对于某确定的金属氢氧化物而言，n 是定值，所以，金属离子浓度的对数与 pH 是直线关系，如图 24-16 所示。

有些金属的氢氧化物沉淀（如 Zn、Pb、Cr、Al）具有两性，即在酸性溶液中呈碱性，而在碱性溶液中呈酸性，在它们形成碱性氢氧化物的沉淀物后，如果溶液碱性过大，则它们将转变成酸性物质而重新溶入水中。图 24-16 中的虚线表示了不同金属氢氧化物在过高 pH 条件下的重新溶解。因此，在采用氢氧化物法去除废水中重金属时，控制 pH 十分重要。

由于废水水质的复杂性，pH 与金属离子溶解度之间的关系可能与式（24-17）和图 24-16 的理论值有出入，因此实际控制条件一般参考理论值通过试验来确定。

3. 硫化物沉淀法

许多重金属生成的金属硫化物比氢氧化物溶度积更小。通过向废水中投加某种硫化物使金属离子形成金属硫化物沉淀而去除，这种方法称硫化物沉淀法。

在金属硫化物的饱和溶液中有：

$$MS \rightleftharpoons M^{2+} + S^{2-}$$

$$K_S = [M^{2+}][S^{2-}] \quad (24\text{-}18)$$

表 24-10 为部分金属硫化物的溶度积。

金属硫化物的溶度积　　表 24-10

硫化物	K_S	pK_S	硫化物	K_S	pK_S
HgS	4.0×10^{-53}	52.4	SnS	1.0×10^{-25}	25.0
Ag_2S	6.3×10^{-50}	49.2	ZnS	1.6×10^{-24}	23.8
CuS	2.5×10^{-48}	47.6	CoS	4.0×10^{-21}	20.4
Hg_2S	1.0×10^{-45}	45.0	NiS	3.2×10^{-19}	18.5
CuS	6.3×10^{-36}	35.2	FeS	3.2×10^{-18}	17.5
PbS	8.0×10^{-28}	27.1	MnS	2.5×10^{-15}	12.6
CdS	7.9×10^{-27}	26.1			

硫化物沉淀法的沉淀剂通常有硫化氢、硫化钠、硫化钾等。以硫化氢为沉淀剂时，其在水中分级离解：

$$H_2S \rightleftharpoons H^+ + HS^-$$

$$HS^- \rightleftharpoons H^+ + S^{2-}$$

离解常数分别为：

$$k_1=\frac{[H^+][HS^-]}{[H_2S]}=9.1\times10^{-8} \tag{24-19}$$

$$k_2=\frac{[H^+][S^{2-}]}{[HS^-]}=1.2\times10^{-15} \tag{24-20}$$

则：

$$\frac{[H^+]^2[S^{2-}]}{[H_2S]}=1.1\times10^{-22}$$

$$[S^{2-}]=\frac{1.1\times10^{-22}[H_2S]}{[H^+]^2} \tag{24-21}$$

将上述计算结果代入式（24-18）中，可得：

$$[M^{2+}]=\frac{K_S}{\dfrac{1.1\times10^{-22}[H_2S]}{[H^+]^2}} \tag{24-22}$$

H_2S 在水中溶解度很小，在 1atm 压力和 25℃条件下，若 pH≤6，其饱和浓度约为 0.1mol/L，可代入上式，得：

$$[M^{2+}]=\frac{K_S[H^+]^2}{1.1\times10^{-23}} \tag{24-23}$$

从上式可以看出，采用硫化物沉淀法处理含重金属离子的废水时，废水中剩余重金属离子的浓度也与 pH 有关，随着 pH 的增加而降低。

虽然金属硫化物的溶度积比其氢氧化物更小，可更完全地去除重金属离子，但它的处理费用较高。且由于硫化物沉淀困难，常需投加混凝剂增强去除效果。因此，硫化物沉淀法的应用并不广泛，有时只作为氢氧化物沉淀法的补充。

4. 其他化学沉淀方法

可以通过化学沉淀法去除的水中污染物还有很多。除氯化银外，氯化物的溶解度都很大，可采用氯化物沉淀法处理和回收废水中的银。当废水中仅含有 F^- 时，投加石灰，调节 pH 至 10～12，可生成 CaF_2 沉淀，使出水的 F^- 浓度降至 10～20mg/L。对于含可溶性磷酸盐的废水可以通过加入铁盐或铝盐生成不溶的磷酸盐沉淀。对于含六价铬的废水，可选用钡盐作为沉淀剂，生成难溶的铬酸钡沉淀予以去除。

24.2.3 氧化还原法

1. 基本原理

在化学反应中，如果发生电子的转移，则参与反应的物质所含元素将发生化合价的改变，这种反应称氧化还原反应。在化学反应中，氧化与还原是相互依存的，失去电子的过程称氧化，得到电子的过程称还原。失去电子的物质称为还原剂，得到电子的物质称为氧化剂。

例如：

$$Cu+Hg^{2+} \rightleftharpoons Cu^{2+}+Hg$$

这是一种可逆反应。正反应中 Hg 由+2 价降为 0 价，被还原，为氧化剂；Cu 由 0 价升为+2 价，被氧化，为还原剂。在逆反应中，Cu 由+2 价降为 0 价，被还原；Hg 由 0 价升为+2 价，被氧化。因此，上式可以写为两个半反应式：

$$Hg^{2+}(\text{氧化态}_1)+2e \longrightarrow Hg(\text{还原态}_1)$$

$$Cu(\text{还原态}_2) \longrightarrow Cu^{2+}(\text{氧化态}_2)+2e$$

将该两个半反应式综合为全反应式，可得到氧化还原反应式的通式：

$$\text{氧化态}_1+\text{还原态}_2 \rightleftharpoons \text{还原态}_1+\text{氧化态}_2$$

物质的氧化能力和还原能力可用标准电极电位 $E^{\ominus}$ 来表示，$E^{\ominus}$ 值越大，物质的氧化性越强；$E^{\ominus}$ 值越小，物质的还原性越强。标准电极电位 $E^{\ominus}$ 是在标准状况下（25℃，1.0mol/L）测定的，但在实际应用中，反应条件往往与标准状况不同，在实际的物质浓度、温度和 pH 条件下，物质的氧化还原电位可用 Nernst 方程来计算：

$$E=E^{\ominus}+\frac{RT}{nF}\ln\frac{[Y]}{[H]} \tag{24-24}$$

式中 n——反应中电子转移的数目；

R——气体常数，8.314J/(mol·K)；

T——反应绝对温度，K；

F——法拉第常数，96500C/mol；

[Y] ——电极反应中氧化型一侧各物质摩尔浓度的乘积；

[H] ——电极反应中还原型一侧各物质摩尔浓度的乘积。

利用上式可求出氧化还原反应达平衡时各有关物质的残余浓度，进而估算处理程度。当反应在室温（25℃）达到平衡时，则相应原电池两极的电极电位相等：

$$E^{\ominus}_{(Cu^{2+},Cu)}+\frac{0.059}{2}\lg\frac{[Cu^{2+}]}{1}=E^{\ominus}_{(Hg^{2+},Hg)}+\frac{0.059}{2}\lg\frac{[Hg^{2+}]}{1} \tag{24-25}$$

由标准电极电位表查得：$E^{\ominus}_{(Cu^{2+},Cu)}=0.34V$，$E^{\ominus}_{(Hg^{2+},Hg)}=0.86V$，于是求得 $[Cu^{2+}]/[Hg^{2+}]=10^{17.5}$。可见，此反应可进行得十分完全，平衡时溶液中残留 Hg^{2+} 极微。

由于涉及共价键，有机物的氧化还原过程中电子的移动情形很复杂。实际中，凡是加氧或脱氢的反应称为氧化，而加氢或脱氧的反应则称为还原；凡是与强氧化剂作用而使有机物分解成简单的无机物如 CO_2、H_2O 等的反应，可判断为氧化反应。

有机物氧化为简单无机物是逐步完成的，这个过程称为有机物的降解。甲烷的降解大致经历下列步骤：

$$\underset{烷}{CH_4} \longrightarrow \underset{醇}{CH_3OH} \longrightarrow \underset{醛}{CH_2O} \longrightarrow \underset{酸}{HCOOH} \longrightarrow CO_2\uparrow + H_2O$$

复杂有机化合物的降解历程和中间产物更为复杂。通常碳水化合物氧化的最终产物是 CO_2 和 H_2O。除 CO_2 和 H_2O 外，含氮、含硫和含磷有机物的氧化产物还会有硝酸盐、硫酸盐和磷酸盐。

各类有机物的可氧化性是不同的。经验表明，酚类、醛类、芳胺类和某些有机硫化物（如硫醇、硫醚）等易于氧化；醇类、酸类、酯类、烷基取代的芳烃化合物、硝基取代的芳烃化合物（如硝基苯）、不饱和烃类、碳水化合物等在一定条件（强酸、强碱或催化剂）下可以氧化；而饱和烃类、卤代烃类、合成高分子聚合物等难以氧化。

对于一些难以用生物法或其他方法处理的有毒有害的污染物质，通过氧化还原反应改变污染物的形态，使其变成无毒或微毒的新物质或者转化成容易与水分离的形态，这种方法称为氧化还原法。氧化还原法包括氧化法和还原法。废水中的有机污染物（如色、嗅、味、COD）以及还原性无机离子（如 CN^-、S^{2-}、Fe^{2+}、Mn^{2+} 等）都可通过氧化法去除，而废水中的许多金属离子（如汞、铜、镉、银、金、六价铬、镍等）都可通过还原法去除。

废水处理中最常采用的氧化剂是空气、臭氧、氯气、次氯酸钠及漂白粉；常用的还原剂有硫酸亚铁、亚硫酸氢钠及铁屑等。

与生物氧化法相比，化学氧化还原法的运行费用较高。因此，目前化学氧化还原法仅用于饮用水处理、特种工业用水处理、有毒工业废水处理和以回用为目的的污水深度处理等场合。

2. 空气氧化法

空气氧化法是利用空气中的氧作氧化剂，使一些有机物和还原性物质氧化的一种处理方法。用空气进行的高压氧化可以使很多有机化合物完全氧化或使某些有机化合物部分破坏。

空气氧化过程中，电对 O_2/O^{2-} 的半反应式中有 H^+ 或 OH^- 离子参加，因而氧化还原电位与 pH 有关。在强碱性溶液（pH=14）中，半反应式为：

$$O_2 + 2H_2O + 4e \rightleftharpoons 4OH^-, \quad E^{\ominus} = 0.401V$$

在中性和强酸性溶液中，半反应式为：

$$O_2 + 4H^+ + 4e \rightleftharpoons 2H_2O$$

$E^{\ominus}$ 值在 pH=7 和 pH=0 条件下，分别为 0.815V 和 1.229V。降低 pH，有利于空气氧化。

此外，提高温度和氧分压，可以增大电极电位；添加合适的催化剂，可以降低反应活化能，都利于氧化反应的进行。

在常温常压和中性 pH 条件下，O_2 为弱氧化剂，故常用来处理易氧化的污染物，如 S^{2-}、Fe^{2+}、Mn^{2+} 等。石油炼制厂、石油化工厂、皮革厂、制药厂等都排出大量含硫废水。硫化物一般以钠盐或铵盐形式存在于废水中；在酸性废水中，则以 H_2S 形式存在。当含硫量不很大，无回收价值时，可采用空气氧化法向废水中注入空气和蒸汽（加热）：

$$2S^{2-} + 2O_2 + H_2O \longrightarrow S_2O_3^{2-} + 2OH^-$$

$$2HS^- + 2O_2 \longrightarrow S_2O_3^{2-} + H_2O$$

$$S_2O_3^{2-} + 2O_2 + 2OH^- \longrightarrow 2SO_4^{2-} + H_2O$$

3. 氯氧化法

水和废水处理中常用的氯系氧化剂主要有：液氯、次氯酸钠、二氧化氯和漂白粉（次氯酸钙）等。氯氧化法已被广泛用于水和污水的消毒，氯氧化的基本原理参见 8.1 节。氯作为氧化剂时可氧化废水中的氰、硫、醇、酚、醛、氨氮及水中某些有色物质。

(1) 氯化法除氰

化工、焦化、煤气、电镀等工业废水中存在氰化物。在废水中，氰通常是以游离 CN^-、HCN 及稳定性不同的各种金属络合物如 $[Zn(CN)_4]^{2-}$、$[Ni(CN)_4]^{2-}$ 和 $[Fe(CN)_6]^{3-}$ 等形式存在。

氰离子的氯氧化过程分为两阶段进行。第一阶段，CN^- 被氧化为 CNO^-：

$$CN^- + ClO^- + H_2O \longrightarrow CNCl + 2OH^-$$

$$CNCl + 2OH^- \longrightarrow CNO^- + Cl^- + H_2O$$

第一阶段不宜控制在酸性条件下，因为可导致水中氰离子以氢氰酸的形式逸出，其产物 CNCl 也有剧毒。上述反应在碱性条件（pH>10）下，10～15min，氰离子即可很容易的转变为毒性极微的氰酸根 CNO^-。

第二阶段，CNO^- 可在不同 pH 下，进一步氧化：

$$2CNO^- + 3ClO^- + H_2O \longrightarrow N_2 + 3Cl^- + 2HCO_3^- \quad (pH=7.5\sim9)$$

$$CNO^- + 2H^+ + H_2O \longrightarrow NH_4^+ + CO_2 \quad (pH<2.5)$$

第二阶段反应通常将 pH 控制在 7.5～9 之间为宜。在低 pH 条件下，第二阶段的氧化降解反应可加速进行，但产物为 NH_4^+，且有重新溢出 CNCl 的危险，当 pH>12 时，反应终止。

可根据上述反应式确定完全氧化氰化物的理论耗氯药量。但实际废水的成分往往十分复杂，由于各种还原性物质的存在（如 H_2S、Fe^{2+}、Mn^{2+} 及某些有机物等），实际投药量往往是理论投药量的 2～3 倍。准确的投药量应通过试验确定。通常要求出水中保持 3～5mg/L 的余氯，以保证 CN^- 降到 0.1mg/L 以下。

氯化法除氰的处理设备一般包括废水调节池、混合反应池及投药设备，典型的工艺流程如图 24-17 所示。当用漂白粉作为氧化剂时，渣量较大，需设专门的沉淀池。为了避免生成有毒的氢氰酸（HCN），氰化物废水应严格与酸性废水分流。在连续的处理系统中，氧化还原电位可被用于控制氯的加入量。

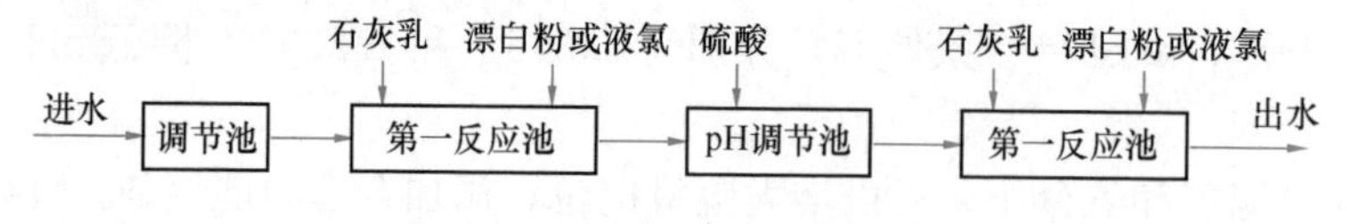

图 24-17 氯化法除氰工艺流程图

(2) 氯化法除酚和脱色

氯氧化酚的反应可表示为：

$$C_6H_5OH + 8Cl_2 + 7H_2O \longrightarrow \left[C_6H_4(OH)_2,\ C_6H_4O_2 \right] \longrightarrow \begin{matrix} CH-COOH \\ \| \\ CH-COOH \end{matrix} + 2CO_2 + 16HCl$$

生成的顺丁烯二酸还可进一步被氧化为二氧化碳和水。

氯还可以氧化发色官能团，有效地去除有机物引起的色度。如用 R−CH=CH−R′表示发色的有机物，则其脱色反应可示意为：

$$R-CH=CH-R' + HOCl \rightarrow R-\underset{\displaystyle Cl}{\underset{|}{CH}}-\underset{\displaystyle Cl}{\underset{|}{CH}}-R'$$

氯的脱色效果与 pH 有关。通常，发色有机物在碱性条件下易破坏，因此碱性脱色效果好；在相同 pH 条件下，次氯酸钠比氯效果好。

氯化法还可氧化去除水中的硫化物。还可采用折点加氯法氧化去除水中的氨氮。

4. 臭氧氧化法

臭氧是一种强氧化剂，其标准电极电位与 pH 有关。在酸性溶液中，标准电极电位为 2.07V，氧化能力仅次于氟；在碱性溶液中，标准电极电位为 1.36V，氧化性略低于氯。在理想的反应条件下，臭氧可以将水溶液中大多数单质和化合物氧化到最高氧化态。

臭氧及其在水中分解的中间产物氢氧基有很强的氧化性，可分解一般氧化剂难于破坏的有机物，而且反应完全，速度快；剩余臭氧又会迅速转化为氧，出水无嗅无味，因此臭氧氧化法在水处理中是很有前途的。臭氧处理可达到降低 COD、杀菌、增加溶解氧、脱色除臭、降低浊度等多个目的。但制备臭氧的电能消耗较大，运行费用较高，主要用于低浓度、难氧化的有机废水的处理和消毒杀菌。

臭氧可将 Fe^{2+}、Mn^{2+} 等氧化为高价化合物：

$$2FeSO_4 + O_3 + H_2SO_4 \longrightarrow Fe_2(SO_4)_3 + H_2O + O_2\uparrow$$

$$MnSO_4 + O_3 + 2H_2O \longrightarrow H_2MnO_3 + H_2SO_4 + O_2\uparrow$$

臭氧也可使硫化物、氰化物等氧化：

$$H_2S + O_3 \longrightarrow H_2O + SO_2\uparrow$$

$$3H_2S + 4O_3 \longrightarrow 3H_2SO_4$$

$$2KCN + 2O_3 \longrightarrow 2KCNO + 2O_2$$

$$2KCNO + 3O_3 \longrightarrow K_2CO_3 + CO_2 + N_2 + 3O_2$$

由反应式可知，臭氧氧化氰化物的过程也分为两个阶段，第一阶段将 CN^- 氧化为 CNO^-，第二阶段将 CNO^- 氧化为 N_2。氧化过程中放出的初生态氧也可以参与对氰化物的氧化，因此所消耗的臭氧量低于理论值。重金属氰化络合物也可以用臭氧氧化，若将 pH 保持在适当值，中心金属离子能同时以氧化物或氢氧化物形式沉淀。

臭氧还可氧化烯烃类双键化合物、芳香族化合物、氨基酸和有机胺等有机物。

由于臭氧不稳定，通常在现场随制随用。除污染物种类、浓度、臭氧投加量、废水 pH、温度、反应时间外，臭氧的投加方式对臭氧氧化效果也很重要。臭氧的投加通常在混合反应器内进行，设计混合反应器时需考虑臭氧分子在水中的扩散速度和与污染物的反应速度。当扩散速度较大，反应速度为控制步骤时，反应器结构形式应有利于反应的进行，这类污染物包括烷基苯磺酸钠、焦油、COD、BOD、污泥、氨氮等，反应器可采用微孔扩散板式鼓泡塔（图 24-18）。当反应速度较快，臭氧扩散速度为整个臭氧氧化过程的控制步骤时，反应器结构形式应有利于臭氧的加速扩散，这类污染物包括 Fe^{2+}、Mn^{2+}、氰、酚、亲水性染料等，可采用喷射器作为反应器。

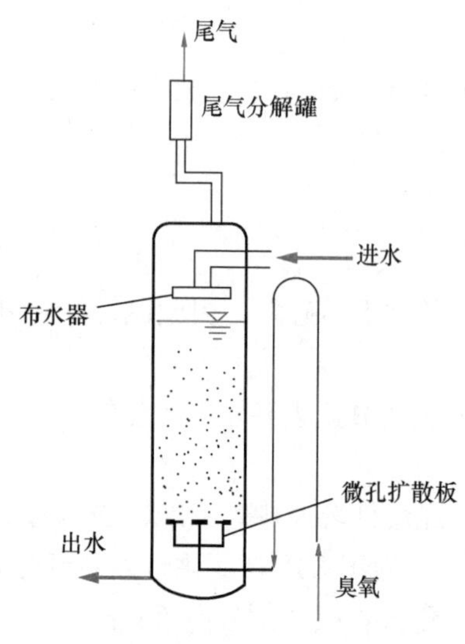

图 24-18　微孔扩散板式鼓泡塔

臭氧氧化可应用于工业废水色度的去除，如对印染废水的处理，采用生化法脱色效率较低（仅为 40%～50%），而采用臭氧氧化法，脱色率可达 90%～99%。一般 O_3 投量为 40～60mg/L，接触反应时间为 10～30min。

5. 过氧化氢氧化法

过氧化氢除了具有很强的氧化性外也具有还原性，而且在水溶液中形成的过氧羟基可使许多污染物迅速水解。过氧化氢的特点是在较宽的 pH 范围内具有高的反应活性，不产生有毒的反应产物，另外它比其他氧化剂稳定得多。过氧化氢可用于有毒污染物的氧化、污水的消毒、除味等。

过氧化氢可将硫及其化合物（元素硫、硫化物、硫的含氧化物及硫化氢）氧化成硫酸盐。过氧化氢可将氰化物直接氧化成氰酸盐，因此不产生危险的中间产物。氰酸盐可通过升高温度而水解：

$$CN^- + H_2O_2 \longrightarrow CNO^- + H_2O \quad (pH=9.5 \sim 10.5)$$

$$CNO^- + OH^- + H_2O \longrightarrow CO_3^{2-} + NH_3$$

在碱性介质中、室温条件下，甲醛与 H_2O_2 发生放热反应，生成氢、甲酸钠和水，含甲醛废水的毒性得以去除：

$$2CH_2O + H_2O_2 + 2NaOH \longrightarrow 2HCOONa + 2H_2O + H_2\uparrow$$

过氧化氢与亚铁离子结合形成的 Fenton 试剂，具有极强的氧化能力，对于许多种类的有机物都是一种有效的氧化剂。Fenton 试剂特别适用于生物难降解或一般化学氧化难以奏效的有机废水的氧化处理。Fenton 试剂之所以具有非常强的氧化能力，是由于过氧化氢在催化剂铁等存在时，能生成氢氧自由基（·OH）。该氢氧自由基比其他一些常用的强氧化剂具有更高的氧化电极电位，是一种很强的氧化剂。

在 $H_2O_2 + Fe^{2+}$ 系统中过氧化氢的分解机理为：

$$Fe^{2+} + H_2O_2 \longrightarrow Fe^{3+} + \cdot OH + OH^-$$

$$Fe^{3+} + H_2O_2 \longrightarrow Fe^{2+} + HO_2\cdot + H^+$$

$$Fe^{2+} + \cdot OH \longrightarrow Fe^{3+} + OH^-$$

$$Fe^{3+} + HO_2\cdot \longrightarrow Fe^{2+} + O_2 + H^+$$

$$\cdot OH + H_2O_2 \longrightarrow H_2O + HO_2\cdot$$

$$Fe^{2+} + HO_2\cdot \longrightarrow Fe^{3+} + HO_2^-$$

该系统的优点是过氧化氢分解速度快，因而氧化速率也较高。但该系统 Fe^{2+} 浓度大，处理后的水可能带有颜色；此外，该系统要求在较低 pH 范围内进行。近年来人们将紫外光（UV）、氧气引入 Fenton 试剂，形成了 H_2O_2/UV、H_2O_2/Fe^{2+}/UV、$H_2O_2/Fe^{2+}/UV/O_2$ 等系统，增强了 Fenton 试剂的氧化能力，节约了过氧化氢的用量。

Fenton 试剂作为一种强氧化剂用于去除废水中的有机污染物具有明显的优点，目前，存在的主要问题是处理成本较高，但对于毒性大，一般氧化剂难以氧化或生物难降解的有机废水的处理仍是一种较好的方法。Fenton 试剂及各种改进系统可单独处理氧化有机废水，也可作为预处理的方法，再与其他方法联用，如与混凝沉降法、活性炭法、生物处理法等联用，可取得良好的效果并降低处理成本。

6. 还原法

水处理中常用的还原剂有亚铁盐（$FeSO_4$）、金属铁（铁屑、铁粉）、金属锌、二氧化硫和亚硫酸盐等。还原法可用于处理含重金属离子铅、汞、铜等的废水，也用于一些特殊的情况，如可用硫代硫酸钠将游离氯还原成氯化物，用初生态氢或铁屑还原硝基化合物等。

水中铬有+6 价和+3 价两种形式，分别为 $Cr_2O_7^{2-}$ 或 CrO_4^{2-}、Cr^{3+}，只有 Cr^{3+} 能以氢氧化物沉淀形式去除。含六价铬废水常用硫酸亚铁或亚硫酸盐还原后再采用氢氧化物沉淀法处理。

采用硫酸亚铁盐还原法时，向酸性含铬废水中投加硫酸亚铁，使六价铬还原成三价铬，然后加碱调节 pH 至 7.5～8.5，生成氢氧化铬和氢氧化铁沉淀，其反应式如下：

$$6FeSO_4 + H_2Cr_2O_7 + 6H_2SO_4 \longrightarrow 3Fe_2(SO_4)_3 + Cr_2(SO_4)_3 + 7H_2O$$

$$Fe_2(SO_4)_3 + Cr_2(SO_4)_3 + 12NaOH \longrightarrow 2Cr(OH)_3\downarrow + 2Fe(OH)_3\downarrow + 6Na_2SO_4$$

图 24-19 为硫酸亚铁石灰法处理含铬酸废水的工艺流程。

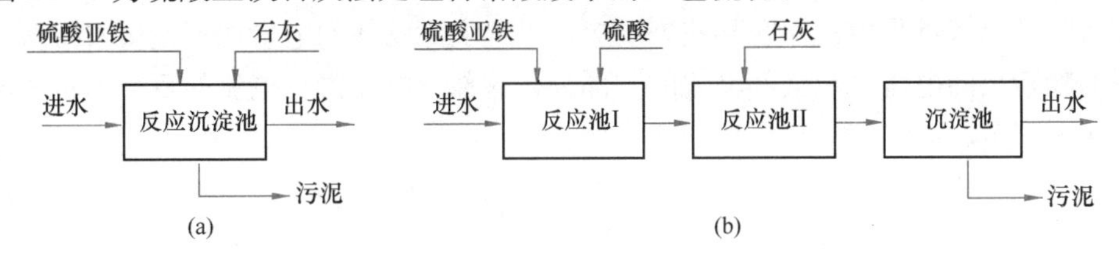

图 24-19 硫酸亚铁石灰法处理含铬酸废水的工艺流程图

(a) 间歇式；(b) 连续式

如厂区同时有含铬废水和含氰废水时，可互相进行氧化还原反应，以废治废，其反应为：

$$5Cr_2O_7^{2-} + 6CN^- + 46H^+ \longrightarrow 10Cr^{3+} + 3N_2 + 23H_2O + 6CO_2\uparrow$$

含铜废水的处理常用的有离子交换法、电解法和氢氧化物沉淀法。可采用连二亚硫酸钠（俗称保险粉）作还原剂，在酸性条件下，从硫酸铜废水中直接沉淀回收金属铜，反应在常温常压下瞬间完成：

$$CuSO_4 + Na_2S_2O_4 \longrightarrow Na_2SO_4 + Cu\downarrow + 2SO_2\uparrow$$

氯碱、炸药、制药、仪表等工业废水中常含有剧毒的 Hg^{2+}，可采用比汞活泼的金属（铁屑、锌粒、铝粉、铜屑等）、硼氢化钠、醛类、联胺等作为还原剂，将 Hg^{2+} 还原为 Hg 加以分离和回收。废水中的有机汞通常先用氧化剂（如氯）将其破坏，使之转化为无机汞后，再用金属置换。

24.2.4 电解法

1. 基本原理

电解质溶液在电流的作用下发生电化学反应的过程称为电解。与电源正极相连的电极将电子传给电源，称为电解槽的阳极；与电源负极相连的电极从电源接受电子，称为电解槽的阴极。电解过程中，阳极得到电子，使废水中的某些阴离子因失去电子而被氧化，阳极起氧化剂的作用；阴极释放电子，使废水中某些阳离子因得到电子而被还原，阴极起还原剂的作用。

在电解槽中，废水发生电解反应时，废水中的溶解性污染物在阳极和阴极分别发生氧化和还原反应，生成新的物质。这些新物质在电解过程中或沉积于电极表面，或沉淀于电解槽内，或以气体的形式逸出，从而降低废水中溶解性污染物的浓度。这种利用电解原理处理废水中溶解性污染物质的方法称为电解法。

试验证明，电解时电极上析出或溶解的物质的质量与通过的电量成正比，这一规律称为法拉第电解定律，其数学表达式如下：

$$G=\frac{1}{F}EQ=\frac{1}{F}EIt \tag{24-26}$$

式中 G——电解过程中析出或溶解的物质质量，g；

E——得失 1mol 电子所能析出或溶解的物质的质量，比例系数，g/mol；

Q——通过的电量，C；

I——电流强度，A；

t——电解时间，s；

F——法拉第常数，96500C/mol。

在实际的电解过程中，存在某些副反应，因此实际消耗的电量比理论值大得多，真正用于目的物析出的电流只是全部电流的一部分，这部分电流占总电流的百分率称为电流效率，常用 η 表示。

$$\eta=\frac{W}{G}\times 100\% \tag{24-27}$$

式中 W——电解过程中实际析出或溶解的物质质量，g。

电流效率是反映电解过程特征的重要指标。电流效率越高，表示电流的损失越小。电解槽的处理能力取决于通入的电量和电流效率。两个尺寸大小不同的电解槽通入相等的电流，若电流效率相同，则它们处理同一废水的能力也是相同的。影响电流效率的因素很多，主要有以下几个方面：

（1）电极材料：电极材料对电流效率十分重要，选择不当会使电能消耗增加。

（2）槽电压：电解过程中，当外加电压很小时，电解槽几乎没有电流通过，电压继续增加，电流略有增加。当电压增加到某一数值时，电流随电压的增加几乎呈直线关系上升，这时在两极才明显有物质析出。能使电解正常进行的最小外加电压称为分解电压。一个电解单元的极间工作电压 U 可分为下式的四个部分：

$$U=E_{理}+E_{过}+IR_{S}+E_{j} \tag{24-28}$$

式中，$E_{理}$ 为电解质的理论分解电压，当电解质的浓度、温度已定时，可由能斯特方程计算。$E_{理}$ 是体系处于热力学平衡时的最小电位，实际电解发生所需的电压要比这个理论值大，超过的部分称为过电压 $E_{过}$。过电压包括克服浓差极化的电压。影响过电压的因素很多，如电极性质、电极产物、电流密度、电极表面状况和温度等。当电流通过电解液时，产生电压损失 IR_{S}，R_{S} 为溶液电阻。溶液电导率越大，极间距越小，R_{S} 越小。一般来说，废水的电阻率应控制在 1200Ω·cm 以下，对于导电性能差的废水要投加食盐，以改善其导电性能。E_{j} 为电极的电压损失，电极面积越大，极间距越小，则 E_{j} 越小。

(3) 电流密度：电流密度为单位极板面积上通过的电流数量，所需的阳极电流密度随废水浓度而异。废水中污染物浓度大时，可适当提高电流密度。当废水污染物浓度一定时，电流密度越大，则电压越高，处理速度加快，但电能耗量增加。但电流密度过大，电压过高，将影响电极使用寿命。适宜的电流密度由试验确定。

(4) pH：废水的pH对于电解过程操作十分重要。这是因为废水被强烈酸化可促使阴极经常保持活化状态，处理速度快，电耗少；但在强酸条件下，电极会发生较强烈的化学溶解。例如含铬废水电解处理时，pH低时有利于六价铬还原为三价铬的进行，但过低的pH不利于三价铬的沉淀。而含氰废水电解处理要求在碱性条件下运行，以防止有毒气体HCN的逸出。

(5) 搅拌作用：通过对电解槽内废水加强搅拌，可促使离子对流与扩散，减少电极附近浓差极化现象，并能起清洁电极表面的作用，防止沉淀物在电解槽中沉降。

电解槽内的废水在电流作用下，除电极的氧化还原反应外，实际过程十分复杂，电解法处理废水时具有多种功能，包括以下几个方面：

(1) 氧化还原作用

废水中的溶解性污染物通过阳极氧化或阴极还原后，生成不可溶的沉淀物或从有毒的化合物变成无毒的物质。如含氰废水在碱性条件下进行电解，在石墨阳极上发生电解氧化反应，首先是氰离子被氧化为氰酸根离子，然后氰酸根离子水解产生氨与碳酸根离子，同时氰酸根离子继续电解，被氧化为二氧化碳和氮气。

$$CN^- + 2OH^- - 2e \longrightarrow CNO^- + H_2O$$

$$CNO^- + 2H_2O \longrightarrow NH_4^+ + CO_3^{2-}$$

$$2CNO^- + 4OH^- - 6e \longrightarrow 2CO_2 + N_2 + 2H_2O$$

又如重金子离子可发生电解还原反应，在阴极上发生重金属沉积过程：

$$Zn^{2+} + 2e \longrightarrow Zn \downarrow$$

$$Cu^{2+} + 2e \longrightarrow Cu \downarrow$$

还可利用电极在电解过程中生成的氧化或还原产物与废水中的污染物发生化学反应，产生沉淀物而去除。如利用铁板阳极对含六价铬化合物的废水进行处理，铁板阳极在电解过程中产生亚铁离子，亚铁离子作为强还原剂，可将废水中的六价铬离子还原为三价铬离子：

$$Fe \longrightarrow Fe^{2+} + 2e$$

$$6Fe^{2+} + Cr_2O_7^{2-} + 14H^+ \longrightarrow 2Cr^{3+} + 6Fe^{3+} + 7H_2O$$

同时在阴极，除生成氢气外，六价铬离子可直接还原成三价铬离子：

$$2H^+ + 2e \longrightarrow H_2 \uparrow$$

$$6Fe^{2+} + 14H^+ + 6e \longrightarrow 2Cr^{3+} + 7H_2O$$

随着电解过程的进行，大量氢离子被消耗，使废水中剩下大量氢氧根离子，生成氢氧化铬等沉淀物：

$$Cr^{3+} + 3OH^- \longrightarrow Cr(OH)_3 \downarrow$$

此外，在电解槽阳极除了废水中的污染物直接失去电子被氧化外，水中的OH^-也可在阳极放电而生成氧：

$$4OH^- - 4e \longrightarrow 2H_2O + 2[O]$$

这种新生态氧具有很强的氧化能力，可对水中的无机物和有机物进行氧化：

$$NH_2CH_2COOH + [O] \longrightarrow NH_3 + HCHO + CO_2 \uparrow$$

废水电解时在阴极除了极板的直接还原作用外，还能产生氢，这种新生态氢也有很强的还原作用。如废水中含有某些氧化态的色素，可因氢的作用反应生成无色物质，使废水脱色。

（2）凝聚作用

采用铁或铝阳极时，由于电解反应，金属失去电子后在水中形成铝离子或铁离子，经水解作用，具有混凝作用，能去除水中悬浮物与胶体物质。

（3）浮选作用

采用由不溶性材料组成的阴、阳电极对废水进行电解。当电压达到水的分解电压时，阴、阳两极会不断产生 H_2 和 O_2，这种气体以微气泡形式逸出，可吸附废水中的微粒杂质一起上浮，使污染物得以去除。

$$2H_2O \rightleftharpoons 2H^+ + 2OH^-$$

$$2H^+ + 2e \longrightarrow 2[H] \longrightarrow H_2 \uparrow$$

$$2OH^- \longrightarrow H_2O + \frac{1}{2}O_2 \uparrow + 2e$$

2. 电解槽的结构形式和极板电路

电解槽多为矩形，按废水流动方式可分为回流式和翻腾式，如图 24-20 和图 24-21 所示。回流式电解槽水流流程较长，离子易于在水中扩散，容积利用率高，但施工和检修困难。翻腾式电解槽的极板采用悬挂式固定，极板与池壁不接触，减少了漏电的可能，极板更换方便。极板间距一般约为 30～40cm，过大则电压要求高，耗电大；过小则极板材料耗量大。

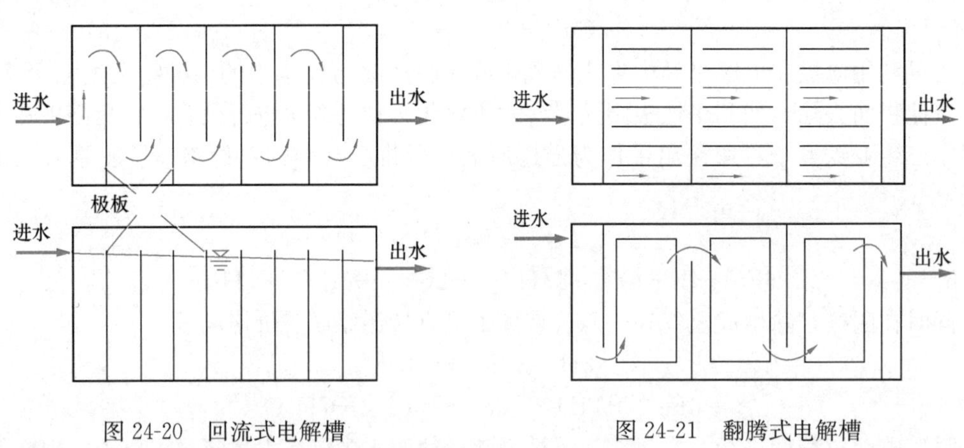

图 24-20　回流式电解槽　　图 24-21　翻腾式电解槽

极板电路有两种：单极板电路和双极板电路，如图 24-22 所示。实际中，双极板电路应用较为普遍，因双极板电路投资小，且其极板腐蚀均匀，相邻极板间接触机会少，即使接触也不发生短路。因此，双极板电路便于缩小板间差距，提高极板有效利用率。

3. 电解法的应用

利用电解法可以处理废水中各种离子态的污染物，如 CN^-、AsO^{2-}、Cr^{6+}、Cd^{2+}、

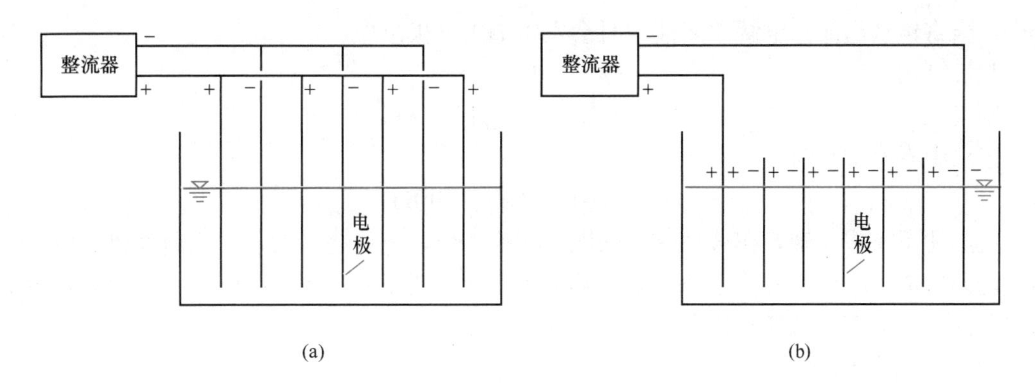

图 24-22 电解槽的极板电路

(a) 单极板电路；(b) 双极板电路

Pb^{2+}、Hg^{2+}等；也可处理各种无机和有机的耗氧物质，如硫化物、氨、酚、油和有色物质等。电解法能够一次去除多种污染物，例如，氰化镀铜废水的电解处理中，CN^-在阳极氧化的同时，Cu^{2+}在阴极被还原沉积。电解装置紧凑，占地面积小。

电解法处理含氰废水时，通常要往废水中添加一定量（2～3g/L）的食盐。食盐的加入，不仅使溶液导电性增加，电耗降低，而且Cl^-在阳极放电可产生Cl_2，经水解而生成HClO和ClO^-等氧化剂，强化了阳极的氧化作用。典型的连续流电解法处理含氰废水工艺流程如图 24-23 所示。采用电解法处理含氰废水时，可使游离CN^-浓度降至0.1mg/L以下。

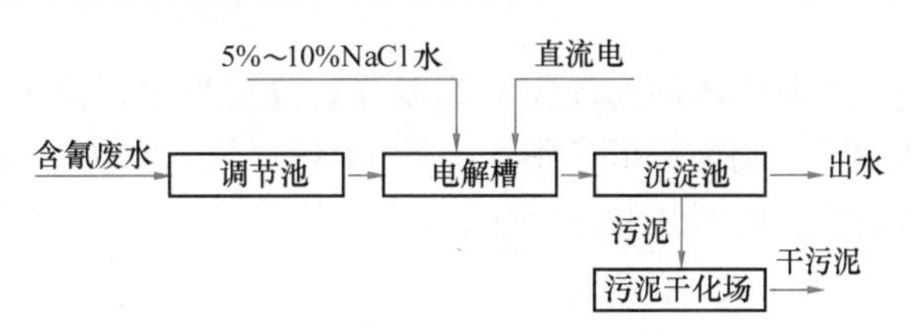

图 24-23 连续流电解法处理含氰废水工艺流程

电解法处理含酚废水时，通常都投加食盐，以强化电解过程并降低电耗。食盐溶于水后，产生氯离子和钠离子，氯离子在阳极放电后生成分子氯，然后水解生成次氯酸。利用电解过程次级反应生成的氯和次氯酸的氧化能力将酚分解。电解氧化脱酚是典型的间接氧化，常用石墨作阳极，铁板作阴极，可使含酚浓度降至0.01mg/L以下。

4. 微电解法

微电解法指利用工业废料铁屑和焦炭的混合物处理废水的方法，又称内电解法，俗称铁碳床反应器。微电解法处理工业废水，成本低廉，效果好，具有以废治废的作用。其净化废水的主要原理包括：

（1）单质铁具有还原性质

单质铁的还原能力很强，能使某些有机物还原成还原态，甚至断链，如硝基苯可被活性金属铁还原成苯胺，提高了生物降解性，为该类工业废水进一步生化处理创造了条件。

$$R\text{-}C_6H_4\text{-}NO_2 + 2Fe + 4H^+ \longrightarrow R\text{-}C_6H_4\text{-}NH_2 + 2H_2O + 2Fe^{2+}$$

（2）铁与碳形成微小的原电池，发生电解反应

微电解采用的填料一般为铸铁屑（也有采用铁刨花，中碳钢屑）及焦炭。铸铁是铁炭

合金，当将铸铁屑放入电解质溶液中时会发生如下电极反应：

阳极(Fe)： $Fe \longrightarrow Fe^{2+} + 2e$

阴极(C)： $2H^{+} + 2e \longrightarrow 2[H] \longrightarrow H_2$

当水中有溶解氧时，

$$O_2 + 2H_2O + 4e \longrightarrow 4OH^{-}$$

由上述反应式可知，在酸性有氧的电解质溶液中，电位差最大，反应速度快。由于铁与碳之间形成一个微小的原电池，微电解不需外加电能就能达到与电解法相同的去除污染物的目的，具有高效低耗的优点。

(3) 铁离子具有絮凝作用

电极反应产生 Fe^{2+}，在有氧存在时，部分 Fe^{2+} 被氧化为 Fe^{3+}。新生的 Fe^{2+} 和 Fe^{3+} 是良好的絮凝剂，可进一步去除污染物。

24.3 工业废水的物理化学处理

工业废水的物理化学处理方法包括吸附、离子交换、萃取、膜分离、汽提、吹脱等。其中离子交换法可参阅本书的 11 章，膜分离法可参阅本书的 9 章。本节重点介绍吸附法、萃取法、吹脱法和汽提法。

24.3.1 吸附法

1. 基本原理

固体表面的分子或原子因受力不均衡而具有剩余的表面能，当某些物质碰撞固体表面时，受到这些不平衡力的吸引而停留在固体表面上的过程称为吸附。这里的固体称吸附剂。被固体吸附的物质称吸附质。水处理中的吸附法指具有吸附能力的多孔性固体物质去除水中的微量溶解性有机物等杂质的处理工艺。

根据固体表面吸附力的不同，吸附可分为物理吸附、化学吸附和离子交换吸附等三种类型。吸附剂与吸附质之间的作用力除了分子之间的引力以外还有化学键力和静电引力。

吸附剂和吸附质之间通过分子间力产生的吸附称为物理吸附。物理吸附是一种常见的吸附现象，没有选择性。物理吸附的吸附速度和解吸速度都较快，易达到平衡状态。一般在低温下进行的吸附主要是物理吸附。吸附剂和吸附质之间发生由化学键力引起的吸附称为化学吸附。由于生成化学键，化学吸附具有选择性，且不易吸附与解吸，达到平衡慢。化学吸附常在较高的温度下进行。离子交换吸附就是通常所指的离子交换，详见第 11 章。

在实际中，上述几种吸附往往同时存在，难以明确区分。

吸附过程是可逆的，即同时存在吸附过程和解析过程。当废水和吸附剂充分接触后，吸附质会被吸附剂吸附，同时一部分已被吸附的吸附质由于热运动的结果，能够脱离吸附剂的表面，又回到液相中去。当吸附速度和解吸速度相等时，则吸附质在液相中的浓度和在吸附剂表面上的浓度都不再改变而达到吸附平衡。此时，吸附质在液相中的浓度称为平衡浓度。

固体吸附剂吸附能力的大小可用吸附量来衡量。在恒温条件下，对于确定浓度和体积的废水，投加一定量的吸附剂，经搅拌混合，当废水浓度不再改变时，吸附达到平衡，此

时的吸附量 q_e 可通过下式确定：

$$q_e = \frac{x}{m} = \frac{(C_0 - C_e)V}{m} \tag{24-29}$$

式中 q_e——吸附量，g/g 或 mol/g；

x——吸附剂吸附的溶质总量，g 或 mol；

m——吸附剂投加量，g；

C_0——原水吸附质浓度，g/L 或 mol/L；

C_e——吸附平衡时水中剩余吸附质浓度，g/L 或 mol/L；

V——废水体积，L。

吸附剂所能吸附的吸附质的量是吸附剂的重要特性。影响吸附剂吸附量的主要因素包括溶液的浓度和温度。在温度一定的条件下达到吸附平衡时，吸附量与溶液浓度之间的关系，称为等温吸附规律。表达这一关系的数学式称为吸附等温式。根据这种关系绘制出的曲线图，称为吸附等温线。常用的吸附等温式有 Freundlich 吸附等温式和 Langmuir 吸附等温式。

(1) Freundlich 吸附等温式

Freundlich 吸附等温式是一个经验公式，通过实验得出平衡吸附量 q_e 与平衡浓度 c_e 关系曲线的经验方程：

$$q_e = KC_e^{1/n} \tag{24-30}$$

式中 n、K——在一定浓度范围内表达吸附过程的经验常数。

对上式两边取对数，改写为：

$$\lg q_e = \lg K + \frac{1}{n}\lg C_e \tag{24-30a}$$

可通过作图法求得 K 值和 n 值。常数 K 主要与吸附剂对吸附质的吸附容量有关，而 $1/n$ 是吸附力的函数。对于确定的 C_e 和 $1/n$，K 值越大，吸附容量 q_e 越大；对于确定的 C_e 和 K，$1/n$ 值越小，吸附作用越强。一般认为 $1/n$ 介于 0.1～0.5 之间，则容易吸附，而 $1/n$ 大于 2 的物质则难以吸附。

Freundlich 方程在实践中得到了广泛的应用。但是该式只适用于中等浓度的溶液。

(2) Langmuir 吸附等温式

Langmuir 认为固体表面由大量的吸附活性中心点构成，吸附只在这些活性中心点发生，活性中心的吸附作用范围大致为分子大小，每个活性中心只能吸附一个分子，当表面吸附活性中心全部被占满时，吸附量达到饱和值，在吸附剂表面上分布被吸附物质的单分子层。根据上述假设和动力学原理，推导出相应的吸附等温式如下：

$$q_e = q_e^0 \frac{c_e}{a + c_e} \tag{24-31}$$

式中 q_e^0——达到饱和时的极限吸附量，也就是在固体表面被吸附质铺满一分子层时的吸附量；

a——与吸附能有关的常数。

如将 Langmuir 式改写成直线式，通过实验数据，可求得 a 和 q_e^0。

根据单分子层吸附理论导出的 Langmuir 吸附等温式，适用于各种浓度条件，而且式中的每一个数值都有明确的物理意义，因而得到广泛的应用。

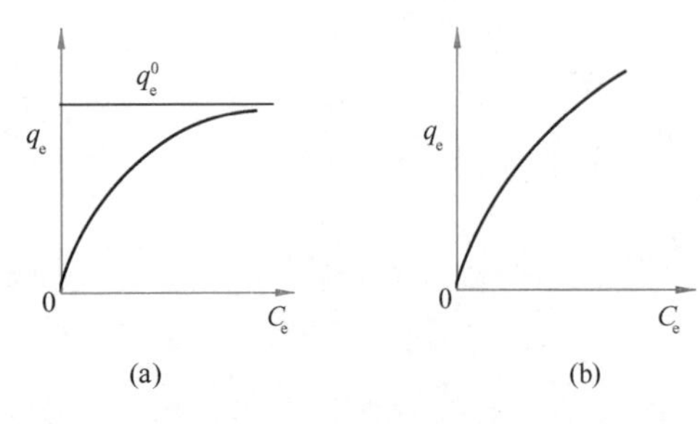

图 24-24 吸附等温线

图 24-24 为吸附等温线的两种形式，其中图 24-24(a)为 Langmuir 吸附等温线，q_e存在一个极限值 q_e^0；图 24-24(b)为 Freundlich 吸附等温线。

2. 吸附剂

一切固体物质都有吸附能力，但只有多孔物质或细小的物质由于具有很大的比表面积，才具有明显的吸附能力。工业吸附剂还必须满足下列要求：吸附能力强；吸附选择性好；吸附平衡浓度低；机械强度大；化学性质稳定；容易再生和再利用；来源广且价格便宜等。

目前在废水处理中应用的吸附剂有：活性炭、活化煤、白土、硅藻土、活性氧化铝、焦炭、树脂吸附剂、炉渣、木屑、煤灰、腐殖酸等。

(1) 活性炭

活性炭是一种非极性吸附剂，外观为暗黑色。生活污水或废水中用的活性炭，一般均制成粒状或粉末状。粉末活性炭的吸附能力强、制备容易、成本低廉，但再生困难、不易重复使用。颗粒活性炭的吸附能力比粉末状的低一些，生产成本较高，但再生后可以重复使用，并且劳动条件良好，操作管理方便。因此，在废水处理中大多采用颗粒状活性炭。与其他吸附剂相比，活性炭吸附能力强、吸附容量大的主要原因是活性炭具有巨大的比表面和特别发达的微孔，通常活性炭的比表面积高达 800～2000m^2/g。活性炭具有良好的吸附性能和稳定的化学性质，可以耐强酸、强碱，能经受水浸、高温、高压作用，不易破碎。

(2) 沸石

沸石是一种疏松的网状铝硅酸盐矿物。沸石中含有移动性较大的阳离子和水分子，可进行阳离子交换。由于天然沸石所具有的离子交换和吸附性质，可被制成各种复合吸附剂或离子交换剂，用来处理含金属离子的废水。但天然沸石的孔道比较小，吸附量也较小，吸附性能往往比较差。为改善其吸附性能，将天然沸石与易燃性粉末按一定比例混合后经高温灼烧成多孔性高强度沸石颗粒，拓宽其孔洞和通道，增大比表面积。除了吸附金属离子外，沸石作为水处理吸附剂还可用于有机污染物的吸附、氨氮的去除和废水滤料等。

(3) 硅藻土

硅藻土是一种硅质沉积岩，主要由古代硅藻和一部分放线虫类硅质遗骸所组成。由于硅藻土具有多孔性、低密度、比表面积大等特点，并且具有相对不可压缩性和化学稳定性，且价格低廉、资源丰富，被广泛应用于冶金、化工建材、石油、食品和环境保护等工业。在水处理领域，硅藻土大多用在废水处理领域，如处理造纸废水、印染废水、重金属废水等。硅藻土再生时，用水冲洗即可恢复其吸附性能。

(4) 腐殖酸类吸附剂

腐殖酸是一组芳香结构的、性质与酸性物质相似的复杂混合物。据测定，腐殖酸含的活性基团有酚羟基、羧基、醇羟基、甲氧基、羰基、醌基、胺基、磺酸基等。这些活性基团决定了腐殖酸的阳离子吸附性能。用作吸附剂的腐殖酸类物质有两大类：一类是天然的富含腐殖酸的风化煤、泥煤、褐煤等，它们可直接或者经过简单处理后作吸附剂用；另一类是将富含腐殖酸的物质用适当的胶粘剂制备成腐殖酸系树脂，造粒成型后使用。腐殖酸类物质能吸附工业废水中的许多金属离子，例如汞、锌、铅、铜、镉等，吸附率可达90%～99%。

(5) 树脂吸附剂

树脂吸附剂也叫做吸附树脂，是一种新型有机吸附剂。它是一种立体结构的多孔海绵状物，可在150℃下应用，不溶于酸、碱，比表面积可达800m^2/g。树脂吸附剂可以分为非极性、弱极性、极性和强极性四类。它的吸附能力接近活性炭，但比活性炭容易再生。树脂吸附剂的结构容易人为控制，具有适应性强、应用范围广、吸附选择性特殊、稳定性高等优点。最适宜吸附处理废水中微溶于水，极易溶于甲醇、丙酮等有机溶剂，分子量略大和带有极性的有机物。如脱酚、除油、脱色等。

3. 吸附装置

在废水处理中，根据水流状态吸附操作可分为间歇式和连续流式两种。间歇式操作通常在搅拌吸附装置内进行，间歇进、出水，将一定量的吸附剂投入欲处理的废水中，不断搅拌，达到吸附平衡后，再用沉淀或过滤的方法使废水与吸附剂分开。间歇式操作多用于实验室试验或小流量废水的处理，目前工程中较少采用。连续流吸附装置根据吸附剂在吸附过程的状态分为固定床、移动床和流化床。

(1) 固定床

固定床吸附装置如图24-25所示。吸附剂在操作过程中是固定的，所以称为固定床。废水连续通过吸附剂床层，污染物被吸附剂吸附。吸附剂使用一段时间之后，出水的吸附质浓度逐渐增加，当整个床层接近饱和时，出水浓度接近进水浓度，这时应停止进水，将吸附剂进行再生。吸附和再生可在同一设备内交替进行，也可以将失效的吸附剂排出，送到再生设备再生。

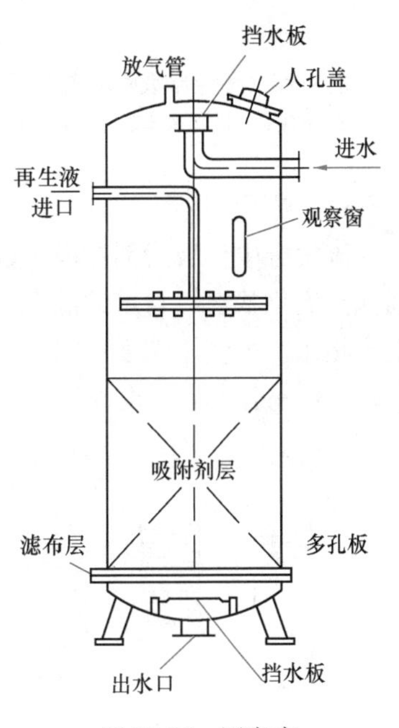

图24-25 固定床

根据水流方向，固定床又可以分为升流式和降流式两种。采用降流式固定床吸附，出水水质较好，但是水头损失比较大，特别在处理悬浮物较多的污水时，为防止炭层堵塞，需要定期进行反冲洗。在升流式固定床中，水流自下而上流动，当水头损失增大后，可以适当提高水流速度，使填料层稍有膨胀（上下层不要互相混合），达到自清的目的。升流式固定床的优点是由于层内水头损失增加较慢，所以运行周期较长。

根据处理水量、原水水质及处理要求，固定床可分为单床和多床系统，一般单床仅在处理规模很小时采用。多床又有并联和串联两种，前者适用于大规模处理，出水要求较低的场合，后者适用于处理流量较小，出水要求较高的场合，如图24-26所示。

(2) 移动床

移动床的构造如图24-27所示。移动床的运行操作方式为：原水从下而上流过吸附层，处理后的水从塔顶排出，再生后的吸附剂从塔顶加入，接近饱和的吸附剂从塔底间歇排出。与固定床相比，移动床能够充分利用吸附剂的吸附容量，水头损失小。由于原水从塔底进入，水中夹带的悬浮物被下部的活性炭截留并随饱和炭排出，因而不需要反冲洗设备，对原水预处理的要求较低，操作管理方便。目前较大规模的废水处理多采用这种操作方式。

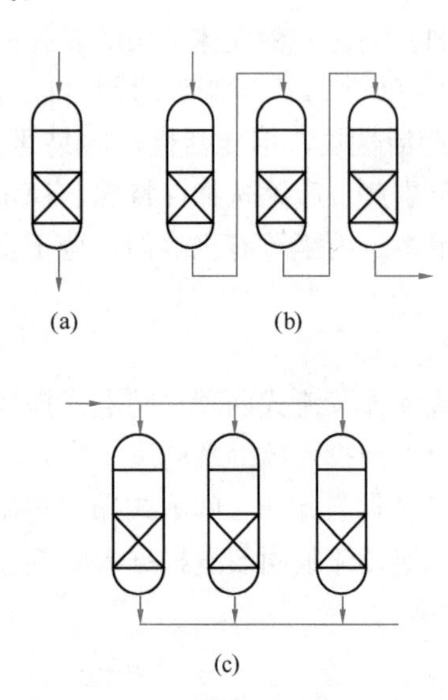

图 24-26 固定床吸附塔操作示意图

(a) 单床；(b) 多床串联；(c) 多床并联

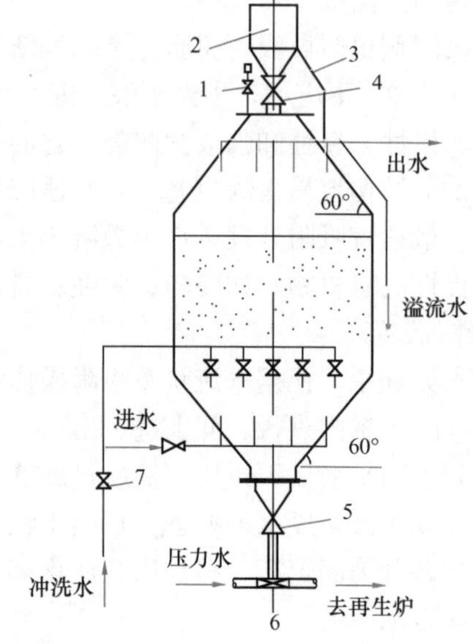

图 24-27 移动床吸附塔构造示意图

1—通气阀；2—进料斗；3—溢流管；4，5—直流衬胶阀；6—水射器；7—截止阀

(3) 流化床

流化床中，吸附剂在塔中处于膨胀状态，塔中吸附剂与废水逆向连续流动。由于吸附剂保持流化状态，与水的混合接触效果好，因此设备小而处理能力大，基建费用低。与固定床相比，可使用粒度均匀的小颗粒吸附剂，对原水的预处理要求低。但是运转中操作要求高，不易控制，同时对吸附剂的机械强度要求高。

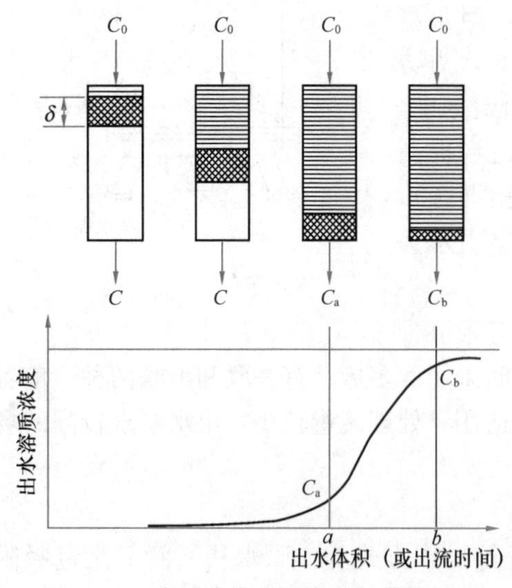

图 24-28 穿透曲线（环境工程手册 375）

4. 吸附装置设计

吸附装置设计时，可首先通过静态吸附试验测定不同吸附剂的吸附等温线，从而选择吸附剂和估算处理单位水量所需的吸附剂量。然后进行穿透试验，得出穿透曲线，以确定吸附柱形式、串联级数、通水倍数、最佳空塔流速、接触时间和吸附剂设计容量等。

如图 24-28 所示，吸附质浓度为 C_0 的水流过吸附柱时，吸附质被吸附，吸附吸附质最多的区域称为吸附带，吸附带以上部分已饱和，不再有吸附能力；吸附带以下部分则几乎没有发生吸附作用。当吸附带下边缘到达柱底时，出水中吸附质的浓度开始迅速上升。达到设计出水浓度 C_a 时，此点称为穿透

点 a；当出水浓度达到进水浓度的 90%～95%，即 C_b时，可认为吸附柱已失效，b 点为吸附终点。从 a 到 b 这段时间内，吸附带移动的距离就是吸附带的长度 δ。由穿透曲线可知，吸附柱出水浓度达到 C_a时，吸附带并未饱和，这部分吸附容量可通过多床串联操作方式或升流式移动床予以充分利用。无明显吸附带时，可采用多根吸附柱串联方式进行穿透试验。

吸附达到稳定后，可根据试验数据计算通水倍数 m：

$$m = \frac{\Sigma q}{w} \tag{24-32}$$

式中　m——达到平衡时，单位吸附剂所能处理的水量，m^3/(kg 吸附剂)；

Σq——累计通过水量，m^3；

w——试验柱内吸附剂总量，kg。

选定通水速度后，测出串联吸附剂的总高度 H，计算出空床接触时间 t：

$$t = \frac{H}{V_L} \tag{24-33}$$

式中　H——串联吸附柱内吸附剂的填装总高度，m；

V_L——废水的空塔流速，m/h。

最佳空塔流速可根据处理水量及要求的水质处理范围，参考经验数据确定，一般采用 5～15m/h。

根据通水倍数 n 和接触时间 t（一般为 20～30min）可确定吸附装置的截面积，确定吸附装置的个数。

5. 吸附剂的再生

吸附剂在达到饱和吸附后，就丧失了进一步去除污染物的能力，必须进行脱附再生，才能重复使用。脱附是吸附的逆过程，即在吸附剂结构不变化或变化极小的情况下，用某种方式将吸附质从吸附剂孔隙中除去，恢复它的吸附能力。通过再生，可以降低处理成本，减少废渣排放，同时回收吸附质。目前吸附剂的再生方法有加热再生、药剂再生、化学氧化再生、湿式氧化再生、生化再生等。

加热再生就是采用外部加热的方法，改变吸附平衡关系，达到脱附和分解的目的。在高温下，吸附质分子提高了振动能，因而易于从吸附剂活性中心点脱离。高温加热再生是目前废水处理中粒状活性炭再生的最常用方法。再生炭的吸附能力恢复率可达 95%以上，烧损率在 5%以下。适合于绝大多数吸附质，不产生有机废液，但能耗大，设备造价高。

药剂再生指在饱和吸附剂中加入适当的溶剂，可以改变体系的亲水一憎水平衡，改变吸附剂与吸附质之间的分子引力，改变介电常数，从而使原来的吸附崩解，吸附质离开吸附剂进入溶剂中，达到再生的目的。常用的有机溶剂有苯、丙酮、甲醇、乙醇、异丙醇、卤代烷烃等。树脂吸附剂从废水中吸附酚类后，一般采用丙酮或甲醇脱附；吸附了三硝基甲苯（TNT），采用丙酮脱附；吸附了滴滴涕（DDT）类物质，采用异丙醇脱附。无机酸碱也是很好的再生剂，如吸附了苯酚的活性炭可以用热的 NaOH 溶液再生，生成酚钠盐回收利用。

药剂再生时吸附剂损失较小，再生可以在吸附塔中进行，无需另设再生装置，而且有利于回收有用物质。缺点是再生效率低，再生不易完全。

经过反复再生的吸附剂，除了机械损失外，因灰分堵塞小孔或杂质去除不彻底，使有效吸附表面孔减少，其吸附容量也会有一定的损失。

6. 吸附法的应用

在废水处理中，吸附法处理的主要对象是废水中难以生物降解的有机物或一般氧化法难以氧化的溶解性有机物，包括木质素、氯或硝基取代的芳烃化合物、杂环化合物、洗涤剂、合成染料等。当用活性炭对这类废水进行处理时，它不但能够吸附这些难分解的有机物，降低COD，还能使废水脱色、脱臭。

吸附法还用于废水中某些金属及化合物的去除。如活性炭对汞、锑、铋、锡、钴、镍、铬、铜、镉等都有很强的吸附能力。活性炭处理含铬废水时，活性炭不仅是吸附剂，同时还可作还原剂，当 $pH<3$ 时，可将吸附的 Cr^{6+} 还原成 Cr^{3+}。活性炭吸附法适用于处理含汞量在5mg/L以下的废水，试验表明，废活性炭粉可用于处理含汞废水，其吸汞效率在97%以上。

吸附法可与其他物理化学法联用，如用混凝沉淀过滤等去除悬浮物和胶体，然后用吸附法去除溶解性有机物。吸附法也可以与生物法联用，如向曝气池投加粉状活性炭；利用粒状吸附剂作为微生物的生长载体或作为生物流化床的介质；或在生物处理后进行吸附处理等。

24.3.2 萃取法

1. 基本原理

萃取法是指向废水中投加不（难）溶于水但能良好溶解污染物的溶剂，使其与废水充分混合接触，污染物通过溶剂和废水的液相界面转入溶剂中，从而净化废水的方法。所用的溶剂称为萃取剂，萃取后的溶剂称为萃取液（相），废水称为萃余液（相）。由于污染物在萃取剂中的溶解度大于在水中的溶解度，因而大部分污染物可以转移到萃取相中。废水和萃取液分离后。可将萃取液中的污染物进一步分离，使萃取剂再生，而分离得到的污染物可回收利用。萃取的实质是溶质在水中和萃取剂中的溶解度不同，溶质从水中转入萃取剂中的传质过程。

在稀溶液中，当温度压力保持一定，且溶质在废水和萃取剂中无电离和缔合现象，达到平衡时，溶质在废水和萃取剂中的浓度存在一定的比例关系，符合分配定律，可用分配系数 E_X 表示：

$$E_X = \frac{C_s}{C_e} \tag{24-34}$$

式中 C_s——达到平衡时，溶质在萃取相中的浓度，kg/m^3；

C_e——达到平衡时，溶质在废水中的浓度，kg/m^3。

分配系数越大，说明溶质在萃取相中的浓度越大，也就越容易被萃取。

但实际中，溶液中溶质的浓度通常不可能很低，且由于缔合、离解、络合等原因，溶质在两相中的形态也不可能完全相同，因此溶质在两相中的平衡分配浓度的比值并不是一个常数。由于工业废水的水质复杂，干扰因素很多，因此平衡浓度关系式往往呈曲线关系，分配系数应通过试验确定。某些萃取剂萃取含酚废水的分配系数见表24-11。

溶剂萃取脱酚的分配系数 E_x（20℃） 表 24-11

废　水	苯	重　苯	醋酸丁酯	磷酸二丁酯	803 号液体石蜡
苯酚废水（23.0g/L）	2.29	2.44	50	64.11	593
甲酚废水（1.6g/L）	32.23	34.23	—	744.85	1942

萃取是物质从一相转移到另一相的传质过程。两相间物质的转移速率 G 可用下式表示：

$$G = KA\Delta C \tag{24-35}$$

式中　G——单位时间的传质量，kg/h；

K——传质系数，与两相的性质、温度和 pH 等有关，m/h；

A——传质面积，即两相的接触面积，m^2；

ΔC——水中污染物实际浓度与平衡浓度的差值，kg/m^3。

由上式可知，萃取过程的传质推动力是水中溶质的实际浓度与平衡浓度之差。要提高萃取速度和设备生产能力，其途径有以下几条：

（1）增大两相接触面积。通常使萃取剂以小液滴的形式分散到废水中去，分散相液滴越小，传质表面积越大。但要防止溶剂分散过度而出现乳化现象，给后续分离萃取液带来困难；

（2）增大传质系数。在萃取设备中，通过分散相的液滴反复地破碎和聚集，或强化液相的湍动程度，使传质系数增大。但当水中存在表面活性物质和某些固体杂质时，会增加相界面上的传质阻力，显著降低传质系数，应预先去除；

（3）增大传质推动力。采用逆流操作，整个萃取系统可维持较大的推动力，既能提高萃取相中溶质浓度，又可降低萃余相中的溶质浓度。逆流萃取时的过程推动力是一个变值，其平均推动力可取废水进口处推动力和出口处推动力的对数平均值。

2. 萃取剂

萃取的效果和所需的费用主要取决于所用的萃取剂。所以，在选择萃取剂时，要考虑以下几个因素：

（1）具有较大的分配系数：萃取剂对溶质应该有较高的溶解度，而本身在水中的溶解度要低。这样，分离的效果就较好，相应的萃取设备也较小，萃取剂用量也较少；

（2）具有良好的选择性：萃取剂的选择性决定了萃取剂对废水中各种杂质的分离能力，良好的选择性能提高萃取效率；

（3）具有适宜的物理性质和化学性质：如萃取剂与水的密度差要大一些、水中的溶解度要小、萃取剂不易挥发、黏度较低等；具有足够的化学稳定性，不与被处理的物质反应，对设备的腐蚀性小，应无毒，不易燃易爆；

（4）萃取剂要容易再生，要求与萃取物的沸点差要大，二者不能形成恒沸物；

（5）来源较广，价格低。

萃取剂需根据萃取的污染物种类并按上述原则选取。如用于含酚废水的处理时，常用的萃取剂有煤油、洗涤油、重苯、粗苯等，它们均具有脱酚效率高、分配系数大、不易乳化等优点。

废水处理中常用的萃取剂有以下几种：含氧萃取剂，如仲辛醇；含磷萃取剂，如磷酸三丁酯，主要用于处理含金属离子的废水；含氮萃取剂，如三烷基胺，在酸性条件下能有效地萃取染料中间体废水中的苯、萘与蒽醌系带磺酸基的染料中间体，有较高的脱色效果；其他，如苯（萃取橡胶加工废水中的噻唑类化合物）、甲苯、轻油（处理含酚废水）等。

萃取后的萃取相需要经过再生，将萃取物分离后，萃取剂继续使用。再生的方法主要有物理再生法和化学再生法：

(1) 物理再生法（蒸馏或蒸发）：当萃取相中各种组分的沸点相差较大时，宜采用蒸馏法分离。例如，用乙酸丁酯萃取废水中的单酚时，萃取剂的沸点为116℃，而单酚的沸点为181～202.5℃，相差较大，可以用蒸馏法分离。根据分离的目的，可以采用简单蒸馏或精馏。

(2) 化学再生法：通过投加某些化学药剂使其与溶质形成不溶于萃取剂的盐类，从而达到二者分离的目的。例如，萃取酚时，可将碱液投入萃取相，使其形成酚钠盐结晶析出。

3. 萃取操作与设备

在废水处理中，萃取操作主要包括三个步骤：①使废水与萃取剂充分接触，使杂质从废水中传递到萃取剂中；②使萃取剂与废水进行分离；③将萃取剂进行再生。萃取设备分为间歇萃取和连续萃取两类。

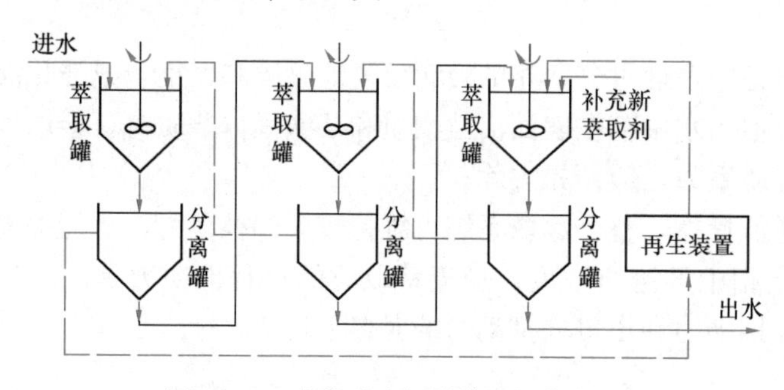

图 24-29　多段逆流间歇萃取操作方式

(1) 间歇萃取

间歇萃取设备由萃取罐和分离罐组成。一般采用多段逆流方式运行（图 24-29）。使进水（新鲜废水）与将近饱和的萃取剂接触，而新鲜萃取剂与经过几段萃取处理后的低浓度废水接触，这样可相对增大传质过程的推动力，节省萃取剂用量，同时提高萃取效率。为了增加两相之间的接触面积，提高传质速率，一般在萃取罐内设置搅拌装置。

经过几段萃取后，根据物料平衡关系可推导出废水中溶质的残余浓度为：

$$C_n = \frac{C_0}{1 + E_X b + (E_X b)^2 + \cdots + (E_X b)^n} \tag{24-36}$$

式中　C_n——经 n 段萃取后废水中污染物的浓度，kg/m³；

C_0——进水中污染物的浓度，kg/m³；

b——萃取剂量 q 与废水量 Q 之比，$b > l/E_X$；

n——萃取段数，一般取 2～4。

由于间歇萃取操作麻烦，设备复杂，因此只适用于小量废水的处理。

(2) 连续萃取

连续萃取多采用塔式逆流方式。将废水和萃取剂同时通入一个塔中，相对密度大的重液从塔顶进入，塔底流出；相对密度小的轻液从塔底进入，塔顶流出。在萃取剂与废水逆流相对运动中完成萃取过程。由于是逆流操作，因此新鲜萃取剂进入塔后先遇到低浓度废水，提高了萃取效率。连续萃取的设备种类很多，有填料塔、筛板塔、脉冲填料塔、脉冲筛板塔、转盘塔以及离心萃取机等。

1）填料塔

填料塔结构示意如图 24-30 所示。塔内设置填料，填料可以是瓷环、塑料、钢质球或木栅板等，其作用是使萃取剂的液滴能不断地分散和合并，形成新的液面，提高传质速率。填料塔的特点是设备简单、造价低、操作容易，可以处理腐蚀性物料。但处理能力小，效率不高，悬浮物高时填料易堵塞。

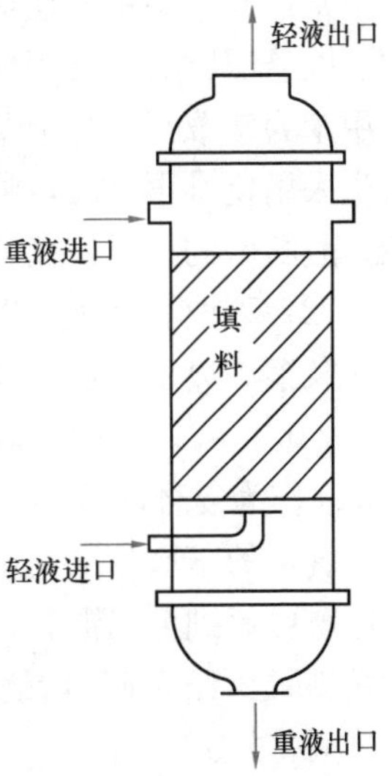

2）脉冲筛板塔

脉冲筛板塔如图 24-31 所示，其塔身分为三段，中间为萃取段，段内上下排列着许多筛板，通过使筛板作脉冲运动，造成了两相液体之间的湍流条件，从而加强了萃取剂与废水的充分混合，强化了传质过程。塔的上下两个扩大段是两相分层分离区。脉冲筛板塔具有较高的萃取效率，结构较简单，能量消耗也不大。

图 24-30　填料萃取塔

3）转盘萃取塔

转盘萃取塔的结构如图 24-32 所示。与脉冲筛板塔相似，其塔身也是分为三个部分，中间部分是萃取段。萃取段的塔壁上水平装设一组等距离的固定环板，塔的中心轴上连接一组水平圆形转盘。通过转盘转动，产生的剪应力作用于液体，使其破裂而成为许多小的液滴，增加了两相间的接触面积。

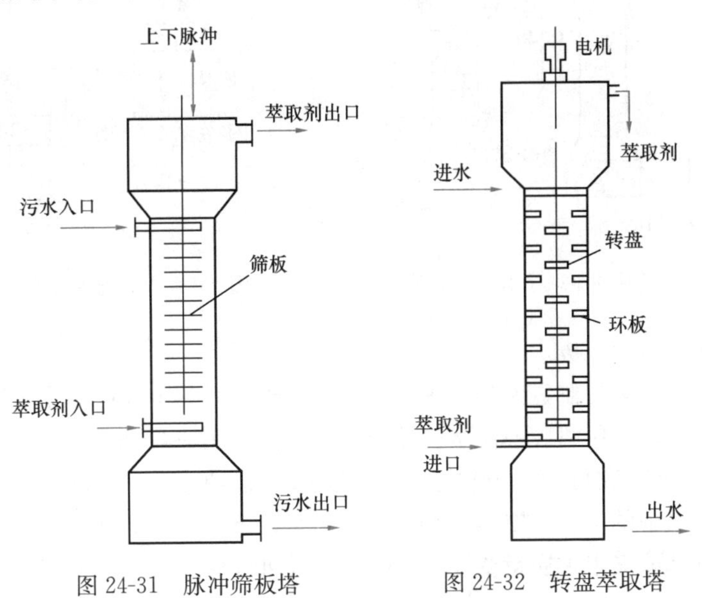

图 24-31　脉冲筛板塔　　图 24-32　转盘萃取塔

4. 萃取法的应用

萃取法目前适用于含酚、含胺、含醋酸等为数不多的几种有机废水和个别重金属废水的处理。

（1）萃取法处理含酚废水

焦化厂、煤气厂、石油化工厂排出的废水中常含有较高浓度的酚（1000～3000mg/L）。为了避免高浓度的含酚废水污染环境，同时回收有用的酚，常用萃取法处理这类废水。

某焦化厂用萃取法脱酚的工艺流程如图 24-33 所示，废水经过沉淀、焦炭过滤器除油、除悬浮物后进行萃取，含酚平均浓度为 1400mg/L。萃取装置采用脉冲筛板塔，采用二甲苯为萃取剂，二甲苯用量与废水量相同。萃取后，脱酚效率为 90%～93%。萃取剂再生采用化学再生法，将萃取相再送入碱洗塔，碱洗塔中装有浓度为 20%的氢氧化钠溶液。脱酚后的二甲苯循环使用，再生塔底回收含酚约为 30%的酚钠。

（2）萃取法处理含铜废水

某铜矿废水含铜 130～1600mg/L，含铁 4700～5400mg/L，含砷 10.3～300mg/L，pH 为 0.1～3。采用萃取法从该废水中回收金属铜和铁，工艺流程如图 24-34 所示。采用 N-510 作为复合萃取剂，以磺化煤油作稀释剂，进行六级逆流萃取，总萃取率在 90%以上。含铜的萃取相采用 1.5mol/L 的 H_2SO_4进行反萃取再生。反萃取得到的硫酸铜溶液通过电解可得到金属铜和硫酸，硫酸回用至再生工艺。萃余相废水用氨水除铁，生成的固体黄铵铁矾，经 800℃煅烧后得到铁红，可以作为涂料使用。过滤液经过中和处理达到排放标准后排放。

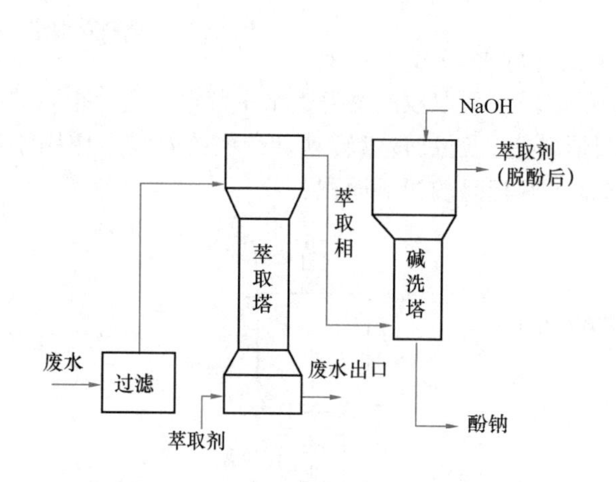

图 24-33　脉冲萃取法脱酚工艺流程

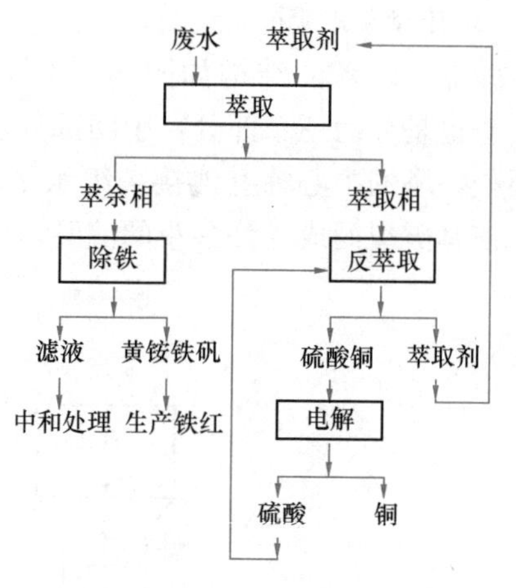

图 24-34　含铜废水萃取法工艺流程

（3）萃取法处理含汞废水

某厂采用水银电解法制氯碱的过程中产生含汞废水，其中汞以氯化汞形态存在，含汞浓度 10mg/L 左右。采用两级逆流萃取处理该废水。选用三异辛基胺作为萃取剂，在 pH 低的条件下，分配系数可达 2000 左右，萃取速度很快。经 15min 处理，萃取率可达 99%，残留于废水中的 Hg^{2+} 浓度降至 0.001mg/L 以下。萃取相用 2.5%的乙烯二胺两级逆流反萃取，反萃取液中汞质量浓度达 25g/L，可回收汞。

24.3.3　吹脱与汽提

1. 基本原理

吹脱法和汽提法用于脱除水中溶解气体和某些挥发性物质。吹脱和汽提都属于气—液相转移分离法。即将气体（载气）通入废水中，相互充分接触，使废水中的溶解气体和易挥发的溶质穿过气液界面，向气相转移，从而达到脱除污染物的目的。常用空气或水蒸气作载气，习惯上将前者称为吹脱法，后者称为汽提法。

吹脱法的基本原理基于气液平衡和传质速度理论。在气液两相系统中，对于稀溶液，温度一定时，当气液两相达到相平衡，溶质气体在气相中的分压与该气体在液相中的浓度成正比，即符合亨利定律：

$$P = Ex \tag{24-37}$$

式中 P——溶质气体在气相中的平衡分压，kPa；

E——亨利系数，kPa；

x——溶质气体在液相中的平衡浓度，摩尔分数。

当该溶质组分的气相分压低于其溶液中该组分浓度对应的气相平衡分压时，就会发生溶质组分从液相向气相的转移。传质速度取决于组分平衡分压和气相分压的差值。气液相平衡关系和传质速度随物质、温度和两相接触状况的不同而变化。对给定的物系，通过提高水温、使用新鲜空气或负压操作、增大气液接触面积和时间、减少传质阻力，可以达到降低液相中溶质浓度、增大传质速度的目的。

在废水的吹脱处理过程中，使废水和空气接触，通过不断地更新气体以改变气相中的浓度，使实际浓度始终小于该条件下的平衡浓度，废水中溶解的气体就不断地转入气相，从而净化废水。溶解于水中的气体，如 H_2S、CO_2、NH_3、HCN、丙烯腈等一类物质可用吹脱法加以去除。

将水蒸气通入废水中，当废水的蒸气压超过外界压力时，废水就开始沸腾，这样就加速了气液相间挥发性物质的转移过程。此外，当水蒸气以气泡形式穿过水层时，水与气泡之间形成自由表面，液体就不断地向气泡内蒸发扩散。当气泡上升到液面时就破裂而放出其中挥发性物质。这种用蒸汽去除水中气体或挥发性物质的方法称为汽提法。

汽提法处理废水时，当气液平衡时，可认为溶质在气相中的浓度与在水中的浓度比为常数，遵循分配定律：

$$k = \frac{C_{气}}{C_{水}} \tag{24-38}$$

式中 $C_{气}$——气液平衡时，溶质在蒸汽冷凝液中的浓度，kg/m^3；

$C_{水}$——气液平衡时，溶质在废水的浓度，kg/m^3；

k——分配系数。

由上式可见，k 值越大，汽提效果越好，也越适用汽提法。实际中，汽提过程是处于不平衡状态的。

汽提法用于脱除废水中的挥发性溶解物质，如挥发酚、甲醛、苯胺、H_2S、NH_3等。

2. 吹脱设备

吹脱设备包括吹脱池和吹脱塔。前者占地面积较大，而且易污染大气，对有毒气体常用塔式设备。

（1）吹脱池

依靠池面液体与空气自然接触而脱除溶解气体的吹脱池称为自然吹脱池，它适用于溶解气体极易挥发，水温较高，风速较大，有开阔地段和不产生二次污染的场合。其吹脱效果可按下式计算：

$$0.431\lg\frac{C_1}{C_2} = D\left(\frac{\pi}{2h}\right)^2 t - 0.207 \tag{24-39}$$

式中　　t——废水停留（吹脱）时间，min；

C_1、C_2——初始和经过 t 时间吹脱后的剩余浓度，mg/L；

h——水深，mm；

D——气体在水中的扩散系数，cm^2/min，O_2、H_2S 和 CO_2 的扩散系数分别为 $1.1\times10^{-3}cm^2/min$、$8.6\times10^{-4}cm^2/min$ 和 $9.2\times10^{-4}cm^2/min$。

由上式可知，可通过延长贮存时间，减小水深或增大表面积等手段改善吹脱效果。

还可通过向吹脱池内通入空气以强化吹脱过程，称为强化吹脱池。其吹脱效果按下式计算：

$$\lg\frac{C_1}{C_2}=0.43\beta t\ \frac{A}{V} \tag{24-40}$$

式中　A——气液接触面积，m^2；

V——废水体积，m^3；

β——吹脱系数，其值随温度升高而增大，25℃时，H_2S、SO_2、NH_3、CO_2、O_2 和 H_2 的吹脱系数分别为 0.07、0.055、0.015、0.17、1 和 1。

（2）吹脱塔

为提高吹脱效率、回收有用气体、防止二次污染，常采用填料塔、板式塔等高效气液分离设备。

在填料塔内，废水从塔顶喷下，沿填料表面呈薄膜状向下流动。空气由塔底鼓入，呈连续相由下而上同废水逆流接触，废水吹脱后从塔底经水封管排出，塔顶排出的气体可进行回收或进一步处理。塔内气相和水相的组成沿塔高连续变化，系统如图 24-35 所示。填料可选用瓷环、木栅、塑料板等。填料塔的缺点是塔体大、传质效率不如筛板塔高，当废水中悬浮物高时，易发生堵塞现象。

板式塔的主要特征是在塔内设有一定数量的塔板，废水水平流过塔板，经降液管流入下一层塔板。空气以鼓泡或喷射方式穿过板上水层。塔内气相和水相的组成沿塔高呈阶梯形变化。其中，泡罩塔和浮阀塔的构造示意图可参见图 24-36 和图 24-37。

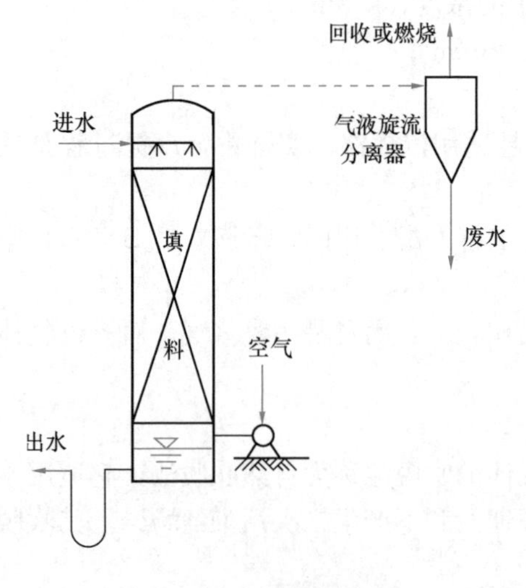

图 24-35　填料吹脱塔

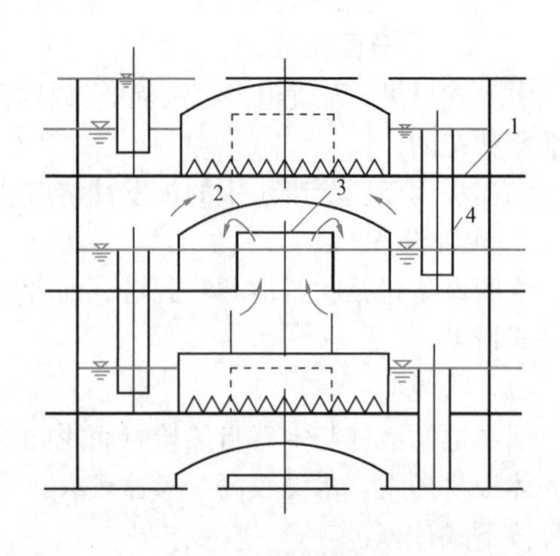

图 24-36　泡罩塔构造示意图

1—塔板；2—泡罩；3—蒸汽通道；4—降液管

从废水中吹脱出来的挥发性物质，可用下述方法回收或处理：

1）用化学溶液吸收含挥发性物质的气体，例如用 NaOH 溶液吸收 HCN 生成 NaCN，吸收 H_2S 生成 Na_2S，然后将饱和溶液蒸发结晶，回收 NaCN 或 Na_2S；

2）用活性炭吸附含挥发性物质的气体，饱和后用溶剂解吸。例如活性炭吸附 H_2S，饱和后用亚氨基硫化物的溶液浸洗解吸；

3）对挥发性气体如 H_2S 进行燃烧，制取 H_2SO_4。

3. 汽提设备

汽提操作一般都在封闭的塔内进行。采用的汽提塔可分为填料塔与板式塔两大类。

（1）填料塔

填料塔的基本构造与吹脱用的填料塔相似。但由于通入蒸汽，塔内温度高，在选择塔体材料以及填料时，除考虑经济、技术等一般原则外，还应特别注意耐腐蚀性的问题。

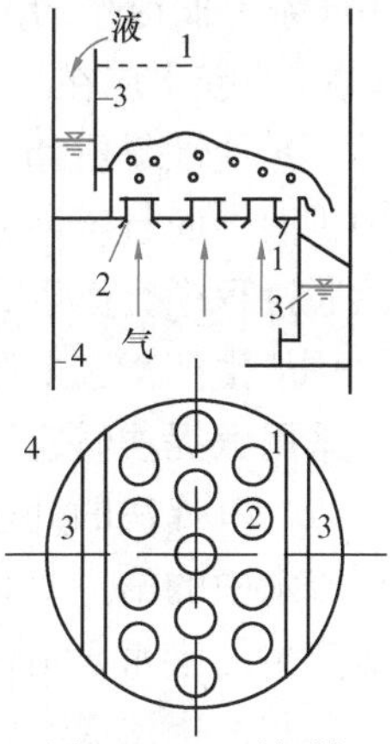

图 24-37　浮阀塔构造示意图

1—塔板；2—浮阀；3—降液管；4—塔体

（2）板式塔

塔板是板式塔的关键部件，按照塔板结构的不同，板式塔可分为泡罩塔、浮阀塔、筛板塔等。

泡罩塔如图 24-36 所示，塔内设若干层塔板，每层板一侧装有降液管，运行时使塔板上维持一定厚度的水层。废水经上层降流管流入下层塔板后，沿水平方向由一侧流向另一侧，并由该层降液管流向下一层塔板。废水由塔顶供入，如此逐层流下，最后从塔底排出。每层塔板上的中部设有短管（蒸汽通道），其上覆以钟形泡罩，其底缘浸没于塔板上的液层中，形成水封。蒸汽由塔底供入，由蒸汽通道上升，从泡罩底缘的齿缝或小槽分散成细小气泡冲入液内，以气泡形式逸出液面。如此通过各层塔板，由塔顶排出。当气流速度适合时，一部分蒸汽分散于液内，形成泡沫，同时将液体质点分散成雾滴，挟带出液面。充满板间空间的雾滴和气流构成了主要的传质接触面积。泡罩塔的优点是操作稳定，塔板效率高，能避免脏污和阻塞。其缺点是气流阻力大，布气不够均匀，泡罩结构复杂，造价高等。

浮阀塔的构造和泡罩塔基本相同，区别仅是用浮阀代替泡罩和升气管，如图 24-37 所示。操作时气流自下而上吹起浮阀，从浮阀周边水平地吹入塔板上的液层，进行两相接触。阀片的开启度随吹入塔内的蒸汽流量变化而异，可保证在较大的蒸汽流量范围内均获得较高的传质效率。

4. 吹脱与汽提运行中的注意事项

在吹脱过程中，影响因素很多，吹脱操作中注意以下几点问题：

（1）温度：在一定压力条件下，气体在水中的溶解度随温度升高而降低，因此，升温有利于吹脱。

（2）气水比：在一定范围内，空气量越大，气液两相在充分湍流条件下接触越充分，传质效果也越好。但空气量过大所需的动力费越高，还会发生液泛现象，使废水被气流带走，破坏操作。

（3）pH：只有以游离的气体形式存在才能被吹脱，而气体在水中的存在状态是随不同 pH 条件而改变的。如废水中游离 H_2S 和 HCN 的含量随 pH 的降低而升高，对含 S^{2-} 和 CN^- 的废水应在酸性条件下进行吹脱。

(4) 油性物质和表面活性剂的影响：废水中如含有油类物质，会阻碍挥发性物质向大气中扩散，而且会堵塞填料，应在预处理中除去油类物质。废水中含有表面活性物质时，在吹脱过程中会产生大量泡沫，给操作运转和环境卫生带来不良影响，同时也影响吹脱效率。可从生产工艺上改变生产中所投药剂的性质，或采取措施消除泡沫。

采用汽提法时应注意以下问题：

(1) 汽提法的处理对象：汽提法用于脱除废水中的挥发性溶解物质，例如煤气厂、焦化厂废水中的酚主要是挥发性的苯酚与甲酚，可以采用汽提法，而页岩炼油厂、煤气发生站等产生的废水含不挥发酚较多，不宜用汽提法而可采用萃取法等进行处理。

(2) 汽提法成本较高，需考虑物质回收的经济性：如采用汽提法脱酚，当废水含酚 1g/L 左右时，可基本上做到收支平衡；含酚质量浓度大于 2g/L 时，略有盈余。当废水含酚浓度小于 1g/L 时，不宜用汽提法回收酚。

(3) 汽提塔的填料和塔体应采用耐腐蚀材料或考虑采取防腐措施，特别是再生段采用热碱液喷淋时，腐蚀性很强。

(4) 废水的预处理：当废水中含有油时，会粘附在金属表面上，降低传热效果，增加能耗，并可能降低装置处理量，应加强废水预处理。

(5) 氧的影响：某些废水中含有较高的溶解氧。在汽提装置操作温度下，溶解氧具有很强的腐蚀性；在处理含硫废水时，硫与氧会发生反应引起硫的沉积。可加入亚硫酸钠等脱氧剂去除残余氧。

5. 吹脱与汽提的应用

(1) 吹脱法的应用

吹脱法处理废水的应用十分广泛，例如氨氮废水、石灰石中和硫酸废水的出水中的 CO_2、炼油厂冷凝器排出废水中的 H_2S、金属选矿废水中的 HCN 等，都可采用吹脱法处理。

如某酸性废水经石灰石滤料中和后，废水中产生大量的游离 CO_2，pH 为 4.2～4.5，不能满足生物处理的要求。中和滤池出水经预沉淀后，可采用吹脱池处理。吹脱池为一矩形水池，水深 1.5m，采用穿孔管曝气，曝气强度为 25～30$m^3/(m^2 \cdot h)$，气水比为 5，吹脱时间为 30～40min。吹脱后游离 CO_2 由 700mg/L 降到 120～140mg/L，出水 pH 达 6～6.5。存在问题是布气孔易被中和产物 $CaSO_4$ 堵塞，当废水中含有大量表面活性物质时，易产生泡沫，影响操作和环境。可用高压水喷淋或投加消泡剂除泡。

某炼油厂从冷凝器排出的废水中，含有大量石油和硫化氢。采用加酸、加热吹脱法去除废水中的硫化氢。废水加热后酸化至 pH≤5，此 pH 条件下水中硫化氢 100%以游离的 H_2S 形式存在，再用填有拉西环的填料吹脱塔吹脱去除，淋水强度为 50$m^3/(m^2 \cdot h)$，气水比为 6～12。加热废水可强化吹脱效率。从吹脱塔排出的解吸气体，送该厂硫酸车间回收硫化氢，处理后循环使用。

在选矿废水中，氰化物主要以氰化钠形式存在，在水溶液中易水解为 HCN，加酸可促进水解反应的进行。吹脱塔的操作参数一般采用：淋水强度 7.5～10$m^3/(m^2 \cdot h)$，水温 50～55℃，气水比 25～35，pH2～3。生成的 HCN 用吹脱法脱除后，再用 NaOH 碱液吸收，可回收氰化钠，重新用于生产。

(2) 汽提法的应用

采用汽提法脱酚的典型流程如图 24-38 所示。汽提塔分上下两段，上段叫汽提段，通过逆流接触方式用蒸汽脱除废水中的酚；下段叫再生段，同样通过逆流接触，用碱液从蒸汽中吸收酚。某焦化厂采用上述脱酚工艺，对其预处理后的废水进行脱酚处理，采用填料塔，塔高 37m，废水中酚浓度为 2500mg/L，废水入塔温度为 100℃左右，循环蒸汽温度为 102～103℃，处理每立方米废水的循环蒸气量为 2000m^3，蒸气耗量为 50～80kg/ (m^3 废水)，经汽提后的废水中仍含有 300～400mg/L 的残余酚，经进一步生物处理可以达标排放。

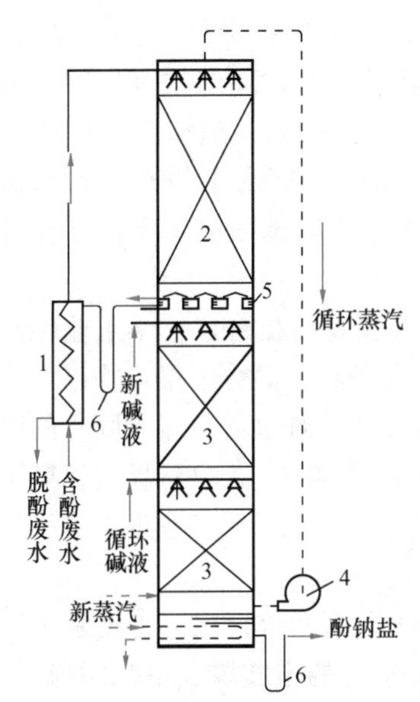

图 24-38 汽提法脱酚处理

1—预热器；2—汽提段；3—再生段；4—鼓风机；5—集水槽；6—水封

石油炼厂的含硫废水中含有大量 H_2S (高达 10g/L)、NH_3 (高达 5g/L)，还含有酚类、氰化物、氯化铵等。一般先用汽提回收处理，然后再用其他方法进行处理。处理流程如图 24-39 所示。含硫废水经隔油、预热后从顶部进入汽提塔，蒸汽则从底部进入。在蒸汽上升过程中，不断带走 H_2S 和 NH_3。脱硫后的废水，利用其余热预热进水，然后送出进行后续处理。从塔顶排出的含 H_2S 及 NH_3 的蒸汽，经冷凝后回流至汽提塔中，不冷凝的 H_2S 和 NH_3，进入回收系统，制取硫磺或硫化钠，并可生产副产物氨水。

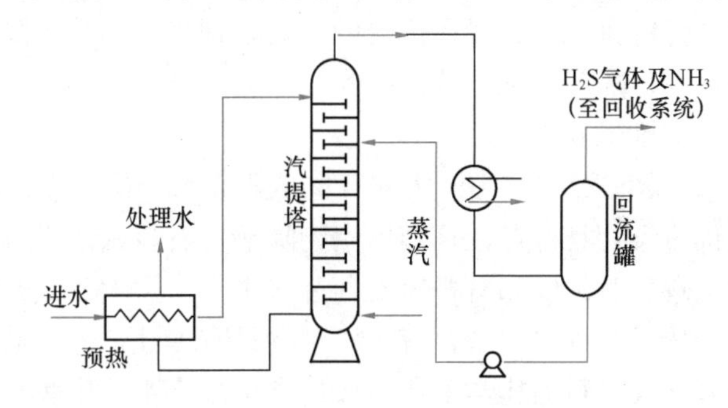

图 24-39 蒸汽单塔汽提法流程

24.4 工业废水的生物处理

许多工业部门均不同程度地排放有机工业废水，如食品、纺织印染、造纸、焦化及煤制气、农药、石油、制药等行业。当工业废水中含有机污染物时，可根据水质具体情况选择生物法进行处理。根据可生物降解性，工业废水中的有机污染物可分为易生物降解有机物、难生物降解有机物、有毒有害有机物和油类等类型。

根据工业废水中有机污染物的浓度，可分为低浓度有机工业废水和高浓度有机工业废水两种。通常将 BOD_5 浓度为几百 mg/L 的有机工业废水称为低浓度有机工业废水。如制浆造纸工业的中段废水、印染废水、食品加工工业中肉类加工废水等。高浓度有机工业废水指 BOD_5 几千 mg/L 至几万 mg/L 以上的工业废水。如粮食酒精废水的 BOD_5 约为 15000 ～40000mg/L 左右、COD 约为 30000～6000mg/L。这类废水主要来源于发酵工业、有机化学工业，例如味精废水、酶制剂工业废水、糖蜜酒精废水、粮食酒精废水、柠檬酸废水、制药废水、甲醇生产废水和脂肪酸废水等。

按废水中有机污染物的生物降解性能，工业废水可分为易生物降解有机工业废水、可生物降解有机工业废水、难降解有机工业废水和含有毒有害污染物的有机工业废水。分述如下：

(1) 易降解有机工业废水：这类废水中所含的有机污染物，是一些长期存在于自然界中的天然有机物，对微生物没有毒性，如碳水化合物、脂肪和蛋白质等，它们在自然界或废水生物处理构筑物中易于在较短时间内被微生物分解与利用。例如啤酒废水、水产品加工废水、粮食酒精废水和肉类加工废水等。

(2) 可降解有机工业废水：这类废水有两种。①废水含有易生物降解有机污染物，可采用生物法处理，但还含有某些对微生物无毒性，但难以被微生物降解的有机物（或降解速度很慢），如木质素、纤维素、聚乙烯醇等，这类废水包括制浆造纸工业中段废水（含木质素、纤维素）、印染废水（含聚乙烯醇、染料）等。②废水中的有机物对微生物有一定毒性作用，但可被驯化后的微生物降解，如甲醛废水、苯酚废水和硝基化合物废水等。

(3) 难降解有机工业废水：这类废水中的有机污染物，主要是有机合成化学工业生产过程排放的产品或中间产物，如有机氯化物、多氯联苯、部分染料、高分子聚合物以及多环有机化合物等。由于这些有机物分子上的基团和结构复杂多样，难以被自然界固有的微生物分解转化，也难以在传统的生物处理工艺中被去除。此类污染物进入自然界后长期不能被微生物降解转化，危害很大。农药、染料、塑料、合成橡胶、化纤等工业废水属难生物降解有机工业废水。

(4) 含有毒有害污染物的有机工业废水：这类废水可分为以下几种情况。①废水中所含有机污染物具有毒性且难以生物降解。有机磷农药生产废水中的甲胺磷、甲基对硫磷、马拉硫磷、对硫磷和有机氯农药废水中的六六六、氯丹等都属于毒性大、难生物降解的有机污染物。②废水中所含有机污染物具有毒性，但可被微生物降解。如甲醇生产以及用甲醇为溶剂或原料的化学工业排放的含甲醇废水，甲醇对动物的毒性较大，但其生物降解性很好。③废水中所含的有机物无毒性且易降解，但含其他无机的有毒有害污染物。如糖蜜酒精废水主要含糖类、蛋白质、氨基酸等有机物质，易于被微生物降解，但废水的 pH 很低（pH=4～5 左右），还含有高浓度的硫酸盐（几千～几万 mg/L），由于硫酸盐还原作用的产物对产甲烷细菌有毒害作用，不能直接采用厌氧法进行处理。发酵工业中的味精废水、柠檬酸废水、赖氨酸废水、酵母废水，制药工业中的土霉素废水、麦迪霉素废水、庆大霉素废水等都属于这类废水。

工业废水中有机污染物的种类和浓度是选择生物处理工艺的重要依据。

24.4.1 工业废水的可生物降解性

工业废水的可生物降解性，又称工业废水的可生化性，是指工业废水中的有机物在微生物（好氧、厌氧）作用下被转变为简单小分子化合物（如水、二氧化碳、氨、甲烷、低分子有机酸等）的可能性。有机物在好氧与厌氧条件下的生物降解特性不同，许多有机物在好氧与厌氧条件下都能被降解，但有些有机物在好氧条件下难降解或降解性差，而在厌氧条件下却易降解或可降解，如碱性染料中的碱性艳绿（三苯甲烷类）和碱性品蓝 BO 在好氧或厌氧条件下都易被微生物降解，而碱性桃红、活性黄X-RG和阳离子嫩黄7GL等在好氧条件下难以降解，但在厌氧条件下的可生物降解性较好。因此，评价废水的可生化性时，有时需分别测定其好氧可生物降解性和厌氧可生物降解性，才能确定某废水的可生化性。具体的测定方法很多，目前尚无被广泛认可与使用的统一方法。

1. 好氧生物处理可生物降解性评价方法

工业废水中有机物好氧生物降解过程包含有机物被微生物利用、水中氧的消耗、新细胞的合成和产生H_2O和CO_2等产物。此外，如果有机物对微生物有某种程度的毒性作用，还可能引起微生物的生理生化指标（如ATP、脱氢酶活性）发生变化。测定有机物好氧生物降解性的方法通常分为氧消耗量测试法、好氧生物降解过程中有机物去除效果测试法、终点产物CO_2产量测试法和微生物生理生化指标测试法等四类。目前，氧消耗量测试法在我国使用较为广泛，包括以下几种测定方法：

（1）水质指标法

工业废水中的有机物量可用化学需氧量COD来表征，COD是由可生物降解（COD_B）和难生物降解组分（COD_{NB}）两部分组成的，即$COD = COD_B + COD_{NB}$。COD_{NB}和COD_{NB}/COD值的大小，可以反映有机物的可生物降解性，COD_{NB}和COD_{NB}/COD值越小，有机物的可生物降解性越好。实际应用中，通过测定废水的COD和BOD_5，通过BOD_5/COD值（简称B/C比）来评价该废水的可生物降解性，参见表24-12。水质指标法在有机工业废水处理中得到较广泛应用。

有机工业废水好氧可生物降解性的评定参考值　　表24-12

BOD_5/COD	>0.45	>0.30	<0.30	<0.20
生物降解性能	易生物降解	可生物降解	生物降解性较差	难生物降解
好氧生物处理可行性	较好	可以	较差	不宜

上述划分主要对低浓度有机废水而言。高浓度有机废水，即使$BOD_5/COD<0.25$，其BOD_5的绝对值并不低，往往仍可采用生化法处理。但由于废水中的COD_{NB}可能占较大比例，要使生化出水的COD达标，尚需考虑进一步的处理措施。

（2）生化呼吸线测试法

好氧微生物氧化分解有机物时，呼吸过程消耗氧的速度随时间的变化的特性曲线称为生化呼吸线。当不存在外源有机物时，微生物处于内源呼吸状态，其呼吸速度是恒定的，氧的消耗速率不随时间变化而变化，此时的呼吸线称内源呼吸线。有机物生物降解过程中，不同生物降解性能的有机物的生化呼吸曲线特性也不同，可通过比较生化呼吸线与内源呼吸线，评价有机物的生物降解性能。

各类生化呼吸线如图24-40所示。曲线b为内源呼吸线。曲线a位于内源呼吸线的上方，表明有机物可被生物降解，它与内源呼吸线之间的距离越大，曲线的斜率越大，有机物的生物降解性越好。曲线c位于内源呼吸线的下方，表明有机物对微生物有抑制、毒性作用，难以生物降解，生化呼吸线越接近横坐标，抑制、毒性作用越大。曲线d与内源呼吸线基本重合，表明有机物不能被微生物氧化分解，但对微生物无抑制、毒性作用。测定耗氧曲线的仪器有瓦氏呼吸仪和溶解氧仪。

（3）氧利用率测试法

氧利用率测试法也是根据降解有机物时氧消耗的特性建立的评价方法。该方法是通过测定微生物降解不同浓度有机物时的氧利用率（氧消耗率）来评价有机物的可生物降解性。图 24-41 为四类有机物的氧利用率特性曲线。曲线 1 表示有机物无毒，但不能被微生物利用，其生物降解性能很差。曲线 2 表明有机物对微生物无毒害作用，易于被微生物利用，生物降解性较好，在一定范围内，其氧利用率随有机物浓度增大而增大。曲线 3 表示在一定浓度范围内微生物可降解该有机物，但同时对微生物有抑制、毒性作用，当有机物达到一定浓度后，毒性作用十分明显，此时氧利用率随有机物浓度增大而逐渐下降。曲线 4 表示有机物的毒性很大，不能被微生物降解。

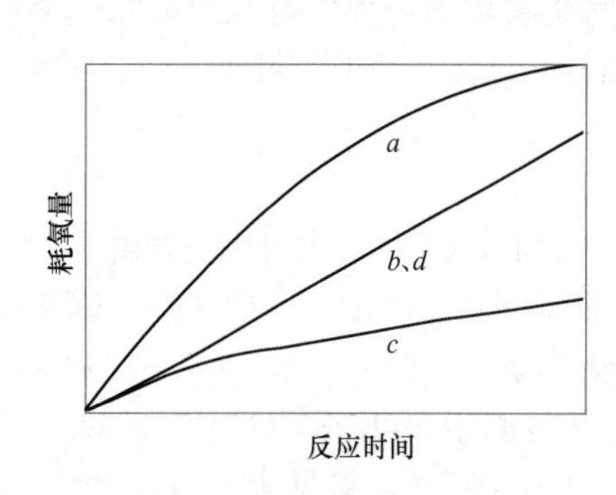

图 24-40　有机物生物降解过程的生化呼吸特性曲线

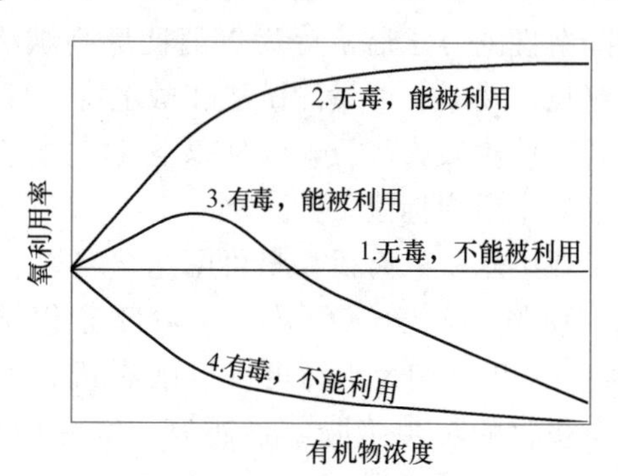

图 24-41　四类有机物的氧利用率特性曲线

2. 厌氧生物处理可生物降解性评价方法

工业废水中有机物厌氧生物降解过程包含有机物被微生物利用、新细胞的合成和产生有机酸、醇等低分子有机物和 CH_4、CO_2、NH_3、H_2S 等终点产物。关于有机物厌氧条件下生物降解性方面的研究较少，评价方法主要有 COD_{BD} 测试法、产气量测试法、间歇式模型测试法、比甲烷产率和比二氧化碳产率测试法等。

（1）COD_{BD} 测试法

通过测定废水中有机物可被厌氧微生物降解的部分 COD_{BD}，计算 COD_{BD}/ COD 来评价厌氧可生物降解性。测试和计算的基本步骤如下：

1）测定有机物的 COD 值；

2）测定厌氧生物处理试验终点时的累积甲烷产量和发酵液中残余的挥发酸（VFA）量，分别将其换算为相应的 COD_{CH_4}、COD_{vfa}；

3）通过物料衡算或根据有机物厌氧降解的细胞产率估算转化为细胞物质的 COD_{cells} 值；

4）计算 COD_{BD} 值，$COD_{BD}=COD_{CH_4}+COD_{vfa}+COD_{cells}$，即可得 COD_{BD}/COD 值。

推荐的测试时间为一个月。

（2）产气量测试法

产气量测试法是通过测定厌氧降解的实际气体产量占理论气体产量的比例，或测定实际气体产量中的总矿化碳（由 CH_4、CO_2 换算）占进水中总有机碳的百分率，来评价有机物的厌氧生物降解性。

（3）间歇式模型测试法

模型测试法是利用试验模型处理工业废水，并测定进出水有机物浓度、气体和产量变化，根据试验模型的处理效果来评价有机物厌氧生物降解性，是一种常用方法。

（4）比甲烷产率和比二氧化碳产率测试法

比甲烷产率和比二氧化碳产率指有机物厌氧降解过程中的甲烷产量和二氧化碳产量与它们理论产量的比值，可用来评价有机物的厌氧生物降解性。甲烷和二氧化碳的理论产量可根据式（21-10）计算。

24.4.2 工业废水生物处理的工艺流程

处理生活污水时，生物法是最为经济有效的方法。但有机工业废水的组分十分复杂，各种废水水质差异大，没有统一的处理技术和工艺流程可用于处理各类有机废水。有些废水中有机物的可生物降解性差、有毒性、浓度高或含有有毒有害无机物等，不可能通过单一的生物处理就达到要求的处理程度，而需要因地制宜选择多种处理技术形成组合工艺流程。

有机工业废水的处理工艺流程，一般包含预处理、生物处理和后处理三部分。预处理主要包括水质水量调节、大颗粒固态悬浮物的去除等物理处理技术，以及提高有机物可生物降解性、降低废水毒性的一些化学法、物化法和生物法处理技术。对于某些难处理的废水，虽然经过预处理和生物处理，有时其出水 COD 仍较高，不能满足排放要求，此时，需再辅以后处理，以做到最终达标排放，后处理方法多为物化法和化学法。根据有机工业废水的特性，其生物处理工艺的流程可依下述原则确定。

1. 低浓度易生物降解有机工业废水

好氧生物法是处理不含有毒有害污染物的低浓度易生物降解有机工业废水的基本方法。其基本处理流程如图 24-42 所示。

图 24-42 处理低浓度易降解有机工业废水的基本工艺流程

工业废水的水质水量受产品变更、生产设备检修、生产季节变化等多种因素影响，其水质水量每日每时都在变化，且变化幅度大。为给后续生物处理设施的正常、稳定运行创造条件，工业废水的处理流程中一般都设置调节池，以调节水量和进行均质。

若废水中还含有固态有机物和无机物时，为减轻后续生物处理设施的有机负荷、降低运行费用和提高处理效率，或减少对后续处理设施的损害，在生物处理设施前需依据固态污染物的特性设置格栅、筛网或沉淀池等物理处理设施，以去除较大的固态有机和无机悬浮物。

2. 高浓度易生物降解有机工业废水

高浓度易降解有机工业废水中的有机污染物易被微生物降解，可采用厌氧生物法进行处理。厌氧生物法具有有机负荷高，运行费用较低，产生的甲烷气可以回收能源等优点，是处理不含有毒有害污染物的高浓度易降解有机工业废水的首选技术。但厌氧生物法处理后出水的有机物浓度还比较高，一般都不能达标，需再经好氧生物法处理才能确保出水水质达标。其基本处理流程如图 24-43 所示。

3. 可生物降解有机工业废水

图 24-43　处理高浓度易降解有机工业废水的基本工艺流程

可生物降解有机工业废水含有较多的易降解有机物，可采用生物法处理。但是，由于废水中还含有一定数量的难降解有机物，BOD_5/COD 比值较低，因此，生物处理工艺前需增加预处理，以去除难降解有机物质和提高废水的可生物降解性，如生物处理出水仍不能达标排放，则需增加后处理设施，以降低生物处理工艺出水中难降解有机物浓度。其基本处理工艺流程如图 24-44 所示。

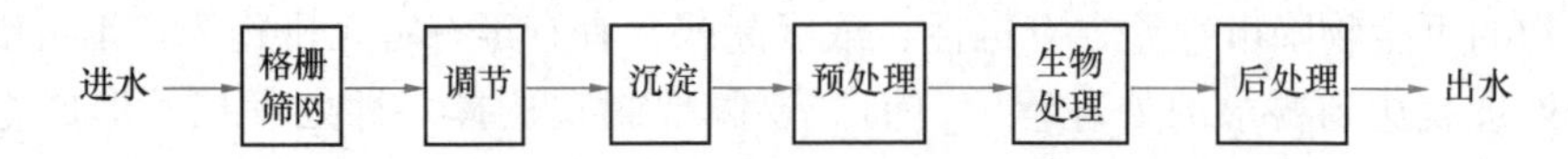

图 24-44　处理可生物降解有机工业废水的基本工艺流程

预处理的方法可采用物化法（如混凝沉淀、混凝气浮）和生物法（如厌氧水解酸化）。

厌氧水解酸化工艺的原理是，在厌氧生物处理的水解产酸阶段，水解和产酸微生物能将废水中的固体、大分子和不易生物降解的有机物分解为生物易降解的小分子有机物。大量研究和实践表明，某些有机物（如杂环化合物、多环芳烃）在好氧条件下难以被微生物降解，但采用厌氧水解酸化法进行预处理，可使化学结构稳定的苯环开环，改善其生物降解性。

对于某些废水经预处理和生物处理后其水质指标（如色度、COD）依然未能达到预期的水质标准，仍不能满足排放要求时，则在生物处理后还需有后处理措施，以降低残留有机物浓度。后处理技术主要有混凝沉淀、混凝气浮和活性炭吸附等。

4. 难生物降解有机工业废水

难生物降解有机工业废水的处理问题，是当今水污染防治领域面临的一个难题，至今尚无较为完善、经济、有效的通用处理技术可以被广泛运用于这类废水的处理。采用生物法处理难降解有机工业废水时，其基本处理工艺流程可参考图 24-44。

对于难生物降解有机废水，需先进行化学的、物化的或生物的预处理，以改变难降解有机物的分子结构或降低其中某些污染物质的浓度，降低其毒性，提高废水的 BOD_5/COD 值，为后续生物处理的运行稳定性和高处理效率创造条件。预处理方法的选择与难降解有机物的性质、浓度有关，主要方法有：①化学氧化法（如臭氧氧化法、催化氧化法、湿式氧化法），利用氧化剂去除有机物的有毒有害基团，提高其可生物降解性与降低废水 COD 浓度；②化学水解法（碱水解、酸水解），化学水解法需根据有机物特性，用碱或酸进行水解，以改变难降解有机物的化学结构，降低其毒性和提高废水的可生物处理性；③厌氧水解酸化法。

后处理技术可采用混凝沉淀、混凝气浮和活性炭吸附等。

5. 含有毒有害污染物有机工业废水

含有毒有害污染物有机工业废水采用生物处理工艺时，为降低有毒有害污染物对微生物的毒性作用，在生物处理前都应进行预处理，经过预处理后使有毒有害污染物的浓度降低或改变有机污染物的化学结构，降低对微生物的毒性作用，使后续的生物处理能顺利进行。其基本处理工艺流程可参考图 24-44。

流程中预处理方法选择与有毒有害污染物的性质有关。主要有：①物化法（如吹脱法、吸附法、萃取法），可降低废水中有毒有害有机物浓度，使其降至微生物不受毒害能进行正常生化反应的水平。该方法可以回收废水中的资源，多用于污染物毒性大、浓度高的有机废水。②稀释法，当废水含较高浓度的有毒有害无机物（如 SO_4^{2-}），或有机污染物在高浓度时对微生物有毒性作用，但降低浓度后易被微生物降解（如甲醇），此时可用稀释法来降低有毒有害污染物的浓度，以满足微生物生长与繁殖的环境条件要求。③化学法，根据废水中有毒有害污染物的性质选择化学法。例如，废水的 pH 过高或过低都不利于微生物生长，若有机废水呈酸性或碱性时，需用中和法调整 pH，以满足微生物生长要求。

思考题与习题

1. 混凝法与化学沉淀法有何区别？如何根据水质选用？

2. 电镀车间的含铬废水，可以采用氧化还原法、化学沉淀法和离子交换法等方法进行处理，试述如何根据实际情况选用上述方法。

3. 工业废水中的有机酚可采用萃取的方法进行处理，废水中的无机物能否也采用萃取法进行处理？

4. 某含 Ni^{2+} 35mg/L（pH＝6）的重金属废水（1000m^3/d）采用氢氧化物沉淀法处理，已知 $Ni(OH)_2$的溶度积常数为 2×10^{-16}，需达到的排放标准为 0.1mg/L。若反应过程 pH 控制为 9.5，试问出水能否达标？假定沉淀后污泥含水量为 99.5%，则污泥日产量约为多少（以 m^3/d 计）？

5. 某废水流量为 1000m^3/d，CN^- 浓度为 28mg/L，采用碱式氯化法处理该废水，氯的实际投加量为理论值的 2 倍，计算每日所需的氯量。

6. 采用活性炭吸附工艺去除几种工业废水中剩余 COD，实验室研究时，将 1g 活性炭投入 1L 废水中，平衡后水中剩余 COD 浓度见表 24-13，试确定 Langmiur 吸附等温线或 Freundlich 吸附等温线哪一种更适合这些数据。

平衡后水中剩余 COD 浓度　　表 24-13

起始 COD 浓度（mg/L）	平衡后 COD 浓度（mg/L）			
	A	B	C	D
140	5	10	0.4	5
250	12	30	0.9	18
300	17	50	2	28
340	23	70	4	36
370	29	90	6	42
400	36	110	10	50
450	50	150	35	63

7. 某工厂有一股废水需进行治理，经测定其水质基本情况和主要污染物情况如下：水温 75℃，pH 8，COD 50mg/L，氨氮 100mg/L，SS 200mg/L。经处理后需达到的排放标准为国家《污水综合排放标准》GB 8978—1996 的一级标准。试选择处理工艺流程并说明原因，并简述各处理单元设计运行参数要点。

第 25 章　城镇污水处理厂设计运行

25.1 概　　述

污水处理厂是城市排水系统的重要组成部分，由排水管道系统收集的城市污水，通过由物理、生物及物理化学等方法组合而成的处理工艺，分离去除污水中的污染物质，转化有害物为无害物，实现污水的净化，达到进入相应水体环境的排放标准或再生利用水质标准。图 25-1 是城镇污水处理厂的典型工艺流程。

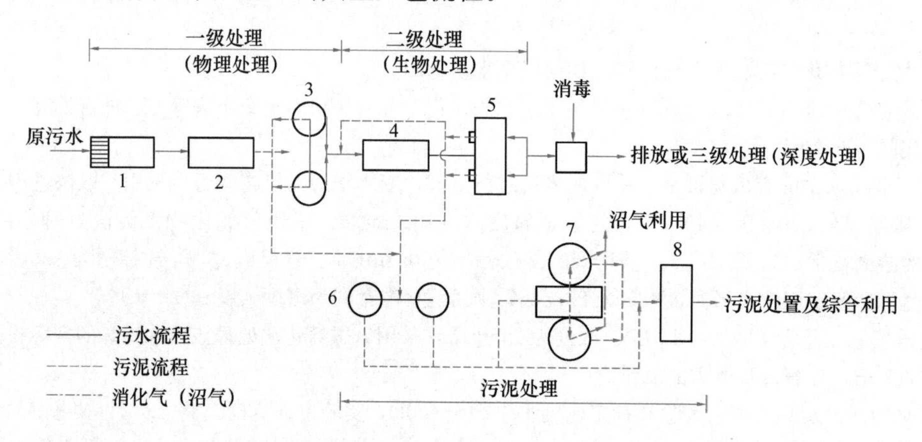

图 25-1　城镇污水处理厂典型的工艺流程

1—格栅；2—沉砂池；3—初次沉淀池；4—生物处理设备（活性污泥法或生物膜法）；5—二次沉淀池；6—污泥浓缩池；7—污泥消化池；8—脱水和干燥设备

城镇污水处理厂一般由污水处理构筑物、污泥处理设施、动力与控制设备、变配电所及附属建筑物组成，有再生回用要求的还包括深度处理设施。污水处理厂的设计以排放标准和设计规范为基本依据，包括工程可行性研究、初步设计和施工图设计等设计阶段。设计内容包括水质水量、工程地质、气象条件等基础资料的收集，处理厂厂址的确定，处理工艺流程的选择，平面布置和高程布置以及技术经济分析等。涉及的专业包括工艺设计、建筑设计、结构设计、机械设计、电气与自控设计及工程概预算等。设计成果包括设计文件和工程图纸。

25.2 城市污水处理厂设计

25.2.1　设计资料

1. 设计水质水量

城镇污水由排水系统服务范围内的生活污水和工业企业排放的工业废水以及部分降水

所组成。影响城镇污水水质水量的因素较多，不同城镇及同一城镇不同区域的污水水质都可能有较大的变化。工业废水对城镇污水的水量水质影响较大，随接纳的工业废水水量和工业企业生产性质的不同，城镇污水水质水量有较大的差异，尤其是化工、染料、印染、农药、冶金等工业行业，对一些特殊污染物指标的影响更大。

设计水质水量是城镇污水处理厂设计的重要依据之一，在城镇污水处理厂设计工程中，除了参考一般的城镇污水水质资料外（见表 14-1～表 14-4），更主要的是结合城镇的发展规划，通过调查研究的方法，科学合理地确定设计水质水量。

（1）设计水质

以生活污水为主的城镇污水，可以参照生活水平、生活习惯、卫生设备、气候条件及工业废水特点类似地区的实际水质确定设计水质。对于工业废水比例较大或接纳化工、染料、印染、农药、冶金等特殊行业的工业废水，由于工业废水的水质千变万化，需要通过调研的方法确定工业废水的水质。

工业废水水质调研的一般方法有：在重点污染源排污口和总排放口采样监测的实测法；分析现有生产企业原材料消耗、用水排水、污染源及排污口水质监测数据的资料分析法；对产品、工艺及原料类似的企业污染源及污水资料进行整理对比的类比调查法；利用生产工艺反应方程式结合生产所用原辅材料及其消耗量计算确定污水水质的物料衡算法等。一般对于现有企业可采用资料分析法和实测法；对新建企业可采用类比调查法及同类生产企业实测法；新建企业无类似企业可以参考时，主要以物料衡算法为主开展水质预测。

大型工业企业或工业园区污水排放一般都需要进行企业内预处理，达到相关标准后方可进入城市污水处理厂进一步处理。这一类型的工业废水出水水质可以参考相应的工业废水排放标准或《污水排入城镇下水道水质标准》GB/T 31962—2015 确定。

（2）设计水量

在分流制地区，城镇污水设计水量由综合生活污水和工业废水组成。在截留式合流制地区，设计水量还应计入截留雨水量。综合生活污水由居民生活污水和公共建筑污水组成，包括居民日常生活中洗涤、冲厕、洗澡等产生的污水和娱乐场所、宾馆、浴室、商业网点、学校和办公楼等产生的污水。居民生活污水定额和综合生活污水定额应采用当地的用水定额，结合建筑内部给水排水设施水平和排水系统普及程度等因素确定，可取用水定额的 80%～90%作为污水量。工业废水量及其变化系数，应根据工艺特点，并参照国家现行的工业用水量有关规定，通过调研确定。

在地下水位较高的地区，当地下水位高于排水管渠时，应适当考虑入渗地下水量。入渗地下水量宜根据测定资料确定，一般按单位管长和管径的入渗地下水量计，也可按平均日综合生活污水和工业废水总量的比例计，还可按每天每单位服务面积入渗的地下水量计。

城市污水处理厂设计流量有平均日流量、设计最大流量、合流流量。

1）平均日流量一般用以表示污水处理厂的处理规模，计算污水处理厂的年电耗、药耗和污泥总量等。

2）设计最大流量表示污水处理厂在服务期限内最大日最大时流量。污水处理厂进水管采用最大流量；污水处理厂进水井（格栅井）之后的最大设计流量，除反应池外，采用组合水泵的工作流量作为处理系统最大设计流量，但应与设计流量相吻合。污水处理厂的各处理构筑物（另有规定除外）及厂内连接各处理构筑物的管渠，都应满足设计最大流量的要求。

3）合流流量包括旱天最大流量和截留雨水流量，作为污水处理厂进水构筑物设计最大流量。其处理系统仍采用处理系统水泵的提升流量作为处理系统最大设计流量。

设计最大流量的持续时间较短，一般当曝气池的设计反应时间在6h以上时，可采用时平均流量作为曝气池的设计流量。当污水处理厂分期建设时，以相应的各期流量作为设计流量。

合流制处理构筑物，应考虑截流雨水进入后的影响，各处理构筑物的设计流量一般应符合如下要求：

1）提升泵站、格栅、沉砂池，按合流设计流量计算；

2）初次沉淀池，一般按旱流污水量设计，用合流设计流量校核，校核的沉淀时间不宜小于30min；

3）二级处理系统，按旱流污水量设计，必要时考虑一定的合流水量；

4）污泥浓缩池、湿污泥池和消化池的容积，以及污泥脱水规模，应根据合流水量水质计算确定。一般可按旱流情况加大10%～20%计算。

2. 设计基础资料

（1）设计主要依据

污水处理厂工程设计的主要依据包括工程建设单位（甲方）的设计委托书及设计合同、工程可行性研究报告及批准书、污水处理厂建设的环境影响评价报告、城市现状与总体规划资料、排水工程专项规划及现有排水工程概况，以及其他与工程建设有关的文件。

（2）自然条件资料

1）气象特征资料：包括气温（年平均、最高、最低）、土壤冰冻资料和风向玫瑰图等；

2）水文资料：排放水体的水位（最高水位、平均水位、最低水位）及区域防洪标准、流速（各特征水位下的平均流速）、流量及潮汐资料，同时还应了解相关水体在城镇给水、渔业和水产养殖、农田灌溉、航运等方面的情况；

3）地质资料：污水处理厂厂址的地质钻孔柱状图、地基的承载能力、地下水位与地震资料等；

4）污水处理厂厂址和排放口附近的地形图。

（3）概预算编制资料

概预算编制资料包括当地的《市政工程预算定额》《建筑工程综合预算定额》《安装工程预算定额》；当地建筑材料、设备供应和价格信息等资料；当地《建筑企业单位工程收费标准》；当地基本建设费率规定，以及关于租地、征地、青苗补偿、拆迁补偿等规定与办法。

3. 设计标准与规范

（1）设计水质标准

工程设计所遵循的水质标准应在工程可行性研究报告和环境影响评价报告中提出，在初步设计中确定。其中，污水处理厂水质排放标准按照排放水体的类别和环境影响评价报告的要求提出。污水处理厂采用的主要排放标准有《城镇污水处理厂污染物排放标准》GB 18918—2002、《污水海洋处置工程污染控制标准》GB 18486—2001、《城市污水再生利用　城市杂用水水质》GB/T 18920—2020、《城市污水再生利用　景观环境用水水质》GB/T 18921—2019、《城市污水再生利用 工业用水水质》GB/T 19923—2005 及其他地方性污水处理厂排放标准等，具体见第 14 章介绍。

（2）设计规范

污水处理厂工程设计中，依据的主要设计规范有《室外排水设计标准》GB 50014—2021、《建筑给水排水设计标准》GB 50015—2019、《城乡排水工程项目规范》GB 55027—2022、《城镇污水再生利用工程设计规范》GB 50335—2016、《建筑中水设计标准》GB 50336—2018 及其他相关设备设计与安装规范。

25.2.2　设计原则

污水处理厂的工程设计需遵循以下基本原则：

（1）基础数据可靠。认真研究各项基础资料、基本数据，全面分析各项影响因素，充分掌握水质水量的特点和地域特性，合理选择设计参数，为工程设计提供可靠的依据。

（2）厂址选择合理。根据城镇总体规划和排水工程专业规划，结合建设地区地形、气象条件，经全面的分析比较，选择建设条件好，环境影响小的厂址。

（3）工艺先进实用。选择技术先进、运行稳定、投资和处理成本合理的污水污泥处理工艺，积极慎重地采用经过实践证明行之有效的新技术、新工艺、新材料和新设备，使污水处理工艺先进，运行可靠，处理后水质能稳定地达标排放。

（4）总体布置考虑周全。根据处理工艺流程和各建筑物、构筑物的功能要求，结合厂址地形、地质和气候条件，全面考虑施工、运行和维护的要求，协调好平面布置、高程布置及管线布置间的相互关系，力求整体布局合理完美。

（5）避免二次污染。污水处理厂作为环境保护工程，应避免或尽量减少对环境的负面影响，如气味、噪声、固体废弃物污染等；妥善处置污水处理过程中产生的栅渣、沉砂、污泥和臭气等，避免对环境的二次污染。

（6）运行管理方便。以人为本，充分考虑便于污水处理厂运行管理的措施。污水处理过程中的自动控制，力求安全可靠、经济实用，以利于提高管理水平，降低劳动强度和运行费用。

（7）近期远期结合。污水处理厂设计应近、远期全面规划，污水处理厂的厂区面积，应按项目总规模控制，并作出分期建设的安排，合理确定近期规模。

（8）满足安全要求。污水处理厂设计须充分考虑安全运行要求，如适当设置分流设施、超越管线等。厂区的消防设计和消化池、贮气罐及其他危险单元的设计，应符合相应安全设计规范的要求。

25.2.3　设计程序

城市污水处理厂的设计程序可一般分为设计前期工作、扩大初步设计和施工图设计三个阶段。

1. 前期工作

前期工作的主要任务是编制《项目建议书》和《工程可行性研究报告》等。

（1）项目建议书

编制项目建议书的目的是为上级部门的投资决策提供依据。项目建议书的主要内容有建设项目的必要性、建设项目的规模和地点、采用的技术标准、污水和污泥处理的主要工艺路线、工程投资估算以及预期达到的社会效益与环境效益等。

（2）工程可行性研究

工程可行性研究应根据批准的项目建议书和建设单位提出的任务委托书进行。其主要任务是根据建设项目的工程目的和基础资料，对项目的技术可行性、经济合理性和实施可能性等进行综合分析论证、方案比较和评价，提出工程的推荐方案，以保证拟建项目技术先进、可行，经济合理，有良好的社会效益与经济效益。

2. 初步设计

初步设计应根据批准的工程可行性研究报告、环境影响评价报告等进行编制。主要任务是明确工程规模、设计原则和标准，深化设计方案，进行工程概算，确定主要工程数量和主要材料设备数量，提出设计中需进一步研究解决的问题、注意事项和有关建议。初步设计文件由设计说明书（含主要设备和材料表）、工程概算、设计图纸（平面布置图、工艺流程（高程）图及主要构筑物布置图）等组成。应满足审批、施工图设计、主要设备订货、控制工程投资和施工准备等的要求。

3. 施工图设计

施工图设计应根据已批准的初步设计进行。主要任务是提供能满足施工、安装和加工等要求的设计图纸、设计说明书和施工图预算。施工图设计文件应满足施工招标、施工、安装、材料设备订货、非标设备加工制作、工程验收等要求。

施工图设计的任务是将污水处理厂各处理构筑物的平面位置和高程布置，精确地表示在图纸上。将各处理构筑物的各个节点的构造、尺寸都用图纸表示出来，每张图纸都应按一定的比例，用标准图例精确绘制，使施工人员能够按照图纸准确施工。

25.2.4 处理工艺选择

处理工艺流程是指对各单元处理技术（构筑物）的优化组合。处理工艺流程的确定主要取决于要求的处理程度、工程规模、污水性质、建设地点的自然地理条件（如气候、地形）、厂区面积、工程投资和运行费用等因素。影响污水处理工艺流程选择的主要因素如下。

1. 污水的处理程度

处理程度是选择工艺流程的重要因素，通常根据处理后的尾水的出路来确定：①出水再生利用时，根据相应的再生水水质标准确定；②排入天然水体或城市下水道时，根据国家制定的《城镇污水处理厂污染物排放标准》GB 18918—2002、《污水综合排放标准》GB 8978—1996、《污水海洋处置工程污染控制标准》GB 18486—2001 或地方标准，结合环境评价报告的要求确定。

2. 处理规模和水质特点

处理规模对工艺流程的选择有直接影响，有些工艺仅适用于规模较小的污水处理厂。污水水质水量变化幅度是影响工艺流程选择的另一因素，如水质水量变化大时应选用承受冲击负荷能力较强的处理工艺；对于工业废水比例较高的城镇污水，污染物组分复杂，处理技术和工艺流程应根据水质的特点进行比较选择。

3. 工程投资和运行费用

工程造价和运行费用是工艺流程选择的重要因素，在处理出水达标的前提条件下，应结合地区社会经济发展水平，对一次性投资、日常设备维护费用和运行费用等进行系统分析，选择处理系统总造价较低，运行费用合理的污水处理工艺。

4. 对检测仪表和自动控制的要求

处理工艺对检测仪表和自动控制要求的高低对工艺流程的选择也有重要影响，如序批式活性污泥法要求就比较高，不但要对曝气池水位、运行时间等参数进行在线检测，还要求采用计算机进行全程自动控制。因此，工艺选择时要充分考虑所需检测仪表和自动控制的可行性和可靠性，使工艺运行过程能达到高效、安全与经济的目的。

5. 选择合理的污泥处理工艺

污泥处理是污水处理厂的重要组成部分，对环境有重要的影响。污泥处理工艺应结合区域污泥最终处置的方式和要求确定。实践表明，污泥处理方案的选择合适与否，直接关系工程投资、运行费用及日后的管理要求，是污水处理厂工艺选择不可分割的重要部分。

综上所述，工艺流程的选择必须对各项因素综合分析，进行多方案的技术经济比较，选择技术先进、经济合理、运行可靠的工艺及相应的工艺参数。图 25-2 是浙江省某市污水处理厂的工艺流程图。

该污水处理厂受纳水体对排放要求较高，出水水质要求达到《城镇污水处理厂污染物排放标准》GB 18918—2002 的一级 A 标准。污水处理厂处理工艺由预处理、生物处理及深度三级处理三个工艺阶段组成。由于污水处理厂服务范围污水有一定比例的污水来源于工业废水，故生物处理前设置水解酸化处理工艺。

由市政管网收集的污水，通过进水泵房前设置的粗格栅去除水中较大的漂浮物后，经提升泵进入沉砂池。沉砂池前端设有机械细格栅，用于去除污水中粒径较小的悬浮杂质。污水在沉砂池内去除污水中无机颗粒，避免砂粒等无机物在反应池内沉积。沉砂池出水进入水解酸化池及初沉池，针对工业废水可生物降解性差的特点，使污水中难降解的大分子有机污染物发生水解，形成较易生物降解的小分子有机物质，以提高后续生物处理的效果。

水解后的污水进入生物反应池和二沉池，实现有机物的降解、脱氮除磷和泥水分离。根据出水水质要求，该污水处理厂生物处理工艺采用 A/A/O 反应池，在去除有机污染物的同时进行生物脱氮除磷。深度处理采用高效沉淀池和反硝化深床滤池。高效沉淀池由混凝、絮凝、斜板沉淀工艺组成，通过化学混凝沉淀的方式进一步降低出水中的总磷及其他污染物。高效沉淀池出水进入反硝化深床滤池进行进一步脱氮，由于该工艺段位于整个处理工艺末端，在进入反硝化深床滤池前需补充碳源，解决反硝化过程碳源不足的问题。最终出水经消毒后排放至受纳水体。

25.2.5 厂址选择

厂址选择是污水处理厂设计的重要环节。污水处理厂的厂址与总体规划、城市排水系统的走向、布置、处理后污水的出路等密切相关，必须在城镇总体规划和排水工程专项规划的指导下，通过技术经济综合比较，反复论证后确定。污水处理厂厂址选择，应遵循以下原则：

（1）便于污水收集和处理再生后回用，同时也应与受纳水体靠近，以利安全排放；

（2）处理后出水考虑再生利用时，厂址应与用户靠近，减少回用水输送管道；

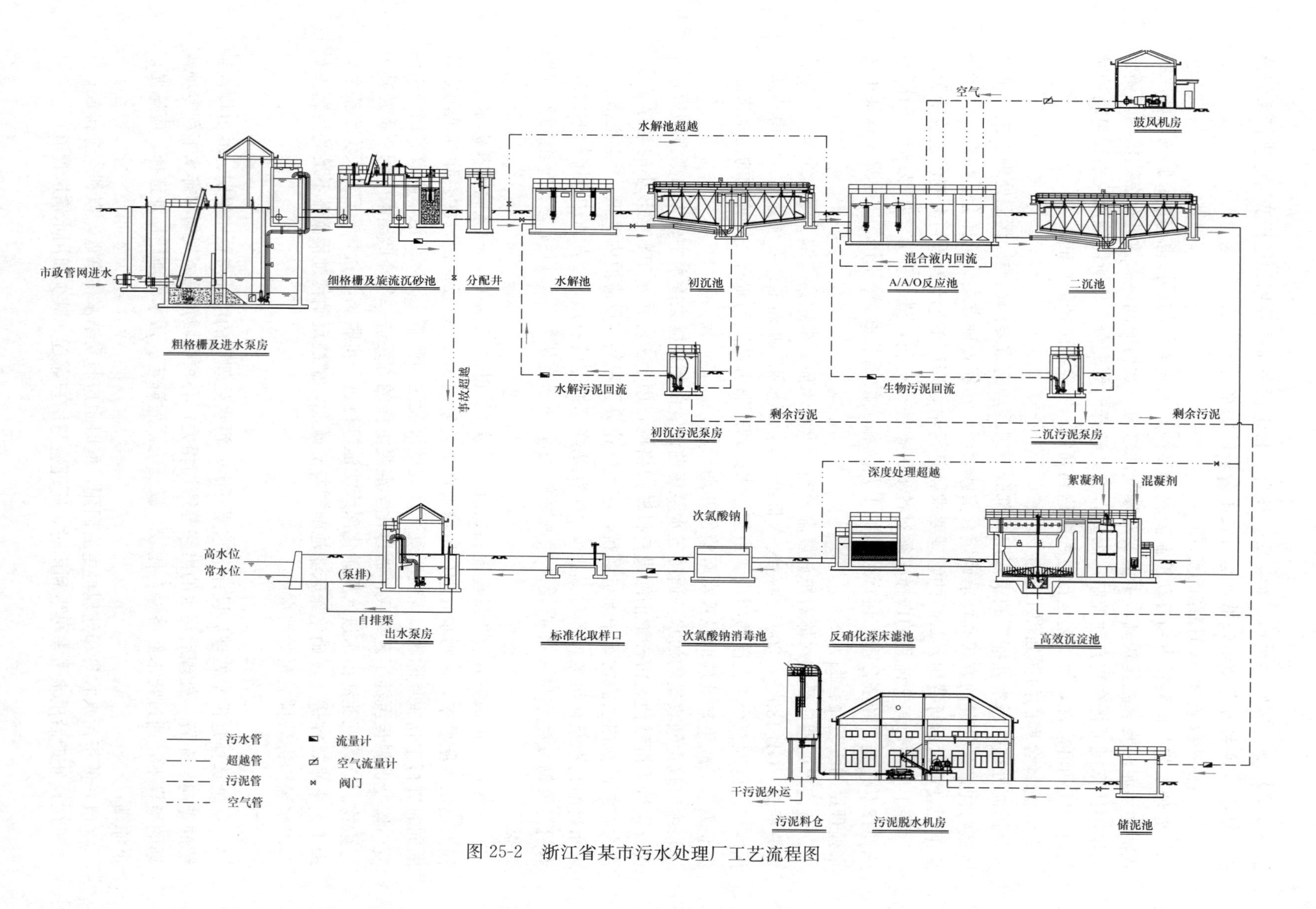

图 25-2 浙江省某市污水处理厂工艺流程图

(3) 厂址选择要便于污泥的处理和处置；

(4) 厂址一般应位于城镇夏季主导风向的下风侧，并根据环境影响评价报告和相关其他规范、规定提出的要求，使厂址与城镇、工厂厂区、生活区及农村居民点之间，保持一定的卫生防护距离；

(5) 厂址应有良好工程地质条件，包括土质、地基承载力和地下水位等因素，以便为工程设计、施工、管理和节省造价提供有利的条件；

(6) 我国耕田少、人口多，选厂址时应尽量少拆迁、少占农田和不占良田；

(7) 厂址选择应考虑远期发展的可能性，应根据城镇总体发展规划，满足将来扩建的需要；

(8) 厂区地形不应受洪涝灾害影响，不应设在雨季易受水淹的低洼处。靠近水体的处理厂，防洪标准不应低于城镇防洪标准，并有良好的排水条件；

(9) 有方便的交通、运输和水电条件，便于污水处理厂的建设和日常管理；

(10) 如有可能，选择在有适当坡度的位置，以利于处理构筑物高程布置，减少土方工程量。

25.2.6 平面布置与高程布置

1. 平面布置

污水处理厂平面设计的任务是对各单元处理构筑物与辅助设施等的相对位置进行平面布置，包括处理构筑物与辅助构筑物（如泵站、配水井等）、各种管线、辅助建筑物（如鼓风机房、办公楼、变电站等），以及道路、绿化等。

污水处理厂平面布置的合理与否直接影响用地面积、日常的运行管理与维修条件，以及周围地区的环境卫生等。进行平面布置时，应综合考虑工艺流程与高程布置的关系，在处理工艺流程不变的前提下，可根据具体情况作适当的局部调整，如修改单元处理构筑物的数目或池型等。

污水处理厂的平面布置应遵循如下基本原则：

(1) 生活、管理设施宜与处理构筑物分别集中布置，其位置和朝向力求合理，并应与处理构筑物保持一定距离。全厂功能分区明确，配置得当，一般可按照厂前区、污水处理区、深度处理区和污泥处理区设置。

(2) 处理构筑物宜按流程顺序布置，应充分利用原有地形，尽量做到土方量平衡。构筑物之间的管线应短捷，避免迂回曲折，做到水流通畅。

(3) 处理构筑物之间的距离应满足管线（闸阀）敷设施工的要求，并应使操作运行和检修方便。处理厂（站）内的工艺管道、雨水管道、污水管道、给水管道、回用水管道、电气自控线缆等管线的布置应统筹安排，避免相互干扰，管道复杂时可考虑设置管廊。

(4) 污水处理厂厂区的消防设计和消化池、贮气罐、污泥气压缩机房、污泥气发电机房、污泥气燃烧装置、污泥气管道、污泥好氧发酵工程辅料存储区、污泥干化装置、污泥焚烧装置及其他危险品仓库等的设计，应符合国家现行防火标准的有关规定。

(5) 考虑处理厂发生事故与检修的需要，应设置超越全部处理构筑物的超越管、单元处理构筑物之间的超越管和单元构筑物的放空管。并联运行的处理构筑物间应设均匀配水装置，各处理构筑物系统间应考虑设置可切换的连通管渠。

(6) 产生臭气和噪声的构筑物（如集水井、污泥池）和辅助建筑物（如鼓风机房）的布置，应注意其对周围环境的影响。

(7) 设置通向各构筑物和附属建筑物的必要通道，满足物品运输、日常操作管理和检修的需要。

(8) 处理厂（站）内的绿化面积一般不小于全厂总面积的30%。

(9) 污水处理厂内应该体现海绵城市建设的理念，利用绿色屋顶、透水铺装、生物滞留设施等进行源头减排，并结合道路和建筑物布置雨水口和雨水管道，地形允许散水排水时，可采用植草沟和道路边沟排水。

(10) 对于分期建设的项目，应考虑近期与远期的合理布置，以利于分期建设。

地下、半地下污水处理厂的布置要求，见本章25.8介绍。

平面布置图的比例一般采用1：500～1：1000。平面布置图应标出坐标轴线、风玫瑰、构筑物与辅助建筑物、主要管渠、围墙、道路的位置，列出构筑物与辅助建筑物一览表、工程数量表和厂区主要经济指标表等。对于工程内容较复杂的处理厂，可单独绘制管道布置图。

前述浙江省某市污水处理厂平面布置图25-3，在总平面设计中按照进出水水流方向和处理工艺要求，将污水处理厂按功能分为厂前区、污水处理区（预处理区、生物处理区、深度处理区）和污泥处理区。总平面布置中，按照夏季主导风向和全年风频，不同功能区布置在合理的位置。如厂前区布置在处理构筑物的上风向，与处理构筑物保持一定距离，且用绿化带隔离。各相邻处理构筑物之间的间距考虑了管道施工维修的方便。各主要构筑物之间均设有道路连接，便于池子间管道敷设及设备运输、安装和维修。

图25-4、图25-5、图25-6分别是南方某市污水处理厂污水、污泥处理工艺流程图和平面布置图，供参考。

2. 高程布置

污水处理厂高程设计的任务是对各单元处理构筑物与辅助设施等的相对高程作竖向布置。通过计算确定各单元处理构筑物和泵站的高程，各单元处理构筑物之间连接管渠的高程和各部位的水面高程，使污水能够沿处理流程在构筑物之间顺畅地流动。

高程布置的合理性也直接影响污水处理厂的工程造价、运行费用、维护管理和运行操作等。高程设计时，应综合考虑自然条件（如气温、水文地质、地质条件等）、工艺流程和平面布置等。必要时，在工艺流程不变前提下，可根据具体情况对工艺设计作适当调整。如地质条件不好、地下水位较高时，可改变池形或增加单元处理构筑物的数目以减小池子深度，达到改善施工条件、缩短工期、降低施工费用的目的。

污水处理厂的高程布置应满足如下要求：

(1) 尽量采用重力流，合理布置中间提升节点，以降低电耗，方便运行。由于近年来污水处理标准的提高，目前大部分污水处理厂均需设置深度处理工艺。高程布置中，一般进厂污水经一次提升后靠重力通过整个预处理及生物处理系统。深度处理段结合深度处理工艺以及排放水体的水位要求，考虑二次提升的必要性及节点设置位置。

(2) 应选择距离最长，水头损失最大的流程进行水力计算，并应留有余地，以免因水头不够而发生涌水，影响构筑物的正常运行。

(3) 水力计算时，一般以近期流量（水泵最大流量）作为设计流量；涉及远期流量的管渠和设施，应按远期设计流量进行计算，并适当预留贮备水头。

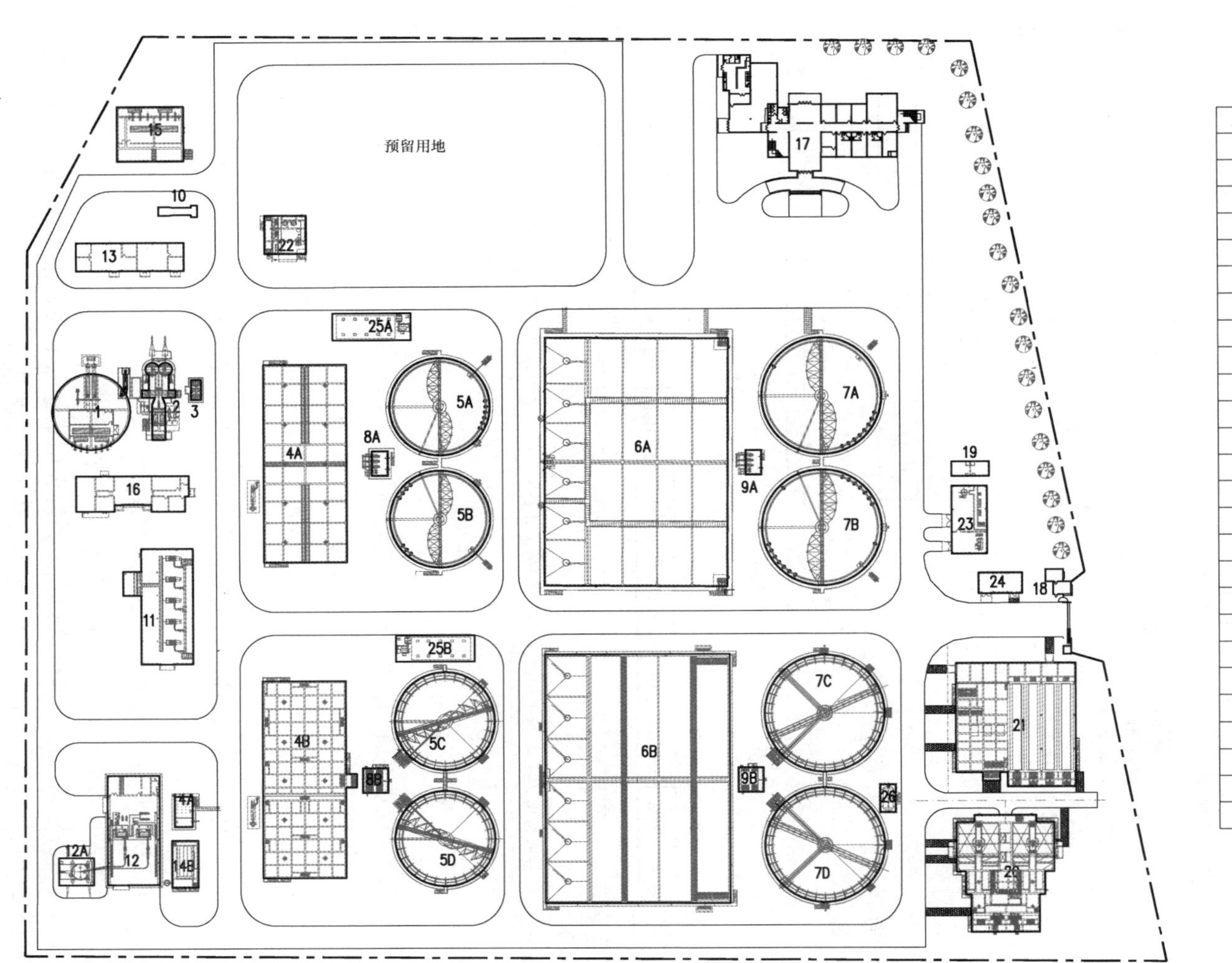

主要构筑物一览表

序号	名　称	数量(座)
①	粗格栅、进水泵房	1
②	细格栅、旋流沉砂池	1
③	分配井	1
④	水解池	2
⑤	初沉池	2
⑥	A/A/O池	2
⑦	二沉池	4
⑧	初沉污泥泵房	2
⑨	二沉污泥泵房	2
⑩	紫外线消毒渠	1
⑪	鼓风机房	1
⑫	脱水机房及污泥料仓	1
⑬	机修、仓库	1
⑭	储泥池	2
⑮	出水泵房	1
⑯	变、配电房	1
⑰	综合楼	1
⑱	门卫	1
⑲	回用水处理装置	1
⑳	高效沉淀池	1
㉑	反硝化深床滤池	1
㉒	消毒池	1
㉓	加药间	1
㉔	2号变电所	1
㉕	生物除臭装置	2
㉖	碳源投加装置	1

图 25-3　浙江省某市污水处理厂平面布置图

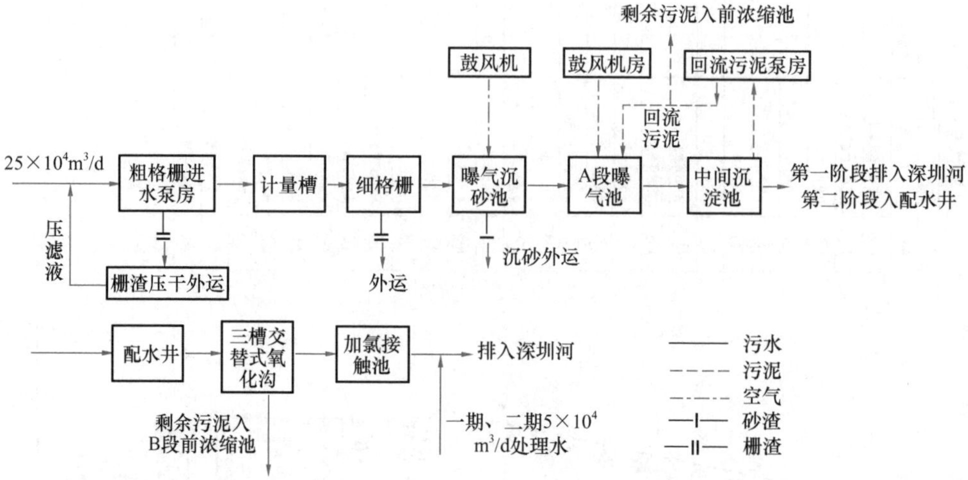

图 25-4　南方某市污水处理厂污水处理工艺流程

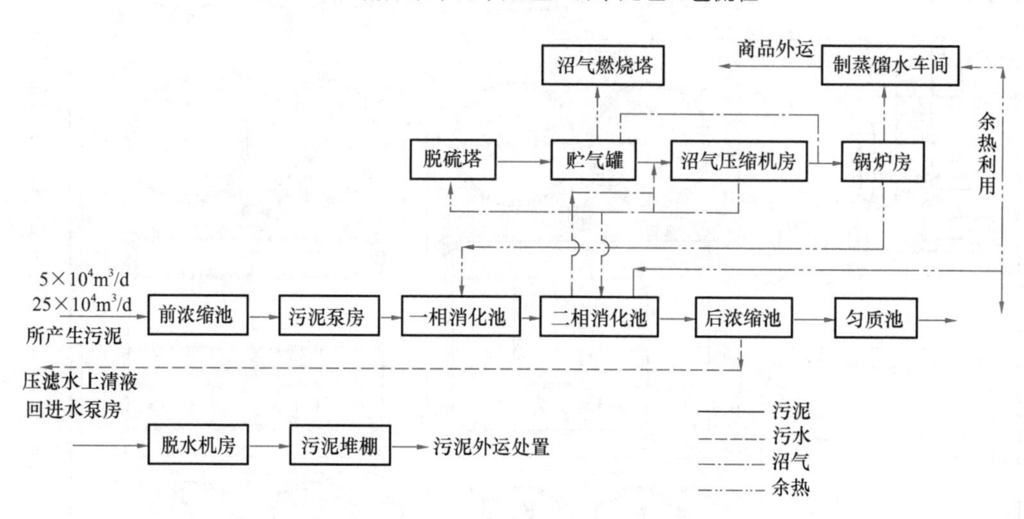

图 25-5　南方某市污水处理厂污泥处理流程

(4) 注意污水处理系统与污泥处理系统间的配合，尽量减少污泥处理系统的泥、水提升，污泥处理设施排出的废水应能自流入集水井或调节池。

(5) 污水处理厂出水管渠的高程，应使最后一个处理构筑物的出水能自流排出，不受水体顶托。

(6) 设置调节池的污水处理厂，调节池宜采用半地下式或地下式，以达到减少提升次数的目的。

污水处理厂初步设计时，污水流经处理构筑物的水头损失，可用经验值或参比类似工程估算，施工图设计时必须通过水力计算来确定水头损失。

高程布置图需标明污水处理构筑物和污泥处理构筑物的池底、池顶及水面高程，表达出各处理构筑物间（废水、污泥）的高程关系和处理工艺流程。

高程布置图在纵向和横向采用不同的比例尺绘制，横向与总平面布置图相同，可采用(1∶1000)～(1∶500)，纵向为(1∶100)～(1∶50)。图 25-7 为前面已作介绍的浙江省某

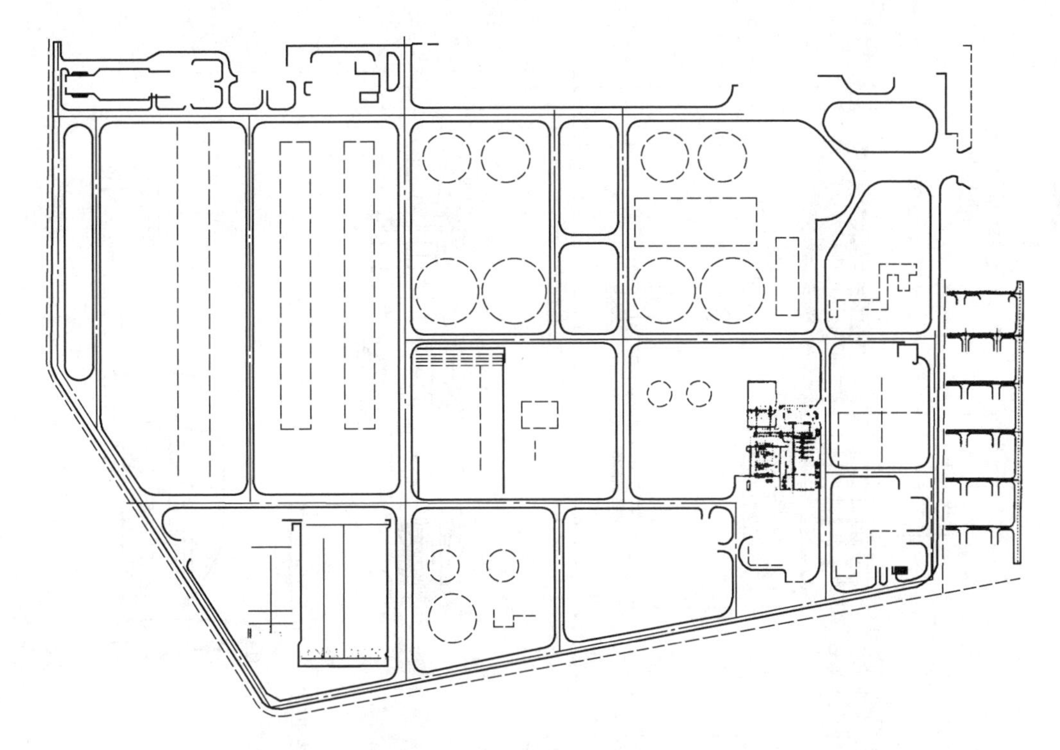

图 25-6　污水处理厂总平面布置图

市污水处理厂的高程布置图。

25.2.7　配水与计量

1. 处理构筑物之间的管渠连接

处理构筑物之间可用明渠或管道连接。一般明渠内流速要求在 1.0～1.5m/s 之间，为防止悬浮物沉淀，最小流速不小于 0.4m/s（沉砂池前的渠道中为 0.6m/s）；因管道发生淤积难以清除，所以管道内流速宜大于 1.0m/s。

2. 配水设备

为运行灵活和维修方便，污水处理厂设计时应设置配水设备，使各处理单元之间配水均匀，并可相互进行水量调节。

图 25-8 为几种常用的配水设备。管式配水井和倒虹吸管式配水井水头稳定，配水均匀，常用于两个或四个一组的对称构筑物。挡板式配水槽可用于更多同类型的构筑物。图 25-8(d)所示简易配水槽构造简单，但配水效果较差。图 25-8(e)简易配水槽结构复杂些，但配水效果较好。配水设备的配水支管（槽）上都应设置堰门、阀门或闸板阀，以调节水量使配水更均匀，并可在必要时关闭。

3. 计量设备

污水处理厂需要计量的对象包括污水处理量、污泥回流量、污泥处理量、空气量与各种药剂的投加量等。常用的计量设备有如下几种。

(1) 巴氏计量槽

巴氏槽是一种咽喉式计量槽，其构造如图 25-9 所示。巴氏槽计量的精度为 95%～98%，其优点是水头损失小，底部冲刷力大，不易沉积杂物。但对施工技术要求高，施工

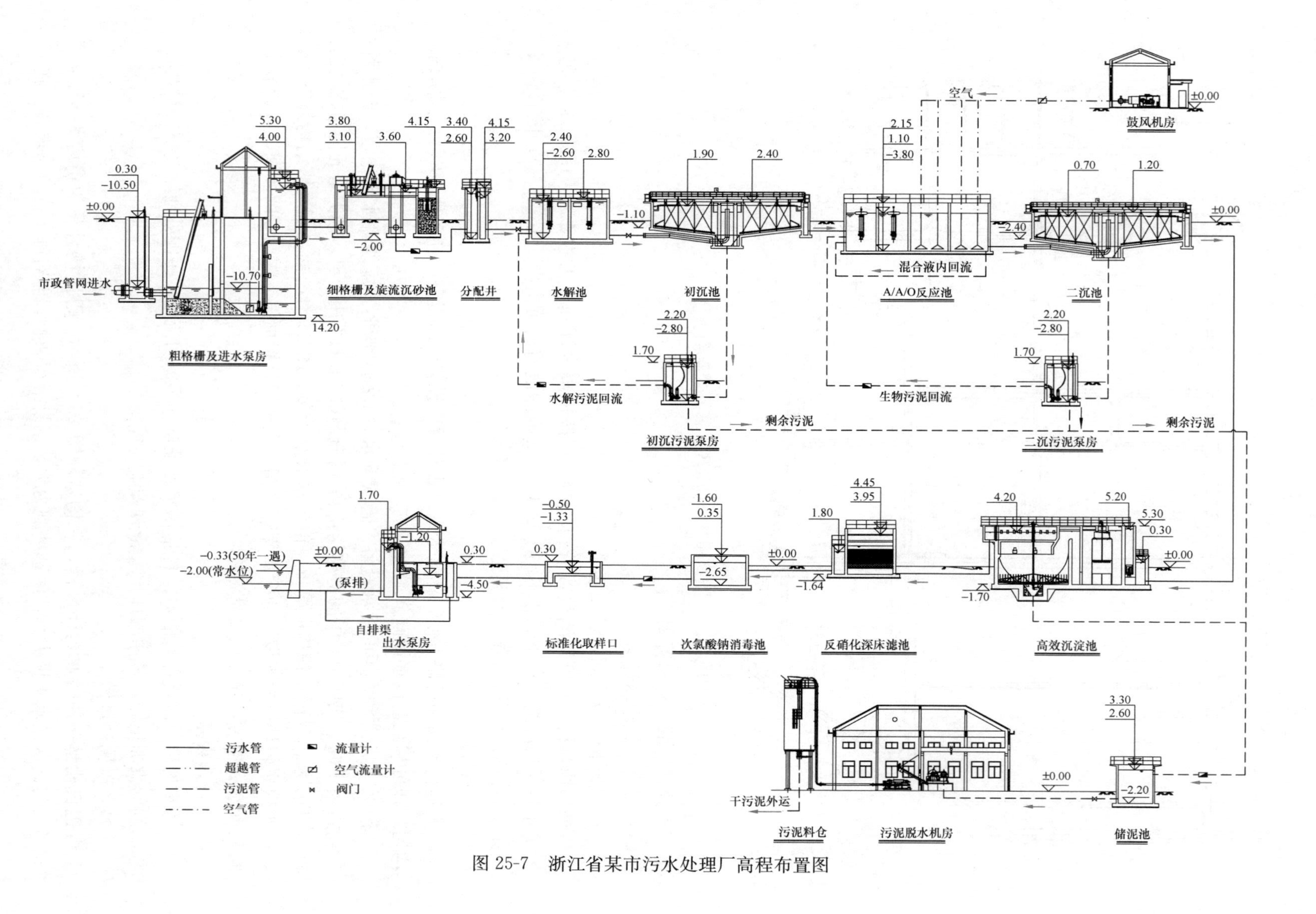

图 25-7　浙江省某市污水处理厂高程布置图

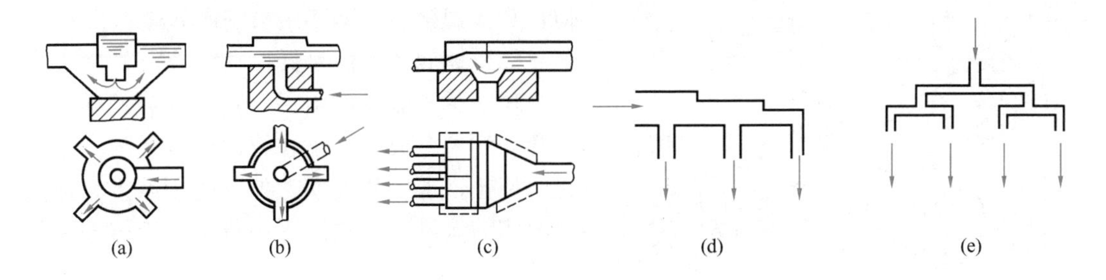

图 25-8　几种常用的配水设备

(a) 管式配水井；(b) 倒虹吸管式配水井；(c) 挡板式配水槽；(d)、(e) 简易配水槽

质量不好会影响计量精度。为保证质量，有预制的巴氏槽，在施工时直接安装，效果较好。在巴氏槽中，计量槽的水深随流量而变化，量得水深后便可用公式计算出流量，可配备自动记录仪直接显示出水深与流量。巴氏槽的具体构造与设计计算可参阅《给水排水设计手册》。

(2) 非淹没式薄壁堰

非淹没式薄壁堰有矩形堰和三角堰两种，如图 25-10 所示。

非淹没式薄壁堰结构简单、运行稳定、精度较高，但水头损失较大。具体构造与设计计算可参阅《给水排水设计手册》。

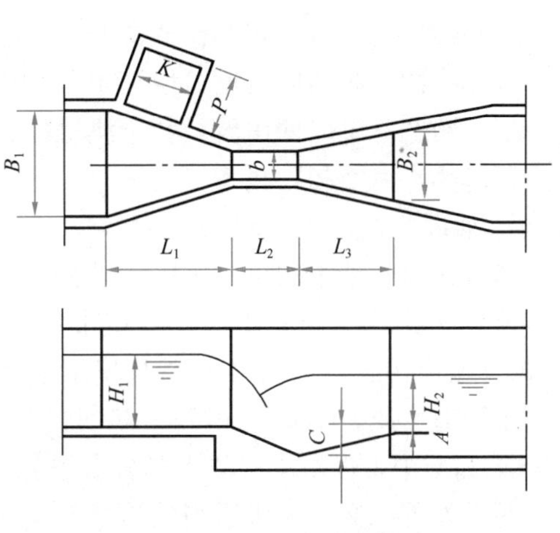

图 25-9　巴氏计量槽

(3) 电磁流量计

电磁流量计是根据法拉第电磁感应原理来测量流体流量的，由电磁流量变送器和电磁流量转换器组成。前者安装在需测量的管道上，当导电流体流过变送器时，切割磁力线而产生感应电势，并以电信号输至转换器进行放大、输出。由于感应电势的大小与流体的平均流速有关，在管径一定的条件下，可以测定管中的流量。电磁流量计可以和其他仪表配套使用，进行记录、指示、积算、调节控制等，为自动控制创造了条件。图 25-11 为电磁流量计原理图，具体规格与安装要求可参阅《给水排水设计手册》与产品样本。

(4) 超声波流量计

超声波流量计由传感器和主机组成，可显示瞬时、累计流量，其特点同电磁流量计相

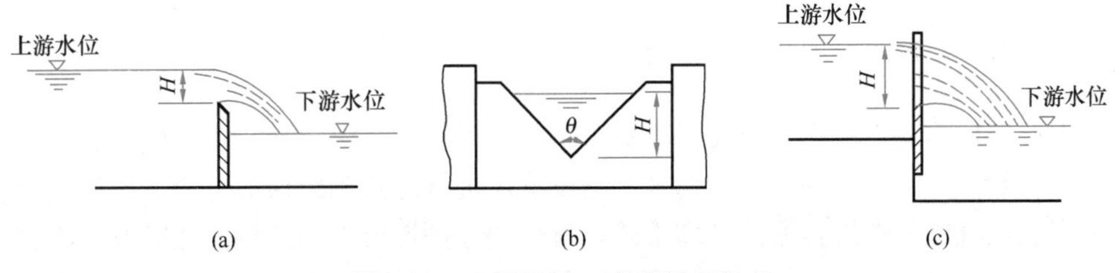

图 25-10　矩形堰和三角堰计量设备

(a) 矩形堰剖面；(b) 三角堰立面；(c) 三角堰剖面

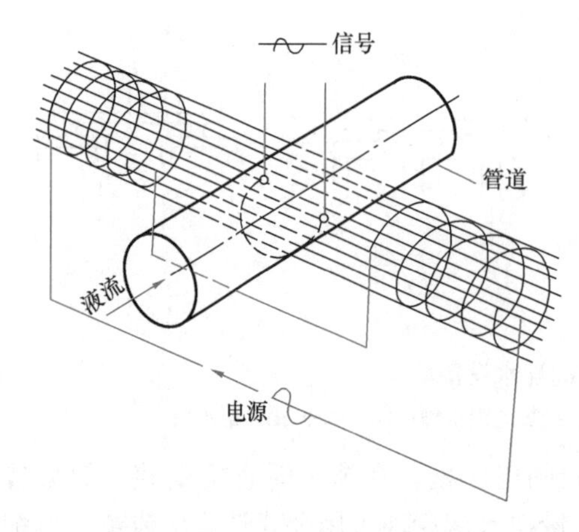

图 25-11　电磁流量计原理图

似，具体规格与安装要求参阅产品样本。

（5）玻璃转子流量计

玻璃转子流量计由一个垂直安装的锥形玻璃管与浮子组成。浮子在管内的位置随流量变化而变化，可以从玻璃管外壁的刻度上直接读出液体的流量值。常用于小流量的液体如药剂的计量。

（6）计量泵

计量泵可以定量输送各种液体，常用于药剂的计量。计量泵运行稳定，结构牢靠，但价格较高，不适宜输送含固体颗粒的液体。

适用于各种液体计量对象的计量装置如下。

（1）污水：可选用非淹没式薄壁堰、电磁流量计、超声波流量计、巴氏计量槽等；

（2）污泥：污泥回流量可以选用电磁流量计等；

（3）药剂：可以使用玻璃转子流量计、计量泵等。

25.2.8　消毒和除臭

1. 消毒

消毒是水处理中的重要工序，早在 2002 年国家已将微生物指标列入污水处理厂污染物排放标准的基本控制指标。《城市污水再生利用　城市杂用水水质》GB/T 18920—2020、《城市污水再生利用 景观环境用水水质》GB/T 18921—2019、《城市污水再生利用 地下水回灌水质》GB/T 19772—2005、《城市污水再生利用 工业用水水质》GB/T 19923—2005 等标准中，也对出水粪大肠杆菌群数等微生物指标有明确的要求。根据出水水质要求，污水处理厂必须采用适当的消毒方式杀灭污水中含有大量细菌及病毒。目前，在污水处理中应用较为广泛的消毒方法有氯消毒、二氧化氯消毒、次氯酸钠消毒、紫外线消毒和臭氧消毒等。污水消毒工艺的选择应根据污水性质、现场用地情况、消毒剂获得的难易度、运输成本等因素综合考虑。

有关消毒的基本方法和内容，可以参考本书的第 22 章和室外排水设计标准、相关设计手册等。

2. 除臭

污水处理厂在污水、污泥处理过程中都会产生臭气，对周围环境产生一定的影响。因此，污水处理厂设计中对易产生恶臭的构筑物（如预处理构筑物、生物处理构筑物及污泥处理构筑物）应采取有效措施降低其影响，防止臭味对厂内工作人员和厂区周围环境产生不良影响。

污水处理厂除臭方式主要有离子除臭、植物液除臭、生物除臭、化学洗涤除臭、土壤除臭等。一般而言，污水处理厂的污水除臭系统应进行源强和组份的分析，根据臭气发散量、浓度和臭气成分选用合适的处理工艺；对于周边环境要求高的场合还需要采用多种处理工艺组合，以提高处理效果。除臭系统一般由臭气源封闭加罩或加盖、臭气收集、臭气处理和处理后排放等部分组成，并根据当地的气候条件确定是否需要采取防冻和保温措施。

臭气源加盖后利用负压抽吸是最常用的臭气收集手段。加盖方式通常采用拱形玻璃钢加盖、反吊膜加盖或新建构筑物设计中直接采用混凝土整体封闭。具体加盖的方式应根据池体形状、单跨宽度、设备检修频率等因素综合考虑。加盖不能影响构筑物内部和相关设备的观察，通常通过设置透明观察窗、观察孔、取样孔和人孔等措施，满足运行中对污水处理工艺观察、设备检修更换的要求。

污水处理厂除臭尾气排放标准应满足《城镇污水处理厂污染物排放标准》GB 18918—2002 及项目环境影响评价报告和批复中的相关要求。当厂区周边存在环境敏感区域时，还应进行臭气防护距离计算。除臭设计标准和要求应符合《城镇污水处理厂污染物排放标准》GB 18918—2002 和《工业企业设计卫生标准》GBZ 1—2010 等相关规定。

25.2.9　地下污水处理厂

近年来，由于城镇建设用地日趋紧张、城镇扩张速度加快，越来越多的城镇污水处理厂用地被各类建设用地包围。受管网系统的限制，污水处理厂搬迁的难度极大。随着公众对环境越来越高的要求，针对传统污水处理厂占地面积过大、二次污染比较严重、对周边地区土地价值有负面影响等问题，地下及半地下污水处理厂在国内外日趋受到重视并得到应用。

地下及半地下污水处理厂一般采用构筑物全合建的形式。地下污水处理厂是指污水、污泥处理构筑物及上部操作层箱体整体位于地面以下，箱体顶部有一定厚度的覆土，用于绿化或其他用途的建设。半地下污水处理厂通常构筑物室内地坪略高于室外地面，上部操作层箱体位于地面以上，箱体上部另行以堆坡的形式覆土种植绿化。

相对于传统污水处理厂，地下及半地下污水处理厂主要的处理构筑物建于地下，辅助建筑物建于地面，地下部分无需考虑绿化及隔离带等要求，构筑物设计比较紧凑，占地面积相对较小；由于地下及半地下污水处理厂的主要处理设备一般位于地下，机械噪声和振动对地面产生的影响较小，臭气等也易于收集处理，因此对周边环境影响较低；污水处理工艺在地下运行时，受外界温度等环境因素的影响较小，也有利于生物处理工艺的稳定运行。在有条件的情况下，还可以将地面部分设计为公用绿地，起到改善和美化周边环境的作用。

当然，地下污水处理厂的建设与运行成本都较高，维护管理的难度相对较大，更适用于土地高度紧张、经济发达、环境要求高的地区采用。

室外排水设计标准及给水排水设计手册，对地下污水处理厂的设计和运行都提出了明确的要求。一般而言，地下污水处理厂的选址应避免地下水位高及不良地质区域，并选择占地面积小、可紧凑布置的处理工艺流程，管线一般在管廊内统一敷设。地下污水处理厂需要强化地下空间通风除臭、有毒有害气体监测报警、室内防爆及消防措施的设计，保证巡检人员的安全，并充分考虑地下封闭空间内设备与池体的防腐、设备的操作、维护与检修、日常管理中人流及物流的通道等具体要求。在运行上，应建立完善的应急处理预案系统，包括地下空间淹泡应急处理、关键工序停电应急处理、主要处理构筑物高液位报警等各种应急处置预案。

25.2.10　技术经济分析

建设项目的技术经济分析是工程设计的有机组成部分和重要内容，是项目和方案决策科学化的重要手段。技术经济分析是在做好厂址选择、单元处理技术选择和处理工艺流程方案等工程技术研究的基础上，通过对项目的多个方案的投入费用和产出效益进行计算，对拟建项目的经济可行性和合理性进行论证分析，做出全面的经济评价，经比较后确定推荐方案，为项目的决策提供依据。城市污水处理工程对城市的水务管理系统，包括排水管网、水资源利用、城市水环境保护等都有重要的影响。因此，除需计算项目本身的直接费用、间接费用外，还应评估项目的直接效益和间接效益，据此，从社会、环境与经济等方面综合判别项目的合理性。

1. 技术经济分析的主要内容

(1) 处理工程的技术水平比较

技术水平比较是在经济合理的前提下，比较污水处理工程的处理工艺技术（包括污泥处理处置）、主要单体的结构技术、自动控制技术等是否先进合理。比较的主要内容包括处理工艺路线与主要处理单元的技术先进性与可靠性、运行的稳定性与操作管理的复杂程度、各级处理的效果与总的处理效果、出水水质、污泥的处理与处置、工程占地面积、施工难易程度、劳动定员等。

(2) 处理工程的经济比较

经济比较一般选择两个或多个方案进行经济指标的比较，即在技术上满足要求的前提下，比较它们哪个方案能投入更少，产出更多，经济效益更好。比较的主要内容包括工程总投资、经营管理费用（处理成本、折旧与大修费、管理费用等）和制水成本（水处理及相应的污泥处理过程所发生的各项费用）。

在技术经济比较过程中，一个方案的技术先进合理性或经济指标全部优于另一个方案的可能性较小，应注重综合性比较，除注意可比性的指标外，还应结合不同时期、不同地区的实际情况，做出科学的、全面的综合性比较，为项目的科学决策提供正确的依据。

2. 建设投资与经营管理费用

(1) 基本建设投资

基本建设投资（又称工程投资）指项目从筹建、设计、施工、试运行到正式运行所需的全部资金，分为工程投资估算、工程建设设计概算和施工图预算等三种。工程可行性研究阶段采用工程投资估算，初步设计阶段为概算，施工图设计阶段为预算。

基本建设投资由工程费用、工程建设其他费用、工程预备费和建设期利息组成。在估算和概算阶段通常称工程建设费用为第一部分费用，其他基本建设费用为第二部分费用。按时间因素可分为静态投资和动态投资。静态投资指第一部分费用、第二部分费用和工程预备费。动态投资指包括设备材料价差预备费和建设期利息的全部费用。

第一部分费用（工程费用）由建筑工程费用、设备和工器具购置费用、安装工程费用组成。第二部分费用（工程建设其他费用）指根据规定应列入投资的费用，包括土地、青苗等补偿和安置费、建设单位管理费、试验研究费、培训费、试运转费、勘察设计费等。预备费包括基本预备费和涨价预备费。

(2) 总成本费用

总成本费用是指在运营期内为生产产品或提供服务发生的全部费用。排水项目总承包费用估算一般采用生产要素估算法（相关计算方法摘自《市政公用设施建设项目经济评价方法与参数》）。

总成本费用＝外购原材料、燃料及动力费＋职工薪酬＋折旧费＋摊销费＋修理费＋财务费用＋尾水、尾气、污泥处置费用＋其他费用

1）外购原材料费：主要指药剂费用。

$$年药剂费=\sum A_iB_i\ （元/a）$$

式中 A_i——各种化学药剂的年投加量，t；

B_i——对应的各种化学药剂单价，元/t。

2）外购燃料及动力费：主要指电力费用，需要冬季供暖的地区还应包括冬季供暖费用。

电费 ＝ 运行期间耗电量（kWh/a）×电度电价（元/kWh）

3）职工薪酬：

职工薪酬＝职工定员（人）×年人均职工薪酬［元/(人·a)］

4）固定资产折旧：一般按税法明确的分类折旧年限计算折旧费，也可采用综合折旧年限法。

5）无形资产和其他资产摊销费：

无形资产摊销费 ＝ 无形资产×摊销费率

其他资产摊销费 ＝ 其他资产×摊销费率

排水项目无形资产按不少于10年摊销，其他资产按不少于5年摊销。

6）修理费

修理费＝固定资产原值×修理费率

其中，固定资产修理费率取2％～3％。

7）尾水、尾气、污泥处置费用：按有关部门规定记取。

8）其他费用：包括其他制造费用、其他管理费用和其他营业费用三项费用。

一般以上述成本费用1～7项之和为基数，按照一定的费率提取。排水项目其他费用综合费率取8％～12％。

9）财务费用：包括利息支出、汇兑损失以及相关的手续费。

（3）经营成本

经营成本＝外购原材料、燃料及动力费用＋职工薪酬＋修理费用＋尾水、尾气、污泥处置费用＋其他费用

（4）固定成本和可变成本

固定成本＝职工薪酬＋固定资产折旧费用＋无形资产及其他资产摊销费用＋修理费用＋其他费用＋财务费用

可变成本＝外购原材料、燃料及动力费用＋尾水、尾气、污泥处置费用。

3. 经济比较与分析方法

建设工程的经济分析，有指标对比法和经济评价法。对于大中型基本建设项目和重要的基本建设项目，应按经济评价法进行评价；对于小型简单的项目可按指标对比法进行比较。

（1）指标对比法

指标对比法是各个设计方案的相应指标进行逐项比较，较小的指标数值即反映了较大的经济效果。通过全面分析比较各项指标，可以为方案推荐提供重要的经济分析依据。

基建投资和经营成本是主要指标，应先予以对比。对比时，若某方案的建设投资与年经营成本两项主要指标均为最小，一般情况下此方案从经济分析的角度可以推荐。但在对比时，遇到建设投资与年经营成本两项主要指标数值互有大小的情况，采用逐项对比法可能产生一定困难。这时，一般可采用辅助指标对比，如占地多少，需要材料、设备当地能否解决等，并结合技术比较、效益评估等确定推荐方案。

（2）经济评价法

经济评价是在可行性研究过程中，采用现代分析方法对拟建项目计算期（包括建设期和生产使用期）内投入产出诸多经济因素进行调查、预测、研究、计算和论证，遴选推荐最佳方案，作为项目决策的重要依据。

经济评价的目的在于最大限度地提高投资效益，以较小的投资、较短的时间、较少的投入获得最大的产出效益。我国现行的项目经济评价分为两个层次，即财务评价和国民经济评价。财务评价是在国家现行财税制度和价格的条件下，从企业财务角度分析、预测项目的费用和效益、考察项目的获利能力、清偿能力和外汇效果等财务状况，以评价项目在财务上的可行性。国民经济评价是从国家、社会的角度考察项目，分析计算项目需要国家付出的代价和对国家与社会的贡献，以判别项目的经济合理性。一般情况下，城市基础设施项目应以国民经济评价结论作为项目取舍的主要依据。

4. 社会与环境效益评估

社会效益和环境效益评价的主要内容包括：

（1）对城镇的社会、经济发展和提高人民生活带来的重要影响，促进城镇可持续发展的作用。

（2）削减污染物和污水的排放，改善水环境质量，对农业和水产养殖业等的产量与质量等方面的积极影响。

（3）改善环境，减少疾病，提高人民健康水平，减少医疗卫生费用，提高劳动生产率等方面的影响和作用。

（4）环境改善对城市旅游业、地价等的有利影响。

25.2.11　设计文件编制

污水处理厂的工程设计文件编制应按一定的规范要求进行，下面为市政工程设计文件编制深度规定中有关城市污水处理厂的内容摘要，可供参考。

1. 工程可行性研究

（1）概述：包括简述工程项目的背景、编制可行性研究报告过程及文件组成、编制依据、所采用的规范和标准、编制范围、编制原则、结论及主要经济指标等。

（2）城市概况：包括城市自然条件、城市性质及规模、城市总体规划概况、城市给水排水或再生水现状与存在问题、近远期规划概况等。

（3）项目建设必要性：包括城市现状排水或再生水系统存在的问题及其不利影响；城市总体规划、排水或再生水专业规划实施提出的要求；国家或地方对社会经济，城市发展提出的要求；项目建设的重要意义。

（4）方案论证：包括排水体制、排水及再生水系统布局、建设规模与处理程度、厂址、污水处理工艺、污泥处理工艺与处置方式、主要设备形式、总平面/平面布置、厂区设计高程、水利流程等论证。

（5）推荐方案内容：包括设计原则、工艺、建筑、结构、供电、仪表和自控、暖通、辅助设施以及除臭设计等。

（6）主要工程量及主要设备材料。

（7）管理机构、人员编制及项目实施计划。

（8）投资估算、资金筹措及经济评价。

（9）其他相关内容：包括土地利用、征地与拆迁、环境保护、水土保持、节能、消防设计、劳动保护、职业安全与卫生、项目招投标内容、新技术、新材料的应用等。

（10）结论、建议、附图及附件。

2. 初步设计

（1）概述：包括设计依据、主要设计资料、采用的规范和标准、结论及主要经济指标、城市（或区域）概况及自然资料、排水或再生水现状及存在问题、规划概况等。

（2）设计内容：包括厂址选择；处理规模、污水水质、处理程度、用地条件；总平面布置说明；水力流程说明；厂外主要工程内容（供水、供电等外部条件）；按流程顺序说明各构筑物的方案及选型；管线综合设计；除臭设计；污水消毒方法及主要参数；处理、处置后的污水、污泥的综合利用；简要说明厂内生产生活建筑物的功能及面积；厂内给水、消防、雨污水排水、道路及绿化设计。

（3）建筑、结构、供电、仪表、自动控制及通信、采暖通风等设计内容。

（4）环境保护、劳动保护与职业安全、消防、节能、水土保持、征地拆迁等措施及新技术应用说明、管理机构与人员编制及建设进度等。其中，环境保护措施包括处理厂、泵站对周围居民点的卫生、环境影响、防臭措施；排放水体的稀释能力、排放水对水体的影响以及用于污水灌溉的可能性；污水回用、污泥综合利用的可能性或处置方式；污水处理厂处理效果的监测手段；锅炉房消烟除尘措施和预期效果；降低噪声措施等。

（5）工程概算书。

（6）主要材料及设备表。

（7）设计图纸：

工艺图：平面布置图：比例采用(1∶500)～(1∶200)，在测绘地形图上表示全厂构筑物、建筑物、道路、景观绿化(示意)、预留用地、围墙、征地范围、用地范围等布置关系，标注必要的坐标及尺寸、风玫瑰，列出构筑物和辅助建筑物一览表、工程数量表和主要技术经济指标表；污水、污泥流程断面图：竖向比例(1∶200)～(1∶100)，标出工艺流程中各构筑物及其水位标高关系；厂区竖向设计图；管线综合图。

主要构筑物工艺图：比例采用(1∶50)～(1∶200)，用平面图、剖面图表示出工艺布置、设备、仪表等安装尺寸、相对位置和标高，列出主要设备一览表和主要设计技术数据。

主要建筑物、构筑物建筑图，变电所高、低压供配电系统图，自动控制仪表系统布置图，采暖通风与空调系统布置图，锅炉房、采暖通风和空气调节布置图及供热系统流程图、机械设备布置图等。

（8）附件。

3. 施工图

（1）设计说明，包括设计依据（初步设计批复情况、施工图设计资料、采用的规范标准、详细勘测资料）；设计内容（工艺、建筑、结构及其他专业设计，对照初步设计阐明变更部分的内容、原因、依据等）；采用新技术、新材料的说明；施工安装注意事项及质量验收要求；运转管理注意事项。

（2）主要材料及设备表、施工图预算。

（3）设计图纸

1）平面布置图（必要时，可分定位图和布置图两张）：比例(1∶200)～(1∶500)，包括坐标轴线、风玫瑰图、构（建）筑物、围墙、绿地、道路等的平面位置，注明厂界四角坐标及构（建）筑物四角坐标或相对位置、构（建）筑物的主要尺寸，各种管渠及室外地沟尺寸、长度，地质钻孔位置等。附构（建）筑物一览表、工程量表、图例及说明。

2）污水、污泥工艺流程图：标出各构筑物及其水位的标高，主要规模指标。

3）竖向布置图：对地形复杂的处理厂应进行竖向设计，内容包括原地形、设计地面、设计路面、构筑物标高及土方平衡数量表。

4）厂内管渠结构示意图：标出各类管渠的断面尺寸和长度、材料、闸门及所有附属构筑物、节点管件，附工程量及管件一览表。

5）厂内各处理构筑物的工艺施工图，各处理构筑物和管渠附属设备的安装详图。

6）管道综合图：当厂内管线种类较多时，应对干管、干线进行平面综合，绘出各管线的平面位置，注明各管线与构（建）筑物的距离尺寸和各管线间距尺寸。

7）单体建构筑物设计图：包括工艺、建筑、结构、采暖通风和空调、建筑给排水设计图等。

8）电气、仪表及自动控制设计、机械设计图等。

25.3 城市污水处理厂验收、运行和自动控制

25.3.1 工程验收和调试运行

1. 工程验收

污水处理厂工程竣工后，一般由建设单位组织施工、设计、监理、质量监督和运行管理等单位联合进行验收。隐蔽工程必须通过由施工、设计、监理和质量监督单位共同参加的中间验收。验收内容为资料验收、土建工程验收和安装工程验收，包括工程技术资料、处理构筑物、附属建筑物、工艺设备安装工程、室内外管道安装工程等。

验收以设计任务书、初步设计、施工图设计、设计变更通知单等设计和施工文件为依据，以建设工程验收标准、安装工程验收标准、生产设备验收标准和档案验收标准等国家现行标准和规范，包括《给水排水构筑物工程施工及验收规范》GB 50141—2008、《给水排水管道工程施工及验收规范》GB 50268—2008、《机械设备安装工程施工及验收通用规范》GB 50231—2009、机械设备自身附带的安装技术文件等为标准对工程进行评价，检验工程的各个方面是否符合设计要求，对存在的问题提出整改意见，使工程达到建设标准。

2. 调试运行

验收工作结束后，即可进行污水处理构筑物的调试。调试包括单体调试、联动调试和达标调试。通过调试运行进一步检验土建工程、设备和安装工程的质量。

污水处理工程的调试运行，包括复杂的生物化学反应过程的启动和调试，过程缓慢，

耗时较长。通过调试运行对机械、设备及仪表的设计合理性、运行操作注意事项等提出建议。调试运行工作一般由建设单位、调试运行承担单位来共同完成，设计单位和设备供货方参与配合，达到设计要求后，由建设主管单位、环保主管部门进行达标验收。

25.3.2 运行管理及水质监测

污水处理厂的设计即使非常合理，但如运行管理不善，也不能使处理厂正常运行并充分发挥其净化功能。因此，重视污水处理厂的运行管理工作，提高操作人员的基本知识、操作技能和管理水平，做好观察、控制、记录与水质分析监测工作，建立异常情况处理预案制度，对运行中的不正常情况及时采取相应措施，是污水处理厂充分发挥出环境效益、社会效益和经济效益的保障。

水质监测可以反映原污水水质、各处理单元的处理效果和最终出水水质等，通过这些资料可以及时了解运行情况，及时发现问题和解决问题，对于确保污水处理厂的正常运行有着重要作用。目前，国内污水处理厂的水质监测通常由监管部门在线监测以及污水处理厂自行监测两种模式。每座污水处理厂进水、出水端均设有在线监测设施，实时将污水处理厂的进出水水质、水量数据上传至监管部门。环保等监管部门还定时或不定时对污水处理厂出水排放口进行取样分析。根据污水处理厂运维情况的需要，厂内各主要工艺段出水也设有在线监测仪表，通过PLC将各工段主要污染物的实时数据上传至污水处理厂中控室，供运维管理人员对污水处理厂实际运行进行监控。部分无法在线取得的水质数据，则通过定时取样、化验室检测的方式取得。

污水处理厂水质监测指标，因污水性质和处理方法不同而有所差异。一般主要的监测指标为水温、pH、BOD、COD、DO、NH_3－N、TN、TP、SS、污泥浓度等。当有特殊工业废水进入时，应根据具体情况增加监测项目。例如，焦化厂的含酚废水需增加酚、氰、油、色度等指标；皮革工业废水需测定 Cr^{3+}、S^{2-}、氯化物等指标。

25.3.3 运行过程自动控制

自动控制系统是城镇污水处理厂的重要组成部分，它对稳定处理效果、降低运行成本、提高劳动生产率起着重要的作用。基本的自动控制系统由检测仪表、控制器、执行机构和控制对象等组成。

1. 检测仪表

检测仪表是用来感受并测量被控参数，将其转变为标准信号输出的仪表。污水处理工程常用的检测仪表有处理过程中的温度、压力、流量、液位等的检测仪表，各种水质（或特性）参数如pH、溶解氧、氮、磷等的在线检测仪表。

同计算机融为一体的智能化仪表能对信息进行综合处理，对系统状态进行预测，全面反映测量的综合信息。智能化仪表还具有通信功能，可采用标准化总线接口，进行信息交换。现场总线（Fieldbus）技术使智能化仪表的发展和应用提高到一个新的阶段，形成现场总线控制系统。

2. 自动控制器

控制器是自动控制系统的核心。在控制器内，将给定值与测量值进行比较，并按一定的控制规律，发出相应的输出信号去推动执行机构。近年来，我国新建的污水处理厂工程中大多采用可编程控制器（PLC）作为自动控制器，因为它具有可靠性高、控制功能强、编程方便等优点。

PLC一般由主控模块、开关量输入/输出模块、模拟量输入/输出模块、智能模块及电源等组成自动控制器模块，如图25-12所示。作为污水处理自控系统的关键设备，PLC与智能化控制系统进一步相互渗透结合，朝着体积更小、速度更快、功能更强以及网络化、多功能的方向发展。

3. 执行机构

执行机构是用来完成控制器命令的机电设备。在污水处理自动控制系统中，主要的执行设备有各种泵（如离心泵、往复式计量泵）、各种阀门（如调节阀、电磁阀等），以及鼓风机、加药设备等。通过对执行机构的控制，实现对工艺参数、动力设备等的自动调节，从而使污水处理厂的运行总能处于优化的工况条件，节约动力费用，提高运行效率。

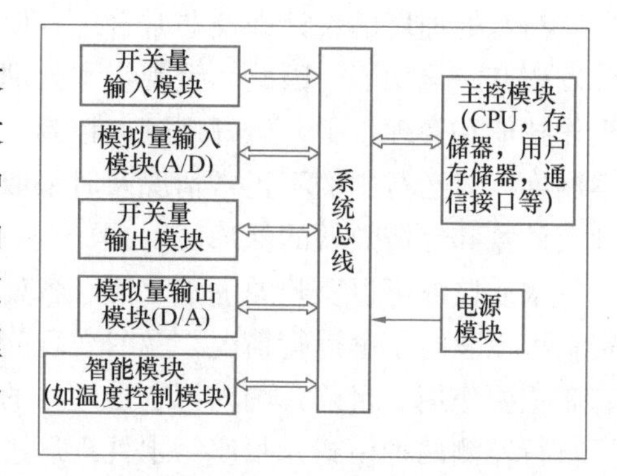

图25-12 PLC控制模块示意图

污水处理厂采用的自动控制系统的结构形式，从自控的角度可以划分为数据采集与控制管理系统、集中控制系统、集散控制系统等。数据采集与控制管理系统联网通信功能较强，侧重于监测和少量的控制，一般适用于被测点的地域分布较广的场合。集中控制系统是将现场所有的信息采集后全部输送到中心计算机或PLC进行处理运算后，再由中心计算机系统或PLC发出指令，对系统实行控制操作，主要用于小型的水处理自控系统。

集散控制系统是目前污水处理厂自动控制系统中应用较多、具有较大发展和应用空间的控制系统。针对污水处理工艺自动化要求越来越高，需要检测的工艺参数不断增加，以及大型污水处理厂处理构筑物分散、管线复杂、控制设备多等特点，集散型控制系统能更有效地对过程实行全面控制。集散控制系统一般由分散过程控制装置部分、操作管理装置部分和通信系统部分所组成。

思　考　题

1. 污水处理厂设计的基本原则和主要依据是什么？

2. 污水处理厂设计有几个阶段，每个阶段文件编制的主要内容有哪些？

3. 初步设计和施工图设计的要求分别是什么？

4. 试分析污水处理厂设计中水质水量与工艺流程选用的关系。

5. 从环境评价的角度，对污水处理厂厂址的选择的要求进行分析讨论。

6. 平面布置与高程布置应遵循哪些基本原则，有哪些主要影响因素？对于有一定坡度的污水处理厂的地形，如何进行平面与高程布置。

7. 污水处理厂需要配水和计量的控制点有哪些？配水的方式有哪几种，其特点各是什么？计量装置的设置和配水如何结合？

8. 污水处理厂工程经济分析的主要内容和方法是什么？它对污水处理厂建设起到如何的作用？

9. 结合污水处理工艺与技术方法，提出污水处理厂需要自动控制的参数有哪些，为什么？

10. 试分析污水处理厂工程设计中，污水处理工艺设计与相关专业设计的关系，如何做好工程设计中各专业的配合和合作。

主 要 参 考 文 献

［1］ 严煦世，范瑾初，主编. 给水工程. 第4版. 北京：中国建筑工业出版社，1999.

［2］ 高廷耀，顾国维，等. 水污染控制工程. 第4版. 北京：高等教育出版社，2016.

［3］ 张自杰，主编. 排水工程. 第5版：北京：中国建筑工业出版社，2015.

［4］ 许保玖，著. 给水处理理论. 北京：中国建筑工业出版社，2000.

［5］ 李圭白，张杰，主编. 水质工程学. 第2版. 北京：中国建筑工业出版社，2013.

［6］ 聂梅生，总主编. 水资源及给水处理，北京：中国建筑工业出版社，2001.

［7］ Metcalf and Eddy. Inc. Wastewater Eenineering：Treatment and Resource Recovery.（Fifth Edition）. Mc Graw-Hill Companies，Inc. 2015.